제5판

구조역학입문

ITRODUCTION TO STRUCTURAL ANALYSIS · INTRODUCTION TO STRUCTURAL ANALYSIS

강병두 · 전대한 · 김재웅 공 저

Introduction Structural to Analysis

도서출판 구미서관

구조역학은 건축, 토목, 기계 및 조선 등의 공학을 전공하는 사람들에게는 필수적으로 이해해야 하는 과목이다. 그러나 구조역학을 배우는 사람들의 공통적인 생각은 구조역학이 이해하기 어렵고 복잡하다는 것이다. 구조역학의 범위는 방대하여 구조역학을 처음 입문하는 학생들에게 이 과목이 다소 부담스러운 것 또한 사실이다.

구조역학을 처음 배우는 학생들에게 정해진 짧은 시간 내에 구조역학의 모든 내용을 이해시키고 전달하기에는 시간적으로나 양적으로 많은 제약이 따른다. 이에 저자는 국내의 여러 교수님과 실무종사자들의 유익한 내용을 바탕으로 이해하기 쉬운 구조역학을 집필하여 대학생 및 구조역학을 입문하는 이들의 입문서가 되도록 하였다.

제5판 개정에서는 그림과 내용을 더욱 더 정교화 하는 작업을 하였으며, 특히 각 장의 연습문제에 있어 건축기사 및 산업기사에서 출제된 최근 10개년 이상의 문제들을 복원하여 해설을 하였다. 본문의 내용은 큰 변화 없이 유지하면서 구조역학의 많은 연습문제를 통해 학생들의 경험을 쌓고자 하였다.

이 교재의 특징으로는 다음과 같다.

1. 구성은 6장으로 하였고 대학 강의에 적합하도록 하였다.
2. 형식은 서술 위주를 배제하고 내용을 도식화하거나 구조역학의 기본 이론들을 간단명료하고 체계적으로 정리하였다.
3. 구조역학 관련 공학 분야의 대학생들과 구조역학을 처음 시작하는 이들에게 필요한 기본 이론 설명을 상세히 하고 예제와 연습문제를 통해 실력을 배양할 수 있도록 하였다.
4. 주요 공식들은 박스처리 하여 한 눈에 띄도록 하였다.
5. 본문 내용에 대한 설명을 충분히 하였고 또한 본문과 예제에서 그림을 활용하여 이해를 도왔다.
6. SI단위계를 반영하여 기사 등의 각종 자격시험이나 국가고시를 준비하는 사람들에게 효과적이게 하였다.

이 교재를 집필하기 위해 학회, 협회 및 관련 서적 등 여러 훌륭한 자료와 내용을 참고하였으나 미리 양해를 구하지 못한 점에 대해 진심으로 사의를 표하며, 부족하고 미흡한 부분들은 계속하여 보완 및 수정할 수 있도록 많은 관심과 고견을 부탁드립니다.

끝으로 이 책이 가능하도록 도와주신 구미서관 관계자 분들에게 진심으로 감사를 드립니다.

2022년 3월

저자 일동

Chapter 1 구조역학의 일반사항

Chapter 2 정정구조물의 해석

Chapter 3 탄성체의 성질

Chapter 4 부재의 응력 및 설계

Chapter 5 구조물의 변형

Chapter 6 부정정구조물의 해석

부록

Chapter 1

구조역학의 일반사항

1.1 구조역학의 개요
1.2 힘과 모멘트
1.3 구조물의 특성
1.4 부재의 단면력
1.5 구조계획, 구조설계 및 구조계산
1.6 구조물의 판별

01_구조역학의 일반사항

1.1 구조역학의 개요

1.1.1 구조역학의 범위

(1) 힘과 모멘트 등에 대한 제반 성질 및 구조물의 판별

(2) 정정구조물의 반력 산정 및 부재의 단면력 산정을 위한 구조물의 해석

(3) 구조물과 부재의 응력과 변형률 산정 및 단면의 성질 등 탄성체의 성질에 대한 이해

(4) 부재 단면의 응력 산정 및 부재 단면의 설계

(5) 구조물의 처짐 등의 구조물의 변형 해석

(6) 부정정구조물의 반력 및 부재의 단면력 산정을 위한 구조물의 해석

1.1.2 벡터량과 스칼라량

(1) 벡터량

벡터(Vector)량은 크기와 함께 방향을 가지는 물리량으로 변위, 속도, 가속도, 힘, 모멘트, 운동량 등이 있다.

(2) 스칼라량

스칼라(Scalar)량은 방향을 가지지 않고 크기만을 가지는 물리량으로 면적, 에너지, 온도, 질량, 밀도 등이 있다.

1.1.3 구조역학 관련 기초적인 수와 식의 표현

① $1\ \text{m} = 100\ \text{cm} = 1{,}000\ \text{mm}$

② $1\ \text{m}^2 = (100)^2\ \text{cm}^2 = 10{,}000\ \text{cm}^2 = 1.0 \times 10^4\ \text{cm}^2$

$= (1{,}000)^2\ \text{mm}^2 = 1{,}000{,}000\ \text{mm}^2 = 1.0 \times 10^6\ \text{mm}^2$

③ $1\ m^3 = (100)^3\ cm^3 = 1{,}000{,}000\ cm^3 = 1.0 \times 10^6\ cm^3$

$= (1{,}000)^3\ mm^3 = 1{,}000{,}000{,}000\ mm^3 = 1.0 \times 10^9\ mm^3$

④ $1\ m^4 = (100)^4\ cm^4 = 100{,}000{,}000\ cm^3 = 1.0 \times 10^8\ cm^4$

$= (1{,}000)^4\ mm^4 = 1{,}000{,}000{,}000{,}000\ mm^4 = 1.0 \times 10^{12}\ mm^4$

⑤ $1\ cm = 10\ mm$

⑥ $1\ cm^2 = (10)^2\ mm^2 = 100\ mm^2 = 1.0 \times 10^2\ mm^2$

⑦ $1\ cm^3 = (10)^3\ mm^3 = 1{,}000\ mm^3 = 1.0 \times 10^3\ mm^3$

⑧ $1\ cm^4 = (10)^4\ mm^4 = 10{,}000\ mm^4 = 1.0 \times 10^4\ mm^4$

⑨ $210{,}000 = 21{,}000 \times 10 = 21{,}000 \times 10^1 = 2{,}100 \times 10^2 = 210 \times 10^3 = 21 \times 10^4$

$= 2.1 \times 10^5$

⑩ $4 \times \frac{1}{2} = 4 \times 0.5 = 4 \div 2$

⑪ $2 \times 2 \times 2 = 2 \times 4 = 2 \times 2^2 = 2^3$

⑫ $2^2 \times 2^3 = 2^{(2+3)} = 2^5$

⑬ $\sqrt{2} = \sqrt[2]{2} = 2^{(1/2)} = 2\hat{}\left(\frac{1}{2}\right)$

⑭ $\sqrt[3]{2} = 2^{(1/3)} = 2\hat{}\left(\frac{1}{3}\right)$

⑮ $2 \times (3+4+5) = 2 \times 3 + 2 \times 4 + 2 \times 5 = 2 \times 12$

⑯ $\frac{1}{2} \times \frac{2}{3} = \frac{1}{2} \div \frac{3}{2} = \frac{\left(\frac{1}{2}\right)}{\left(\frac{3}{2}\right)} = \frac{1 \times 2}{2 \times 3} = \frac{1}{3}$

⑰ $A : B = C : D$, $A \times D = B \times C$, $\frac{A}{B} = \frac{C}{D}$

⑰ $\frac{A}{B} = \frac{C}{D}$, $A = B \times \left(\frac{C}{D}\right)$, $B = A \times \left(\frac{D}{C}\right)$, $C = D \times \left(\frac{A}{B}\right)$, $D = C \times \left(\frac{B}{A}\right)$

⑱ $A = B \times \left(\frac{C}{D}\right) = \frac{B \times C}{D} = \frac{BC}{D} = B \div \left(\frac{D}{C}\right) = \frac{B}{\left(\frac{D}{C}\right)} = \frac{\left(\frac{B}{1}\right)}{\left(\frac{D}{C}\right)}$

⑲ $A = \frac{D \times E}{B \times C}$, $B = \frac{D \times E}{A \times C}$, $D = A \div \left(\frac{E}{B \times C}\right) = A \times \left(\frac{B \times C}{E}\right)$

1.2 힘과 모멘트

1.2.1 힘

(1) 정의

① 힘 (Force)은 힘의 3요소로 표시되며, 힘의 효과를 일으키는 원인이다.

② 힘은 눈에 보이지 않지만 시각적으로 화살표를 이용하여 표시한다.

③ 힘은 크기와 방향을 가지는 벡터량이다.

④ 힘은 작용선 상에서 평행 이동시키면 동일한 벡터가 된다.

⑤ 벡터는 경로와 관계없이 시점(始點)과 종점(終點)이 중요하다.

(2) 힘의 3요소

① 크 기 : 화살표의 길이 (l)로 표시한다.

② 방 향 : 수평선과 화살표가 이루는 각도 (θ)로 표시한다.

③ 작용점 : 좌표 (x, y)로 표시한다.

주1) 작용선 : 힘의 작용점을 지나 힘의 방향으로 연장시킨 직선이다.

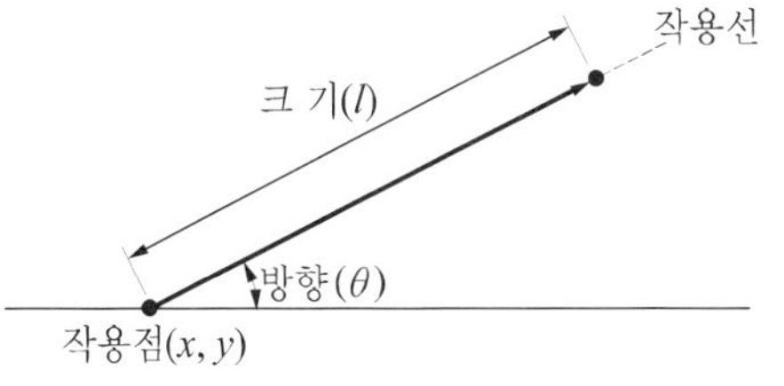

그림 1.1 힘의 표시

(3) 힘의 효과

① 힘의 효과는 정지하여 있고 구속되어 있지 않은 물체에 힘이 작용하여 그 물체를 이동, 회전 또는 이동과 회전이 함께 일어나게 하는 효과이다.

② 움직이고 있는 물체에 힘이 작용하여 물체의 속도나 운동방향을 바꾸는 효과이다.

③ 정지하여 있고 구속되어 있는 물체에 힘이 작용하여 그 물체의 형태를 변형시키는 효과이다.

(4) 힘의 부호규약

힘과 관련한 부호규약은 정역학적 부호규약이라 하고, 힘의 평형방정식 등을 적용하여 반력 등을 산정할 때 이용된다. 이러한 부호규약은 힘의 좌표축에 따른 힘의 방향에 따라 양 (+) 또는 음 (−)이 된다. 다음의 표와 그림은 힘과 관련한 부호규약을 나타낸 것이다.

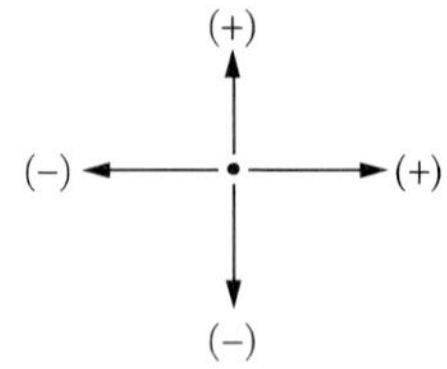

그림 1.2 작용방향에 따른 부호

표 1.1 힘의 부호와 작용방향

부 호	+	−
상하	↑	↓
좌우	→	←

(5) 힘의 단위

① SI 단위계

㉠ SI 단위계 (International System of Units, 국제단위계)는 물체의 고유한 양을 나타내며, 장소 및 주변의 조건이 변하더라도 그 값이 일정한 물체의 질량을 기준으로 생각한 것이다.

㉡ 기본 단위는 길이 (m), 질량 (kg), 시간 (s) 등이 있다.

㉢ 유도 단위는 힘 (N), 압력 (N/m^2, 응력) 등이 있다.

㉣ 힘의 단위는 N으로써, 질량 1 kg의 물체에 작용하여 1 m/s^2의 가속도를 내게 하는 힘을 1뉴턴 (N, Newton)의 힘이라 한다.

㉤ $1\text{ dyne} = 1\text{ g·cm/s}^2 = 10^{-5}\text{ N}$

$$1\text{ N} = 1\text{ kg}\times 1\text{ m/s}^2 = 1\text{ kg·m/s}^2 \tag{1.1}$$

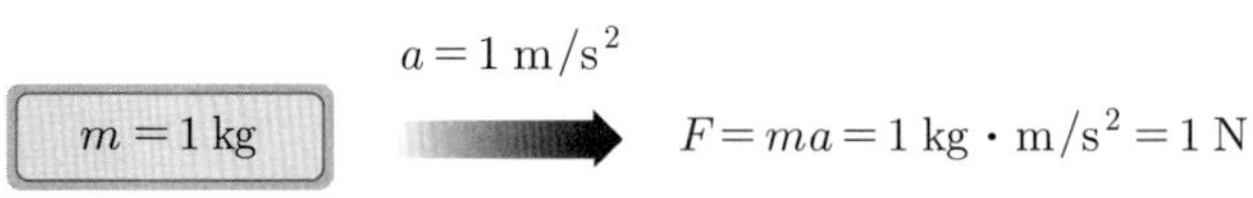

그림 1.3 1 N의 정의

② MKS 중력단위계

㉠ MKS 중력단위계 (MKS System)는 질량 1 kg의 물체에 작용하는 중력을 힘의 단위로 한 것이다.

㉡ 기본 단위는 길이 (m), 힘 (kgf), 시간 (s) 등이 있다.

㉢ 유도 단위는 속도 (m/s), 가속도 (m/s^2) 등이 있다.

㉣ 힘의 단위는 kgf (kg force), kgW (kg weight), kg중 또는 tf (ton force=10^3 kgf), tW (ton weight), t중 등으로 표시한다.

㉤ 1 kgf (1 kg force : 1 kg의 힘) = 1 kgW (1 kg weight : 1 kg인 물체의 무게)
= 중량 1 kg

㉥ 1 kgf = 1 kgW = 1 kg의 무게 = 1 kg의 힘
= 1 (kg)×(9.81 m/s^2) = 9.81 kg · m/s^2 = 9.81 N ≒ 10N
= 질량 1 kg의 물체에 작용하여 중력가속도 (9.81 m/s^2)를 내게 하는 힘

$$1\ \mathrm{kgf} = 1\ \mathrm{kg} \times 9.81\ \mathrm{m/s^2} = 9.81\ \mathrm{kg \cdot m/s^2} = 9.81\ \mathrm{N} \qquad (1.2)$$

㉦ 1 N = (1/9.81) kgf = 0.102 kgf = (1/4.45) lb = 0.225 lb

㉧ 일반적으로 무게를 표현할 때 지구 상에서 중력가속도가 거의 같아 1 kgf를 1 kg으로 사용하여 왔으나 잘못된 표현이다.

㉨ 점차 MKS 단위계의 사용이 줄어들고, 국제적으로 통일된 SI 단위계의 사용이 보편화되고 있다.

(6) 무게와 질량

① 무게

㉠ 무게 (Weight)는 중량 (重量)이라고도 하며, 물체에 작용하는 중력의 크기로 물체를 지탱하는 데 필요한 힘을 말한다.

㉡ 물체의 무게 (W)는 그 물체의 질량 (m)과 지구의 중력가속도 (g)에 비례하며 $W = mg$로 나타낸다.

㉢ 지구 및 달 등의 표면에서 중력가속도에 따라 무게는 변화한다.

② 질량

㉠ 질량 (Mass, 質量)은 어떤 물체에 포함되어 있는 물질의 양이다.

㉡ 지구 및 달 등의 표면에서 질량은 변화하지 않는다.

㉢ 지구에서 어떤 사람이 60 kg의 질량을 가진다면 무게는 60 kgf = 60 kg × 9.81 m/s^2 = 588.6 kg · m/s^2 = 588.6 N이다.

(7) 힘의 기본 성질

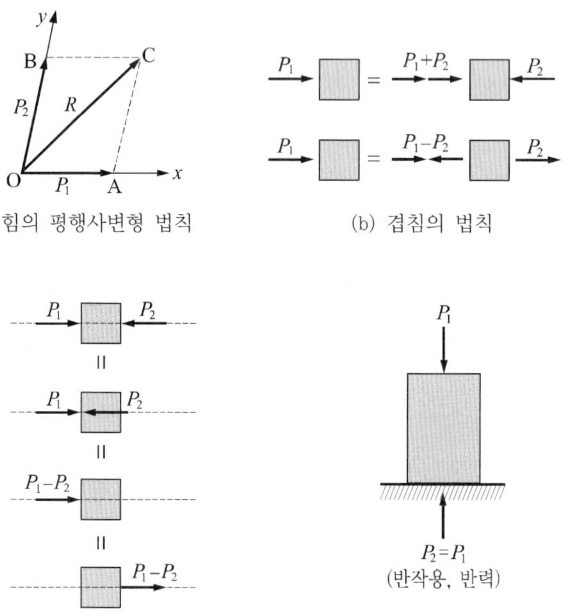

(a) 힘의 평행사변형 법칙 (b) 겹침의 법칙

(c) 힘의 이동성 법칙 (d) 작용과 반작용의 법칙

그림 1.4 힘의 기본 성질

① 힘의 평행사변형 법칙

두 힘의 합력은 평행사변형의 대각선의 길이가 된다.

② 겹침의 법칙

강체에 같은 크기의 방향이 서로 다른 두 힘을 더하거나 제거하여도 운동에 대한 힘의 효과는 동일하다.

주1) 강체(Rigid Body, 剛體) : 외력을 가하여도 모양과 크기가 변하지 않는 무한히 강한 물체이다.

주2) 외력(External Force, 外力) : 구조물에 작용하는 전체적인 힘으로써 하중과 반력을 통틀어 외력이라 한다.

③ 힘의 이동성 법칙

강체에 작용하는 힘은 그 작용점을 같은 작용선 위의 임의 위치로 옮기더라도 힘의 효과는 동일하다.

④ 작용과 반작용의 법칙

물체에 힘이 작용하면 그 물체의 변위나 이동이 구속되어 있을 경우, 그 물체 내부에서는 이 힘에 저항하려는 반작용의 힘이 생긴다.

1.2.2 모멘트

(1) 모멘트의 정의

① 모멘트(Moment)란 물체가 한 고정점(회전점) 주위를 회전하도록 하는 힘의 회전 능력(힘의 회전 효과)을 말한다.

② 힘의 모멘트 또는 회전 모멘트라고도 한다.

③ 모멘트는 크기와 방향을 갖는 벡터량이다.

④ 모멘트 원리를 이용한 기구는 드라이버, 핸드드릴, 태엽감개, 병따개 등이 있다(수직거리를 길게 하여 작은 힘으로 큰 일을 한다).

주1) 휨모멘트 : 휨모멘트는 모멘트와는 다르다. 휨모멘트는 부재를 휘게 하는 단면력으로 보와 같은 부재에서 휨변형을 일으킨다.[1)]

(2) 모멘트의 크기

모멘트의 크기는 힘의 크기(P)와 회전점(점 O)으로부터 힘까지의 수직거리(l)의 곱이다.

$$M = P \times l \tag{1.3}$$

여기서, M : 모멘트(N・m, kN・m)

P : 힘(N, kN)

l : 수직거리(m)

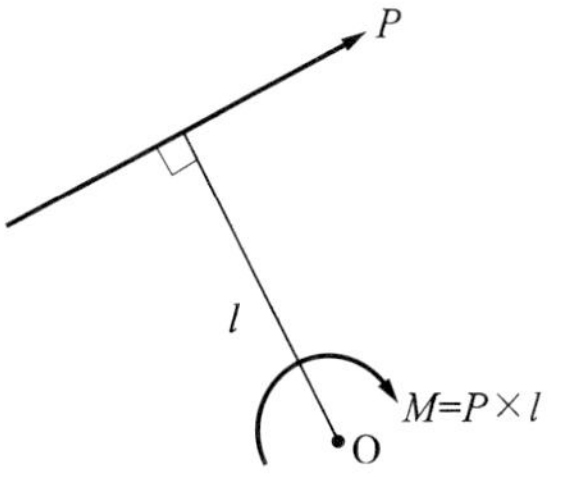

그림 1.5 모멘트의 크기

1) § 1.4 부재의 단면력 참조.

(3) 모멘트의 부호규약

모멘트의 부호규약은 일반적으로 시계방향 (↷)으로 회전하면 양(+), 반시계방향 (↶)으로 회전하면 음(−)으로 가정한다.

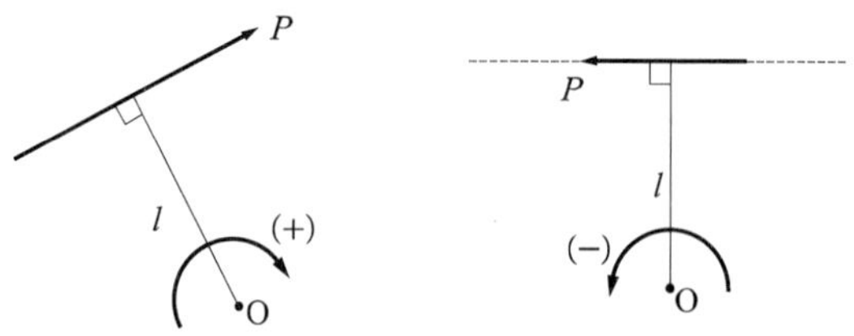

(a) 양(+)의 모멘트 (b) 음(−)의 모멘트

그림 1.6 모멘트의 부호

(4) 단위

단위는 N·m, kN·m 등이 있다.

예제 1.1 다음 그림에서 점 O에 대한 모멘트를 구하라.

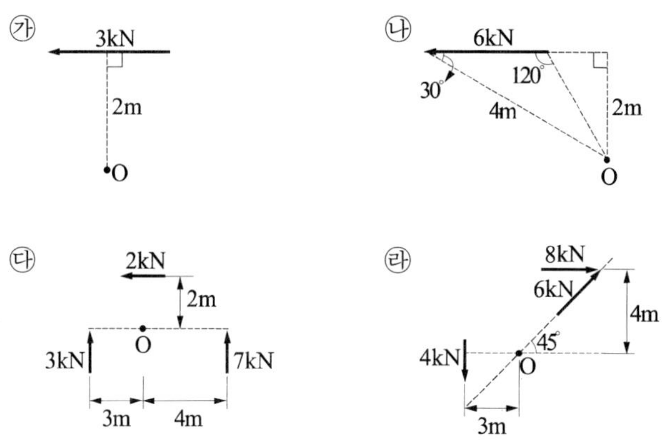

↳ ㉮ $M_O = -3\times2 = -6$ kN·m

㉯ $M_O = -6\times2 = -12$ kN·m

㉰ $M_O = 3\times3 - 2\times2 - 7\times4 = -23$ kN·m

㉱ $M_O = -4\times3 + 8\times4 + 6\times0 = 20$ kN·m

1.2.3 우력모멘트

(1) 우력모멘트의 정의

① 같은 작용선 상에 있지 않으면서 힘의 크기가 같고 방향이 서로 반대인 한 쌍의 평행한 힘을 우력(Couple of Forces, 偶力)이라 한다.

② 우력 때문에 생기는 모멘트를 우력모멘트(Coupled Moment)라 한다.

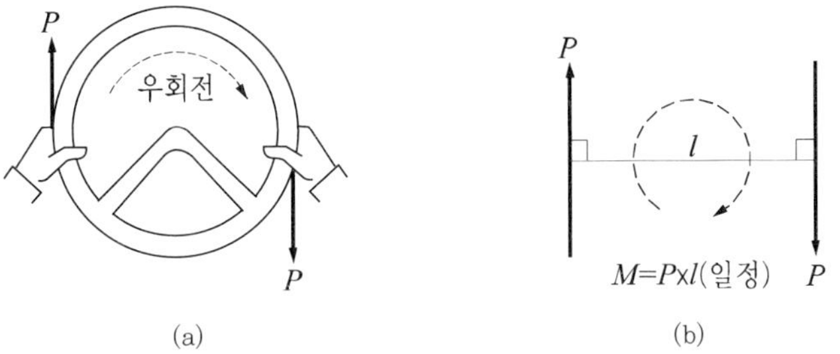

그림 1.7 우력모멘트

(2) 우력모멘트의 크기와 부호규약

우력의 크기가 P이고 우력 사이의 수직거리가 l일 때, 우력모멘트의 크기와 부호규약은 그림과 같다.

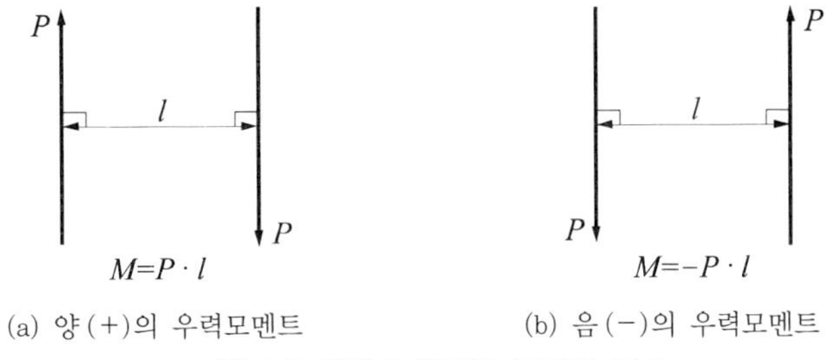

그림 1.8 우력모멘트의 크기와 부호

(3) 우력모멘트의 성질

어느 점에 대해서나 우력모멘트의 크기는 동일(일정)하다.

① 기준점이 두 힘 사이에 있는 경우

$$M_A = P \cdot l_1 + P \cdot l_2 = P(l_1 + l_2) = P \cdot l$$

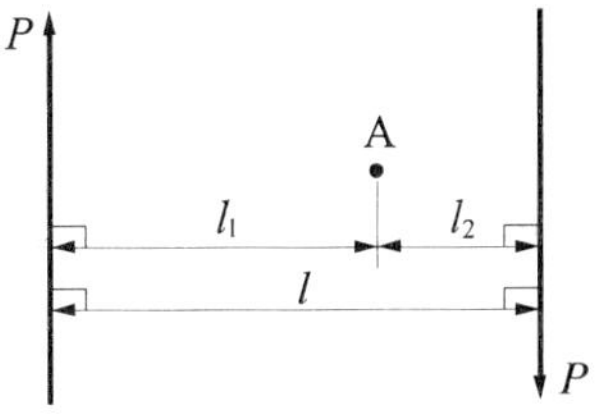

그림 1.9

② 기준점이 외부에 있는 경우

$M_A = P \cdot l_1 - P \cdot l_2 = P(l_1 - l_2) = P \cdot l$

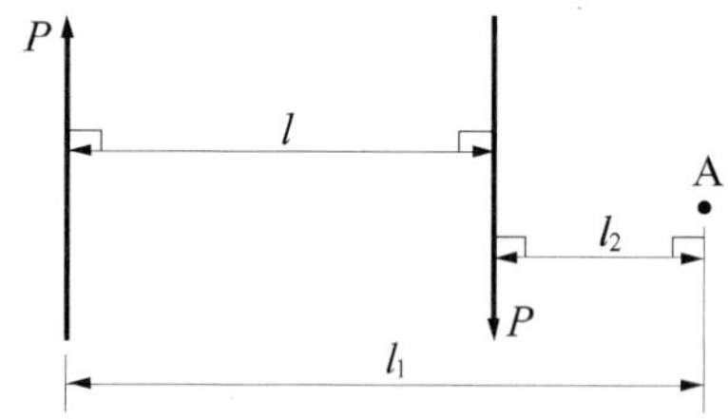

그림 1.10

(4) 바리뇽의 정리

① 정의

바리뇽의 정리(Varignon's Theory)는 여러 힘의 한 점에 대한 모멘트의 대수합은 합력의 그 점에 대한 모멘트와 같다.

분력의 모멘트 합 = 합력의 모멘트 (1.4)

② 적용

합력의 위치를 구할 때 사용한다.

예제 1.2 그림과 같은 우력이 작용할 경우 점 A, B, C에 대한 모멘트를 M_A, M_B, M_C라고 하면 다음 관계 중 옳은 것은?

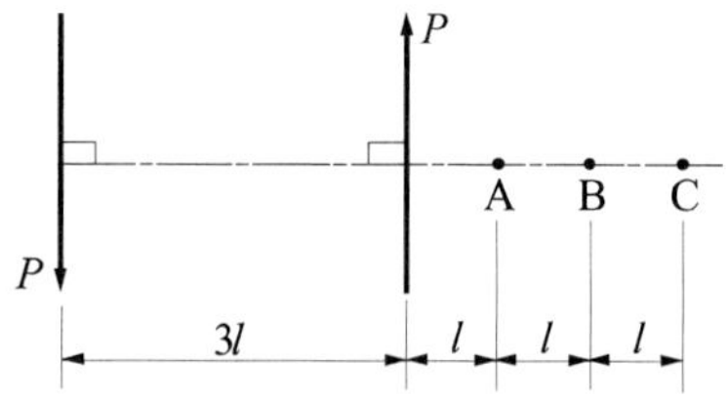

그림 1.11

㉮ $M_C > M_B > M_A$

㉯ $M_C > M_B = M_A$

㉰ $M_A > M_B > M_C$

㉱ $M_A = M_B = M_C$

↳ $M_A = -P \times 4l + P \times l = -3Pl$

$M_B = -P \times 5l + P \times 2l = -3Pl$

$M_C = -P \times 6l + P \times 3l = -3Pl$

$\therefore M_A = M_B = M_C$이다.

답 ㉱

예제 1.3 다음에 도시한 힘을 점 O를 지나면서 동일한 효과를 갖는 힘과 모멘트로 분해하라.

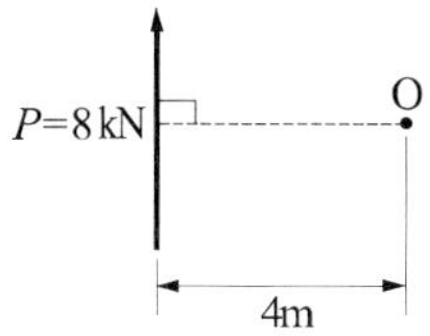

그림 1.12

↳ 점 O에 대해 상향으로 $P=8$ kN의 힘과 $M=8\times4=32$ kN·m의 모멘트로 분해된다.

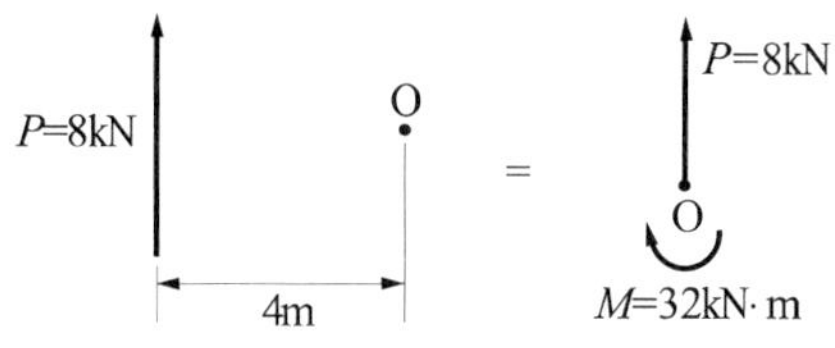

그림 1.13

1.2.4 힘의 합성

(1) 개요

임의의 물체에 작용하는 많은 힘들과 동일한 효과를 갖는 하나의 힘으로 통합하는 것을 힘의 합성(Composition, 合成)이라 하며 통합한 힘을 합력(Resultant, 合力)이라 한다.

(2) 한 점에 작용하는 두 힘의 합성

① 도식법(Graphical Method, 도해법)

㉠ 평행사변형법

힘 P_1, P_2의 종점에 서로 평행인 선을 각각 긋고, 그 교점과 힘의 작용점(점 O)을 연결하면 합력 R이 된다.

㉡ 삼각형법

힘 P_2의 종점에 힘 P_1의 시점을 연결해 P_1의 종점과 작용점(점 O)을 연결하면 합력 R이 된다.

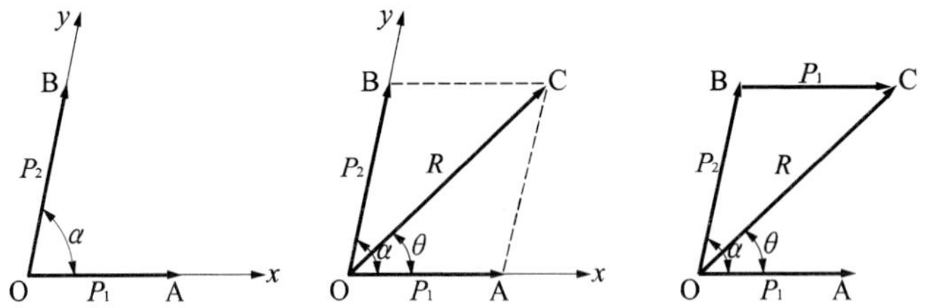

(a) 각각의 힘 (b) 평행사변형 법 (c) 삼각형 법

그림 1.14 힘의 합성(도해법)

② 산식법 (Mathematical Method, 수식해법)

㉠ 합력 R은 직각삼각형 OBC의 빗변 (OC)에 해당한다.

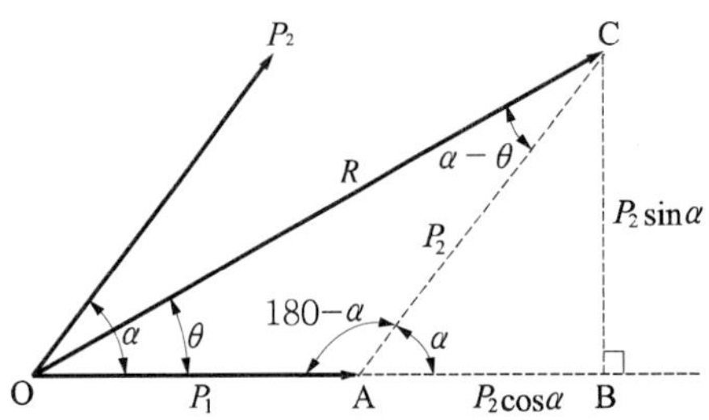

그림 1.15 힘의 합성 (수식해법)

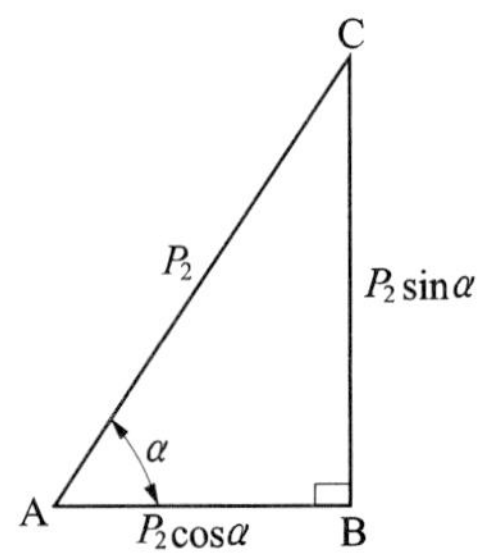

그림 1.16 직각삼각형의 삼각함수

㉡ 합력의 크기

$$R^2 = (P_1 + P_2 \cos\alpha)^2 + (P_2 \sin\alpha)^2$$

$$= P_1^2 + 2P_1P_2\cos\alpha + P_2^2\cos^2\alpha + P_2^2\sin^2\alpha$$

$$= P_1^2 + P_2^2(\sin^2\alpha + \cos^2\alpha) + 2P_1P_2\cos\alpha$$

$$= P_1^2 + P_2^2 + 2P_1P_2\cos\alpha$$

$$R = \sqrt{P_1^2 + P_2^2 + 2P_1P_2\cos\alpha} \quad (1.5)$$

㉢ 합력의 방향

$$\tan\theta = \frac{P_2\sin\alpha}{P_1 + P_2\cos\alpha}$$

$$\theta = \tan^{-1}\left(\frac{P_2 \sin\alpha}{P_1 + P_2 \cos\alpha}\right) \qquad (1.6)$$

㉣ 작용점 : 작용점은 힘 P_1과 P_2의 교점, 즉 점 O이다.

예제 1.4 다음 그림에서 두 힘에 대한 합력의 크기와 방향을 구하시오.

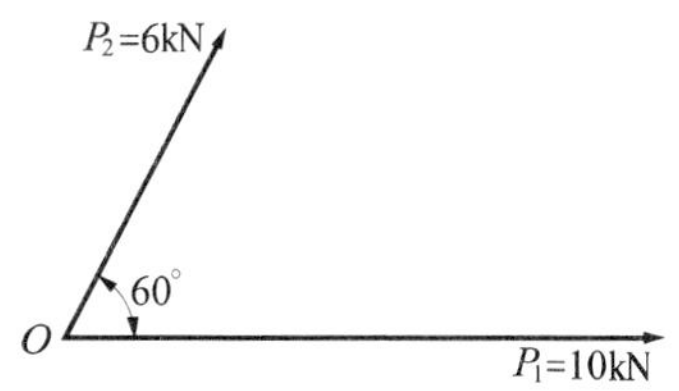

그림 1.17

(1) 합력의 크기

$$R = \sqrt{P_1^2 + P_2^2 + 2P_1P_2\cos\alpha}$$
$$= \sqrt{10^2 + 6^2 + 2\times 10\times 6\times \cos 60°} = 14\,\text{kN}$$

(2) 합력의 방향

$$\theta = \tan^{-1}\left(\frac{P_2 \sin\alpha}{P_1 + P_2\cos\alpha}\right) = \tan^{-1}\left(\frac{6\times \sin 60°}{10 + 6\times\cos 60°}\right) = 22°$$

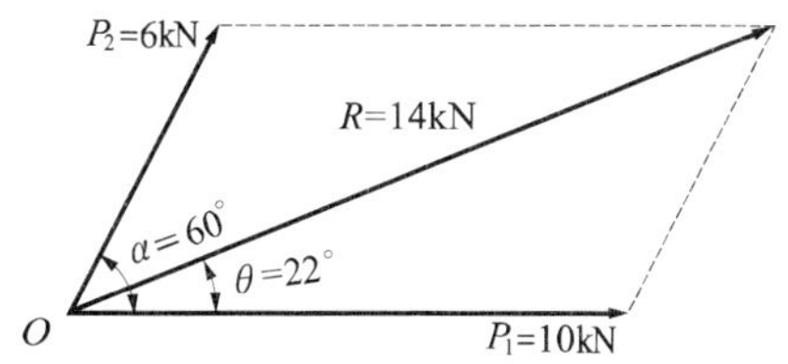

그림 1.18

(3) 작용점이 같은 여러 개 힘의 합성

① 도식법

아래 그림에서 점 O에 여러 개의 힘 P_1, P_2, P_3, P_4가 작용할 때 힘 P_1, P_2의

합력을 삼각형법으로 구하면 R_1이 된다. 이어서 R_1과 P_3의 합력은 R_2가 되고, R_2와 P_4의 합력은 R이 된다. 따라서 R은 P_1, P_2, P_3, P_4의 합력이 된다.

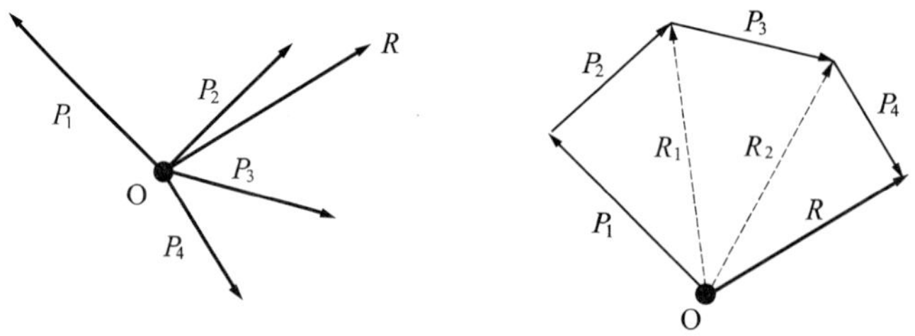

(a) 힘의 위치 (b) 도식법에 의한 합력

그림 1.19 도식법에 의한 작용점이 같은 여러 개 힘의 합성

② 산식법

㉠ 개요

점 O에 여러 개의 힘 P_1, P_2, P_3, P_4가 작용할 때 각각의 힘들을 점 O를 지나는 x축 및 y축의 힘으로 분해하여 그들의 수평분력의 대수합 ΣX와 수직분력의 대수합 ΣY를 구하면 된다.

㉡ 수평분력의 대수합 (+; →)

$$\Sigma X = H_1 + H_2 + H_3 + H_4 = P_1 \cos\theta_1 - P_2 \cos\theta_2 - P_3 \cos\theta_3 + P_4 \cos\theta_4$$

㉢ 수직분력의 대수합 (+; ↑)

$$\Sigma Y = V_1 + V_2 + V_3 + V_4 = P_1 \sin\theta_1 + P_2 \sin\theta_2 - P_3 \sin\theta_3 - P_4 \sin\theta_4$$

㉣ 합력의 크기 (R)

$$R = \sqrt{(\Sigma X)^2 + (\Sigma Y)^2}$$

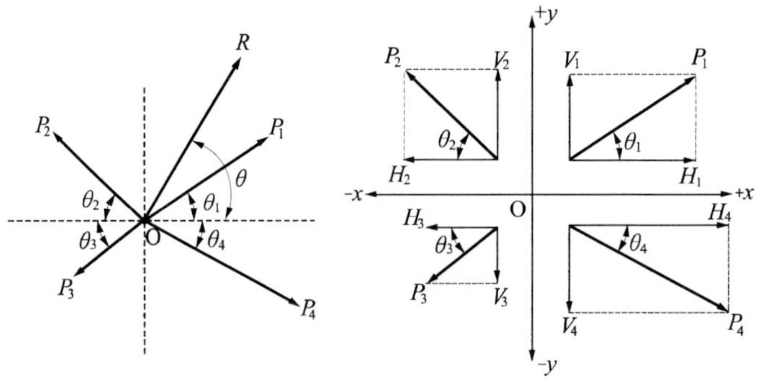

(a) 힘의 위치 (b) 각 힘의 수직 및 수평분력

그림 1.20 산식법에 의한 작용점이 같은 여러 개 힘의 합성

㉤ 합력의 방향(θ)

$$\tan\theta = \frac{\Sigma Y}{\Sigma X}$$

$$\theta = \tan^{-1}\left(\frac{\Sigma Y}{\Sigma X}\right)$$

예제 1.5 다음 그림에서 여러 힘에 대한 합력의 크기와 방향을 구하시오.

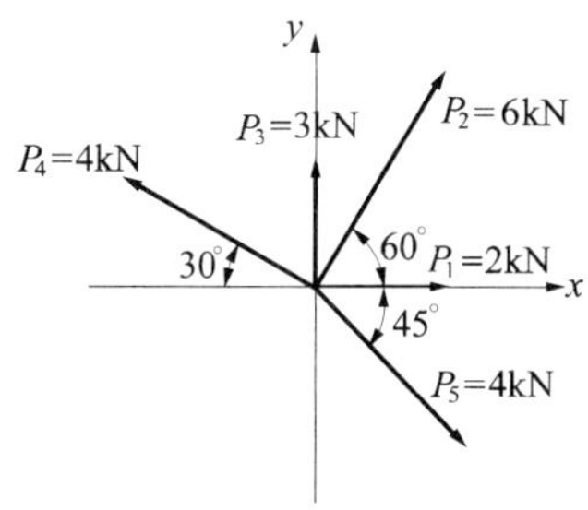

그림 1.21

(1) 합력의 크기 (R)

① 수평분력의 합 (ΣX, +; →)

$$\Sigma X = 2 + 6\times\cos 60° + 0 - 4\times\cos 30° + 4\times\cos 45° = 4.364\ \text{kN}$$

② 수직분력의 합 (ΣY, +; ↑)

$$\Sigma Y = 0 + 6\times\sin 60° + 3 + 4\times\sin 30° - 4\times\sin 45° = 7.368\ \text{kN}$$

∴ 합력의 크기 R

$$R = \sqrt{(\Sigma X)^2 + (\Sigma Y)^2} = \sqrt{4.364^2 + 7.368^2} = 8.563\ \text{kN}$$

(2) 합력의 방향 (θ)

$$\tan\theta = \frac{\Sigma Y}{\Sigma X}$$

$$\theta = \tan^{-1}\left(\frac{\Sigma Y}{\Sigma X}\right) = \tan^{-1}\left(\frac{7.368}{4.364}\right) = 59°$$

(4) 힘의 작용선이 평행일 때 여러 개 힘의 합성

① 각 힘의 대수합을 산정하여 크기와 방향을 구한다.

② 합력의 위치는 바리뇽의 정리[2)]를 이용하여 구한다.

③ 합력의 크기 R은 각 힘들의 대수합이다.

$R = P_1 + P_2 - P_3$

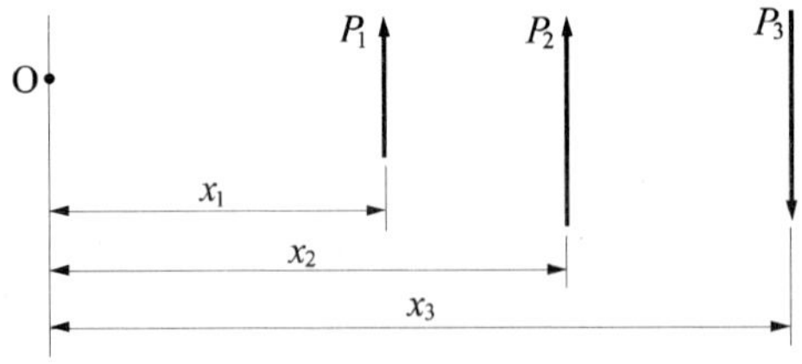

그림 1.22

(5) 시력도와 연력도

① 시력도

㉠ 시력도(Force Polygon, 示力圖)와 연력도(Funicular Polygon, 連力圖)는 두 힘이 나란하든가 거의 나란하여 작용선의 교점을 구하기 곤란할 경우의 합력을 구할 때 사용한다.

㉡ 시력도에 의해 합력의 크기와 방향을 구한다.

㉢ 힘의 합성에서 도해법 중 삼각형법과 같은 원리이다.

㉣ P_1의 종점에 P_2의 시점을 위치시키고, P_1의 시점에서 P_2의 종점을 연결하면 합력 R의 크기와 방향이 결정된다.

㉤ 여러 개의 힘을 시력도로 작성할 때 처음 시작한 힘의 시점과 마지막 힘의 종점이 일치하면 폐합이 된다. 이 때 합력은 영(0)이다.

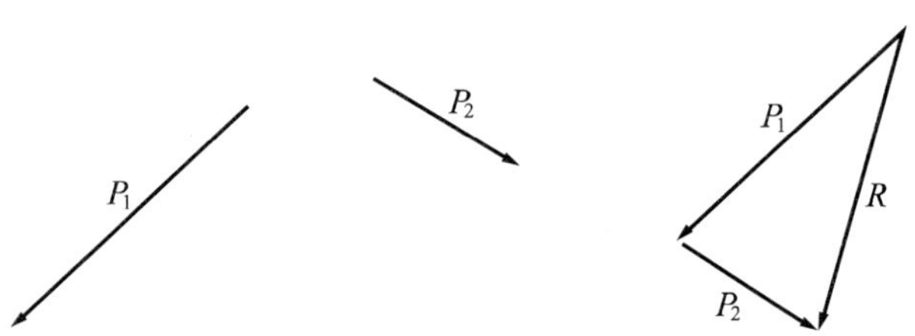

(a) 힘의 작용 (b) 시력도

그림 1.23 시력도에 의한 힘의 합성

2) § 1.2.4 (6) 바리뇽의 정리 참조.

② 연력도

㉠ 연력도에 의해 합력의 작용선을 구한다.

㉡ 시력도를 바탕으로 하여 작성한다.

㉢ 연력도의 방법은 다음과 같다.

ⓐ 시력도에서 임의의 점 O를 잡고, 점 O와 점 A, B, C를 연결한 선 $\overline{OA}$, $\overline{OB}$, $\overline{OC}$를 긋는다.

ⓑ 선 2와 나란한 선 ②를 임의의 위치에 긋고, 힘 P_1, P_2와 만나는 점을 A', B'으로 표시한다.

ⓒ 점 A'에서 선 1과 나란한 선 ①을 긋고, 또한 점 B'에서 선 3과 나란한 선 ③을 그어 교점 C'을 구한다.

ⓓ 시력도의 합력 R의 크기를 점 C'을 통과하는 위치에 이동시켜 놓는다.

ⓔ 힘 P_1, P_2의 합력 R에 대한 작용선을 구할 수 있다.

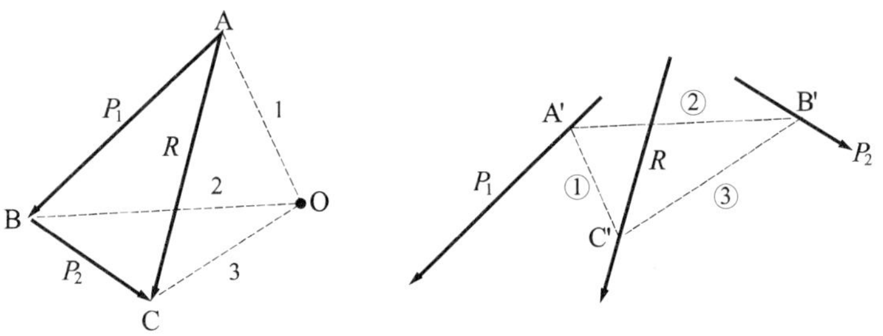

(a) 시력도 (b) 연력도

그림 1.24 연력도에 의한 힘의 합성

예제 1.6 다음과 같이 여러 힘들이 수직으로 작용하고 있는 경우 합력(R)을 구하고, 합력의 작용선이 점 A에서 오른쪽으로 얼마나 떨어진 곳에 위치하는지 구하여라.

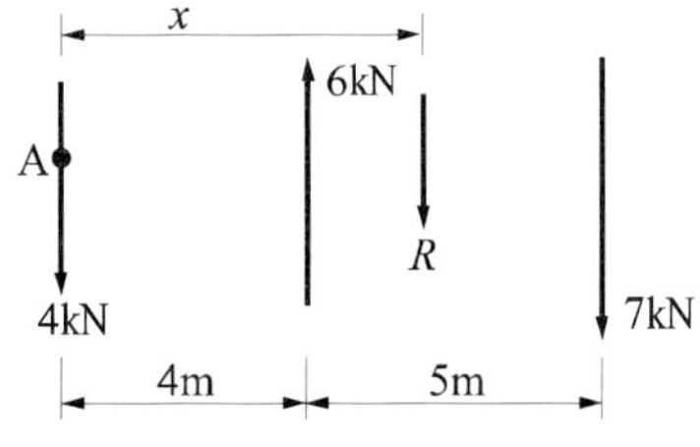

그림 1.25

(1) 분력 : -4 kN , 6 kN , -7 kN

(2) 합력 : $R = -4 + 6 - 7 = -5$ kN

(3) 점 A에 대한 분력의 모멘트 (+; ↷) : $4 \times 0, -6 \times 4, 7 \times 9$

(4) 점 A에 대한 합력 (R)의 모멘트 (+; ↷) : $5 \times x$

(5) 바리뇽의 정리에 따른 점 A의 모멘트 (+; ↷) : $M_A = 4 \times 0 - 6 \times 4 + 7 \times 9$

$$= 5 \times x$$

(6) 합력 (R)의 위치 : $x = 7.8$ m

∴ 합력 (R)은 -5 kN 이고, 합력의 위치는 점 A에서 오른쪽으로 7.8 m 떨어진 곳에 위치한다.

1.2.5 힘의 분해

(1) 개요

① 한 개의 힘을 동일한 힘의 효과를 일으키는 두 개 이상의 힘으로 나누는 것을 힘의 분해 (Resolution, 分解)라 한다.

② 이 때 나누어진 힘을 분력 (Component, 分力)이라 한다.

③ 힘의 분해는 구조역학의 전반에 걸쳐 유용하게 사용된다.

(2) 한 개의 힘을 직교하는 두 개의 힘으로 분해

힘 P 를 직교하는 두 개의 힘으로 분해할 경우, x축 상의 분력 $P_x = P\cos\theta$ 이고 y축 상의 분력 $P_y = P\sin\theta$이다.

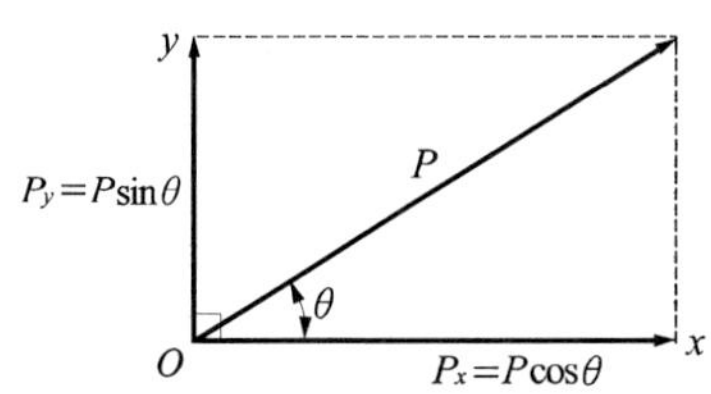

그림 1.26 직교하는 두 개의 힘으로 분해

(3) 한 개의 힘을 직교하지 않는 두 개의 힘으로 분해

임의 방향의 두 힘으로 분해할 때는 사인법칙[3]을 이용하여 분해하면 편리하다.

예제 1.7 다음과 같이 10 kN 이 x축에 30°의 각도로 작용할 때 x축, y축 상의 분력을 구하여라.

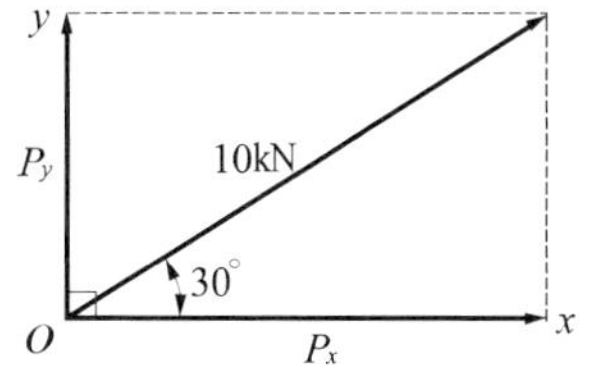

그림 1.27

↳ x축 상의 분력 $P_x = 10 \times \cos 30° = 8.66\ \mathrm{kN}$

y축 상의 분력 $P_y = 10 \times \sin 30° = 5.00\ \mathrm{kN}$

1.2.6 사인법칙과 코사인법칙

(1) 사인법칙

① 개요

㉠ 사인법칙 (Lami's Theorem, 라미의 정리)은 평형을 이루는 세 힘 (시력도가 닫히는 경우)에서 부재력을 쉽게 구할 수 있다.

㉡ 삼각형 ABC의 세 각의 크기 θ_1, θ_2, θ_3와 세 변의 길이 a, b, c 사이엔 다음과 같은 관계가 성립한다.

$$\frac{a}{\sin\theta_1} = \frac{b}{\sin\theta_2} = \frac{c}{\sin\theta_3} \tag{1.7}$$

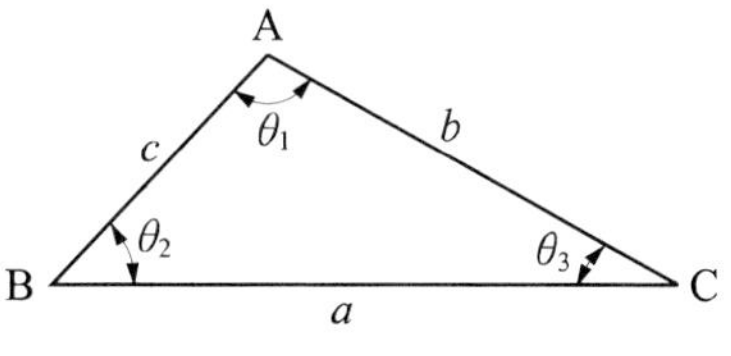

그림 1.28

3) § 1.2.6 (1) 사인법칙 참조.

② 적용

시력도가 닫힌 세 힘에 의해 만들어진 삼각형에서 한 힘의 크기와 삼각형의 세 각을 알면 다른 두 힘의 크기를 구할 수 있다.

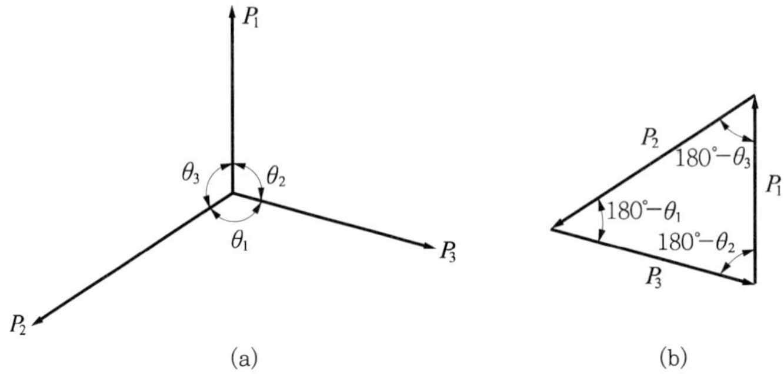

그림 1.29

그림 1.29 (a)와 같이 세 힘이 한 점에서 만나면 그림 1.29 (a)는 그림 1.29 (b)와 같이 P_1, P_2, P_3의 시력도가 닫히는 삼각형으로 할 수 있다. 그림 1.29 (b)와 같이 닫힌 시력도에 대해 사인법칙을 적용하면 다음과 같다.

$$\frac{P_1}{\sin(180° - \theta_1)} = \frac{P_2}{\sin(180° - \theta_2)} = \frac{P_3}{\sin(180° - \theta_3)}$$

여기서, $\theta_i \leq 180°$이면 $\sin(180° - \theta_i) = \sin\theta_i$이므로 다음 식과 같이 정리할 수 있다.

$$\frac{P_1}{\sin\theta_1} = \frac{P_2}{\sin\theta_2} = \frac{P_3}{\sin\theta_3} \qquad (1.8)$$

(P_1, P_2, P_3의 시력도가 닫히는 경우)

따라서 힘 P_3가 이미 알고 있는 힘일 경우, 임의의 분력 P_1, P_2는 다음과 같다.

$$P_1 = P_3 \frac{\sin\theta_1}{\sin\theta_3}$$

$$P_2 = P_3 \frac{\sin\theta_2}{\sin\theta_3}$$

또한 위의 식에서 $\theta_i > 180°$인 경우에도 그림 1.29 (a)와 같이 하여 사인법칙을 직접 적용할 수 있다. 그러나 $\theta_i > 180^\circ$ 인 경우 그림 1.29 (b)와 같이 하여 사인법칙을 적용할 경우 $\sin(180^\circ - \theta_i) = -\sin(\theta_i - 180^\circ)$이므로 θ_i가 180° 이상인 것에 대해서만 $\sin(180^\circ - \theta_i) = -\sin(\theta_i - 180^\circ)$로 한다.

$$\frac{P_1}{\sin(\alpha - \theta)} = \frac{P_2}{\sin\theta} = \frac{R}{\sin(180^\circ - \alpha)} \tag{1.9}$$

여기서, $\sin(180^\circ - \alpha) = \sin\alpha$ 이므로, 임의의 분력 P_1, P_2는 다음과 같다.

$$P_1 = R\,\frac{\sin(\alpha - \theta)}{\sin\alpha}$$

$$P_2 = R\,\frac{\sin\theta}{\sin\alpha}$$

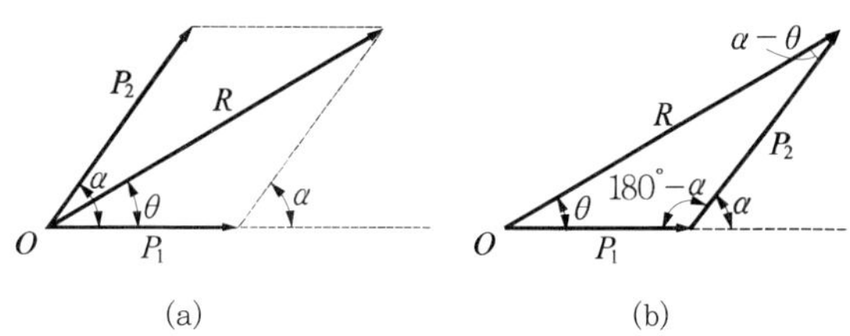

그림 1.30

(2) 코사인법칙

① 개요

㉠ 코사인법칙은 평형을 이루는 세 힘 (시력도가 닫히는 경우)에서 부재력을 구할 수 있다.

㉡ 그림 1.28과 같은 삼각형 ABC의 세 각의 크기 θ_1, θ_2, θ_3와 세 변의 길이 a, b, c 사이엔 다음과 같은 관계가 성립한다.

$$a^2 = b^2 + c^2 - 2bc\cos\theta_1 \tag{1.10 a}$$

$$b^2 = c^2 + a^2 - 2ca\cos\theta_2 \tag{1.10 b}$$

$$c^2 = a^2 + b^2 - 2ab\cos\theta_3 \tag{1.10 c}$$

② 적용

두 힘과 그 사이의 끼인각으로 나머지 하나의 힘을 구할 때나 세 힘으로 삼각형의 각을 구하는데 유용하게 사용된다.

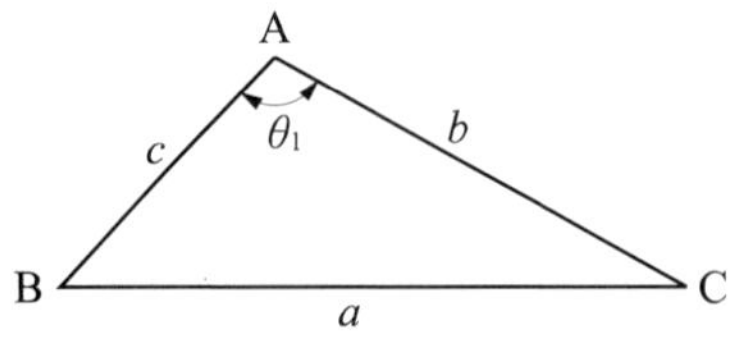

그림 1.31

$$a = \sqrt{b^2 + c^2 - 2bc\cos\theta_1} \qquad (1.11\ \text{a})$$

$$\theta_1 = \cos^{-1}\left(\frac{b^2 + c^2 - a^2}{2bc}\right) \qquad (1.11\ \text{b})$$

예제 1.8 다음 그림에서 부재 $\overline{AC}$, $\overline{BC}$가 받는 힘의 크기 T_1, T_2를 구하시오.

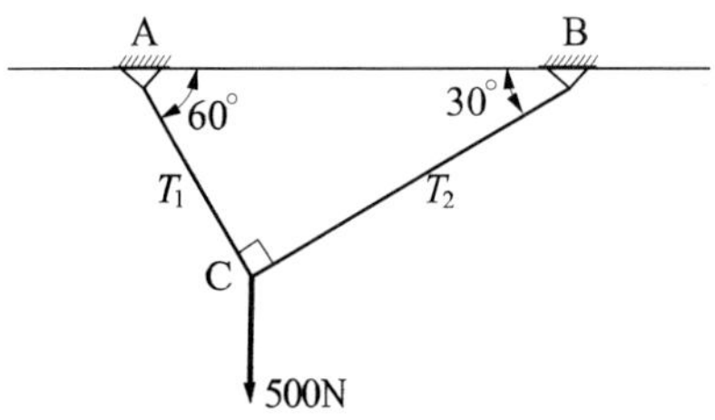

그림 1.32

(1) 한 점 (C)에 작용하는 세 힘은 서로 평형을 이루고 있다.

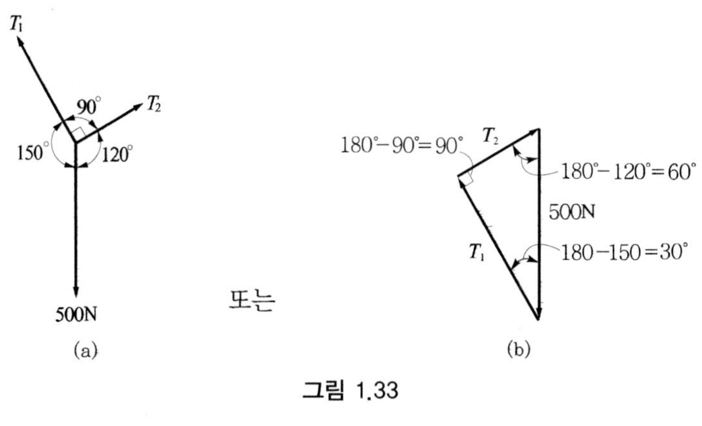

그림 1.33

(2) T_1과 T_2는 모두 인장(+)으로 가정한다.

① 그림 1.33 (a)로부터 산정할 경우

$$\frac{500}{\sin 90°} = \frac{T_1}{\sin 120°} = \frac{T_2}{\sin 150°}$$

$$T_1 = 500 \times \left(\frac{\sin 120°}{\sin 90°}\right) = 433\ \text{N (인장)}$$

$$T_2 = 500 \times \left(\frac{\sin 150°}{\sin 90°}\right) = 250\ \text{N (인장)}$$

② 그림 1.33 (b)로부터 산정할 경우

$$\frac{500}{\sin 90°} = \frac{T_1}{\sin(180° - 120°)} = \frac{T_2}{\sin(180° - 150°)}$$ 이므로

$$\frac{500}{\sin 90°} = \frac{T_1}{\sin 60°} = \frac{T_2}{\sin 30°}$$ 이다.

$$T_1 = 500 \times \left(\frac{\sin 60°}{\sin 90°}\right) = 433\ \text{N (인장)}$$

$$T_2 = 500 \times \left(\frac{\sin 30°}{\sin 90°}\right) = 250\ \text{N (인장)}$$

예제 1.9 다음 그림에서 부재 $\overline{AB}$, $\overline{BC}$가 받는 힘의 크기 T_1, T_2를 구하시오.

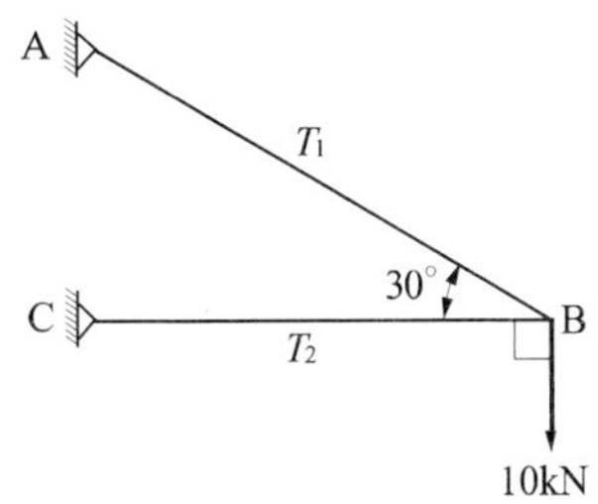

그림 1.34

(1) 한 점(B)에 작용하는 세 힘은 서로 평형을 이루고 있다.

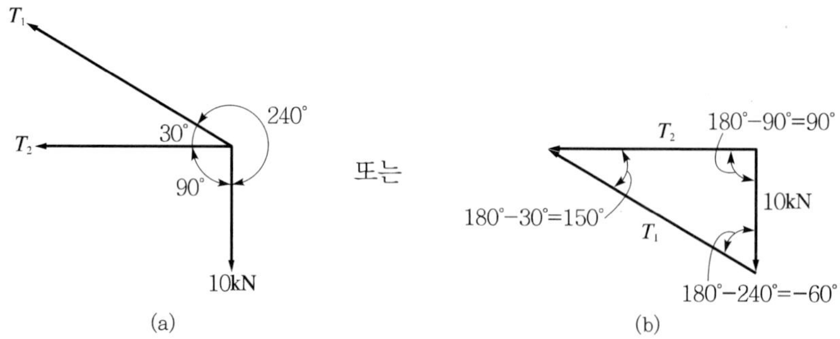

그림 1.35

(2) T_1과 T_2는 모두 인장(+)으로 가정한다.

① 그림 1.35 (a)로부터 산정할 경우

$$\frac{10}{\sin 30°}=\frac{T_1}{\sin 90°}=\frac{T_2}{\sin 240°}$$

$$T_1=10\times\left(\frac{\sin 90°}{\sin 30°}\right)=20.00\text{ kN (인장)}$$

$$T_2=10\times\left(\frac{\sin 240°}{\sin 30°}\right)=-17.32\text{ kN (압축)}$$

② 그림 1.35 (b)로부터 산정할 경우

$$\frac{10}{\sin(180°-30°)}=\frac{T_1}{\sin(180°-90°)}=\frac{T_2}{\sin(180°-240°)}\text{ 이므로}$$

$$\frac{10}{\sin 150°}=\frac{T_1}{\sin 90°}=\frac{T_2}{\sin(-60°)}\text{이다.}$$

$$T_1=10\times\left(\frac{\sin 90°}{\sin 150°}\right)=20.00\text{ kN (인장)}$$

$$T_2=10\times\left(\frac{\sin(-60°)}{\sin 30°}\right)=-17.32\text{ kN (압축)}$$

1.2.7 힘의 평형

(1) 개요

몇 개의 힘이 어떤 물체에 작용하여 그 물체가 이동하지도 않고 회전하지도 않는 정지 상태로 되었을 때, 그 몇 개의 힘은 평형(Equilibrium, 平衡)을 이루고 있다고 한다.

주1) 힘의 평형에서는 힘의 평형방정식(Equation of Equilibrium, 평형조건식)에 대한 개념과 식의 내용을 정확히 이해하는 것이 중요하다.

표 1.2 힘의 평형조건(평면력의 경우)

구 분	평형조건(정지조건)		
의 미	좌우(수평방향)로 움직이지 않는다.	상하(수직방향)로 움직이지 않는다.	회전하지 않는다.
반 력 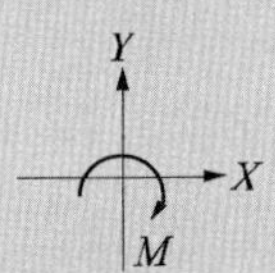	수평하중 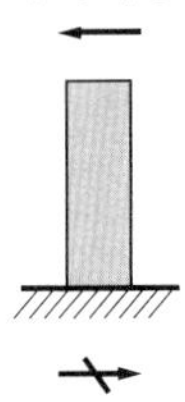 수평반력	수직하중 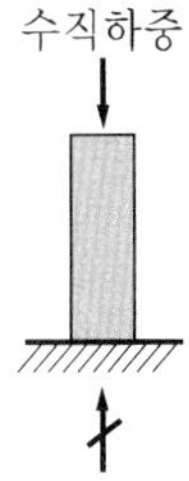 수직반력	모멘트하중 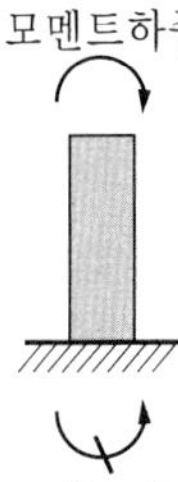 모멘트반력
역학적 표현 (힘의 평형방정식)	$\Sigma X = 0$	$\Sigma Y = 0$	$\Sigma M = 0$

(2) 힘의 평형방정식

① 작용점이 다른 여러 개 힘의 평형방정식

표 1.3 작용점이 다른 여러 개 힘의 평형조건(평면력의 경우)

구분	평형조건	비 고
도식조건 (도해조건)	① 시력도가 폐합이 되어야 한다. ② 연력도가 폐합이 되어야 한다.	시력도가 폐합이 되면 합력이 0 ($\Sigma X = 0$, $\Sigma Y = 0$)이고, 연력도가 폐합이 되면 모멘트의 합이 0($\Sigma M = 0$)이다.
수식조건	① 수평분력의 합이 0이 되어야 한다. ② 수직분력의 합이 0이 되어야 한다. ③ 임의의 점에 대한 모멘트의 합이 0이 되어야 한다.	① $\Sigma X = 0$ ② $\Sigma Y = 0$ ③ $\Sigma M = 0$

주1) 평면력의 경우 힘의 평형방정식은 $\Sigma X=0$, $\Sigma Y=0$, $\Sigma M=0$ 이다. 이와 같은 역학적 표현을 힘의 평형방정식, 힘의 평형조건식 또는 정역학적 3요소(정정구조물을 해석하는 3요소)라 한다. 또는 $\Sigma M_A=0$, $\Sigma M_B=0$, $\Sigma M_C=0$과 $\Sigma X=0$, $\Sigma Y=0$, $\Sigma M=0$은 서로 필요충분조건이 성립한다(단, 점 A, B, C는 동일선 상에 있지 않아야 한다).
주2) 정정구조물에서는 이 조건식만으로 반력과 단면력(부재력)을 구할 수 있으나, 부정정 구조물은 이 조건식만으로는 반력과 단면력(부재력)을 구할 수 없고 별도의 탄성방정식이 필요하다.
주3) 입체력의 경우 평형방정식은 6개가 된다. 즉, $\Sigma X=0, \Sigma Y=0, \Sigma Z=0, \Sigma M_x=0, \Sigma M_y=0, \Sigma M_z=0$이다.

② 작용점이 같은 여러 개 힘의 평형방정식

표 1.4 작용점이 같은 여러 개 힘의 평행조건(평면력의 경우)

구분	평형조건	비 고
도식조건 (도해조건)	시력도가 폐합이 되어야 한다.	작용점이 같을 경우 모멘트는 발생되지 않고, 시력도가 폐합이면 합력이 0이다.
수식조건	① 수평분력의 합이 0이 되어야 한다. ② 수직분력의 합이 0이 되어야 한다.	① $\Sigma X=0$ ② $\Sigma Y=0$

주1) 여러 힘이 한 점에 작용하는 힘의 평형방정식은 $\Sigma X=0$, $\Sigma Y=0$이다(∵ 한 점에 여러 힘이 작용할 경우 그 점에 대해서는 $\Sigma M=0$ 이 자동적으로 성립한다).

(3) 자유물체도

자유물체도(FBD, Free Body Diagram, 自由物體圖)는 전체 구조물 중에서 일부를 끊었을 때, 그 끊어낸 자유물체에 작용하는 모든 힘(하중, 반력, 절단된 부분으로부터 전달되는 힘과 모멘트 등)이 표시된 그림이다.

예제 1.10 다음 그림과 같이 지점 A가 고정되고 지점 B에서 외력을 받을 경우 구간 AB, 구간 AC, 구간 CB의 자유물체도를 그리시오.

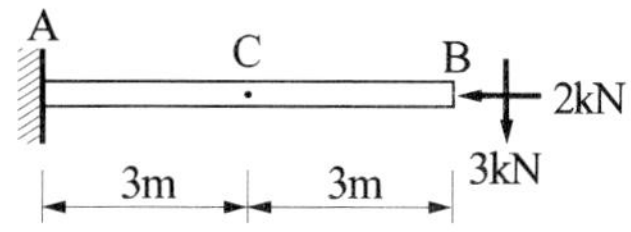

그림 1.36

↳

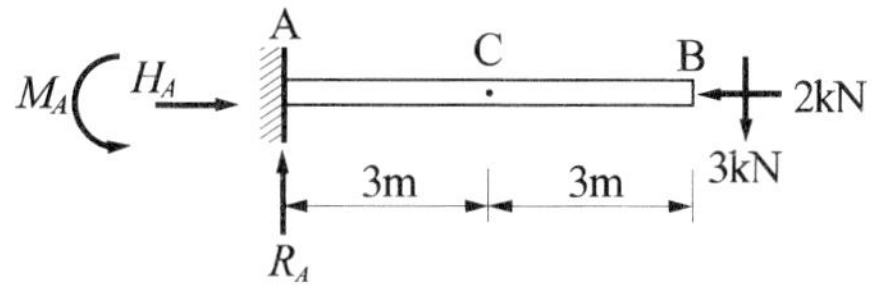

그림 1.37

(1) 구조물의 반력 산정

① $\Sigma X = 0\ (+;\ \rightarrow)$: $\Sigma X = H_A - 2 = 0$ $\qquad \therefore\ H_A = 2\ \text{kN}$

② $\Sigma Y = 0\ (+;\ \uparrow)$: $\Sigma Y = R_A - 3 = 0$ $\qquad \therefore\ R_A = 3\ \text{kN}$

③ $\Sigma M = 0\ (+;\frown)$: $\Sigma M_A = -M_A + 3 \times 6 = 0$ $\qquad \therefore\ M_A = 18\ \text{kN}\cdot\text{m}$

주1) ΣM_A : 점 A에 작용하는 모멘트의 합을 나타낸다.

주2) M_A : 점 A에서의 모멘트반력을 나타낸다.

(2) 자유물체도 (FBD)

① 구간 AB의 FBD

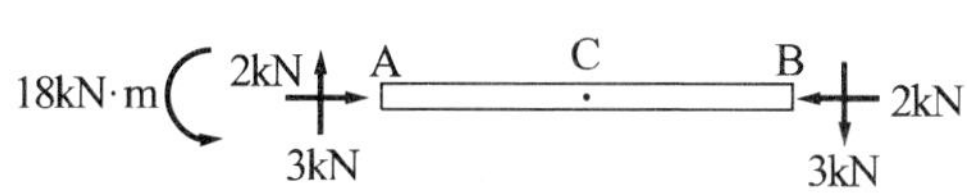

그림 1.38

② 구간 AC와 CB의 FBD

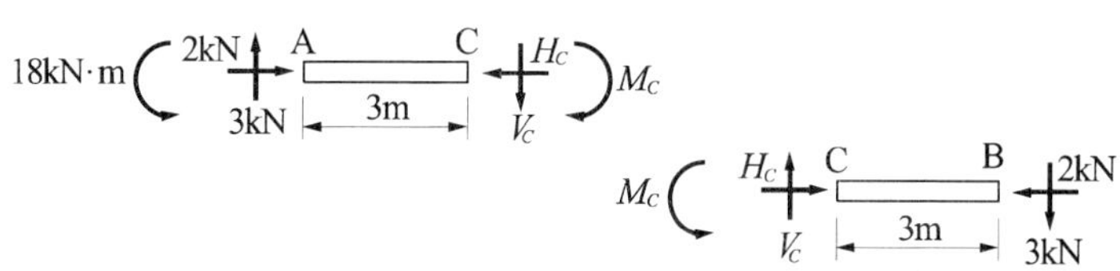

그림 1.39

㉠ 구간 AC의 평형조건으로부터 점 C의 내력 산정

ⓐ $\Sigma X = 0\ (+;\ \rightarrow):\ \Sigma X = 2 - H_C = 0$ $\qquad \therefore\ H_C = 2\ \text{kN}$

ⓑ $\Sigma Y = 0\ (+;\ \uparrow):\Sigma Y = 3 - V_C = 0$ $\qquad \therefore\ V_C = 3\ \text{kN}$

ⓒ $\Sigma M = 0\ (+;\curvearrowright):\Sigma M_A = -18 + V_C \times 3 + M_C$

$= -18 + 3 \times 3 + M_C = 0$ $\quad \therefore\ M_C = 9\ \text{kN}\cdot\text{m}$

㉡ 따라서 구간 AC와 CB의 FBD는 다음과 같다.

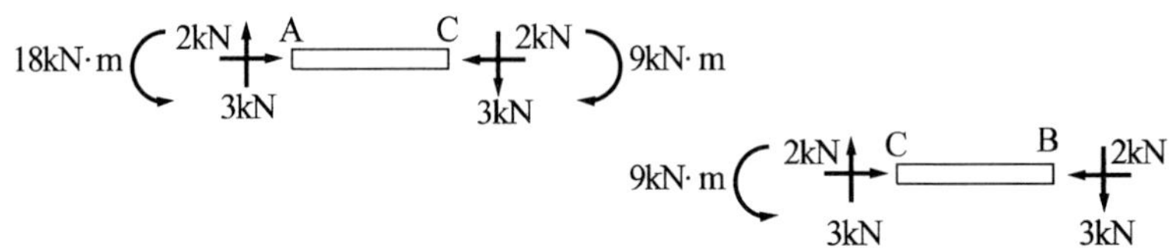

그림 1.40

1.3 구조물의 특성

1.3.1 지점과 절점

(1) 정의

① 지점

㉠ 지점 (Support, 支點)은 부재 또는 구조물을 지지하고 있는 점으로 부재와 지반이 연결된 곳이다.

㉡ 이동지점, 회전지점, 고정지점이 있다.

② 지점반력

㉠ 지점반력 (Reaction, 支點反力)은 물체가 하중을 받았을 때 평형을 이루기 위해 지점에 생기는 힘이다.

㉡ 구조물에 하중이 작용해도 정지하고 있는 것은 지점에서 이 하중에 대응하는 저항력이 생겨 이 구조물에는 힘의 평형이 이루어지기 때문이다.

㉢ 이 저항력을 지점반력이라 한다.

㉣ 종류로는 수직반력 (R), 수평반력 (H), 모멘트반력 (M) 등이 있다.

③ 절점

㉠ 절점(Joint, 節點)은 구조물을 구성하고 있는 부재와 부재를 연결한 곳이다.

㉡ 회전절점, 고정절점이 있다.

(2) 지점의 종류

표 1.5 지점의 종류, 기호 및 반력의 수

종 류	지점상태	기 호	반력의 수
이동지점 (이동단, Roller Support, Support)	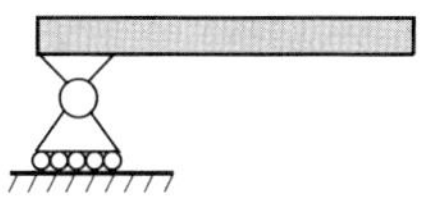	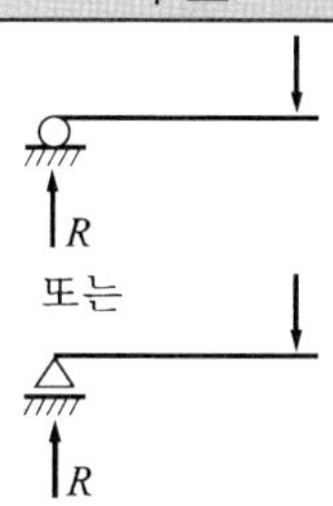	수직반력 (R) 1개 (수직이동 구속, 수평이동 가능, 회전 가능)
회전지점 (회전단, 힌지지점, Hinge Support, Pin Support)	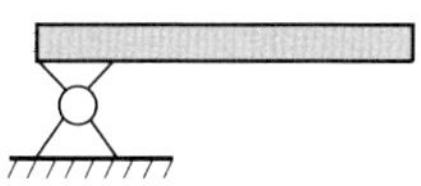	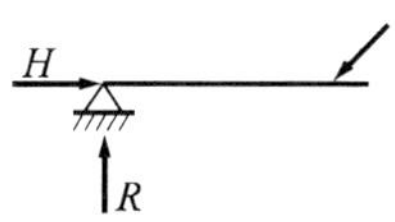	수직반력 (R) 1개 수평반력 (H) 1개 (수직 및 수평이동 구속, 회전 가능)
고정지점 (고정단, 강지점, Fixed Support)	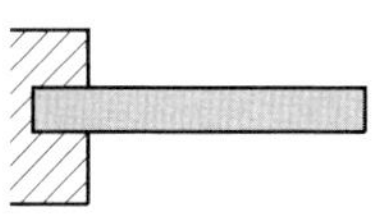	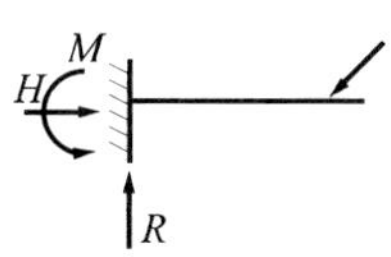	수직반력 (R) 1개 수평반력 (H) 1개 모멘트반력 (M) 1개 (수직 및 수평이동과 회전 불가능)

주1) 이동지점의 경우 구조물의 과도한 변형으로 인한 수평이동은 발생하지 않는 것으로 가정한다.

(3) 절점의 종류

표 1.6 절점의 종류, 기호 및 변형

종 류	기 호	비 고
회전절점 (Pin Joint, Hinge Joint, 힌지절점, 활절점)	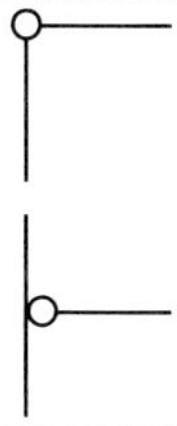	① 부재 끝이 자유롭게 회전할 수 있게 한 절점이다. ② 라멘 구조물에서 변형 전의 부재 상호 간의 각도가 변형 후에 변하는 절점이다. (힘은 전달되나, 모멘트는 전달 안 됨; 절점에 연결된 부재들은 이동은 같이 하나, 회전은 독립적임)

종 류	기 호	비 고
고정절점 (Rigid Joint, Fixed Joint, 강절점)		① 부재 끝이 자유롭게 회전할 수 없는 절점이다. ② 라멘 구조물에서 변형 전의 부재 상호 간의 각도가 변형 후에도 변하지 않는 절점이다. (힘과 모멘트 모두 전달됨; 절점에 연결된 부재들의 이동과 회전은 같음)

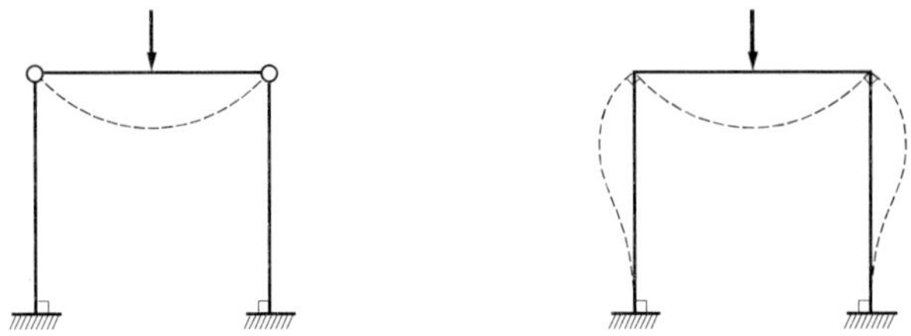

(a) 회전절점 (힌지절점)　　(b) 고정절점 (강절점)

그림 1.41 회전절점과 고정절점

1.3.2 구조 부재의 분류

(1) 힘을 받는 상태에 따른 분류

표 1.7 힘을 받는 상태에 따른 부재의 종류

분 류	내 용	비 고
인장부재 (Tension Member)	① 부재축방향으로 인장력을 받는 부재이다. ② 인장재라고도 한다.	
압축부재 (Compression Member)	① 부재축방향으로 압축력을 받는 부재이다. ② 압축재라고도 한다.	
휨부재 (Bending Member)	① 부재축의 직각방향으로 힘을 받아 휨모멘트를 받는 부재이다. ② 휨재라고도 한다.	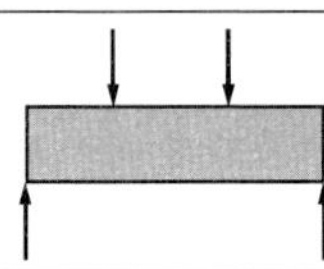

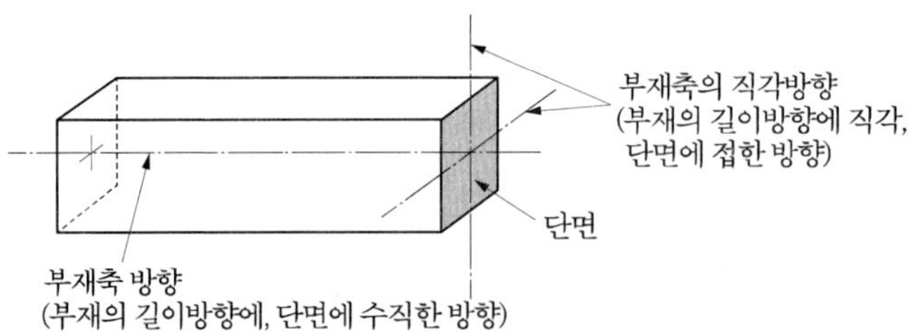

그림 1.42 부재축방향과 그 직각방향

(2) 구성 부재에 따른 분류

① 선형 부재 (Line Member)

표 1.8 선형 부재의 종류

분 류	내 용
기둥 (Column)	주로 압축력을 지지하는 수직방향의 부재이다.
보 (Beam)	주로 휨모멘트와 전단력을 지지하는 수평방향의 부재이다.
라멘 (골조, Rahmen)	기둥과 보를 조합한 구조로서 인장부재, 압축부재 및 휨부재가 고정절점 또는 회전절점으로 짜여진 구조이다.
트러스 (Truss)	부재의 절점을 회전절점 (핀, Pin)으로 접합으로 하여 구성부재가 인장력이나 압축력만을 지지하도록 한 구조이다.
아치 (Arch)	부재축을 곡선으로 하여 휨모멘트를 최소화하고 주로 압축력을 지지하도록 한 부재이다.
케이블 (Cable)	강선 (Steel Wire) 등을 이용하여 인장력만 지지하도록 한 부재이다.

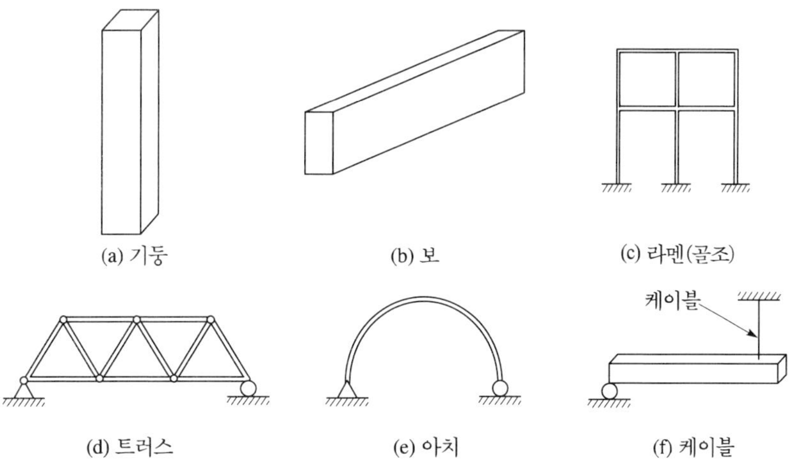

그림 1.43 선형부재

② 면재 (Surface Member)

표 1.9 면재의 종류

분 류	내 용
슬래브 (Slab)	구조물의 바닥판으로서 수평하게 설치되어 하중을 지지하는 부재이다.
벽 (Wall)	수직으로 설치되어 수직력 그리고 바람이나 지진 등의 수평력 (횡력)을 지지하는 부재이다.
쉘 (Shell)	곡면을 이루는 판재이며 선형부재의 아치와 같이 주로 압축력만 지지하도록 한 부재이다.

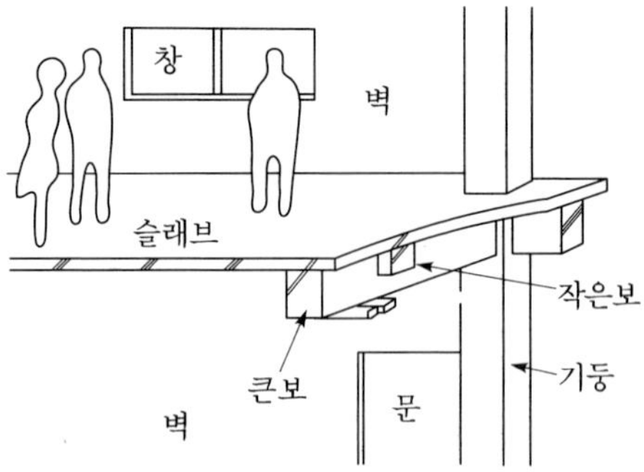

그림 1.44 구조물의 구성부재

1.3.3 부재와 절점의 모델링[4)]

(1) 개요

구조물에서 라멘(골조)을 구성하는 기둥과 보는 단면(폭×춤)과 길이를 갖는 부재이다. 이러한 부재에서 단면의 폭(너비)과 춤(높이)은 길이에 비해 작으므로 길이방향의 선형부재로 모델링하여 표현한다. 트러스 또는 아치 등의 구조물을 표시할 때 같은 방법으로 선형부재로 표현한다.

(2) 보의 모델링

표 1.10 보의 모델링 예제

실제 구조물	구조물의 모델링
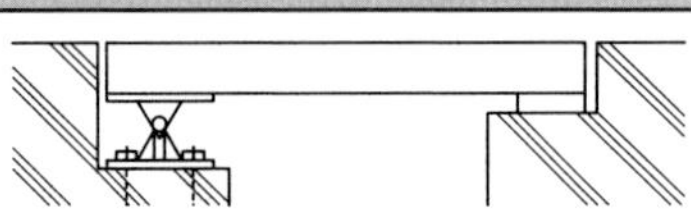	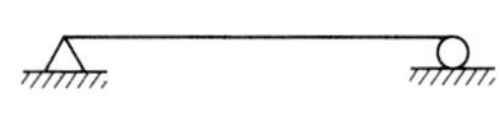
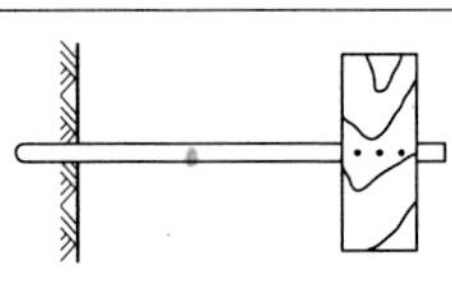	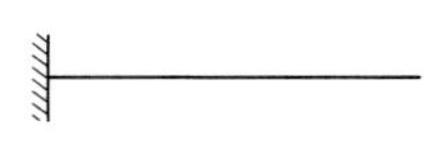
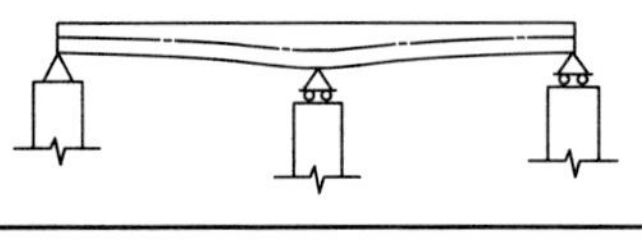	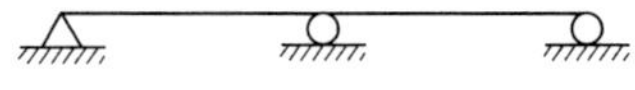

4) 和泉正哲, 정광량 역, 건축구조역학1, pp.110~111, 탐구문화사, 1992.

(3) 라멘 (골조)의 모델링

표 1.11 라멘 (골조)의 모델링 예제

실제 구조물	구조물의 모델링
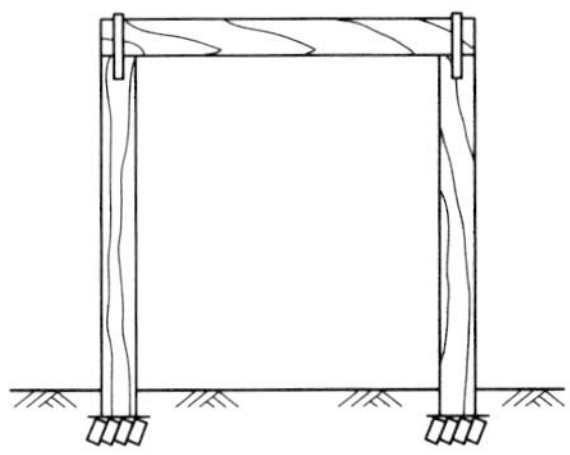	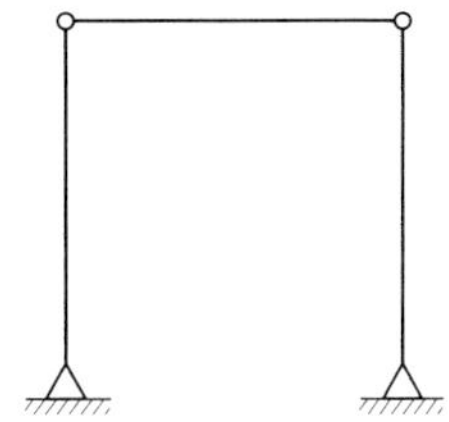
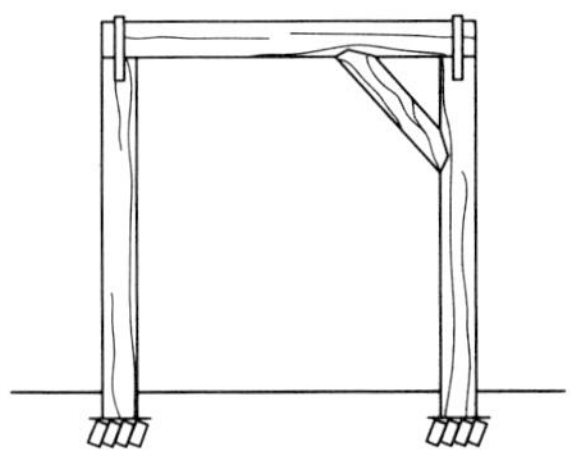	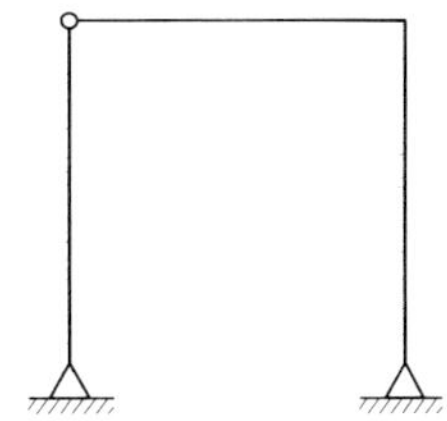
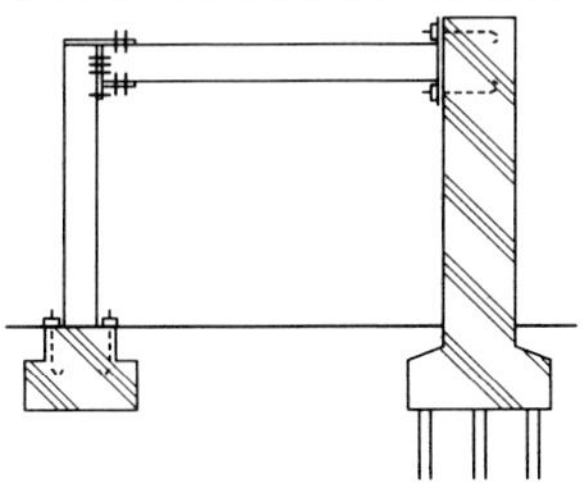	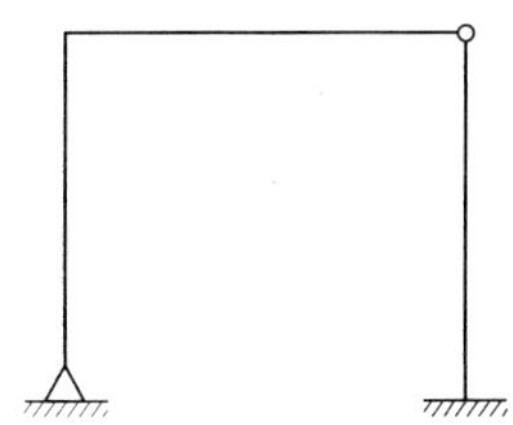
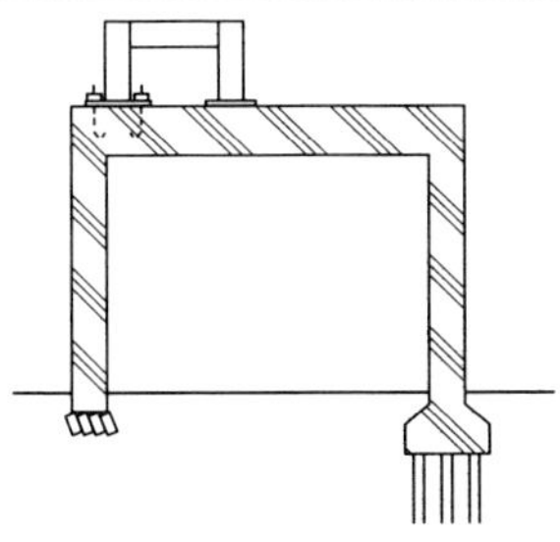	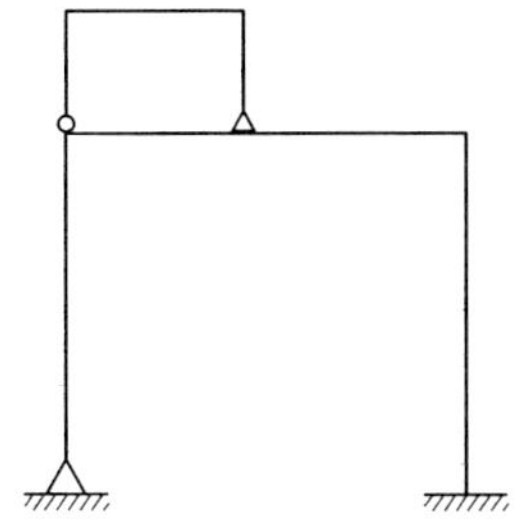
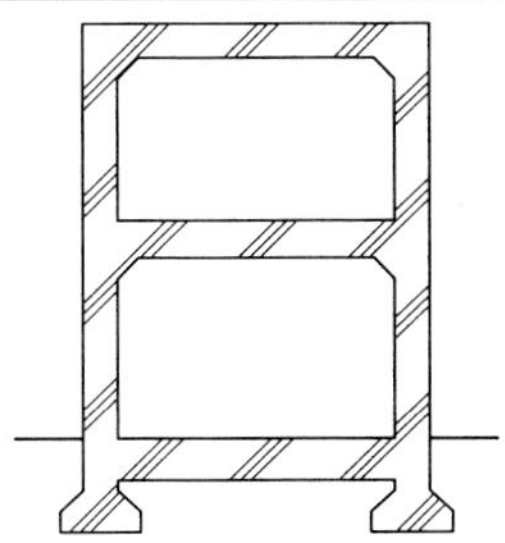	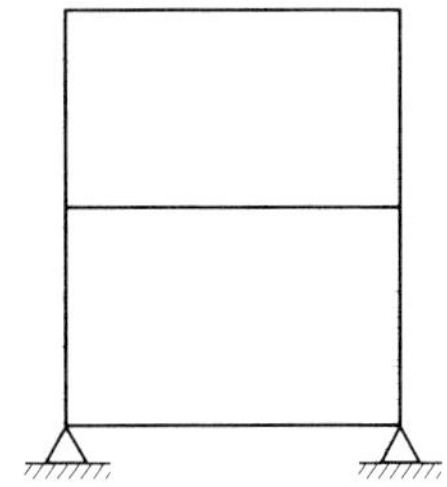

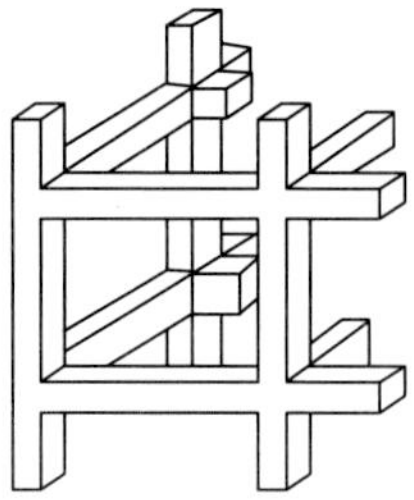	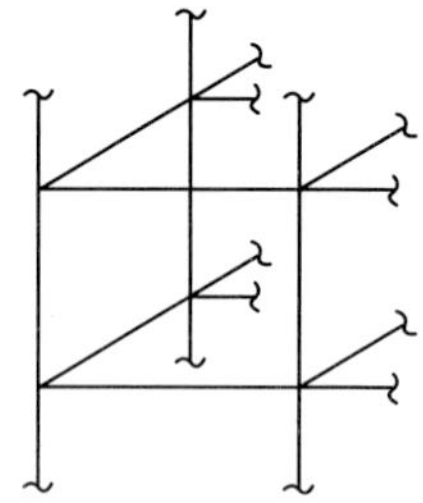

(4) 트러스의 모델링

표 1.12 트러스의 모델링 예제

실제 구조물	구조물의 모델링
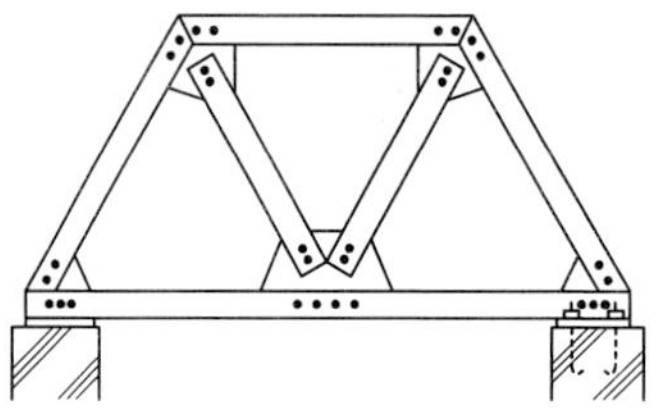	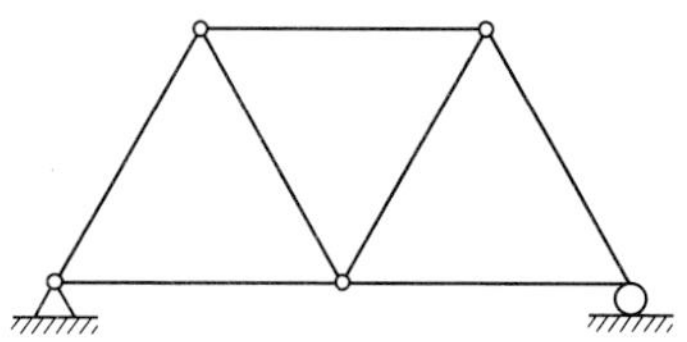
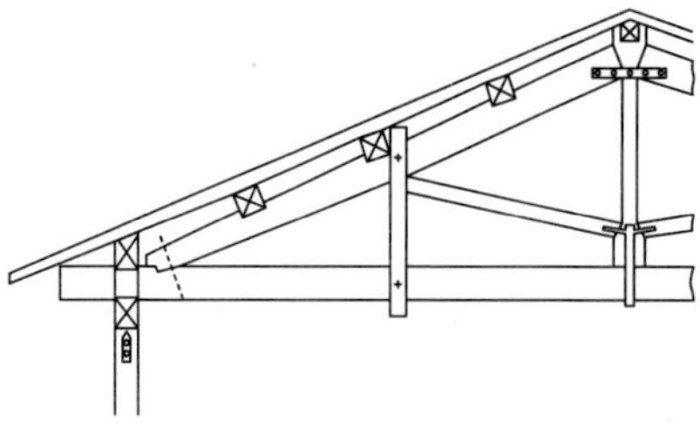	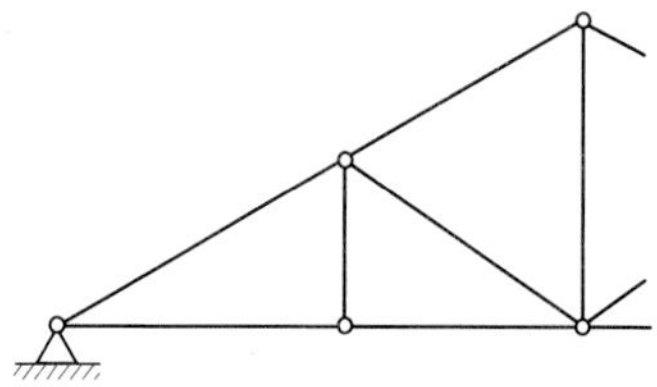

(5) 절점의 모델링

표 1.13 절점의 모델링 예제

실제 절점	절점의 모델링
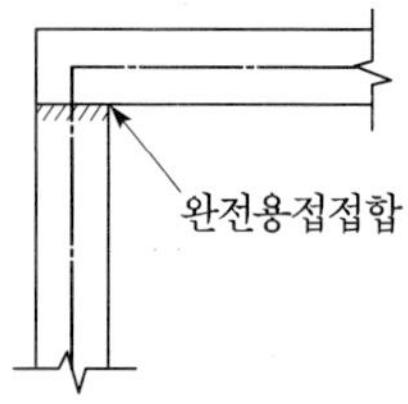	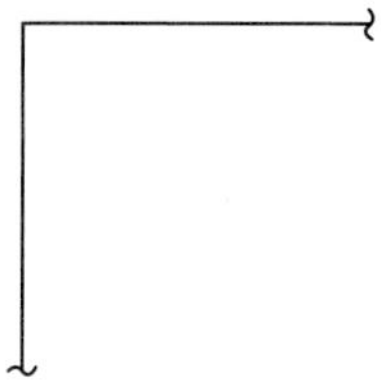

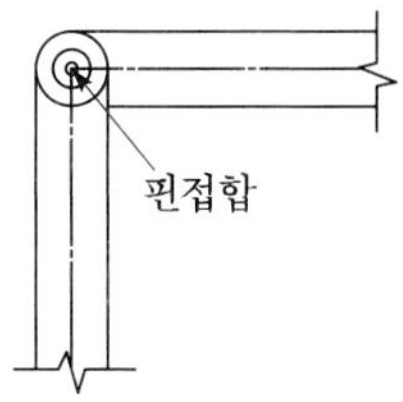

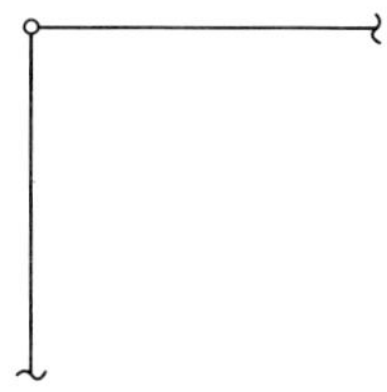

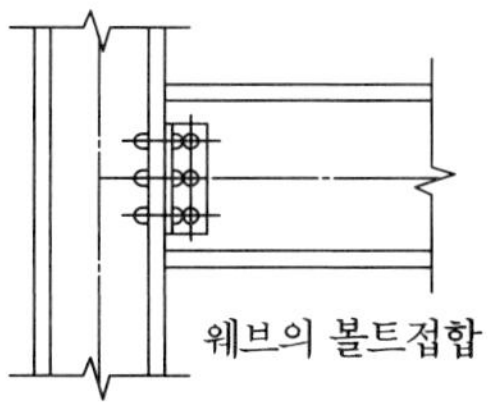

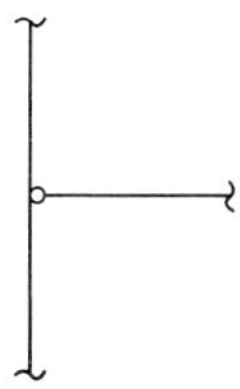

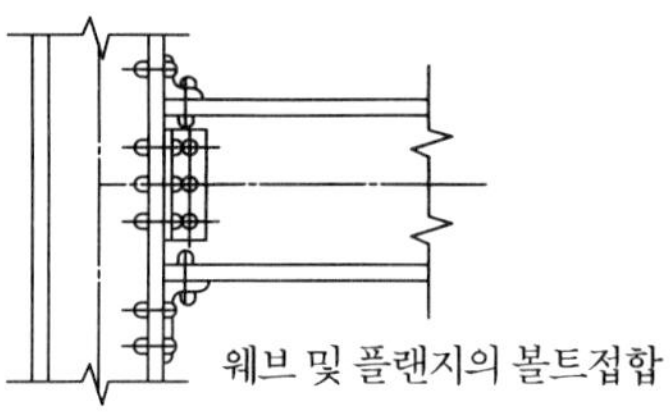

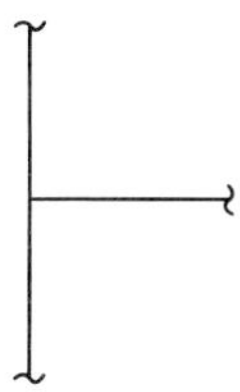

1.3.4 하중

(1) 작용 방향에 따른 하중분류

① 연직하중 (Vertical Load, 수직하중)

표 1.14 연직하중 (수직하중)의 분류와 내용

분 류	내 용
고정하중 (Dead Load)	구조체와 이에 부착된 비내력 부분 및 각종 설비 등의 중량에 의하여 구조물의 존치기간 중 지속적으로 작용하는 하중이다.
활하중 (적재하중, Live Load)	구조물을 점유 및 사용함으로써 구조물의 각 실별·바닥별 용도에 따라 그 속에 수용되는 사람과 적재되는 물품 등의 중량에 의해 작용하는 하중이다.
적설하중 (Snow Load)	쌓인 눈의 중량에 의해 작용하는 하중이다.

② 횡하중(Horizontal Load, 수평하중)

표 1.15 횡하중(수평하중)의 분류와 내용

분 류	내 용
풍하중 (Wind Load)	바람에 의해 발생되는 동적하중으로써 바람은 구조물의 면에 직각으로 작용하는 것으로 가정하며, 정적인 횡력으로 평가하여 구조물을 설계하기도 한다.
지진하중 (Seismic Load, Earthquake Load)	지진에 의해 발생되는 동적하중으로써 지진력을 정적인 횡력으로 평가하여 구조물을 설계하기도 한다.
수압 (Water Pressure)	구조체나 벽체에 작용하는 물의 압력으로써 정지 상태에 있는 물의 압력이 지하실 등의 면에 대하여 직각으로 작용한다.
토압 (Soil Pressure)	구조체나 벽체에 작용하는 흙의 압력으로써 주동토압, 수동토압, 정지토압 등이 있다.

(2) 작용 위치에 따른 하중분류

표 1.16 중심하중과 편심하중의 분류와 내용

분 류	내 용
중심하중(Centric Load)	부재 단면의 중심에 작용하는 하중이다.
편심하중(Eccentric Load)	부재 단면의 중심에서 벗어난 위치에 작용하는 하중이다.

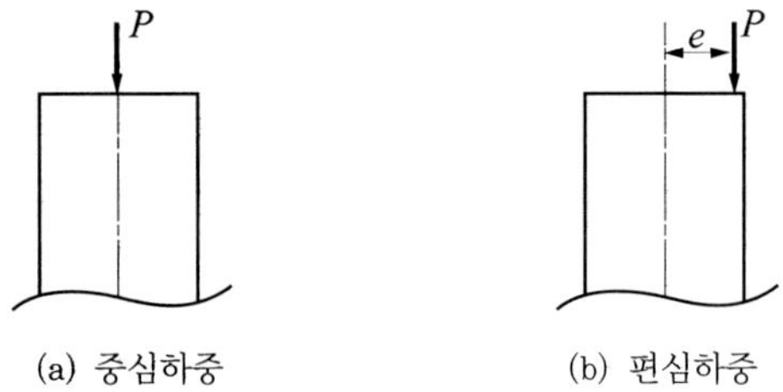

그림 1.45 중심하중과 편심하중의 작용형태

(3) 작용 시간에 따른 하중분류

표 1.17 장기하중과 단기하중의 분류와 내용

분 류	내 용
장기하중	① 장기간 지속적으로 작용하는 하중이다. ② 고정하중, 적재하중 등이 있다.
단기하중	① 일시적으로 작용하는 하중이다. ② 적설하중, 풍하중, 지진하중, 충격하중, 반복하중 등이 있다.

(4) 작용 상태에 따른 하중분류

표 1.18 작용 상태에 따른 하중의 분류와 내용

분 류	표 현	내 용
집중하중 (P)	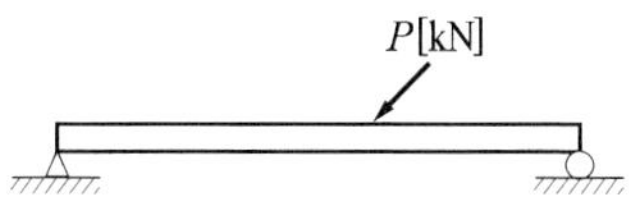	① 한 점에 집중하여 작용하는 하중 ② 큰 보 위에 놓인 작은 보의 하중 등
등분포 하중 (w)	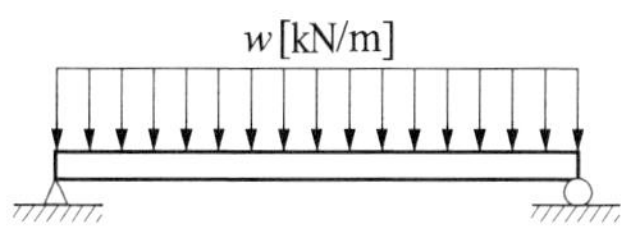	① 같은 크기의 하중이 연속적으로 분포하는 하중 ② 구조물의 자중 등의 하중
등변분포 하중 (w)	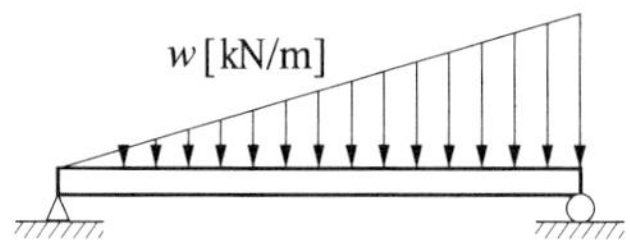	① 하중의 크기가 일정한 비율로 변화되면서 연속적으로 분포하는 하중 ② 지하의 토압(또는 수압) 등의 하중
모멘트 하중 (M)		① 임의의 한 점에 회전을 주는 하중 ② 우력 등의 하중
이동하중 (P)	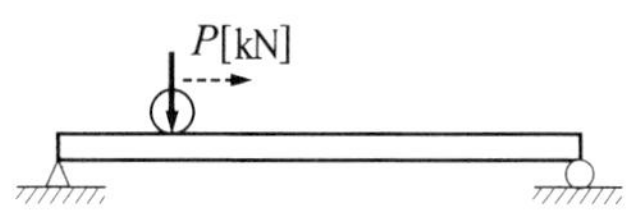	① 하중의 작용점이 이동할 때 발생되는 하중 ② 차량 등의 하중

주1) 집중하중에서 P의 값과 등분포하중에서 w의 값은 화살표의 길이로 표시한다.
주2) 등변분포하중에서 w의 값은 삼각형에서 가장 큰 화살표의 길이인 삼각형의 높이로 표시한다.

1.4 부재의 단면력

1.4.1 개요

① 구조물이 외력을 받아 힘의 평형을 이루고 있을 때, 부재의 임의 단면(또는 임의 점)에 생기는 저항력을 단면력(Sectional Force, 斷面力) 또는 부재력(Member Force, 部材力)라고 한다.

② 일반적으로 보와 라멘에서는 단면력이라 하고, 트러스와 아치에서는 부재력이라 한다.

③ 단면력은 합응력(Stress Resultant, 合應力) 또는 외응력(External Stress, 外應力)이라고도 한다.

④ 평형상태인 구조물에서는 어느 부분을 가상적으로 절단하여도 외력과 단면력은 항상 평형을 이루고 있으므로, 절단된 단면의 양측에는 크기가 같고 방향이 반대인 한 쌍의 단면력이 서로 대응하여 힘의 평형을 유지하고 있다.

1.4.2 단면력의 종류

단면력의 종류로는 축방향력(Axial Force, N), 전단력(Shear Force, V), 휨모멘트(Bending Moment, M), 비틀림모멘트(Torsional Moment, T)가 있으며, 비틀림을 제외한 단면력들의 상세 및 부호는 다음과 같다. 여기서 축방향력을 축력 또는 축하중이라고도 한다.

표 1.19 단면력의 종류와 성질

구분	축방향력(N)	전단력(V)	휨모멘트(M)
정의	단면에 수직한 방향의 모든 힘의 합이다.	단면에 접한 방향의 모든 힘의 합이다.	단면에 접한 축에 대한 모든 모멘트의 합이다.
효과	축방향으로 인장 또는 압축 효과가 있다.	단면을 중심으로 절단하려는 효과가 있다.	부재를 휘게 하려는 효과가 있다.
계산법	임의 단면의 어느 한쪽 부분(자유물체도)에서의 부재축에 평행한 힘의 대수합이다.	임의 단면의 어느 한쪽 부분(자유물체도)에서의 부재축에 직각인 힘의 대수합이다.	임의 단면의 어느 한쪽 부분(자유물체도)에서의 모멘트의 대수합이다.
단위	N, kN	N, kN	N·m, kN·m
부호 규약	인장 : ← ⊞ → 압축 : → ⊟ ←	시계방향 : ↑ ⊞ ↓ 반시계방향 : ↓ ⊟ ↑	아랫방향으로 휨 : ↖⊞↗ 윗방향으로 휨 : ↙⊟↘
	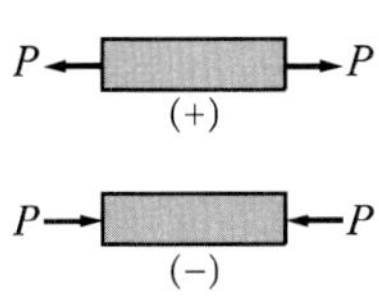	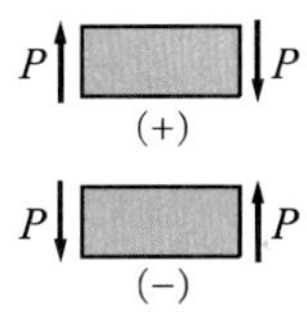	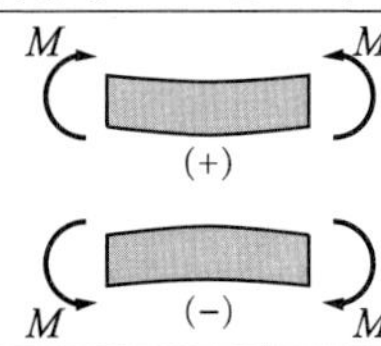
단면력도	AFD	SFD	BMD
	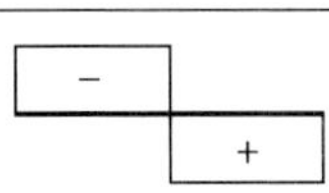	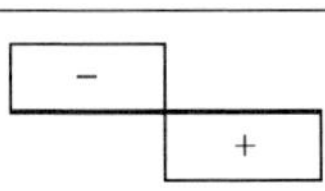	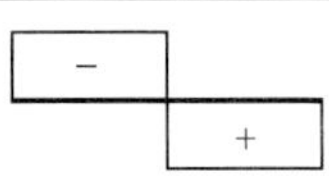

주1) 단면력도에서 (+), (−)의 표시 위치는 단지 약속일뿐이며, 반대로 해도 관계없다.

주2) 단면력도의 부호규약

① 양(+)의 휨모멘트(M)는 부재의 하부를 볼록하게 하므로 이에 맞추어 양(+)의 값을 하부에 표시하는 것이 일반적이다.

② 여기서는 표현의 편리상, M과 통일하여 다른 단면력(V, N)들의 양(+)의 값도 하부에 그리기로 하나, 문헌에 따라 부호규약이 다를 수 있으므로 유의해야 한다.

주3) 비틀림모멘트의 경우도 휨모멘트와 동일한 개념으로 상세 될 수 있다.

주4) 단면력의 부호규약은 변형 부호규약이라고 하며, 단면력의 부호는 재료의 변형을 판단할 때 사용된다.

주5) 단면력의 부호규약

① 축방향력이 인장이면 양(+)이고, 압축이면 음(−)이다.

② 전단력의 왼쪽성분이 상향(↑⊞)이면 양(+)이고, 하향(↓⊟)이면 음(−)이다. [또는 재료에 대해 시계방향(↑⊞↓)으로 작용하면 양(+)이고, 반시계방향(↓⊟↑)으로 작용하면 음(−)이다.]

③ 휨모멘트의 왼쪽성분이 시계방향(↻)이면 양(+)이고, 반시계방향(↺)이면 음(−)이다. [또는 재료를 아래로 휘게 하여 부재의 아랫부분을 인장하면 양(↖⊞↗)이고, 위로 휘게 하여 부재의 윗부분을 인장하면 음(↙⊟↘)이다.]

주6) 단면력의 계산 : 어느 단면의 단면력은 그 단면을 중심으로 어느 한쪽(왼쪽 또는 오른쪽) 부분의 자유물체도(FBD)를 고려하여 산정하면 편리하다.

1.4.3 단면력의 산정방법

(1) 반력의 가정

반력은 하중의 반대방향으로 가정하면 편리하다.

(2) 힘의 평형방정식으로부터 반력 산정

① $\Sigma X = 0$ (+; →)

② $\Sigma Y = 0$ (+; ↑)

③ $\Sigma M = 0$ (+; ↷)

(3) 임의 단면의 단면력 산정

① 임의 단면의 어느 한쪽 부분에서의 부재축에 평행한 힘의 대수합은 축방향력(N)이 된다.

② 임의 단면의 어느 한쪽 부분에서의 부재축에 직각인 힘의 대수합은 전단력(V)이 된다.

③ 임의 단면의 어느 한쪽 부분에서의 모멘트의 대수합은 휨모멘트(M)가 된다.

(4) 단면력도 작성

① AFD (Axial Force Diagram, 축방향력도)

② SFD (Shear Force Diagram, 전단력도)

③ BMD (Bending Moment Diagram, 휨모멘트도)

1.4.4 부재의 종류에 따라 발생되는 단면력

표 1.20 보와 기둥에서 발생되는 단면력

부재의 종류		단면력				비고
		N	*V*	*M*	*T*	
보 (Beam)		△	O	O	△	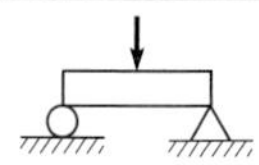
기둥 (Column)	중심 축방향력	O	–	–	–	
	편심 축방향력	O	–	O	–	
	중심축방향력 +횡력	O	O	O	△	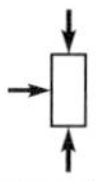

주1) O ; 주로 발생하는 단면력이다.

주2) △ ; 예외적으로 발생하는 단면력이고, 그 영향이 적을 경우 무시하기도 한다.

예제 1.11 다음 그림과 같은 조건의 부재에서 구간 AB, BC, CD에 대한 축방향력을 산정하고, 부재 AD의 축방향력도(AFD)를 작도하시오.

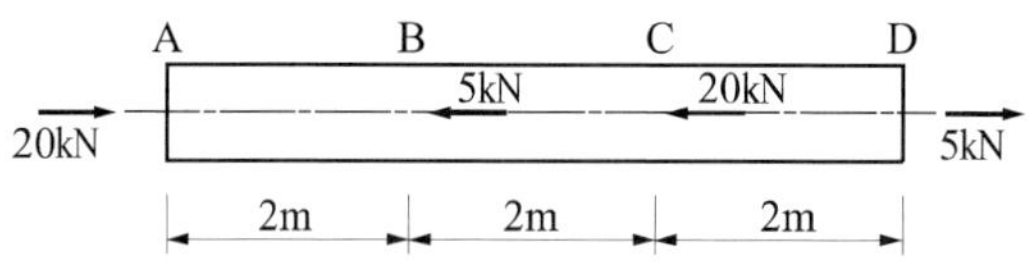

그림 1.46

↳ (1) 힘의 평형

$\Sigma X = 0\ (+;\ \rightarrow)\ :\ \Sigma X = 20 - 5 - 20 + 5 = 0$

∴ 구조물은 수평방향으로 힘의 평형을 이루고 있다.

(2) 축방향력

① 구간 AB의 축방향력

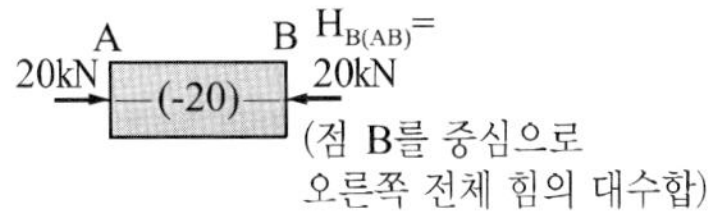

그림 1.47

$\Sigma X_A = 20\text{ kN }(\rightarrow)$ (외력)

$\Sigma X_{AB} = 20 - H_{B(AB)} = 0\text{ kN}$

$\therefore H_{B(AB)} = 20\text{ kN }(\leftarrow)$

② 구간 BC의 축방향력

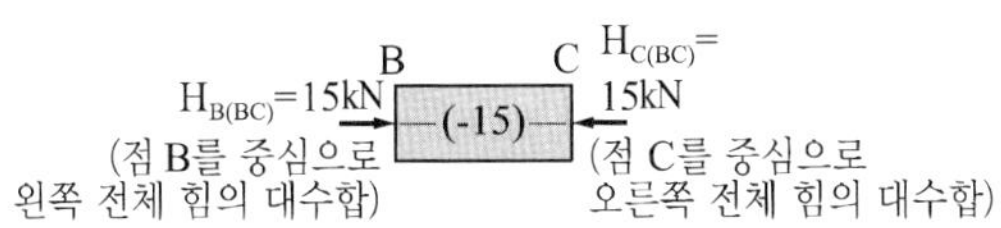

그림 1.48

$\Sigma X_B = -20 + H_{B(BC)}$

$= -5\text{ kN }(\leftarrow)$ (외력)

$\therefore H_{B(BC)} = 15\text{ kN }(\rightarrow)$

$\Sigma X_{BC} = 15 - H_{C(BC)} = 0\text{ kN}$

$\therefore H_{C(BC)} = 15\text{ kN }(\leftarrow)$

③ 구간 CD의 축방향력

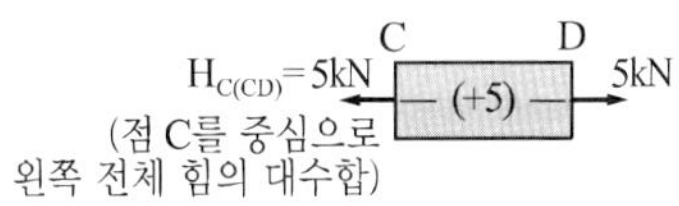

그림 1.49

$\Sigma X_C = -15 - H_{C(CD)}$

$= -20\text{ kN }(\leftarrow)$ (외력)

$\therefore H_{C(CD)} = 5\text{ kN }(\leftarrow)$

$\Sigma X_{CD} = -5 + 5 = 0\text{ kN}$

$\Sigma X_D = 5\text{ kN }(\rightarrow)$ (외력)

주1) $\Sigma X_{AB} = 0\text{ kN}$: 부재 AB의 수평방향의 힘의 합이 영(0)이다.

주2) $\Sigma X_{BC} = 0\text{ kN}$: 부재 BC의 수평방향의 힘의 합이 영(0)이다.

주3) $\Sigma X_B = -5\text{ kN }(\leftarrow)$: 부재 AB와 부재 BC에서 점 B의 외력이 $-5\text{ kN}(\leftarrow)$이다.

주4) $H_{B(AB)}$: 부재 AB의 점 B에서 부재축에 평행한 힘이다.

(3) 부재 AD의 축방향력도(AFD)

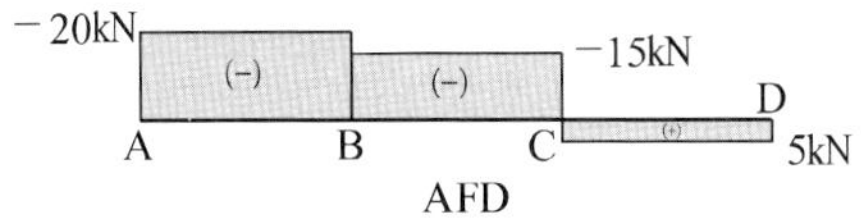

그림 1.50 부재 AD의 AFD

예제 1.12 다음 그림과 같은 조건의 부재에서 구간 AB, BC, CD에 대한 전단력을 산정하고, 부재 AD의 전단력도(SFD)를 작도하시오.

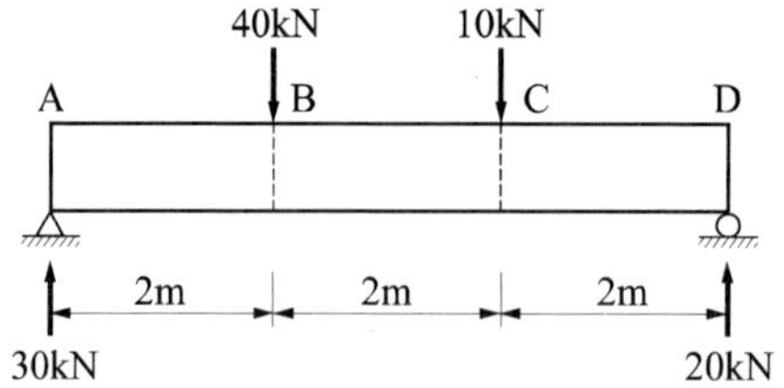

그림 1.51

(1) 힘의 평형

$\Sigma Y = 0\ (+;\ \uparrow)$: $\Sigma Y = 30 - 40 - 10 + 20 = 0$

∴ 구조물은 수직방향으로 힘의 평형을 이루고 있다.

(2) 전단력

① 구간 AB의 전단력

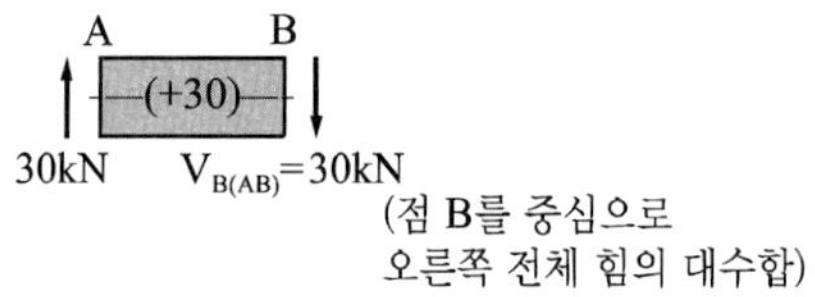

그림 1.52

$\Sigma Y_A = 30\ \text{kN}\ (\uparrow)$ (외력)

$\Sigma Y_{AB} = 30 - V_{B(AB)} = 0\ \text{kN}$

$\therefore V_{B(AB)} = 30\ \text{kN}\ (\downarrow)$

② 구간 BC의 전단력

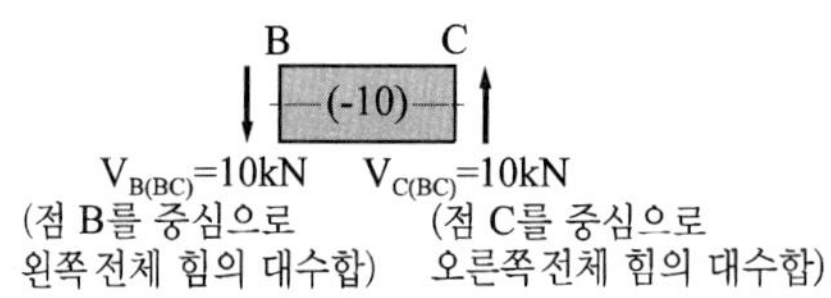

그림 1.53

$\Sigma Y_B = -30 - V_{B(BC)}$

$= -40\ \text{kN}\ (\downarrow)$ (외력)

$\therefore V_{B(BC)} = 10\ \text{kN}\ (\downarrow)$

$\Sigma Y_{BC} = -10 + V_{C(BC)} = 0\ \text{kN}$

$\therefore V_{C(BC)} = 10\ \text{kN}\ (\uparrow)$

③ 구간 CD의 전단력

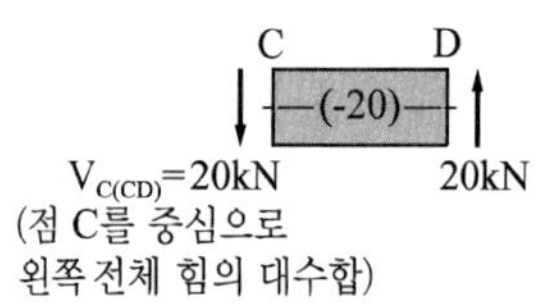

그림 1.54

$\Sigma Y_C = 10 - V_{C(CD)}$

$= -10\ \text{kN}\ (\downarrow)$ (외력)

$\therefore V_{C(CD)} = 20\ \text{kN}\ (\downarrow)$

$\Sigma Y_{CD} = -20 + 20 = 0\ \text{kN}$

$\Sigma Y_D = 20\ \text{kN}\ (\uparrow)$ (외력)

주1) $\Sigma Y_{AB} = 0$ kN : 부재 AB의 수직방향의 힘의 합이 영 (0)이다.

주2) $\Sigma Y_{BC} = 0$ kN : 부재 BC의 수직방향의 힘의 합이 영 (0)이다.

주3) $\Sigma Y_B = -40$ kN : 부재 AB와 부재 BC에서 점 B의 외력이 −40 kN (↓)이다.

주4) $V_{B(AB)}$: 부재 AB의 점 B에서 부재축에 직각인 힘이다.

(3) 부재 AD의 전단력도 (SFD)

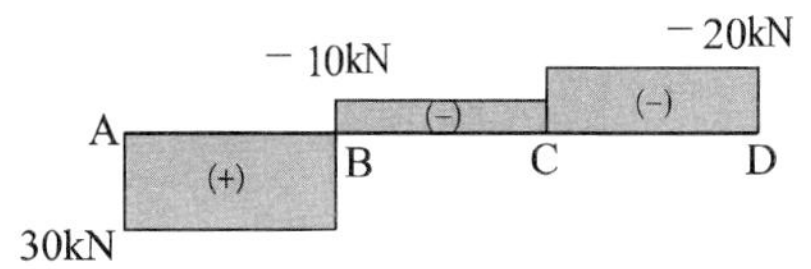

그림 1.55 부재 AD의 SFD

예제 1.13 다음 그림과 같은 조건의 부재에서 구간 AB, BC, CD에 대한 휨모멘트를 산정하고, 부재 AD의 휨모멘트도 (BMD)를 작도하시오.

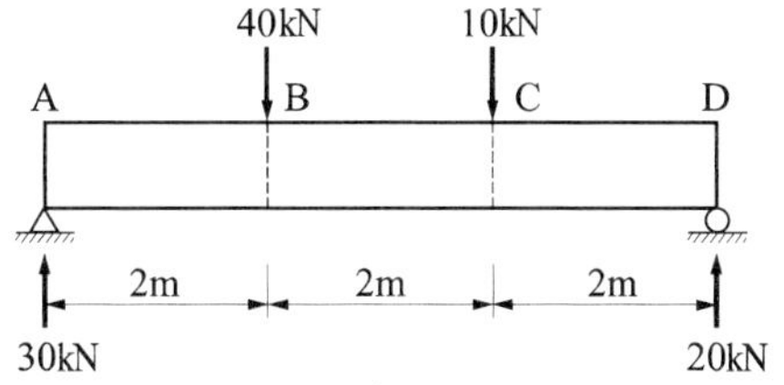

그림 1.56

(1) 힘의 평형

$\Sigma M = 0\ (+;\ \curvearrowright)$: $\Sigma M_A = 40 \times 2 + 10 \times 4 - 20 \times 6 = 0$

∴ 구조물은 회전에 대해 힘의 평형을 이루고 있다.

(2) 휨모멘트

① 구간 AB의 휨모멘트

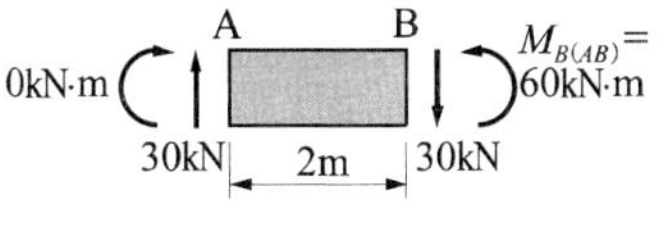

그림 1.57

$\Sigma M_A = 0$ kN · m (외력)

$\Sigma M_{A(AB)} = 30 \times 2 - M_{B(AB)} = 0$

$\therefore M_{B(AB)} = 60$ kN · m ($\curvearrowleft$)

② 구간 BC의 휨모멘트

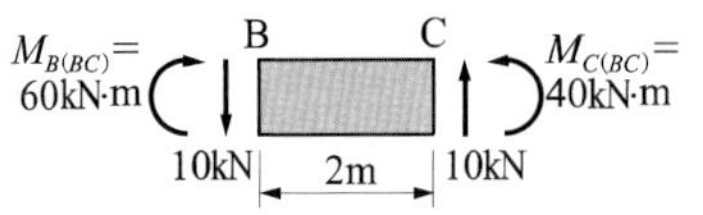

그림 1.58

$$\Sigma M_B = -60 + M_{B(BC)}$$
$$= 0\ \text{kN} \cdot \text{m}\ (\text{외력})$$
$$\therefore M_{B(BC)} = 60\ \text{kN} \cdot \text{m}\ (\curvearrowright)$$
$$\Sigma M_{B(BC)} = 60 - 10 \times 2 - M_{C(BC)} = 0$$
$$\therefore M_{C(BC)} = 40\ \text{kN} \cdot \text{m}\ (\curvearrowleft)$$

③ 구간 CD의 휨모멘트

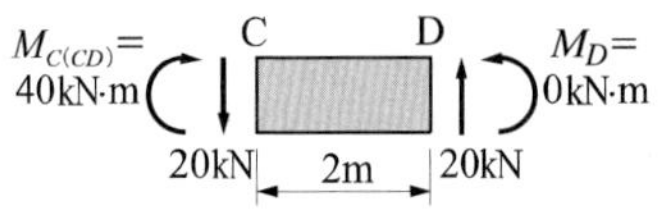

그림 1.59

$$\Sigma M_C = -40 + M_{C(CD)}$$
$$= 0\ \text{kN} \cdot \text{m}\ (\text{외력})$$
$$\therefore M_{C(CD)} = 40\ \text{kN} \cdot \text{m}\ (\curvearrowright)$$
$$\Sigma M_{C(CD)} = 40 - 20 \times 2 - M_D = 0$$
$$\therefore M_D = 0\ \text{kN} \cdot \text{m}\ (\text{외력})$$

주1) $\Sigma M_{A(AB)} = 0\ \text{kN} \cdot \text{m}$: 부재 AB에서 점 A를 중심으로 모멘트의 합이 영(0)이다.

주2) $\Sigma M_{B(BC)} = 0\ \text{kN} \cdot \text{m}$: 부재 BC에서 점 B를 중심으로 모멘트의 합이 영(0)이다.

주3) $\Sigma M_B = 0\ \text{kN} \cdot \text{m}$: 부재 AB와 부재 BC에서 점 B의 외력(모멘트)이 영(0)이다.

주4) $M_{A(AB)}$: 부재 AB의 점 A에서 모멘트이다.

(3) 부재 AD의 휨모멘트도(BMD)

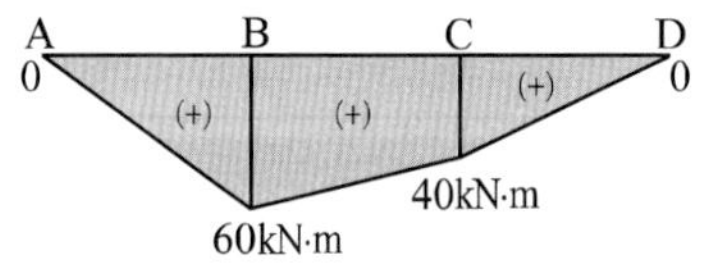

그림 1.60 부재 AD의 BMD

1.4.5 단면력의 특성

(1) 축방향력

① 축방향력(Axial Force, N)은 어떤 단면(점)의 축방향력은 그 단면의 왼쪽(또는 오른쪽)에서 부재 단면에 대하여 수직한 힘(또는 부재의 길이방향과 평행한 힘)의 대수합이다.

② 축방향력 값이 양(+)이라는 의미는 부재가 늘어난다는 의미이다.

(2) 전단력

① 전단력 (Shear Force, V)은 어떤 단면 (점)의 전단력은 그 단면의 왼쪽 (또는 오른쪽)에서 부재 단면과 평행한 힘(또는 부재의 길이방향과 수직한 힘)의 대수합이다.

② 원점에서 어떤 점까지의 전단력도 (SFD)의 면적 합은 그 지점의 휨모멘트이다.

③ 전단력이 영 (0)인 곳에서 휨모멘트의 극치 (최대 또는 최소)가 발생되고, 이들 중 절댓값이 최대인 것이 최대 휨모멘트가 된다.

주1) 극치 : 최댓값과 최솟값을 통틀어 이르는 말이다.

(3) 휨모멘트

① 휨모멘트 (Bending Moment, M)는 어떤 단면 (점)의 휨모멘트는 그 단면의 왼쪽 (또는 오른쪽)에 있는 모멘트의 대수합이다.

② 휨모멘트 값이 양 (+)이라는 의미는 부재가 아래로 휜다는 의미이다.

③ 휨모멘트가 극치 (최대 휨모멘트)인 곳은 전단력이 영 (0)이 되는 곳이다.

(4) 하중 (w), 전단력 (V_x), 휨모멘트 (M_x)와의 관계 (x는 축방향의 좌표임)

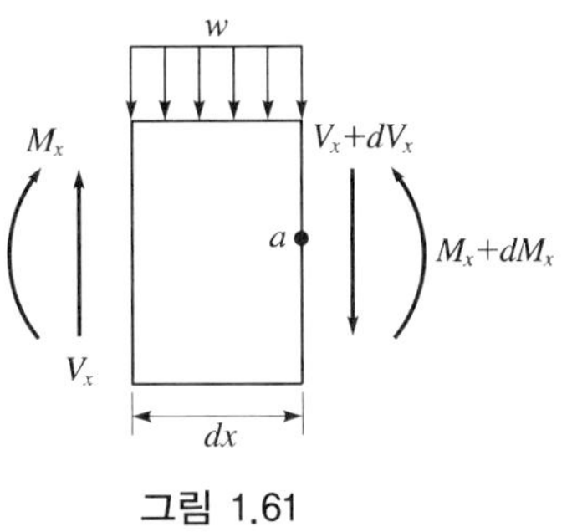

그림 1.61

$$\Sigma Y = \cancel{V_x} - w\,dx - (\cancel{V_x} + dV_x) = 0$$

$$\rightarrow \frac{dV_x}{dx} = -w \,(V\text{와 } w\text{의 관계}) \qquad \text{(a)}$$

$$\Sigma M_a = \cancel{M_x} + V_x\,dx - \cancel{w\,dx}\left(\frac{dx}{2}\right) - (\cancel{M_x} + dM_x) = 0$$

$$\rightarrow V_x\,dx = dM_x \qquad \text{이차의 미소치 무시}(dx^2)$$

$$\rightarrow V_x = \frac{dM_x}{dx} \,(M\text{과 } V\text{의 관계}) \qquad \text{(b)}$$

식 (b)를 1차 미분하면 다음 식과 같다.

$$\frac{dV_x}{dx} = \frac{d^2M_x}{dx^2} = -w \;(V\text{와 } M\text{과 } w\text{의 관계}) \qquad \text{(c)}$$

식 (b)에서 $V_x = 0$ (전단력이 0)일 때 M_x 는 극치 (최대 휨모멘트)가 된다.

식 (b)를 1차 적분하면 다음 식과 같다.

$$M_x = \int V_x \, dx \tag{d}$$

따라서 어느 단면의 M_x는 그 단면까지의 전단력도(SFD) 면적을 총합한 것을 의미한다.

$$-w = \frac{dV_x}{dx} = \frac{d^2 M_x}{dx^2} \tag{1.12}$$

그림 1.62 하중, 전단력, 휨모멘트와의 관계

1.5 구조계획 및 구조계산

1.5.1 구조계획

구조계획이란 구조물의 목적과 기능에 부합할 수 있는 구조형식을 결정하고 구조물에 작용하는 외력 등에 대하여 안전성(Safety, 安全性), 사용성(Serviceability, 使用性), 내구성(Durability, 耐久性)과 경제성(Economics, 經濟性) 등을 만족할 수 있는 구조물을 계획하는 것이다.

1.5.2 구조계산

구조계산은 구조계획에서 결정된 구조물에 대해 하중과 반력 등의 외력을 작용시켜 부재 및 구조물을 해석하고, 구조물이 안전성, 사용성, 내구성 및 경제성 등과 같은 요소의 적절한 균형을 이루게 하여 구조물의 목적과 기능을 구현할 수 있도록 하는 것이다.

구조계산은 구조해석과 구조설계로 구성되며, 그 내용은 다음과 같다.

(1) 하중 산정(Load : D, L, E, W 등)

(2) 반력 산정(Reaction)

(3) 외력=하중+반력

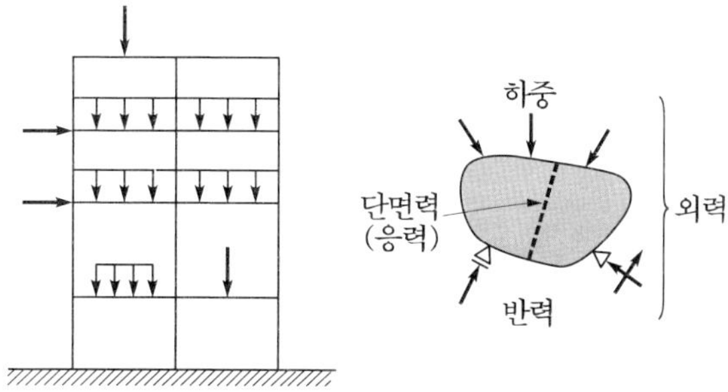

(a) 구조물에 작용하는 하중 (b) 단면(단면력, 응력)

그림 1.63 외력과 단면력

(4) 단면력 (Sectional Force, 외응력, 합응력)

① 축방향력 (Axial Force : N)

② 전단력 (Shear Force : V)

③ 휨모멘트 (Bending Moment : M)

④ 비틀림모멘트 (Torsional Moment 또는 Twisting Moment : T)

(5) 응력 (Stress, 내응력)

① 수직응력 (Normal Stress, N과 M에 의해 발생됨)

② 전단응력 (Shear Stress, V와 T에 의해 발생됨)

(6) 설계 및 검토

가장 불리한 하중조합에 대하여 안전성과 사용성 등이 충족되도록 하여야 한다. 이를 충족되도록 하기 위한 설계법으로는 다음과 같이 두 가지가 있다.

① 단면력 관점의 강도설계법 (소요강도≤설계강도)

하중에 의한 요구 단면력≤단면의 저항 단면력 (1.13)

② 응력 관점의 허용응력설계법 (응력≤허용응력)

하중에 의한 응력≤재료의 허용응력 (1.14)

1.6 구조물의 판별

1.6.1 개요

구조물이 어떠한 외력을 받더라도 이동이나 회전하지 않고, 큰 변형이 없고(강체이고), 유한한 반력과 응력으로 평형을 이룰 때(즉, 안정할 때) 정역학을 적용시킬 수 있다. 또한, 반력이나 단면력(부재력)을 힘의 평형조건만 가지고 구할 수 있는가의 여부에 따라 다음과 같이 분류한다.

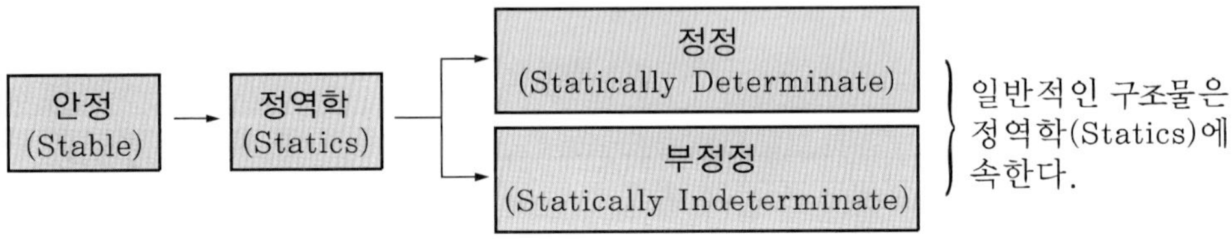

그림 1.64

1.6.2 안정과 불안정

구조물에 외력이 작용할 경우 외력에 의해 구조물이 변형되지 않고, 이동하지 않으며, 하중, 반력 및 단면력 등이 힘의 평형을 이루는 구조물은 안정(Stable, 安定)하다라고 하고, 그렇지 못한 구조물은 불안정(Unstable, 不安定)하다라고 한다. 따라서 구조물에 외력이 작용할 경우 구조물의 안정과 불안정은 구조물의 평형상태로 다음 표와 같이 구분한다. 구조역학에서 구조물은 안정구조물이어야 하며, 불안정구조물은 성립될 수 있다.

따라서 2차원의 평면 구조물이 안정구조물이기 위해서는 다음 두 가지 조건을 만족해야 한다.

① 2차원의 평면 구조물의 지점반력의 수가 3개 이상일 것

② 지점 이외의 부재는 변형 없이 강체 거동을 할 것

조건 ①을 만족하는 구조물을 외적 안정이라 하고, 조건 ②를 만족하는 구조물을 내적 안정이라 한다.

표 1.21 안정과 불안정

구 분	내 용
외적 안정	외력에 의해 구조물이 이동하지 않는 경우로 지점반력이 3개 이상이다.
외적 불안정	외력에 의해 구조물이 이동되는 경우로 지점반력이 2개 이하이거나 3개 이상이라도 힘의 평형조건을 만족하지 못하는 경우이다.
내적 안정	외력에 의해 구조물이 변형되지 않는 경우이다.
내적 불안정	외력에 의해 구조물이 변형되는 경우이다.

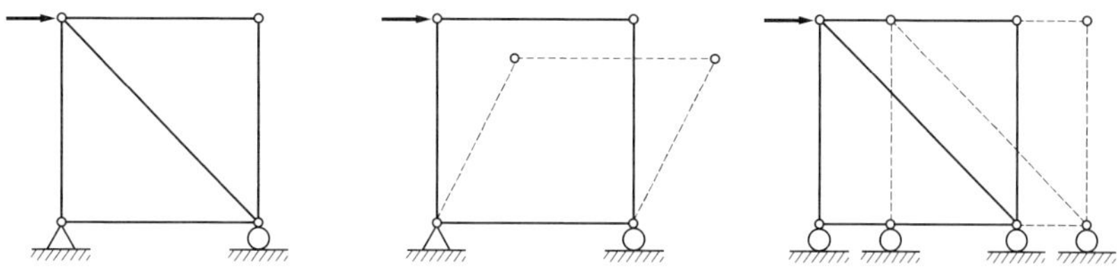

(a) 외적 안정, 내적 안정 (b) 외적 안정, 내적 불안정 (c) 외적 불안정, 내적 안정

그림 1.65 안정과 불안정

그림 1.65는 구조물의 외적 및 내적으로 안정과 불안정을 나타내었으며, 그림에서 외적 및 내적 그리고 안정 및 불안정을 구분하면 다음 표와 같다.

표 1.22 그림 1.65의 안정과 불안정의 판정

구 분	그림 1.65 (a)	그림 1.65 (b)	그림 1.65 (c)
외적 안정과 불안정	반력 수가 3개이므로 외적 안정	반력 수가 3개이므로 외적 안정	반력 수가 2개이므로 외적 불안정
내적 안정과 불안정	구조물의 내부가 변형하지 않으므로 내적 안정	구조물의 내부가 변형하므로 내적 불안정	구조물의 내부가 변형하지 않으므로 내적 안정

1.6.3 정정과 부정정

안정한 구조물 중에서 힘의 평형방정식만으로 지점반력과 단면력을 구할 수 있는 경우를 정정(Statically Determinate, 靜定)이라 하고, 그렇지 못한 경우를 부정정(Statically Indeterminate, 不靜定)이라 한다. 따라서 정정 및 부정정구조물은 안정한 구조물의 하나이며, 정정 및 부정정은 힘의 평형방정식(평형조건식)으로 구조물의 지점반력과 단면력(부재력)을 구할 수 있는가로 다음 표와 같이 구분한다.

표 1.23 정정과 부정정의 판정

구 분	내 용
외적 정정	힘의 평형방정식만으로 구조물의 지점반력을 구할 수 있는 경우이다.
외적 부정정	힘의 평형방정식만으로 구조물의 지점반력을 구할 수 없으므로 구조물의 변형조건이 추가로 필요하다.
내적 정정	힘의 평형방정식만으로 단면력(부재력)을 구할 수 있는 경우이다.
내적 부정정	힘의 평형방정식만으로 단면력(부재력)을 구할 수 없는 경우이다.

1.6.4 구조물의 판정식(부정정 차수)

(1) 전체 판정식

① 전체 판정식은 단면력을 구하기 위한 구조물의 지점반력과 모든 부재의 단면력을 힘의 평형방정식만 가지고 구할 수 있는가의 여부를 판정하는 것으로 다음 식과 같다.

$$N = (r + m + f) - 2j \tag{1.15}$$

여기서, r : 반력수(reaction)

m : 부재수(member)

f : 강절점수(fixed joint)

j : 절점수(joint)

주1) 트러스의 경우, $f = 0$이다. (∵절점을 힌지절점으로 가정)
주2) 절점수 j는 자유단이며, 지점의 수도 포함한다.
주3) 강절점수는 어떤 부재(모재)에 고정절점(강절점)으로 접합된 다른 부재수이다.

② 판정은 다음과 같다.

전체 판정식의 결과인 N값을 기준으로 다음과 같이 판정한다.

표 1.24 전체 판정식의 판정

구 분	판 정	
$N = 0$	정정	안정
$N > 0$	부정정	안정
$N < 0$	불안정	

(2) 외적 판정식

① 외적 판정식은 구조물의 지점반력과 관계되고, 외부 판정식은 구조물의 지점반력이 힘의 평형방정식만 가지고 구해질 수 있는가의 여부를 판정하는 것으로 다음 식과 같다.

$$N_e = r - e \tag{1.16}$$

여기서, r : 반력수

e : 힘의 평형방정식수(평면의 경우 e =3+내부 힌지의 수)

내부 힌지의 수는 구조물로 분리 가능한 겔버보와 3회전단형 라멘, 3회전단형 아치와 같이 내부에 형성된 힌지의 수를 말한다.

② 판정은 다음 표와 같다.

외적 판정식의 결과인 N_e값을 기준으로 다음과 같이 판정한다.

표 1.25 외적 판정식의 판정

구 분	판 정		비 고
$N_e = 0$	정정	안정	힘의 평형방정식만 갖고도 지점반력 산출이 가능하다.
$N_e > 0$	부정정		힘의 평형방정식만 갖고는 무수히 많은 해가 산출된다. 힘의 평형방정식과 더불어 힘과 변형의 관계가 있어야 지점반력을 산출할 수 있다. 만약 $r > 3$이 되어 $N_e = r - e = n$이면, 외적 n차 부정정구조물이라 한다.
$N_e < 0$	불안정		정역학이 적용되지 않는다. 구조물이 성립되지 않는 경우이다.

③ 기하학적 불안정[5)]

외적 판정식에서 2차원 평면 구조물의 지점반력 수가 3개 이상이어도 지점의 배열이 잘못될 경우 불안정구조물이 된다.

그림 1.66 (a)는 지점반력이 3개 이상이나, 이동단의 배열이 같은 방향이 되어 수평력에 대해 평형조건을 만족하지 못하고($\Sigma X \neq 0$) 구조물이 수평이동하게 되어 외적 불안정이 되는 경우이며, 그림 1.66 (b)는 이동단의 방향이 엇갈리어 수직력과 수평력에 대해서는 평형을 유지하나, 세 개의 이동단으로부터 지점반력의 방

5) 김상식, 구조역학, 기문당, 2009, p.41-42.

향이 한 점 O에 모이게 되어 점 O에 대한 모멘트에 대해 평형조건을 만족하지 못하고($\Sigma M \neq 0$) 구조물이 회전하게 되어 외적 불안정이 되는 경우이다. 이와 같이 지점의 배열에 의하여 생기는 구조물의 불안정 현상을 기하학적 불안정이라 한다. 기하학적 불안정 현상은 구조물의 이동단들이 같은 방향으로 평행하게 배열되거나, 이동단 또는 회전단의 지점반력의 방향이 모두 한 점에 모일 때 일어난다. 따라서 외적 부정정 판정식은 외적 안정에 대해 충분한 조건이 못된다.

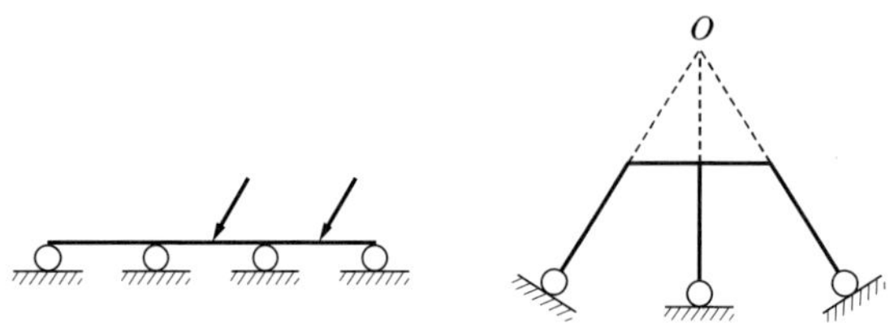

그림 1.66

(3) 내적 판정식

① 내적 판정식은 구조물의 부재상태에 관계되고, 내적 판정식은 단면력을 구하기 위한 모든 부재의 지점반력과 단면력을 힘의 평형방정식만 가지고 구할 수 있는가의 여부를 판정하는 것이다.

$$N_i = N - N_e \qquad (1.17)$$

여기서, N : 전체 부정정 차수

N_e : 외적 부정정 차수

② 판정은 다음과 같다.

표 1.26 내적 판정식의 판정

구 분	판 정	
$N_i = 0$	정정	안정
$N_i > 0$	부정정	안정
$N_i < 0$	불안정	

위와 같은 내적 판정식도 내적 안정에 대해 충분한 조건이 못된다. 그림 1.67에서 구조물을 판정하면 다음과 같다. 전체 판정식에 따를 경우 4차 내적 부정정이 되지만 외적 불안정구조물이 된다. 이와 같이 구조물 내부에 힌지(Hinge)가 있는 라멘에서는 구조물이 판정식에 따라 안정구조물로 판정이 되어도 불안정구조물이 될 수 있다는 것에 주의하여야 한다.

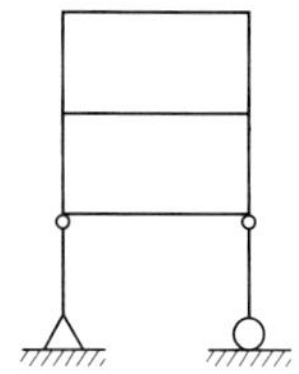

그림 1.67

표 1.27 구조물의 판정식

구 분	판정식	판 정
전체 판정식	$N=(r+m+f)-2j$ $=(3+9+8)-2\times8=4$	안정, 4차 부정정
외적 판정식	$N_e=r-e=3-(3+2)=-2$	불안정
내적 판정식	$N_i=N-N_e=4-0=4$	안정, 4차 부정정

1.6.5 절점형태에 따른 강절점수, 부재수 및 절점수

표 1.28 절점의 여러 형태에 따른 강절점수, 부재수 및 절점수

절점형태			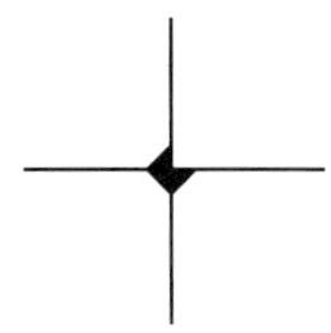	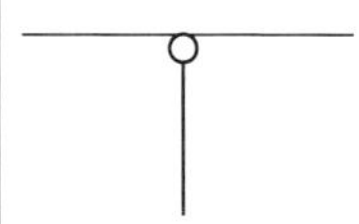
강절점수(f)	1	2	3	1
부재수(m)	2	3	4	3
절점수(j)	1	1	1	1
절점형태	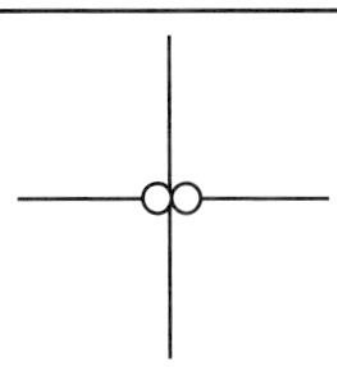	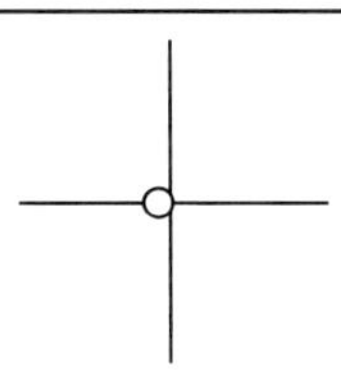	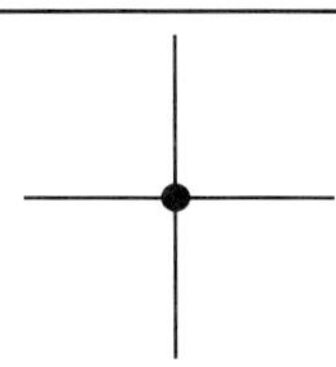	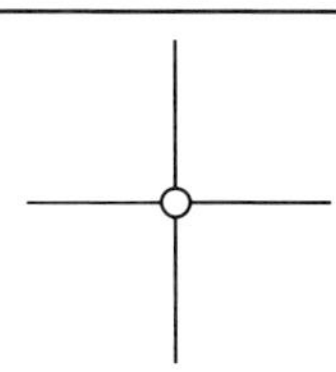
강절점수(f)	1	2	3	0
부재수(m)	4	4	4	4
절점수(j)	1	1	1	1

예제 1.14 다음 그림과 같은 구조물의 전체 판정식, 외적 판정식, 내적 판정식을 이용하여 구조물의 안정과 정정 여부를 판정하시오.

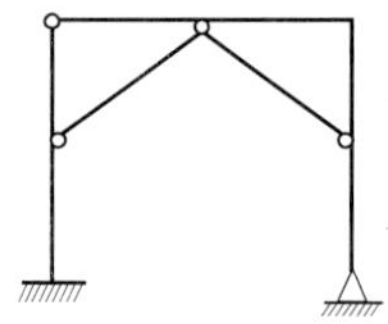

그림 1.68

(1) 전체 판정식

① 구조물의 반력수 (r)

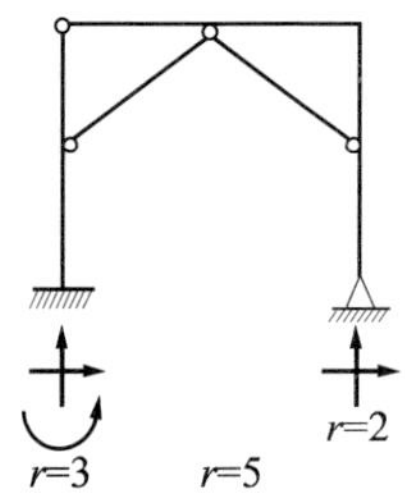

그림 1.69

② 구조물의 부재수 (m)

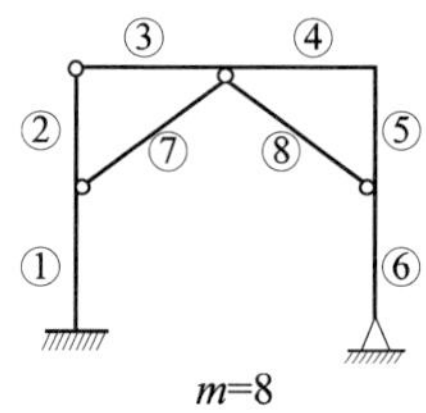

그림 1.70

③ 구조물의 강절점수 (f)

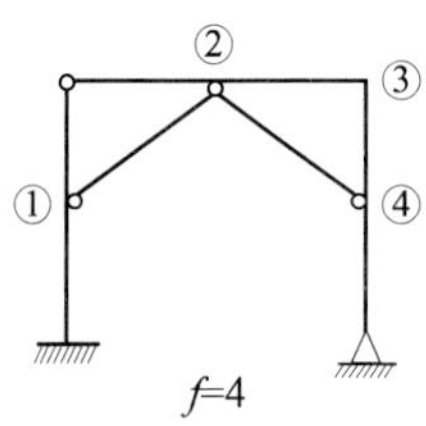

그림 1.71

④ 구조물의 절점수 (j)

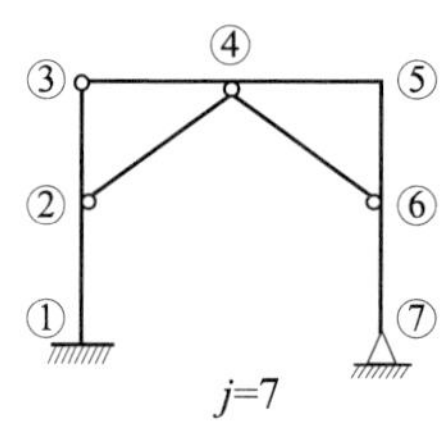

그림 1.72

∴ 전체 판정식은

$N=(r+m+f)-2j=(5+8+4)-2\times 7=3$차 부정정

(2) 외적 판정식

$N_e=r-e=5-3=2$차 부정정

(3) 내적 판정식

$N_i=N-N_e=3-2=1$차 부정정

예제 1.15 다음 그림과 같은 구조물의 전체 부정정 차수, 외적 부정정 차수 및 내적 부정정 차수를 구하고, 구조물의 안정과 정정 여부를 판정하시오.

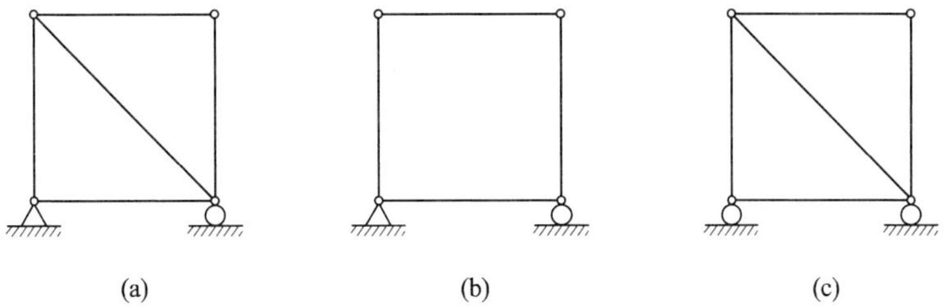

그림 1.73

↳

(1) 부정정 차수의 계산식

① 전체 부정정 차수 : $N=(r+m+f)-2j$

② 외적 부정정 차수 : $N_e=r-e$

③ 내적 부정정 차수 : $N_i=N-N_e$

(2) 구조물의 판정식

표 1.29 구조물의 판정식

그림 1.73 (a)	그림 1.73 (b)	그림 1.73 (c)
$N=(3+5+0)-2\times4=0$	$N=(3+4+0)-2\times4=-1$	$N=(2+5+0)-2\times4=-1$
$N_e=3-3=0$	$N_e=3-3=0$	$N_e=2-3=-1$
$N_i=0-0=0$	$N_i=-1-0=-1$	$N_i=-1-(-1)=0$

(3) 구조물의 안정과 정정 여부의 판정

표 1.30 구조물의 판정

구분	그림 1.73 (a)	그림 1.73 (b)	그림 1.73 (c)
전체 판정식	$N=0$; 안정, 정정	$N=-1<0$; 불안정	$N=-1<0$; 불안정
외적 판정식	$N_e=0$; 안정, 정정	$N_e=0$; 안정, 정정	$N_e=-1<0$; 불안정
내적 판정식	$N_i=0$; 안정, 정정	$N_i=-1<0$; 불안정	$N_i=0$; 안정, 정정

예제 1.16 그림과 같은 구조물의 안정과 정정 여부를 판정하시오.

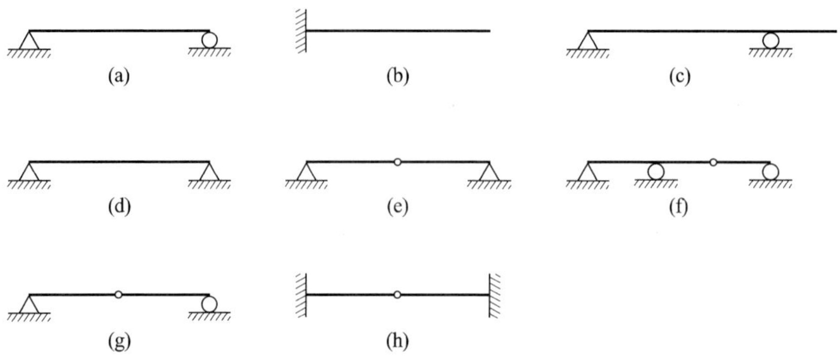

그림 1.74

↳

표 1.31 구조물의 판정

구분	전체 판정식 $N=(r+m+f)-2j$						외적 판정식 $N_e=r-e$		내적 판정식 $N_i=N-N_e$	
	r	m	f	j	N	판정	N_e	판정	N_i	판정
(a)	3	1	0	2	0	안정, 정정	0	안정, 정정	0	안정, 정정
(b)	3	1	0	2	0	안정, 정정	0	안정, 정정	0	안정, 정정
(c)	3	2	1	3	0	안정, 정정	0	안정, 정정	0	안정, 정정
(d)	4	1	0	2	1	안정, 1차 부정정	1	안정, 1차 부정정	0	안정, 정정
(e)	4	2	0	3	0	안정, 정정	0	안정, 정정	0	안정, 정정
(f)	4	3	1	4	0	안정, 정정	0	안정, 정정	0	안정, 정정
(g)	3	2	0	3	−1	불안정	−1	불안정	–	–
(h)	6	2	0	3	2	안정, 2차 부정정	2	안정, 2차 부정정	0	안정, 정정

예제 1.16에서 그림 1.74 (g)의 보는 전체 판정식과 외적 판정식에서 불안정임으로 내적 판정은 판단할 필요가 없게 된다.

예제 1.17 그림과 같은 구조물의 안정과 정정 여부를 판정하시오.

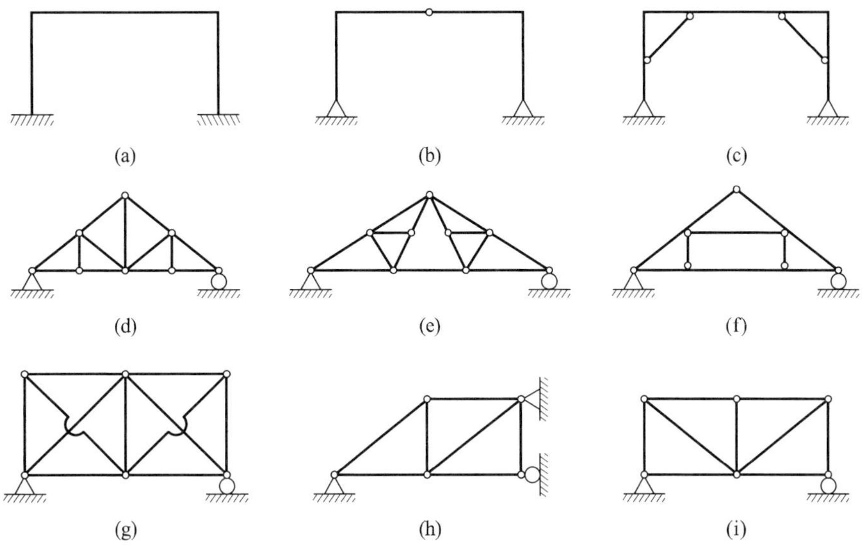

그림 1.75

↳

표 1.32 구조물의 판정

구분	전체 판정식 $N=(r+m+f)-2j$						외적 판정식 $N_e=r-e$		내적 판정식 $N_i=N-N_e$	
	r	m	f	j	N	판정	N_e	판정	N_i	판정
(a)	6	3	2	4	3	안정, 3차 부정정	3	안정, 3차 부정정	0	안정, 정정
(b)	4	4	2	5	0	안정, 정정	0	안정, 정정	0	안정
(c)	4	9	6	8	3	안정, 3차 부정정	1	안정, 1차 부정정	2	안정, 2차 부정정
(d)	3	13	0	8	0	안정, 정정	0	안정, 정정	0	안정, 정정
(e)	3	15	0	9	0	안정, 정정	0	안정, 정정	0	안정, 정정
(f)	3	10	4	7	3	안정, 3차 부정정	0	안정, 정정	3	안정, 3차 부정정
(g)	3	11	0	6	2	안정, 2차 부정정	0	안정, 정정	2	안정, 2차 부정정
(h)	5	7	0	5	2	안정, 2차 부정정	2	안정, 2차 부정정	0	안정, 정정
(i)	3	9	0	6	0	안정, 정정	0	안정, 정정	0	안정, 정정

01 연습문제

1. **힘의 3요소로서 옳은 것은?**

㉮ 크기, 무게, 단위　　㉯ 크기, 방향, 작용점
㉰ 방향, 척도, 무게　　㉱ 크기, 무게, 작용선

↳ 힘의 3요소는 크기, 방향, 작용점이다. 답 ㉯

2. **다음 기술된 항목 중에서 힘의 설명으로 틀리는 것은?**

㉮ 힘의 3요소는 크기, 방향, 작용점이다.
㉯ 힘의 단위로 뉴턴 (Newton)을 사용할 수 있다.
㉰ 힘은 벡터 (Vector)량이다.
㉱ 힘은 에너지이다.

↳ 힘은 에너지가 아니다. 에너지는 일을 할 수 있는 능력이며, 일의 단위와 마찬가지로 erg (에르그) 또는 J (줄)을 사용한다. 에너지는 스칼라량이다. $1\,J=1\,N\cdot m=1\,kg\cdot m^2/s^2$

답 ㉱

3. **힘의 개념에 관한 설명으로 옳지 않은 것은?**

㉮ 힘은 변위, 속도와 같이 크기와 방향을 갖는 벡터의 하나이며, 3요소는 크기, 작용점, 방향이다.
㉯ 힘은 물체에 작용해서 운동상태에 있는 물체에 변화를 일으키게 할 수 있다.
㉰ 물체에 힘의 작용 시 발생하는 가속도는 힘의 크기에 반비례하고 물체의 질량에 비례한다.
㉱ 강체에 힘이 작용하면 작용점은 작용선상의 임의의 위치에 옮겨 놓아도 힘의 효과는 변함없다.

↳ 힘은 $F=ma$이므로 물체에 힘의 작용 시 발생하는 가속도 (a)는 힘의 크기에 비례하고 물체의 질량 (m)에 반비례한다. 답 ㉰

4. **모멘트에 관한 설명 중 잘못된 것은?**

㉮ 힘의 작용점을 작용선 상에서 임의로 옮겨도 모멘트는 변하지 않는다.

㉯ 모멘트의 회전점을 힘의 작용선에 평행하게 이동시켜도 모멘트는 변하지 않는다.

㉰ 모멘트가 0인 경우는 작용 거리가 0일 때에만 성립한다.

㉱ 바리뇽의 정리는 여러 힘에 대한 합력의 위치를 구할 때 사용한다.

↳ 모멘트 ($M = P \times l$)가 영 (0)인 경우는 작용 거리 (l)=0이거나 또는 힘 (P)=0인 경우이다.

답 ㉰

5. **그림에서 힘 P의 점 O에 관한 모멘트는 △OAB 면적의 몇 배인가?**

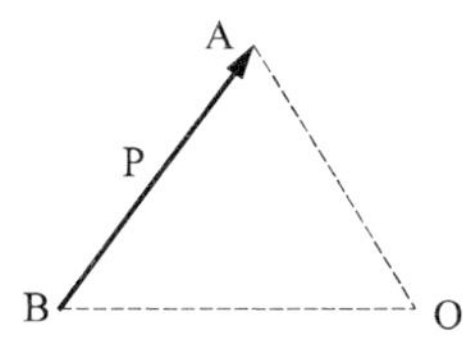

㉮ 1/2배 ㉯ 1배 ㉰ 2배 ㉱ 4배

↳ 힘 P에서 점 O까지 수직선을 그어 그 길이를 l 이라 하면,

$$M_O = P \times l$$

$$A(\text{면적}) = \frac{P \times l}{2} \quad \therefore M_O = 2A$$

답 ㉰

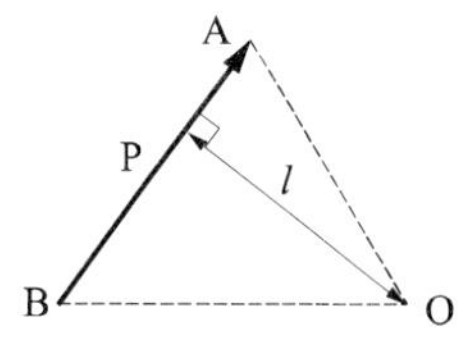

6. **다음은 우력에 대한 설명이다. 틀리는 것은?**

㉮ 크기가 같고 방향이 반대인 2개의 나란한 한 쌍의 힘을 우력이라 하며, 우력 때문에 생기는 모멘트를 우력모멘트라 한다.

㉯ 물체에 우력이 작용하면 합력은 0이나 그 물체를 회전시키려 한다.

㉰ 우력의 크기를 P, 우력 사이의 거리를 l이라 할 때, 우력모멘트의 크기는 $M = P \times l$이다.

㉱ 우력을 형성하는 두 힘의 임의의 점에 대한 우력모멘트의 크기는 그 점의 위치에 관계없이 일정하나 부호는 틀릴 수 있다.

↳ 우력은 크기가 같고 방향이 반대인 한 쌍의 나란한 힘을 말하며, 우력 P 사이의 수직 거리를 l 이라고 할 때 $P \times l$을 우력모멘트라 한다. 우력과 같은 평면 내에 있는 어떤 임의의 점에 대하여 우력모멘트를 구해도 그 크기와 부호는 동일하다.

답 ㉱

7. 다음 그림의 우력모멘트의 크기는? 단, 시계방향을 정(+)으로 한다.

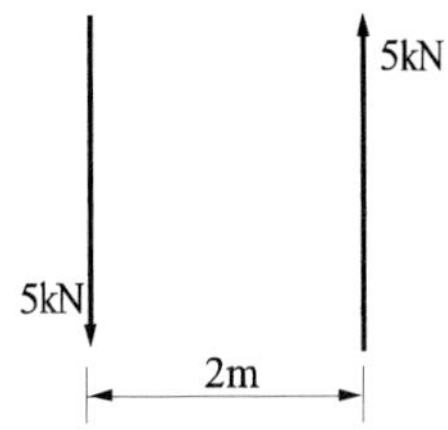

㉮ +10 kN·m
㉯ −10 kN·m
㉰ +25 kN·m
㉱ −25 kN·m

↳ $M = -5 \times 2 = -10$ kN · m (↶)

답 ㉯

8. 그림에서 R은 평행한 두 힘 P_1, P_2의 합력이다. 합력 R이 작용하는 점을 P_1으로부터 x라 할 때 x의 값으로 맞는 것은?

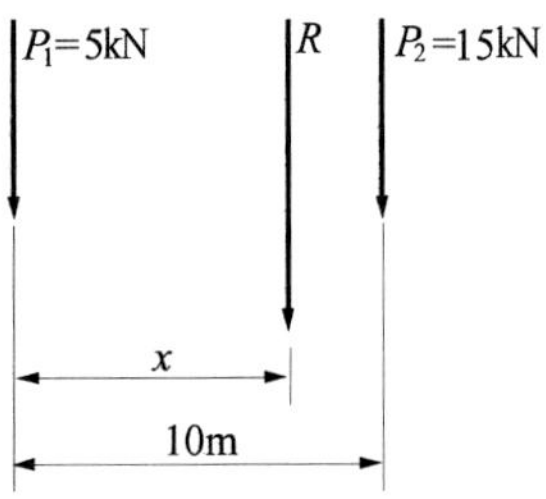

㉮ 7.3 m
㉯ 7.5 m
㉰ 7.8 m
㉱ 8.1 m

↳ ① 분력 : $P_1 = 5$ kN, $P_2 = 15$ kN
② 합력 : $R = 5 + 15 = 20$ kN (↓)
③ 바리뇽의 정리에 따른 점 A의 모멘트
$M_A = P_1 \times 0 + P_2 \times 10 = R \times x$
$15 \times 10 = 20 \times x$
$\therefore\ x = 7.5$ m

답 ㉯

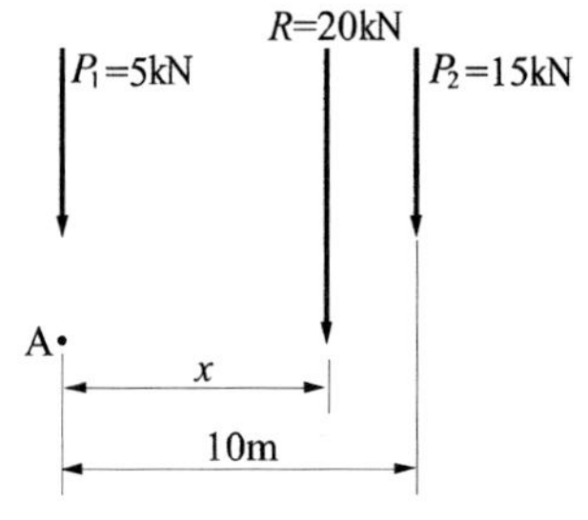

9. 바리뇽(Varignon)의 정리는 다음 어느 것과 관계가 있는가?

㉮ 힘의 방향
㉯ 힘의 작용선
㉰ 힘의 크기
㉱ 힘의 모멘트

↳ '여러 개의 평면력이 그 평면력 내에 있는 한 점에 대한 모멘트의 대수합과 그들의 합력이 그 점에 대한 모멘트가 같다'라는 것이 바리뇽의 정리이므로 모멘트와 관계가 있다.

답 ㉱

10. **그림과 같은 평행력** 2 kN **과** 6 kN **를** $P_1 = 3$ kN, $P_2 = 5$ kN **으로 분해한다면** P_2 **의 거리** x**는?**

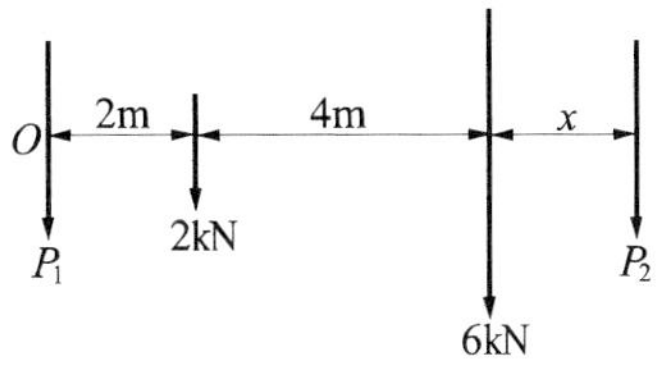

㉮ 1 m
㉯ 2 m
㉰ 3 m
㉱ 4 m

↳ 점 O에 대한 2 kN과 6 kN에 의한 모멘트의 합과 $P_1 = 3$ kN과 $P_2 = 5$ kN에 의한 모멘트의 합은 같다.

$M_O = 2\times2+6\times6 = 3\times0+5\times(2+4+x) = 40$ kN·m ∴ $x = 2$ m 답 ㉯

11. **그림에서 두 힘의 합력 크기는?**

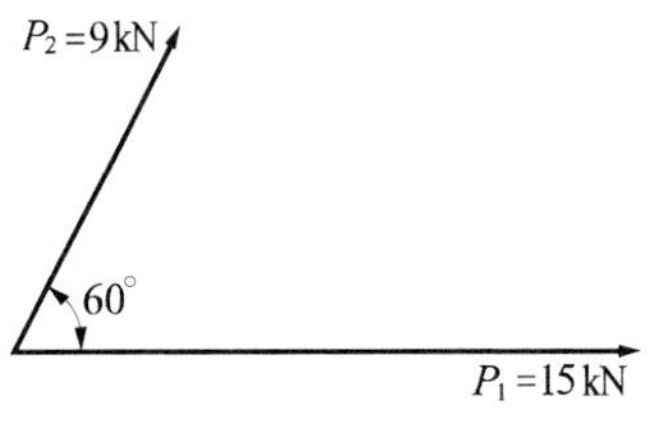

㉮ 14 kN
㉯ 16 kN
㉰ 18 kN
㉱ 21 kN

↳ $R = \sqrt{P_1{}^2 + P_2{}^2 + 2P_1P_2\cos\alpha} = \sqrt{15^2+9^2+2\times15\times9\times\cos 60°} = 21$ kN 답 ㉱

12. **그림에서 두 힘의 합력의 크기는?**

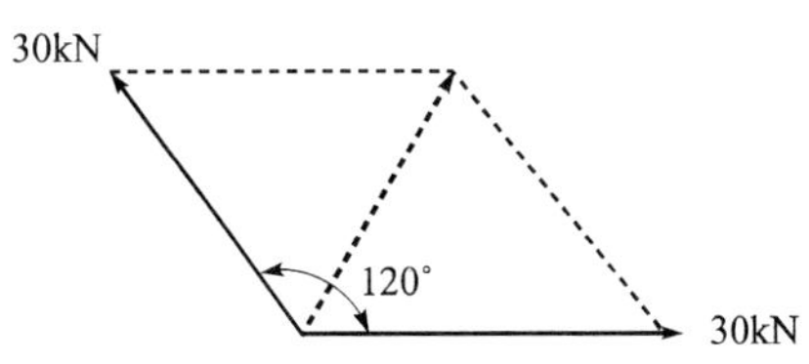

㉮ 60kN
㉯ 50kN
㉰ 40kN
㉱ 30kN

↳ $R = \sqrt{P_1{}^2 + P_2{}^2 + 2P_1P_2\cos\alpha} = \sqrt{30^2+30^2+2\times30\times30\times\cos 120°} = 30$ kN 답 ㉱

13. 그림과 같이 삼각형 구조가 평형상태에 있을 때 법선방향에 대한 힘의 크기 P는 약 얼마인가?

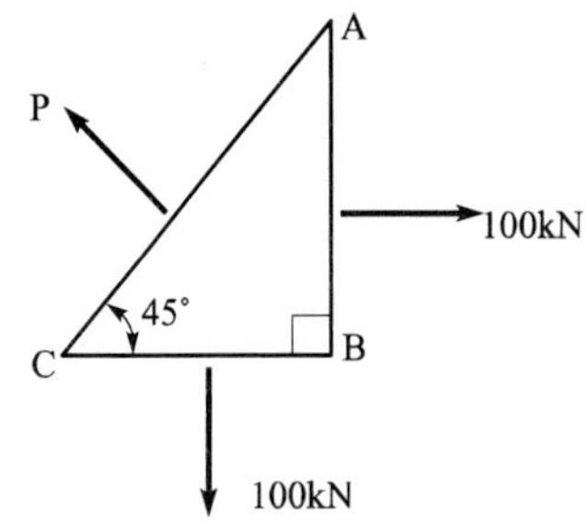

㉮ 100 kN
㉯ 121 kN
㉰ 131 kN
㉱ 141 kN

$$P=\sqrt{P_1^{\,2}+P_2^{\,2}+2P_1P_2\cos\alpha}=\sqrt{100^2+100^2+2\times100\times100\times\cos90^\circ}=141\text{ kN}$$

답 ㉱

14. 그림과 같이 4개의 힘이 O점에 작용할 때 합력 R의 크기와 작용방향의 각도 θ (x축에 대한)는?

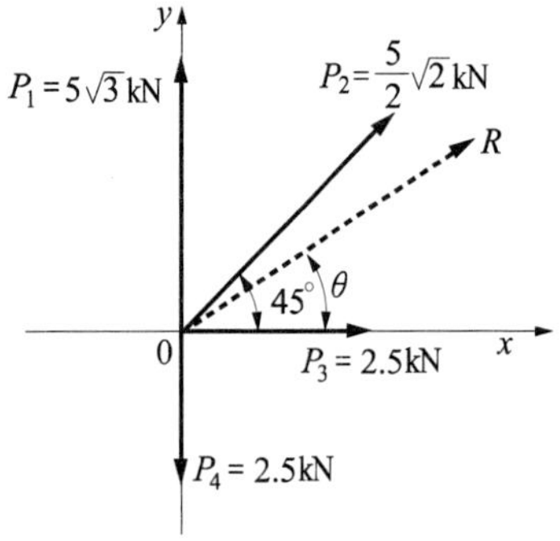

㉮ $R=5.0$ kN, $\theta=30^\circ$
㉯ $R=5.0$ kN, $\theta=60^\circ$
㉰ $R=10$ kN, $\theta=45^\circ$
㉱ $R=10$ kN, $\theta=60^\circ$

$$P_{2x}=P_2\cos45^\circ=\frac{5}{2}\sqrt{2}\times\cos45^\circ=2.5\text{ kN}$$

$$P_{2y}=P_2\sin45^\circ=\frac{5}{2}\sqrt{2}\times\sin45^\circ=2.5\text{ kN}$$

$$P_x=P_3+P_{2x}=2.5+2.5=5\text{ kN}$$

$$P_y=P_1+P_{2y}-P_4=5\sqrt{3}+2.5-2.5=5\sqrt{3}\text{ kN}$$

$\alpha=90^\circ$ (P_x와 P_y 사이의 각)

$$R=\sqrt{P_x^{\,2}+P_y^{\,2}+2P_xP_y\cos\alpha}=\sqrt{5^2+(5\sqrt{3})^2+2\times5\times5\sqrt{3}\times\cos90^\circ}=10\text{kN}$$

$$\theta=\tan^{-1}\left(\frac{P_y\sin\alpha}{P_x+P_y\cos\alpha}\right)=\tan^{-1}\left(\frac{5\sqrt{3}\times\sin90^\circ}{5+5\sqrt{3}\times\cos90^\circ}\right)=60^\circ$$

$\alpha = 90°$ 이므로 다음과 같이 간단히 계산할 수 있다.

$$R = \sqrt{P_x^2 + P_y^2} = \sqrt{5^2 + (5\sqrt{3})^2} = 10\,\text{kN}$$

$$\theta = \tan^{-1}\left(\frac{P_y}{P_x}\right) = \tan^{-1}\left(\frac{5\sqrt{3}}{5}\right) = 60°$$

답 ㉱

15. **다음 힘의 합성과 평형에 관한 기술 중 틀린 것은?**

㉮ 한 점에 작용하는 여러 힘은 시력도가 폐쇄되면 평형이다.
㉯ 여러 힘의 합력의 크기는 시력도로 구할 수 있다.
㉰ 여러 힘의 합력의 크기와 작용점을 연력도로 구할 수 있다.
㉱ 한 점에 작용하는 여러 힘의 수평방향 분력의 합과 수직방향 분력의 합이 각각 0이면 평형이 된다.

↳ 연력도로는 합력의 작용선(방향과 작용점)을 구한다. 답 ㉰

16. **다음 그림과 같은 대칭 로프에 생기는 힘 P의 값은 얼마인가? 단, 하중(100 N)은 로프의 한 가운데에 매달려 있으며, 2개의 로프가 이루는 각은 120°이다.**

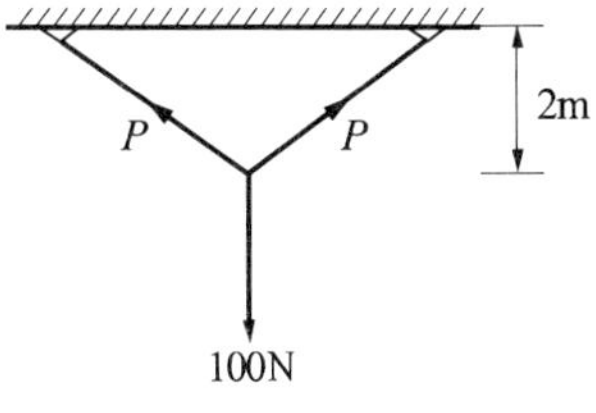

㉮ 0 N
㉯ 50 N
㉰ 100 N
㉱ 200 N

↳ 사인법칙에 따라

$$\frac{P}{\sin 120°} = \frac{100}{\sin 120°}$$

$\therefore P = 100\text{ N}$ (인장력) 답 ㉰

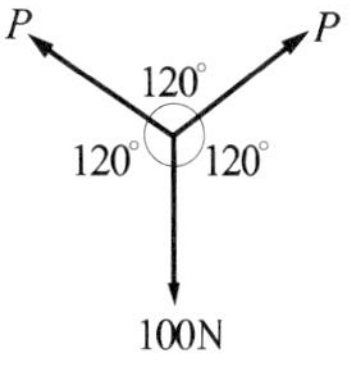

17. 그림에서 AB 부재의 부재력은?

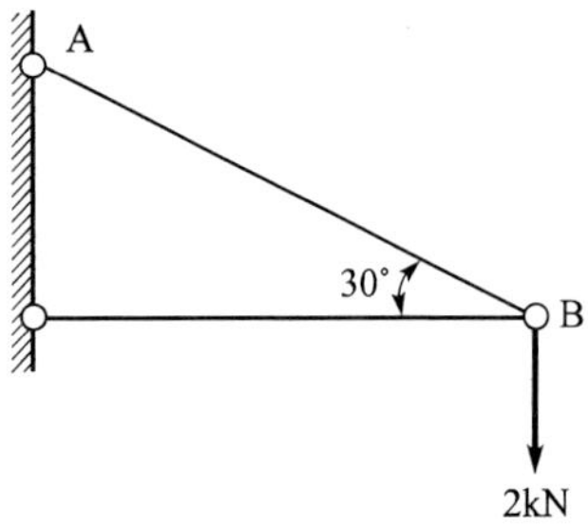

㉮ −2 kN
㉯ +2 kN
㉰ −4 kN
㉱ +4 kN

사인법칙에 따라

$$\frac{P_{AB}}{\sin 90°}=\frac{2}{\sin 30°} \qquad \therefore P_{AB}=4\text{ N (인장력)}$$

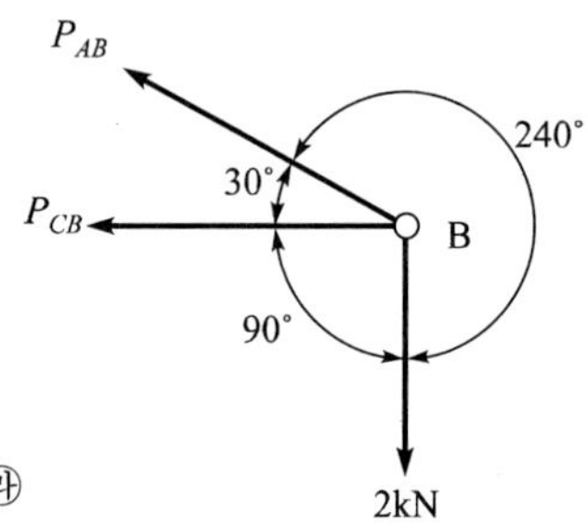

답 ㉱

18. 그림과 같은 구조물의 부재 C에 작용하는 압축력은?

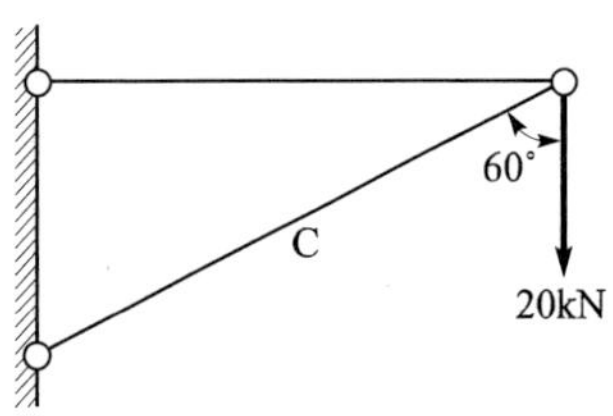

㉮ 10 kN
㉯ 20 kN
㉰ 30 kN
㉱ 40 kN

사인법칙에 따라

$$\frac{P_{CB}}{\sin 240°}=\frac{20}{\sin 30°}$$

$\therefore P_{CB}=-40\text{ kN}$ (압축력)

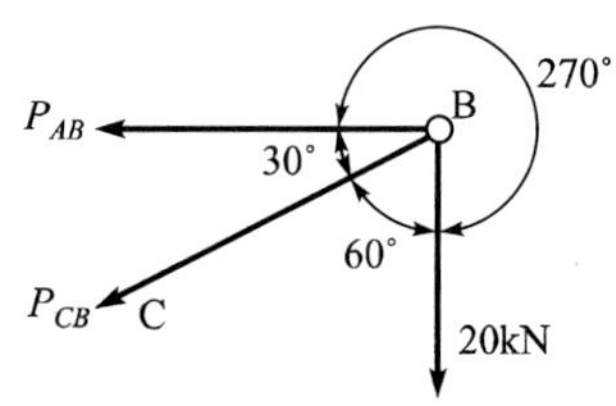

답 ㉱

19. 그림과 같은 구조물에서 부재 T가 받는 힘의 크기는?

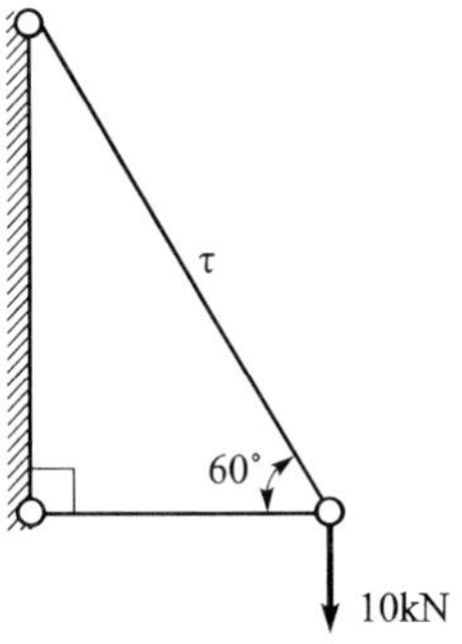

㉮ 9.5 kN
㉯ 10.5 kN
㉰ 11.5 kN
㉱ 12.5 kN

사인법칙에 따라

$$\frac{T}{\sin 90°}=\frac{10}{\sin 60°}$$

$\therefore T=11.5$ kN (인장력)

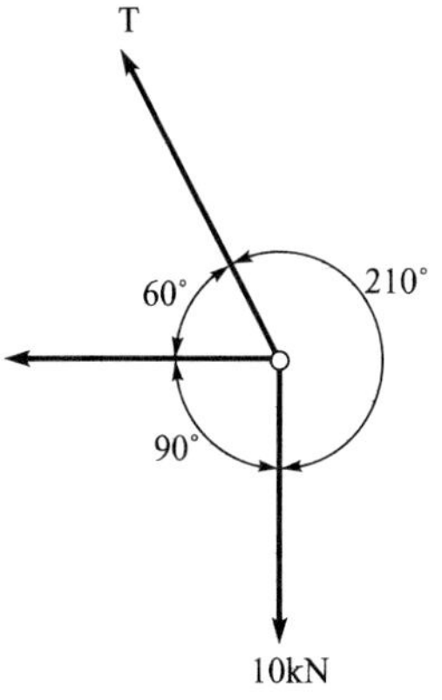

답 ㉰

20. 일반적인 건축구조물의 하중 전달경로를 순서대로 옳게 표현한 것은?

㉠ 빔 (작은보)	㉡ 슬래브
㉢ 거더 (큰보)	㉣ 기초
㉤ 기둥	

㉮ ㉡ → ㉢ → ㉠ → ㉤ → ㉣
㉯ ㉡ → ㉠ → ㉢ → ㉤ → ㉣
㉰ ㉠ → ㉢ → ㉡ → ㉣ → ㉤
㉱ ㉠ → ㉢ → ㉡ → ㉤ → ㉣

일반적인 건축구조물의 하중 전달경로는 다음과 같다.
슬래브 → 빔 (작은보) → 거더 (큰보) → 기둥 → 기초 답 ㉯

21. **구조물의 지점은 이동지점, 회전지점, 고정지점으로 구분되어진다. 각각의 지점에 대한 반력의 수로 알맞은 것은?**

㉮ 이동지점-1개, 회전지점-2개, 고정지점-3개
㉯ 이동지점-2개, 회전지점-1개, 고정지점-3개
㉰ 이동지점-1개, 회전지점-3개, 고정지점-2개
㉱ 이동지점-3개, 회전지점-1개, 고정지점-2개

↳ 지점의 종류에 따른 반력의 수는 이동지점-1개, 회전지점-2개, 고정지점-3개이다.

답 ㉮

22. **정정구조물에서 하중 w, 전단력 V, 휨모멘트 M의 관계식 중 옳은 것은? (단, x는 지점에서 임의 단면까지의 거리)**

㉮ $\frac{dM}{dx}=-w$ ㉯ $\frac{dV}{dx}=-w$ ㉰ $\frac{d^2M}{dx^2}=-w$ ㉱ $\frac{d^2V}{dx^2}=M$

↳ $-w=\frac{dV}{dx}=\frac{d^2M}{dx^2}$

답 ㉯

23. **정정구조물의 해석방법의 원리로 가장 적당한 것은?**

㉮ 평형조건식 ㉯ 모멘트
㉰ 적합조건식 ㉱ 관성법칙

↳ 힘의 평형방정식 ($\Sigma X=0$, $\Sigma Y=0$, $\Sigma M=0$)을 이용하여 정정구조물을 해석한다.

답 ㉮

24. **한 점에 작용하는 힘의 평형조건을 표현하였다. 올바르지 않은 것은?**

㉮ 도해적 평형조건은 시력도가 폐합되어야 한다.
㉯ 모든 수평방향 분력의 합 $\Sigma X=0$이다.
㉰ 모든 수직방향 분력의 합 $\Sigma Y=0$이다.
㉱ 한 점에 여러 힘이 작용할 때 모든 힘에 의한 $\Sigma M=0$이 아니다.

↳ 한 점에 여러 힘이 작용할 때 그 점에 대한 모멘트의 합은 영(0)이다.
즉, $\Sigma M=0$이다.

답 ㉱

25. 그림과 같이 균일 단연봉이 축하중을 받고 평형을 이루고 있다. $T=2P$가 되려면 w는 얼마가 되어야 하는가?

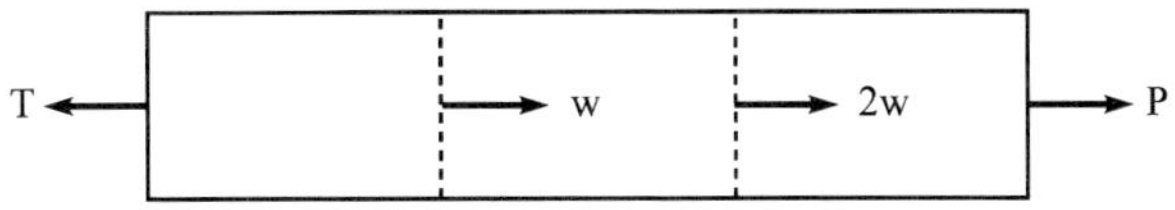

㉮ P ㉯ P/2 ㉰ P/3 ㉱ 2P

$\Sigma X=0\ (+;\ \rightarrow)$: $\Sigma X=-T+w+2w+P=-2P+3w+P=-P+3w=0$

$\therefore\ w=P/3$ 답 ㉰

26. 그림과 같은 구조물에 작용하는 4개의 힘이 평형을 이룰 때 F의 크기 및 거리 x는?

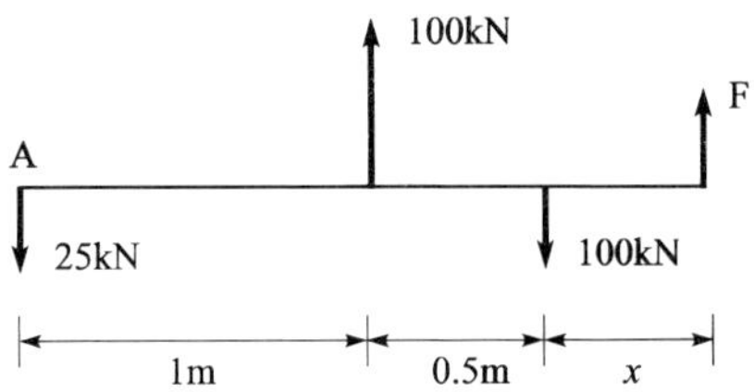

㉮ $F=25$ kN, $x=1$ m ㉯ $F=50$ kN, $x=1$ m

㉰ $F=25$ kN, $x=0.5$ m ㉱ $F=50$ kN, $x=0.5$ m

$\Sigma Y=0\ (+;\ \uparrow)$: $\Sigma Y=-25+100-100+F=0$ $\quad\therefore\ F=25$ kN

$\Sigma M=0\ (+;\frown)$: $\Sigma M_A=25\times0-100\times1+100\times1.5-F\times(1.5+x)=0$

$\Sigma M_A=50-25\times1.5-25x=0$ $\quad\therefore\ x=0.5$ m 답 ㉰

27. 다음 그림에서 점 O에 대한 모멘트 M_O를 구하면? (단, 시계방향 모멘트 +)

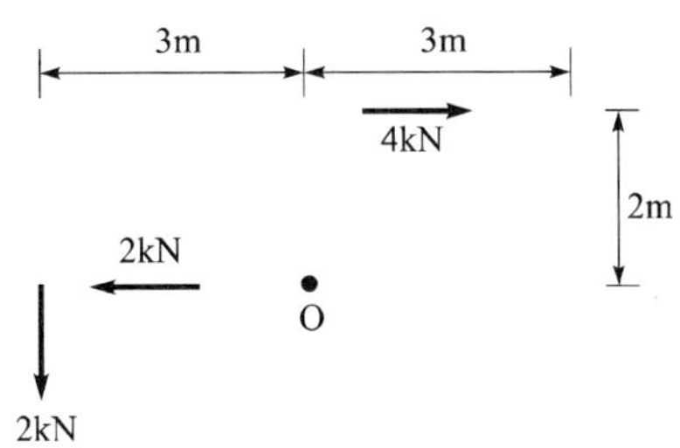

㉮ 0 kN·m ㉯ 2 kN·m ㉰ −2 kN·m ㉱ −4 kN·m

$\Sigma M=0\ (+;\frown)$: $\Sigma M_O=2\times0-2\times3+4\times2=2$ kN·m 답 ㉯

28. 다음과 같은 두개의 힘에 대한 점 O의 모멘트의 크기는?

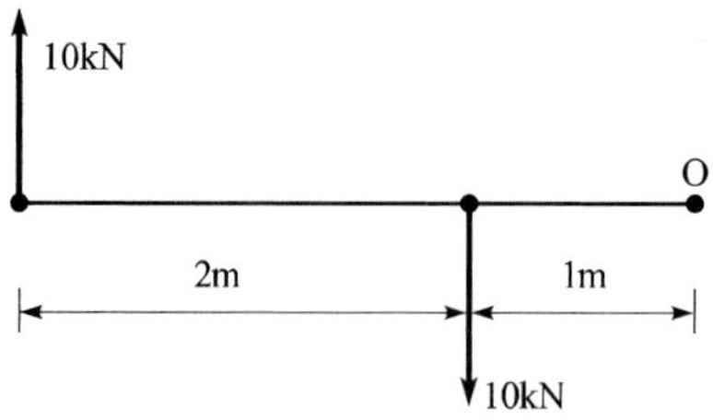

㉮ 0　　　㉯ 10 kN・m
㉰ 20 kN・m　　　㉱ 30 kN・m

↳ $\Sigma M=0\ (+;\frown)$: $\Sigma M_O=10\times3-10\times1=20$ kN・m　　　답 ㉰

29. 그림에서 점 A, B, C의 각 점에 대한 모멘트의 크기를 비교한 것 중 옳은 것은?

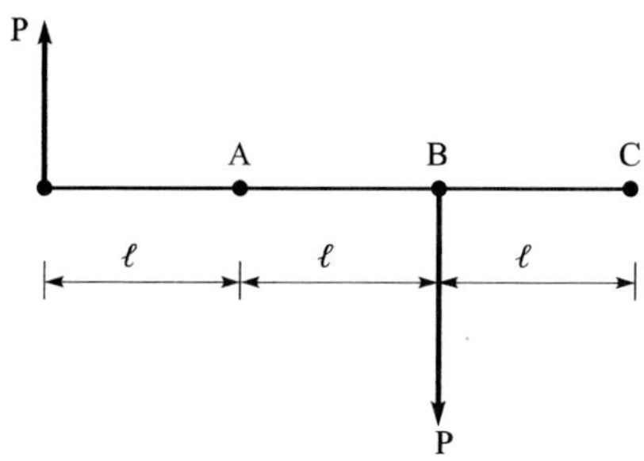

㉮ $M_A > M_B > M_C$　　　㉯ $M_A < M_B < M_C$
㉰ $M_A = M_B > M_C$　　　㉱ $M_A = M_B = M_C$

↳ $M_A=P\times l+P\times l=2Pl$
$M_B=P\times 2l+P\times 0=2Pl$
$M_C=P\times 3l-P\times l=2Pl$
$\therefore\ M_A=M_B=M_C$　　　답 ㉱

30. 그림과 같이 지점 B가 활절(Hinge)로 된 막대에 상향 10 kN, 하향 30 kN이 작용하여 평형을 이룬다면 A점으로부터 30 kN이 작용하는 점까지의 거리 x는 얼마이어야 하는가? (단, 막대의 자중은 무시한다.)

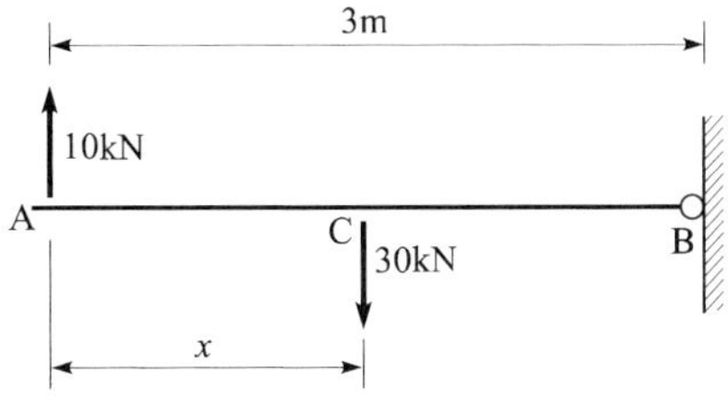

㉮ 1.0 m ㉯ 1.5 m
㉰ 2.0 m ㉱ 2.5 m

↳ $\Sigma Y=0(+;\uparrow)$: $\Sigma Y=10-30+R_B=0$ $\quad\therefore R_B=20\text{ kN}$
$\Sigma M=0(+;\frown)$: $\Sigma M_A=10\times 0+30\times x-20\times 3=0$ $\quad\therefore x=2.0\text{ m}$

답 ㉰

31. 구조물이 안정될 조건 중 틀린 것은?

㉮ 큰 변형이 생기지 않아야 한다.
㉯ 유한한 반력과 부재력으로 힘의 평형을 이루어야 한다.
㉰ 구조물에 생기는 반력수가 3보다 같거나 커야 한다.
㉱ 트러스구조에서 특별히 지지 연결되어 있지 않는 한, 4각형의 면을 포함해야 한다.

↳ 트러스구조에서 특별히 지지 또는 연결되어 있지 않는 한, 3각형의 면을 포함해야 한다.

답 ㉱

32. 그림과 같은 구조물의 강절점수를 구하면?

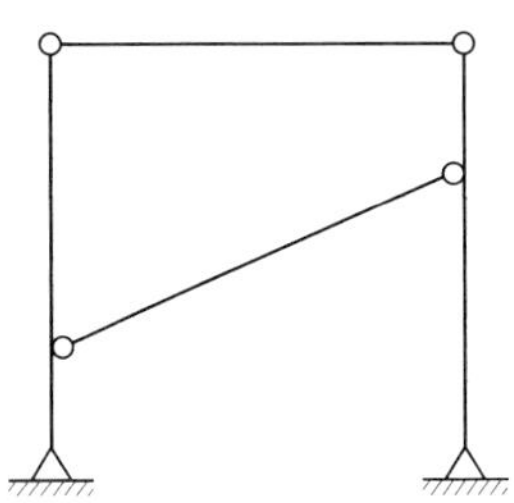

㉮ 0
㉯ 1
㉰ 2
㉱ 3

↳ 그림과 같은 구조물의 강절점수는 2이다.

답 ㉰

33. 그림과 같은 구조물의 판별로 옳지 않은 것은?

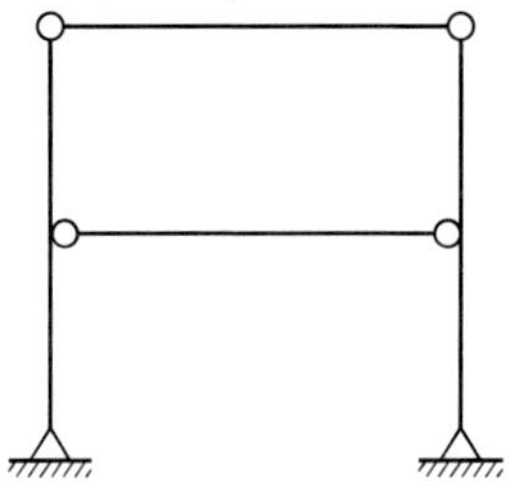

㉮ 반력수는 4이다.
㉯ 부재수는 6이다.
㉰ 강절점수는 0이다.
㉱ 절점수는 6이다.

그림과 같은 구조물의 강절점수는 2이다. 답 ㉰

34. 다음 구조물의 부정정 차수를 결정하시오.

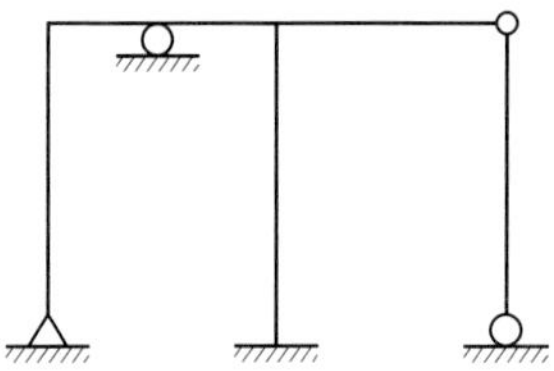

㉮ 정정구조물
㉯ 1차 부정정
㉰ 2차 부정정
㉱ 3차 부정정

$N=(r+m+f)-2j=(7+6+4)-2\times7=3$

∴ 3차 부정정

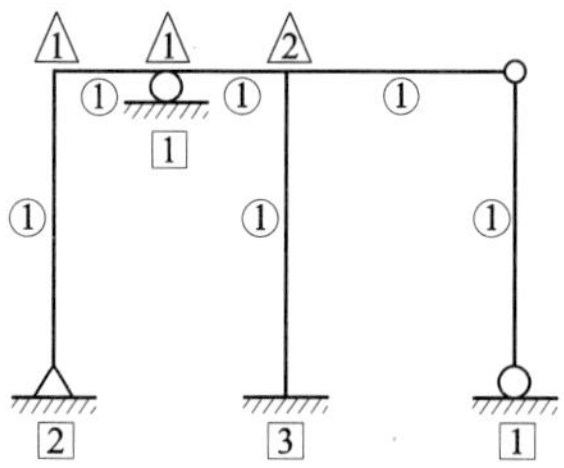

답 ㉱

35. 그림과 같은 구조물의 부정정 차수는?

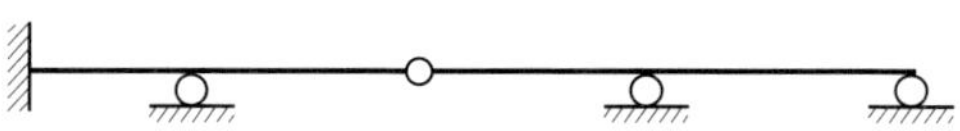

㉮ 1차 ㉯ 2차
㉰ 3차 ㉱ 4차

$N=(r+m+f)-2j=(6+4+2)-2\times5=2$ ∴ 2차 부정정 답 ㉯

36. 그림과 같은 구조물의 부정정 차수는?

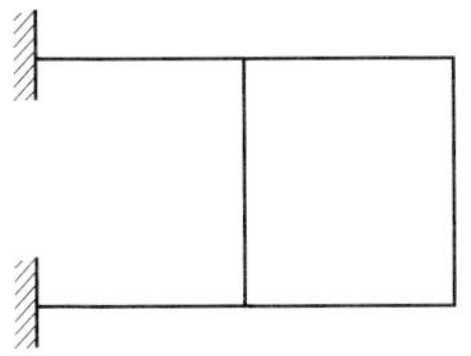

㉮ 3차 부정정
㉯ 4차 부정정
㉰ 5차 부정정
㉱ 6차 부정정

↳ $N=(r+m+f)-2j=(6+6+6)-2\times6=6$ ∴ 6차 부정정 답 ㉱

37. 그림과 같은 구조물의 부정정 차수는?

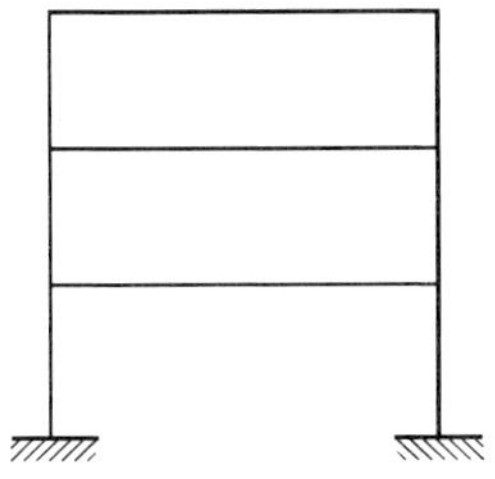

㉮ 6차 부정정
㉯ 7차 부정정
㉰ 8차 부정정
㉱ 9차 부정정

↳ $N=(r+m+f)-2j=(6+9+10)-2\times8=9$ ∴ 9차 부정정 답 ㉱

38. 그림과 같은 구조물의 부정정 차수로 가장 적당한 것은?

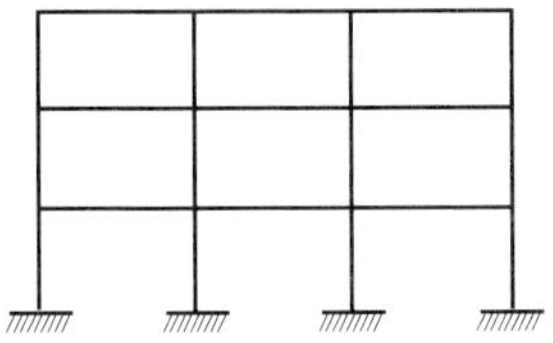

㉮ 24차 부정정
㉯ 25차 부정정
㉰ 26차 부정정
㉱ 27차 부정정

↳ $N=(r+m+f)-2j=(12+21+26)-2\times16=27$ ∴ 27차 부정정 답 ㉱

39. 다음 그림과 같은 라멘의 부정정 차수는?

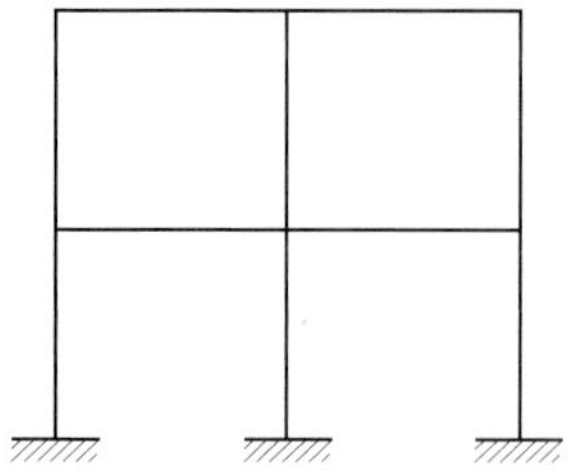

㉮ 6차 부정정
㉯ 8차 부정정
㉰ 10차 부정정
㉱ 12차 부정정

↳ $N=(r+m+f)-2j=(9+10+11)-2\times9=12$ ∴ 12차 부정정 답 ㉱

40. 다음 그림과 같은 라멘 구조물의 판별로 옳은 것은?

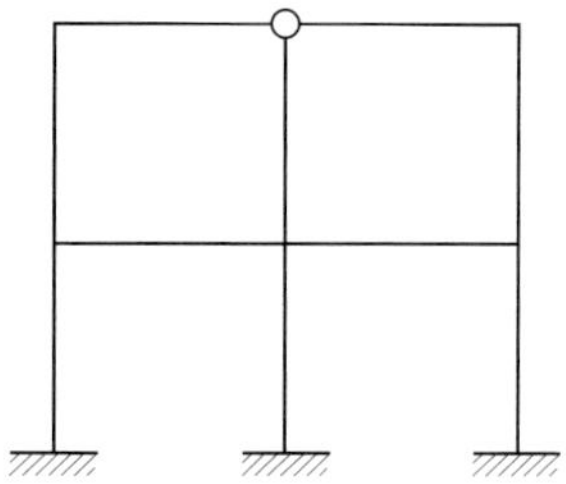

㉮ 12차 부정정
㉯ 11차 부정정
㉰ 10차 부정정
㉱ 9차 부정정

↳ $N=(r+m+f)-2j=(9+10+9)-2\times9=10$ ∴ 10차 부정정 답 ㉰

41. 다음 그림의 구조물은 몇 차 부정정구조물인가?

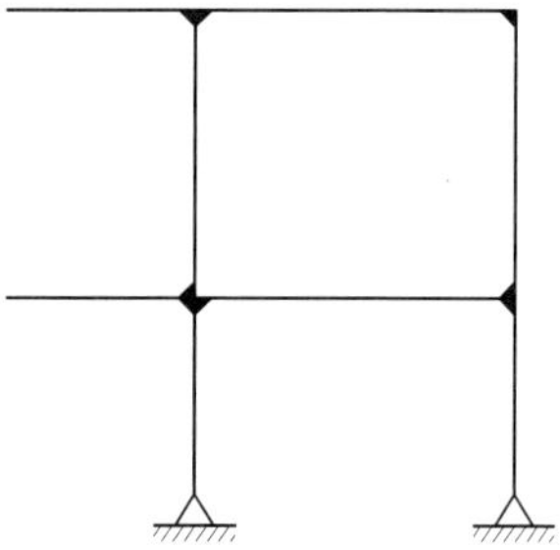

㉮ 2차 부정정
㉯ 3차 부정정
㉰ 4차 부정정
㉱ 5차 부정정

↳ $N=(r+m+f)-2j=(4+8+8)-2\times8=4$ ∴ 4차 부정정 답 ㉰

42. 그림과 같은 구조물의 부정정 차수는?

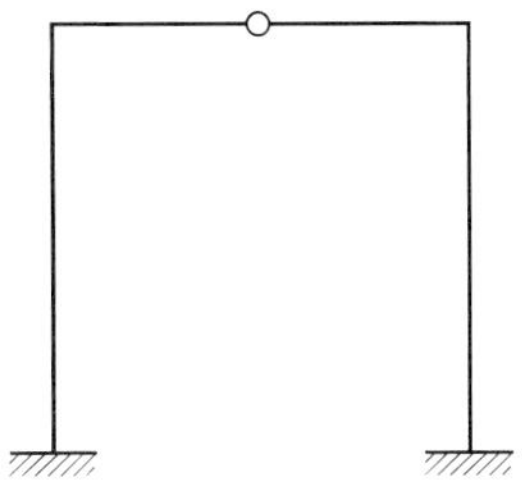

㉮ 1차 부정정
㉯ 2차 부정정
㉰ 3차 부정정
㉱ 4차 부정정

↳ $N=(r+m+f)-2j=(6+4+2)-2\times5=2$ ∴ 2차 부정정 답 ㉯

43. 그림과 같은 구조물의 부정정 차수 값으로 옳은 것은?

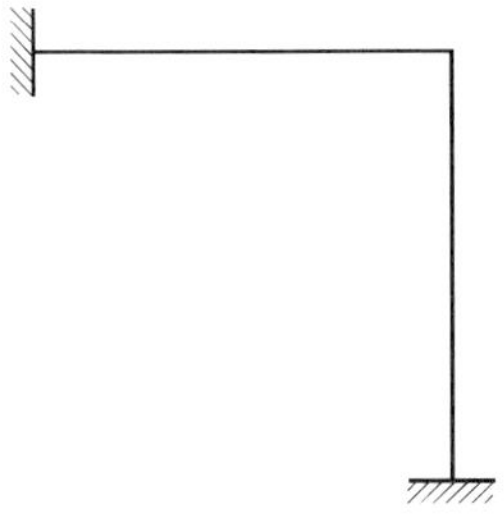

㉮ 1차 부정정
㉯ 3차 부정정
㉰ 5차 부정정
㉱ 6차 부정정

↳ $N=(r+m+f)-2j=(6+2+1)-2\times3=3$ ∴ 3차 부정정 답 ㉯

44. 다음 구조물의 부정정 차수는?

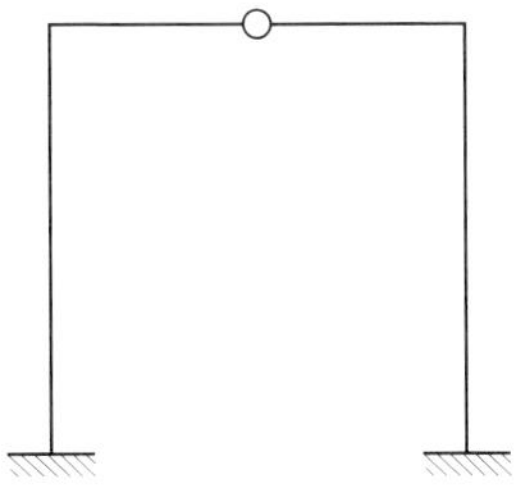

㉮ 1차 부정정
㉯ 2차 부정정
㉰ 3차 부정정
㉱ 4차 부정정

↳ $N=(r+m+f)-2j=(6+4+2)-2\times5=2$ ∴ 2차 부정정 답 ㉯

45. 그림과 같은 구조물의 부정정 차수는?

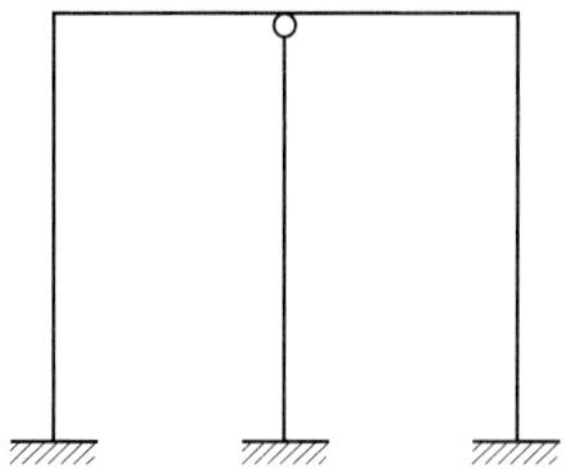

㉮ 3차 부정정
㉯ 5차 부정정
㉰ 7차 부정정
㉱ 9차 부정정

↳ $N = (r + m + f) - 2j = (9 + 5 + 3) - 2 \times 6 = 5$ ∴ 5차 부정정 답 ㉯

46. 그림과 같은 구조물의 부정정 차수는?

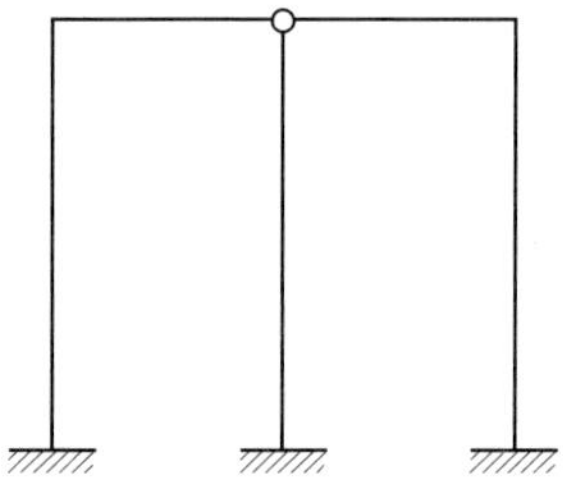

㉮ 1차 부정정
㉯ 2차 부정정
㉰ 3차 부정정
㉱ 4차 부정정

↳ $N = (r + m + f) - 2j = (9 + 5 + 2) - 2 \times 6 = 4$ ∴ 4차 부정정 답 ㉱

47. 다음 라멘 구조물의 부정정 차수는?

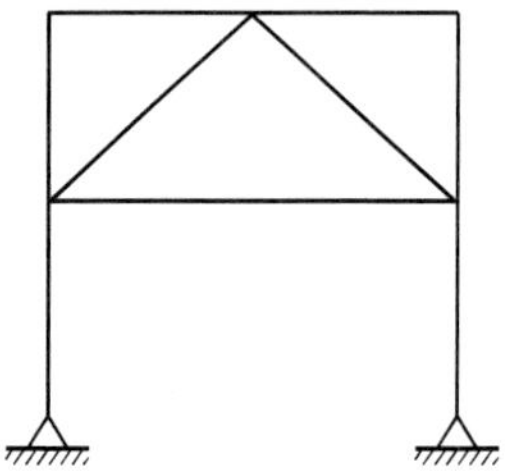

㉮ 9차 부정정
㉯ 10차 부정정
㉰ 11차 부정정
㉱ 12차 부정정

↳ $N = (r + m + f) - 2j = (4 + 9 + 11) - 2 \times 7 = 10$ ∴ 10차 부정정 답 ㉯

48. 그림과 같은 구조물의 부정정 차수는?

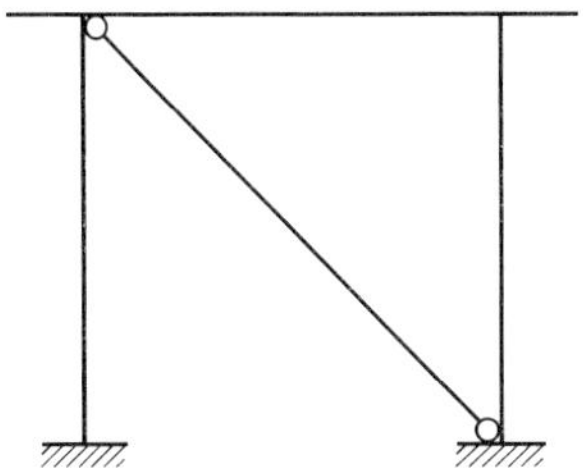

㉮ 1차 부정정
㉯ 2차 부정정
㉰ 3차 부정정
㉱ 4차 부정정

↳ $N=(r+m+f)-2j=(6+6+4)-2\times 6=4$ ∴ 4차 부정정 답 ㉱

49. 그림과 같은 구조물의 판별 결과는?

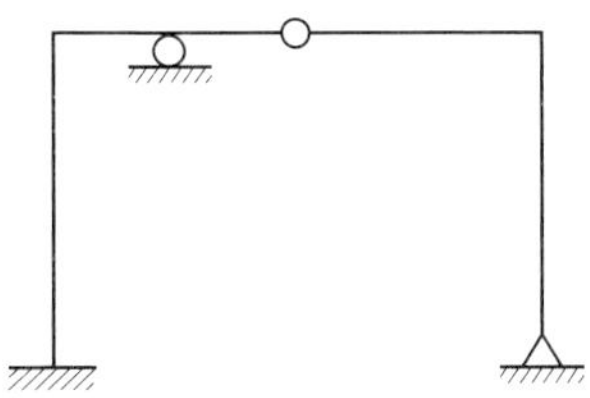

㉮ 정정
㉯ 1차 부정정
㉰ 2차 부정정
㉱ 3차 부정정

↳ $N=(r+m+f)-2j=(6+5+3)-2\times 6=2$ ∴ 2차 부정정 답 ㉰

50. 그림과 같은 구조물의 부정정 차수는?

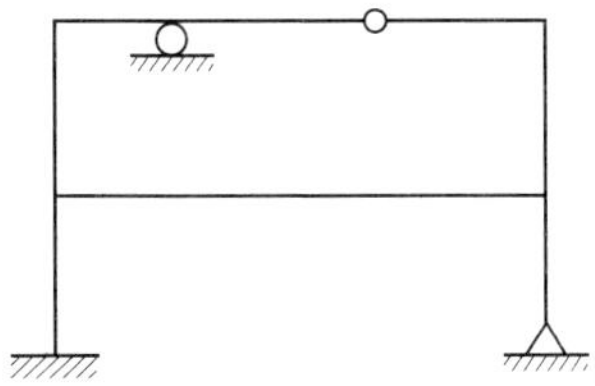

㉮ 2차 부정정
㉯ 3차 부정정
㉰ 4차 부정정
㉱ 5차 부정정

↳ $N=(r+m+f)-2j=(6+8+7)-2\times 8=5$ ∴ 5차 부정정 답 ㉱

51. 그림과 같은 구조물의 부정정 차수는?

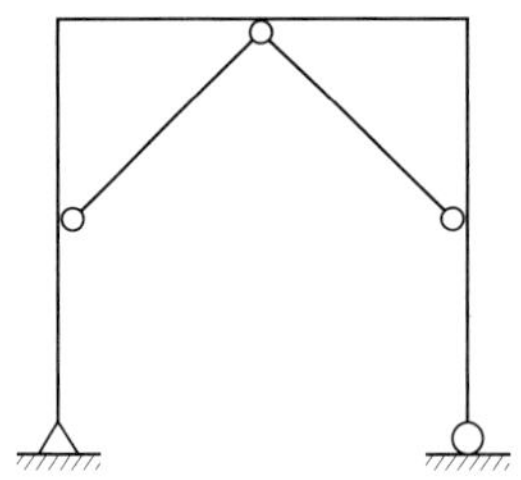

㉮ 1차 부정정
㉯ 2차 부정정
㉰ 3차 부정정
㉱ 4차 부정정

$N=(r+m+f)-2j=(3+8+5)-2\times 7=2$ ∴ 2차 부정정 답 ㉯

52. 다음 구조물의 부정정 차수는?

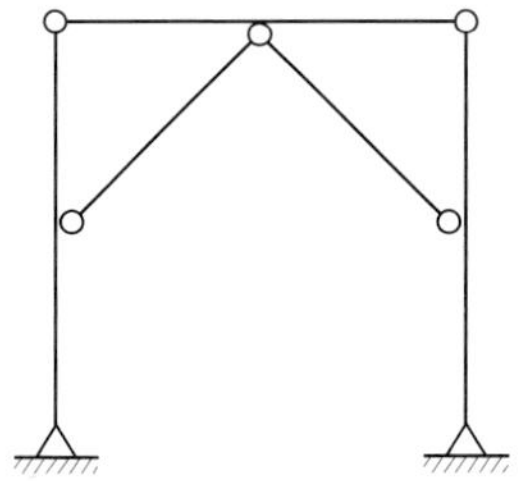

㉮ 1차 부정정
㉯ 2차 부정정
㉰ 3차 부정정
㉱ 4차 부정정

$N=(r+m+f)-2j=(4+8+3)-2\times 7=1$ ∴ 1차 부정정 답 ㉮

53. 다음 구조물의 부정정 차수는?

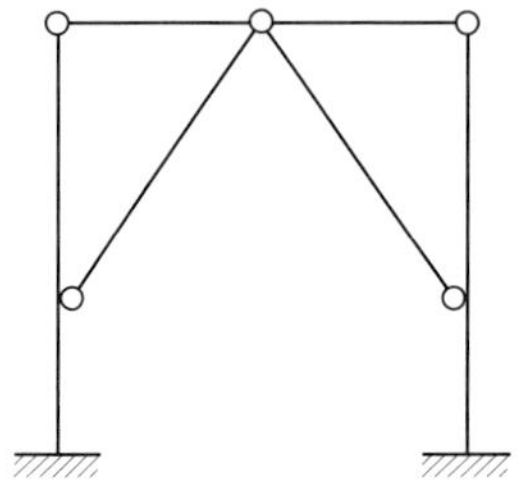

㉮ 1차 부정정
㉯ 2차 부정정
㉰ 3차 부정정
㉱ 4차 부정정

$N=(r+m+f)-2j=(6+8+2)-2\times 7=2$ ∴ 2차 부정정 답 ㉯

54. **그림과 같은 구조물의 부정정 차수는?**

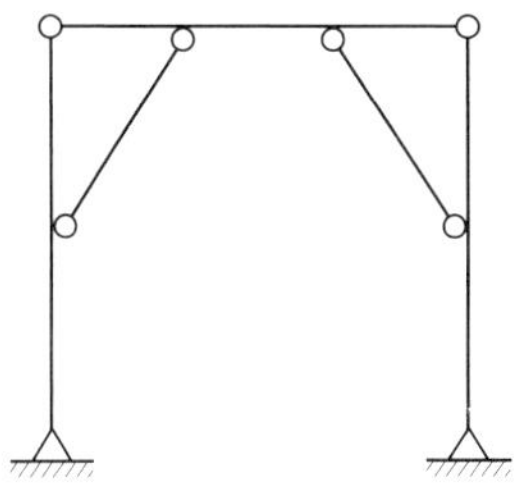

㉮ 1차 부정정
㉯ 2차 부정정
㉰ 3차 부정정
㉱ 4차 부정정

↳ $N=(r+m+f)-2j=(4+9+4)-2\times8=1$ ∴ 1차 부정정 답 ㉮

55. **그림과 같은 구조물의 부정정 차수는?**

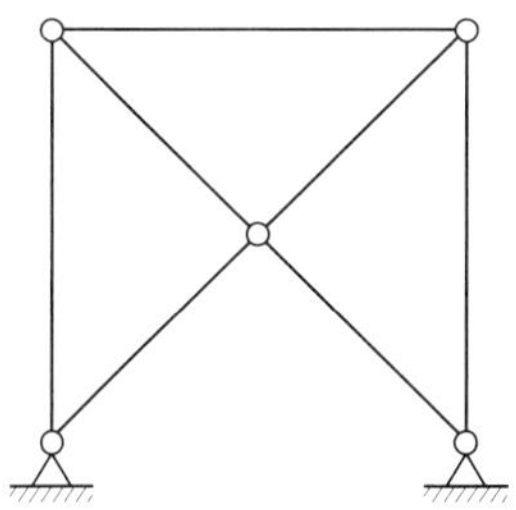

㉮ 1차 부정정
㉯ 2차 부정정
㉰ 3차 부정정
㉱ 4차 부정정

↳ $N=(r+m+f)-2j=(4+7+0)-2\times5=1$ ∴ 1차 부정정 답 ㉮

56. **다음 구조물의 부정정 차수의 합은?**

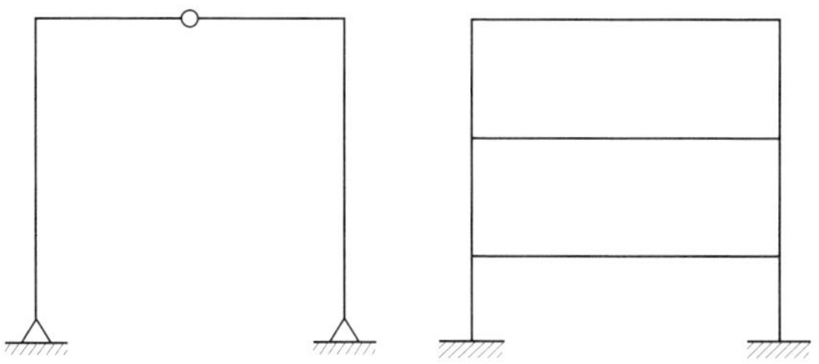

㉮ 9 ㉯ 10 ㉰ 11 ㉱ 12

↳ $N_1=(r+m+f)-2j=(4+4+2)-2\times5=0$

$N_2=(r+m+f)-2j=(6+9+10)-2\times8=9$

$\therefore N=N_1+N_2=0+9=9$ 답 ㉮

57. 그림과 같은 구조물의 부정정 차수는?

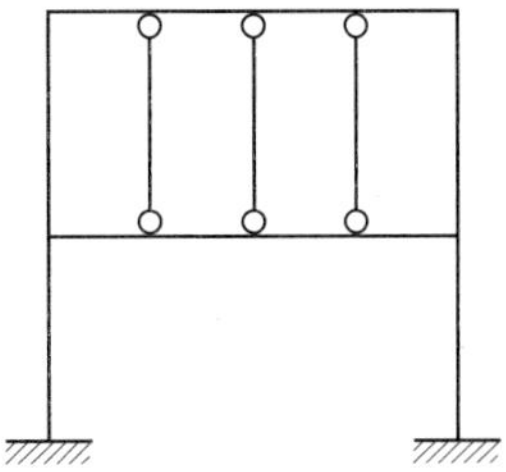

㉮ 6차 부정정
㉯ 7차 부정정
㉰ 8차 부정정
㉱ 9차 부정정

↳ $N=(r+m+f)-2j=(6+15+12)-2\times12=9$　　∴ 9차 부정정　　답 ㉱

58. 다음 그림과 같은 구조물의 판별로 옳은 것은?

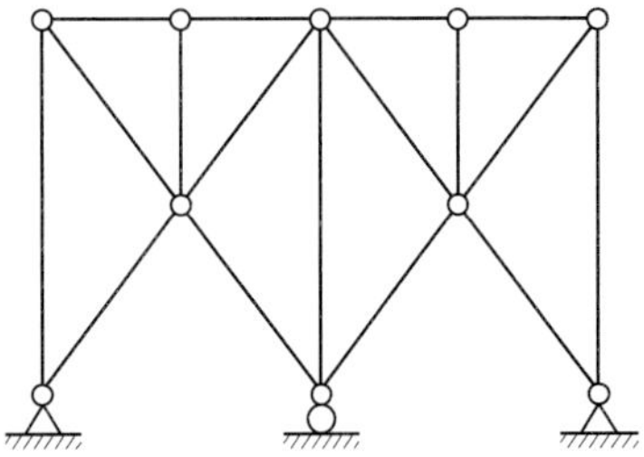

㉮ 불안정
㉯ 정정
㉰ 1차 부정정
㉱ 2차 부정정

↳ $N=(r+m+f)-2j=(5+17+0)-2\times10=2$　　∴ 2차 부정정　　답 ㉱

59. 다음 구조물의 부정정 차수는?

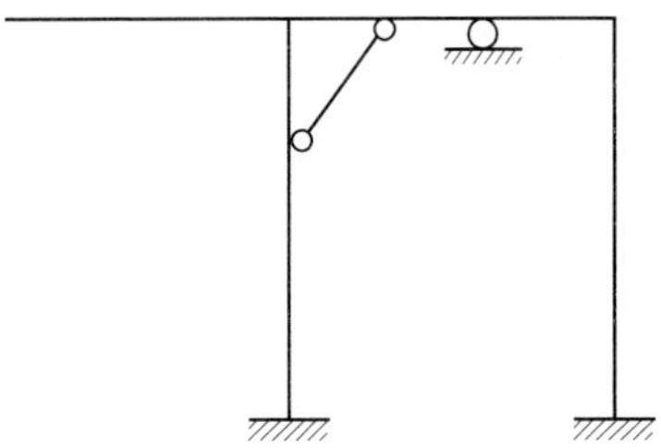

㉮ 3차 부정정
㉯ 4차 부정정
㉰ 5차 부정정
㉱ 6차 부정정

↳ $N=(r+m+f)-2j=(7+8+6)-2\times8=5$　　∴ 5차 부정정　　답 ㉰

60. **다음 구조물의 판별로 옳은 것은?**

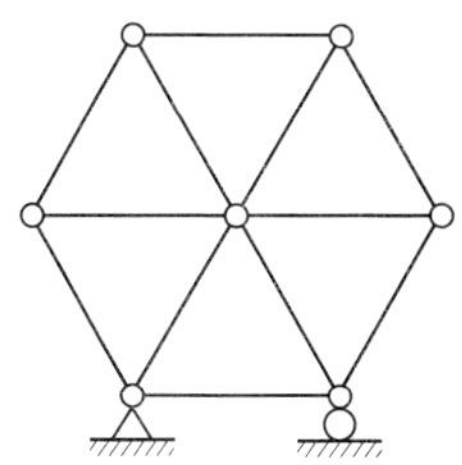

㉮ 불안정구조물
㉯ 정정구조물
㉰ 1차 부정정구조물
㉱ 2차 부정정구조물

↳ $N=(r+m+f)-2j=(3+12+0)-2\times7=1$ ∴ 1차 부정정 답 ㉰

61. **그림과 같은 구조물의 부정정 차수로 옳은 것은?**

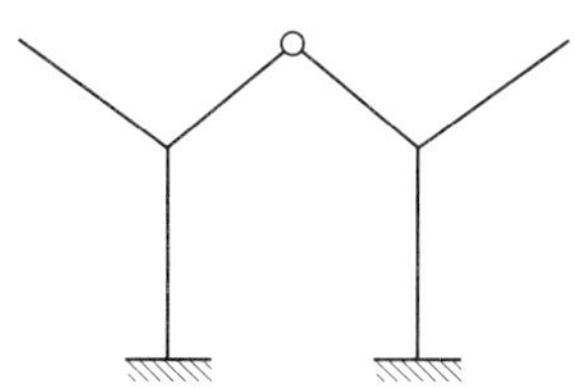

㉮ 1차 부정정
㉯ 2차 부정정
㉰ 3차 부정정
㉱ 4차 부정정

↳ $N=(r+m+f)-2j=(6+6+4)-2\times7=2$ ∴ 2차 부정정 답 ㉯

62. **그림과 같은 구조체의 부정정 차수는?**

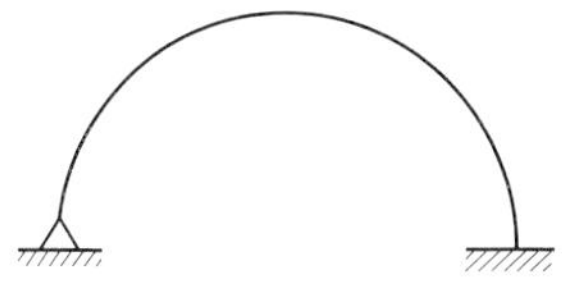

㉮ 1차 부정정
㉯ 2차 부정정
㉰ 3차 부정정
㉱ 4차 부정정

↳ $N=(r+m+f)-2j=(5+1+0)-2\times2=2$ ∴ 2차 부정정 답 ㉯

63. **그림과 같은 연속보의 판별은?**

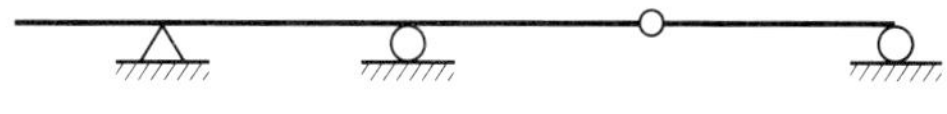

㉮ 정정 ㉯ 1차 부정정
㉰ 2차 부정정 ㉱ 3차 부정정

↳ $N=(r+m+f)-2j=(4+4+2)-2\times5=0$ ∴ 정정 답 ㉮

64. **그림과 같은 구조물의 판정 결과는?**

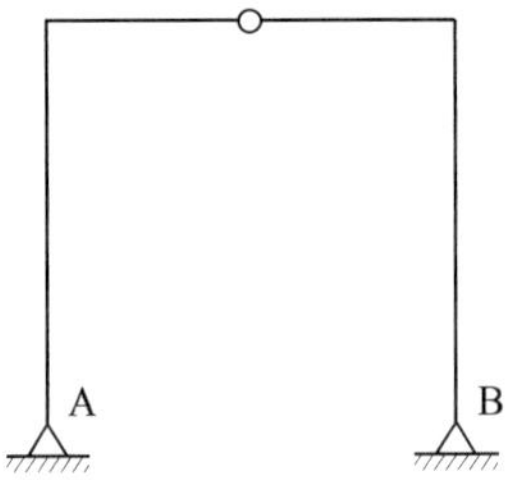

㉮ 정정
㉯ 1차 부정정
㉰ 2차 부정정
㉱ 불안정

$N=(r+m+f)-2j=(4+4+2)-2\times5=0$ ∴ 정정 답 ㉮

65. **다음 그림과 같은 구조물의 부정정 차수로 옳은 것은?**

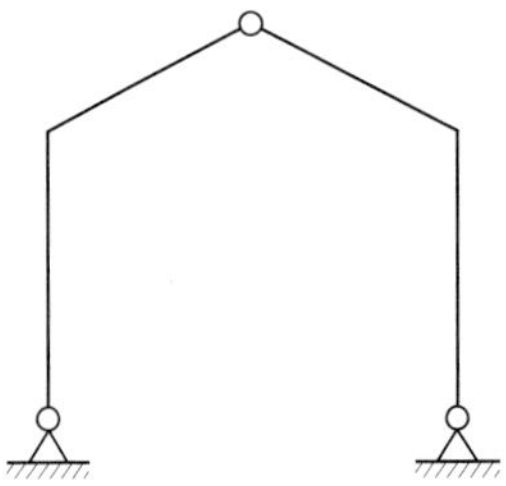

㉮ 정정
㉯ 1차 부정정
㉰ 2차 부정정
㉱ 3차 부정정

$N=(r+m+f)-2j=(4+4+2)-2\times5=0$ ∴ 정정 답 ㉮

66. **그림과 같은 구조물의 판별로 옳은 것은?**

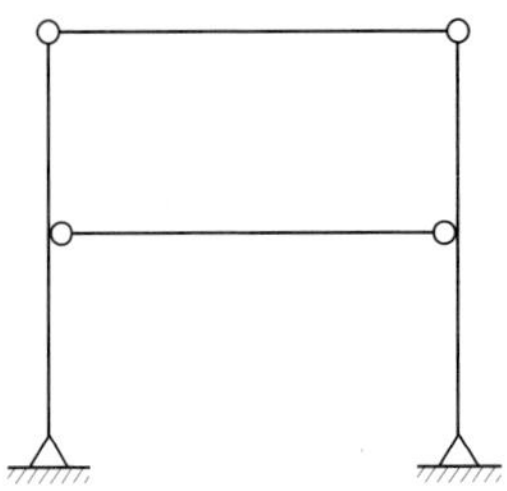

㉮ 안정, 정정
㉯ 안정, 1차 부정정
㉰ 안정, 2차 부정정
㉱ 불안정

$N=(r+m+f)-2j=(4+6+2)-2\times6=0$

구조물의 판정식에 따라서는 안정이면서 정정이지만 예제와 같은 구조물은 불안정구조물이 된다. 내부에 힌지가 있는 라멘에서는 구조물의 판정식에 따라 안정구조물로 판정이 되어도 불안정구조물이 될 수 있다는 것에 주의한다. 답 ㉱

67. 그림과 같은 라멘 구조물의 판별은?

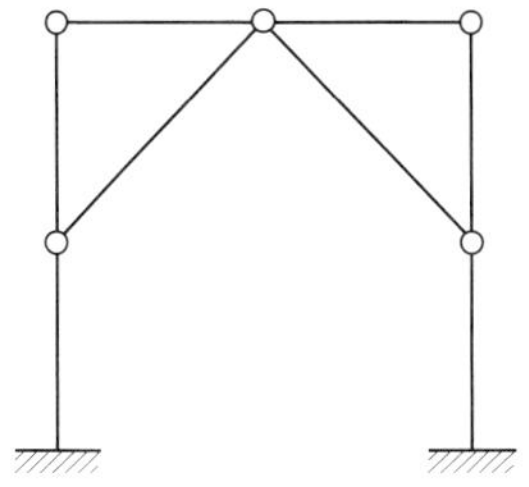

㉮ 불안정구조물
㉯ 안정이며, 정정구조물
㉰ 안정이며, 1차 부정정구조물
㉱ 안정이며, 2차 부정정구조물

↳ $N=(r+m+f)-2j=(6+8+0)-2\times7=0$ ∴ 안정, 정정 답 ㉯

68. 다음 그림과 같은 구조물의 판별은?

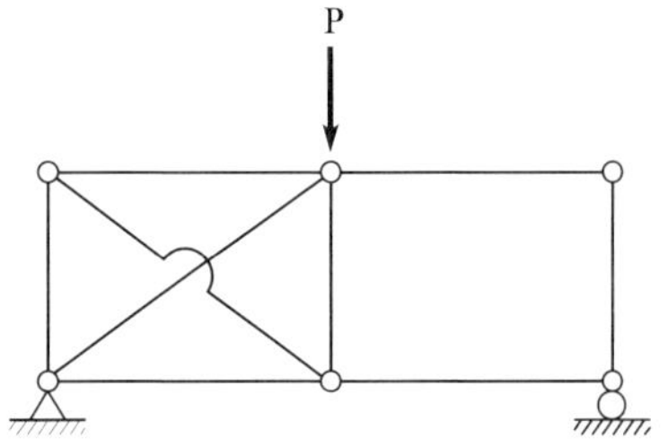

㉮ 3차 부정정
㉯ 2차 부정정
㉰ 1차 부정정
㉱ 안정, 정정

↳ $N=(r+m+f)-2j=(3+9+0)-2\times6=0$ ∴ 안정, 정정 답 ㉱

69. 다음 트러스 구조물의 안정성 및 정정 여부는?

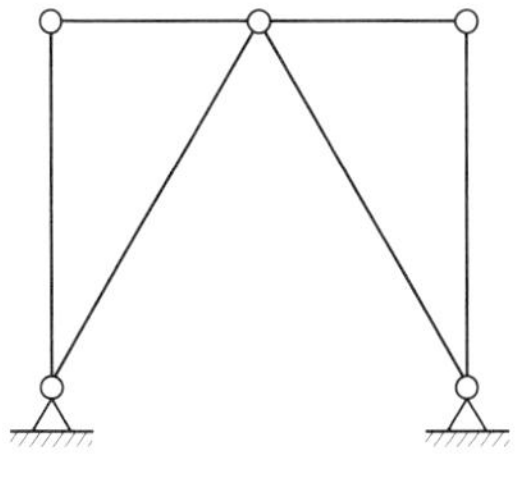

㉮ 불안정, 정정
㉯ 안정, 정정
㉰ 안정, 1차 부정정
㉱ 불안정, 1차 부정정

↳ $N=(r+m+f)-2j=(4+6+0)-2\times5=0$ ∴ 안정, 정정 답 ㉯

70. **다음과 같은 구조물의 판별로 옳은 것은? (단, 그림의 하부지점은 고정단임)**

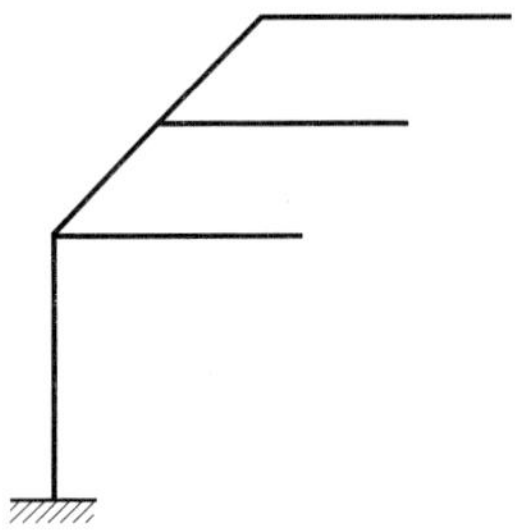

㉮ 불안정
㉯ 정정
㉰ 1차 부정정
㉱ 2차 부정정

↳ $N=(r+m+f)-2j=(3+6+5)-2\times7=0$ ∴ 정정 답 ㉯

71. **그림과 같은 부정정보를 정정보로 바꾸려면 몇 개의 힌지절점이 필요한가?**

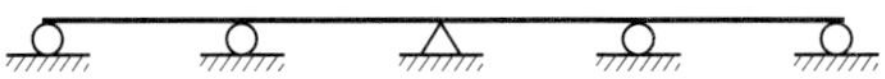

㉮ 2개 ㉯ 3개
㉰ 4개 ㉱ 5개

↳ $N=(r+m+f)-2j=(6+4+3)-2\times5=3$
∴ 3개의 힌지를 배치하면 정정보(겔버보)가 된다. 답 ㉯

72. **다음 그림과 같은 부정정보를 정정보로 만들기 위해 필요한 내부 힌지의 최소 개수는?**

㉮ 1개 ㉯ 2개
㉰ 3개 ㉱ 4개

↳ $N=(r+m+f)-2j=(5+3+2)-2\times4=2$
∴ 2개의 힌지를 배치하면 정정보(겔버보)가 된다. 답 ㉯

73. **그림과 같은 구조물의 판별로 옳은 것은?**

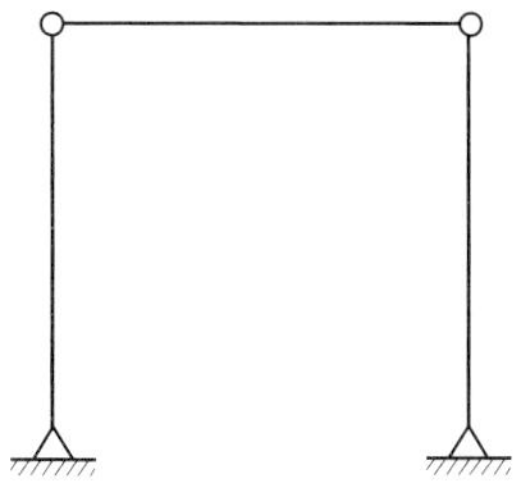

㉮ 불안정
㉯ 정정
㉰ 1차 부정정
㉱ 2차 부정정

$N=(r+m+f)-2j=(4+3+0)-2\times 4=-1$ ∴ 불안정

답 ㉮

74. **다음 그림과 같은 구조물의 판별로 옳은 것은?**

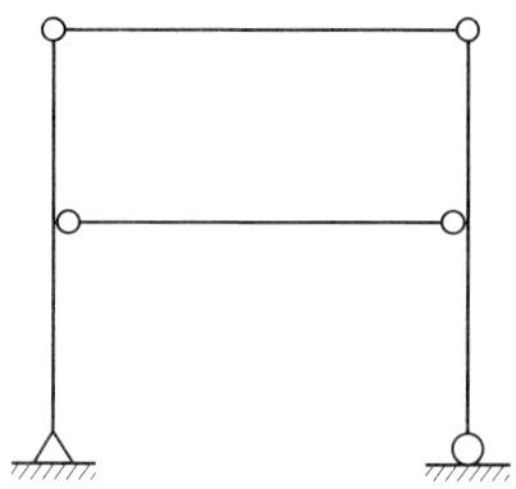

㉮ 안정, 정정
㉯ 안정, 1차 부정정
㉰ 안정, 2차 부정정
㉱ 불안정

$N=(r+m+f)-2j=(3+6+2)-2\times 6=-1$ ∴ 불안정

답 ㉱

75. **다음 구조물의 판별로 옳은 것은?**

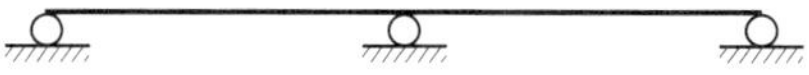

㉮ 불안정구조물
㉯ 정정구조물
㉰ 1차 부정정구조물
㉱ 2차 부정정구조물

$N=(r+m+f)-2j=(3+2+1)-2\times 3=0$으로 구조물의 부정정 차수 판별식으로는 정정이지만, 이동단의 배열이 같은 방향이 되어 기하학적 불안정에 해당된다.
∴ 불안정

답 ㉮

01 심화문제

1. 다음을 단위환산 하시오.

(a) $15\ \text{N/mm}^2 =$ MPa

(b) $18\ \text{GPa} =$ MPa

(c) $20 \times 10^6\ \text{N/m}^2 =$ N/mm^2(MPa)

(d) $20 \times 10^6\ \text{kN/m}^2 =$ N/mm^2(MPa)

2. 그림에 나타난 각각의 힘에 대한 점 O의 모멘트를 구하라.

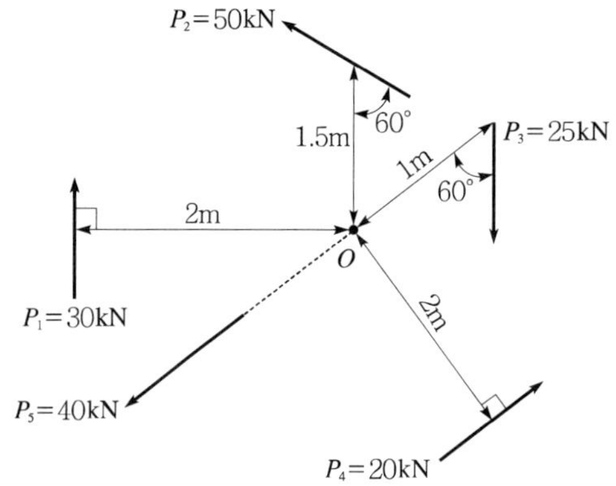

3. 다음의 두 힘 P_1과 P_2가 각 α를 이루고, 이들의 합력이 R이면 힘 P_1과 합력 R이 각 θ를 이루고 있을 경우, 합력 R의 크기와 그 작용방향 θ를 구하는 방법을 설명하시오.

4. 다음 그림에서 두 힘에 대한 합력의 크기와 방향을 구하시오.

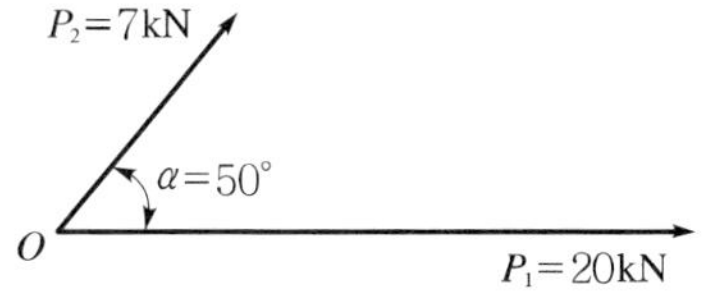

5. 다음 그림에서 여러 힘에 대한 합력의 크기와 방향을 구하시오.

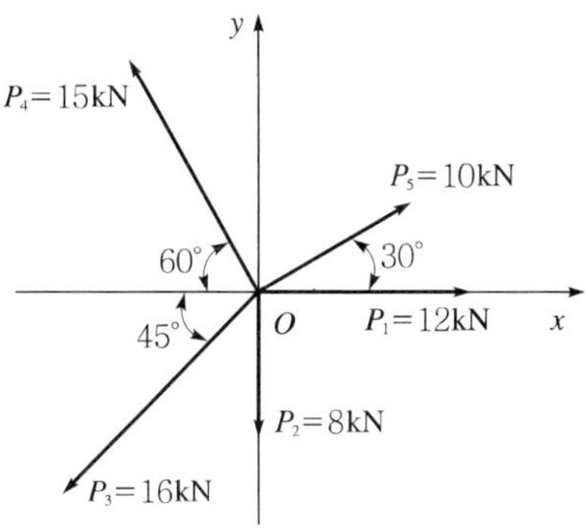

6. 그림에 나타난 합력과 같은 크기의 평행인 또 하나의 다른 힘 (P)을 가하여 우력 모멘트 $M = 3\ \mathrm{kN \cdot m}$ 를 발생시키기 위해서는 몇 kN의 힘을 4 kN으로부터 어떤 위치(x)에 작용시켜야 하는가?

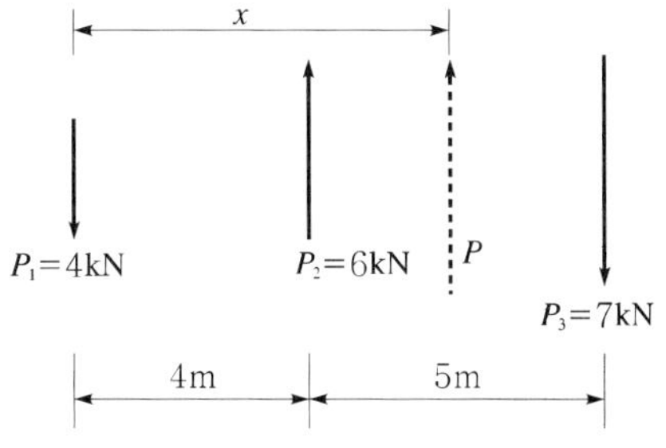

7. 다음 그림에 주어진 힘 P 의 분력 P_1, P_2를 구하시오.

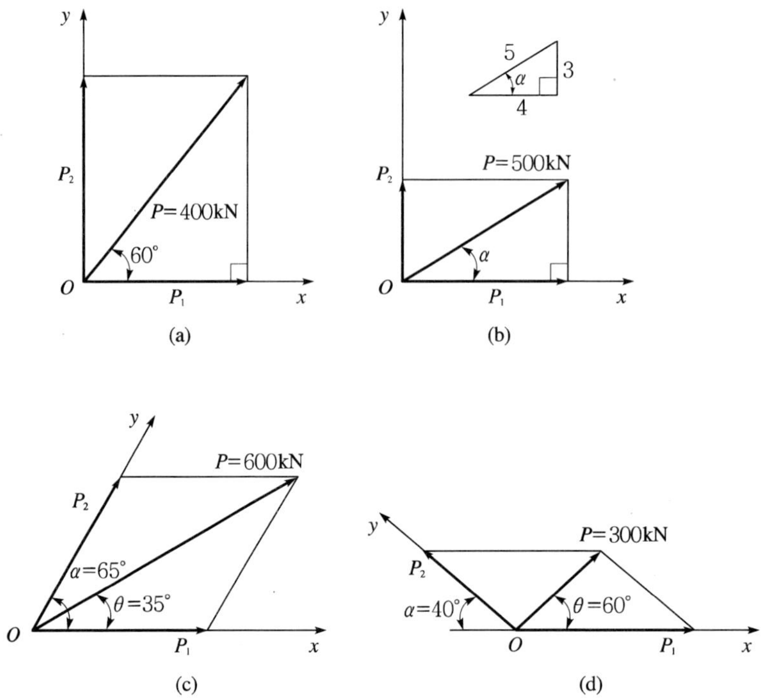

8. 다음 그림에서 부재 $\overline{AC}$, $\overline{BC}$ 가 받는 힘의 크기 T_1, T_2를 구하시오.

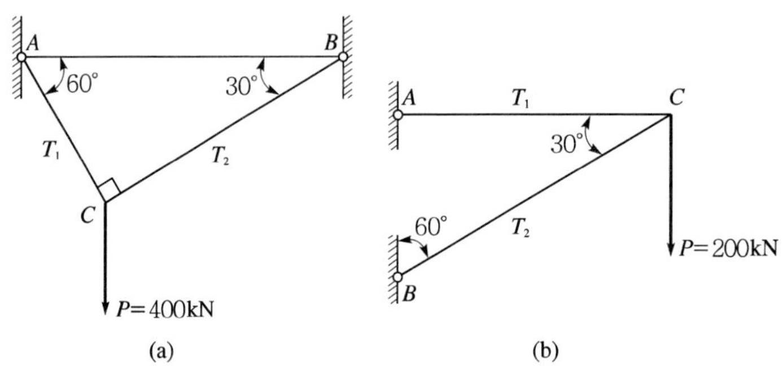

9. 다음과 같은 구조물이 힘의 평형을 이루는지 검토하시오.

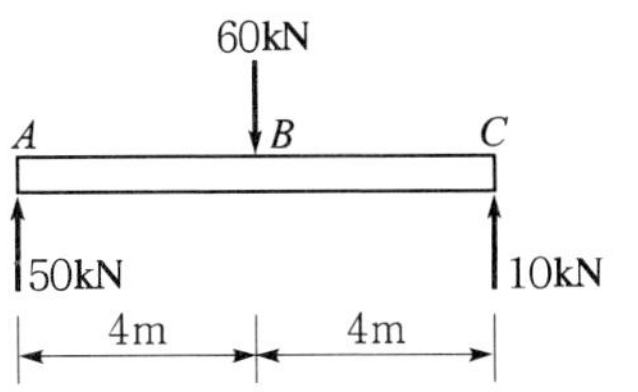

(a)

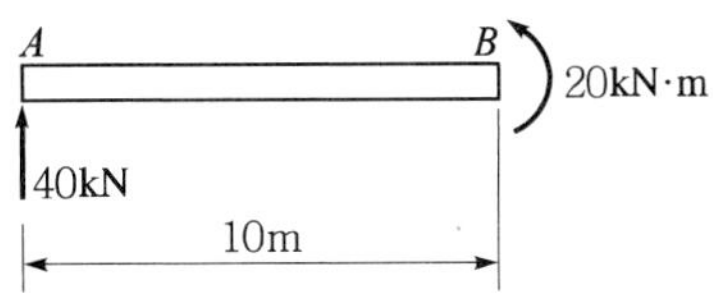

(b)

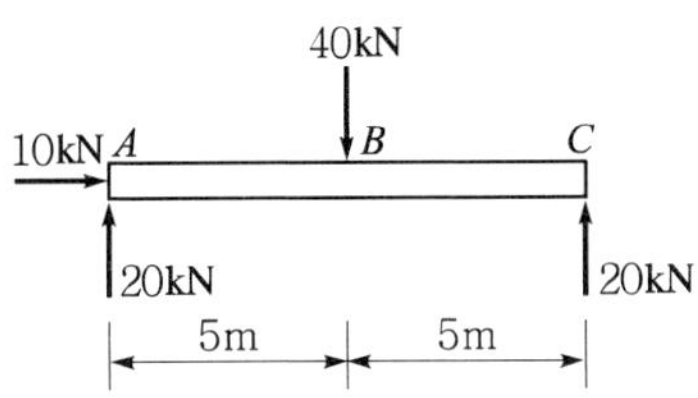

(c)

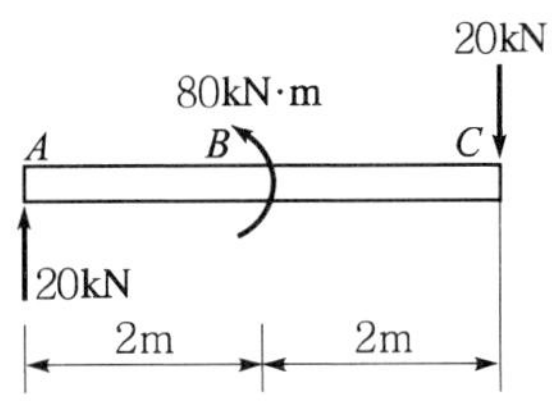

(d)

10. 다음과 같은 구조물이 힘의 평형을 이루기 위해 점 A에서 필요한 외력의 크기를 구하시오.

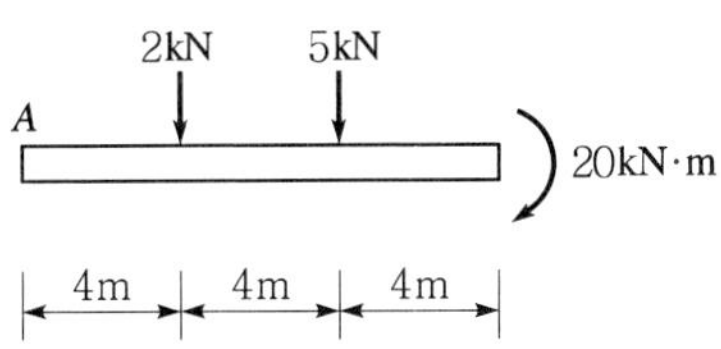

(a)

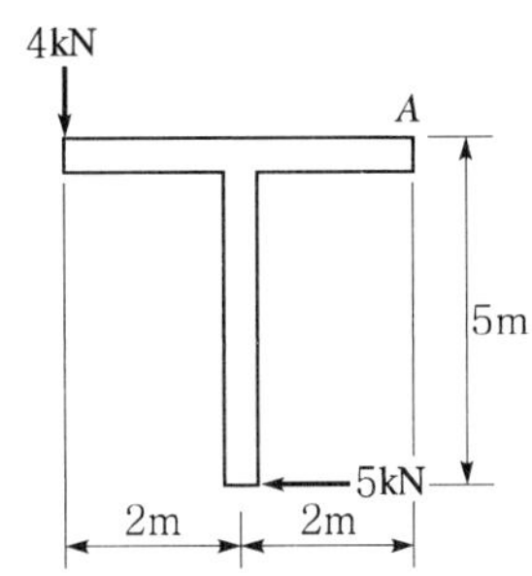

(b)

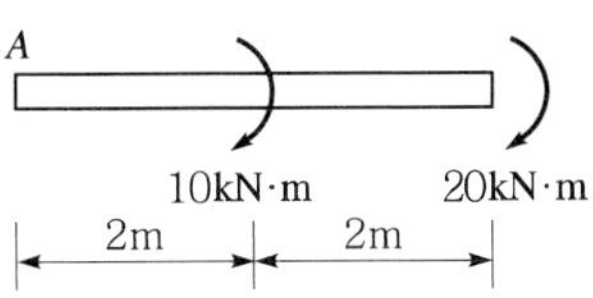

(c)

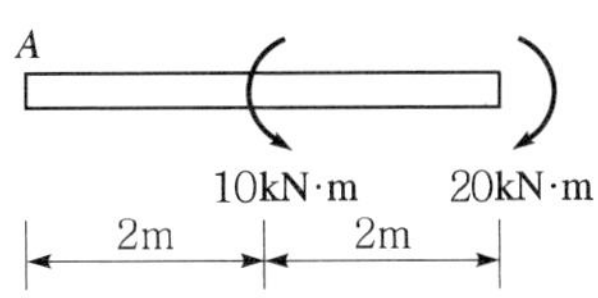

(d)

11. 그림과 같은 구조물의 안정과 정정 여부를 판정하시오.

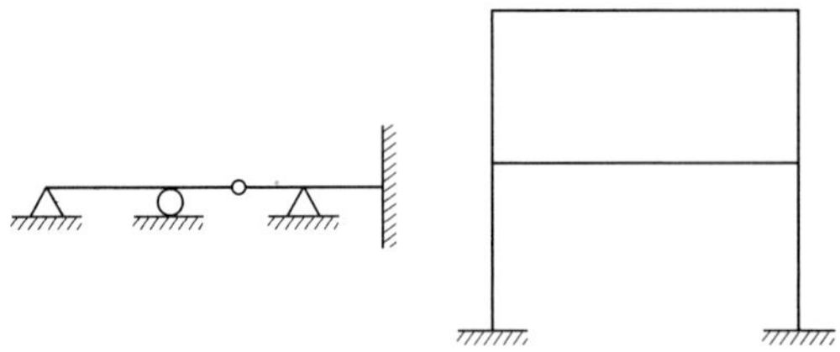

(a) (b) (c)

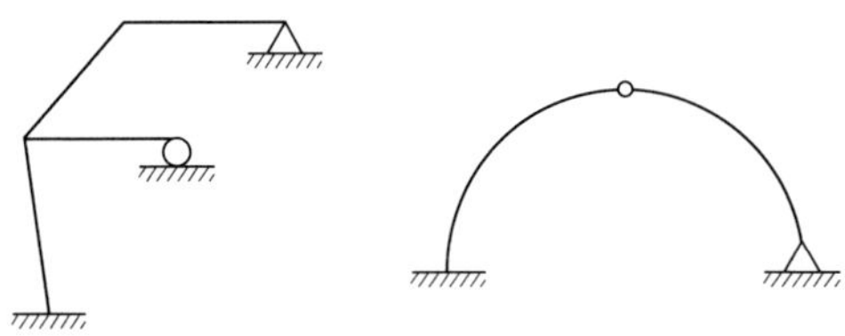

(d) (e) (f)

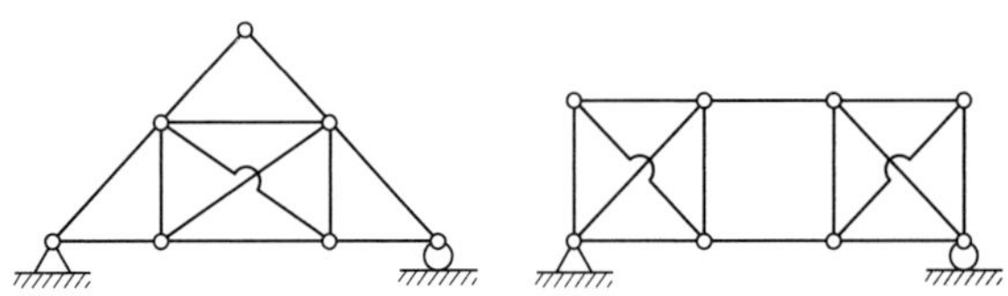

(g) (h)

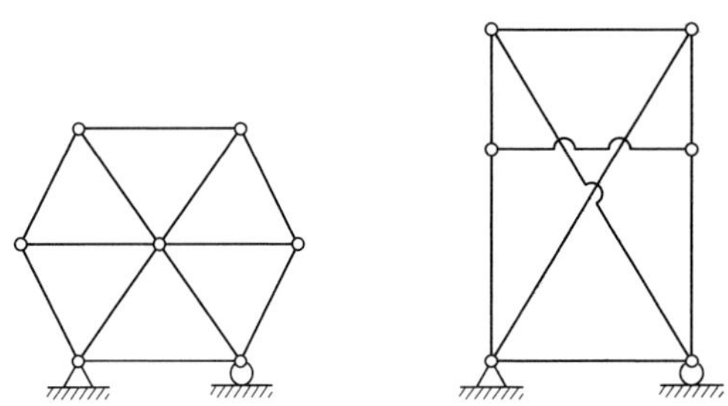

(i) (j)

12. 그림과 같은 구조물의 내적 및 외적에 대한 안정과 정정 여부를 판정하시오.

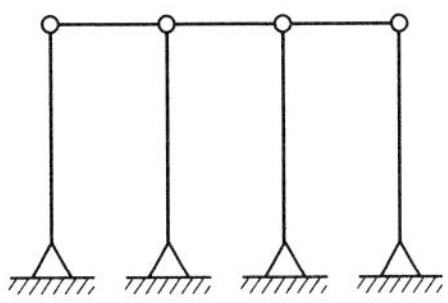

(a)

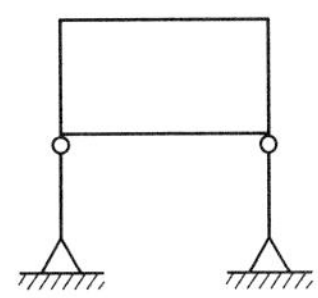

(b)

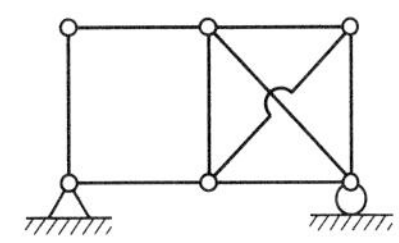

(c)

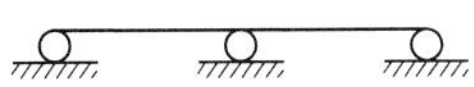

(d)

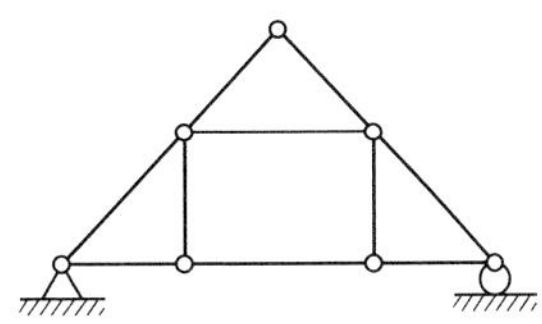

(e)

13. 그림과 같은 구조물의 내적과 외적에 대한 안정과 정정 여부를 판정하시오.

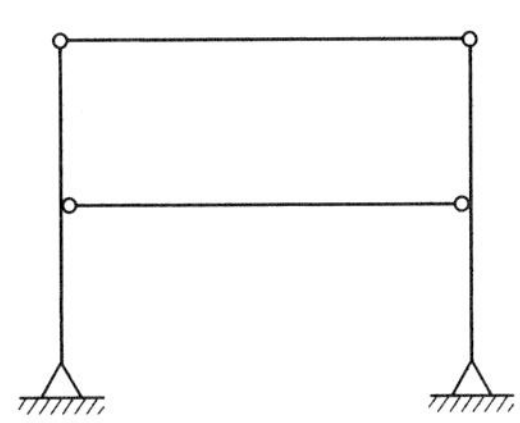

✎ 심화문제 풀이집은 별책입니다.

Chapter 2

정정구조물의 해석

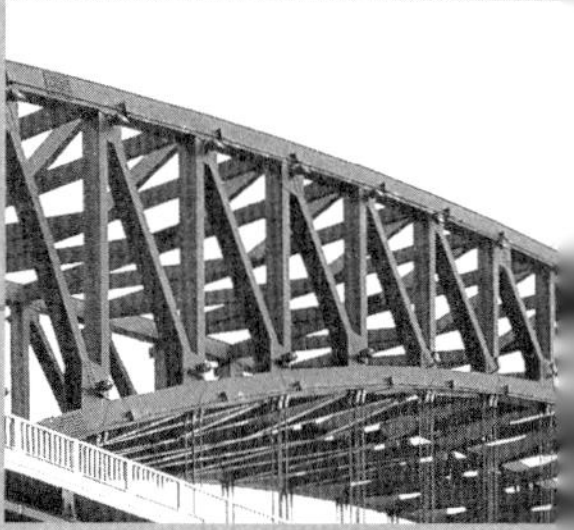

02_정정구조물의 해석

2.1 보의 해석

2.1.1 정정보의 종류

표 2.1 정정보의 종류와 구조형태

종류	구조형태	정의
단순보 (Simple Beam)	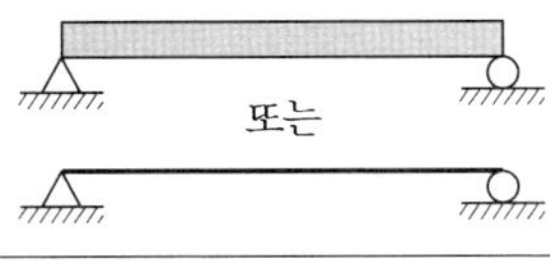	한단은 회전지점이고 타단은 이동지점인 보이다.
캔틸레버보 (Cantilever Beam)	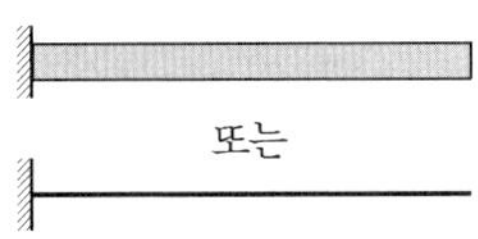	한단은 고정지점이고 타단은 자유단인 보이다.
내민보 (Overhanging Beam)	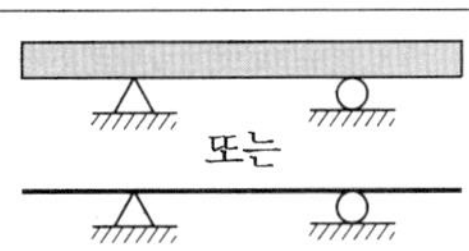	단순보에서 한단 혹은 양단을 지점 밖으로 내밀어 자유단의 캔틸레버를 가진 보이다.
겔버보 (Gerber's Beam)	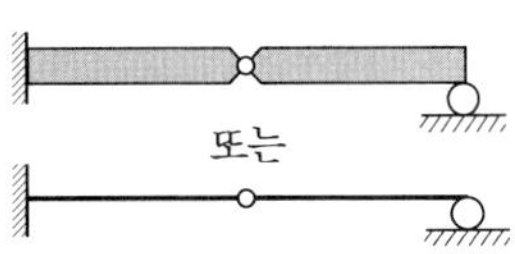	연속보(부정정보)에서 부정정 차수만큼의 힌지를 연속보의 지점 사이에 설치하여 넣어, 힘의 평형방정식으로 지점반력을 구할 수 있게 한 보이다.

2.1.2 반력

(1) 반력의 가정

반력(Reaction, 反力)은 지점의 상태에 따라 반력의 형태를 표시하고 방향을 가정한다.

(2) 반력의 계산

① 원리

반력의 계산은 다음과 같은 힘의 평형방정식을 이용하여 계산한다.

$$\Sigma X = 0 \qquad (2.1\,a)$$
$$\Sigma Y = 0 \qquad (2.1\,b)$$
$$\Sigma M = 0 \qquad (2.1\,c)$$

② 부호규약

㉠ ΣX의 부호 ; → (+), ← (−)

㉡ ΣY의 부호 ; ↑ (+), ↓ (−)

㉢ ΣM의 부호 ; ⌒ (+), ⌣ (−)

주1) 반력의 부호는 계산 후 반력 값이 양(+)이 나오면 가정한 방향이 옳다는 의미이며, 음(−)이 나오면 가정한 방향이 반대로 된 것이기 때문에 반대방향으로 수정하여 표시한다.

주2) 반력의 계산은 구조역학에 있어 가장 기본이 되는 사항이다. 정확한 반력의 계산이 완료된 후, 부재의 단면력 등을 산정할 수 있다.

주3) 정정구조물의 경우, 힘의 평형방정식으로 지점반력을 구할 때 식 (2.1)의 순서를 반드시 지킬 필요는 없다.

2.1.3 하중 종류에 따른 단순보의 반력 산정

(1) 집중하중

① 임의 점에 작용하는 집중하중

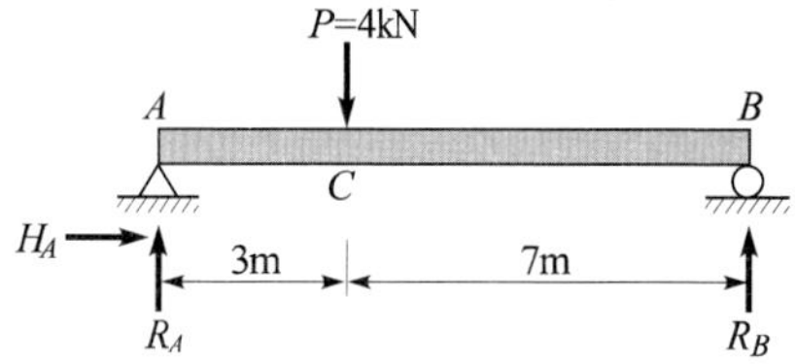

그림 2.1

㉠ 반력의 가정 : R_A, H_A, R_B

㉡ 힘의 평형방정식 : $\Sigma X = 0$, $\Sigma Y = 0$, $\Sigma M = 0$

ⓐ $\Sigma M = 0$ (+; ⌒) : $\Sigma M_A = 4 \times 3 - R_B \times 10 = 0$ $\qquad \therefore R_B = 1.2$ kN

ⓑ $\Sigma Y = 0$ (+; ↑) : $\Sigma Y = R_A - 4 + R_B = 0$ $\qquad \therefore R_A = 2.8$ kN

ⓒ $\Sigma X = 0$ (+; →) : $\Sigma X = H_A = 0$ $\qquad \therefore H_A = 0$ kN

$\therefore R_A = 2.8$ kN, $H_A = 0$ kN, $R_B = 1.2$ kN

② 경사진 집중하중

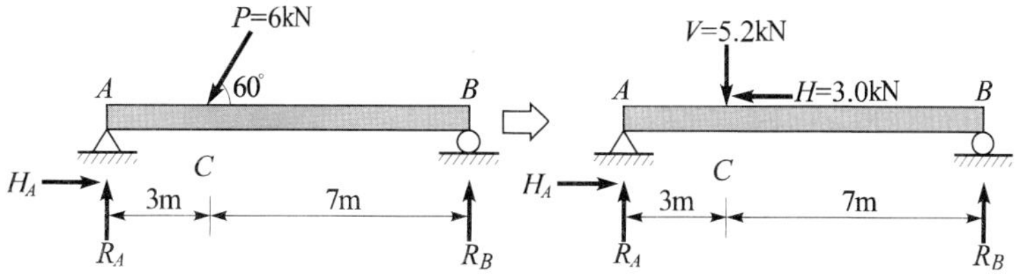

그림 2.2

㉠ 반력의 가정 : R_A, H_A, R_B

㉡ 힘의 평형방정식 : $\Sigma X=0$, $\Sigma Y=0$, $\Sigma M=0$

ⓐ $\Sigma M=0$ (+; ⌒) : $\Sigma M_A=5.2\times3-R_B\times10=0$ $\therefore R_B=1.56\text{ kN}$

ⓑ $\Sigma Y=0$ (+; ↑) : $\Sigma Y=R_A-5.2+R_B=0$ $\therefore R_A=3.64\text{ kN}$

ⓒ $\Sigma X=0$ (+; →) : $\Sigma X=H_A-3.0=0$ $\therefore H_A=3.0\text{ kN}$

$\therefore R_A=3.64\text{ kN},\ H_A=3.0\text{ kN},\ R_B=1.56\text{ kN}$

• 경사진 집중하중의 수평분력 H와 수직분력 V

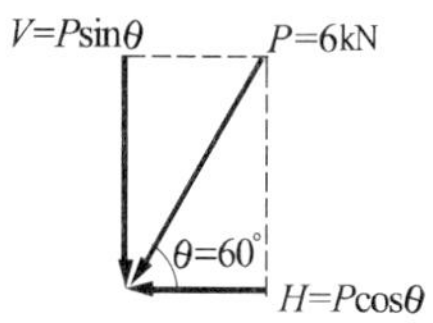

그림 2.3

$H=6\times\cos60°=3.0\text{ kN}$ $V=6\times\sin60°\fallingdotseq5.2\text{ kN}$

(2) 등분포하중

① 전체 구간에 작용하는 등분포하중

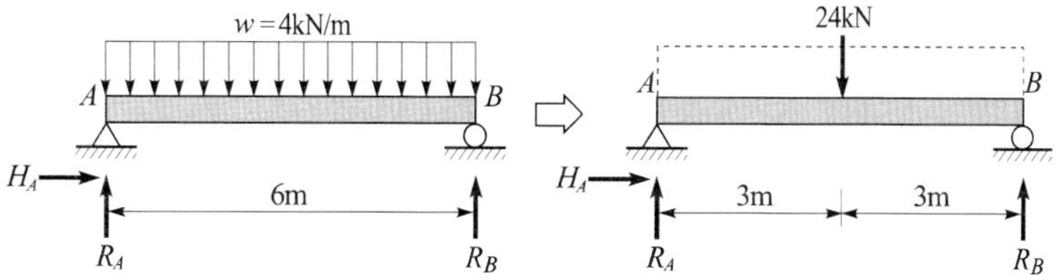

그림 2.4

㉠ 반력의 가정 : R_A, H_A, R_B

㉡ 힘의 평형방정식 : $\Sigma X=0$, $\Sigma Y=0$, $\Sigma M=0$

ⓐ $\Sigma M=0\ (+;\ \frown)$: $\Sigma M_A=(4\times 6)\times 3-R_B\times 6=0$ $\quad\therefore R_B=12\text{ kN}$

ⓑ $\Sigma Y=0\ (+;\ \uparrow)$: $\Sigma Y=R_A-(4\times 6)+R_B=0$ $\quad\therefore R_A=12\text{ kN}$

ⓒ $\Sigma X=0\ (+;\ \rightarrow)$: $\Sigma X=H_A=0$ $\quad\therefore H_A=0\text{ kN}$

$\therefore R_A=12\text{ kN}$, $H_A=0\text{ kN}$, $R_B=12\text{ kN}$

전체 하중 (wl=4×6=24 kN)을 등분포하중이 작용하는 구간의 중심 (l/2=6/2=3 m)에 집중하중으로 작용시키고, 힘의 평형방정식으로 지점반력을 구한다.

② 일부 구간에 작용하는 등분포하중

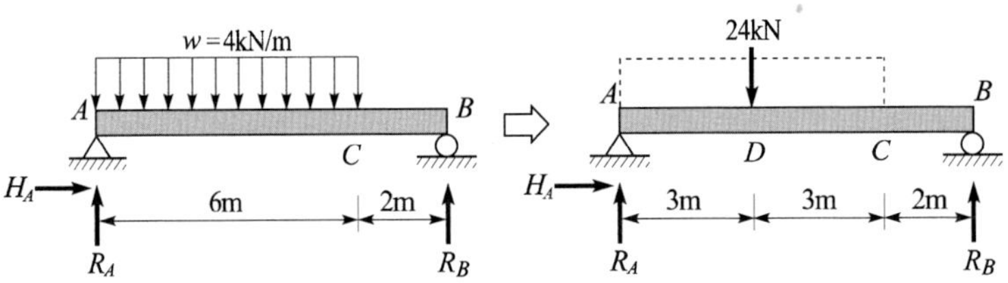

그림 2.5

㉠ 반력의 가정 : R_A, H_A, R_B

㉡ 힘의 평형방정식 : $\Sigma X=0$, $\Sigma Y=0$, $\Sigma M=0$

ⓐ $\Sigma M=0\ (+;\ \frown)$: $\Sigma M_A=(4\times 6)\times 3-R_B\times 8=0$ $\quad\therefore R_B=9\text{ kN}$

ⓑ $\Sigma Y=0\ (+;\ \uparrow)$: $\Sigma Y=R_A-(4\times 6)+R_B=0$ $\quad\therefore R_A=15\text{ kN}$

ⓒ $\Sigma X=0\ (+;\ \rightarrow)$: $\Sigma X=H_A=0$ $\quad\therefore H_A=0\text{ kN}$

$\therefore R_A=15\text{ kN}$, $H_A=0\text{ kN}$, $R_B=9\text{ kN}$

(3) 등변분포하중

① 전체 구간에 작용하는 등변분포하중

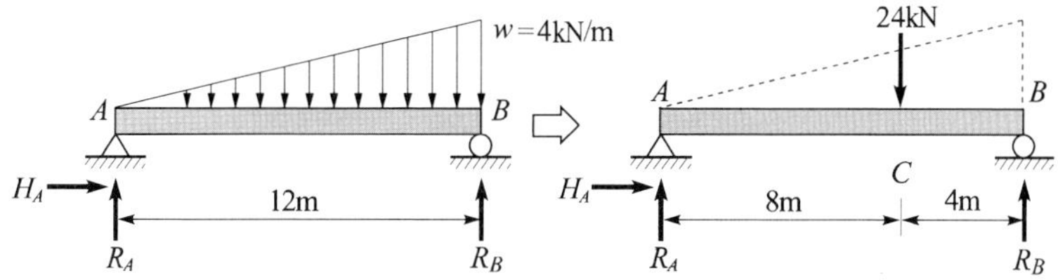

그림 2.6

㉠ 반력의 가정 : R_A, H_A, R_B

㉡ 힘의 평형방정식 : $\Sigma X=0$, $\Sigma Y=0$, $\Sigma M=0$

ⓐ $\Sigma M=0\ (+;\frown)$: $\Sigma M_A=\left(\frac{1}{2}\times 4\times 12\right)\times 8-R_B\times 12=0$ $\quad\therefore R_B=16\ \text{kN}$

ⓑ $\Sigma Y=0\ (+;\uparrow)$: $\Sigma Y=R_A-\left(\frac{1}{2}\times 4\times 12\right)+R_B=0$ $\quad\therefore R_A=8\ \text{kN}$

ⓒ $\Sigma X=0\ (+;\rightarrow)$: $\Sigma X=H_A=0$ $\quad\therefore H_A=0\ \text{kN}$

$\therefore R_A=8\ \text{kN},\ H_A=0\ \text{kN},\ R_B=16\ \text{kN}$

① 전체 하중($wl/2$=4×12/2=24 kN)을 등변분포하중이 작용하는 구간의 중심($l/3=12/3=4$ m)에 집중하중으로 작용시키고, 힘의 평형방정식으로 지점반력을 구한다.
② 등변분포하중 w는 삼각형의 높이(제일 큰 화살표)를 의미한다.

② 일부 구간에 작용하는 등변분포하중

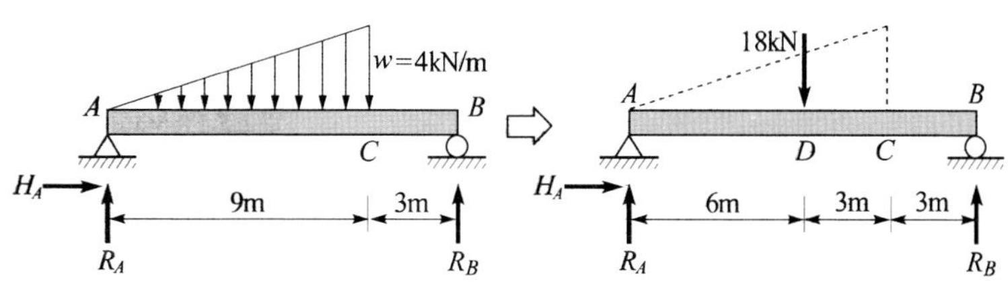

그림 2.7

㉠ 반력의 가정 : R_A, H_A, R_B

㉡ 힘의 평형방정식 : $\Sigma X=0$, $\Sigma Y=0$, $\Sigma M=0$

ⓐ $\Sigma M=0$ (+; ↷) : $\Sigma M_A=\left(\frac{1}{2}\times4\times9\right)\times6-R_B\times12=0$ $\therefore R_B=9\text{ kN}$

ⓑ $\Sigma Y=0$ (+; ↑) : $\Sigma Y=R_A-\left(\frac{1}{2}\times4\times9\right)+R_B=0$ $\therefore R_A=9\text{ kN}$

ⓒ $\Sigma X=0$ (+; →) : $\Sigma X=H_A=0$ $\therefore H_A=0\text{ kN}$

$\therefore R_A=9\text{ kN}$, $H_A=0\text{ kN}$, $R_B=9\text{ kN}$

(4) 대칭인 등변분포하중

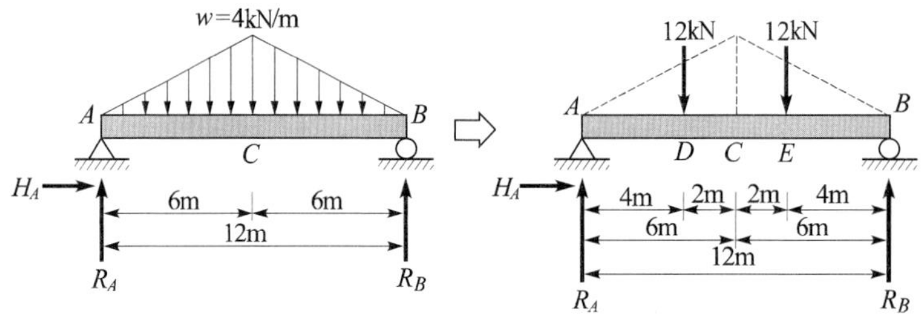

그림 2.8

① 반력의 가정 : R_A, H_A, R_B

② 힘의 평형방정식 : $\Sigma X=0$, $\Sigma Y=0$, $\Sigma M=0$

㉠ $\Sigma M=0$ (+; ↷) : $\Sigma M_A=\left(\frac{1}{2}\times4\times6\right)\times4+\left(\frac{1}{2}\times4\times6\right)\times8-R_B\times12=0$

$\therefore R_B=12\text{ kN}$

㉡ $\Sigma Y=0$ (+; ↑) : $\Sigma Y=R_A-\left(\frac{1}{2}\times4\times6\right)-\left(\frac{1}{2}\times4\times6\right)+R_B=0$

$\therefore R_A=12\text{ kN}$

㉢ $\Sigma X=0$ (+; →) : $\Sigma X=H_A=0$

$\therefore H_A=0\text{ kN}$

$\therefore R_A=12\text{ kN}$, $H_A=0\text{ kN}$, $R_B=12\text{ kN}$

대칭이므로 전체 하중 $\left(\frac{1}{2}\times w\times\frac{l}{2}\times 2=\frac{1}{2}\times 4\times\frac{12}{2}\times 2=24\,\mathrm{kN}\right)$의 1/2이 지점반력이 된다. 또는 대칭인 등분포하중을 2개의 직각삼각형인 등변분포하중으로 나누어 등변분포하중에서처럼 두 개의 집중하중으로 작용시키고, 힘의 평형방정식으로 지점반력을 구한다.

(5) 모멘트하중

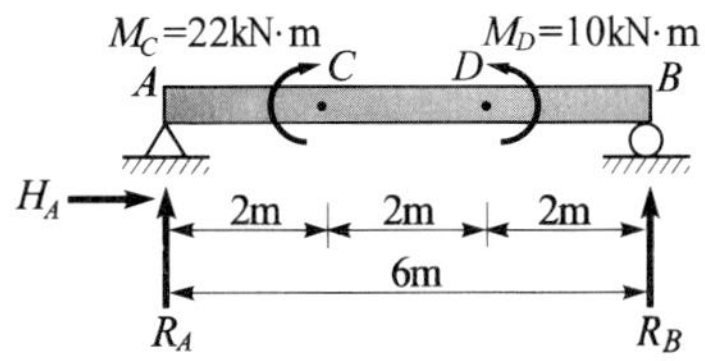

그림 2.9

① 반력의 가정 : R_A, H_A, R_B

② 힘의 평형방정식 : $\Sigma X=0$, $\Sigma Y=0$, $\Sigma M=0$

㉠ $\Sigma M=0\ (+;\frown)$: $\Sigma M_A=22-10-R_B\times 6=0$ $\quad\therefore\ R_B=2\,\mathrm{kN}$

㉡ $\Sigma Y=0\ (+;\uparrow)$: $\Sigma Y=R_A+R_B=0$ $\quad\therefore\ R_A=-2\,\mathrm{kN}$

㉢ $\Sigma X=0\ (+;\rightarrow)$: $\Sigma X=H_A=0$ $\quad\therefore\ H_A=0\,\mathrm{kN}$

$\therefore\ R_A=-2\,\mathrm{kN}$, $H_A=0\,\mathrm{kN}$, $R_B=2\,\mathrm{kN}$

(6) 간접하중

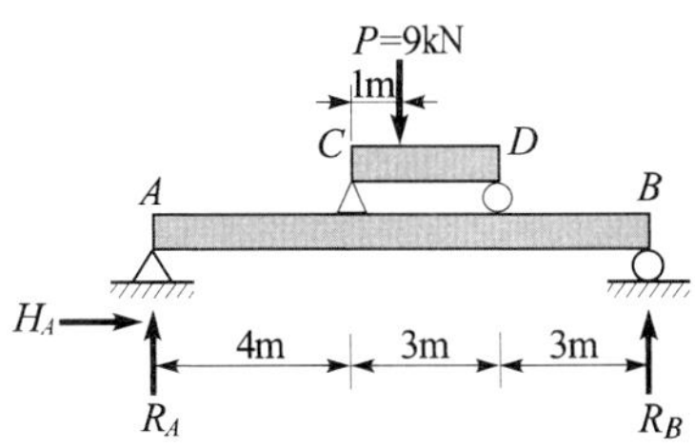

그림 2.10

① 반력의 가정 : R_A, H_A, R_B

② 부재 CD의 반력 : 부재 CD를 단순보로 하여 반력을 구하면 다음과 같다.

㉠ $R_C=6\,\mathrm{kN}$, ㉡ $R_D=3\,\mathrm{kN}$

③ 부재 AB에서 힘의 평형방정식 : $\Sigma X=0$, $\Sigma Y=0$, $\Sigma M=0$

㉠ $\Sigma M=0$ (+; ↷) : $\Sigma M_A=6\times4+3\times7-R_B\times10=0$ $\quad\therefore\ R_B=4.5\ \text{kN}$

㉡ $\Sigma Y=0$ (+; ↑) : $\Sigma Y=R_A-6-3+R_B=0$ $\quad\therefore\ R_A=4.5\ \text{kN}$

㉢ $\Sigma X=0$ (+; →) : $\Sigma X=H_A=0$ $\quad\therefore\ H_A=0\ \text{kN}$

$\therefore\ R_A=4.5\ \text{kN}$, $H_A=0\ \text{kN}$, $R_B=4.5\ \text{kN}$

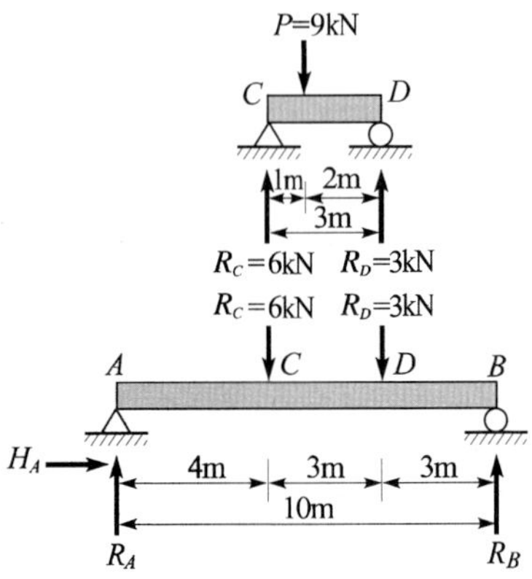

그림 2.11

부재 CD를 단순보로 하여 부재 CD에 작용하는 하중(P)에 대한 점 C와 점 D의 반력(R_C, R_D)을 구하고, 이 반력을 반대방향의 집중하중으로 부재 AB에 작용시키고, 힘의 평형방정식으로 지점반력을 구한다.

2.1.4 단순보의 단면력 산정

(1) 집중하중이 작용할 경우

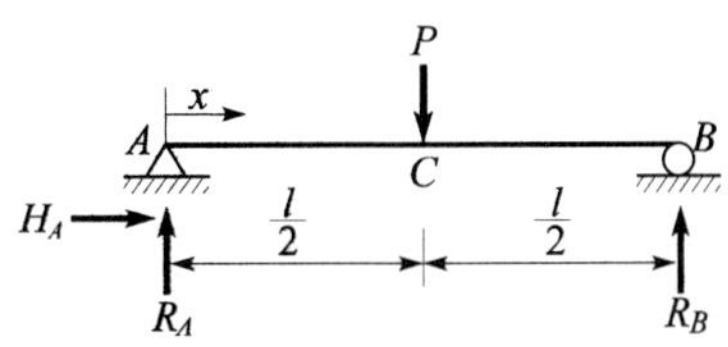

그림 2.12

① 반력의 가정

R_A, H_A, R_B

② 힘의 평형방정식으로부터 반력 산정

㉠ $\Sigma M = 0\ (+;\ \curvearrowright)$: $\Sigma M_B = R_A \times l - P \times \dfrac{l}{2} = 0$ $\quad\therefore\ R_A = \dfrac{P}{2}\ (\uparrow)$

㉡ $\Sigma Y = 0\ (+;\ \uparrow)$: $\Sigma Y = R_A - P + R_B = 0$ $\quad\therefore\ R_B = \dfrac{P}{2}\ (\uparrow)$

㉢ $\Sigma X = 0\ (+;\ \rightarrow)$: $\Sigma X = H_A = 0$ $\quad\therefore\ H_A = 0$

③ 임의 점의 단면력 산정

표 2.2 구간에 따른 단면력(x의 원점이 A인 경우)

구간	$0 \le x \le \dfrac{l}{2}$	$\dfrac{l}{2} \le x \le l$
전단력(V_x)	$\dfrac{P}{2}$	$\dfrac{P}{2} - P = -\dfrac{P}{2}$
휨모멘트(M_x)	$\dfrac{P}{2} \times x = \dfrac{P}{2}x$	$\dfrac{P}{2} \times x - P \times \left(x - \dfrac{l}{2}\right) = \dfrac{P}{2}(l - x)$

최대 휨모멘트, $M_{\max}$는 전단력이 영인 점 C $(x = l/2)$에서 발생한다.

$$\therefore\ M_{\max} = M_C = R_A \times \frac{l}{2} = \frac{P}{2} \times \left(\frac{l}{2}\right) = \frac{Pl}{4}$$

주1) 전단력의 산정방법

① 임의 점 x를 기준으로 왼쪽 부분에 작용하는 부재축에 직각인 힘(반력 및 하중)의 대수합이 그 점의 전단력이다.

② 부호규약은 임의 점 x를 기준으로 왼쪽 부분에 작용하는 부재축에 직각인 힘의 대수합의 방향이 상향(↑)이면 양(+)이고, 하향(↓)이면 음(−)이다.

주2) 휨모멘트의 산정방법

① 임의 점 x를 기준으로 왼쪽 부분에 작용하는 모멘트의 대수합이 그 점의 휨모멘트이다.

② 부호규약은 임의 점 x를 기준으로 왼쪽 부분에 작용하는 모멘트의 대수합의 방향이 시계방형(↻)이면 양(+)이고, 반시계방향(↺)이면 음(−)이다.

③ 휨모멘트의 극치(최대 또는 최소)는 전단력의 부호가 바뀌는 점(즉, 전단력이 0인 곳)에서 발생한다.

주3) 위에서는 편의상 단면력들을 단면 x의 왼쪽 부분을 기준으로 하여 산정하였으나, 단면 x의 오른쪽 부분을 기준으로 하여 산정하여도 동일한 결과가 산출된다(단면의 왼쪽과 오른쪽으로 단면력을 구하여 비교한 예제는 아래의 예제 2.1 참조한다).

④ 단면력도 작성

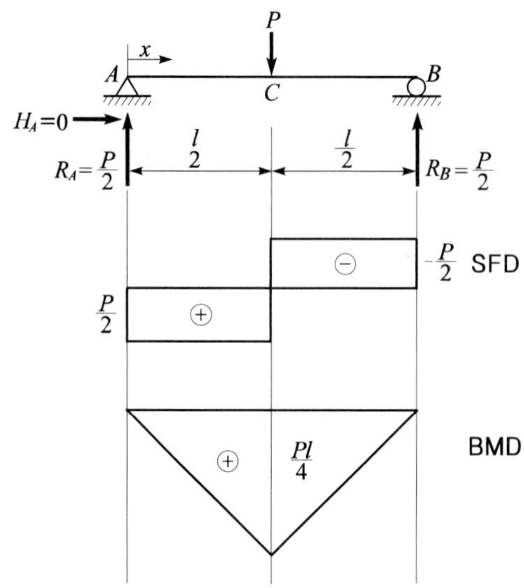

그림 2.13

예제 2.1 다음과 같은 보의 반력을 산정하고 단면력도를 작도하시오.

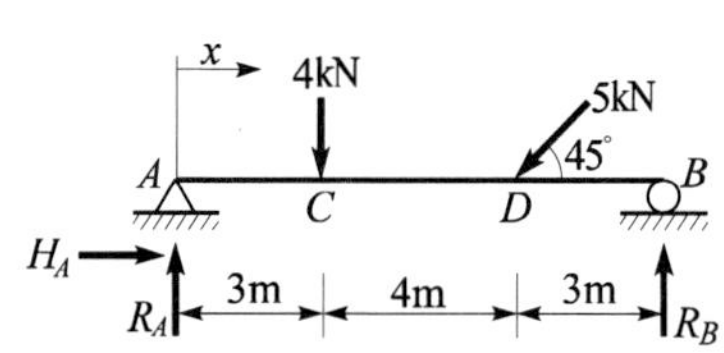

그림 2.14

(1) 반력의 가정: R_A, H_A, R_B

(2) 반력 산정 (힘의 평형방정식으로부터 반력 산정)

① $\Sigma M=0\ (+;\frown)$: $\Sigma M_A = 4\times3+3.54\times7-R_B\times10=0$

$\therefore R_B = 3.68\ \text{kN}$

② $\Sigma Y=0\ (+;\uparrow)$: $\Sigma Y=R_A-4-3.54+R_B=0$

$\therefore R_A = 3.86\ \text{kN}$

③ $\Sigma X=0\ (+;\rightarrow)$: $\Sigma X=H_A-3.54=0$

$\therefore H_A = 3.54\ \text{kN}$

• 경사하중 5 kN의 수평분력 P_x와 수직분력 P_y

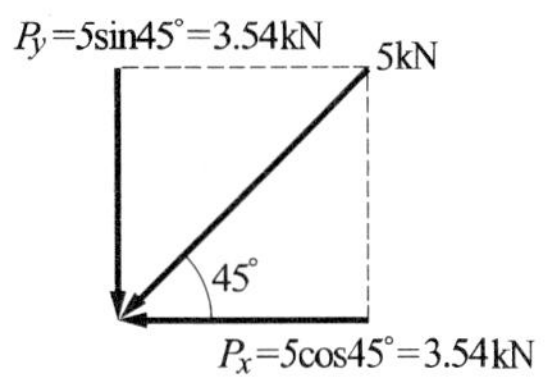

그림 2.15

(3) 임의 점의 단면력 산정

① 단면의 왼쪽 부분으로 단면력을 구한 경우

표 2.3 단면의 왼쪽 부분으로 구한 단면력(x의 원점은 A)

구간	A−C ($0 \le x \le 3$ m)	C−D ($3 \le x \le 7$ m)	D−B ($7 \le x \le 10$ m)
축방향력 (N_x)	−3.54 kN	−3.54 kN	0 kN
전단력 (V_x)	3.86 kN	3.86−4=−0.14 kN	3.86−4−3.54=−3.68 kN
휨모멘트 (M_x)	$3.86 \times x = 3.86x$	$3.86 \times x - 4 \times (x-3)$ $= -0.14x + 12$	$3.86 \times x - 4 \times (x-3)$ $-3.54 \times (x-7)$ $= -3.68x + 36.78$
	$M_A = 3.86 \times 0$ $= 0$ kN·m $M_C = 3.86 \times 3$ $= 11.58$ kN·m	$M_C = -0.14 \times 3 + 12$ $= 11.58$ kN·m $M_D = 3.86 \times 7 - 4 \times (7-3)$ $= 11.02$ kN·m	$M_D = -3.68 \times 7 + 36.78$ $= 11.02$ kN·m $M_B = 3.86 \times 10$ $-4 \times (10-3)$ $-3.54 \times (10-7)$ $= 0$ kN·m

② 단면의 오른쪽 부분으로 단면력을 구한 경우

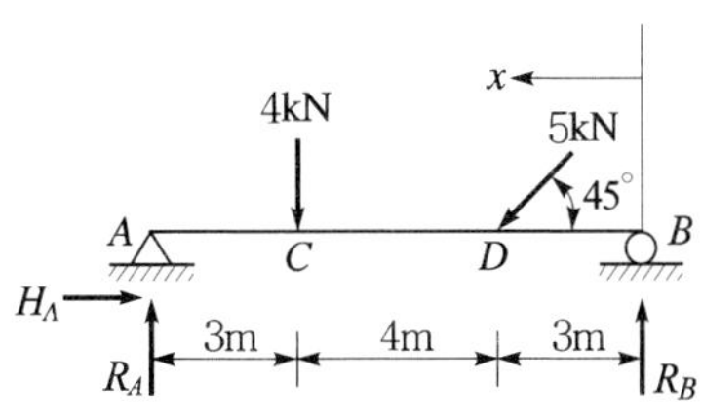

그림 2.16

표 2.4 단면의 오른쪽 부분으로 구한 단면력(x의 원점은 B)

구간	B−D $(0 \le x \le 3\,\text{m})$	D−C $(3 \le x \le 7\,\text{m})$	C−A $(7 \le x \le 10\,\text{m})$
축방향력 (N_x)	0 kN	−3.54 kN	−3.54 kN
전단력 (V_x)	−3.68 kN	$-3.68+3.54$ $=-0.14$ kN	$-3.68+3.54+4$ $=3.86$ kN
휨모멘트 (M_x)	$3.68 \times x = 3.68x$	$3.68 \times x - 3.54 \times (x-3)$ $=0.14x+10.62$	$3.68 \times x - 3.54 \times (x-3)$ $-4 \times (x-7)$ $=-3.86x+38.62$
	$M_B = 0$ kN·m $M_D = 3.68 \times 3$ $= 11.04$ kN·m	$M_D = 0.14 \times 3 + 10.62$ $= 11.04$ kN·m $M_C = 0.14 \times 7 + 10.62$ $= 11.60$ kN·m	$M_C = -3.86 \times 7 + 38.62$ $= 11.60$ kN·m $M_A = -3.86 \times 10 + 38.62$ $= 0.02$ kN·m

주1) 휨모멘트의 산정에 있어 단면의 왼쪽 부분으로 구한 경우와 단면의 오른쪽 부분으로 구한 경우의 값을 비교하면 0.02 kN·m의 차이가 나타나지만, 이것은 경사하중의 분력 산정에 따른 미소한 오차로써, 어느 쪽 부분으로 구하더라도 동일한 단면력이 산정됨을 확인할 수 있다.

(4) 단면력도 작성

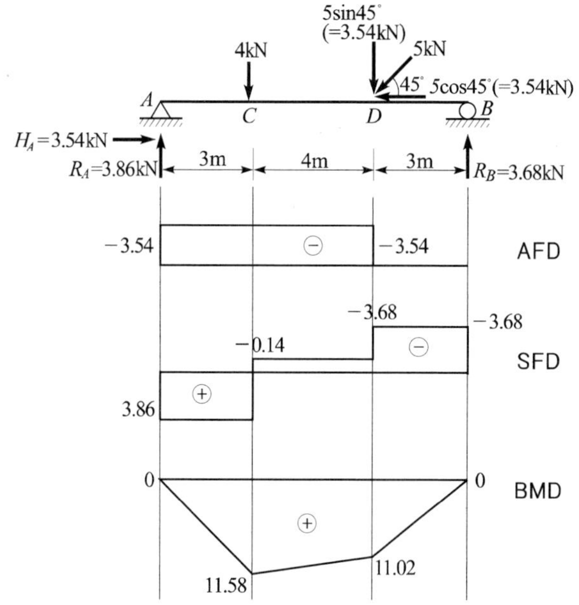

그림 2.17

주1) 단면력 산정 방법

① 위와 같이 평형상태 구조물의 경우, 임의 단면을 중심으로 어느 한쪽 부분(자유물체도)을 고려하여 단면력을 구해도 동일한 결과가 얻어진다(단, 단면력의 부호에 유의해야 한다).

② 따라서 일반적으로는 단면의 왼쪽 부분의 대수합으로 단면력을 구하는 것이 편리하나, 단면의 위치에 따라서는 왼쪽 부분보다는 오른쪽 부분의 대수합으로 단면력을 구하는 것이 편리할 수 있다.

주2) 전단력도(SFD) 작성

① 점 A에 반력 3.86 kN(↑)이 작용한다. 따라서 점 A에서의 전단력은 +3.86 kN이다.

② 점 A에서 점 C까지 부재축에 직각인 전단력 성분이 없으므로 전단력 값의 변화는 없다.

③ 점 C의 전단력은 점 C의 왼쪽 부분(구간 AC)에 작용하는 부재축에 직각인 점 A의 반력(+3.86)과 점 C의 하중(−4)이 합산되어 −0.14 kN(↓)이 된다.

④ 점 C에서 점 D까지 부재축에 직각인 전단력 성분이 없으므로 전단력 값의 변화는 없다.

⑤ 점 D의 전단력은 점 D의 왼쪽 부분(구간 AD)에 작용하는 부재축에 직각인 점 A의 반력(+3.86)과 점 C의 하중(−4) 및 점 D의 수직분력(−3.54)이 합산되어 −3.68 kN(↓)이 된다.

⑥ 점 B의 전단력은 점 B의 왼쪽 부분(구간 AB)에 작용하는 부재축에 직각인 점 A의 반력(+3.86), 점 C의 하중(−4), 점 D의 수직분력(−3.54) 및 점 B의 반력(+3.68)이 합산되어 0 kN이 된다.

주3) 휨모멘트도(BMD) 작성

① 점 A에는 힘은 있으나 거리가 없으므로 점 A의 휨모멘트는 0이다. 즉, 점 A가 회전단이므로 휨모멘트는 0이다.

② 점 C의 휨모멘트는 점 C를 기준으로 왼쪽 부분(구간 AC)에 작용하는 모멘트의 대수합이다. 즉, $M_C = 3.86 \times 3 = 11.58$ kN · m가 된다. 특히, 점 C에서는 전단력의 부호가 양(+)에서 음(−)으로 바뀌므로 점 C의 휨모멘트가 최대 휨모멘트가 된다(또는 점 C에서의 휨모멘트는 전단력도(SFD)에서 점 C를 기준으로 전단력도의 왼쪽 부분의 면적 합과 같다).

③ 점 D의 휨모멘트는 점 D를 기준으로 왼쪽 부분(구간 AD)에 작용하는 모멘트의 대수합이다. 즉, $M_D = 3.86 \times 7 - 4 \times 4 = 11.02$ kN · m가 된다.

④ 점 B의 휨모멘트는 점 B를 기준으로 왼쪽 부분(구간 AB)에 작용하는 모멘트의 대수합이다. 즉 $M_B = 3.86 \times 10 - 4 \times 7 - 3.54 \times 3 = 0$ kN · m가 된다(즉, 점 B는 이동단이므로 휨모멘트는 0 kN · m이다).

(2) 등분포하중이 작용할 경우

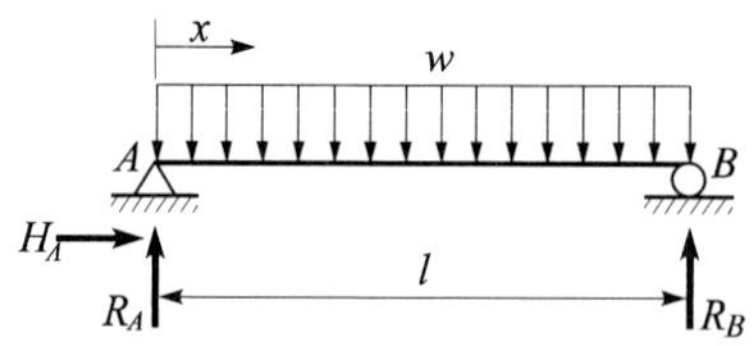

그림 2.18

① 반력의 가정

R_A, H_A, R_B

② 힘의 평형방정식으로부터 반력 산정

㉠ $\Sigma M = 0\ (+;\ \frown)$: $\Sigma M_B = R_A \times l - (w \times l) \times \dfrac{l}{2} = 0$ $\quad \therefore R_A = \dfrac{wl}{2}\ (\uparrow)$

㉡ $\Sigma Y = 0\ (+;\ \uparrow)$: $\Sigma Y = R_A - (w \times l) + R_B = 0$ $\quad \therefore R_B = \dfrac{wl}{2}\ (\uparrow)$

㉢ $\Sigma X = 0\ (+;\ \rightarrow)$: $\Sigma X = H_A = 0$ $\quad \therefore H_A = 0$

③ 임의 점의 단면력 산정

표 2.5 구간에 따른 단면력

구 간	$0 \le x \le l$
전단력(V_x)	$\dfrac{wl}{2} - (w \times x) = \dfrac{w}{2}(l - 2x)$
휨모멘트(M_x)	$\dfrac{wl}{2} \times x - (w \times x) \times \left(\dfrac{x}{2}\right) = \dfrac{w}{2} \times (l \times x - x^2)$

최대 휨모멘트, $M_{\max}$는 전단력이 영($V_x = 0$)인 점($x = l/2$)에서 발생한다.

$$\therefore M_{\max} = \frac{w}{2} \times \left\{ l \times \frac{l}{2} - \left(\frac{l}{2}\right)^2 \right\} = \frac{wl^2}{8}$$

④ 단면력도 작성

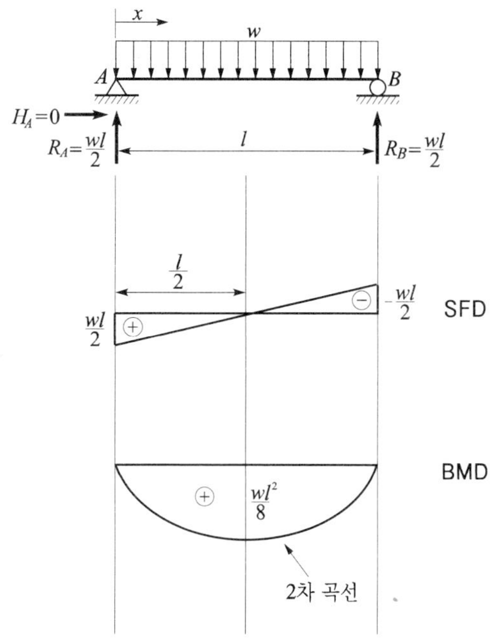

그림 2.19

예제 2.2 그림과 같은 보에서 점 C의 전단력과 점 D의 휨모멘트를 구하여라.

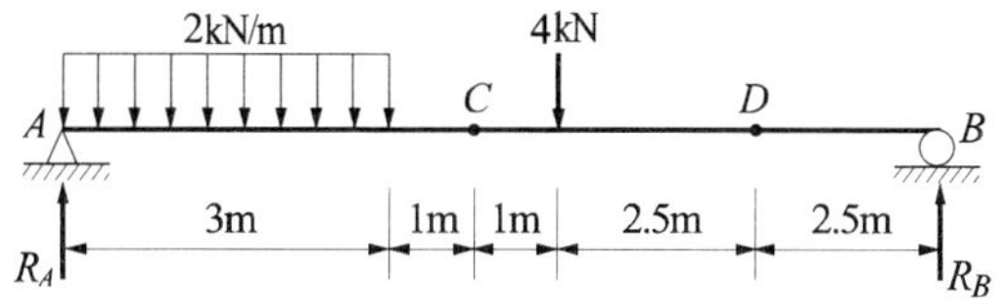

그림 2.20

(1) 지점 A의 반력 산정 (힘의 평형방정식으로부터 반력 산정)

$$\Sigma M = 0\ (+;\ \curvearrowright)\ :\ \Sigma M_B = R_A \times 10 - (2\times 3)\times\left(\frac{3}{2}+7\right) - 4\times 5 = 0$$

$$\therefore\ R_A = 7.1\ \mathrm{kN}\ (\uparrow)$$

(2) 점 C의 전단력

$$V_C = R_A - 2\times 3 = 7.1 - 2\times 3 = 1.1\ \mathrm{kN}$$

(3) 점 D의 휨모멘트

$$M_D = R_A \times 7.5 - (2 \times 3) \times \left(\frac{3}{2} + 4.5\right) - 4 \times 2.5$$
$$= 7.1 \times 7.5 - (2 \times 3) \times \left(\frac{3}{2} + 4.5\right) - 4 \times 2.5 = 7.25 \text{ kN} \cdot \text{m}$$

주1) 점 C의 전단력은 점 C를 기준으로 왼쪽(또는 오른쪽) 부분에 작용하는 부재축에 직각인 힘(반력 및 하중)의 대수합이다.

주2) 점 D의 휨모멘트는 점 D를 기준으로 왼쪽(또는 오른쪽) 부분에 작용하는 모멘트의 대수합이다.

(3) 등변분포하중이 작용할 경우

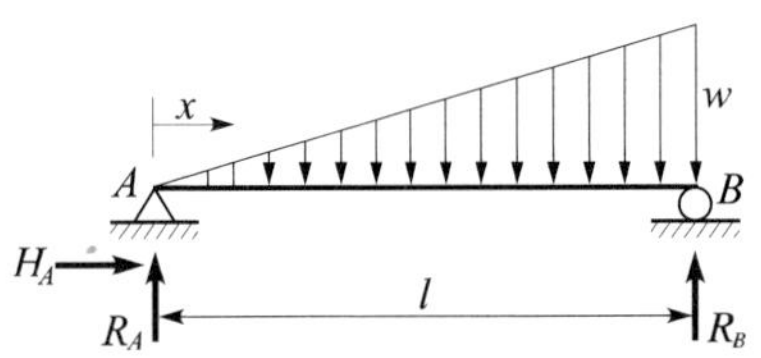

그림 2.21

① 반력의 가정

R_A, H_A, R_B

② 힘의 평형방정식으로부터 반력 산정

㉠ $\Sigma M = 0\ (+;\ \curvearrowright)$: $\Sigma M_B = R_A \times l - \left(\frac{wl}{2}\right) \times \frac{l}{3} = 0$ $\quad \therefore R_A = \frac{wl}{6}\ (\uparrow)$

㉡ $\Sigma Y = 0\ (+;\ \uparrow)$: $\Sigma Y = R_A - \frac{wl}{2} + R_B = 0$ $\quad \therefore R_B = \frac{wl}{3}\ (\uparrow)$

㉢ $\Sigma X = 0\ (+;\ \rightarrow)$: $\Sigma X = H_A = 0$ $\quad \therefore H_A = 0$

③ 임의 점의 단면력 산정

표 2.6 구간에 따른 단면력

구 간	$0 \le x \le l$
전단력 (V_x)	$\frac{wl}{6} - \frac{1}{2} \times w' \times x = \frac{w}{6l}(l^2 - 3x^2)$
휨모멘트 (M_x)	$\frac{wl}{6} \times x - \left(\frac{1}{2} \times w' \times x\right) \times \left(\frac{x}{3}\right) = \frac{w}{6l}(l^2 x - x^3)$

여기서, $w' = \frac{wx}{l}$ 이다.

최대 휨모멘트, $M_{\max}$는 전단력이 영인 곳에서 발생한다.

$$V_x = \frac{w}{6l}(l^2 - 3x^2) = 0$$

$\therefore\ x = \frac{l}{\sqrt{3}}$ 인 곳에서 최대 휨모멘트가 발생하며, M_x에 $x = \frac{l}{\sqrt{3}}$을 대입하여 정리하면 다음과 같다.

$$M_{\max} = \frac{w}{6l}\left\{l^2 \times \frac{l}{\sqrt{3}} - \left(\frac{l}{\sqrt{3}}\right)^3\right\} = \frac{wl^2}{9\sqrt{3}}$$

등변분포하중에서 반력 산정은 전체 하중이 중심(즉, 1/3 지점)에 작용하는 것으로 생각할 수 있다. 그러나 단면력 산정 시에는 원래 하중분포를 그대로 고려해야 한다.

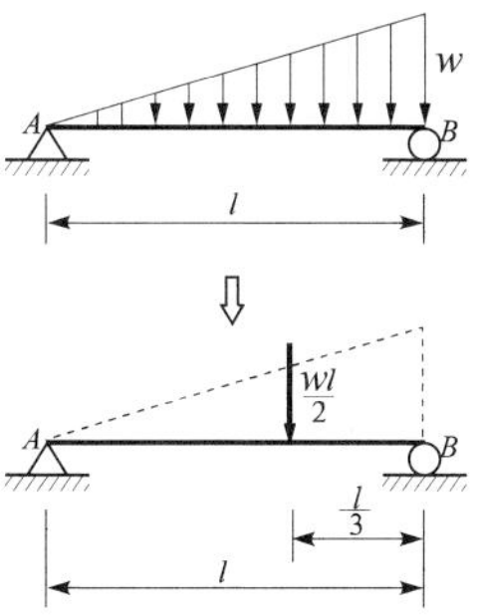

그림 2.22

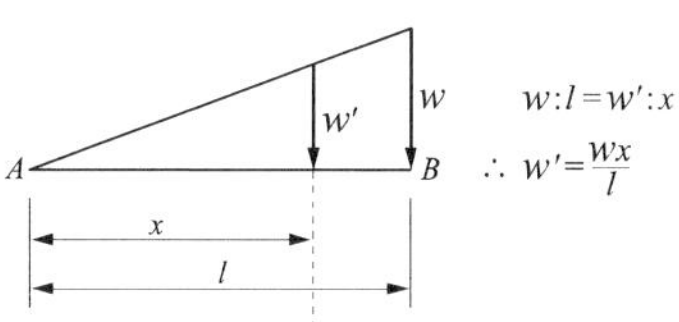

그림 2.23

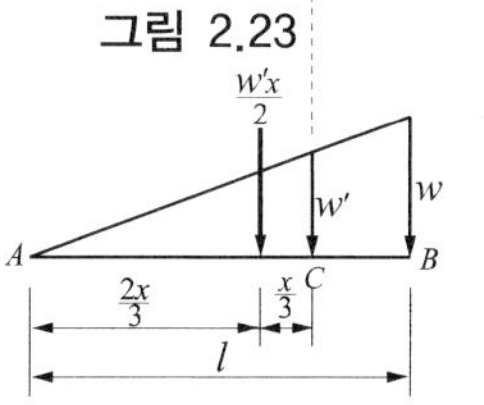

그림 2.24

④ 단면력도 작성

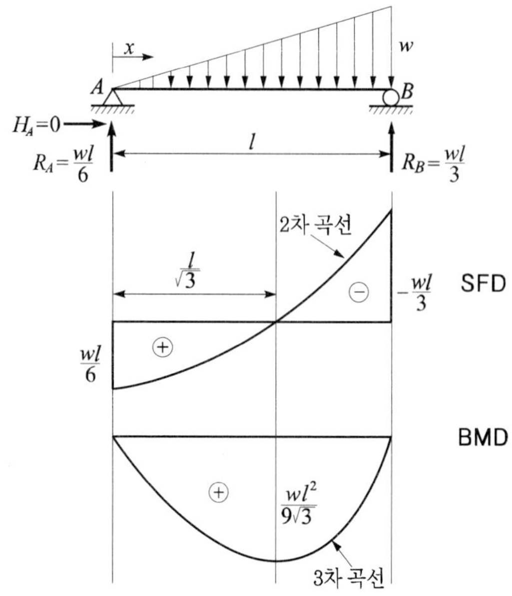

그림 2.25

예제 2.3 그림과 같은 보에서 점 C의 전단력과 점 D의 휨모멘트를 구하여라.

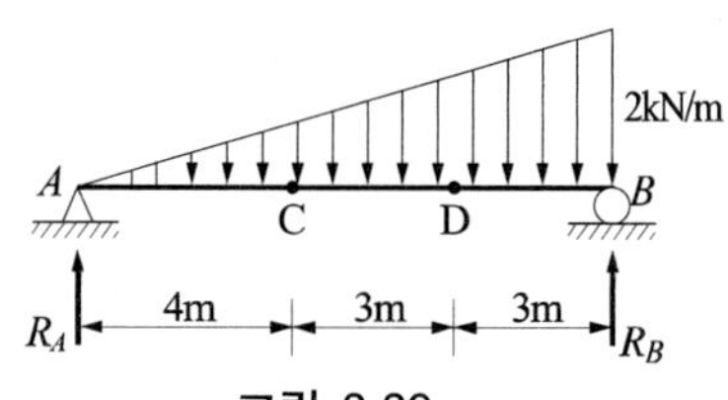

그림 2.26

(1) 지점 A의 반력 산정

$$\Sigma M = 0\ (+;\frown) : \Sigma M_B = R_A \times 10 - \left(\frac{1}{2}\times 2\times 10\right)\times\left(\frac{10}{3}\right) = 0$$

$$\therefore R_A = 3.33\ \mathrm{kN}$$

(2) 점 C의 전단력

지점 A로부터 4 m인 곳의 등변분포하중 w'

$2 : w' = 10 : 4$

$w' = 0.8\ \mathrm{kN/m}$

$$\therefore V_C = 3.33 - \frac{1}{2}\times 0.8\times 4 = 1.73\ \mathrm{kN}$$

(3) 점 D의 휨모멘트

지점 A로부터 7 m인 곳의 등변분포하중 w'

$2 : w' = 10 : 7$

$w' = 1.4\ \text{kN/m}$

$\therefore M_D = 3.33 \times 7 - \left(\frac{1}{2} \times 1.4 \times 7\right) \times \left(\frac{7}{3}\right) = 11.88\ \text{kN} \cdot \text{m}$

- 지점 A로부터 4 m인 곳의 등변분포하중 w'

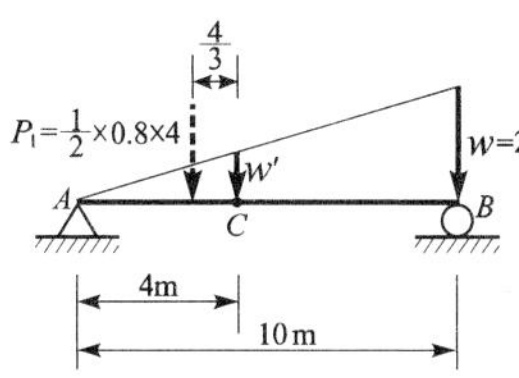

$2 : w' = 10 : 4$

$\therefore\ w' = 0.8\ \text{kN/m}$

$P_1 = \frac{1}{2} \times 0.8 \times 4$ (AC구간의 하중의 합)

그림 2.27

- 지점 A로부터 7 m인 곳의 등변분포하중 w'

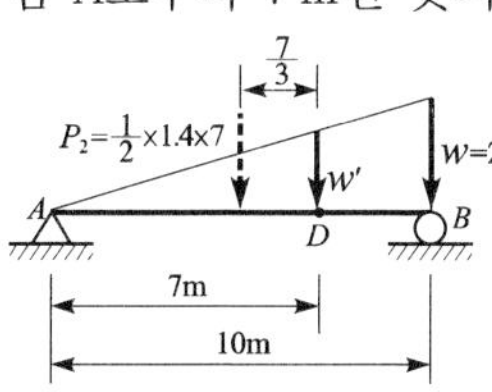

$2 : w' = 10 : 7$

$\therefore\ w' = 1.4\ \text{kN/m}$

$P_2 = \frac{1}{2} \times 1.4 \times 7$ (AD구간의 하중의 합)

그림 2.28

(4) 모멘트하중이 작용할 경우

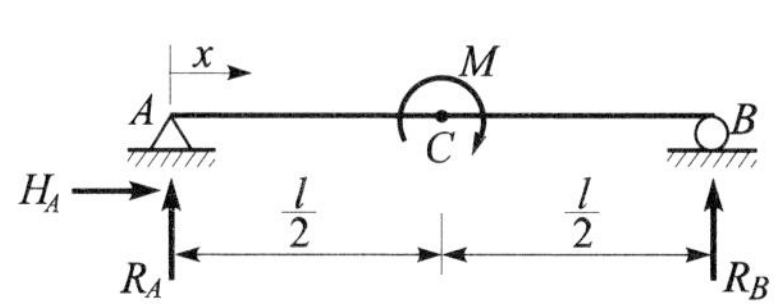

그림 2.29

① 반력의 가정

$R_A,\ H_A,\ R_B$

② 힘의 평형방정식으로부터 반력 산정

㉠ $\Sigma M = 0\ (+;\ \curvearrowright)$: $\Sigma M_B = R_A \times l + M = 0 \qquad \therefore R_A = -\frac{M}{l}\ (\downarrow)$

㉡ $\Sigma Y=0\ (+;\ \uparrow)$: $\Sigma Y=R_A+R_B=0$ $\quad\therefore\ R_B=\dfrac{M}{l}\ (\uparrow)$

㉢ $\Sigma X=0\ (+;\ \rightarrow)$: $\Sigma X=H_A=0$ $\quad\therefore\ H_A=0$

③ 임의 점의 단면력 산정

표 2.7 구간에 따른 단면력

구 간	$0 \le x \le l/2$	$l/2 \le x \le l$
전단력(V_x)	$-\dfrac{M}{l}$	$-\dfrac{M}{l}$
휨모멘트(M_x)	$-\dfrac{M}{l}x$	$-\dfrac{M}{l}x+M$

④ 단면력도 작성

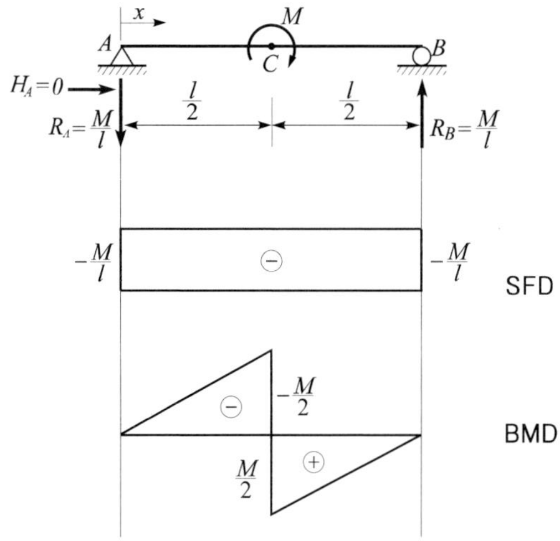

그림 2.30

예제 2.4 그림과 같은 보에서 점 C의 휨모멘트를 구하여라.

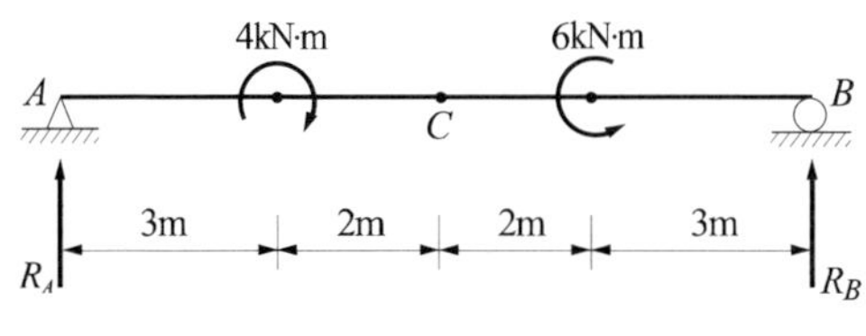

그림 2.31

(1) 지점 A의 반력 산정

$\Sigma M = 0\ (+;\ \frown)$: $\Sigma M_B = R_A \times 10 + 4 - 6 = 0$ $\therefore\ R_A = 0.2\ \text{kN}$

(2) 점 C의 휨모멘트

$M_C = R_A \times 5 + 4 = 0.2 \times 5 + 4 = 5\ \text{kN} \cdot \text{m}$

2.1.5 캔틸레버보의 단면력 산정

(1) 집중하중이 작용할 경우

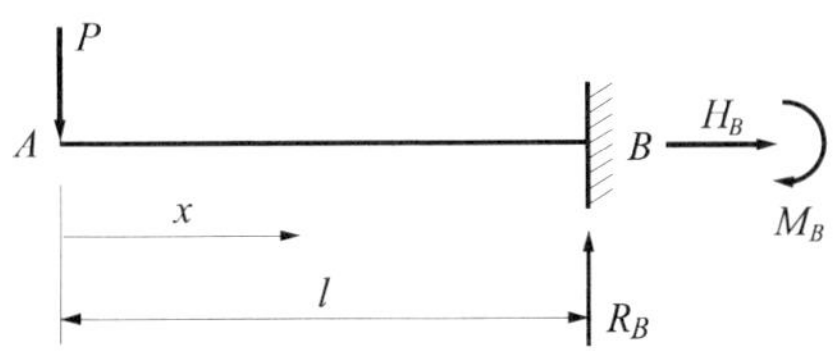

그림 2.32

① 반력의 가정

R_B, H_B, M_B

② 힘의 평형방정식으로부터 반력 산정

㉠ $\Sigma M = 0\ (+;\ \frown)$: $\Sigma M_B = -P \times l + M_B = 0$ $\therefore\ M_B = Pl\ (\frown)$

㉡ $\Sigma Y = 0\ (+;\ \uparrow)$: $\Sigma Y = -P + R_B = 0$ $\therefore\ R_B = P\ (\uparrow)$

㉢ $\Sigma X = 0\ (+;\ \rightarrow)$: $\Sigma X = H_B = 0$ $\therefore\ H_B = 0$

③ 임의 점의 단면력 산정

표 2.8 구간에 따른 단면력

구 간	$0 \le x \le l$
전단력(V_x)	$-P$
휨모멘트(M_x)	$-P \times x = -Px$

주1) 캔틸레버보의 경우 자유단으로부터 전단력과 휨모멘트를 산정하면 반력을 먼저 구할 필요가 없다

④ 단면력도 작성

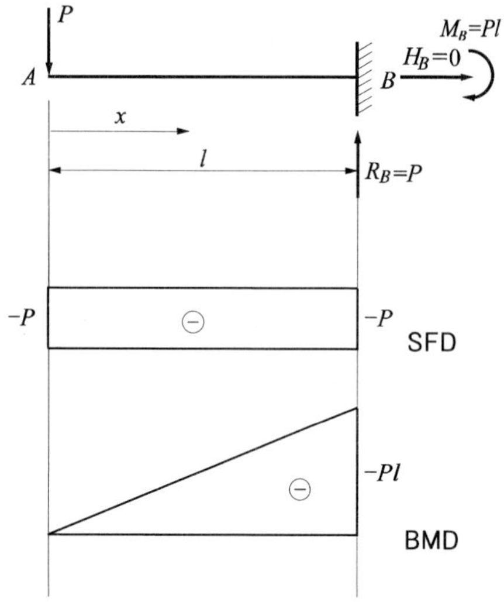

그림 2.33

예제 2.5 그림과 같은 캔틸레버보의 점 C의 전단력과 휨모멘트를 구하여라.

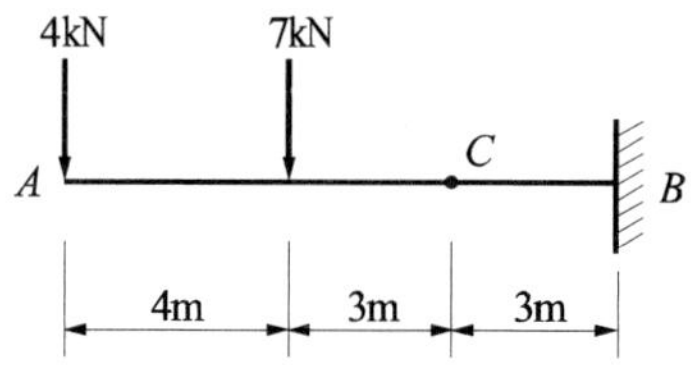

그림 2.34

(1) 점 C의 전단력

$$V_C = -4-7 = -11\ \text{kN}$$

(2) 점 C의 휨모멘트

$$M_C = -4\times7-7\times3 = -49\ \text{kN}\cdot\text{m}$$

(2) 등분포하중이 작용할 경우

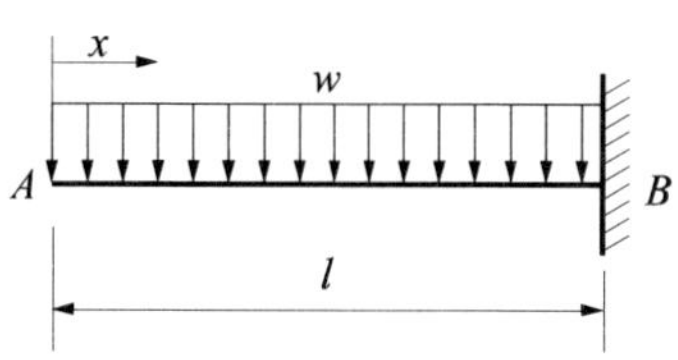

그림 2.35

① 임의 점의 단면력 산정

표 2.9 구간에 따른 단면력

구 간	$0 \le x \le l$
전단력 (V_x)	$-w \times x = -wx$
휨모멘트 (M_x)	$-(w \times x) \times \left(\frac{x}{2}\right) = -\frac{wx^2}{2}$

② 단면력도 작성

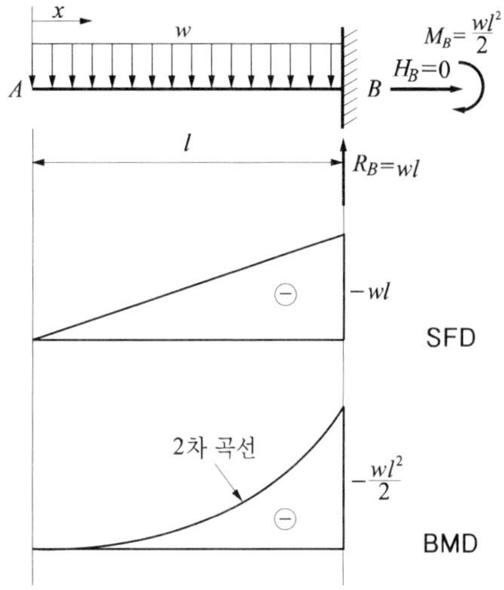

그림 2.36

예제 2.6 다음과 같은 등분포하중을 받는 캔틸레버보에서 점 C의 전단력과 점 D의 휨모멘트를 구하여라.

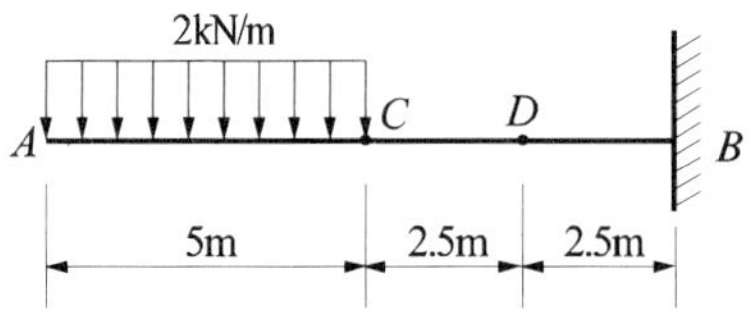

그림 2.37

↳ (1) 점 C의 전단력

$V_C = -2 \times 5 = -10$ kN

(2) 점 D의 휨모멘트

$$M_D = -(2\times5)\times\left(\frac{5}{2}+2.5\right) = -50\ \text{kN}\cdot\text{m}$$

(3) 등변분포하중이 작용할 경우

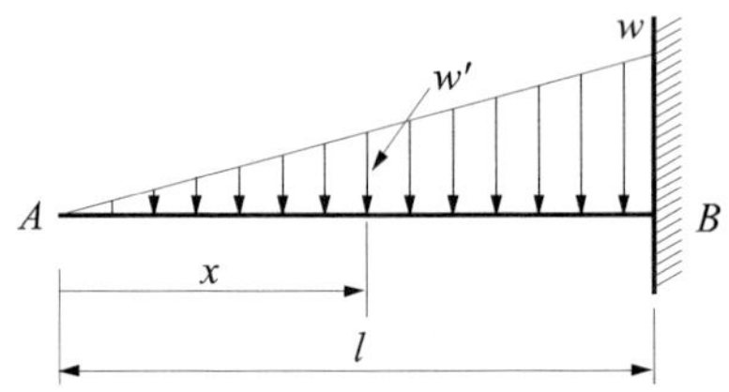

$$w' = \frac{wx}{l}$$

그림 2.38

① 임의 점의 단면력 산정

표 2.10 구간에 따른 단면력

구 간	$0 \le x \le l$
전단력(V_x)	$-\frac{1}{2}\times w'\times x = -\frac{1}{2}\times\left(\frac{wx}{l}\right)\times x = -\frac{wx^2}{2l}$
휨모멘트(M_x)	$\left(-\frac{1}{2}\times w'\times x\right)\times\left(\frac{x}{3}\right) = -\frac{1}{2}\times\left(\frac{wx}{l}\right)\times(x)\times\left(\frac{x}{3}\right) = -\frac{wx^3}{6l}$

• w' 의 산정방법

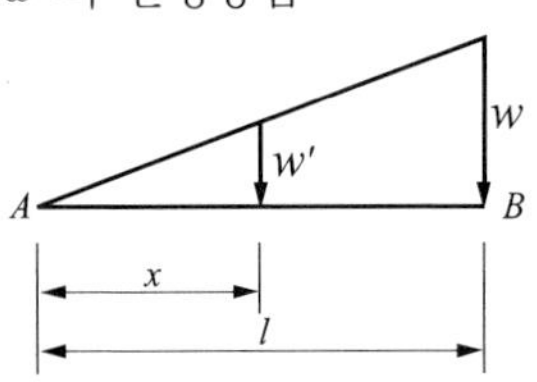

그림 2.39

$$w : l = w' : x$$

$$\therefore w' = \frac{wx}{l}$$

② 단면력도 작성

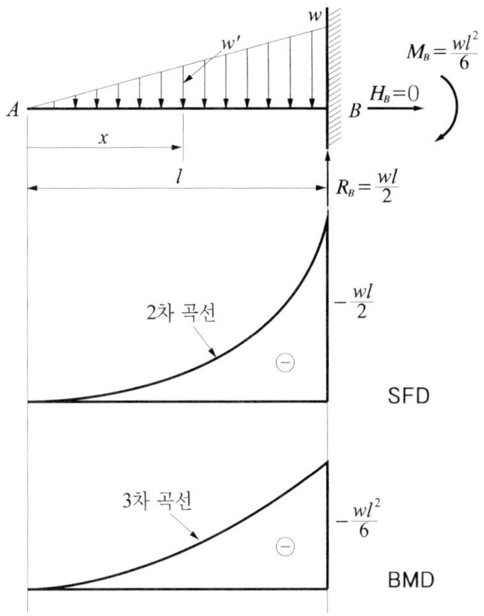

그림 2.40

예제 2.7 다음과 같은 보에서 점 C의 전단력과 점 D의 휨모멘트를 구하여라.

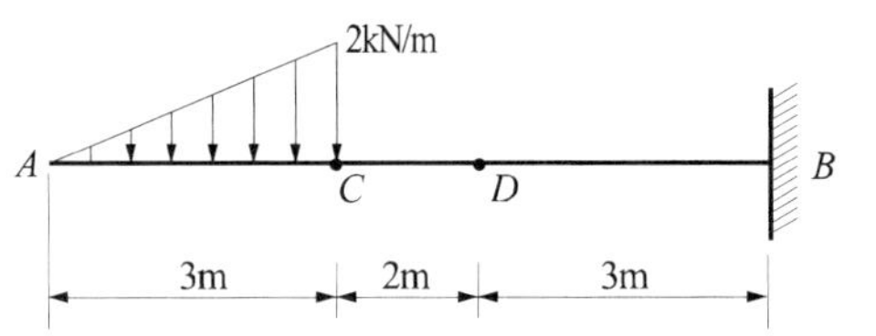

그림 2.41

↳ (1) 점 C의 전단력

$$V_C = -\frac{1}{2}\times 2\times 3 = -3\ \text{kN}$$

(2) 점 D의 휨모멘트

$$M_D = -\left(\frac{1}{2}\times 2\times 3\right)\times\left(3\times\frac{1}{3}+2\right) = -9\ \text{kN}\cdot\text{m}$$

(4) 모멘트하중이 작용할 경우

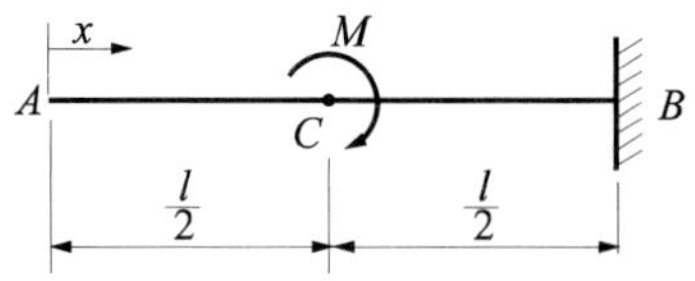

그림 2.42

① 임의 점의 단면력 산정

표 2.11 구간에 따른 단면력

구 간	$0 \le x \le l/2$	$l/2 \le x \le l$
전단력(V_x)	0	0
휨모멘트(M_x)	0	M

② 단면력도 작성

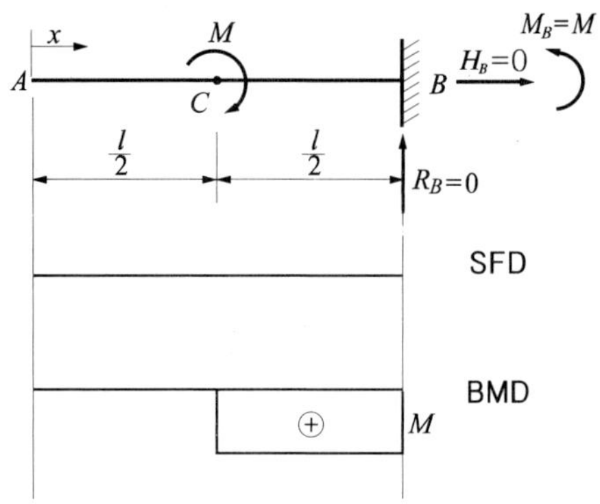

그림 2.43

예제 2.8 다음과 같은 캔틸레버보에서 점 C의 전단력과 점 D의 휨모멘트를 구하여라.

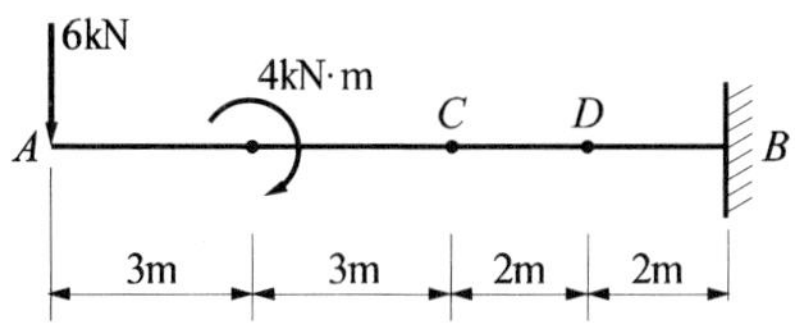

그림 2.44

(1) 점 C의 전단력

$$V_C = -6\ \text{kN}$$

(2) 점 D의 휨모멘트

$M_D = -6 \times 8 + 4 = -44$ kN · m

2.1.6 내민보의 단면력 산정

(1) 내민보는 단순보에서 부재의 길이가 지점 사이의 길이보다 길어서 지점의 한쪽 또는 양쪽으로 내밀어진 보를 말한다.

(2) 한쪽 또는 양쪽으로 내밀어진 부분을 내민부라 하고, 지점 사이 부분을 중앙부라 한다.

(3) 내민보의 해석은 앞서 정정보와 마찬가지로 힘의 평형방정식을 이용하여 해석한다.

그림 2.45

예제 2.9 다음과 같은 내민보에서 점 E의 전단력과 점 C의 휨모멘트를 구하여라.

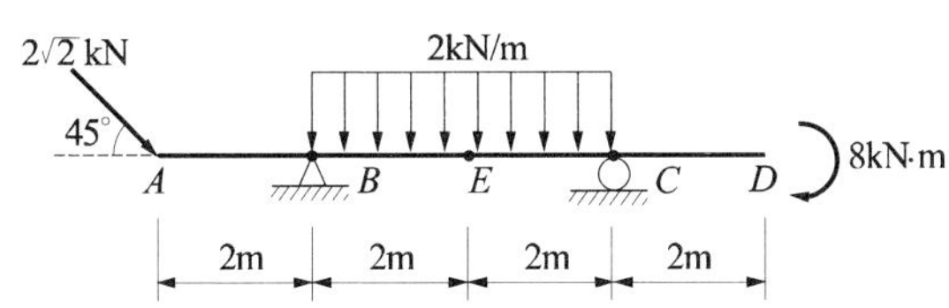

그림 2.46

↳

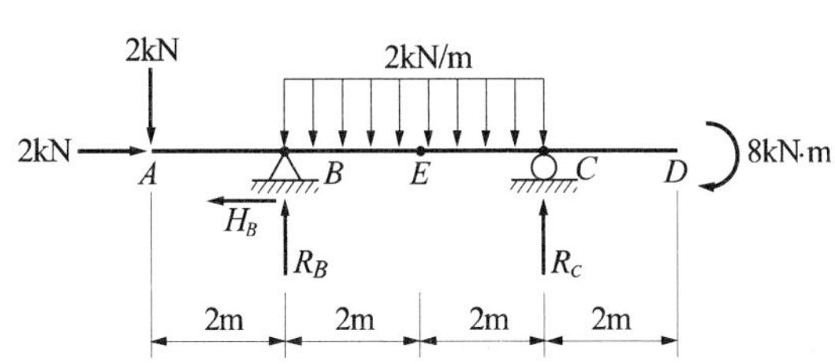

그림 2.47

(1) 반력의 가정 : R_B, H_B, R_C

(2) 반력 산정 (힘의 평형방정식으로부터 반력 산정)

① $\Sigma M = 0\ (+;\curvearrowright)$: $\Sigma M_C = -2\times 6 + R_B \times 4 - (2\times 4)\times\left(\frac{4}{2}\right) + 8 = 0$

$\therefore R_B = 5\ \text{kN}$

② $\Sigma Y = 0\ (+;\uparrow)$: $\Sigma Y = -2 + R_B - 2\times 4 + R_C = 0$

$\therefore R_C = 5\ \text{kN}$

③ $\Sigma X = 0\ (+;\rightarrow)$: $\Sigma X = 2 - H_B = 0$

$\therefore H_B = 2\ \text{kN}$

(3) 점 E의 전단력과 점 C의 휨모멘트

$V_E = -2 + R_B - 2\times 2 = -2 + 5 - 2\times 2 = -1\ \text{kN}$

$M_C = -2\times 6 + R_B\times 4 - (2\times 4)\times\left(\frac{4}{2}\right) = -2\times 6 + 5\times 4 - (2\times 4)\times\left(\frac{4}{2}\right)$
$= -8\ \text{kN}\cdot\text{m}$

• 경사하중 $2\sqrt{2}$ kN의 수평분력 P_x와 수직분력 P_y

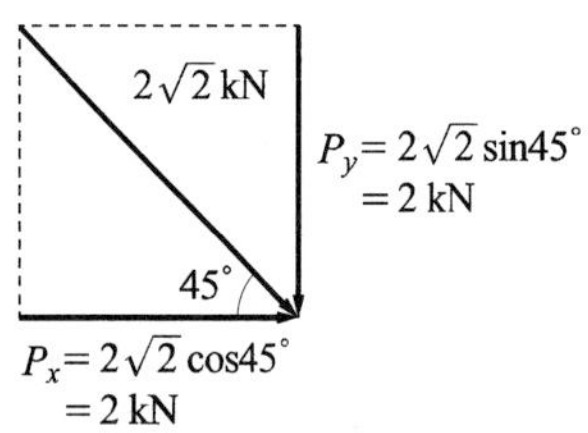

그림 2.48

2.1.7 겔버보의 단면력 산정

(1) 개요

① 겔버보는 부정정의 연속보에서 N개의 부정정 차수만큼 연속보의 지점 사이에 N개의 힌지 (Hinge)를 설치하여 그 보를 정정의 연속보가 되게 한 것이다.

② 힌지에서는 휨모멘트가 영 (0)이다.

③ 전단력의 부호가 바뀌는 점이 1개 이상 나타나며, 전단력의 부호가 영 (0)이 되는

곳에서 휨모멘트의 극치(최대 또는 최소)가 발생되고, 이들 중 절댓값이 최대인 것이 최대 휨모멘트가 된다.

(2) 반력 산정

① 방법 [1]

㉠ 겔버보의 해석방법은 힌지를 중심으로 단순보와 내민보 또는 단순보와 캔틸레버보로 나누어 고려한다.

㉡ 힌지를 중심으로 단순보가 되는 부분을 먼저 해석한 후, 산정된 단순보의 반력을 반대방향으로 하여 내민보 또는 캔틸레버보에 하중으로 작용시켜 전체 구조물을 해석한다.

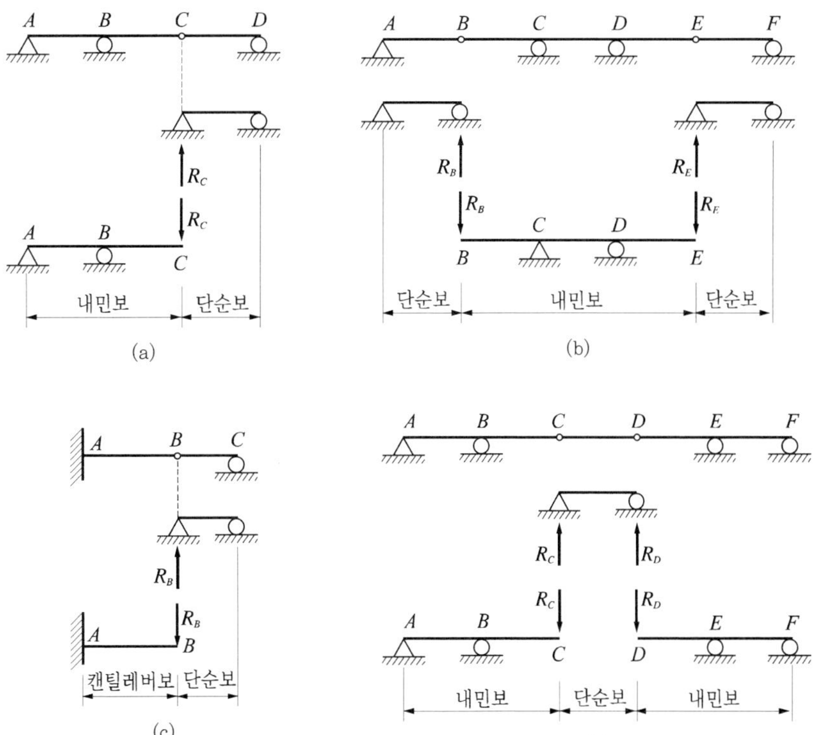

그림 2.49 겔버보의 해석(방법 [1])

② 방법 [2]

겔버보는 위와 같은 방법 외에도, 겔버보 전체에 대한 힘의 평형조건($\Sigma X = 0$,

$\Sigma Y = 0$)과 함께 힌지로 구분된 각 부분들 자체의 독립적인 모멘트 평형조건 ($\Sigma M = 0$)을 고려하여 해석할 수도 있다.

(3) 단면력 산정

앞서의 모든 경우와 동일한 방법으로 산정한다 (§ 1.4절 참조).

예제 2.10 그림과 같은 부재의 단면력도 중에서 SFD와 BMD를 작도하시오.

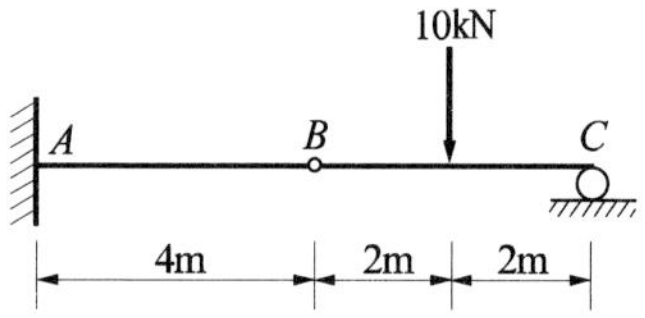

그림 2.50

1. 반력 산정 방법 [1] 사용

(1) 단순보와 캔틸레버보로 분리

① 단순보 : B−C

② 캔틸레버보 : A−B

(2) 단순보의 해석 (부재 BC의 중심에 집중하중이 작용)

① $R_B = 5$ kN (↑)

② $R_C = 5$ kN (↑)

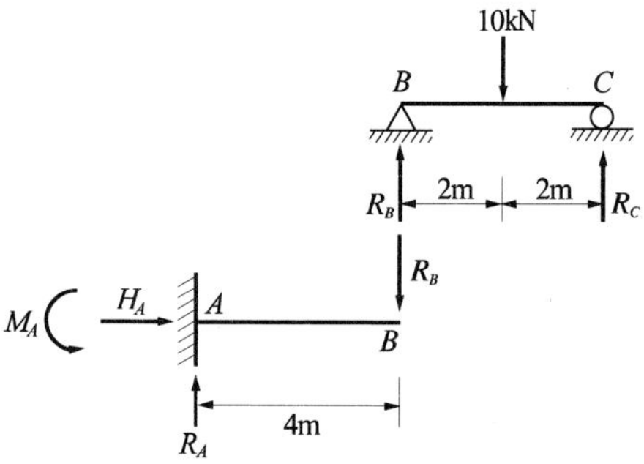

그림 2.51

(3) 캔틸레버보의 해석 (힘의 평형방정식으로부터 반력 산정)

① 단순보의 반력 R_B를 캔틸레버보에서 반대방향의 하중으로 작용

$\therefore R_B = 5$ kN (↓)

② $\Sigma M = 0$ (+; ↷) : $\Sigma M_A = -M_A + R_B \times 4 = -M_A + 5 \times 4 = 0$

$\therefore M_A = 20$ kN · m

③ $\Sigma Y = 0$ (+; ↑) : $\Sigma Y = R_A - R_B = R_A - 5 = 0$

$\therefore R_A = 5$ kN

④ $\Sigma X = 0$ (+; →) : $\Sigma X = H_A = 0$

$\therefore H_A = 0$ kN

(4) 단면력도 작성

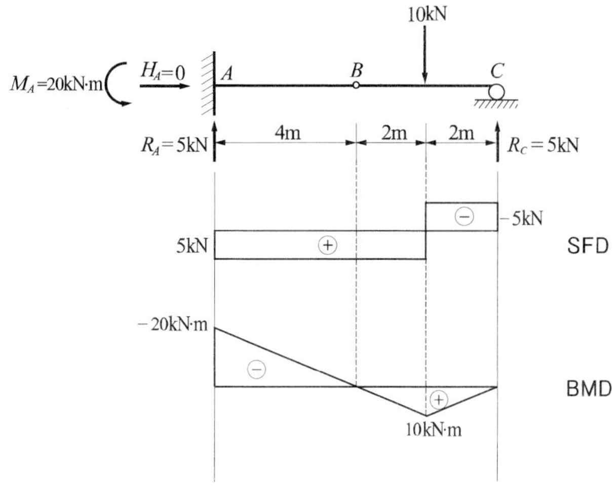

그림 2.52

2. 반력 산정 방법 [2] 사용

(1) 반력의 가정

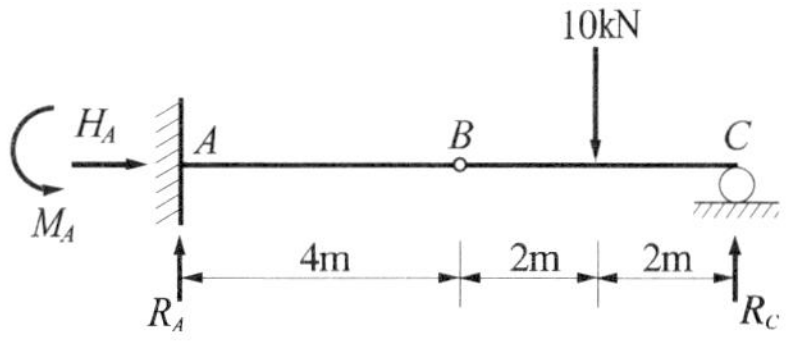

그림 2.53

(2) 반력 산정 (힘의 평형방정식으로부터 반력 산정)

① $\Sigma X = H_A = 0$ $\therefore H_A = 0$ kN

② $\Sigma M_{B(BC)} = 10 \times 2 - R_C \times 4 = 0$ $\therefore R_C = 5$ kN

③ $\Sigma Y = R_A - 10 + R_C = 0$ $\therefore R_A = 5$ kN

④ $\Sigma M_{B(AB)} = - M_A + R_A \times 4 = 0$ $\therefore M_A = 20$ kN · m

(3) 단면력도 작성

단면력도는 그림 2.52와 동일하다.

(4) 이상과 같이 반력 상정 방법 [1]이나 방법 [2] 모두 동일한 반력 및 단면력을 산출함을 확인할 수 있다.

예제 2.11 그림과 같은 부재의 단면력도 중에서 SFD와 BMD를 작도하시오.

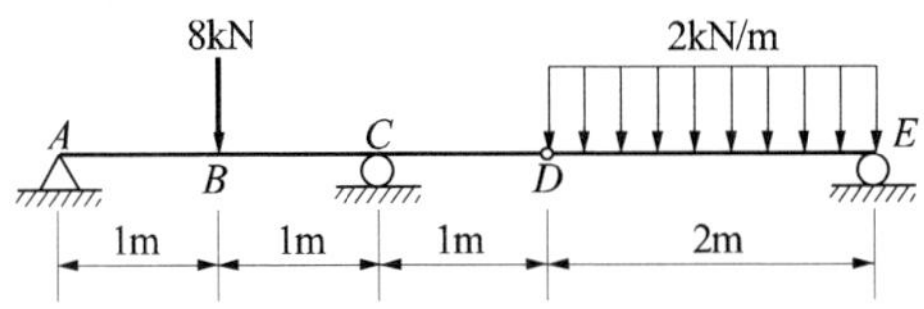

그림 2.54

1. 반력 산정 방법 [1] 사용

(1) 단순보와 내민보로 분리

① 단순보 : D−E

② 내민보 : A−B−C−D

(2) 단순보의 해석(부재 DE의 전체에 등분포하중이 작용)

① $R_D = 2$ kN (↑)

② $R_E = 2$ kN (↑)

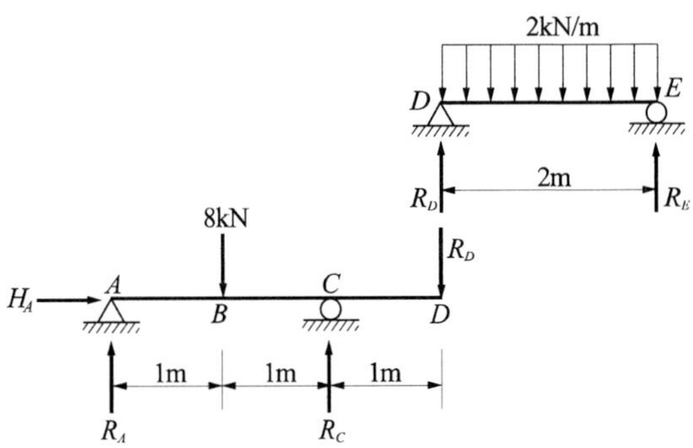

그림 2.55

(3) 내민보의 해석(힘의 평형방정식으로부터 반력 산정)

① 단순보의 반력 R_D 를 내민보에서 반대방향의 하중으로 작용

$\therefore R_D = 2$ kN (↓)

② $\Sigma M = 0$ (+; ⌒) :

$\Sigma M_A = 8 \times 1 - R_C \times 2 + R_D \times 3 = 8 \times 1 - R_C \times 2 + 2 \times 3 = 0$

$\therefore R_C = 7$ kN

③ $\Sigma Y = 0$ (+; ↑) : $\Sigma Y = R_A - 8 + R_C - R_D = R_A - 8 + 7 - 2 = 0$

$\therefore R_A = 3$ kN

④ $\Sigma X = 0$ (+;→) : $\Sigma X = H_A = 0$

$\therefore H_A = 0$ kN

(4) 단면력도 작성

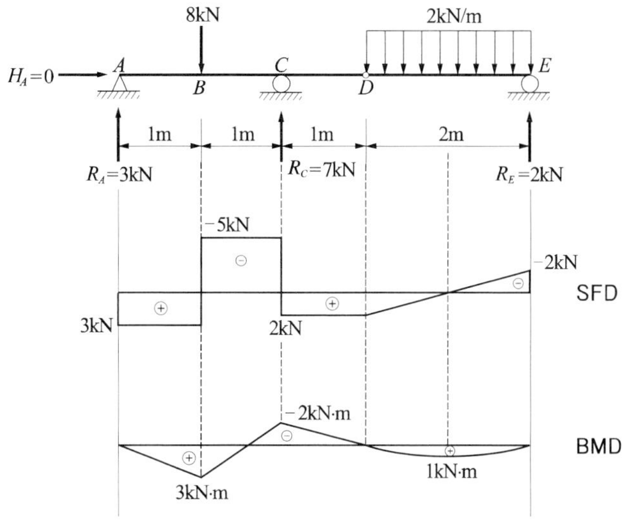

그림 2.56

2. 반력 산정 방법 [2] 사용

(1) 반력의 가정

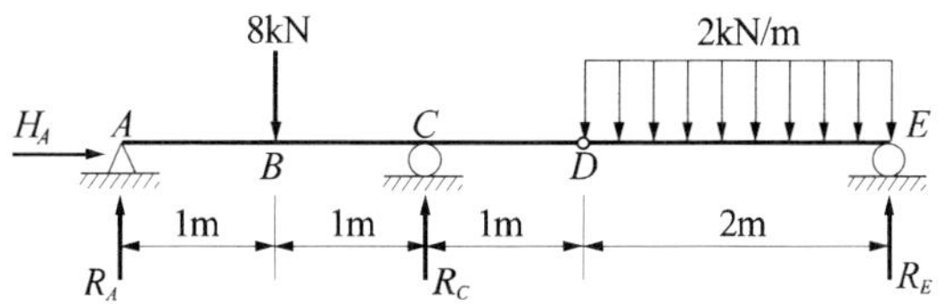

그림 2.57

(2) 반력 산정 (힘의 평형방정식으로부터 반력 산정)

① $\Sigma X = H_A = 0$ $\qquad \therefore H_A = 0\ \text{kN}$

② $\Sigma M_{D(DE)} = 2 \times 2 \times 1 - R_E \times 2 = 0$ $\qquad \therefore R_E = 2\ \text{kN}$

③ $\Sigma M_{D(AD)} = R_A \times 3 - 8 \times 2 + R_C \times 1 = 0$

④ $\Sigma Y = R_A - 8 + R_C - 2 \times 2 + R_E = 0$

위에서 식 $\Sigma M_{D(AD)}$와 식 ΣY를 풀면 $R_A = 3\ \text{kN}$과 $R_C = 7\ \text{kN}$이다.

(3) 단면력도 작성

단면력도는 그림 2.56과 동일하다.

예제 2.12 그림과 같은 겔버보의 지점 A의 반력을 구하시오.

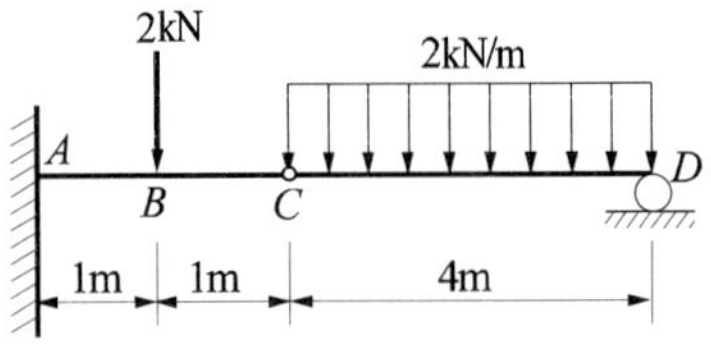

그림 2.58

(1) 단순보와 캔틸레버보로 분리

① 단순보 : C−D

② 캔틸레버보 : A−B−C

(2) 단순보의 해석 (부재 CD의 전체에 등분포하중이 작용)

① $R_C = 4\text{ kN}\ (\uparrow)$

② $R_D = 4\text{ kN}\ (\uparrow)$

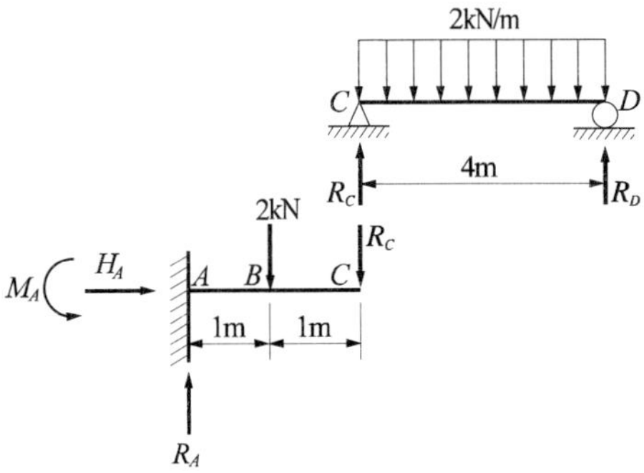

그림 2.59

(3) 캔틸레버보의 해석 (힘의 평형방정식으로부터 반력 산정)

① 단순보의 반력 R_C를 캔틸레버보에서 반대방향의 하중으로 작용

$\therefore\ R_C = 4\text{ kN}\ (\downarrow)$

② $\Sigma M = 0\ (+;\ \frown)$:

$\Sigma M_A = -M_A + 2\times 1 + R_C \times 2 = -M_A + 2\times 1 + 4\times 2 = 0$

$\therefore\ M_A = 10\text{ kN}\cdot\text{m}$

③ $\Sigma Y = 0\ (+;\uparrow) : \Sigma Y = R_A - 2 - R_C = R_A - 2 - 4 = 0$

$\therefore\ R_A = 6\text{ kN}$

④ $\Sigma X = 0\ (+;\rightarrow) : \Sigma X = H_A = 0$

$\therefore\ H_A = 0\text{ kN}$

(4) 지점 A의 반력

$M_A = 10\text{ kN}\cdot\text{m}\ (\frown)$

$R_A = 6\text{ kN}\ (\uparrow)$

$H_A = 0\text{ kN}$

2.2 단순보의 영향선 5)

2.2.1 개요

(1) 단위 이동하중 $(P=1)$이 단순보 위를 이동할 때 단위 이동하중의 위치변화에 따라 지점반력, 전단력 및 휨모멘트의 변화하는 크기를 나타낸 선이다.

(2) 영향선의 작도는 일반적으로 양(+)의 값은 기선(Baseline, 기준선)의 아래쪽에 그리고, 음(−)의 값은 기선의 위쪽에 그린다.

(3) 단순보의 영향선을 이용해 반력 및 단면력 산정방법을 알아두면 편리하다.

2.2.2 반력의 영향선

(1) 개요

반력의 영향선은 단위 이동하중 $(P=1)$이 단순보 위를 이동할 때 단위 이동하중의 위치변화에 따른 반력의 크기 변화를 나타낸 선이다.

(2) 반력의 영향선 작도

① 반력 R_A의 영향선 작도

㉠ 기선 A_1-B_1을 긋는다.

㉡ 반력 R_A는 $P=1$의 이동하중이 지점 A에 있으면 $R_A=1$이며, 지점 B에 있으면 $R_A=0$이 된다. 이들 두 점을 직선으로 이으면 반력 R_A의 영향선이 된다.

㉢ 단위 이동하중이 지점 A로부터 x만큼 떨어진 곳에 위치하면 반력 $R_A=y$가 된다.

② 반력 R_B의 영향선 작도

㉠ 기선 A_2-B_2을 긋는다.

㉡ 반력 R_B는 $P=1$의 이동하중이 지점 A에 있으면 $R_B=0$이며, 지점 B에 있으면 $R_B=1$이 된다. 이들 두 점을 직선으로 이으면 반력 R_B의 영향선이 된다.

㉢ 단위 이동하중이 지점 A로부터 x만큼 떨어진 곳에 위치하면 반력 $R_B=y'$이 된다.

---

5) 초급과정에서는 § 2.2 단순보의 영향선 과정을 생략하여도 됨.

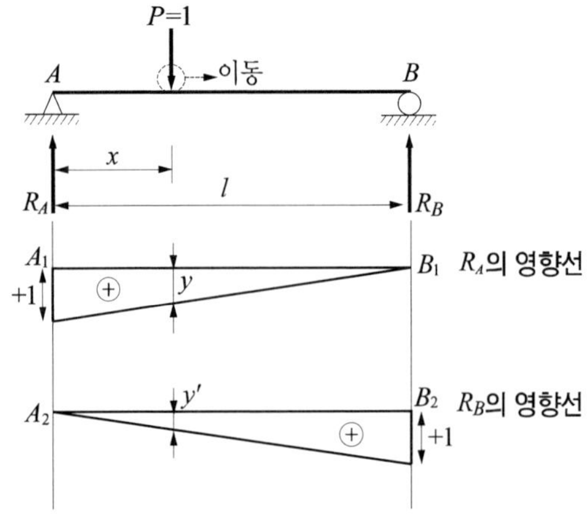

그림 2.60 R_A, R_B의 영향선

(3) 반력의 산정

① 집중하중의 경우 반력 산정

반력= Σ(집중하중×영향선의 높이) (2.2)

㉠ 반력 R_A의 산정

$$R_A = P_1 y_1 + P_2 y_2 + P_3 y_3$$

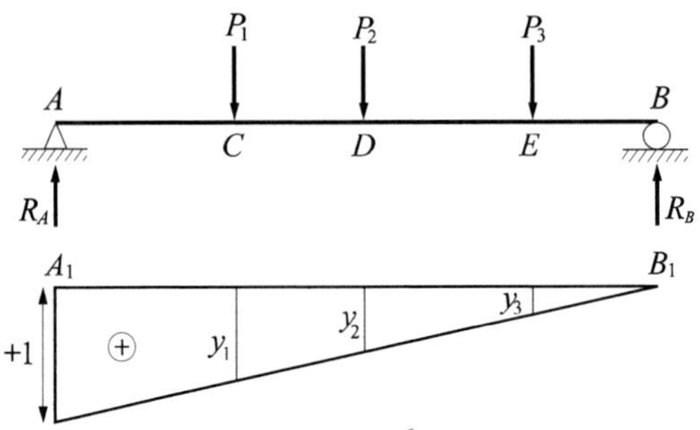

그림 2.61 R_A의 영향선

㉡ 반력 R_B의 산정

$$R_B = P_1 y_1' + P_2 y_2' + P_3 y_3'$$

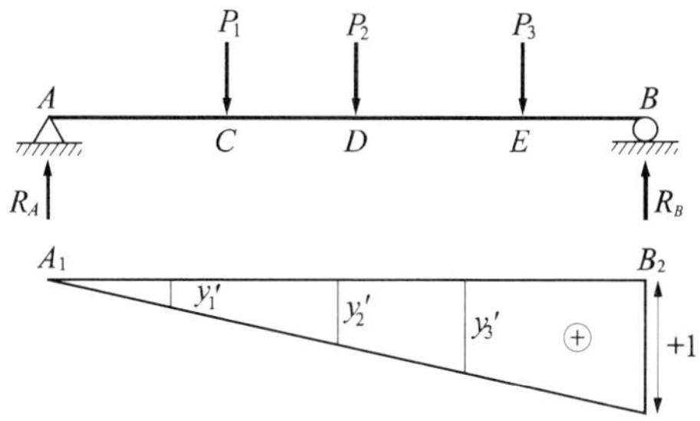

그림 2.62 R_B의 영향선

② 등분포하중의 경우 반력 산정

반력= Σ(등분포하중×영향선의 면적)	(2.3)

㉠ 반력 R_A의 산정

$R_A = wA$

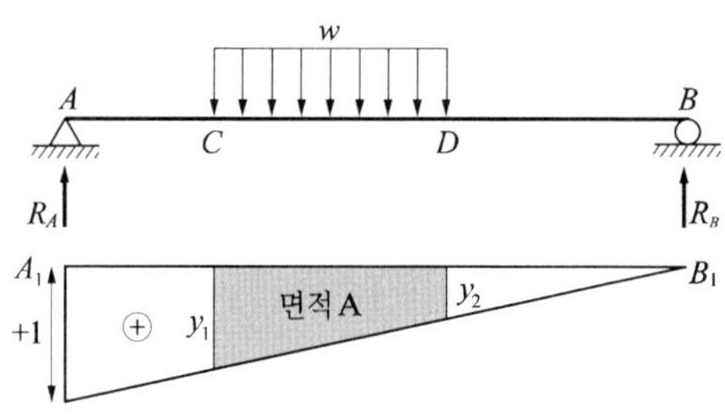

그림 2.63 R_A의 영향선

㉡ 반력 R_B의 산정

$R_B = wA'$

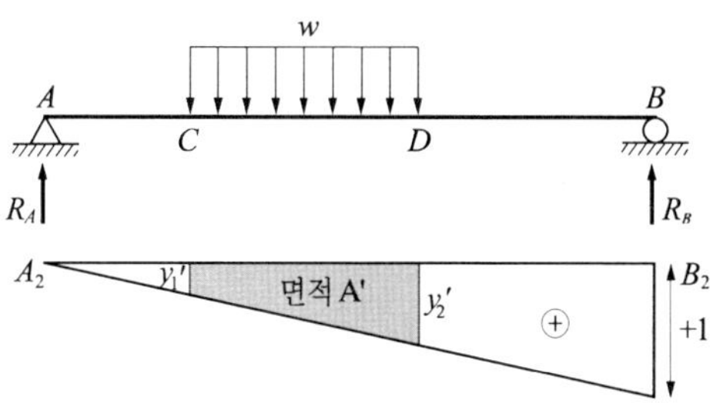

그림 2.64 R_B의 영향선

예제 2.13 다음 그림과 같이 집중하중이 작용하는 단순보의 반력을 영향선을 이용하여 구하시오.

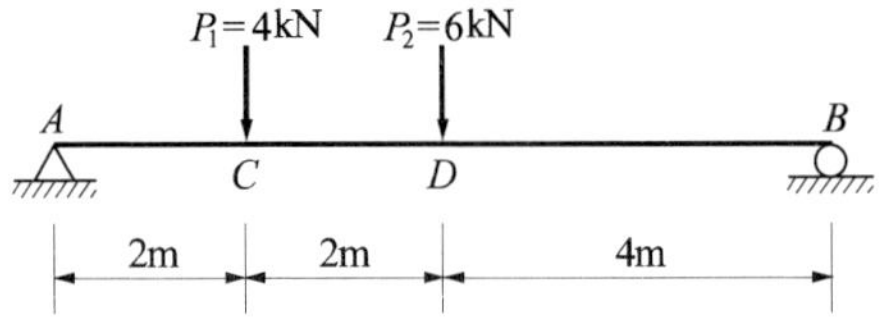

그림 2.65

↳ (1) 반력 R_A의 산정

$$R_A = P_1 y_1 + P_2 y_2 = 4 \times 0.75 + 6 \times 0.5 = 6\ \text{kN}$$

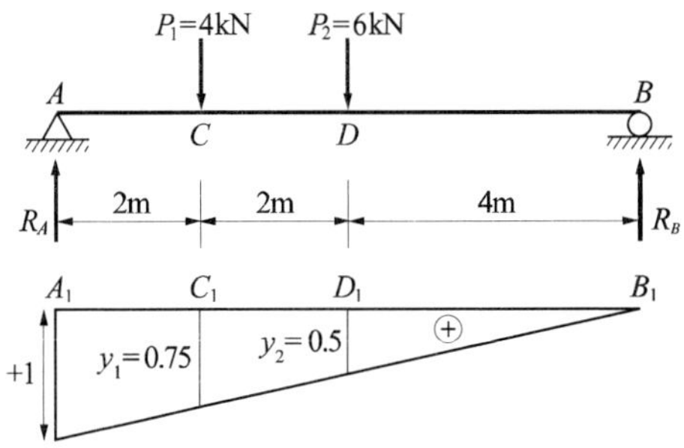

그림 2.66 R_A의 영향선

(2) 반력 R_B의 산정

$$R_B = P_1 y_1' + P_2 y_2' = 4 \times 0.25 + 6 \times 0.5 = 4\ \text{kN}$$

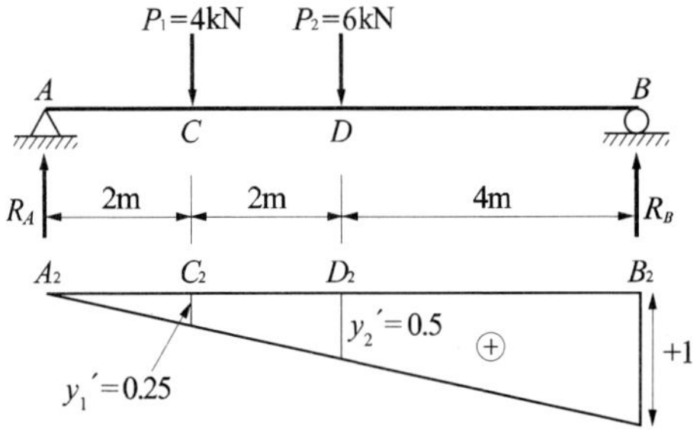

그림 2.67 R_B의 영향선

• y_1 및 y_2

① y_1

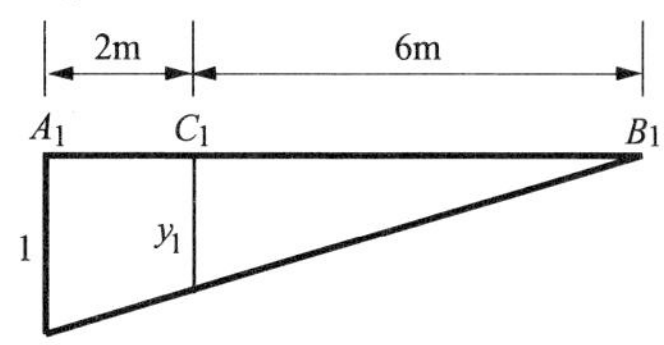

그림 2.68

$$1:8=y_1:6$$

$$y_1=\frac{1\times6}{8}=0.75$$

② y_2

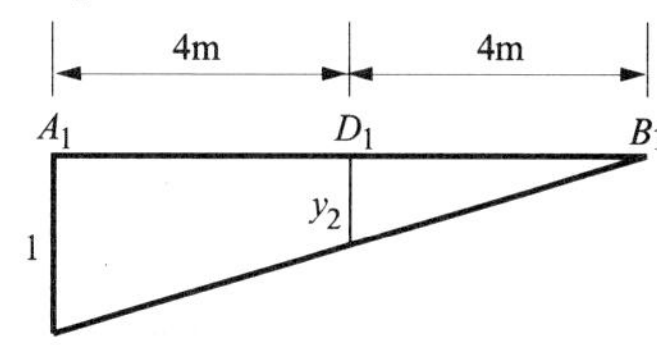

그림 2.69

$$1:8=y_2:4$$

$$y_2=\frac{1\times4}{8}=0.5$$

• y_1' 및 y_2'

① y_1'

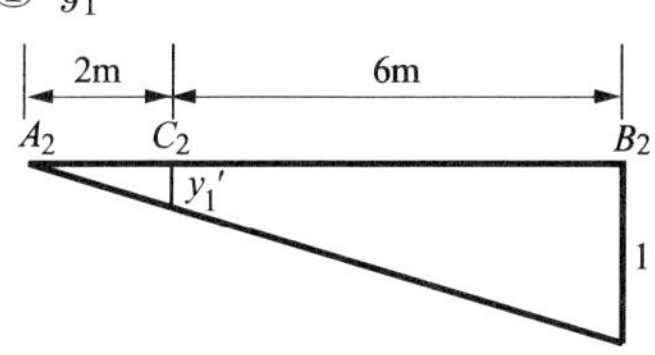

그림 2.70

$$1:8=y_1':2$$

$$y_1'=\frac{1\times2}{8}=0.25$$

② y_2'

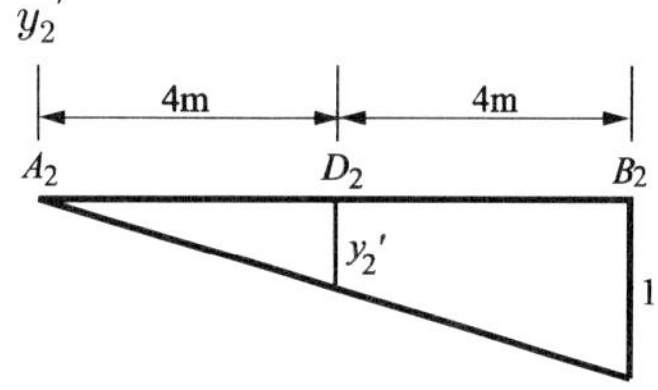

그림 2.71

$$1:8=y_2':4$$

$$y_2'=\frac{1\times4}{8}=0.5$$

$$y_1+y_1'=0.75+0.25=1.0$$

$$y_2+y_2'=0.5+0.5=1.0$$

예제 2.14 다음 그림과 같이 등분포하중이 작용하는 단순보의 반력을 영향선을 이용하여 구하시오.

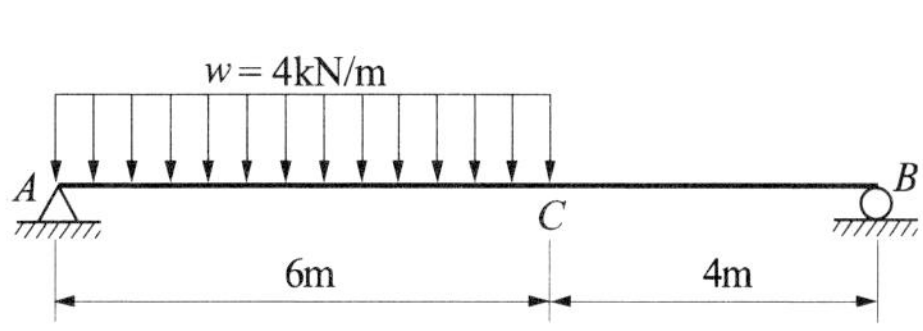

그림 2.72

(1) 반력 R_A, R_B 의 영향선 작도

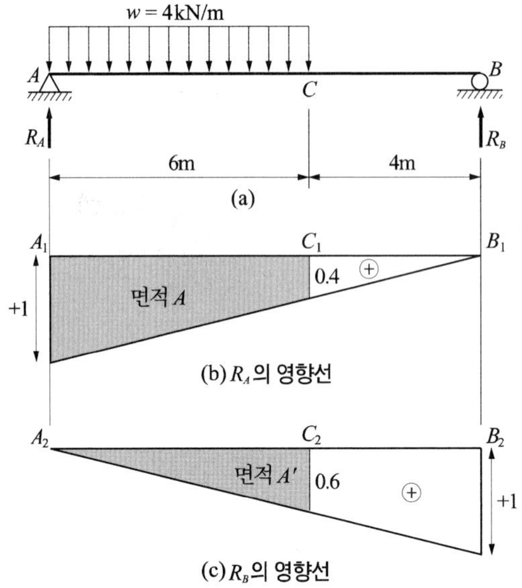

그림 2.73 R_A, R_B의 영향선

(2) 반력 R_A, R_B 의 산정

$$R_A = wA = 4 \times \frac{1}{2} \times 6 \times (1 + 0.4) = 16.8 \text{ kN}$$

$$R_B = wA' = 4 \times \frac{1}{2} \times 6 \times 0.6 = 7.2 \text{ kN}$$

- y_1 및 $y_1{}'$

① y_1

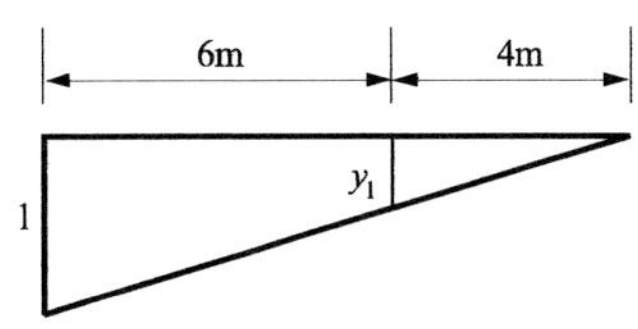

그림 2.74

$1 : 10 = y_1 : 4$

$$y_1 = \frac{1 \times 4}{10} = 0.4$$

② $y_1{}'$

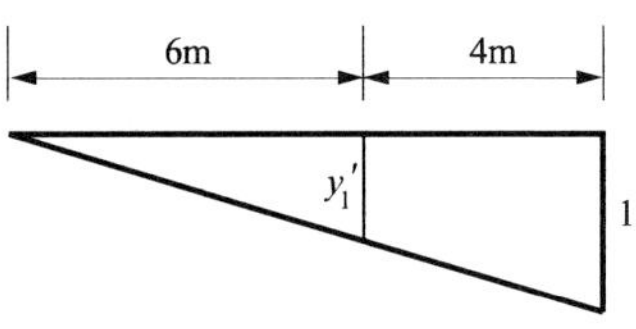

그림 2.75

$$y_1{}' = 1 - y_1 = 0.6$$

2.2.3 전단력의 영향선

(1) 개요

전단력의 영향선은 단위 이동하중$(P=1)$이 단순보 위를 이동할 때 단위 이동하중의 위치변화에 따른 전단력의 크기 변화를 나타낸 선이다.

(2) 전단력의 영향선 작도

① 기선 A_1-B_1을 긋는다.

② A_1에서 기선의 아래로 $+1$ 만큼 취하고 이것을 B_1과 연결한다.

③ B_1에서 기선의 위로 -1 만큼 취하고 이것을 A_1과 연결한다.

④ 전단력을 산정하고자 하는 점 C에서 수직으로 절단한다.

⑤ 두 개의 삼각형 $A_1C_1C_2$와 $B_1C_1C_3$가 생기며, 이들이 점 C의 전단력의 영향선이 된다.

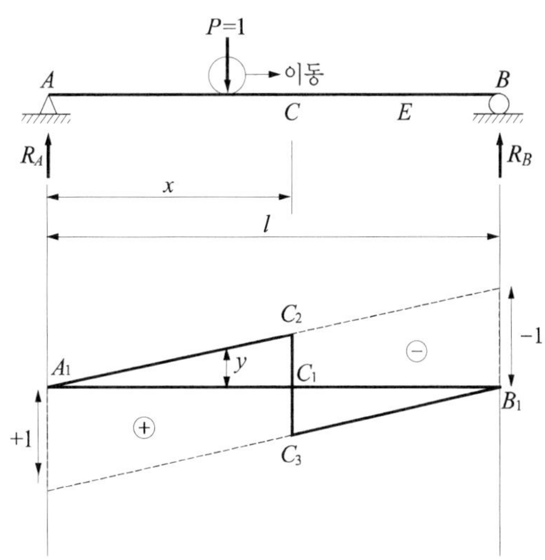

그림 2.76 V_C의 영향선

- 구간 A_1-C_1 : R_B의 영향선을 반대(−)로 한 것이다.
- 구간 C_1-B_1 : R_A의 영향선과 같은 것이다.

(3) 전단력의 산정

① 집중하중의 경우 전단력 산정

$$\text{전단력} = \Sigma(\text{집중하중} \times \text{영향선의 높이}) \quad (2.4)$$

② 등분포하중의 경우 전단력 산정

$$\text{전단력} = \Sigma(\text{등분포하중} \times \text{영향선의 면적}) \quad (2.5)$$

예제 2.15 다음 그림과 같은 집중하중이 작용하는 단순보에서 점 E의 전단력 V_E를 영향선을 이용하여 구하시오.

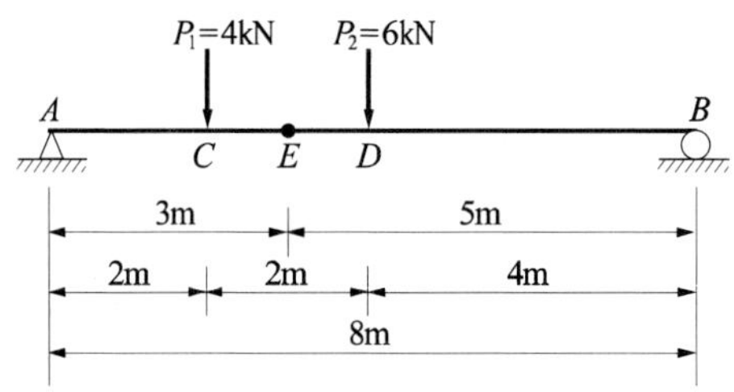

그림 2.77

(1) 전단력 V_E의 영향선

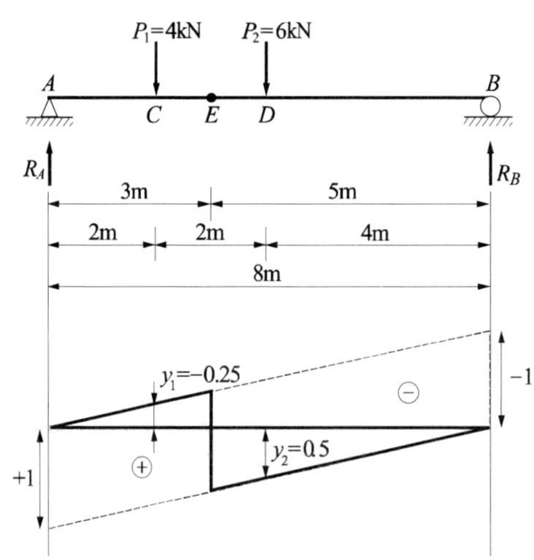

그림 2.78 V_E의 영향선

(2) 전단력 V_E의 산정

$$V_E = \Sigma(\text{집중하중}\times\text{영향선의 높이})$$
$$= 4\times(-0.25)+6\times0.5 = 2\text{ kN}$$

• y_1 및 y_2

① y_1

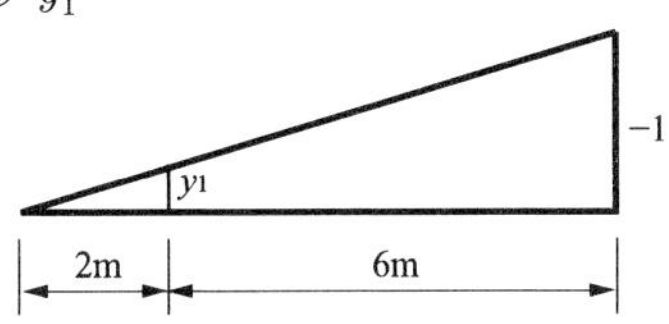

그림 2.79

$$-1:8 = y_1:2$$
$$y_1 = \frac{(-1)\times2}{8} = -0.25$$

② y_2

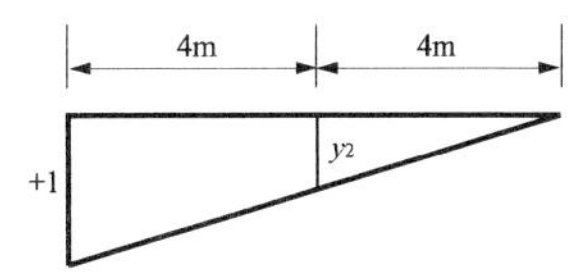

그림 2.80

$$1:8 = y_2:4$$
$$y_2 = \frac{1\times4}{8} = 0.5$$

예제 2.16 다음 그림과 같은 등분포하중이 작용하는 단순보에서 점 D의 전단력 V_D를 영향선을 이용하여 구하시오.

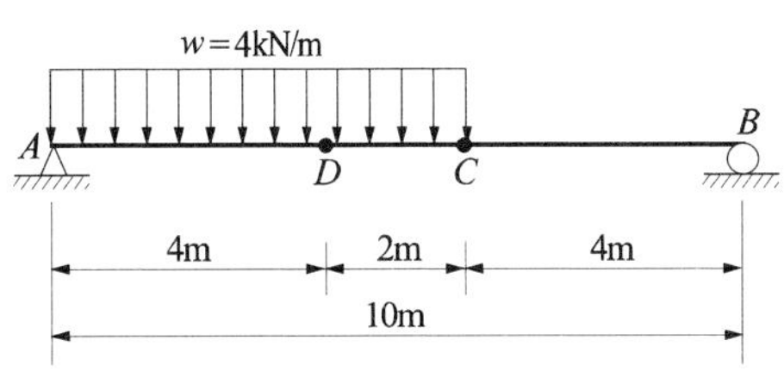

그림 2.81

(1) 전단력 V_D의 영향선

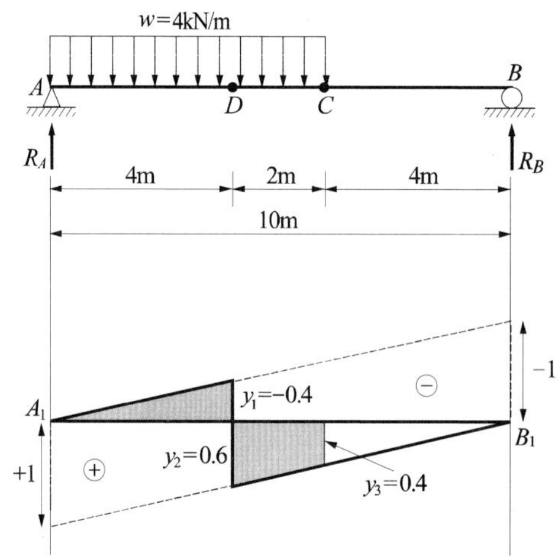

그림 2.82 V_D의 영향선

(2) 전단력 V_D의 산정

$$V_D = \Sigma(\text{등분포하중}\times\text{영향선의 면적})$$

$$= 4\times\frac{1}{2}\times 4\times(-0.4)+4\times\frac{1}{2}\times 2\times(0.6+0.4)=0.8\text{ kN}$$

- $y_1,\ y_2,\ y_3$

① $-1:10=y_1:4$ $\quad y_1=\dfrac{(-1)\times 4}{10}=-0.4$

② $1:10=y_2:6$ $\quad y_2=\dfrac{1\times 6}{10}=0.6$

③ $1:10=y_3:4$ $\quad y_3=\dfrac{1\times 4}{10}=0.4$

2.2.4 휨모멘트의 영향선

(1) 개요

휨모멘트의 영향선은 단위 이동하중 $(P=1)$이 단순보 위를 이동할 때 단위 이동하중의 위치변화에 따른 휨모멘트의 크기 변화를 나타낸 선이다.

(2) 휨모멘트의 영향선 작도

① 기선 $A_1 - B_1$을 긋는다.

② A_1에서 기선의 아래로 a 만큼 취하고 이것을 B_1과 연결한다.

③ B_1에서 기선의 아래로 b 만큼 취하고 이것을 A_1과 연결한다.

④ 휨모멘트를 산정하고자 하는 점 C에서 수직으로 내려 만나는 점을 C_1이라 한다.

⑤ 삼각형 $A_1 C_1 B_1$이 점 C의 휨모멘트의 영향선이 된다.

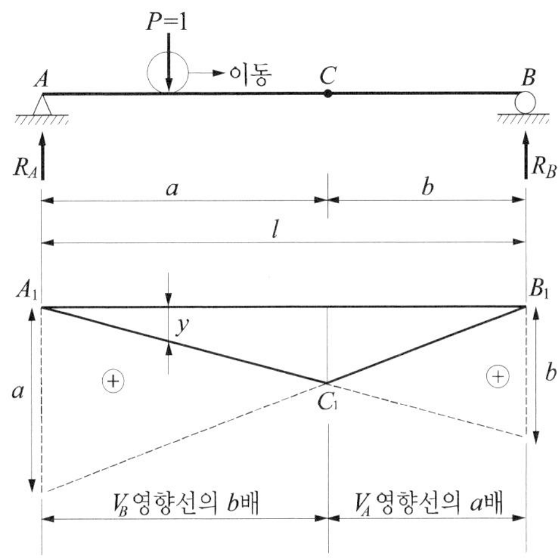

그림 2.83 M_C의 영향선

- 구간 $A_1 - C_1$: R_B의 영향선의 높이를 b배한 것이다.
- 구간 $C_1 - B_1$: R_A의 영향선의 높이를 a배한 것이다.

(3) 휨모멘트의 산정

① 집중하중의 경우 휨모멘트 산정

$$\text{휨모멘트} = \Sigma(\text{집중하중} \times \text{영향선의 높이}) \qquad (2.6)$$

② 등분포하중의 경우 휨모멘트 산정

$$\text{휨모멘트} = \Sigma(\text{등분포하중} \times \text{영향선의 면적}) \qquad (2.7)$$

예제 2.17 다음 그림과 같이 집중하중이 작용하는 단순보에서 점 E의 휨모멘트 M_E를 영향선을 이용하여 구하시오.

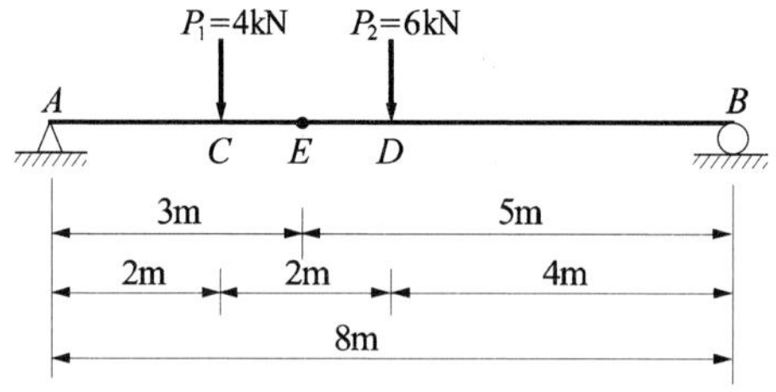

그림 2.84

(1) 휨모멘트 M_E의 영향선

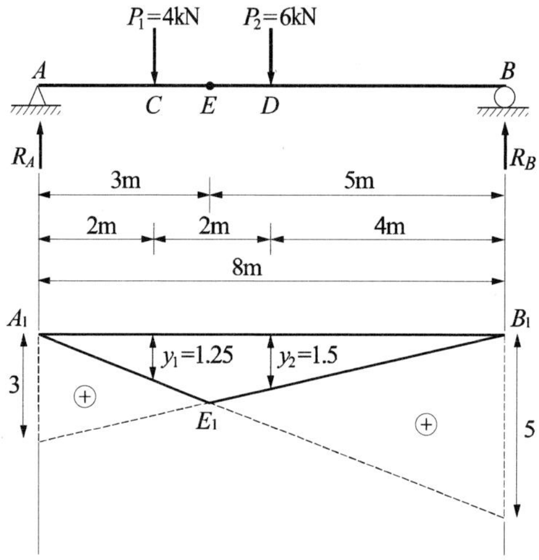

그림 2.85 M_E의 영향선

(2) 휨모멘트 M_E의 산정

$$M_E = \Sigma(\text{집중하중}\times\text{영향선의 높이})$$

$$= 4\times1.25+6\times1.5 = 14\ \text{kN}\cdot\text{m}$$

• y_1 및 y_2

① $5:8=y_1:2 \quad y_1=\dfrac{5\times2}{8}=1.25$

② $3:8=y_2:4 \quad y_2=\dfrac{3\times4}{8}=1.5$

예제 2.18 다음 그림과 같이 등분포하중이 작용하는 단순보에서 점 D의 휨모멘트 M_D를 영향선을 이용하여 구하시오.

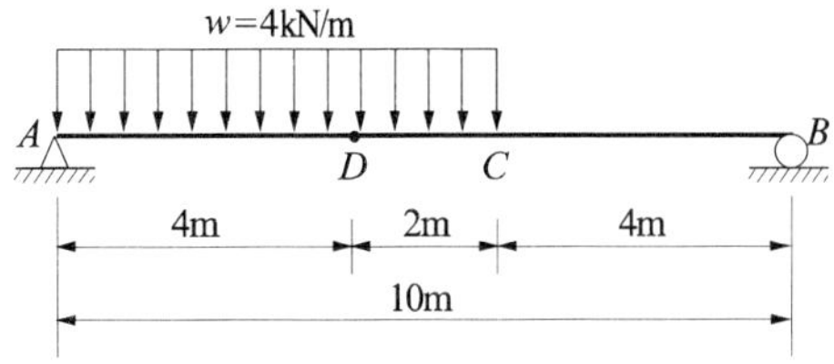

그림 2.86

(1) 휨모멘트 M_D의 영향선

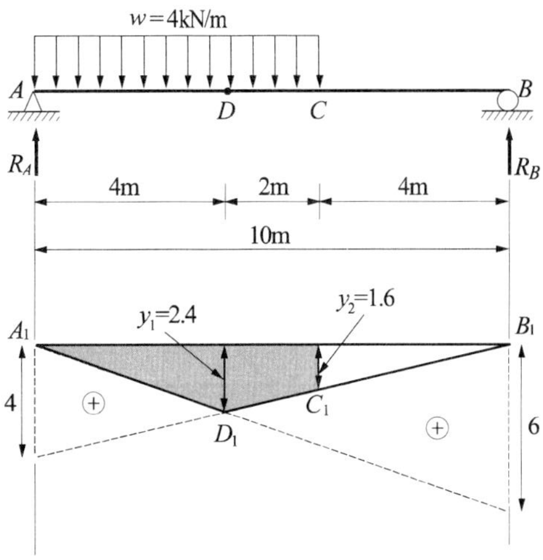

그림 2.87 M_D의 영향선

(2) 휨모멘트 M_D의 산정

$$M_D = \Sigma(\text{등분포하중}\times\text{영향선의 면적})$$
$$= 4\times\frac{1}{2}\times4\times2.4+4\times\frac{1}{2}\times2\times(2.4+1.6)=35.2\ \text{kN}\cdot\text{m}$$

• y_1 및 y_2

① $6:10=y_1:4 \qquad y_1=\frac{4\times6}{10}=2.4$

② $4:10=y_2:4 \qquad y_2=\frac{4\times4}{10}=1.6$

2.2.5 이동하중을 받는 단순보의 영향선

(1) 최대 반력

이동하중이 단순보 위를 지날 때 각 하중이 지점 위에 올 때마다 그 지점의 반력이 극치 (최대 또는 최소)가 되고, 그 중에서 제일 큰 것이 최대 반력이 된다.

(2) 최대 전단력

① 이동하중이 단순보 위를 지날 때 임의 점에서 전단력이 최대가 되는 것을 말한다.
② 각 하중이 그 점을 지날 때 마다 극치가 되고, 그 중에서 절댓값이 가장 큰 것이 그 단면의 최대 전단력이 된다.

(3) 절대 최대 전단력

① 이동하중이 재하 (Loading, 在荷)될 때 보의 전체 구간에서의 전단력 중에 최대 전단력을 절대 최대 전단력이라 한다.
② 단순보의 경우 지점에서 절대 최대 전단력이 발생되고, 그 값은 최대 반력과 같다.

(4) 최대 휨모멘트

① 이동하중이 단순보 위를 지날 때 임의 점에서 휨모멘트가 최대가 되는 것을 말한다.
② 임의 점 (C)에서의 최대 휨모멘트이다.
③ 다양한 하중 조건에 따른 임의 점 (C)에서의 최대 휨모멘트는 다음과 같다.
㉠ 1개의 집중하중이 이동할 경우
이동하중 P가 점 C에 위치할 때의 휨모멘트가 점 C의 최대 휨모멘트이다.

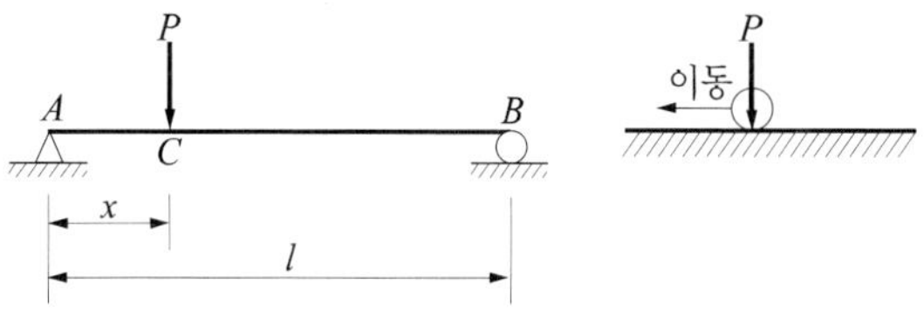

그림 2.88

㉡ 2개의 집중하중이 이동할 경우

이동하중 P_1이 점 C에 위치할 때와 P_2가 점 C에 위치할 때의 휨모멘트 중 큰 것이 점 C의 최대 휨모멘트이다.

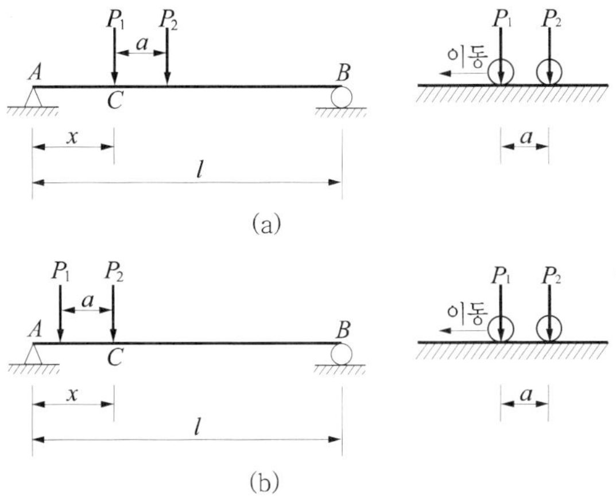

그림 2.89

㉢ 여러 개의 집중하중이 이동할 경우

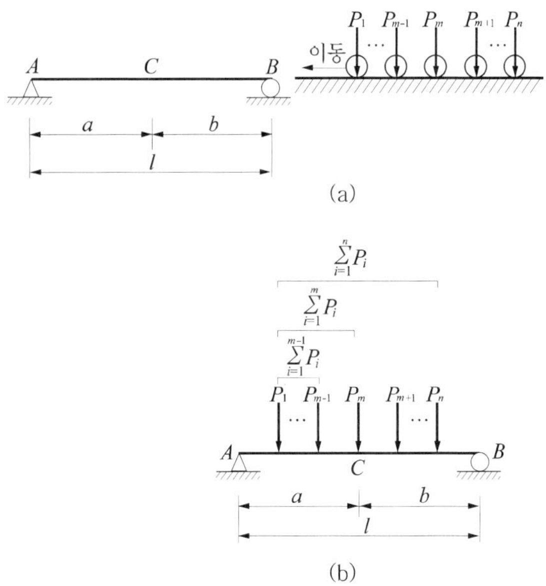

그림 2.90

이동하중 중에서 임의의 하중 P_m이 점 C 위에 있고 다음의 조건식을 만족하는 하중상태 중에서 휨모멘트가 큰 것이 점 C의 최대 휨모멘트이다.

$$\frac{\sum_{i=1}^{m-1} P_i}{a} \leq \frac{\sum_{i=1}^{n} P_i}{l} \leq \frac{\sum_{i=1}^{m} P_i}{a}$$

㉣ 등분포하중이 이동할 경우

등분포의 이동하중이 다음 조건식을 만족하는 경우 휨모멘트가 점 C의 최대 휨모멘트가 된다.

$\dfrac{R_1}{a} = \dfrac{R_2}{b} = \dfrac{R}{l}$ 즉, $\dfrac{wa'}{a} = \dfrac{wb'}{b} = \dfrac{wd}{l}$

$\therefore\ a' = \dfrac{d}{l}a$

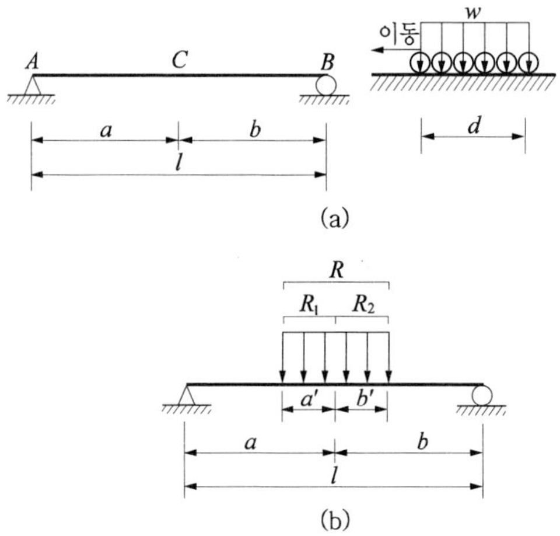

그림 2.91

(5) 절대 최대 휨모멘트

① 이동하중이 재하될 때 보의 전체 구간에서의 휨모멘트 중에서 최대 휨모멘트를 절대 최대 휨모멘트라 한다.

② 이동하중이 단순보 위를 지날 때 보에 작용하는 전 하중의 합력(R)의 작용점과 그와 가장 가까운 하중(또는 그 부근의 큰 하중)과의 사이가 보의 지간 중앙에 의해서 2등분 될 때 그 하중 바로 옆의 하중점에서 절대 최대 휨모멘트가 발생된다.

③ 절대 최대 휨모멘트의 산정방법은 절대 최대 휨모멘트가 발생되는 조건에 대해 반력을 산정한 후 절대 최대 휨모멘트를 산정하거나, 반력의 산정 없이 영향선으로부터 직접 절대 최대 휨모멘트를 산정할 수 있다.

예제 2.19 다음 그림과 같이 이동하중이 보 위를 이동할 때 지점 A의 최대 반력을 구하시오.

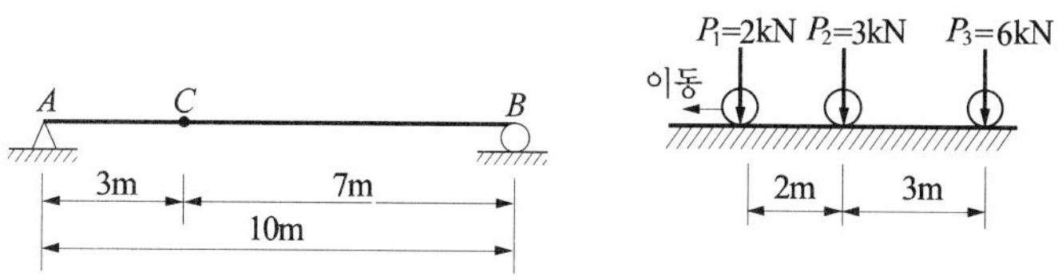

그림 2.92

(1) ① 조건 : P_1이 지점 A에 있을 경우

② 영향선 :

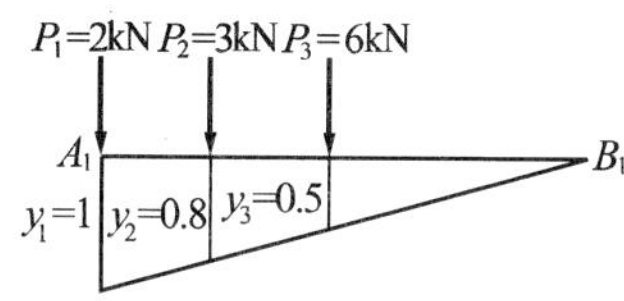

그림 2.93

③ 지점 A의 반력 R_A : $R_A = 2\times1+3\times0.8+6\times0.5=7.4$ kN

- P_1이 지점 A에 있을 경우 y_1, y_2, y_3

① $y_1 = 1.0$ ② $y_2 = \dfrac{1\times8}{10} = 0.8$ ③ $y_3 = \dfrac{1\times5}{10} = 0.5$

(2) ① 조건 : P_2가 지점 A에 있을 경우

② 영향선 :

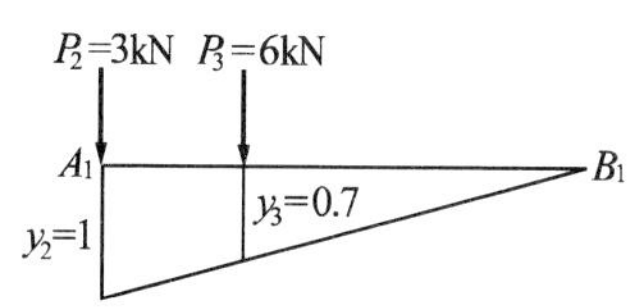

그림 2.94

③ 지점 A의 반력 R_A : $R_A = 3\times1+6\times0.7=7.2$ kN

- P_2가 지점 A에 있을 경우 y_2, y_3

① $y_2 = 1.0$ ② $y_3 = \dfrac{1\times7}{10} = 0.7$

(3) ① 조건 : P_3가 지점 A에 있을 경우

② 영향선 :

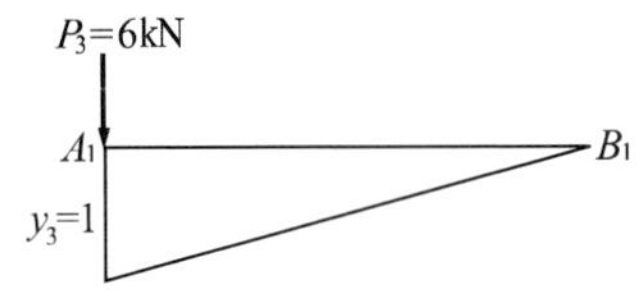

그림 2.95

③ 지점 A의 반력 R_A : $R_A = 6 \times 1 = 6.0$ kN

(4) 지점 A의 최대 반력

이동하중 P_1, P_2, P_3가 각각 지점 A에 있을 경우 지점 A의 반력은 7.4 kN, 7.2 kN, 6.0 kN이고, 이 이동하중에 대한 최대 반력은 이들 중 제일 큰 값인 P_1이 지점 A에 있을 경우 최대 반력 $R_{A,\,\max} = 7.4$ kN이 발생된다.

예제 2.20 다음 그림과 같이 이동하중이 보 위를 이동할 때 점 C의 최대 전단력을 구하시오.

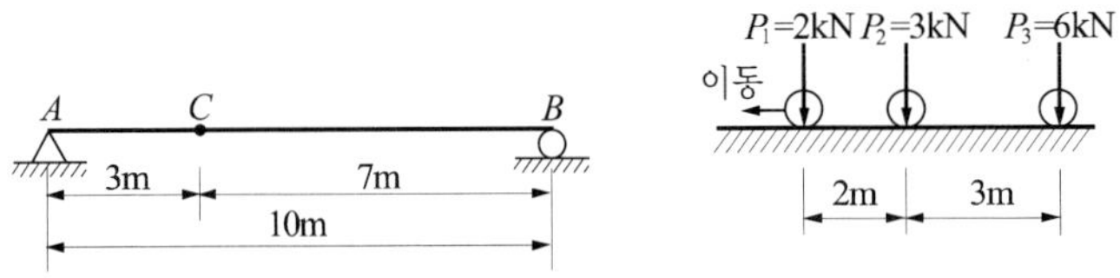

그림 2.96

↳

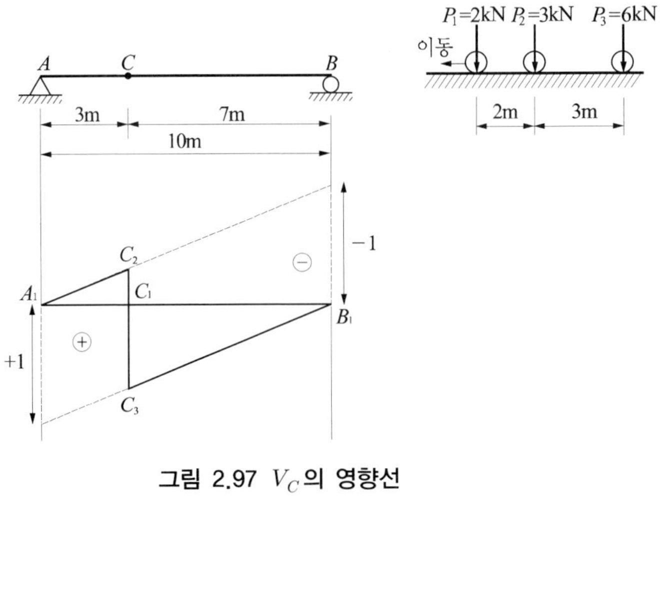

그림 2.97 V_C의 영향선

(1) ① 조건 : P_1이 점 C에 있을 경우

② 영향선

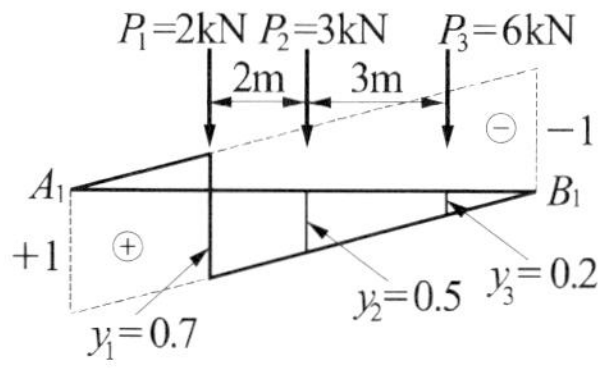

그림 2.98

③ 점 C의 전단력 V_C

$V_C = 2 \times 0.7 + 3 \times 0.5 + 6 \times 0.2 = 4.1\text{ kN}$

(2) ① 조건 : P_2가 점 C에 있을 경우

② 영향선

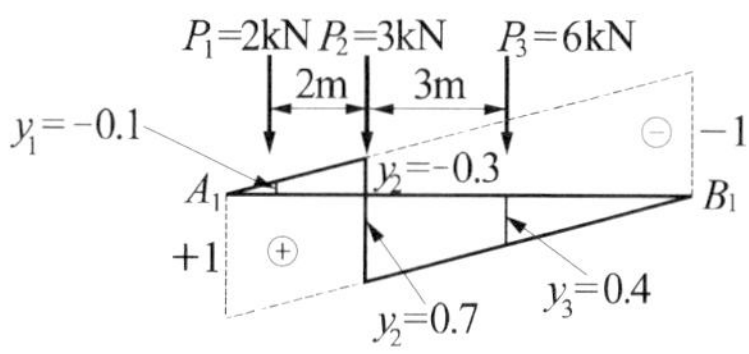

그림 2.99

③ 점 C의 전단력 V_C

$V_C = 2 \times (-0.1) + 3 \times (-0.3) + 6 \times 0.4 = 1.3\text{ kN}$

$V_C = 2 \times (-0.1) + 3 \times 0.7 + 6 \times 0.4 = 4.3\text{ kN}$

(3) ① 조건 : P_3가 점 C에 있을 경우

② 영향선

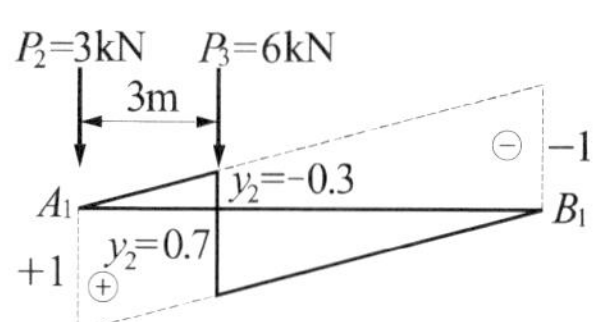

그림 2.100

③ 점 C의 전단력 V_C

$V_C = 6 \times (-0.3) = -1.8\text{ kN}$

$V_C = 6 \times 0.7 = 4.2\text{ kN}$

(4) 점 C의 최대 전단력

이동하중 P_1, P_2, P_3가 각각 점 C에 있을 경우 점 C의 전단력은 4.1 kN, 1.3

kN, 4.3 kN, −1.8 kN, 4.2 kN이고, 이 이동하중에 대한 최대 전단력은 이들 중 절댓값이 가장 큰 P_2가 점 C 위에 있을 경우, 최대 전단력 $V_{C,\,\max}=4.3$ kN 이 발생한다.

예제 2.21 다음 그림과 같이 이동하중이 보 위를 이동할 때 점 C의 최대 전단력을 구하시오.

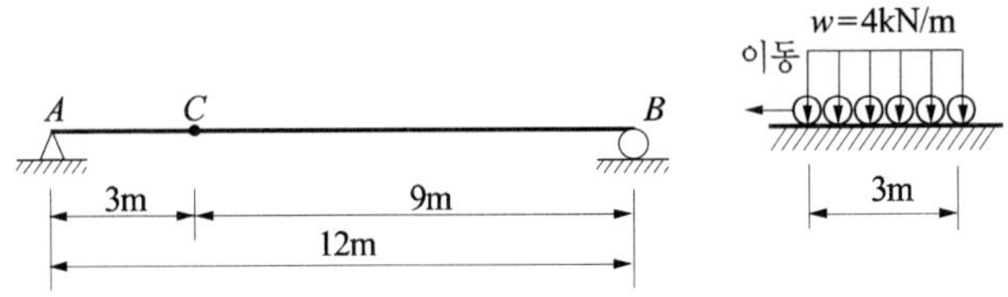

그림 2.101

↳

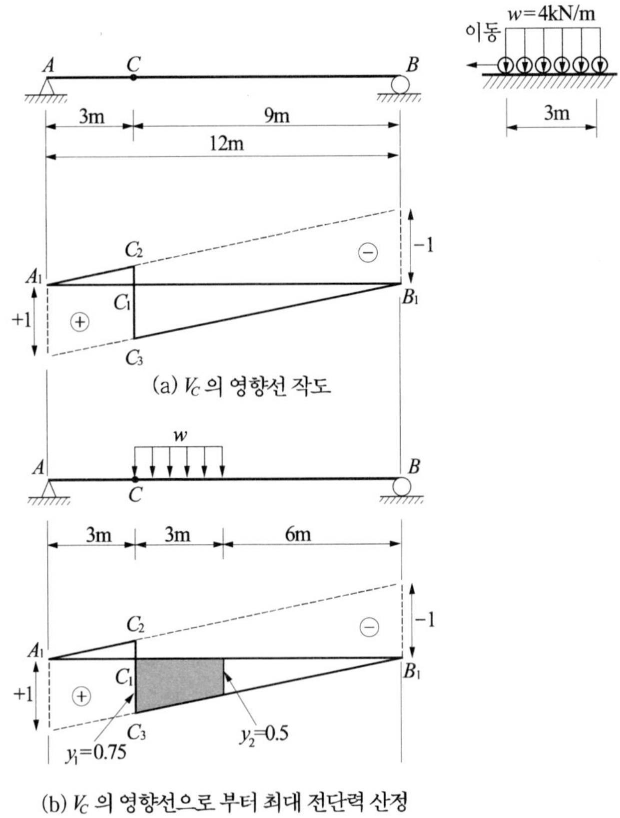

그림 2.102 V_C의 영향선

전단력은 등분포하중과 등분포하중이 작용하는 부분의 영향선의 면적의 곱이므로 이동하중의 왼쪽부분이 점 C점에 왔을 때의 사다리꼴면적이 삼각형 $A_1C_1C_2$의 면적보다 크게 됨을 알 수 있다. 따라서 이동하중에 대한 점 C의 최대 전단력은 다음과 같다.

$$\therefore\ V_{C,\max} = 4 \times \frac{1}{2} \times 3 \times (0.75 + 0.5) = 7.5\ \text{kN}$$

예제 2.22 다음 그림과 같이 집중하중이 단순보 위를 지나갈 때 절대 최대 전단력을 구하시오.

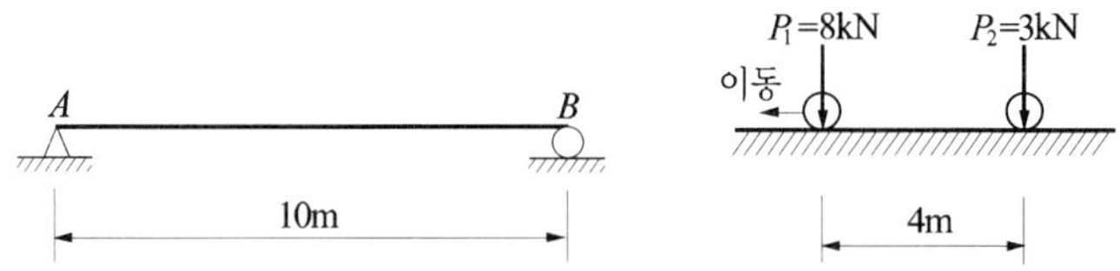

그림 2.103

↳

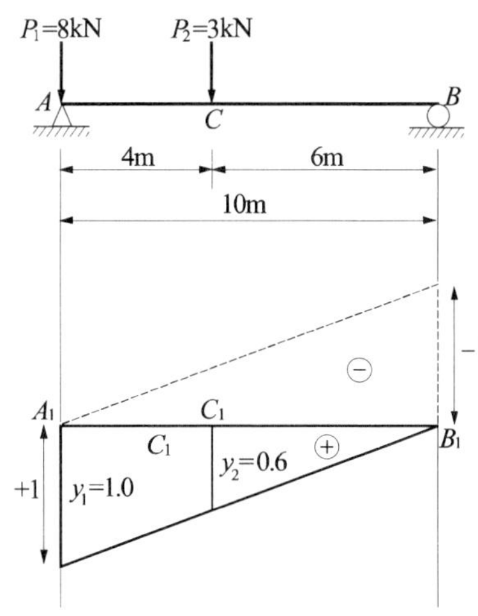

그림 2.104 R_A의 영향선

• y_2

$$1:10 = y_2:6 \qquad y_2 = \frac{1\times 6}{10} = 0.6$$

2개의 이동하중이 작용하는 경우는 큰 하중이 지점 위에 있을 때 절대 최대 전단력이 발생되고 그 값은 최대 반력과 같다. 따라서 이동하중에 대한 절대 최대 전단력은 다음과 같다.

$\therefore\ V_{AB,\max} = 8\times 1 + 3\times 0.6 = 9.8\ \text{kN}$

예제 23. 다음 그림과 같이 이동하중이 보 위를 이동할 때 점 C의 최대 휨모멘트를 구하시오.

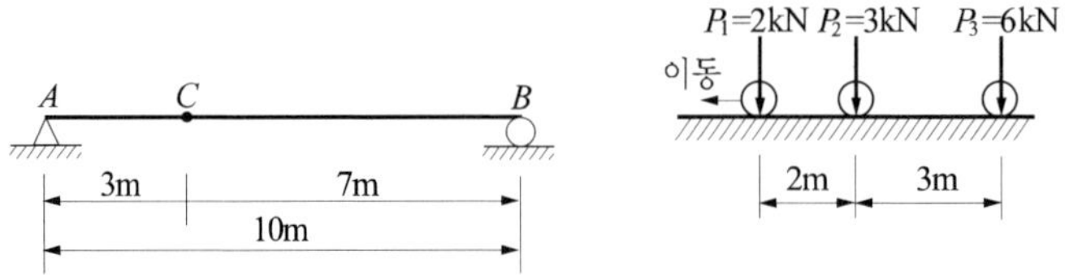

그림 2.105

↳

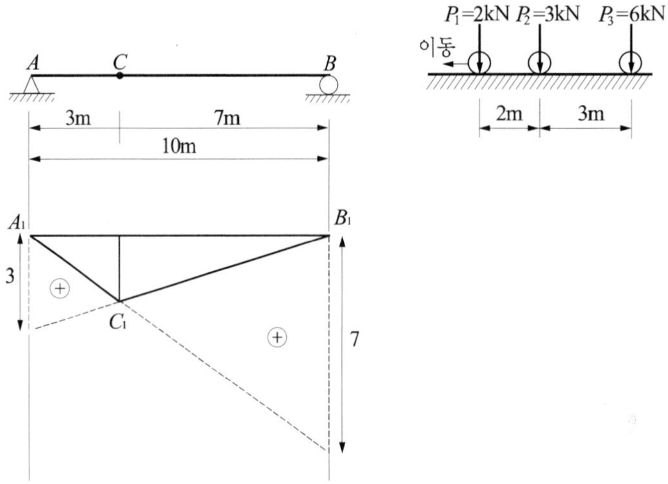

그림 2.106 M_C의 영향선

$$\frac{\sum_{i=1}^{m-1} P_i}{a} \le \frac{\sum_{i=1}^{n} P_i}{l} \le \frac{\sum_{i=1}^{m} P_i}{a}$$ 의 조건식에 따라 아래와 같이 검토한다.

(1) ① 조건 : P_1이 점 C에 있을 경우

② 조건식 : $\frac{0}{3} \le \frac{2+3+6}{10} \le \frac{2}{3}$

$$\frac{0}{33} \le \frac{33}{30} \le \frac{20}{30} \qquad \text{NG}$$

(2) ① 조건 : P_2가 점 C에 있을 경우

② 조건식 : $\frac{2}{3} \le \frac{2+3+6}{10} \le \frac{2+3}{3}$

$\frac{20}{30} \le \frac{33}{30} \le \frac{50}{30}$ OK

③ 영향선 :

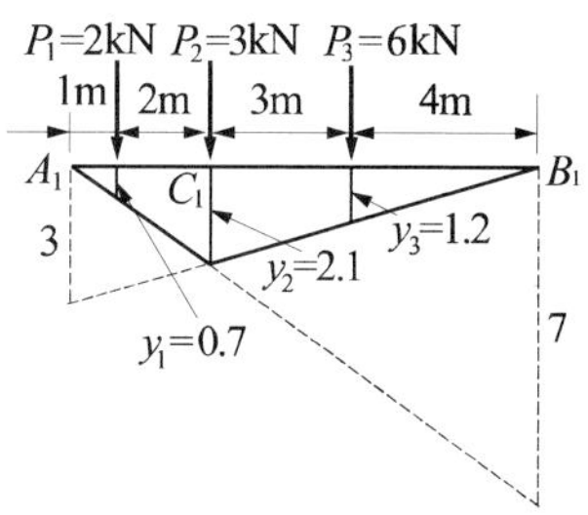

그림 2.107

④ 점 C의 휨모멘트 M_C : $M_C = 2\times0.7+3\times2.1+6\times1.2 = 14.9$ kN · m

- y_1, y_2, y_3

① 7 : 10=y_1 : 1 $y_1 = \frac{7\times1}{10} = 0.7$

② 7 : 10=y_2 : 3 $y_2 = \frac{7\times3}{10} = 2.1$

③ 3 : 10=y_3 : 4 $y_3 = \frac{3\times4}{10} = 1.2$

(3) ① 조건 : P_3가 점 C에 있을 경우

② 조건식 : $\frac{2+3}{3} \le \frac{2+3+6}{10} \le \frac{2+3+6}{3}$

$\frac{50}{30} \le \frac{33}{30} \le \frac{110}{30}$ NG

(4) 점 C의 최대 휨모멘트

이동하중 중에서 점 C에 최대 휨모멘트를 발생시키는 조건식은 하중 P_2가 점 C에 있을 경우뿐이므로 점 C의 최대 휨모멘트는 $M_{C,\,max} = 14.9$ kN · m이다.

예제 2.24 다음 그림과 같이 이동하중이 보 위를 이동할 때 점 C의 최대 휨모멘트를 구하시오.

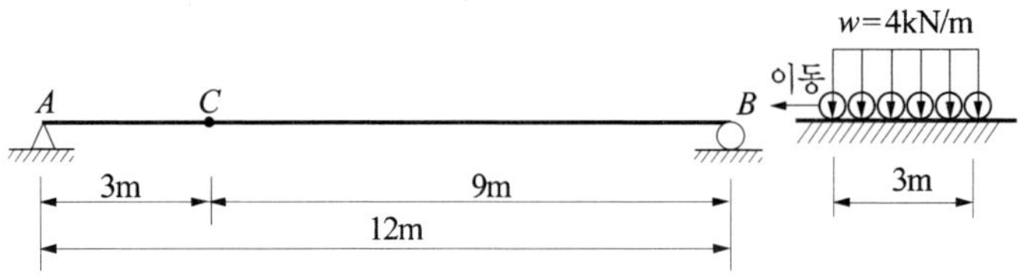

그림 2.108

↳

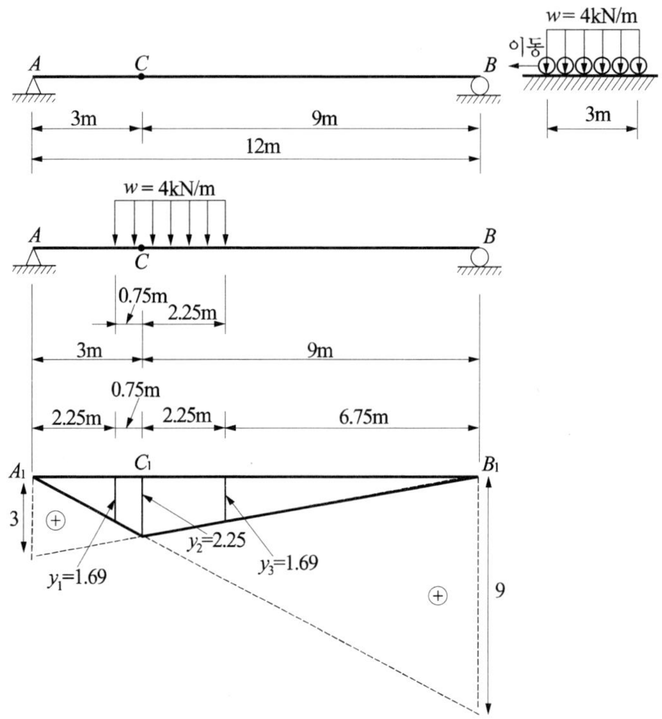

그림 2.109 M_C의 영향선

등분포하중이 이동할 경우, 점 C의 최대 휨모멘트가 발생될 조건식은 다음과 같다.

$$a' = \frac{d}{l}a = \frac{3}{12} \times 3 = 0.75\ \text{m}$$

등분포의 이동하중이 점 C로부터 0.75 m 지난 경우, 점 C의 최대 휨모멘트가 발생된다.

$$\therefore\ M_{C,\max} = 4 \times \frac{1}{2} \times 0.75 \times (1.69 + 2.25) + 4 \times \frac{1}{2} \times 2.25 \times (2.25 + 1.69)$$
$$= 23.64\ \text{kN} \cdot \text{m}$$

• y_1, y_2, y_3

① $9:12=y_1:2.25$ $\quad y_1=\dfrac{9\times 2.25}{12}=1.69$

② $9:12=y_2:3$ $\quad y_2=\dfrac{9\times 3}{12}=2.25$

③ $3:12=y_3:6.75$ $\quad y_3=\dfrac{3\times 6.75}{12}=1.69$

예제 2.25 다음 그림과 같이 이동하중이 보 위를 이동할 때 단순보에서 발생되는 절대 최대 휨모멘트를 구하시오.

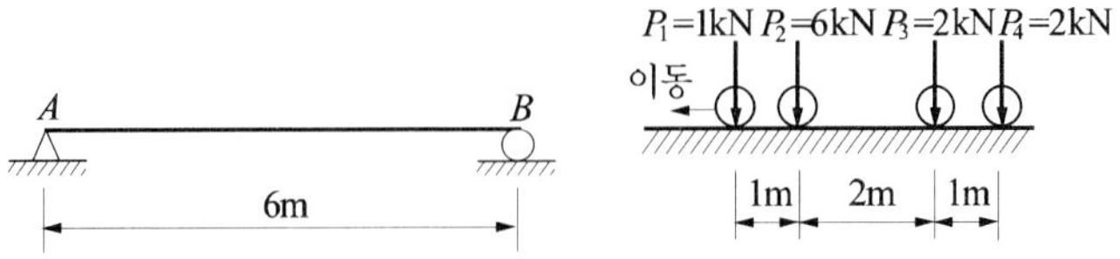

그림 2.110

(1) 이동하중의 합력 크기와 작용점

① 합력의 크기 : $R=1+6+2+2=11$ kN

② 합력의 작용점 : 바리뇽의 정리를 이용하여 하중 P_4를 기준으로 합력 R까지의 거리 x m를 구하면 다음과 같다.

$11x=1\times4+6\times3+2\times1$

$\therefore x=2.18$ m

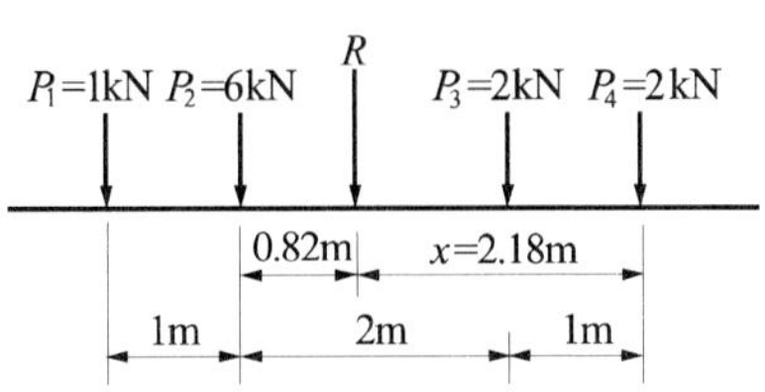

그림 2.111

(2) 단순보에서 절대 최대 휨모멘트가 발생될 경우, 합력에 대한 반력 산정

① 합력 $R=11$ kN 의 작용점과 인접한 하중은 $P_2=6$ kN 과 $P_3=2$ kN 이며,

P_2의 경우 합력과 가장 가깝고 P_3보다 크므로 합력(R)의 작용점과 P_2와의 사이가 보의 지간 중앙에 의해서 2등분 될 때, P_2의 작용점에서 절대 최대 휨모멘트가 발생된다.

② 절대 최대 휨모멘트가 발생될 경우, 합력 R의 작용점과 P_2와의 사이의 거리 0.82 m가 보의 지간 중앙에 의해 2등분 되며, 이 때 지점 A의 반력 R_A를 산정하면 다음과 같다.

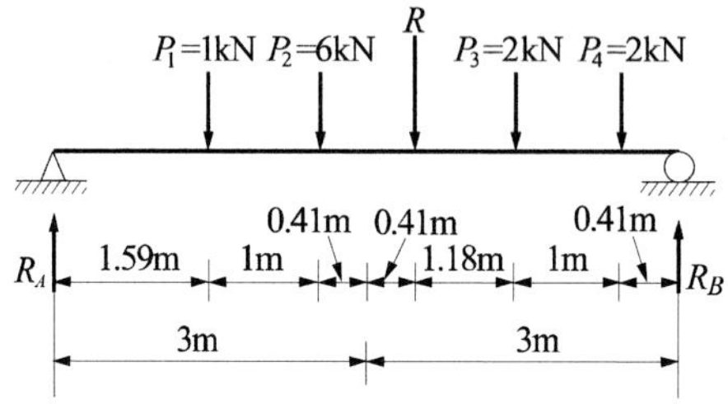

그림 2.112

$\Sigma M = 0\ (+;\frown) : \Sigma M_B = R_A \times 6 - 11 \times 2.59 = 0 \qquad \therefore R_A = 4.75\ \text{kN}$

(3) 절대 최대 휨모멘트

P_2의 작용점에서 절대 최대 휨모멘트가 발생된다.

$M_{AB,\max} = 4.75 \times 2.59 - 1 \times 1 = 11.30\ \text{kN} \cdot \text{m}$

2.3 라멘의 해석

2.3.1 라멘의 정의

(1) 라멘(Rahmen)은 일반적으로 각각의 부재가 강절점(Rigid Joint, 剛節點)으로 연결되어 있는 구조물을 말한다.

(2) 구조물이 강절점으로 접합되었다는 것은 구조물이 외력을 받아 변형되더라도 절점의 부재들이 이루는 각도는 변함이 없는 것을 말한다.

(3) 강절점과 힌지절점이 혼용되어 연결되어있는 구조물은 합성라멘이라고 한다(3회 전단형 라멘 등이 있다).

2.3.2 정정라멘의 종류

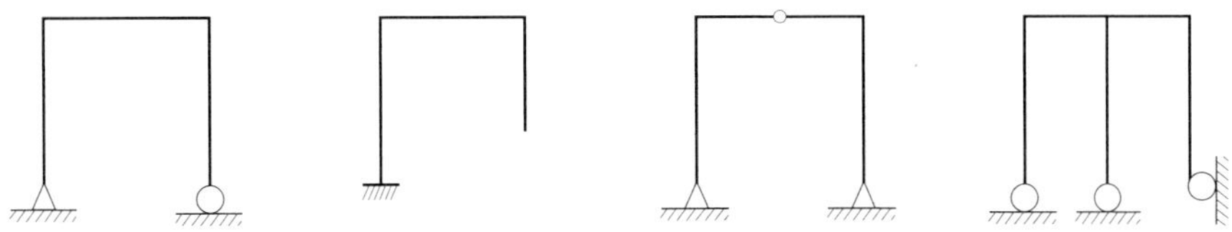

(a) 단순보형 라멘 (b) 캔틸레버형 라멘 (c) 3회전단형 라멘 (d) 3이동단형 라멘

그림 2.113 정정라멘의 종류와 구조형태

2.3.3 정정라멘의 해석법

(1) 정정라멘의 경우 힘의 평형방정식으로부터 반력과 단면력을 구할 수 있다.

(2) 힘의 평형방정식은 $\Sigma X=0$, $\Sigma Y=0$, $\Sigma M=0$이다.

(3) 3회전단형 라멘의 경우 중간에 위치한 힌지의 양쪽 부분 각각에 $\Sigma M=0$의 평형조건을 이용하여 반력과 단면력을 구할 수 있다.

(4) 3회전단형 라멘의 경우 수평외력이 작용하지 않아도 지점에 수평반력이 발생될 수 있다.

(5) 캔틸레버형 라멘의 경우 자유단으로부터 단면력을 산정하면 간단하고 반력을 구할 필요가 없다.

2.3.4 라멘의 단면력

(1) 라멘의 단면력은 축방향력, 전단력, 휨모멘트가 있다.

① 축방향력 (Axial Force)

표 2.12 축방향력의 부호규약

부호규약	비 고
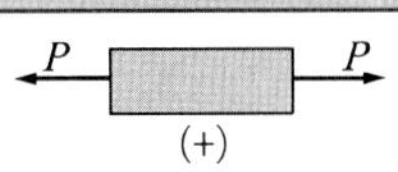	부재가 인장을 받는 경우
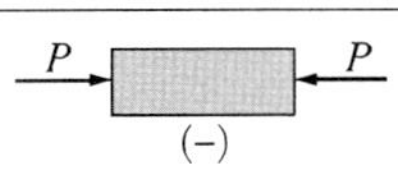	부재가 압축을 받는 경우

② 전단력 (Shear Force)

표 2.13 전단력의 부호규약

부호규약	비 고
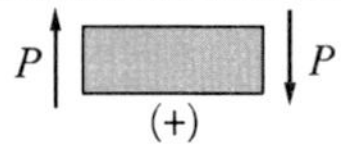 (+)	왼쪽의 전단력 성분이 위로 향하는 경우
 (–)	왼쪽의 전단력 성분이 아래로 향하는 경우

③ 휨모멘트 (Bending Moment)

표 2.14 휨모멘트의 부호규약

부호규약	비 고
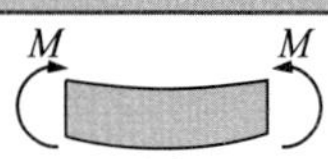 (+)	① 왼쪽의 휨모멘트 성분이 시계방향인 경우 ② 또는 부재가 아래로 휘는 경우
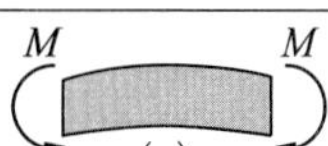 (–)	① 왼쪽의 휨모멘트 성분이 반시계방향인 경우 ② 또는 부재가 위로 휘는 경우

(2) 라멘에서 단면력에 대한 부호규약은 라멘의 안쪽에서 바깥쪽을 향하여 보고, 보의 경우와 같은 부호규약을 따른다.

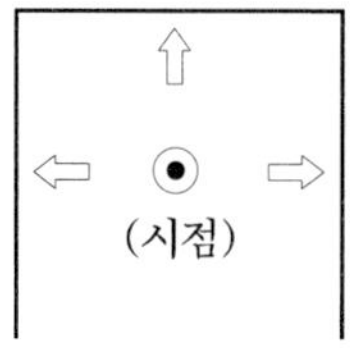

그림 2.114 각 부재별 단면력을 구할 때 바라보는 방향 (◉는 시점을 나타낸다)

2.3.5 라멘의 단면력도

표 2.15 라멘의 단면력도와 부호규약

AFD (축방향력도)	SFD (전단력도)	BMD (휨모멘트도)
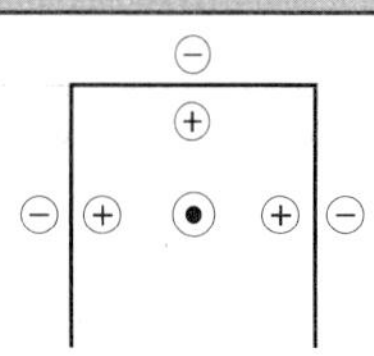	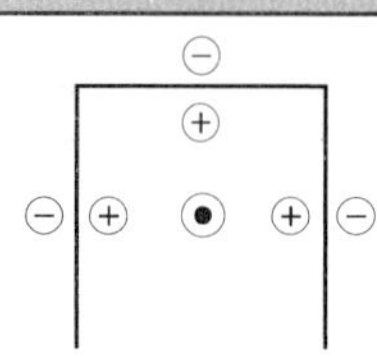	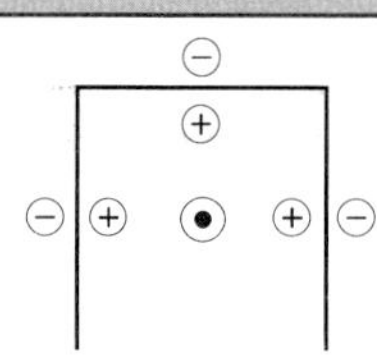

예제 2.26 다음 그림과 같은 단순보형 라멘의 반력을 구하고 단면력도를 작성하시오.

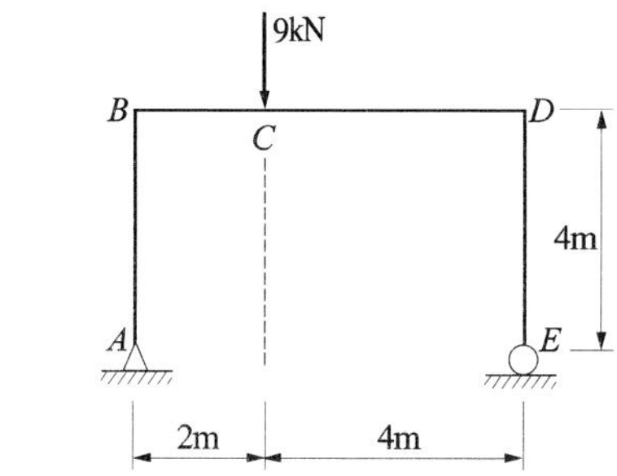

그림 2.115

↳ (1) 반력 산정 (힘의 평형방정식으로부터 반력 산정)

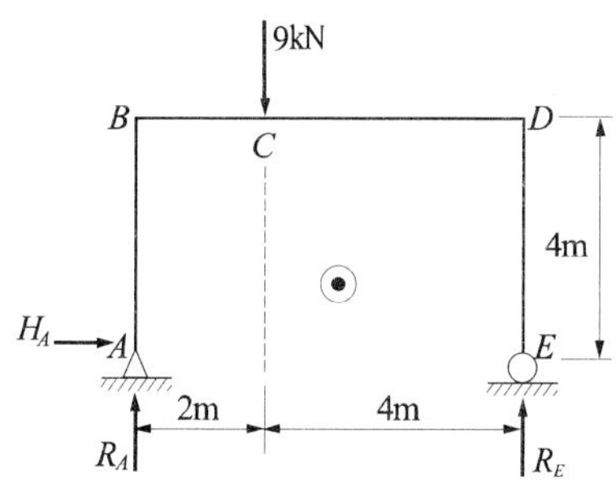

그림 2.116

① $\Sigma M = 0\ (+;\ \curvearrowright)\ :\ \Sigma M_A = 9 \times 2 - R_E \times 6 = 0$ $\quad\therefore\ R_E = 3\ \text{kN}$

② $\Sigma Y = 0\ (+;\uparrow)\ :\ \Sigma Y = R_A - 9 + R_E = 0$ $\quad\therefore\ R_A = 6\ \text{kN}$

③ $\Sigma X = 0\ (+;\rightarrow)\ :\ \Sigma X = H_A = 0$ $\quad\therefore\ H_A = 0\ \text{kN}$

(2) 단면력 산정

표 2.16 구간에 따른 단면력

구간	축방향력 (kN)	전단력 (kN)	휨모멘트 (kN · m)
A−B	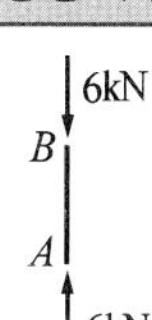	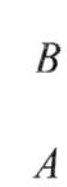	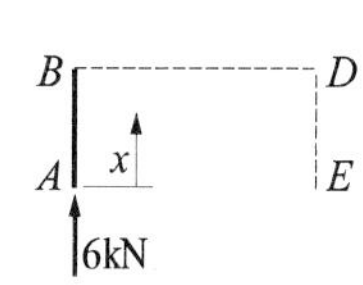
	−6	0	0

B－C		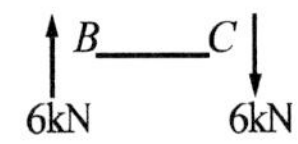	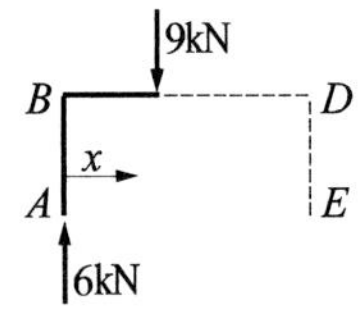
	0	6	$6 \times x = 6x$
C－D		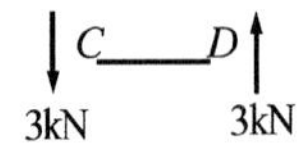	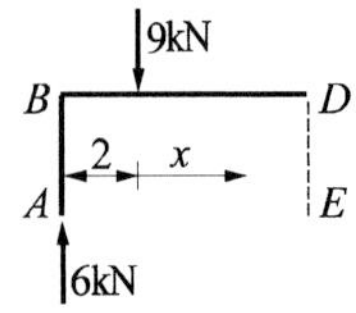
	0	−3	$6 \times (2+x) - 9 \times x = 12 - 3x$
D－E			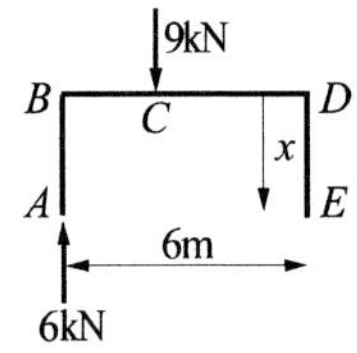
	−3	0	$6 \times 6 - 9 \times 4 = 0$

• 축방향력

수직부재의 축방향력을 산정함에 있어 점 C에 작용하는 9 kN은 부재 A–B에 6 kN, 부재 D–E에 3 kN으로 나누어 축방향력으로 작용하게 된다.

• 전단력

수평부재의 전단력은 지점 A에 작용하는 반력 R_A가 부재에 전달되어 부재 B–C의 전단력으로 작용하게 된다. 아울러 점 C의 외력 9 kN은 부재 B–C에서 점 C에 6 kN, 부재 C–D에서 점 C에 3 kN으로 나누어 작용하게 된다.

• 휨모멘트

단면력을 산정할 때 라멘의 안쪽에서 바깥쪽을 바라보며 보와 같은 부호규약을 따른다. 즉, 부재 A–B는 A가 왼쪽, 부재 B–C는 B가 왼쪽, 부재 C–D는 C가 왼쪽, D–E부재는 D가 왼쪽이 된다.

(3) 단면력도 작성

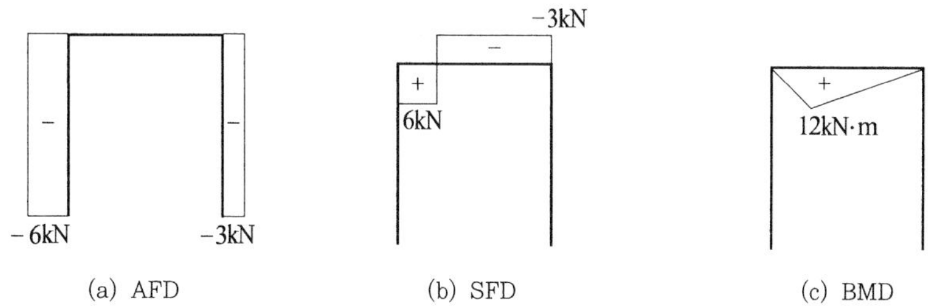

그림 2.117

예제 2.27 다음 그림과 같은 단순보형 라멘의 반력을 구하고 단면력도를 작성하시오.

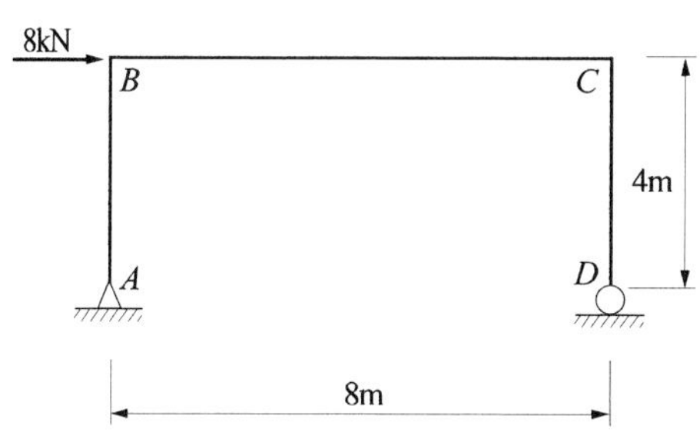

그림 2.118

(1) 반력 산정 (힘의 평형방정식으로부터 반력 산정)

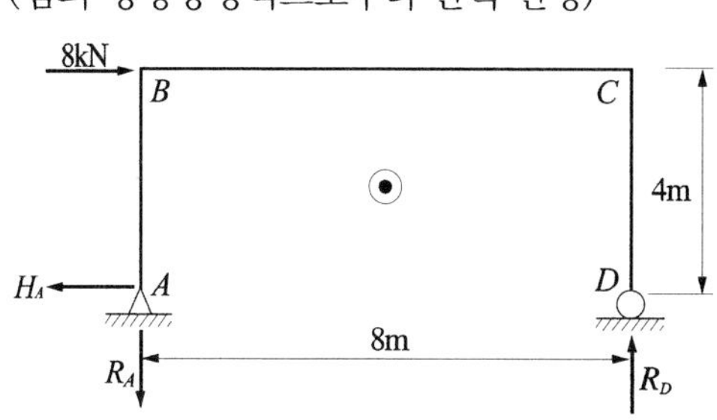

그림 2.119

① $\Sigma M = 0\ (+;\curvearrowright)$: $\Sigma M_A = 8\times4 - R_D\times8 = 0$ $\quad\therefore R_D = 4\text{ kN}$

② $\Sigma Y = 0\ (+;\uparrow)$: $\Sigma Y = -R_A + R_D = 0$ $\quad\therefore R_A = 4\text{ kN}$

③ $\Sigma X = 0\ (+;\rightarrow)$: $\Sigma X = 8 - H_A = 0$ $\quad\therefore H_A = 8\text{ kN}$

(2) 단면력 산정

표 2.17 구간에 따른 단면력

구간	축방향력(kN)	전단력(kN)	휨모멘트(kN · m)
A−B			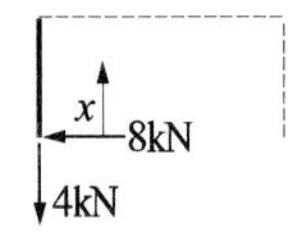
	4	8	$8\times x=8x$
B−C	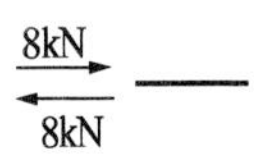		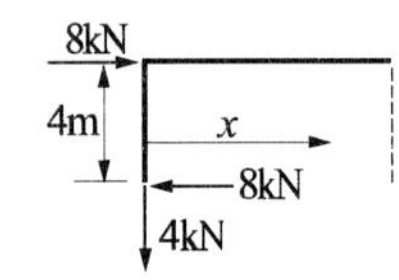
	0	−4	$8\times 4-4\times x=-4x+32$
C−D			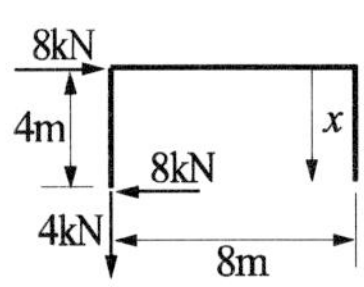
	−4	0	$8\times(4-x)+8\times x-4\times 8$ $=8\times 4-8x+8x$ $-4\times 8=0$

- 축방향력
  수평부재 B-C의 축방향력 산정시 점 B을 중심으로 왼쪽의 모든 수평분력들(반력 및 하중)의 합이 영(0)이므로 부재 B-C의 축방향력은 영(0)이 된다.
- 전단력
  수평부재 B-C의 전단력 산정시 점 B의 전단력 성분으로 작용하는 하중은 점 B를 중심으로 왼쪽의 모든 수직분력들(반력 및 하중)의 합이므로, 반력 R_A와 같다.

(3) 단면력도 작성

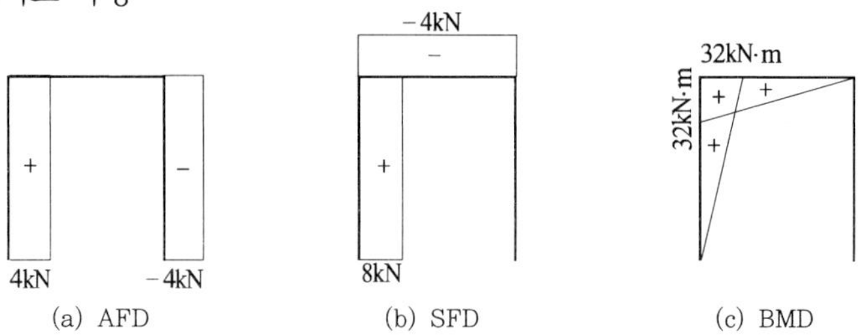

그림 2.120

예제 2.28 다음 그림과 같은 단순보형 라멘의 반력을 구하고 단면력도를 작성하시오.

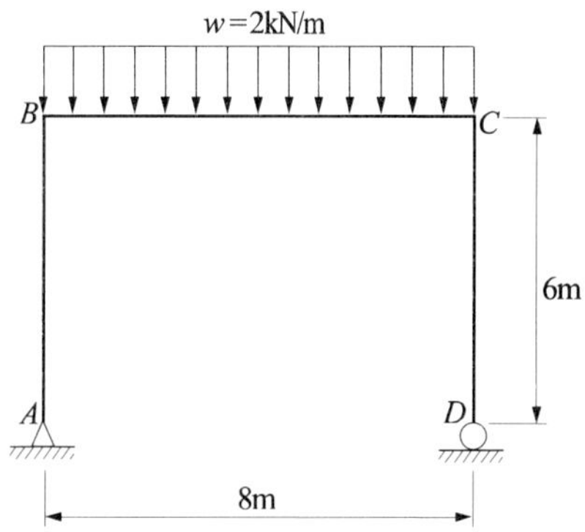

그림 2.121

(1) 반력 산정 (힘의 평형방정식으로부터 반력 산정)

① $\Sigma M=0$ (+; ⌒) : $\Sigma M_A = 2\times 8\times 4 - R_D\times 8 = 0$ ∴ $R_D = 8$ kN

② $\Sigma Y=0$ (+; ↑) : $\Sigma Y = R_A - 2\times 8 + R_D = 0$ ∴ $R_A = 8$ kN

③ $\Sigma X=0$ (+; →) : $\Sigma X = H_A = 0$ ∴ $H_A = 0$ kN

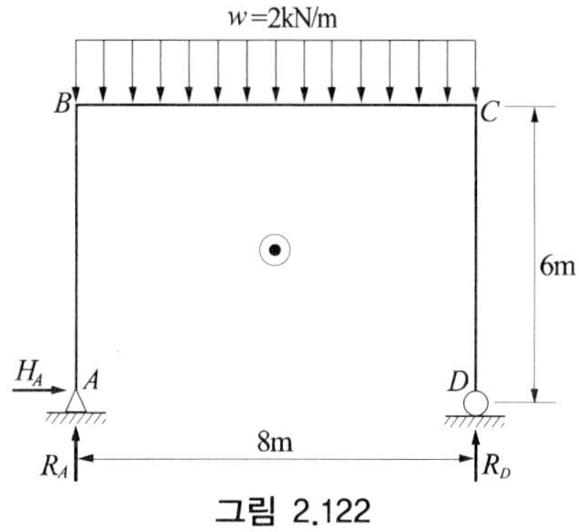

그림 2.122

(2) 단면력 산정

표 2.18 구간에 따른 단면력

구간	축방향력 (kN)	전단력 (kN)	휨모멘트 (kN · m)
A−B			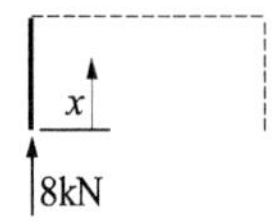
	−8	0	0
B−C		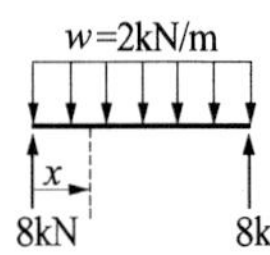	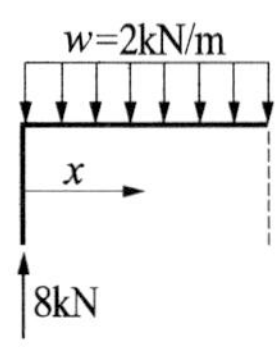
	0	$8-2x=-2x+8$	$8\times x-2x\times\left(\frac{x}{2}\right)=-x^2+8x$
C−D			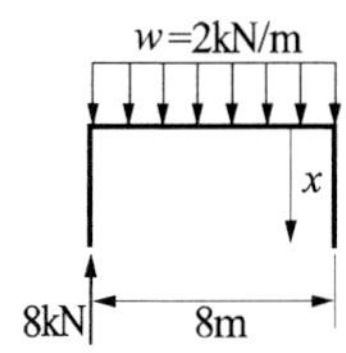
	−8	0	$8\times8-2\times8\times4=0$

(3) 단면력도 작성

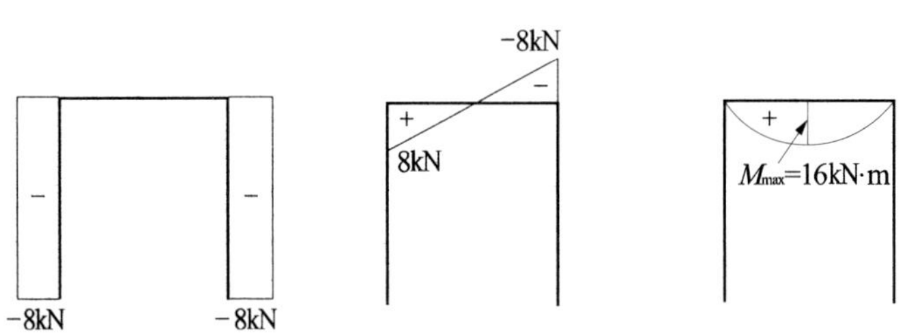

(a) AFD (b) SFD (c) BMD

그림 2.123

예제 2.29 다음 그림과 같은 캔틸레버형 라멘의 반력을 구하고 단면력도를 작성하시오.

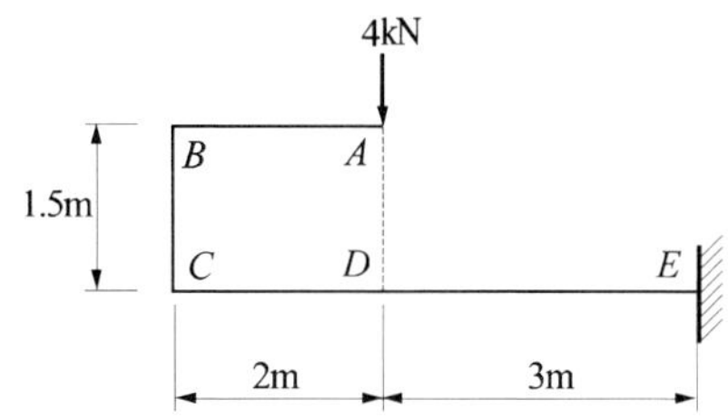

그림 2.124

↳ (1) 반력 산정 (힘의 평형방정식으로부터 반력 산정)

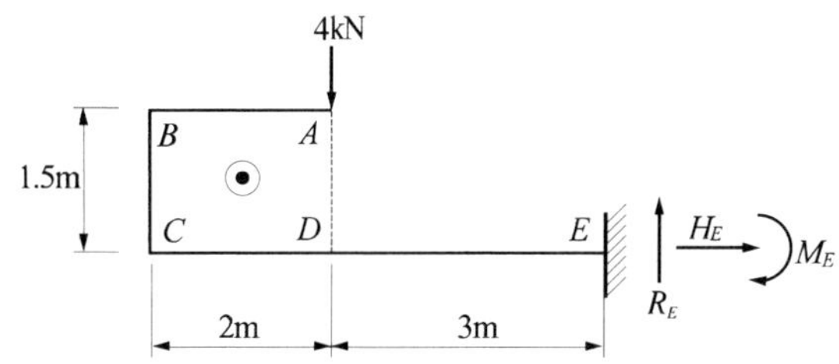

그림 2.125

① $\Sigma M = 0\ (+;\curvearrowright)$: $\Sigma M_E = M_E - 4\times 3 = 0$ $\quad\therefore\ M_E = 12\ \text{kN}\cdot\text{m}$

② $\Sigma Y = 0\ (+;\uparrow)$: $\Sigma Y = -4 + R_E = 0$ $\quad\therefore\ R_E = 4\ \text{kN}$

③ $\Sigma X = 0\ (+;\rightarrow)$: $\Sigma X = H_E = 0$ $\quad\therefore\ H_E = 0\ \text{kN}$

(2) 단면력 산정

표 2.19 구간에 따른 단면력

구간	축방향력 (kN)	전단력 (kN)	휨모멘트 (kN · m)
A−B		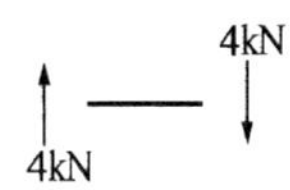	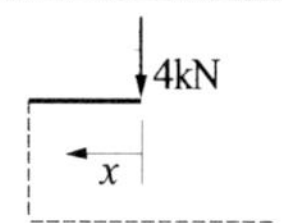
	0	4	$-4\times x = -4x$
B−C			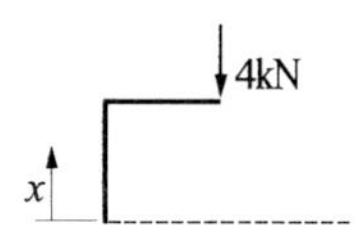
	−4	0	$-4\times 2 = -8$

C−D		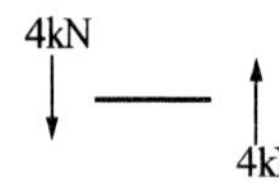	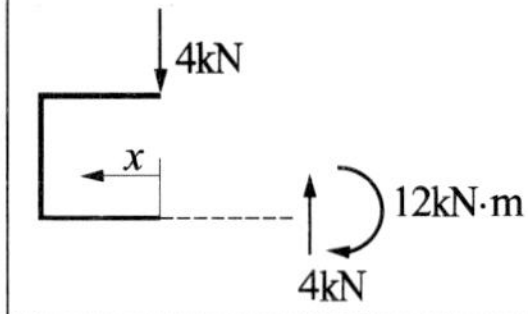
	0	−4	$12-4\times(3+x)=-4x$
D−E		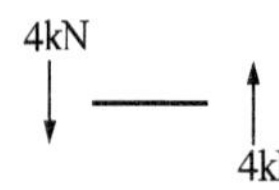	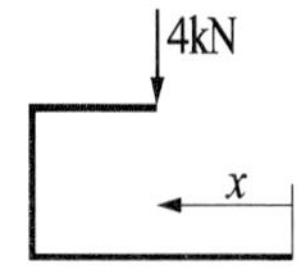
	0	−4	$12-4\times x=-4x+12$

- 시점(◉)에서 각 부재를 바라보고 단면력의 부호규약을 따름에 주의한다.
  ① 구간 A−B의 왼쪽은 점 B이다.
  ② 구간 B−C의 왼쪽은 점 C이다.
  ③ 구간 C−D의 왼쪽은 점 D이다.
  ④ 구간 D−E의 왼쪽은 점 E이다.
- 구간 A−B의 휨모멘트
  점 x을 중심으로 왼쪽 부분에 대해 고려할 경우 $M_E-R_E\times(3+x)=12-4\times(3+x)$ $=-4x$ 또는 x를 중심으로 오른쪽 부분에 대해 고려할 경우 간단하게 $-4x$로서 동일한 결과가 얻어짐을 알 수 있다.
- 구간 C−D의 휨모멘트
  점 x를 중심으로 왼쪽 부분에 대해 고려할 경우 $12-4\times(3+x)=-4x$ 또는 x를 중심으로 오른쪽 부분에 대해 고려할 경우 간단하게 $-4x$가 얻어짐을 확인할 수 있다.

(3) 단면력도 작성

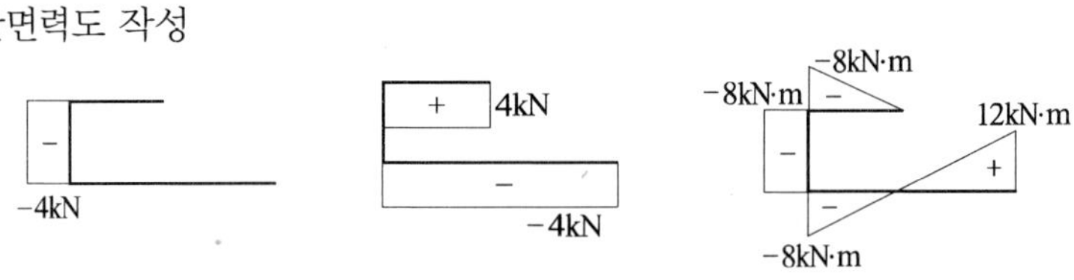

(a) AFD (b) SFD (c) BMD

그림 2.126

예제 2.30 다음 그림과 같은 캔틸레버형 라멘의 반력을 구하고 단면력도를 작성하시오.

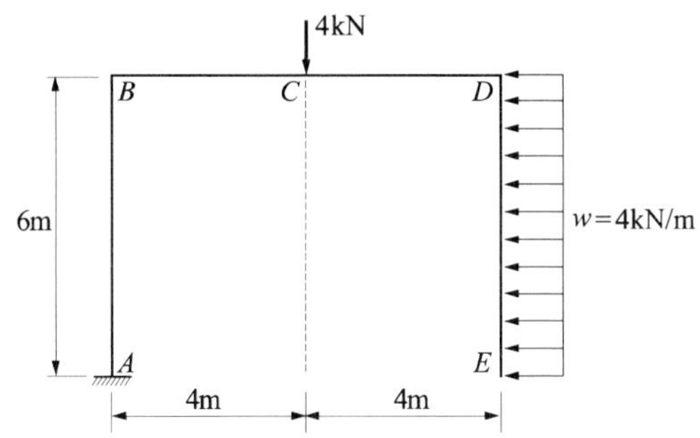

그림 2.127

(1) 반력 산정 (힘의 평형방정식으로부터 반력 산정)

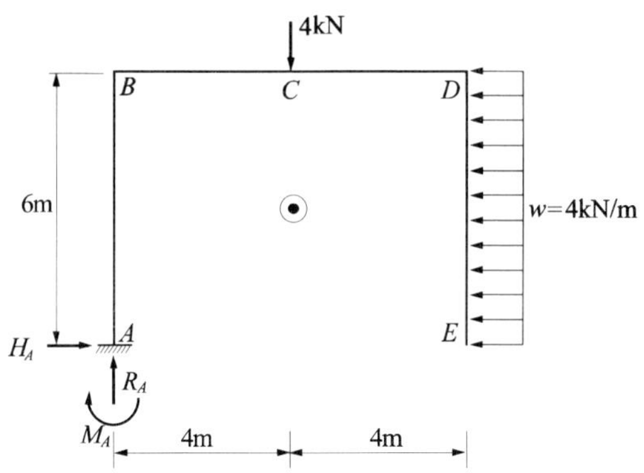

그림 2.128

① $\Sigma M=0\ (+;\curvearrowright)$: $\Sigma M_A = M_A + 4\times 4 - 4\times 6\times 3 = 0$

$\therefore M_A = 56\,\text{kN}\cdot\text{m}$

② $\Sigma Y=0\ (+;\uparrow)$: $\Sigma Y = R_A - 4 = 0$

$\therefore R_A = 4\,\text{kN}$

③ $\Sigma X=0\ (+;\rightarrow)$: $\Sigma X = H_A - 4\times 6 = 0$

$\therefore H_A = 24\,\text{kN}$

(2) 단면력 산정

표 2.20 구간에 따른 단면력

구간	축방향력 (kN)	전단력 (kN)	휨모멘트 (kN · m)
A−B	−4	−24	$56-24\times x=-24x+56$
B−C	−24	4	$56+4x-24\times 6=4x-88$
C−D	−24	0	$56+4\times(4+x)-24\times 6-4\times x=-72$
D−E	0	$24-4x$ $=-4x+24$	$56+4\times 8-24\times(6-x)-4\times 4-4x\times\left(\dfrac{x}{2}\right)$ $=-2x^2+24x-72$

(3) 단면력도 작성

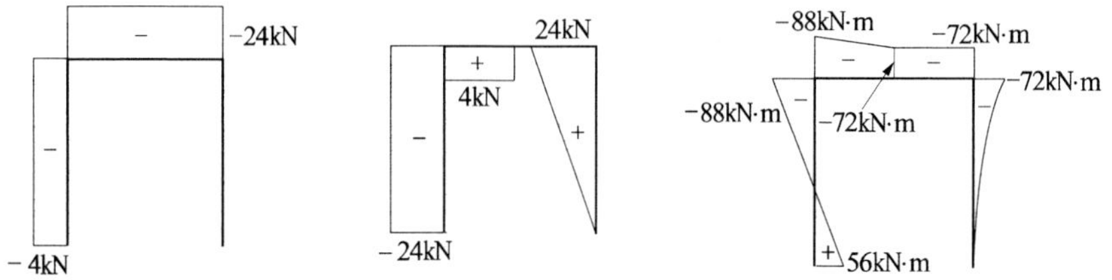

(a) AFD (b) SFD (c) BMD

그림 2.129

예제 2.31 다음 그림과 같은 캔틸레버형 라멘의 반력을 구하고 단면력도를 작성하시오.

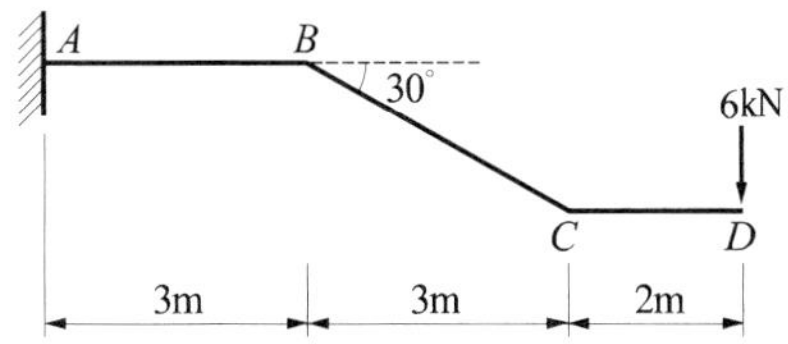

그림 2.130

↳ (1) 반력 산정 (힘의 평형방정식으로부터 반력 산정)

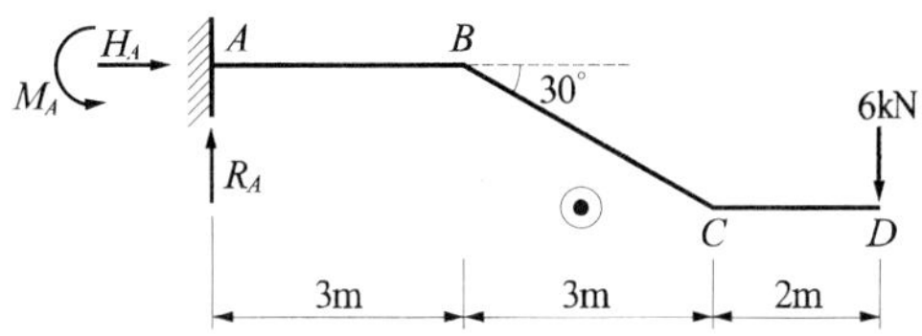

그림 2.131

① $\Sigma M = 0$ (+; ⌒) : $\Sigma M_A = -M_A + 6 \times 8 = 0$ ∴ $M_A = 48$ kN · m

② $\Sigma Y = 0$ (+; ↑) : $\Sigma Y = R_A - 6 = 0$ ∴ $R_A = 6$ kN

③ $\Sigma X = 0$ (+; →) : $\Sigma X = H_A = 0$ ∴ $H_A = 0$ kN

(2) 단면력 산정

표 2.21 구간에 따른 단면력

구간	축방향력 (kN)	전단력 (kN)	휨모멘트 (kN · m)
A−B	—	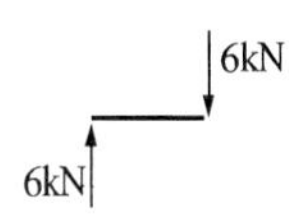	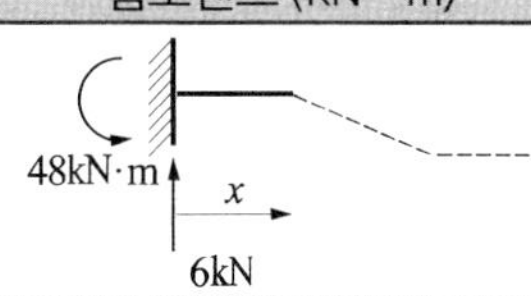
	0	6	$-48 + 6 \times x = 6x - 48$
B−C	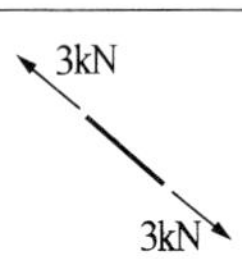	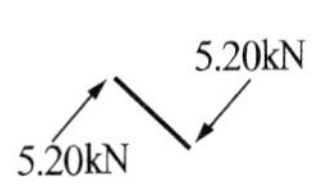	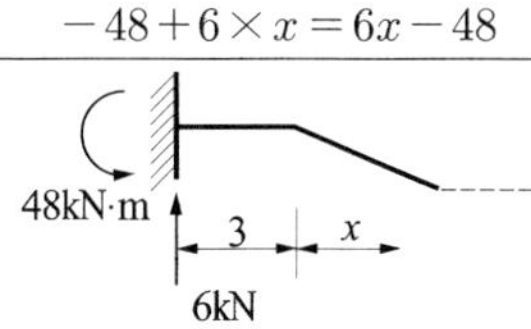
	3	5.20	$-48 + 6 \times (3 + x) = 6x - 30$
C−D	—	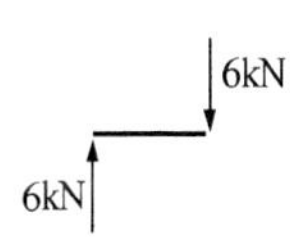	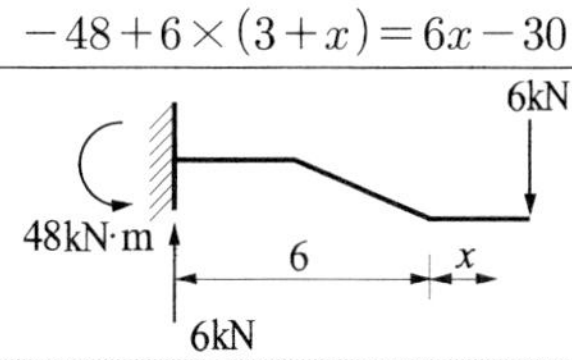
	0	6	$-48 + 6 \times (6 + x) = 6x - 12$

- 휨모멘트

휨모멘트를 산정하기 위한 식은 힘×거리이며, 여기서 거리는 힘으로부터의 수직거리이다.

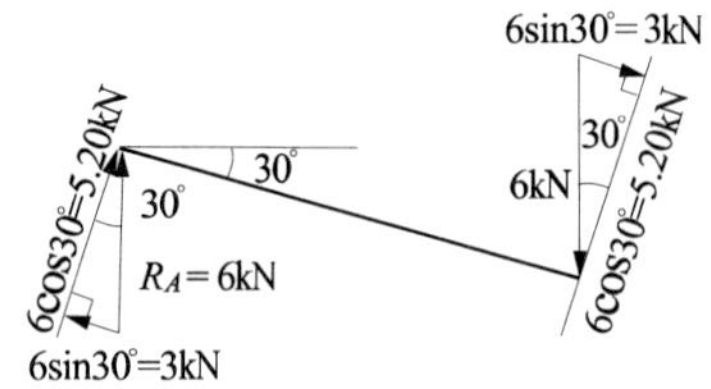

그림 2.132

(3) 단면력도 작성

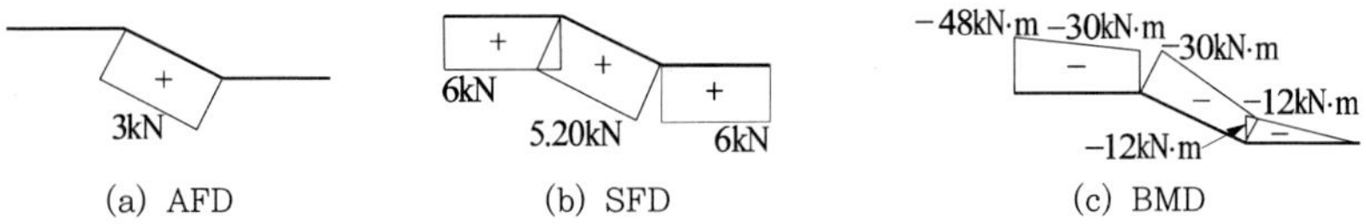

그림 2.133

예제 2.32 다음 그림과 같은 3회전단형 라멘의 반력을 구하고 단면력도를 작성하시오.

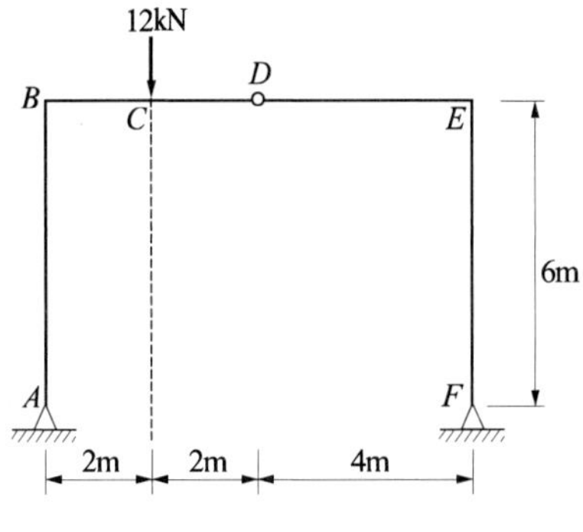

그림 2.134

(1) 반력 산정 (힘의 평형방정식으로부터 반력 산정)

① $\Sigma X = H_A - H_F = 0$

② $\Sigma Y = R_A - 12 + R_F = 0$

③ $\Sigma M_{D(DA)} = R_A \times 4 - H_A \times 6 - 12 \times 2 = 0$

④ $\Sigma M_{D(DF)} = H_F \times 6 - R_F \times 4 = 0$

위의 연립방정식을 풀면 $H_A = 2\,\text{kN}$, $R_A = 9\,\text{kN}$, $H_F = 2\,\text{kN}$, $R_F = 3\,\text{kN}$이다.

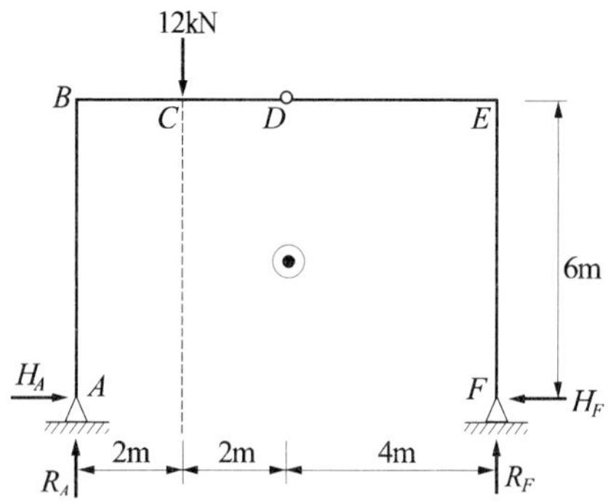

그림 2.135

(2) 단면력 산정

표 2.22 구간에 따른 단면력

구간	축방향력(kN)	전단력(kN)	휨모멘트(kN · m)
A−B	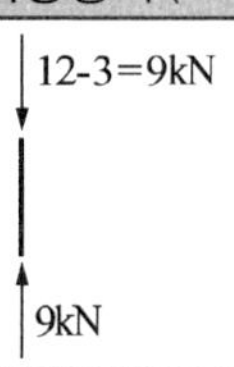		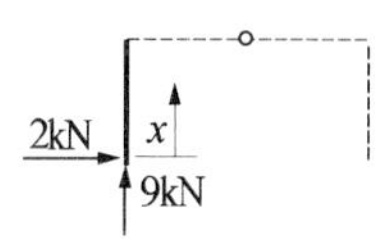
	−9	−2	$-2 \times x = -2x$
B−C		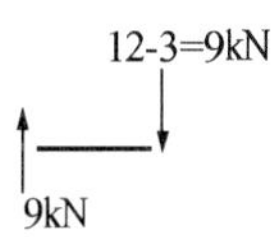	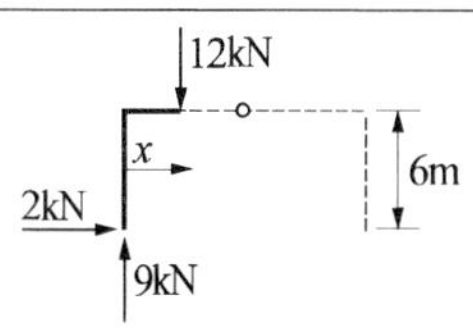
	−2	9	$9 \times x - 2 \times 6 = 9x - 12$
C−D		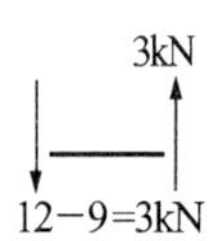	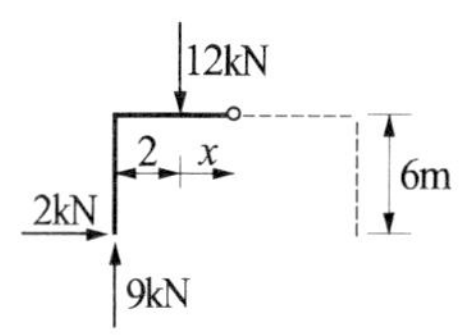
	−2	−3	$9 \times (2+x) - 2 \times 6 - 12 \times x = -3x + 6$

구간			
D−E		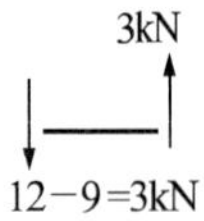	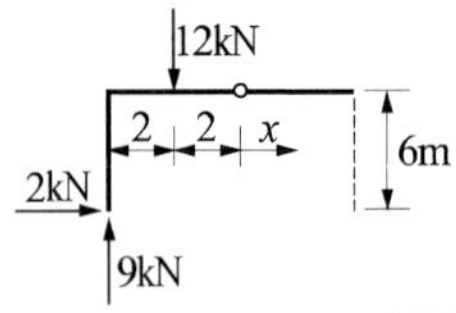
	−2	−3	$9\times(4+x)-2\times6-12\times(2+x)=-3x$
E−F	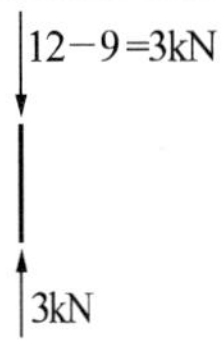		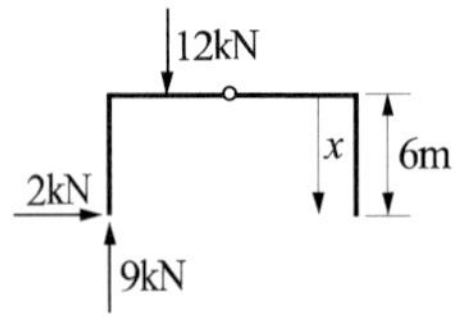
	−3	2	$9\times8-2\times(6-x)-12\times6=2x-12$

(3) 단면력도 작성

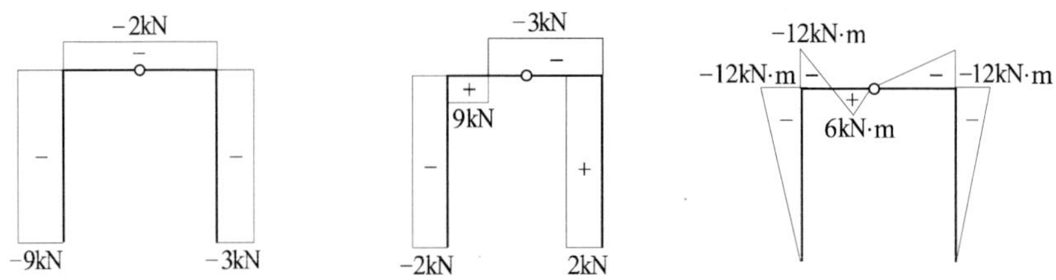

(a) AFD (b) SFD (c) BMD

그림 2.136

- 힌지절점(D)에서 힘은 전달되므로 구조물 전체에서 $\Sigma X=0$과 $\Sigma Y=0$이 적용되나, 모멘트는 전달되지 않으므로 부재 DA와 부재 DF에서 각각 점 D에서의 모멘트 합은 영(0)이다. 즉, $\Sigma M_{D(DA)}=0$, $\Sigma M_{D(DF)}=0$이 성립되어야 한다.
- $\Sigma M_{D(DA)}=0$: 구간 D−A에서 점 D를 중심으로 D−A 부분의 모멘트 합을 산정한다.
- $\Sigma M_{D(DF)}=0$: 구간 D−F에서 점 D를 중심으로 D−F 부분의 모멘트 합을 산정한다.

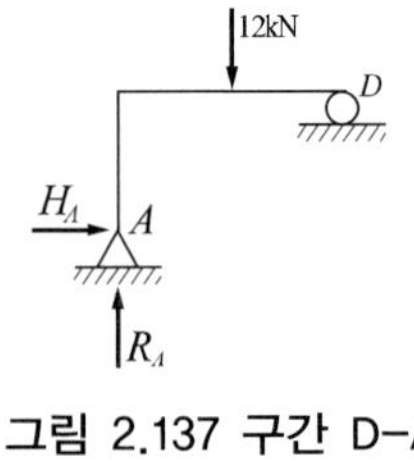

그림 2.137 구간 D−A

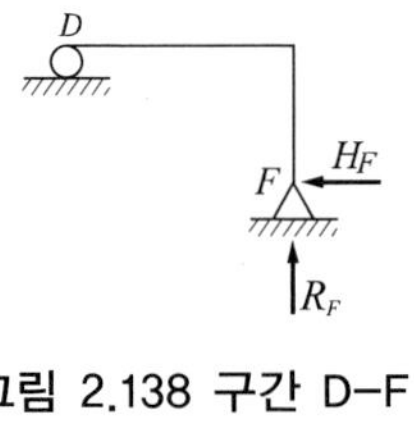

그림 2.138 구간 D−F

예제 2.33 다음 그림과 같은 3회전단형 라멘의 반력을 구하고 단면력도를 작성하시오.

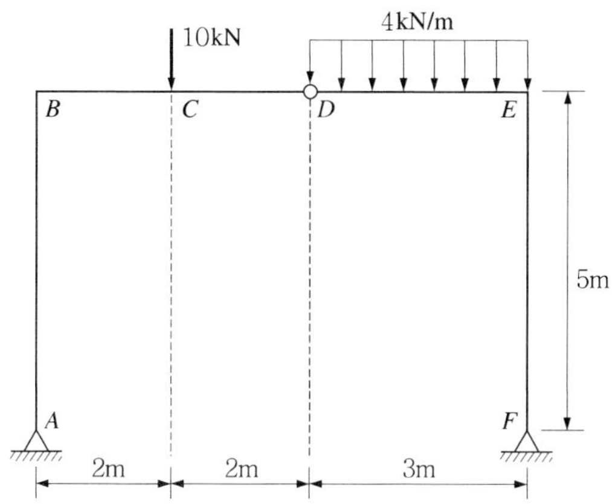

그림 2.139

↳ (1) 반력 산정 (힘의 평형방정식으로부터 반력 산정)

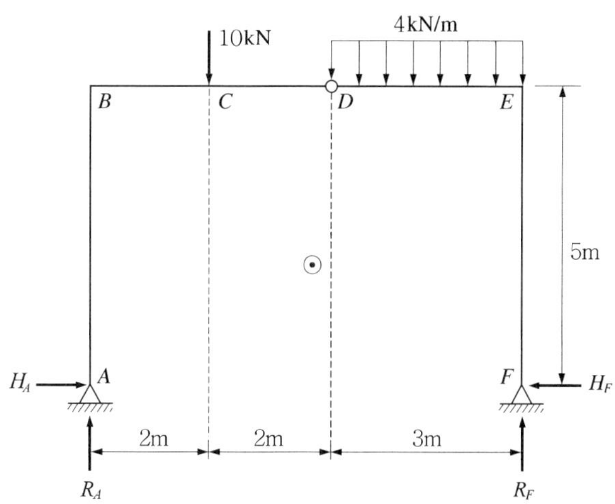

그림 2.140

① $\Sigma X = H_A - H_F = 0$

② $\Sigma Y = R_A - 10 - 4 \times 3 + R_F = 0$

③ $\Sigma M_{D(DA)} = R_A \times 4 - H_A \times 5 - 10 \times 2 = 0$

④ $\Sigma M_{D(DF)} = H_F \times 5 - R_F \times 3 + 4 \times 3 \times \dfrac{3}{2} = 0$

위의 연립방정식을 풀면

$H_A = 3.771\ \text{kN}$, $R_A = 9.714\ \text{kN}$, $H_F = 3.771\ \text{kN}$, $R_F = 12.286\ \text{kN}$ 이다.

(2) 단면력 산정

표 2.23 구간에 따른 단면력

구간	축방향력 (kN)	전단력 (kN)	휨모멘트 (kN · m)
A−B	10+4×3 −12.286 =9.714kN 9.714kN	3.771kN 3.771kN	3.771kN, x, 9.714kN
	−9.714	−3.771	$-3.771\times x = -3.771x$
B−C	3.771kN 3.771kN	9.714kN 9.714kN	10kN, 5m, 3.771kN, x, 9.714kN
	−3.771	9.714	$9.714\times x - 3.771\times 5$ $= 9.714x - 18.855$
C−D	3.771kN 3.771kN	0.286kN 0.286kN	10kN, 5m, 3.771kN, 9.714kN
	−3.771	−0.286	$9.714\times(2+x)$ $-3.771\times 5 - 10\times x$ $= -0.286x + 0.573$

<table>
<tr><td rowspan="2">D−E</td><td>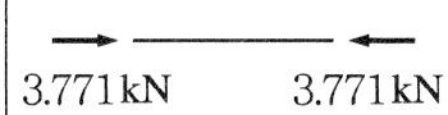</td><td>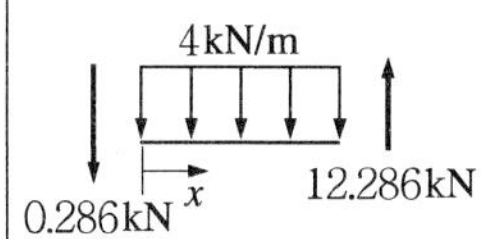</td><td>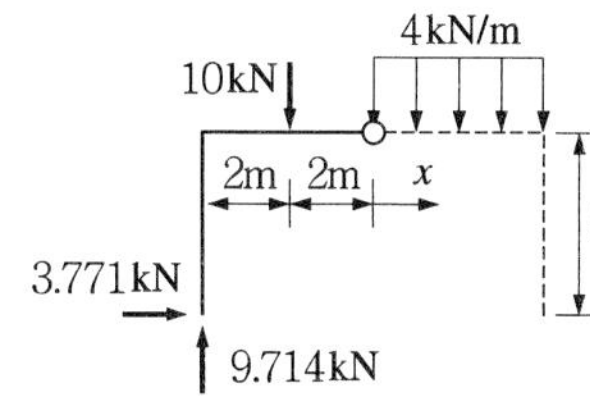</td></tr>
<tr><td>-3.771</td><td>$-0.286-4x$
$=-4x-0.286$</td><td>$9.714\times(4+x)$
-3.771×5
$-10\times(2+x)$
$-4x\times\left(\dfrac{x}{2}\right)$
$=-2x^2-0.286x$</td></tr>
<tr><td rowspan="2">E−F</td><td></td><td>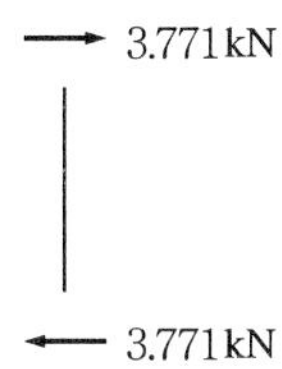</td><td>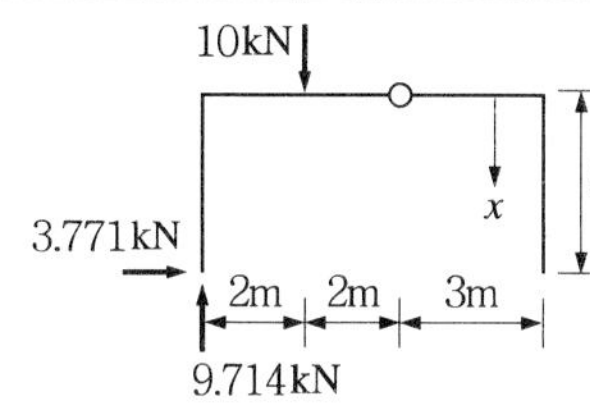</td></tr>
<tr><td>-12.286</td><td>3.771</td><td>9.714×7
$-3.771\times(5-x)$
-10×5
$-4\times3\times\left(\dfrac{3}{2}\right)$
$=3.772x-18.857$</td></tr>
</table>

(3) 단면력도 작성

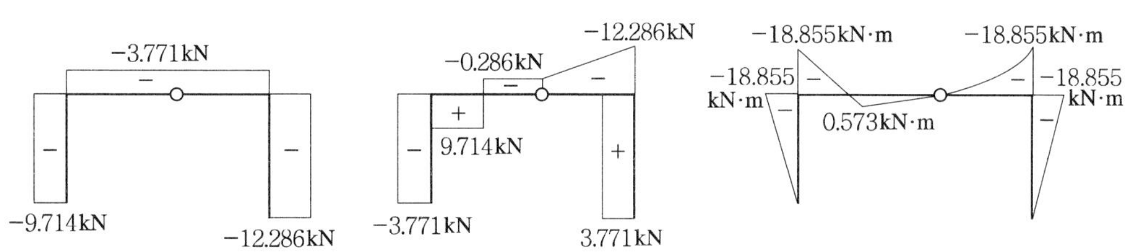

(a) AFD (b) SFD (c) BMD

그림 2.141

예제 2.34 다음 그림과 같은 3회전단형 라멘의 반력을 구하고 단면력도를 작성하시오.

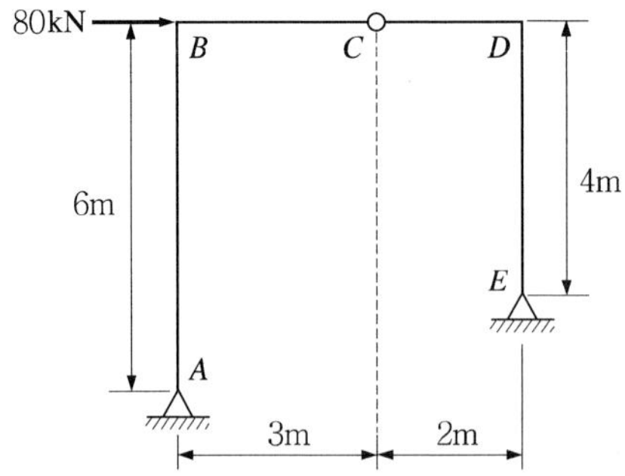

그림 2.142

(1) 반력 산정 (힘의 평형방정식으로부터 반력 산정)

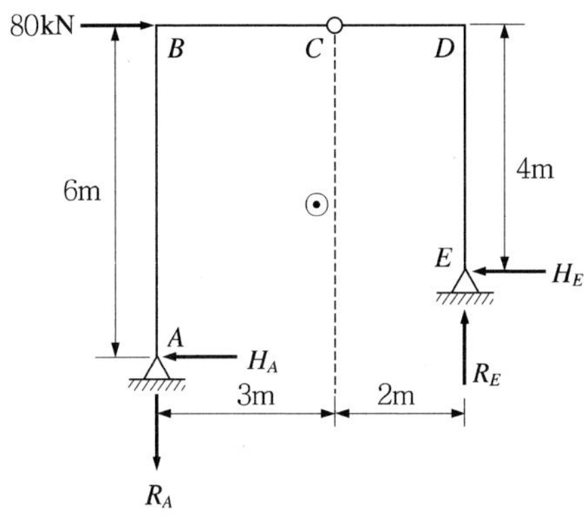

그림 2.143

① $\Sigma X = 80 - H_A - H_E = 0$

② $\Sigma Y = - R_A + R_E = 0$

③ $\Sigma M_{C(CA)} = H_A \times 6 - R_A \times 3 = 0$

④ $\Sigma M_{C(CE)} = H_E \times 4 - R_E \times 2 = 0$

위의 연립방정식을 풀면

$H_A = 40$ kN, $R_A = 80$ kN, $H_E = 40$ kN, $R_E = 80$ kN 이다.

(2) 단면력 산정

표 2.24 구간에 따른 단면력

<table>
<tr><th>구간</th><th>축방향력 (kN)</th><th>전단력 (kN)</th><th>휨모멘트 (kN · m)</th></tr>
<tr><td rowspan="2">A−B</td><td></td><td></td><td>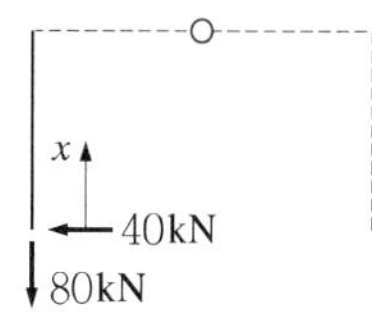</td></tr>
<tr><td>80</td><td>40</td><td>$40 \times x = 40x$</td></tr>
<tr><td rowspan="2">B−C</td><td></td><td>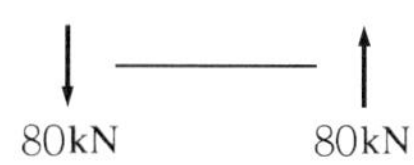</td><td>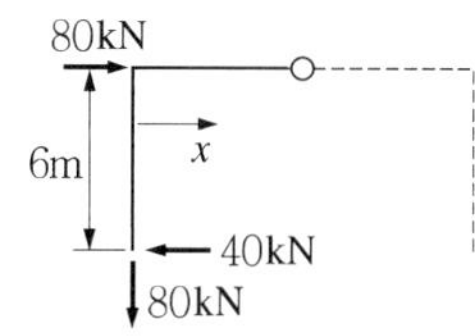</td></tr>
<tr><td>−40</td><td>−80</td><td>$40 \times 6 - 80 \times x$
$= -80x + 240$</td></tr>
<tr><td rowspan="2">C−D</td><td></td><td></td><td>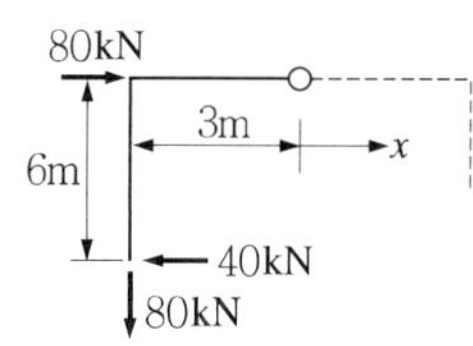</td></tr>
<tr><td>−40</td><td>−80</td><td>40×6
$-80 \times (3 + x)$
$= -80x$</td></tr>
<tr><td rowspan="2">D−E</td><td></td><td>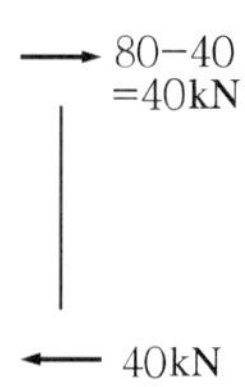</td><td>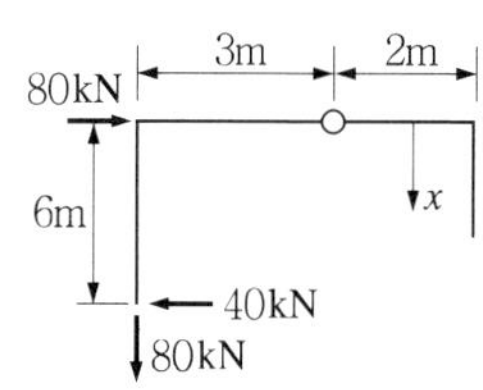</td></tr>
<tr><td>−80</td><td>40</td><td>$40 \times (6 - x)$
-80×5
$+80 \times x$
$= 40x - 160$</td></tr>
</table>

(3) 단면력도 작성

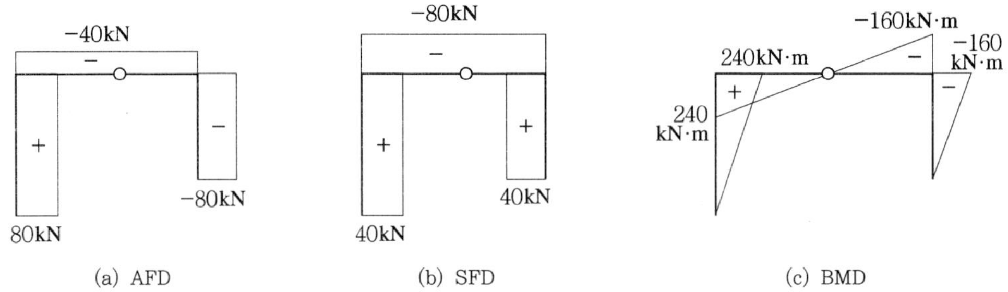

그림 2.144

예제 2.35 다음 그림과 같은 3이동단형 라멘의 반력을 구하고 단면력도를 작성하시오.

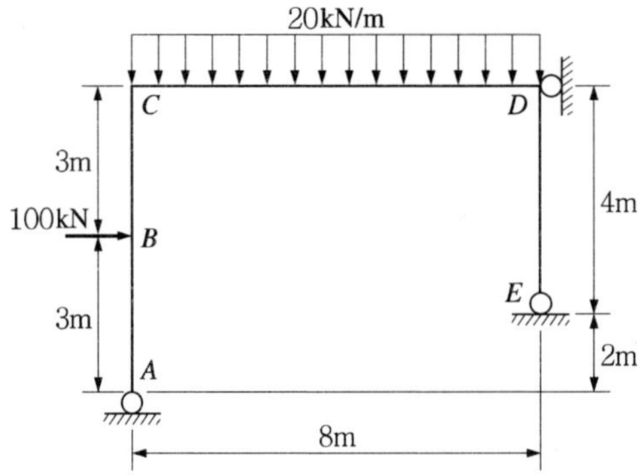

그림 2.145

↳ (1) 반력 산정 (힘의 평형방정식으로부터 반력 산정)

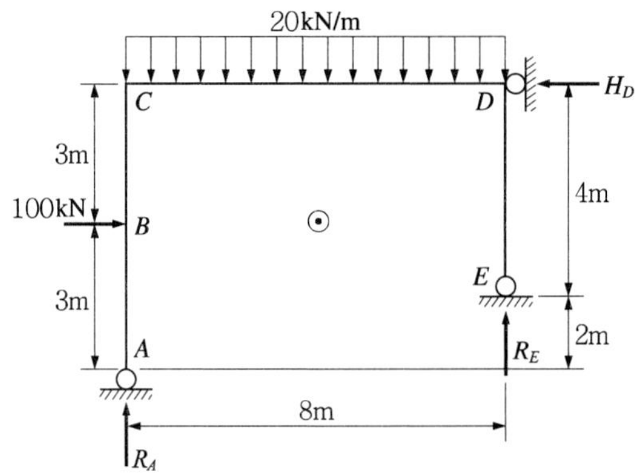

그림 2.146

① $\Sigma X = 100 - H_D = 0$ $\therefore H_D = 100\ \text{kN}$

② $\Sigma M_A = 100 \times 3 + 20 \times 8 \times 4 - R_E \times 8 - H_D \times 6 = 0$ $\therefore R_E = 42.5\ \text{kN}$

③ $\Sigma Y = R_A - 20 \times 8 + R_E = 0$ $\therefore R_A = 117.5\ \text{kN}$

(2) 단면력 산정

표 2.25 구간에 따른 단면력

구간	축방향력 (kN)	전단력 (kN)	휨모멘트 (kN · m)
A−B	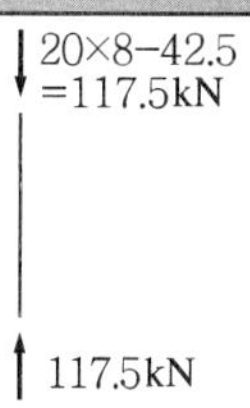		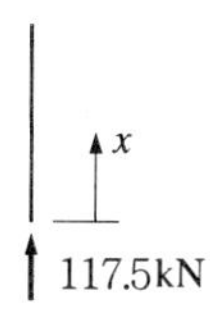
	−117.5	0	0
B−C			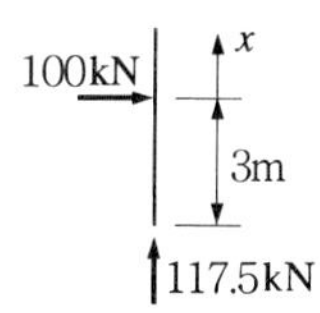
	−117.5	−100	$-100 \times x = -100x$
C−D		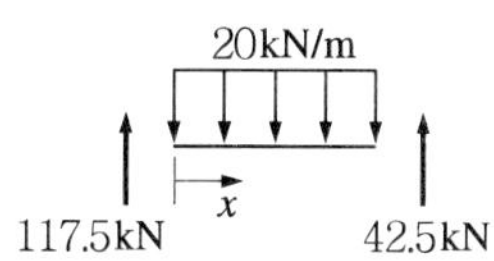	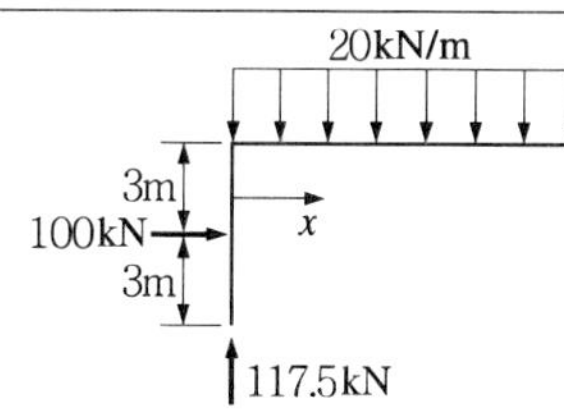
	−100	$117.5 - 20x$	$117.5 \times x$ $-20 \times x \times \frac{x}{2}$ -100×3 $= -10x^2 + 117.5x - 300$
D−E			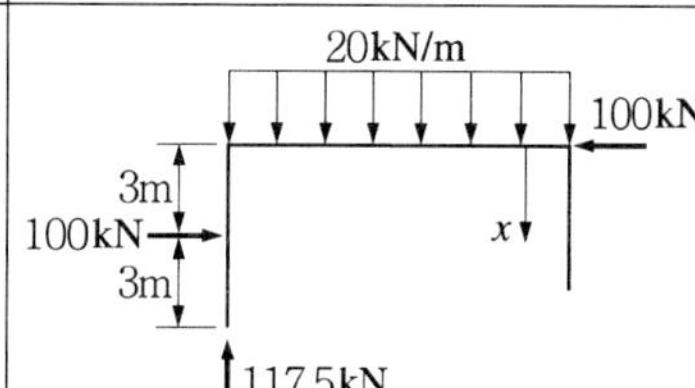
	−42.5	0	0

(3) 단면력도 작성

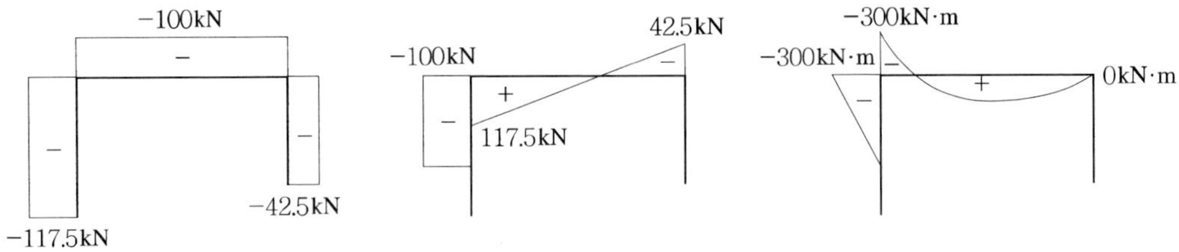

그림 2.147

예제 2.36 다음 그림과 같은 3이동단형 라멘의 반력을 구하고 단면력도를 작성하시오.

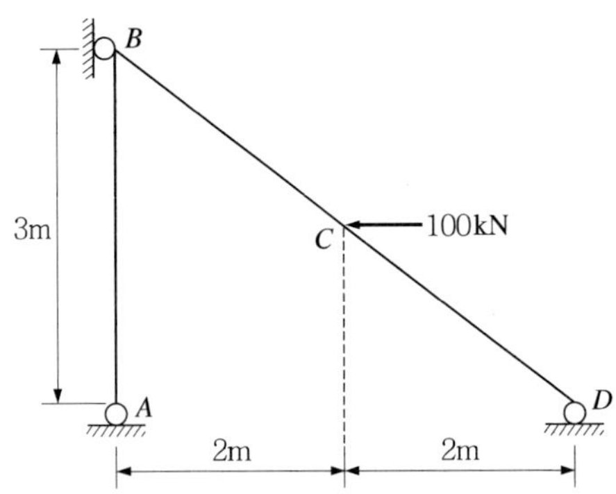

그림 2.148

(1) 반력 산정 (힘의 평형방정식으로부터 반력 산정)

① $\Sigma X = H_B - 100 = 0$ $\quad\therefore\ H_B = 100\text{ kN}$

② $\Sigma M_B = 100 \times 1.5 - R_D \times 4 = 0$ $\quad\therefore\ R_D = 37.5\text{ kN}$

③ $\Sigma Y = -R_A + R_D = 0$ $\quad\therefore\ R_A = 37.5\text{ kN}$

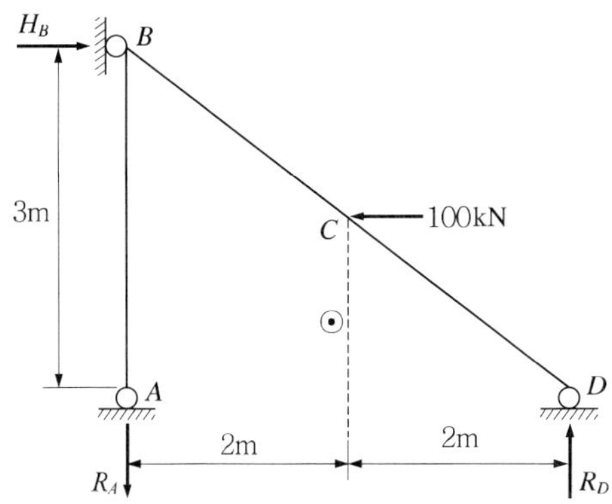

그림 2.149

(2) 단면력 산정

표 2.26 구간에 따른 단면력

구간	축방향력 (kN)	전단력 (kN)	휨모멘트 (kN · m)
A－B	 37.5kN, 37.5kN	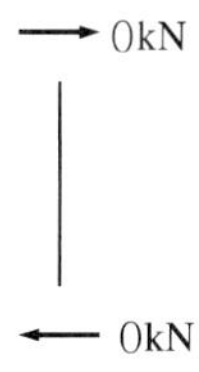 0kN, 0kN	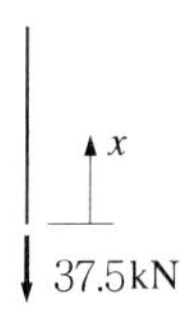 x, 37.5kN
	37.5	0	0
B－C	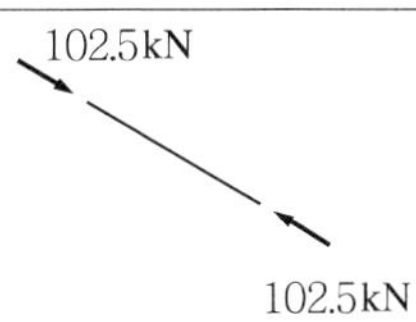 102.5kN, 102.5kN	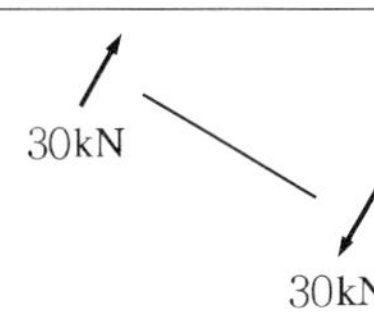 30kN, 30kN	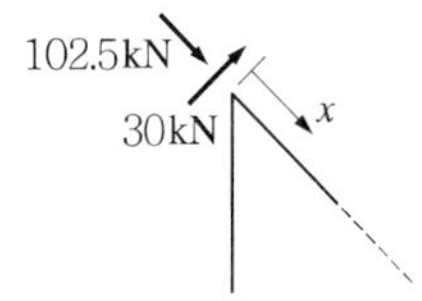 102.5kN, 30kN, x
	$-100\times\left(\frac{4}{5}\right)$ $-37.5\times\left(\frac{3}{5}\right)$ $=-102.5$	$100\times\left(\frac{3}{5}\right)$ $-37.5\times\left(\frac{4}{5}\right)$ $=30$	$30\times x=30x$
C－D	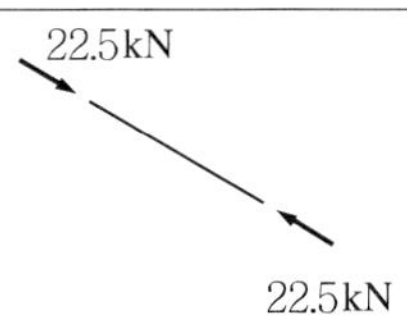 22.5kN, 22.5kN	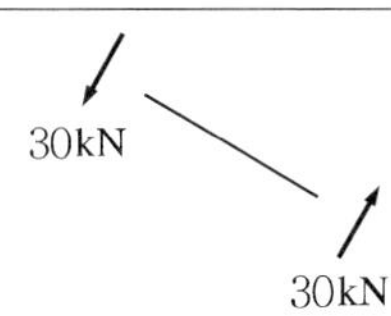 30kN, 30kN	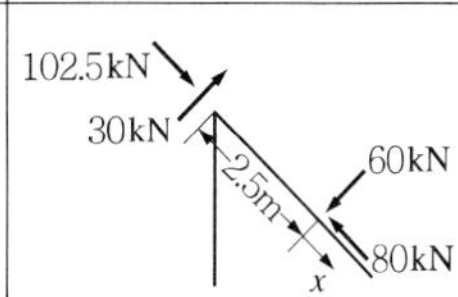 102.5kN, 30kN, 2.5m, 60kN, 80kN, x
	$-37.5\times\left(\frac{3}{5}\right)$ $=-22.5$	$-37.5\times\left(\frac{4}{5}\right)$ $=-30$	$75-30\times x$ $=-30x+75$

주1) 부재 BC와 부재 CD의 단면력을 산정하기 위해서 반력 R_A와 H_B 그리고 하중 100 kN을 부재축방향과 부재축 직각방향으로 분해하여 고려한다(그림 2.151 참조).

(3) 단면력도 작성

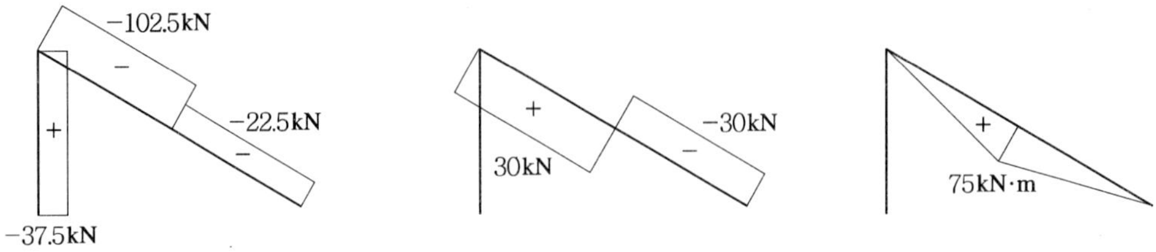

(a) AFD (b) SFD (c) BMD

그림 2.150

• 경사 부재에 대한 힘의 분해

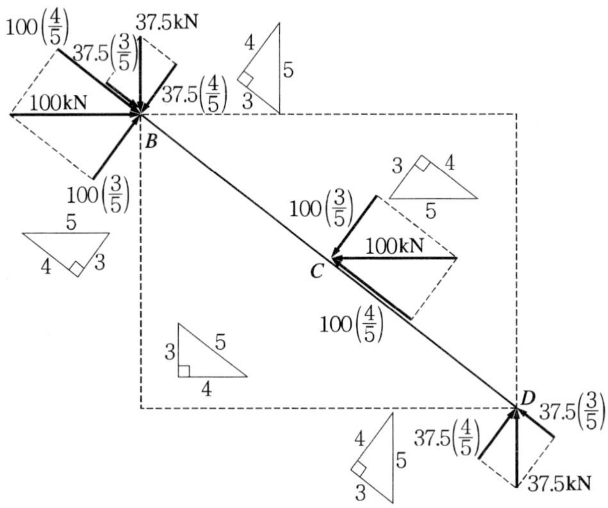

그림 2.151

2.4 트러스의 해석

2.4.1 트러스의 정의

(1) 트러스(Truss)는 두 개 이상의 직선부재를 마찰력이 전혀 없는 힌지(Hinge, 활절)로 단부(End, 端部)를 연결해 삼각형으로 만든 구조물이다.

(2) 트러스의 각 부재가 한 평면 내에 있고, 외력이 모두 같은 평면 내에 있는 트러스를 평면 트러스라 한다.

2.4.2 트러스에서 각 부분의 명칭

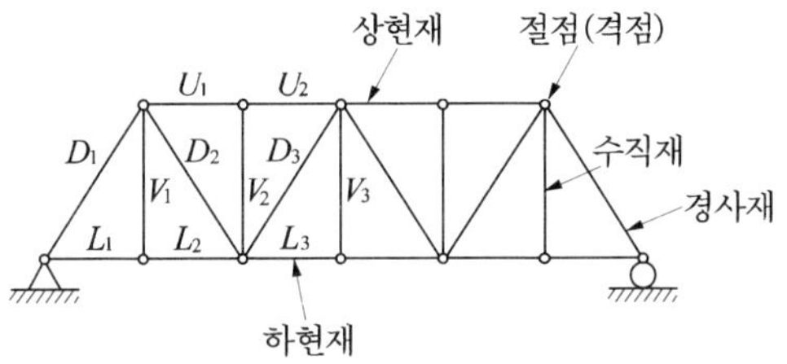

그림 2.152 트러스의 부재 명칭

(1) 절점(Panel Point, 節點) : 두 개 이상의 부재가 만나는 접합점이다. 격점이라고도 한다.

(2) 현재(Chord Member, 弦材) : 트러스의 외부를 형성하는 부재로 상현재와 하현재가 있다.

(3) 상현재(Upper Chord, 上弦材) : 현재 중에서 상부의 부재이다(U_1, U_2, ⋯).

(4) 하현재(Lower Chord, 下弦材) : 현재 중에서 하부의 부재이다(L_1, L_2, ⋯).

(5) 복부재(Web Member, 腹部材) : 트러스 부재에서 현재를 제외한 부재로 수직재와 경사재가 있다.

(6) 수직재(Vertical Member, 垂直材) : 복부재 중에서 수직으로 놓인 부재이다(V_1, V_2, ⋯).

(7) 경사재(Diagonal Member, 傾斜材) : 복부재 중에서 경사방향으로 놓인 부재이다(D_1, D_2, ⋯). 사재라고도 한다.

(8) 격간(Panel, 格間) : 절점(격점)과 절점(격점)의 사이이다.

(9) 격간길이(Panel Length) : 격간의 길이이다.

2.4.3 트러스의 종류

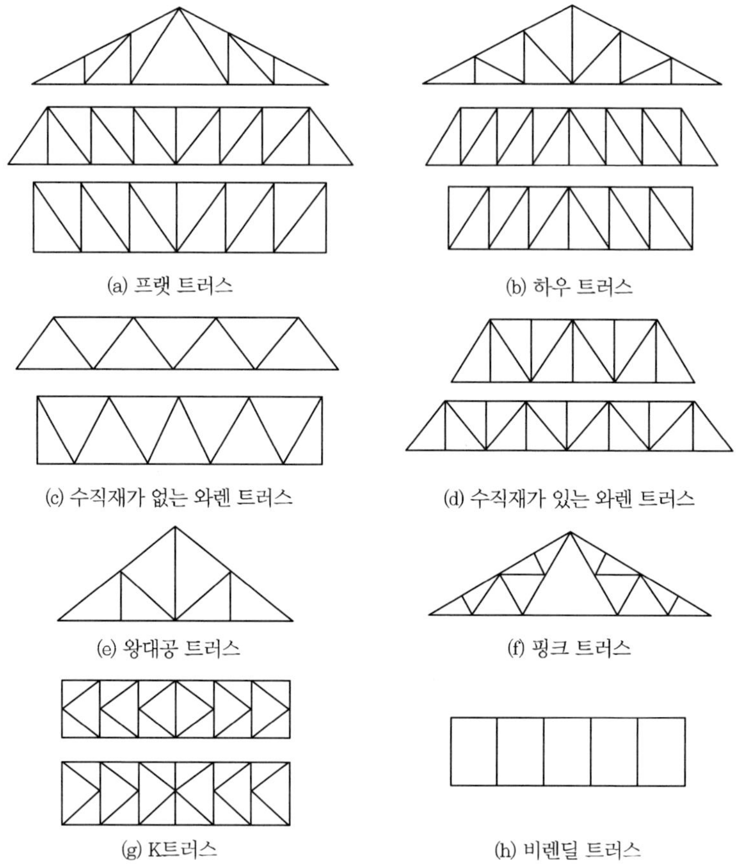

그림 2.153 트러스의 종류

(1) 프랫 트러스

프랫 트러스(Pratt Truss)는 상현재는 압축력 그리고 하현재는 인장력에 저항하며, 경사재는 주로 인장력 그리고 수직재는 압축력에 저항하도록 한 트러스이다.

(2) 하우 트러스

하우 트러스(Howe Truss)는 상현재는 압축력 그리고 하현재는 인장력에 저항하며, 경사재는 주로 압축력 그리고 수직재는 인장력에 저항하도록 한 트러스이다.

(3) 와렌 트러스

① 와렌 트러스(Warren Truss)는 경사재의 방향이 좌우로 변하는 트러스이며, 수직재가 없는 트러스와 수직재가 있는 트러스가 있다.

② 다른 트러스에 비하여 부재수가 적고 구조가 간단하며 연속교량 트러스에 많이 사용되나, 현재의 길이가 과대하여 강성을 감소시킨다. 이것을 보완하기 위하여 수직재를 사용하는 경우도 있다.

(4) 왕대공 트러스

왕대공 트러스(King Post Truss)는 왕대공을 쓰고 빗대공과 달대공으로 짜서 만든 양식 지붕틀이다.

(5) 비렌딜 트러스

① 비렌딜 트러스(Vierendeel Truss)는 기본 형태를 사각형으로 구성한 트러스이다.

② 비렌딜 트러스는 기본 형태를 대각선부재 없이 사각형으로 구성한 트러스로써 일반 트러스보다 강성이 현저히 떨어지므로 접합부는 반드시 모멘트접합(강접합)을 하여야 한다.

2.4.4 트러스 해법상의 가정

(1) 절점은 전혀 마찰이 없는 힌지로 되어 있다.

(2) 외력은 모두 절점에만 집중하중으로 작용한다.

(3) 부재는 직선이고 절점과 절점을 연결한 직선은 부재축과 일치한다.

(4) 하중이 작용한 경우에도 절점의 위치는 변하지 않는다고 가정한다(트러스의 변형은 미소하므로 무시한다).

(5) 트러스 부재와 작용 외력은 동일 평면 내에 존재한다.

주1) 트러스 해법상의 가정이 성립하면 부재력으로는 축방향력만 발생하고, 전단력과 휨모멘트는 발생하지 않는다.

2.4.5 트러스의 부재력

(1) 트러스의 부재에는 휨모멘트나 전단력이 일어나지 않으므로 축방향력(인장력이나 압축력)만이 작용한다.

표 2.27 트러스의 부재력과 부호규약

축방향력	부호	표현방법	비 고
←□→	+ (인장)	|→　←|	부재에 인장력이 작용하는 경우
→□←	− (압축)	|←　→|	부재에 압축력이 작용하는 경우

(2) 트러스의 부재력 표현은 절점을 기준으로 한다.

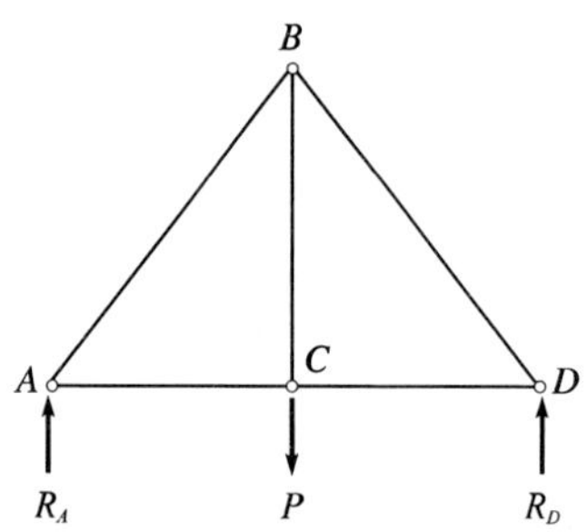

(a) 트러스의 하중 조건

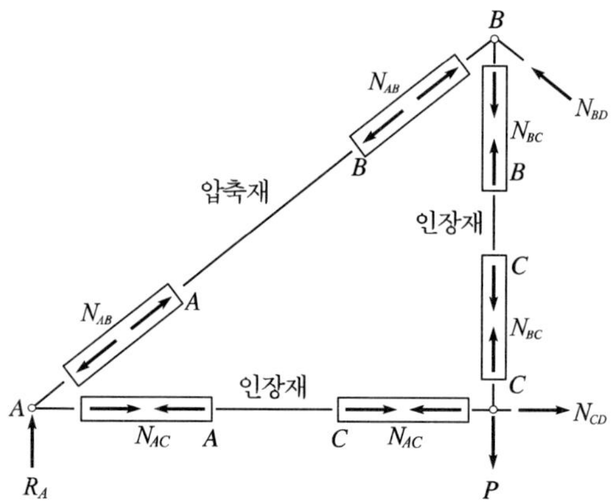

(b) 트러스의 해석 결과

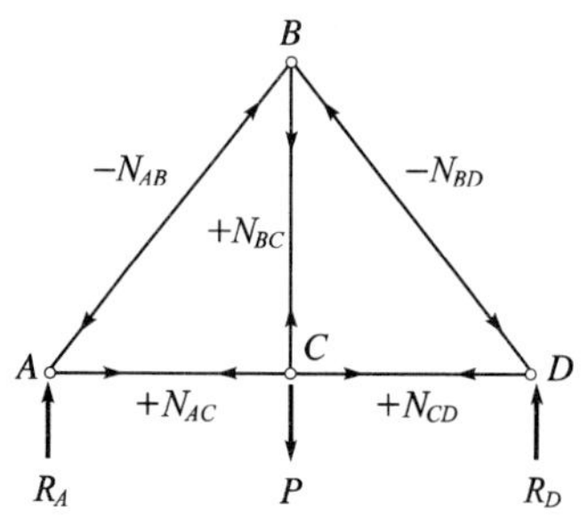

(c) 트러스의 부재력 표현

그림 2.154 트러스의 부재력의 종류와 표현

2.4.6 트러스의 부재력에 관한 성질

(1) 절점에 모인 부재가 두 개이고 이 절점에 외력이 작용하지 않을 때, 이 두 부재의 부재력은 영(0)이다. 절점 A의 평형조건을 고려하면 부재력은 다음과 같다.

① $\Sigma Y = 0\ (+;\uparrow) : N_2 \sin\theta = 0$ $\quad\therefore N_2 = 0$

② $\Sigma X = 0\ (+;\rightarrow) : N_1 + N_2 \cos\theta = 0$ $\quad\therefore N_1 = 0$

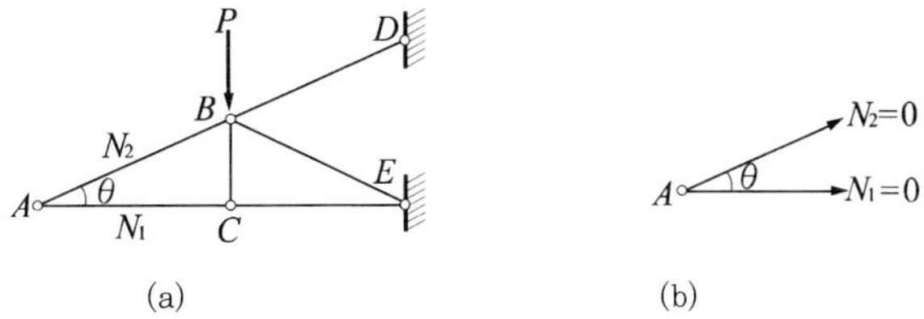

그림 2.155

(2) 절점에 모인 세 개의 부재 중에서 두 부재의 부재축선이 일직선이고 이 절점에 외력이 작용하지 않으면, 직선상의 두 부재의 부재력은 같고 다른 한 부재의 부재력은 영 (0)이다. 절점 C의 평형조건을 고려하면 부재력은 다음과 같다.

① $\Sigma Y = 0\ (+;\uparrow) : N_3 \sin\theta = 0$ $\quad\therefore N_3 = 0$

② $\Sigma X = 0\ (+;\rightarrow) : N_3 \cos\theta + N_2 - N_1 = 0$ $\quad\therefore N_1 = N_2$

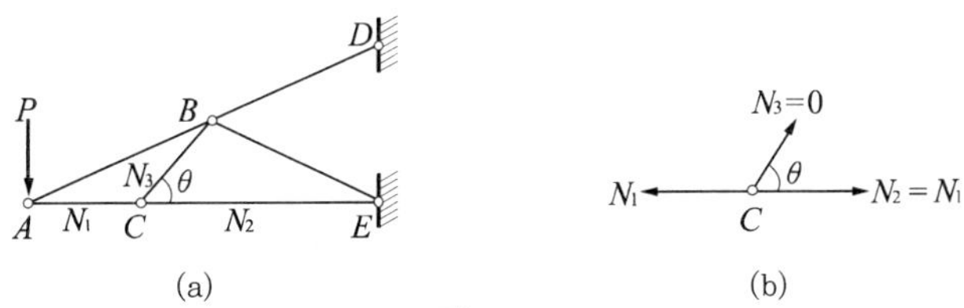

그림 2.156

(3) 절점에 모인 부재의 부재축선 또는 외력의 중심선이 서로 두 개씩 일직선상에 있을 때, 서로 향하고 있는 두 부재의 부재력 또는 외력과 부재의 부재력은 서로 같다. 절점 C의 평형조건을 고려하면 부재력은 다음과 같다.

① $\Sigma Y = 0\ (+;\uparrow) : N_3 \sin\theta - P \sin\theta = 0$ $\quad\therefore N_3 = P$

② $\Sigma X = 0\ (+;\rightarrow) : N_3 \cos\theta + N_2 - P \cos\theta - N_1 = 0$ $\quad\therefore N_1 = N_2$

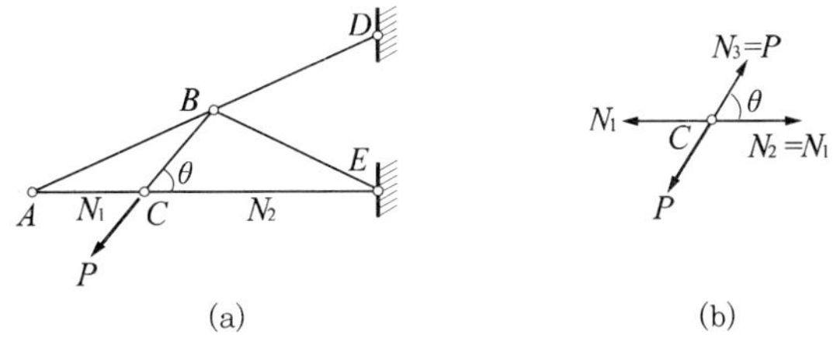

그림 2.157

예제 2.37 다음 그림과 같은 트러스에서 수직재 V_1, V_2의 부재력을 구하시오.

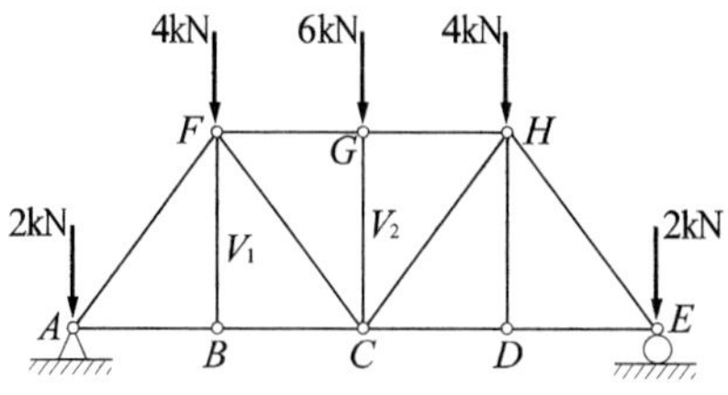

그림 2.158

↳

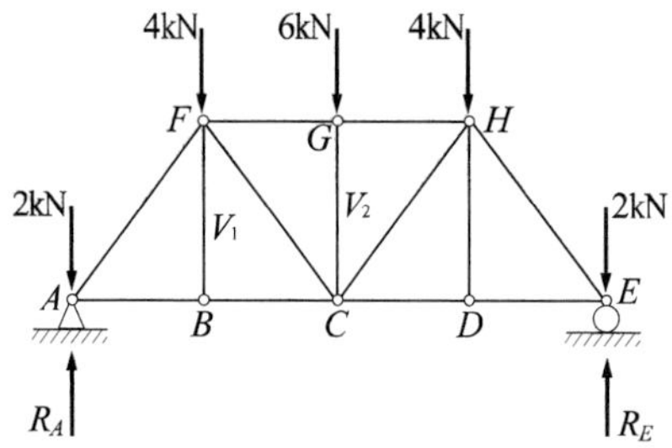

그림 2.159

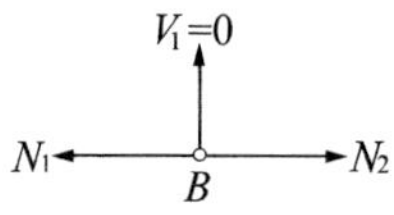

그림 2.160

(1) 절점 B에서 V_1을 구하면, 절점 B에서 세 개의 부재가 모여 있고, 두 부재의 부재축선이 일직선이고, 이 절점에 외력이 작용하지 않으므로 $V_1 = 0$이다.

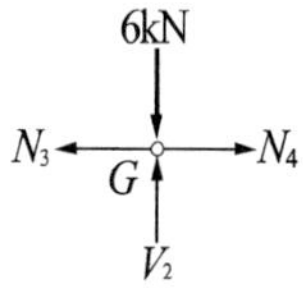

그림 2.161

(2) 절점 G에서 V_2를 구하면, 절점에 모인 부재의 부재축선 또는 외력의 중심선이 서로 두 개씩 일직선상에 있을 때 서로 향하고 있는 외력과 부재의 부재력은 같으므로 $V_2 = -6$ kN (압축)이다.

예제 2.38 다음 그림과 같은 트러스에서 부재력이 영(0)인 부재의 수는 몇 개인가?

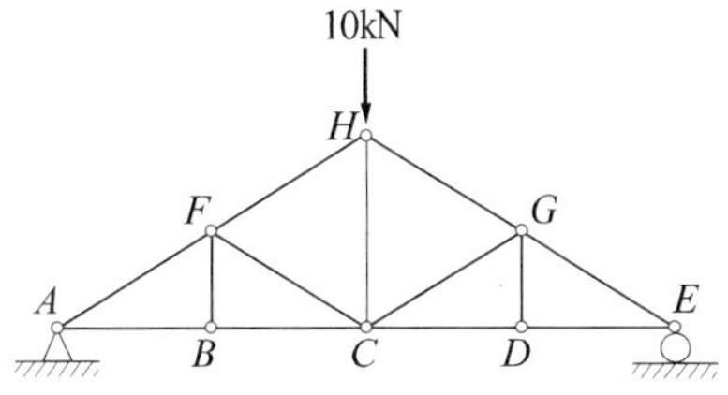

그림 2.162

↳ (1) 반력 및 부재력의 표시

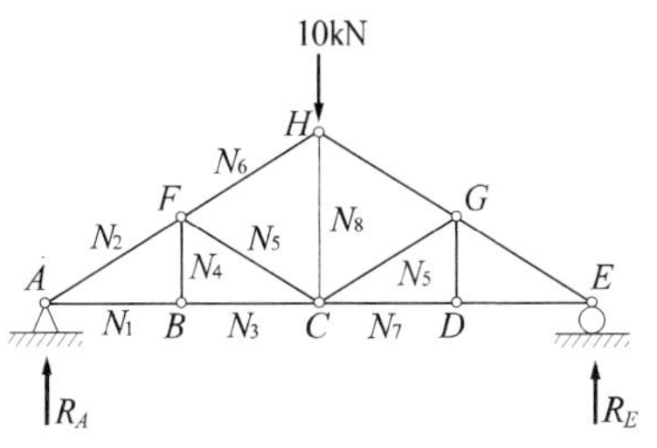

그림 2.163

(2) 부재력 산정

① 절점 A, E

$\Sigma Y = 0\ (+;\uparrow)\ :\ N_2 \neq 0$

$\Sigma X = 0\ (+;\rightarrow)\ :\ N_1 \neq 0$

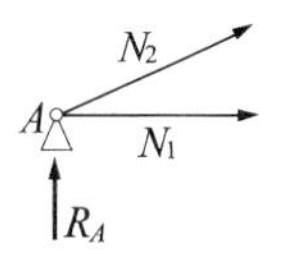

그림 2.164

② 절점 B, D

$\Sigma X = 0\ (+;\rightarrow)\ : N_1 = N_3 \neq 0$

$\Sigma Y = 0\ (+;\uparrow)\ :\ N_4 = 0$

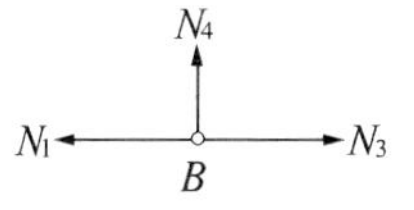

그림 2.165

③ 절점 F, G

$N_2 = N_6 \neq 0$

$N_5 = 0$

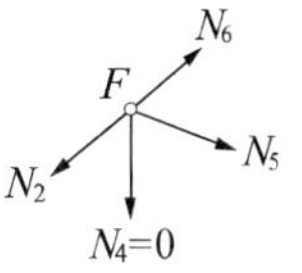

그림 2.166

④ 절점 C

$\Sigma X = 0\ (+;\rightarrow)\ :\ N_3 = N_7 \neq 0$

$\Sigma Y = 0\ (+;\uparrow)\ :\ N_8 = 0$

그러므로 부재력이 영(0)인 부재는 5개이다.

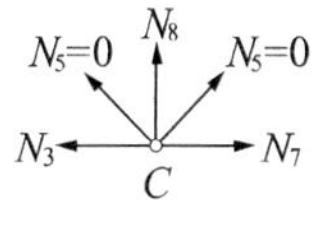

그림 2.167

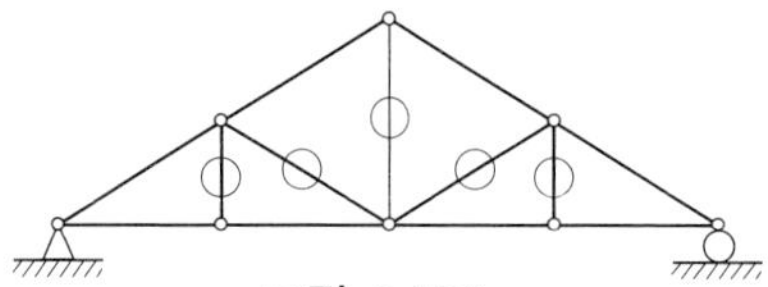

그림 2.168

예제 2.39 다음 그림과 같은 수직력 P를 받는 트러스에서 부재력이 영(0)인 부재의 수는 몇 개인가?

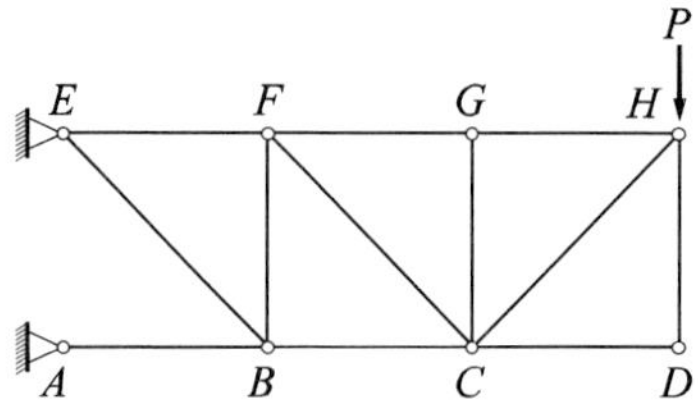

그림 2.169

(1) 반력 및 부재력의 표시

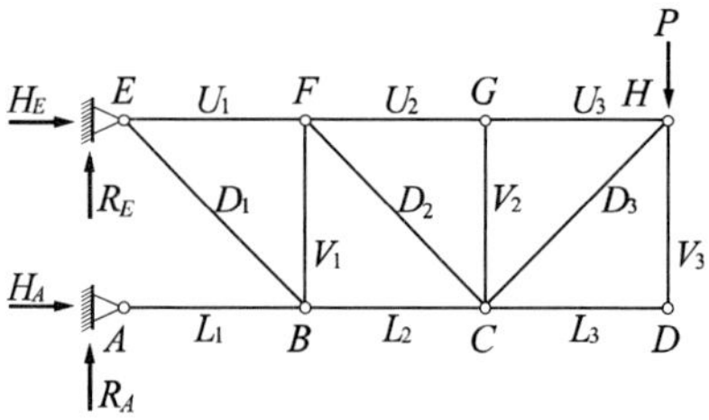

그림 2.170

(2) 부재력 산정

① 절점 D

$\Sigma X = 0\ (+;\rightarrow)$: $L_3 = 0$

$\Sigma Y = 0\ (+;\uparrow)$: $V_3 = 0$

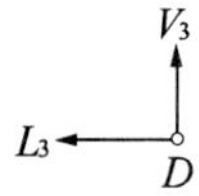

그림 2.171

② 절점 G

$\Sigma X = 0\ (+;\rightarrow)$: $U_2 = U_3 \neq 0$

$\Sigma Y = 0\ (+;\uparrow)$: $V_2 = 0$

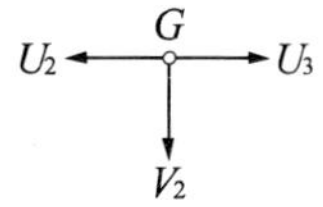

그림 2.172

그러므로 부재력이 영(0)인 부재는 3개이다.

2.4.7 트러스의 해석법

(1) 일반사항

① 트러스 전체를 하나의 구조물로 가정한다.

② 힘의 평형방정식($\Sigma X=0$, $\Sigma Y=0$, $\Sigma M=0$)으로부터 지점반력을 구한다.

③ 미지 부재력의 수가 두 개 이하가 되는 각 절점에서 부재력을 산정한다.

④ 부재력의 산정방법은 일반적으로 절점법과 절단법이 있다.

(2) 절점법

① 개요

절점법(Method of Panel Point)은 트러스의 절점(격점)에 대한 힘의 평형방정식으로 부재력을 산정하는 방법이다. 격점법이라고도 한다.

② 해석순서

㉠ 트러스 전체를 하나의 구조물로 가정하여 반력을 산정한다. 캔틸레버 트러스는 반력을 산정하지 않아도 부재력 산정이 가능하다.

㉡ 각 절점에 작용하는 모든 힘(하중, 반력 및 부재력)에 대하여 $\Sigma X=0$, $\Sigma Y=0$의 식을 사용하여 미지의 부재력을 산정한다(트러스 해법상의 가정으로부터 모든 힘이 한 절점에 작용하므로 $\Sigma M=0$은 이미 성립함). 이 때 방정식이 두 개이므로 미지의 부재력이 두 개 이하인 절점부터 차례로 산정해야 한다.

㉢ 계산과정에서 힘의 부호규약은 상향과 우향을 양(+), 하향과 좌향을 음(−)으로 한다.

㉣ 부재력은 모두 인장력으로 가정하여 산정하며, 결과가 양(+)이면 인장력이 되고, 음(−)이면 압축력이 된다.

③ 절점의 평형방정식

㉠ $\Sigma X=0$

㉡ $\Sigma Y=0$

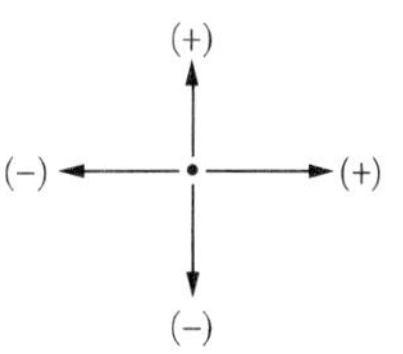

그림 2.173 힘의 부호규약

예제 2.40 다음과 같은 트러스의 부재력을 구하여라.

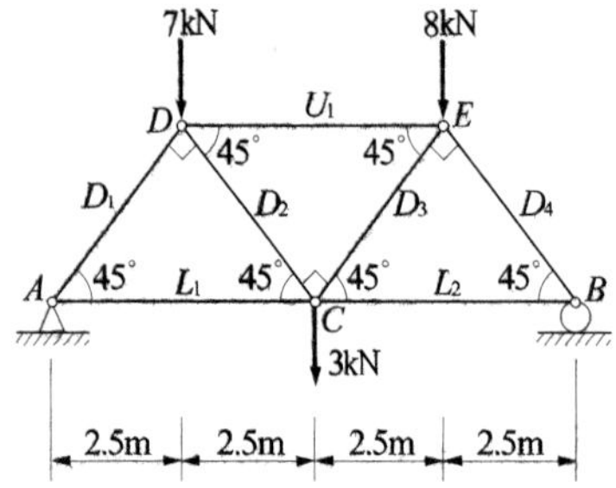

그림 2.174

절점법(격점법)을 이용하여 다음과 같이 부재력을 산정한다.

(1) 반력 산정

① $\Sigma M=0\ (+;\curvearrowright)$:

$\Sigma M_B = R_A \times 10 - 7\times 7.5 - 3\times 5 - 8\times 2.5 = 0$ $\quad \therefore\ R_A = 8.75\,\text{kN}\ (\uparrow)$

② $\Sigma Y=0\ (+;\uparrow)$:

$\Sigma Y = R_A - 7 - 3 - 8 + R_B = 0$ $\quad \therefore\ R_B = 9.25\,\text{kN}\ (\uparrow)$

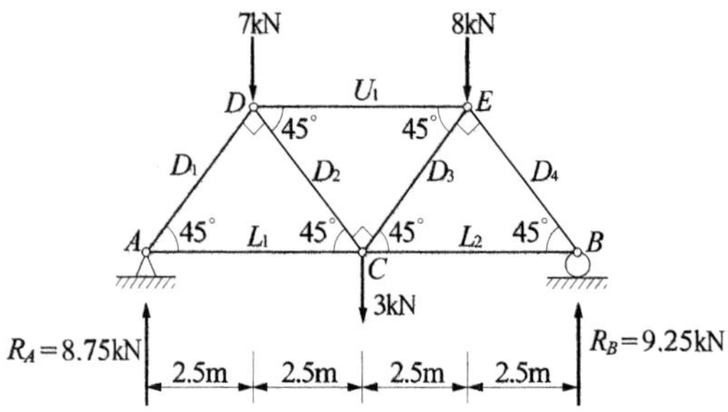

그림 2.175

(2) 부재력 산정

① 절점 A

㉠ $\Sigma Y=0\ (+;\uparrow)$: $\Sigma Y = 8.75 + D_1 \sin 45° = 0$

$\therefore\ D_1 = -12.37\ \text{kN}$ (압축)

㉡ $\Sigma X=0\ (+;\rightarrow)$: $\Sigma X = D_1 \cos 45° + L_1 = -12.37 \times \cos 45° + L_1 = 0$

$\therefore\ L_1 = 8.75\ \text{kN}$ (인장)

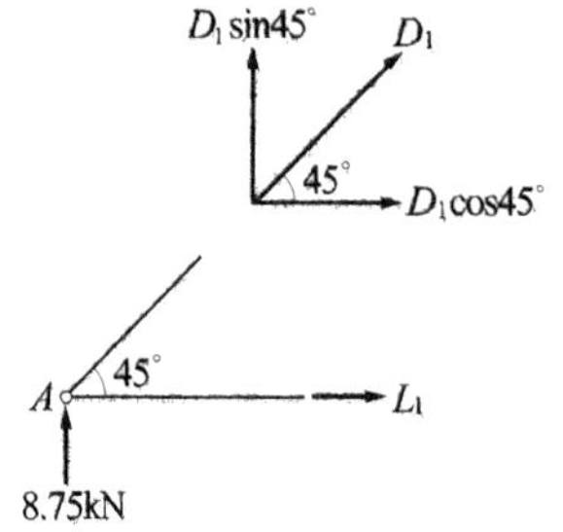

그림 2.176

② 절점 D

㉠ $\Sigma Y = 0\ (+;\uparrow) : \Sigma Y = -7 - D_1 \sin 45° - D_2 \sin 45°$

$$= -7 - (-12.37) \times \sin 45° - D_2 \sin 45° = 0$$

$\therefore\ D_2 = 2.47$ kN (인장)

㉡ $\Sigma X = 0\ (+;\rightarrow) : \Sigma X = U_1 + D_2 \cos 45° - D_1 \cos 45°$

$$= U_1 + 2.47 \times \cos 45° - (-12.37) \times \cos 45° = 0$$

$\therefore\ U_1 = -10.49$ kN (압축)

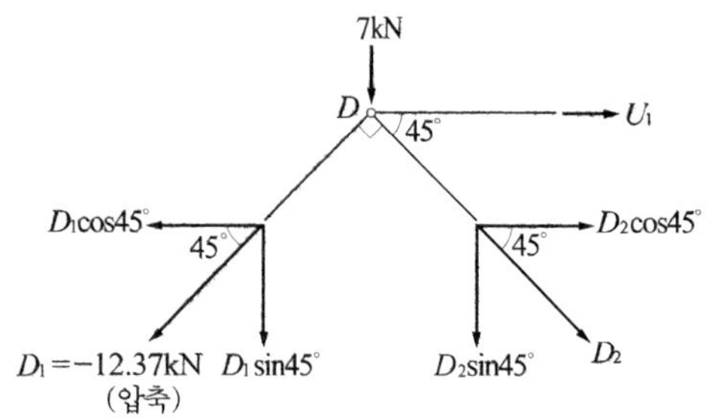

그림 2.177

③ 절점 C

㉠ $\Sigma Y = 0\ (+;\uparrow) : \Sigma Y = D_2 \sin 45° + D_3 \sin 45° - 3$

$$= 2.47 \times \sin 45° + D_3 \sin 45° - 3 = 0$$

$\therefore\ D_3 = 1.77$ kN (인장)

㉡ $\Sigma X = 0\ (+;\rightarrow) : \Sigma X = D_3 \cos 45° + L_2 - D_2 \cos 45° - L_1$

$$= 1.77 \times \cos 45° + L_2 - 2.47 \times \cos 45° - 8.75 = 0$$

$\therefore\ L_2 = 9.24$ kN (인장)

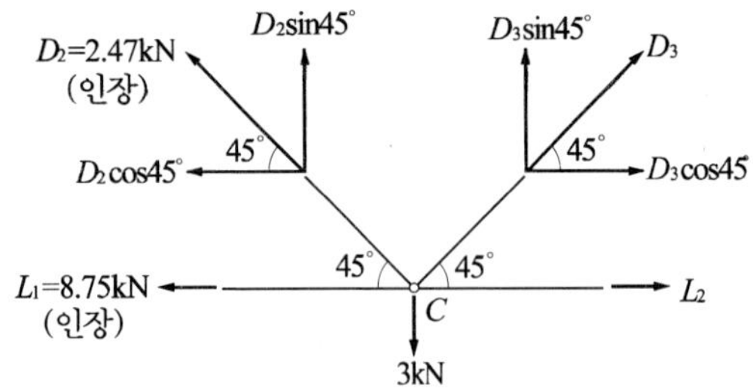

그림 2.178

④ 절점 B

$$\Sigma Y = 0\ (+;\uparrow) : \Sigma Y = D_4 \sin 45° + 9.25 = 0$$

$$\therefore D_4 = -13.08\ \text{kN}\ (압축)$$

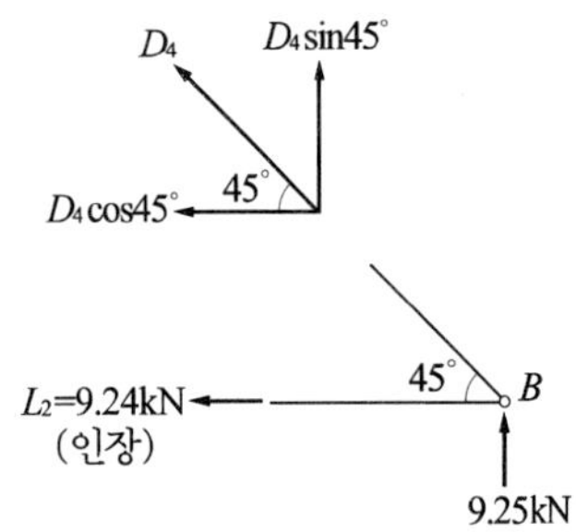

그림 2.179

(3) 트러스의 부재력

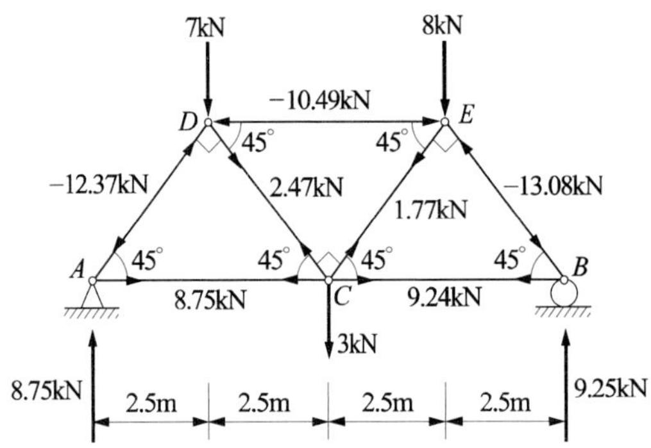

그림 2.180

예제 2.41 다음과 같은 트러스의 부재력을 구하여라.

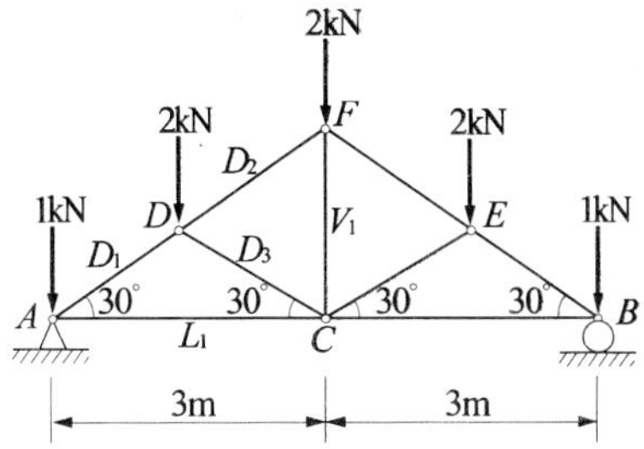

그림 2.181

↳ 절점법(격점법)을 이용하여 다음과 같이 부재력을 산정한다.

(1) 반력 산정

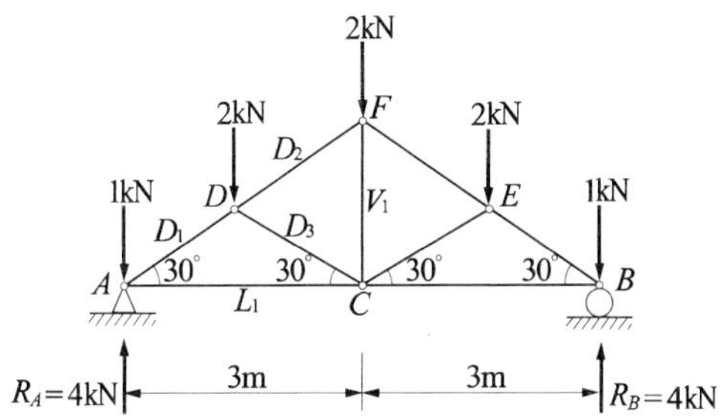

그림 2.182

좌우 대칭인 평면에 대칭인 하중이 작용하므로 전체 하중의 절반씩을 각 지점에서 부담한다.

$R_A = 4$ kN (↑)

$R_B = 4$ kN (↑)

(2) 부재력 산정

① 절점 A

㉠ $\Sigma Y = 0$ (+;↑) : $\Sigma Y = 4 - 1 + D_1 \sin 30° = 0$

$\therefore D_1 = -6$ kN (압축)

㉡ $\Sigma X = 0$ (+;→) : $\Sigma X = L_1 + D_1 \cos 30° = L_1 - 6 \times \cos 30° = 0$

$\therefore L_1 = 5.2$ kN (인장)

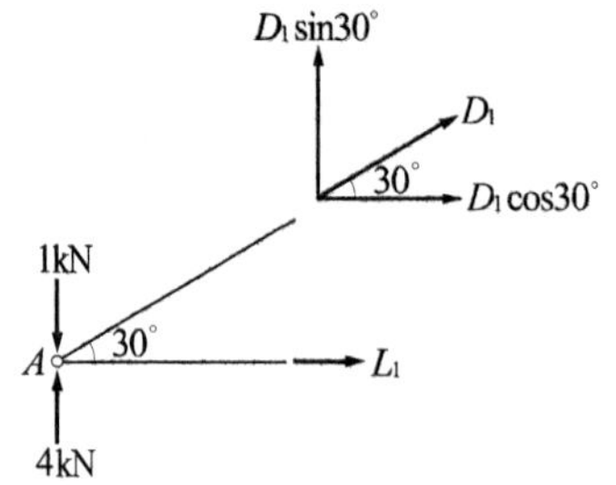

그림 2.183

② 절점 D

㉠ $\Sigma Y=0\ (+;\uparrow)$:

$\Sigma Y=-2-D_1\sin 30°+D_2\sin 30°-D_3\sin 30°=0$ (a)

식 (a)에 $D_1=-6$ kN 을 대입하고 $-\sin 30°$를 나누면 아래와 같다.

$2+D_2-D_3=0$ (b)

㉡ $\Sigma X=0\ (+;\rightarrow)$:

$\Sigma X=-D_1\cos 30°+D_2\cos 30°+D_3\cos 30°=0$ (c)

식 (c)에 $D_1=-6$ kN 을 대입하고 cos 30° 를 나누면 아래와 같다.

$6+D_2+D_3=0$ (d)

식 (b)+식 (d)를 하면 $8+2D_2=0$

$\therefore\ D_2=-4\,\text{kN}$ (압축)

식 (b)에 의해

$\therefore\ D_3=-2\,\text{kN}$ (압축)

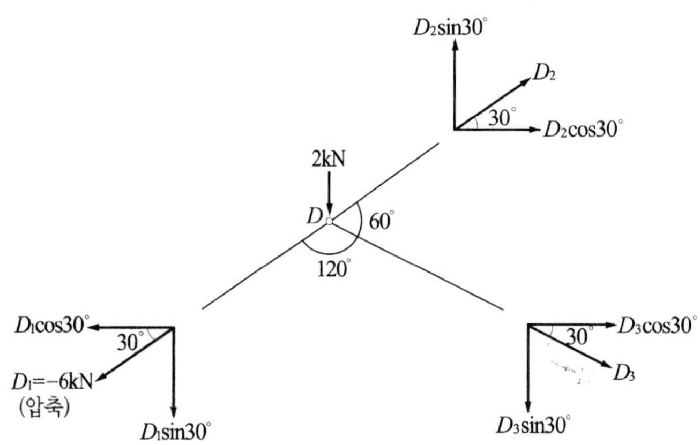

그림 2.184

③ 절점 C

$$\Sigma Y=0\ (+;\uparrow):\ \Sigma Y=D_3\sin 30°\times 2+V_1=-2\times\sin 30°\times 2+V_1=0$$

$$\therefore\ V_1=2\ \text{kN}\ (\text{인장})$$

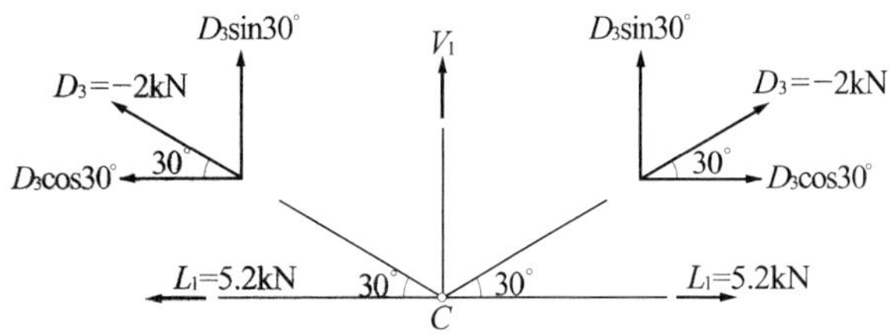

그림 2.185

(3) 트러스의 부재력

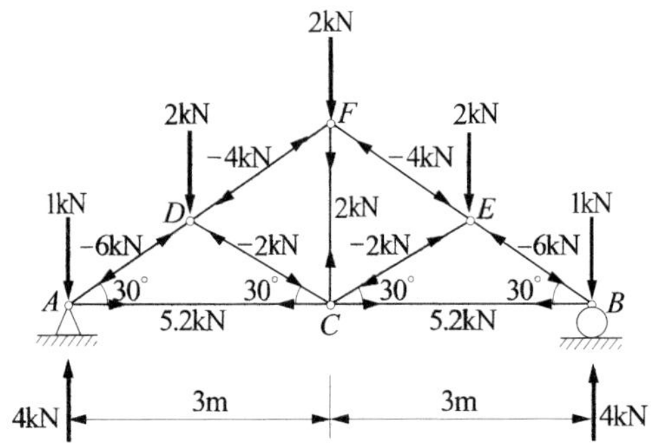

그림 2.186

(3) 절단법

① 개요

㉠ 절단법(Method of Section)은 트러스의 면내(面內)에 작용하는 외력과 부재력에 대한 힘의 평형방정식을 사용하여 미지 부재력을 산정하는 방법이다. 단면법이라고도 한다.

㉡ 절점법은 미지의 부재력이 두 개 이내인 절점부터 차례대로 부재력을 산정해야 하나, 절단법은 미지 부재력이 세 개 이하인 트러스의 임의 부재력을 직접 산정할 수 있는 장점이 있다.

㉢ 절점법은 계산 시 오류가 다른 부재에 직접적으로 영향을 미치지만, 절단법은 계산의 오류가 다른 부재에 직접적으로 영향을 미치지 않는다.

② 해석순서

㉠ 절점법과 같이 트러스 전체를 하나의 구조물로 간주하여 반력을 산정한다.

㉡ 미지 부재력이 세 개 이하가 되도록 가상단면을 정하여 절단한다.

㉢ 절단된 구조체의 어느 한쪽을 선택하여 힘의 평형방정식($\Sigma X = 0$, $\Sigma Y = 0$, $\Sigma M = 0$)을 사용하여 부재력을 산정한다.

㉣ 부재력은 모두 인장으로 가정하여 산정하며, 결과가 양(+)이면 인장력, 음(−)이면 압축력이 된다.

③ 평형방정식

㉠ $\Sigma X = 0$, $\Sigma Y = 0$, $\Sigma M = 0$

㉡ 또는 $\Sigma M_A = 0$, $\Sigma M_B = 0$, $\Sigma M_C = 0$

예제 2.42 다음과 같은 트러스의 부재력 V_1, V_2, D_1을 구하여라.

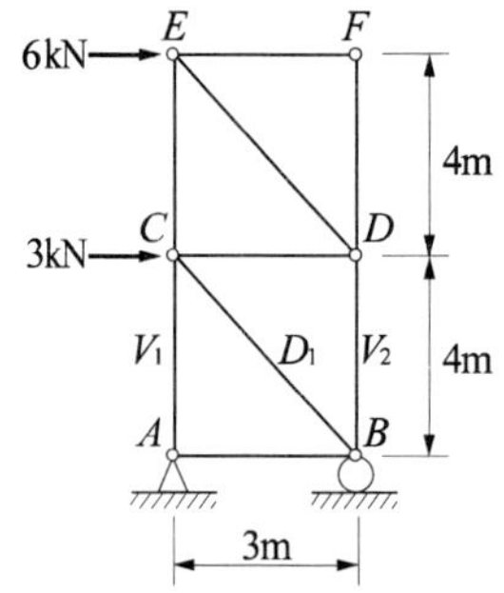

그림 2.187

↳ 절단법(단면법)을 이용하여 다음과 같이 부재력을 산정한다.

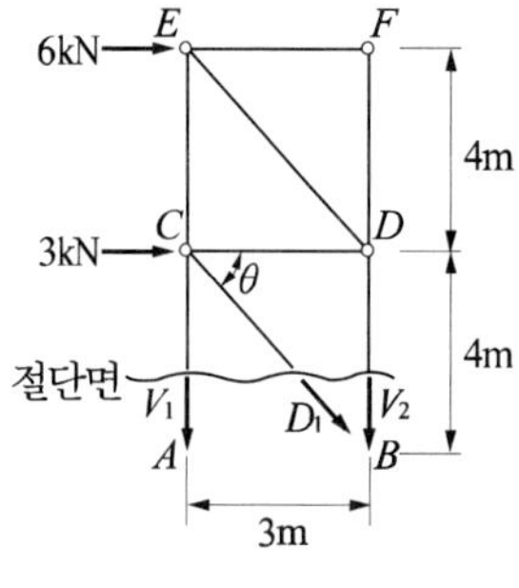

그림 2.188

① $\Sigma M_B = 0\ (+;\frown)$: $\Sigma M_B = 6\times8+3\times4-V_1\times3=0$

$\therefore\ V_1 = 20\ \text{kN}$ (인장)

② $\Sigma M_C = 0\ (+;\frown)$: $\Sigma M_C = 6\times4+V_2\times3=0$

$\therefore\ V_2 = -8\ \text{kN}$ (압축)

③ $\Sigma M_D = 0\ (+;\frown)$: $\Sigma M_D = 6\times4-20\times3-D_1\times\left(3\times\frac{4}{5}\right)=0$

$\therefore\ D_1 = -15\ \text{kN}$ (압축)

• 힘 H_1과 거리 l의 산정

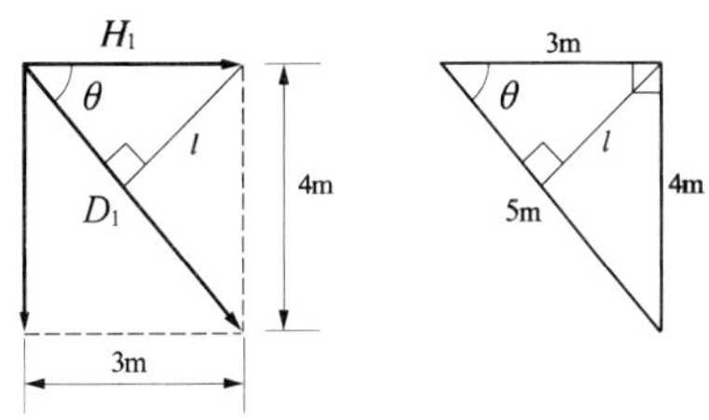

$H_1 = D_1\cos\theta = D_1\times\frac{3}{5}$ $\qquad l = 3\sin\theta = 3\times\frac{4}{5}$

그림 2.189

2.5 아치의 해석 6)

2.5.1 개요

(1) 아치 (Arch)는 부재를 곡선재로 만들어 외력에 저항하도록 하는 구조물로 주로 축방향력에 저항하도록 되어있다.

(2) 아치 구조물은 압축력을 주로 받으며, 전단력이나 휨모멘트의 영향이 적은 편이다.

(3) 아치의 해법은 정정라멘의 경우와 동일하다.

2.5.2 정정 아치의 종류

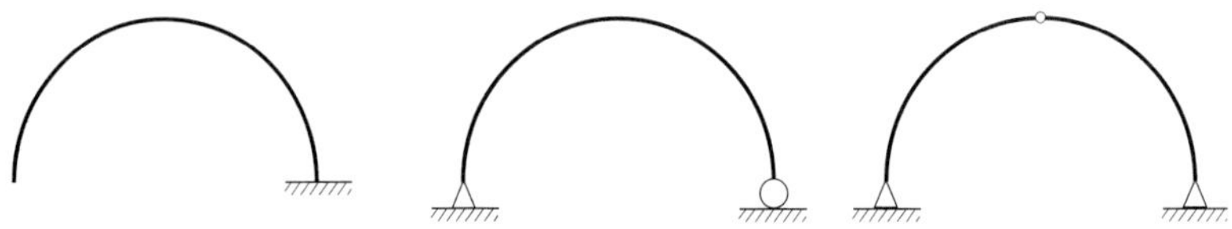

(a) 캔틸레버형 아치　　(b) 단순보형 아치　　(c) 3회전단형 아치

그림 2.190 정정 아치의 종류와 구조형태

2.5.3 아치의 해석법

(1) 힘의 평형방정식 ($\Sigma X = 0$, $\Sigma Y = 0$, $\Sigma M = 0$)으로부터 반력을 산정한다.

(2) 곡선부재 아치의 임의 점에서 축방향은 그 점에서의 접선이고, 축방향의 직각방향은 그 점에서의 접선의 직각방향이다.

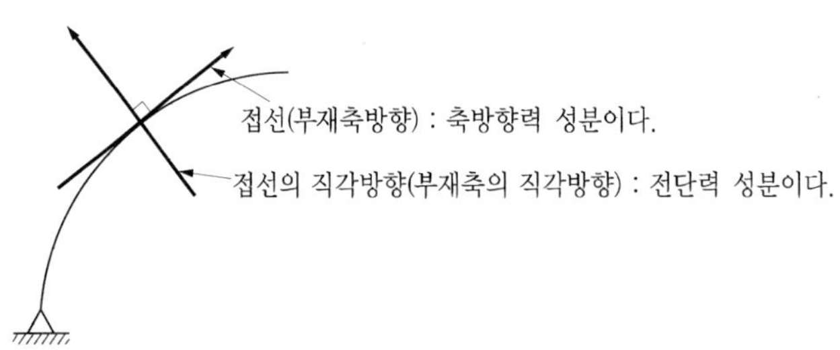

(a)

6) 초급과정에서는 § 2.5 아치의 해석 과정을 생략하여도 됨.

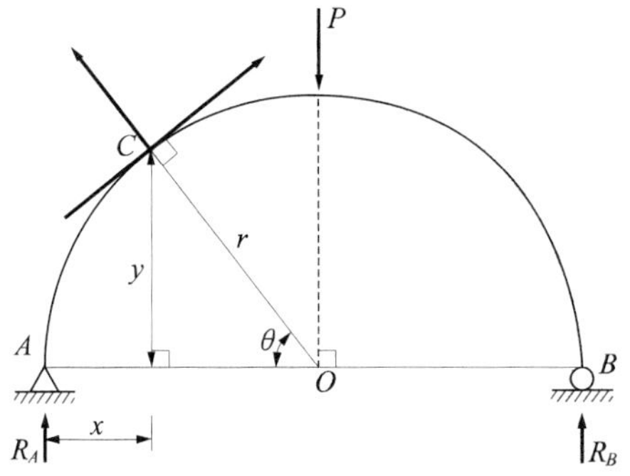

(b)

그림 2.191

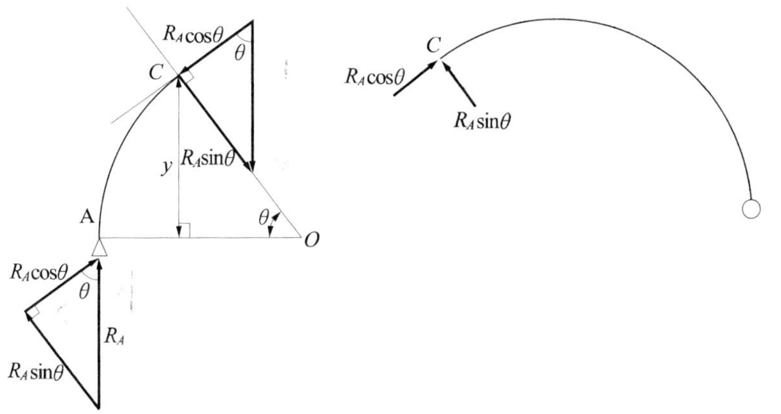

(a) (b)

그림 2.192

아치 부재의 점 C를 절단하였을 때, 구간 A−C에 작용하는 단면력은 다음과 같다.

① 축방향력 성분 : $N_\theta = -R_A \cos\theta$ (압축)

② 전단력 성분 : $V_\theta = R_A \sin\theta$

예제 2.43 다음 그림과 같은 캔틸레버형 반원아치의 반력을 구하고 단면력도를 작성하시오.

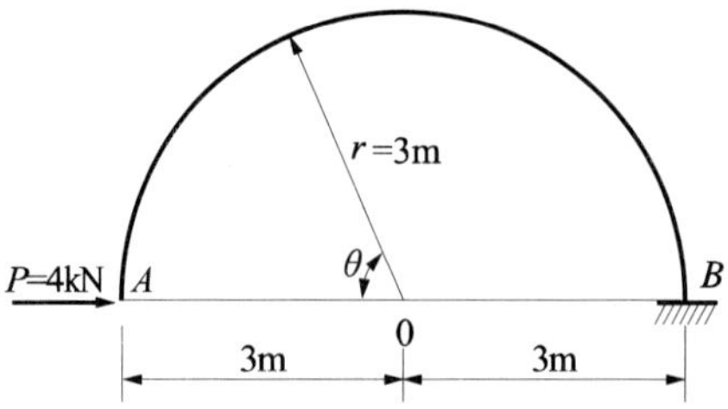

그림 2.193

(1) 반력 산정

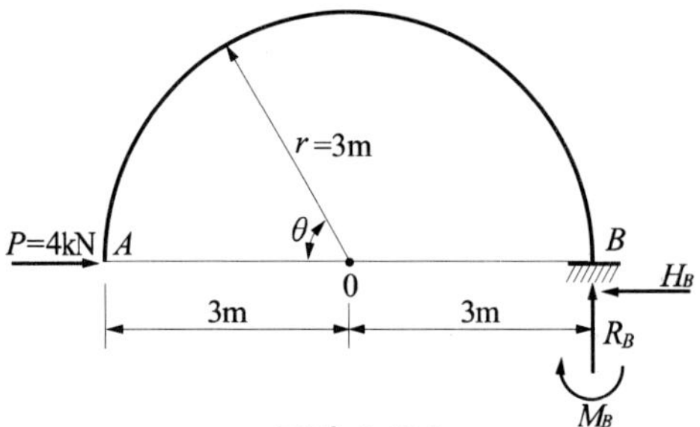

그림 2.194

① $\Sigma M=0\ (+;\curvearrowright)\ :\ \Sigma M_B=M_B=0$ $\therefore\ M_B=0\ \text{kN}\cdot\text{m}$

② $\Sigma Y=0\ (+;\uparrow)\ :\ \Sigma Y=R_B=0$ $\therefore\ R_B=0\ \text{kN}$

③ $\Sigma X=0\ (+;\rightarrow)\ :\ \Sigma X=4-H_B=0$ $\therefore\ H_B=4\ \text{kN}$

(2) 부재력 산정

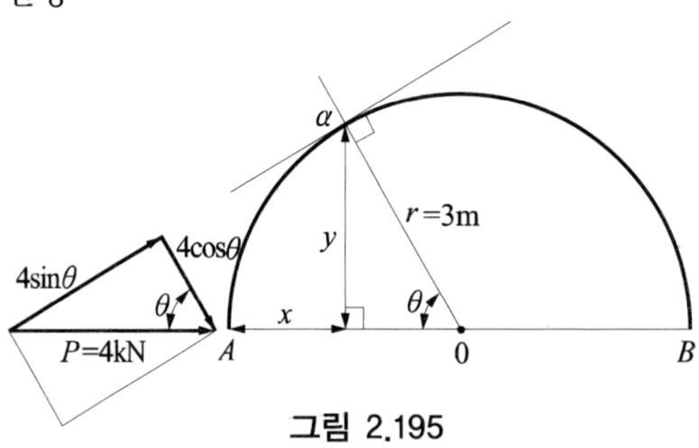

그림 2.195

$x=r(1-\cos\theta)=3(1-\cos\theta)$

$y=r\sin\theta=3\sin\theta$

① 축방향력

일반식 $N_\theta = -P\sin\theta = -4\sin\theta$

표 2.28 구간에 따른 축방향력

구간	A–C			C–B		
θ	0°	45°	90°	90°	135°	180°
N_θ (kN)	0	−2.83	−4	−4	−2.83	0

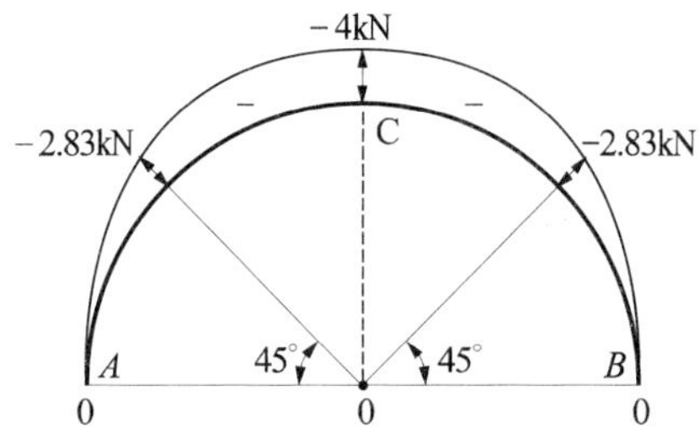

그림 2.196 AFD

② 전단력

일반식 $V_\theta = -P\cos\theta = -4\cos\theta$

표 2.29 구간에 따른 전단력

구간	A–C			C–B		
θ	0°	45°	90°	90°	135°	180°
V_θ (kN)	−4	−2.83	0	0	2.83	4

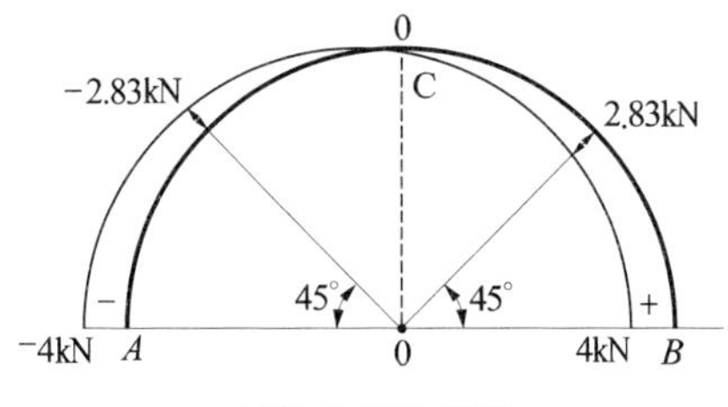

그림 2.197 SFD

③ 휨모멘트

일반식 $M_\theta = -4y = -4\times 3\sin\theta = -12\sin\theta$

표 2.30 구간에 따른 휨모멘트

구간	A–C			C–B		
θ	0°	45°	90°	90°	135°	180°
M_θ (kN · m)	0	−8.49	−12	−12	−8.49	0

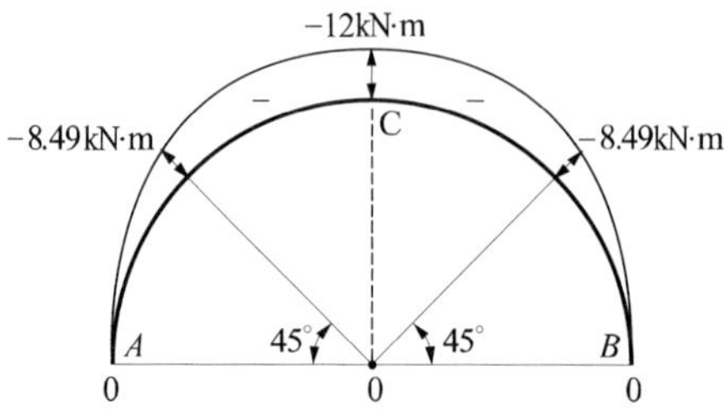

그림 2.198 BMD

- 점 α의 자유물체도

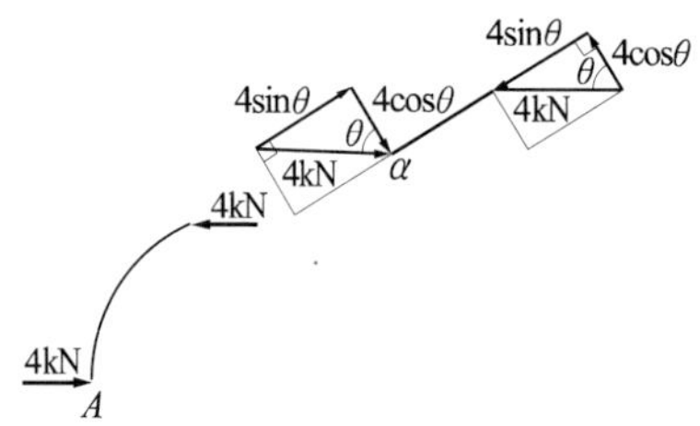

그림 2.199

점 α의 단면력은 왼쪽 부분에 작용하는 외력(하중 및 반력)들을 점 α에서의 접선 및 접선에 수직인 성분의 힘으로 분해하여 산정한다.

- M_θ
  임의 점에서의 휨모멘트는 그 점을 기준으로 왼쪽에 작용하는 하중 P와 거리(수직거리) y의 곱이다.

예제 2.44 다음 그림과 같은 단순보형 반원아치의 반력을 구하고 단면력도를 작성하시오.

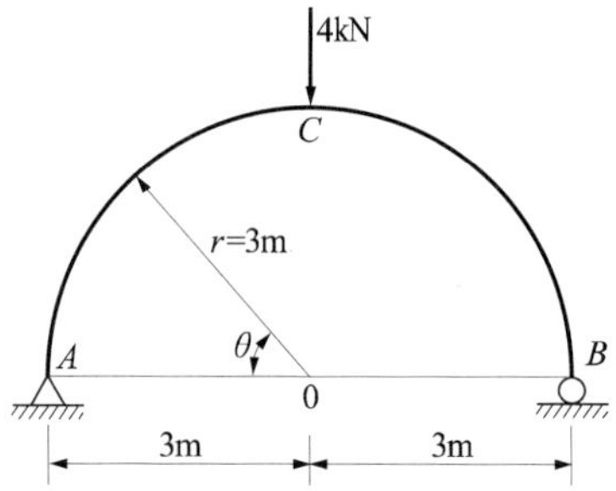

그림 2.200

(1) 반력 산정

① $\Sigma M=0\ (+;\frown)$: $\Sigma M_B=R_A\times 6-4\times 3=0$ $\quad\therefore R_A=2\text{ kN}$

② $\Sigma Y=0\ (+;\uparrow)$: $\Sigma Y=R_A-4+R_B=0$ $\quad\therefore R_B=2\text{ kN}$

③ $\Sigma X=0\ (+;\rightarrow)$: $\Sigma X=H_A=0$ $\quad\therefore H_A=0\text{ kN}$

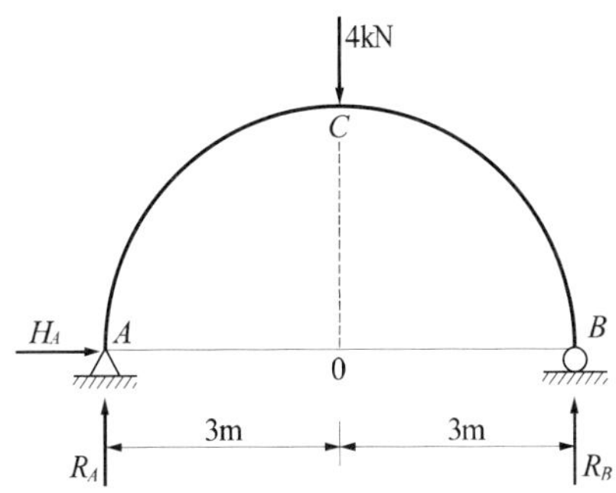

그림 2.201

(2) 부재력 산정

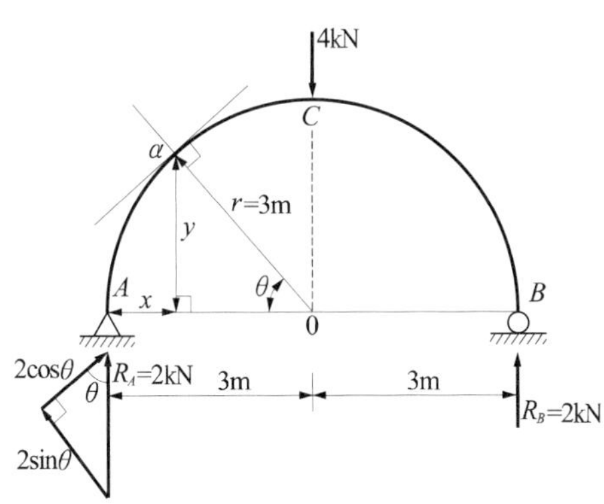

그림 2.202

$x=r(1-\cos\theta)=3(1-\cos\theta)$

$y=r\sin\theta=3\sin\theta$

① 축방향력

㉠ 구간 A-C의 일반식 : $N_\theta=-R_A\cos\theta=-2\cos\theta$

㉡ 구간 C-B의 일반식 : $N_\theta=P\cos\theta-R_A\cos\theta$

$=4\cos\theta-2\cos\theta=2\cos\theta$

표 2.31 구간에 따른 축방향력

구간	A–C			C–B		
θ	0°	45°	90°	90°	135°	180°
N_θ (kN)	−2	−1.41	0	0	−1.41	−2

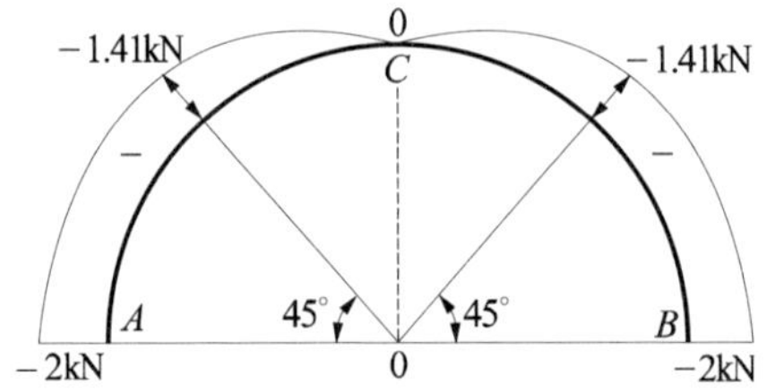

그림 2.203 AFD

② 전단력

㉠ 구간 A–C의 일반식 : $V_\theta = R_A \sin\theta = 2\sin\theta$

㉡ 구간 C–B의 일반식 : $V_\theta = -P\sin\theta + R_A \sin\theta$

$$= -4\sin\theta + 2\sin\theta = -2\sin\theta$$

표 2.32 구간에 따른 전단력

구간	A–C			C–B		
θ	0°	45°	90°	90°	135°	180°
V_θ (kN)	0	1.41	2	−2	−1.41	0

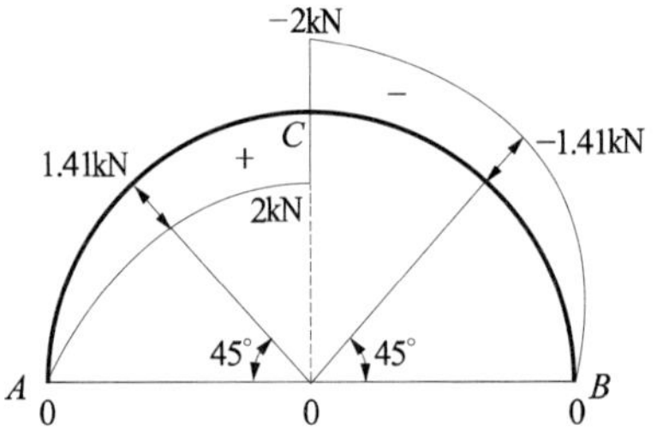

그림 2.204 SFD

③ 휨모멘트

㉠ 구간 A–C의 일반식 : $M_\theta = R_A\, x = 2\times 3(1-\cos\theta) = 6(1-\cos\theta)$

㉡ 구간 C–B의 일반식 : $M_\theta = R_A\, x - P(x-3)$

$$= 12 - 2x = 12 - 2\times 3(1-\cos\theta) = 6(1+\cos\theta)$$

표 2.33 구간에 따른 휨모멘트

구간	A-C			C-B		
θ	0°	45°	90°	90°	135°	180°
M_θ (kN · m)	0	1.76	6	6	1.76	0

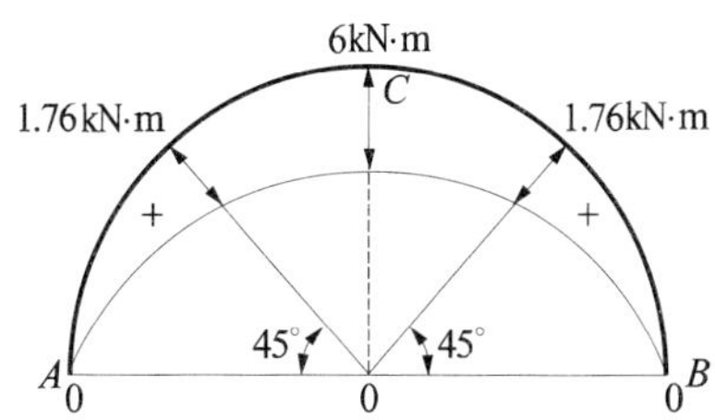

그림 2.205 BMD

예제 2.45 다음 그림과 같은 3회전단형 반원아치의 반력을 구하고 단면력도를 작성하시오.

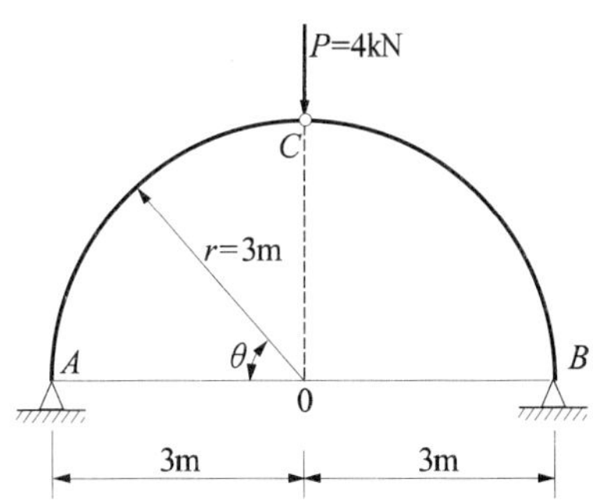

그림 2.206

(1) 반력 산정

① $\Sigma X = 0\ (+;\rightarrow)$: $\Sigma X = H_A - H_B = 0$

② $\Sigma Y = 0\ (+;\uparrow)$: $\Sigma Y = R_A - 4 + R_B = 0$

③ $\Sigma M = 0\ (+;\curvearrowright)$: $\Sigma M_{C(CA)} = R_A \times 3 - H_A \times 3 = 0$

④ $\Sigma M = 0\ (+;\curvearrowright)$: $\Sigma M_{C(CB)} = -R_B \times 3 + H_B \times 3 = 0$

위의 연립방정식을 풀면

$H_A = 2$ kN , $R_A = 2$ kN , $H_B = 2$ kN , $R_B = 2$ kN

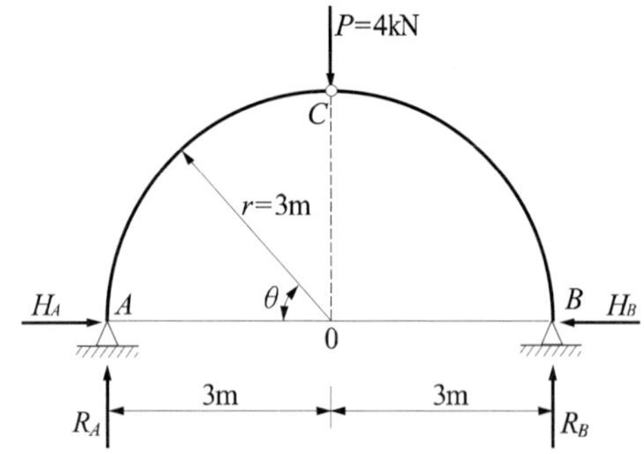

그림 2.207

(2) 부재력 산정

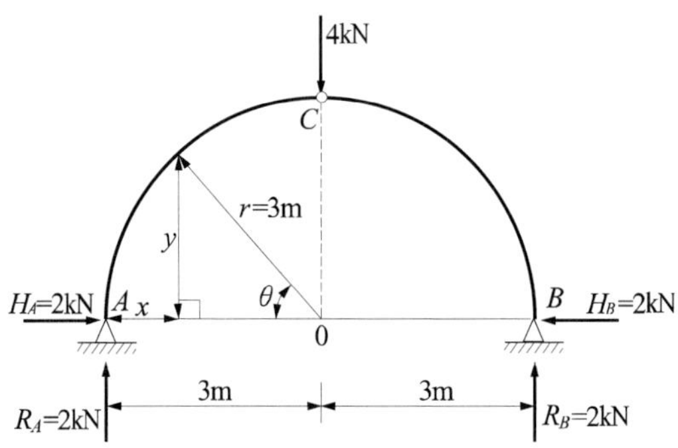

그림 2.208

$$x = r(1-\cos\theta) = 3(1-\cos\theta)$$
$$y = r\sin\theta = 3\sin\theta$$

① 축방향력

㉠ 구간 A–C의 일반식

$$N_\theta = -R_A\cos\theta - H_A\sin\theta = -2\cos\theta - 2\sin\theta$$
$$= -2(\cos\theta + \sin\theta)$$

㉡ 구간 C–B의 일반식

$$N_\theta = P\cos\theta - R_A\cos\theta - H_A\sin\theta = 4\cos\theta - 2\cos\theta - 2\sin\theta$$
$$= 2(\cos\theta - \sin\theta)$$

표 2.34 구간에 따른 축방향력

구간	A-C			C-B		
θ	0°	45°	90°	90°	135°	180°
N_θ (kN)	-2	-2.83	-2	-2	-2.83	-2

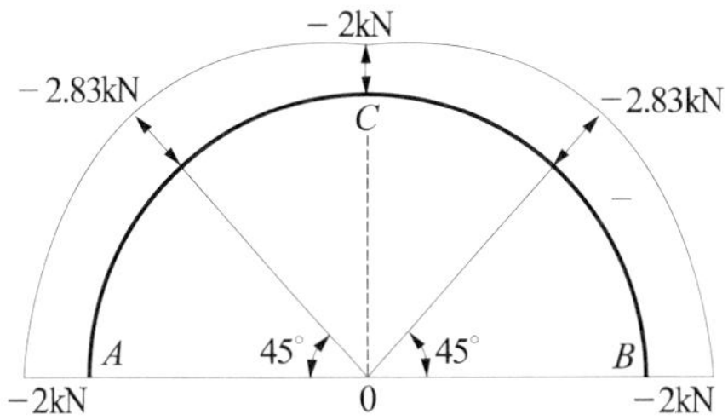

그림 2.209 AFD

② 전단력

㉠ 구간 A-C의 일반식 : $V_\theta = R_A \sin\theta - H_A \cos\theta = 2\sin\theta - 2\cos\theta$

$$= 2(\sin\theta - \cos\theta)$$

㉡ 구간 C-B의 일반식 : $V_\theta = -P\sin\theta + R_A \sin\theta - H_A \cos\theta$

$$= -4\sin\theta + 2\sin\theta - 2\cos\theta$$

$$= -2(\sin\theta + \cos\theta)$$

표 2.35 구간에 따른 전단력

구간	A-C			C-B		
θ	0°	45°	90°	90°	135°	180°
V_θ (kN)	-2	0	2	-2	0	2

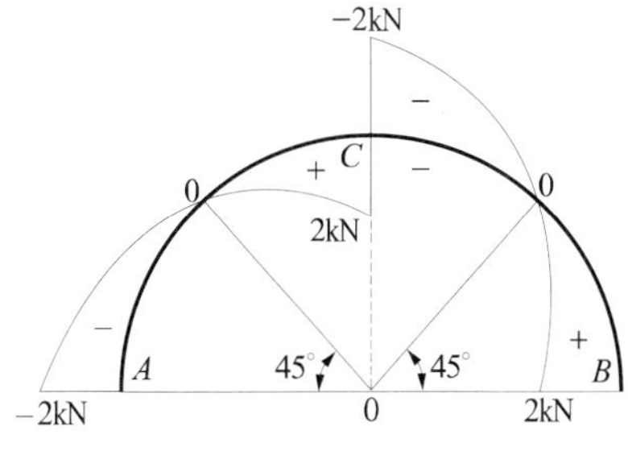

그림 2.210 SFD

③ 휨모멘트

㉠ 구간 A-C의 일반식 : $M_\theta = R_A x - H_A y = 2\times 3(1-\cos\theta) - 2\times 3\sin\theta$

$$= 6(1-\cos\theta-\sin\theta)$$

㉡ 구간 C-B의 일반식 : $M_\theta = R_A x - H_A y - P(x-3)$

$$= 2\times 3(1-\cos\theta) - 2\times 3\sin\theta$$
$$-4\times\{3(1-\cos\theta)-3\}$$
$$= 6(1+\cos\theta-\sin\theta)$$

표 2.36 구간에 따른 휨모멘트

구간	A-C			C-B		
θ	0°	45°	90°	90°	135°	180°
M_θ (kN · m)	0	−2.49	0	0	−2.49	0

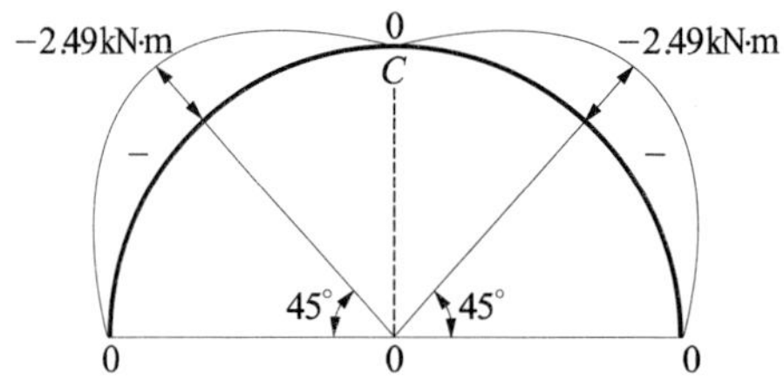

그림 2.211 BMD

• 지점 A에서 외력의 분해

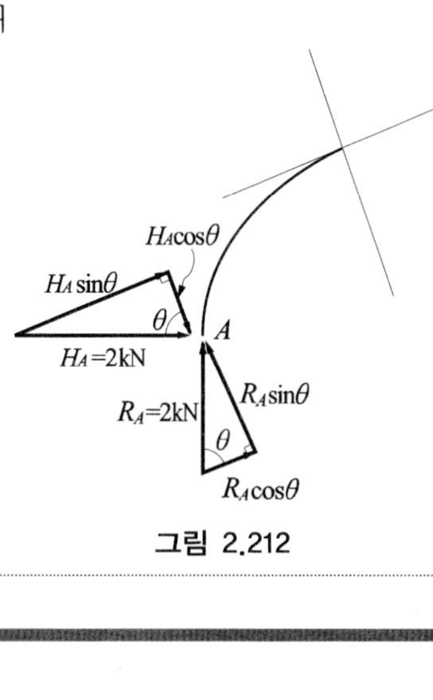

그림 2.212

02 연습문제

1. **다음 보(Beam) 중에서 정정구조물이 아닌 것은?**

㉮ 

㉯ 

㉰ 

㉱ 

㉮ $N=(r+m+f)-2j=(3+1+0)-2\times2=0$ ∴ 정정
㉯ $N=(r+m+f)-2j=(3+2+1)-2\times3=0$ ∴ 정정
㉰ $N=(r+m+f)-2j=(4+1+0)-2\times2=1$ ∴ 1차 부정정
㉱ $N=(r+m+f)-2j=(4+2+0)-2\times3=0$ ∴ 정정

답 ㉰

2. **단순보에 관한 설명으로 가장 부적당한 것은?(단, 부재의 축방향을 축으로 함)**

㉮ 집중하중을 받는 구간의 휨모멘트도는 축에 대해 1차식이다.
㉯ 등분포하중을 받는 구간의 휨모멘트도는 축에 대해 2차식이다.
㉰ 등분포하중을 받는 구간의 전단력도는 축에 대해 1차식이다.
㉱ 등변분포하중을 받는 구간의 휨모멘트도는 축에 대해 2차식이다.

① 등분포하중을 받는 구간의 전단력도는 축에 대해 1차식이고, 휨모멘트도는 축에 대해 2차식이다.
② 등변분포하중을 받는 구간의 전단력도는 축에 대해 2차식이고, 휨모멘트도는 축에 대해 3차식이다.

답 ㉱

3. 보에 작용하는 전단력과 휨모멘트의 관계를 설명하는 것으로 가장 부적당한 것은?

㉮ 전단력 크기가 0이 되는 곳에서 휨모멘트 크기가 최댓값 또는 최솟값이 된다.

㉯ 휨모멘트 크기와 전단력 크기는 함수 관계가 아니다.

㉰ 휨모멘트 크기가 일정하면 전단력 크기는 0이다.

㉱ 휨모멘트도가 2차 곡선이면 전단력도는 직선 변화한다.

↳ 하중, 전단력, 휨모멘트의 관계 (함수 관계)

답 ㉯

4. 휨모멘트도와 전단력도 사이의 관계 중 옳지 않은 것은?

㉮ 휨모멘트도가 3차 곡선일 때 전단력도는 2차 곡선 변화

㉯ 휨모멘트도가 2차 곡선일 때 전단력도는 1차 직선 변화

㉰ 휨모멘트도가 1차 직선변화일 때 전단력도의 값은 일정

㉱ 휨모멘트도가 일정한 값일 때 전단력도의 값은 3차 곡선 변화

↳ 휨모멘트도가 일정한 값일 때 전단력도의 값은 영 (0)이다. 답 ㉱

5. 다음 단순보의 전단력도 (SFD)에 대한 설명 중 가장 부적당한 것은?

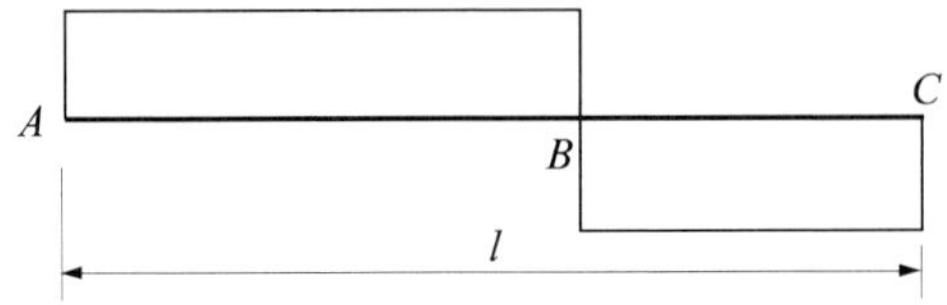

㉮ 집중하중이 작용하고 있다.

㉯ 지점 C에서 최대 휨모멘트가 발생한다.

㉰ 지점 A의 휨모멘트는 0이다.

㉱ 구간 A−B의 면적은 점 B의 휨모멘트와 같다.

↳ 최대 휨모멘트는 전단력이 영 (0)인 점 B에서 발생한다. 답 ㉯

6. **다음 그림은 단순보의 전단력도이다. 각 구간에 대한 역학적 설명으로 틀린 것은?**

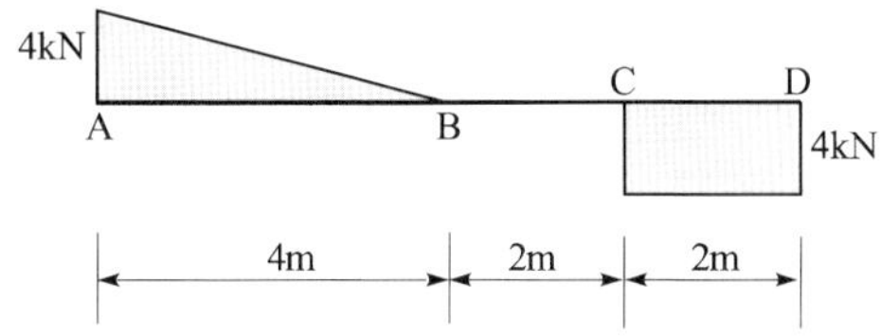

㉮ 구간 A-B에는 등분포하중 1 kN/m 가 작용한다.
㉯ 구간 B-C에는 하중이 작용하지 않는다.
㉰ 점 C에는 집중하중 2 kN 이 작용한다.
㉱ 양단부(지점)의 반력의 크기는 4 kN 이다.

↳ 점 C에는 집중하중 4 kN 이 작용한다. 답 ㉰

7. **다음 그림은 단순보의 임의 점에 집중하중 1개가 작용하였을 때의 전단력도를 나타낸 것이다. 점 C의 휨모멘트는 얼마인가?**

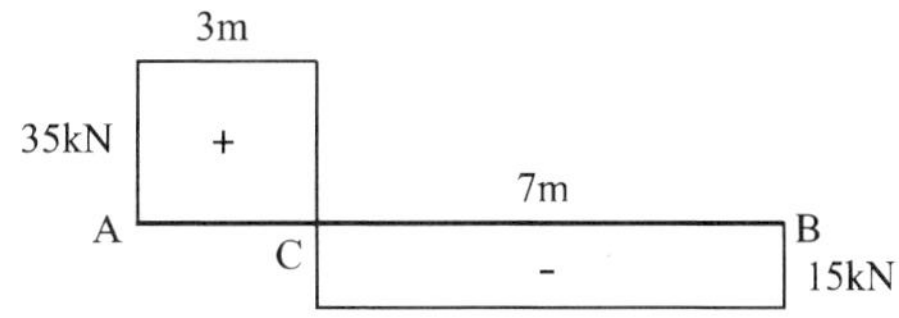

㉮ 0 ㉯ 105 kN·m
㉰ 210 kN·m ㉱ 245 kN·m

↳ 점 C의 휨모멘트
점 C를 기준으로 왼쪽 부분의 전단력도의 면적과 같다.
$M_C = 35 \times 3 = 105$ kN · m 답 ㉯

8. **그림과 같은 보에서 전단력도를 보고 지점 B에 발생하는 휨모멘트를 구하면 얼마인가? (단, 절댓값으로 표현)**

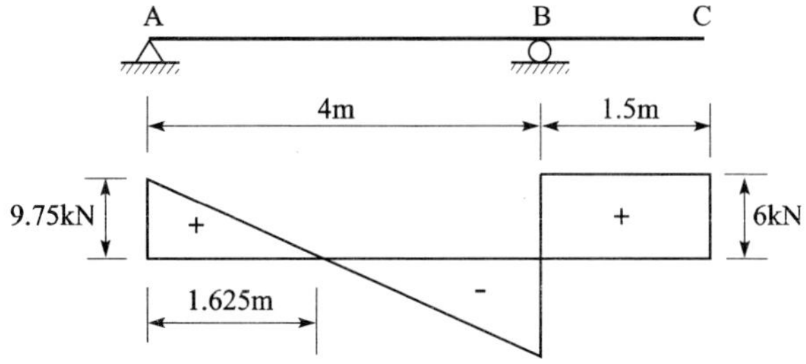

㉮ 9 kN·m　　　㉯ 7.75 kN·m

㉰ 5.03 kN·m　　　㉱ 3.92 kN·m

↳ 지점 B의 휨모멘트

어느 점의 휨모멘트는 그 점을 기준으로 한쪽 방향에 대한 전단력도의 면적과 같다.

$M_B = 6 \times 1.5 = 9.0$ kN · m　　　답 ㉮

9. **단순보의 전단력도가 그림과 같을 때 보의 최대 휨모멘트는?**

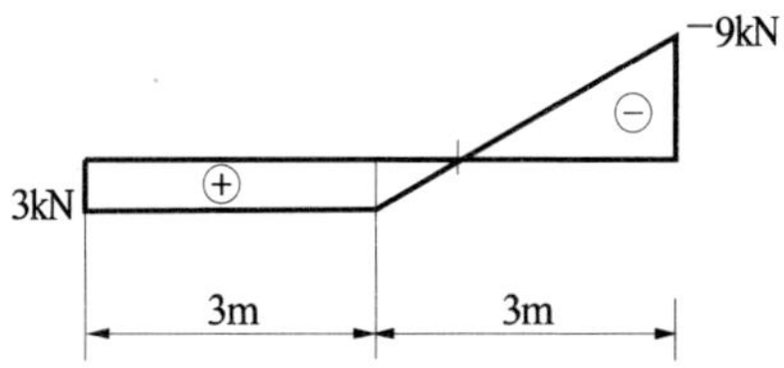

㉮ 10.1 kN·m　　　㉯ 8.5 kN·m

㉰ 9.4 kN·m　　　㉱ 11.8 kN·m

↳ 어느 점의 휨모멘트는 전단력도의 면적과 같다. 그리고 최대 휨모멘트는 전단력이 영 (0)인 곳에서 발생한다. 전단력이 영 (0)인 위치는 다음과 같다.

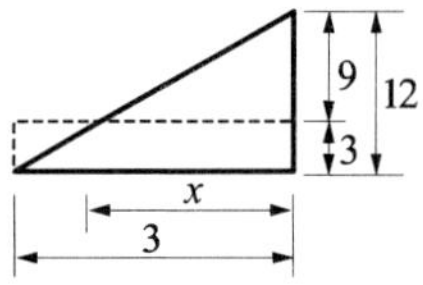

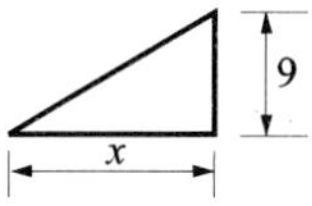

$12 : 3 = 9 : x$　　　$x = \frac{3 \times 9}{12} = 2.25$ m

전단력이 영 (0)인 곳을 중심으로 전단력도의 오른쪽의 면적을 고려하여 최대 휨모멘트를 산정하면 다음과 같다.

$M_{\max} = \frac{1}{2} \times 2.25 \times 9 = 10.1 \text{ kN} \cdot \text{m}$

전단력이 영 (0)인 곳을 중심으로 전단력도의 왼쪽의 면적을 고려하여도 다음과 같이 동일한 결과가 된다.

$M_{\max} = 3 \times 3 + \frac{1}{2} \times 0.75 \times 3 = 10.1 \text{ kN·m}$ 답 ㉮

10. 그림과 같은 휨모멘트도가 형성될 수 있는 구조물로 가장 적당한 것은?

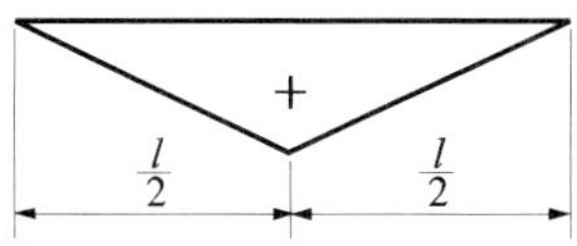

BMD

㉮
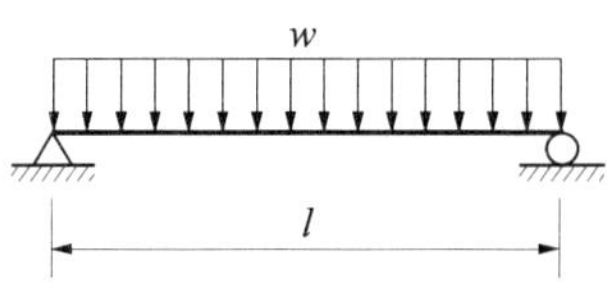

㉯
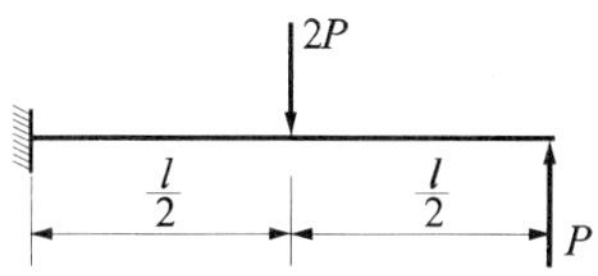

㉰
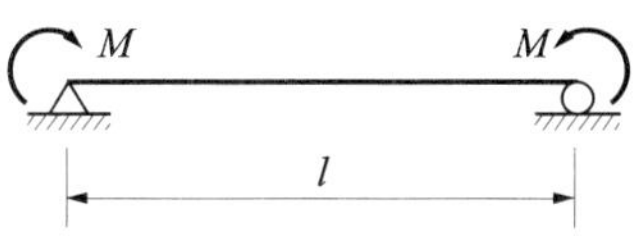

㉱
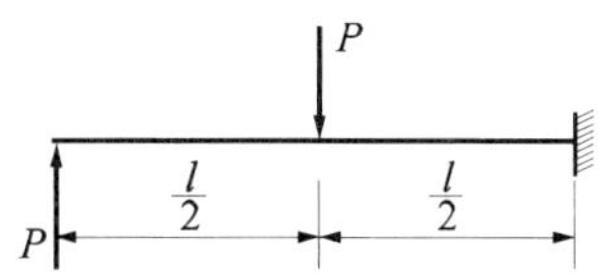

휨모멘트도가 부재축에 대해 1차식이면, 전단력도는 축에 대해 상수이고, 하중은 집중하중이 된다. 보기의 ㉯ 또는 ㉱가 해당되며 ㉯와 ㉱를 자세히 살펴보면 다음과 같다.

㉯에서 고정단의 모멘트는 $M = -P \times l + 2P \times \frac{l}{2} = 0$이고

㉱에서 고정단의 모멘트는 $M = P \times l - P \times \frac{l}{2} = \frac{Pl}{2}$ 이다. 따라서 ㉯가 정답이다.

답 ㉯

11. **다음 그림과 같은 단순보에서 중앙점 C의 전단력을 구하면?**

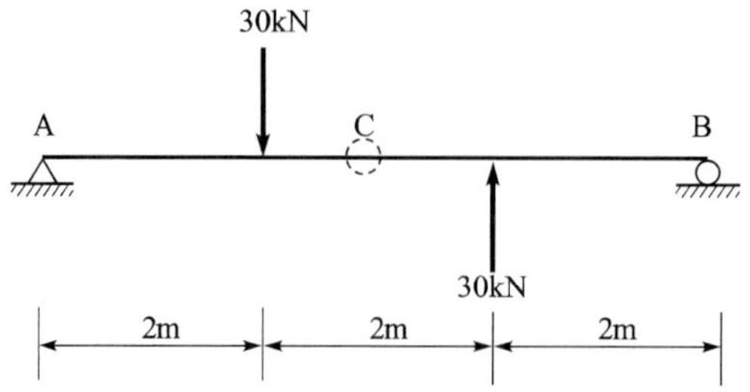

㉮ 0 ㉯ −10 kN ㉰ −20 kN ㉱ −30 kN

↳ (1) 지점 A의 반력 산정

힘의 평형방정식 ($\Sigma X=0$, $\Sigma Y=0$, $\Sigma M=0$)으로부터 반력을 산정한다.

$\Sigma M=0$ (+; ⌒) : $\Sigma M_B = R_A \times 6 - 30 \times 4 + 30 \times 2 = 0$ ∴ $R_A = 10$ kN

(2) 점 C의 전단력 산정

$V_C = R_A - 30 = 10 - 30 = -20$ kN

∴ 중앙점 C의 전단력 크기는 − 20 kN 이다. 답 ㉰

주1) 전단력의 계산 값은 임의 단면의 어느 한쪽 부분(자유물체도)에서의 부재축에 직각인 힘의 대수합이다.

주2) 전단력의 부호규약은 재료에 대해 시계방향(↑⊞↓)으로 작용하면 양(+)이고, 반시계방향(↓⊟↑)으로 작용하면 음(−)이다.

주3) 전단력의 왼쪽성분이 상향(↑⊞)이면 양(+)이고, 또한 오른쪽성분이 하향(⊞↓)이면 양(+)이다.

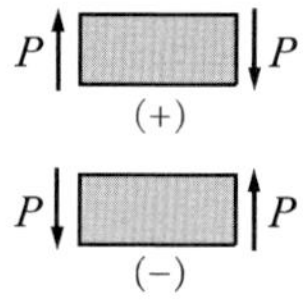

12. **그림과 같은 하중을 받는 단순보에서 점 E의 전단력 값은?**

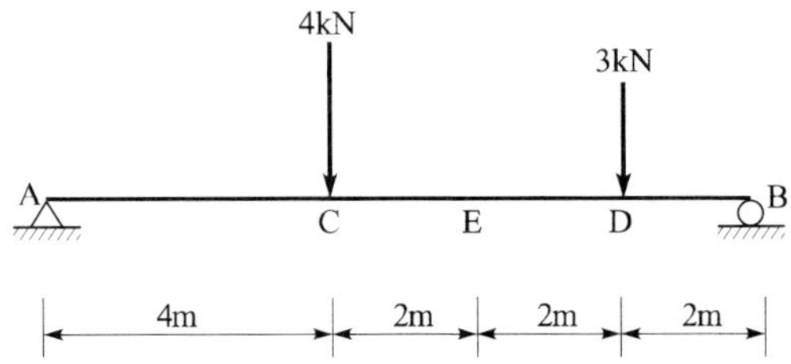

㉮ −1 kN ㉯ −2 kN ㉰ −3 kN ㉱ −4 kN

---

(1) 지점 A의 반력 산정

힘의 평형방정식 ($\Sigma X=0,\ \Sigma Y=0,\ \Sigma M=0$)으로부터 반력을 산정한다.

$\Sigma M=0\ (+;\frown):\ \Sigma M_B = R_A \times 10 - 4\times 6 - 3\times 2 = 0 \quad \therefore\ R_A = 3\text{ kN}\ (\uparrow)$

(2) 점 E의 전단력 산정

$V_E = 3-4 = -1\text{ kN}\quad(\downarrow)$

답 ㉮

13. **다음 그림과 같은 단순보의 구간 A-C, C-D, D-E, E-B에서 발생되는 전단력의 값 (절댓값)이 아닌 것은?**

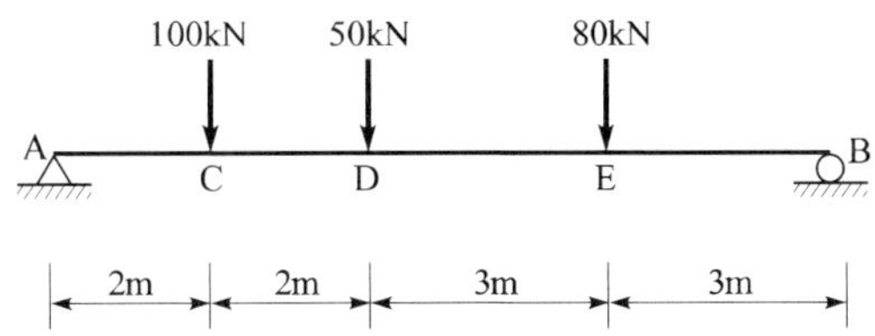

㉮ 134 kN ㉯ 96 kN ㉰ 37 kN ㉱ 16 kN

---

(1) 지점 A의 반력 산정

$\Sigma M=0\ (+;\frown):\ \Sigma M_B = R_A \times 10 - 100\times 8 - 50\times 6 - 80\times 30 = 0$

$\therefore\ R_A = 134\text{ kN}\ (\uparrow)$

(2) 구간별 전단력 산정

구간 A−C : $V_{A-C} = 134\text{ kN}$

구간 C−D : $V_{C-D} = 134-100 = 34\text{ kN}$

구간 D−E : $V_{D-E} = 134-100-50 = -16\text{ kN}$

구간 E−B : $V_{E-B} = 134-100-50-80 = -96\text{ kN}$

답 ㉰

14. **그림과 같은 구조물에서 지점 A의 수평반력은?**

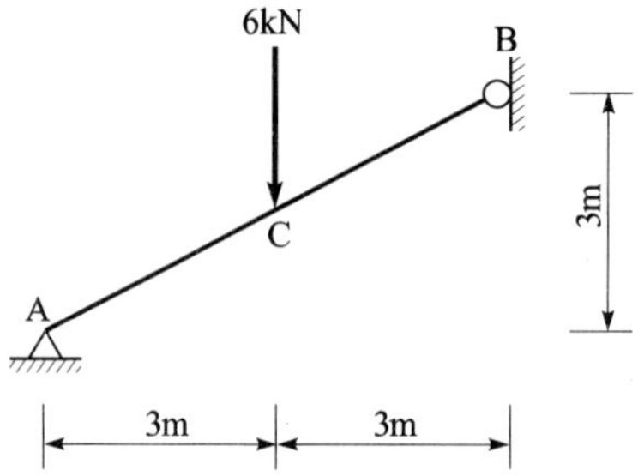

㉮ 3 kN　　　　㉯ 4 kN

㉰ 5 kN　　　　㉱ 6 kN

지점 A의 수평반력 산정

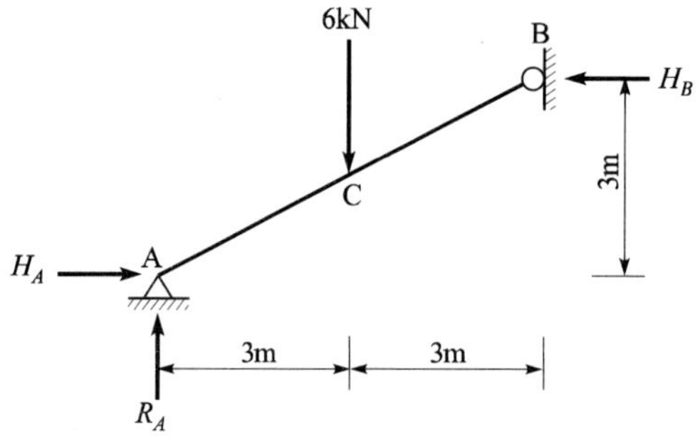

$\Sigma V=0\ (+;\uparrow):\ \Sigma V=R_A-6=0$　　$\therefore\ R_A=6\text{ kN }(\uparrow)$

$\Sigma M=0\ (+;\curvearrowright):\ \Sigma M_A=6\times3-H_B\times3=0$　　$\therefore\ H_B=6\text{ kN }(\leftarrow)$

$\Sigma H=0\ (+;\rightarrow):\ \Sigma H=H_A-H_B=H_A-6=0$　　$\therefore\ H_A=6\text{ kN }(\rightarrow)$　　답 ㉱

15. **그림과 같은 단순보의 지점 A 및 지점 B에서의 반력은? (단, cos45°=0.7로 계산)**

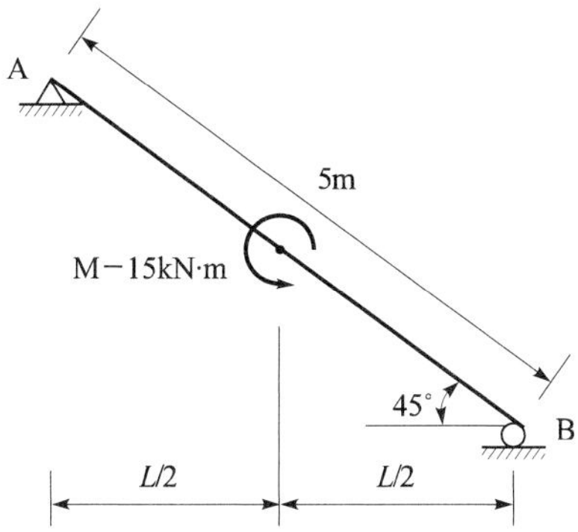

㉮ R_A=3.3 kN (↑), R_B=3.3 kN (↓)

㉯ R_A=3.3 kN (↓), R_B=3.3 kN (↑)

㉰ R_A=4.3 kN (↑), R_B=4.3 kN (↓)

㉱ R_A=4.3 kN (↓), R_B=4.3 kN (↑)

---

(1) 부재의 수평길이

$L = 5 \times \cos 45° = 5 \times 0.7 = 3.5$ m

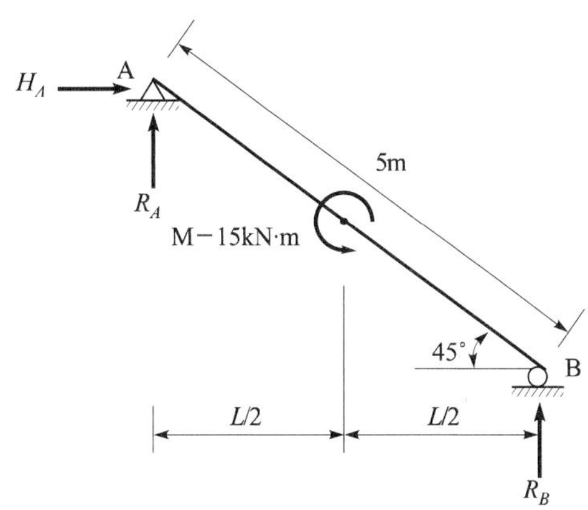

(2) 반력 산정

$\Sigma M = 0$ (+; ⌒) : $\Sigma M_A = -15 + -R_B \times 3.5 = 0$ ∴ $R_B = -4.3$ kN (↓)

$\Sigma V = 0$ (+; ↑) : $\Sigma V = R_A + R_B = R_A - 4.3 = 0$ ∴ $R_A = 4.3$ kN (↑)

$\Sigma M = 0$ (+; ⌒) : $\Sigma M_B = H_A \times 3.5 + R_A \times 3.5 - 15$

$= H_A \times 3.5 + 4.3 \times 3.5 - 15 = 0$ ∴ $H_A = 0$ kN (→)

답 ㉰

16. **다음 그림의 단순보에서 구간 AC의 전단력은?**

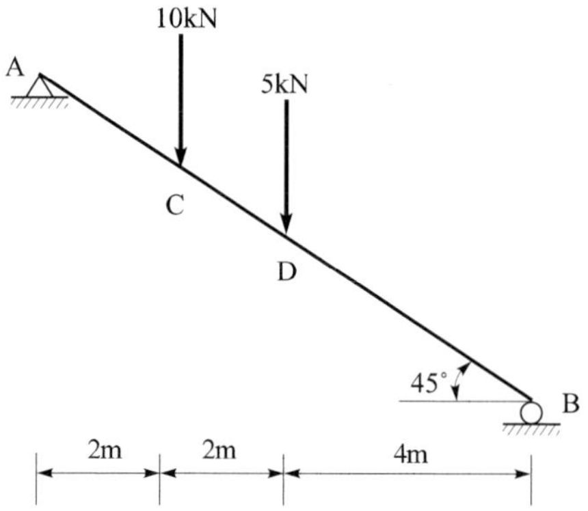

㉮ 5.2 kN ㉯ 7.1 kN

㉰ 10.6 kN ㉱ 15 kN

---

(1) 반력 산정

$\Sigma M = 0\ (+;\ \curvearrowright)$: $\Sigma M_A = 10 \times 2 + 5 \times 4 - R_B \times 8 = 0$

$\therefore\ R_B = 5\ \text{kN}\ (\uparrow)$

$\Sigma V = 0\ (+;\ \uparrow)$: $\Sigma V = R_A - 10 - 5 + R_B = R_A - 10 - 5 + 5 = 0$

$\therefore\ R_A = 10\ \text{kN}\ (\uparrow)$

$\Sigma M = 0\ (+;\ \curvearrowright)$: $\Sigma M_B = H_A \times 8 + R_A \times 8 - 10 \times 6 - 5 \times 4$

$= H_A \times 8 + 10 \times 8 - 10 \times 6 - 5 \times 4 = 0$

$\therefore\ H_A = 0\ \text{kN}\ (\rightarrow)$

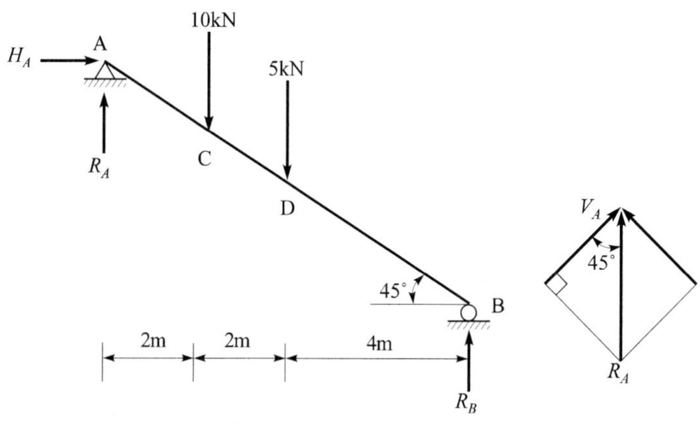

(2) 구간 AC의 전단력 산정

$V_{AC} = V_A = R_A \times \cos 45° = 10 \times \cos 45° = 7.1\ \text{kN}$ 답 ㉯

17. 그림과 같은 단순보의 일부 구간으로부터 떼어낸 자유물체도에서 각 좌우측면(가, 나면)에 작용하는 전단력의 방향과 그 값으로 옳은 것은?

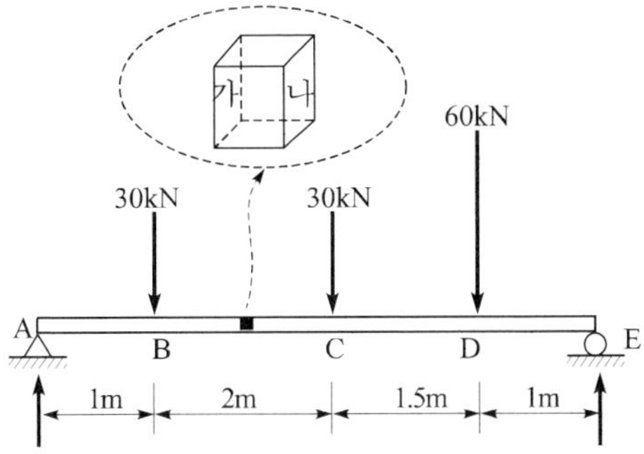

㉮ 가 : 19.1 kN (↑), 나 : 19.1 kN (↓)
㉯ 가 : 19.1 kN (↓), 나 : 19.1 kN (↑)
㉰ 가 : 16.1 kN (↑), 나 : 16.1 kN (↓)
㉱ 가 : 16.1 kN (↓), 나 : 16.1 kN (↑)

---

(1) 지점 A의 반력 산정

$\Sigma M = 0\ (+;\ \frown)$: $\Sigma M_B = R_A \times 5.5 - 30 \times 4.5 - 30 \times 2.5 - 60 \times 1 = 0$

$\therefore\ R_A = 49.1\ \text{kN}\ (\uparrow)$

(2) 전단력 산정

구간 BC : $V_{BC} = 49.1 - 30 = 19.1\ \text{kN}$

(3) 요소의 자유물체도와 전단력

전체 구조물 또는 부분 구조물 그리고 요소에 대해서도 힘의 평형방정식 ($\Sigma X=0$, $\Sigma Y=0$, $\Sigma M=0$)이 성립된다.

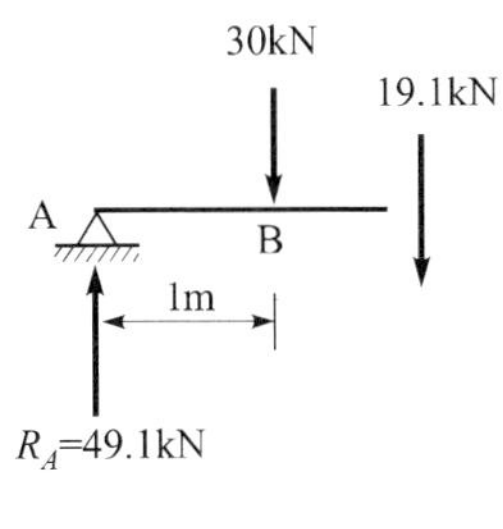

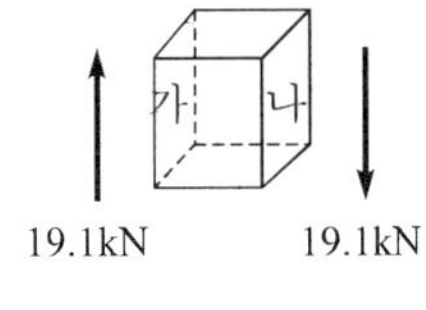

답 ㉮

18. **그림과 같은 단순보에서 지점 A의 수직반력은?**

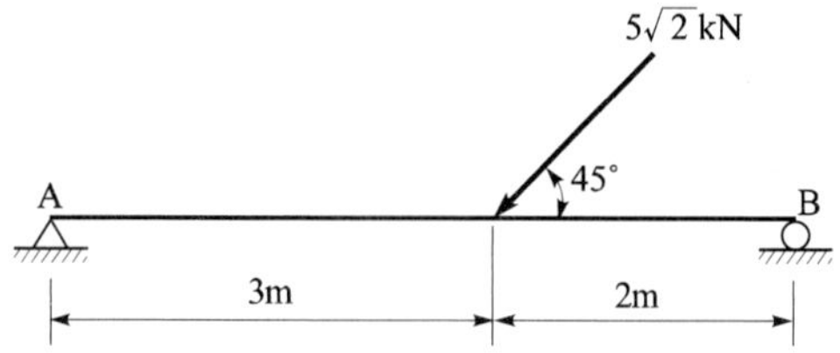

㉮ 2 kN　　㉯ 3 kN
㉰ 4 kN　　㉱ 5 kN

↳ (1) 힘의 분해

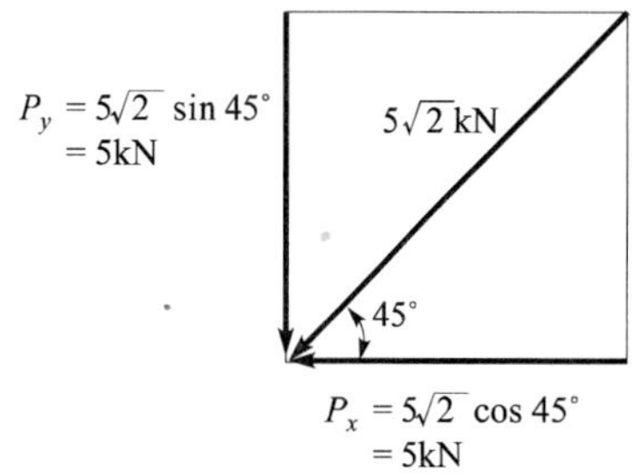

(2) 지점 A의 수직반력 산정

힘의 평형방정식 ($\Sigma X=0,\ \Sigma Y=0,\ \Sigma M=0$)으로부터 반력을 산정한다.

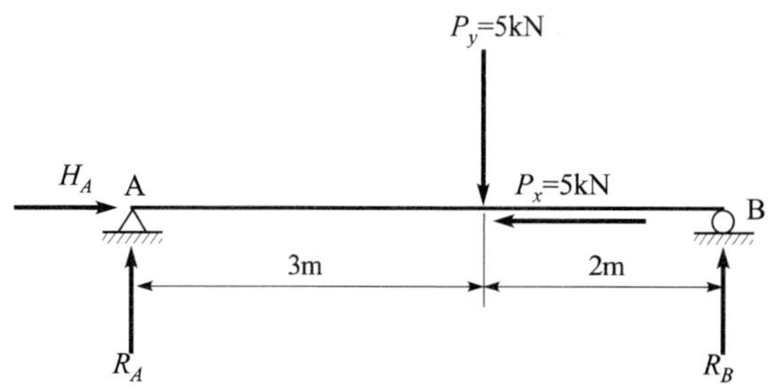

$\Sigma M=0\ (+;\curvearrowright)$: $\Sigma M_B = R_A \times 5 - 5 \times 2 = 0$ $\therefore R_A = 2\text{ kN}\ (\uparrow)$　　답 ㉮

19. **그림과 같은 단순보에서 지점 A의 수직반력 값은?**

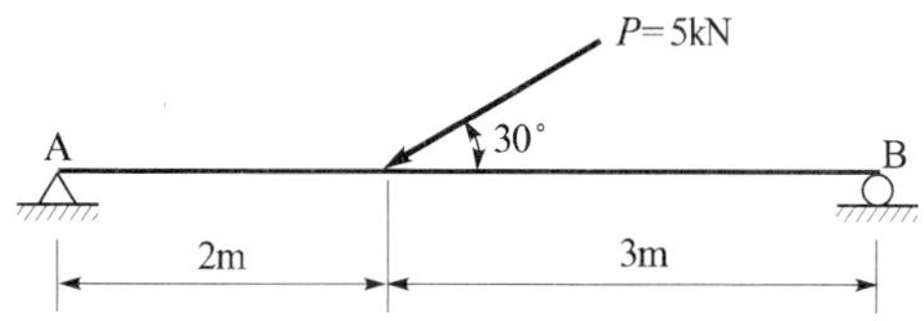

㉮ 1 kN　　㉯ 1.5 kN

㉰ 2 kN　　㉱ 2.5 kN

---

(1) 힘의 분해

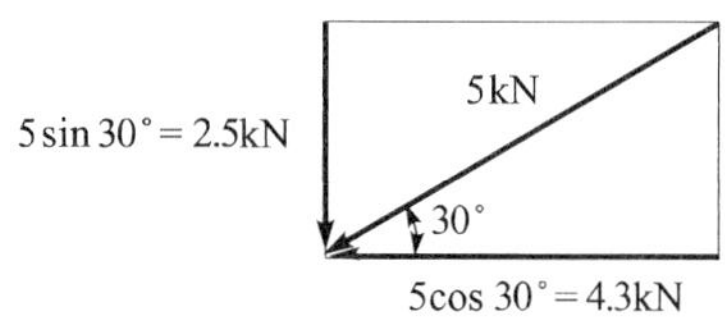

(2) 지점 A의 반력 산정

힘의 평형방정식($\Sigma X=0$, $\Sigma Y=0$, $\Sigma M=0$)으로부터 반력을 산정한다.

$\Sigma M=0(+;\frown)$: $\Sigma M_B=R_A\times 5-2.5\times 3=0$　　$\therefore\ R_A=1.5\text{ kN}\ (\uparrow)$

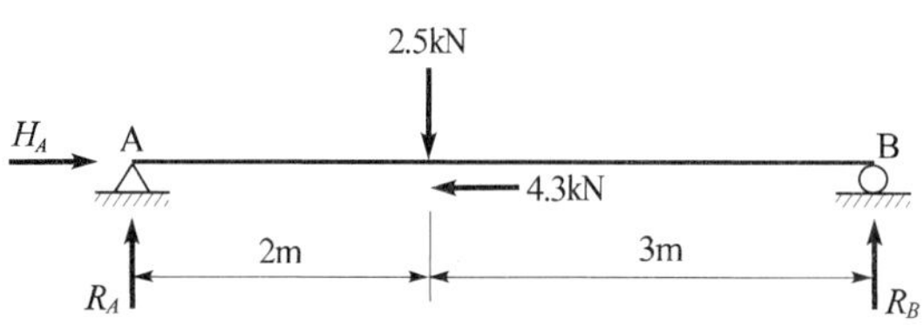

답 ㉯

20. 그림과 같은 단순보에 집중하중 10 kN이 특정각도로 작용할 때 지점 B의 반력으로 옳은 것은?

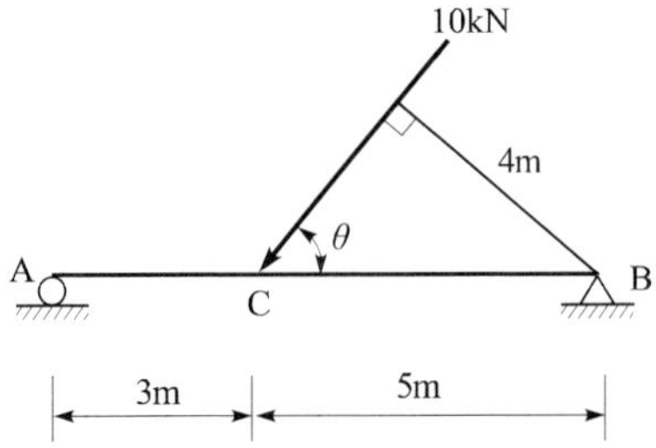

㉮ H_B=6 kN, R_B=5 kN　　㉯ H_B=5 kN, R_B=6 kN

㉰ H_B=3 kN, R_B=6 kN　　㉱ H_B=6 kN, R_B=3 kN

---

(1) 힘의 분해

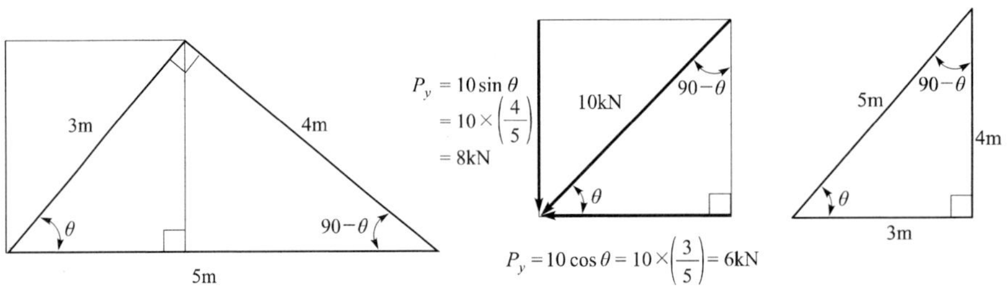

(2) 지점 B의 반력 산정

힘의 평형방정식 ($\Sigma X=0$, $\Sigma Y=0$, $\Sigma M=0$)으로부터 반력을 산정한다.

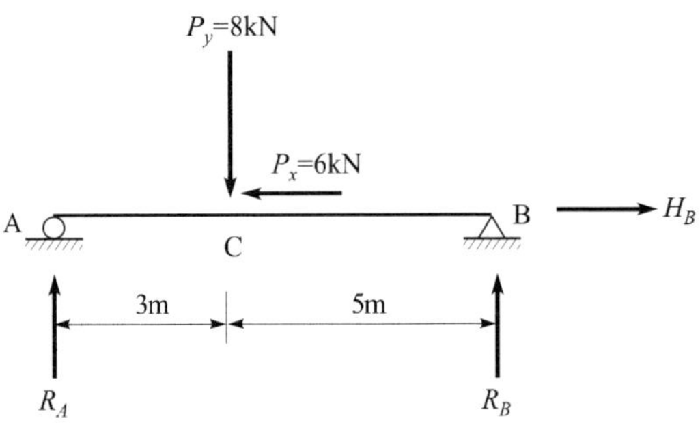

$\Sigma M=0\ (+;\curvearrowright)$: $\Sigma M_B=R_A\times 8-8\times 5=0$　　$\therefore R_A=5\text{ kN}\ (\uparrow)$

$\Sigma V=0\ (+;\uparrow)$: $\Sigma V=R_A-8+R_B=5-8+R_B=0$　　$\therefore R_B=3\text{ kN}\ (\uparrow)$

$\Sigma H=0\ (+;\rightarrow)$: $\Sigma H=-6+H_B=0$　　$\therefore H_B=6\text{ kN}\ (\rightarrow)$

답 ㉱

21. 다음 그림은 각 구간에서 직선적으로 변하는 단순보의 휨모멘트도이다. 점 C와 점 D에 동일한 힘 P_1이 작용하고 보의 중앙점 E에 P_2가 작용할 때 P_1과 P_2의 절댓값은?

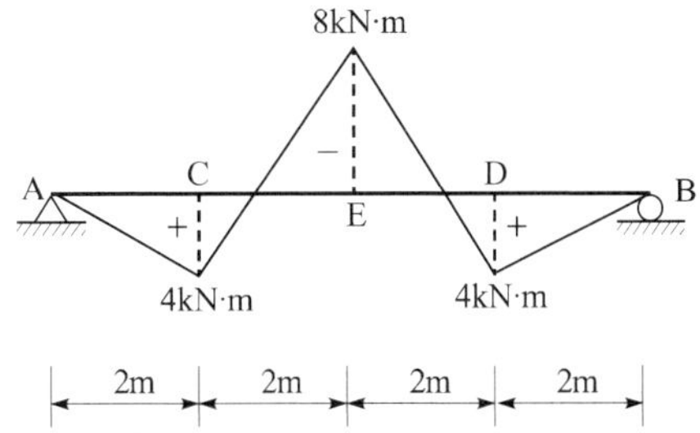

㉮ P_1=4 kN , P_2=6 kN
㉯ P_1=4 kN , P_2=8 kN
㉰ P_1=8 kN , P_2=10 kN
㉱ P_1=8 kN , P_2=12 kN

↳ 휨모멘트도를 참고하면 집중하중 P_1은 하향(↓)이고 P_2는 상향 (↑)이다. 따라서 문제의 조건에 따라 점 A의 반력 $R_A = P_1 - P_2/2$이다. 점 C와 점 D의 휨모멘트를 산정하면 다음과 같다.

$$M_C = R_A \times 2 = \left(P_1 - \frac{P_2}{2}\right) \times 2 = 4\ \text{kN} \cdot \text{m}$$

$$\therefore\ 2P_1 - P_2 = 4$$

$$M_D = R_A \times 4 - P_1 \times 2 = \left(P_1 - \frac{P_2}{2}\right) \times 4 - P_1 \times 2 = -8\ \text{kN} \cdot \text{m}$$

$$\therefore\ P_1 - P_2 = -4$$

두 식을 연립하여 풀면, $P_1 = 8$ kN (↓), $P_2 = 12$ kN (↑)이다. 답 ㉱

22. 그림과 같이 집중하중이 작용하는 단순보의 최대 휨모멘트 값은?

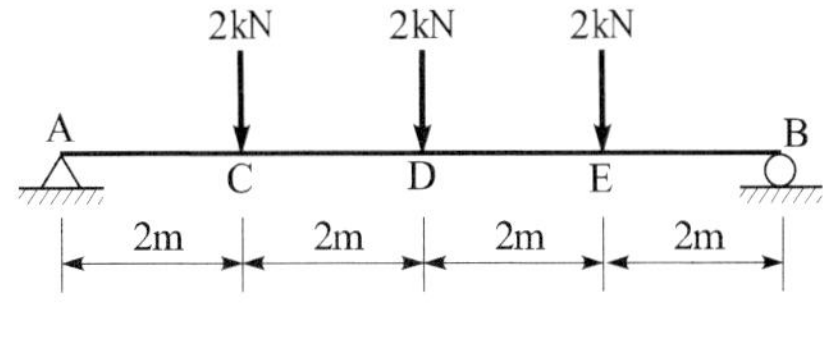

㉮ 6 kN·m
㉯ 8 kN·m
㉰ 10 kN·m
㉱ 12 kN·m

↳ (1) 반력 산정

단순보에서 대칭 하중이 작용하므로 반력은 다음과 같다.

$$R_A = R_B = \frac{1}{2} \times (2+2+2) = 3\ \text{kN}\quad (\uparrow)$$

(2) 휨모멘트 산정

① $M_C = 3 \times 2 = 6\ \text{kN} \cdot \text{m}$

② $M_D = 3 \times 4 - 2 \times 2 = 8\ \text{kN} \cdot \text{m}$

(3) BMD

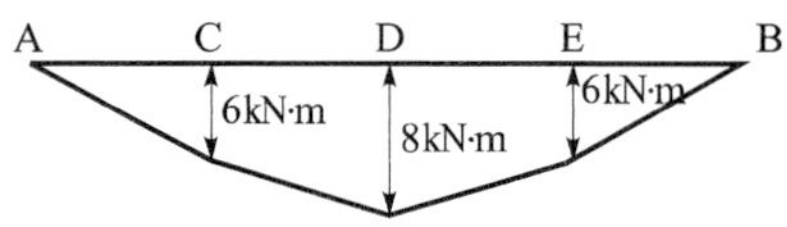

$\therefore\ M_{\max} = M_D = 8\ \text{kN} \cdot \text{m}$ 답 ㉯

주1) 휨모멘트의 계산 값은 임의 단면의 어느 한쪽 부분(자유물체도)에서의 모멘트의 대수합이다.

주2) 휨모멘트의 부호규약은 휨모멘트가 부재를 아랫방향으로 휘게 하면 양(↶ ⊞ ↷)이고, 윗방향으로 휘게 하면 음(↶ ⊟ ↷)이다.

주3) 휨모멘트의 왼쪽성분이 시계방향(↷ ⊞)이면 양(+) 이고, 또한 오른쪽성분이 반시계방향(⊞↶)이면 양(+)이다.

주4) 반면 모멘트의 부호규약은 일반적으로 시계방향(↷)으로 회전하면 양(+), 반시계방향(↶)으로 회전하면 음(−)으로 가정한다.

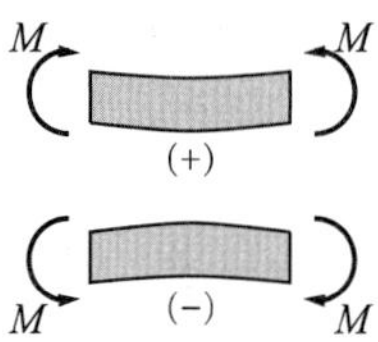

휨모멘트의 부호

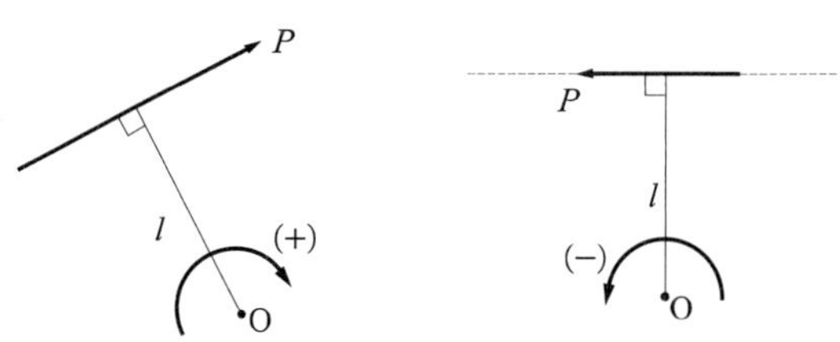

(a) 양(+)의 모멘트 (b) 음(−)의 모멘트

모멘트의 부호

23. 그림과 같은 단순보의 점 C에 생기는 휨모멘트의 값은?

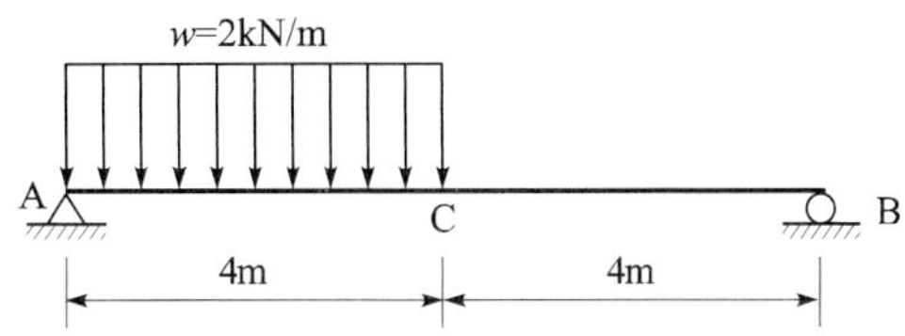

㉮ 2 kN·m ㉯ 4 kN·m
㉰ 6 kN·m ㉱ 8 kN·m

(1) 지점 A의 반력 산정

$\Sigma M=0(+;\curvearrowright)$: $\Sigma M_B = R_A \times 8 - 2\times 4\times(4/2+4) = 0$ ∴ $R_A = 6$ kN (↑)

(2) 점 C의 휨모멘트 산정

$M_C = 6\times 4 - 2\times 4\times(4/2) = 8$ kN · m 답 ㉱

24. 그림과 같은 단순보가 집중하중과 등분포하중을 받고 있을 때 점 C의 휨모멘트를 구하면?

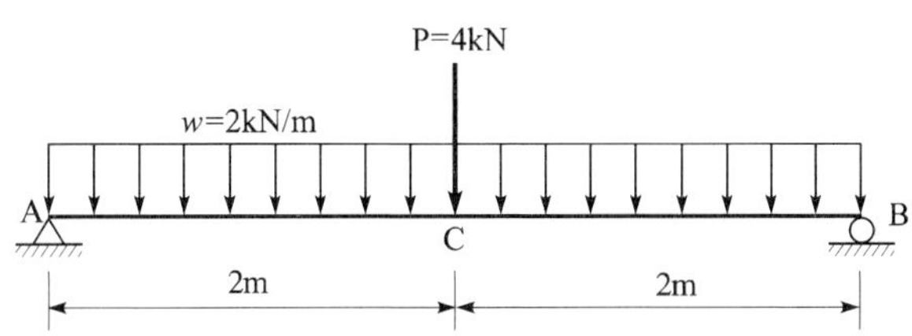

㉮ 8 kN·m ㉯ 10 kN·m
㉰ 12 kN·m ㉱ 14 kN·m

(1) 지점 A의 반력 산정

$\Sigma M=0\ (+;\curvearrowright)$: $\Sigma M_B = R_A \times 4 - 2\times 4\times(4/2) - 4\times 2 = 0$ ∴ $R_A = 6$ kN (↑)

(2) 점 C의 휨모멘트 산정

$M_C = 6\times 2 - 2\times 2\times(2/2) = 8$ kN · m 답 ㉮

25. **단순보에서 점 C의 휨모멘트 크기는?**

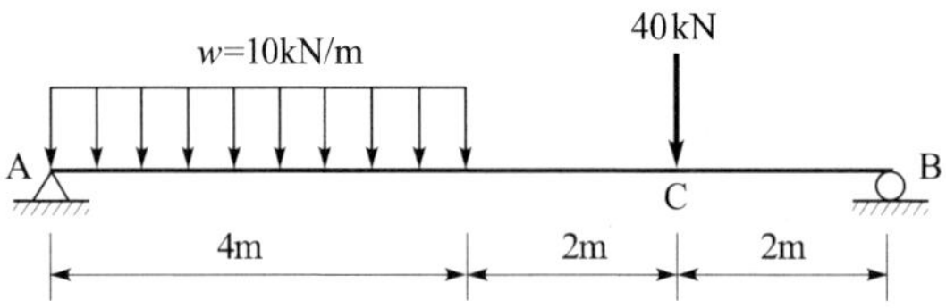

㉮ 10 kN·m　　㉯ 20 kN·m

㉰ 40 kN·m　　㉱ 80 kN·m

(1) 지점 A의 반력 산정

$\Sigma M=0\ (+;\curvearrowright)$: $\Sigma M_B=R_A\times 8-10\times 4\times(4/2+4)-40\times 2=0$

$\therefore\ R_A=40\ \text{kN}\ (\uparrow)$

(2) 점 C의 휨모멘트 산정

$M_C=40\times 6-10\times 4\times(4/2+2)=80\ \text{kN}\cdot\text{m}$

답 ㉱

26. **그림의 보에서 최대 휨모멘트가 생기는 위치는 지점 A로부터 얼마 떨어진 곳인가?**

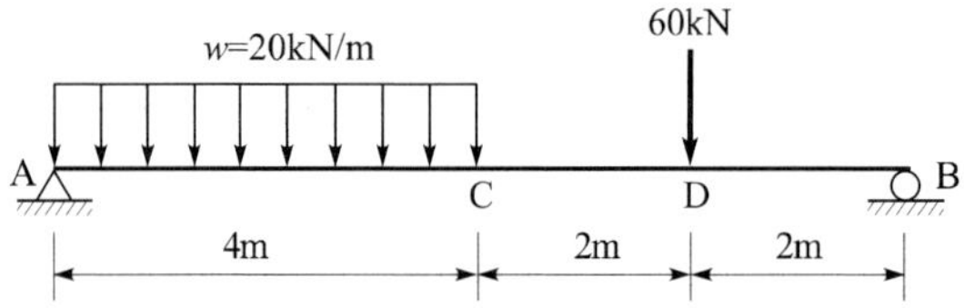

㉮ 2 m　　㉯ 2.45 m

㉰ 3.75 m　　㉱ 6 m

(1) 지점 A의 반력 산정

$\Sigma M=0\ (+;\curvearrowright)$: $\Sigma M_B=R_A\times 8-20\times 4\times(4/2+4)-60\times 2=0$

$\therefore\ R_A=75\ \text{kN}\ (\uparrow)$

(2) 지점 A로부터 최대 휨모멘트가 발생하는 위치 ($0\le x\le 4$ m라고 가정)

전단력이 영 (0)인 위치가 최대 휨모멘트가 발생하는 위치이다.

$V_x=75-20\times x=0$

$\therefore\ x=3.75\ \text{m}$

답 ㉰

27. **다음과 같은 단순보에서 전단력이 영(0)이 되는 위치는 지점 B으로부터 좌측으로 얼마의 거리에 있는가?**

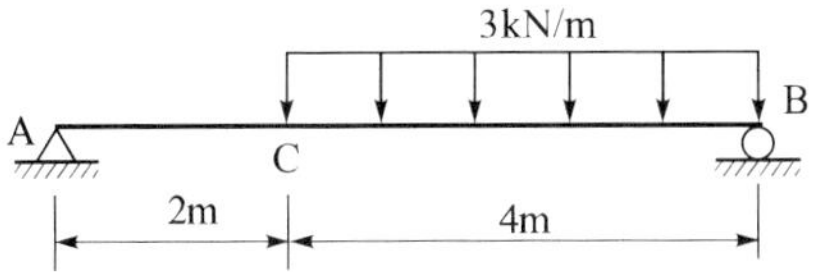

㉮ 4/3 m　　㉯ 5/3 m

㉰ 8/3 m　　㉱ 4 m

---

(1) 지점 A의 반력 산정

$\Sigma M=0\ (+;\frown)$: $\Sigma M_B=R_A\times 6-3\times 4\times (4/2)=0$

$\therefore\ R_A=4.0\ \mathrm{kN}\ (\uparrow)$

(2) 지점 A로부터 전단력이 영(0)인 위치

$V_x=4.0-3\times (x-2)=0\ \mathrm{kN}$

정리하면, $10-3x=0$이다.

$\therefore\ x=10/3\ \mathrm{m}$

(3) 지점 B로부터 전단력이 영(0)인 위치

$6-10/3=18/3-10/3=8/3\ \mathrm{m}$ 　　답 ㉰

28. **그림과 같은 단순보의 지점 A에서 전단력이 영(0)이 되는 위치까지의 거리는?**

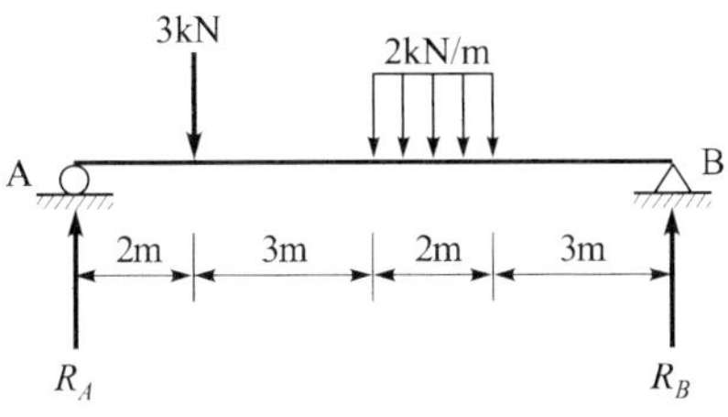

㉮ 2 m　　㉯ 5 m

㉰ 5.5 m　　㉱ 5.67 m

---

(1) 지점 A의 반력 산정

$\Sigma M=0\ (+;\frown)$: $\Sigma M_B=R_A\times 10-3\times 8-2\times 2\times (2/2+3)=0$

$\therefore\ R_A=4.0\ \mathrm{kN}\ (\uparrow)$

(2) 지점 A로부터 전단력이 영 (0)인 위치

① $x=2$ m에서의 전단력

$V_{x=2}=4.0-3.0=1$ kN

② $x=5$ m에서의 전단력

$V_{x=5}=4.0-3.0=1$ kN

③ $x=7$ m에서의 전단력

$V_{x=7}=4.0-3.0-2\times2=-3$ kN

따라서 $5\leq x\leq 7$ m인 구간에서 전단력이 영 (0)이 된다.

$V_x=4.0-3.0-2\times(x-5)=0$ kN

정리하면, $11-2x=0$이다.

$\therefore\ x=5.5$ m

답 ㉰

29. **그림과 같은 단순보에서 중앙부 최대 휨모멘트가 80 kN · m일 때 부재 길이 (l)는?**

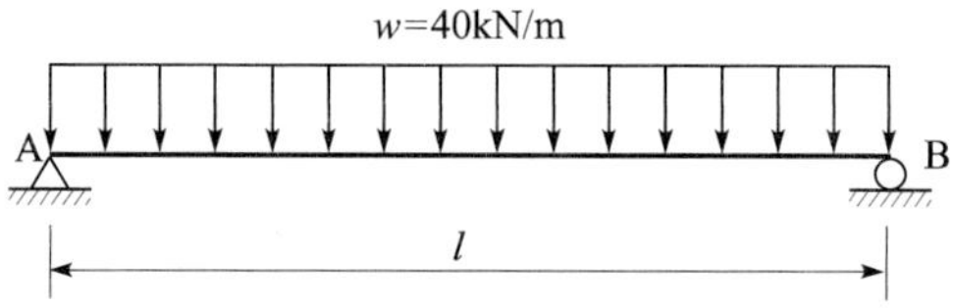

㉮ 2 m　　㉯ 3 m　　㉰ 4 m　　㉱ 5 m

---

(1) 지점 A의 반력 산정

$\Sigma M=0\ (+;\curvearrowright)$: $\Sigma M_B=R_A\times l-40\times l\times(l/2)=0$　　$\therefore\ R_A=20l$ kN (↑)

(2) 부재 길이 (l)

중앙부의 휨모멘트는 다음과 같다.

$M_{l/2}=20l\times(l/2)-40\times(l/2)\times(l/2\times1/2)=80$ kN · m

$l^2=80/5\ \therefore\ l=4.0$ m

답 ㉰

(별해)

단순보에서 문제와 같이 보 전체에 등분포하중이 작용할 경우 중앙부의 최대 휨모멘트는 $M_{\max}=\dfrac{wl^2}{8}$이다. 따라서 $\dfrac{wl^2}{8}=\dfrac{40\times l^2}{8}=80$이다. $l^2=16$이고 $l=4.0$ m이다.

30. **등분포하중 w와 지점 B에 모멘트하중 wl^2이 작용하는 그림과 같은 단순보에서 중앙점의 휨모멘트는?**

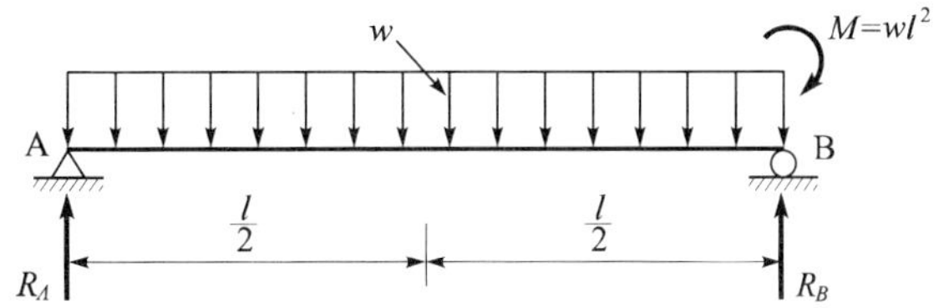

㉮ $-\frac{1}{8}wl^2$　㉯ $-\frac{3}{8}wl^2$　㉰ $-\frac{5}{8}wl^2$　㉱ $-\frac{5}{16}wl^2$

---

(1) 지점 A의 반력 산정

$$\Sigma M=0\ (+;\frown):\ \Sigma M_B=-R_A l-wl\left(\frac{l}{2}\right)+wl^2=0 \quad \therefore R_A=\frac{wl}{2}\ (\downarrow)$$

(2) 중앙점(점 C)의 휨모멘트 산정

$$M_C=-R_A\left(\frac{l}{2}\right)-w\left(\frac{l}{2}\right)\left(\frac{l}{4}\right)=-\frac{wl^2}{4}-\frac{wl^2}{8}=-\frac{3wl^2}{8}$$

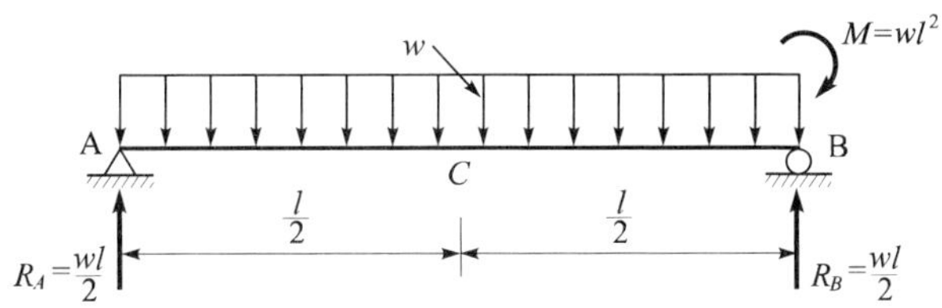

답 ㉯

31. **그림과 같은 단순보에서 지점 A의 수직반력은?**

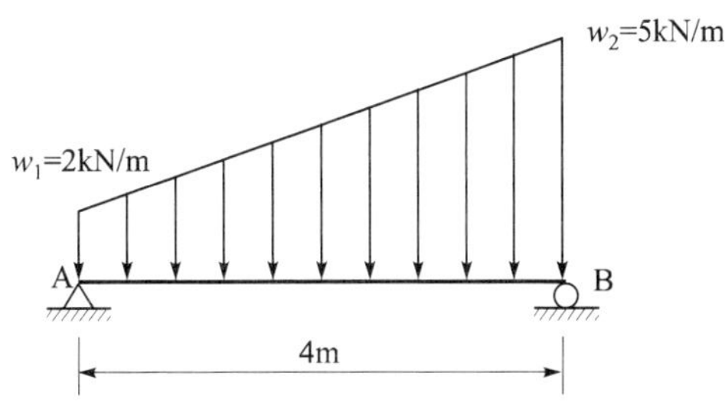

㉮ 3 kN (↑)　㉯ 4 kN (↑)　㉰ 5 kN (↑)　㉱ 6 kN (↑)

지점 A의 반력 산정

$$\Sigma M=0\ (+;\frown):\ \Sigma M_B=R_A\times4-2\times4\times(4/2)-(1/2)\times3\times4\times(4/3)=0$$

$$\therefore R_A=6\text{ kN}\ (\uparrow)$$

답 ㉱

32. **그림과 같은 단순보에서 반력 R_A의 값은?**

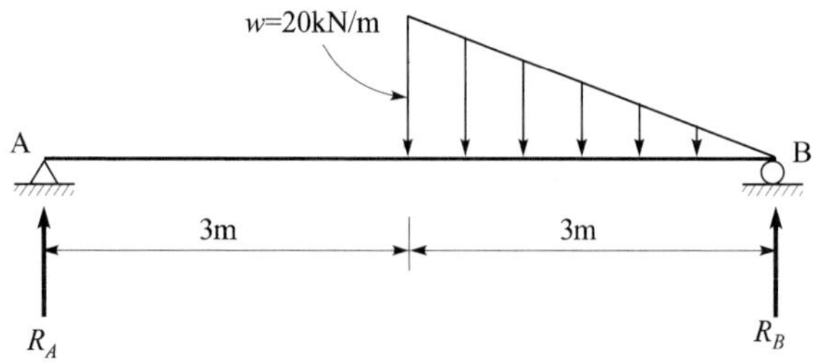

㉮ 5 kN　　㉯ 10 kN
㉰ 20 kN　　㉱ 25 kN

지점 A의 반력 산정

$$\Sigma M=0\ (+;\frown)\ :\ \Sigma M_B=R_A\times 6-\frac{1}{2}\times(20\times 3)\times\left(3\times\frac{2}{3}\right)=0$$

$$\therefore\ R_A=10\text{ kN }(\uparrow)$$

답 ㉯

33. **다음 그림과 같은 단순보의 지점 B의 반력 값은?**

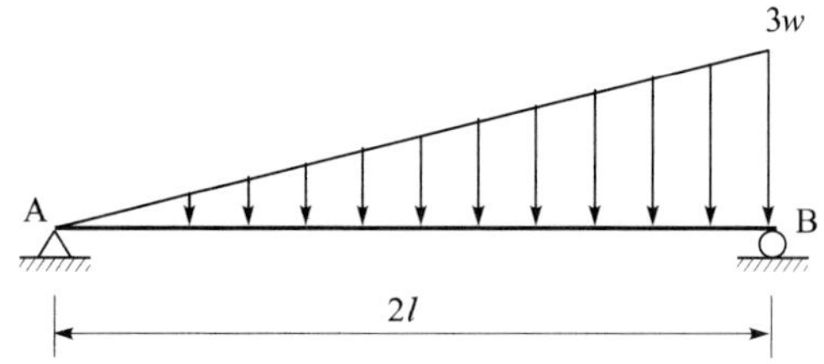

㉮ $\dfrac{wl}{6}$　　㉯ $\dfrac{wl}{3}$
㉰ wl　　㉱ $2wl$

지점 B의 반력 산정

$$\Sigma M=0\ (+;\frown)\ :\ \Sigma M_A=\frac{1}{2}\times(3w\times 2l)\times\left(2l\times\frac{2}{3}\right)-R_B\times(2l)=0$$

$$\therefore\ R_B=2wl\ (\uparrow)$$

답 ㉱

34. 그림에서 보의 중앙점의 휨모멘트는?

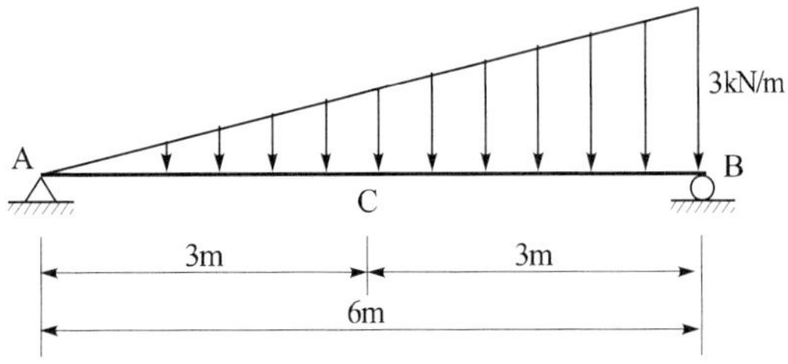

㉮ 3.50 kN·m ㉯ 6.75 kN·m

㉰ 8.00 kN·m ㉱ 10.50 kN·m

---

(1) 지점 A의 반력 산정

$\Sigma M = 0\ (+;\ \curvearrowright)$: $\Sigma M_B = R_A \times 6 - \dfrac{1}{2} \times (6 \times 3) \times \dfrac{6}{3} = 0$ $\quad \therefore R_A = 3\,\text{kN}\ (\uparrow)$

(2) 중앙점(점 C)의 휨모멘트 산정

$M_C = 3 \times 3 - \dfrac{1}{2} \times (3 \times 1.5) \times \dfrac{3}{3} = 6.75\,\text{kN} \cdot \text{m}$ 답 ㉯

35. 그림과 같은 단순보의 양단 수직반력을 구하면?

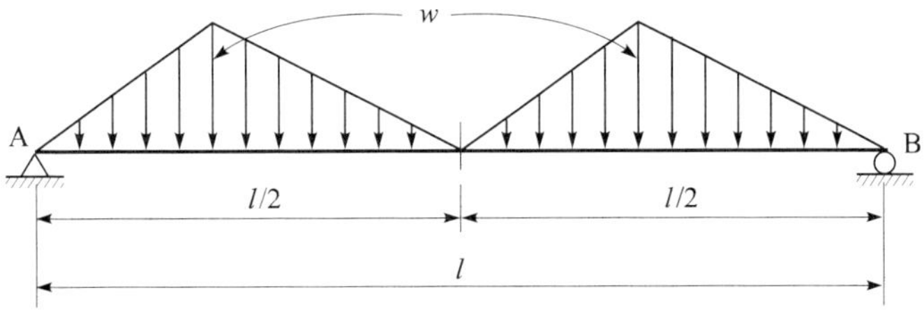

㉮ $R_A = R_B = \dfrac{wl}{2}$ ㉯ $R_A = R_B = \dfrac{wl}{4}$

㉰ $R_A = R_B = \dfrac{wl}{6}$ ㉱ $R_A = R_B = \dfrac{wl}{8}$

반력 산정

단순보에서 대칭인 등변분포하중이 작용하므로 반력은 다음과 같다.

$R_A = R_B = \left(\dfrac{1}{2} \times w \times \dfrac{l}{2}\right) = \dfrac{wl}{4}\ (\uparrow)$ 답 ㉯

36. **그림과 같은 단순보의 점 C의 휨모멘트 값은?**

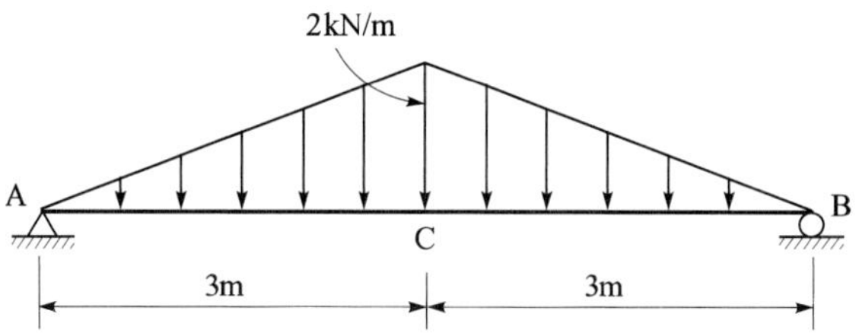

㉮ 3 kN·m　　㉯ 6 kN·m

㉰ 9 kN·m　　㉱ 12 kN·m

(1) 반력 산정

단순보에서 대칭인 등변분포하중이 작용하므로 반력은 다음과 같다.

$$R_A = R_B = \left(\frac{1}{2} \times 3 \times 2\right) = 3\text{ kN} \quad (\uparrow)$$

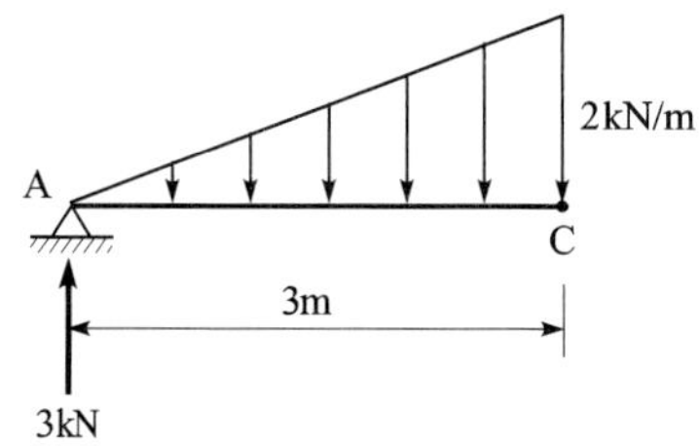

(2) 점 C의 휨모멘트 산정

$$M_C = 3 \times 3 - \frac{1}{2} \times (3 \times 2) \times \frac{3}{3} = 6\text{ kN}\cdot\text{m}$$

답 ㉯

37. **다음 그림과 같은 단순보에 등변분포하중이 작용할 때 전단력이 영(0)이 되는 점에 대하여 지점 A으로부터의 거리를 구하면?**

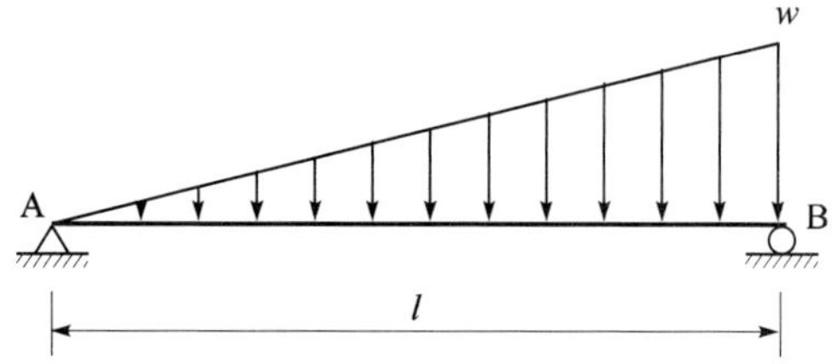

㉮ $\dfrac{l}{\sqrt{2}}$　　㉯ $\dfrac{l}{\sqrt{3}}$　　㉰ $\dfrac{l}{\sqrt{4}}$　　㉱ $\dfrac{l}{\sqrt{5}}$

(1) 지점 A의 반력 산정

$$\Sigma M = 0\ (+;\ \curvearrowright) : \Sigma M_B = R_A \times l - \frac{1}{2} \times w \times l \times \left(\frac{l}{3}\right) = 0 \qquad \therefore\ R_A = \frac{wl}{6}\ (\uparrow)$$

(2) 지점 A로부터 전단력이 영(0)인 위치

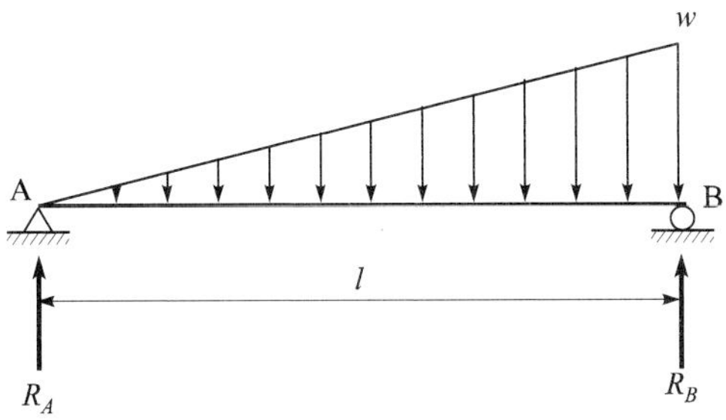

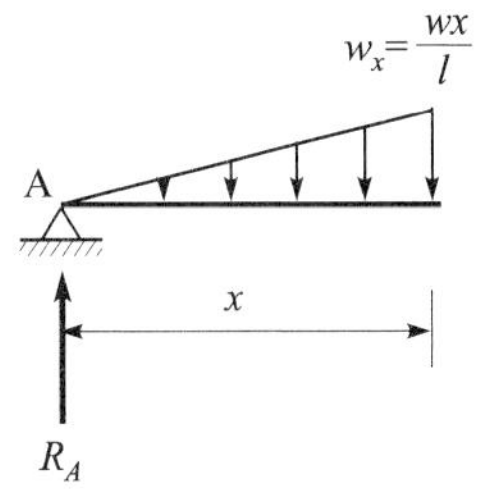

$$V_x = R_A - \frac{1}{2} \times \left(\frac{wx}{l} \right) \times x = \frac{wl}{6} - \frac{wx^2}{2l} = 0$$

정리하면, $\frac{wx^2}{2l} = \frac{wl}{6}$ 이다. $\therefore\ x = \frac{l}{\sqrt{3}}$

답 ㉯

38. 다음 그림과 같은 보에서 중앙점(점 C)의 휨모멘트(M_C)를 구하면?

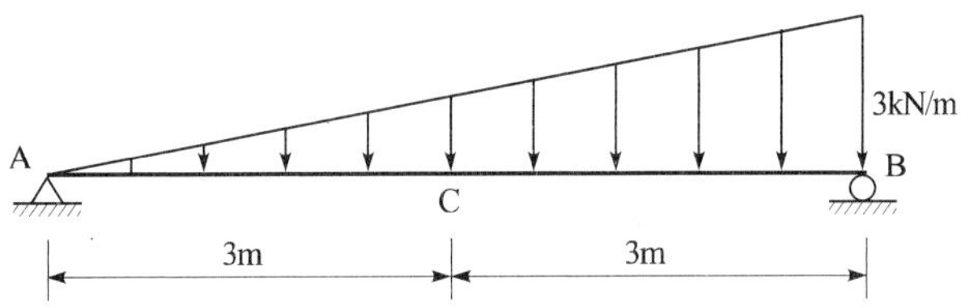

㉮ 4.50 kN·m　　　㉯ 6.75 kN·m

㉰ 8.00 kN·m　　　㉱ 10.50 kN·m

---

(1) 지점 A의 반력 산정

$$\Sigma M = 0\ (+;\ \curvearrowright)\ :\ \Sigma M_B = R_A \times 6 - \frac{1}{2} \times 3 \times 6 \times \left(\frac{6}{3} \right) = 0 \qquad \therefore\ R_A = 3\ \text{kN}\ (\uparrow)$$

(2) 중앙점(점 C)의 휨모멘트

$$M_C = R_A \times 3 - \frac{1}{2} \times w_{x=3} \times 3 = 3 \times 3 - \frac{1}{2} \times 1.5 \times 3 = 6.75\ \text{kN} \cdot \text{m}$$

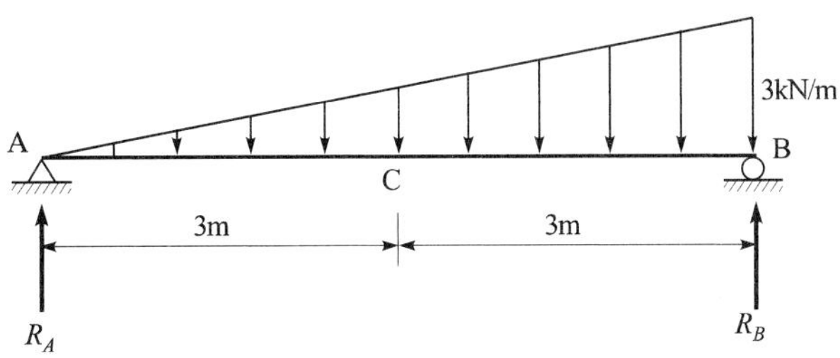

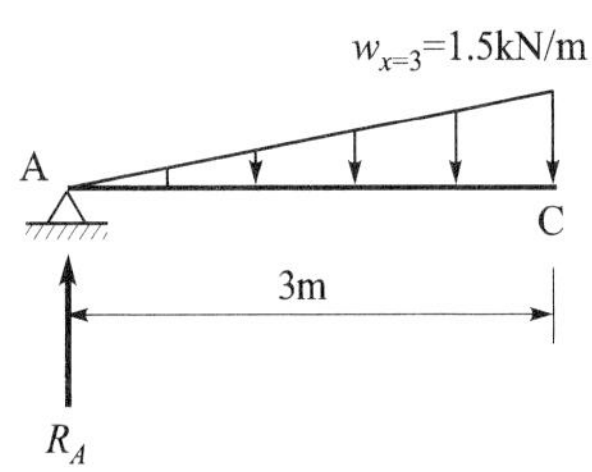

답 ㉯

39. 그림과 같은 등변분포하중이 작용하는 단순보의 최대 휨모멘트 M_{max}는?

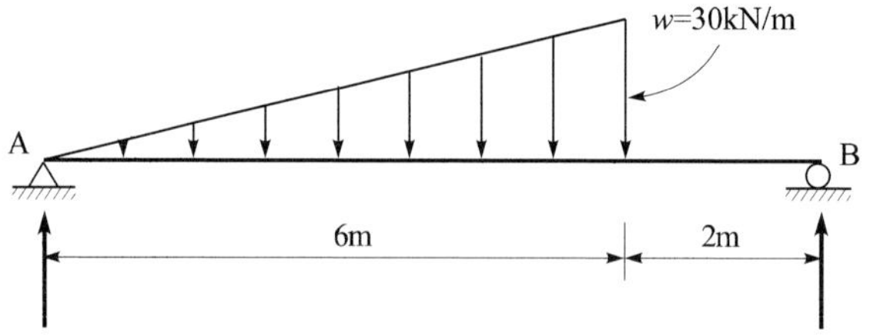

㉮ $25\sqrt{3}$ kN·m　　　　㉯ $25\sqrt{2}$ kN·m

㉰ $90\sqrt{3}$ kN·m　　　　㉱ $90\sqrt{2}$ kN·m

---

(1) 지점 A의 반력 산정

$$\Sigma M = 0\ (+;\ \curvearrowright) : \Sigma M_B = R_A \times 8 - \frac{1}{2}\times 30\times 6\times\left(\frac{6}{3}+2\right) = 0 \quad \therefore R_A = 45\text{ kN }(\uparrow)$$

(2) 점 A로부터 전단력이 영 (0)인 위치

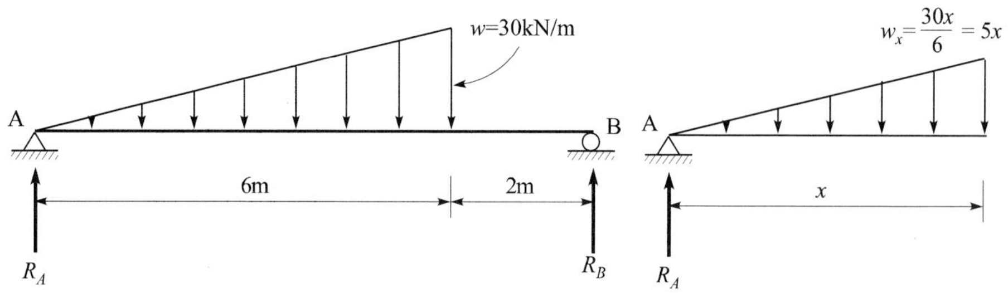

$$V_x = R_A - \frac{1}{2}\times(5x)\times x = 45 - \frac{5}{2}x^2 = 0$$

정리하면, $\frac{5}{2}x^2 = 45$이다.

$\therefore x = \sqrt{18} = 3\sqrt{2}$

(3) 최대 휨모멘트

최대 휨모멘트는 전단력이 영 (0)인 위치에서 발생된다.

$$M_{max} = R_A \times x - \frac{1}{2}\times 5x\times x\times\left(x\times\frac{1}{3}\right)$$
$$= 45\times 3\sqrt{2} - \frac{1}{2}\times(5\times 3\sqrt{2})\times 3\sqrt{2}\times\left(3\sqrt{2}\times\frac{1}{3}\right)$$
$$= 135\sqrt{2} - 45\sqrt{2} = 90\sqrt{2}\text{ kN}\cdot\text{m}$$

답 ㉱

40. **다음 그림과 같은 단순보에 등변분포하중이 작용하고 있을 때 보의 휨모멘트도는 몇 차 곡선이 되는가?**

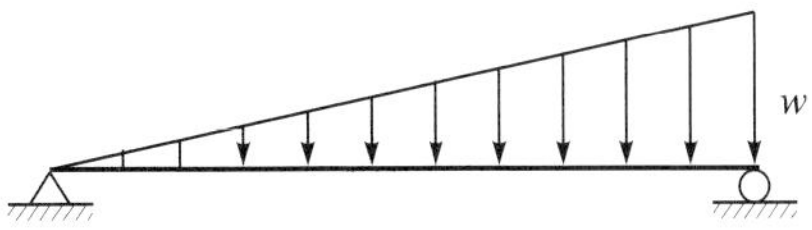

㉮ 2차 ㉯ 3차 ㉰ 4차 ㉱ 5차

↳ 등변분포하중(1차 직선 하중)이 단순보에 작용하면, 전단력도는 2차 곡선이며 휨모멘트도는 3차 곡선이 된다.

답 ㉯

41. **그림과 같은 단순보의 지점 A의 반력과 그 방향은?**

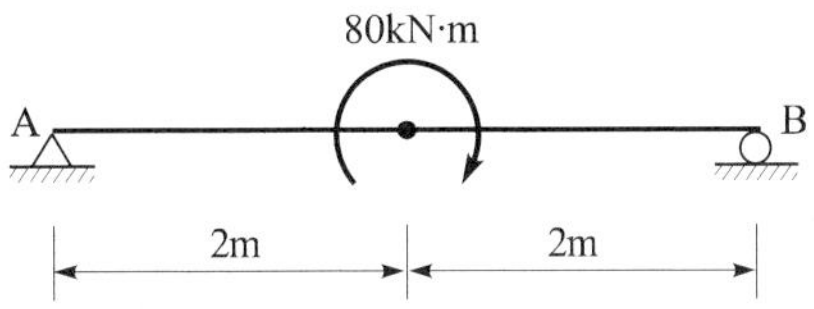

㉮ 40 kN (↑) ㉯ 40 kN (↓)

㉰ 20 kN (↓) ㉱ 20 kN (↑)

↳ 지점 A의 반력 산정

$\Sigma M = 0\ (+ ; \frown)$: $\Sigma M_B = R_A \times 4 + 80 = 0$ $\quad \therefore\ R_A = -20$ kN (↓)

답 ㉰

42. **그림과 같은 단순보 중앙점에 휨모멘트 20 kN · m가 작용할 때 지점 A의 반력은?**

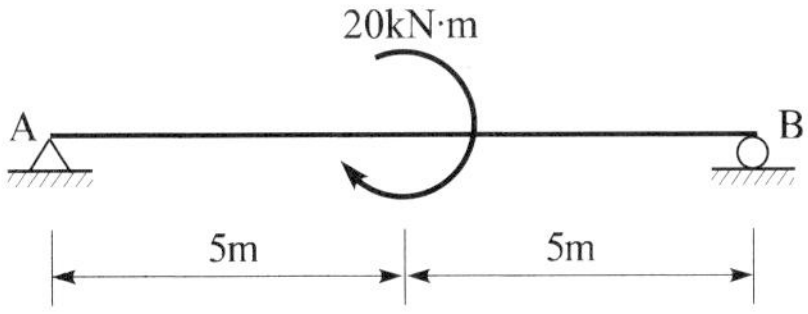

㉮ 2 kN (↓) ㉯ 2 kN (↑)

㉰ 4 kN (↓) ㉱ 4 kN (↑)

↳ 지점 A의 반력 산정

$\Sigma M = 0\ (+ ; \frown)$: $\Sigma M_B = R_A \times 10 + 20 = 0$ $\quad \therefore\ R_A = -2$ kN (↓)

답 ㉮

43. **그림과 같은 단순보에서 지점 A의 수직반력은?**

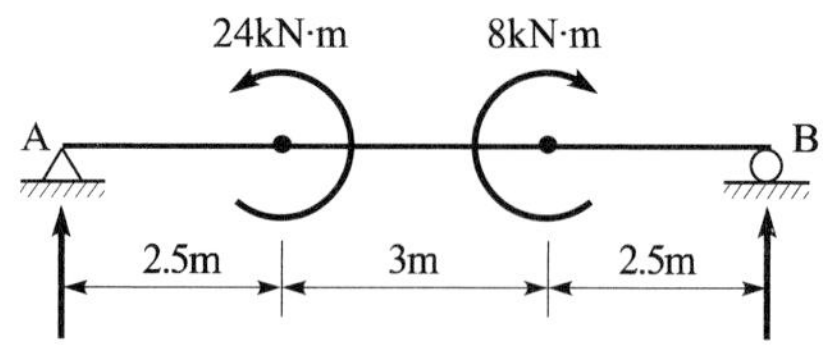

㉮ 1 kN　　㉯ 2 kN

㉰ 3 kN　　㉱ 4 kN

지점 A의 반력 산정

$\Sigma M=0\ (+;\frown)$: $\Sigma M_B=R_A\times 8-24+8=0$　　$\therefore\ R_A=2\text{ kN}\ (\uparrow)$　　답 ㉯

44. **그림과 같은 보에서 중앙점 C의 휨모멘트는?**

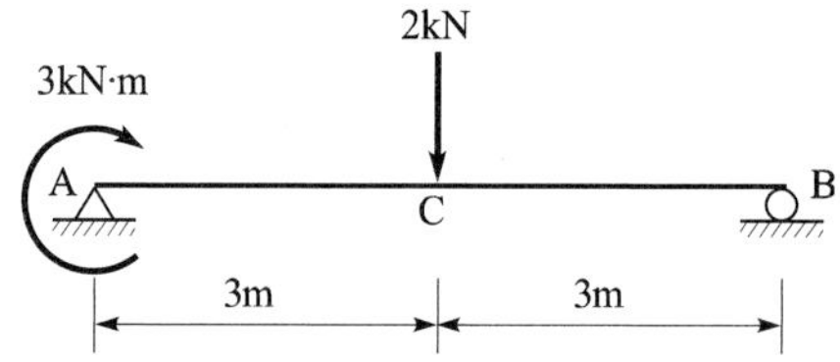

1.5 kN·m　　㉯ 3 kN·m

㉰ 4.5 kN·m　　㉱ 6 kN·m

---

(1) 지점 A의 반력 산정

$\Sigma M=0\ (+;\frown)$: $\Sigma M_B=R_A\times 6+3-2\times 3=0$　　$\therefore\ R_A=0.5\text{ kN}\ (\uparrow)$

(2) 점 C의 휨모멘트 산정

$M_C=0.5\times 3+3=4.5\text{ kN}\cdot\text{m}$　　답 ㉰

45. **그림과 같은 단순보의 반력은?**

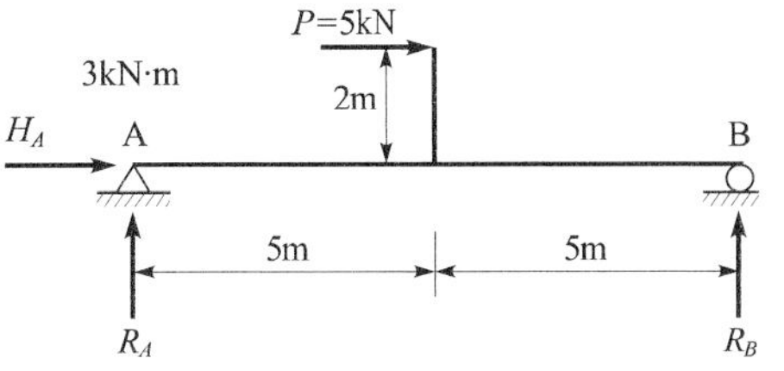

㉮ H_A=+5 kN , R_A=+1 kN , R_B =+ 1 kN

㉯ H_A=−5 kN , R_A=−1 kN , R_B =+ 1 kN

㉰ H_A=+5 kN , R_A=+1 kN , R_B =− 1 kN

㉱ H_A=−5 kN , R_A=+1 kN , R_B =+ 1 kN

힘의 평형방정식 ($\Sigma X=0$, $\Sigma Y=0$, $\Sigma M=0$)으로부터 반력을 산정한다.

① $\Sigma M=0$ (+; ⌒) : $\Sigma M_B=5\times2+R_A\times10=0$ ∴ $R_A=-1$ kN (↓)

② $\Sigma Y=0$ (+; ↑) : $\Sigma Y=R_A+R_B=-1+R_B=0$ ∴ $R_B=1$ kN (↑)

③ $\Sigma X=0$ (+; →) : $\Sigma X=H_A+5=0$ ∴ $H_A=-5$ kN (←)

답 ㉯

46. **다음 구조물에서 지점 A의 수평반력의 값으로 맞는 것은?**

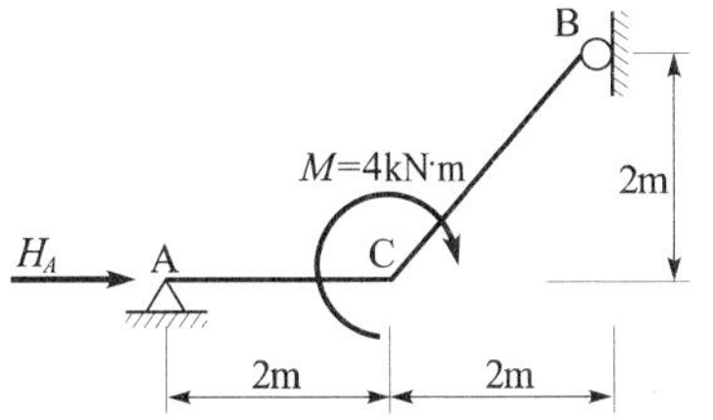

㉮ 0 kN　　㉯ 1 kN

㉰ 2 kN　　㉱ 3 kN

힘의 평형방정식 ($\Sigma X=0$, $\Sigma Y=0$, $\Sigma M=0$)으로부터 반력을 산정한다.

H_A, H_B는 모두 →(+) 방향으로 가정한다.

$\Sigma M=0$ (+; ⌒) : $\Sigma M_B=4-H_A\times2=0$ ∴ $H_A=2$ kN (→) 답 ㉰

47. 그림에서 지점 A의 반력은?

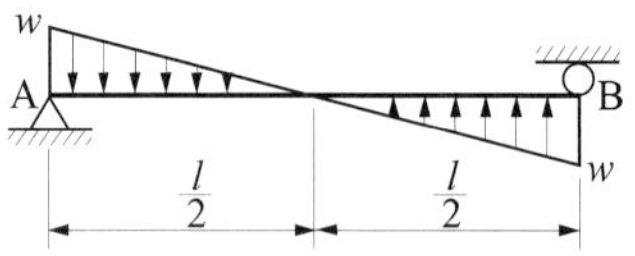

㉮ $\frac{1}{3}wl$ ㉯ $\frac{1}{4}wl$ ㉰ $\frac{1}{5}wl$ ㉱ $\frac{1}{6}wl$

힘의 평형방정식 ($\Sigma X=0$, $\Sigma Y=0$, $\Sigma M=0$)으로부터 반력을 산정한다.

$\Sigma M=0$ (+; ⌒) :

$$\Sigma M_B = R_A \times l - \frac{1}{2}\times w \times \left(\frac{l}{2}\right)\times\left(l-\frac{l}{2}\times\frac{1}{3}\right)+\frac{1}{2}\times w\times\left(\frac{l}{2}\right)\times\left(\frac{l}{2}\times\frac{1}{3}\right)=0$$

$\therefore R_A=\frac{1}{6}wl$ (↑)

답 ㉱

48. 다음 그림과 같은 보에서 지점 A의 수직반력을 구하면?

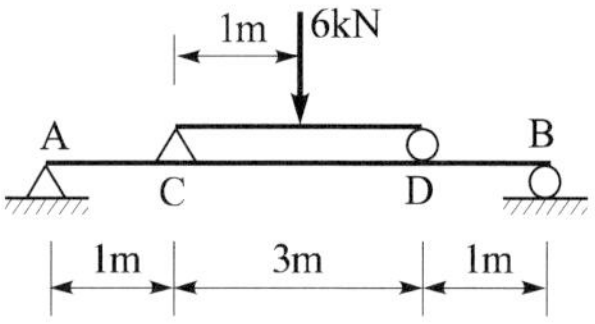

㉮ 2.4 kN ㉯ 3.6 kN ㉰ 4.8 kN ㉱ 6.0 kN

---

(1) 부재 CD의 반력 (부재 CD를 단순보로 하여 반력 산정)

$\Sigma M=0$ (+; ⌒) : $\Sigma M_D = R_C\times 3-6\times 2=0$

$\therefore R_C=4$ kN (↑)

$\Sigma Y=0$ (+; ↑) : $\Sigma Y=R_C-6+R_D=4-6+R_D=0$

$\therefore R_D=2$ kN (↑)

(2) 지점 A의 반력

$\Sigma M=0$ (+; ⌒) : $\Sigma M_B=R_A\times 5-R_C\times 4-R_D\times 1$

$=R_A\times 5-4\times 4-2\times 1=0$

$\therefore R_A=3.6$ kN (↑)

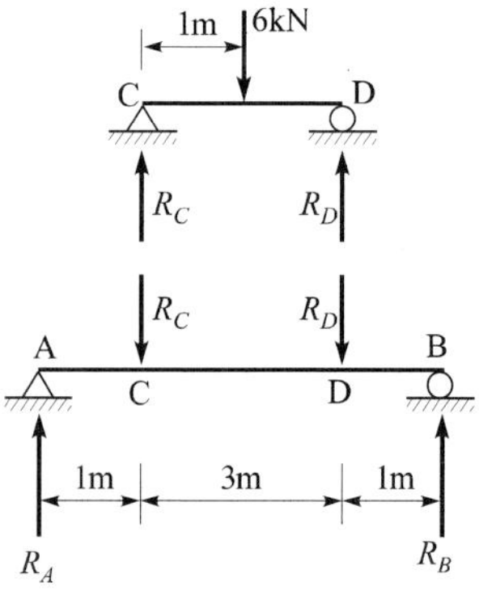

답 ㉯

49. **그림과 같은 단순보에서 지점 B의 반력은?**

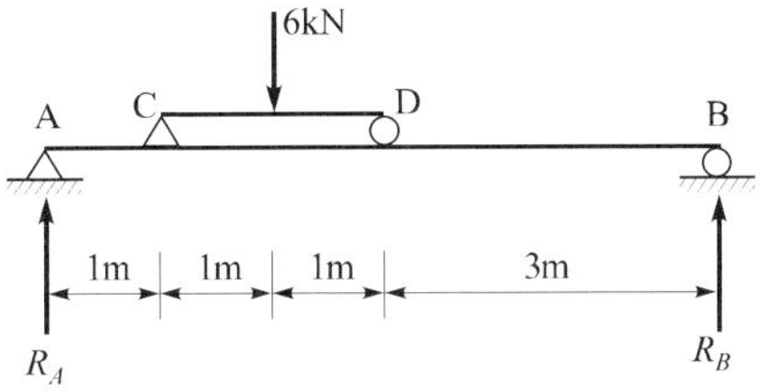

㉮ 1 kN ㉯ 2 kN ㉰ 3 kN ㉱ 4 kN

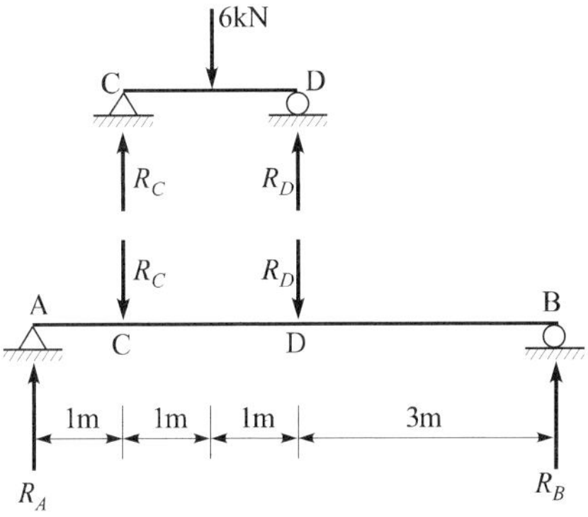

(1) 부재 CD의 반력 (부재 CD를 단순보로 하여 반력 산정)
부재 CD의 중간 위치에 집중하중이 작용하므로 부재 CD의 반력은 다음과 같다.
$R_C = R_D = 3\text{ kN}$ (↑)

(2) 지점 B의 반력
$\Sigma M = 0$ (+; ⌒) :
$\Sigma M_B = R_A \times 6 - R_C \times 5 - R_D \times 3$
$= R_A \times 6 - 3 \times 5 - 3 \times 3 = 0$
∴ $R_A = 4\text{ kN}$ (↑)
$\Sigma Y = 0$ (+; ↑) : $\Sigma Y = R_A - 3 - 3 + R_B = 4 - 3 - 3 + R_B = 0$
∴ $R_B = 2\text{ kN}$ (↑)

답 ㉯

50. **그림과 같은 캔틸레버보에서 고정단의 휨모멘트는?**

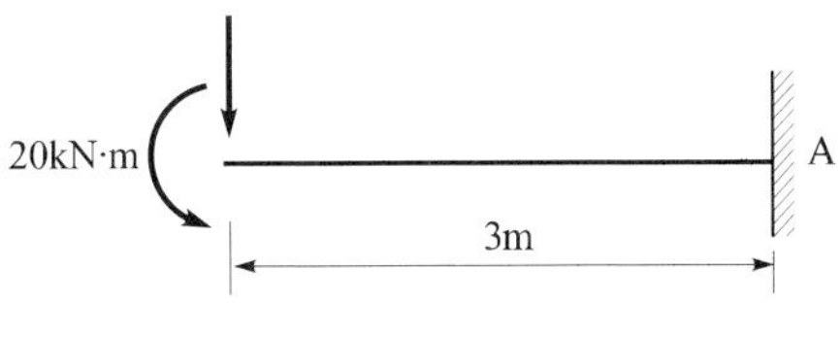

㉮ −20 kN·m ㉯ −40 kN·m
㉰ −60 kN·m ㉱ −80 kN·m

문제와 같은 캔틸레버보의 경우 지점반력을 산정하지 않고도 임의 점의 전단력과 휨모멘

트를 직접 계산할 수 있다.

$M_A = -20 \times 3 - 20 = -80\text{kN} \cdot \text{m}$ 답 ㉣

주1) 휨모멘트의 계산 값은 임의 단면의 어느 한쪽 부분(자유물체도)에서의 모멘트의 대수합이다.

주2) 휨모멘트의 부호규약은 휨모멘트가 부재를 아랫방향으로 휘게 하면 양(↶ ⊞ ↷)이고, 윗방향으로 휘게 하면 음(↙⌒ ⊟ ⌒↘)이다.

주3) 휨모멘트의 왼쪽성분이 시계방향(↶ ⊞)이면 양(+)이고, 또한 오른쪽성분이 반시계방향(⊞↷)이면 양(+)이다.

주4) 반면 모멘트의 부호규약은 일반적으로 시계방향(↷)으로 회전하면 양(+), 반시계방향(↶)으로 회전하면 음(-)으로 가정한다.

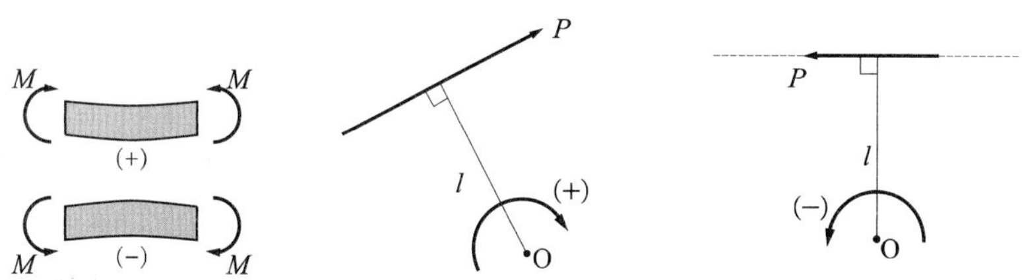

(a) 양(+)의 모멘트 (b) 음(-)의 모멘트

휨모멘트의 부호 **모멘트의 부호**

51. 그림과 같은 캔틸레버보에서 지점 A의 휨모멘트의 값은?

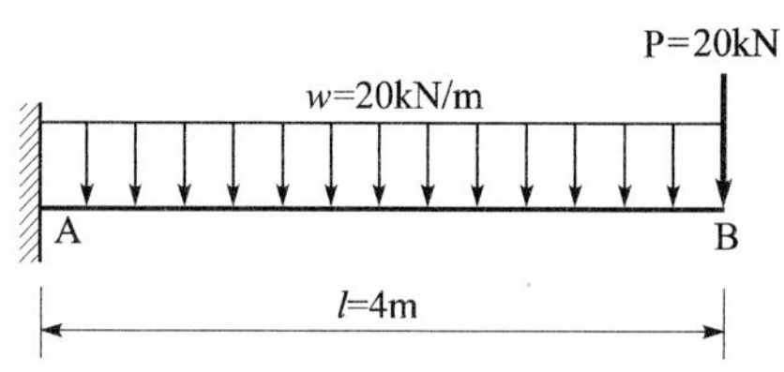

㉮ −240 kN·m ㉯ −160 kN·m

㉰ 160 kN·m ㉱ 240 kN·m

지점 A의 휨모멘트

$M_A = -20 \times 4 - 20 \times 4 \times (4/2) = -240\ \text{kN} \cdot \text{m}$ 답 ㉮

52. 다음 그림과 같은 보에서 지점 B에 생기는 휨모멘트는?

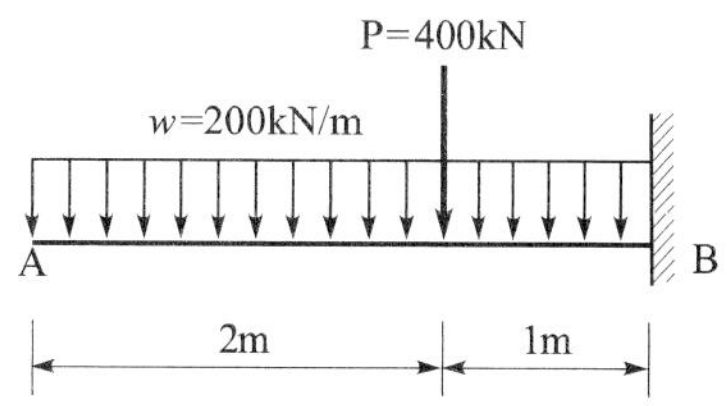

㉮ −500 kN·m　　㉯ −900 kN·m

㉰ −1,300 kN·m　　㉱ −1,500 kN·m

지점 B의 휨모멘트

$M_B = -400 \times 1 - 200 \times 3 \times (3/2) = -1{,}300$ kN · m

답 ㉰

53. 그림과 같은 캔틸레버보에서 지점 A의 휨모멘트는?

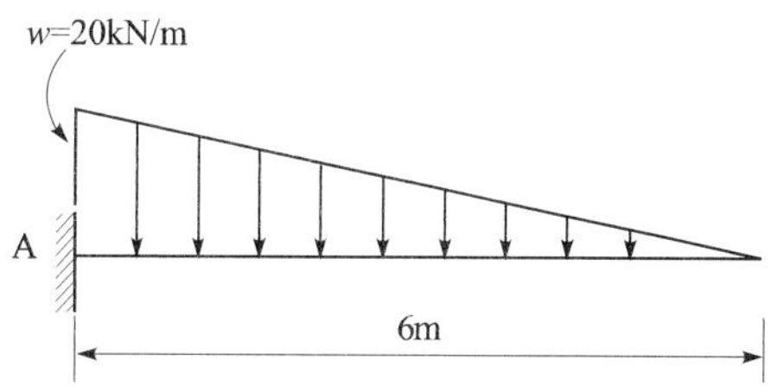

㉮ −60 kN·m　　㉯ −80 kN·m

㉰ −100 kN·m　　㉱ −120 kN·m

지점 A의 휨모멘트

$M_A = -\frac{1}{2} \times 20 \times 6 \times \left(\frac{6}{3}\right) = -120$ kN · m

답 ㉱

54. 그림과 같은 캔틸레버보에서 점 C의 전단력(V_C)과 D점의 휨모멘트(M_D)를 구하면?

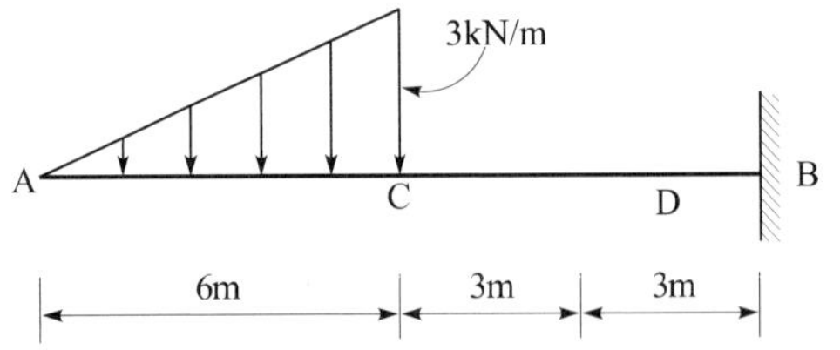

㉮ V_C=−6 kN , M_D=−30 kN·m
㉯ V_C=−6 kN , M_D=−45 kN·m
㉰ V_C=−9 kN , M_D=−30 kN·m
㉱ V_C=−9 kN , M_D=−45 kN·m

---

(1) 점 C의 전단력 : $V_C = -\frac{1}{2} \times 3 \times 6 = -9$ kN

(2) 점 D의 휨모멘트 : $M_D = -\frac{1}{2} \times 3 \times 6 \times \left(6 \times \frac{1}{3} + 3\right) = -45$ kN · m

답 ㉱

55. 그림과 같은 캔틸레버보의 점 C의 전단력과 휨모멘트의 값은?

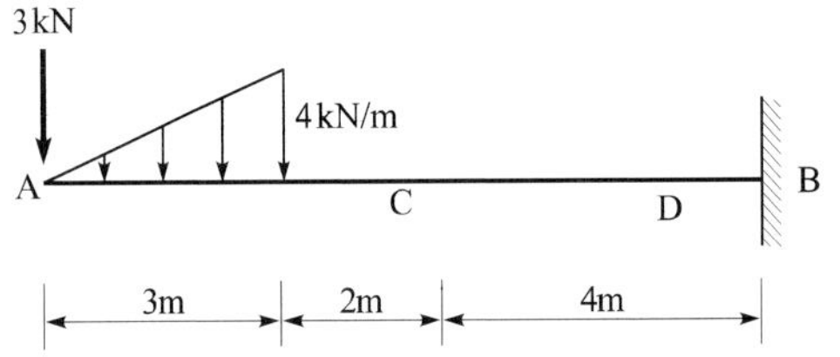

㉮ $V_C = -6$ kN, $M_C = -33$ kN·m
㉯ $V_C = -9$ kN, $M_C = -39$ kN·m
㉰ $V_C = -6$ kN, $M_C = -39$ kN·m
㉱ $V_C = -9$ kN, $M_C = -33$ kN·m

---

(1) 점 C의 전단력 : $V_C = -3 - \frac{1}{2} \times 4 \times 3 = -9$ kN

(2) 점 C의 휨모멘트 : $M_C = -3 \times 5 - \frac{1}{2} \times 4 \times 3 \times \left(3 \times \frac{1}{3} + 2\right) = -33$ kN · m

답 ㉱

56. **그림과 같은 캔틸레버 구조에서 고정단 A의 최대 휨모멘트의 크기는?**

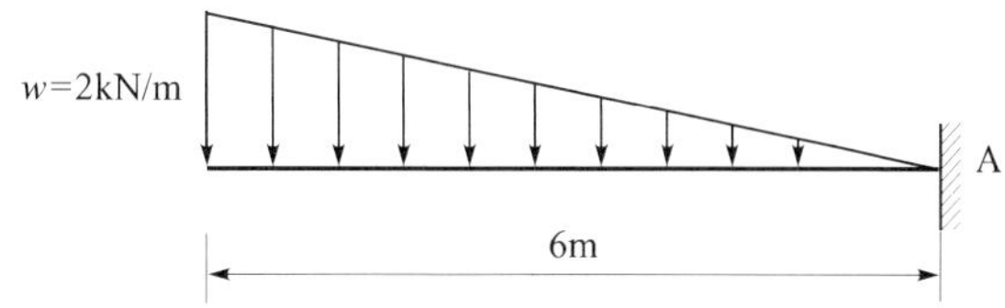

㉮ −12 kN·m ㉯ −16 kN·m
㉰ −20 kN·m ㉱ −24 kN·m

↳ 고정단 A의 휨모멘트

$$M_A = -\left(\frac{1}{2}\times 6\times 2\right)\times\left(6\times\frac{2}{3}\right) = -24 \text{ kN}\cdot\text{m}$$

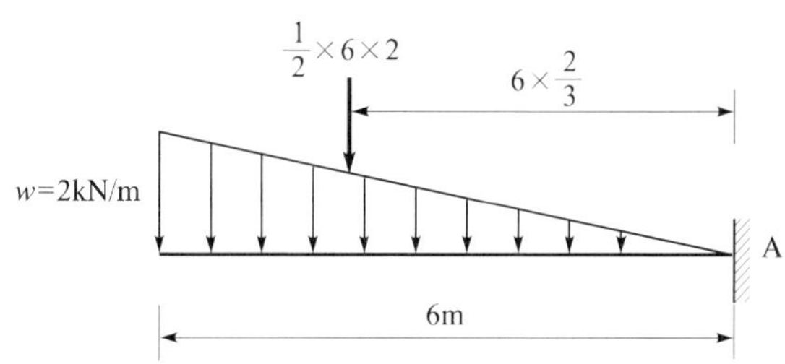

답 ㉱

57. **그림과 같은 캔틸레버 보에 대한 설명 중 옳지 않은 것은?**

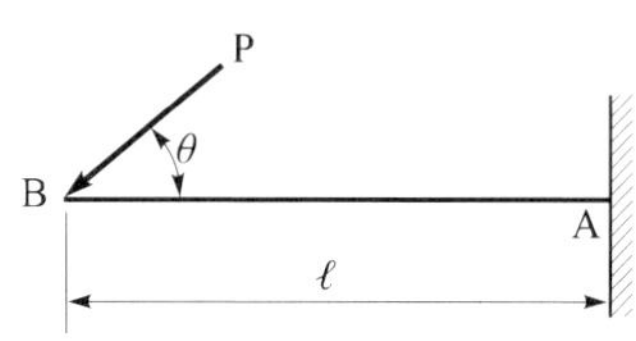

㉮ 지점 A에서는 3개의 반력이 생긴다.
㉯ 지점 A의 수직반력의 방향은 상향(↑)이다.
㉰ 지점 A의 모멘트반력의 방향은 시계방향(↷)이다.
㉱ 부재 AB는 압축력만 발생한다.

↳ 부재 AB는 인장력만 발생한다. 답 ㉱

58. 그림과 같은 캔틸레버에서 지점 D의 휨모멘트는?

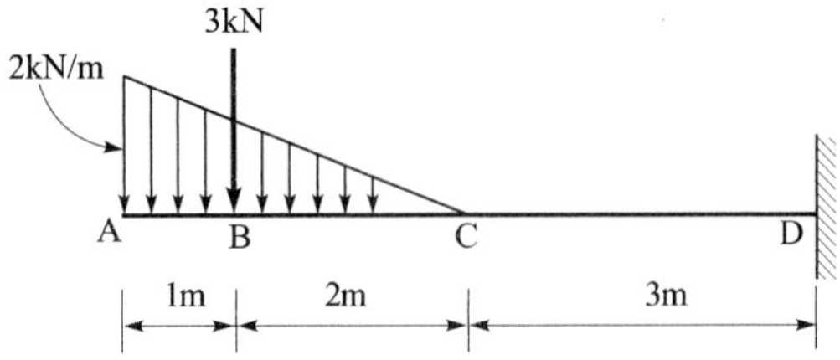

㉮ −15 kN·m　　㉯ −20 kN·m

㉰ −25 kN·m　　㉱ −30 kN·m

지점 D의 휨모멘트

$$M_D=-3\times5-\frac{1}{2}\times2\times3\times\left(3\times\frac{2}{3}+3\right)=-30\text{ kN}\cdot\text{m}$$

답 ㉱

59. 지점의 고정단 모멘트를 가장 크게 하는 캔틸레버보는? (w는 분포하중 크기)

㉮
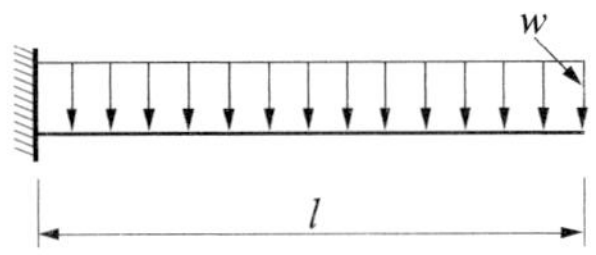

㉯
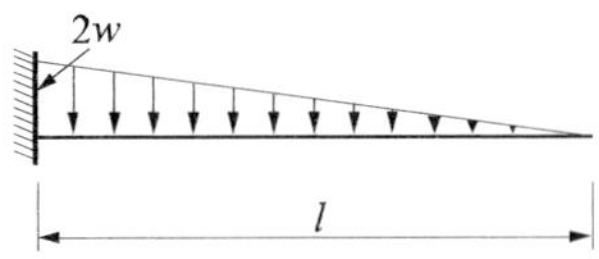

㉰
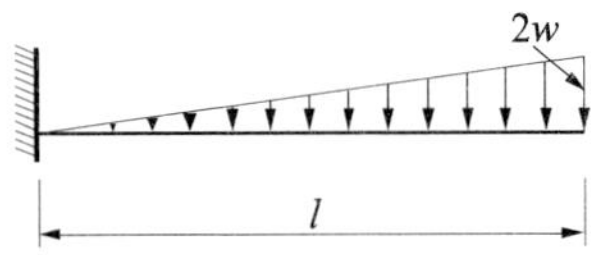

㉱
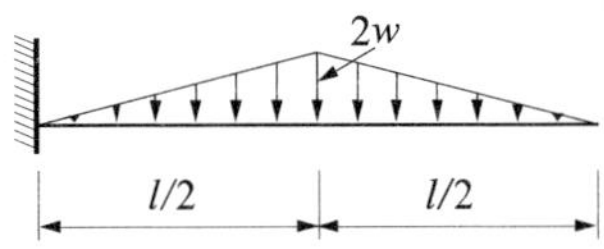

㉮ $M=(w\times l)\times\frac{l}{2}=\frac{wl^2}{2}$

㉯ $M=\left(\frac{1}{2}\times2w\times l\right)\times\frac{l}{3}=\frac{wl^2}{3}$

㉰ $M=\left(\frac{1}{2}\times2w\times l\right)\times\frac{2l}{3}=\frac{2wl^2}{3}$

㉱ $M=\left(\frac{1}{2}\times2w\times\frac{l}{2}\right)\times\left(\frac{l}{2}\times\frac{2}{3}\right)+\left(\frac{1}{2}\times2w\times\frac{l}{2}\right)\times\left(\frac{l}{2}+\frac{l}{2}\times\frac{1}{3}\right)=\frac{wl^2}{2}$

답 ㉰

60. 다음과 같은 하중에 의한 휨모멘트도로 가장 타당한 것은? (자중의 영향은 무시함)

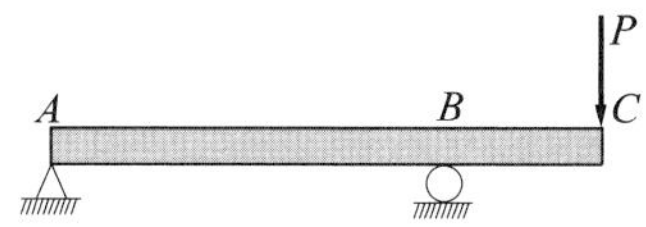

㉮ 

㉯ 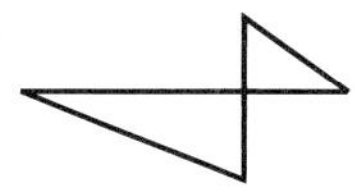

㉰ 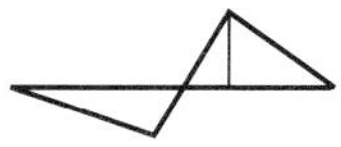

㉱ 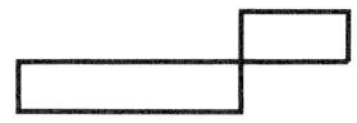

↳ 집중하중이 작용하므로 휨모멘트도는 1차식 (㉱ 제외)이며,
구간 AB에서 작용하는 하중이 없고 (㉰ 제외),
지점 B에서 작용하는 휨모멘트가 없다 (㉯ 제외).

답 ㉮

61. 그림과 같은 내민보의 지점 A와 B의 반력은? (단, 반력의 + 값은 상향이고, - 값은 하향이다)

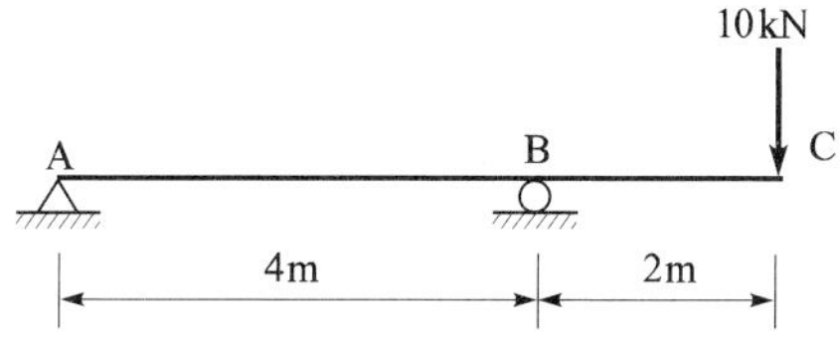

㉮ $R_A = 10\ \text{kN}, R_B = 0\ \text{kN}$ ㉯ $R_A = 5\ \text{kN}, R_B = 5\ \text{kN}$

㉰ $R_A = 5\ \text{kN}, R_B = -15\ \text{kN}$ ㉱ $R_A = -5\ \text{kN}, R_B = 15\ \text{kN}$

↳ 힘의 평형방정식 ($\Sigma X=0,\ \Sigma Y=0,\ \Sigma M=0$)으로부터 반력을 산정한다.
(지점 A, B의 반력 R_A, R_B를 상향으로 가정)

① $\Sigma M=0\ (+;\frown)$: $\Sigma M_A = 10\times 6 - R_B\times 4 = 0$ $\therefore R_B = 15\ \text{kN}\ (\uparrow)$

② $\Sigma Y=0\ (+;\uparrow)$: $\Sigma Y = R_A + R_B - 10 = 0$ $\therefore R_A = -5\ \text{kN}\ (\downarrow)$

답 ㉱

62. **다음 그림과 같은 내민보의 지점반력을 각각 구하면? (단, 반력의 + 값은 상향이고, - 값은 하향이다)**

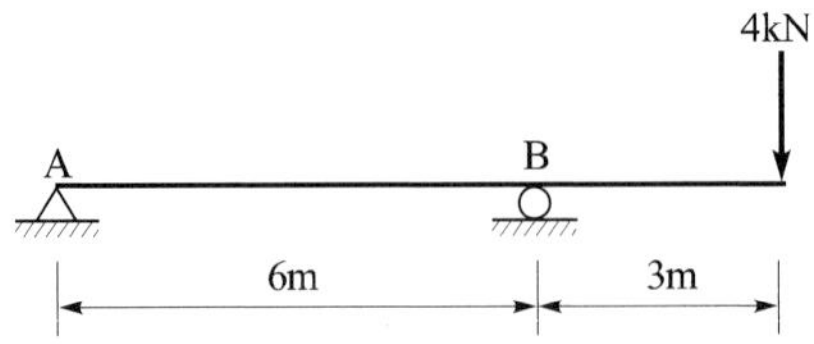

㉮ R_A=−2 kN , R_B=6 kN ㉯ R_A=2 kN , R_B=−6 kN
㉰ R_A=2 kN , R_B=2 kN ㉱ R_A=−4 kN , R_B=8 kN

지점 A와 지점 B의 반력 산정 (지점 A와 지점 B의 반력 R_A, R_B를 상향으로 가정)

① $\Sigma M=0\ (+;\curvearrowright)$: $\Sigma M_A = 4\times 9 - R_B \times 6 = 0$ $\therefore\ R_B = 6\ \text{kN}\ (\uparrow)$

② $\Sigma Y=0\ (+;\ \uparrow)$: $\Sigma Y = R_A + R_B - 4 = 0$ $\therefore\ R_A = -2\ \text{kN}\ (\downarrow)$

답 ㉮

63. **그림과 같은 내민보에서 지점 A의 반력 값은?**

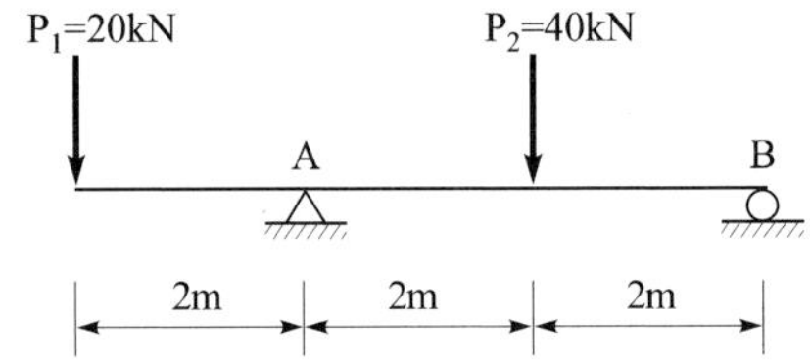

㉮ 20 kN ㉯ 30 kN
㉰ 40 kN ㉱ 50 kN

지점 A의 반력 산정 (지점 A의 반력 R_A를 상향으로 가정)

$\Sigma M=0\ (+;\curvearrowright)$: $\Sigma M_B = R_A \times 4 - 20\times 6 - 40\times 2 = 0$ $\therefore\ R_A = 50\ \text{kN}\ (\uparrow)$

답 ㉱

64. **그림과 같은 단순보에서 지점 A 및 지점 B에서의 반력을 각각 R_A, R_B라 할 때 반력의 크기로 옳은 것은?**

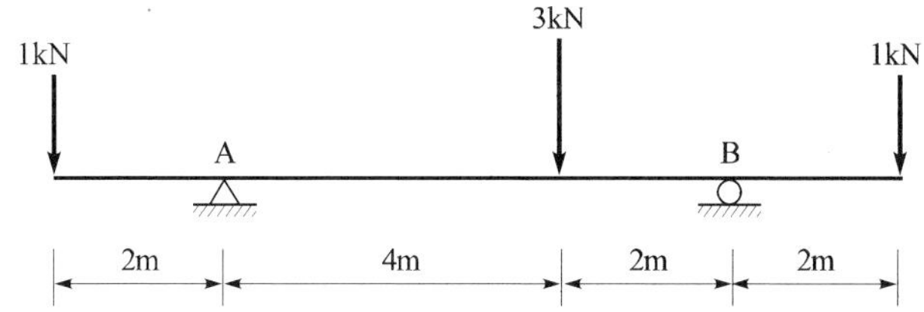

㉮ R_A=3.0 kN , R_B=2.0 kN　　㉯ R_A=2.0 kN , R_B=3.0 kN

㉰ R_A=2.5 kN , R_B=2.5 kN　　㉱ R_A=4.0 kN , R_B=1.0 kN

↳ 지점 A와 지점 B의 반력 산정 (지점 A와 지점 B의 반력 R_A, R_B를 상향으로 가정)

① $\Sigma M=0$ (+; ↷) : $\Sigma M_B = R_A \times 6 - 1 \times 8 - 3 \times 2 + 1 \times 2 = 0$　　$\therefore R_A = 2$ kN (↑)

② $\Sigma Y=0$ (+; ↑) : $\Sigma Y = R_A + R_B - 1 - 3 - 1 = 0$　　$\therefore R_B = 3$ kN (↑)

답 ㉯

65. **그림과 같은 내민보에서 지점 B의 반력과 그 방향은?**

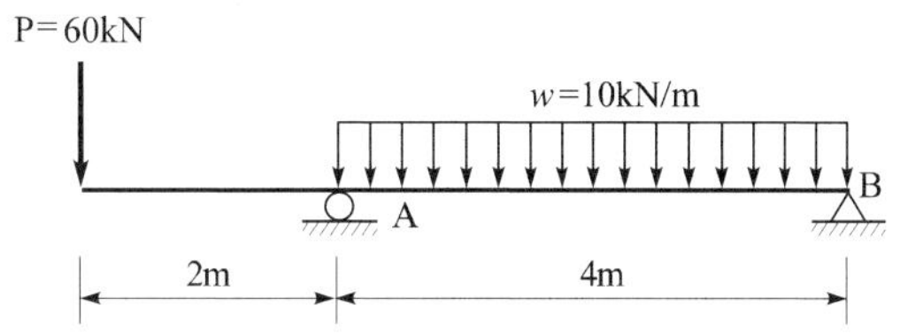

㉮ 20 kN (↑)　　㉯ 20 kN (↓)

㉰ 10 kN (↑)　　㉱ 10 kN (↓)

↳ 지점 B의 반력 산정 (지점 B의 반력 R_B를 상향으로 가정)

$\Sigma M=0$ (+; ↷) : $\Sigma M_A = -R_B \times 4 - 60 \times 2 + 10 \times 4 \times 2 = 0$　　$\therefore R_B = -10$ kN (↓)

답 ㉱

66. **그림에서 지점 A의 반력 R_A의 값으로 옳은 것은?**

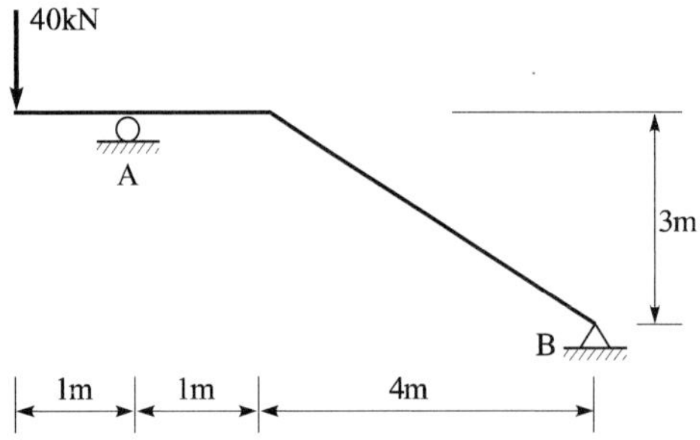

㉮ 40 kN ㉯ 44 kN

㉰ 48 kN ㉱ 52 kN

↳ 지점 A의 반력 산정 (지점 A의 반력 R_A를 상향으로 가정)

$\Sigma M = 0\ (+;\frown)$: $\Sigma M_B = -40\times 6 + R_A \times 5 = 0$ $\therefore\ R_A = 48\text{ kN}\ (\uparrow)$

답 ㉰

67. **다음 그림의 구조물에서 지점 A에 생기는 휨모멘트는?**

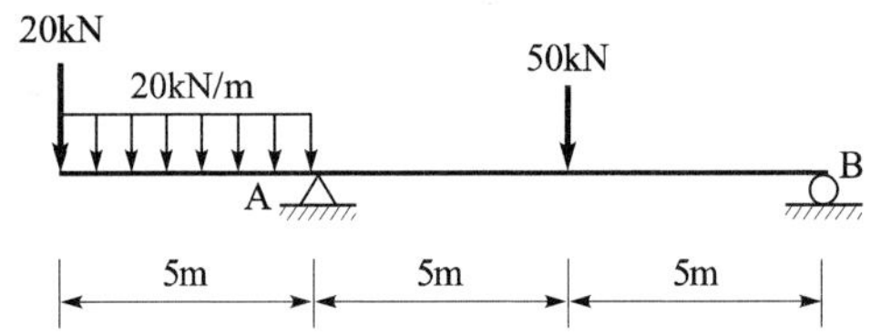

㉮ −100 kN·m ㉯ −200 kN·m

㉰ −350 kN·m ㉱ −600 kN·m

↳ 지점 A의 휨모멘트

$M_A = -20\times 5 - 20\times 5\times (5/2) = -350\text{ kN}\cdot\text{m}$

답 ㉰

68. **다음 그림과 같은 내민보에서 점 C의 휨모멘트는?**

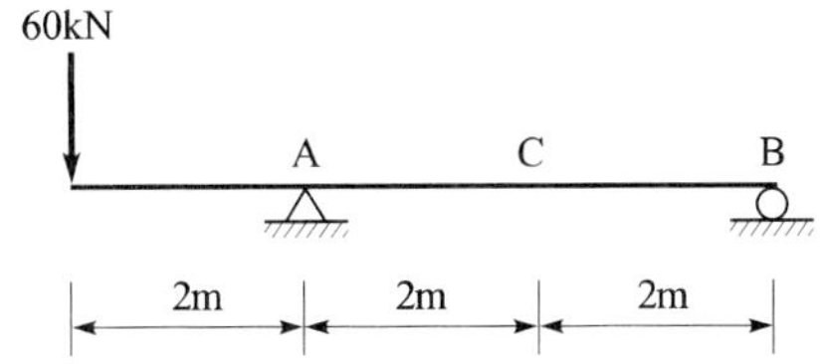

㉮ −90 kN·m
㉯ −80 kN·m
㉰ −70 kN·m
㉱ −60 kN·m

---

(1) 지점 A의 반력 산정 (지점 A의 반력 R_A를 상향으로 가정)

$\Sigma M=0\ (+;\frown)$: $\Sigma M_B = R_A \times 4 - 60 \times 6 = 0$ $\quad \therefore R_A = 90\text{ kN}\ (\uparrow)$

(2) 점 C의 휨모멘트

$M_C = -60 \times 4 + 90 \times 2 = -60\text{ kN}\cdot\text{m}$

답 ㉱

69. **그림에서 반력 R_C가 영(0)이 되려면 점 B의 집중하중 P는 몇 kN인가?**

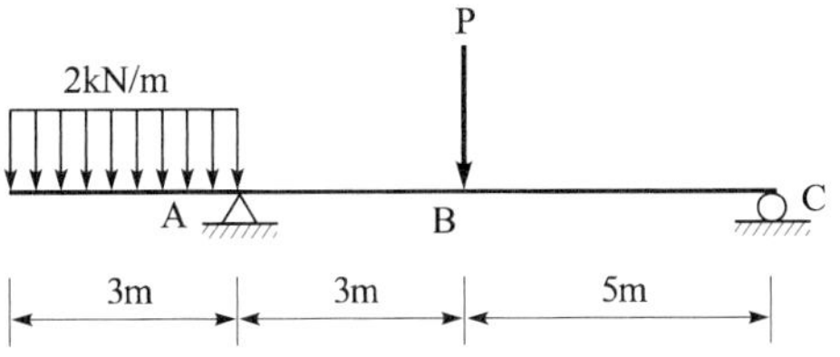

㉮ 3 kN
㉯ 6 kN
㉰ 9 kN
㉱ 12 kN

집중하중 P의 반력 산정 ($\Sigma M=0$)

$\Sigma M=0\ (+;\frown)$: $\Sigma M_A = -2 \times 3 \times \left(\frac{3}{2}\right) + P \times 3 - R_C \times 8 = 0$ $\quad \therefore P = 3\text{ kN}\ (\uparrow)$

답 ㉮

70. 점 C의 전단력이 영(0)이 되려면 P의 값은 얼마가 되어야 하는가?

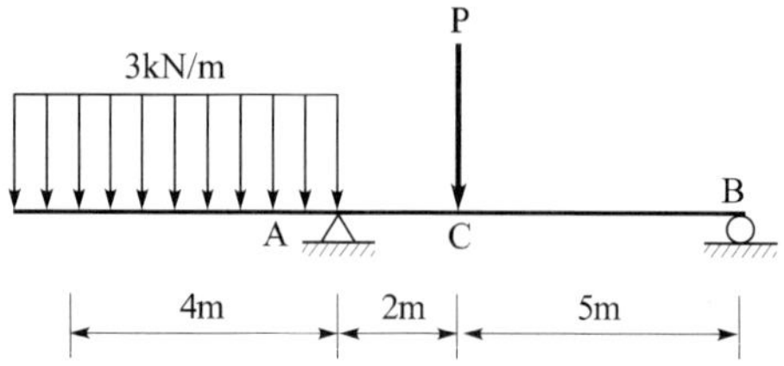

㉮ 9 kN　　㉯ 12 kN

㉰ 13.5 kN　　㉱ 15 kN

---

(1) 지점 A의 반력 산정(지점 A의 반력 R_A를 상향으로 가정)

$$\Sigma M=0\ (+;\frown):\ \Sigma M_B=-3\times4\times\left(\frac{4}{2}+7\right)+R_A\times7-P\times5=0$$

$$\therefore\ R_A=\left(\frac{108+5P}{7}\right)\text{kN}\ (\uparrow)$$

(2) 점 C에서 전단력이 영(0)이다.

$$V_C=-3\times4+R_A-P=-12+\left(\frac{108+5P}{7}\right)-P=0\qquad\therefore\ P=12.0\text{ kN}$$

답 ㉯

71. 그림과 같은 양단 내민보에서 점 C의 휨모멘트 $M_C=0$의 값을 가지려면 점 C에 작용시킬 하중 P의 크기는?

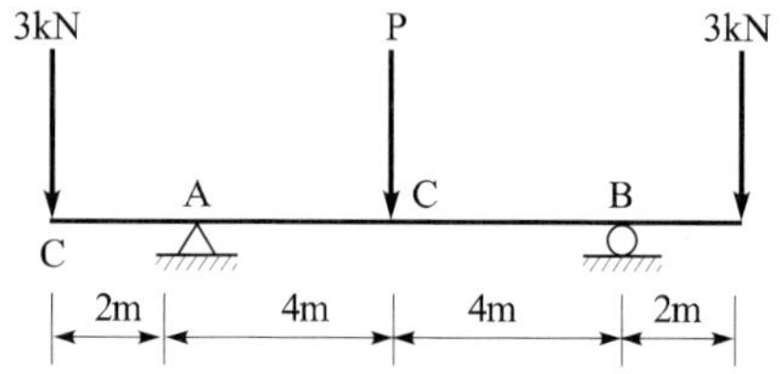

㉮ 3 kN　　㉯ 4 kN

㉰ 6 kN　　㉱ 8 kN

---

(1) 지점 A의 반력 산정(지점 A의 반력 R_A를 상향으로 가정)

$$\Sigma M=0\ (+;\frown):\ \Sigma M_B=R_A\times8-3\times10-P\times4+3\times2=0$$

$$\therefore\ R_A=\left(\frac{24+4P}{8}\right)\text{kN}\ (\uparrow)$$

(2) 점 C에 작용시킬 하중 P의 크기

$$M_C=R_A\times4-3\times6=\left(\frac{24+4P}{8}\right)\times4-18=0\qquad\therefore\ P=3\text{ kN}\ (\downarrow)$$

답 ㉮

72. **그림과 같은 내민보의 지점 A의 휨모멘트 값은?**

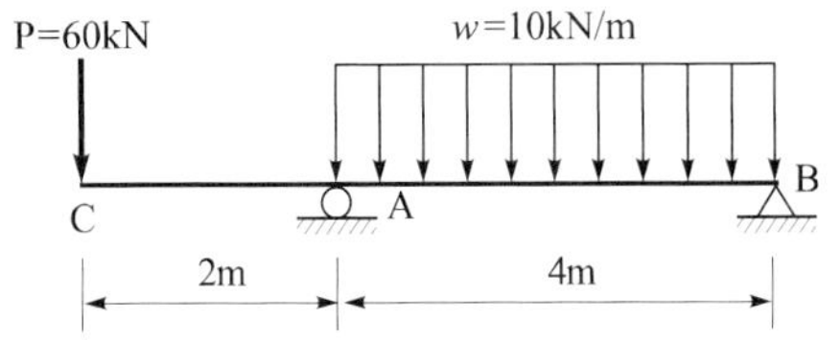

㉮ −80 kN·m　　㉯ −120 kN·m
㉰ −160 kN·m　　㉱ −200 kN·m

지점 A의 휨모멘트
$M_A = -60 \times 2 = -120$ kN · m　　답 ㉯

73. **내민보의 휨모멘트도로 가장 적당한 것은?**

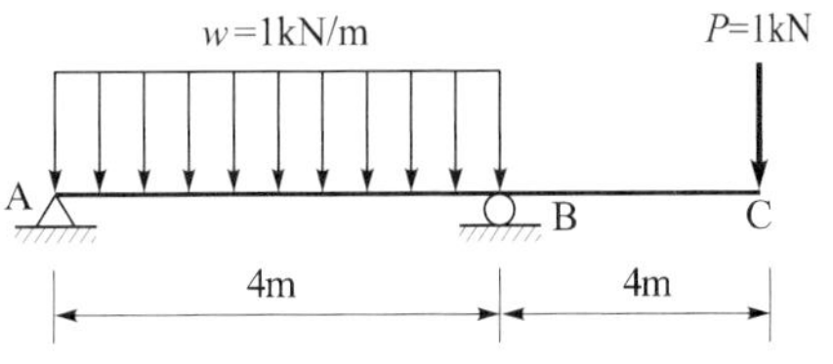

㉮
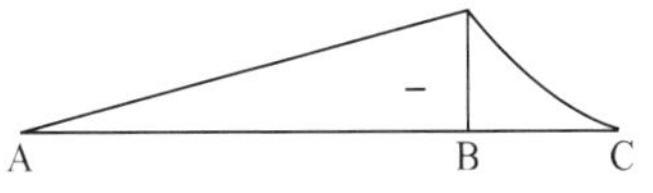

㉯
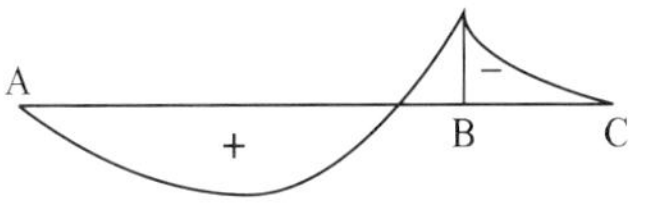

㉰
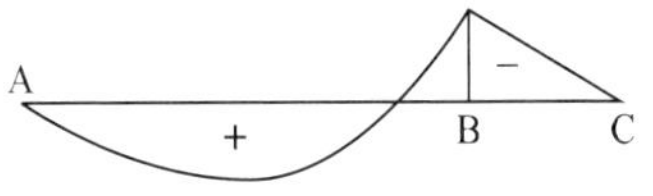

㉱
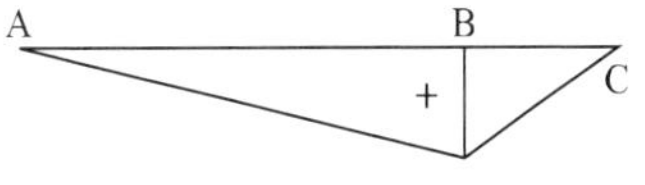

부재 ABC는 지점 B가 연속되는 보이며 구간 AB에 등분포하중이 작용하므로
전단력은 1차 직선, 휨모멘트도는 2차 곡선이 된다 (㉮, ㉱ 제외).
또한 구간 BC는 내민보이며 점 C에 집중하중이 작용하므로
전단력은 상수, 휨모멘트는 1차 직선이 된다 (㉯ 제외).　　답 ㉰

74. **그림과 같은 내민보의 개략적인 휨모멘트도(BMD)로 옳은 것은?**

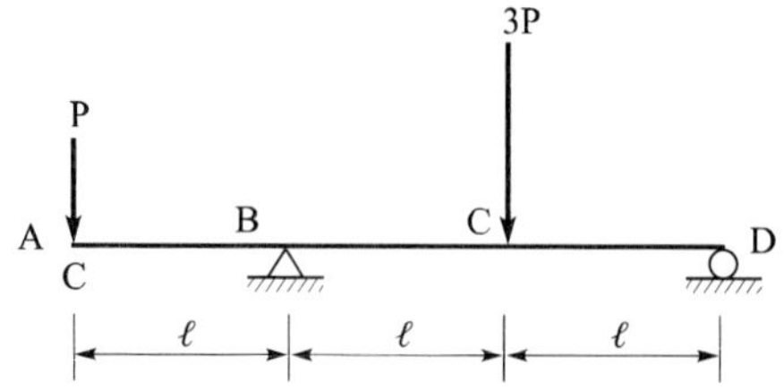

㉮ 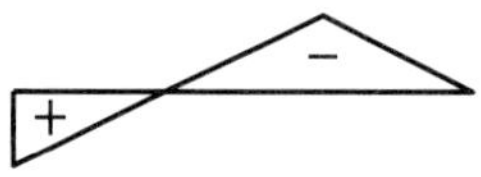

㉯ 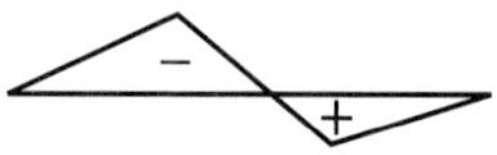

㉰ 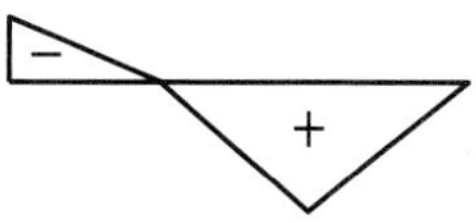

㉱ 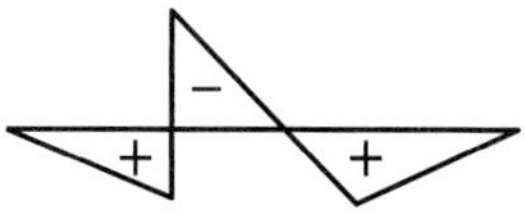

점 A와 점 D는 휨모멘트가 영(0)이다(㉮, ㉰ 제외).
또한 점 B에서는 휨모멘트가 음(−)이고, 점 C에서는 휨모멘트가 양(+)이다(㉱ 제외).

답 ㉯

75. **그림에서 지점 A를 기준으로, 전단력이 영(0)인 점까지의 거리로 가장 적당한 것은?**

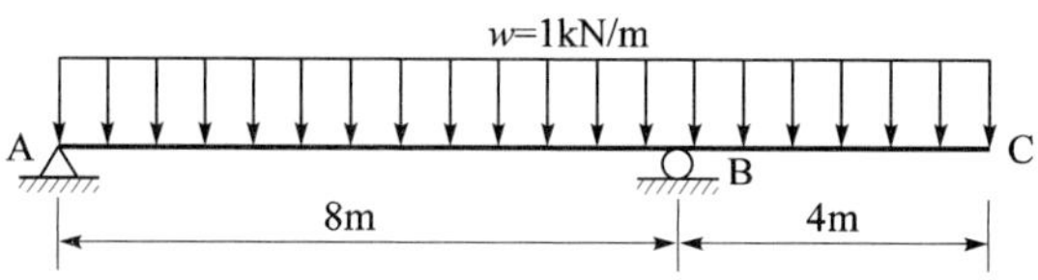

㉮ 1 m　　㉯ 2 m
㉰ 3 m　　㉱ 4 m

---

(1) 지점 A의 반력 산정

$$\Sigma M=0\ (+;\ \frown)\ :\ \Sigma M_B = R_A \times 8 - (1\times 8)\times\left(\frac{8}{2}\right) + (1\times 4)\times\left(\frac{4}{2}\right) = 0$$

$$\therefore\ R_A = 3\,\mathrm{kN}\ (\uparrow)$$

(2) 지점 A로부터 전단력이 영(0)인 점까지의 거리

$V_x = R_A - w\times x = 3 - 1\times x = 0 \quad \therefore\ x = 3\,\mathrm{m}$

답 ㉰

76. 다음 내민보의 지점 A에서의 부(−) 모멘트의 절댓값과 중앙부에서의 정(+) 모멘트의 절댓값이 같게 되는 a/l의 값에 가장 가까운 것은? 단, $< l/2$이다.

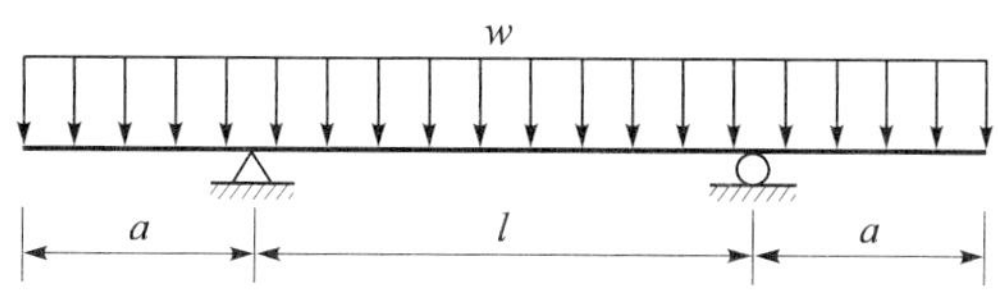

㉮ $a/l = 1/3$　　㉯ $a/l = 1/5$
㉰ $a/l = 1/7$　　㉱ $a/l = 1/9$

---

(1) 반력 산정

좌우 대칭의 하중에 구조물도 대칭이므로 지점의 반력은 다음과 같다.

$$R_A = R_B = (2wa + wl) \times \frac{1}{2} = \frac{w(2a+l)}{2}\ (\uparrow)$$

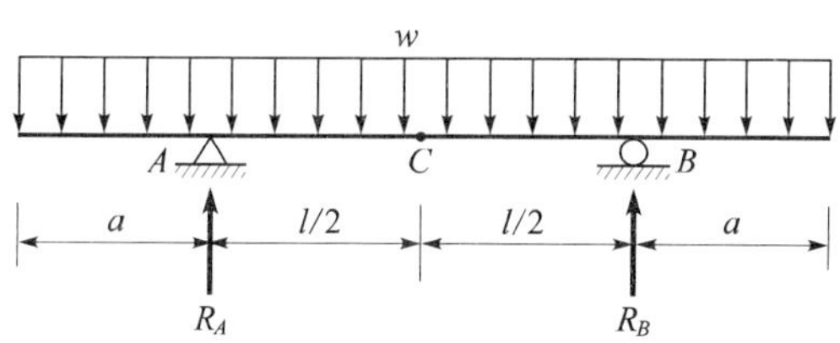

(2) 지점 A에서의 부(−) 모멘트의 절댓값

$$|M_A| = |M^-| = wa\left(\frac{a}{2}\right) = \frac{wa^2}{2}$$

(3) 중앙부에서의 정(+) 모멘트의 절댓값

$$|M_C| = |M^+| = -wa\left(\frac{a}{2} + \frac{l}{2}\right) - w\left(\frac{l}{2}\right)\left(\frac{l}{4}\right) + \frac{w(2a+l)}{2}\left(\frac{l}{2}\right) = -\frac{wa^2}{2} + \frac{wl^2}{8}$$

(4) a/l의 값 산정

$$|M^-| = |M^+|$$

$$\frac{wa^2}{2} = -\frac{wa^2}{2} + \frac{wl^2}{8}$$

$$a^2 = \frac{l^2}{8}$$

$$\frac{a}{l} = \frac{1}{2\sqrt{2}} = \frac{1}{2.8} \fallingdotseq \frac{1}{3}$$

답 ㉮

77. 다음 그림과 같은 내민보에서 모멘트가 영(0)이 되는 두개의 반곡점 위치를 구하면? (단, 지점 A으로부터의 거리)

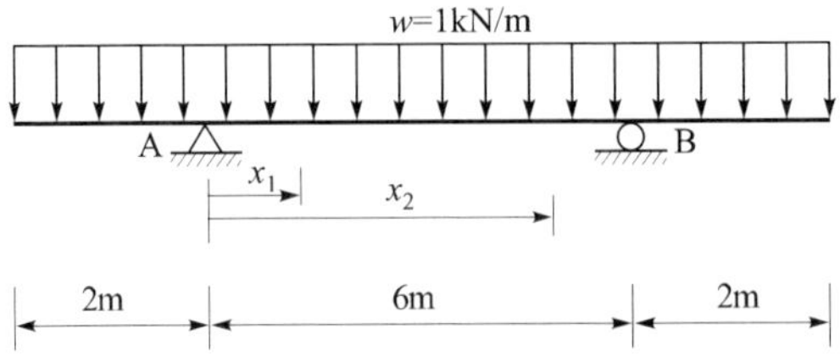

㉮ x_1=0.765 m, x_2=5.235 m　　㉯ x_1=0.785 m, x_2=5.215 m

㉰ x_1=0.805 m, x_2=5.195 m　　㉱ x_1=0.825 m, x_2=5.175 m

---

(1) 반력 산정

힘의 평형방정식($\Sigma X=0,\ \Sigma Y=0,\ \Sigma M=0$)으로부터 반력을 산정한다.

$\Sigma M = 0\ (+;\ \frown)$:

$$\Sigma M_B = R_A \times 6 - 1\times 2\times\left(\frac{2}{2}+6\right) - 1\times 6\times\left(\frac{6}{2}\right) + 1\times 2\times\left(\frac{2}{2}\right) = 0 \quad \therefore R_A = 5\text{ kN }(\uparrow)$$

$$\Sigma V = 0\ (+;\ \uparrow):\ \ \Sigma V = R_A + R_B - 1\times 10 = 5 + R_B - 10 = 0 \quad \therefore R_B = 5\text{ kN }(\uparrow)$$

$$\Sigma H = 0\ (+;\ \rightarrow):\ \ \Sigma H = H_A = 0 \quad \therefore H_A = 0\text{ kN }(\rightarrow)$$

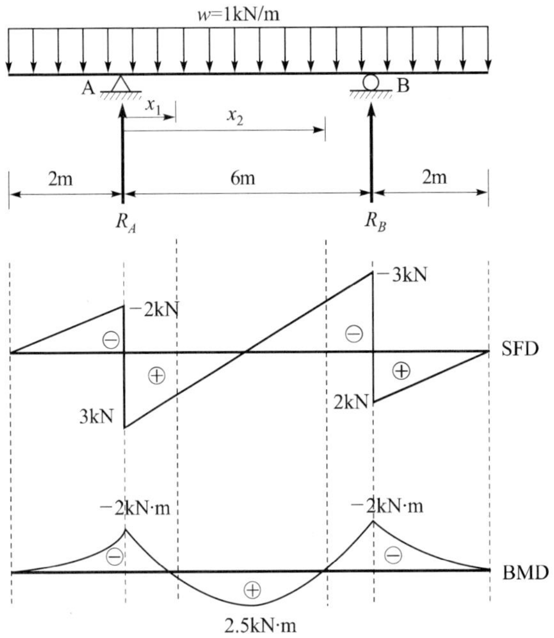

(2) 휨모멘트가 영(0)이 되는 반곡점

전단력의 면적을 이용하여 휨모멘트가 영(0)이 되는 반곡점을 산정한다.

삼각형의 비례에 의해 $y_1 = 3 - x_1$이다.

$$M_{x1} = -\frac{1}{2}\times 2\times 2 + \frac{1}{2}\times(3+y_1)\times x_1 = -2 + \frac{1}{2}\times(3+3-x_1)\times x_1 = 0$$

$x_1^2 - 6x_1 + 4 = 0 \quad \therefore\ x_1 = 0.764\text{ m}$

또한 전단력도가 좌우대칭임으로 $x_2 = 6 - 0.764 = 5.236\text{ m}$이다.

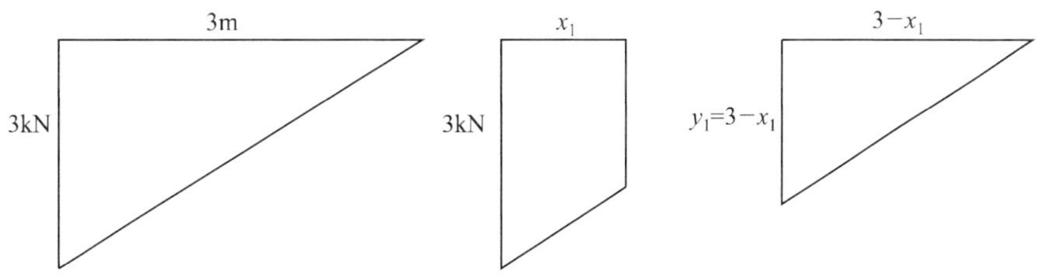

답 ㉮

78. 겔버보에서 지점 B의 반력 R_B는?

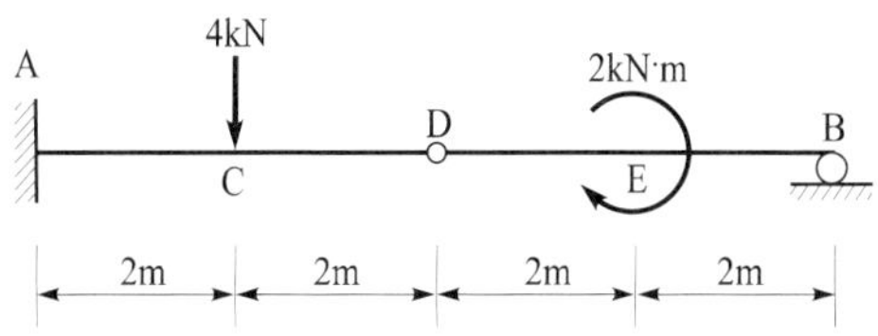

㉮ $R_B = 0.5$ kN (↑) ㉯ $R_B = 0.5$ kN (↓)

㉰ $R_B = 1.0$ kN (↑) ㉱ $R_B = 1.0$ kN (↓)

(1) 단순보와 캔틸레버보로 분리

① 단순보 : D−B

② 캔틸레버보 : A−D

(2) 단순보의 해석 (부재 D−B)

$\Sigma M = 0$ (+; ⌒) :

$\Sigma M_D = -R_B \times 4 + 2 = 0$

$\therefore\ R_B = 0.5$ kN (↑)

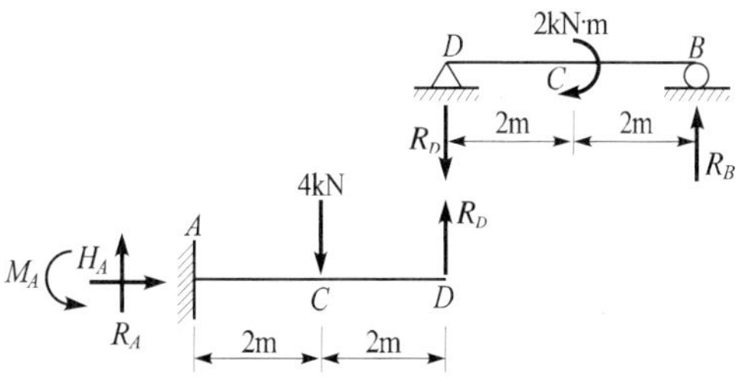

답 ㉮

79. 그림과 같은 겔버보에서 지점 B의 반력은?

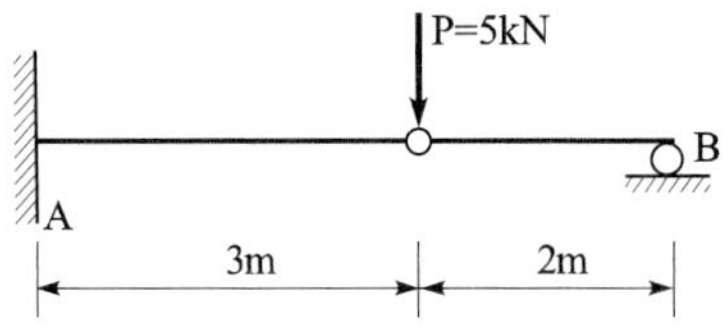

㉮ 2.5 kN ㉯ 5 kN ㉰ 10 kN ㉱ 0 kN

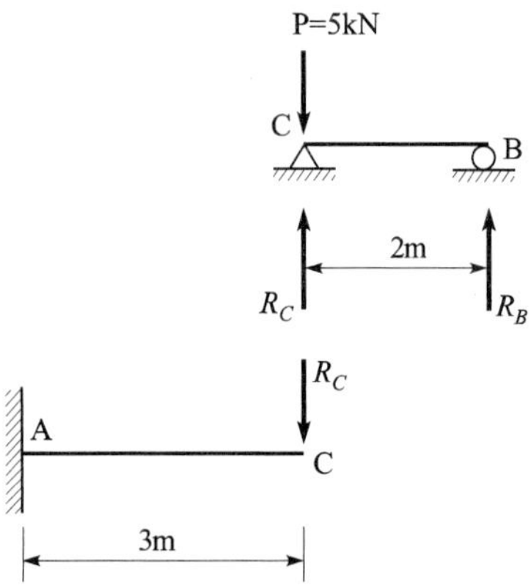

(1) 단순보와 캔틸레버보로 분리

① 단순보 : C−B

② 캔틸레버보 : A−C

(2) 단순보의 해석 (부재 C−B)

$\Sigma M=0\ (+;\frown)$:

$\Sigma M_C=5\times0-R_B\times2=0$

$\therefore\ R_B=0\,\text{kN}\ (\uparrow)$

답 ㉱

80. 다음 그림과 같은 구조물에서 지점 C에서의 반력은?

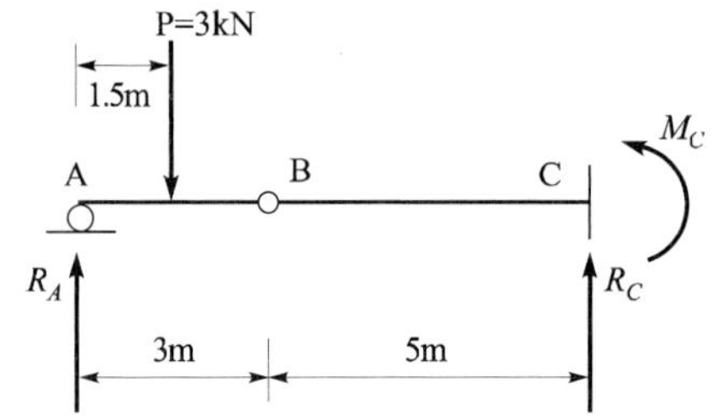

㉮ $R_C=1.5$ kN , $M_C=-6.0$ kN·m ㉯ $R_C=1.5$ kN , $M_C=-7.5$ kN·m

㉰ $R_C=3.0$ kN , $M_C=-6.0$ kN·m ㉱ $R_C=3.0$ kN , $M_C=-7.5$ kN·m

(1) 단순보와 캔틸레버보로 분리

① 단순보 : A−B

② 캔틸레버보 : B−C

(2) 단순보의 해석 (부재 A−B)

$\Sigma M=0\ (+;\frown)$: $\Sigma M_A=3\times1.5-R_B\times3=0$ $\therefore\ R_B=1.5\,\text{kN}\ (\uparrow)$

(3) 캔틸레버보의 해석 (부재 B-C)

① 단순보의 반력 R_B를 캔틸레버보에서 반대방향의 하중으로 작용

$\therefore\ R_B = 1.5\text{ kN}\ (\downarrow)$

② $\Sigma M = 0\ (+;\ \curvearrowright)$:

$\Sigma M_C = -R_B \times 5 - M_C$

$= -1.5 \times 5 - M_C = 0$

$\therefore\ M_C = -7.5\text{ kN}\cdot\text{m}\ (\curvearrowleft)$

③ $\Sigma V = 0\ (+;\ \uparrow)$:

$\Sigma V = -R_B + R_C = -1.5 + R_C = 0$

$\therefore\ R_C = 1.5\text{ kN}\ (\uparrow)$

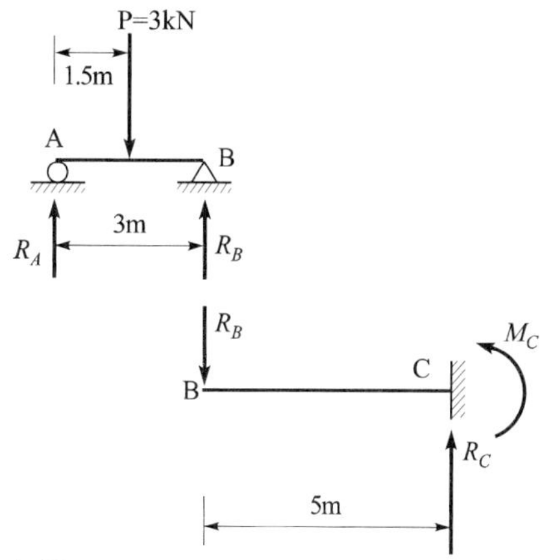

답 ㉯

81. **다음 그림과 같은 겔버보에서 지점 D에 작용하는 휨모멘트의 값은?**

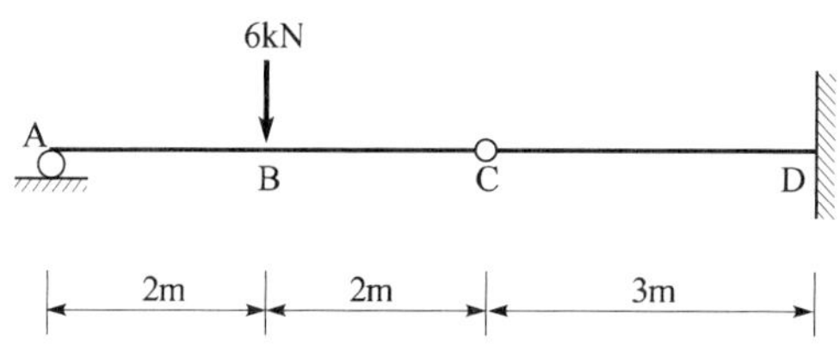

㉮ −9 kN·m　　㉯ −12 kN·m　　㉰ 6 kN·m　　㉱ 30 kN·m

---

(1) 단순보와 캔틸레버보로 분리

① 단순보 : A-C

② 캔틸레버보 : C-D

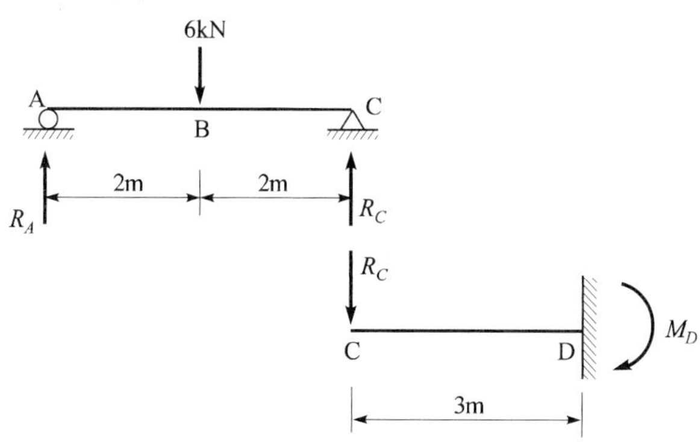

(2) 단순보의 해석 (부재 A-C)

$\Sigma M = 0\ (+;\ \curvearrowright)$: $\Sigma M_A = 6 \times 2 - R_C \times 4 = 0$　　$\therefore\ R_C = 3\text{ kN}\ (\uparrow)$

(3) 캔틸레버보의 해석(부재 C-D)

① 단순보의 반력 R_C를 캔틸레버보에서 반대방향의 하중으로 작용

$\therefore R_C = 3\text{ kN}(\downarrow)$

② $\Sigma M = 0\ (+;\ \curvearrowright)$: $\Sigma M_D = -R_C \times 3 + M_D = -3 \times 3 + M_D = 0$

$\therefore M_D = 9\text{ kN}\cdot\text{m}\ (\curvearrowright)$

(4) 지점 D의 휨모멘트

$M_D = -9\text{ kN}\cdot\text{m}$ 답 ㉮

주1) 휨모멘트의 계산 값은 임의 단면의 어느 한쪽 부분(자유물체도)에서의 모멘트의 대수합이다.

주2) 휨모멘트의 부호규약은 휨모멘트가 부재를 아랫방향으로 휘게 하면 양(⊞)이고, 윗방향으로 휘게 하면 음(⊟)이다.

주3) 휨모멘트의 왼쪽성분이 시계방향(⊞)이면 양(+)이고, 또한 오른쪽성분이 반시계방향(⊞)이면 양(+)이다.

주4) 반면 모멘트의 부호규약은 일반적으로 시계방향($\curvearrowright$)으로 회전하면 양(+), 반시계방향($\curvearrowleft$)으로 회전하면 음(−)으로 가정한다.

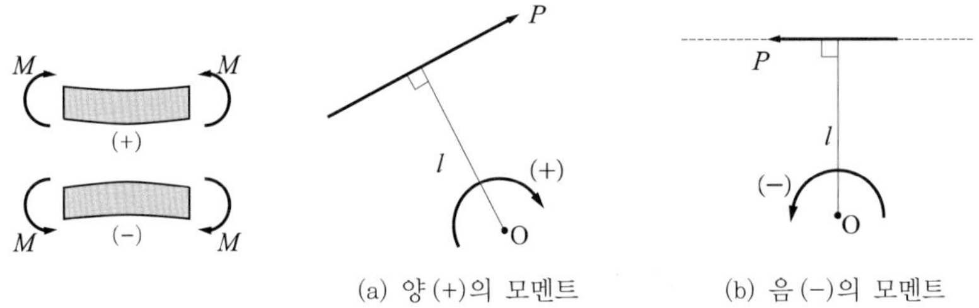

휨모멘트의 부호 　　　　모멘트의 부호

82. **다음 구조물에서 지점 A의 휨모멘트 값은?**

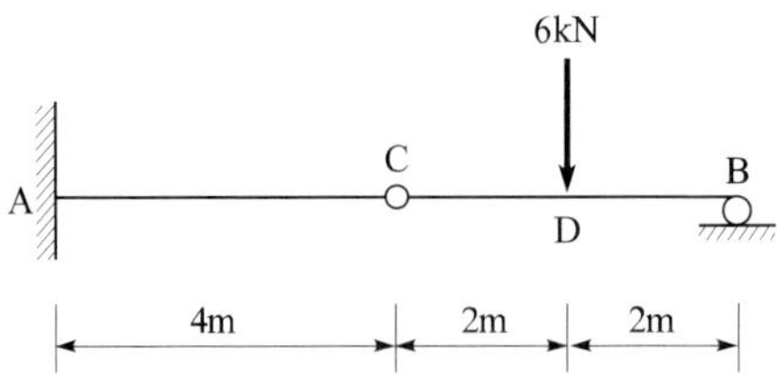

㉮ 8 kN·m 　　㉯ −8 kN·m

㉰ 12 kN·m 　　㉱ −12 kN·m

↳ (1) 단순보와 캔틸레버보로 분리

① 단순보 : C−B

② 캔틸레버보 : A−C

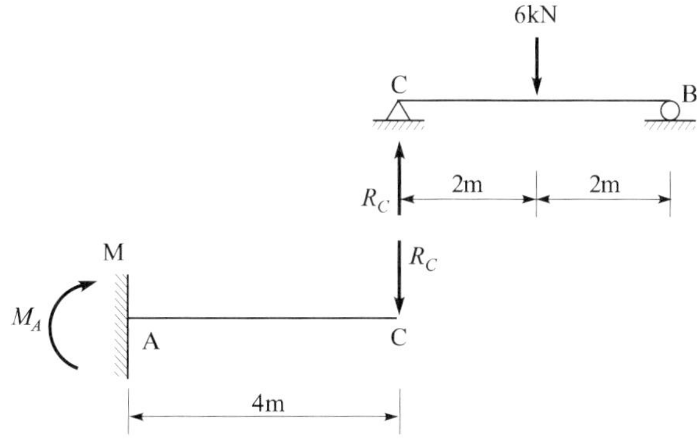

(2) 단순보의 해석 (부재 C−B)

$\Sigma M=0\ (+;\curvearrowright)$: $\Sigma M_B=R_C\times 4-6\times 2=0$ ∴ $R_C=3\text{ kN}\ (\uparrow)$

(3) 캔틸레버보의 해석 (부재 A−C)

① 단순보의 반력 R_C를 캔틸레버보에서 반대방향의 하중으로 작용

∴ $R_C=3\text{ kN}\ (\downarrow)$

② $\Sigma M=0\ (+;\curvearrowright)$: $\Sigma M_A=M_A+R_C\times 4=M_A+3\times 4=0$

∴ $M_A=-12\text{ kN}\cdot\text{m}\ (\curvearrowleft)$

(4) 지점 A의 휨모멘트

$M_A=-12\text{ kN}\cdot\text{m}$ 답 ㉱

83. 그림과 같은 겔버보에서 지점 A의 휨모멘트의 크기는?

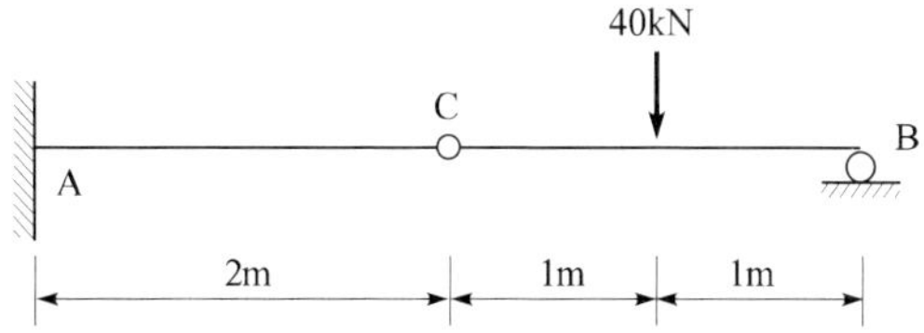

㉮ −20 kN·m ㉯ −40 kN·m

㉰ −60 kN·m ㉱ −80 kN·m

(1) 단순보와 캔틸레버보로 분리

① 단순보 : C−B

② 캔틸레버보 : A−C

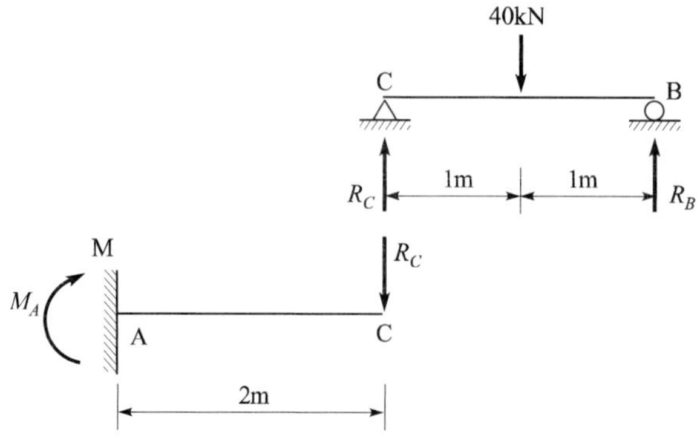

(2) 단순보의 해석 (부재 C−B)

$\Sigma M=0\ (+;\frown)$: $\Sigma M_B=R_C\times 2-40\times 1=0$ $\quad\therefore\ R_C=20\ \text{kN}\ (\uparrow)$

(3) 캔틸레버보의 해석(부재 A−C)

① 단순보의 반력 R_C를 캔틸레버보에서 반대방향의 하중으로 작용

$\therefore\ R_C=20\ \text{kN}\ (\downarrow)$

② $\Sigma M=0\ (+;\frown)$: $\Sigma M_A=M_A+R_C\times 2=M_A+20\times 2=0$

$\therefore\ M_A=-40\ \text{kN}\cdot\text{m}\ (\smile)$

(4) 지점 A의 휨모멘트

$M_A=-40\ \text{kN}\cdot\text{m}$

답 ㉯

84. **그림과 같은 보의 지점 A의 휨모멘트로써 가장 타당한 것은?**

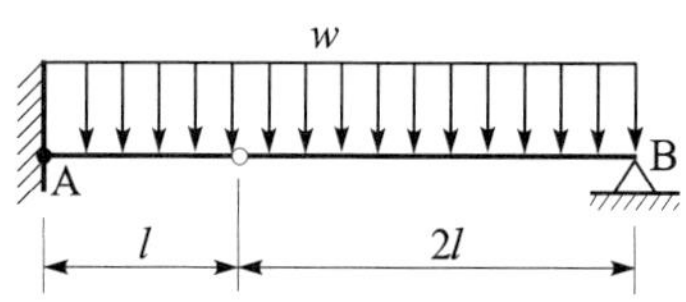

㉮ $-\dfrac{9wl^2}{16}$ ㉯ $-\dfrac{3wl^2}{4}$ ㉰ $-\dfrac{9wl^2}{8}$ ㉱ $-\dfrac{3wl^2}{2}$

단순보와 캔틸레버보로 분리

(1) 단순보의 반력 산정

$$R_C=R_B=\frac{1}{2}\times w\times(2l)=wl\ (\uparrow)$$

(2) 캔틸레버보의 반력 산정

① 단순보의 반력 R_C를 캔틸레버보에서 반대방향의 하중으로 작용

$\therefore\ R_C = wl\ (\downarrow)$

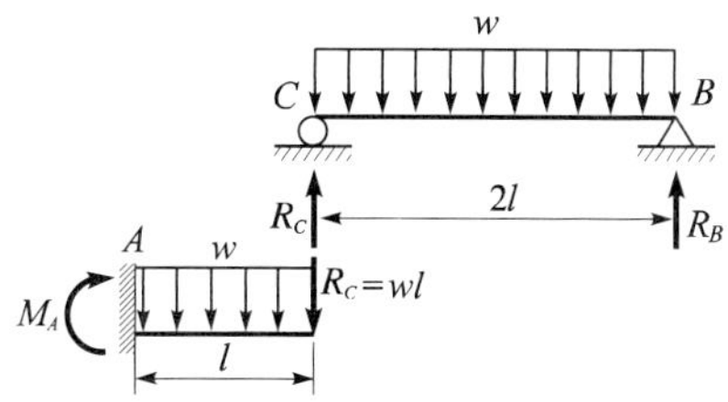

② $\Sigma M=0\ (+;\curvearrowright)$: $\Sigma M_A = M_A + R_C \times l + wl \times \frac{l}{2} = M_A + wl \times l + wl \times \frac{l}{2} = 0$

$$\therefore\ M_A = -\frac{3wl^2}{2}\ (\curvearrowleft)$$

(3) 지점 A의 휨모멘트

$M_A = -\frac{3wl^2}{2}$ 답 ㉱

85. 그림과 같은 하중을 받는 겔버보에서 휨모멘트도로서 옳은 것은?

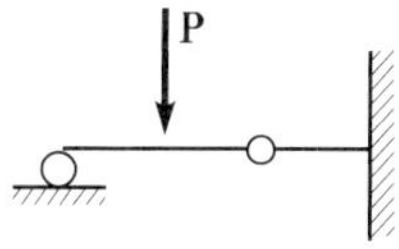

㉮ 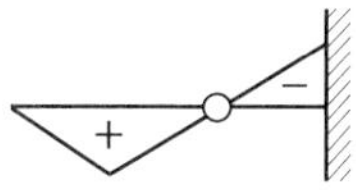

㉯ 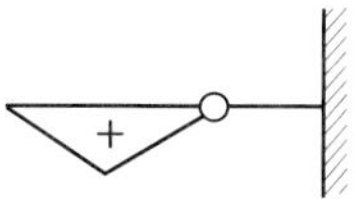

㉰ 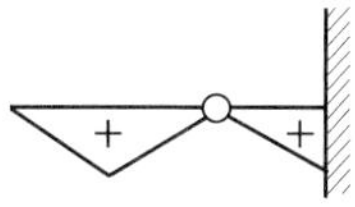

㉱ 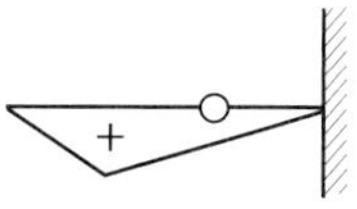

↳ 이동지점과 내부힌지에서는 휨모멘트가 영 (0)이며 (㉱ 제외),
고정지점에서는 휨모멘트가 발생한다 (㉯ 제외).
또한 반력의 방향에 따라 이동지점과 내부힌지 사이에는 양 (+)의 휨모멘트가 발생되고
고정지점에서는 음 (−)의 휨모멘트가 발생하게 된다 (㉰ 제외). 답 ㉮

86. 다음 겔버보에서 지점 A의 휨모멘트는?

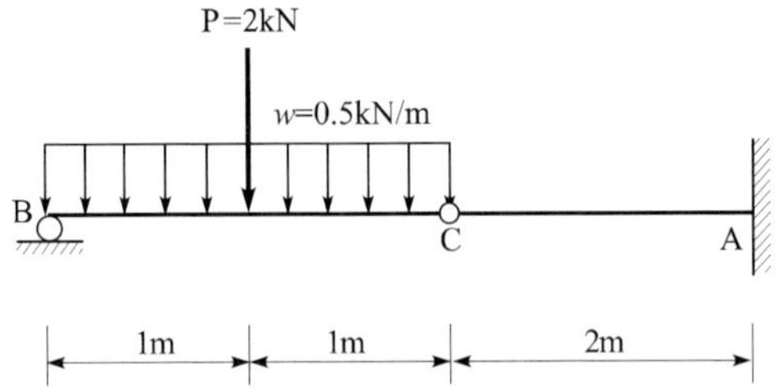

㉮ −2.5 kN·m　　㉯ −3.0 kN·m
㉰ −3.5 kN·m　　㉱ −4.0 kN·m

---

(1) 단순보와 캔틸레버보로 분리

① 단순보 : B−C

② 캔틸레버보 : C−A

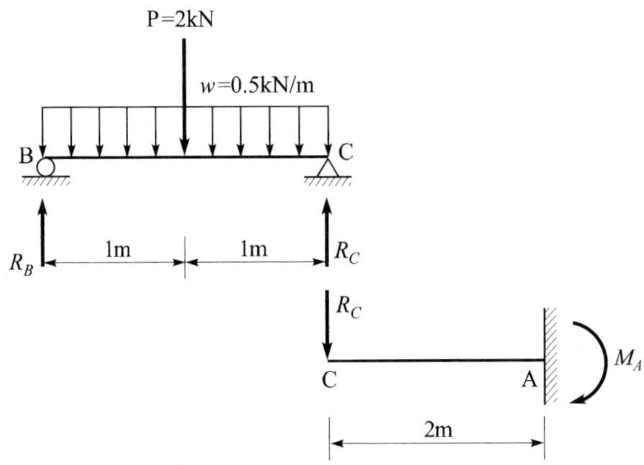

(2) 단순보의 해석 (부재 B−C)

$\Sigma M=0\ (+;\ \curvearrowright)$: $\Sigma M_B = 2\times 1 + 0.5\times 2\times(2/2) - R_C\times 2 = 0$

$\therefore\ R_C = 1.5\ \text{kN}\ (\uparrow)$

(3) 캔틸레버보의 해석 (부재 C−A)

① 단순보의 반력 R_C를 캔틸레버보에서 반대방향의 하중으로 작용

$\therefore\ R_C = 1.5\ \text{kN}\ (\downarrow)$

② $\Sigma M=0\ (+;\ \curvearrowright)$: $\Sigma M_A = M_A - R_C\times 2 = M_A - 1.5\times 2 = 0$

$\therefore M_A = 3.0\ \text{kN}\cdot\text{m}\ (\curvearrowright)$

(3) 지점 A의 휨모멘트

$M_A = -3.0$ kN · m　　답 ㈏

87. **그림과 같은 구조물에서 지점 A에 발생하는 휨모멘트는?**

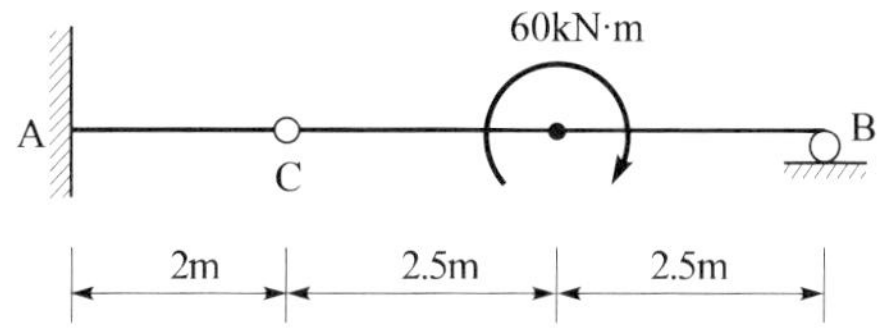

㉮ −24 kN·m　　㉯ −28 kN·m

㉰ −30 kN·m　　㉱ −32 kN·m

(1) 단순보와 캔틸레버보로 분리

① 단순보 : C−B

② 캔틸레버보 : A−C

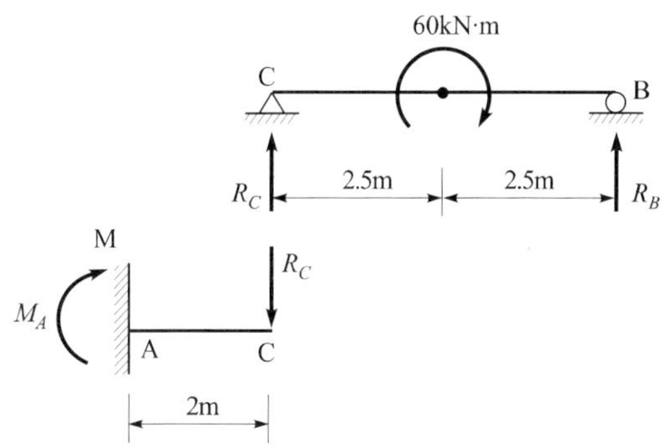

(2) 단순보의 해석 (부재 C−B)

$\Sigma M = 0\ (+; \curvearrowright)$: $\Sigma M_B = R_C \times 5 + 60 = 0$　　$\therefore\ R_C = -12$ kN (↓)

(3) 캔틸레버보의 해석 (부재 A−C)

① 단순보의 반력 R_C를 캔틸레버보에서 반대방향의 하중으로 작용

$\therefore\ R_C = -12$ kN (↓)

② $\Sigma M = 0\ (+; \curvearrowright)$: $\Sigma M_A = M_A + R_C \times 2 = M_A - 12 \times 2 = 0$

$\therefore\ M_A = 24$ kN · m ($\curvearrowleft$)

(4) 지점 A의 휨모멘트

$M_A = -24$ kN · m　　답 ㉮

88. **그림과 같은 겔버보에서 지점 C의 반력 R_C의 값으로 옳은 것은?**

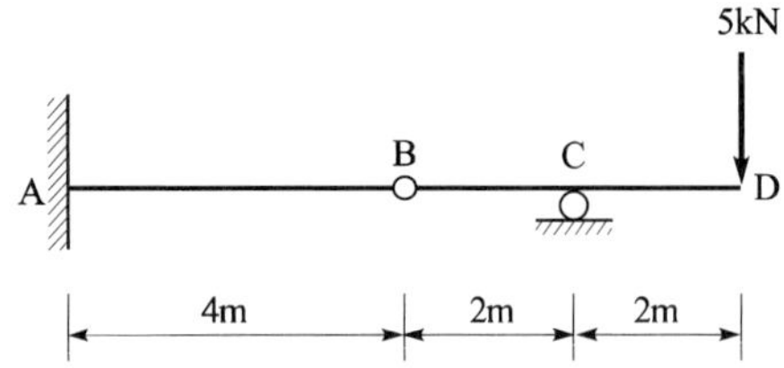

㉮ 5 kN　　㉯ 10 kN

㉰ 15 kN　　㉱ 20 kN

---

(1) 내민보와 캔틸레버보로 분리

① 내민보 : B–C–D

② 캔틸레버보 : A–B

(2) 내민보의 해석 (부재 B–C–D)

$\Sigma M=0\ (+;\frown)$:

$\Sigma M_B=-R_C\times 2+5\times 4=0$

$\therefore\ R_C=10\text{ kN}\ (\uparrow)$

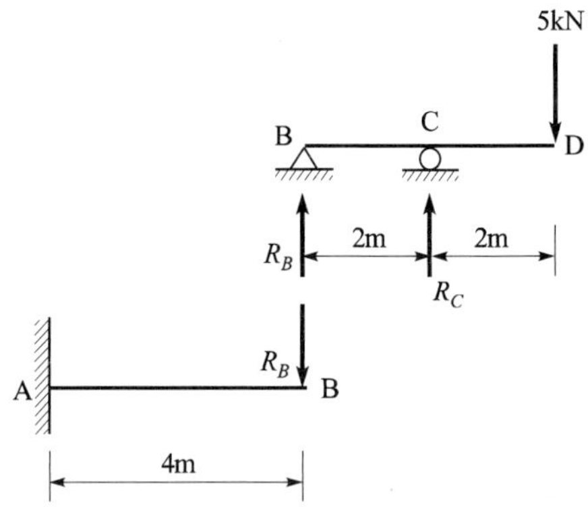

답 ㉯

89. **그림과 같은 겔버보에서 지점 A의 수직반력은? (단, 반력의 +: 상향, -: 하향)**

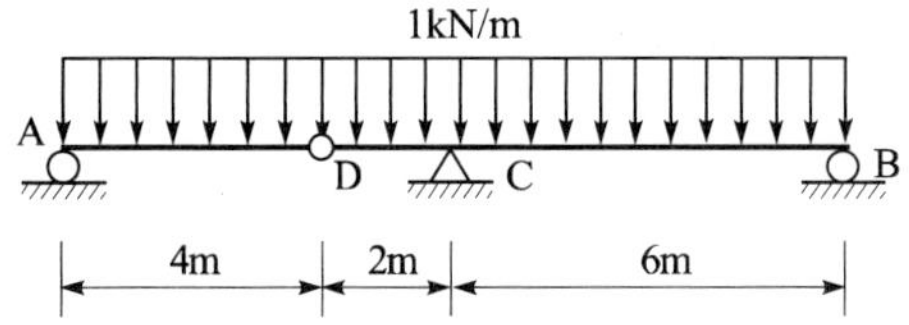

㉮ −1.5 kN　　㉯ −2.0 kN

㉰ −2.5 kN　　㉱ −3.0 kN

---

(1) 단순보와 내민보로 분리

① 단순보 : A–D

② 내민보 : D–C–B

(2) 단순보의 해석 (부재 A–D)

$\Sigma M=0\ (+;\frown)$: $\Sigma M_D=R_A\times 4-1\times 4\times(4/2)=0$ 　 $\therefore\ R_A=2\text{ kN}\ (\downarrow)$

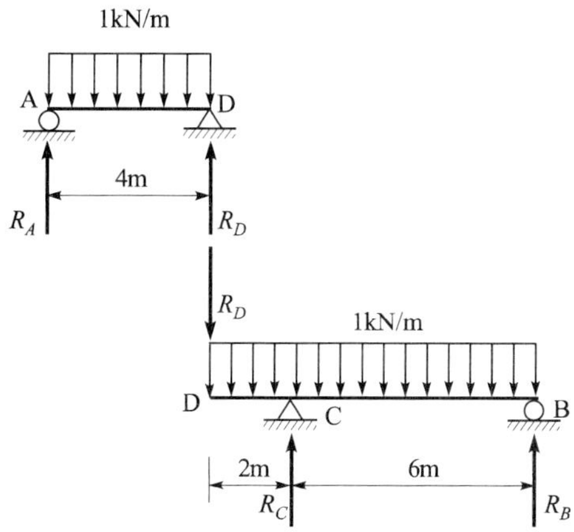

답 ㉯

90. **그림과 같은 겔버보에서 점 B의 휨모멘트는?**

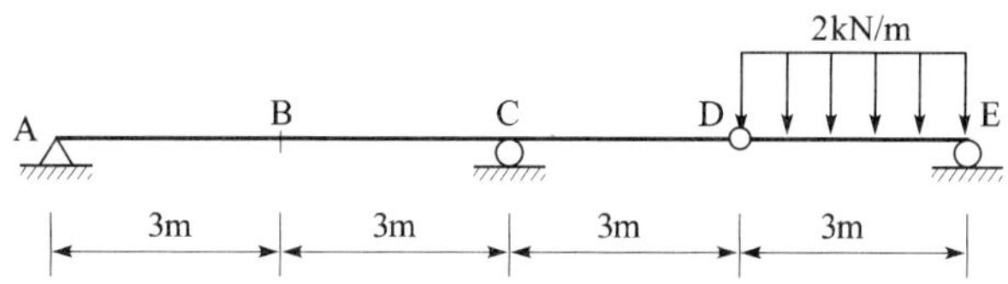

㉮ −2.3 kN·m　　㉯ −4.5 kN·m
㉰ −9.0 kN·m　　㉱ 0 kN·m

---

(1) 단순보와 내민보로 분리

① 단순보 D-E에서 반력 산정

단순보 전체에 걸쳐 등분포하중이 작용하므로 $R_D = R_E = \frac{1}{2} \times 2 \times 3 = 3\text{ kN}\ (\uparrow)$ 이다.

② 단순보의 반력 R_D를 내민보에서 반대방향의 하중으로 작용 ∴ $R_D = 3\text{ kN}\ (\downarrow)$

③ 내민보 A-B-C-D에서 지점 A의 반력 산정

$\Sigma M = 0\ (+;\frown)$: $\Sigma M_C = -R_A \times 6 + 3 \times 3 = 0$　　∴ $R_A = 1.5\ \text{kN}\ (\downarrow)$

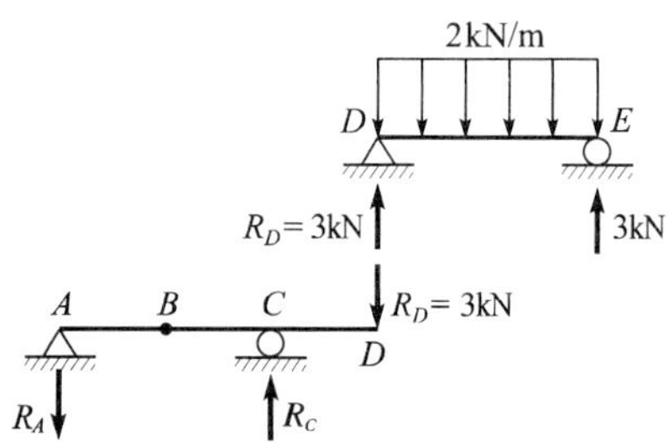

(2) 점 B의 휨모멘트 산정

$M_B = -1.5 \times 3 = -4.5\ \text{kN} \cdot \text{m}$ 답 ㉯

91. 그림과 같은 겔버보에서 최대 휨모멘트의 값은?

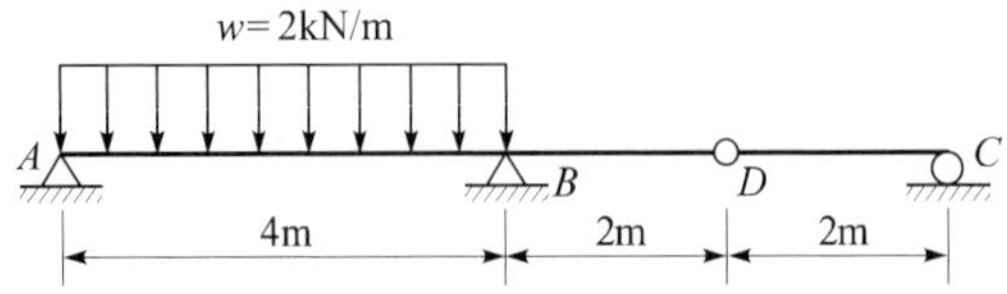

㉮ 3 kN·m ㉯ 4 kN·m

㉰ 5 kN·m ㉱ 6 kN·m

부재 DC에 하중이 작용하지 않으므로 부재 AB만 고려하며, 이 때 최대 휨모멘트는 단순보 AB의 중간에서 발생한다.

$$M_{\max} = \frac{wl^2}{8} = \frac{2 \times 4^2}{8} = 4\ \text{kN} \cdot \text{m}$$ 답 ㉯

92. 그림과 같은 겔버보에서 지점 B의 반력은?

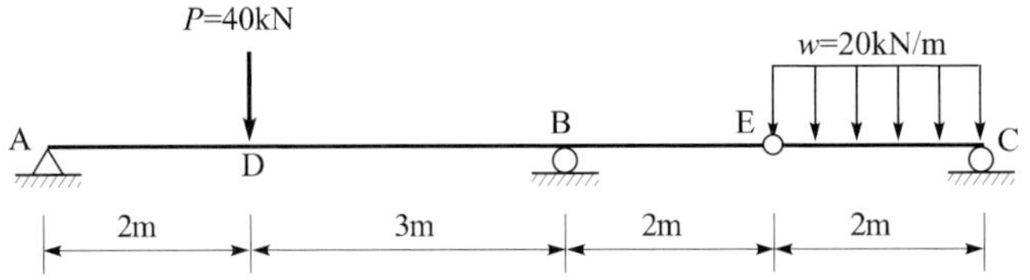

㉮ 34 kN ㉯ 44 kN

㉰ 54 kN ㉱ 64 kN

(1) 단순보와 내민보로 분리

① 단순보 : E−C

② 내민보 : A−D−B−E

(2) 단순보의 해석 (부재 E−C)

$\Sigma M = 0\ (+; \curvearrowright)$: $\Sigma M_C = R_E \times 2 - 20 \times 2 \times (2/2) = 0$ $\therefore R_E = 20\ \text{kN}\ (\uparrow)$

(3) 내민보의 해석 (부재 A−D−B−E)

① 단순보의 반력 R_E를 내민보에서 반대방향의 하중으로 작용 $\therefore R_E = 20\ \text{kN}\ (\downarrow)$

② $\Sigma M=0\ (+;\curvearrowright)$: $\Sigma M_A=40\times2-R_B\times5+R_E\times7=40\times2-5R_B+20\times7=0$

$\therefore\ R_B=44\text{ kN}\ (\uparrow)$

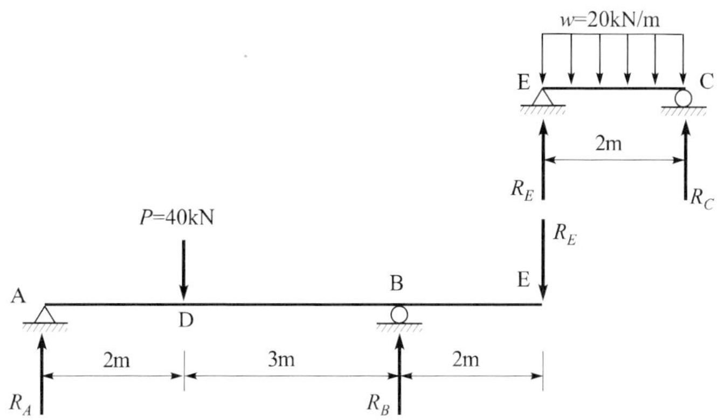

답 ㉯

93. **다음 그림에서 지점 A의 수직반력이 영(0)이 되기 위해서는 등분포하중의 크기를 얼마로 하면 되는가?**

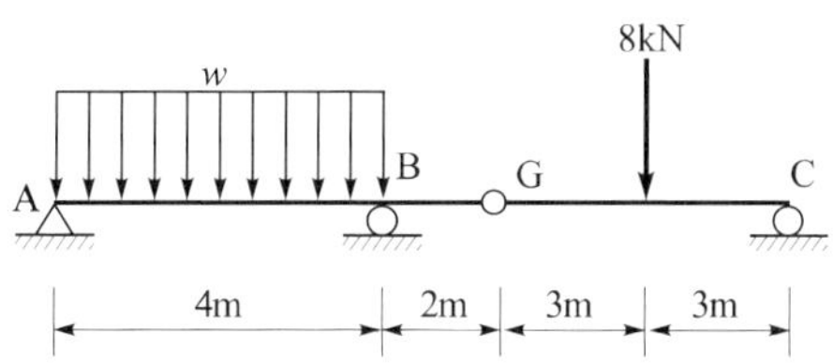

㉮ 1 kN/m ㉯ 2 kN/m
㉰ 3 kN/m ㉱ 4 kN/m

---

(1) 단순보와 내민보로 분리

① 단순보 : G–C

② 내민보 : A–B–G

(2) 단순보의 해석 (부재 G–C)

$\Sigma M=0(+;\curvearrowright)$: $\Sigma M_C=R_G\times6-8\times3=0$ $\therefore\ R_G=4\text{ kN}\ (\uparrow)$

(3) 내민보의 해석 (부재 A–B–G)

① 단순보의 반력 R_G를 내민보에서 반대방향의 하중으로 작용 $\therefore\ R_G=4\text{ kN}\ (\downarrow)$

② $\Sigma M=0(+;\curvearrowright)$:

$\Sigma M_B=R_A\times4-w\times4\times(4/2)+R_G\times2=4R_A-8w+4\times2=0$

문제의 조건에 따라 $R_A=0$ kN 이다. $\therefore\ w=1\text{ kN/m}\ (\downarrow)$

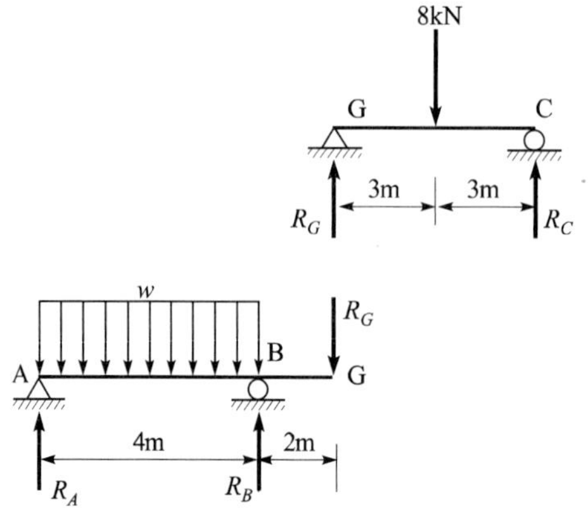

답 ㉮

94. **그림과 같은 보에서 휨모멘트의 값이 영(0)인 곳의 개수는?**

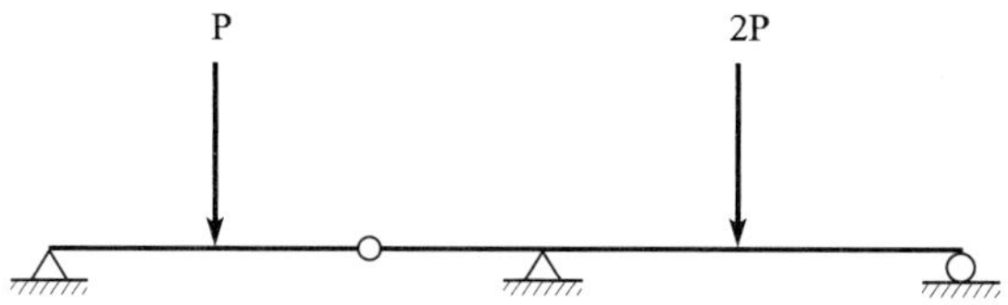

㉮ 3　　㉯ 4　　㉰ 5　　㉱ 6

---

(1) 단순보와 내민보로 분리

① 단순보 : A−B−C

② 내민보 : C−D−E−F

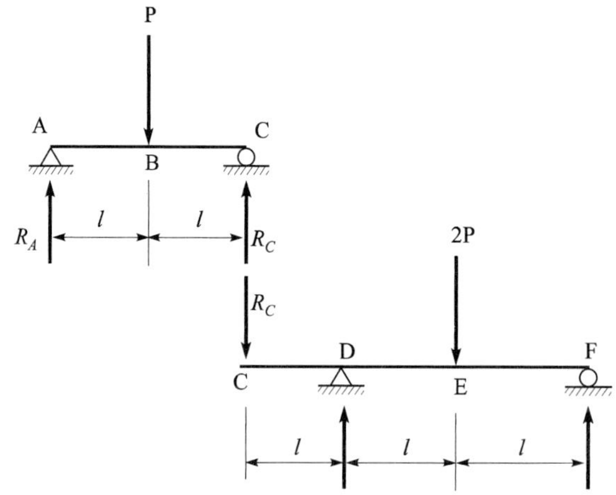

(2) 단순보의 해석 (부재 A-B-C)

$\Sigma M=0\ (+;\ \curvearrowright)$: $\Sigma M_C = R_A \times 2l - P \times l = 0$ $\qquad \therefore R_A = \frac{1}{2}P\ (\uparrow)$

$\Sigma V=0\ (+;\ \uparrow)$: $\Sigma V = R_A - P + R_C = \frac{1}{2}P - P + R_C = 0$ $\qquad \therefore R_C = \frac{1}{2}P\ (\uparrow)$

(3) 내민보의 해석 (부재 C-D-E-F)

① 단순보의 반력 R_C를 내민보에서 반대방향의 하중으로 작용 $\qquad \therefore R_C = \frac{1}{2}P\ (\downarrow)$

② $\Sigma M=0\ (+;\ \curvearrowright)$:

$\Sigma M_D = -R_C \times l + 2P \times l - R_F \times 2l = -\frac{1}{2}P \times l + 2P \times l - R_F \times 2l = 0$

$\therefore R_F = \frac{3}{4}P\ (\uparrow)$

③ $\Sigma V=0\ (+;\ \uparrow)$: $\Sigma V = -R_C + R_D - 2P + R_F = -\frac{1}{2}P + R_D - 2P + \frac{3}{4}P = 0$

$\therefore R_D = \frac{7}{4}P\ (\uparrow)$

(4) 단면력도 작성

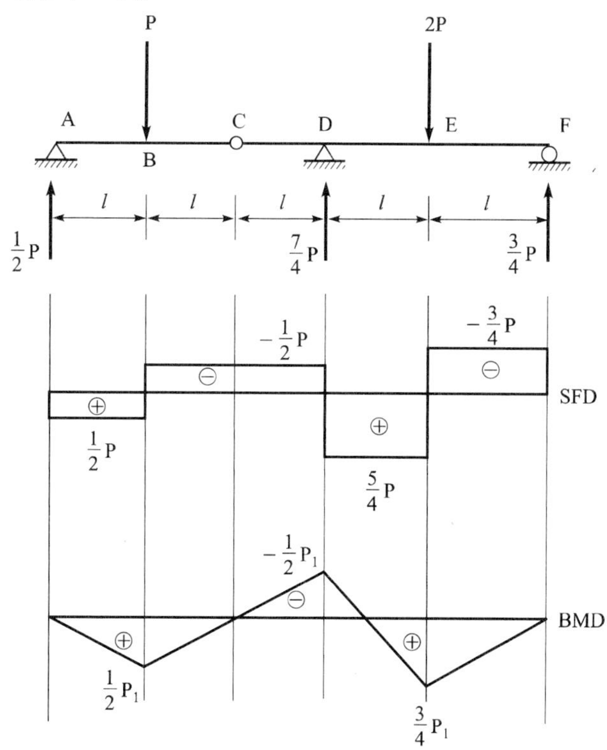

따라서 휨모멘트 값이 영 (0)인 곳의 개수는 4개이다. 답 ㉯

95. 그림과 같은 구조물에서 점 A의 휨모멘트는?

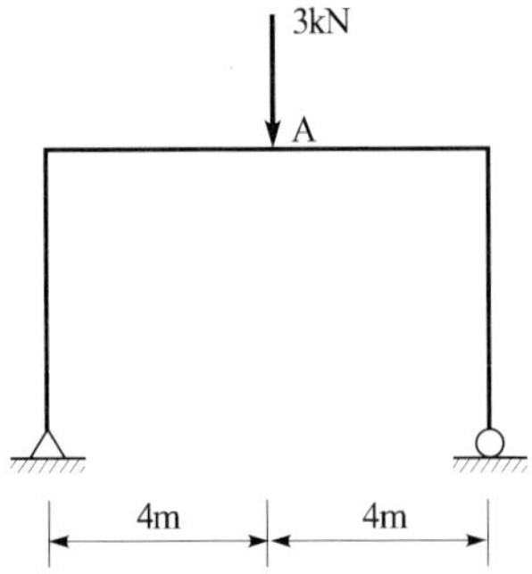

㉮ 3 kN·m
㉯ 4 kN·m
㉰ 5 kN·m
㉱ 6 kN·m

---

(1) 반력 산정

① $\Sigma M=0$ (+; ⌒) : $\Sigma M_B=3\times4-R_C\times8=0$ $\quad\therefore R_C=1.5$ kN (↑)

② $\Sigma Y=0$ (+; ↑) : $\Sigma Y=R_B-3+R_C=R_B-3+1.5=0$ $\quad\therefore R_A=1.5$ kN (↑)

③ $\Sigma X=0$ (+; →) : $\Sigma X=H_B=0$ $\quad\therefore H_B=0$ kN (→)

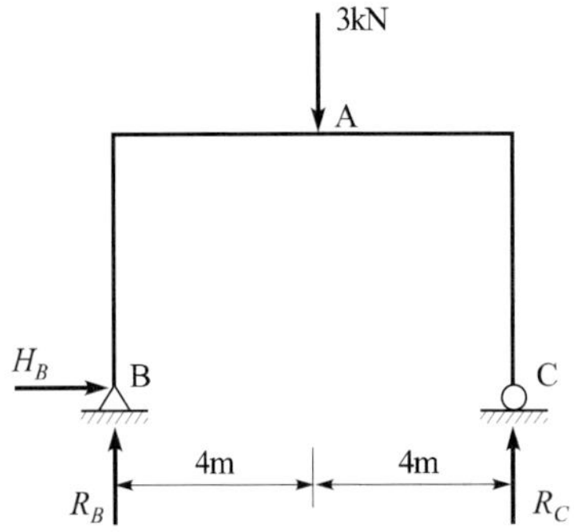

(2) 점 A의 휨모멘트 산정

$M_A=R_B\times4=1.5\times4=6.0$ kN · m

답 ㉱

96. 그림에서 점 E의 휨모멘트의 크기로 가장 적당한 것은?

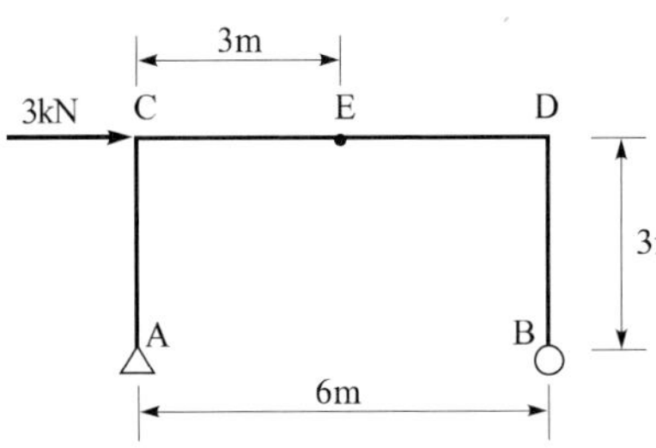

㉮ 4.0 kN·m
㉯ 4.5 kN·m
㉰ 5.0 kN·m
㉱ 5.5 kN·m

↳ (1) 반력 산정

① $\Sigma X=0\ (+;\rightarrow)$: $\Sigma X=3+H_A=0$ $\quad\therefore H_A=-3\text{ kN}\ (\leftarrow)$

② $\Sigma M=0\ (+;\curvearrowright)$: $\Sigma M_B=R_A\times 6+3\times 3=0$ $\quad\therefore R_A=-1.5\text{ kN}\ (\downarrow)$

(2) 점 E의 휨모멘트 산정

$M_E=3\times 3-1.5\times 3=4.5\text{ kN}\cdot\text{m}$ 답 ㉯

97. **그림에서 점 E의 휨모멘트를 구하면?**

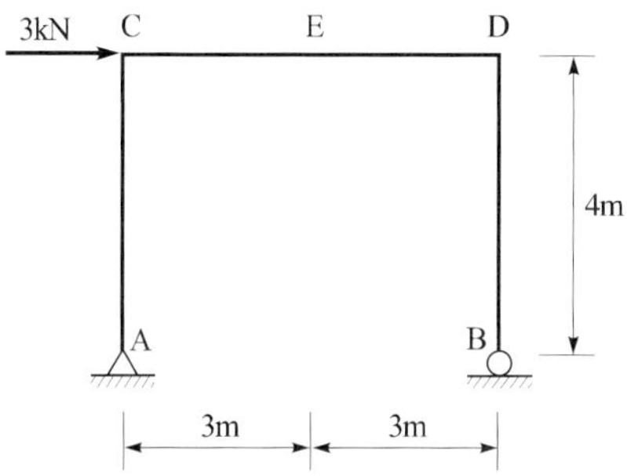

㉮ 12 kN·m

㉯ 6 kN·m

㉰ 4 kN·m

㉱ 3 kN·m

↳ (1) 반력 산정

① $\Sigma M=0\ (+;\curvearrowright)$: $\Sigma M_A=3\times 4-R_B\times 6=0$ $\quad\therefore R_B=2\text{ kN}\ (\uparrow)$

② $\Sigma Y=0\ (+;\uparrow)$: $\Sigma Y=-R_A+R_B=-R_B+2=0$ $\quad\therefore R_A=2\text{ kN}\ (\downarrow)$

③ $\Sigma X=0\ (+;\rightarrow)$: $\Sigma X=3-H_A=0$ $\quad\therefore H_A=3\text{ kN}\ (\leftarrow)$

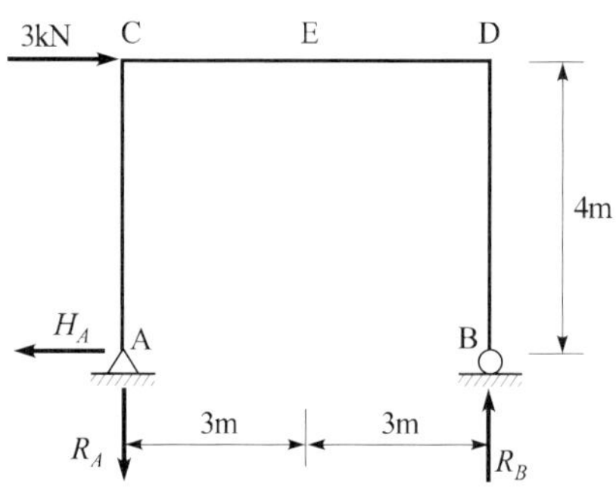

(2) 점 E의 휨모멘트 산정

$M_E=H_A\times 4-R_A\times 3=3\times 4-2\times 3=6\text{ kN}\cdot\text{m}$ 답 ㉯

98. **다음 그림과 같이 수평하중 30 kN이 작용하는 라멘구조에서 점 E에서의 휨모멘트 값(절댓값)은?**

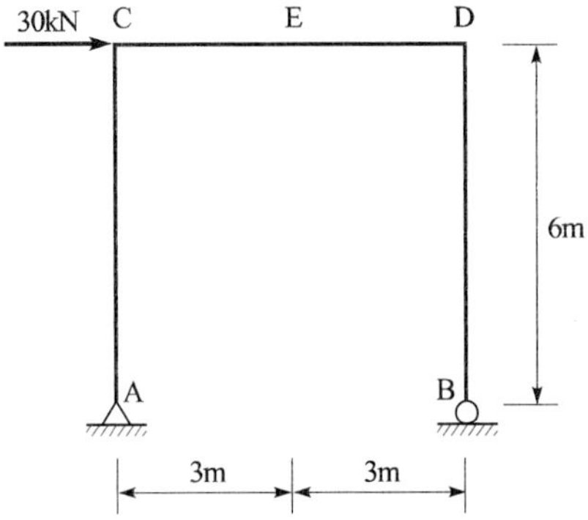

㉮ 40 kN·m
㉯ 45 kN·m
㉰ 60 kN·m
㉱ 90 kN·m

---

(1) 반력 산정

① $\Sigma M=0$ (+; ⌒) : $\Sigma M_A = 30\times 6 - R_B\times 6 = 0$ $\quad\therefore R_B = 30$ kN (↑)

② $\Sigma Y=0$ (+; ↑) : $\Sigma Y = -R_A + R_B = -R_A + 30 = 0$ $\quad\therefore R_A = 30$ kN (↓)

③ $\Sigma X=0$ (+; →) : $\Sigma X = 30 - H_A = 0$ $\quad\therefore H_A = 30$ kN (←)

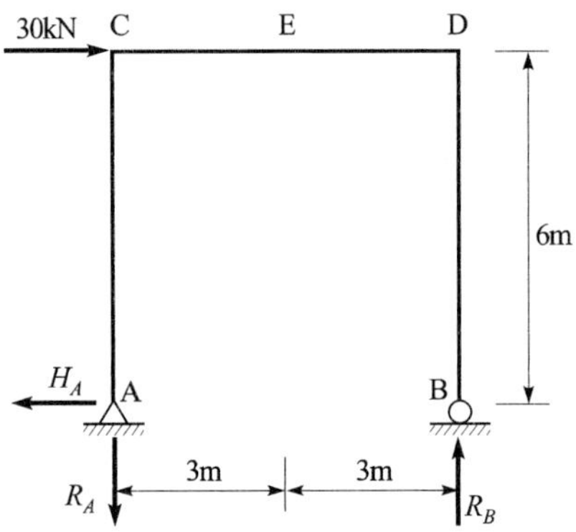

(2) 점 E의 휨모멘트 산정

$M_E = H_A\times 6 - R_A\times 3 = 30\times 6 - 30\times 3 = 90$ kN · m 답 ㉱

99. **그림과 같은 정정라멘에서 부재** BD**의 축방향력으로 옳은 것은**? (**단**, + : **인장력**, - : **압축력**)

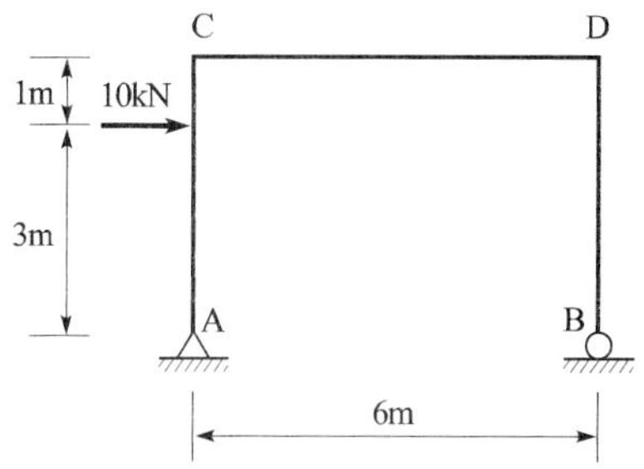

㉮ 5 kN
㉯ −5 kN
㉰ 10 kN
㉱ −10 kN

(1) 반력 산정

$\Sigma M=0\ (+;\frown)$: $\Sigma M_A=10\times3-R_B\times6=0$ $\quad\therefore R_B=5\text{ kN}\ (\uparrow)$

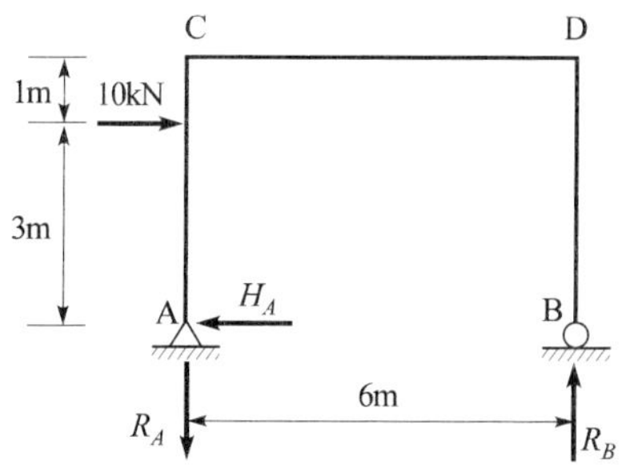

(2) 부재 BD의 축방향력 산정

$N_{BD}=-5\text{ kN}$ (압축력)

답 ㉯

100. **그림과 같은 구조물에서 부재** AE**와 부재** EB**의 전단력의 차이는**?

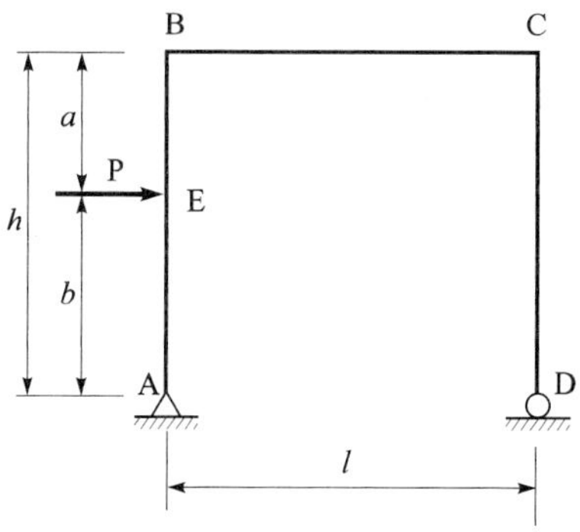

㉮ a
㉯ Pb/l
㉰ P
㉱ 0

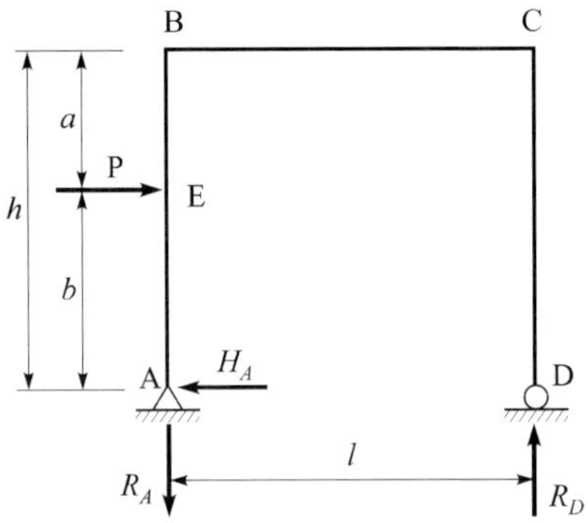

(1) 지점 A의 수평반력 산정

$\Sigma X=0\ (+;\rightarrow)$: $\Sigma X=P-H_A=0$

$\therefore H_A=P\ (\leftarrow)$

(2) 부재 AE와 부재 EB의 전단력의 차이

① 부재 AE의 전단력 $V_{AE}=P$

② 부재 EB의 전단력

$V_{EB}=H_A-P=P-P=0$

③ 부재 AE와 부재 EB의 전단력의 차이

$V=V_{AE}-V_{EB}=P-0=P$

답 ㉰

101. 그림과 같은 정정구조의 부재 CD에서 절점 C와 절점 D의 휨모멘트 값 중 옳은 것은?

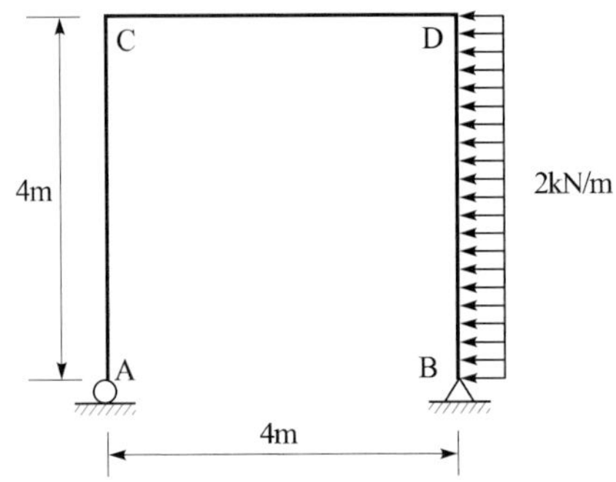

㉮ 절점 C : 0 kN·m , 절점 D : 16 kN·m
㉯ 절점 C : 16 kN·m , 절점 D : 16 kN·m
㉰ 절점 C : 0 kN·m , 절점 D : 32 kN·m
㉱ 절점 C : 32 kN·m , 절점 D : 32 kN·m

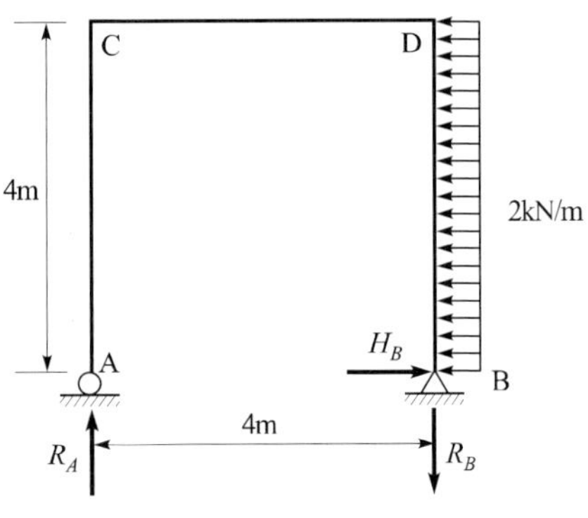

(1) 반력 산정

① $\Sigma M=0\ (+;\curvearrowright)$:

$\Sigma M_A=-2\times4\times(4/2)+R_B\times4=0$

$\therefore\ R_B=4\text{ kN}\ (\downarrow)$

② $\Sigma Y=0\ (+;\uparrow)$:

$\Sigma Y=R_A-R_B=R_A-4=0$

$\therefore\ R_A=4\text{ kN}\ (\uparrow)$

③ $\Sigma X=0\ (+;\rightarrow)$:

$\Sigma X=-2\times4\times(4/2)+H_B=0$

$\therefore\ H_A=8\text{ kN}\ (\rightarrow)$

(2) 절점 C와 절점 D의 휨모멘트 산정

$M_C=0\text{ kN}\cdot\text{m}$

$M_D=R_A\times4=4\times4=16\text{ kN}\cdot\text{m}$

답 ㉮

102. **그림과 같은 구조물에서 휨모멘트가 작용하지 않는 부재**(M=0)**는?**

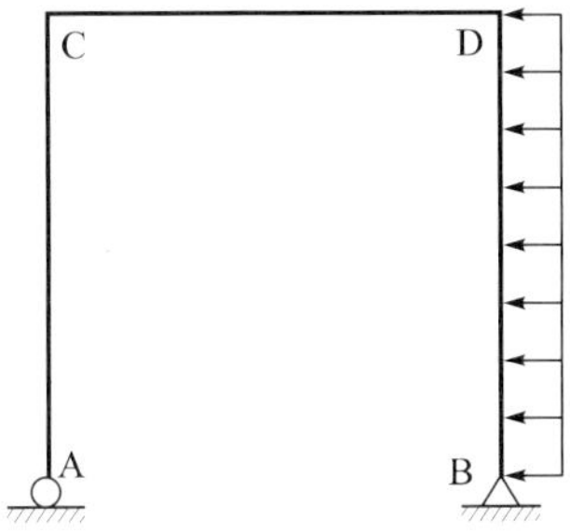

㉮ 없음
㉯ 부재 CD
㉰ 부재 BD
㉱ 부재 AC

휨모멘트가 작용하지 않는 부재는 축방향력만 작용하는 부재 AC이다. 답 ㉱

103. **그림과 같은 구조물에 대한 휨모멘트도로 가장 적당한 것은?**

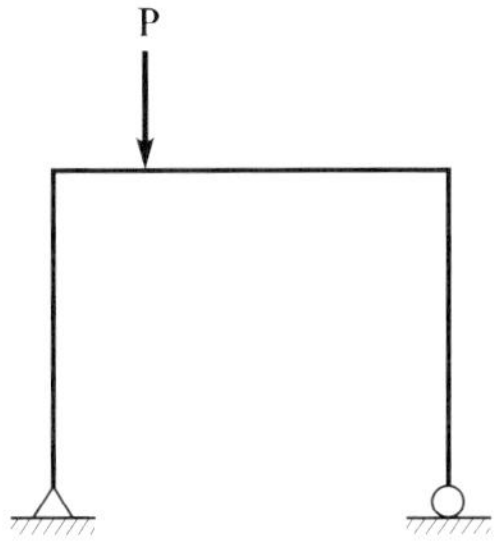

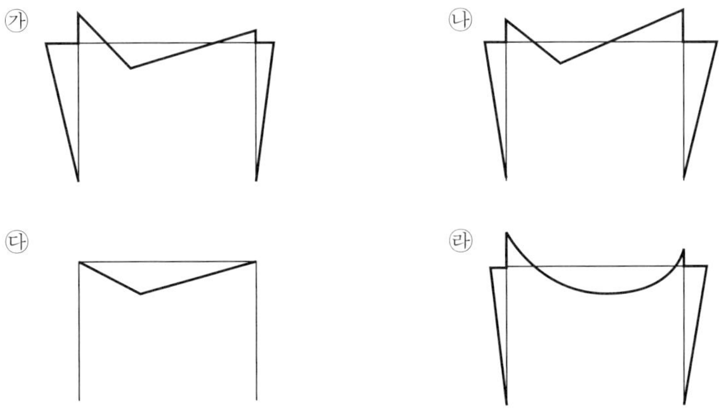

수직하중이 작용하므로 지점에는 수직반력만 발생하게 되어 두개의 기둥에는 휨모멘트가 발생하지 않는다. 답 ㉰

104. 다음 단순보형 라멘에 대한 휨모멘트의 대략적인 그림으로 옳은 것은?

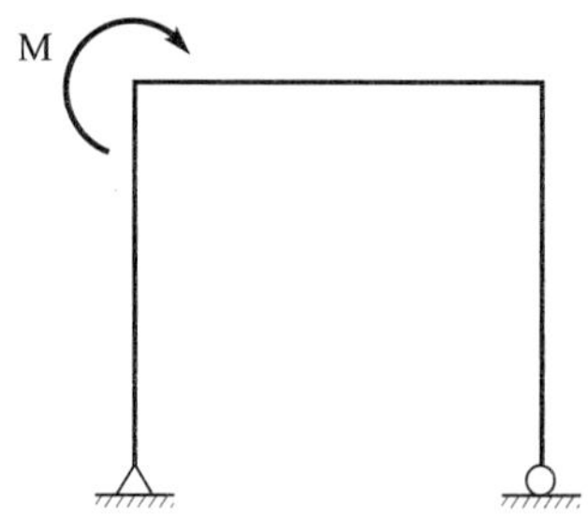

㉮
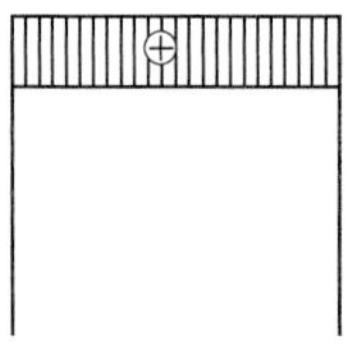

㉯
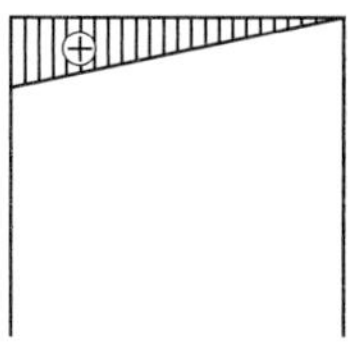

㉰
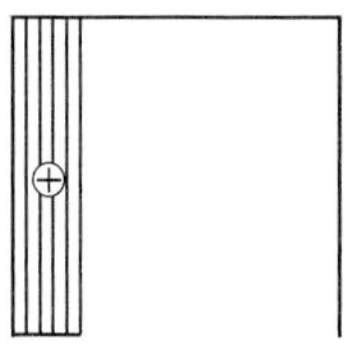

㉱
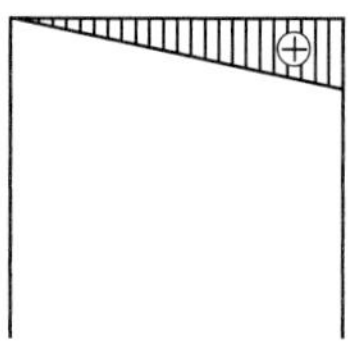

반력 산정

축방향력만 발생하는 수직부재에는 휨모멘트가 발생되지 않고 수평부재에서만 휨모멘트가 발생한다. 또한 모멘트하중이 작용하는 수평부재의 왼쪽에서는 휨모멘트가 발생되고 오른쪽에서는 휨모멘트가 영(0)이 된다. 따라서 ㉯와 같은 휨모멘트도가 된다.

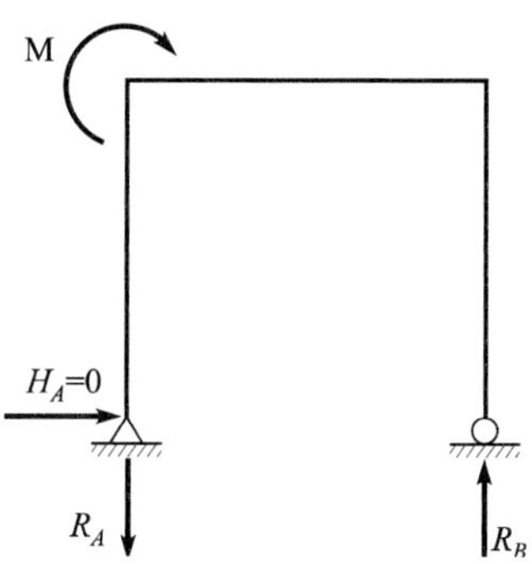

답 ㉯

105. **그림과 같은 구조물의 개략적인 휨모멘트도로 옳은 것은?**

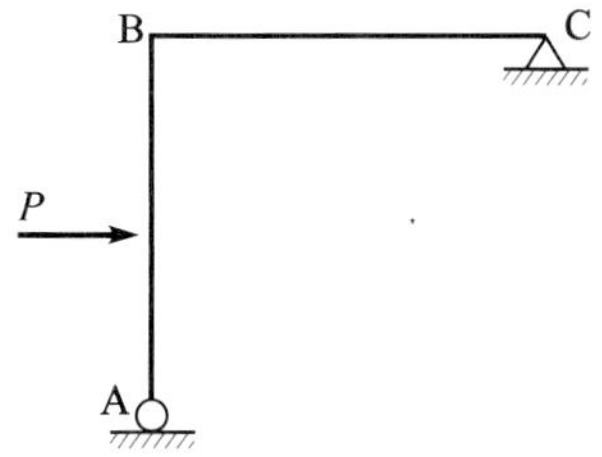

㉮ 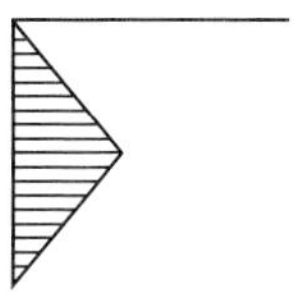

㉯ 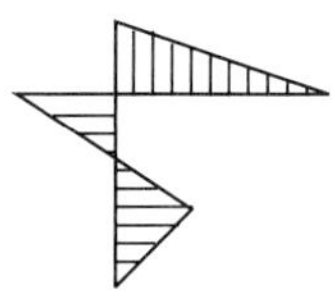

㉰ 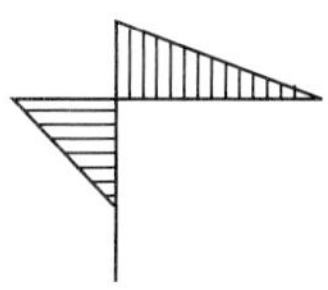

㉱ 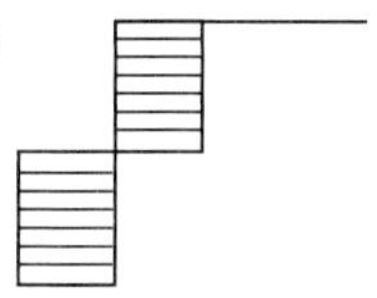

반력 산정

압축력만 작용하는 부재 AD와 절점 C에서는 휨모멘트가 영(0)이다. 따라서 ㉰와 같은 휨모멘트도가 된다.

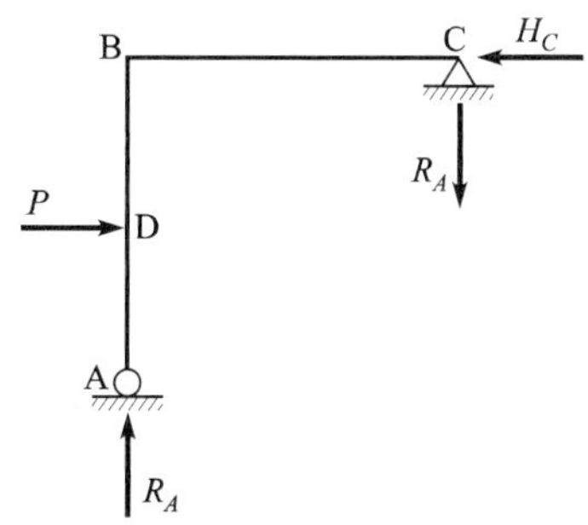

답 ㉰

106. 그림과 같은 구조물에서 지점 A의 모멘트반력은? (단, 모멘트반력의 +는 시계방향이고, -는 반시계방향이다.)

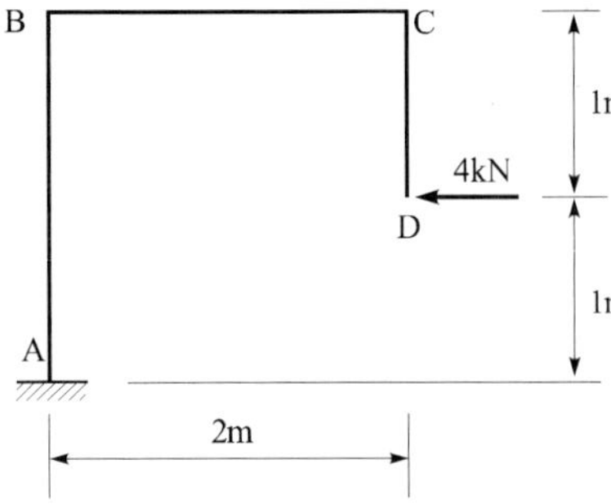

㉮ -8 kN·m
㉯ 8 kN·m
㉰ -4 kN·m
㉱ 4 kN·m

지점 A의 모멘트반력 산정

$\Sigma M=0\ (+;\curvearrowright)$: $\Sigma M_A = M_A - 4\times 1 = 0$ $\quad\therefore\ M_A = 4\,\text{kN}\cdot\text{m}\ (\curvearrowright)$

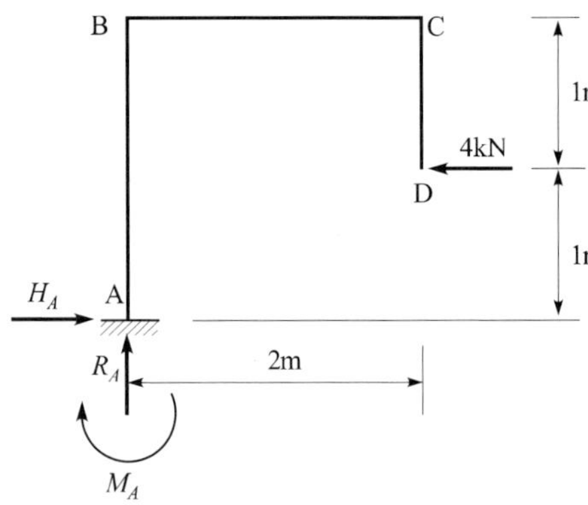

답 ㉱

107. 그림과 같은 라멘의 지점 D의 모멘트반력의 크기는? (단, 모멘트반력의 +는 시계방향이고, -는 반시계방향이다.)

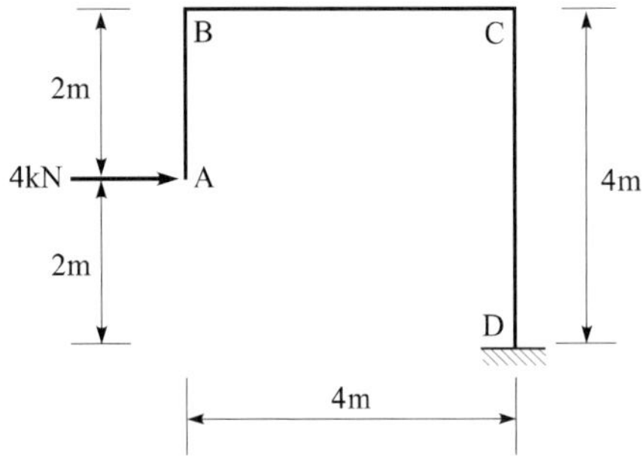

㉮ -8 kN·m
㉯ -16 kN·m
㉰ -24 kN·m
㉱ -4 kN·m

$\Sigma M=0\ (+;\curvearrowright)$: $\Sigma M_D = M_D - 4\times 2 = 0$ $\quad\therefore\ M_D = -8\,\text{kN}\cdot\text{m}\ (\curvearrowleft)$ 답 ㉮

108. **다음 구조물에서 지점 A의 휨모멘트 M_A는?**

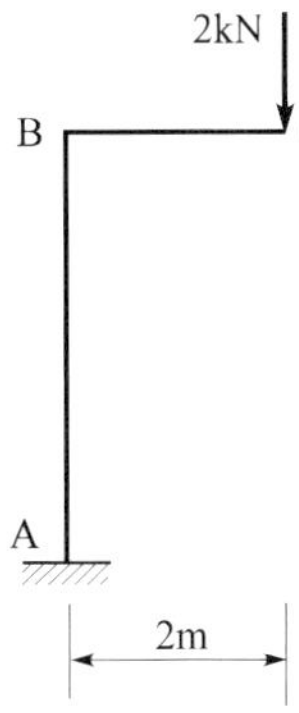

㉮ −2 kN·m
㉯ −4 kN·m
㉰ −6 kN·m
㉱ −8 kN·m

---

(1) 지점 A의 모멘트반력 산정

$\Sigma M = 0\ (+;\ \curvearrowright)$: $\Sigma M_A = -M_A + 2 \times 2 = 0$

$\therefore\ M_A = 4\ \text{kN} \cdot \text{m}\ (\curvearrowleft)$

(2) 지점 A의 휨모멘트

$M_A = -4\ \text{kN} \cdot \text{m}$

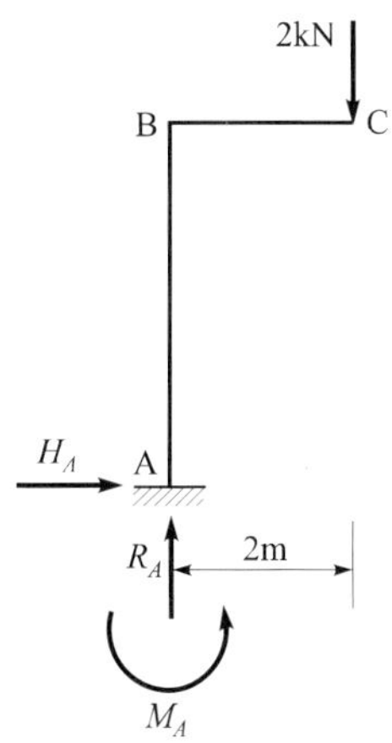

답 ㉯

109. **그림과 같은 구조물의 지점 A의 휨모멘트는?**

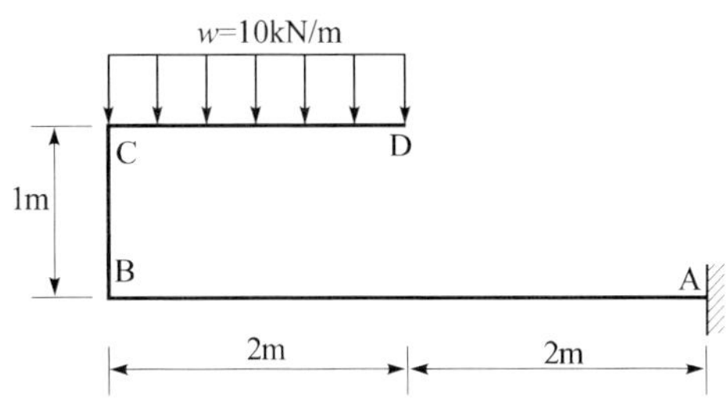

㉮ −20 kN·m　　㉯ −40 kN·m
㉰ −60 kN·m　　㉱ −80 kN·m

(1) 지점 A의 모멘트반력 산정

$$M_A = -10\times2\times\left(\frac{2}{2}+2\right) = -60\ \text{kN}\cdot\text{m}\ (\frown)$$

(2) 지점 A의 휨모멘트

$M_A = -60\ \text{kN}\cdot\text{m}$

답 ㉰

110. 그림과 같은 구조물에서 지점 D의 휨모멘트로 옳은 것은?

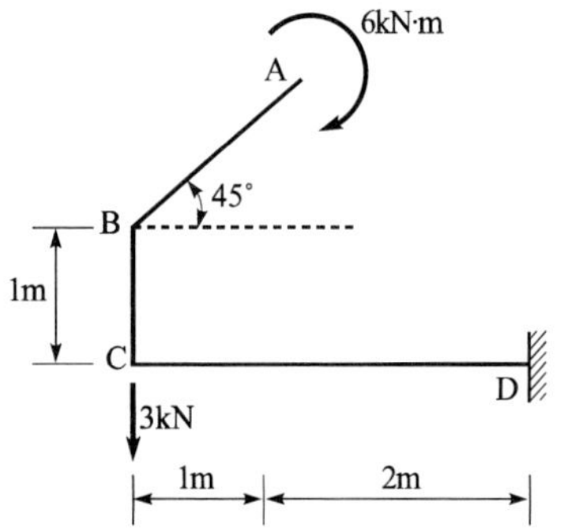

㉮ −15.0 kN·m
㉯ −9.0 kN·m
㉰ −6.0 kN·m
㉱ −3.0 kN·m

(1) 지점 D의 모멘트반력 산정

$M_D = 6-3\times3 = -3\ \text{kN}\cdot\text{m}\ (\frown)$

(2) 지점 D의 휨모멘트

$M_D = -3\ \text{kN}\cdot\text{m}$

답 ㉱

111. 그림과 같은 라멘의 지점 A의 휨모멘트는?

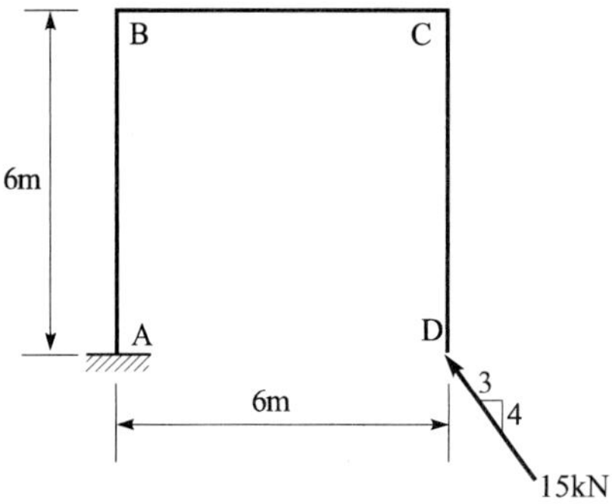

㉮ 42 kN·m
㉯ 52 kN·m
㉰ 62 kN·m
㉱ 72 kN·m

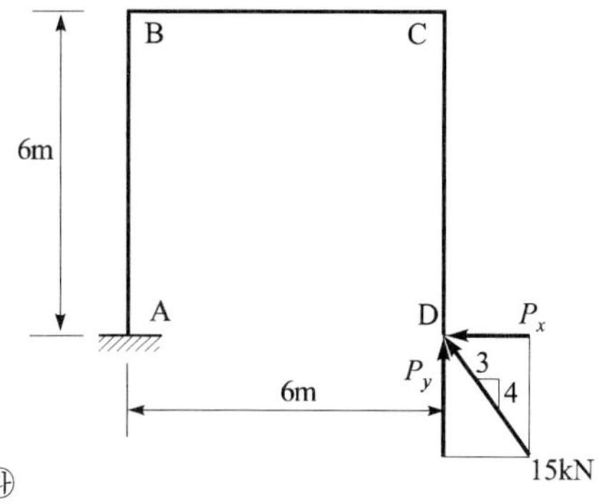

↳ (1) 절점 D의 수직분력 산정

$$P_y = 15 \times \left(\frac{4}{5}\right) = 12\text{ kN}$$

(2) 지점 A의 모멘트반력 산정

$$M_A = 12 \times 6 = 72\text{ kN}\cdot\text{m}\quad(\frown)$$

(3) 지점 A의 휨모멘트

$$M_A = 72\text{ kN}\cdot\text{m}$$

답 ㉱

12. **다음 구조물의 개략적인 휨모멘트도로 옳은 것은?**

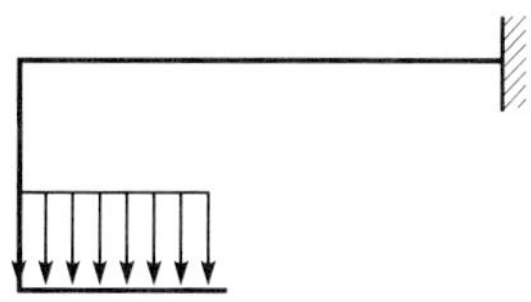

㉮

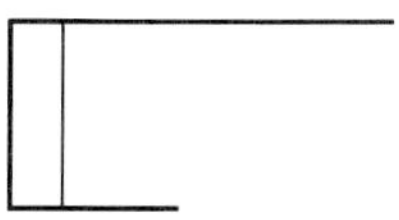

㉯

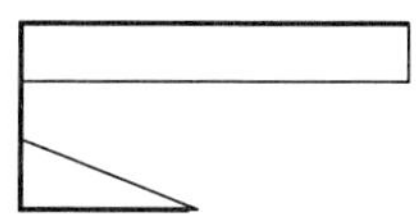

㉰

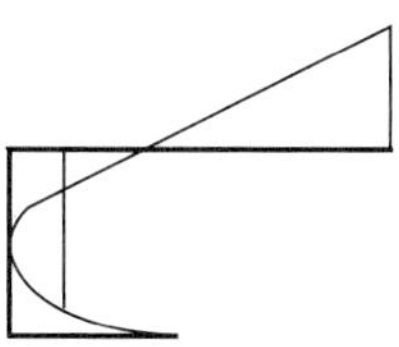

㉱

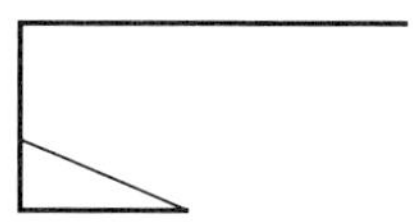

↳ 등분포하중이 작용하면 전단력도는 1차 직선이고 휨모멘트도는 2차 곡선이다. 또한 수직 부재에서는 전단력 성분이 없으므로 휨모멘트는 일정하며 고정단에서는 휨모멘트가 작용한다.

답 ㉰

113. 그림에서 고정지점 A의 휨모멘트가 영(0)이 되려면 점 B에 작용하는 P의 크기는 다음 중 어느 것인가?

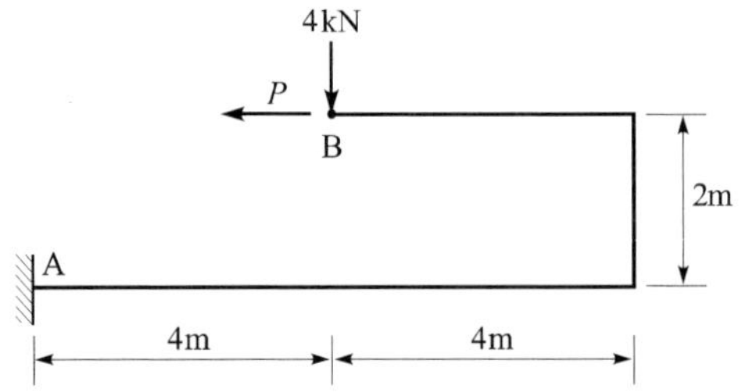

㉮ 5 kN　　㉯ 6 kN
㉰ 7 kN　　㉱ 8 kN

$\Sigma M = 0(+;\curvearrowright)$: $\Sigma M_A = 4\times4 - P\times2 = 0$　∴ $P = 8$ kN (←)　　답 ㉱

114. 그림과 같은 3힌지 라멘의 수평반력을 구하면?

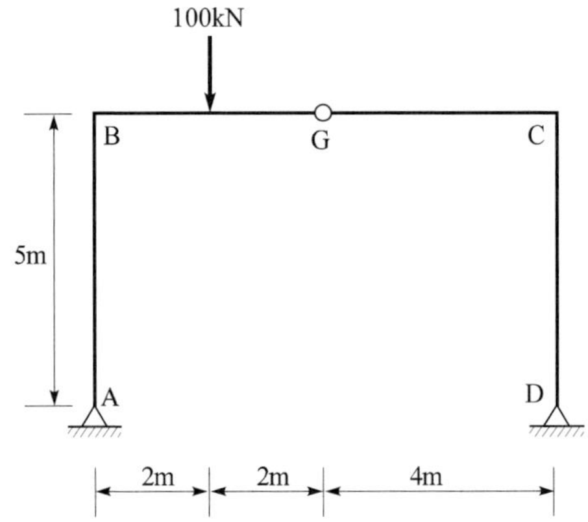

㉮ H_A=20 kN (→), H_D=20 kN (←)　　㉯ H_A=20 kN (←), H_D=20 kN (→)
㉰ H_A=20 kN (→), H_D=20 kN (→)　　㉱ H_A=20 kN (←), H_D=20 kN (←)

(1) 반력 산정 (힘의 평형방정식으로부터 반력 산정)

① $\Sigma X = H_A - H_D = 0$

② $\Sigma Y = R_A - 100 + R_D = 0$

③ $\Sigma M_{G(GA)} = R_A\times4 - H_A\times5 - 100\times2 = 0$

④ $\Sigma M_{G(GD)} = H_D \times 5 - R_D \times 4 = 0$

위의 연립방정식을 풀면

$H_A = 20$ kN (→), $R_A = 75$ kN (↑),

$H_D = 20$ kN (←), $R_D = 25$ kN (↑)이다.

(2) 3힌지 라멘의 수평반력

$H_A = 20$ kN (→)

$H_D = 20$ kN (←)

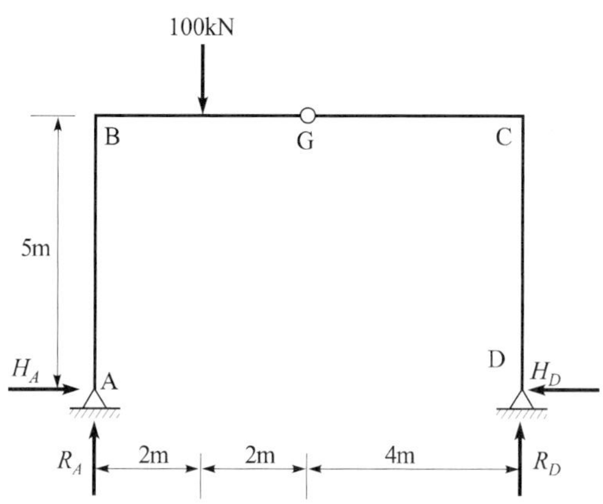

답 ㉮

115. 그림과 같은 정정라멘에서 점 F의 휨모멘트는?

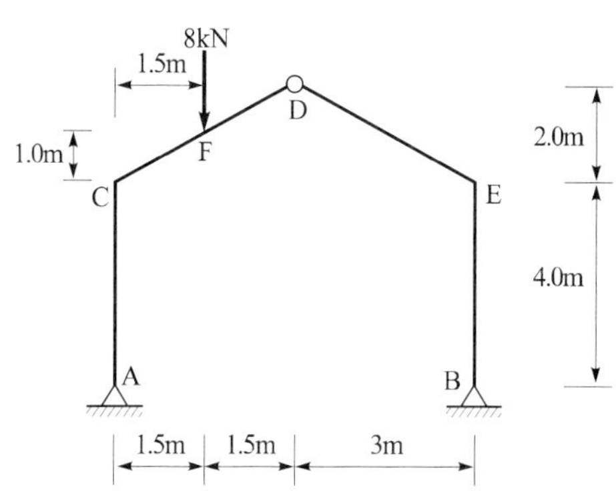

㉮ 4 kN·m　　　㉯ 3 kN·m

㉰ 2 kN·m　　　㉱ 1 kN·m

(1) 반력 산정

① $\Sigma X = H_A - H_B = 0$

② $\Sigma Y = R_A - 8 + R_B = 0$

③ $\Sigma M_{D(DA)} = R_A \times 3 - H_A \times 6 - 8 \times 1.5 = 0$

④ $\Sigma M_{D(DB)} = H_B \times 6 - R_B \times 3 = 0$

위의 연립방정식을 풀면 $H_A = 1\text{ kN}$ (→),
$R_A = 6\text{ kN}$ (↑), $H_B = 1\text{ kN}$ (←),
$R_B = 2\text{ kN}$ (↑)이다.

(2) 점 F의 휨모멘트

$M_F = R_A \times 1.5 - H_A \times 5 = 6 \times 1.5 - 1 \times 5 = 4\text{ kN} \cdot \text{m}$

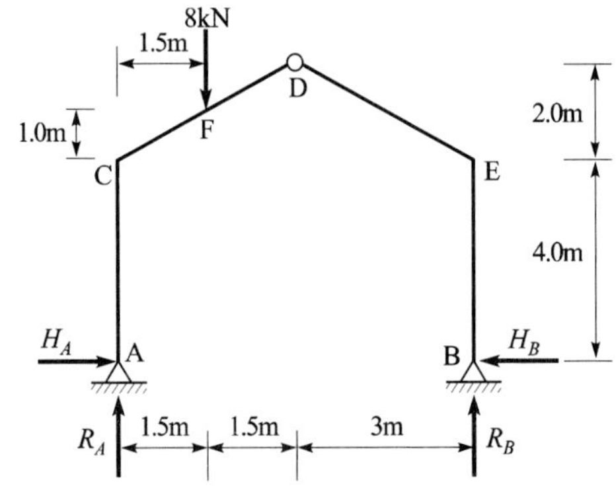

답 ㉮

116. **그림과 같은 정정라멘에서 부재 EC의 전단력의 크기는?**

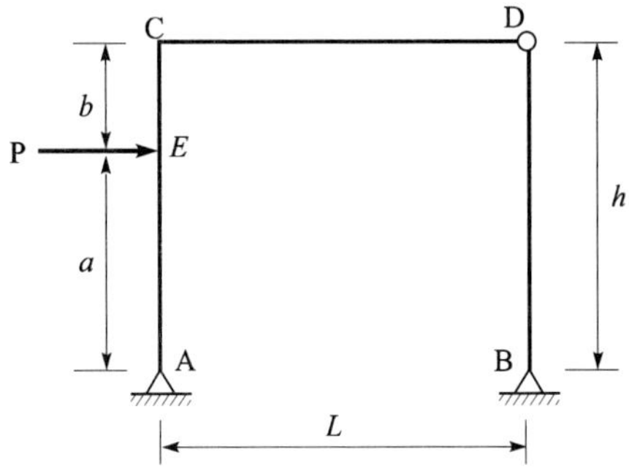

㉮ $\dfrac{Ph}{L}$　　㉯ $\dfrac{Pa}{L}$　　㉰ $\dfrac{Ph}{2}$　　㉱ 0

---

(1) 수평반력 산정

① $\Sigma X = -H_A + P + H_B = 0$

② $\Sigma M_{D(DB)} = H_B \times h - R_B \times 0 = 0$

$\therefore H_B = 0$

따라서 식 ①에 의해 $H_A = P\,(\leftarrow)$이다.

(2) 부재 EC의 전단력

$V_{EC} = H_A - P = P - P = 0$

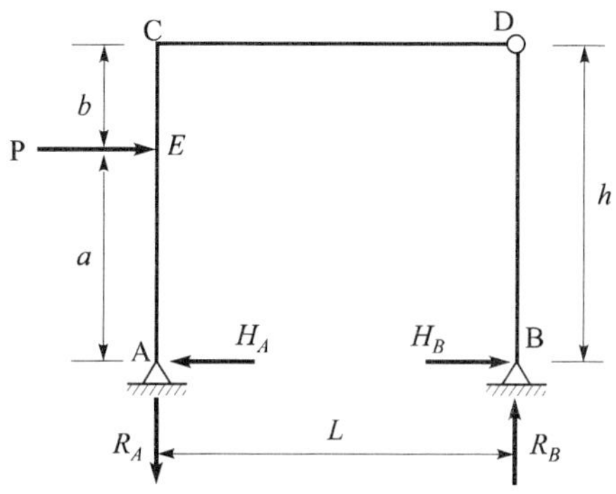

답 ㉱

117. 그림과 같은 구조물에 힘 P가 작용할 때 휨모멘트가 영(0)이 되는 곳은 모두 몇 개인가?

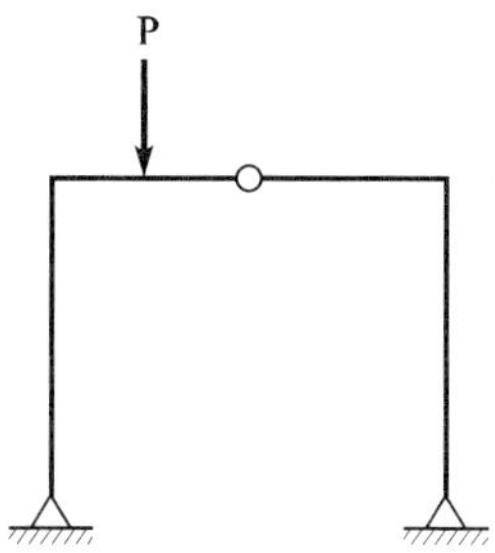

㉮ 2개
㉯ 3개
㉰ 4개
㉱ 5개

휨모멘트도(BMD)

따라서 휨모멘트가 영(0)이 되는 곳은 모두 4개이다.

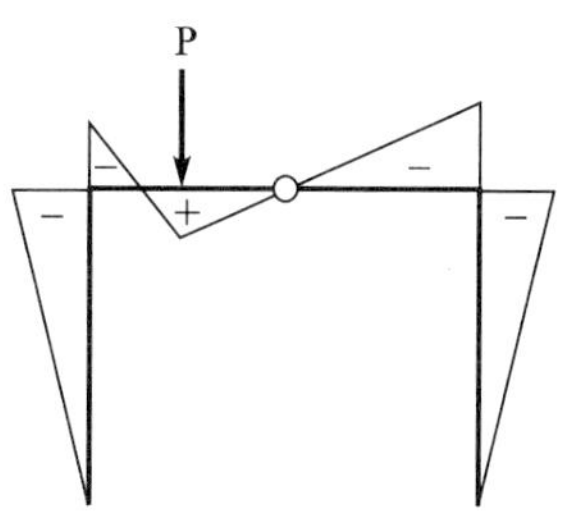

답 ㉰

118. 그림과 같이 절점 E에 4 kN의 집중하중이 45° 경사지게 작용했을 때 부재 AD의 축방향력은? (단, + : 인장력, - : 압축력)

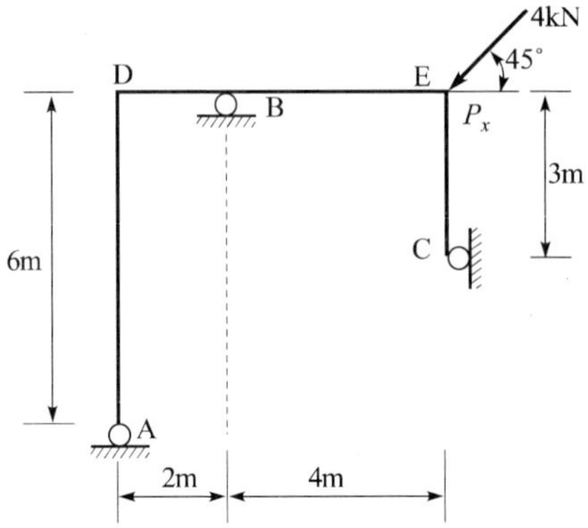

㉮ $-\sqrt{2}$ kN　　　　㉯ $\sqrt{2}$ kN

㉰ $-2\sqrt{2}$ kN　　　　㉱ $2\sqrt{2}$ kN

---

(1) 분력 산정

① $P_x = 4\cos 45° = 2\sqrt{2}$ kN (←)

② $P_y = 4\sin 45° = 2\sqrt{2}$ kN (↓)

(2) 반력 산정

① $\Sigma X = H_C - P_x = H_C - \dfrac{4}{\sqrt{2}} = 0 \quad \therefore H_C = 2\sqrt{2}$ kN (→)

② $\Sigma M_B = R_A \times 2 + P_y \times 4 - H_C \times 3 = R_A \times 2 + 2\sqrt{2} \times 4 - 2\sqrt{2} \times 3 = 0$

$\therefore R_A = -\sqrt{2}$ kN (↓)

(3) 부재 AD의 축방향력

$N_{AD} = \sqrt{2}$ kN (인장력)

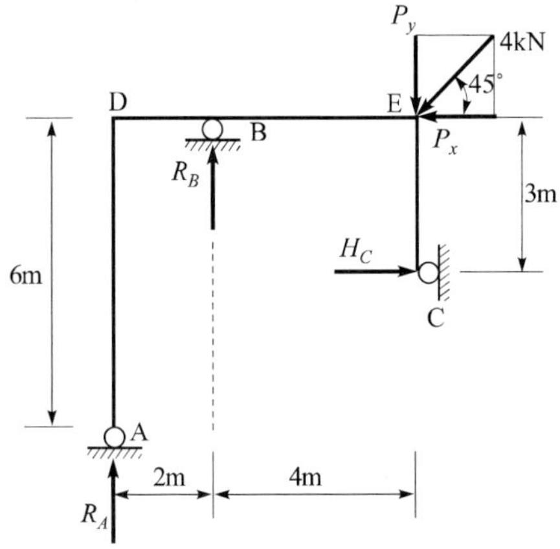

답 ㉯

119. **트러스 해법상의 기본 가정 중 가장 부적당한 것은?**

㉮ 모든 절점은 힌지로 결합되어 있다.
㉯ 각 부재는 축방향력, 전단력 그리고 휨모멘트가 발생한다.
㉰ 외력은 모두 절점에만 작용한다.
㉱ 외력의 작용선은 트러스와 동일 평면 내에 있다.

↳ 트러스는 두 개 이상의 직선부재를 마찰이 전혀 없는 힌지(Hinge, 활절)로 단부(端部)를 연결해 삼각형으로 만든 구조물로 전단력 및 휨모멘트는 발생되지 않는다. 답 ㉯

120. **트러스 해법의 기본가정으로 틀린 것은?**

㉮ 절점을 연결하는 직선은 재축과 일치한다.
㉯ 외력은 모두 절점에 작용하는 것으로 한다.
㉰ 부재를 연결하는 절점은 강절점으로 간주한다.
㉱ 외력은 모두 트러스를 포함한 평면 안에 있는 것으로 한다.

↳ 트러스는 두 개 이상의 직선부재를 마찰이 전혀 없는 힌지(Hinge, 활절)로 단부(端部)를 연결하므로 부재를 연결하는 절점은 회전지점(힌지)로 가정한다. 답 ㉰

121. **트러스의 기본가정 및 해석에 관한 설명 중 옳지 않은 것은?**

㉮ 트러스의 각 절점은 고정단이며, 트러스에 작용하는 하중은 절점에 집중하중으로 작용한다.
㉯ 절점을 연결하는 직선은 부재의 중심축과 일치하고 편심모멘트가 발생하지 않는다.
㉰ 같은 직선상에 있지 않은 2개의 부재가 모인 절점에서 그 절점에 하중이 작용하지 않으면 부재력은 0이다.
㉱ 3개의 부재가 모인 절점에서 두 부재축이 일직선으로 이루어진 두 부재의 부재력은 같다.

↳ 트러스는 두 개 이상의 직선부재를 마찰이 전혀 없는 힌지(Hinge, 활절)로 단부(端部)를 연결하므로 부재를 연결하는 절점은 회전지점(힌지)로 가정하며, 트러스에 작용하는 하중은 절점에 집중하중으로 작용한다. 답 ㉮

122. **다음 구조물에 관한 기술 중 틀린 것은?**

㉮ 쉘은 주로 면내응력으로 외력에 저항하는 구조이다.
㉯ 라멘은 주로 휨모멘트 및 전단력으로써 외력에 저항하는 구조이다.
㉰ 아치는 주로 축방향 압축력으로 외력에 저항하는 구조이다.
㉱ 트러스는 주로 휨모멘트로 외력에 저항하는 구조이다.

↳ 트러스는 주로 축방향력으로 외력에 저항하는 구조이며 휨모멘트는 발생되지 않는다.

답 ㉱

123. **강구조 트러스의 특성에 관한 설명으로 옳지 않은 것은?**

㉮ 직선 부재들이 삼각형의 형태로 구성되어 안정적인 거동을 한다.
㉯ 트러스의 개방된 웨브공간으로 전기배선이나 덕트 등과 같은 설비배관의 통과가 가능하다.
㉰ 부정정 차수가 낮은 트러스의 경우에는 일부 부재나 접합부의 파괴가 트러스의 붕괴를 야기할 수 있다.
㉱ 직선 부재로만 구성되기 때문에 비정형 건축물의 구조체에는 적용되지 않는다.

↳ 트러스는 직선 부재로만 구성되며 비정형 건축물의 구조체에 적용이 된다. 답 ㉱

124. **다음 트러스구조에서 부재력이 영(0)인 부재는?**

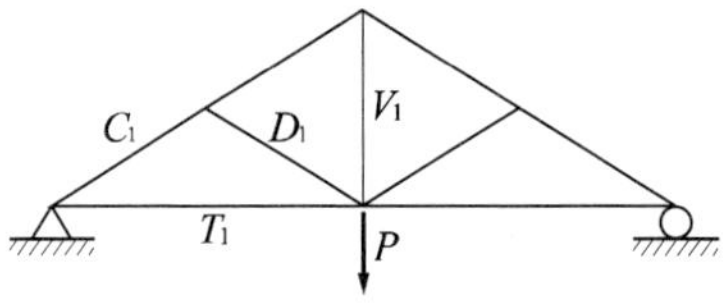

㉮ C_1 ㉯ T_1
㉰ D_1 ㉱ V_1

↳ 절점에 모인 세 개의 부재 중에서 두 부재의 부재축선이 일직선이고 이 절점에 외력이 작용하지 않으면, 직선상의 두 부재의 부재력은 같고 다른 한 부재의 부재력은 영(0)이다.

답 ㉰

125. 그림과 같은 왕대공 트러스의 절점 C에서 P가 작용할 때 부재력이 생기지 않는 부재는 몇 개인가? (단, 트러스 자체의 무게는 무시)

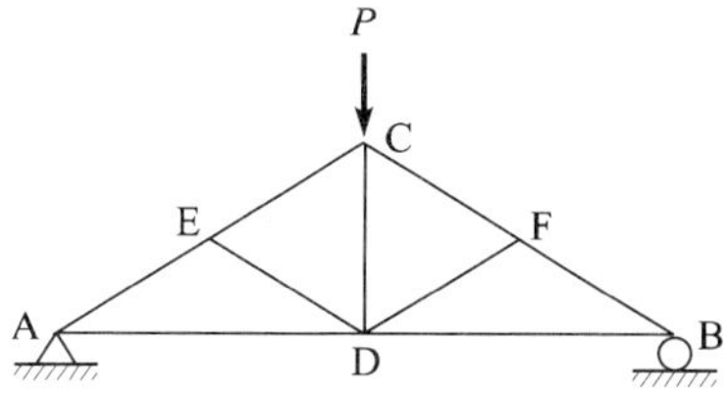

㉮ 0개
㉯ 1개
㉰ 2개
㉱ 3개

절점에 모인 세 개의 부재 중에서 두 부재의 부재축선이 일직선이고 이 절점에 외력이 작용하지 않으면, 직선상의 두 부재의 부재력은 같고 다른 한 부재의 부재력은 영 (0)이다.

답 ㉱

126. 다음과 같은 트러스에서 부재력이 발생하지 않는 부재는 몇 개인가?

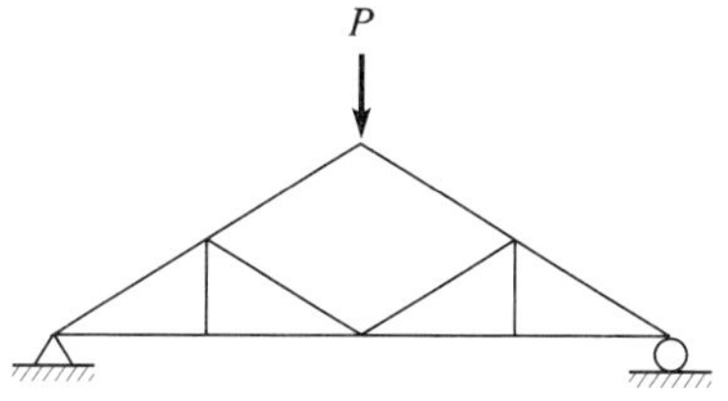

㉮ 2개
㉯ 4개
㉰ 6개
㉱ 8개

절점에 모인 세 개의 부재 중에서 두 부재의 부재축선이 일직선이고 이 절점에 외력이 작용하지 않으면, 직선상의 두 부재의 부재력은 같고 다른 한 부재의 부재력은 영 (0)이다.

답 ㉯

127. **그림과 같은 트러스가 절점 C 및 D에서 하중을 지지하고 있다. 이 트러스에서 부재력이 발생하지 않는 부재는 어느 것인가?**

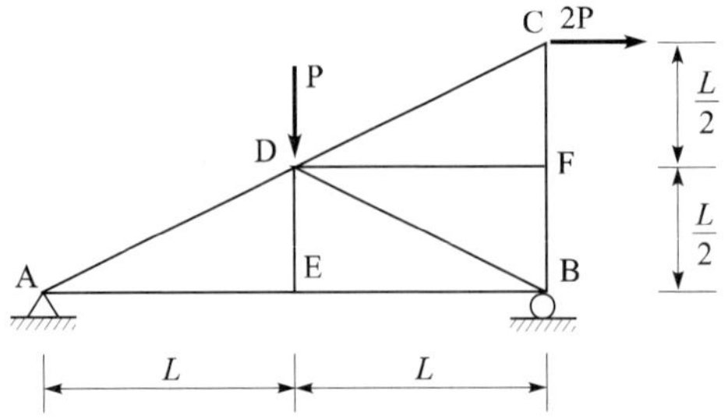

㉮ DF ㉯ DE 및 DB

㉰ DE 및 DF ㉱ DE, DB 및 DF

↳ 절점에 모인 세 개의 부재 중에서 두 부재의 부재축선이 일직선이고 이 절점에 외력이 작용하지 않으면, 직선상의 두 부재의 부재력은 같고 다른 한 부재의 부재력은 영(0)이다(부재 DE 및 DF). 답 ㉰

128. **다음 트러스 구조물에서 부재력이 영(0)이 되는 부재의 개수는?**

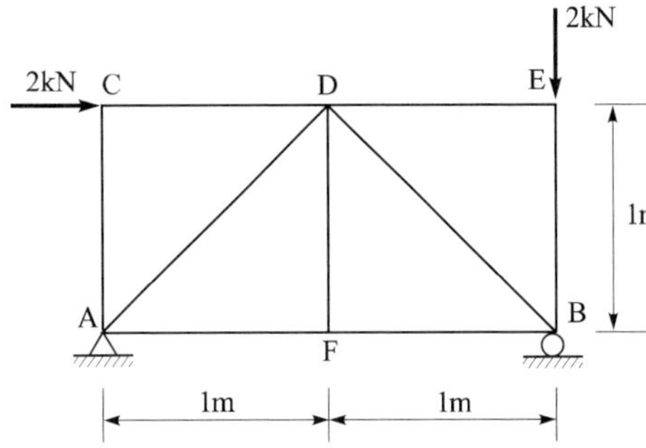

㉮ 1개 ㉯ 2개

㉰ 3개 ㉱ 4개

↳ ① 절점 F : 절점에 모인 세 개의 부재 중에서 두 부재의 부재축선이 일직선이고 이 절점에 외력이 작용하지 않으면, 직선상의 두 부재의 부재력은 같고 다른 한 부재의 부재력은 영(0)이다(부재 DF는 영(0) 부재).

② 절점 C 및 E : 절점에 모인 부재의 부재축선 또는 외력의 중심선이 서로 두 개씩 일직선상에 있을 때, 서로 향하고 있는 두 부재의 부재력 또는 외력과 부재의 부재력은 서로 같다(부재 CA 및 ED는 영(0) 부재). 답 ㉰

129. **그림과 같은 트러스에서 부재 CD의 부재력은 다음 중 어느 것인가?**

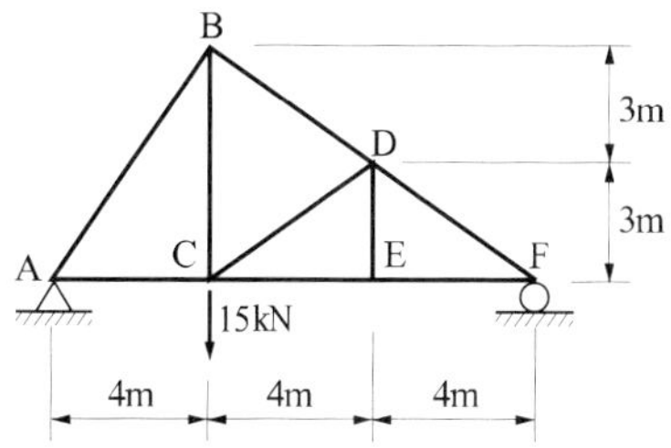

㉮ 0 kN ㉯ 1 kN ㉰ 5 kN ㉱ 10 kN

(1) 부재 DE의 부재력은 영(0)이다.
(2) 따라서 부재 CD의 부재력은 영(0)이다.

답 ㉮

130. **트러스에서 부재 C-D의 부재력은?**

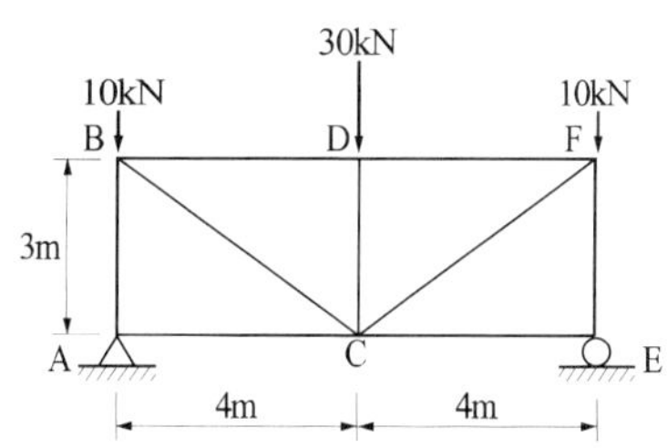

㉮ 50 kN (압축력) ㉯ 50 kN (인장력)
㉰ 30 kN (압축력) ㉱ 30 kN (인장력)

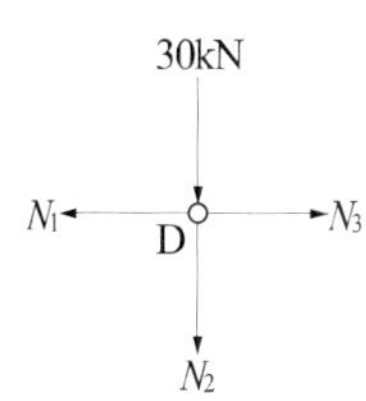

절점에 모인 부재의 부재축선 또는 외력의 중심선이 서로 두 개씩 일직선상에 있을 때, 서로 향하고 있는 두 부재의 부재력 또는 외력과 부재의 부재력은 서로 같다. 부재력은 모두 인장력으로 가정하여 산정하며, 결과가 양(+)이면 인장력이 되고 음(−)이면 압축력이 된다.

$\Sigma Y = 0\ (+;\ \uparrow)$: $\Sigma Y = -30 - N_2 = 0$ $\therefore\ N_2 = -30$ kN (압축력)

답 ㉰

131. 그림과 같은 트러스에서 부재력이 일어나지 않는 부재수는?

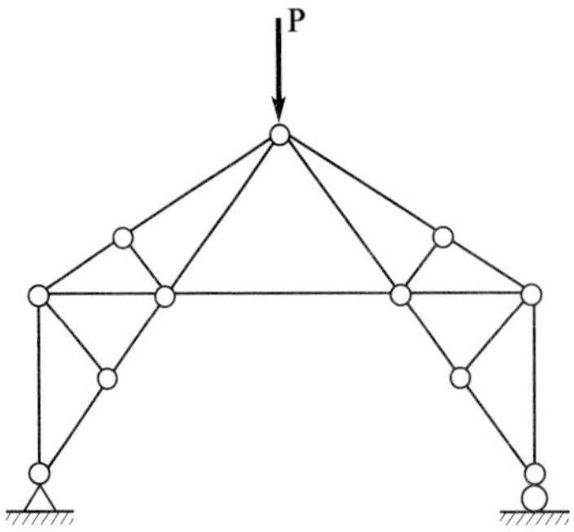

㉮ 4개

㉯ 6개

㉰ 8개

㉱ 10개

---

① 절점에 모인 세 개의 부재 중에서 두 부재의 부재축선이 일직선이고 이 절점에 외력이 작용하지 않으면, 직선상의 두 부재의 부재력은 같고 다른 한 부재의 부재력은 영(0)이다.

② 절점에 모인 부재의 부재축선 또는 외력의 중심선이 서로 두 개씩 일직선상에 있을 때, 서로 향하고 있는 두 부재의 부재력 또는 외력과 부재의 부재력은 서로 같다.

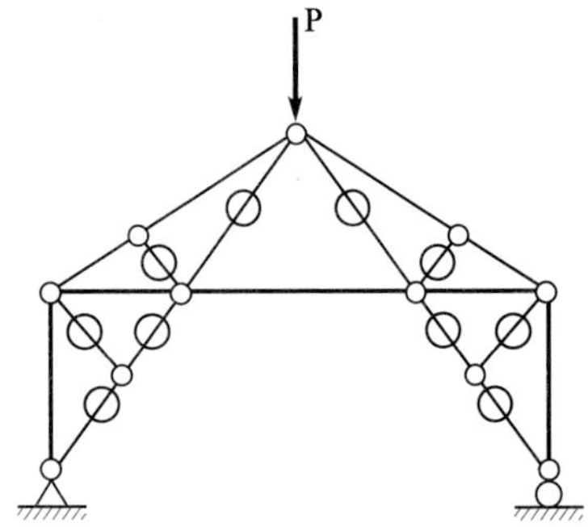

답 ㉱

132. 다음 그림과 같은 트러스의 반력 R_A와 R_B는?

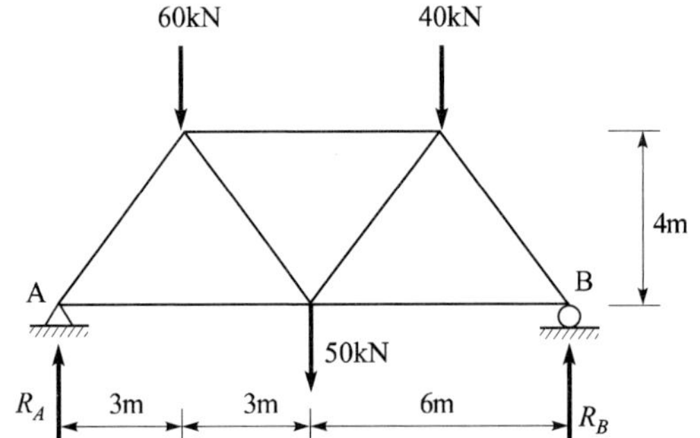

㉮ R_A=64 kN , R_B=90 kN

㉯ R_A=70 kN , R_B=80 kN

㉰ R_A=80 kN , R_B=70 kN

㉱ R_A=100 kN , R_B=50 kN

반력 산정

① $\Sigma M=0(+;\frown)$: $\Sigma M_A=60\times3+50\times6+40\times9-R_B\times12=0$

$\therefore\ R_B=70\text{ kN}\ (\uparrow)$

② $\Sigma Y=0(+;\uparrow)$: $\Sigma Y=R_A+60-50-40+R_B=R_A-60-50-40+70=0$

$\therefore\ R_A=80\text{ kN}\ (\uparrow)$

답 ㉰

133. 그림과 같은 하중이 작용하는 트러스의 부재 T의 부재력은?

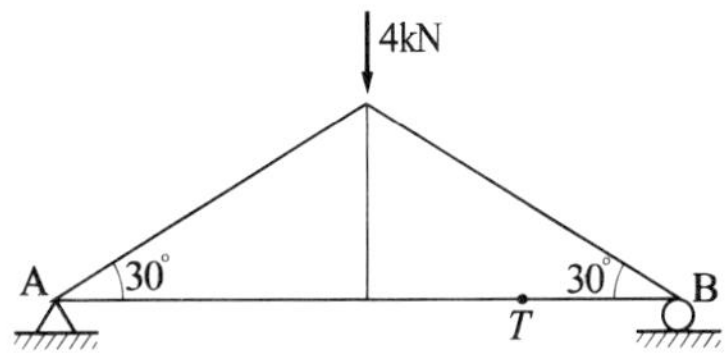

㉮ $\sqrt{3}$ kN ㉯ 2 kN

㉰ $2\sqrt{3}$ kN ㉱ 4 kN

---

(1) 반력 산정

$$R_A=R_B=\frac{4}{2}=2\text{ kN}\ (\uparrow)$$

(2) 부재력 산정

절점법 (격점법)을 이용하며 지점 B에 대하여 다음과 같이 해석한다.

① $\Sigma Y=0(+;\ \uparrow)$: $\Sigma Y=2+D\sin30°=0$ $\therefore\ D=-4\text{ kN}$ (압축)

② $\Sigma X=0(+;\ \rightarrow)$: $\Sigma X=-T-D\cos30°=-T-(-4)\times\dfrac{\sqrt{3}}{2}=0$

$\therefore T=2\sqrt{3}\text{ kN}$ (인장)

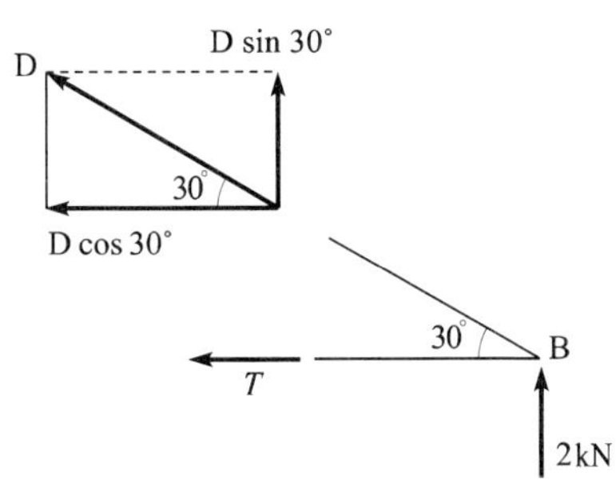

답 ㉰

134. 그림과 같은 트러스에서 부재 AC의 부재력은?

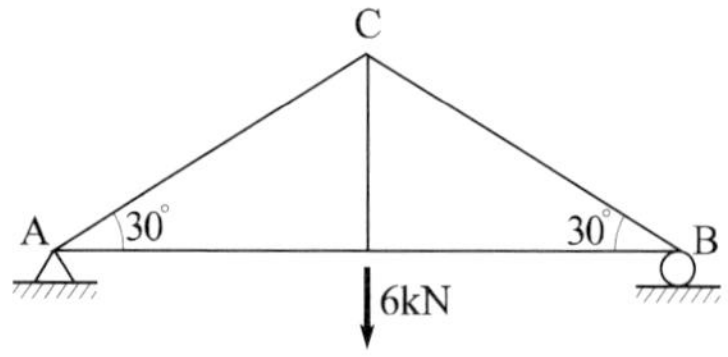

㉮ 5 kN (인장)　　　㉯ 5 kN (압축)

㉰ 10 kN (인장)　　　㉱ 10 kN (압축)

---

(1) 반력 산정

$$R_A = R_B = \frac{5}{2} = 2.5\ \mathrm{kN}\ (\uparrow)$$

(2) 부재력 산정

절점법 (격점법)을 이용하며 지점 A에 대하여 다음과 같이 해석한다.

$\Sigma Y = 0\ (+;\ \uparrow)$: $\Sigma Y = R_A + D\sin 30° = 2.5 + D\sin 30° = 0$ ∴ $D = -5$ kN (압축)

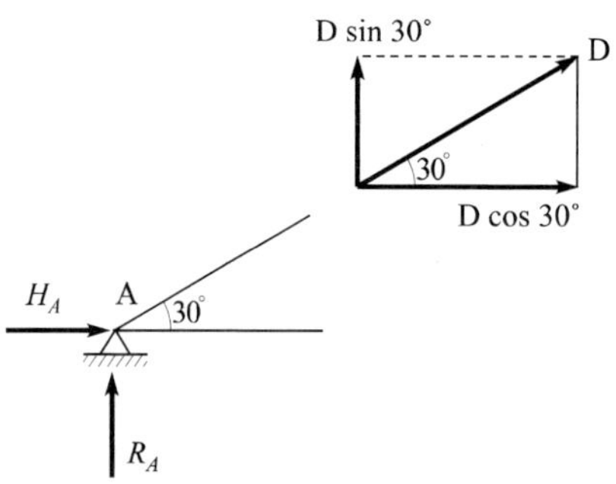

답 ㉯

135. 그림과 같은 트러스구조에서 부재 AC의 부재력은? (단, 인장력은 +, 압축력은 -)

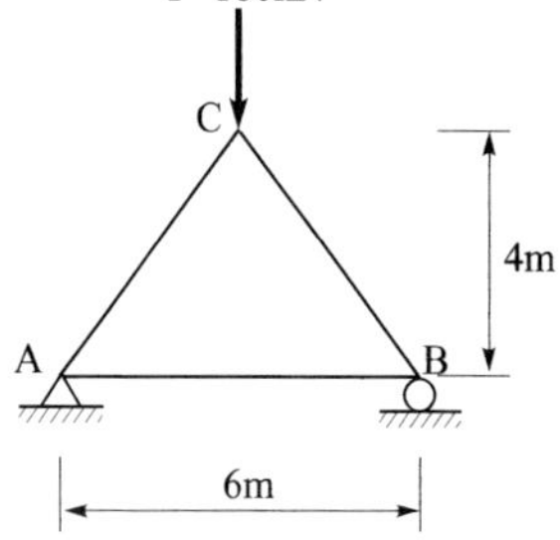

㉮ +80 kN

㉯ −80 kN

㉰ +100 kN

㉱ −100 kN

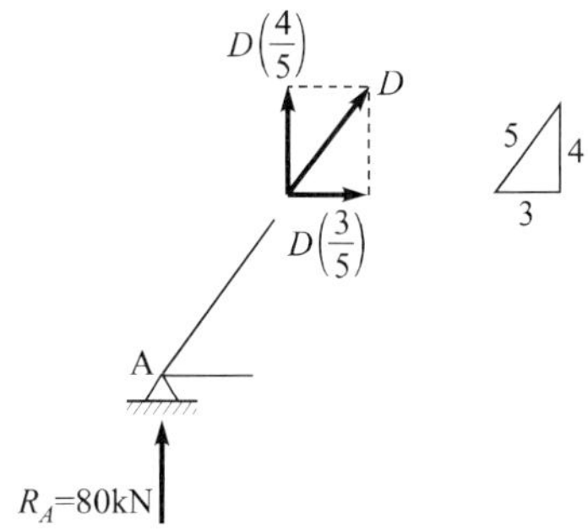

↳ (1) 반력 산정

$$R_A = R_B = \frac{160}{2} = 80\ \text{kN}\ (\uparrow)$$

(2) 부재력 산정

절점법(격점법)을 이용하며 지점 A에 대하여 다음과 같이 해석한다.

$\Sigma Y = 0(+;\ \uparrow)$:

$$\Sigma Y = R_A + D\left(\frac{4}{5}\right) = 80 + D\left(\frac{4}{5}\right) = 0$$

$\therefore\ D = -100\ \text{kN}$ (압축)

답 ㉱

136. **한 변의 길이가 4 m인 그림과 같은 정삼각형트러스에서 부재 AB의 부재력은?**

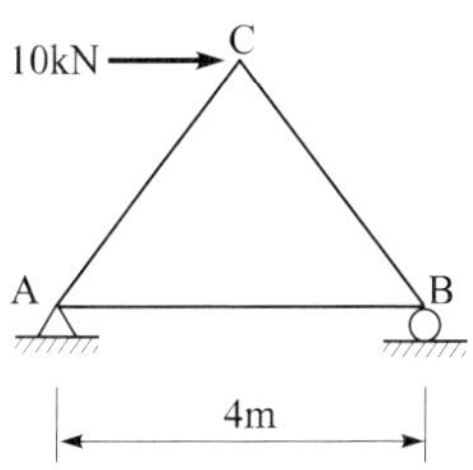

㉮ 압축 10 kN
㉯ 압축 5 kN
㉰ 인장 10 kN
㉱ 인장 5 kN

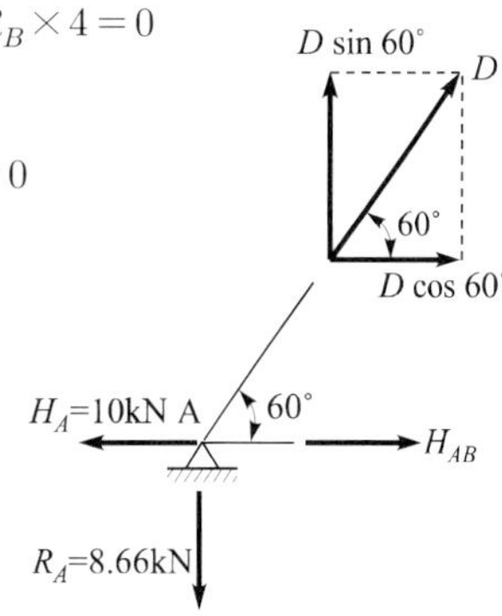

↳ (1) 반력 산정

① $\Sigma M = 0(+;\ \curvearrowright)$: $\Sigma M_A = 10\times(2\times\tan 60°) - R_B\times 4 = 0$

$\therefore\ R_B = 8.66\ \text{kN}\ (\uparrow)$

② $\Sigma Y = 0\ (+;\uparrow)$: $\Sigma Y = -R_A + R_B = R_A + 8.66 = 0$

$\therefore\ R_A = 8.66\ \text{kN}\ (\downarrow)$

③ $\Sigma X = 0(+;\rightarrow)$: $\Sigma X = 10 - H_A = 0$

$\therefore\ H_A = 10\ \text{kN}\ (\leftarrow)$

(2) 부재력 산정

절점법(격점법)을 이용하며 지점 A에 대하여 다음과 같이 해석한다.

① $\Sigma Y = 0\ (+;\ \uparrow)$: $\Sigma Y = -R_A + D\sin 60° = -8.66 + D\sin 60° = 0$

$\therefore\ D = 10\ \text{kN}$ (인장)

② $\Sigma X = 0\ (+;\ \rightarrow)$: $\Sigma X = -H_A + H_{AB} + D\cos 60° = -10 + H_{AB} + 10\cos 60° = 0$

$\therefore\ H_{AB} = 5\ \text{kN}$ (인장)

답 ㉱

137. **그림과 같은 트러스에서 부재 S의 부재력의 크기는?**

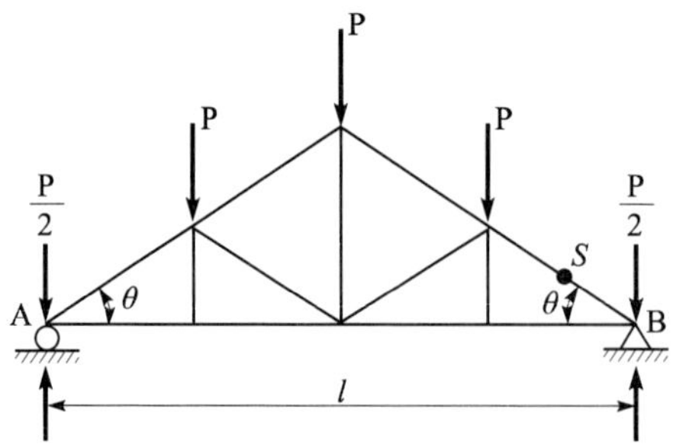

㉮ $(1/2)P \cdot \sin\theta$ ㉯ $(3/2)P \cdot \cos\theta$
㉰ $(3/2)P \cdot \sin\theta$ ㉱ $(3/2)P \cdot \csc\theta$

---

(1) 반력 산정

$$R_A = R_B = \frac{1}{2} \times \left(\frac{P}{2} + P + P + P + \frac{P}{2}\right) = 2P\ (\uparrow)$$

(2) 부재력 산정

절점법(격점법)을 이용하며 지점 B에 대하여 다음과 같이 해석한다.

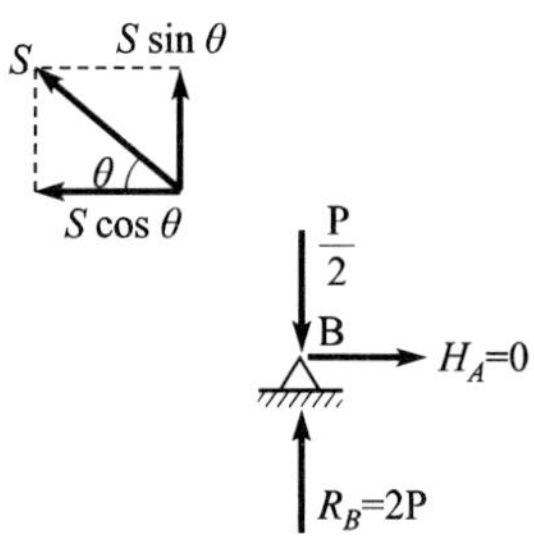

$\Sigma Y = 0\ (+;\ \uparrow)$:

$$\Sigma Y = R_B - \frac{P}{2} + S\sin\theta = 2P - \frac{P}{2} + S\sin\theta = 0$$

$$\therefore\ S = -\left(\frac{3}{2}P\right) \cdot \left(\frac{1}{\sin\theta}\right) = -\left(\frac{3}{2}P\right) \cdot \left(\frac{1}{\csc\theta}\right)\ \text{(압축)}$$

답 ㉱

138. **그림과 같은 트러스에서 '가' 및 '나' 부재의 부재력을 옳게 구한 것은? (단, −는 압축력, +는 인장력을 의미한다.)**

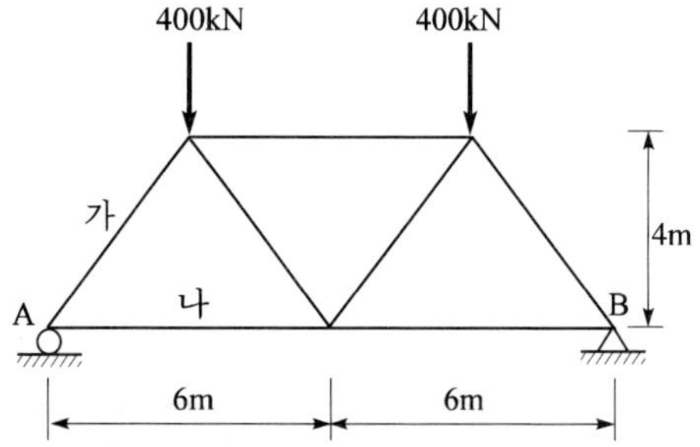

㉮ 가=−500 kN , 나=300 kN ㉯ 가=−500 kN , 나=400 kN
㉰ 가=−400 kN , 나=300 kN ㉱ 가=−400 kN , 나=400 kN

(1) 반력 산정

$$R_A = R_B = \frac{1}{2} \times (400+400) = 400 \text{ kN} \quad (\uparrow)$$

(2) 부재력 산정

절점법(격점법)을 이용하며 지점 A에 대하여 다음과 같이 해석한다.

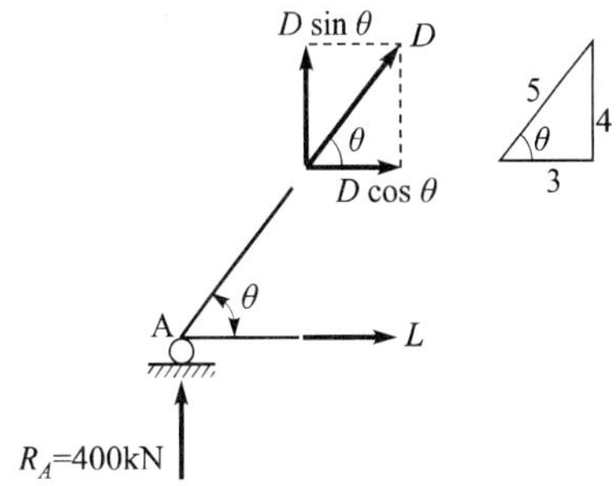

① $\Sigma Y = 0\ (+;\ \uparrow)$:

$$\Sigma Y = R_A + D\sin\theta = 400 + D\left(\frac{4}{5}\right) = 0$$

$\therefore\ D = -500 \text{ kN}$ (압축)

② $\Sigma X = 0\ (+;\ \rightarrow)$: $\Sigma X = L + D\cos\theta = L - 500\left(\frac{3}{5}\right) = 0 \quad \therefore\ L = 300 \text{ kN}$ (인장)

답 ㉮

139. 그림과 같은 래티스보에서 V=3 kN일 때 웨브재의 축방향력은?

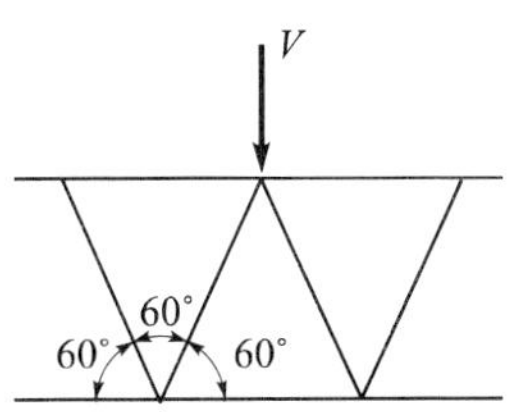

㉮ 1.5 kN ㉯ $\sqrt{3}$ kN ㉰ 2.0 kN ㉱ 3.0 kN

부재력 산정

절점법(격점법)을 이용하며 다음과 같이 해석한다.

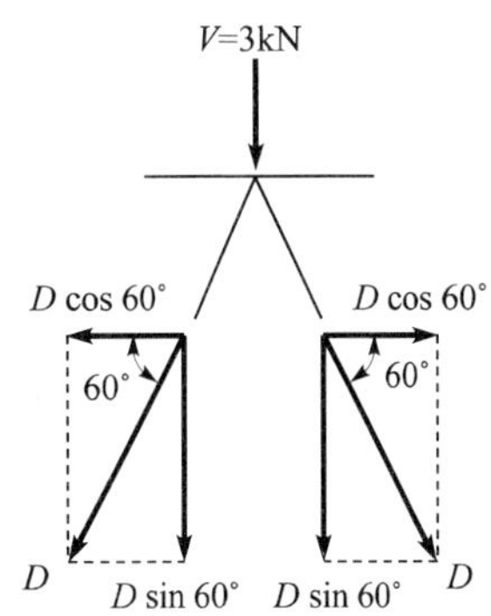

$\Sigma Y = 0(+;\ \uparrow)$:

$$\Sigma Y = -3 - D\sin60° - D\sin60°$$

$$= -3 - 2D\left(\frac{\sqrt{3}}{2}\right) = 0$$

$\therefore\ D = -\sqrt{3}$ kN (압축)

답 ㉯

140. 그림의 트러스에서 부재 a의 부재력은? (단, 트러스를 구성하는 삼각형은 정삼각형임)

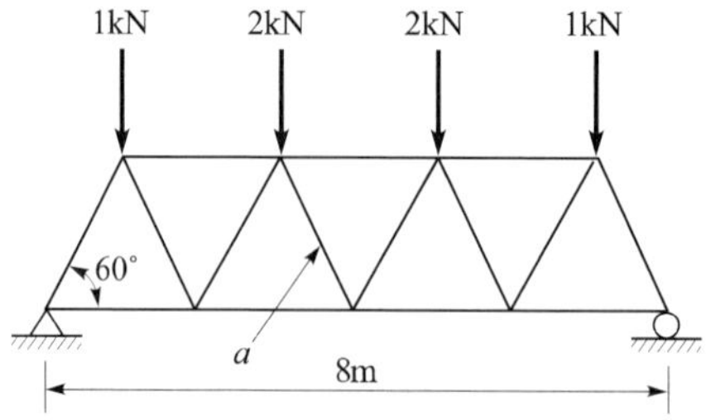

㉮ $\frac{2}{\sqrt{3}}$ kN (압축)　　㉯ 2 kN (압축)

㉰ $2\sqrt{2}$ kN (압축)　　㉱ $\sqrt{3}$ kN (압축)

부재력 산정

절점법(격점법)을 이용하며 다음과 같이 해석한다.

$\Sigma Y=0\ (+;\ \uparrow)$:

$\Sigma Y=-2-D\sin 60°-D\sin 60°$

$=-2-2D\left(\frac{\sqrt{3}}{2}\right)=0$

$\therefore\ D=-\frac{2}{\sqrt{3}}$ kN (압축)

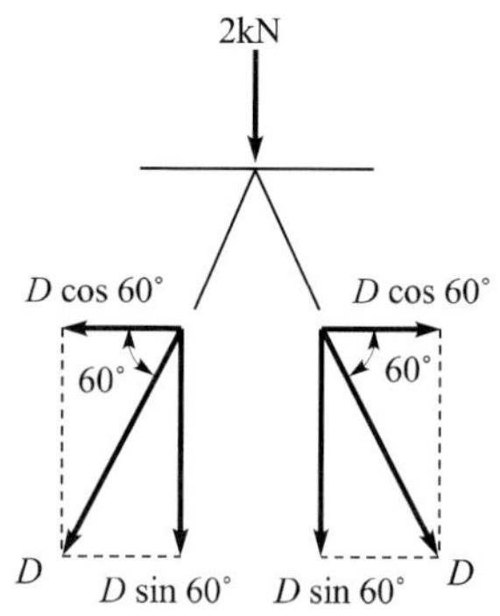

답 ㉮

141. 아래 그림과 같은 트러스에서 부재 AB의 부재력의 크기는? (단, +는 인장, -는 압축임)

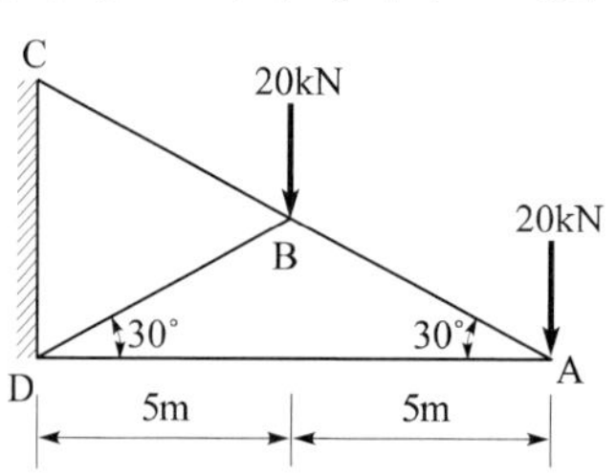

㉮ +20 kN　　㉯ −20 kN　　㉰ +40 kN　　㉱ −40 kN

부재력 산정

절점법(격점법)을 이용하며 절점 A에 대하여

다음과 같이 해석한다.

$\Sigma Y = 0(+;\ \uparrow)$: $\Sigma Y = -20 + D\sin 30° = 0$

$\therefore\ D = 40$ kN (인장)

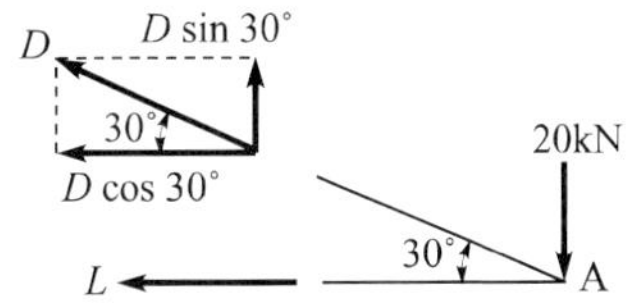

답 ㉰

142. 그림과 같은 트러스에서 부재 N_1, N_2의 부재력(절댓값)으로 옳은 것은?

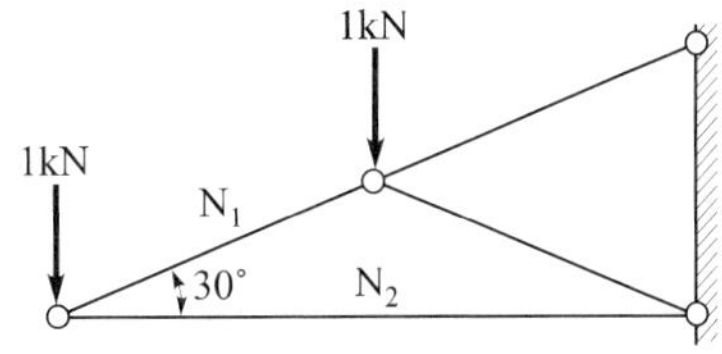

㉮ N_1=2.0 kN , N_2=1.732 kN
㉯ N_1=1.0 kN , N_2=0.866 kN
㉰ N_1=1.5 kN , N_2=1.000 kN
㉱ N_1=1.0 kN , N_2=1.732 kN

↳ 부재력 산정

절점법(격점법)을 이용하며 다음과 같이 해석한다.

① $\Sigma Y = 0\ (+;\ \uparrow)$: $\Sigma Y = -1 + N_1 \sin 30° = 0$

$\therefore\ N_1 = 2.0$ kN (인장)

② $\Sigma X = 0\ (+;\ \rightarrow)$:

$\Sigma X = N_2 + N_1 \cos 30° = N_2 + 2\cos 30° = 0$

$\therefore\ N_2 = -1.732$ kN (압축)

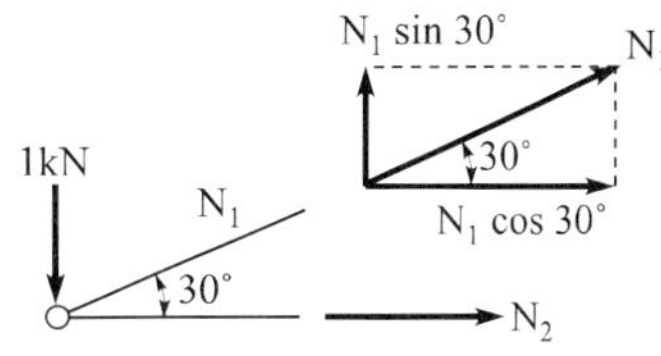

답 ㉮

143. 그림과 같은 구조물의 절점 C에 20 kN의 수평력이 작용할 때 부재 S에 발생하는 부재력의 값은?

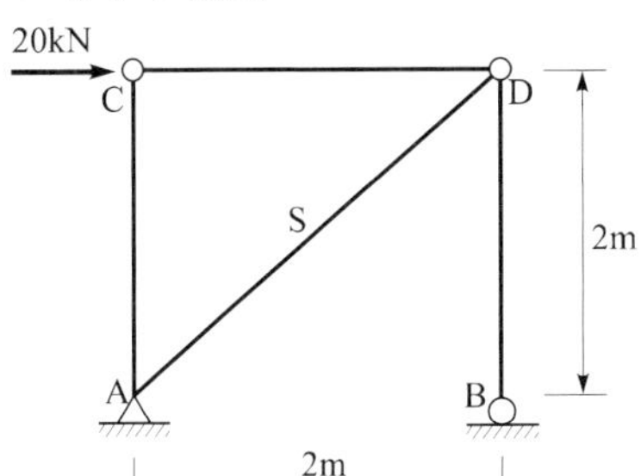

㉮ 10 kN
㉯ $10\sqrt{2}$ kN
㉰ 20 kN
㉱ $20\sqrt{2}$ kN

---

(1) 반력 산정

① $\Sigma M=0\ (+;\frown)$:

$\Sigma M_A = 20\times2 - R_B\times2 = 0$

$\therefore\ R_B = 20\ \text{kN}\ (\uparrow)$

② $\Sigma Y=0\ (+;\uparrow)$:

$\Sigma Y = -R_A + R_B = -R_A + 20 = 0$

$\therefore\ R_A = 20\ \text{kN}\ (\downarrow)$

③ $\Sigma X=0\ (+;\rightarrow)$:

$\Sigma X = 20 - H_A = 0$

$\therefore\ H_A = 20\ \text{kN}\ (\leftarrow)$

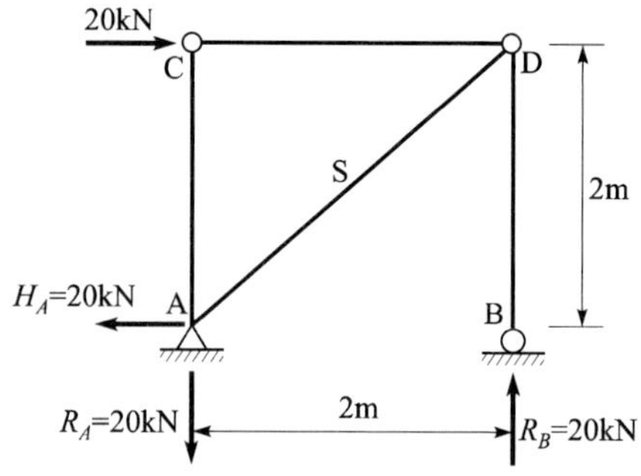

(2) 부재력 산정

절점법(격점법)을 이용하며 지점 A에 대하여 다음과 같이 해석한다.

$\Sigma X=0\ (+;\rightarrow)$:

$\Sigma X = -H_A + D\cos45° = -20 + D\cos45° = 0$

$\therefore\ D = 20\sqrt{2}\ \text{kN}$ (인장)

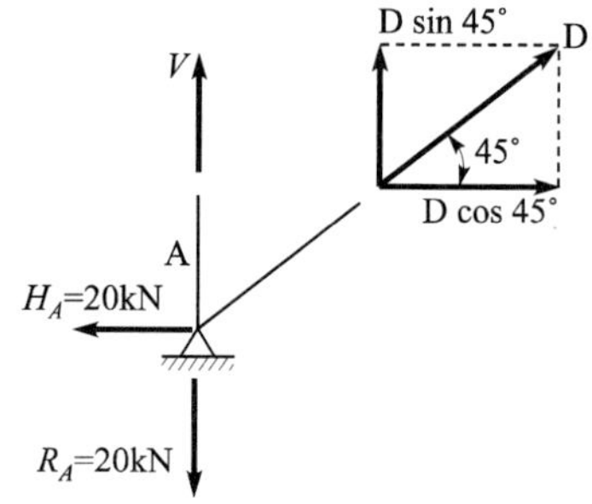

답 ㉱

144. 그림과 같은 트러스에서 부재 V의 부재력은?

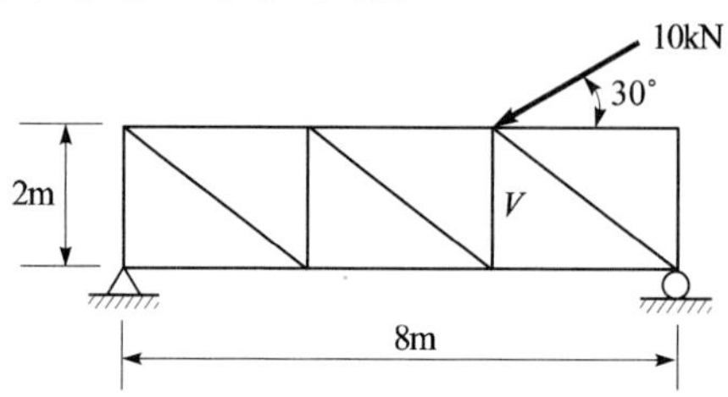

㉮ 5 kN (압축) ㉯ 10 kN (압축) ㉰ 15 kN (압축) ㉱ 20 kN (압축)

부재력 산정

절점법(격점법)을 이용하며 다음과 같이 해석한다.

$\Sigma Y=0\ (+;\uparrow)$: $\Sigma Y = -10\sin30 - V = 0$

$\therefore\ V = -5\ \text{kN}$ (압축)

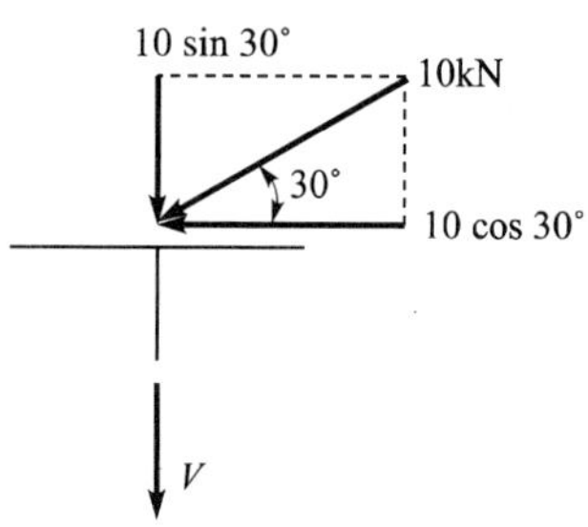

답 ㉮

145. 그림과 같은 트러스에서 부재 T의 부재력을 구하면?

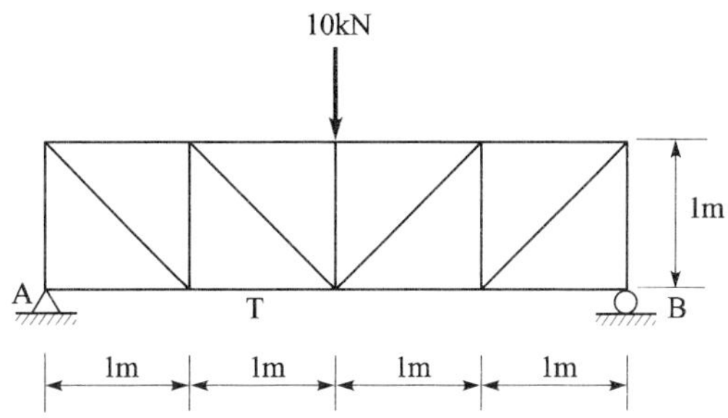

㉮ 10 kN (인장)　　㉯ −10 kN (압축)

㉰ 5 kN (인장)　　㉱ −5 kN (압축)

---

(1) 반력 산정

$R_A = R_B = \frac{1}{2} \times (10) = 50$ kN (↑)

(2) 부재력 산정

절단법(단면법)을 이용하여 다음과 같이 산정한다.

$\Sigma M = 0$ (+; ⌒) : $\Sigma M_C = 5 \times 1 - L \times 1 = 0$

∴ $L = 5$ kN (인장)

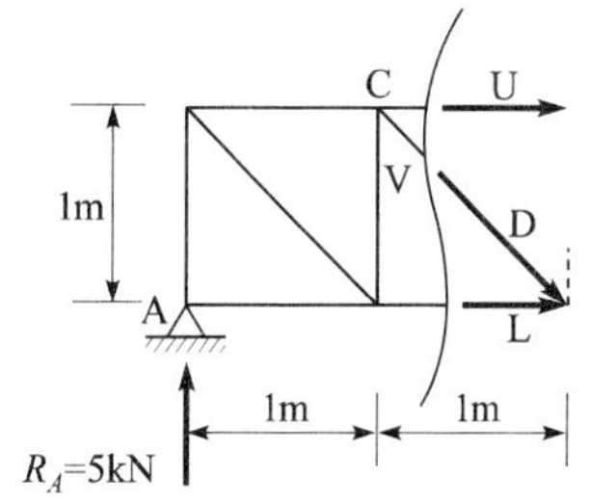

답 ㉰

146. 그림과 같은 트러스에서 부재 a의 부재력은 얼마인가?

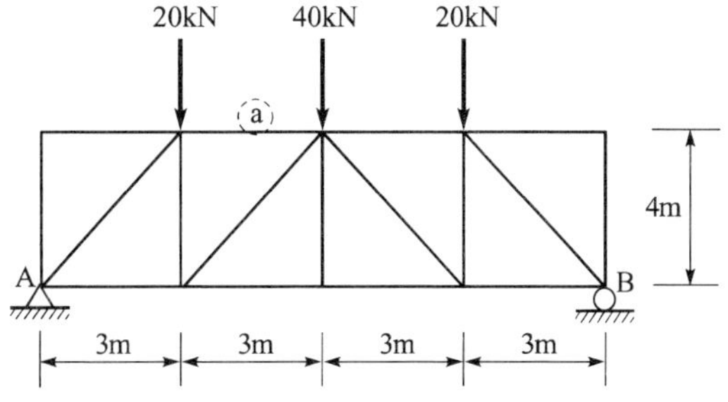

㉮ 20 kN (인장)　　㉯ 30 kN (압축)

㉰ 40 kN (인정)　　㉱ 60 kN (압축)

---

(1) 반력 산정

$$R_A = R_B = \frac{1}{2} \times (20 + 40 + 20) = 40\ \text{kN} \quad (\uparrow)$$

(2) 부재력 산정

절단법 (단면법)을 이용하여 다음과 같이 산정한다.

$\Sigma M = 0\ (+;\ \frown)$: $\Sigma M_C = 40 \times 3 + U \times 4 = 0$

$\therefore\ U = -30\ \text{kN}$ (압축)

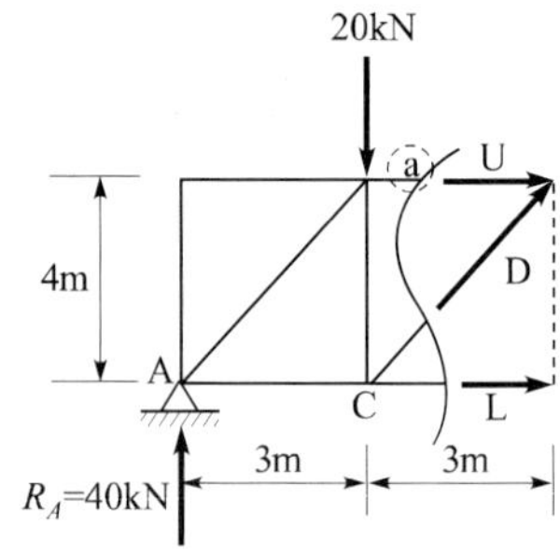

답 ㉯

147. 그림과 같은 트러스에서 부재 C의 부재력은?

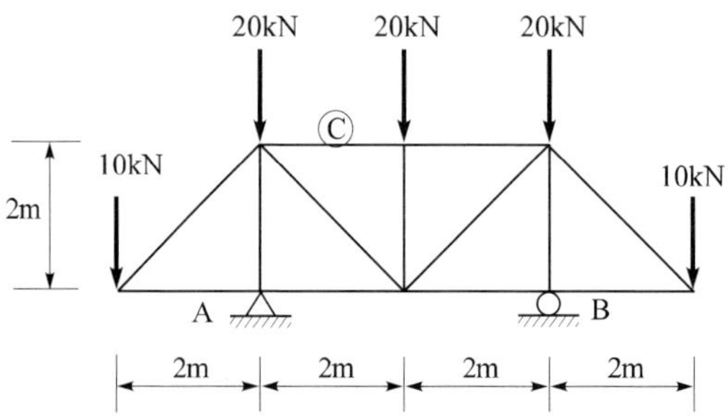

㉮ 0 kN

㉯ 20 kN (+)

㉰ 40 kN (−)

㉱ 80 kN (+)

---

(1) 반력 산정

$$R_A = R_B = \frac{1}{2} \times (10 + 20 + 20 + 20 + 10) = 40\ \text{kN}(\uparrow)$$

(2) 부재력 산정

절단법 (단면법)을 이용하여 다음과 같이 산정한다.

$\Sigma M = 0(+;\ \frown)$:

$\Sigma M_F = -10 \times 4 - 20 \times 2 + 40 \times 2 + U \times 2 = 0$

$\therefore\ U = 0\ \text{kN}$

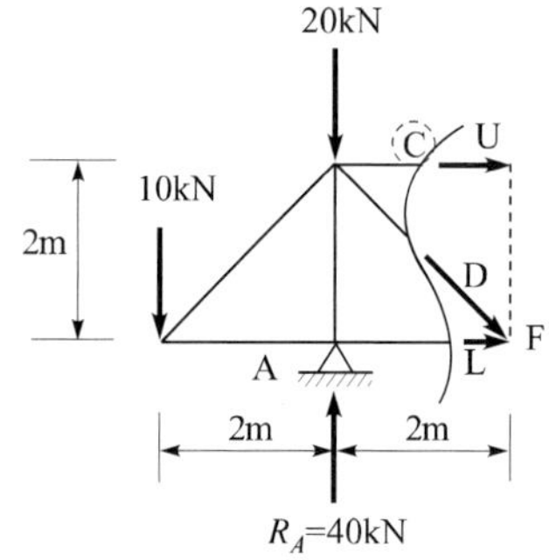

답 ㉮

148. **그림과 같은 트러스에서 U_1의 부재력은? 단, "−"는 압축력이다.**

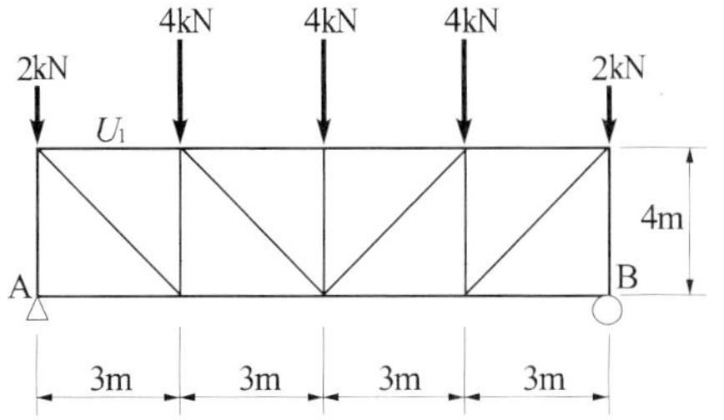

㉮ 4.5 kN ㉯ −4.5 kN ㉰ 6 kN ㉱ −6 kN

---

(1) 반력 산정

$$R_A = R_B = \frac{1}{2} \times (2+4+4+4+2) = 8\text{ kN} \quad (\uparrow)$$

(2) 부재력 산정

절단법(단면법)을 이용하여 다음과 같이 산정한다.

$\Sigma M = 0\ (+ ; \frown)$: $\Sigma M_C = 8 \times 3 - 2 \times 3 + U_1 \times 4 = 0$

$\therefore\ U_1 = -4.5\text{ kN}$ (압축) 답 ㉯

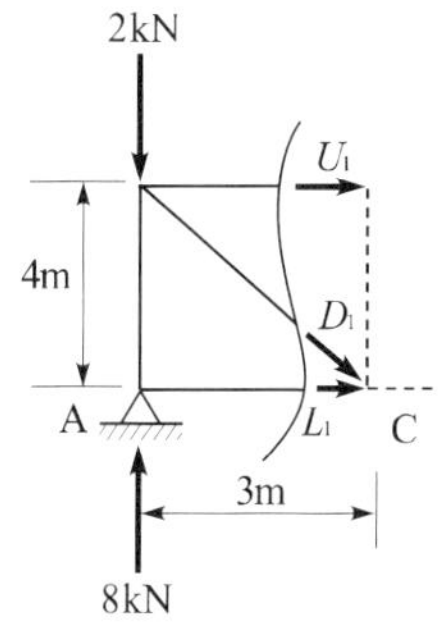

149. **그림과 같은 트러스의 부재 U, V, L의 부재력은 각각 몇 kN인가? (단, -는 압축력, +는 인장력)**

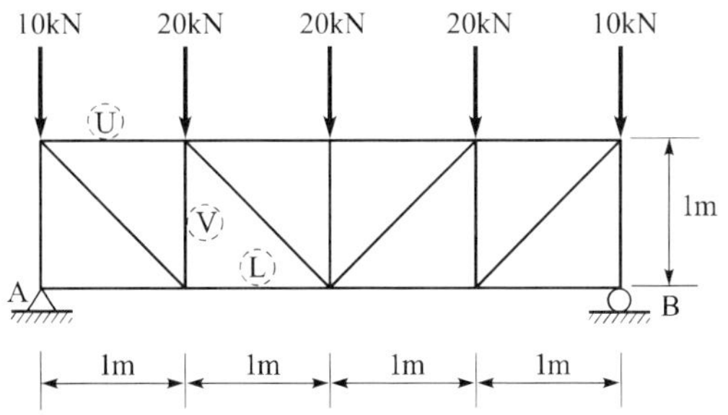

㉮ U=−30 kN, V=−30 kN, L=30 kN ㉯ U=−30 kN, V=30 kN, L=−30 kN

㉰ U=30 kN, V=−30 kN, L=30 kN ㉱ U=30 kN, V=30 kN, L=−30 kN

---

(1) 반력 산정

$$R_A = R_B = \frac{1}{2} \times (10+20+20+20+10) = 40\text{ kN} \ (\uparrow)$$

(2) 부재력 산정

절단법(단면법)을 이용하여 다음과 같이 산정한다.

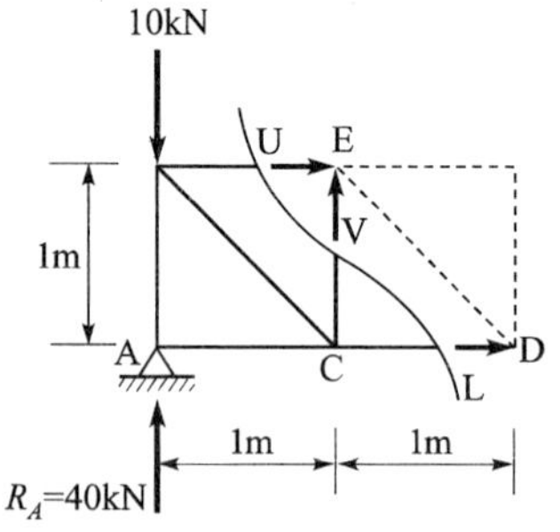

① $\Sigma M=0\ (+;\frown)$:

$\Sigma M_C = 40\times1-10\times1+U\times1=0$

$\therefore\ U=-30$ kN (압축)

② $\Sigma M=0\ (+;\frown)$:

$\Sigma M_D = 40\times2-10\times2+U\times1+V\times1$

$=40\times2-10\times2-30\times1+V\times1=0$

$\therefore\ V=-30$ kN (압축)

③ $\Sigma M=0\ (+;\frown)$: $\Sigma M_E = 40\times1-10\times1-L\times1=0$ $\quad\therefore\ L=30$ kN (인장)

답 ㉮

150. 그림과 같은 트러스에서 부재 D의 부재력은?

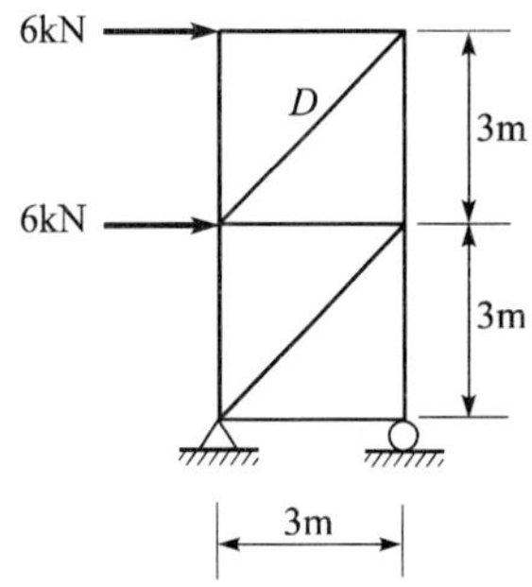

㉮ 3 kN
㉯ $3\sqrt{2}$ kN
㉰ 6 kN
㉱ $6\sqrt{2}$ kN

부재력 산정

절단법(단면법)을 이용하여 다음과 같이 산정한다.

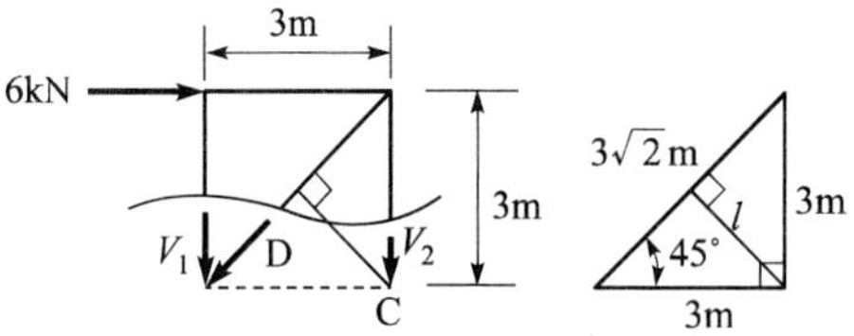

① 절점 C에서 경사부재까지의 거리 l

$l=\dfrac{3}{2}\sqrt{2}$ m

② $\Sigma M=0\ (+;\frown)$: $\Sigma M_C = 6\times3-D\times\left(\dfrac{3}{2}\sqrt{2}\right)=0$

$\therefore\ D=6\sqrt{2}$ kN (인장)

답 ㉱

151. **그림과 같은 트러스에서 부재 T의 부재력은?**

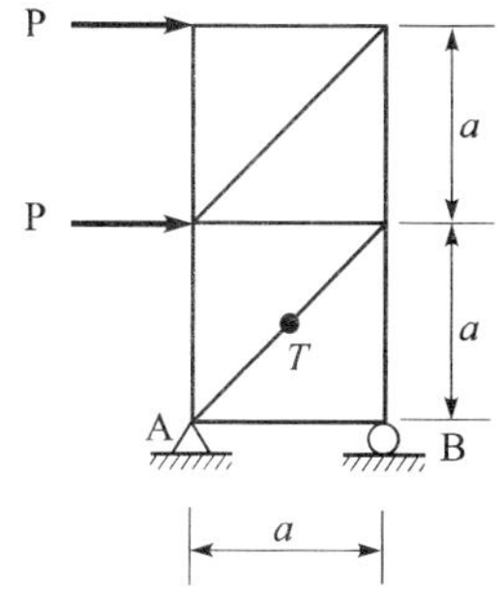

㉮ P

㉯ $1.5P$

㉰ $\sqrt{2}P$

㉱ $2\sqrt{2}P$

부재력 산정

절단법 (단면법)을 이용하여 다음과 같이 산정한다.

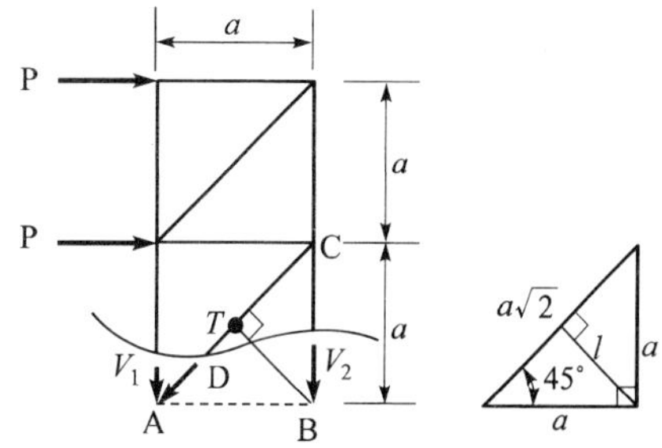

① 지점 B에서 경사부재까지의 거리 l

$$\sin\theta = \frac{1}{\sqrt{2}} = \frac{l}{a} \quad \therefore\ l = \frac{a}{\sqrt{2}}$$

② $\Sigma M = 0$ (+; ↷) :

$$\Sigma M_C = -V_1 \times a + P \times a = 0$$

$$\therefore\ V_1 = P\ (\text{인장})$$

③ $\Sigma M = 0$ (+; ↷) : $\Sigma M_B = -D \times \left(\frac{a}{\sqrt{2}}\right) - V_1 \times a + P \times a + P \times 2a$

$$= -D \times \left(\frac{a}{\sqrt{2}}\right) - P \times a + P \times a + P \times 2a = 0$$

$$\therefore\ D = 2\sqrt{2}P\ (\text{인장})$$

답 ㉱

152. **다음 트러스 구조물에서 부재 C의 부재력을 구하면? (단, +는 인장, -는 압축)**

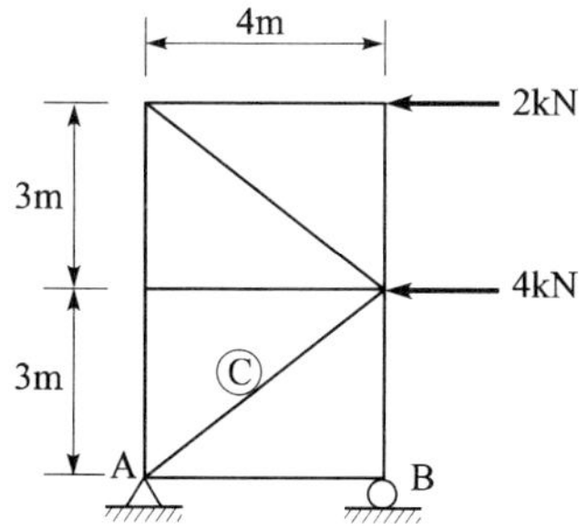

㉮ 4.5 kN (+)

㉯ 4.5 kN (−)

㉰ 7.5 kN (+)

㉱ 7.5 kN (−)

↳ 부재력 산정

절단법(단면법)을 이용하여 다음과 같이 산정한다.

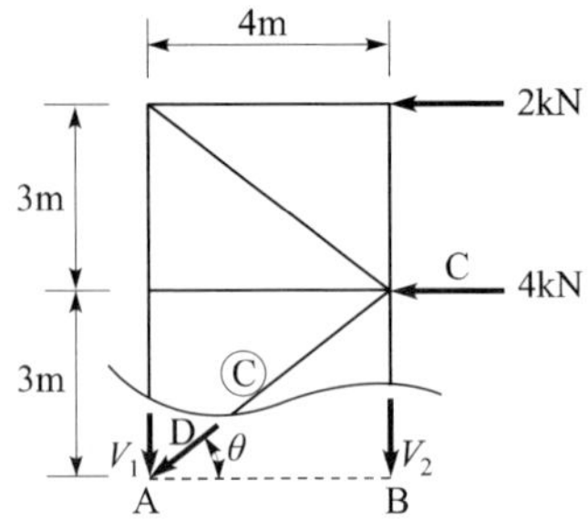

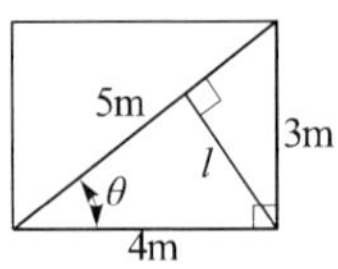

① 지점 B에서 경사부재까지의 거리 l

$$\sin\theta = \frac{3}{5} = \frac{l}{4}$$

$$\therefore\ l = 4 \times \frac{3}{5} = 2.4\text{ m}$$

② $\Sigma M = 0\ (+;\frown)$: $\Sigma M_C = -V_1 \times 4 - 2 \times 3 = 0$ $\quad\therefore\ V_1 = -1.5\text{ kN}$ (압축)

③ $\Sigma M = 0\ (+;\frown)$: $\Sigma M_B = -D \times 2.4 - V_1 \times 4 - 2 \times 6 - 4 \times 3$

$$= -D \times 2.4 + 1.5 \times 4 - 2 \times 6 - 4 \times 3 = 0$$

$\therefore\ D = -7.5\text{ kN}$ (압축)

답 ㉱

153. 그림과 같은 트러스의 T부재의 부재력은?

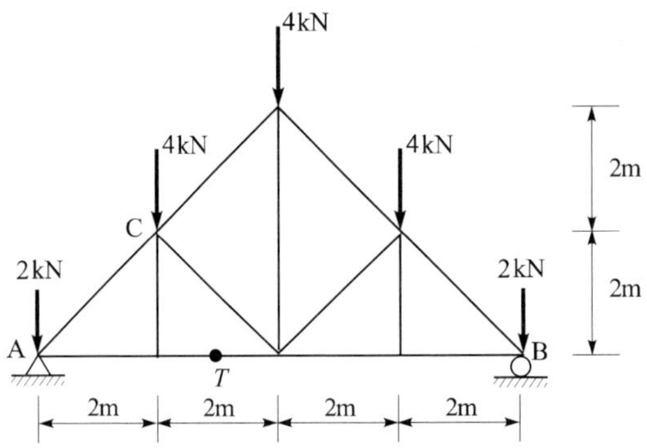

㉮ $T = 4\text{ kN}$ ㉯ $T = 6\text{ kN}$

㉰ $T = 8\text{ kN}$ ㉱ $T = 16\text{ kN}$

↳ (1) 반력 산정

$$R_A = R_B = \frac{1}{2} \times (2 + 4 + 4 + 2) = 8\text{ kN}\quad(\uparrow)$$

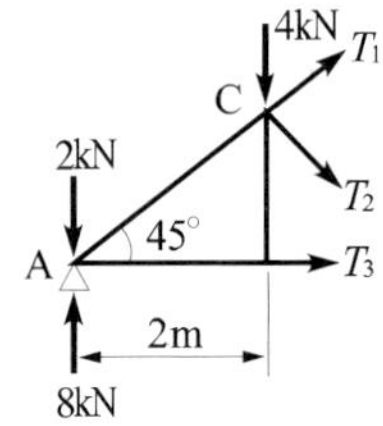

(2) 부재력 산정

절단법(단면법)을 이용하여 다음과 같이 산정한다.

$\Sigma M = 0\ (+;\frown)$: $\Sigma M_C = 8 \times 2 - 2 \times 2 - T_3 \times 2 = 0$

$\therefore\ T_3 = 6\text{ kN}$ (인장) 답 ㉯

154. 그림과 같이 연직하중을 받는 트러스에서 부재 T의 부재력으로 옳은 것은?

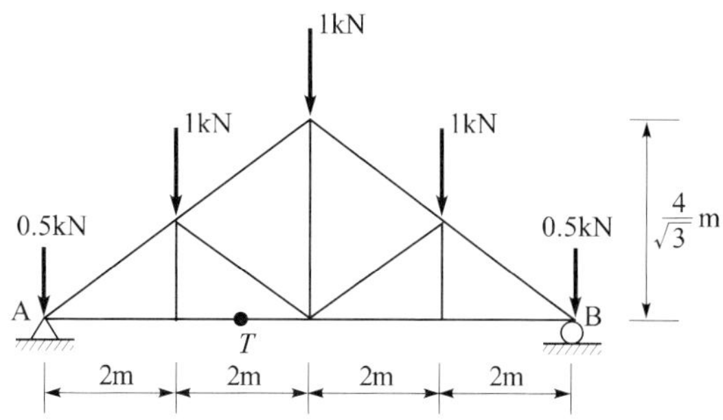

㉮ $1.5\sqrt{3}$ kN ㉯ $-1.5\sqrt{3}$ kN
㉰ 3 kN ㉱ -3 kN

---

(1) 반력 산정

$$R_A = R_B = \frac{1}{2} \times (0.5+1+1+1+0.5) = 2\text{ kN} \quad (\uparrow)$$

(2) 부재력 산정

절단법(단면법)을 이용하여 다음과 같이 산정한다.

$\Sigma M = 0\ (+;\ \frown)$:

$$\Sigma M_C = 2\times 2 - 0.5\times 2 - T\times\left(\frac{2}{\sqrt{3}}\right) = 0$$

$\therefore\ T = 1.5\sqrt{3}$ kN (인장)

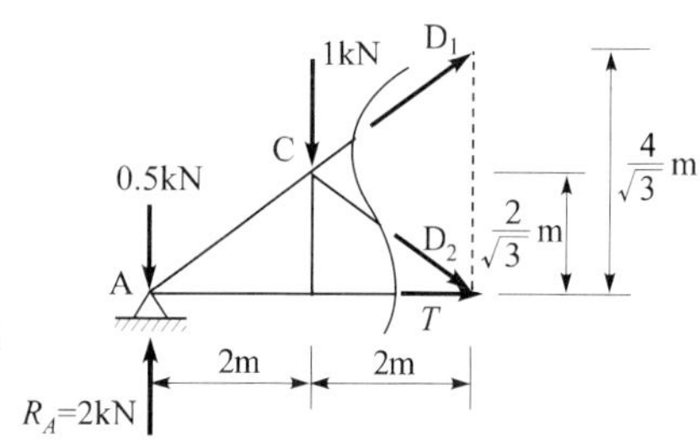

답 ㉮

155. 그림과 같은 하중을 받고 있는 트러스에서 부재 A－B의 부재력으로 옳은 것은?

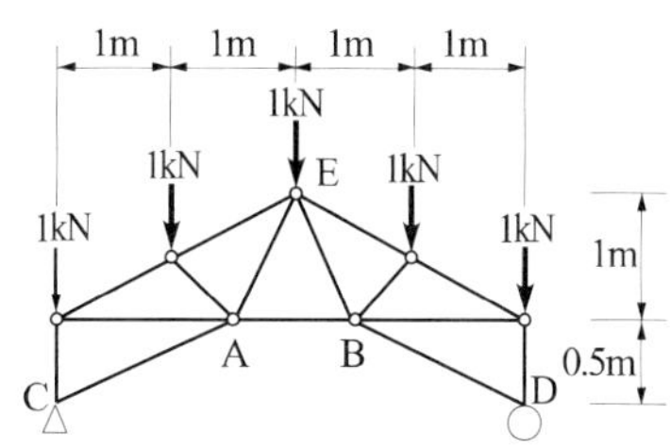

㉮ 2 kN (인장력) ㉯ -2 kN (압축력)
㉰ 5 kN (인장력) ㉱ -5 kN (압축력)

(1) 반력 산정

$R_C = R_E = \frac{1}{2} \times (1+1+1+1+1) = 2.5\text{ kN}$ (↑)

(2) 부재력 산정

절단법(단면법)을 이용하여 다음과 같이 산정한다.

$\Sigma M = 0$ (+; ⌒) :

$\Sigma M_E = 2.5 \times 2 - 1 \times 2 - 1 \times 1 - T_1 \times 1 = 0$

$\therefore\ T_1 = 2\text{ kN}$ (인장력)

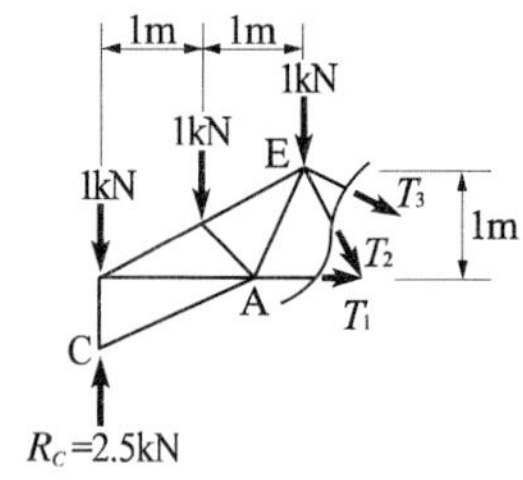

답 ㉮

156. **그림과 같은 트러스에서 힌지지점인 지점 A의 반력(수평반력과 수직반력의 합력)의 크기는?**

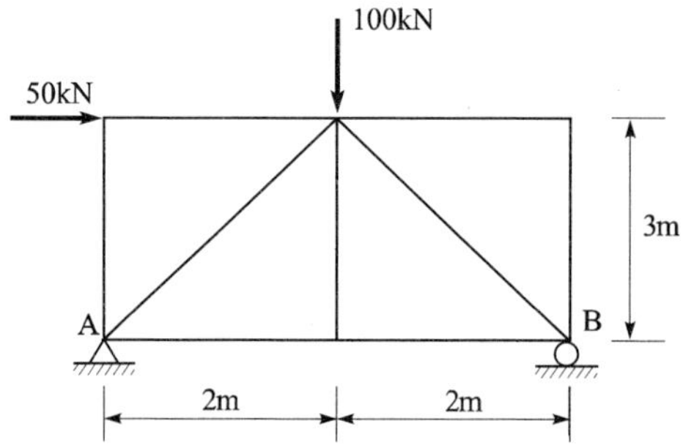

㉮ 32.8 kN ㉯ 48.4 kN ㉰ 51.5 kN ㉱ 62.1 kN

---

(1) 반력 산정

① $\Sigma M = 0$ (+; ⌒) : $\Sigma M_B = R_A \times 4 + 50 \times 3 - 100 \times 2 = 0$ $\therefore\ R_A = 12.5\text{ kN}$ (↑)

② $\Sigma X = 0$ (+;→) : $\Sigma X = 50 - H_A = 0$ $\therefore\ H_A = 50\text{ kN}$ (←)

(2) 지점 A의 수평반력과 수직반력의 합력의 크기

$R = \sqrt{P_1^2 + P_2^2 + 2P_1P_2\cos\alpha} = \sqrt{12.5^2 + 50^2 + 2 \times 12.5 \times 50 \times \cos 90°} = 51.5\text{ kN}$

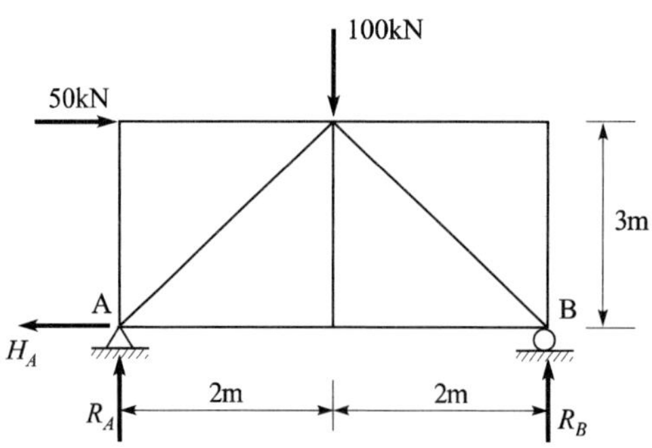

답 ㉰

157. 그림과 같은 트러스 부재의 보에 집중하중 P를 가하였을 때 각 부재에 생기는 부재력에 관한 기술 중 틀린 것은?

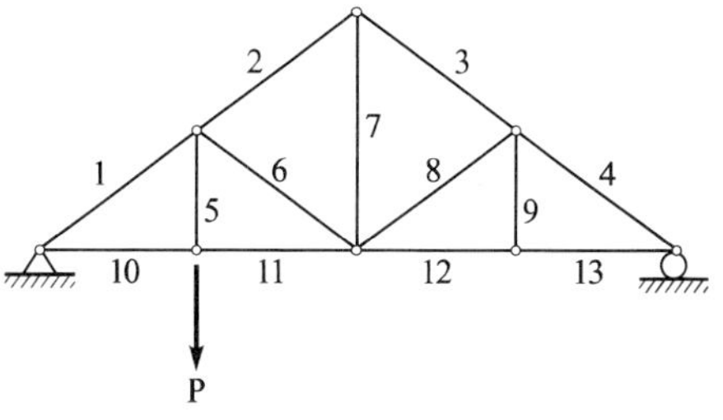

㉮ 부재 1, 2, 3, 4는 모두 압축부재이다.

㉯ 부재 7은 인장부재이다.

㉰ 부재 10, 11, 12, 13은 모두 인장부재이다.

㉱ 부재 8은 인장부재이고 9는 압축부재이다.

트러스 부재에서 부재 9는 부재력이 영(0)이고 또한 부재 8도 부재력이 영(0)이다.

답 ㉱

158. 트러스의 각 부재의 부재력 중 틀린 것은?

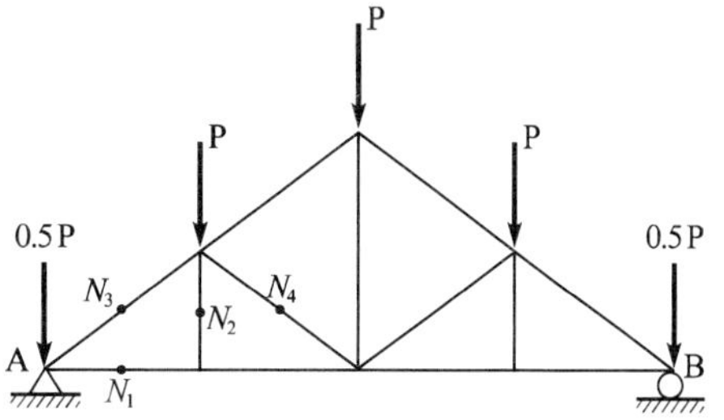

㉮ N_1 : 인장　　㉯ N_2 : 0

㉰ N_3 : 압축　　㉱ N_4 : 인장

N_4는 압축부재이다.

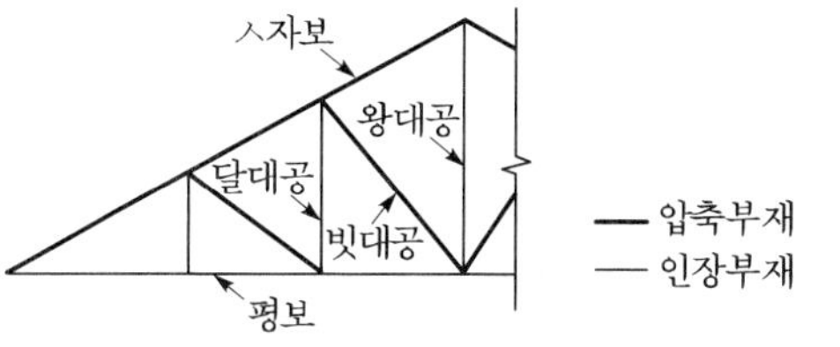

답 ㉱

159. 그림과 같은 트러스에 대한 설명 중 옳지 않은 것은?

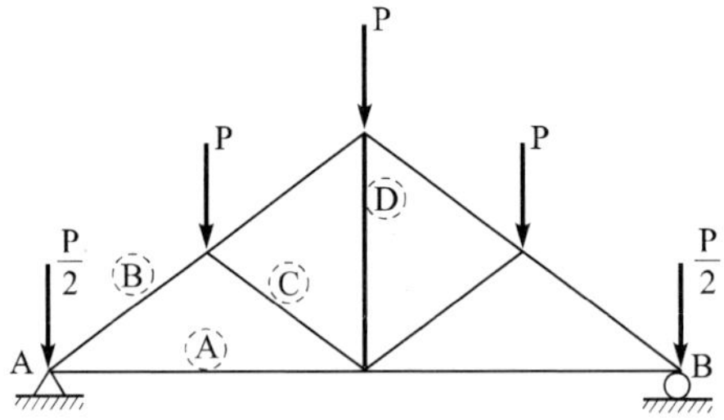

㉮ 부재 A는 인장부재이다. ㉯ 부재 B는 압축부재이다.
㉰ 부재 C는 인장부재이다. ㉱ 부재 D는 영부재이다.

부재 C는 압축부재이다. 답 ㉰

160. 그림의 트러스에 관한 설명 중 옳지 않은 것은?

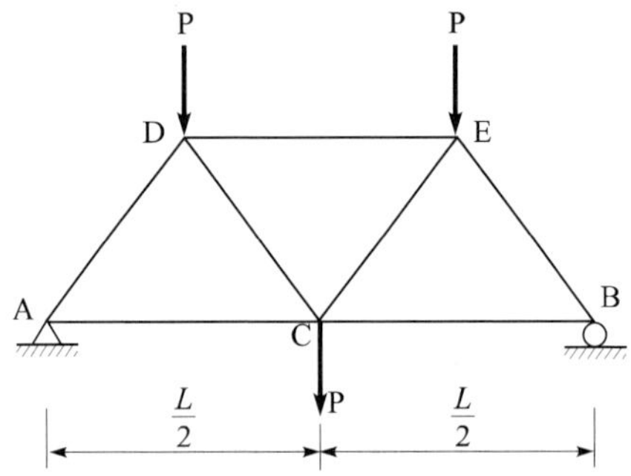

㉮ 부재 AD는 압축부재이다. ㉯ 부재 AC는 인장부재이다.
㉰ 부재 DE는 인장부재이다. ㉱ 부재 CD는 인장부재이다.

부재 CD는 압축부재이다. 답 ㉱

161. **다음 트러스 중에서 접합부가 반드시 모멘트접합이 되어야 하는 것으로 가장 적당한 것은?**

㉮ 하우(Howe) 트러스 ㉯ 비렌딜(Vierendeel) 트러스
㉰ 핑크(Fink) 트러스 ㉱ 와렌(Warren) 트러스

비렌딜 트러스는 기본 형태를 대각선부재 없이 사각형으로 구성한 트러스로서 일반 트러스보다 강성이 현저히 떨어지므로 접합부는 반드시 모멘트접합(강접합)을 하여야 한다.

답 ㉯

162. **그림과 같이 집중하중을 받는 단순보형 반원아치에 발생하는 최대 휨모멘트는 얼마인가?**

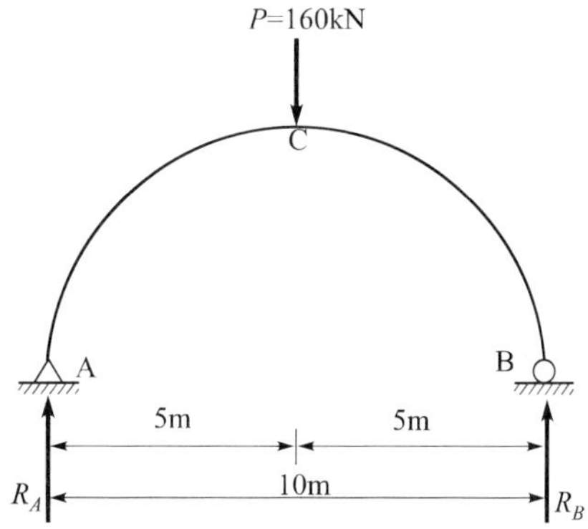

㉮ 100 kN·m ㉯ 200 kN·m
㉰ 300 kN·m ㉱ 400 kN·m

---

(1) 반력 산정

① $\Sigma M=0\ (+;\frown):\ \Sigma M_B=R_A\times 10-160\times 5=0$ $\therefore\ R_A=80\ \text{kN}\ (\uparrow)$

② $\Sigma Y=0\ (+;\uparrow):\ \Sigma Y=R_A-160+R_B=80-160+R_B=0$ $\therefore\ R_B=80\ \text{kN}\ (\uparrow)$

③ $\Sigma X=0\ (+;\rightarrow):\ \Sigma X=H_A=0$ $\therefore\ H_A=0\ \text{kN}\ (\rightarrow)$

(2) 최대 휨모멘트

$M_{\max}=M_C=R_A\times 5=80\times 5=400\ \text{kN}\cdot\text{m}$ 답 ㉱

163. 그림의 포물선 아치에서 중앙점(C)의 휨모멘트(M_C) 값으로 옳은 것은?

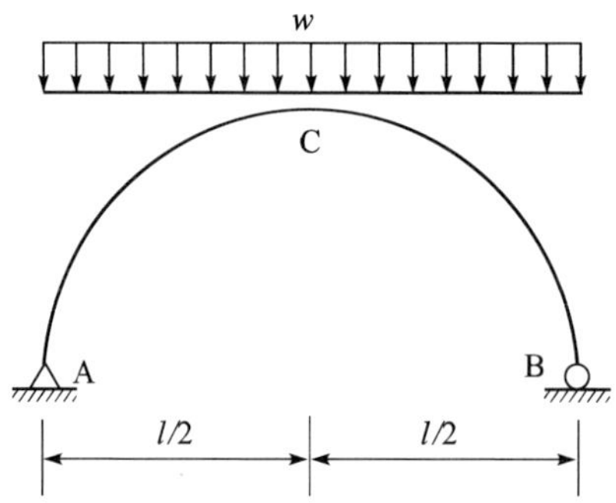

㉮ $\dfrac{wl^2}{16}$　　㉯ $\dfrac{wl^2}{8}$　　㉰ $\dfrac{wl^2}{4}$　　㉱ 0

---

(1) 반력 산정

① $\Sigma M=0\,(+;\frown)$: $\Sigma M_B = R_A \times l-(w\times l)\times\left(\dfrac{l}{2}\right)=0$　　$\therefore R_A=\dfrac{wl}{2}\,(\uparrow)$

② $\Sigma Y=0\,(+;\uparrow)$: $\Sigma Y=R_A-w\times l+R_B=0$　　$\therefore R_B=\dfrac{wl}{2}\,(\uparrow)$

③ $\Sigma X=0\,(+;\rightarrow)$: $\Sigma X=H_A=0$　　$\therefore H_A=0\,(\rightarrow)$

(2) 최대 휨모멘트

$$M_{\max}=M_C=R_A\times\left(\frac{l}{2}\right)-\left(w\times\frac{l}{2}\right)\times\left(\frac{l}{4}\right)=\left(\frac{wl}{2}\right)\times\left(\frac{l}{2}\right)-\frac{wl^2}{8}=\frac{wl^2}{8}$$

답 ㉯

164. 그림과 같은 캔틸레버형 반원아치에서 전단력 값이 최소인 곳은?

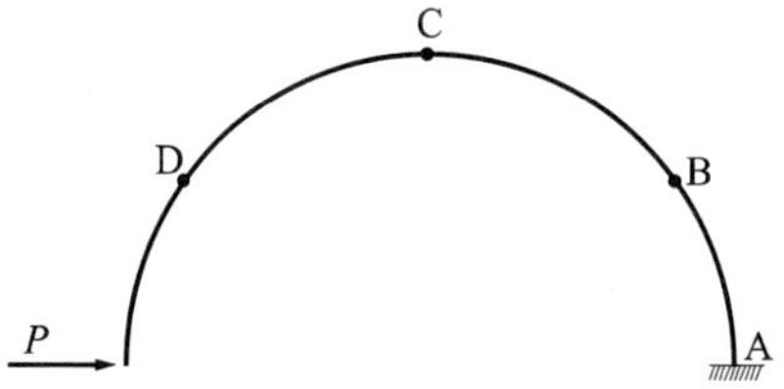

㉮ 점 A　　㉯ 점 B　　㉰ 점 C　　㉱ 점 D

점 C는 축방향력과 휨모멘트만 존재하며 전단력은 영(0)이다. 점 C에서 아치의 접선과 하중 P 의 방향이 평행이 되어 전단력 성분이 없게 된다.　답 ㉰

165. 캔틸레버형 $\frac{1}{4}$ 원아치의 지점 B에 발생하는 반력은?

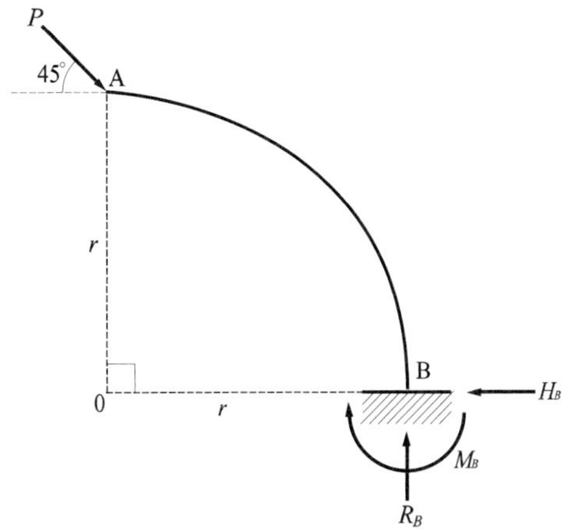

㉮ $R_B = \frac{P}{\sqrt{2}},\ H_B = \frac{P}{\sqrt{2}},\ M_B = P \cdot r$

㉯ $R_B = \frac{P}{\sqrt{2}},\ H_B = \frac{P}{\sqrt{2}},\ M_B = 0$

㉰ $R_B = \frac{\sqrt{3}}{2}P,\ H_B = \frac{\sqrt{3}}{2}P,\ M_B = P \cdot r$

㉱ $R_B = \frac{\sqrt{3}}{2}P,\ H_B = \frac{\sqrt{3}}{2}P,\ M_B = 0$

↳ 반력 산정 (힘의 평형방정식으로부터 반력 산정)

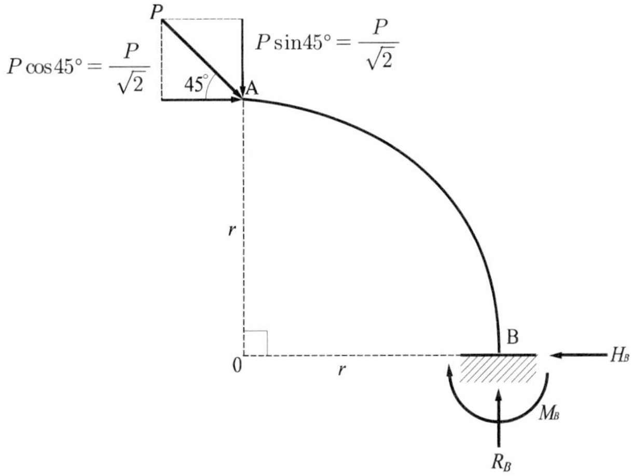

① $\Sigma M=0$ (+; ⌒) : $\Sigma M_B = P\times 0 + M_B = 0$ $\therefore M_B = 0$

② $\Sigma Y=0$ (+; ↑) : $\Sigma Y = -\dfrac{P}{\sqrt{2}} + R_B = 0$ $\therefore R_B = \dfrac{P}{\sqrt{2}}$ (↑)

③ $\Sigma X=0$ (+; →) : $\Sigma X = \dfrac{P}{\sqrt{2}} - H_B = 0$ $\therefore H_B = \dfrac{P}{\sqrt{2}}$ (←)   답 ㉯

166. 다음 그림과 같은 3힌지형 반원아치의 정점에 40 kN의 집중하중이 작용했을 때 지점 A의 수평반력은?

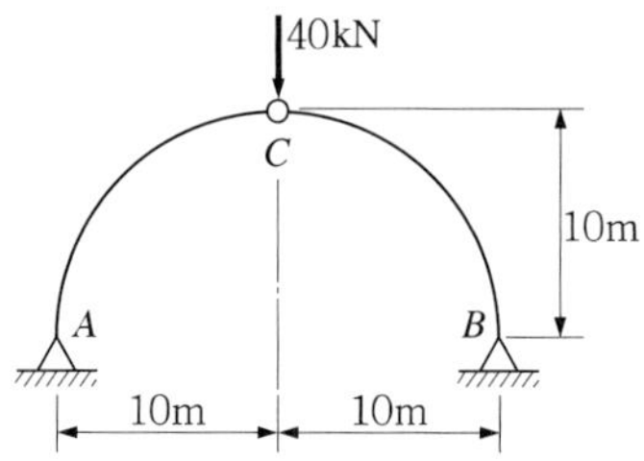

㉮ 20 kN (→)　　㉯ 30 kN (←)

㉰ 40 kN (→)　　㉱ 50 kN (←)

반력 산정 (힘의 평형방정식으로부터 반력 산정)

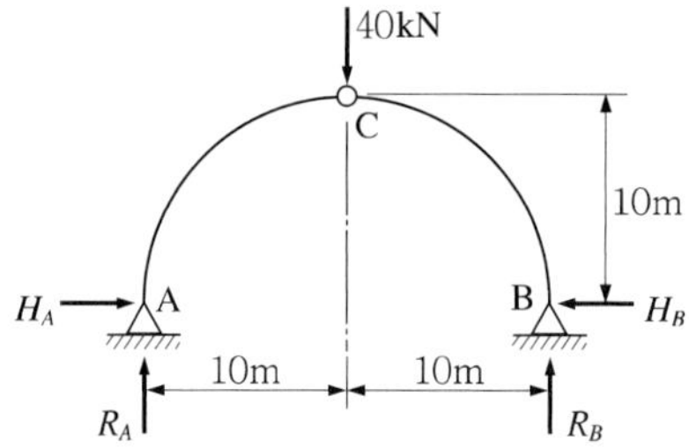

① $\Sigma X = H_A - H_B = 0$

② $\Sigma Y = R_A - 40 + R_B = 0$

③ $\Sigma M_{C(CA)} = R_A \times 10 - H_A \times 10 = 0$

④ $\Sigma M_{C(CB)} = -R_B \times 10 + H_B \times 10 = 0$

위의 연립방정식을 풀면 $R_A = H_A = R_B = H_B = 20$ kN 이다.

따라서 지점 A의 수평반력 $H_A = 20$ kN 이다.   답 ㉮

167. 그림과 같은 반원아치 구조물에서 지점 A의 수평반력은?

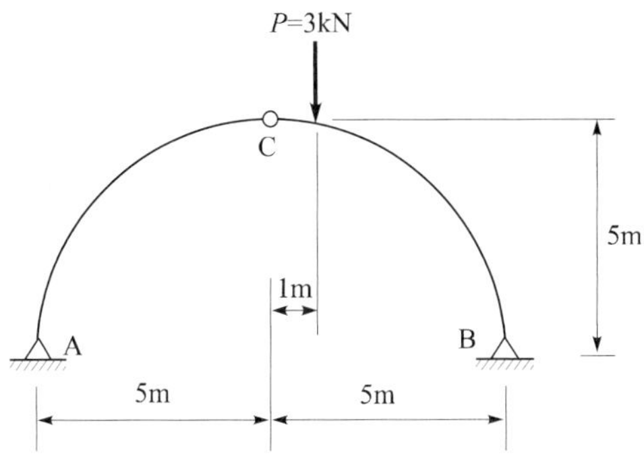

㉮ 1.2 kN ㉯ 1.5 kN ㉰ 1.8 kN ㉱ 2.0 kN

---

(1) 반력 산정 (힘의 평형방정식으로부터 반력 산정)

① $\Sigma X = H_A - H_B = 0$

② $\Sigma Y = R_A - 3 + R_B = 0$

③ $\Sigma M_{C(CA)} = R_A \times 5 - H_A \times 5 = 0$

④ $\Sigma M_{C(CB)} = 3 \times 1 + H_B \times 5 - R_B \times 5 = 0$

위의 연립방정식을 풀면

$H_A = 1.2$ kN (→), $R_A = 1.2$ kN (↑),

$H_B = 1.2$ kN (←), $R_B = 1.8$ kN (↑)이다.

(2) 지점 A의 수평반력

$H_A = 1.2$ kN (→)

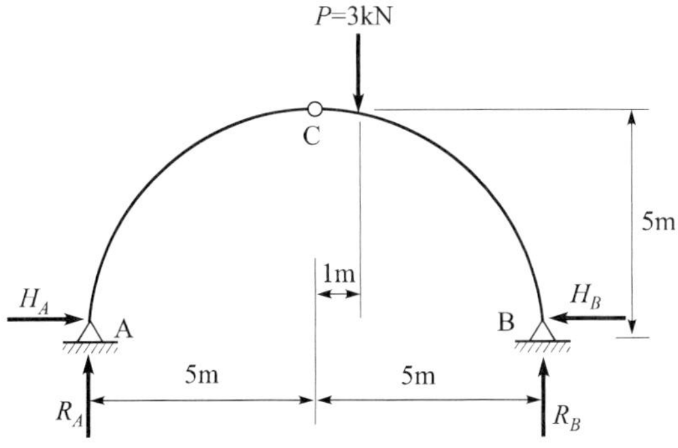

답 ㉮

168. 등분포하중을 받는 그림과 같은 3회전단형 아치에서 절점 C의 전단력을 구하면?

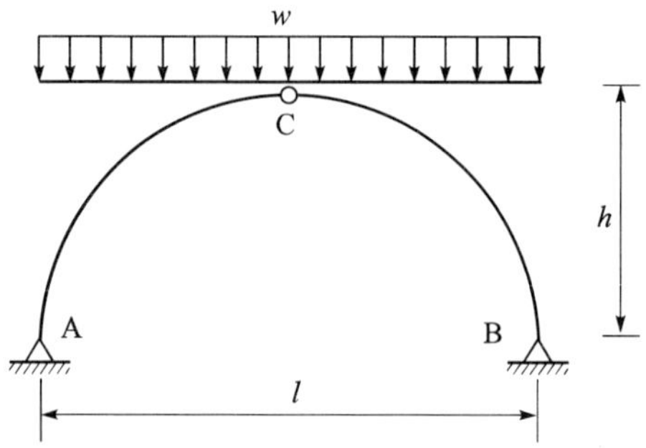

㉮ 0　　㉯ $\frac{wl}{2}$　　㉰ $\frac{wl}{4}$　　㉱ $\frac{wl}{8}$

---

(1) 반력 산정

좌우 대칭의 대칭고 등분포하중이 아치의 전체에 걸쳐 작용함으로 각 지점의 수직반력은 $R_A = R_B = \frac{wl}{2}$ 이다.

(2) 절점 C의 전단력

$V_A = R_A - \frac{wl}{2} = \frac{wl}{2} - \frac{wl}{2} = 0$

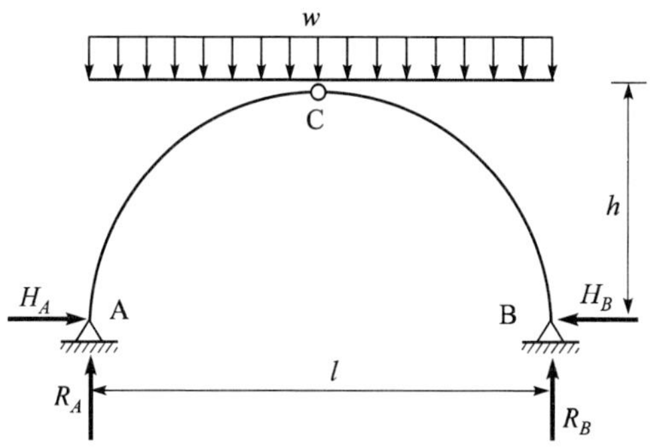

답 ㉮

169. **3회전단형 아치가 포물선형인 그림과 같이 등분포하중이 가해졌을 경우 단면상에 나타나는 부재력의 종류는?**

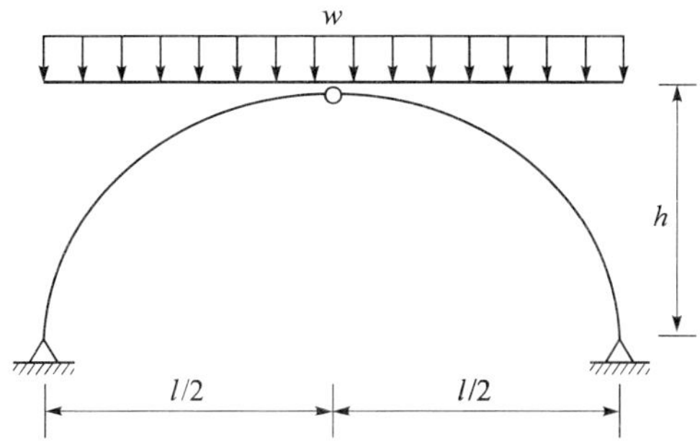

㉮ 전단력, 휨모멘트
㉯ 축방향력, 전단력, 휨모멘트
㉰ 축방향력, 전단력
㉱ 축방향력

3회전단형 아치가 포물선형이고 등분포하중이 작용할 경우, 단면력으로는 전단력과 휨모멘트는 발생하지 않고 축방향력만 발생한다. 만약 3회전단형 아치가 반원형이면 축방향력, 전단력, 휨모멘트가 모두 발생한다.

답 ㉱

170. **그림과 같은 3회전단형 아치가 포물선형이고 등분포하중을 받을 때 아치 부재의 단면력에 관한 설명으로 옳은 것은?**

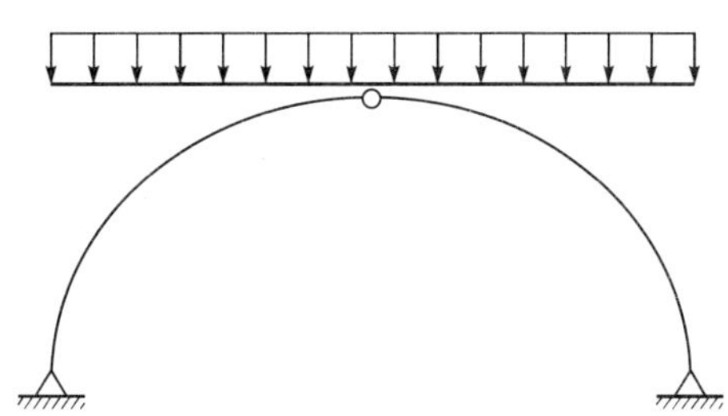

㉮ 축방향력만 존재한다.
㉯ 축방향력과 휨모멘트가 존재한다.
㉰ 전단력과 축방향력이 존재한다.
㉱ 축방향력, 전단력, 휨모멘트가 모두 존재한다.

3회전단형 아치가 포물선형이고 등분포하중이 작용할 경우, 단면력으로는 전단력과 휨모멘트는 발생하지 않고 축방향력만 발생한다. 만약 3회전단형 아치가 반원형이면 축방향력, 전단력, 휨모멘트가 모두 발생한다.

답 ㉮

171. 다음과 같은 3회전단형 반원아치의 전단력도(SFD)로 알맞은 것은? (단, 전단력도의 +, - 도시위치는 무관)

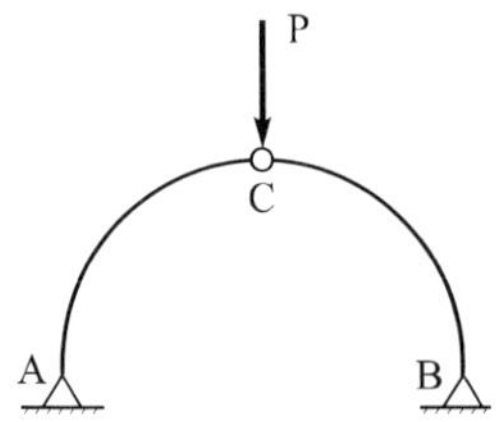

㉮

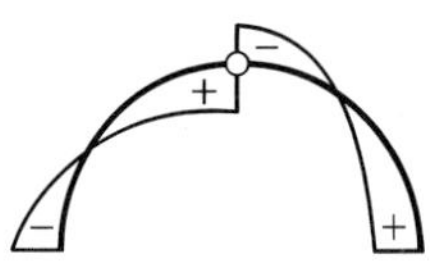

㉯

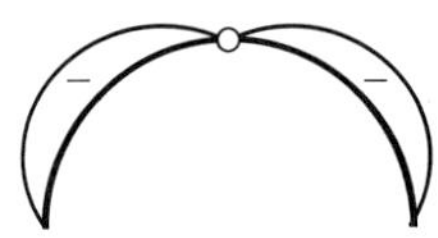

㉰

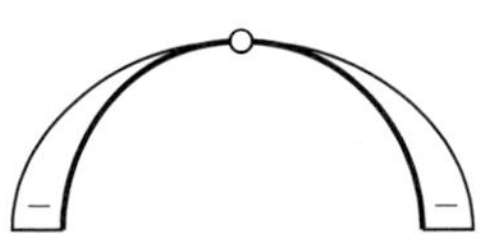

㉱

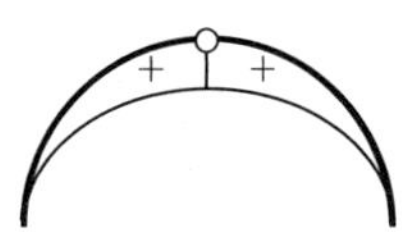

↳ 전단력도(SFD)

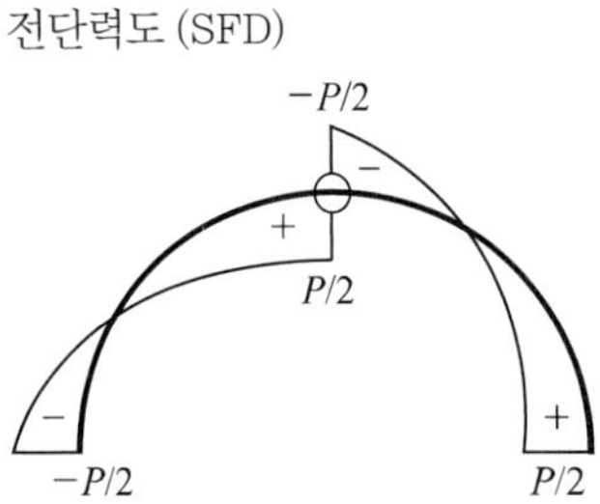

답 ㉮

172. **다음 보에서 점 B으로부터 2개의 하중이 지나갈 때 절대 최대 휨모멘트가 발생하는 거리 x를 구하면?**

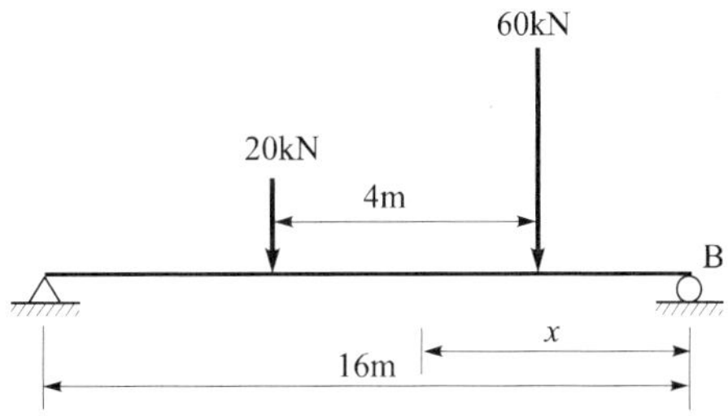

㉮ 6.5 m ㉯ 7.5 m

㉰ 8.5 m ㉱ 9.5 m

---

(1) 이동하중의 합력 크기와 작용점

① 합력의 크기 : $R = 20 + 60 = 80$ kN

② 합력의 작용점 : 바리뇽의 정리를 이용하여 하중 60 kN을 기준으로 합력 R까지의 거리 x m를 구하면 다음과 같다.

$80x = 20 \times 4$

$\therefore\ x = 1$ m

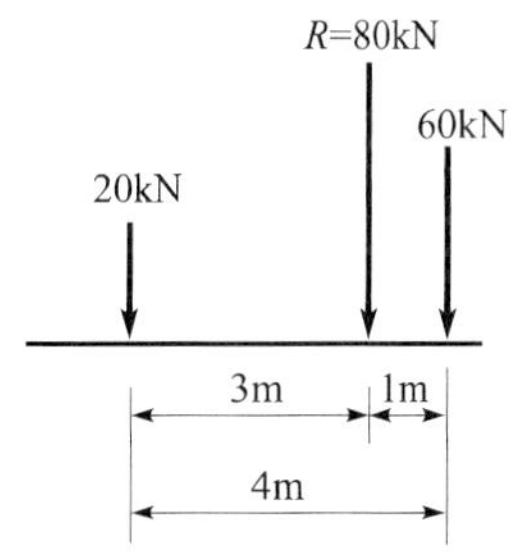

(2) 단순보에서 절대 최대 휨모멘트가 발생될 경우, 합력에 대한 반력 산정

① 합력 $R = 80$ kN의 작용점과 인접한 하중은 20 kN과 60 kN이며, 60 kN의 경우 합력과 가장 가깝고 20 kN보다 크므로 합력(R)의 작용점과 60 kN과의 사이가 보의 지간 중앙에 의해서 2등분 될 때, 60 kN의 작용점에서 절대 최대 휨모멘트가 발생된다.

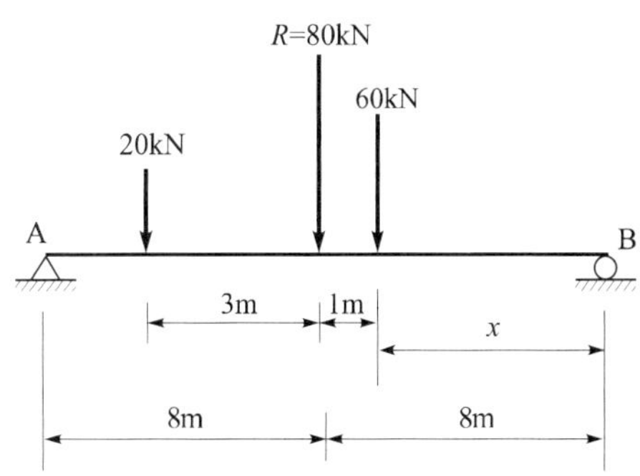

② 따라서 절대 최대 휨모멘트가 발생하는 거리 x는 7.5 m이다.

답 ㉯

173. 그림과 같은 이동하중이 스팬 10 m의 단순보 위를 지날 때 절대 최대 휨모멘트를 구하면?

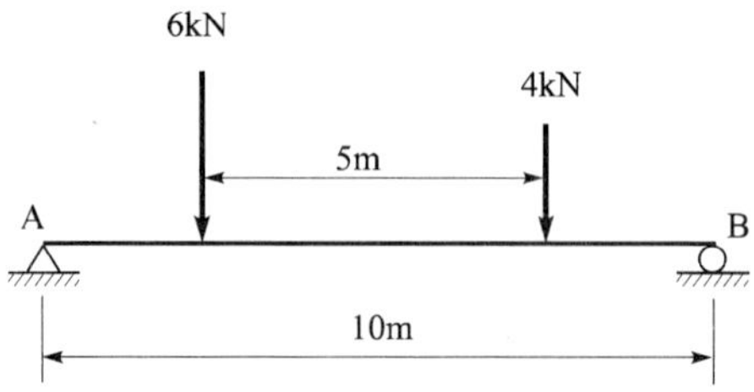

㉮ 16 kN·m　　㉯ 18 kN·m　　㉰ 25 kN·m　　㉱ 30 kN·m

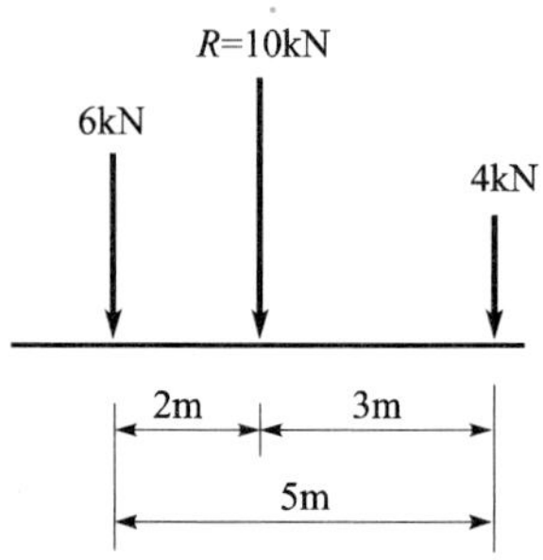

(1) 이동하중의 합력 크기와 작용점

① 합력의 크기 : $R=6+4=10$ kN

② 합력의 작용점 : 바리뇽의 정리를 이용하여 하중 4 kN을 기준으로 합력 R까지의 거리 x m를 구하면 다음과 같다.

$10x=6\times5$

$\therefore\ x=3$ m

(2) 단순보에서 절대 최대 휨모멘트가 발생될 경우, 합력에 대한 반력 산정

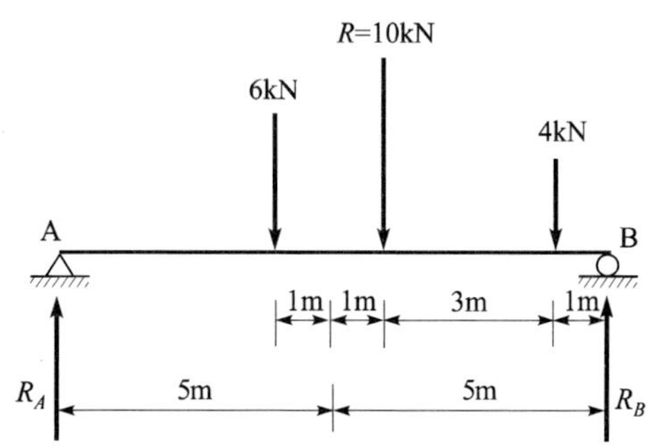

① 합력 $R=10$ kN의 작용점과 인접한 하중은 6 kN과 4 kN이며, 6 kN의 경우 합력과 가장 가깝고 4 kN보다 크므로 합력(R)의 작용점과 6 kN과의 사이가 보의 지간 중앙에 의해서 2등분 될 때, 6 kN의 작용점에서 절대 최대 휨모멘트가 발생된다.

② 절대 최대 휨모멘트가 발생될 경우, 합력 R의 작용점과 6 kN와의 사이의 거리 2 m가 보의 지간 중앙에 의해 2등분 되며, 이 때 지점 A의 반력 R_A를 산정하면 다음과 같다.

$\Sigma M=0(+;\curvearrowright)$: $\Sigma M_B=R_A\times10-6\times6-4\times1=0$ $\quad\therefore R_A=4$ kN (↑)

(3) 절대 최대 휨모멘트

6 kN의 작용점에서 절대 최대 휨모멘트가 발생된다.

$M_{AB,\max}=R_A\times4=4\times4=16$ kN · m　　답 ㉮

02 심화문제

1. 다음 단순보에 하중이 작용할 경우, 반력을 구하고 단면력도를 그리시오.

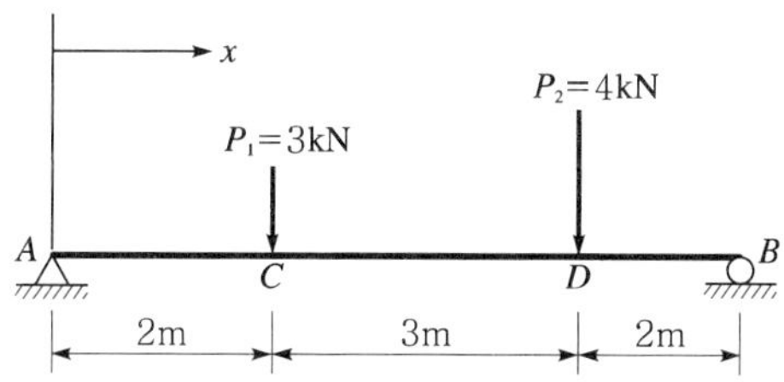

(a)

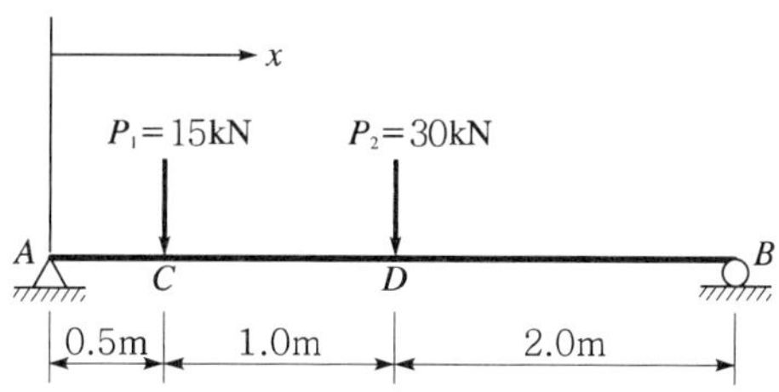

(b)

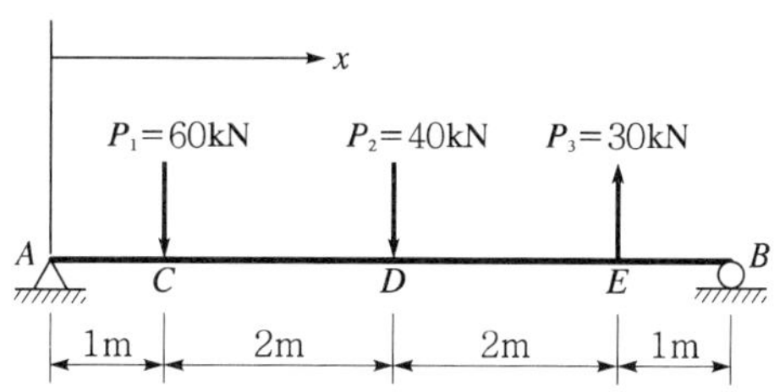

(c)

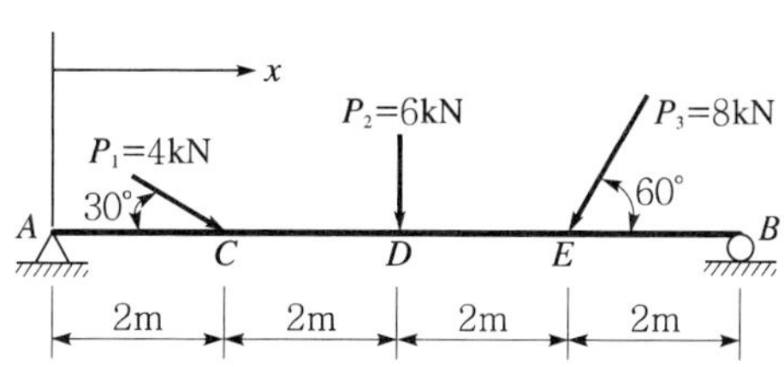

(d)

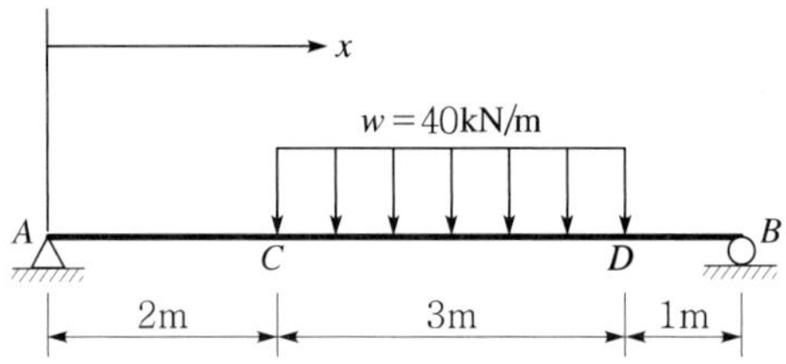
x
w=40kN/m
A
B
C
D
2m
3m
1m

(e)

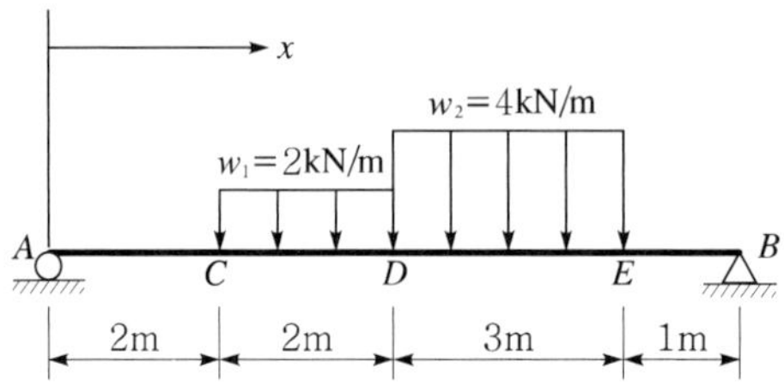
x
w₂=4kN/m
w₁=2kN/m
A
B
C
D
E
2m
2m
3m
1m

(f)

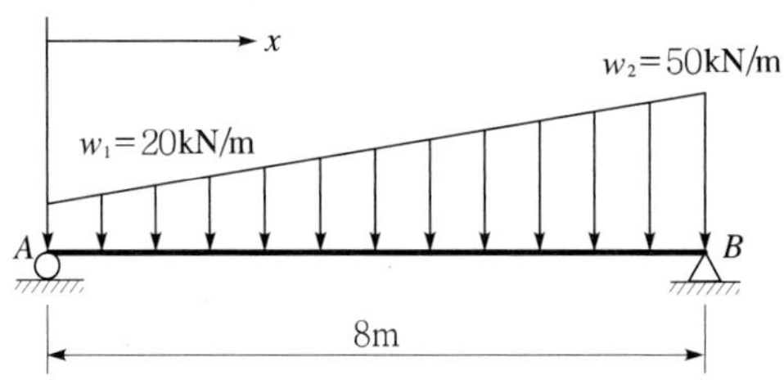
x
w₂=50kN/m
w₁=20kN/m
A
B
8m

(g)

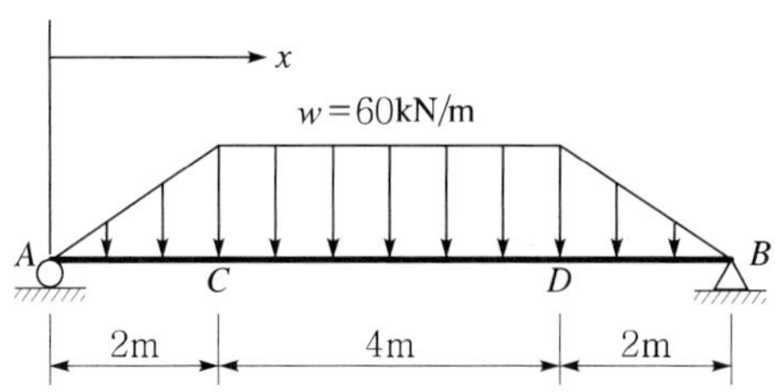
x
w=60kN/m
A
B
C
D
2m
4m
2m

(h)

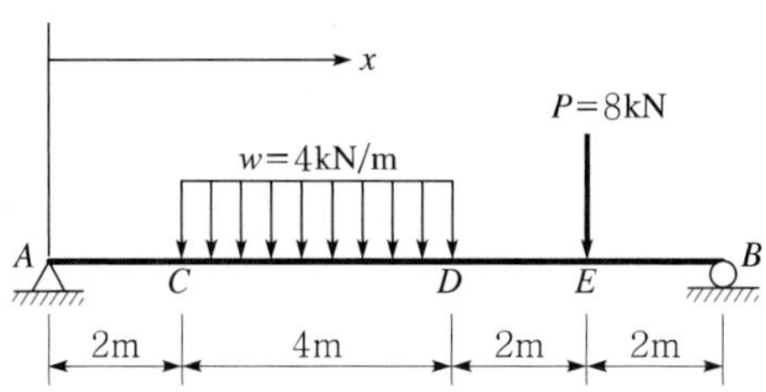
x
P=8kN
w=4kN/m
A
B
C
D
E
2m
4m
2m
2m

(i)

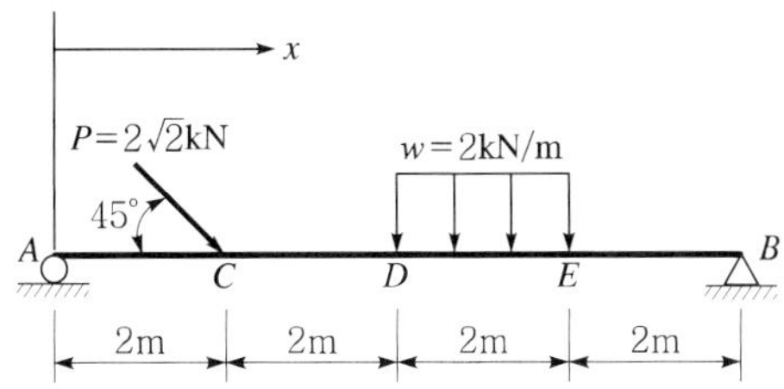
x
P=2√2kN
w=2kN/m
45°
A
C
D
E
B
2m
2m
2m
2m

(j)

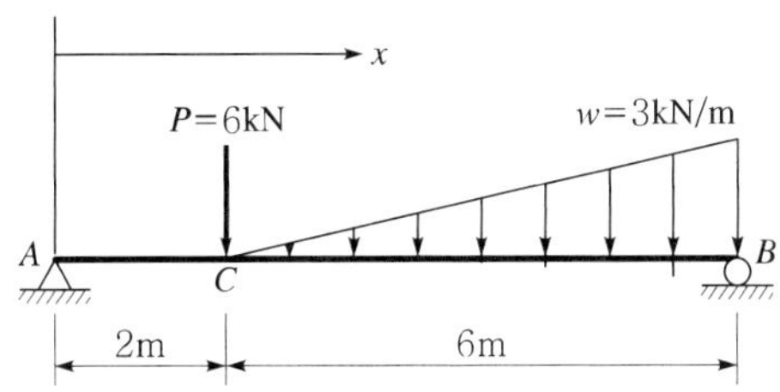
x
P=6kN
w=3kN/m
A
C
B
2m
6m

(k)

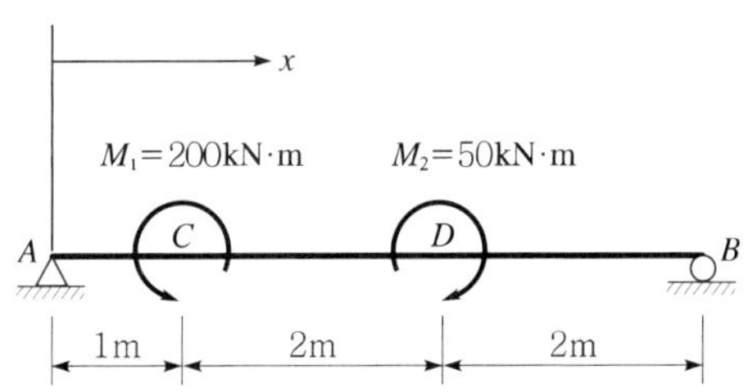
x
M₁=200kN·m
M₂=50kN·m
A
C
D
B
1m
2m
2m

(l)

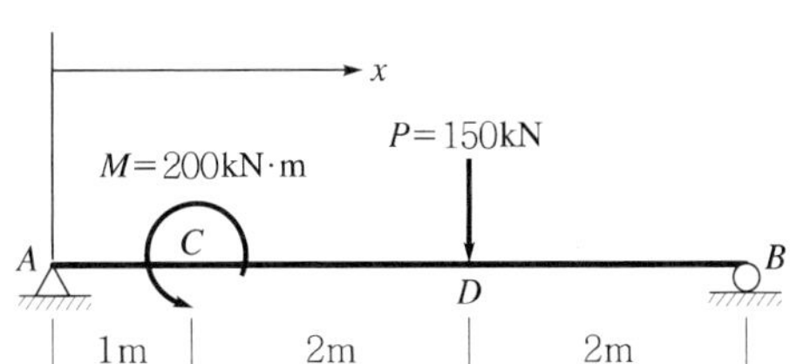
x
P=150kN
M=200kN·m
A
C
D
B
1m
2m
2m

(m)

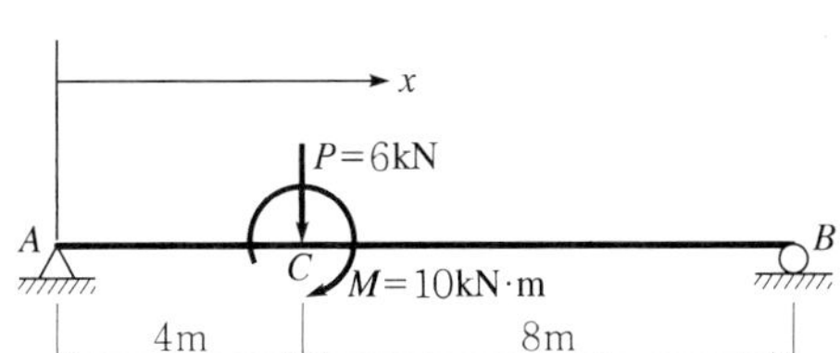
x
P=6kN
A
C
M=10kN·m
B
4m
8m

(n)

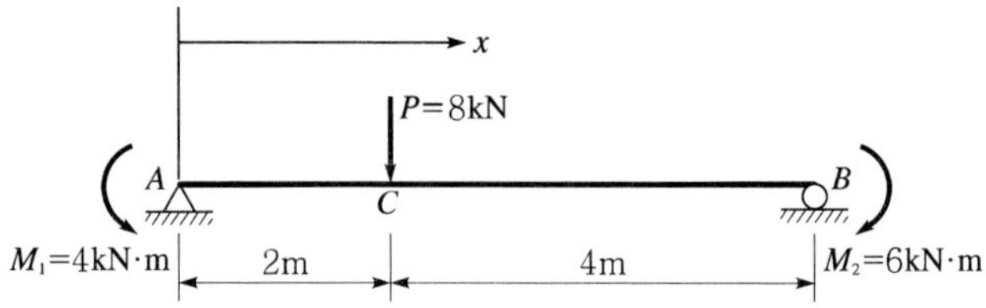

(o)

2. 다음 캔틸레버보에 하중이 작용할 경우, 반력을 구하고 단면력도를 그리시오.

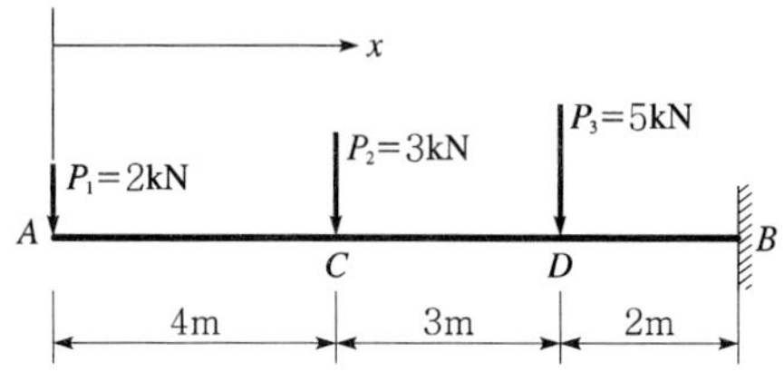

(a)

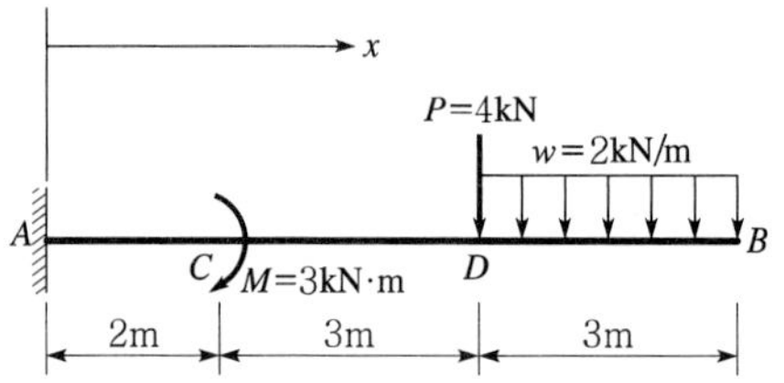

(b)

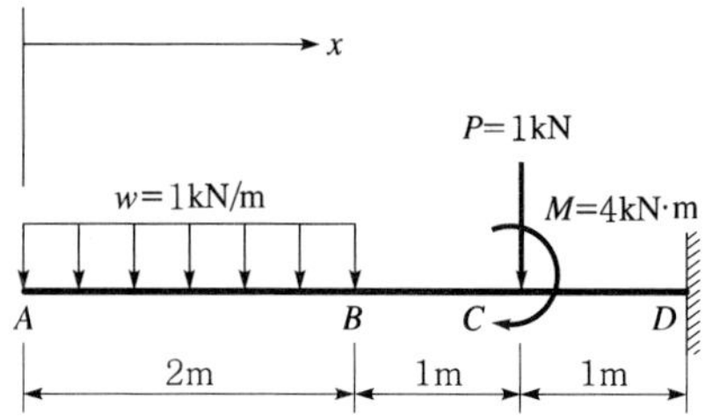

(c)

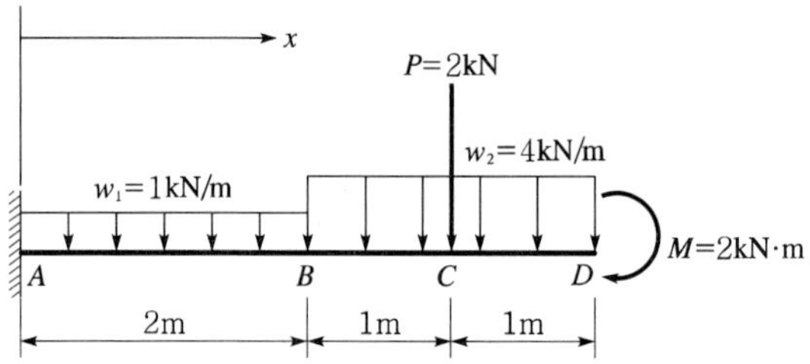

(d)

3. 다음 내민보에 하중이 작용할 경우, 반력을 구하고 단면력도를 그리시오.

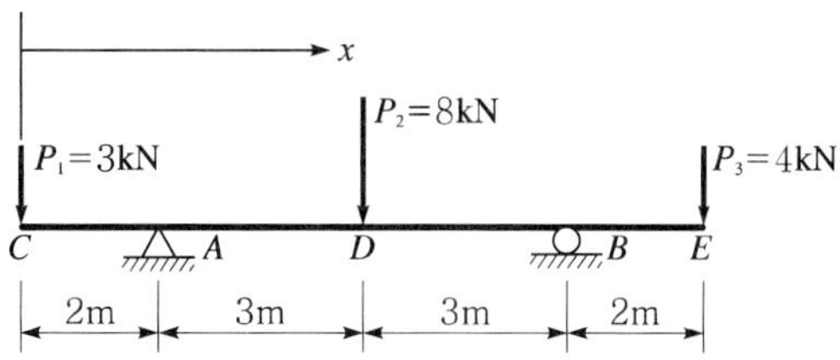

(a)

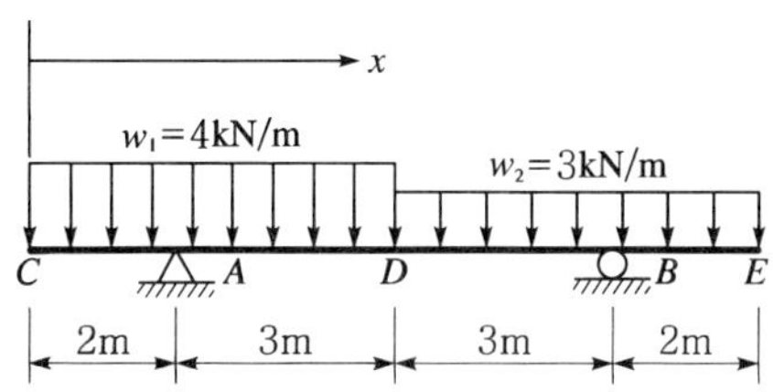

(b)

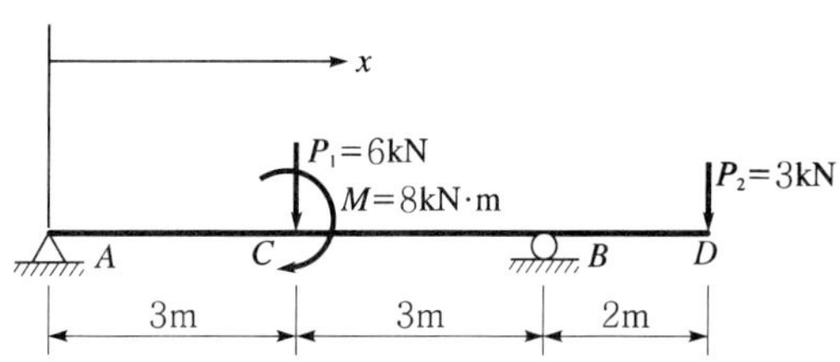

(c)

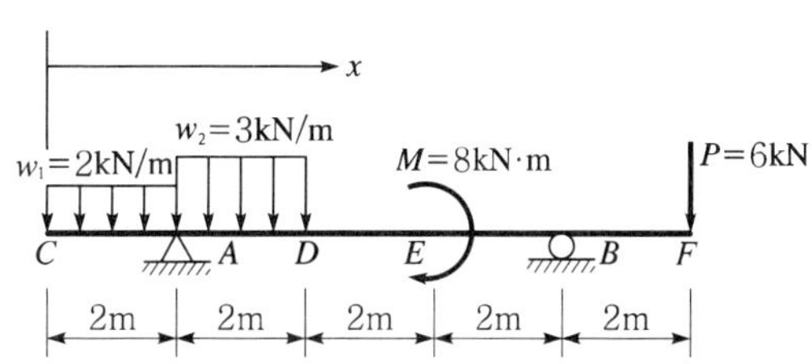

(d)

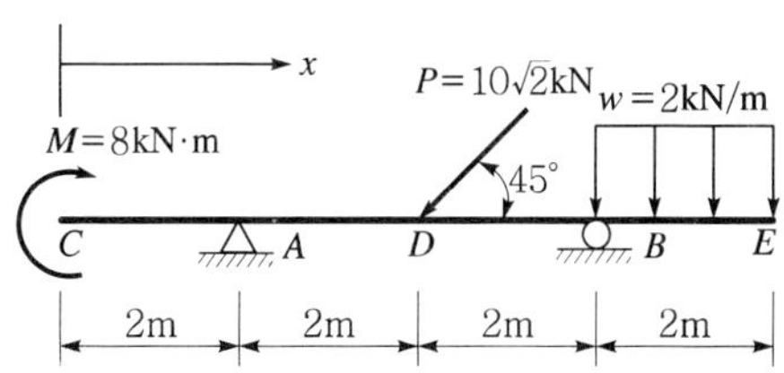

(e)

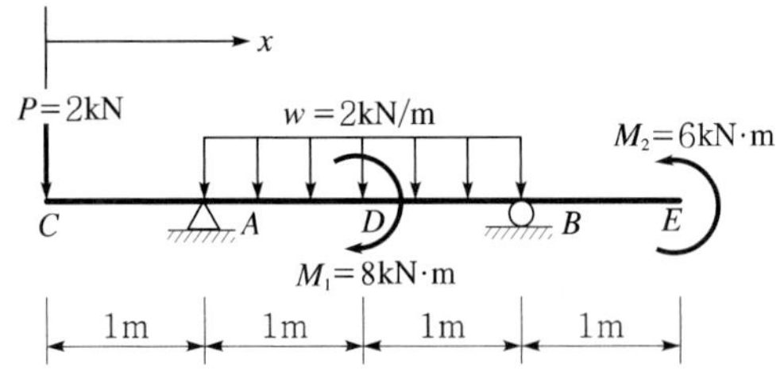

(f)

4. 다음 겔버보에 하중이 작용할 경우, 반력을 구하고 단면력도를 그리시오.

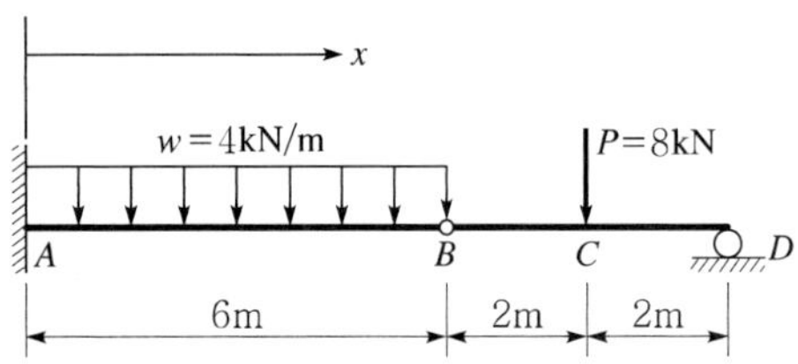

(a)

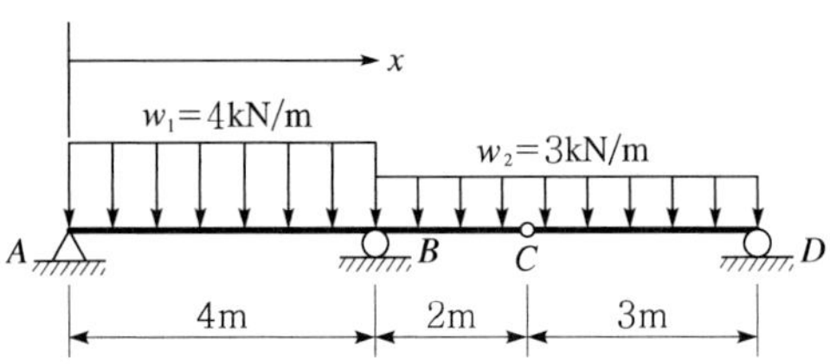

(b)

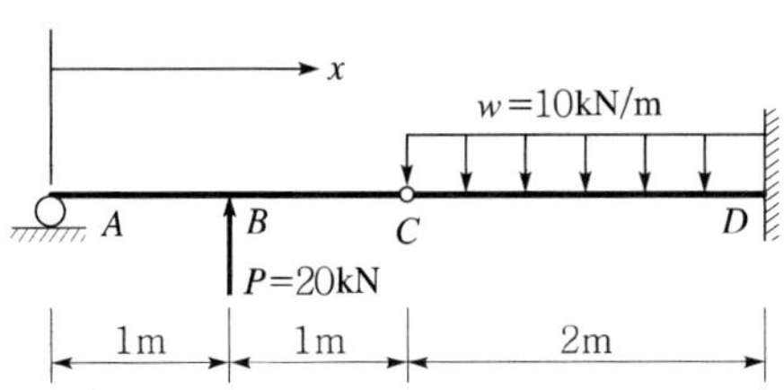

(c)

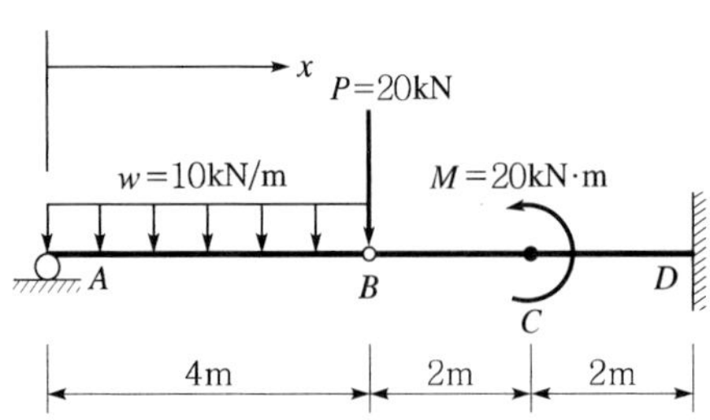

(d)

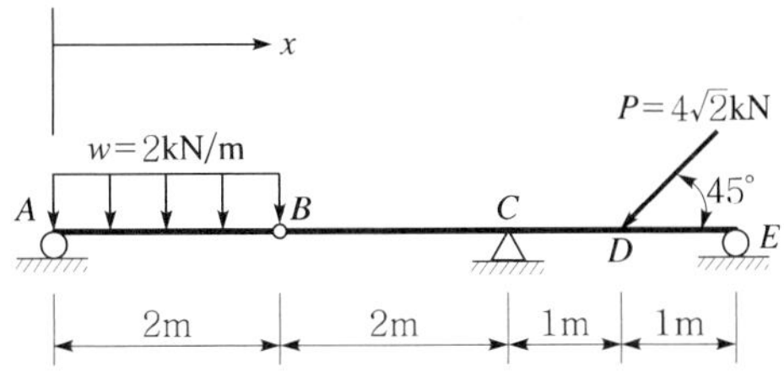

(e)

5. 다음 그림과 같은 간접하중을 받는 단순보 AB의 반력을 구하고 단면력도를 그리시오.

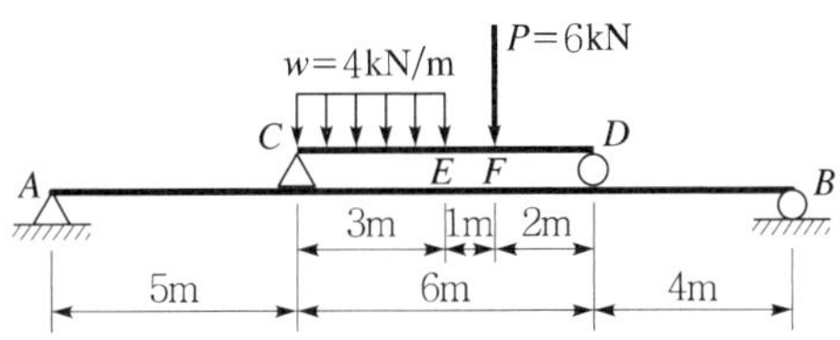

6. 그림과 같은 단순보의 반력을 영향선을 이용하여 구하시오.

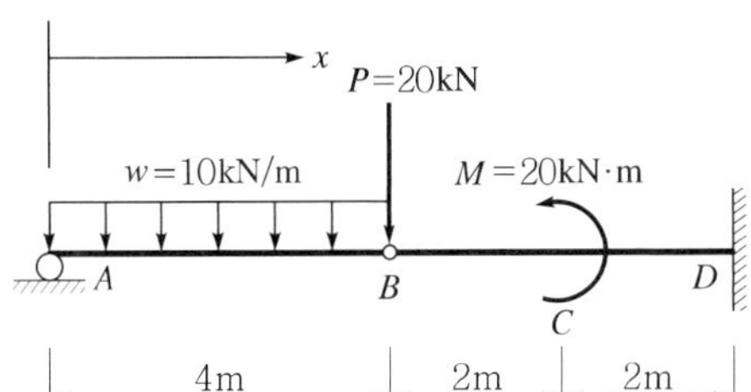

(d)

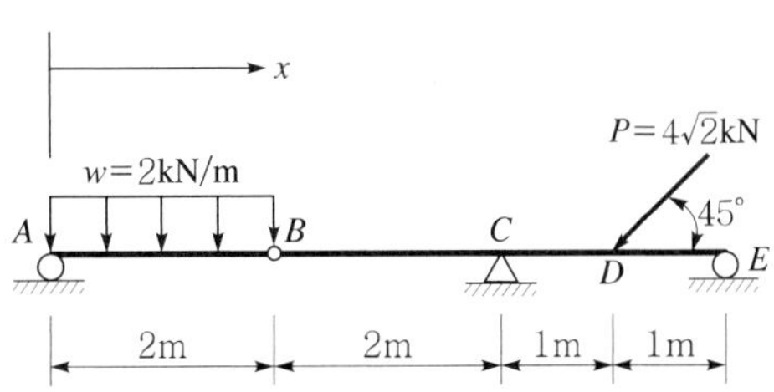

(e)

7. 그림과 같은 단순보의 점 E의 전단력 V_E와 휨모멘트 M_E를 영향선을 이용하여 구하시오.

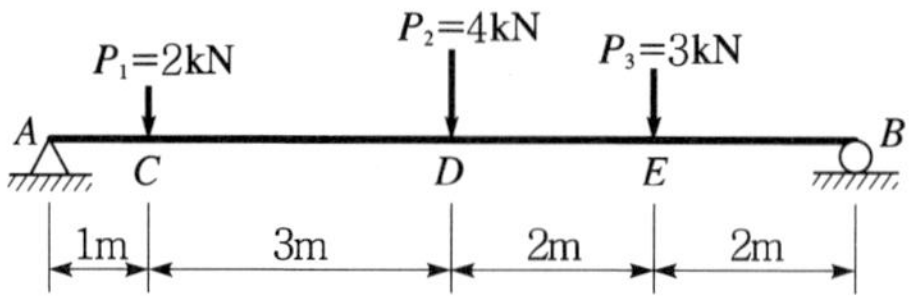

(a)

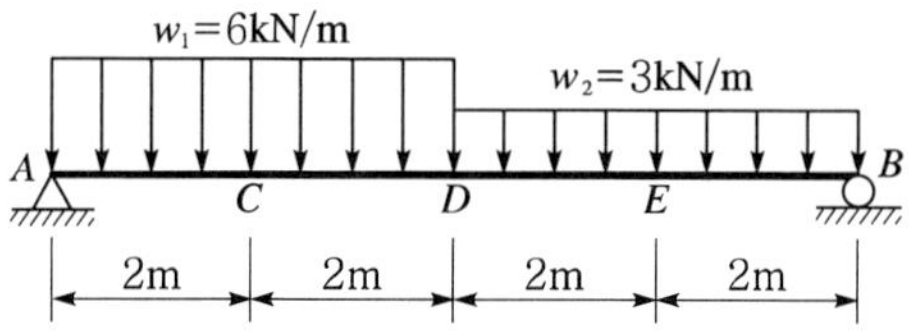

(b)

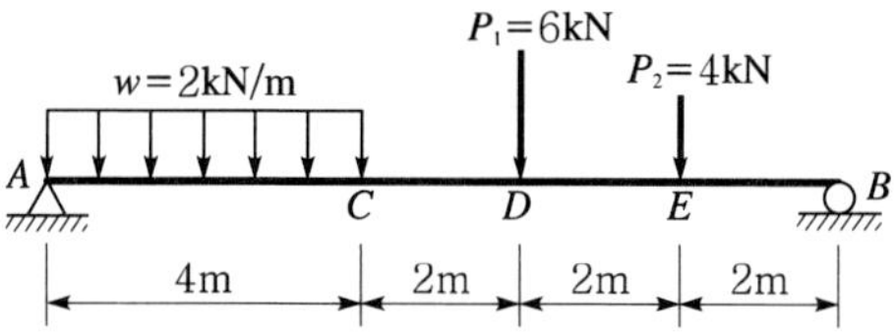

(c)

8. 그림과 같이 이동하중이 작용할 때, 지점 A의 최대 반력을 구하시오.

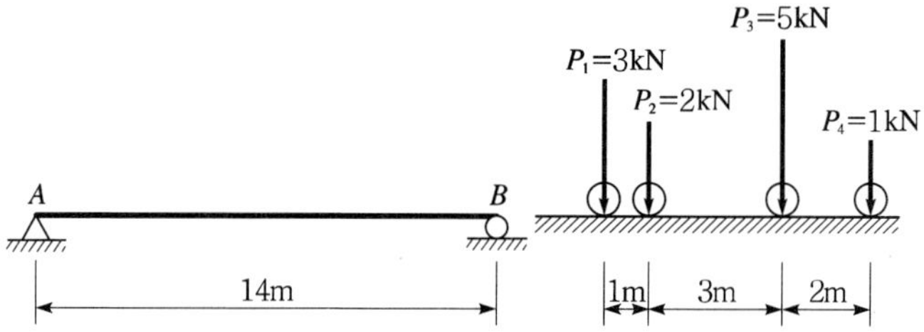

9. 그림과 이동하중이 작용할 때, 단면 C의 최대 전단력과 최대 휨모멘트를 구하시오.

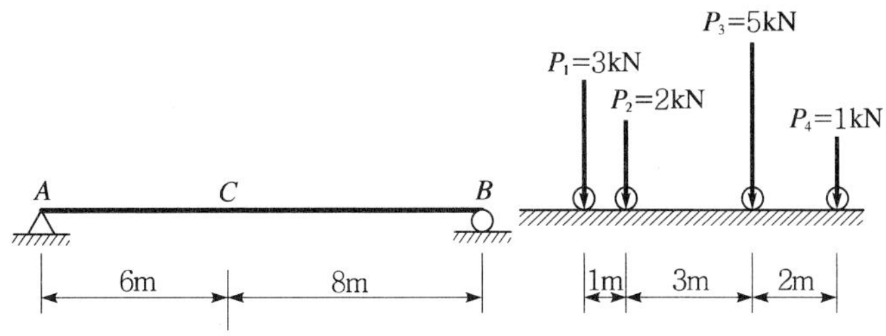

(a)

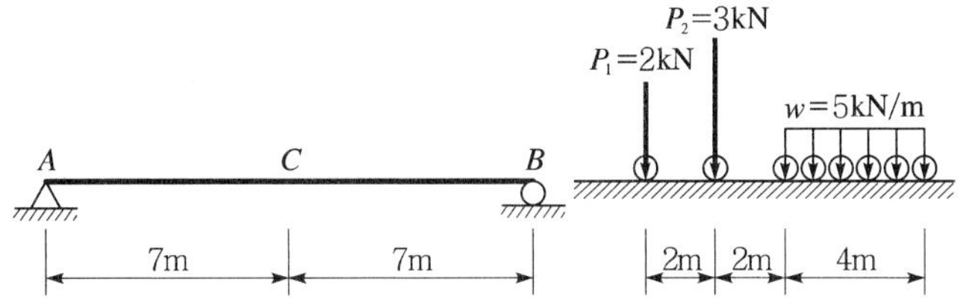

(b)

10. 그림과 같이 이동하중이 작용할 때, 단순보에서 발생되는 절대 최대 전단력과 절대 최대 휨모멘트를 구하시오.

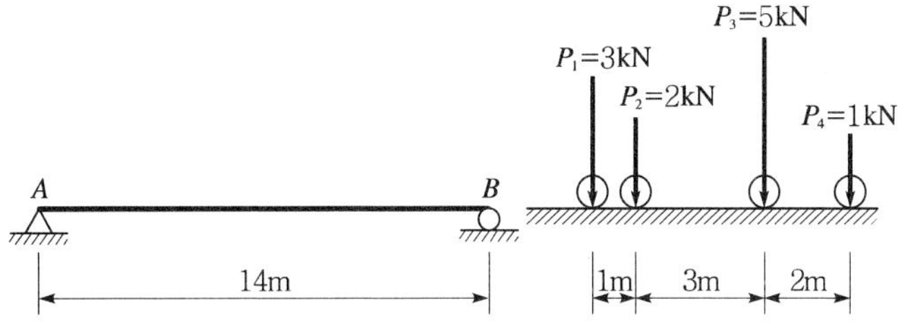

(a)

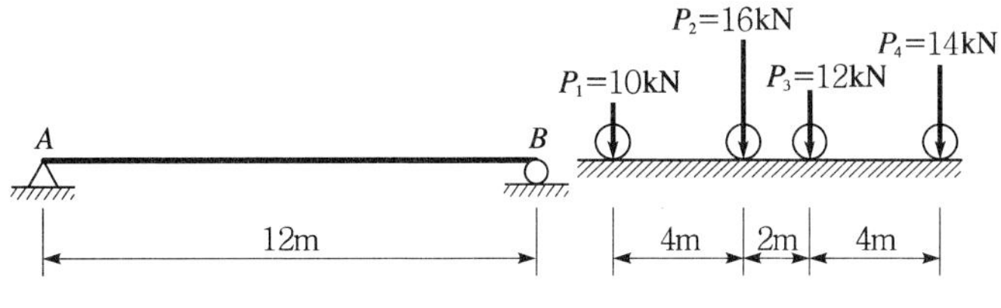

(b)

11. 다음 단순보형 라멘에 하중이 작용할 경우, 반력을 구하고 단면력도를 그리시오.

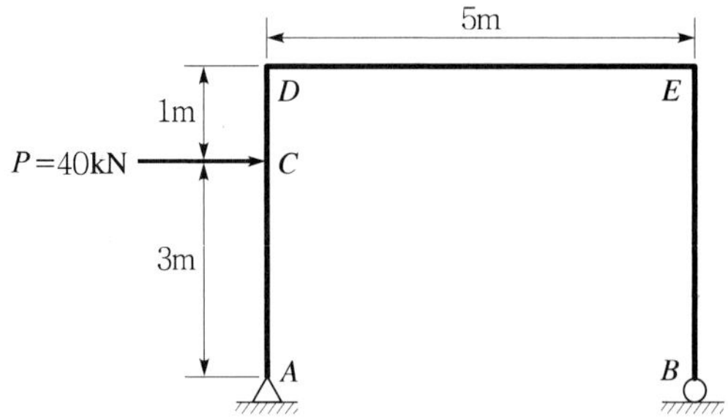

(a)

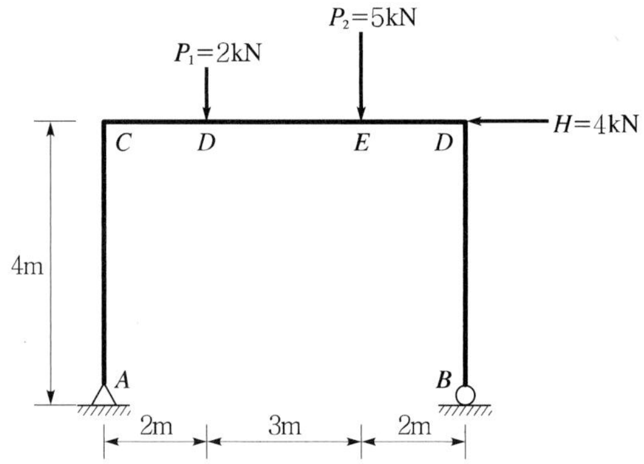

(b)

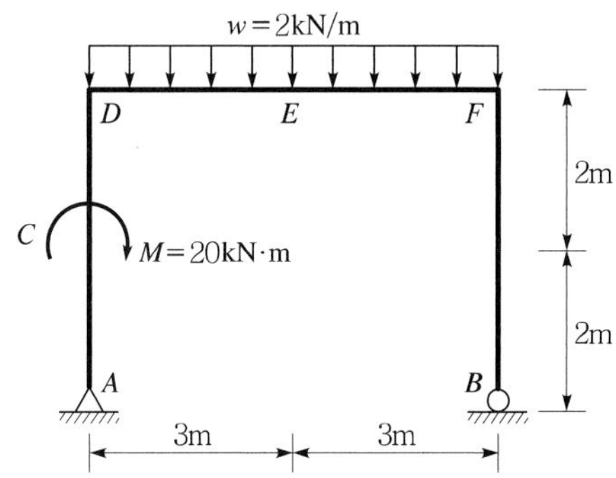

(c)

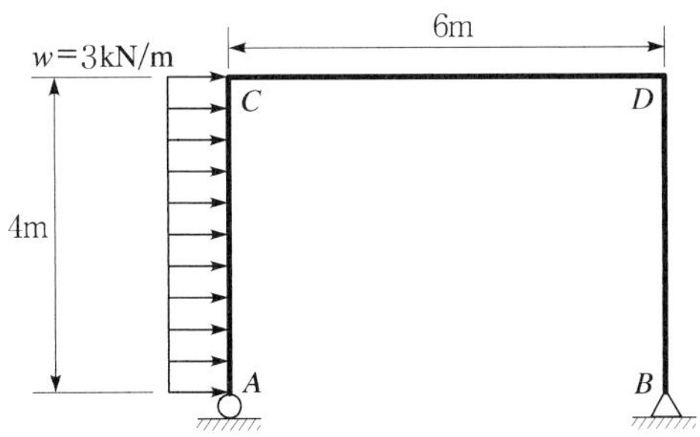

w=3kN/m
6m
C
D
4m
A
B

(d)

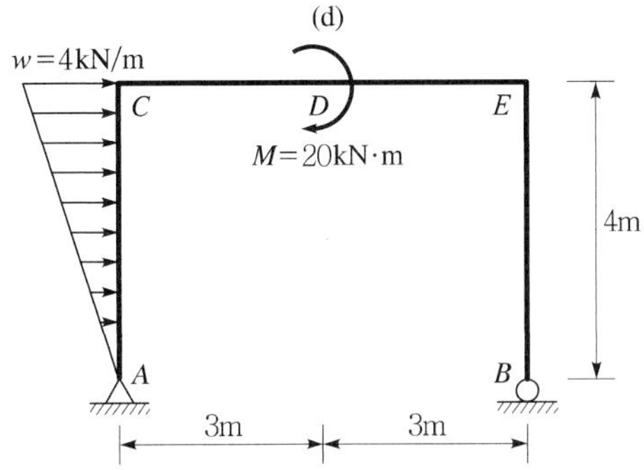

w=4kN/m
C
D
E
M=20kN·m
4m
A
B
3m
3m

(e)

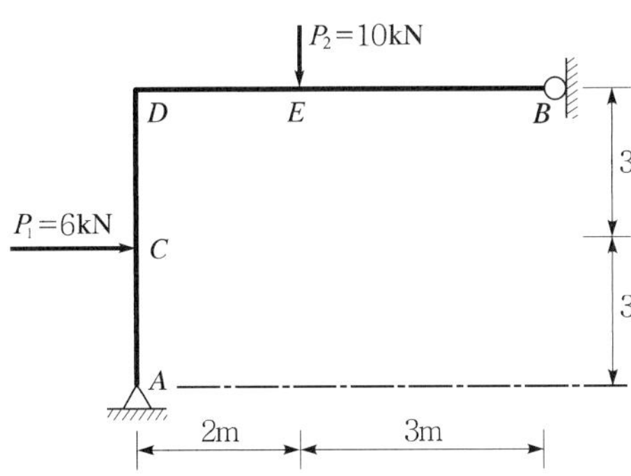

P₂=10kN
D
E
B
3m
P₁=6kN
C
3m
A
2m
3m

(f)

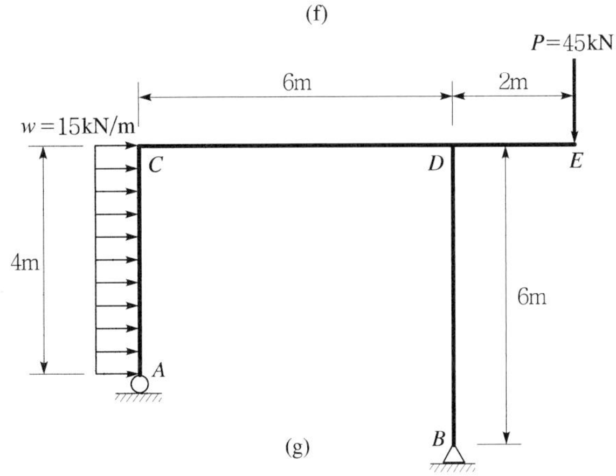

P=45kN
6m
2m
w=15kN/m
C
D
E
4m
6m
A
B

(g)

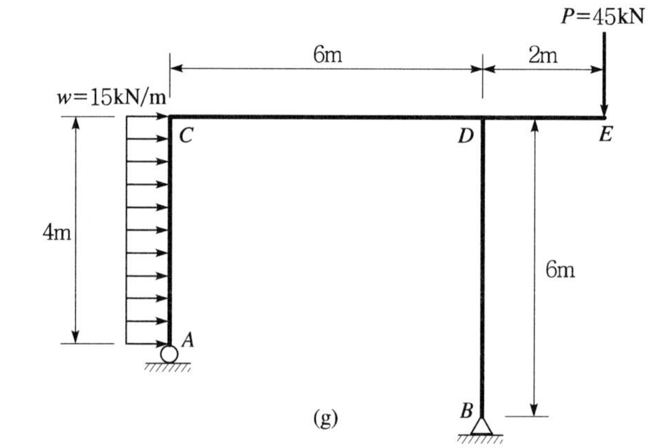
P=45kN
6m
2m
w=15kN/m
C
D
E
4m
6m
A
B
(g)

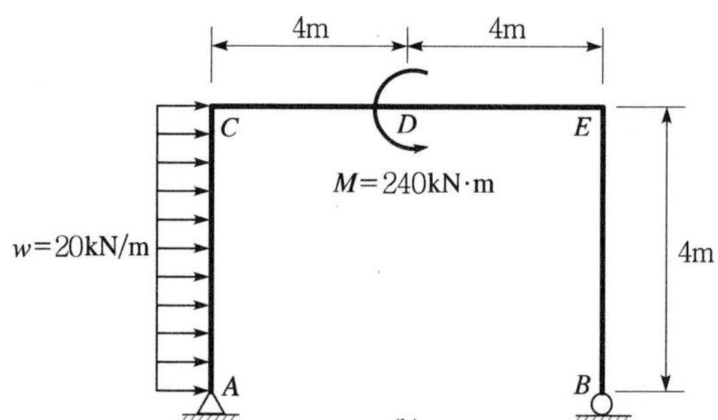
4m
4m
C
D
E
M=240kN·m
w=20kN/m
4m
A
B
(h)

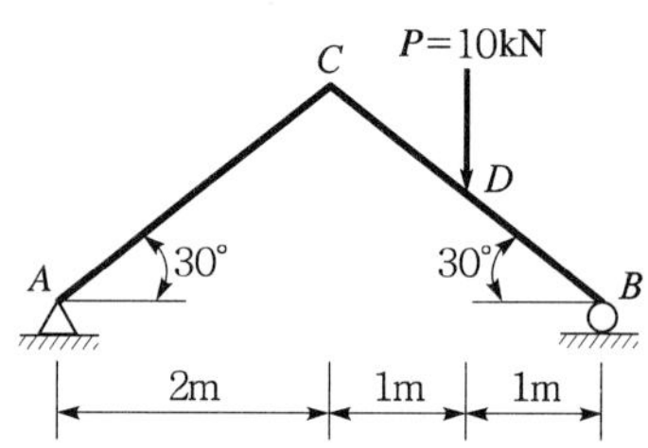
C
P=10kN
D
A
30°
30°
B
2m
1m
1m
(i)

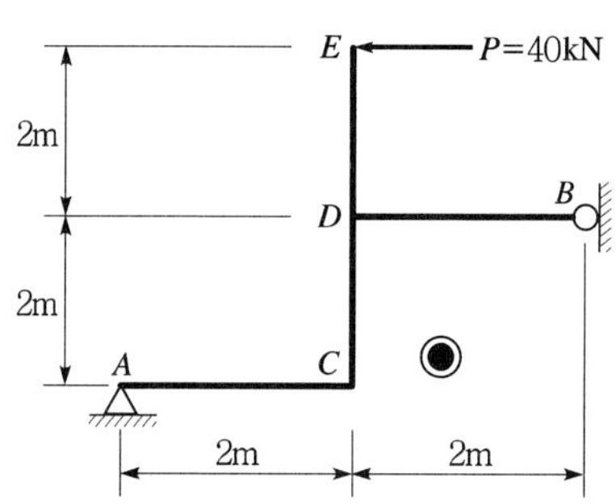
E
P=40kN
2m
D
B
2m
A
C
2m
2m
(j)

12. 다음 캔틸레버형 라멘에 하중이 작용할 경우, 반력을 구하고 단면력도를 그리시오.

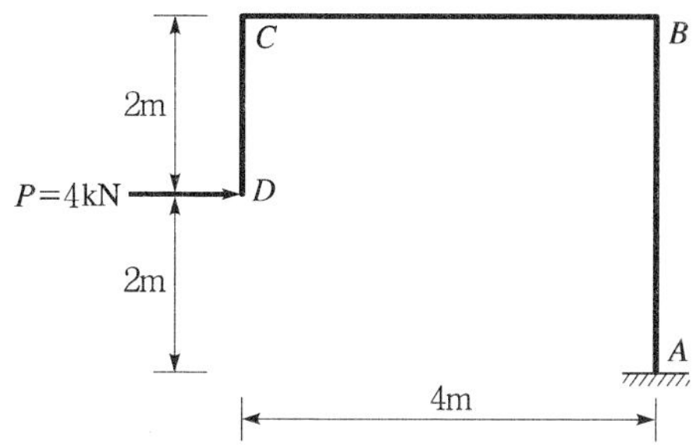

(a)

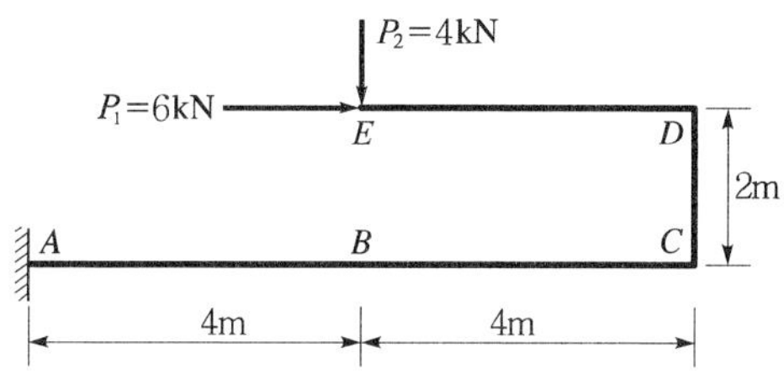

(b)

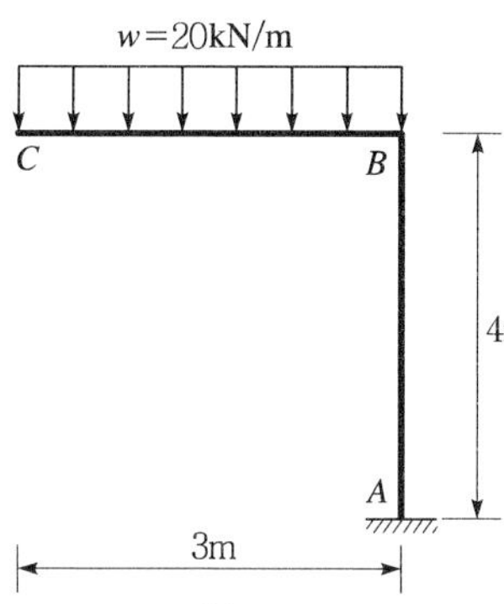

(c)

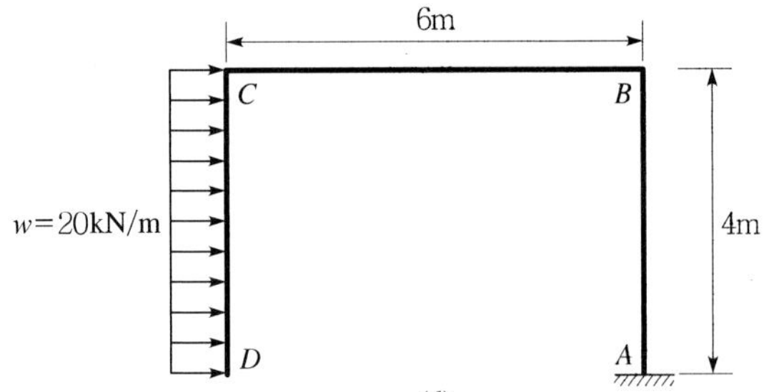
6m
C
B
w=20kN/m
4m
D
A

(d)

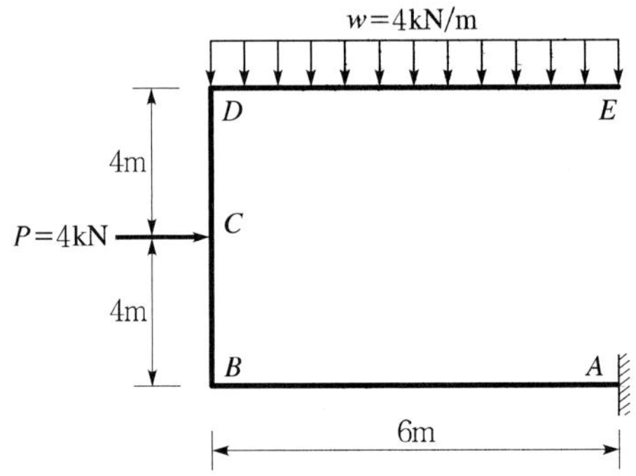
w=4kN/m
D
E
4m
P=4kN
C
4m
B
A
6m

(e)

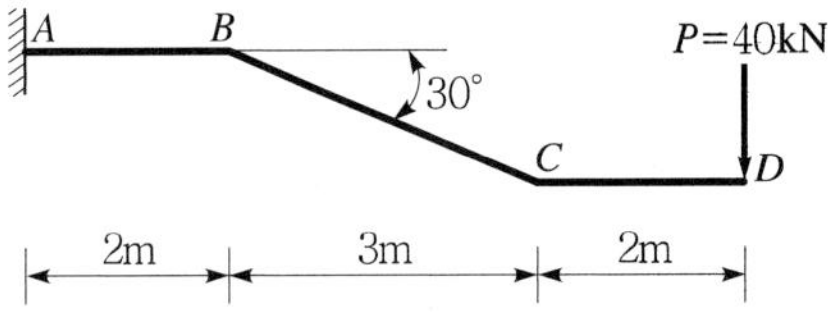
A
B
30°
P=40kN
C
D
2m
3m
2m

(f)

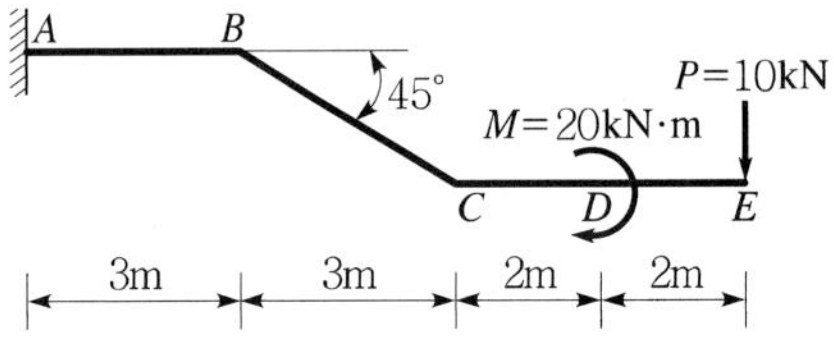
A
B
45°
P=10kN
M=20kN·m
C
D
E
3m
3m
2m
2m

(g)

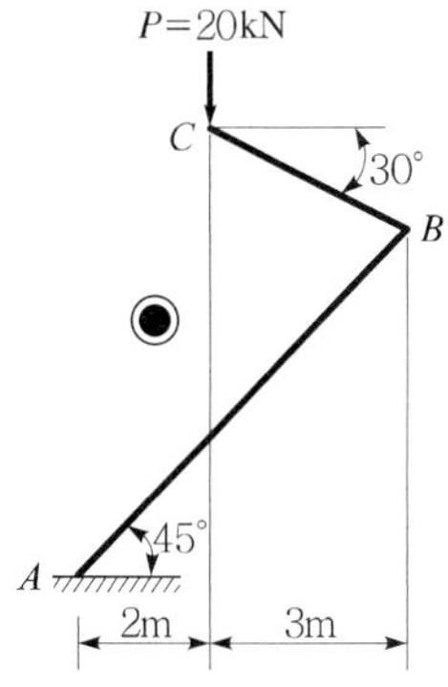

(h)

13. 다음 3회전단형 라멘에 하중이 작용할 경우, 반력을 구하고 단면력도를 그리시오.

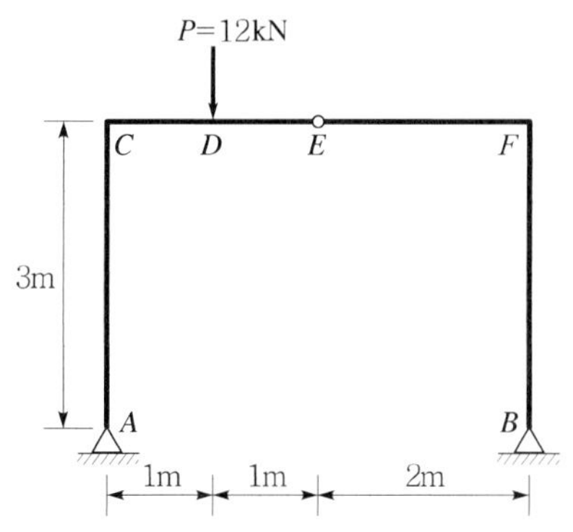

(a)

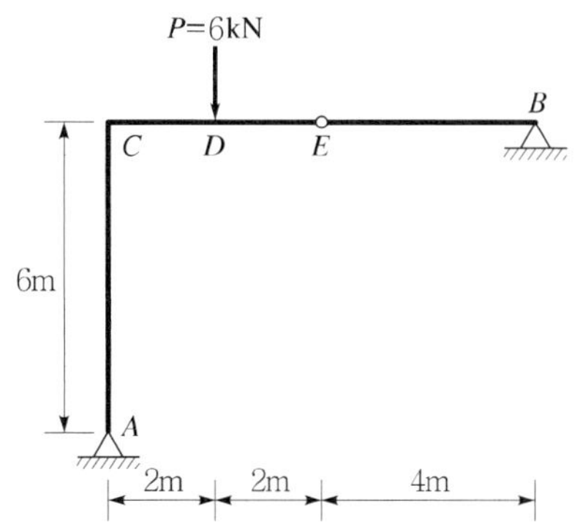

(b)

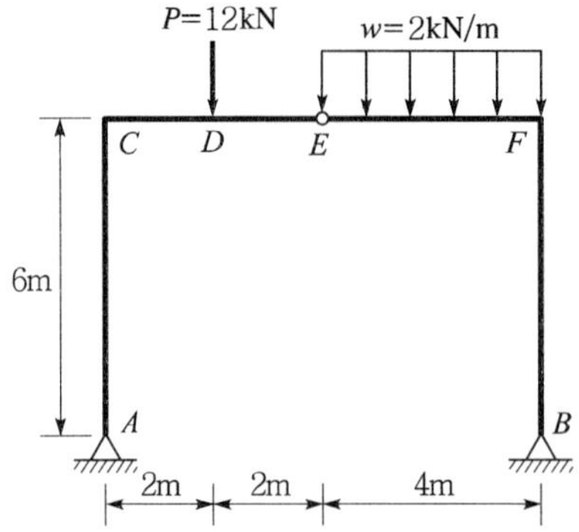
P=12kN
w=2kN/m
C
D
E
F
6m
A
B
2m
2m
4m

(c)

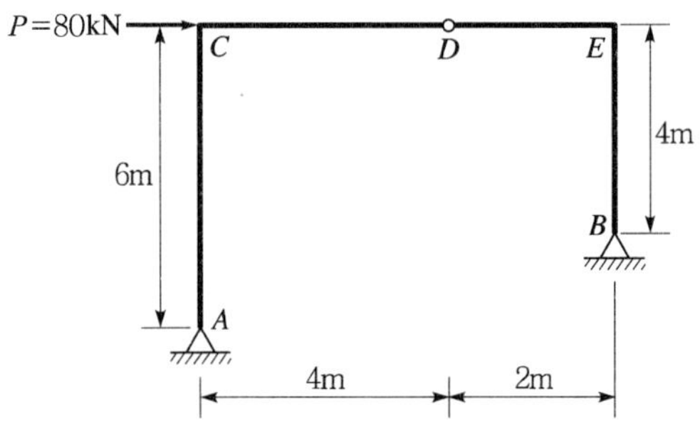
P=80kN
C
D
E
6m
4m
B
A
4m
2m

(d)

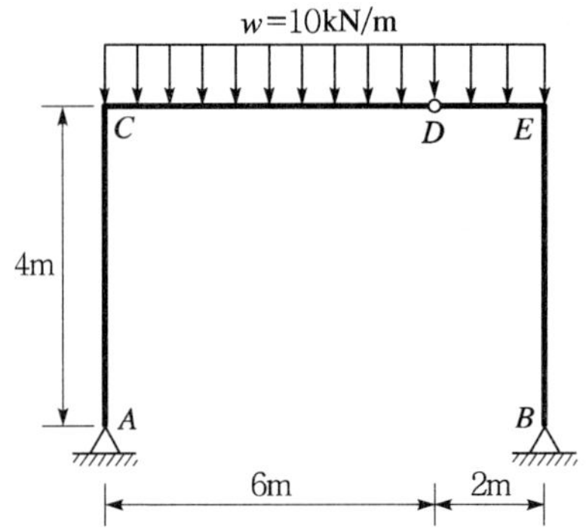
w=10kN/m
C
D
E
4m
A
B
6m
2m

(e)

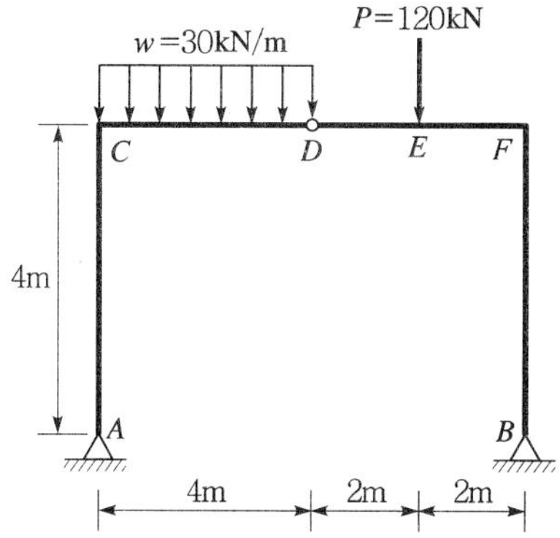

P=120kN
w=30kN/m
C
D
E
F
4m
A
B
4m
2m
2m

(f)

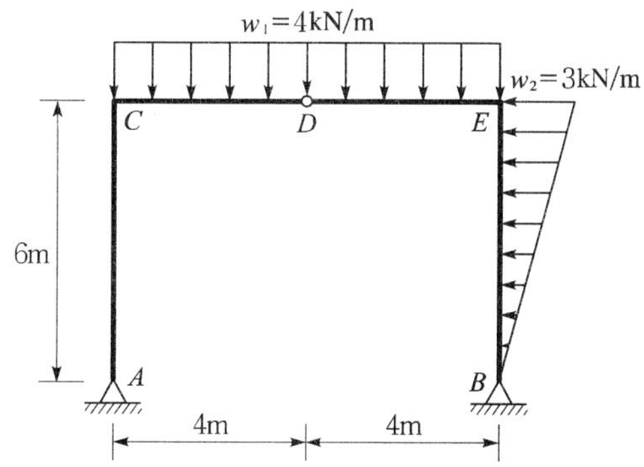

w₁=4kN/m
w₂=3kN/m
C
D
E
6m
A
B
4m
4m

(g)

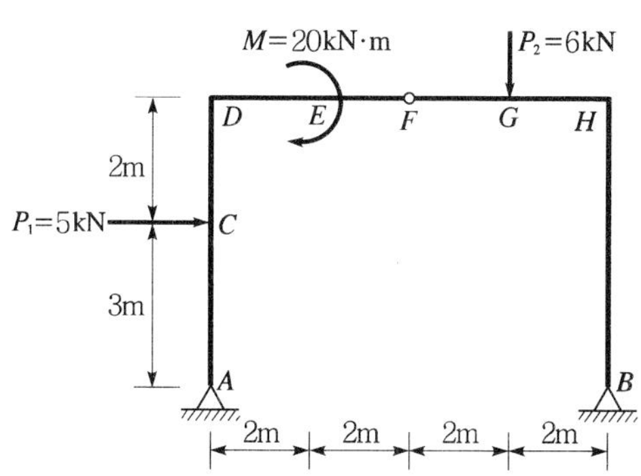

M=20kN·m
P₂=6kN
D
E
F
G
H
2m
P₁=5kN
C
3m
A
B
2m
2m
2m
2m

(h)

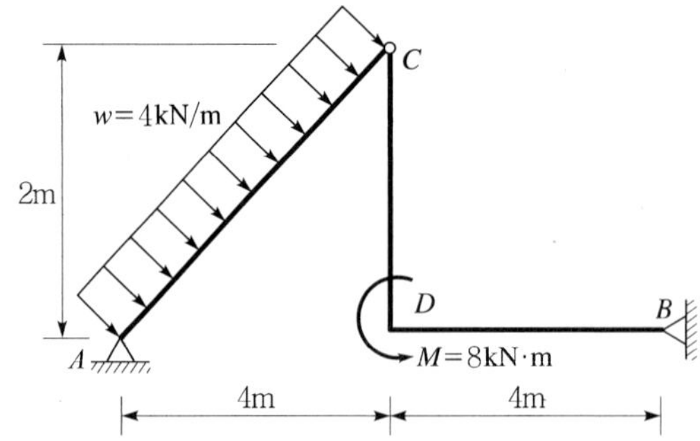

(i)

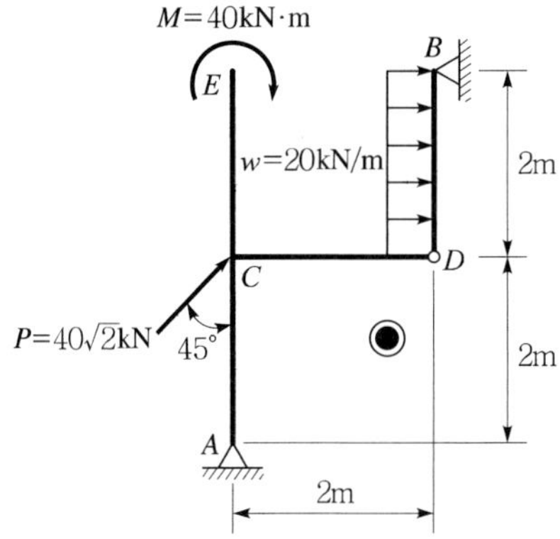

(j)

14. 다음 3이동단형 라멘에 하중이 작용할 경우, 반력을 구하고 단면력도를 그리시오.

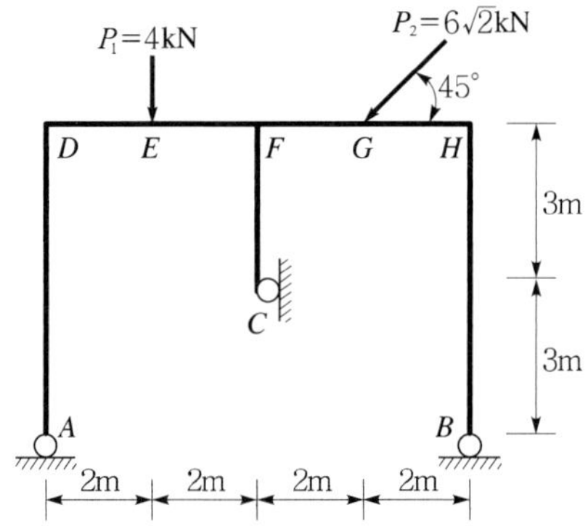

(a)

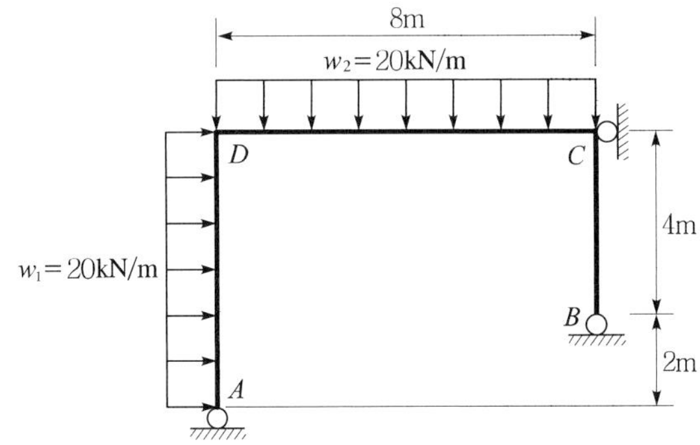
8m
w_2=20kN/m
D
C
4m
w_1=20kN/m
B
2m
A

(b)

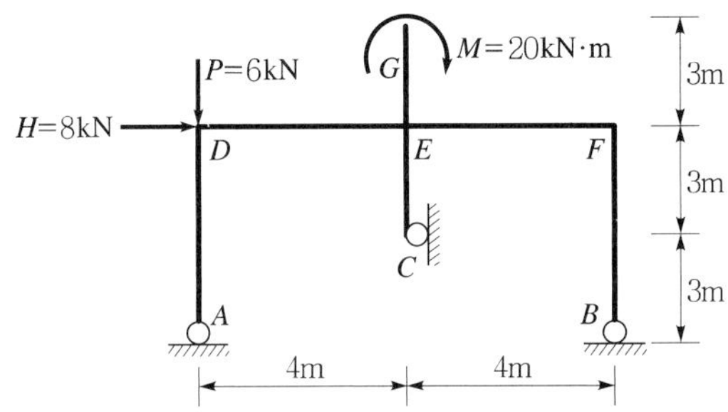
P=6kN
G
M=20kN·m
3m
H=8kN
D
E
F
3m
C
3m
A
B
4m
4m

(c)

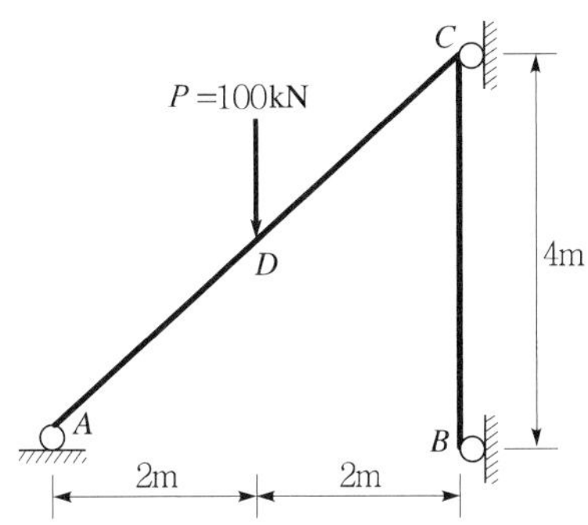
C
P =100kN
4m
D
A
B
2m
2m

(d)

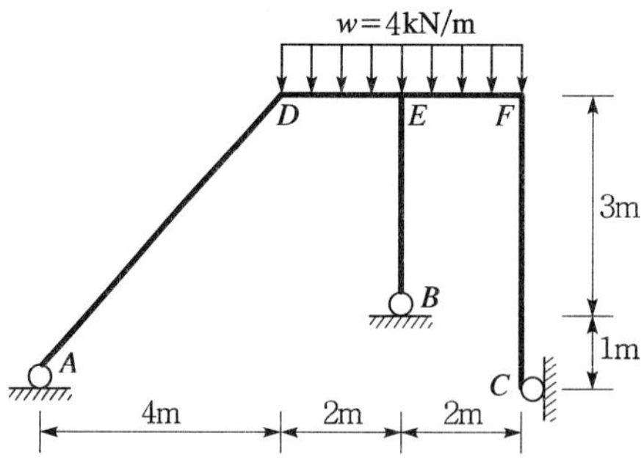
w=4kN/m
D
E
F
3m
B
1m
A
C
4m
2m
2m

(e)

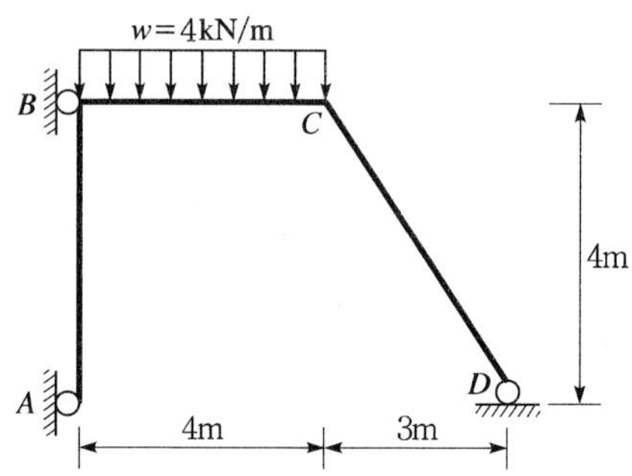
w=4kN/m
B
C
4m
A
D
4m
3m

(f)

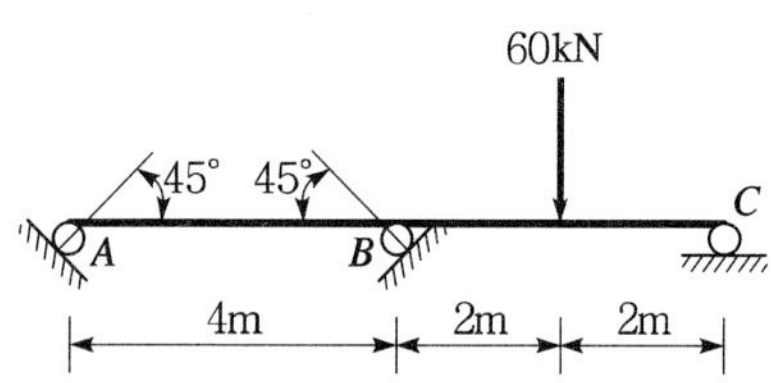
60kN
45°
45°
C
A
B
4m
2m
2m

(g)

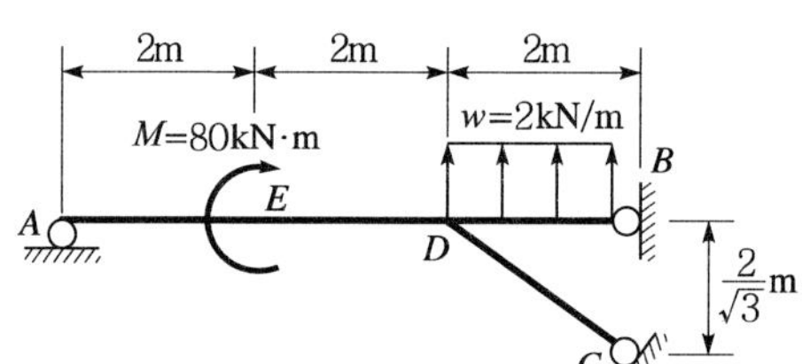
2m
2m
2m
w=2kN/m
M=80kN·m
B
E
A
D
2/√3 m
C

(h)

15. 다음 그림과 같은 트러스에 하중이 작용할 경우, 부재력을 절점법을 이용하여 산정하시오.

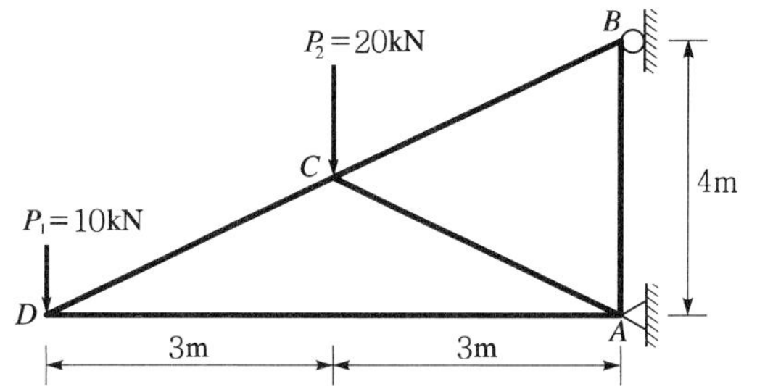

(a)

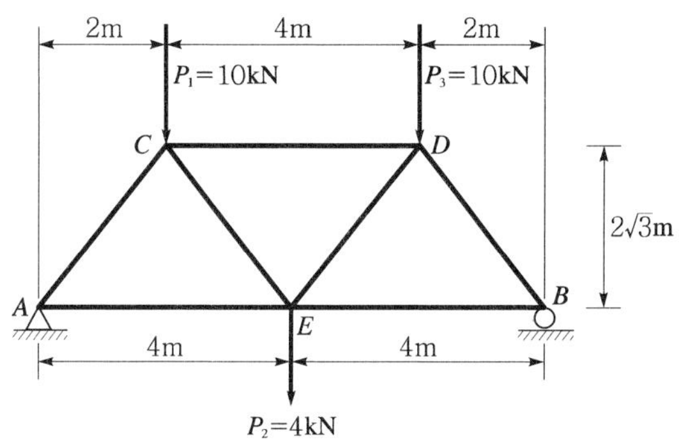

(b)

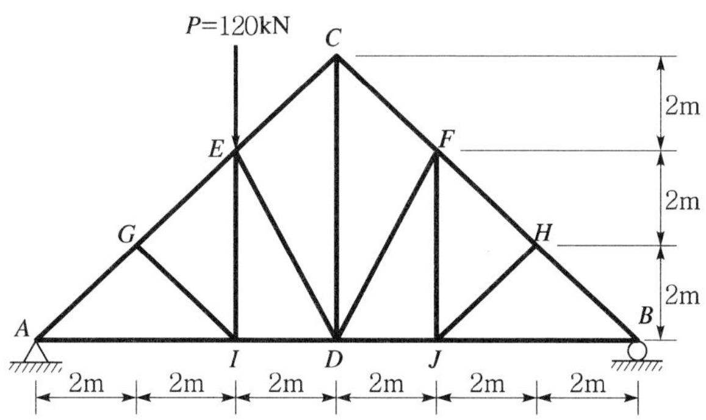

(c)

16. 다음 그림과 같은 트러스에 하중이 작용할 경우, 그림 (a)에서 U_{CD}와 L_{AE} 그리고 그림 (b)에서 L_{AI}와 V_{IE}의 부재력을 절단법을 이용하여 산정하시오.

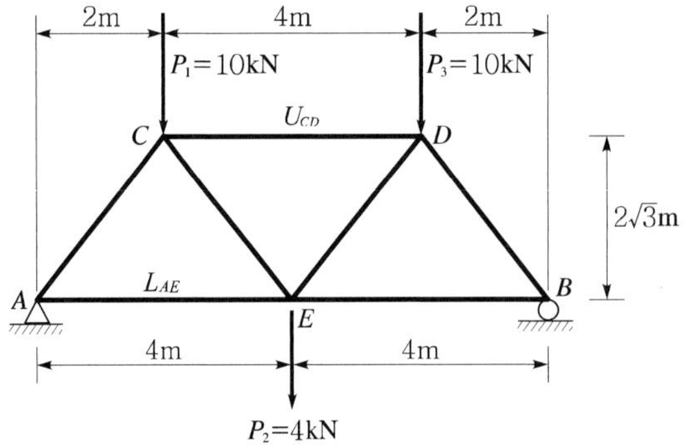

(a)

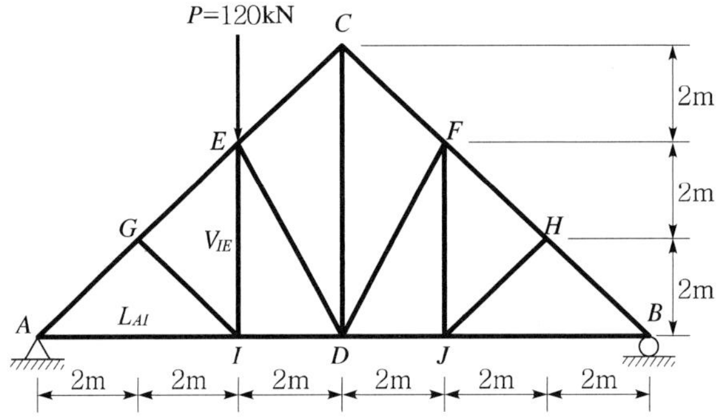

(b)

17. 다음 그림과 같은 트러스에 하중이 작용할 경우, 반력을 구하고 부재력을 산정하시오.

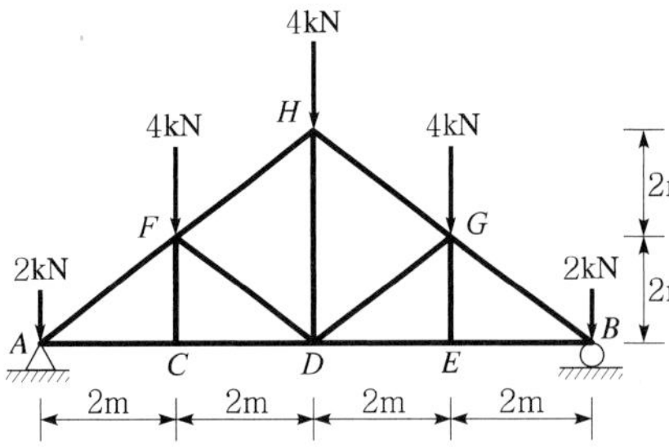

(a)

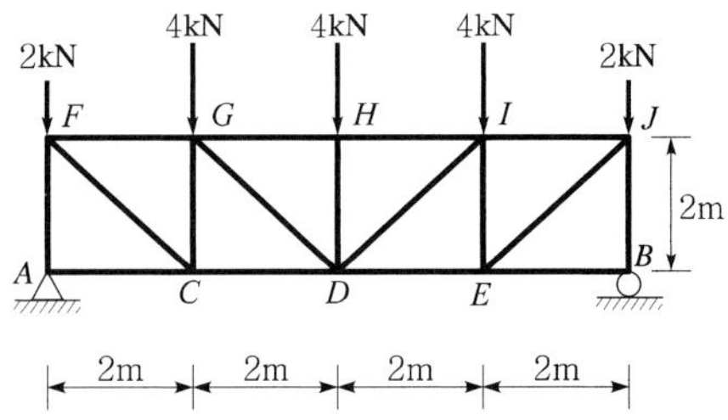

(b)

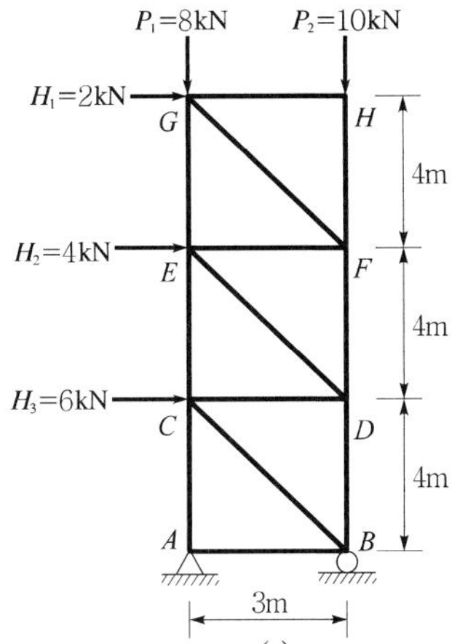

(c)

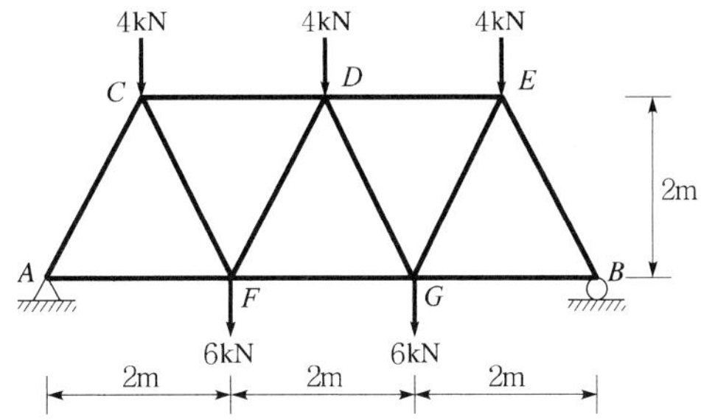

(d)

18. 다음 그림과 같은 아치에 하중이 작용할 경우, 반력을 구하고 단면력도를 그리시오.

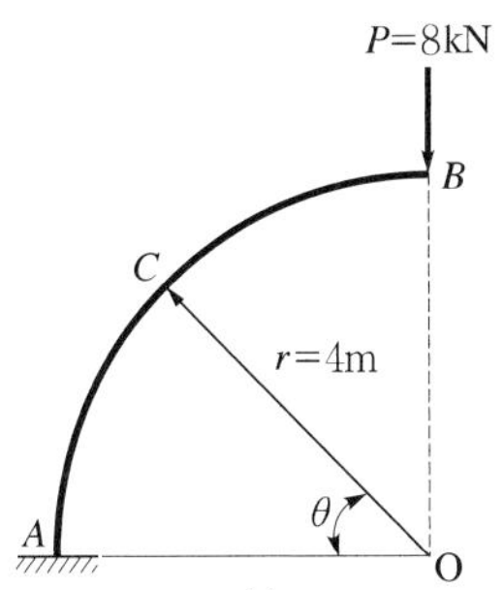

(a)

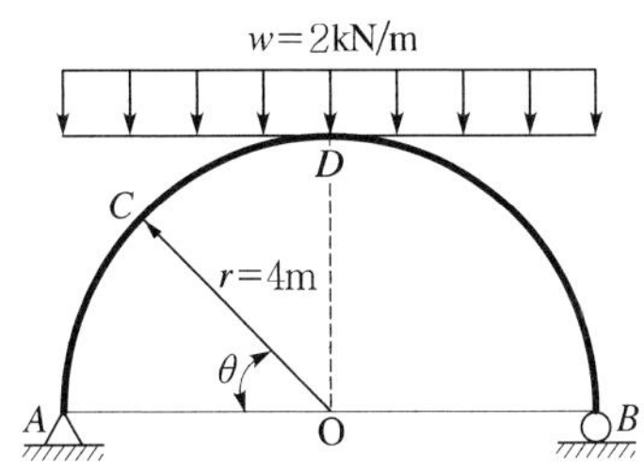

(b)

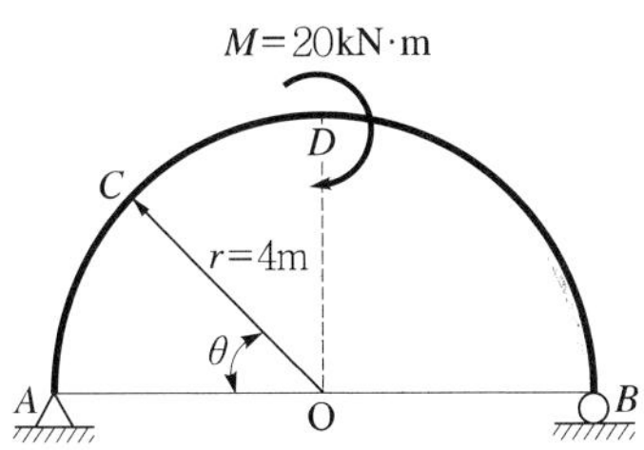

(c)

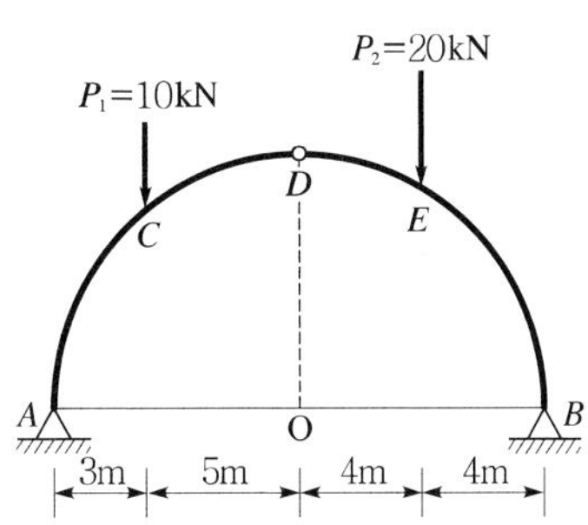

(d)

✎ 심화문제 풀이집은 별책입니다.

Chapter 3

탄성체의 성질

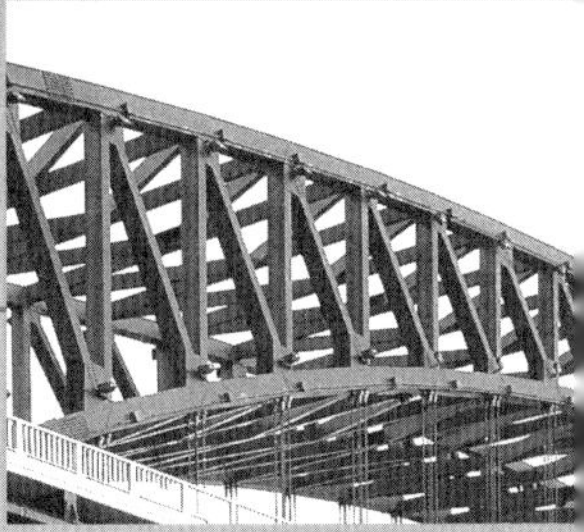

03_탄성체의 성질

3.1 응력과 변형률

3.1.1 외력과 단면력

(1) 외력

① 외력 (External Force, 外力)은 구조물의 외부에서 작용하는 전체적인 힘이다.

② 여러 가지 종류의 하중 (Load, 荷重)이 구조물에 작용하지만, 하중의 작용방향에 따라 연직하중 (수직하중), 횡하중 (수평하중) 등이 있다.

③ 이러한 하중에 대하여 구조물을 평형상태로 만드는 반력 (Reaction, 反力)이 발생한다.

④ 하중과 반력을 통틀어 외력이라 한다.

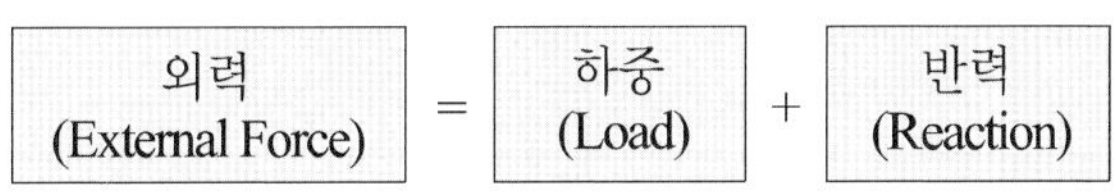

그림 3.1 외력

⑤ 구조물에 외력이 작용할 경우, 부재 단면에 발생하는 단면력과 응력 그리고 변형률 및 변형의 관계는 다음과 같다.

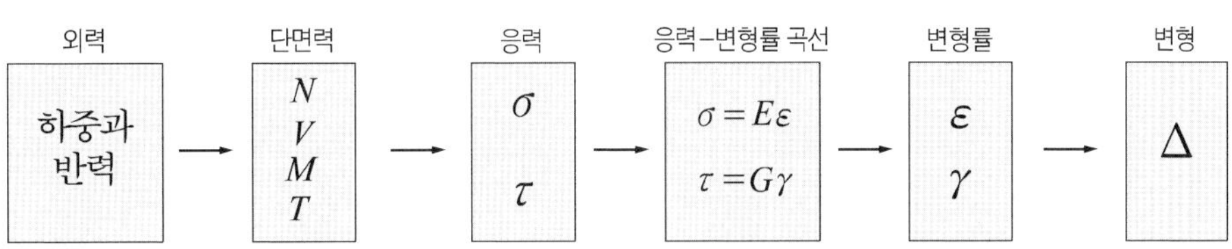

그림 3.2 단면력, 응력, 변형률 및 변형의 관계

(2) 단면력

단면력 (Sectional Force, 斷面力)은 구조물이 평형상태에 있을 때, 외력에 의해 부재의 임의 단면에 생기는 응력의 합이다. 단면력을 부재력, 합응력, 외응력 또는, 부재내력이라고도 한다.

표 3.1 단면력의 종류

단면력의 종류	기호	단위	부호규약(+)
축방향력 (Axial Force)	N	N, kN	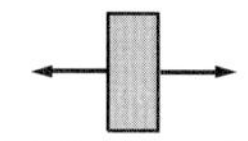
전단력 (Shear Force)	V	N, kN	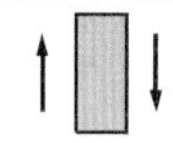
휨모멘트 (Bending Moment)	M	N・m, kN・m	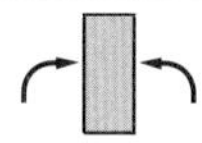
비틀림모멘트 (Torsional Moment)	T	N・m, kN・m	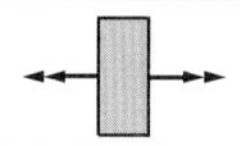

주1) 축방향력의 기호는 일반적으로 N 또는 P를 사용한다. 이 책에서는 N을 사용한다.
주2) 전단력의 기호는 일반적으로 V, Q 또는 S를 사용한다. 이 책에서는 V를 사용한다.

예제 3.1 다음 그림과 같은 보에서 미소 구간의 단면력을 산정하고, 전체 부재의 단면력도를 작성하시오. 단, $dx \fallingdotseq 0$이다.

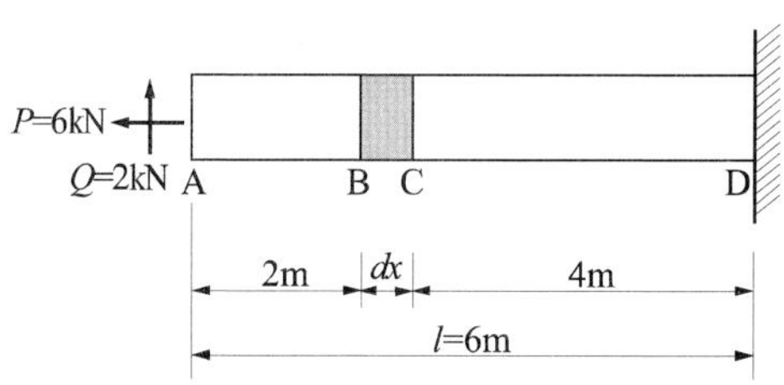

그림 3.3

(1) 부재를 구간 AB, BC, CD로 구분하여 고려한다.

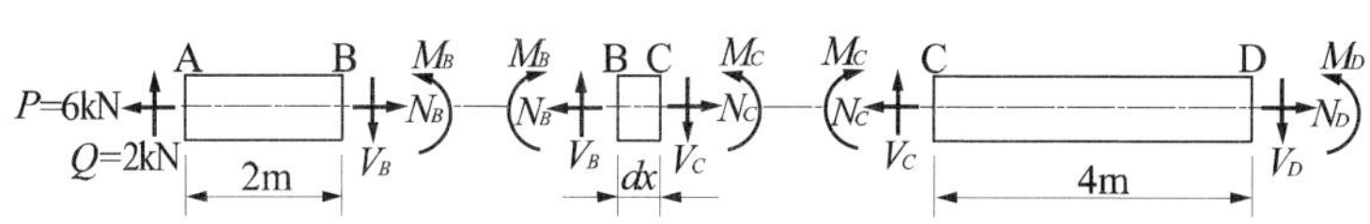

그림 3.4

(2) 전체 부재 AD에서 힘의 평형방정식이 성립되며, 부재를 구간 AB, BC, CD로 구분하였을 때 각 구간의 부재에서도 힘의 평형방정식은 성립된다.

(3) 또한 부재 AB와 부재 BC의 점 B를 합치고, 부재 BC와 부재 CD의 점 C를 합치면, 점 B와 점 C는 외력이 작용하지 않으므로 이들 점에서의 단면력들의 합은 영(0)이 되어야 한다.

(4) 따라서 그림과 같이 부재 BC의 단면력으로 표현할 수 있고, 미소 구간 BC의 단면력은 다음과 같다.

① 축방향력은 $N = N_B = N_C = 6$ kN 에 의해 6 kN 이다.

② 전단력은 $V = V_B = V_C = 2$ kN 에 의해 2 kN 이다.

③ 휨모멘트는 $M_B = Q \times 2 = 4\text{kN} \cdot \text{m}$ 과 $M_C = Q(2 + dx)$

$\fallingdotseq M_B = 4\ \text{kN} \cdot \text{m}$ 에 의해 4 kN · m 이다.

(5) 전체 부재의 단면력도를 작성하면 다음과 같다.

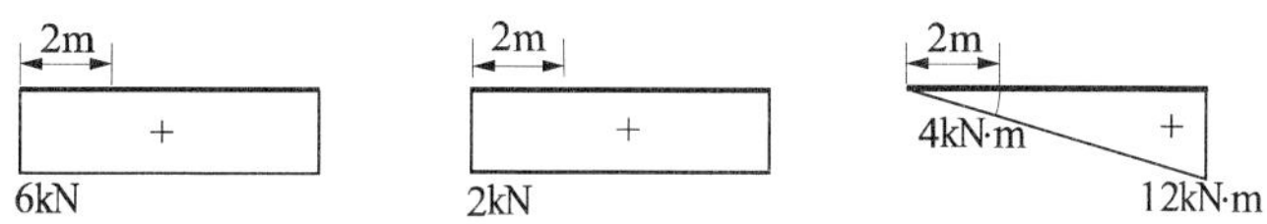

(a) AFD (b) SFD (c) BMD

그림 3.5 단면력도

3.1.2 응력[7)]

① 응력(Stress, 應力)은 단위면적에 대한 힘의 세기이다. 응력을 내응력(Internal Stress, 內應力)이라고도 한다.

② 단면에 대한 응력방향에 따라, 단면에 수직하는 수직응력(직교응력)과 단면에 접하는 전단응력(접선응력) 등이 있다.

③ 응력을 발생시키는 단면력의 종류에 따라, 축방향응력(축응력), 전단응력, 휨응력, 비틀림응력 등이 있다.

④ 응력(Stress)과 응력도(Stress Intensity)는 같은 의미로 쓰이기도 한다.

⑤ 단면력 대신 응력(또는 응력도)이라는 말을 혼용해서 쓰기는 하지만, 엄격히 말하면 응력과 단면력은 구분되어야 한다.

⑥ 응력의 단위로는 MPa (N/mm^2) 등이 있다.

7) § 4.1 부재 단면의 응력 참조.

표 3.2 단면력, 응력 및 명칭

단면력	응력	응력의 명칭	
		단면력의 관점	응력방향의 관점
N (축방향력)	$\sigma = \frac{N}{A}$	축방향응력 (축응력)	수직응력 (σ)
M (휨모멘트)	$\sigma = \frac{M}{I}y$	휨응력	
V (전단력)	$\tau_{aver} = \frac{V}{A}$	전단응력	전단응력 (τ)
T (비틀림모멘트)	$\tau = \frac{T}{I_p}\rho$	비틀림응력	

주1) 위의 표에서 전단력 V에 의한 $\tau_{aver} = \frac{V}{A}$는 평균 전단응력 산정을 위한 약산식이다. 정확한 전단응력을 위한 정산식은 제4장에서 다룬다.

주2) 비틀림응력 산정식 $\tau = \frac{T}{I_p}\rho$는 원형 단면에 대한 것이다.

여기서, N : 축방향력 (N)

A : 단면적 (mm^2)

V : 전단력 (N)

I : 단면2차 모멘트 (mm^4)

M : 휨모멘트 (N · mm)

y : 중립축으로부터 휨응력을 구하고자 하는 곳까지의 거리 (mm)

T : 비틀림모멘트 (N · mm)

I_p : 단면극2차 모멘트 (mm^4)

$$I_p = \frac{\pi D^4}{32} = \frac{\pi r^4}{2}$$ (원형 단면의 단면극2차 모멘트)

ρ : 원형 단면의 중심으로부터 비틀림응력을 구하고자 하는 곳까지의 거리 (mm)

3.1.3 변형률

(1) 개요

① 구조물은 외력을 받거나 온도의 변화 등에 의해서 원래 모양이 변화된다. 이 변화를 변형(Deformation, 變形)이라 한다.

② 변형에는 물체의 길이가 변하는 것과 물체의 각도가 변하는 것이 있다.

③ 변형률(Strain, 變形率)은 외력에 의해 물체 내부에 생긴 내력의 발생에 따라 물체에 생긴 변형량과 원래의 길이에 대한 비율이다. 또는 물체에 생긴 변형량과 원래의 부재 폭에 대한 비율이다.

④ 수직변형률은 단위길이에 대한 변형을 나타내고, 전단변형률은 각도의 변형을 나타낸다.

(2) 수직변형률

① 개요

㉠ 수직변형률(Normal Strain)은 부재가 축방향력을 받을 경우 발생되는 변형률이다.

㉡ 부재가 인장력만 받을 경우, 부재는 인장되어 원래의 길이 l이 Δl만큼 늘어나며, Δl과 l의 비를 인장변형률(Tensile Strain) 또는 신장(Elongation, 伸張)이라 한다.

㉢ 부재가 압축력만 받을 경우, 부재는 압축되어 원래의 길이 l이 Δl만큼 줄어들며, Δl과 l의 비를 압축변형률(Compressive Strain) 또는 수축(Contraction, 收縮)이라 한다.

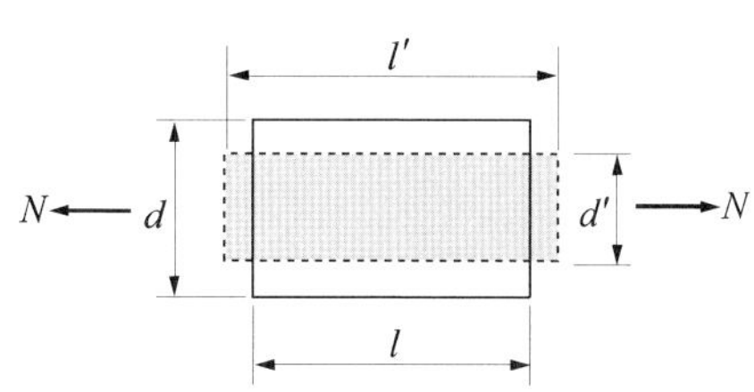

그림 3.6 인장력을 받는 부재의 변형

② 세로변형률

㉠ 세로변형률 (Longitudinal Strain, ε)은 인장변형률 또는 압축변형률과 같이 힘이 작용한 방향에 대한 변형률이다. 세로변형률을 길이방향변형률이라고도 한다.

㉡ 세로변형률의 부호규약은 인장변형률일 경우 양 (+)이 되고, 압축변형률일 경우 음 (−)이 된다.

$$\varepsilon = \frac{\Delta l}{l} = \frac{l' - l}{l} \tag{3.1}$$

여기서, ε : 세로변형률 또는 길이방향 변형률 (무명수)

Δl : 변형된 길이 (mm)

l : 원래의 부재 길이 (mm)

l' : 늘어난 부재 길이 (mm)

③ 가로변형률

㉠ 가로변형률 (Lateral Strain, β)은 힘이 작용한 방향과 직각방향에 대한 변형률이다.

$$\beta = \frac{\Delta d}{d} = \frac{d' - d}{d} \tag{3.2}$$

여기서, β : 가로변형률 (무명수)

Δd : 변형된 부재 폭 (mm)

d : 원래의 부재 폭 (mm)

d': 늘어난 부재 폭 (mm)

㉡ 가로변형률 β의 부호는 세로변형률 ε이 양 (+)이면 음 (−)이 되고, ε이 음 (−)이면 양 (+)이 된다.

㉢ 세로변형률과 가로변형률의 부호규약은 각 방향으로 인장변형을 일으키면 양 (+)으로 표시하고 압축변형을 일으키면 음 (−)으로 표시한다. 그러나 모두 양의 값으로 계산하는 것이 일반적이다.

예제 3.2 다음 그림과 같은 부재에 인장력이 작용하여 그림과 같이 부재가 변형하였다. 이 부재의 세로변형률 ε과 가로변형률 β를 구하시오.

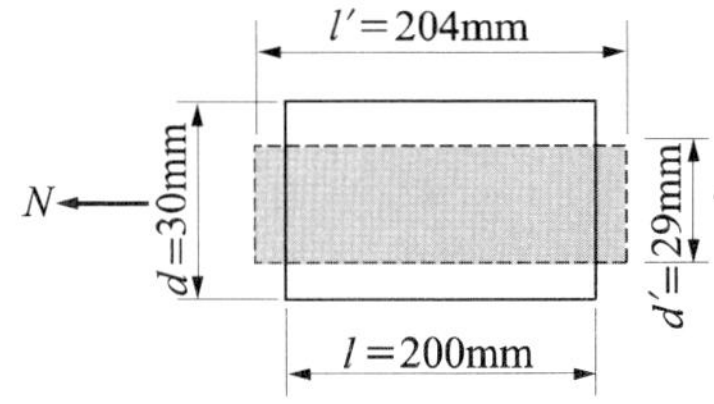

그림 3.7

(1) 세로변형률 (ε)

$$\varepsilon = \frac{\Delta l}{l} = \frac{(204-200)}{200} = 0.020000$$

(2) 가로변형률 (β)

$$\beta = \frac{\Delta d}{d} = \frac{(29-30)}{30} = -0.033333$$

(3) 전단변형률

그림과 같이 부재에서 전단력에 의해 전단응력이 작용하면, 길이는 변화하지 않고 각도 γ만 변하여 직사각형은 마름모꼴이 된다. 이 각도의 변화를 전단변형률(Shearing Strain, γ)이라 한다.

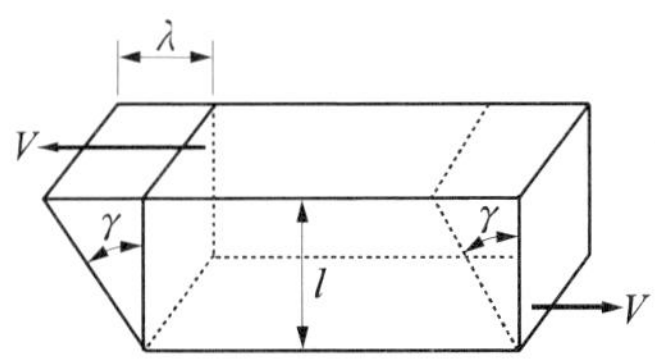

그림 3.8 전단변형률과 전단변형량

$$\gamma = \frac{\lambda}{l} = \tan\gamma \qquad (3.3)$$

여기서, γ : 전단변형률 (rad)

l : 원래의 부재 폭 (mm)

λ : 전단변형량 (mm)

주1) 각도 γ가 미소할 경우 $\tan\gamma \fallingdotseq \gamma$이다.

예제 3.3 구조물에 외력이 작용하여 부재가 그림과 같이 변형하였다. 이 부재의 전단변형률을 구하시오.

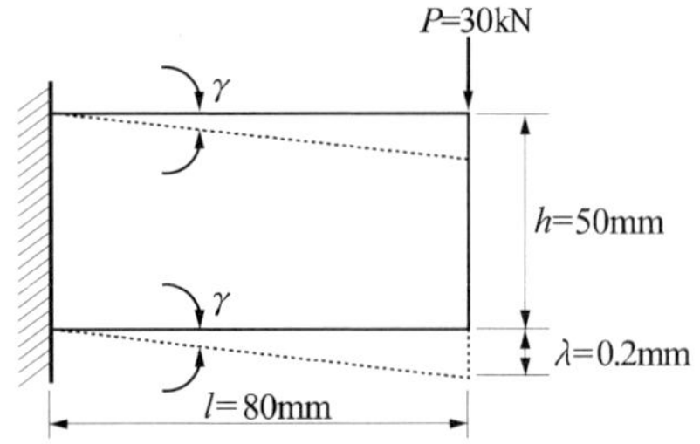

그림 3.9

↳ 전단변형률 (γ) : $\gamma = \dfrac{\lambda}{l} = \dfrac{0.2}{80} = 0.0025\ \text{rad}$

(4) 푸아송비

① 푸아송비 (Poisson's Ratio)는 세로변형률 (ε)에 대한 가로변형률 (β)의 비이다.

② 푸아송수 (Poisson's Number)는 푸아송비의 역이다.

③ 보통의 재료에서는 $m = 3 \sim 4$, 강재는 $m = 3$, 돌과 유리 등은 $m = 4$, 콘크리트는 $m = 5 \sim 8$ 정도이다.

$$\nu = -\frac{\text{가로변형률}}{\text{세로변형률}} = -\frac{\beta}{\varepsilon} = \frac{1}{m} \qquad (3.4)$$

여기서, ν : 푸아송비 (무명수)

m : 푸아송수

β : 가로변형률

ε : 세로변형률

주1) 식 (3.4)에서 가로변형률 β의 부호와 세로변형률 ε의 부호는 서로 반대가 되므로 푸아송비 ν의 부호는 항상 양 (+)이 된다.

예제 3.4 구조물에 외력이 작용하여 부재가 그림과 같이 변형하였다. 이 부재의 세로변형률, 가로변형률, 푸아송비, 푸아송수를 구하시오.

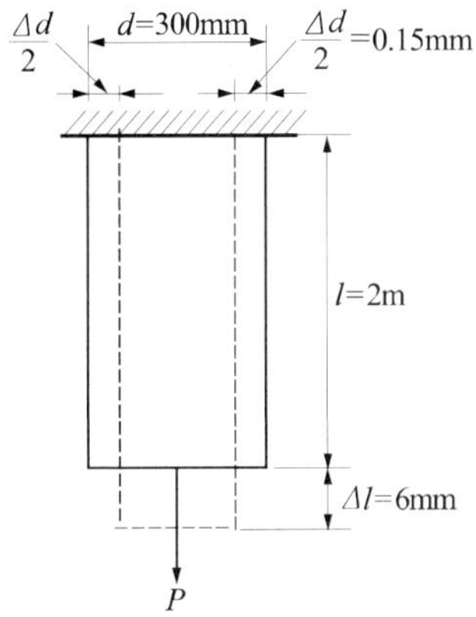

그림 3.10

↳ (1) 세로변형률 (ε) $\varepsilon = \dfrac{\Delta l}{l} = \dfrac{6}{2,000} = 0.0030$

(2) 가로변형률 (β) $\beta = \dfrac{\Delta d}{d} = \dfrac{(-0.3)}{300} = -0.0010$

(3) 푸아송비 (ν) $\nu = -\dfrac{\text{가로변형도}}{\text{세로변형도}} = -\dfrac{\beta}{\varepsilon} = -\dfrac{(-0.0010)}{0.0030} = 0.3333$

(4) 푸아송수 (m) $m = \dfrac{1}{\nu} = 3.00$

3.1.4 응력-변형률의 관계

(1) 응력-변형률 곡선

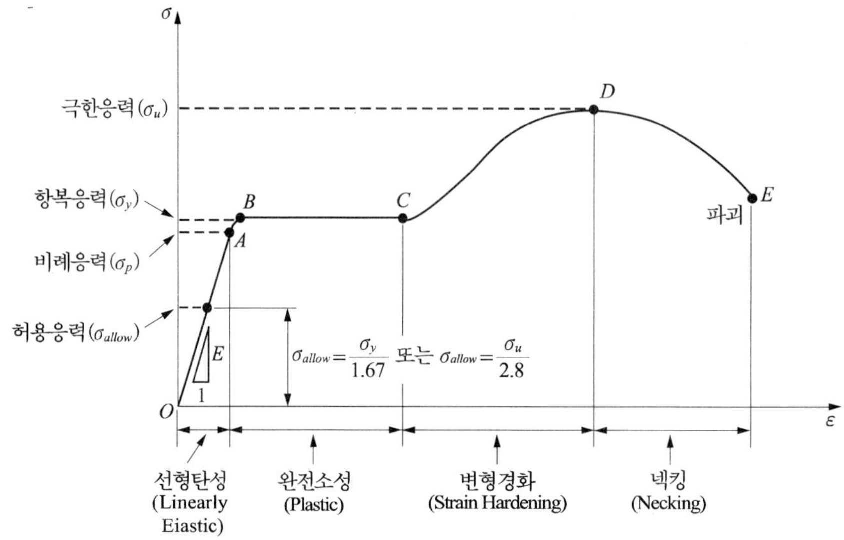

그림 3.11 강재의 응력-변형률 곡선

표 3.3 응력-변형률 곡선에서 구간에 따른 특징

구분	내 용
O-A	① 응력-변형률 곡선인 그림 3.11에서 시편에 하중을 가하면, 응력과 변형률이 곡선의 원점 O에서 점 A까지 변한다고 가정한다. 점 A 이하로 하중을 가했다가 제거하면 같은 직선 O-A를 따라 원점 O로 복귀한다. 이와 같이 하중을 가하면 변형하였다가 하중을 제거하면 원점 O인 원래의 치수로 되돌아가는 재료의 성질을 탄성(Elasticity)이라 한다. 원점 O에서 점 A까지는 직선으로 시작되며 응력-변형률 곡선의 초기 구간인 O-A는 선형적이며 비례적이다. ② 구간 O-A를 선형탄성영역(Linearly Elastic Region)이라 한다. ③ 점 A를 비례한계점(Proportional Limit Point)이라 하고, 직선 O-A의 기울기를 탄성계수 E라 한다. ④ 직선 O-A의 구간에서 $\sigma=E\varepsilon$이라는 후크의 법칙이 성립한다. ⑤ 비례한계점인 점 A를 넘어서면 응력(σ)과 변형률(ε)은 더 이상 비례관계가 아니다.

A–B	① 응력–변형률 곡선에서 응력과 변형률이 점 A를 지나 점 B까지 변한다고 가정한다. 구간 A–B까지 하중을 가했다가 제거하면, 같은 곡선을 따라 원점 O로 복귀한다. 따라서 구간 A–B는 탄성이지만 직선은 아니다. 어떤 재료가 탄성이 되기 위해서는 선형일 필요는 없다. ② 구간 A–B를 비선형탄성영역(Nonlinearly Elastic Region)이라 한다. ③ 점 B를 탄성한계점(Elastic Limit Point)이라 하며, 점 B까지 하중을 가하여 변형시킨 후 제거하면 원점 O인 원래의 치수로 되돌아간다. 또는 점 B를 항복점(Yielding Point)이라 한다. ④ 점 B의 응력을 항복응력($\sigma_y = F_y$, 항복강도, Yield Stress)이라 한다.
B–C	① 같은 재료에 더 큰 하중을 가하면 응력–변형률 곡선의 점 B를 지나 B–C 선상을 따르게 된다. 점 B부터 점 C까지는 힘의 증가 없이 부재의 길이가 상당히 많이 변화한다. 이러한 현상을 재료의 항복(Yielding)이라 한다. ② 점 B 이후의 구간을 비선형탄소성영역(Nonlinearly Elastoplastic Region)이라 한다. ③ 응력–변형률 곡선의 B–C 선상에 위치하는 임의의 점까지 변형시킨 후 하중을 제거하면 B–C 선상의 임의의 위치에서 직선 O–A와 같은 기울기(탄성계수, E)를 따라 변형률 축으로 복귀하며, 이때 하중은 완전히 제거되나 변형률은 남게 된다. 이렇게 응력–변형률 곡선에서 항복점 B를 지난 경우 하중을 완전히 제거하여도 남는 변형률을 잔류변형률 또는 영구변형률이라 한다.
C–D	① 점 C 이후부터는 시편의 변형을 위해서는 다시 하중의 증가가 필요하며, 응력–변형률 곡선이 기울기를 갖고 점 D에 도달한다. ② 구간 C–D에서와 같이 강재에서 항복점을 지나 상당한 변형률이 진행된 후 항복응력 이상의 저항능력이 다시 나타나는 현상을 변형경화영역(Strain Hardening Region)이라 한다. ③ 점 D는 응력–변형률 곡선 상에서 최대 강도인 극한응력점(Ultimate Strength Point)이다. 또는 점 D를 극한점(Ultimate Point)이라고도 한다. ④ 점 D의 응력을 극한응력($\sigma_u = F_u$, 극한강도, Ultimate Stress)이라 한다. 또는 점 D의 응력을 인장강도라고도 한다.
D–E	① 점 D를 지나면 하중이 감소함에도 불구하고 시편의 늘어남은 계속된다. ② 구간 D–E에서 점 D를 지나 시편의 단면적의 감소가 크게 증가하는 재료의 네킹(Necking) 현상이 일어난다. 이 구간 D–E를 네킹영역(Necking Region)이라 한다. ③ 시편은 점 E에서 파단 되고 점 E를 파단점(Fracture Point)이라 한다.

예제 3.5 강재의 기계적 성질에서 다음 그림의 구간 E−F의 영역 설명으로 타당한 것은?

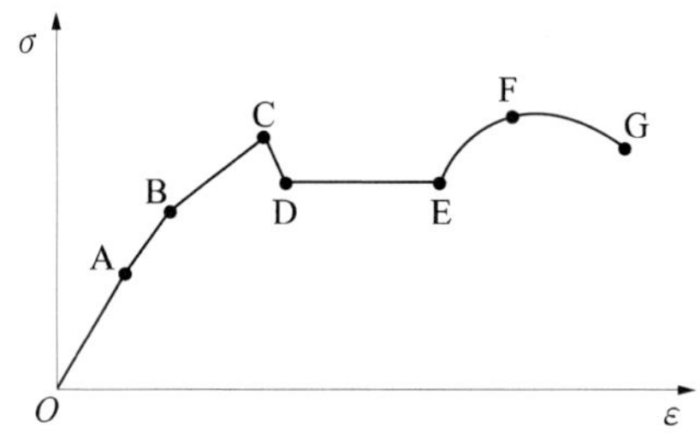

그림 3.12

㉮ 탄성영역 (Elastic)　　㉯ 소성영역 (Plastic)

㉰ 변형경화영역 (Strain Hardening)　　㉱ 넥킹영역 (Necking)

↳

표 3.4

구간 및 점	내 용
O−A	선형탄성영역 (Linearly Elastic Region)
O−B	탄성영역 (Elastic Region)
D−E	완전소성영역 (Plastic Region)
E−F	변형경화영역 (Strain Hardening Region)
F−G	넥킹영역 (Necking)
A	비례한계점 (Proportional Limit Point)
B	탄성한계점 (Elastic Limit Point)
C	상위항복점 (Upper Yielding Point)
D	하위항복점 (Lower Yielding Point)
F	극한응력점 (Ultimate Strength Point)
G	파단점 (Fracture Point)

답 ㉰

(2) 재료의 변형성질

① 탄성

㉠ 탄성 (Elasticity, 彈性)은 부재가 외력을 받아 변형한 뒤 외력을 제거하면 원래의 모양 (치수)으로 되돌아가는 성질이다.

㉡ 그림 3.11의 응력−변형률 곡선에서 일반적으로 점 A와 점 B는 구분이 쉽지 않으므로 같은 점으로 가정하면, 탄성은 항복하기 전의 직선부분이다.

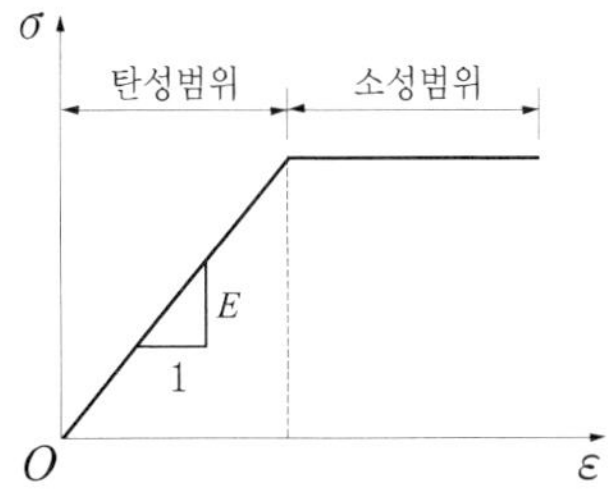

그림 3.13 탄성과 소성의 범위

ⓒ 탄성범위에서 직선의 기울기를 탄성계수라 한다.

② 소성

㉠ 소성 (Plasticity, 塑性)은 변형된 부재에 외력을 제거하더라도 원래의 모양 (치수)으로 되돌아가지 못하는 성질이다.

㉡ 이는 부재에 탄성한도 이상의 외력을 가할 때에 나타나는 현상으로, 이때에는 외력을 제거하더라도 변형이 남게 되고 이를 잔류변형 또는 영구변형이라 한다.

③ 인성

㉠ 인성 (Toughness, 靭性)은 충격적인 하중에 대하여 재료가 큰 변형에너지를 흡수할 수 있는 능력이다.

㉡ 일반적으로 인성은 재료의 강도와 연성에 좌우된다.

④ 취성

㉠ 취성 (Brittleness, 脆性)은 재료가 변형하지 않고 파괴되기 쉬운 성질로써, 재료가 파괴에 이르기까지 큰 변형이 일어나지 않는 성질이다.

㉡ 유리나 주철 등은 이러한 성질의 물체이다.

⑤ 연성

㉠ 연성 (延性, Ductility)은 재료를 인장하였을 때 절단되지 않고 늘어나는 성질로써, 재료가 파괴에 이르기까지 큰 소성변형을 할 수 있는 능력이다.

㉡ 연성은 소성의 일종이다.

(3) 후크의 법칙

① 탄성한도의 범위 내에서 응력과 변형률은 정비례한다.

② 응력－변형률 곡선에서 원점 O에서 비례한계점 A까지 직선구간의 범위이다.

③ 응력 σ와 변형률 ε의 관계는 다음 식과 같고 후크의 법칙 (Hooke's Law)이라 한다.

$$\sigma = E\varepsilon \tag{3.5}$$

여기서, σ : 응력 (MPa, N/mm^2)

E : 탄성계수 (MPa, N/mm^2)

ε : 변형률 (무명수)

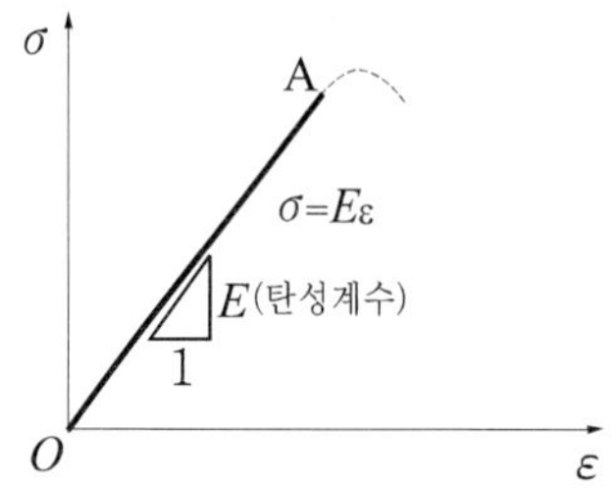

그림 3.14 응력–변형률 곡선에서 후크의 법칙

(4) 탄성계수

① 탄성계수 (Modulus of Elasticity, 彈性係數, E)는 탄성범위 내에서 응력과 변형률은 정비례하며, 그 때의 비례정수 즉 직선의 기울기이다. 탄성계수를 종탄성계수 또는 영계수 (Young's Modulus)라고도 한다.

② 후크의 법칙을 수직응력 σ에 적용하여 탄성계수의 식으로 표현할 때 탄성계수 E 는 다음과 같다. 일반적으로 탄성계수라 하면 종탄성계수를 말한다.

$$E = \frac{\sigma}{\varepsilon} = \frac{\left(\frac{N}{A}\right)}{\left(\frac{\Delta l}{l}\right)} = \frac{N \cdot l}{A \cdot \Delta l} \tag{3.6}$$

여기서, E : 탄성계수 (MPa, N/mm^2)

σ : 수직응력 (MPa, N/mm^2)

ε : 수직변형률 (무명수)

N : 축방향력 (N)

A : 단면적 (mm^2)

Δl : 변형된 길이 (mm)

l : 원래의 부재 길이(mm)

③ 강재의 탄성계수는 $E_s = 2.1 \times 10^5$ MPa이다.

④ 보통중량골재를 사용한 콘크리트의 탄성계수는, $E_c = 8,500\ \sqrt[3]{f_{cm}}$ MPa이다.
여기서, $f_{cm} = f_{ck} + \Delta f$ MPa이고, Δf는 $f_{ck} \le 40$ MPa이면 4 MPa, $f_{ck} \ge 60$ MPa이면 6 MPa이며, 그 사이는 직선 보간으로 구한다.
예를 들어 f_{ck}=24 MPa일 경우 E_c는 다음과 같다.

$f_{cm} = f_{ck} + \Delta f = 24 + 4 = 28$ MPa

$f_{ck} = 24$ MPa이면, $\Delta f = 4$ MPa

$E_c = 8,500\ \sqrt[3]{f_{cm}} = 8,500 \times \sqrt[3]{28} = 25.8 \times 10^3$ MPa

⑤ 탄성계수 E가 클수록 그 재료의 신축이 어렵다는 것을 의미한다 .

예제 3.6 부재 길이가 3.5 m이고, 지름이 16 mm인 원형 단면 봉에 30 kN의 인장력을 가하여 2.2 mm 늘어났을 때 이 재료의 탄성계수 E는 약 얼마인가?

↳ $N = 30 \text{ kN} = 30 \times 10^3 \text{ N}$

$l = 3.5 \text{ m} = 3.5 \times 10^3 \text{ mm}$

$A = \pi r^2 = \dfrac{\pi D^2}{4} = \dfrac{\pi \times 16^2}{4} = 201.1 \text{ mm}^2$

$\Delta l = 2.2 \text{ mm}$

$E = \dfrac{N \cdot l}{A \cdot \Delta l} = \dfrac{(30 \times 10^3) \times (3.5 \times 10^3)}{201.1 \times 2.2} = 237.3 \times 10^3 \text{ MPa (N/mm}^2\text{)}$

예제 3.7 길이 3 m의 D22 철근을 47 kN로 인장시켰을 때 늘어난 길이는 얼마인가? 단, $E = 2.1 \times 10^5$ MPa, 1−D22 단면적은 387 mm^2이다.

↳ $N = 47 \text{ kN} = 47 \times 10^3 \text{ N}$

$l = 3 \text{ m} = 3.0 \times 10^3 \text{ mm}$

$E = 2.1 \times 10^5 \text{ MPa}$

$A = 387 \text{ mm}^2$

$\Delta l = \dfrac{N \cdot l}{E \cdot A} = \dfrac{(47 \times 10^3) \times (3.0 \times 10^3)}{(2.1 \times 10^5) \times 387} = 1.7 \text{ mm}$

(5) 전단탄성계수

전단탄성계수(Shear Modulus of Elasticity 또는 Modulus of Rigidity, G)는 후크의 법칙을 전단응력 τ에 적용하여 탄성계수의 식으로 표현한 것이다. 전단탄성계수 G는 다음과 같다.

$$G = \frac{\tau}{\gamma} = \frac{\left(\frac{V}{A}\right)}{\left(\frac{\lambda}{l}\right)} = \frac{V \cdot l}{A \cdot \lambda} \tag{3.7}$$

여기서, G : 전단탄성계수(MPa, N/mm^2)

τ : 전단응력(MPa, N/mm^2)

γ : 전단변형률(rad)

V : 전단력(N)

A : 단면적(mm^2)

l : 원래의 부재 길이(mm)

λ: 전단변형량(mm)

예제 3.8 단면 50 mm×50 mm의 부재에 50 kN의 전단력을 작용시켜 전단변형률이 0.002 rad이었을 때 평균전단응력에 대한 전단탄성계수 G는 얼마인가?

$$\tau_{aver} = \frac{V}{A} = \frac{50 \times 10^3}{50 \times 50} = 20\ \text{MPa}\ (\text{N/mm}^2)$$

$$G = \frac{\tau_{aver}}{\gamma} = \frac{\left(\frac{50 \times 10^3}{50 \times 50}\right)}{0.002} = 10{,}000\ \text{MPa}\ (\text{N/mm}^2)$$

(6) 탄성계수간의 관계

재질이 균질하고 등방성인 탄성체의 경우 탄성계수 E와 전단탄성계수 G 사이에는 다음과 같은 관계가 성립한다.

$$G = \frac{E}{2(1+\nu)} \tag{3.8}$$

여기서, G : 전단탄성계수 (MPa, N/mm^2)

E : 탄성계수 (MPa, N/mm^2)

ν : 푸아송비

예제 3.9 단면적이 100 mm^{2}이고, 길이 2 m인 강봉이 80 kN의 축방향 인장력을 받을 때 8 mm 늘어났다. 이 봉재의 탄성계수 E와 전단탄성계수 G의 값은 얼마인가? 단, 푸아송비는 0.3이다.

↳ (1) 탄성계수 (E)

$$E = \frac{N \cdot l}{A \cdot \Delta l} = \frac{(80 \times 10^3) \times (2.0 \times 10^3)}{100 \times 8} = 200 \times 10^3 \text{ MPa (N/mm}^2)$$

(2) 전단탄성계수 (G)

$$G = \frac{E}{2(1+\nu)} = \frac{200 \times 10^3}{2 \times (1+0.3)} = 77 \times 10^3 \text{ MPa (N/mm}^2)$$

(7) 강성과 강도

① 강성

㉠ 강성 (Rigidity, 剛性)은 재료에 하중이 가해질 경우, 변형에 저항할 수 있는 재료의 능력을 나타낸 것이다.

㉡ 일반적으로 탄성계수가 클수록 강성이 크다.

㉢ 강도 (剛度)라고도 한다.

㉣ 종류

ⓐ EI : 휨강성 (Flexural Rigidity 또는 Bending Rigidity), 보의 휨에 저항하는 척도이다.

ⓑ EA : 축강성 (Axial Rigidity), 기둥의 압축력에 저항하는 척도이다.

ⓒ GA : 전단강성 (Shearing Rigidity), 재료의 전단력에 저항하는 척도이다.

ⓓ GJ : 비틀림강성 (Torsional Rigidity, 원형 단면에서는 GI_p), 재료의 비틀림 모멘트에 저항하는 척도이다.

여기서, E : 탄성계수, G : 전단탄성계수, I : 단면2차 모멘트

A : 단면적, J : 비틀림 상수, I_p : 단면극2차 모멘트

② 강성

㉠ 강성 (Stiffness, 剛性)은 재료의 견고함으로써 재료에 하중이 가해질 경우, 변형에 저항하는 정도이다.

㉡ 단위 변형을 일으키는데 필요한 힘이다.

㉢ 강성도 (剛性度)라고도 한다.

㉣ 강성 (Rigidity)과 강성 (Stiffness)은 엄격히 구분되어야 하나, 일반적으로 강성 (剛性)으로 함께 사용한다.

㉤ 종류

ⓐ $\frac{EI}{L}$: 휨강성 (Flexural Stiffness 또는 Bending Stiffness), 단위 회전각을 일으키는데 필요한 모멘트이다.

ⓑ $\frac{AE}{L}$: 축강성 (Axial Stiffness), 단위 축방향 변형량 (신장량 또는 압축량)을 일으키는데 필요한 축방향력 (인장력 또는 압축력)이다.

ⓒ $\frac{GA}{L}$: 전단강성 (Shearing Stiffness), 단위 전단변형량을 일으키는데 필요한 전단력이다.

ⓓ $\frac{GJ}{L}$: 비틀림강성 (Torsional Stiffness, 원형 단면의 경우는 $\frac{GI_p}{L}$), 단위 회전각을 일으키는데 필요한 토크이다.

③ 강도

㉠ 강도 (Strength, 强度)는 부재에 하중이 작용할 경우, 부재가 파괴되기까지의 변형에 대한 저항이며, 재료의 강한 정도이다.

㉡ 부재가 갖고 있는 단위 면적당 저항할 수 있는 힘이다.

㉢ 강도 (Rigidity, 剛度)와 강도 (Strength, 强度)가 다른 내용이나 한글이 강도로써 같아 주의한다.

㉣ 강도는 깨어지기가 어렵다는 뜻이고, 강성은 변형하기가 어렵다는 뜻이다.

㉤ 예를 들어 유리를 평평하게 놓고 하중을 가할 경우, 유리를 휘기는 어려우나 깨지기는 쉽다. 따라서 유리는 강도는 낮으나 강성은 높다고 한다. 또한 스프링에 압축력을 가할 경우, 스프링은 압축되기는 쉬우나 깨지기는 어렵다. 따라서 스프링은 강도는 높으나 강성은 낮다고 한다.

3.2 단면의 성질

3.2.1 단면의 제계수 요약

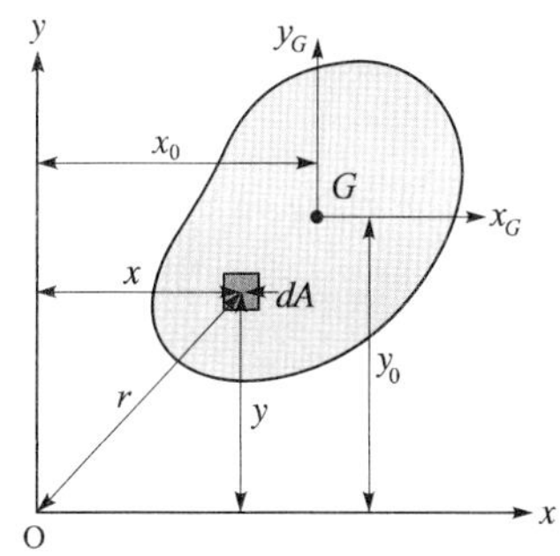

그림 3.15

표 3.5 단면성능의 종류와 특징

단면성능	정의식	단위 및 부호	용도 및 특성
단면적 (Area)	$A = \int_A dA$	m^2 (+)	• dA 는 x 좌표와 y 좌표를 갖는 미소 면적요소이다. • A 는 단면의 전체 단면적이다.
단면1차 모멘트 (First Moment, Statical Moment, Geometrical Moment)	$S_x = \int_A y\,dA = A\,y_0$ $S_y = \int_A x\,dA = A\,x_0$	m^3 (+), (−)	• 도심의 위치 계산에 사용된다. • 휨부재의 전단응력 계산에 사용된다. • 단면의 도심을 통과하는 축에 대한 단면1차 모멘트는 영(0)이다.
도심 (Centroid, 圖心)	$x_0 = \dfrac{S_y}{A}$ $y_0 = \dfrac{S_x}{A}$	m (+), (−)	• 기하학적 단면(질량이 같은 도형)의 중심이다. • 단면1차 모멘트가 영(0)이 되는 임의의 두 축의 교점이다. • 단면의 도심을 지나가는 축을 도심축(Centroidal Axis)이라고 한다.
중심 (Center of Gravity, 重心)	물체의 각 부분에 작용하는 중력(重力)의 합력이 통과하는 점	·	• 물체가 균질하고 탄성체이며 각 부분의 중력이 같으면 도심과 일치한다.

단면성능	정의식	단위 및 부호	용도 및 특성
단면2차 모멘트 (Second Moment, Moment of Inertia)	$I_x = \int_A y^2 dA$ $I_y = \int_A x^2 dA$	m^4 (+)	• 대칭인 단면의 도심축에 대한 단면2차 모멘트 값은 모두 같다. • 임의 단면의 단면2차 모멘트의 최솟값은 도심에 대한 것이며, 영(0)은 아니다. • 단면계수, 단면2차 반지름, 강도계산, 휨변형, 휨응력, 주응력 계산 등에 사용한다. • 처짐의 저항성을 나타내는 양(EI : 휨강성)에 사용한다.
단면계수 (Section Modulus)	$Z_c = \frac{I_{xG}}{y_c}$ $Z_t = \frac{I_{xG}}{y_t}$	m^3 (+)	• 단면계수가 큰 부재일수록 휨모멘트에 대한 저항력이 크다. • 부재의 휨응력 계산에 사용한다. • 부재의 단면설계에 사용한다.
단면2차 반지름 (회전 반지름, Radius of Gyration)	$i_x = \sqrt{\frac{I_x}{A}}$ $i_y = \sqrt{\frac{I_y}{A}}$	m (+)	• 압축부재의 설계 때 이용되는 계수이다. • 단면2차 반지름이 큰 부재일수록 압축에 대한 저항력이 크다. • 좌굴하중 검토에 사용한다. • 기둥의 장주와 단주의 구별(세장비)에 사용한다. • 봉이나 기둥 등의 설계에서는 최소 회전 반지름(주축 중에서 최소 단면2차 모멘트에 대한 것)을 사용한다.
단면상승 모멘트 (관성상승 모멘트, Product of Inertia)	$I_{xy} = \int_A xy dA$	m^4 (+), (−)	• 도형이 x축 또는 y축 중 어느 하나에 대해 축 대칭이면 그 단면의 단면상승 모멘트는 영(0)이다. • 주응력 계산에 사용한다. • 주축($I_{xy} = 0$이 되는 직교축) 계산에 사용한다.
단면극2차 모멘트 (극관성2차 모멘트, Polar Moment of Inertia)	$I_p = \int_A r^2 dA$ $= I_x + I_y$	m^4 (+)	• 부재의 비틀림응력 계산에 사용한다. • 극좌표 사용 시 이용된다. • 좌표축의 회전에 관계없이 항상 일정하다.

주1) 단면의 성질은 부재응력의 분포와 그 변형상태 등을 알기 위해 필요한 계수들이다.
주2) 단면의 제계수들에 대해서는 균질한 물체이고 탄성체인 것으로 가정한다.
주3) 일부의 경우 임의의 축에 대한 평행축정리의 적용이 가능하다.

3.2.2 단면1차 모멘트

(1) 정의 및 용도

① 단면1차 모멘트(First Moment 또는 Statical Moment)란 임의의 평면 면적 A 내의 미소 면적 dA에 대해 임의의 직교좌표축 x축과 y축을 정하고 그 축에서 미소 면적 dA까지의 거리 x 또는 y와 미소 면적 dA의 곱을 전체 단면에 걸쳐 합한 것이다.

② 단면1차 모멘트를 면적모멘트 또는 기하모멘트라고도 한다.

③ 단면의 도심을 통과하는 축에 대한 단면1차 모멘트는 영(0)이다.

④ 도심의 위치 계산 및 휨부재의 전단응력 계산에 사용된다.

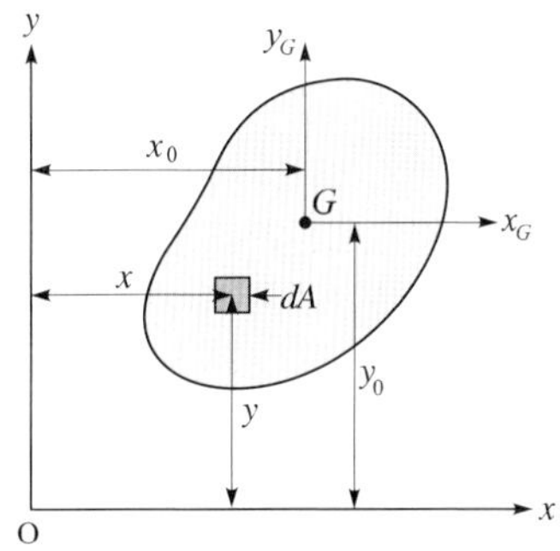

그림 3.16

$$S_x = \int_A y\,dA = Ay_0 \qquad (3.9\text{ a})$$

$$S_y = \int_A x\,dA = Ax_0 \qquad (3.9\text{ b})$$

여기서, S_x, S_y : x축 및 y축에 대한 단면1차 모멘트(m^3)

x_0 : y축에서 도심까지의 거리(m)

y_0 : x축에서 도심까지의 거리(m)

A : 단면적(m^2)

G : 도심

(2) 단면1차 모멘트에서 평행축정리

평행축정리(Parallel Axis Theorem)를 이용한, 원래의 x축 및 y축과 평행한 새로운 x'축 및 y'축에 대한 단면1차 모멘트는 다음과 같다.

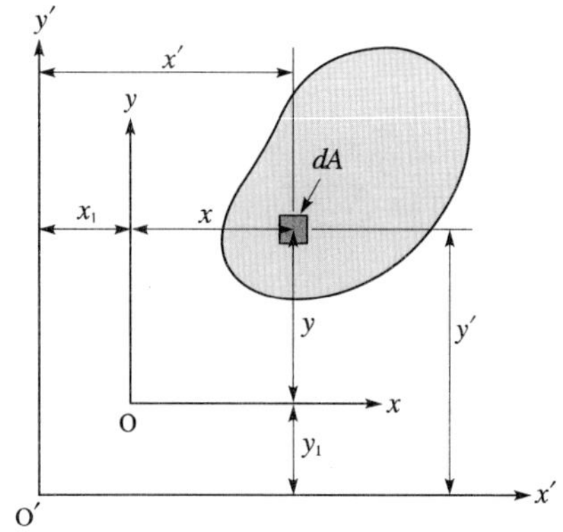

그림 3.17

$$S_{x'} = \int y' dA = \int (y + y_1) dA$$

$$= \int y\, dA + y_1 \int dA = S_x + A y_1 \tag{3.10 a}$$

$$S_{y'} = \int x' dA = \int (x + x_1) dA$$

$$= \int x\, dA + x_1 \int dA = S_y + A x_1 \tag{3.10 b}$$

여기서, $S_{x'}$, $S_{y'}$: x'축 및 y'축에 대한 단면1차 모멘트 (m^3)

S_x, S_y : x 및 y축에 대한 단면1차 모멘트 (m^3)

A : 단면적 (m^2)

(3) 복잡한 단면의 단면1차 모멘트

$$S_x = \int_A y\, dA = A_1 y_1 + A_2 y_2 + A_3 y_3 + \cdots \tag{3.11 a}$$

$$S_y = \int_A x\, dA = A_1 x_1 + A_2 x_2 + A_3 x_3 + \cdots \tag{3.11 b}$$

여기서, S_x, S_y : x축 및 y축에 대한 단면1차 모멘트 (m^3)

$x_{1,2,3}$: y 축에서 임의 분할 단면의 도심까지의 거리 (m)

$y_{1,2,3}$: x 축에서 임의 분할 단면의 도심까지의 거리 (m)

$A_{1,2,3}$: 분할된 각각의 단면적 (m^2)

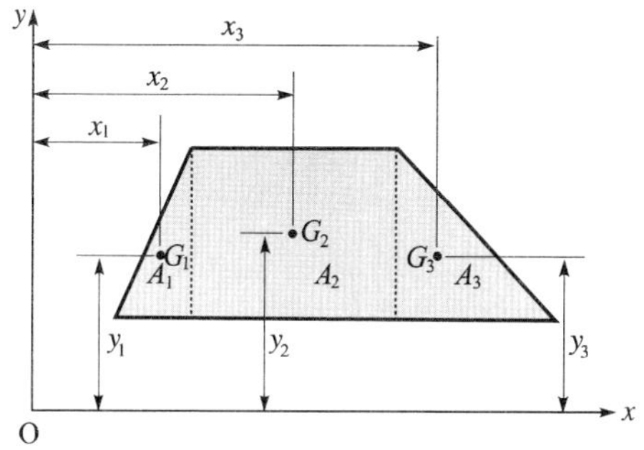

그림 3.18

(4) 중공형 (中空形) 단면의 단면1차 모멘트

$$S_x = \int_A y\,dA = A_1 y_1 - A_2 y_2 \qquad (3.12\text{ a})$$

$$S_y = \int_A x\,dA = A_1 x_1 - A_2 x_2 \qquad (3.12\text{ b})$$

여기서, S_x, S_y : x축 및 y축에 대한 단면1차 모멘트 (m^3)

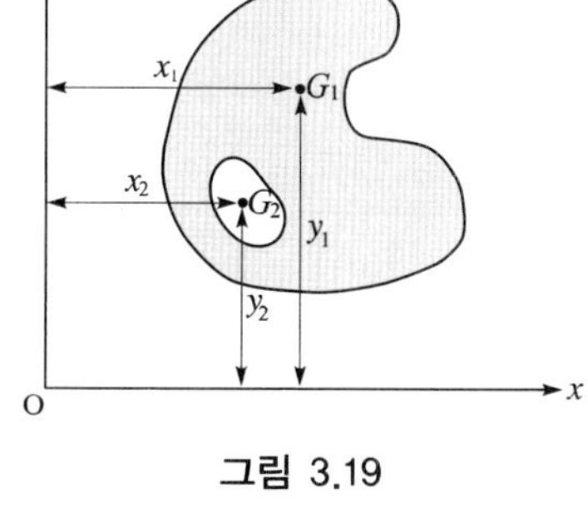

그림 3.19

예제 3.10 다음 그림과 같은 단면의 단면1차 모멘트 S_x, S_y를 구하라.

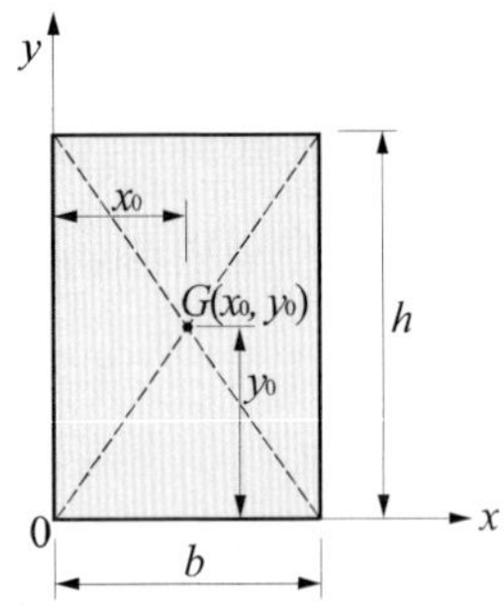

그림 3.20

$$S_x = \int_0^h y\,dA = \int_0^h y\,b\,dy = b\int_0^h y\,dy = b\left[\frac{y^2}{2}\right]_0^h = \frac{bh^2}{2}$$

$$S_y = \int_0^b x\,dA = \int_0^b x\,h\,dx = h\int_0^b x\,dx = h\left[\frac{x^2}{2}\right]_0^b = \frac{h\,b^2}{2}$$

또는 기본 도형의 경우, 도심을 알고 있으므로 다음과 같이 간단히 구할 수 있다.

$$S_x = Ay_0 = bh \times \frac{h}{2} = \frac{bh^2}{2}$$

$$S_y = Ax_0 = bh \times \frac{b}{2} = \frac{b^2h}{2}$$

예제 3.11 다음과 같은 직사각형 단면의 x_G 및 $x_1 \sim x_6$축에 대한 단면1차 모멘트를 각각 구하라.

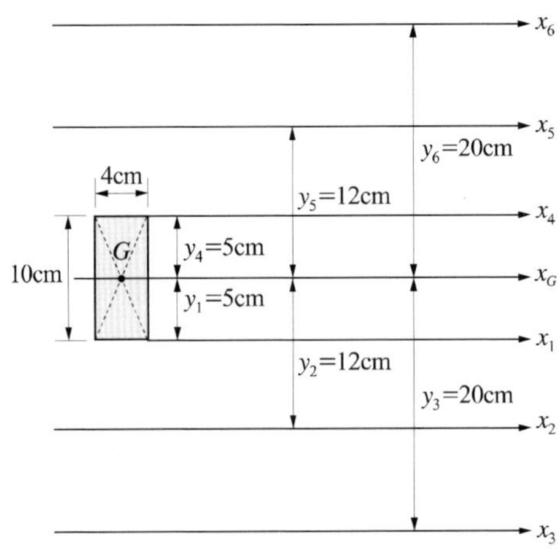

그림 3.21

$$S_{xG} = A\,y_0 = (4\times 10)\times 0 = 0\ \text{cm}^3$$

$$S_{x1} = A\,y_1 = (4\times 10)\times 5 = 200\ \text{cm}^3$$

$$S_{x2} = A\,y_2 = (4\times 10)\times 12 = 480\ \text{cm}^3$$

$$S_{x3} = A\,y_0 = (4\times 10)\times 20 = 800\ \text{cm}^3$$

$$S_{x4} = A\,y_4 = (4\times 10)\times (-5) = -200\ \text{cm}^3$$

$$S_{x5} = A\,y_5 = (4\times 10)\times (-12) = -480\ \text{cm}^3$$

$$S_{x6} = A\,y_6 = (4\times 10)\times (-20) = -800\ \text{cm}^3$$

예제 3.12 다음 그림과 같은 단면의 단면1차 모멘트 S_x, S_y를 구하라.

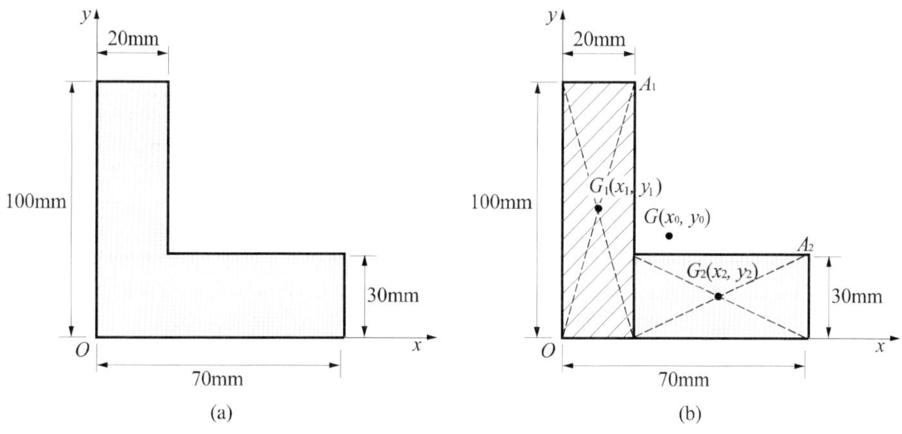

그림 3.22

$$S_x = \int_A y\,dA = A_1 y_1 + A_2 y_2 = (20\times 100)\times\left(\frac{100}{2}\right) + (50\times 30)\times\left(\frac{30}{2}\right)$$

$$= 100,000 + 22,500 = 122,500\ \text{mm}^3$$

$$S_y = \int_A x\,dA = A_1 x_1 + A_2 x_2 = (20\times 100)\times\left(\frac{20}{2}\right) + (50\times 30)\times\left(20 + \frac{50}{2}\right)$$

$$= 20,000 + 67,500 = 87,500\ \text{mm}^3$$

예제 3.13 다음 그림과 같은 단면의 단면1차 모멘트 S_x, S_y를 구하라.

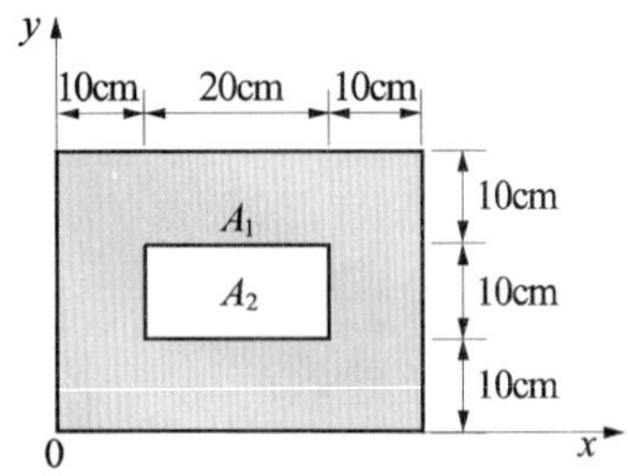

그림 3.23

$$S_x = \int_A y\,dA = A_1 y_1 - A_2 y_2 = (40 \times 30) \times \left(\frac{30}{2}\right) - (20 \times 10) \times \left(\frac{30}{2}\right)$$
$$= 18{,}000 - 3{,}000 = 15{,}000\ \text{cm}^3$$
$$S_y = \int_A x\,dA = A_1 x_1 - A_2 x_2 = (30 \times 40) \times \left(\frac{40}{2}\right) - (10 \times 20) \times \left(\frac{40}{2}\right)$$
$$= 24{,}000 - 4{,}000 = 20{,}000\ \text{cm}^3$$

3.2.3 도심

(1) 정의

① 도심 (Centroid, 圖心)이란 단면1차 모멘트가 영 (0)이 되는 직교좌표축인 x축 및 y축 ($S_{xG} = S_{yG} = 0$)들의 교점을 말한다.

② 도심 G를 알고 있을 때, 임의의 x축에 대한 단면1차 모멘트 S_x는 다음과 같다.

$$S_x = S_{xG} + A\,y_0 = A\,y_0$$

여기서, S_{xG} : 도심축에 대한 단면1차 모멘트 ($S_{xG} = 0$)

A : 단면적 (m^2)

y_0 : x축에서 도심까지의 거리 (m)

따라서 x축에서 도심까지의 거리 y_0는 다음과 같다.

$$y_0 = \frac{S_x}{A} \qquad (3.13)$$

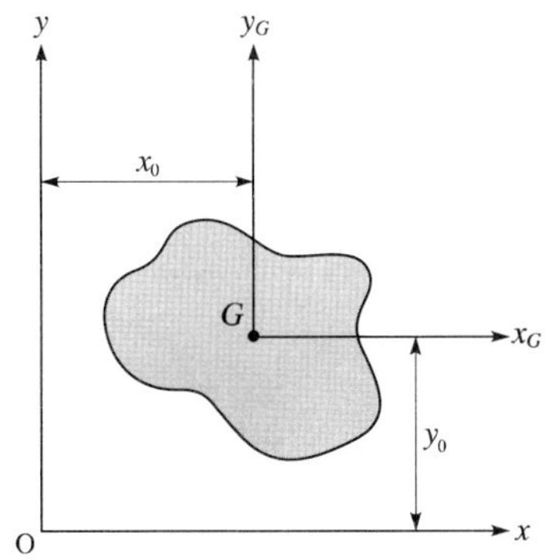

그림 3.24

③ 또한 도심 G 를 알고 있을 때, 임의의 y축에 대한 단면1차 모멘트 S_y는 다음과 같다.

$S_y = S_{yG} + A\,x_0 = A\,x_0$

여기서, S_{yG} : 도심축에 대한 단면1차 모멘트 $(S_{yG} = 0)$

x_0 : y 축에서 도심까지의 거리 (m)

따라서 y축에서 도심까지의 거리 x_0는 다음과 같다.

$$x_0 = \frac{S_y}{A} \qquad (3.14)$$

④ 그러므로 도심은 $S_x = \int_A y\,dA = Ay_0$와 $S_y = \int_A x\,dA = Ax_0$의 관계를 만족하는 x_0와 y_0에 위치하는 점 G를 의미한다.

(2) 기본 단면의 면적과 도심

표 3.6 사각형, 삼각형 및 원형 단면의 단면적과 도심

단면	사각형	삼각형	원형
도형	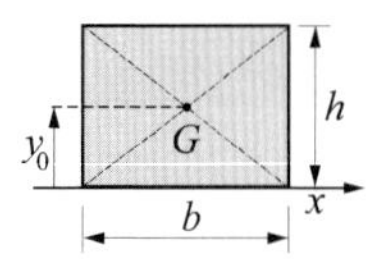	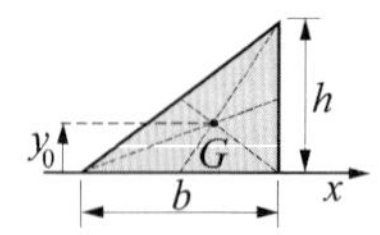	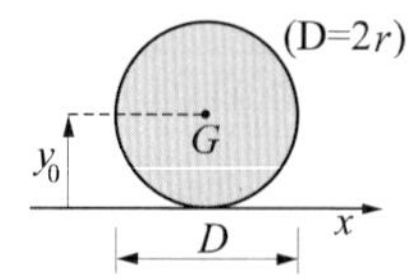
A (단면적)	bh	$\frac{bh}{2}$	$\pi r^2 = \frac{\pi D^2}{4}$
y_0 (도심)	$\frac{h}{2}$	$\frac{h}{3}$	$r = \frac{D}{2}$

주1) 기본적인 단면의 도심

① 정사각형(정방형), 직사각형[장방형(長方形) 또는 구형(矩形)] : 양 대각선의 교점

② 삼각형 : 삼중점의 교점

③ 원 점 : 원의 중심

(3) 특수 단면의 면적과 도심

표 3.7 여러 가지 특수 단면의 단면적과 도심

단면	$\frac{1}{4}$원	$\frac{1}{2}$원	중공형원	사다리형
도형	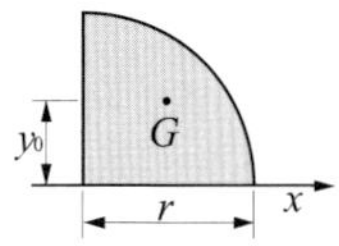	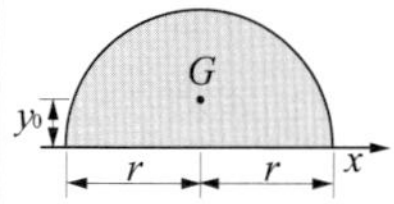	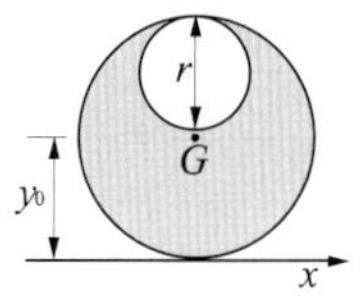	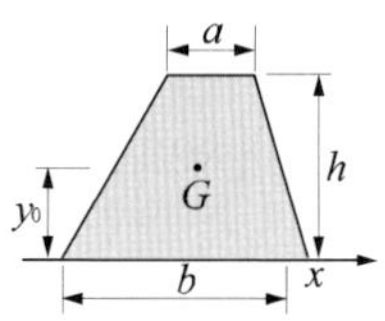
A (단면적)	$\frac{\pi r^2}{4}$	$\frac{\pi r^2}{2}$	$\frac{3\pi r^2}{4}$	$\frac{(a+b)h}{2}$
y_0 (도심)	$\frac{4r}{3\pi}$	$\frac{4r}{3\pi}$	$\frac{5r}{6}$	$\frac{h(2a+b)}{3(a+b)}$

예제 3.14 다음 그림과 같은 L형 단면의 도심 G 를 구하라.

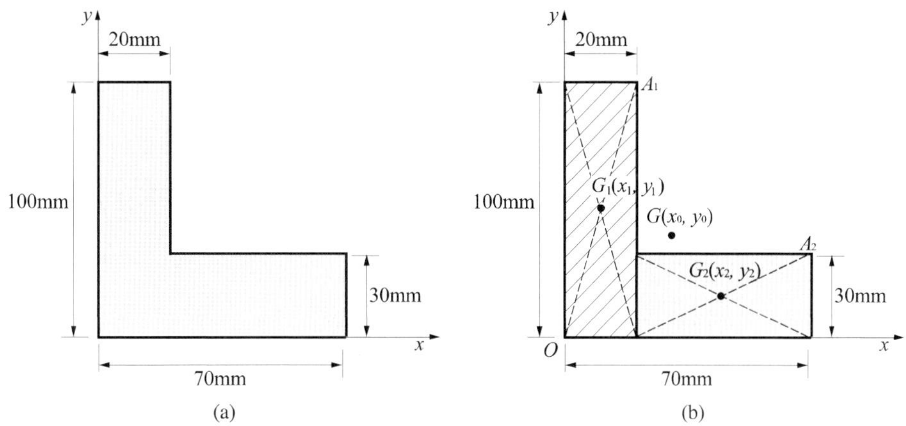

그림 3.25

(1) 단면적

$$A = A_1 + A_2 = 20 \times 100 + 50 \times 30 = 3{,}500\ \text{mm}^2$$

(2) 단면1차 모멘트

$$S_x = \int_A y\,dA = A_1 y_1 + A_2 y_2 = (20 \times 100) \times \left(\frac{100}{2}\right) + (50 \times 30) \times \left(\frac{30}{2}\right)$$

$$= 100{,}000 + 22{,}500 = 122{,}500\ \text{mm}^3$$

$$S_y = \int_A x\,dA = A_1 x_1 + A_2 x_2 = (20 \times 100) \times \left(\frac{20}{2}\right) + (50 \times 30) \times \left(20 + \frac{50}{2}\right)$$

$$= 20{,}000 + 67{,}500 = 87{,}500\ \text{mm}^3$$

(3) 도심

$$y_0 = \frac{S_x}{A} = \frac{A_1 y_1 + A_2 y_2}{A_1 + A_2} = \frac{122{,}500}{3{,}500} = 35\,\text{mm}$$

$$x_0 = \frac{S_y}{A} = \frac{A_1 x_1 + A_2 x_2}{A_1 + A_2} = \frac{87{,}500}{3{,}500} = 25\,\text{mm}$$

$$\therefore G(x_0, y_0) = G(25\ \text{mm},\ 35\ \text{mm})$$

예제 3.15 그림과 같은 T형 단면의 x_1 축과 x_2축으로부터 도심 G까지의 수직거리 y_0를 구하라.

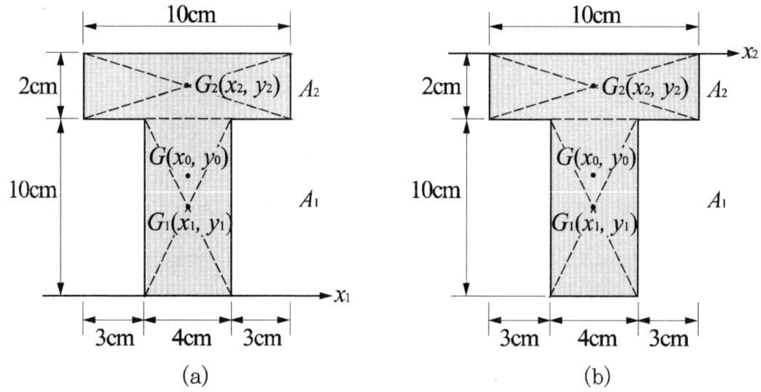

그림 3.26

(1) x_1축으로부터 도심 G까지의 수직거리 y_0

$$y_0 = \frac{S_x}{A} = \frac{A_1 y_1 + A_2 y_2}{A_1 + A_2} = \frac{40 \times 5 + 20 \times 11}{40 + 20} = 7\text{ cm}$$

(2) x_2축으로부터 도심 G까지의 수직거리 y_0

$$y_0 = \frac{S_x}{A} = \frac{A_1 y_1 + A_2 y_2}{A_1 + A_2} = \frac{40 \times (-7) + 20 \times (-1)}{40 + 20} = -5\text{ cm}$$

- x_1축에 대한 y_1, y_2
  ① $y_1 = 10/2 = 5\text{cm}$ ② $y_2 = 10 + 2/2 = 11\text{cm}$
- x_2축에 대한 y_1, y_2
  ① $y_1 = -2 - 10/2 = -7\text{cm}$ ② $y_2 = -2/2 = -1\text{cm}$

3.2.4 단면2차 모멘트

(1) 정의 및 용도

① 단면2차 모멘트(Second Moment 또는 Moment of Inertia)란 미소 면적 dA에 기준축까지의 거리 x 또는 y의 제곱을 곱한 것을 전체 단면에 걸쳐 합한 값이다.

② 단면2차 모멘트를 관성모멘트라고도 한다.

③ 단면계수, 단면2차 반지름, 강도, 휨변형, 휨응력, 주응력 등의 계산에 사용된다.

$$I_x = \int_A y^2 dA \qquad (3.15\ \mathrm{a})$$

$$I_y = \int_A x^2 dA \qquad (3.15\ \mathrm{b})$$

여기서, I_x, I_y : x 축 및 y 축에 대한 단면2차 모멘트 (m^4)

x , y : y 축 및 x 축으로부터 미소 면적 dA 까지의 거리 (m)

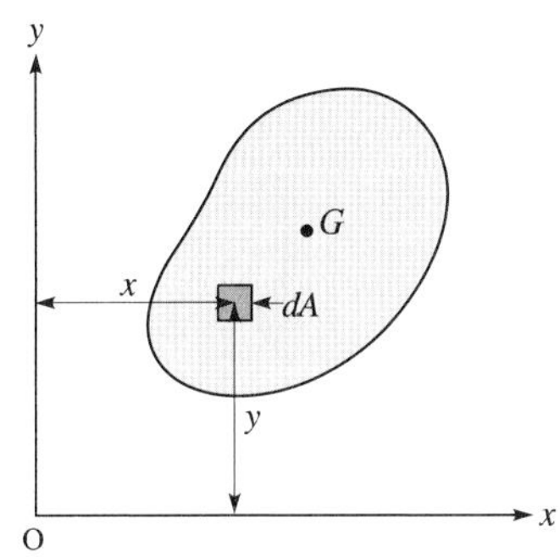

그림 3.27

(2) 기본 단면의 단면2차 모멘트

표 3.8 사각형, 삼각형 및 원형 단면의 단면2차 모멘트

단면	사각형	삼각형	원형
도형	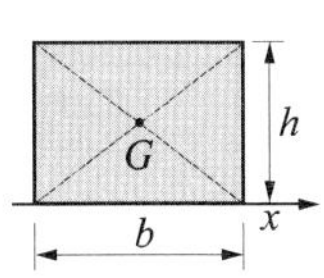	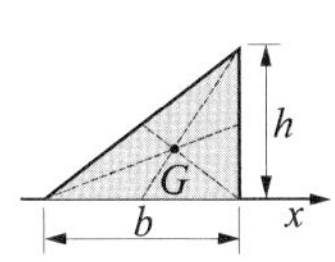	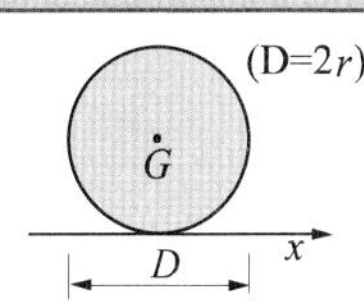
I_{xG} (도심축)	$\frac{bh^3}{12}$	$\frac{bh^3}{36}$	$\frac{\pi r^4}{4} = \frac{\pi D^4}{64}$
I_x (연단축)	$\frac{bh^3}{3}$	$\frac{bh^3}{12}$	$\frac{5\pi r^4}{4} = \frac{5\pi D^4}{64}$

주1) 연단 (Edge, 緣端) : 가장자리 또는 끝이다.

(3) 단면2차 모멘트에서 평행축정리

평행축정리 (Parallel Axis Theorem)를 이용한, 원래의 x축 및 y축과 평행한 새로운 x' 축 및 y' 축에 대한 단면2차 모멘트는 다음과 같다.

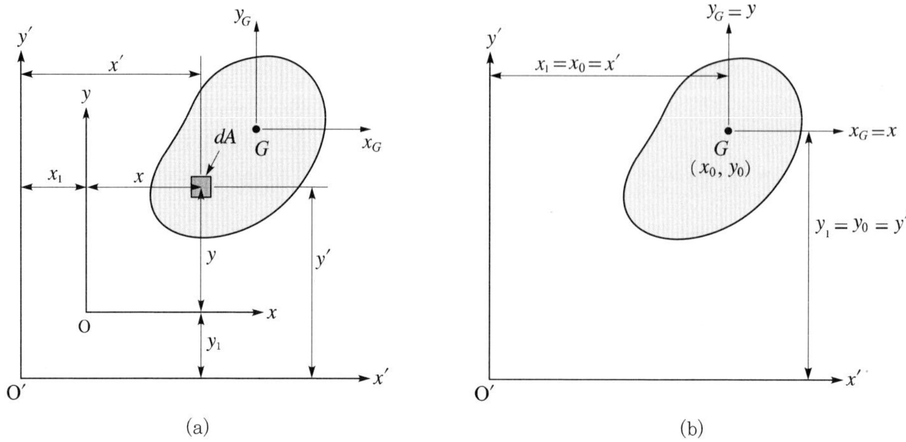

그림 3.28

$$I_{x'} = \int (y')^2 dA = \int (y+y_1)^2 dA = \int (y^2 + 2yy_1 + y_1^2) dA$$

$$= \int y^2 dA + 2y_1 \int y dA + y_1^2 \int dA$$

$$= I_x + 2S_x y_1 + A y_1^2$$

y' 축에 대해서도 동일한 결과가 얻어진다.

$$I_{x'} = I_x + 2S_x y_1 + A y_1^2 \qquad (3.16\,a)$$

$$I_{y'} = I_y + 2S_y x_1 + A x_1^2 \qquad (3.16\,b)$$

x축이 x_G축이고 $y_1 = y_0$라 하면, $I_{x'}$ 은 다음 식과 같다.

$$I_{x'} = I_{xG} + 2S_{xG} y_0 + Ay_0^2$$

위의 식에서 도심축 x_G에 대한 단면1차 모멘트 S_{xG}는 영 (0)이므로 x' 축에 대한 단면2차 모멘트 $I_{x'}$ 은 다음과 같다. 또한 y' 축에 대한 단면2차 모멘트 $I_{y'}$ 에 대해서도 동일한 결과가 얻어진다.

$$I_{x'} = I_{xG} + A\,y_0^2 \qquad (3.17\text{ a})$$

$$I_{y'} = I_{yG} + A\,x_0^2 \qquad (3.17\text{ b})$$

여기서, $I_{x'}$, $I_{y'}$: x' 축 및 y' 축에 대한 단면2차 모멘트 (m^4)

I_{xG}, I_{yG} : 도심 G를 지나는 x 축 및 y 축에 대한 단면2차 모멘트 (m^4)

y_0 : x' 축에서 도심까지의 거리 (m)

x_0 : y' 축에서 도심까지의 거리 (m)

A : 단면적 (m^2)

(4) 동일한 단면2차 모멘트

그림과 같은 단면들의 x_G축에 대한 단면2차 모멘트는 동일한 값을 갖는다.

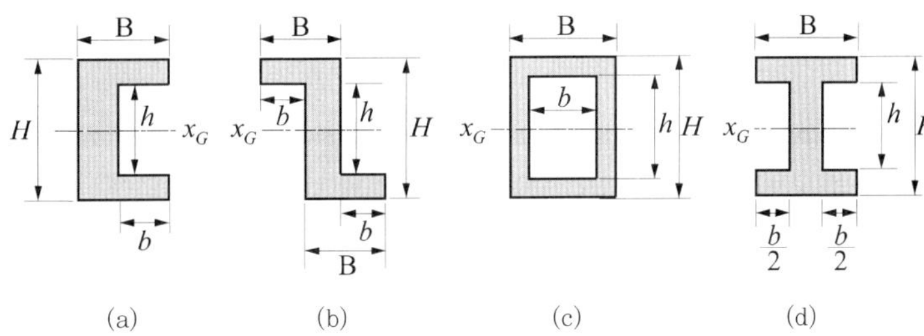

그림 3.29

$$I_{xG} = \frac{BH^3}{12} - \frac{bh^3}{12} \qquad (3.18)$$

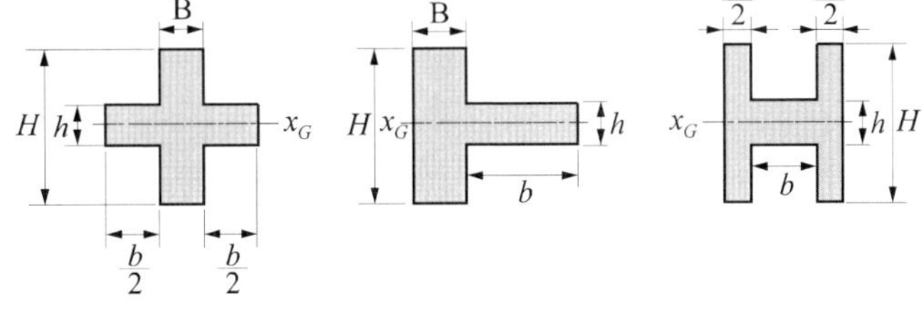

그림 3.30

$$I_{xG} = \frac{BH^3}{12} + \frac{bh^3}{12} \tag{3.19}$$

예제 3.16 다음과 같은 직사각형 단면의 x_G 및 $x_1 \sim x_6$축에 대한 단면2차 모멘트를 각각 구하라.

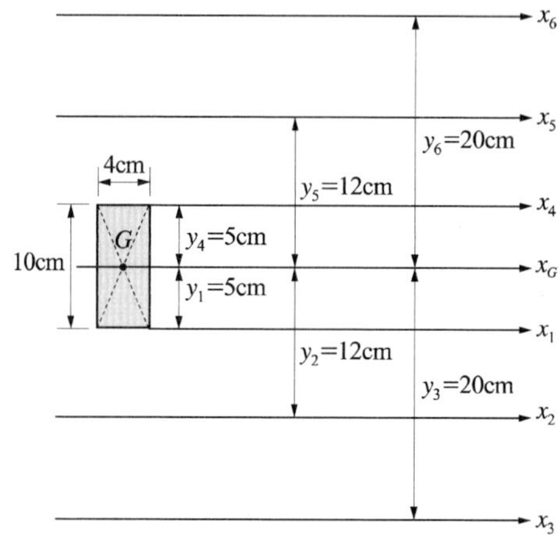

그림 3.31

$$I_{xG} = \frac{bh^3}{12} = \frac{4 \times 10^3}{12} = 333 \text{ cm}^4$$

$$I_{x1} = I_{xG} + A\,y_1^2 = \frac{bh^3}{12} + (bh)\,y_1^2 = \frac{4 \times 10^3}{12} + (4 \times 10) \times 5^2 = 1{,}333 \text{ cm}^4$$

$$I_{x2} = I_{xG} + A\,y_2^2 = \frac{bh^3}{12} + (bh)\,y_2^2 = \frac{4 \times 10^3}{12} + (4 \times 10) \times 12^2 = 6{,}093 \text{ cm}^4$$

$$I_{x3} = I_{xG} + A\,y_3^2 = \frac{bh^3}{12} + (bh)\,y_3^2 = \frac{4 \times 10^3}{12} + (4 \times 10) \times 20^2 = 16{,}333 \text{ cm}^4$$

$$I_{x4} = I_{xG} + A\,y_4^2 = \frac{bh^3}{12} + (bh)\,y_4^2 = \frac{4 \times 10^3}{12} + (4 \times 10) \times (-5)^2 = 1{,}333 \text{ cm}^4$$

$$I_{x5} = I_{xG} + A\,y_5^2 = \frac{bh^3}{12} + (bh)\,y_5^2 = \frac{4 \times 10^3}{12} + (4 \times 10) \times (-12)^2 = 6{,}093 \text{ cm}^4$$

$$I_{x6} = I_{xG} + A\,y_6^2 = \frac{bh^3}{12} + (bh)\,y_6^2 = \frac{4 \times 10^3}{12} + (4 \times 10) \times (-20)^2 = 16{,}333 \text{ cm}^4$$

예제 3.17 그림과 같은 T형 단면에서 x축에 대한 단면2차 모멘트는 얼마인가?

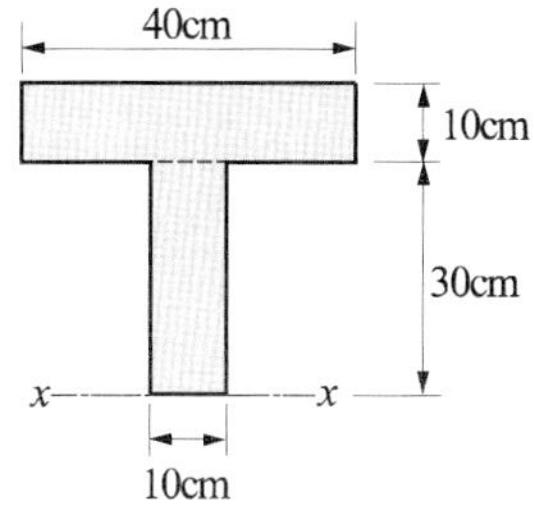

그림 3.32

↳ $$I_x = \frac{40\times10^3}{12} + (40\times10)\times\left(30+\frac{10}{2}\right)^2 + \frac{10\times30^3}{12} + (10\times30)\times\left(\frac{30}{2}\right)^2$$

$$= 583,333\ \text{cm}^4$$

예제 3.18 그림과 같은 T형 단면에서 x축에 대한 단면2차 모멘트는 얼마인가?

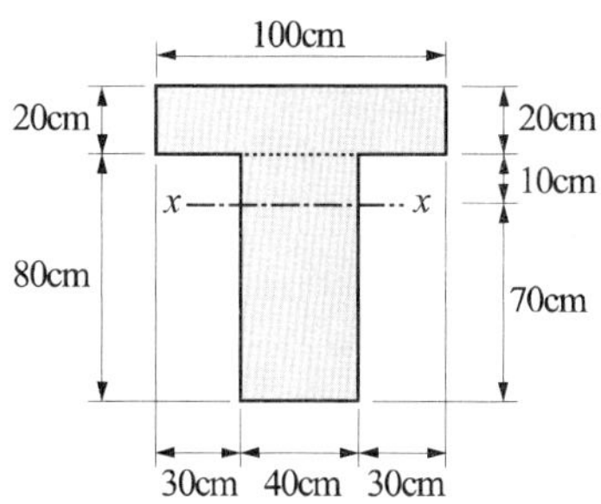

그림 3.33

↳ $$I_x = \frac{100\times20^3}{12} + (100\times20)\times\left(10+\frac{20}{2}\right)^2$$

$$+ \frac{40\times80^3}{12} + (40\times80)\times\left(70-\frac{80}{2}\right)^2$$

$$= 5,453,333\ \text{cm}^4$$

예제 3.19 그림과 같은 I형 단면에서 도심축인 x_G축에 대한 단면2차 모멘트는 얼마인가?

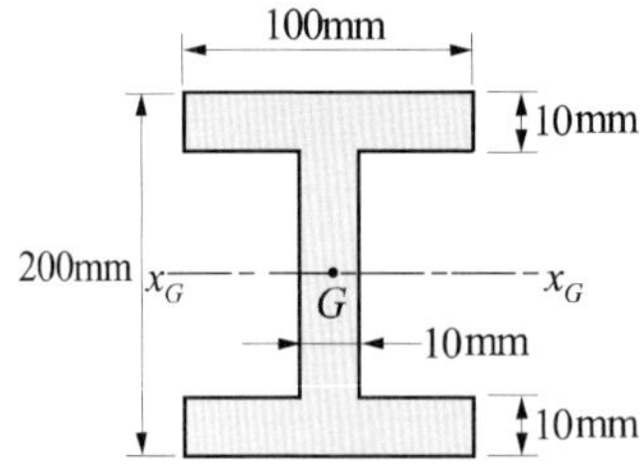

그림 3.34

↳ $I_{xG} = \dfrac{BH^3}{12} - \dfrac{bh^3}{12} = \dfrac{100 \times 200^3}{12} - \dfrac{90 \times 180^3}{12} = 22.93 \times 10^6 \ \mathrm{mm}^4$

예제 3.20 다음 그림과 같은 삼각형 단면에서 x축에 대한 단면1차 모멘트 S_x, 도심 y_0, 단면2차 모멘트 I_x 그리고 x축과 나란한 도심축에 대한 단면2차 모멘트 I_{xG}를 구하라.

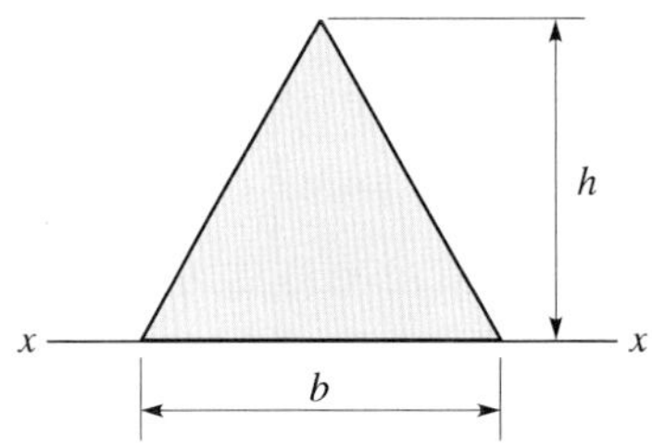

그림 3.35

↳ (1) x축에 대한 단면1차 모멘트 S_x

$$S_x = \int_0^h y\,dA = \int_0^h y\left[\frac{(h-y)b}{h}dy\right]$$

$$= \frac{b}{h}\int_0^h \left(yh - y^2\right)dy = \frac{b}{h}\left[\frac{hy^2}{2} - \frac{y^3}{3}\right]_0^h$$

$$= \frac{b}{h}\left(\frac{h^3}{2} - \frac{h^3}{3}\right) = \frac{bh^2}{6}$$

(2) x축에 대한 도심 y_0

$$y_0 = \frac{S_x}{A} = \frac{\left(\frac{bh^2}{6}\right)}{\left(\frac{bh}{2}\right)} = \frac{h}{3}$$

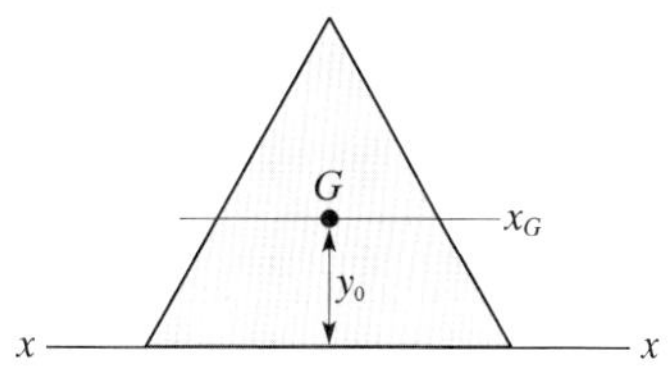

그림 3.36

(3) x축에 대한 단면2차 모멘트 I_x

$$I_x = \int_0^h y^2\,dA = \int_0^h y^2\left[\frac{(h-y)b}{h}dy\right] = \frac{b}{h}\int_0^h (hy^2 - y^3)\,dy$$
$$= \frac{b}{h}\left[\frac{hy^3}{3} - \frac{y^4}{4}\right]_0^h = \frac{b}{h}\left(\frac{h^4}{3} - \frac{h^4}{4}\right) = \frac{bh^3}{12}$$

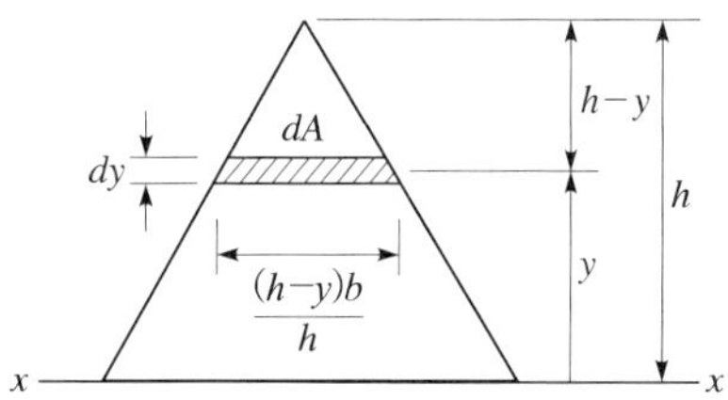

그림 3.37

(4) x축과 나란한 도심축에 대한 단면2차 모멘트 I_{xG}

평행축정리를 적용하여 x축과 나란한 도심축 x_G축에 대한 단면2차 모멘트 I_{xG}를 산정하면 다음과 같다. 여기서, y_1은 x_G축에서 x축까지의 거리이며 $y_1 = -y_0$이고, y_0은 x축에서 도심 G까지의 거리이다.

$$I_{xG} = I_x + 2S_x y_1 + Ay_1^2 = I_x + 2S_x(-y_0) + A(-y_0)^2$$
$$= \frac{bh^3}{12} + 2\left(\frac{bh^2}{6}\right)\left(-\frac{h}{3}\right) + \left(\frac{bh}{2}\right)\left(-\frac{h}{3}\right)^2 = \frac{bh^3}{12} - \frac{bh^3}{9} + \frac{bh^3}{18} = \frac{bh^3}{36}$$

또는 $I_x = I_{xG} + Ay_0^2$ 이므로 단면2차 모멘트 I_{xG}는 다음과 같다. 여기서, y_0은 x축에서 도심 G까지의 거리이다.

$$I_{xG} = I_x - Ay_0^2 = \frac{bh^3}{12} - \left(\frac{bh}{2}\right)\left(\frac{h}{3}\right)^2 = \frac{bh^3}{36}$$

예제 3.21 다음 그림과 같은 직사각형 단면에서 x축에 대한 단면1차 모멘트 S_x, 도심 y_0, 단면2차 모멘트 I_x 그리고 x축과 나란한 도심축에 대한 단면2차 모멘트 I_{xG}를 구하라.

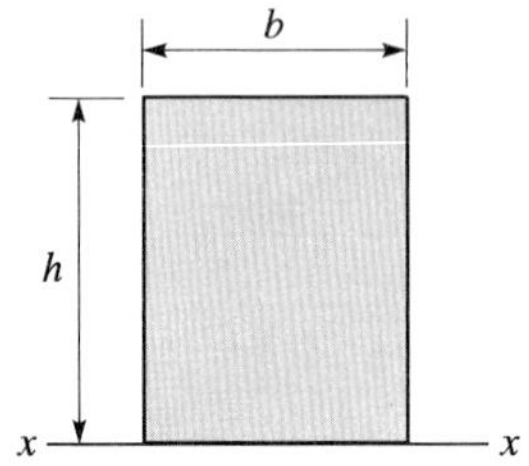

그림 3.38

(1) x축에 대한 단면1차 모멘트 S_x

$$S_x = \int_0^h y\,dA = \int_0^h y\,b\,dy$$
$$= b\int_0^h y\,dy = b\left[\frac{y^2}{2}\right]_0^h$$
$$= \frac{bh^2}{2}$$

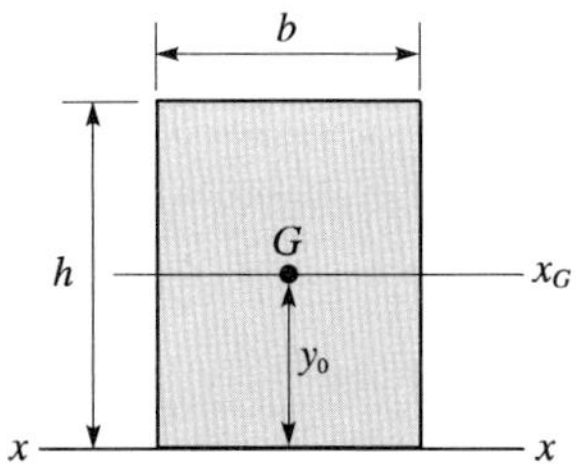

그림 3.39

(2) x축에 대한 도심 y_0

$$y_0 = \frac{S_x}{A} = \frac{\left(\frac{bh^2}{2}\right)}{(bh)} = \frac{h}{2}$$

(3) x축에 대한 단면2차 모멘트 I_x

$$I_x = \int_0^h y^2\,dA = \int_0^h y^2\,b\,dy$$
$$= b\int_0^h y^2\,dy = b\left[\frac{y^3}{3}\right]_0^h$$
$$= \frac{bh^3}{3}$$

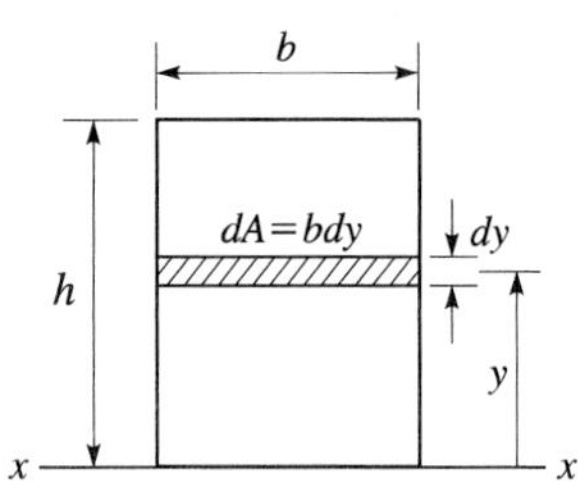

그림 3.40

(4) x축과 나란한 도심축에 대한 단면2차 모멘트 I_{xG}

평행축정리를 적용하여 x축과 나란한 도심축 x_G축에 대한 단면2차 모멘트 I_{xG}를 산정하면 다음과 같다. 여기서, y_1은 x_G축에서 x축까지의 거리이며 $y_1 = -y_0$이다.

$$I_{xG} = I_x + 2S_x y_1 + y_1^2 A = I_x + 2S_x(-y_0) + A(-y_0)^2$$

$$= \frac{bh^3}{3} + 2\left(\frac{bh^2}{2}\right)\left(-\frac{h}{2}\right) + bh\left(-\frac{h}{2}\right)^2 = \frac{bh^3}{3} - \frac{bh^3}{2} + \frac{bh^3}{4} = \frac{bh^3}{12}$$

또는 $I_x = I_{xG} + Ay_0^2$ 이므로 단면2차 모멘트 I_{xG}는 다음과 같다. 여기서, y_0은 x축에서 도심 G까지의 거리이다.

$$I_{xG} = I_x - Ay_0^2 = \frac{bh^3}{3} - bh\left(\frac{h}{2}\right)^2 = \frac{bh^3}{12}$$

예제 3.22 다음 그림과 같은 원형 단면에서 x축에 대한 단면1차 모멘트 S_x, 도심 y_0, 단면2차 모멘트 I_x 그리고 x축과 나란한 도심축에 대한 단면2차 모멘트 I_{xG}를 구하라.

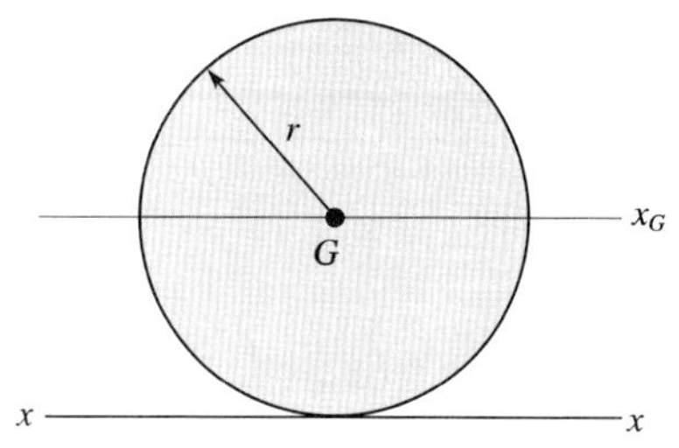

그림 3.41

↳ (1) x축에 대한 단면1차 모멘트 S_x

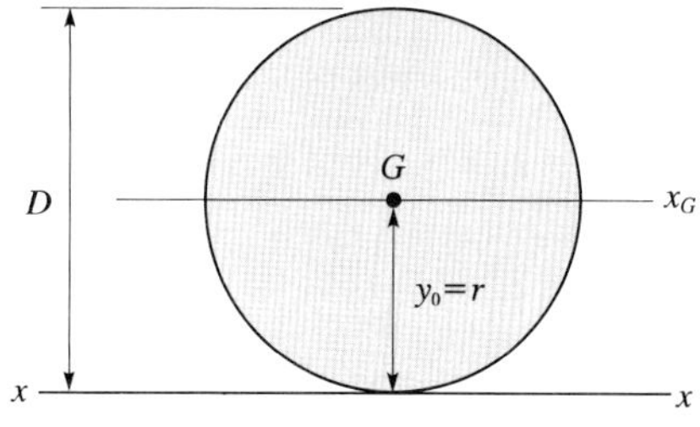

그림 3.42

$$S_x = \int y\,dA = \int_0^{2\pi}\int_0^r (r+\rho\sin\theta)\,\rho\,d\rho\,d\theta$$
$$= \int_0^{2\pi}\int_0^r (r\rho + \sin\theta\,\rho^2)\,d\rho\,d\theta$$
$$= r^3\pi$$

(2) x축에 대한 도심 y_0

$$y_0 = \frac{S_x}{A} = r$$

(3) x축에 대한 단면2차 모멘트 I_x

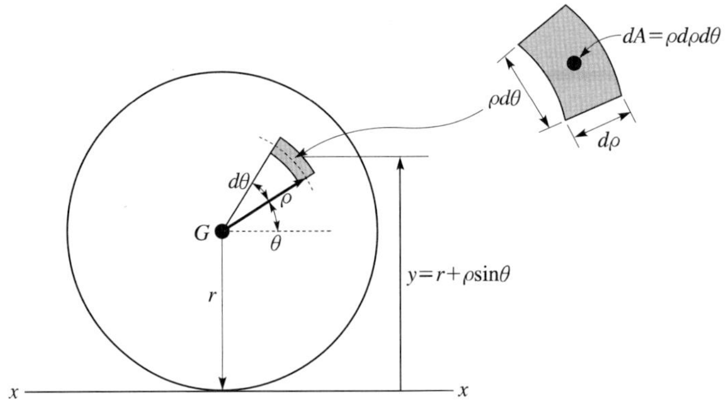

그림 3.43

$$I_x = \int y^2\,dA = \int_0^{2\pi}\int_0^r y^2\,dA = \int_0^{2\pi}\int_0^r (r+\rho\sin\theta)^2(\rho\,d\rho\,d\theta)$$
$$= \int_0^{2\pi}\int_0^r (r^2\rho + 2r\sin\theta\,\rho^2 + \sin^2\theta\,\rho^3)\,d\rho\,d\theta$$
$$= \frac{5}{4}\pi r^4 = \frac{5}{64}\pi D^4$$

위에서, $\int \sin^2\theta\,d\theta = \frac{1}{2}\theta - \frac{1}{2}\sin\theta\cos\theta$이고, $D = 2r$이다.

(4) x축과 나란한 도심축에 대한 단면2차 모멘트 I_{xG}

평행축정리를 적용하여 x축과 나란한 도심축 x_G축에 대한 단면2차 모멘트 I_{xG}를 산정하면 다음과 같다. 여기서, y_1은 x_G축에서 x축까지의 거리이며 $y_1 = -y_0$이다.

$$I_{xG} = I_x + 2S_x y_1 + Ay_1^2 = I_x + 2S_x(-y_0) + A(-y_0)^2$$
$$= \frac{5}{4}\pi r^4 + 2(r^3\pi)(-r) + (\pi r^2)(r)^2 = \frac{1}{4}\pi r^4 = \frac{1}{64}\pi D^4$$

또는 $I_x = I_{xG} + Ay_0^2$ 이므로 단면2차 모멘트 I_{xG}는 다음과 같다. 여기서, y_0는 x축에서 도심 G까지의 거리이다.

$$I_{xG} = I_x - Ay_0^2 = \frac{5}{4}\pi r^4 - (\pi r^2)(r^2) = \frac{1}{4}\pi r^4 = \frac{1}{64}\pi D^4$$

3.2.5 단면계수

(1) 정의 및 용도

① 단면계수(Section Modulus)란 도심축 x_G축에 대한 단면2차 모멘트 I_{xG}를 중립축(도심축)으로부터 단면 연단(끝)까지의 거리 y_c 또는 y_t로 나눈 값이다.

② 부재의 휨응력 계산 및 부재의 단면설계에 사용된다.

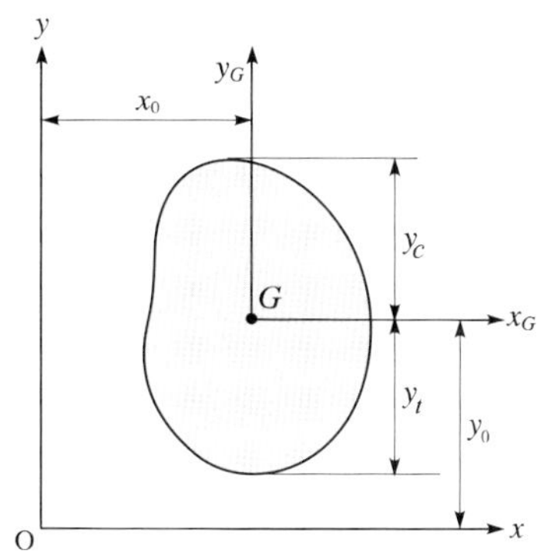

그림 3.44

$$Z_c = \frac{I_{xG}}{y_c} \qquad (3.20\text{ a})$$

$$Z_t = \frac{I_{xG}}{y_t} \qquad (3.20\text{ b})$$

여기서, Z_c, Z_t : 압축측 및 인장측에 대한 단면계수 (m^3)

I_{xG} : 도심축 x_G에 대한 단면2차 모멘트 (m^4)

y_c : 중립축 (도심축)으로부터 압축측 연단 (끝)까지의 거리 (절댓값 ; m)

y_t : 중립축 (도심축)으로부터 인장측 연단 (끝)까지의 거리 (절댓값 ; m)

•원형 단면에서 최대 단면계수의 조건

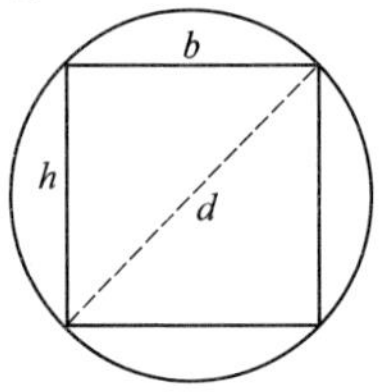

그림 3.45

단면계수 (Z)값이 최대가 되려면 이를 미분한 값이 영 (0)이어야 한다.
직각 삼각형에서

$d^2 = b^2 + h^2$

$h^2 = d^2 - b^2$

$Z = \dfrac{bh^2}{6} = \dfrac{b}{6}(d^2 - b^2) = \dfrac{1}{6}(d^2 b - b^3)$

Z를 b로 미분하면

$\dfrac{dZ}{db} = \dfrac{1}{6}(d^2 - 3b^2) = 0$

$d^2 - 3b^2 = 0$

$d = \sqrt{3}\,b$

$\therefore b : d = 1 : \sqrt{3}$

$\therefore b : h = 1 : \sqrt{2}$

$\therefore b : h : d = 1 : \sqrt{2} : \sqrt{3}$

(2) 기본 단면의 단면계수

표 3.9 사각형, 삼각형 및 원형 단면의 단면계수

단면	사각형	삼각형	원형
도형	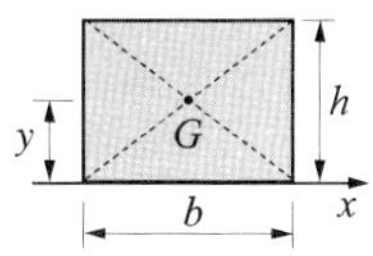	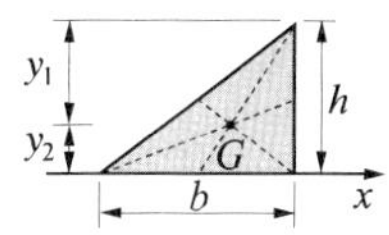	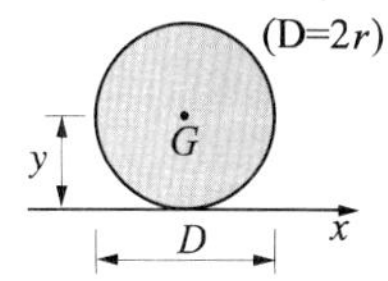
I_{xG}	$\frac{bh^3}{12}$	$\frac{bh^3}{36}$	$\frac{\pi r^4}{4}=\frac{\pi D^4}{64}$
y	$\frac{h}{2}$	$y_1=\frac{2h}{3},\ y_2=\frac{h}{3}$	$r=\frac{D}{2}$
Z	$\frac{bh^2}{6}$	$Z_1=\frac{bh^2}{24},\ Z_2=\frac{bh^2}{12}$	$\frac{\pi r^3}{4}=\frac{\pi D^3}{32}$

예제 3.23 다음 그림과 같은 직사각형 단면의 단면계수는?

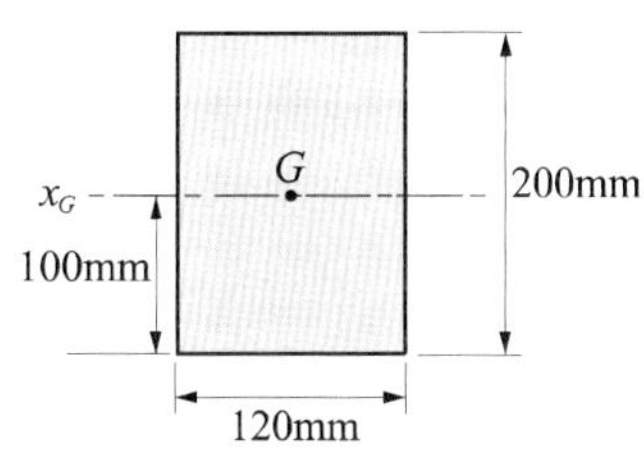

그림 3.46

(1) 도심축에 대한 단면2차 모멘트

$$I_{xG}=\frac{120\times 200^3}{12}=80\times 10^6\ \mathrm{mm}^4$$

(2) 단면계수

$$Z=\frac{I_{xG}}{y}=\frac{80\times 10^6}{100}=800\times 10^3\ \mathrm{mm}^3$$

예제 3.24 다음 그림과 같은 중공형 단면의 단면계수는 얼마인가?

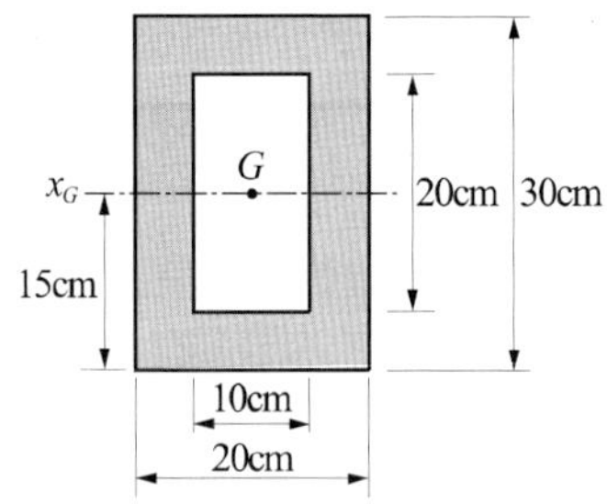

그림 3.47

↳ (1) 도심축에 대한 단면2차 모멘트

$$I_{xG} = \frac{BH^3}{12} - \frac{bh^3}{12} = \frac{20 \times 30^3}{12} - \frac{10 \times 20^3}{12} = 38,333 \text{ cm}^4$$

(2) 단면계수

$$Z = \frac{I_{xG}}{y} = \frac{38,333}{15} = 2,556 \text{ cm}^3$$

3.2.6 단면2차 반지름

(1) 정의 및 용도

① 임의 단면에 대한 단면2차 반지름(Radius of Gyration, 회전 반지름)은 그 단면과 동일한 면적을 갖는 미소 폭(≒0)에 무한 길이인 긴 단면이 동일 축에 대한 같은 크기의 단면2차 모멘트를 가질 때, 미소 폭에 무한 길이인 단면이 기준 축으로부터 떨어진 거리이다.

㉠ 임의 단면의 x축 및 y축에 대한 단면2차 모멘트[그림 3.48(a)]는 다음과 같다.

$$I_x = I_{xG} + A\,y_0^2$$

$$I_y = I_{yG} + A\,x_0^2$$

㉡ 미소 폭(≒0)에 무한 길이인 긴 단면의 x축 및 y축에 대한 단면2차 모멘트[그림 3.48(b), (c)]는 다음과 같다. 여기서, 길이는 무한대이고 두께가 미소 폭이므로 영(0)으로 가정할 수 있다. 즉 미소 폭에 무한 길이인 단면의 도심에 대한 단면2차 모멘트는 $I_{xG} = I_{yG} = 0$이 된다.

$I_x = I_{xG} + A\,i_x^2 = A\,i_x^2$

$I_y = I_{yG} + A\,i_y^2 = A\,i_y^2$

㉢ 두 단면의 x 축 및 y 축에 대한 단면2차 모멘트는 같으므로 다음과 같다.

$I_x = I_{xG} + A\,y_0^2 = A\,i_x^2$

$I_y = I_{yG} + A\,x_0^2 = A\,i_y^2$

㉣ 따라서 임의 단면에 대한 x 축 및 y 축에 대한 단면2차 반지름(회전 반지름)은 다음과 같다.

$$i_x = \sqrt{\frac{I_x}{A}} \qquad (3.21\text{ a})$$

$$i_y = \sqrt{\frac{I_y}{A}} \qquad (3.21\text{ b})$$

여기서, i_x, i_y : x 축 및 y 축에 대한 단면2차 반지름(m)

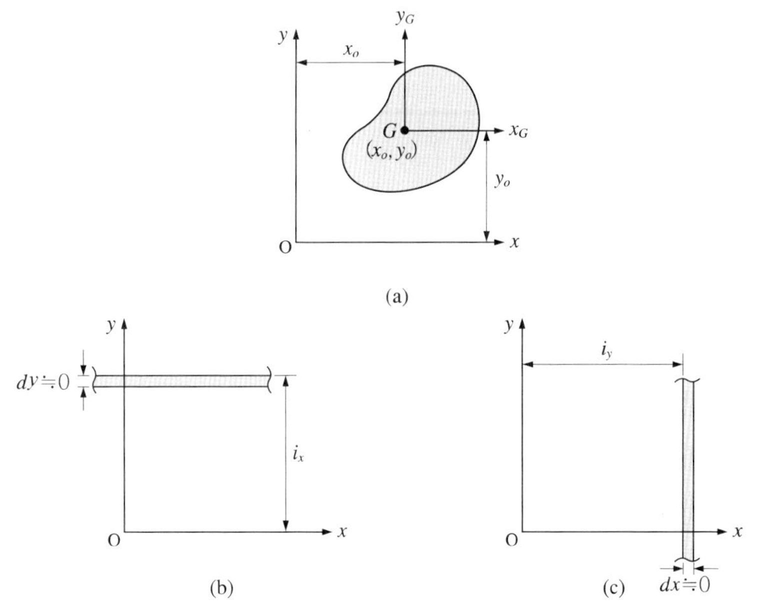

그림 3.48

② 일반적으로 단면2차 반지름은 도심축에 대한 값을 사용하므로 실제 설계에서 사용되는 단면2차 반지름은 다음 식과 같이 도심축에 대한 단면2차 모멘트를 단면

적으로 나눈 값의 제곱근이다.

$$i_{xG} = \sqrt{\frac{I_{xG}}{A}} \qquad (3.22\,\text{a})$$

$$i_{yG} = \sqrt{\frac{I_{yG}}{A}} \qquad (3.22\,\text{b})$$

여기서, i_{xG}, i_{yG} : 도심축 x_G 축 및 y_G 축에 대한 단면2차 반지름 (m)

I_{xG} : 도심축 x_G에 대한 단면2차 모멘트 (m^4)

I_{yG} : 도심축 y_G에 대한 단면2차 모멘트 (m^4)

A : 단면적 (m^2)

주1) 위의 단면2차 반지름의 식 (3.22)에서 단면2차 반지름은 대부분이 도심축에 대한 값을 의미하므로 i_{xG}와 i_{yG}에서 G를 생략하고 i_x와 i_y로 표현하는 경우가 많다.

③ 단면설계에서 단면2차 반지름은 일반적으로 도심축에 대한 값을 의미하므로 단면2차 반지름은 부재 단면의 재료가 도심축에 대하여 미소 폭의 무한 길이의 단면으로 집중되었다고 가정할 때 가상의 선과 도심축까지의 거리 (반지름)이다.

④ 기둥과 같은 압축부재의 설계 시 장주와 단주의 구별 및 좌굴 검토에 사용된다.

⑤ 단면2차 반지름은 세장비를 계산할 때 사용되며, 단면2차 반지름이 클수록 세장비가 감소되어 좌굴이 쉽게 발생되지 않는다.

⑥ 세장비 (λ)는 다음과 같다.

$$\lambda = \frac{l_k}{i} \qquad (3.23)$$

여기서, l_k : 부재의 유효좌굴길이 (m)

i : 단면2차 반지름 (m)

주1) 부재의 유효좌굴길이는 ① 양단 고정 : $l_k = 0.5l$, ② 1단 힌지-타단 고정 : $l_k = 0.7l$, ③ 양단 힌지 : $l_k = 1.0l$, ④ 1단 자유-타단 고정 : $l_k = 2.0l$이다. 여기서, l은 부재의 길이이다.

(2) 기본 단면의 도심축에 대한 단면2차 반지름

표 3.10 사각형, 삼각형 및 원형 단면의 단면2차 반지름

단면	사각형	삼각형	원형
도형	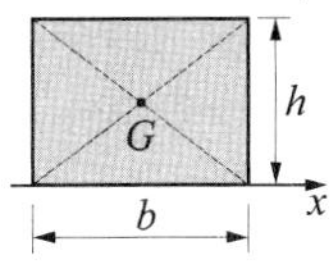	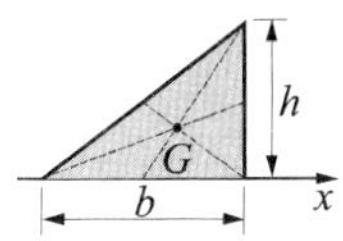	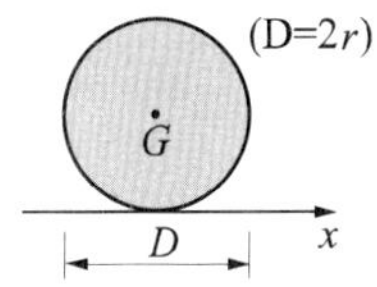
I_{xG}	$\dfrac{bh^3}{12}$	$\dfrac{bh^3}{36}$	$\dfrac{\pi r^4}{4}=\dfrac{\pi D^4}{64}$
A	bh	$\dfrac{bh}{2}$	$\pi r^2=\dfrac{\pi D^2}{4}$
i_{xG}	$\sqrt{\dfrac{\left(\dfrac{bh^3}{12}\right)}{(bh)}}=\dfrac{h}{2\sqrt{3}}$	$\sqrt{\dfrac{\left(\dfrac{bh^3}{36}\right)}{\left(\dfrac{bh}{2}\right)}}=\dfrac{h}{3\sqrt{2}}$	$\sqrt{\dfrac{\left(\dfrac{\pi r^4}{4}\right)}{(\pi r^2)}}=\dfrac{r}{2}=\dfrac{D}{4}$

예제 3.25 다음 그림과 같은 직사각형 단면의 x 축 및 y 축에 대한 단면2차 반지름을 구하여라.

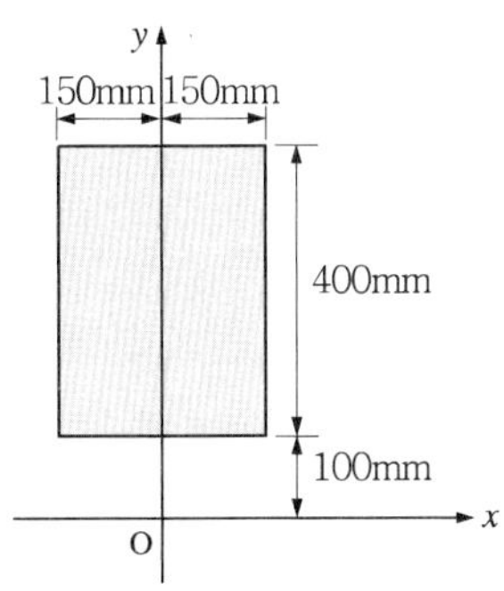

그림 3.49

↳ (1) 단면적

$$A = 300\times 400 = 120\times 10^3\ \mathrm{mm}^2$$

(2) x 축 및 y 축에 대한 단면2차 모멘트

$$I_x = \frac{300\times 400^3}{12} + (300\times 400)\times(100+200)^2 = 12{,}400\times 10^6\ \mathrm{mm}^4$$

$$I_y = \frac{400 \times 300^3}{12} = 900 \times 10^6 \text{ mm}^4$$

(3) x축 및 y축에 대한 단면2차 반지름

$$i_x = \sqrt{\frac{I_x}{A}} = \sqrt{\frac{12,400 \times 10^6}{120 \times 10^3}} = 321 \text{ mm}$$

$$i_y = \sqrt{\frac{I_y}{A}} = \sqrt{\frac{900 \times 10^6}{120 \times 10^3}} = 87 \text{ mm}$$

예제 3.26 다음 그림과 같은 직사각형 단면의 x_G축, y_G축에 대한 단면2차 반지름은 얼마인가?

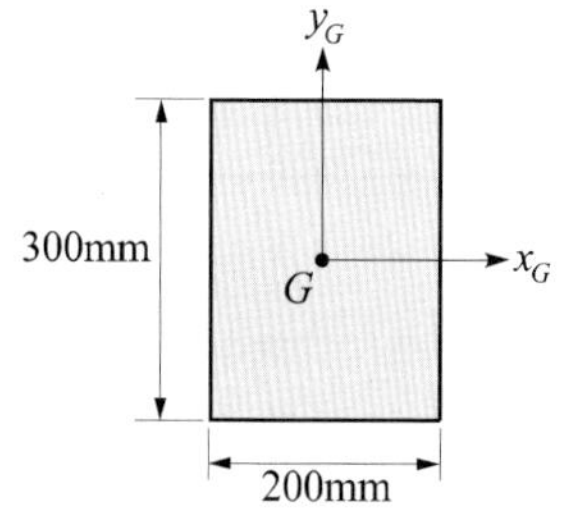

그림 3.50

(1) 도심축에 대한 단면2차 모멘트

$$I_{xG} = \frac{200 \times 300^3}{12} = 450 \times 10^6 \text{mm}^4$$

$$I_{yG} = \frac{300 \times 200^3}{12} = 200 \times 10^6 \text{mm}^4$$

(2) 도심축에 대한 단면2차 반지름

$$i_{xG} = \sqrt{\frac{I_{xG}}{A}} = \sqrt{\frac{450 \times 10^6}{200 \times 300}} = 86.6 \text{mm}$$

$$i_{yG} = \sqrt{\frac{I_{yG}}{A}} = \sqrt{\frac{200 \times 10^6}{200 \times 300}} = 57.7 \text{mm}$$

3.2.7 단면상승 모멘트

(1) 정의 및 용도

① 단면상승 모멘트(Product Moment of Inertia)는 미소 면적 dA에 직교축까지의 거리 x와 y를 각각 곱한 것을 전체 단면에 걸쳐 합한 것이다.

② 단면의 주축, 주단면2차 모멘트 계산 시 사용되며 또한 기둥 등의 압축부재 설계 시 사용된다.

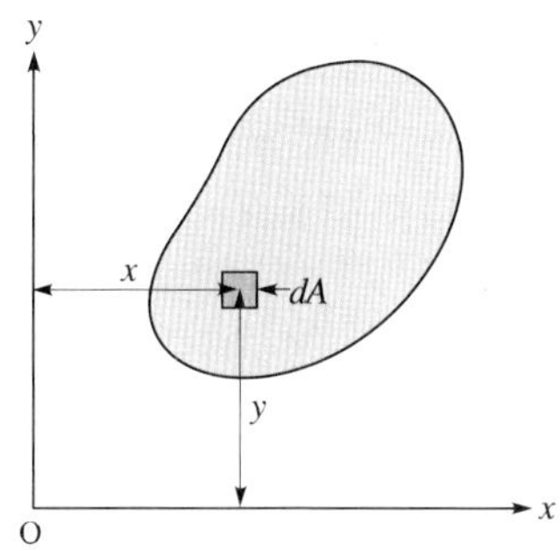

그림 3.51

$$I_{xy} = \int_A x\,y\,dA = \int_A x\,y\,dx\,dy \tag{3.24}$$

여기서, I_{xy} : x축과 y축에 대한 단면상승 모멘트(m^4)

(2) 대칭 단면의 단면상승 모멘트

$$I_{xy} = A\,x_0\,y_0 \tag{3.25}$$

여기서, x_0 : y 축에서 도심까지의 거리(m)

y_0 : x 축에서 도심까지의 거리(m)

A : 단면적(m^2)

(3) 단면상승 모멘트에서 평행축정리

평행축정리를 이용한, 원래의 x축 및 y축과 평행한 새로운 x' 축과 y' 축에 대한 단면상승 모멘트는 다음과 같다.

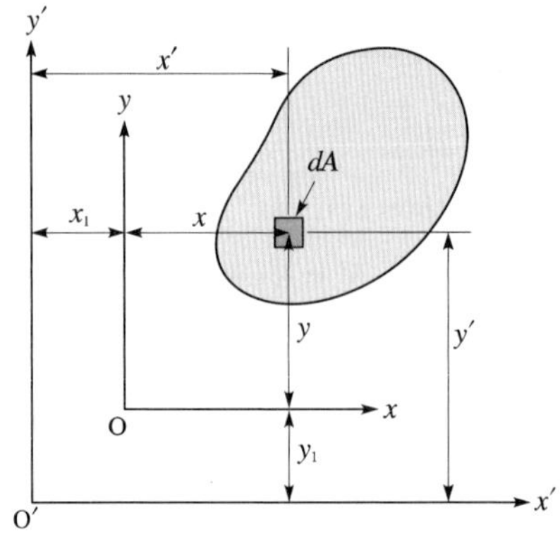

그림 3.52

$$
\begin{aligned}
I_{x'y'} &= \int x'y'\,dA = \int (x+x_1)(y+y_1)\,dA = \int (xy + xy_1 + x_1 y + x_1 y_1)\,dA \\
&= \int xy\,dA + y_1 \int x\,dA + x_1 \int y\,dA + x_1 y_1 \int dA \\
&= I_{xy} + S_y y_1 + S_x x_1 + A x_1 y_1
\end{aligned}
$$

$$I_{x'y'} = I_{xy} + S_y y_1 + S_x x_1 + A x_1 y_1 \qquad (3.26)$$

만약 x 축, y 축이 x_G 축, y_G 축이고 $x_1 = x_0$, $y_1 = y_0$라 하면 $S_{xG} = S_{yG} = 0$이므로 위의 식은 다음과 같다.

$$I_{x'y'} = I_{xGyG} + A x_0 y_0 \ (\text{mm}^4,\ \text{cm}^4,\ \text{m}^4) \qquad (3.27)$$

여기서, I_{xGyG} : 도심에 대한 단면상승 모멘트 (m^4)

x_0 : y 축에서 도심까지의 거리 (m)

y_0 : x 축에서 도심까지의 거리 (m)

A : 단면적 (m^2)

평행축정리에 의해 유도된 식에서 적어도 한 편의 축이 단면의 대칭축이면 $x_G = 0$ 또는 $y_G = 0$이 되어 $I_{xGyG} = 0$이 되고, 원래의 x축 및 y축과 평행한 새로운 x'축, y'축에 대한 단면상승 모멘트는 대칭 단면의 단면상승 모멘트와 같게 됨을 확인할 수 있다. 그러나 단면상승 모멘트가 영 (0)이라고 해서 적어도 한쪽의 축이 대칭축이라고 할 수는 없다.

(4) 대칭인 복잡한 단면의 단면상승 모멘트

$$I_{xy} = \int_A x\,y\,dA = A_1 x_1 y_1 + A_2 x_3 y_2 + A_3 x_3 y_3 + \cdots \tag{3.28}$$

여기서, $x_{1,2,3}$: y 축에서 임의 분할 단면의 도심까지의 거리 (m)

$y_{1,2,3}$: x 축에서 임의 분할 단면의 도심까지의 거리 (m)

$A_{1,2,3}$: 분할된 각각의 단면적 (m^2)

예제 3.27 다음 그림과 같은 직사각형 단면의 x축과 y축에 대한 단면상승 모멘트를 구하시오.

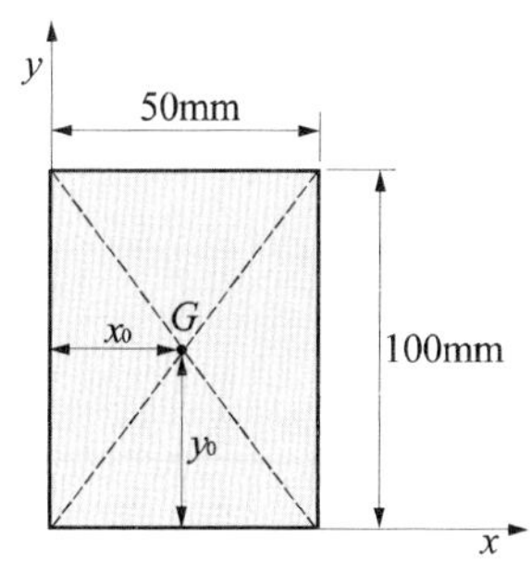

그림 3.53

↳ (1) y축, x축에서 도심축까지의 거리

$$x_0 = \frac{50}{2} = +25\ \text{mm}$$

$$y_0 = \frac{100}{2} = +50\ \text{mm}$$

(2) 단면상승 모멘트

$$I_{xy} = A\,x_0\,y_0 = (50 \times 100) \times 25 \times 50 = 6.25 \times 10^6\ \text{mm}^4$$

예제 3.28 다음 그림과 같은 직사각형 단면의 x축과 y축에 대한 단면상승 모멘트를 구하시오.

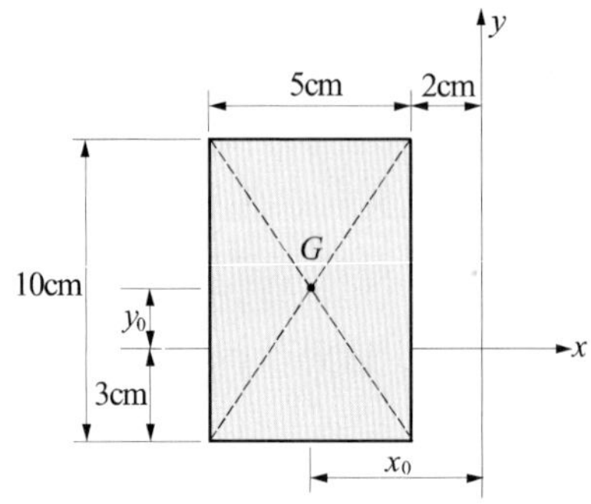

그림 3.54

(1) y축, x축에서 도심축까지의 거리

$$x_0 = -2 - \frac{5}{2} = -4.5\,\text{cm}$$

$$y_0 = \frac{10}{2} - 3 = +2\ \text{cm}$$

(2) 단면상승 모멘트

$$I_{xy} = A\,x_0\,y_0 = (5\times 10)\times(-4.5)\times 2 = -450\ \text{cm}^4$$

예제 3.29 다음 그림과 같은 단면의 도심 G를 지나는 직교축에 대한 단면상승 모멘트를 구하시오.

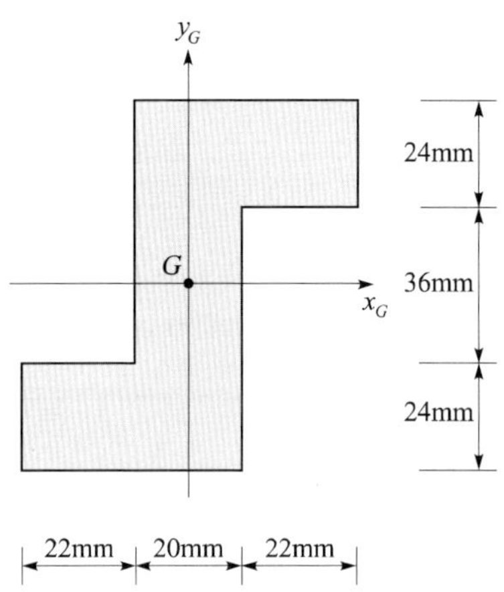

그림 3.55

↳ (1) 도심 G를 지나는 직교축에 대한 단면상승 모멘트를 구하기 위해 다음 그림과 같이 단면 ①, ②, ③의 세 부분으로 나누고 평행축정리를 이용하여 단면상승 모멘트를 구한다. 여기서, 세 부분으로 나누어진 단면은 모두 직사각형으로 각각의 단면은 평행이동한 임의의 x축 또는 y축에 대해 대칭 단면이 된다.

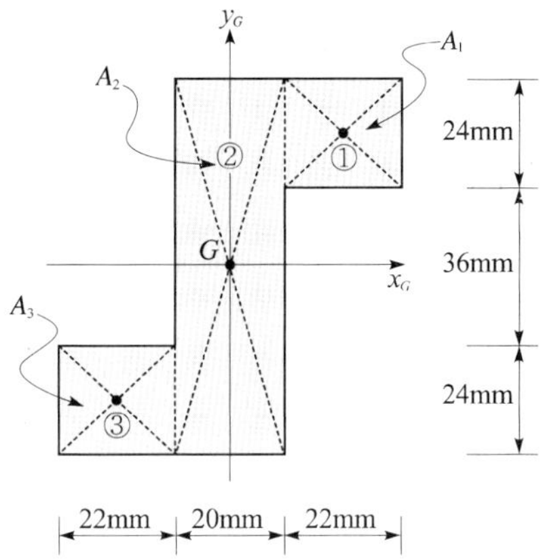

그림 3.56

표 3.11

구분	단면 ①	단면 ②	단면 ③
A	$A_1 = 22 \times 24$ $= 528\ \text{mm}^2$	$A_2 = 20 \times 84$ $= 1{,}680\ \text{mm}^2$	$A_3 = 22 \times 24$ $= 528\ \text{mm}^2$
x	$x_1 = 21\ \text{mm}$	$x_2 = 0\ \text{mm}$	$x_3 = -21\ \text{mm}$
y	$y_1 = 30\ \text{mm}$	$y_2 = 0\ \text{mm}$	$y_3 = -30\ \text{mm}$

(2) 단면상승 모멘트

$$I_{xy} = A_1 x_1 y_1 + A_2 x_2 y_2 + A_3 x_3 y_3$$

$$= 528 \times 21 \times 30 + 1{,}680 \times 0 \times 0 + 528 \times (-21) \times (-30)$$

$$= 665{,}280\ \text{mm}^4$$

예제 3.30 다음 그림과 같은 직사각형 단면의 단면상승 모멘트 I_{xy}와 I_{xGyG}를 구하시오.

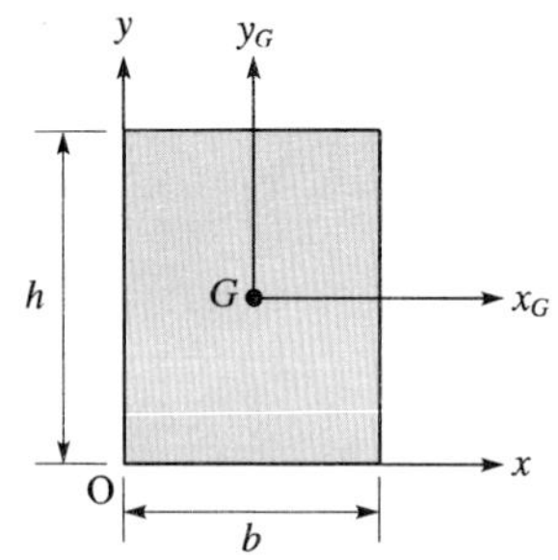

그림 3.57

(1) x축, y축에 대한 단면상승 모멘트 I_{xy}

$$I_{xy} = \int xy\,dA = \int_0^h \int_0^b xy\,dx\,dy$$

$$= \int_0^h \left[\frac{y}{2}x^2\right]_0^b dy = \int_0^h \frac{b^2}{2} y\,dy$$

$$= \left[\frac{b^2}{4}y^2\right]_0^h = \frac{b^2h^2}{4}$$

(2) x_G축, y_G축에 대한 단면상승 모멘트 I_{xGyG}

$$I_{xGyG} = I_{xy} + S_y y_1 + S_x x_1 + A x_1 y_1$$

$$= \frac{b^2h^2}{4} + \left(bh\frac{b}{2}\right)\left(-\frac{h}{2}\right) + \left(bh\frac{h}{2}\right)\left(-\frac{b}{2}\right) + (bh)\left(-\frac{b}{2}\right)\left(-\frac{h}{2}\right) = 0$$

또는 평행축정리 식 (3.27)로부터 다음과 같다.

$$I_{xGyG} = I_{xy} - A x_0 y_0 = \left(\frac{b^2h^2}{4}\right) - (bh)\left(\frac{h}{2}\right)\left(\frac{b}{2}\right) = 0$$

예제 3.31 다음 그림과 같은 직각삼각형 단면의 단면상승 모멘트 I_{xy}와 $I_{xG\,yG}$를 구하시오.

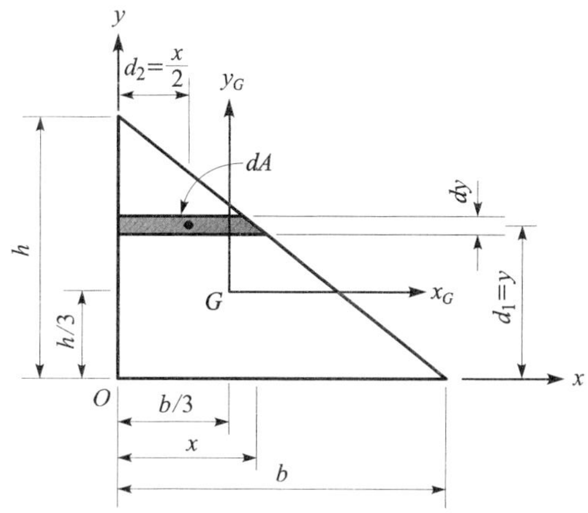

그림 3.58

(1) x축, y축에 대한 단면상승 모멘트 I_{xy}

그림 3.58에서 미소 면적 dA는 폭이 dy이고 너비는 원점 O로부터의 거리 x이고, x는 $b : h = x : (h-y)$로부터 다음과 같다.

$$x = \frac{(h-y)b}{h}$$

따라서 미소 스트립 (strip) 면적 dA는 다음과 같다.

$$dA = \left\{\frac{(h-y)b}{h}\right\} dy$$

x축, y축에 대한 면적 dA의 도심까지의 거리는 다음과 같다.

$$d_1 = y,\ d_2 = \frac{x}{2} = \left(\frac{1}{2}\right)\left\{\frac{(h-y)b}{h}\right\}$$

평행축정리로부터 자신의 도심을 통과하는 미소 스트립 dA의 단면상승 모멘트 ($I_{xG\,yG}$)는 영 (0)이 된다. 그러므로 평행축정리로부터 미소 스트립의 x축, y축에 단면상승 모멘트 dI_{xy}는 평행축정리 식 (3.27)로부터 다음과 같다.

$$\begin{aligned} dI_{xy} &= 0 + (dA)\,d_1\,d_2 \\ &= \left[\frac{(h-y)b}{h}dy\right]\left[y\left(\frac{1}{2}\right)\frac{(h-y)b}{h}\right] \\ &= \left(\frac{b^2}{2h^2}\right)(h-y)^2\,y\,dy \end{aligned}$$

직각삼각형의 x축, y축에 대한 단면상승 모멘트 I_{xy}는 다음과 같다.

$$I_{xy} = \int dI_{xy}$$
$$= \frac{b^2}{2h^2}\int_0^h (h-y)^2 y\,dy = \frac{b^2h^2}{24}$$

(2) x_G축, y_G축에 대한 단면상승모멘트 $I_{xG\,yG}$

x_G축, y_G축(도심축)에 대한 단면상승 모멘트($I_{xG\,yG}$)는 평행축정리 식 (3.27)로부터 다음과 같다.

$$I_{xG\,yG} = I_{xy} - A\,x_0\,y_0 = \left(\frac{b^2h^2}{24}\right) - \left(\frac{bh}{2}\right)\left(\frac{h}{3}\right)\left(\frac{b}{3}\right) = -\frac{b^2h^2}{72}$$

예제 3.32 다음 그림과 같은 직각삼각형 단면의 단면상승 모멘트 I_{xy}를 구하시오.

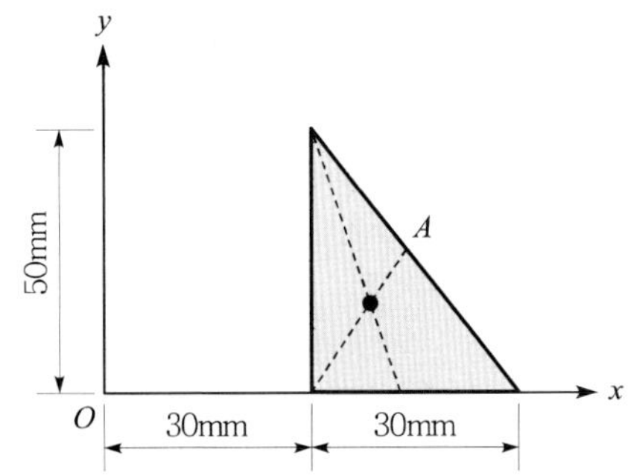

그림 3.59

↳ x축, y축에 대한 단면상승 모멘트 I_{xy}

x축, y축에 대한 단면상승 모멘트(I_{xy})는 x축 또는 y축에 대한 대칭인 단면이 아니므로 평행축정리 식 (3.27)로부터 다음과 같다.

$$I_{xy} = I_{xG\,yG} + A\,x_0\,y_0$$
$$= -\frac{b^2h^2}{72} + A\,x_0\,y_0$$
$$= -\left(\frac{30^2\times 50^2}{72}\right) + \left(\frac{1}{2}\times 30\times 50\right)\times\left(30+\frac{30}{3}\right)\times\frac{50}{3}$$
$$= -31{,}250 + 500{,}000$$
$$= 468{,}750\ \mathrm{mm}^4$$

3.2.8 단면극2차 모멘트

(1) 정의 및 용도

① 단면극2차 모멘트(Polar Moment of Inertia, 극관성 모멘트)란 미소 면적 dA에 직교좌표계의 원점 O에서 dA까지의 거리 r의 제곱을 곱한 것을 전체 단면에 걸쳐 합한 것이다.

② 부재의 비틀림응력 계산 및 극좌표 사용시 사용된다.

③ 단면극2차 모멘트의 값은 좌표의 회전에 관계없이 일정한 값이다.

$$I_p = \int r^2 dA = \int (x^2 + y^2) dA = \int x^2 dA + \int y^2 dA = I_y + I_x$$

$$I_p = I_x + I_y \qquad (3.29)$$

여기서, I_p : 단면극2차 모멘트(m^4)

I_x : x축에 대한 단면2차 모멘트(m^4)

I_y : y축에 대한 단면2차 모멘트(m^4)

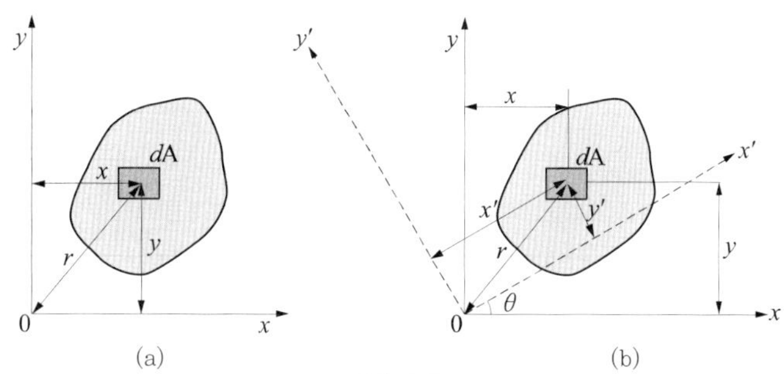

그림 3.60

(2) 좌표축의 회전

$r^2 = x^2 + y^2 = x'^2 + y'^2$이므로

$$I_p = \int r^2 dA = \int (x'^2 + y'^2) dA = \int x'^2 dA + \int y'^2 dA = I_{y'} + I_{x'}$$

$$I_p = \int_A r^2 dA = I_x + I_y = I_{x'} + I_{y'} \qquad (3.30)$$

여기서, I_x : x축에 대한 단면2차 모멘트(m^4)

I_y : y축에 대한 단면2차 모멘트 (m^4)

$I_{x'}$: x축으로부터 θ만큼 회전한 x'축에 대한 단면2차 모멘트 (m^4)

$I_{y'}$: y축으로부터 θ만큼 회전한 y'축에 대한 단면2차 모멘트 (m^4)

예제 3.33 다음 그림과 같이 한 변이 a인 정사각형 단면의 도심축(x_G축과 y_G축)에 대한 단면극2차 모멘트를 구하고, 이를 이용하여 대각선축(x'축과 y'축)에 대한 단면2차 모멘트를 구하시오.

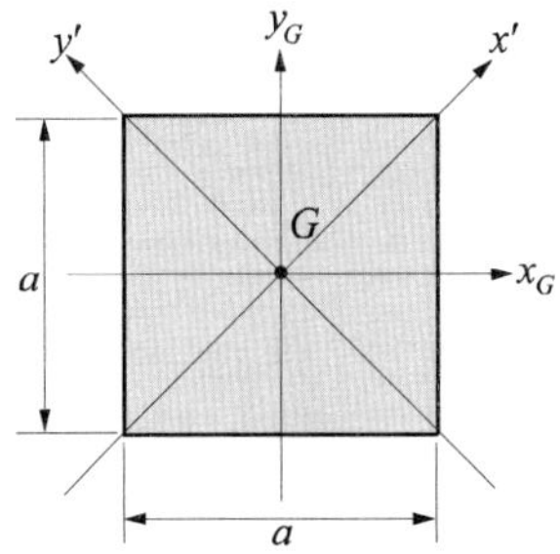

그림 3.61

(1) 도심축(x_G축과 y_G축)에 대한 단면극2차 모멘트

$$I_{xG} = I_{yG} = \frac{a^4}{12}$$

$$I_p = I_{xG} + I_{yG} = 2I_{xG} = 2I_{yG} = 2 \times \frac{a^4}{12} = \frac{a^4}{6}$$

(2) 대각선축(x'축과 y'축)에 대한 단면2차 모멘트

단면극2차 모멘트의 값은 좌표의 회전에 관계없이 일정한 값이다.

$$I_p = I_{xG} + I_{yG} = I_{x'} + I_{y'} = 2I_{x'}$$

즉, $I_{xG} = I_{x'} = \dfrac{a^4}{12}$이다.

예제 3.34 다음 그림과 같은 직사각형 단면의 단면극2차 모멘트를 구하시오.

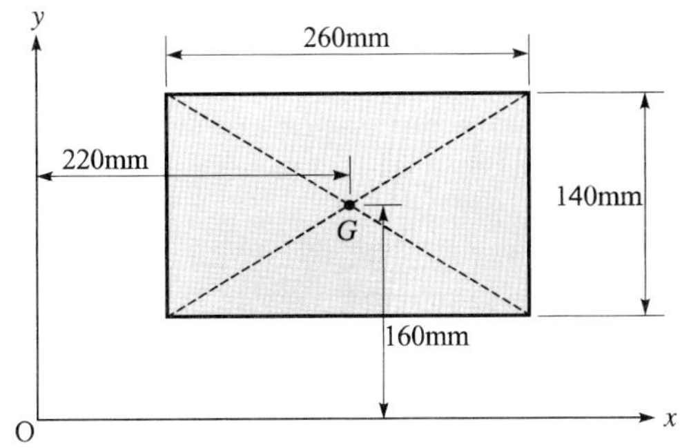

그림 3.62

$I_p = I_x + I_y$

$$= \left\{\frac{260 \times 140^3}{12} + (260 \times 140) \times 160^2\right\} + \left\{\frac{140 \times 260^3}{12} + (140 \times 260) \times 220^2\right\}$$

$$= (59.5 \times 10^6 + 931.8 \times 10^6) + (205.1 \times 10^6 + 1,761.8 \times 10^6)$$

$$= 2,958.2 \times 10^6 \text{ mm}^4$$

예제 3.35 다음 원형 단면의 단면극2차 모멘트 I_p를 구하시오.

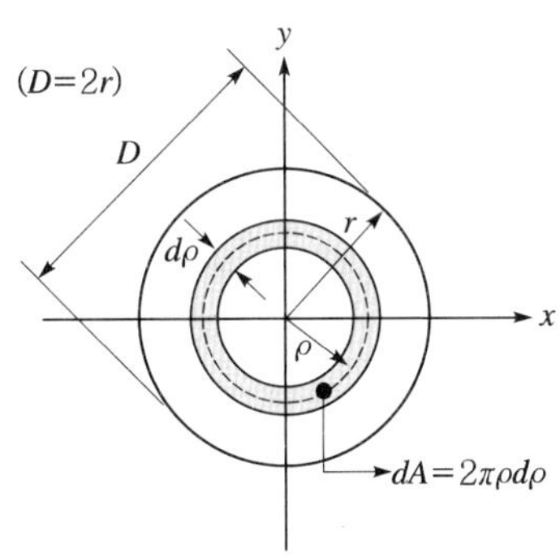

그림 3.63

단면극2차 모멘트 I_p

$$I_p = \int r^2 dA = \int_0^r \rho^2 (2\pi\rho\, d\rho) = \int_0^r 2\pi\rho^3 d\rho = \left[2\pi\frac{r^4}{4}\right]_0^{r_0} = \frac{\pi r^4}{2} = \frac{\pi D^4}{32}$$

또는

$$I_p = I_x + I_y = \frac{\pi r^4}{4} + \frac{\pi r^4}{4} = \frac{\pi r^4}{2} = \frac{\pi D^4}{32}$$

3.2.9 단면의 주축과 주단면2차 모멘트

(1) 단면의 주축

① 개요

㉠ 단면의 주축(Principal Axis; 강축과 약축)은 단면 내의 임의의 점을 원점으로 하는 직교하는 두 축에 대한 단면2차 모멘트 값이 극치(최대와 최소)가 되는 축이다.

㉡ 이들 한 쌍의 축을 그 단면의 주축이라 한다.

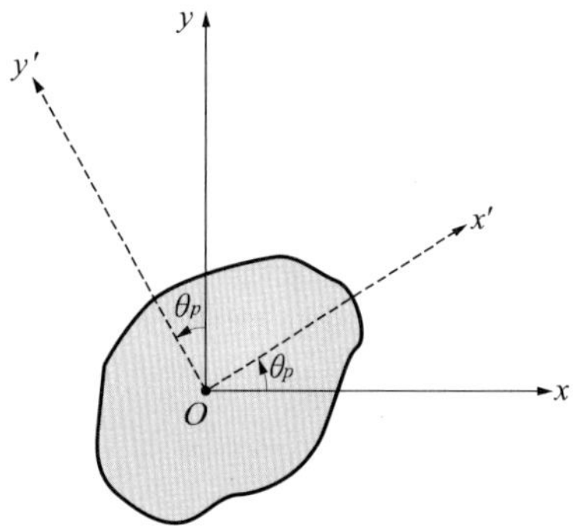

그림 3.64

② θ의 부호규약

㉠ + : x축으로부터 반시계방향으로 측정(↶)

㉡ − : x축으로부터 시계방향으로 측정(↷)

③ 강축과 약축

㉠ 강축(强軸, I_{max}) : 그 축에 대한 단면2차 모멘트 I가 최대인 축이 강축이다.

㉡ 약축(弱軸, I_{min}) : 그 축에 대한 단면2차 모멘트 I가 최소인 축이 약축이다.

④ 강축과 약축의 관계

$$I_{max} = \left(\frac{I_x + I_y}{2}\right) + \sqrt{\left(\frac{I_x - I_y}{2}\right)^2 + I_{xy}^2}$$

$$I_{min} = \left(\frac{I_x + I_y}{2}\right) - \sqrt{\left(\frac{I_x - I_y}{2}\right)^2 + I_{xy}^2}$$

$$\tan 2\theta_p = -\frac{I_{xy}}{\left(\frac{I_x - I_y}{2}\right)} = -\frac{2I_{xy}}{I_x - I_y}$$

여기서, θ_p는 단면2차 모멘트의 값이 극치(최대와 최소)가 되는 축의 방향이다. 주축의 방향으로 주축을 정의하는 각을 표시한다.

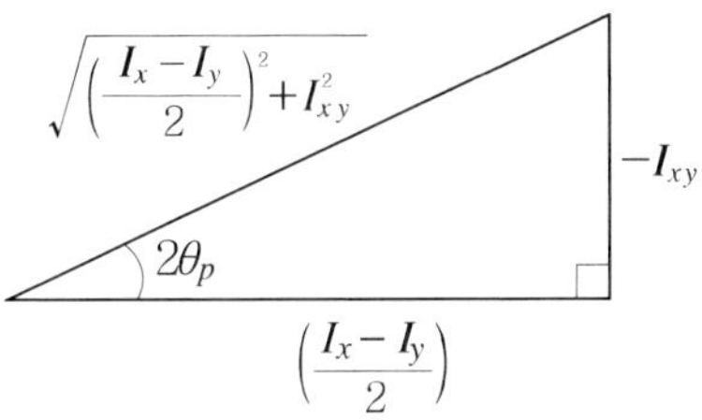

그림 3.65

(2) 주단면2차 모멘트

주단면2차 모멘트(주관성 모멘트)는 양 주축에 관한 한 쌍의 단면2차 모멘트 I_{max}와 I_{min}이다.

(3) 주축과 단면상승 모멘트의 관계

① 단면상승 모멘트 I_{xy}가 영(0)이 되는 직교하는 두 축이 주축이다. 반대로 주축에 관한 단면상승 모멘트는 영(0)이다. 따라서 주축을 구하려면 단면상승 모멘트가 영(0)이 되는 직교하는 두 축을 구하면 된다.

② 그러므로 대칭축을 가진 단면에서는 대칭축과 그것에 직교하는 축은 주축이다.

③ 단면이 대칭일 경우, 그의 대칭축에 대한 단면상승 모멘트는 영(0)이므로 대칭축은 그 단면의 주축의 하나이다.

표 3.12 단면의 종류에 따른 도심(중심), 단면2차 반지름 및 주축

H형(I형) 단면

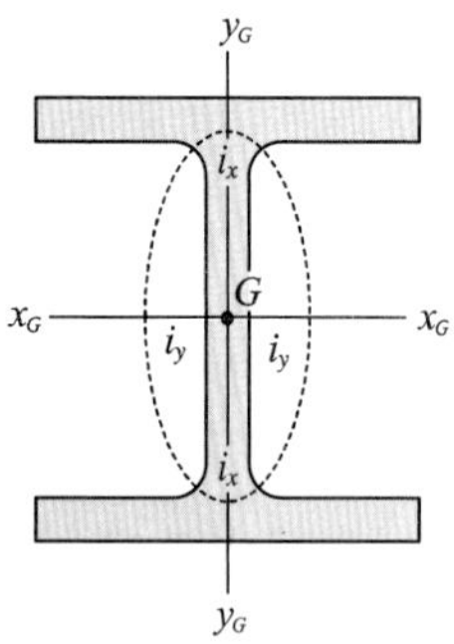

T형 단면

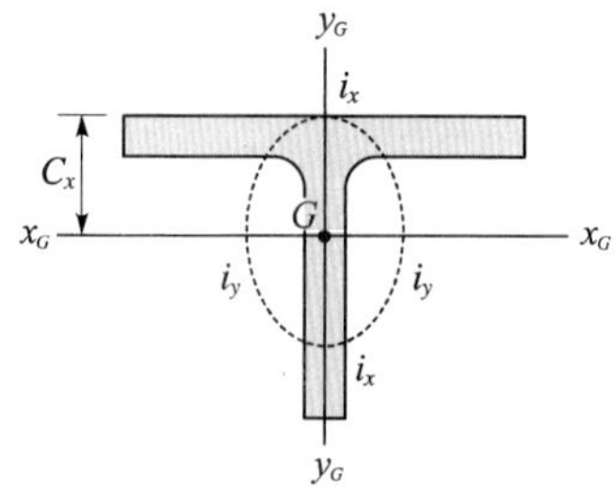

L형 단면

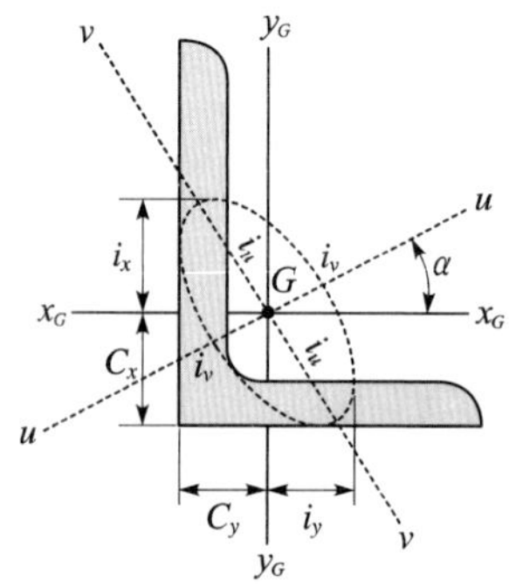

ㄷ형 단면

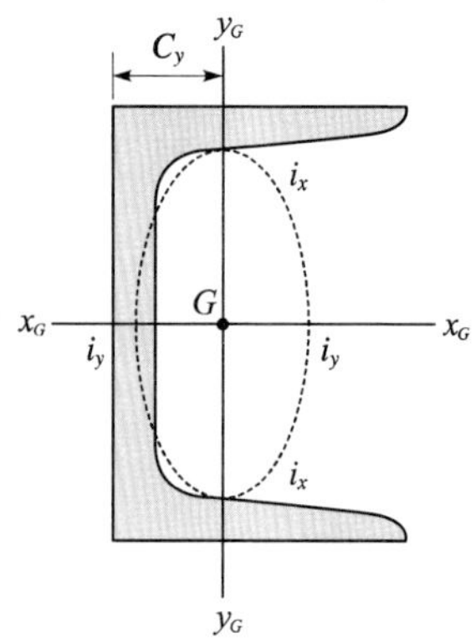

Z형 단면

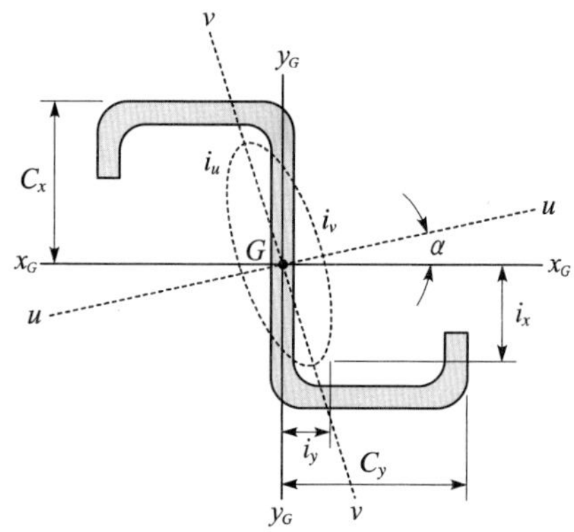

주1) 대칭축을 가진 단면에서는 대칭축과 그것에 직교하는 축이 주축이다.

주2) 비대칭 단면에서는 u축과 v축이 주축이다.

주3) 대칭 단면의 경우 x_G축이 강축이고 y_G축이 약축이다.

주4) 비대칭 단면의 경우 u축이 강축이고 v축이 약축이다.

주5) G는 도심이다.

예제 3.36 다음 그림과 같은 L형 단면에서 도심에 대한 주축의 경사각과 주단면2차 모멘트를 구하시오.

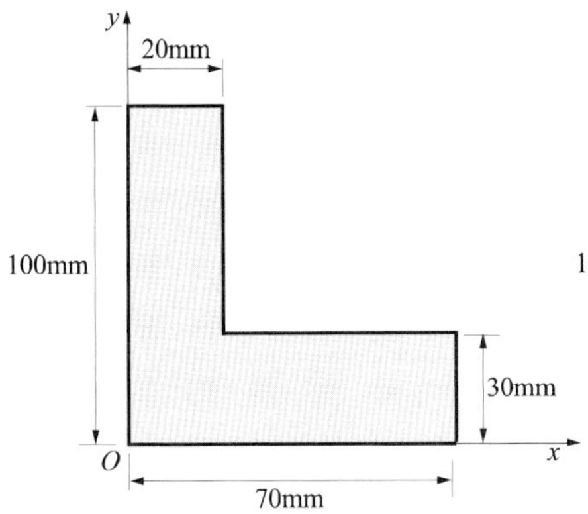

(a)

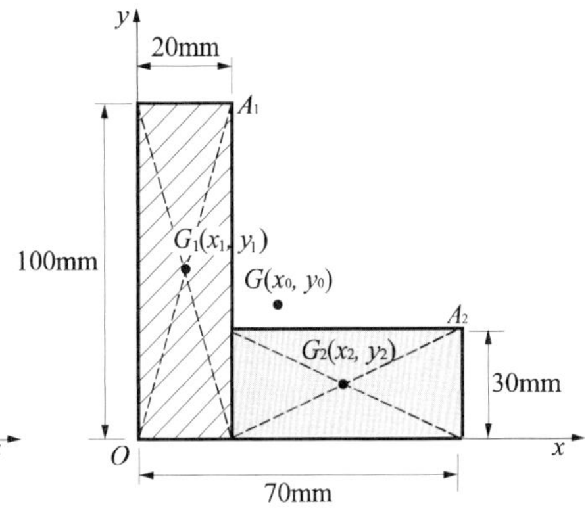

(b)

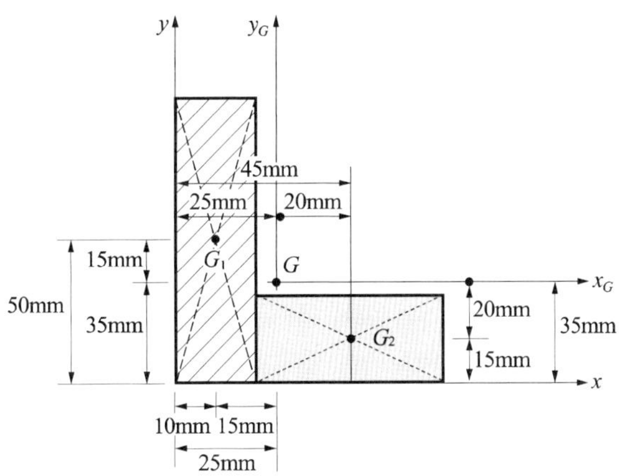

그림 3.66

↳ (1) 단면적

$$A = A_1 + A_2 = 20 \times 100 + 50 \times 30 = 3,500 \text{ mm}^2$$

(2) 단면1차 모멘트

$$S_x = \int_A y\,dA = A_1 y_1 + A_2 y_2 = (20 \times 100) \times \left(\frac{100}{2}\right) + (50 \times 30) \times \left(\frac{30}{2}\right)$$

$$= 100,000 + 22,500 = 122,500 \text{ mm}^3$$

$$S_y = \int_A x\,dA = A_1 x_1 + A_2 x_2 = (20 \times 100) \times \left(\frac{20}{2}\right) + (50 \times 30) \times \left(20 + \frac{50}{2}\right)$$
$$= 20{,}000 + 67{,}500 = 87{,}500\ \text{mm}^3$$

(3) 도심

$$x_0 = \frac{S_y}{A} = \frac{A_1 x_1 + A_2 x_2}{A_1 + A_2} = \frac{87{,}500}{3{,}500} = 25\,\text{mm}$$

$$y_0 = \frac{S_x}{A} = \frac{A_1 y_1 + A_2 y_2}{A_1 + A_2} = \frac{122{,}500}{3{,}500} = 35\,\text{mm}$$

$$\therefore G(x_0,\ y_0) = G(25\ \text{mm},\ 35\ \text{mm})$$

(4) 도심축에 대한 단면2차 모멘트

$$I_{xG} = \left\{\frac{20 \times 100^3}{12} + (20 \times 100) \times (50 - 35)^2\right\}$$
$$+ \left\{\frac{50 \times 30^3}{12} + (50 \times 30) \times (35 - 15)^2\right\} = 2{,}829 \times 10^3\ \text{mm}^4$$

$$I_{yG} = \left\{\frac{100 \times 20^3}{12} + (100 \times 20) \times (25 - 10)^2\right\}$$
$$+ \left\{\frac{30 \times 50^3}{12} + (30 \times 50) \times (20 + 25 - 25)^2\right\} = 1{,}429 \times 10^3\,\text{mm}^4$$

(5) 도심축에 대한 단면상승 모멘트

$$I_{xGyG} = \Sigma A\, x_0\, y_0 = (20 \times 100) \times \{-(25 - 10)\} \times (50 - 35)$$
$$+ (50 \times 30) \times (20 + 25 - 25) \times \{-(35 - 15)\}$$
$$= -1{,}050 \times 10^3\,\text{mm}^4$$

(6) 주축의 경사각

$$\tan 2\theta_p = -\frac{I_{xGyG}}{\left(\dfrac{I_{xG} - I_{yG}}{2}\right)} = -\frac{2I_{xGyG}}{(I_{xG} - I_{yG})}$$

$$= \frac{-2 \times (-1{,}050 \times 10^3)}{(2{,}829 \times 10^3 - 1{,}429 \times 10^3)} = 1.5$$

$$2\theta_p = 56°,\ \theta_{p1} = 28°(\curvearrowleft)$$

$$\theta_{p2} = \theta_{p1} + 90° = 28° + 90° = 118°(\curvearrowleft)$$

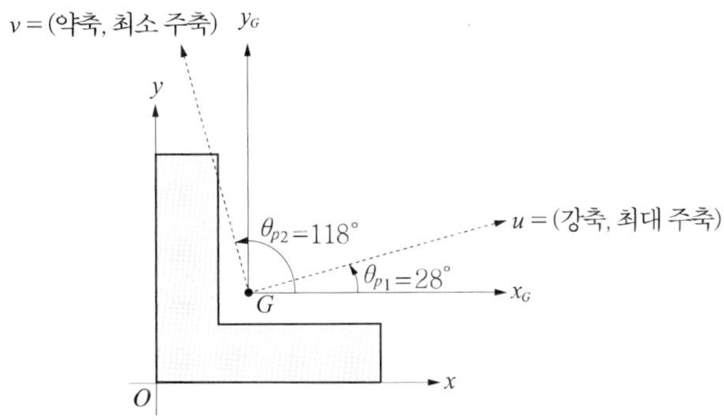

그림 3.67

(7) 주단면2차 모멘트

$$I_{max} = \left(\frac{I_{xG}+I_{yG}}{2}\right) + \sqrt{\left(\frac{I_{xG}-I_{yG}}{2}\right)^2 + I_{xGyG}^2}$$

$$= \left(\frac{2,829\times10^3 + 1,429\times10^3}{2}\right)$$

$$+ \sqrt{\left(\frac{2,829\times10^3 - 1,429\times10^3}{2}\right)^2 + (-1,050\times10^3)^2}$$

$$= 3,391\times10^3\ \text{mm}^4$$

$$I_{min} = \left(\frac{I_{xG}+I_{yG}}{2}\right) - \sqrt{\left(\frac{I_{xG}-I_{yG}}{2}\right)^2 + I_{xGyG}^2}$$

$$= \left(\frac{2,829\times10^3 + 1,429\times10^3}{2}\right)$$

$$- \sqrt{\left(\frac{2,829\times10^3 - 1,429\times10^3}{2}\right)^2 + (-1,050\times10^3)^2}$$

$$= 867\times10^3\,\text{mm}^4$$

예제 3.37 다음 그림과 같은 직사각형 단면에서 점 O에 대한 주축의 경사각과 주단면 2차 모멘트를 구하시오.

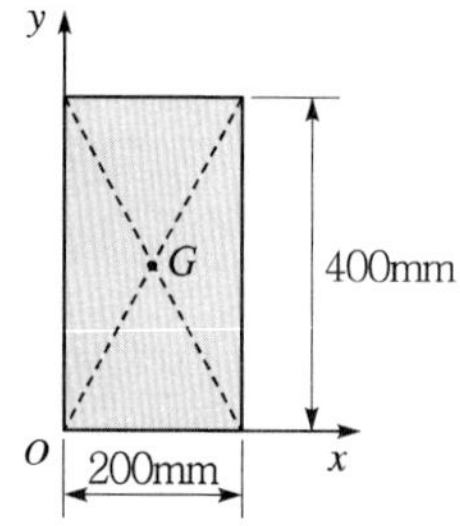

그림 3.68

(1) 단면적

$$A = 200 \times 400 = 80 \times 10^3\ \text{mm}^2$$

(2) 점 O에 대한 단면2차 모멘트

$$I_x = \left\{ \frac{200 \times 400^3}{12} + (80 \times 10^3) \times (200)^2 \right\} = 4{,}266.7 \times 10^6\ \text{mm}^4$$

$$I_y = \left\{ \frac{400 \times 200^3}{12} + (80 \times 10^3) \times (100)^2 \right\} = 1{,}066.7 \times 10^6\ \text{mm}^4$$

(3) 점 O에 대한 단면상승 모멘트

$$I_{xy} = \Sigma A\, x_0 y_0 = (80 \times 10^3) \times (100) \times (200) = 1{,}600.0 \times 10^6\,\text{mm}^4$$

(4) 점 O에 대한 주축의 경사각

$$\tan 2\theta_p = -\frac{I_{xy}}{\left(\dfrac{I_x - I_y}{2}\right)} = -\frac{2I_{xy}}{(I_x - I_y)}$$

$$= \frac{-2 \times (1{,}600.0 \times 10^6)}{(4{,}266.7 \times 10^6 - 1{,}066.7 \times 10^6)}$$

$$= -1.0$$

$$2\theta_p = -45°,\ \theta_{p1} = -23°(\curvearrowright)$$

$$\theta_{p2} = \theta_{p1} + 90° = -23° + 90° = 67°(\curvearrowleft)$$

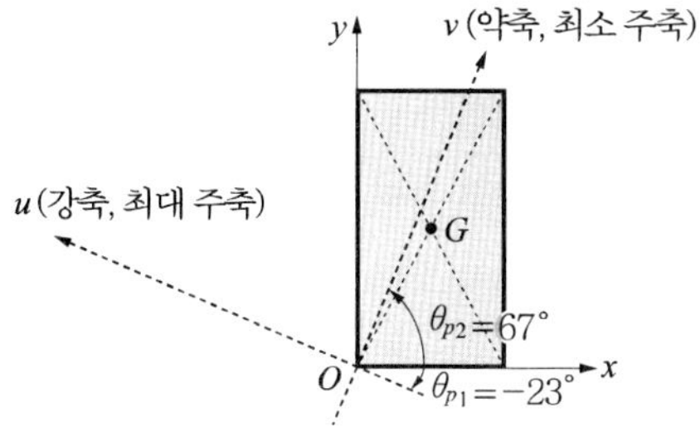

그림 3.69

(5) 점 O에 대한 주단면2차 모멘트

$$I_{max}=\left(\frac{I_x+I_y}{2}\right)+\sqrt{\left(\frac{I_x-I_y}{2}\right)^2+I_{xy}^2}$$

$$=\left(\frac{4,266.7\times10^6+1,066.7\times10^6}{2}\right)$$

$$+\sqrt{\left(\frac{4,266.7\times10^6-1,066.7\times10^6}{2}\right)^2+(1,600.0\times10^6)^2}$$

$$=4,929.4\times10^6\ \text{mm}^4$$

$$I_{min}=\left(\frac{I_x+I_y}{2}\right)-\sqrt{\left(\frac{I_x-I_y}{2}\right)^2+I_{xy}^2}$$

$$=\left(\frac{4,266.7\times10^6+1,066.7\times10^6}{2}\right)$$

$$-\sqrt{\left(\frac{4,266.7\times10^6-1,066.7\times10^6}{2}\right)^2+(1,600.0\times10^6)^2}$$

$$=404.0\times10^6\ \text{mm}^4$$

03 연습문제

1. **그림과 같은 봉의 응력상태에 관한 기술 중 옳은 것은? 단, 봉의 단면적은 300 mm^2 이다.**

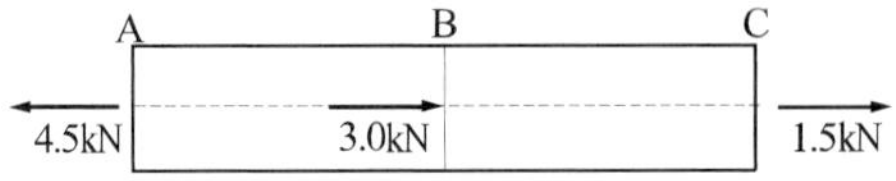

㉮ 구간 AB, 구간 BC 모두 힘의 평형조건을 만족하지 않는다.
㉯ 구간 AB의 인장력은 4.5−3=1.5 kN이다.
㉰ 구간 AB의 응력은 인장이고, 그 값은 10 MPa이다.
㉱ 구간 BC의 응력은 인장이고, 그 값은 5 MPa이다.

---

① 구간 AB, 구간 BC 모두 힘의 평형조건을 만족한다.
② 구간 AB의 인장력은 4.5 kN이다.
③ 구간 AB의 응력은 인장이고, 그 값은 $4.5\times10^3/300=15$ MPa (N/mm^2)이다. 답 ㉱

2. **다음 중 재료의 탄성계수와 단위가 같은 것은?**

㉮ 응력 ㉯ 모멘트
㉰ 연직하중 ㉱ 단면1차 모멘트

탄성계수 (E)와 응력 (σ)의 단위는 MPa (N/mm^2)로 같다. 답 ㉮

3. 그림과 같은 막대가 인장력을 받는 경우 수직변형률을 옳게 나타낸 것은?

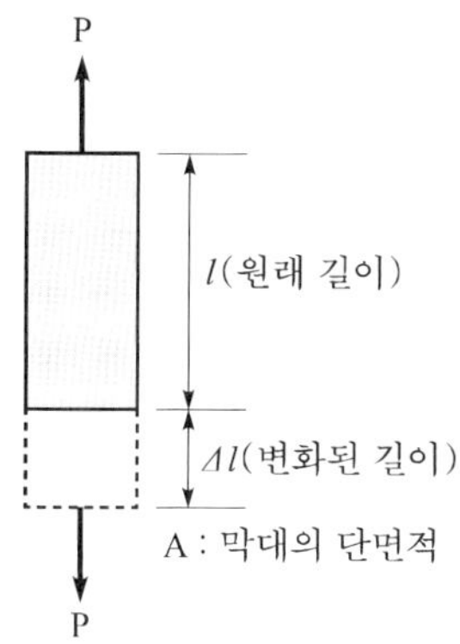

㉮ $l/\Delta l$　　㉯ $\Delta l/l$
㉰ P/A　　㉱ $Pl/A\,\Delta l$

↳ $\varepsilon = \dfrac{\Delta l}{l}$

답 ㉯

4. 직경 22 mm, 길이 1 m의 강봉(鋼棒)에 60 kN의 인장력을 작용시켰더니 0.4 mm 늘어났다. 길이 방향의 변형률은?

㉮ 0.0001　　㉯ 0.0002
㉰ 0.0003　　㉱ 0.0004

↳ $\varepsilon = \dfrac{\Delta l}{l} = \dfrac{0.4}{1000} = 0.00040$

답 ㉱

5. 철선의 길이 $l = 1.5$ m에 인장하중을 가하여 길이가 1.5009 m로 늘어났을 때 변형률(ε)은?

㉮ 0.0003　　㉯ 0.0005
㉰ 0.0006　　㉱ 0.0008

↳ $\varepsilon = \dfrac{\Delta l}{l} = \dfrac{(1.5009 - 1.5)}{1.5} = 0.00060$

답 ㉰

6. **지름** 30 mm, **길이** 5 m**인 봉강에** 50 kN**의 인장력이 작용하여** 10 mm **늘어났을 때의 인장응력** σ_t**와 변형률** ε**은?**

㉮ σ_t=56.45 MPa, ε=0.0015

㉯ σ_t=65.66 MPa, ε=0.0015

㉰ σ_t=70.74 MPa, ε=0.0020

㉱ σ_t=94.53 MPa, ε=0.0020

$$A=\frac{\pi\times 30^2}{4}=706.9\ \mathrm{mm}^2$$

$$\sigma_t=\frac{N}{A}=\frac{50\times 10^3}{706.9}=70.74\ \mathrm{MPa}$$

$$\varepsilon=\frac{\Delta l}{l}=\frac{10}{5\times 10^3}=0.00200$$

답 ㉰

7. **그림과 같은 강재가 전단력을 받아 점선과 같이 변형되었을 때 이강재의 전단변형률은?**

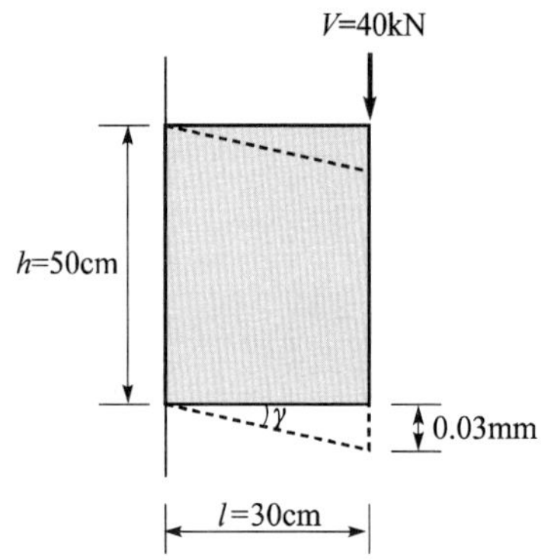

㉮ 0.00006 rad　　㉯ 0.00010 rad

㉰ 0.00125 rad　　㉱ 0.00075 rad

$$\gamma=\frac{\lambda}{l}=\frac{0.03}{300}=0.00010\ \mathrm{rad}$$

답 ㉯

8. **다음 그림과 같은 직사각형 단면에서 점 C에 수평력 10 kN이 작용하여 점 C와 점 D가 수평으로 0.3 mm 이동하였다면 전단변형률는?**

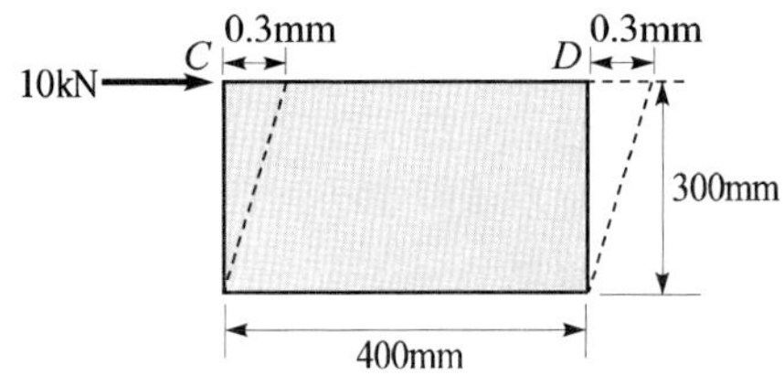

㉮ 0.001 rad　　㉯ 0.002 rad
㉰ 0.003 rad　　㉱ 0.004 rad

↳ $\gamma = \frac{\lambda}{l} = \frac{0.3}{300} = 0.0010$ rad　　답 ㉮

9. **그림과 같은 재료의 푸아송비는? (단, 점선은 변형된 상태이다.)**

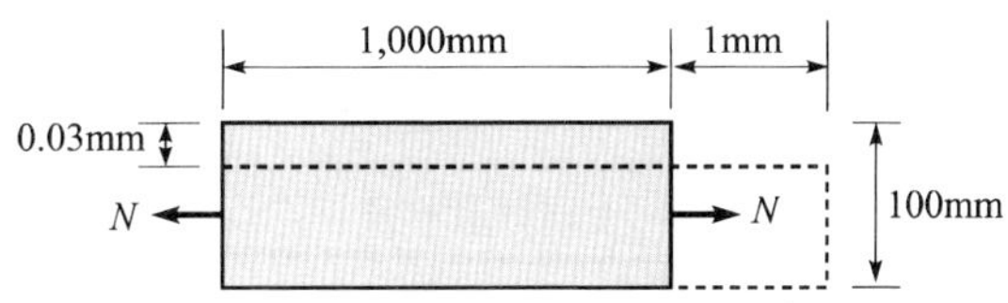

㉮ 1　　㉯ 0.5　　㉰ 0.3　　㉱ 0.1

↳ (1) 세로변형률 : $\varepsilon = \frac{\Delta l}{l} = \frac{1}{1,000} = 0.0010$

(2) 가로변형률 : $\beta = \frac{\Delta d}{d} = \frac{(-0.03)}{100} = -0.0003$

(3) 푸아송비 : $\nu = -\frac{\text{가로변형도}}{\text{세로변형도}} = -\frac{\beta}{\varepsilon} = -\frac{(-0.0003)}{0.0010} = 0.30$　　답 ㉰

10. **길이가 10 m이고, 단면이 3×3 cm인 정사각형 단면의 강재에 인장력이 작용하여 길이가 0.6 cm, 폭이 0.0006 cm 변형되었다. 이 때 강재의 푸아송비는?**

㉮ 1/2　　㉯ 1/3　　㉰ 1/3.5　　㉱ 1/4

↳ (1) 세로변형률 : $\varepsilon = \frac{\Delta l}{l} = \frac{6}{10,000} = 0.0006$

(2) 가로변형률 : $\beta = \frac{\Delta d}{d} = \frac{(-0.006)}{30} = -0.0002$

(3) 푸아송비 : $\nu = -\frac{\text{가로변형도}}{\text{세로변형도}} = -\frac{\beta}{\varepsilon} = -\frac{(-0.0002)}{0.0006} = \frac{1}{3}$ 답 ㉯

11. **부재 길이가** 300 mm**이고, 지름이** 150 mm**인 콘크리트 원주형공시체에** 30 kN**의 압축력이 작용하여 길이방향으로** 0.15 mm **줄었고, 직각방향으로** 0.015 mm**가 늘어났다면 푸아송비는 얼마인가?**

㉮ 1/2 ㉯ 1/5 ㉰ 1/10 ㉱ 1/15

↳ (1) 세로변형률 : $\varepsilon = \frac{\Delta l}{l} = \frac{(-0.15)}{300} = -0.00050$

(2) 가로변형률 : $\beta = \frac{\Delta d}{d} = \frac{0.015}{150} = 0.00010$

(3) 푸아송비 : $\nu = -\frac{\text{가로변형도}}{\text{세로변형도}} = -\frac{\beta}{\varepsilon} = -\frac{0.00010}{(-0.00050)} = \frac{1}{5}$ 답 ㉯

12. **푸아송비가** 0.2**라면 푸아송수는 얼마인가?**

㉮ 2 ㉯ 4 ㉰ 5 ㉱ 8

↳ $m = \frac{1}{\nu} = \frac{1}{0.2} = 5$ 답 ㉰

13. **특정 재료의 푸아송비** (Poisson' s Ratio)**가** 0.25**일 때 푸아송수** (Poisson' s Number)**는 얼마인가?**

㉮ 0.5 ㉯ 1 ㉰ 2 ㉱ 4

↳ $m = \frac{1}{\nu} = \frac{1}{0.25} = 4$ 답 ㉱

14. **직경** 2.2 cm, **길이** 50 cm**의 강봉에 축방향 인장력을 작용시켰더니 길이는** 0.04 cm **늘어났고 직경은** 0.0006 cm **줄었다. 이 재료의 푸아송수는?**

㉮ 0.015 ㉯ 0.34 ㉰ 2.96 ㉱ 66.67

↳ (1) 세로변형률 : $\varepsilon = \frac{\Delta l}{l} = \frac{0.4}{500} = 0.00080$

(2) 가로변형률 : $\beta=\dfrac{\Delta d}{d}=\dfrac{(-0.006)}{22}=-0.00027$

(3) 푸아송비 : $\nu=-\dfrac{\text{가로변형도}}{\text{세로변형도}}=-\dfrac{\beta}{\varepsilon}=-\dfrac{(-0.00027)}{0.00080}=0.33750$

(4) 푸아송수 : $m=\dfrac{1}{\nu}=\dfrac{1}{0.33750}=2.96$ 답 ㉰

15. **탄성계수가 10^5 MPa이고 균일한 단면을 가진 부재에 인장력이 작용하여 10 MPa의 인장응력이 발생하였다. 이 때 부재의 길이가 0.5 mm 늘어났다면 부재의 원래의 길이는?**

㉮ 2 m ㉯ 5 m ㉰ 8 m ㉱ 10 m

↳ $\varepsilon=\dfrac{\Delta l}{l}$, $E=\dfrac{\sigma}{\varepsilon}=\sigma\times\left(\dfrac{l}{\Delta l}\right)$

$l=\dfrac{E\Delta l}{\sigma}=\dfrac{10^5\times0.5}{10}=5{,}000\text{ mm}=5.0\text{ m}$ 답 ㉯

16. **그림은 구조용 강봉의 응력-변형률 곡선이다. 점 A는 무엇인가?**

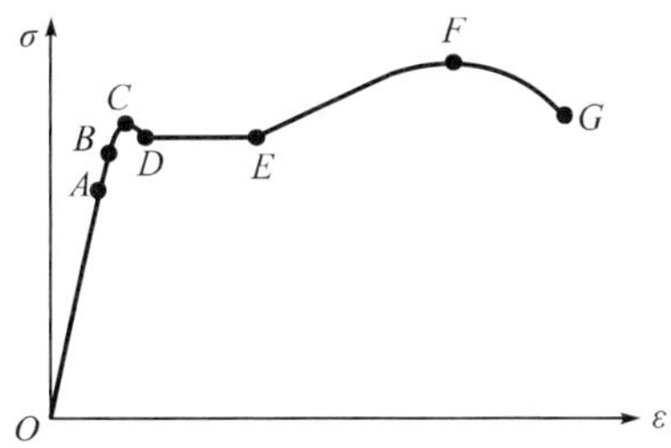

㉮ 탄성한계점 ㉯ 비례한계점
㉰ 상위항복점 ㉱ 하위항복점

↳ ① 점 A : 비례한계점, ② 점 B : 탄성한계점, ③ 점 C : 상위항복점,
④ 점 D : 하위항복점, ⑤ 점 E : 극한응력점, ⑥ 점 G : 파단점 답 ㉯

17. **강재의 기계적 성질과 관련된 응력-변형률 곡선에서 가장 먼저 나타나는 점은?**

㉮ 비례한계점 ㉯ 탄성한계점
㉰ 상위항복점 ㉱ 하위항복점

↳ 응력-변형률 곡선의 가장 먼저 나타나는 점은 비례한계점이다. 답 ㉮

18. **강재의 응력-변형률 곡선에서 변형경화영역**(Stain-Hardening Range)**에 해당하는 기호를 고르면?**

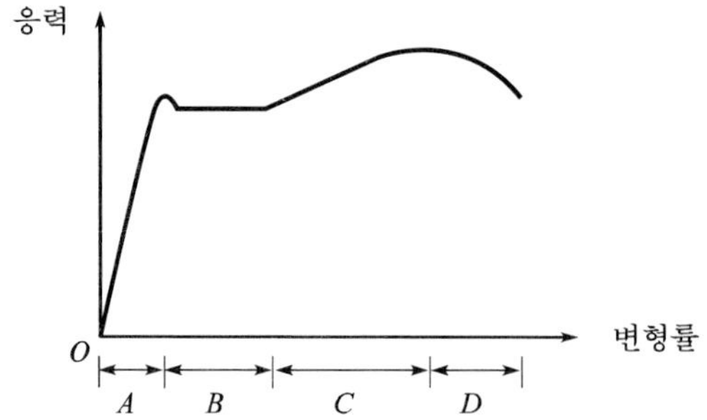

㉮ A ㉯ B ㉰ C ㉱ D

① 구간 A : 탄성영역 (Elastic Region)
② 구간 B : 완전소성 (Plastic Region)
③ 구간 C : 변형경화영역 (Strain Hardening Region)
④ 구간 D : 넥킹영역 (Necking Region)

답 ㉰

19. **재료의 탄성계수를 옳게 표시한 것은?**

㉮ $\frac{응력}{비중}$ ㉯ $\frac{비중}{응력}$ ㉰ $\frac{변형률}{응력}$ ㉱ $\frac{응력}{변형률}$

$E=\frac{\sigma}{\varepsilon}$

여기서, E : 탄성계수 (MPa), σ : 수직응력 (MPa), ε : 수직변형률 (무명수)

답 ㉱

20. **단면적 A, 길이 l인 탄성체에 축방향력 N가 작용하여 Δl만큼 늘어났다. 이 때 응력도, 변형률, 탄성계수를 각각 σ, ε, E라 한다면 다음 관계식 중 틀린 것은?**

㉮ $\varepsilon=\frac{\sigma}{E}$ ㉯ $E=\frac{l\sigma}{\Delta l}$

㉰ $N=\varepsilon EA$ ㉱ $N=\frac{EAl}{\Delta l}$

$E=\frac{\sigma}{\varepsilon}=\frac{N\cdot l}{A\cdot \Delta l}$ 로부터 각각의 식은 다음과 같이 산정한다.

① $\varepsilon = \dfrac{\sigma}{E}$

② $E = \dfrac{\sigma}{\varepsilon} = \dfrac{N \cdot l}{A \cdot \Delta l} = \sigma\left(\dfrac{l}{\Delta l}\right)$

③ $E = \dfrac{\sigma}{\varepsilon} = \dfrac{\left(\dfrac{N}{A}\right)}{\varepsilon} = \dfrac{N}{\varepsilon A} \quad \therefore N = \varepsilon E A$

④ $E = \dfrac{\sigma}{\varepsilon} = \dfrac{N \cdot l}{A \cdot \Delta l} \quad \therefore N = EA\left(\dfrac{\Delta l}{l}\right)$

답 ㉱

21. **부재의 길이 l, 단면적 A, 탄성계수 E 의 봉재가 축방향 인장력 N 에 의해 Δl 만큼 늘어났을 때 그에 대한 기술 중 틀린 것은?**

㉮ Δl은 A 에 반비례한다.　　㉯ Δl은 l 에 비례한다.

㉰ Δl은 E 에 비례한다.　　㉱ Δl은 N 에 비례한다.

↳ $\Delta l = \dfrac{N \times l}{E \times A}$, Δl은 E 에 반비례한다.

답 ㉰

22. **철근의 단면적이** 200 mm^2, **탄성계수가** 2.0×10^5 MPa (N/mm^2)**이고, 길이가** 10 m, **외력으로** 100 kN**의 인장력이 작용하면 늘어난 길이는?**

㉮ 25.0 mm　　㉯ 38.3 mm

㉰ 47.6 mm　　㉱ 71.4 mm

↳ $\Delta l = \dfrac{N \times l}{E \times A} = \dfrac{(100 \times 10^3) \times (10 \times 10^3)}{(2.0 \times 10^5) \times 200} = 25.0\,\text{mm}$

답 ㉮

23. **단면적이** 1,000 mm^2**이고, 길이는** 2 m**인 균질한 재료로 된 철근에 재축방향으로** 100 kN**의 인장력을 작용시켰을 때 늘어난 길이는? (단, 탄성계수는** 2.0×10^5 MPa**)**

㉮ 1.0 mm　　㉯ 0.1 mm

㉰ 0.01 mm　　㉱ 0.001 mm

↳ $\Delta l = \dfrac{N \times l}{E \times A} = \dfrac{(100 \times 10^3) \times (2 \times 10^3)}{(2.0 \times 10^5) \times 1{,}000} = 1.0\,\text{mm}$

답 ㉮

24. 길이가 5 m이고 단면적이 500 mm^2인 막대에 60 kN의 축방향 인장력을 작용시켰을 때 막대의 늘어난 길이는? (단, 막대의 탄성계수 $E=2.0\times10^5$ MPa)

㉮ 1.98 mm ㉯ 3.00 mm ㉰ 3.54 mm ㉱ 5.04 mm

$$\Delta l = \frac{N\times l}{E\times A} = \frac{(60\times10^3)\times(5\times10^3)}{(2.0\times10^5)\times500} = 3.0\text{ mm}$$

답 ㉯

25. 단면적이 1,000 mm^2이고, 길이는 2 m인 균질한 재료로 된 철근에 재축방향으로 100 kN의 인장력을 작용시켰을 때 늘어난 길이는? (단, 탄성계수는 2.0×10^5 MPa임)

㉮ 1.0 mm ㉯ 0.1 mm ㉰ 0.01 mm ㉱ 0.001 mm

$$\Delta l = \frac{N\times l}{E\times A} = \frac{(100\times10^3)\times(2\times10^3)}{(2.0\times10^5)\times1{,}000} = 1.0\text{ mm}$$

답 ㉮

26. 단면적 10,000 mm이고 길이가 4 m인 정사각형 강재에 500 kN의 축방향 인장력이 작용할 때 변형량은? (단, 탄성계수 $E=2.0\times10^5$ MPa)

㉮ 1.0 mm ㉯ 1.5 mm ㉰ 2.0 mm ㉱ 2.5 mm

$$\Delta l = \frac{N\times l}{E\times A} = \frac{(500\times10^3)\times(4\times10^3)}{(2.0\times10^5)\times10{,}000} = 1.0\text{ mm}$$

답 ㉮

27. D22 철근을 인장시켰을 때 늘어난 길이는? (단, $E=210\text{ kN/mm}^2$, 1－D22 단면적은 387 mm^2)

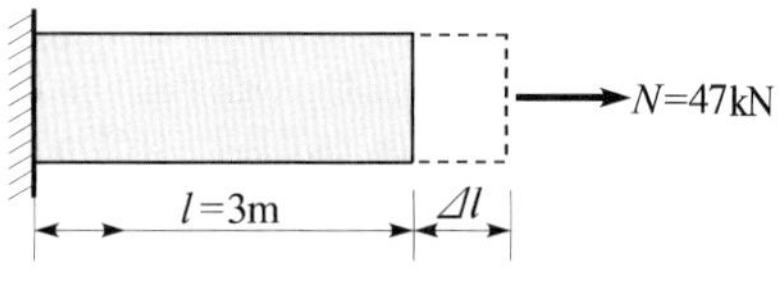

㉮ 1.7 mm ㉯ 2.4 mm ㉰ 4.3 mm ㉱ 5.1 mm

$$\Delta l = \frac{N\times l}{E\times A} = \frac{(47\times10^3)\times(3.0\times10^3)}{(210\times10^3)\times387} = 1.7\text{ mm}$$

답 ㉮

28. 지름 10 mm, 길이 15 m의 강봉에 무게 8 kN의 인장력이 작용할 경우 늘어난 길이는? (단, E_s = 2.1×10^5 MPa)

㉮ 4.32 mm ㉯ 5.34 mm
㉰ 7.28 mm ㉱ 9.32 mm

↳ $A = \frac{\pi \times 10^2}{4} = 78.5\,\text{mm}^2$

$\Delta l = \frac{N \times l}{E \times A} = \frac{(8 \times 10^3) \times (15 \times 10^3)}{(2.1 \times 10^5) \times 78.5} = 7.28\,\text{mm}$

답 ㉰

29. 직경이 50 mm이고, 길이가 2.0 m인 강봉에 100 kN의 축방향 인장력이 작용할 때 이 강봉의 재축방향 변형량은? (단, 강봉의 탄성계수 E=2.1×10^5 MPa)

㉮ 0.59 mm ㉯ 1.12 mm
㉰ 1.53 mm ㉱ 2.04 mm

↳ $A = \frac{\pi \times 50^2}{4} = 1{,}963.5\,\text{mm}^2$

$\Delta l = \frac{N \times l}{E \times A} = \frac{(100 \times 10^3) \times (2 \times 10^3)}{(2.1 \times 10^5) \times 1{,}963.5} = 0.59\,\text{mm}$

답 ㉮

30. 직경(D) 30 mm, 길이(l) 4 m인 강봉에 90 kN의 인장력이 작용할 때 인장응력(σ_t)과 늘어난 길이(Δl)는 얼마인가? (단, 강봉의 탄성계수 E=210,000 MPa)

㉮ σ_t=127.3 MPa, Δl=1.43 mm
㉯ σ_t=127.3 MPa, Δl=2.43 mm
㉰ σ_t=132.5 MPa, Δl=1.43 mm
㉱ σ_t=132.5 MPa, Δl=2.55 mm

↳ $A = \frac{\pi \times 30^2}{4} = 706.9\,\text{mm}^2$

$\sigma_t = \frac{N}{A} = \frac{90 \times 10^3}{706.9} = 127.3\,\text{MPa}\,(\text{N/mm}^2)$

$\Delta l = \frac{N \times l}{E \times A} = \frac{(90 \times 10^3) \times (4 \times 10^3)}{(2.1 \times 10^5) \times 706.9} = 2.43\,\text{mm}$

답 ㉯

31. 길이 4 m인 강봉에 재축방향으로 80 kN의 인장력을 작용시켰을 때 수직응력 σ가 153.3 MPa, 변형률 ε이 0.00073이었다. 이 강봉의 탄성계수는?

㉮ 1.6×10^5 MPa ㉯ 16×10^5 MPa

㉰ 2.1×10^5 MPa ㉱ 21×10^5 MPa

$E=\dfrac{\sigma}{\varepsilon}=\dfrac{153.3}{0.00073}=210{,}000=2.1\times10^5\text{ MPa }(\text{N/mm}^2)$ 답 ㉰

32. 부재의 길이가 3.5 m이고, 지름이 16 mm인 원형 단면의 강봉에 30 kN의 축하중을 가하여 강봉이 재축방향으로 2.2 mm 늘어났을 때 이 재료의 탄성계수 E는?

㉮ 177,632 MPa ㉯ 189,655 MPa

㉰ 217,621 MPa ㉱ 237,331 MPa

$A=\dfrac{\pi\times16^2}{4}=201.1\text{ mm}^2$

$E=\dfrac{N\times l}{A\times\Delta l}=\dfrac{(30\times10^3)\times(3.5\times10^3)}{201.1\times2.2}=237{,}331\text{ MPa }(\text{N/mm}^2)$ 답 ㉱

33. 단면이 100×100 mm, 길이가 1 m인 기둥에 100 kN의 압축력을 가했더니 1 mm가 줄어들었다. 이 각재의 탄성계수는?

㉮ 10 MPa ㉯ 100 MPa

㉰ 1,000 MPa ㉱ 10,000 MPa

$E=\dfrac{N\times l}{A\times\Delta l}=\dfrac{(100\times10^3)\times(1.0\times10^3)}{(100\times100)\times1}=10{,}000\text{ MPa }(\text{N/mm}^2)$ 답 ㉱

34. 그림과 같은 단면의 부재에 100 kN의 하중을 작용시켰을 때 5 mm가 늘어났다. 이 때의 탄성계수는?

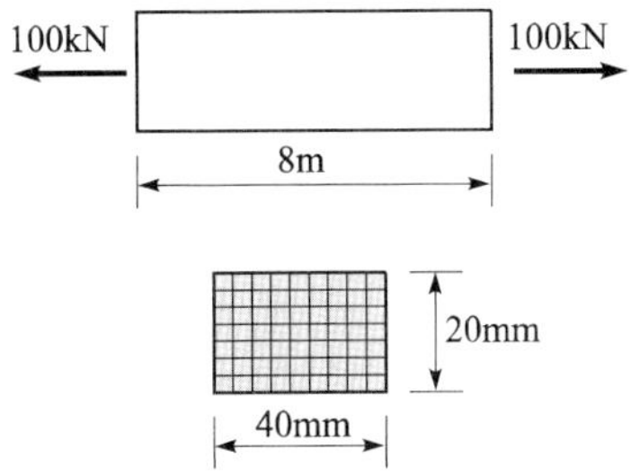

㉮ 180,000 MPa
㉯ 200,000 MPa
㉰ 210,000 MPa
㉱ 240,000 MPa

↳ $E=\dfrac{N\times l}{A\times \Delta l}=\dfrac{(100\times 10^3)\times(8.0\times 10^3)}{(40\times 20)\times 5}=200{,}000\text{ MPa (N/mm}^2)$ 답 ㉯

35. 지름 50 mm, 길이가 3 m인 연강봉을 축방향으로 200 kN의 인장력을 작용시켰을 때 길이가 1.6 mm 늘어났다. 이 때 강봉의 탄성계수(E)는 약 얼마인가?

㉮ 약 1.41×10^5 MPa
㉯ 약 1.91×10^5 MPa
㉰ 약 2.41×10^5 MPa
㉱ 약 2.91×10^5 MPa

↳ $A=\dfrac{\pi\times 50^2}{4}=1{,}963.5\text{ mm}^2$

$$E=\dfrac{N\times l}{A\times \Delta l}=\dfrac{(200\times 10^3)\times(3\times 10^3)}{1{,}963.5\times 1.6}=190{,}985.9=1.91\times 10^5\text{ MPa (N/mm}^2)$$

답 ㉯

36. 무근콘크리트 기둥이 축방향력을 받아 재축방향으로 0.5 mm 변형하였다. 좌굴을 고려하지 않을 경우 축방향력은? (단, 단면 400 mm×400 mm, 길이 4 m, 콘크리트의 탄성계수는 2.1×10^4 MPa임)

㉮ 300 kN
㉯ 360 kN
㉰ 420 kN
㉱ 480 kN

↳ $N=EA\left(\dfrac{\Delta l}{l}\right)=(2.1\times 10^4)\times(400\times 400)\times\left(\dfrac{0.5}{4.0\times 10^3}\right)=420\times 10^3\text{ N}=420\text{ kN}$

답 ㉰

37. 균질한 재료로 된 부재의 단면적이 $1{,}000\ \text{mm}^2$이고, 부재의 길이가 2.1 m이며, 재축 방향으로 100 kN의 인장력이 작용하였을 때 길이 1 mm가 늘어났다. 다음 중 어느 재료의 길이방향 탄성계수라고 판단되는가?

㉮ 강재 ㉯ 목재
㉰ 콘크리트 ㉱ 적벽돌

$$E = \frac{N \times l}{A \times \Delta l} = \frac{(100 \times 10^3) \times (2.1 \times 10^3)}{1{,}000 \times 1} = 2.1 \times 10^5\ \text{N/mm}^2(\text{MPa})$$

탄성계수가 $2.1 \times 10^5\ \text{N/mm}^2(\text{MPa})$이므로 강재의 탄성계수이다. 답 ㉮

38. 그림과 같은 합성부재에서 부재 A, B의 길이, 단면적 및 힘에 대한 변형은 동일하나 부재 B의 탄성계수가 부재 A의 탄성계수의 2배일 때, 압축력 P에 대하여 부재 A가 부담하는 힘의 크기는 어느 것인가?

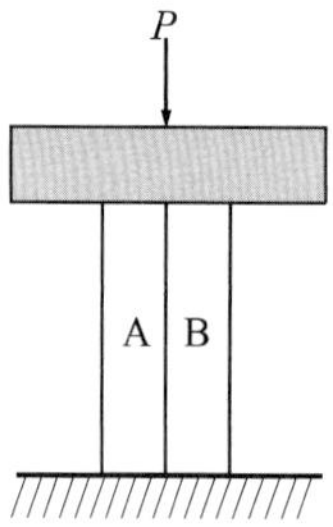

㉮ $P/3$
㉯ $P/2$
㉰ $2P/3$
㉱ $3P/3$

$E_B = 2E_A$

$\sigma = E\varepsilon$

$$\frac{P}{A} = E\frac{\Delta l}{l},\ P = EA\left(\frac{\Delta l}{l}\right)$$

두 부재의 단면적 A, 부재의 길이 l, 부재의 변형 Δl은 모두 동일하다.

$$P = P_A + P_B = E_A A\left(\frac{\Delta l}{l}\right) + E_B A\left(\frac{\Delta l}{l}\right) = E_A A\left(\frac{\Delta l}{l}\right) + 2E_A A\left(\frac{\Delta l}{l}\right) = 3E_A A\left(\frac{\Delta l}{l}\right)$$

$$E_A = \frac{P}{3A\left(\frac{\Delta l}{l}\right)}$$

$$P_A = E_A A\left(\frac{\Delta l}{l}\right) = \frac{P}{3A\left(\frac{\Delta l}{l}\right)} \times A\left(\frac{\Delta l}{l}\right) = \frac{P}{3}$$

답 ㉮

39. **단면의 지름이** 150 mm, **재축방향 길이가** 300 mm**인 원형 강봉의 윗면에** 300 kN**의 힘이 작용하여 재축방향 길이가** 0.16 mm **줄어들었고, 단면의 지름이** 0.02 mm **늘어났다면 이 강봉의 탄성계수** E**와 푸아송비는?**

㉮ 31,830 MPa, 0.250　　㉯ 31,830 MPa, 0.125

㉰ 39,630 MPa, 0.250　　㉱ 39,630 MPa, 0.125

---

(1) 단면적 : $A=\dfrac{\pi\times 150^2}{4}=17{,}671.5\ \text{mm}^2$

(2) 탄성계수 : $E=\dfrac{N\times l}{A\times \Delta l}=\dfrac{(300\times 10^3)\times(300)}{17{,}671.5\times 0.16}=31{,}831\ \text{MPa}\ (\text{N/mm}^2)$

(3) 세로변형률 : $\varepsilon=\dfrac{\Delta l}{l}=\dfrac{(-0.16)}{300}=-0.000533$

(4) 가로변형률 : $\beta=\dfrac{\Delta d}{d}=\dfrac{0.02}{150}=0.000133$

(5) 푸아송비 : $\nu=-\dfrac{\text{가로변형도}}{\text{세로변형도}}=-\dfrac{\beta}{\varepsilon}=-\dfrac{0.000133}{(-0.000533)}=0.250$　　답 ㉮

40. **단면의 성질계수와 용도를 연결한 것 중 서로 가장 거리가 먼 것은?**

㉮ 단면1차 모멘트 – 단면의 도심

㉯ 단면2차 모멘트 – 처짐

㉰ 단면2차 반지름 – 단면의 주축

㉱ 단면계수 – 휨응력

---

① 단면2차 반지름 – 압축부재의 설계, 좌굴하중 검토 등

② 단면의 주축 – 단면2차 모멘트, 단면상승 모멘트, 주단면2차 모멘트 등　　답 ㉰

41. **다음 보기의 ①-⑦의 단위에 대해 옳게 나타낸 것은?**

① 단면1차 모멘트	② 단면2차 모멘트
③ 휨모멘트	④ 등분포하중
⑤ 탄성계수	⑥ 수직응력도
⑦ 단면계수	

㉮ ②=⑦이고, ③≠⑤이다.
㉯ ③=⑥이고, ④≠⑥이다.
㉰ ③=④이고, ①=⑤이다.
㉱ ①=⑦이고, ⑤=⑥이다.

---

① mm^3 : 단면1차 모멘트, 단면계수
② mm^4 : 단면2차 모멘트
③ N · mm : 휨모멘트
④ N/mm : 등분포하중
⑤ MPa (N/mm^2) : 탄성계수, 수직응력도

답 ㉱

42. **그림에서 x축에 대한 단면1차 모멘트 (S_x)의 값은?**

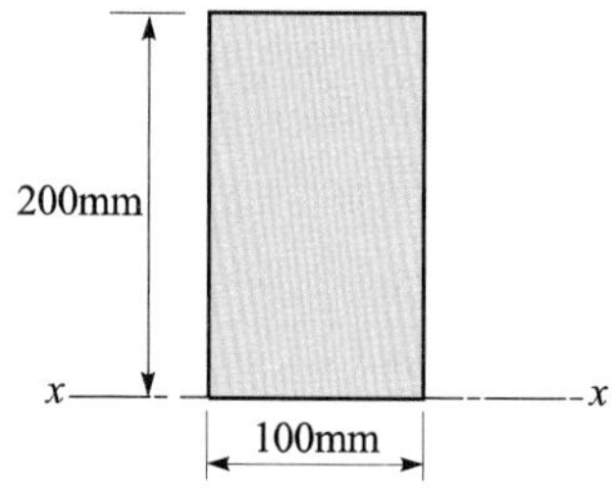

㉮ 200×10^3 mm^3
㉯ $1{,}000 \times 10^3$ mm^3
㉰ $1{,}500 \times 10^3$ mm^3
㉱ $2{,}000 \times 10^3$ mm^3

$S_x = Ay = (100 \times 200) \times \left(\frac{200}{2}\right) = 2{,}000 \times 10^3 \text{ mm}^3$

답 ㉱

43. 다음 도형의 x축에 대한 단면1차 모멘트는?

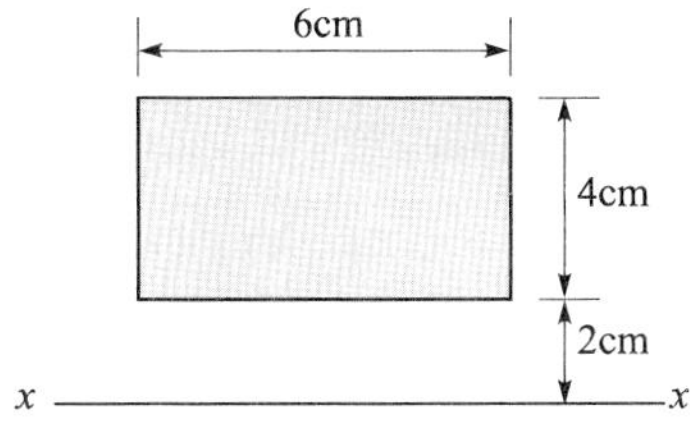

㉮ 48 cm^3
㉯ 72 cm^3
㉰ 96 cm^3
㉱ 144 cm^3

↳ $S_x = Ay = (6\times4)\times\left(2+\dfrac{4}{2}\right) = 96\ cm^3$ 답 ㉰

44. 그림과 같은 단면의 x축에 대한 단면1차 모멘트는?

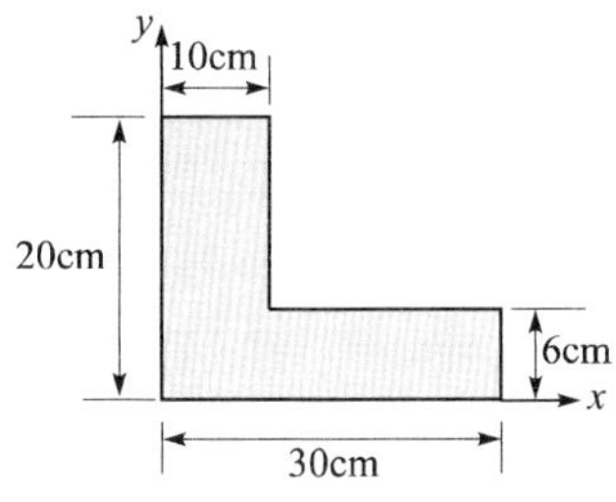

㉮ 2,160 cm^3
㉯ 2,260 cm^3
㉰ 2,360 cm^3
㉱ 2,460 cm^3

↳ $S_x = A_1y_1 + A_2y_2 = 10\times20\times\left(\dfrac{20}{2}\right) + (30-10)\times6\times\left(\dfrac{6}{2}\right) = 2{,}360\ cm^3$ 답 ㉰

45. 그림과 같은 T형 단면의 x축에 대한 단면1차 모멘트는?

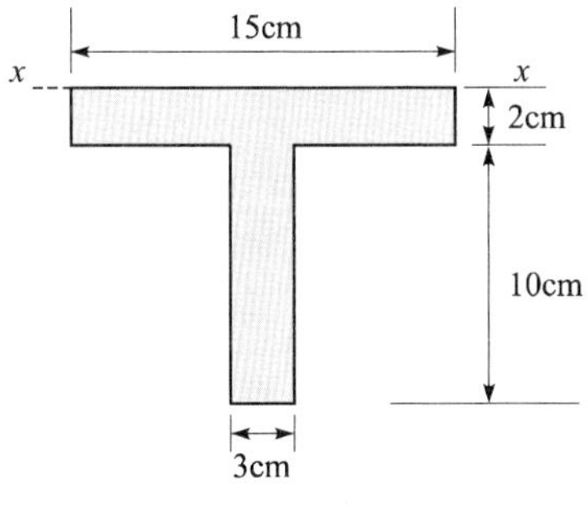

㉮ 200 cm^3
㉯ 220 cm^3
㉰ 240 cm^3
㉱ 260 cm^3

↳ $S_x = A_1y_1 + A_2y_2 = 15\times2\times\left(\dfrac{2}{2}\right) + 3\times10\times\left(2+\dfrac{10}{2}\right) = 240\ cm^3$ 답 ㉰

46. 그림과 같은 도형의 x축 및 y축에 대한 단면1차 모멘트는?

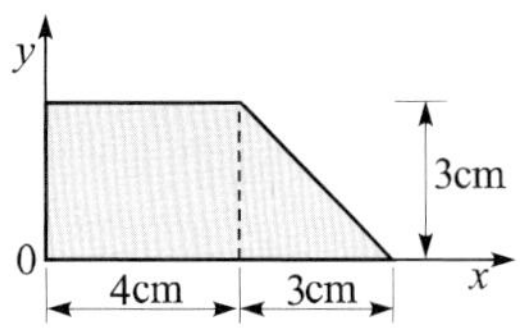

㉮ $S_x = 20.5\ \text{cm}^3$, $S_y = 44.5\ \text{cm}^3$
㉯ $S_x = 22.5\ \text{cm}^3$, $S_y = 46.5\ \text{cm}^3$
㉰ $S_x = 22.5\ \text{cm}^3$, $S_y = 44.5\ \text{cm}^3$
㉱ $S_x = 20.5\ \text{cm}^3$, $S_y = 46.5\ \text{cm}^3$

$$S_x = A_1 y_1 + A_2 y_2 = 4 \times 3 \times \left(\frac{3}{2}\right) + \frac{1}{2} \times 3 \times 3 \times \left(\frac{3}{3}\right) = 22.5\ \text{cm}^3$$

$$S_y = A_1 x_1 + A_2 x_2 = 4 \times 3 \times \left(\frac{4}{2}\right) + \frac{1}{2} \times 3 \times 3 \times \left(4 + \frac{3}{3}\right) = 46.5\ \text{cm}^3$$

답 ㉯

47. 그림과 같이 짙은색 도형의 밑변을 지나는 x-x축에 대한 단면1차 모멘트의 값은?

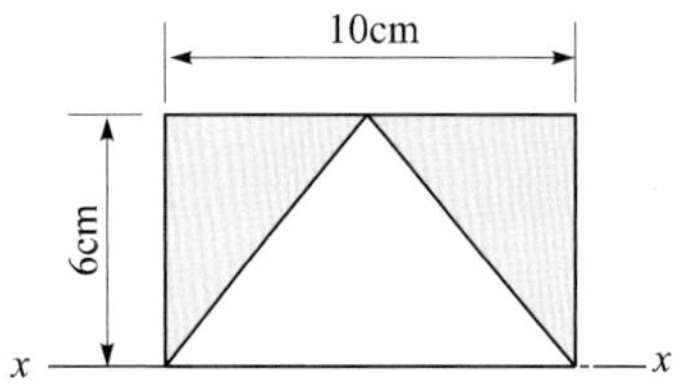

㉮ $30\ \text{cm}^3$
㉯ $60\ \text{cm}^3$
㉰ $120\ \text{cm}^3$
㉱ $180\ \text{cm}^3$

$$S_x = A_1 y_1 + A_2 y_2 = \left\{\frac{1}{2} \times 5 \times 6 \times \left(6 \times \frac{2}{3}\right)\right\} \times 2 = 120\ \text{cm}^3$$

답 ㉰

48. 다음 그림에서 직사각형 단면의 x축에 대한 단면1차 모멘트가 S_x=72,000 cm^3일 경우 폭 b는 얼마인가?

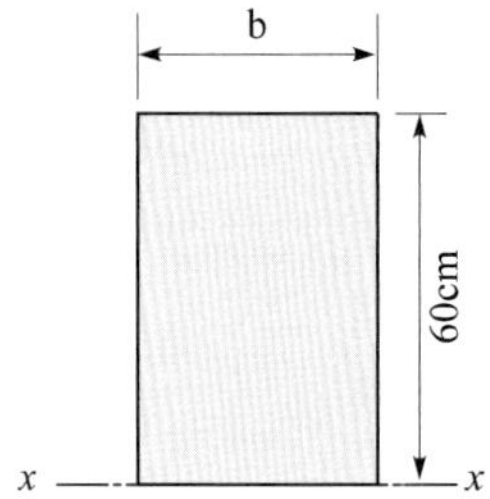

㉮ 25 cm
㉯ 30 cm
㉰ 35 cm
㉱ 40 cm

$$S_x = Ay = (b \times 60) \times \left(\frac{60}{2}\right) = 72{,}000\ \text{cm}^3 \qquad \therefore\ b = 40\ \text{cm}$$

답 ㉱

49. 단면1차 모멘트가 $S_x = 12{,}000\ \text{cm}^3$ 인 직사각형 단면의 높이가 40 cm일 때 폭은?

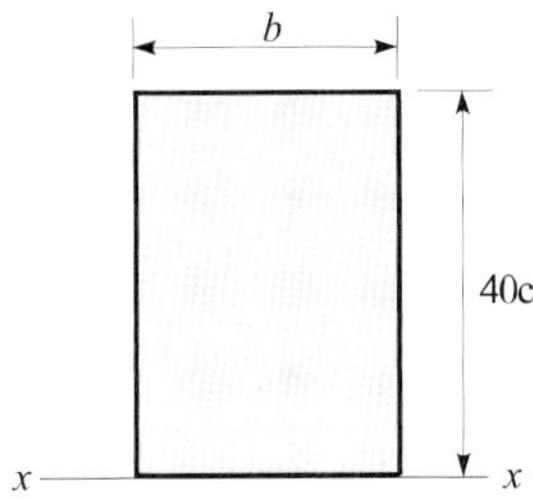

㉮ 10 cm
㉯ 15 cm
㉰ 20 cm
㉱ 30 cm

↳ $S_x = Ay_0 = (40 \times b) \times 20 = 12{,}000\ \text{cm}^3 \quad \therefore\ b = 15\ \text{cm}$ 답 ㉯

50. 그림과 같은 T자형 단면에서 x축으로부터 단면의 도심 O까지의 거리 y_0는?

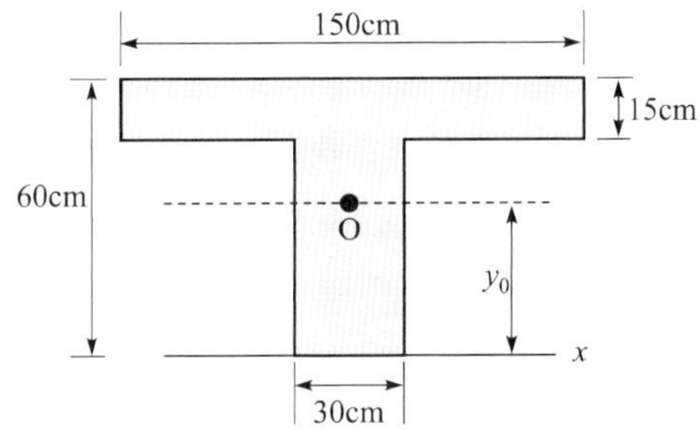

㉮ 15.0 cm　　㉯ 30.0 cm
㉰ 37.5 cm　　㉱ 41.25 cm

↳ $y_0 = \dfrac{S_x}{A} = \dfrac{(30 \times 45) \times \left(\dfrac{45}{2}\right) + (150 \times 15) \times \left(45 + \dfrac{15}{2}\right)}{(30 \times 45) + (150 \times 15)} = 41.25\ \text{cm}$ 답 ㉱

51. 그림과 같은 단면의 밑면에서 도심(圖心)까지의 거리 y_0는?

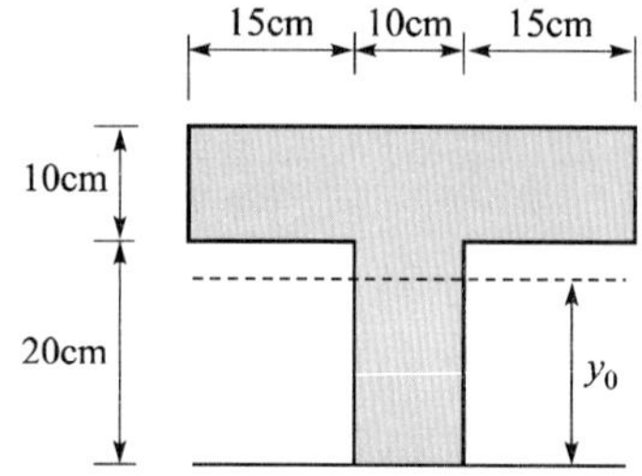

㉮ 25.0 cm　　㉯ 20.0 cm　　㉰ 18.0 cm　　㉱ 15.0 cm

$$y_0 = \frac{S_x}{A} = \frac{(10\times 20)\times\left(\frac{20}{2}\right)+(40\times 10)\times\left(20+\frac{10}{2}\right)}{(10\times 20)+(40\times 10)} = 20.0\ \text{cm}$$

답 ㉯

52. 다음 도형의 도심에서 x축까지의 거리는?

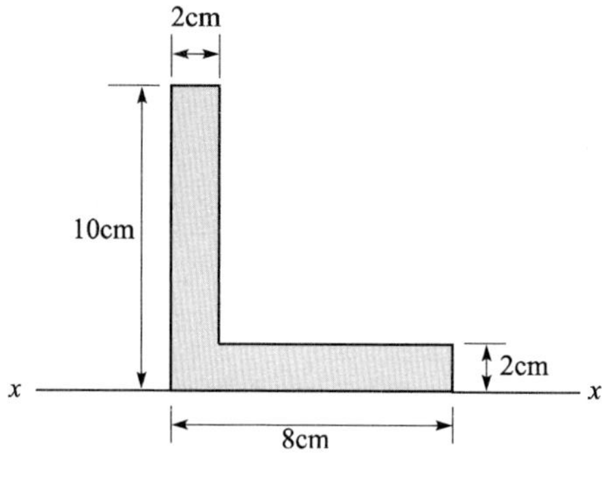

㉮ 3.5 cm　　㉯ 4.0 cm　　㉰ 4.5 cm　　㉱ 5.0 cm

$$y_0 = \frac{S_x}{A} = \frac{(2\times 10)\times\left(\frac{10}{2}\right)+(6\times 2)\times\left(\frac{2}{2}\right)}{(2\times 10)+(6\times 2)} = 3.5\ \text{cm}$$

답 ㉮

53. 다음과 같은 단면에서 x-x축으로부터의 도심의 위치를 구하면?

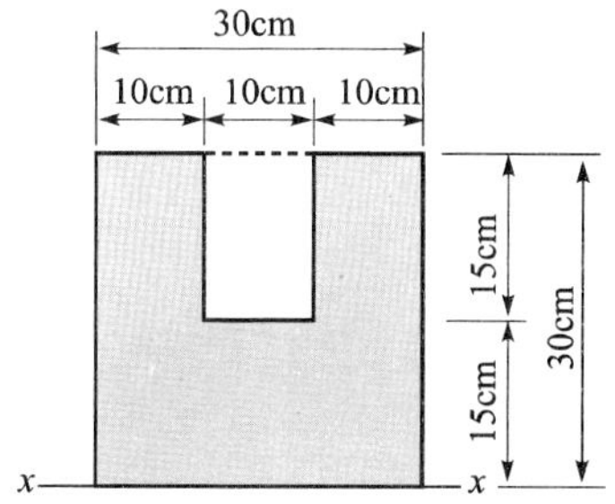

㉮ 13.0 cm ㉯ 13.5 cm ㉰ 14.0 cm ㉱ 14.5 cm

$$y_0 = \frac{S_x}{A} = \frac{(10\times30)\times\left(\frac{30}{2}\right)\times 2EA + (10\times15)\times\left(\frac{15}{2}\right)}{(10\times30)\times 2EA + (10\times15)} = 13.5\text{ cm}$$

답 ㉯

54. 그림과 같은 짙은색 영역의 도형에 대한 도심 위치는 밑변으로부터 얼마인가?

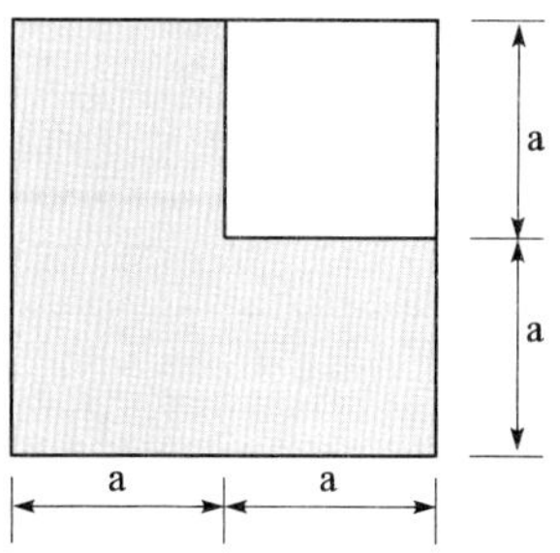

㉮ $\frac{5}{6}a$ ㉯ $\frac{5}{8}a$ ㉰ $\frac{3}{6}a$ ㉱ $\frac{3}{8}a$

$$y_0 = \frac{S_x}{A} = \frac{(a\times 2a)\times\left(\frac{2a}{2}\right) + (a\times a)\times\left(\frac{a}{2}\right)}{(a\times 2a) + (a\times a)} = \frac{5}{6}a\text{ cm}$$

답 ㉮

55. 그림과 같은 도형의 도심의 위치 x_0의 값으로 옳은 것은?

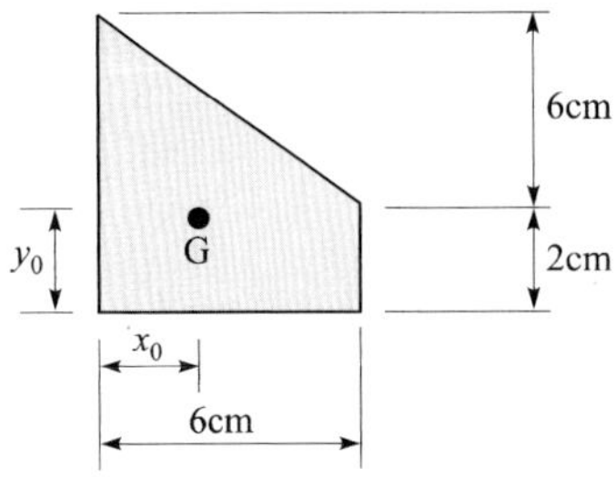

㉮ 2.4 cm
㉯ 2.5 cm
㉰ 2.6 cm
㉱ 2.7 cm

↳ $x_0 = \dfrac{S_y}{A} = \dfrac{(2\times6)\times\left(\dfrac{6}{2}\right)+\left(\dfrac{1}{2}\times6\times6\right)\times\left(\dfrac{6}{3}\right)}{(2\times6)+\left(\dfrac{1}{2}\times6\times6\right)} = 2.4\text{ cm}$ 답 ㉮

56. 그림과 같은 단면의 도심위치 y_0 는?

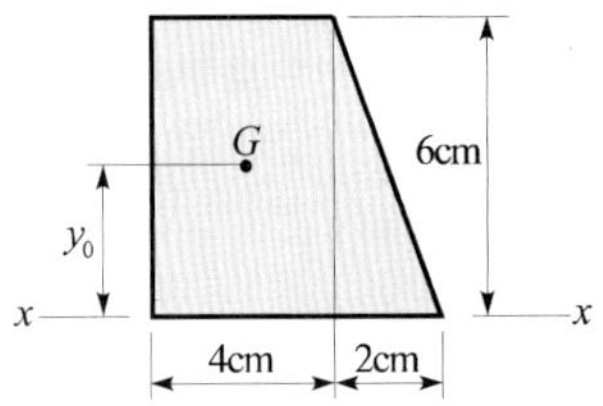

㉮ 2.2 cm
㉯ 2.4 cm
㉰ 2.6 cm
㉱ 2.8 cm

↳ $y_0 = \dfrac{S_x}{A} = \dfrac{(4\times6)\times\left(\dfrac{6}{2}\right)+\left(\dfrac{1}{2}\times2\times6\right)\times\left(\dfrac{6}{3}\right)}{(4\times6)+\left(\dfrac{1}{2}\times2\times6\right)} = 2.8\text{ cm}$ 답 ㉱

57. 그림과 같은 단면의 x축 및 y축으로부터 도심까지의 거리$(x_0,\ y_0)$는? 단, 단위는 cm이다.

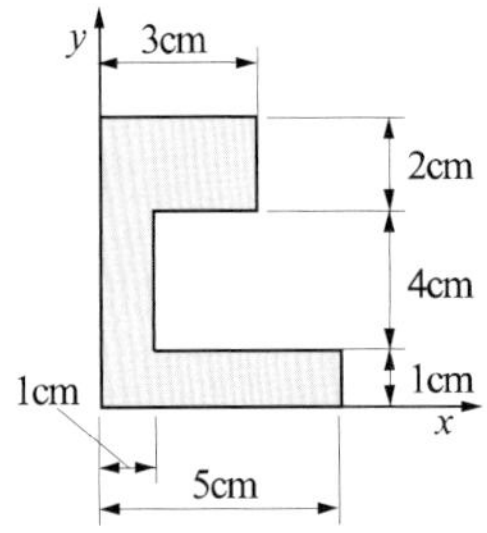

㉮ (1.32, 3.14)
㉯ (2.04, 4.26)
㉰ (1.25, 2.87)
㉱ (1.57, 3.37)

↳ (1) 단면1차 모멘트

$$S_x=(5\times1)\times\left(\frac{1}{2}\right)+(1\times4)\times\left(1+\frac{4}{2}\right)+(3\times2)\times\left(1+4+\frac{2}{2}\right)=50.5\text{ cm}^3$$

$$S_y=(5\times1)\times\left(\frac{5}{2}\right)+(1\times4)\times\left(\frac{1}{2}\right)+(3\times2)\times\left(\frac{3}{2}\right)=23.5\text{ cm}^3$$

(2) 단면적

$$A=5\times1+1\times4+3\times2=15\text{ cm}^2$$

(3) 단면의 도심

$$y_0=\frac{S_x}{A}=\frac{50.5}{15}=3.37\text{ cm}$$

$$x_0=\frac{S_y}{A}=\frac{23.5}{15}=1.57\text{ cm}$$

$\therefore G(x_0,\ y_0)=G(1.57\text{ cm},\ 3.37\text{ cm})$ 답 ㉣

58. 그림과 같은 좌우대칭의 T형 단면의 도심(G)이 플랜지 하단과 일치하게 하려면 플랜지 폭 B의 크기는? (단위: cm)

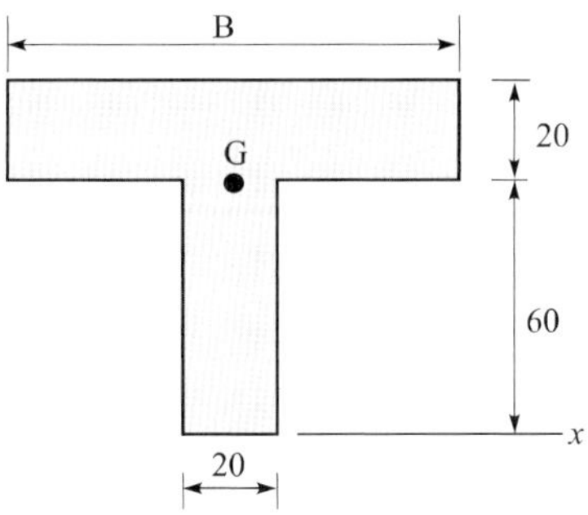

㉮ 360 cm
㉯ 180 cm
㉰ 120 cm
㉱ 60 cm

↳ (1) 단면1차 모멘트

$$S_x=20\times60\times\left(\frac{60}{2}\right)+B\times20\times\left(60+\frac{20}{2}\right)=36{,}000+1{,}400B\text{ cm}^3$$

(2) 단면적

$$A=20\times60+B\times20=1{,}200+20B\text{ cm}^2$$

(3) 단면의 도심

$$y_0=\frac{S_x}{A}=\frac{36{,}000+1{,}400B}{1{,}200+20B}=60\text{ cm}$$

$$36{,}000+1{,}400B=60\times(1{,}200+20B)$$

$$B=180\text{ cm}$$

답 ㉯

59. 진한색으로 이루어진 도형의 도심 G에서 x축까지의 거리 y_0는?

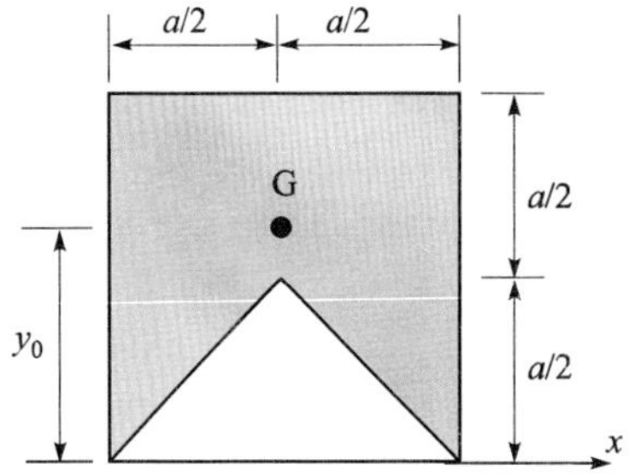

㉮ $\frac{11}{12}a$

㉯ $\frac{11}{14}a$

㉰ $\frac{11}{16}a$

㉱ $\frac{11}{18}a$

(1) 단면1차 모멘트

$$S_x = \frac{1}{2}\times\left(\frac{a}{2}\right)\times\left(\frac{a}{2}\right)\times\left(\frac{a}{2}\times\frac{2}{3}\right)\times 2EA+(a)\times\left(\frac{a}{2}\right)\times\left(\frac{a}{2}+\frac{a}{2}\times\frac{1}{2}\right)=\frac{11}{24}a^3$$

(2) 단면적

$$A=\frac{1}{2}\times\left(\frac{a}{2}\right)\times\left(\frac{a}{2}\right)\times 2EA+(a)\times\left(\frac{a}{2}\right)=\frac{3}{4}a^2$$

(3) 단면의 도심

$$y_0=\frac{S_x}{A}=\frac{\left(\frac{11}{24}a^3\right)}{\left(\frac{3}{4}a^2\right)}=\frac{11}{18}a$$

답 ㉱

60. 그림과 같은 사다리꼴 단면의 도심(圖心)의 위치 y_0를 나타내는 식은?

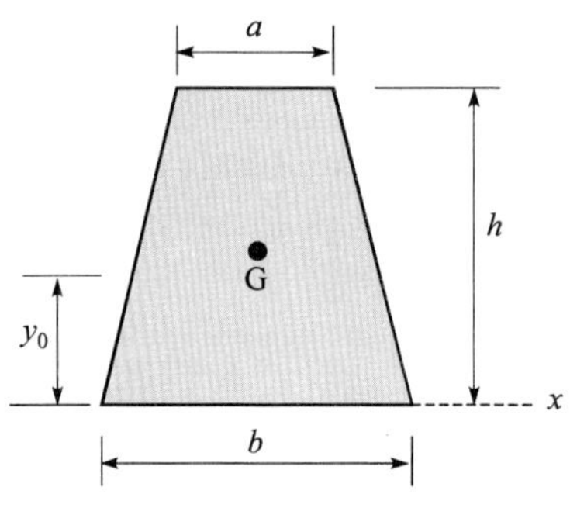

㉮ $y_0=\frac{(2a+b)h}{3(a+b)}$

㉯ $y_0=\frac{(a+b)h}{3(2a+b)}$

㉰ $y_0=\frac{3(a+b)h}{(2a+b)}$

㉱ $y_0=\frac{(a+2b)h}{3(a+b)}$

↳ (1) 단면1차 모멘트

$$S_x = ah\left(\frac{h}{2}\right)+\frac{1}{2}(b-a)h\left(\frac{h}{3}\right)=\frac{1}{6}(2a+b)h^2$$

(2) 단면적

$$A = ah+\frac{1}{2}(b-a)h=\frac{1}{2}(a+b)h$$

(3) 사다리꼴 단면의 도심

$$y_0=\frac{S_x}{A}=\frac{\frac{1}{6}(2a+b)h^2}{\frac{1}{2}(a+b)h}=\frac{(2a+b)h}{3(a+b)}$$

답 ㉮

61. 다음과 같은 볼트군의 x부터의 도심의 위치 y_0를 구하면? (단, 그림의 단위는 mm)

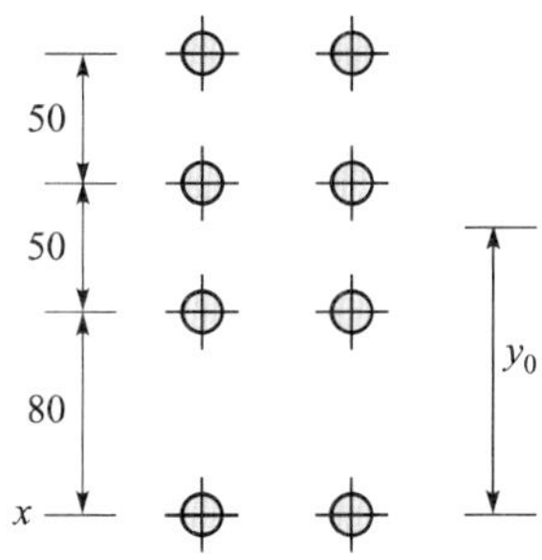

㉮ 80 mm
㉯ 89.5 mm
㉰ 90 mm
㉱ 97.5 mm

↳ (1) 단면1차 모멘트

각 볼트의 단면적을 1 mm²로 한다.

$$S_x = 1\times 0\times 2EA+1\times 80\times 2EA+1\times 130\times 2EA+1\times 180\times 2EA=780\text{ mm}^3$$

(2) 단면적

$$A=1\times 8EA=8\text{ mm}^2$$

(3) 단면의 도심

$$y_0=\frac{S_x}{A}=\frac{780}{8}=97.5\text{ mm}$$

답 ㉱

62. 그림과 같은 단면의 도심축 x_G에 대한 단면2차 모멘트로 가장 적당한 것은?

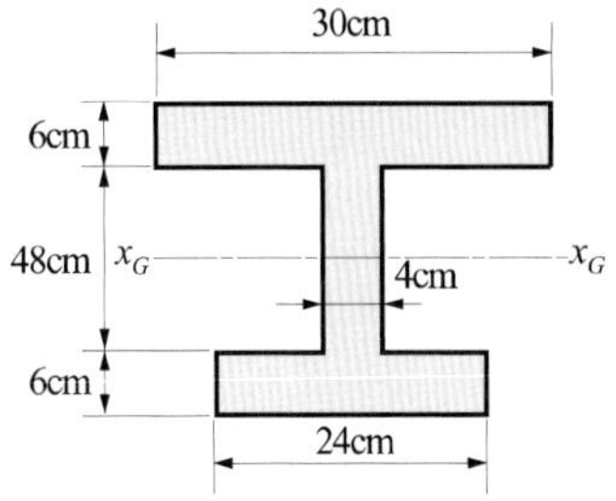

㉮ 272,200 cm^4
㉯ 234,300 cm^4
㉰ 540,000 cm^4
㉱ 378,360 cm^4

---

(1) 세 개의 단면으로 분해하여 고려한다.

$A_1 = 30 \times 6,\ A_2 = 4 \times 48,\ A_3 = 24 \times 6$

$A = A_1 + A_2 + A_3$

$= 30 \times 6 + 4 \times 48 + 24 \times 6 = 516\ \text{cm}^2$

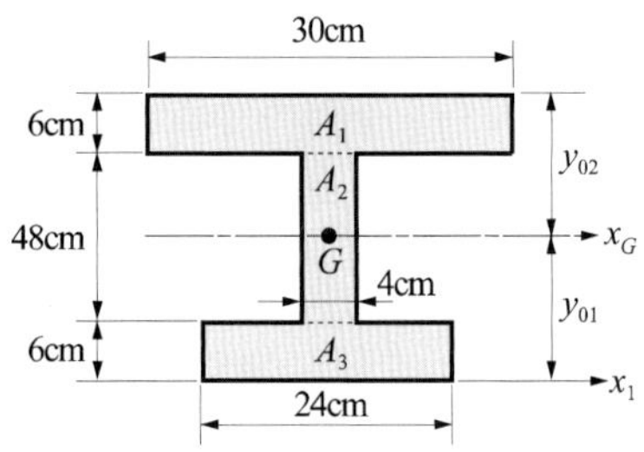

(2) 단면의 아래쪽 연단(끝)을 x_1축 이라 할 때

x_1축에 대한 단면1차 모멘트

$$S_{x1} = (30 \times 6) \times \left(6 + 48 + \frac{6}{2}\right) + (4 \times 48) \times \left(6 + \frac{48}{2}\right) + (24 \times 6) \times \left(\frac{6}{2}\right) = 16{,}452\ \text{cm}^3$$

(3) 도심으로부터 아래쪽 연단(끝)까지의 거리 y_{01}

$$y_{01} = \frac{S_{x1}}{A} = \frac{16{,}452}{516} = 31.88\ \text{cm}$$

(4) 도심으로부터 위쪽 연단(끝)까지의 거리 y_{02}

$$y_{02} = (6 + 48 + 6) - 31.88 = 28.12\ \text{cm}$$

(5) 도심축, x_G축에 대한 단면2차 모멘트 I_{xG}

$$I_{xG} = \frac{30 \times 6^3}{12} + 30 \times 6 \times \left(28.12 - \frac{6}{2}\right)^2 + \frac{4 \times 48^3}{12} + 4 \times 48 \times \left\{31.88 - \left(6 + \frac{48}{2}\right)\right\}^2$$

$$+ \frac{24 \times 6^3}{12} + 24 \times 6 \times \left(31.88 - \frac{6}{2}\right)^2 = 272{,}201\ \text{cm}^4$$

답 ㉮

63. 그림과 같은 직사각형 단면에서 x 축에 관한 단면2차 모멘트는 다음 중 어느 것인가?

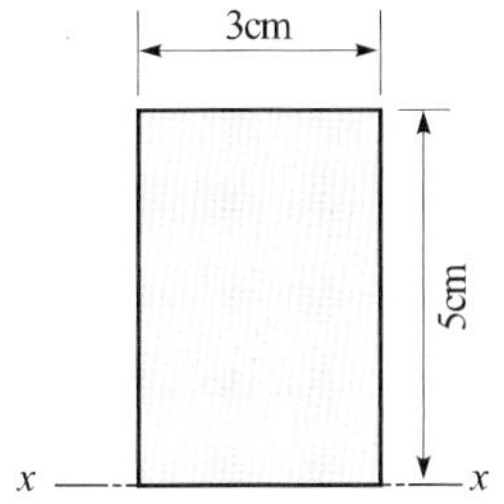

㉮ 100 cm^4
㉯ 125 cm^4
㉰ 150 cm^4
㉱ 175 cm^4

$I_x = \frac{bh^3}{3} = \frac{3 \times 5^3}{3} = 125\ cm^4$ 답 ㉯

64. 그림과 같은 직사각형 단면에서 x축에 대한 단면2차 모멘트의 값은?

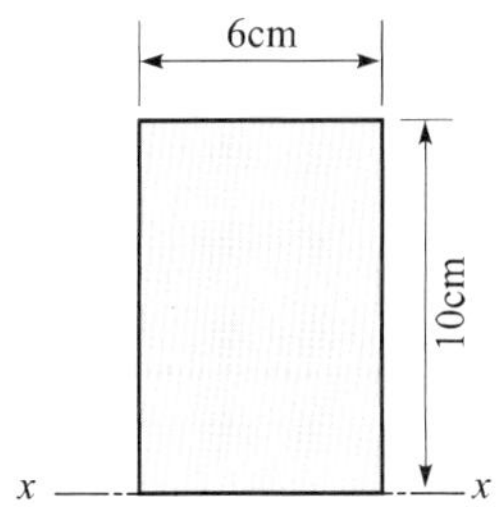

㉮ 500 cm^4
㉯ 1,000 cm^4
㉰ 1,500 cm^4
㉱ 2,000 cm^4

$I_x = \frac{bh^3}{3} = \frac{6 \times 10^3}{3} = 2{,}000\ cm^4$ 답 ㉱

65. 다음과 같은 직사각형 단면적에서 x-x축에 대한 단면2차 모멘트는?

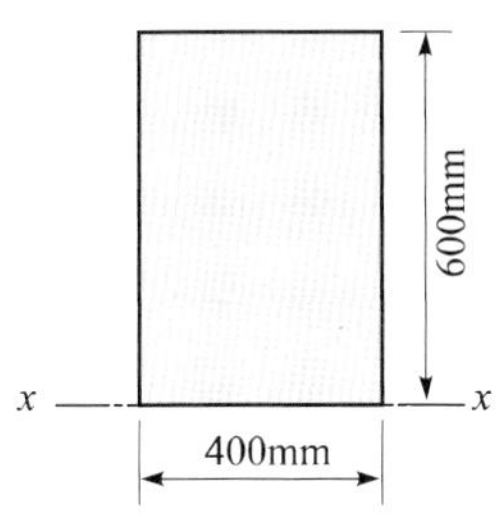

㉮ $72 \times 10^6\ mm^4$
㉯ $144 \times 10^6\ mm^4$
㉰ $216 \times 10^6\ mm^4$
㉱ $288 \times 10^6\ mm^4$

$I_x = \frac{bh^3}{3} = \frac{400 \times 600^3}{3} = 288 \times 10^6\ mm^4$ 답 ㉱

66. 다음 그림과 같은 도형의 x축에 대한 단면2차 모멘트는?

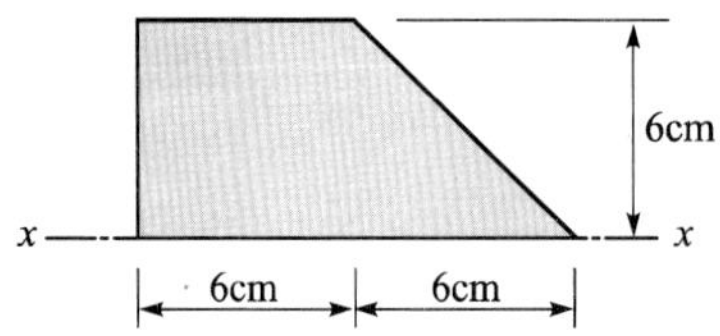

㉮ $220\ cm^4$

㉯ $240\ cm^4$

㉰ $440\ cm^4$

㉱ $540\ cm^4$

$I_x = \dfrac{bh^3}{3} + \dfrac{bh^3}{12} = \dfrac{6 \times 6^3}{3} + \dfrac{6 \times 6^3}{12} = 432 + 108 = 540\ cm^4$

답 ㉱

67. 그림에서 y축에 대한 단면2차 모멘트는?

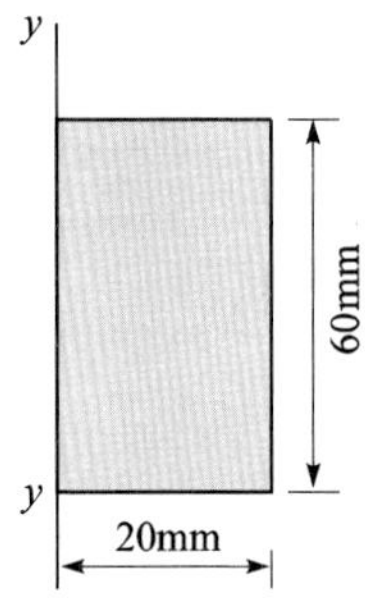

㉮ $60,000\ mm^4$

㉯ $90,000\ mm^4$

㉰ $160,000\ mm^4$

㉱ $200,000\ mm^4$

$I_y = \dfrac{bh^3}{3} = \dfrac{60 \times 20^3}{3} = 160,000\ mm^4$

답 ㉰

68. 그림과 같은 원형 단면의 x축에 대한 단면2차 모멘트의 값은?

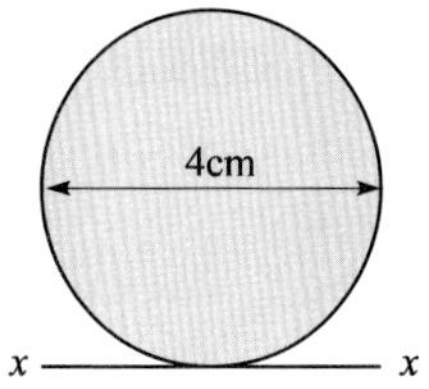

㉮ $20\pi\ cm^4$

㉯ $30\pi\ cm^4$

㉰ $40\pi\ cm^4$

㉱ $50\pi\ cm^4$

$I_x = \dfrac{5\pi r^4}{4} = \dfrac{5\pi D^4}{64} = \dfrac{5\pi \times 4^4}{64} = 20\pi\ cm^4$

답 ㉮

69. 그림과 같은 단면의 $x-x$ 축에 대한 단면2차 모멘트의 값은?

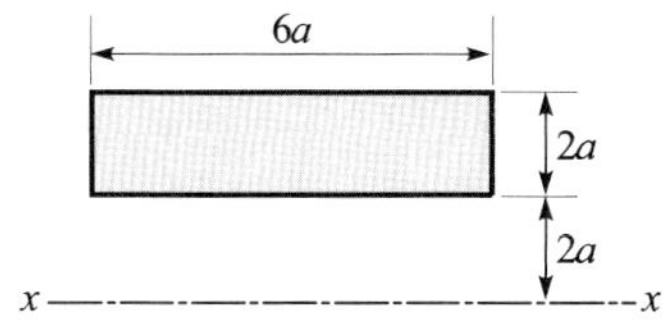

㉮ $94a^4$

㉯ $104a^4$

㉰ $112a^4$

㉱ $120a^4$

↳ $I_x = I_{xG} + Ay_0^2 = \dfrac{(6a)\times(2a)^3}{12} + (6a\times 2a)\times\left(2a+\dfrac{2a}{2}\right)^2 = 112a^4$ 답 ㉰

70. 그림과 같은 직사 형 단면에서 x축에 대한 단면2차 모멘트는?

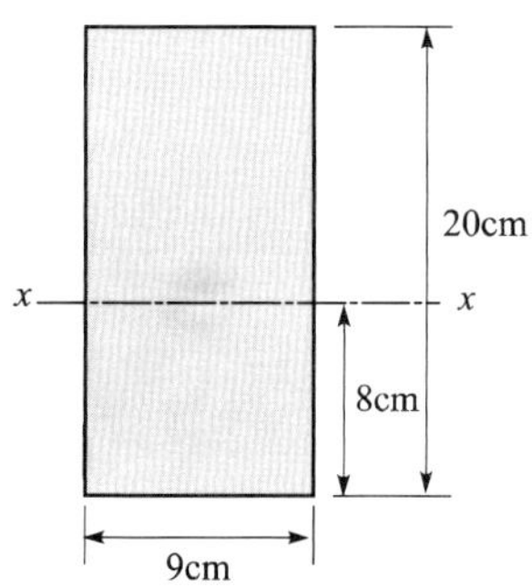

㉮ $6,000\ \text{cm}^4$

㉯ $6,270\ \text{cm}^4$

㉰ $6,720\ \text{cm}^4$

㉱ $7,260\ \text{cm}^4$

↳ $I_x = I_{xG} + Ay_0^2 = \dfrac{9\times 20^3}{12} + (9\times 20)\times 2^2 = 6,720\ \text{cm}^4$ 답 ㉰

71. 다음 그림과 같은 직사각형 단면에서 x축과 y축에 대한 단면2차 모멘트의 값은? (단, 그림의 점선은 단면의 중심축임)

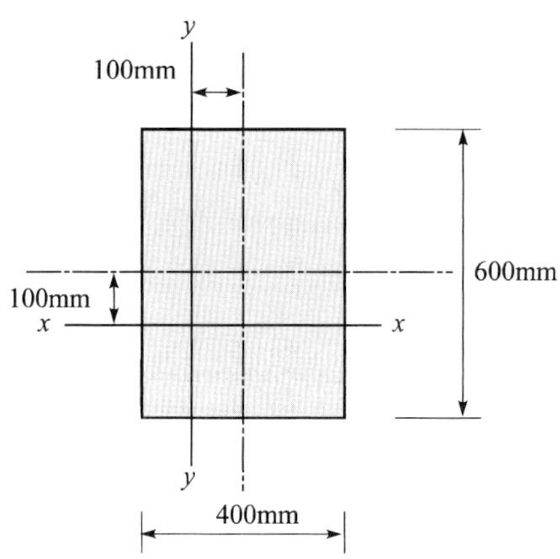

㉮ x축 : $72\times10^8\ \text{mm}^4$, y축 : $32\times10^8\ \text{mm}^4$

㉯ x축 : $96\times10^8\ \text{mm}^4$, y축 : $56\times10^8\ \text{mm}^4$

㉰ x축 : $144\times10^8\ \text{mm}^4$, y축 : $64\times10^8\ \text{mm}^4$

㉱ x축 : $288\times10^8\ \text{mm}^4$, y축 : $128\times10^8\ \text{mm}^4$

$$I_x = I_{xG} + A y_0^2 = \frac{400 \times 600^3}{12} + (400 \times 600) \times 100^2 = 96 \times 10^8 \text{ mm}^4$$

$$I_y = I_{yG} + A x_0^2 = \frac{600 \times 400^3}{12} + (600 \times 400) \times 100^2 = 56 \times 10^8 \text{ mm}^4$$

답 ㉯

72. 그림과 같은 삼각형 단면에서 x_G축에 대한 단면2차 모멘트는? (단, G는 도형의 도심)

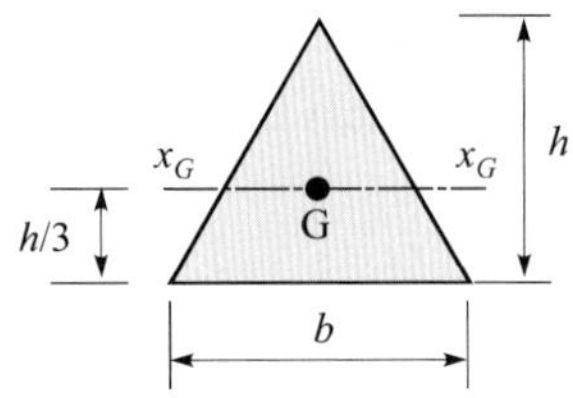

㉮ $\frac{bh^3}{2}$　　㉯ $\frac{bh^3}{18}$　　㉰ $\frac{bh^3}{24}$　　㉱ $\frac{bh^3}{36}$

$$I_{xG} = \frac{bh^3}{36}$$

답 ㉱

73. 그림과 같은 삼각형 단면에서 밑변을 지나는 x축에 대한 단면2차 모멘트는?

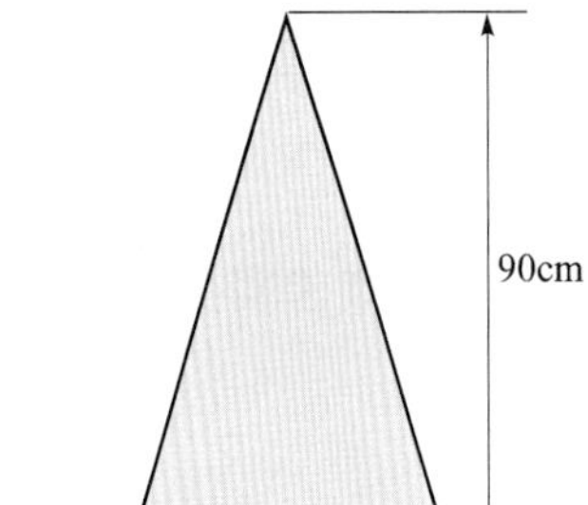

㉮ 607,500 cm^4

㉯ 1,215,000 cm^4

㉰ 1,822,500 cm^4

㉱ 3,645,000 cm^4

$$I_x = \frac{bh^3}{12} = \frac{30 \times 90}{12} = 1{,}822{,}500 \text{ cm}^4$$

답 ㉰

74. 그림과 같은 I형 단면에서 단면의 도심 G를 지나고 밑변에 나란한 x_G축에 대한 단면2차 모멘트의 값은?

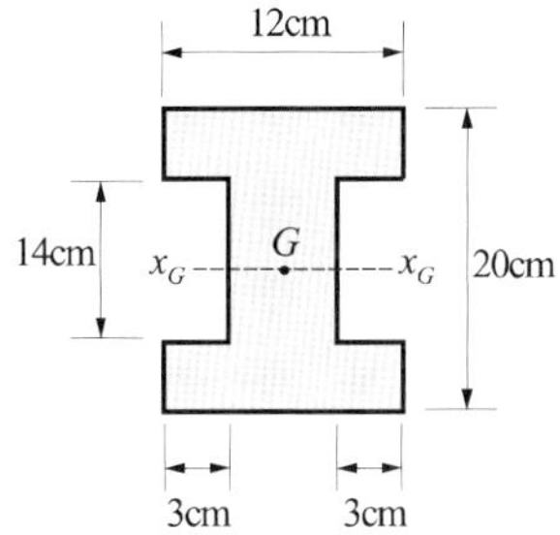

㉮ 5,608 cm^4

㉯ 6,608 cm^4

㉰ 5,628 cm^4

㉱ 6,628 cm^4

$$I_{xG} = \frac{BH^3}{12} - \frac{bh^3}{12} = \left(\frac{12\times 20^3}{12}\right) - \left(\frac{6\times 14^3}{12}\right) = 6{,}628\ \text{cm}^4$$

답 ㉱

75. 그림과 같은 ㄷ형 단면에서 x_G축에 대한 단면2차 모멘트는?

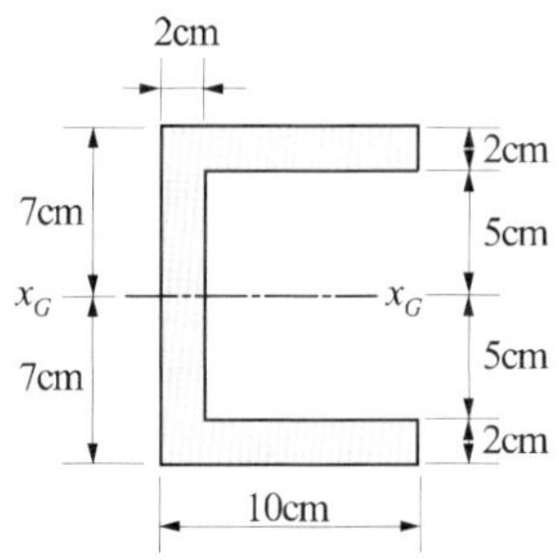

㉮ 1,420 cm^4

㉯ 1,520 cm^4

㉰ 1,620 cm^4

㉱ 1,720 cm^4

$$I_{xG} = \frac{BH^3}{12} - \frac{bh^3}{12} = \left(\frac{10\times 14^3}{12}\right) - \left(\frac{8\times 10^3}{12}\right) = 1{,}620\ \text{cm}^4$$

답 ㉰

76. 그림과 같이 색칠된 BOX형 단면의 x축에 대한 단면2차 모멘트는? (단, 단면의 두께 t는 2 cm로 4변 모두 일정하다.)

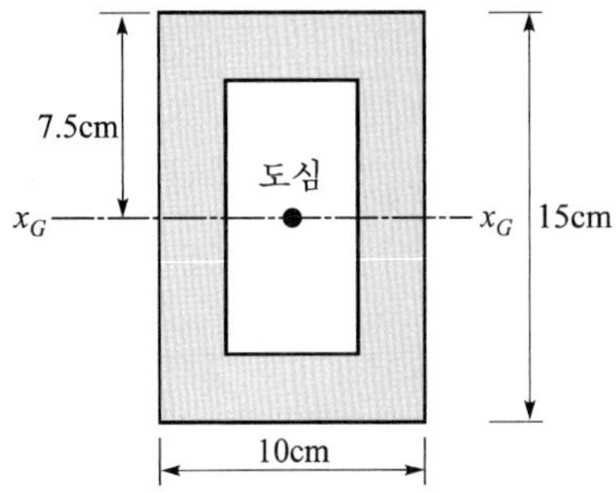

㉮ 2,095 cm^4
㉯ 2,147 cm^4
㉰ 2,264 cm^4
㉱ 2,336 cm^4

$$I_{xG}=\frac{BH^3}{12}-\frac{bh^3}{12}=\left(\frac{10\times15^3}{12}\right)-\left(\frac{6\times11^3}{12}\right)=2{,}813-666=2{,}147\ \text{cm}^4$$

답 ㉯

77. 그림의 단면에서 x축에 대한 단면2차 모멘트는?

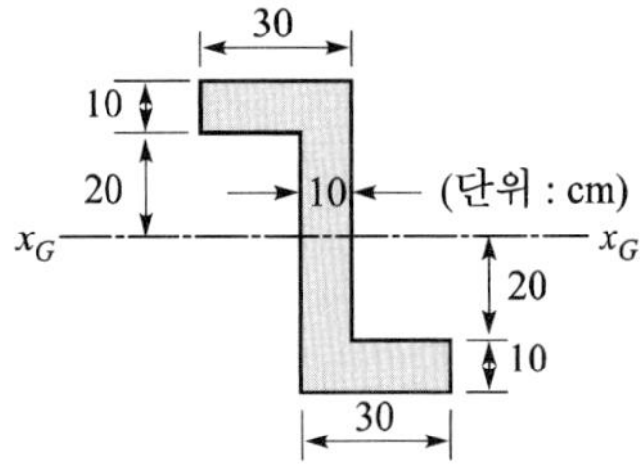

㉮ 106,667 cm^4
㉯ 180,000 cm^4
㉰ 433,333 cm^4
㉱ 540,000 cm^4

$$I_{xG}=\frac{BH^3}{12}-\frac{bh^3}{12}=\left(\frac{30\times60^3}{12}\right)-\left(\frac{20\times40^3}{12}\right)=540{,}000-106{,}667=433{,}333\ \text{cm}^4$$

답 ㉰

78. 그림과 같이 빗금친 부분의 단면에서 x_G축에 대한 단면2차 모멘트로 맞는 것은?

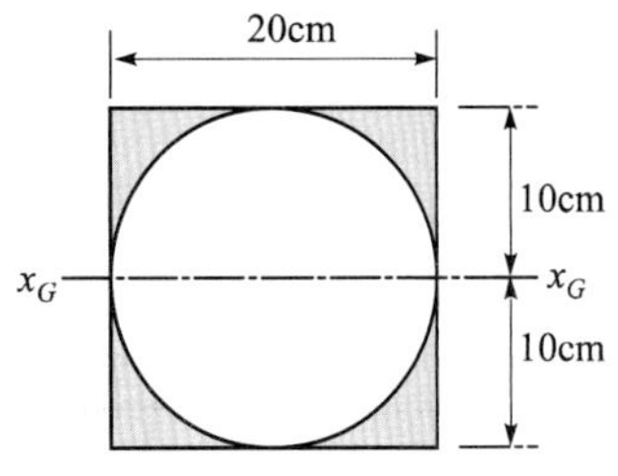

㉮ 21,183 cm^4
㉯ 13,333 cm^4
㉰ 7,850 cm^4
㉱ 5,480 cm^4

$$I_{xG}=\frac{bh^3}{12}-\frac{\pi r^4}{4}=\frac{bh^3}{12}-\frac{\pi D^4}{64}=\left(\frac{20\times20^3}{12}\right)-\left(\frac{\pi\times20^4}{64}\right)=5{,}479\ \text{cm}^4$$

답 ㉱

9. **그림과 같은 단면에서 x축에 대한 단면2차 모멘트 I_x=12,000 cm^{4}일 때, x_G축에 대한 단면2차 모멘트 I_{x_G} 값은? (단, x축은 단면의 중심축 x_G축에 평행하다.)**

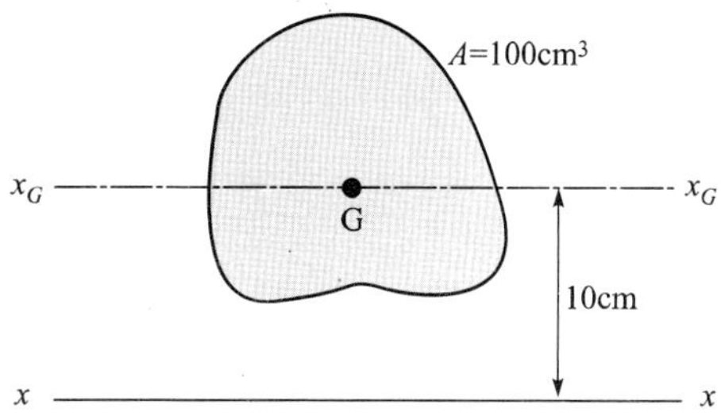

㉮ 1,200 cm^4

㉯ 2,000 cm^4

㉰ 3,200 cm^4

㉱ 4,800 cm^4

↳ $I_x = I_{xG} + Ay_0^2$ 로부터 $I_{xG} = I_x - Ay_0^2 = 12{,}000 - 100 \times 10^2 = 2{,}000$ cm^4 답 ㉯

80. **반원의 도심축에 대한 단면2차 모멘트 I_{xG}는 얼마인가? (단, $I_x = \dfrac{\pi r^4}{8}$, $y_0 = \dfrac{4r}{3\pi}$)**

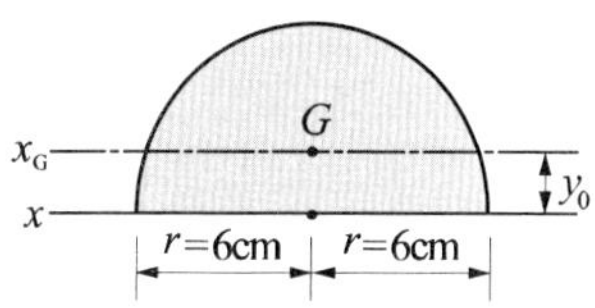

㉮ 142.2 cm^4

㉯ 218.5 cm^4

㉰ 360.6 cm^4

㉱ 508.9 cm^4

↳ $I_x = I_{xG} + Ay_0^2$, $I_{xG} = I_x - Ay_0^2$

$$I_{xG} = \frac{\pi r^4}{8} - \left(\frac{\pi r^2}{2}\right) \times \left(\frac{4r}{3\pi}\right)^2 = \left(\frac{\pi \times 6^4}{8}\right) - \left(\frac{4 \times 6}{3 \times \pi}\right)^2 \times \left(\frac{\pi \times 6^2}{2}\right) = 142.2 \text{ cm}^4$$ 답 ㉮

81. **다음 그림과 같은 단면에서 x-x축에 대한 단면2차 모멘트를 구하면?**

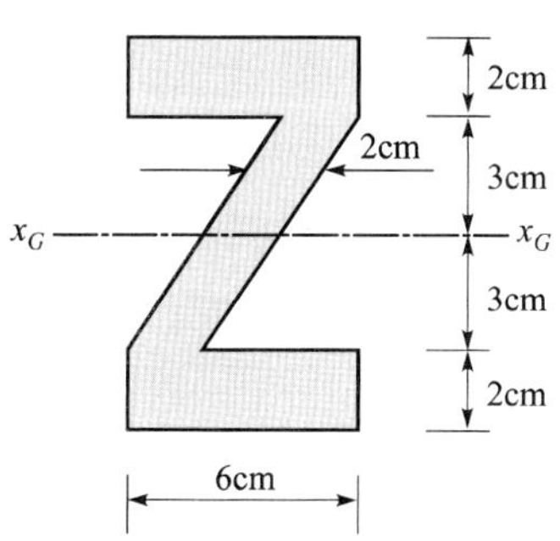

㉮ 76 cm^4

㉯ 258 cm^4

㉰ 428 cm^4

㉱ 500 cm^4

↳ 두 개의 직사각형과 한 개의 평행사변형으로 나누어 단면2차 모멘트를 산정한다.

(1) 두 개의 직사각형 단면의 단면2차 모멘트

$$I_x = I_{xG} + A y_0^2 = \left\{ \frac{6 \times 2^3}{12} + (6 \times 2) \times \left(3 + \frac{2}{2}\right)^2 \right\} \times 2EA = 392\ \mathrm{cm}^4$$

(2) 한 개의 평행사변형 단면의 단면2차 모멘트

$$I_{xG} = \frac{bh^3}{12} = \frac{2 \times 6^3}{12} = 36\ \mathrm{cm}^4$$

(3) $x-x$ 축에 대한 단면2차 모멘트

$$I_x = 392 + 36 = 428\ \mathrm{cm}^4$$

답 ㈐

82. 그림과 같은 직사각형 단면에서 y축에 대한 단면2차 모멘트는?

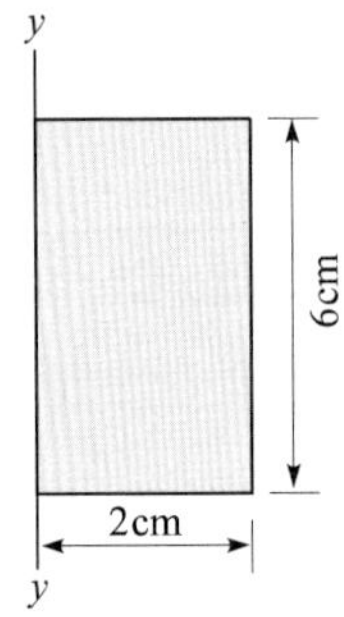

㉮ 6 cm^4

㉯ 12 cm^4

㉰ 16 cm^4

㉱ 24 cm^4

$$I_y = I_{yG} + A x_0^2 = \frac{6 \times 2^3}{12} + (6 \times 2) \times 1^2 = 16\ \mathrm{cm}^4$$

답 ㈐

83. 그림과 같은 단면에서 x-x축에 대한 단면2차 모멘트는?

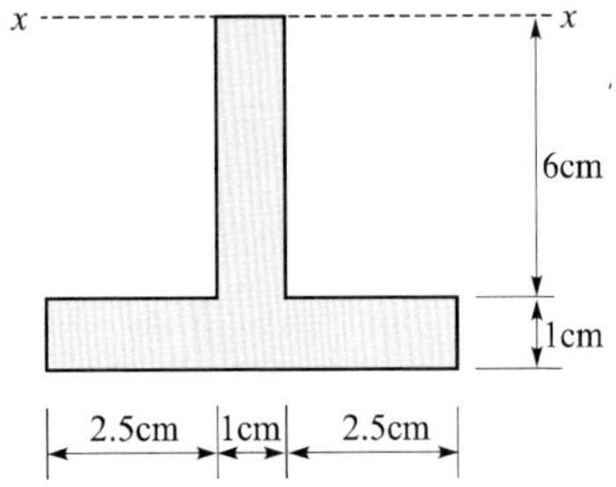

㉮ 326 cm^4

㉯ 278 cm^4

㉰ 215 cm^4

㉱ 188 cm^4

두 개의 단면으로 분해하여 고려한다.

(1) $A_1 = 1 \times 6 = 6\ \mathrm{cm}^2$에 대한 단면2차 모멘트

$$I_{xA1} = \frac{bh^3}{3} = \frac{1 \times 6^3}{3} = 72\ \mathrm{cm}^4$$

(2) $A_2 = 6 \times 1 = 6\ \text{cm}^2$에 대한 단면2차 모멘트

$$I_{xA2} = I_{xG} + Ay_0^2$$
$$= \frac{6 \times 1^3}{12} + 6 \times \left(6 + \frac{1}{2}\right)^2 = 254\ \text{cm}^4$$

(3) 도형의 $x-x$축에 대한 단면2차 모멘트

$$I_x = I_{xA1} + I_{xA2} = 72 + 254 = 326\ \text{cm}^4$$

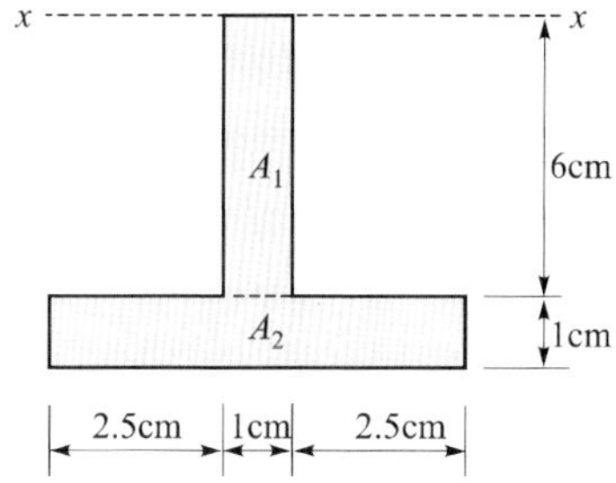

답 ㉮

84. **다음 단면의 성질 중 휨 부재의 탄성처짐에 직접 영향을 주는 것은?**

㉮ 단면적　　㉯ 단면계수
㉰ 단면1차 모멘트　　㉱ 단면2차 모멘트

↳ 단순보의 최대 처짐은 $\Delta = \frac{Pl^3}{48EI}$이다.
따라서 탄성처짐에 직접 영향을 주는 것은 단면2차 모멘트이다. 답 ㉱

85. **단면2차 모멘트를 적용하여 구하는 것이 아닌 것은?**

㉮ 단면계수와 단면2차 반지름의 계산　　㉯ 단면의 도심 계산
㉰ 휨응력도　　㉱ 처짐량의 계산

↳ 단면의 도심 계산은 단면1차 모멘트를 적용하여 구한다. 답 ㉯

86. **단면의 성질에 관한 다음 기술 중 틀린 것은 어느 것인가?**

㉮ 도심을 지나는 두 직교축에 대한 단면2차 모멘트의 합은 방향에 따라 다르다.
㉯ 단면상승 모멘트의 단위는 m^4이다.
㉰ 지름 D인 원형 단면의 단면계수 $\frac{\pi D^3}{32}$이다.
㉱ 단면의 도심을 통과하는 축에 대한 단면1차 모멘트는 0이다.

↳ 직교하는 두 축에 대한 단면2차 모멘트의 합은 단면극2차 모멘트이며, 이는 좌표축의 회전에 관계없이 항상 일정하다. 답 ㉮

87. **단면의 성질에 관한 설명 중 부적당한 것은?**

㉮ 단면1차 모멘트는 도심을 산정할 때 사용된다.
㉯ 단면상승 모멘트는 주축을 구할 때 사용된다.
㉰ 단면계수는 전단응력을 구할 때 사용된다.
㉱ 단면2차 반지름은 좌굴응력을 구할 때 사용된다.

↳ 단면계수는 휨응력을 구할 때 사용된다. 답 ㉰

88. **탄성부재의 최대 휨응력에 직접 영향을 주는 단면의 성질은?**

㉮ 단면적 ㉯ 단면2차 반지름
㉰ 단면1차 모멘트 ㉱ 단면계수

↳ 최대 휨응력은 $\sigma_b = \dfrac{M}{Z}$ 이며, 단면계수가 최대 휨응력에 직접 영향을 준다. 답 ㉱

89. **단면계수 및 단면2차 반지름에 관한 설명 중 잘못된 것은?**

㉮ 단면계수는 도심축에 대한 단면2차 모멘트를 단면적으로 나눈 값의 제곱근이다.
㉯ 단면계수가 큰 단면이 휨에 대해 크게 저항한다.
㉰ 단면계수의 단위는 m^3이다. 부호는 항상 (+)이다.
㉱ 단면2차 반지름은 좌굴에 대한 저항값을 나타낸다.

↳ 단면계수는 도심축에 대한 단면2차 모멘트를 도심축으로부터 단면 연단(끝)까지의 거리로 나눈 값이다. 답 ㉮

90. **그림과 같은 직사각형 단면에서 x_G축에 대한 단면계수 Z는?**

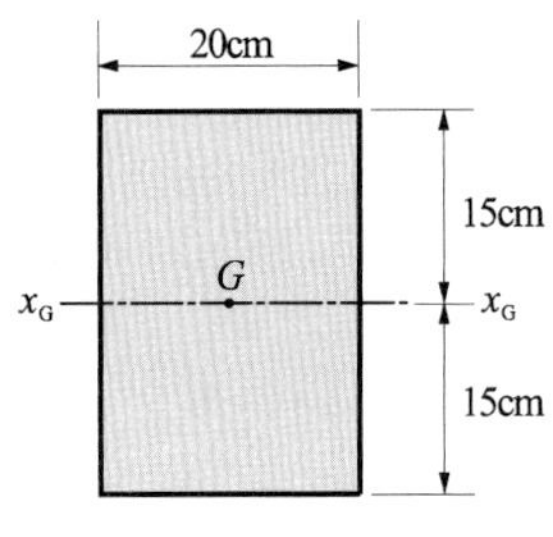

㉮ 300 cm^2
㉯ 300 cm^3
㉰ 3,000 cm^2
㉱ 3,000 cm^3

$$Z = \frac{I_{xG}}{y_0} = \frac{\left(\frac{bh^3}{12}\right)}{\left(\frac{h}{2}\right)} = \frac{bh^2}{6} = \frac{20 \times 30^2}{6} = 3{,}000\ \text{cm}^3$$

답 ㉣

91. 다음 그림과 같은 중공형 단면에서 도심축에 대한 단면계수의 값은?

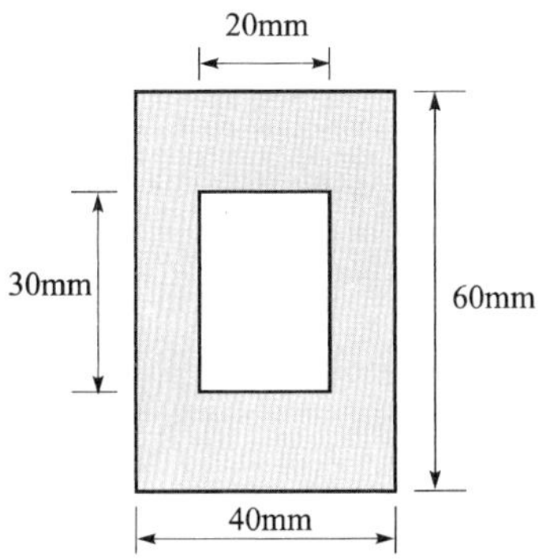

㉮ $19{,}000\ \text{mm}^3$

㉯ $20{,}500\ \text{mm}^3$

㉰ $21{,}000\ \text{mm}^3$

㉱ $22{,}500\ \text{mm}^3$

$$I_{xG} = \frac{BH^3}{12} - \frac{bh^3}{12} = \left(\frac{40 \times 60^3}{12}\right) - \left(\frac{20 \times 30^3}{12}\right) = 675{,}000\ \text{mm}^4$$

$$y_0 = \frac{h}{2} = \frac{60}{2} = 30\ \text{mm}$$

$$Z = \frac{I_{xG}}{y_0} = \frac{675{,}000}{30} = 22{,}500\ \text{mm}^3$$

답 ㉣

92. 그림과 같은 중공형 단면의 단면계수는 약 얼마인가?

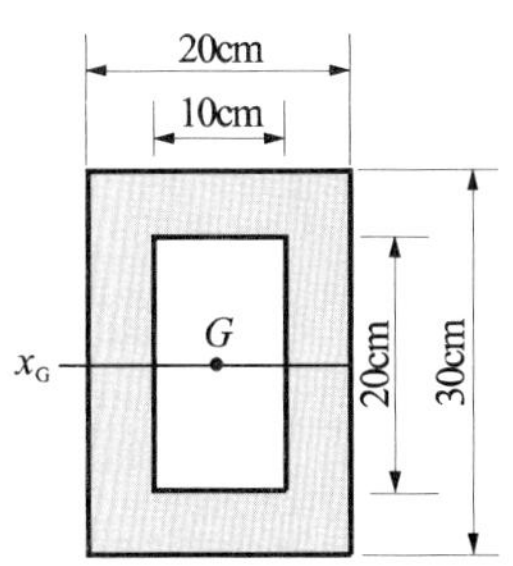

㉮ $2{,}333\ \text{cm}^3$

㉯ $2{,}556\ \text{cm}^3$

㉰ $3{,}000\ \text{cm}^3$

㉱ $42{,}000\ \text{cm}^3$

$$I_{xG} = \left(\frac{20 \times 30^3}{12}\right) - \left(\frac{10 \times 20^3}{12}\right) = 38{,}333\ \text{cm}^4$$

$$y_0 = \frac{h}{2} = \frac{30}{2} = 15\ \text{cm}$$

$$Z = \frac{I_{xG}}{y_0} = \frac{38{,}333}{15} = 2{,}556\ \text{cm}^3$$

답 ㉯

93. 그림과 같은 ㄷ형 단면에서 x_G축에 대한 단면계수 값으로서 옳은 것은?

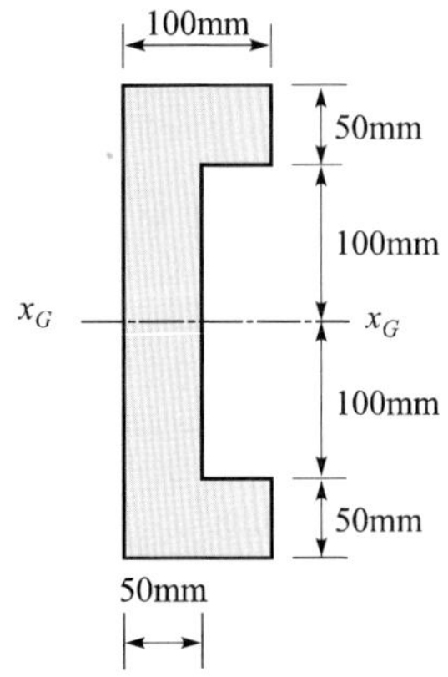

㉮ $1.278\times10^6\ \mathrm{mm}^3$
㉯ $1.298\times10^6\ \mathrm{mm}^3$
㉰ $1.378\times10^6\ \mathrm{mm}^3$
㉱ $1.398\times10^6\ \mathrm{mm}^3$

$$I_{xG}=\frac{BH^3}{12}-\frac{bh^3}{12}=\left(\frac{100\times300^3}{12}\right)-\left(\frac{50\times200^3}{12}\right)=191{,}666{,}667\ \mathrm{mm}^4$$

$$y_0=\frac{h}{2}=\frac{300}{2}=150\ \mathrm{mm}$$

$$Z=\frac{I_{xG}}{y_0}=\frac{191{,}666{,}667}{150}=1.278\times10^6\ \mathrm{mm}^3$$

답 ㉮

94. 그림과 같은 삼각형 단면에서 밑변 축(x)에 대한 단면계수는?

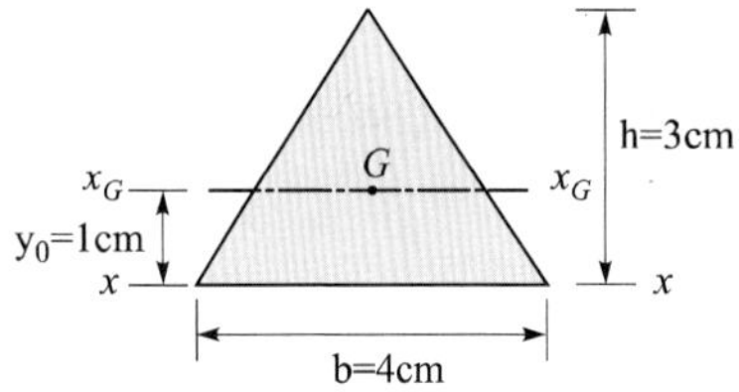

㉮ $3\ \mathrm{cm}^3$
㉯ $4\ \mathrm{cm}^3$
㉰ $5\ \mathrm{cm}^3$
㉱ $6\ \mathrm{cm}^3$

$$I_{xG}=\frac{4\times3^3}{36}=3\ \mathrm{cm}^4$$

$$y_0=\frac{h}{3}=\frac{3}{3}=1\ \mathrm{cm}$$

$$Z=\frac{I_{xG}}{y_0}=\frac{3}{1}=3\ \mathrm{cm}^3$$

답 ㉮

(별해) $Z=\dfrac{bh^2}{12}=\dfrac{4\times3^2}{12}=3\ \mathrm{cm}^3$

95. 폭 b, 높이 h인 삼각형에서 밑변 축$(x_1\text{-}x_1)$에 대한 단면계수는 꼭짓점 축$(x_2\text{-}x_2)$에 대한 단면계수의 몇 배인가?

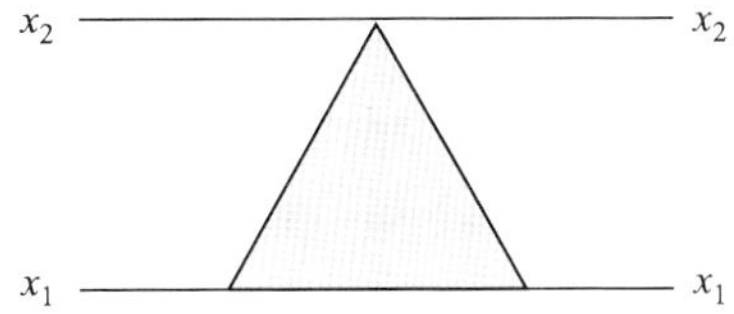

㉮ 8배 ㉯ 6배 ㉰ 4배 ㉱ 2배

↳ $Z_{x1}=\dfrac{bh^2}{12}$, $Z_{x2}=\dfrac{bh^2}{24}$ $\quad\therefore\ \dfrac{Z_{x1}}{Z_{x2}}=\dfrac{\left(\dfrac{bh^2}{12}\right)}{\left(\dfrac{bh^2}{24}\right)}=2$ 답 ㉱

96. 원형 단면의 지름을 D라고 하면 도심축에 대한 단면계수 Z는?

㉮ $\dfrac{\pi D^3}{16}$ ㉯ $\dfrac{\pi D^3}{32}$ ㉰ $\dfrac{\pi D^2}{64}$ ㉱ $\dfrac{\pi D^3}{64}$

↳ $Z=\dfrac{I_G}{y_0}=\dfrac{\pi D^4/64}{D/2}=\dfrac{\pi D^3}{32}$ 답 ㉯

97. 한 변의 길이가 a인 정사각형 단면을 그림 [A] 및 [B]와 같이 놓았을 때 도형 A : B의 단면계수비로서 옳은 것은?

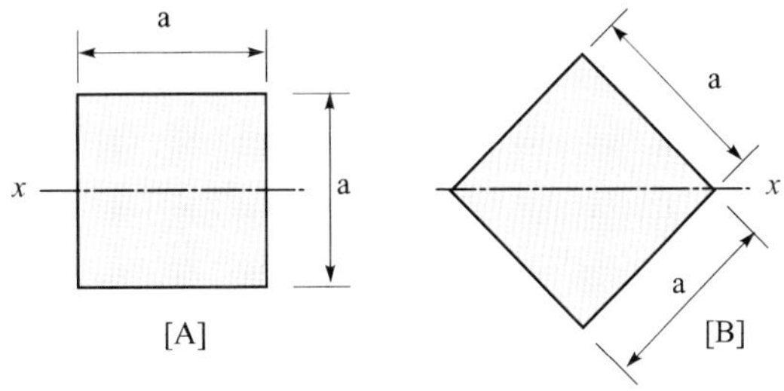

㉮ A : B = 1 : $\sqrt{2}$ ㉯ A : B = $\sqrt{2}$: 1
㉰ A : B = 1 : $2\sqrt{2}$ ㉱ A : B = $\sqrt{2}$: 1

---

(1) 사각형 단면의 단면계수

$$Z_1 = \frac{a(a)^2}{6} = \frac{a^3}{6}$$

(2) 마름모꼴 단면의 단면계수

$$I_{xG} = \left\{ \frac{\sqrt{2}\,a \times \left(\frac{a}{\sqrt{2}}\right)^3}{12} \right\} \times 2EA = \frac{a^4}{12}$$

$$y_0 = \frac{a}{\sqrt{2}}$$

$$Z_2 = \frac{I_{xG}}{y_0} = \frac{\left(\frac{a^4}{12}\right)}{\left(\frac{a}{\sqrt{2}}\right)} = \frac{\sqrt{2}\,a^3}{12}$$

(3) 단면계수의 비

$$Z_1 : Z_2 = \frac{a^3}{6} : \frac{\sqrt{2}\,a^3}{12} = \sqrt{2} : 1$$

답 ㉯

98. **반지름 r인 원형 단면의 도심축에 대한 단면계수의 값으로 옳은 것은?**

㉮ $\frac{\pi r^3}{12}$　　㉯ $\frac{\pi r^3}{4}$　　㉰ $\frac{\pi r^3}{2}$　　㉱ πr^3

$$Z = \frac{I_G}{y_0} = \frac{\pi r^4/4}{r} = \frac{\pi r^3}{4}$$

답 ㉯

99. **다음 그림과 같은 중공형 단면의 단면계수를 구하면?**

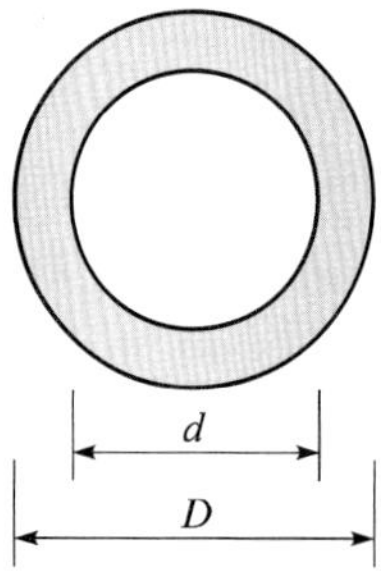

㉮ $\frac{\pi d^3}{32}$

㉯ $\frac{\pi D^3}{32}$

㉰ $\frac{\pi (D^4 + d^4)}{32D}$

㉱ $\frac{\pi (D^4 - d^4)}{32D}$

↳ $I_{xG} = \dfrac{\pi \times (D^4 - d^4)}{64}$

$y_0 = \dfrac{D}{2}$

$Z = \dfrac{I_{xG}}{y_0} = \dfrac{\left(\dfrac{\pi \times (D^4 - d^4)}{64}\right)}{\left(\dfrac{D}{2}\right)} = \dfrac{\pi(D^4 - d^4)}{32D}$ 답 ㉱

100. **단면계수 Z가 다음과 같은 4개의 I형강이 있다. 휨모멘트에 대한 저항성이 가장 좋은 것은?**

㉮ Z =254 cm³ ㉯ Z =370 cm³

㉰ Z =321 cm³ ㉱ Z =390 cm³

↳ 휨모멘트에 대한 저항성은 단면계수에 비례하므로 단면계수가 가장 큰 것이 저항성이 가장 좋다. 답 ㉱

101. **그림과 같은 단면에서 두 부재의 휨에 대한 최대 응력의 비로 가장 적당한 것은?** (A : B)

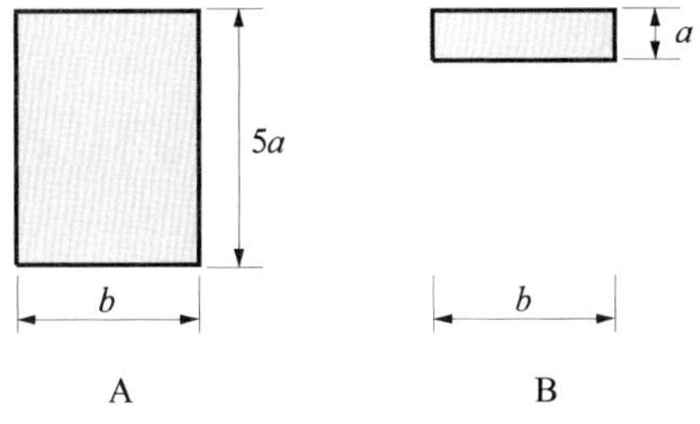

㉮ 1 : 1 ㉯ 1 : 5

㉰ 1 : 25 ㉱ 1 : 125

↳ 최대 휨응력은 $\sigma_b = \dfrac{M}{Z}$ 이며, 단면계수는 $Z = \dfrac{bh^2}{6}$ 이다.

최대 휨응력은 M과 b가 동일할 경우 h^2에 반비례한다.

$\therefore \dfrac{1}{(5a)^2} : \dfrac{1}{(a)^2} = 1 : 25$ 답 ㉰

102. 단면의 성질을 나타내는 단위로 가장 부적당한 것은? (L : 길이)

㉮ 단면2차 반지름 : L^2

㉯ 단면2차 모멘트 : L^4

㉰ 단면계수 : L^3

㉱ 단면상승 모멘트 : L^4

단면2차 반지름의 단위는 L 이다. 답 ㉮

103. 단면의 성질 계수들의 특성을 설명한 것 중 옳지 않은 것은?

㉮ 단면의 도심을 지나는 축에 대한 단면1차 모멘트는 영 (0)이다.

㉯ 평행한 축들에 대한 단면2차 모멘트 중에서는 도심축에 대한 단면2차 모멘트가 최대가 된다.

㉰ 단면극2차 모멘트의 값은 좌표축의 회전에 관계없이 일정한 값이다.

㉱ 단면의 주축에 대한 단면상승 모멘트는 영 (0)이다.

평행한 축들에 대한 단면2차 모멘트 중에서는 도심축에 대한 단면2차 모멘트가 최소가 된다. 답 ㉯

104. 구조부재에서 단면2차 반지름은 어느 부재를 설계할 때 사용되는가?

㉮ 인장부재의 설계

㉯ 압축부재의 설계

㉰ 휨부재의 설계

㉱ 전단력에 대한 설계

---

① 단면2차 반지름 $i=\sqrt{\dfrac{I}{A}}$ 이다.

② 압축부재 설계 시 주요변수이다.

③ 단면2차 반지름이 최소인 축으로 좌굴이 발생한다. 답 ㉯

105. 그림과 같은 단면에서 도심축인 x_G 축에 대한 단면2차 반지름 값은?

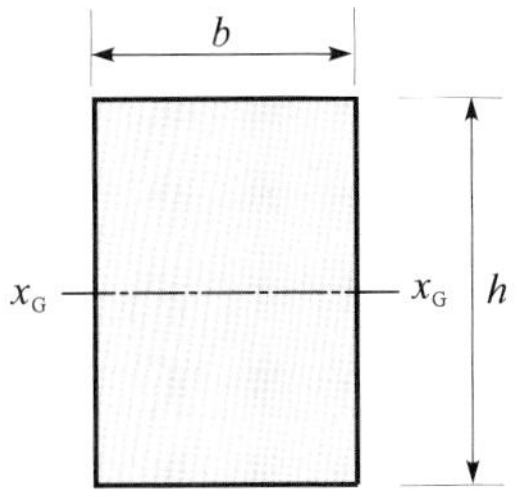

㉮ $\dfrac{h}{2\sqrt{3}}$ ㉯ $\dfrac{\sqrt{3}}{h}$

㉰ $\dfrac{h}{\sqrt{3}}$ ㉱ $\dfrac{2\sqrt{3}}{h}$

↳ $i_{x_G} = \sqrt{\dfrac{I_{x_G}}{A}} = \sqrt{\dfrac{bh^3/12}{bh}} = \sqrt{\dfrac{h^2}{12}} = \dfrac{h}{2\sqrt{3}}$ 답 ㉮

106. 다음 중 단면의 성질에 관한 설명이 잘못된 것은?

㉮ 단면2차 반지름에 단면적을 곱하면 단면2차 모멘트이다.

㉯ 도심축에 대한 단면2차 모멘트를 압축측 거리 또는 인장측 거리로 나눈 값을 단면계수라 한다.

㉰ 단면1차 모멘트가 0인 점을 단면의 도심이라 하며, 도심은 그 단면의 면적 중심이 된다.

㉱ 단면계수의 단위는 m^3이며, 부호는 항상 (+)이다.

↳ 단면2차 반지름은 $i = \sqrt{\dfrac{I}{A}}$ 이다. 답 ㉮

107. 그림과 같은 직사각형 단면의 중심을 지나는 x_G축에 대한 단면2차 반지름은?

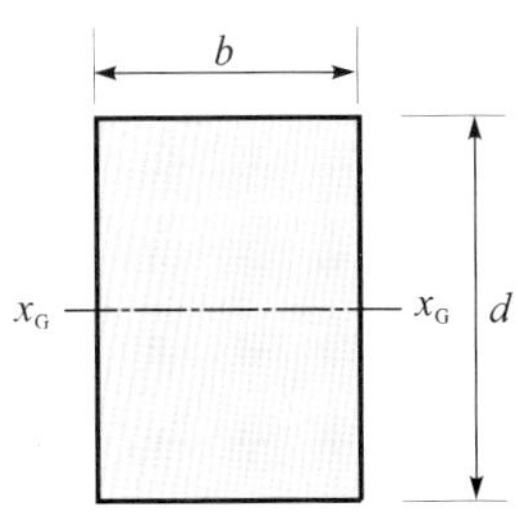

㉮ $\dfrac{d}{\sqrt{20}}$ ㉯ $\dfrac{d}{\sqrt{18}}$

㉰ $\dfrac{d}{\sqrt{15}}$ ㉱ $\dfrac{d}{\sqrt{12}}$

↳ $i_{xG} = \sqrt{\dfrac{I_{xG}}{A}} = \sqrt{\dfrac{bh^3/12}{bh}} = \sqrt{\dfrac{h^2}{12}} = \dfrac{h}{\sqrt{12}} = \dfrac{h}{2\sqrt{3}}$ 답 ㉱

108. 그림과 같은 직사각형 보에서 x_G-x_G축에 대한 단면2차 반지름은?

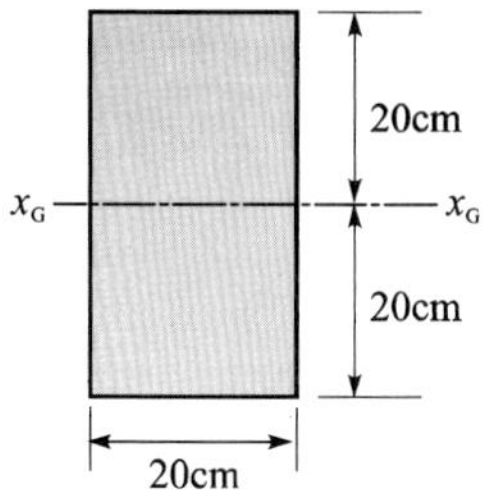

㉮ $\dfrac{20}{\sqrt{3}}$ cm　　㉯ $\dfrac{30}{\sqrt{3}}$ cm

㉰ $\dfrac{\sqrt{3}}{30}$ cm　　㉱ $\dfrac{\sqrt{3}}{20}$ cm

$$i_{xG}=\sqrt{\frac{I_{xG}}{A}}=\sqrt{\frac{bh^3/12}{bh}}=\sqrt{\frac{h^2}{12}}=\frac{h}{2\sqrt{3}}=\frac{40}{2\sqrt{3}}=\frac{20}{\sqrt{3}}\text{ cm}$$

답 ㉮

109. 다음 그림과 같은 직사각형 단면에서 x_G 축에 대한 단면2차 반지름 값으로 맞는 것은?

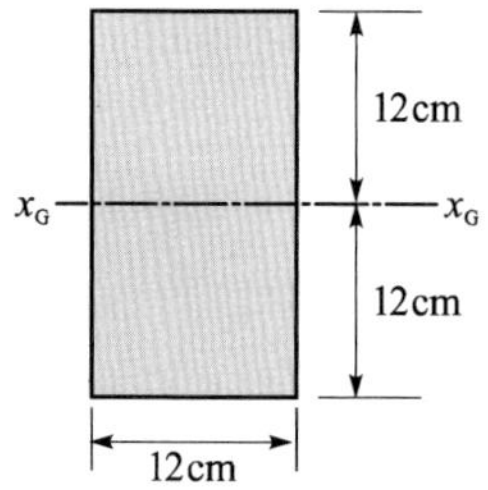

㉮ 5.5 cm
㉯ 6.9 cm
㉰ 7.7 cm
㉱ 8.1 cm

$$i_{xG}=\sqrt{\frac{I_{xG}}{A}}=\sqrt{\frac{bh^3/12}{bh}}=\sqrt{\frac{h^2}{12}}=\frac{h}{2\sqrt{3}}=\frac{24}{2\sqrt{3}}=6.9\text{ cm}$$

답 ㉯

110. 그림과 같은 중공형 단면에서 짙은색 부분의 x_G축에 대한 단면2차 반지름은?

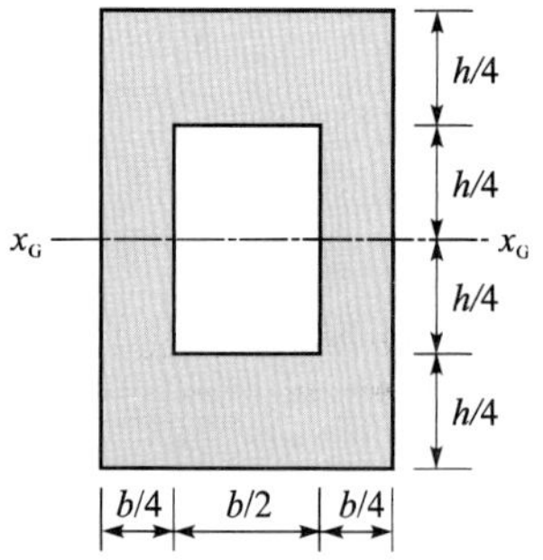

㉮ $\dfrac{h}{4}\sqrt{\dfrac{5}{3}}$　　㉯ $\dfrac{h}{4}\sqrt{\dfrac{3}{5}}$

㉰ $\dfrac{h}{2}\sqrt{\dfrac{5}{3}}$　　㉱ $\dfrac{h}{2}\sqrt{\dfrac{3}{5}}$

↳ (1) 도심축에 대한 단면2차 모멘트

$$I_{xG}=\frac{bh^3}{12}-\frac{(b/2)(h/2)^3}{12}=\frac{15bh^3}{192}$$

(2) 단면적

$$A=bh-(b/2)(h/2)=\frac{3bh}{4}$$

(3) 도심축에 대한 단면2차 반지름

$$i_{xG}=\sqrt{\frac{I_{xG}}{A}}=\sqrt{\frac{\left(\frac{15bh^3}{192}\right)}{\left(\frac{3bh}{4}\right)}}=\frac{h}{4}\sqrt{\frac{5}{3}}$$

답 ㉮

111. 그림과 같은 중공형 단면에서 도심축에 대한 단면2차 반지름은?

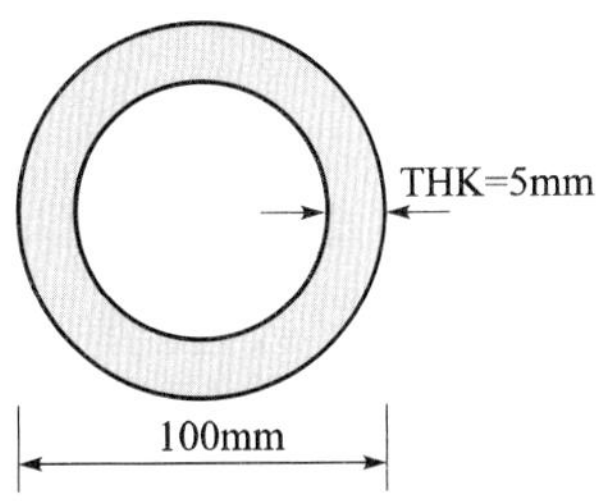

㉮ 27.4 mm
㉯ 33.6 mm
㉰ 45.2 mm
㉱ 52.6 mm

↳ (1) 도심축에 대한 단면2차 모멘트

$$I_{xG}=\frac{\pi\times(D^4-d^4)}{64}=\frac{\pi\times(100^4-90^4)}{64}=1,688,155\text{ mm}^4$$

(2) 단면적

$$A=\frac{\pi(D^2-d^2)}{4}=\frac{\pi(100^2-90^2)}{4}=1,492\text{ mm}^2$$

(3) 도심축에 대한 단면2차 반지름

$$i_{xG}=\sqrt{\frac{I_{xG}}{A}}=\sqrt{\frac{1,688,155}{1,492}}=33.6\text{ mm}$$

답 ㉯

112. 다음 그림과 같은 중공형 단면에 대한 단면2차 반지름 i_{xG}는?

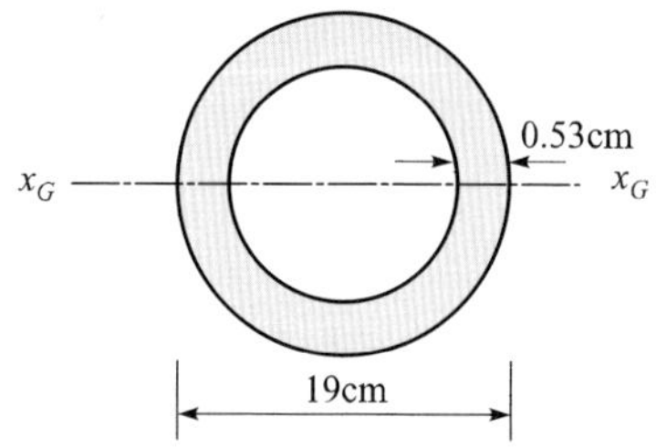

㉮ 32.1 mm
㉯ 46.2 mm
㉰ 65.3 mm
㉱ 73.4 mm

(1) 도심축에 대한 단면2차 모멘트

$$I_{xG}=\frac{\pi\times(D^4-d^4)}{64}=\frac{\pi\times(190^4-179.4^4)}{64}=13,124,836\text{ mm}^4$$

(2) 단면적

$$A=\frac{\pi(D^2-d^2)}{4}=\frac{\pi(190^2-179.4^2)}{4}=3,075\text{ mm}^2$$

(3) 도심축에 대한 단면2차 반지름

$$i_{xG}=\sqrt{\frac{I_{xG}}{A}}=\sqrt{\frac{13,124,836}{3,075}}=65.3\text{ mm}$$

답 ㉰

113. 한 변이 a인 정사각형 단면의 단면2차 반지름 값은 원형 단면의 경우의 몇 배인가? (단, 각 도형의 면적은 동일하며, 단면2차 반지름은 도심축에 대해서 구한다.)

㉮ $\sqrt{\frac{\pi}{3}}$ ㉯ $\sqrt{\frac{\pi}{4}}$ ㉰ $\sqrt{\frac{\pi}{5}}$ ㉱ $\sqrt{\frac{\pi}{6}}$

(1) 원형 단면의 지름

$$A=a^2=\frac{\pi D^2}{4}\quad\therefore\ D=\frac{2a}{\sqrt{\pi}}$$

(2) 정사각형 단면의 단면2차 반지름

$$i_{xG}=\sqrt{\frac{I_{xG}}{A}}=\sqrt{\frac{\left(\frac{a^4}{12}\right)}{A}}=\sqrt{\frac{a^4}{12A}}$$

(3) 원형 단면의 단면2차 반지름

$$i_{xG}=\sqrt{\frac{I_{xG}}{A}}=\sqrt{\frac{\left(\frac{\pi D^4}{64}\right)}{A}}=\sqrt{\frac{\pi D^4}{64A}}=\sqrt{\frac{\pi\left(\frac{2a}{\sqrt{\pi}}\right)^4}{64A}}=\sqrt{\frac{a^4}{4\pi A}}$$

(4) 원형 단면에 대한 정사각형 단면의 단면2차 반지름의 비

$$\frac{\sqrt{\dfrac{a^4}{12A}}}{\sqrt{\dfrac{a^4}{4\pi A}}}=\sqrt{\frac{\pi}{3}}$$

답 ㉮

114. **그림과 같은** 2Ls-90×90×7 **조립 압축부재의 단면2차 반지름** i_y**는 얼마인가?** (단, **개재의 중심축에 대한 단면2차 반지름** i_x**는** 27.6 mm, **중심** C_y**는** 24.6 mm)

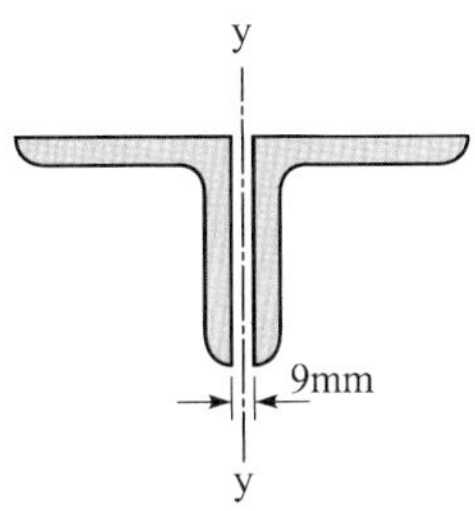

㉮ 38.5 mm
㉯ 40.1 mm
㉰ 52.2 mm
㉱ 58. mm

↳ (1) 조립 압축부재에서 y축에 대한 단면2차 모멘트

$$I_y=\{I_{yG}+Ax_0^2\}\times 2EA=\left\{I_{yG}+A\left(\frac{9}{2}+C_y\right)^2\right\}\times 2EA$$

$$=\left\{I_{yG}+A\left(\frac{9}{2}+24.6\right)^2\right\}\times 2EA=2I_{yG}+1{,}693.6A$$

(2) 조립 압축부재에서 y축에 대한 단면2차 반지름

$$i_y=\sqrt{\frac{\Sigma I_y}{\Sigma A}}=\sqrt{\frac{(2I_{yG}+1{,}693.6A)}{2A}}=\sqrt{\frac{I_{yG}}{A}+846.8}$$

$$=\sqrt{i_y^2+846.8}=\sqrt{27.6^2+846.8}=40.1\text{ mm}$$

답 ㉯

115. **부재 단면의 성질에 관한 설명으로 가장 부적당한 것은 다음 중 어느 것인가?**

㉮ 도심축에 대한 단면2차 모멘트는 도심축에 평행한 다른 축에 대한 단면2차 모멘트보다 항상 작다.

㉯ 단면2차 반지름은 세장비를 계산할 때 사용되며, 단면2차 반지름이 클수록 좌굴이 쉽게 발생한다.

㉰ 단면2차 모멘트가 클수록 잘 휘어지지 않는다.

㉱ 단면계수는 단면2차 모멘트를 중립축으로부터 연단까지의 거리로 나눈 값이다.

↳ 세장비는 $\lambda=\dfrac{l_k}{i}$ 이며, l_k는 부재의 유효좌굴길이, i는 단면2차 반지름이다. 따라서 단면2차 반지름이 클수록 세장비는 감소하고 좌굴은 쉽게 발생되지 않는다. 답 ㉯

116. **단일 압축부재에서 세장비를 구할 때 필요하지 않은 것은?**

㉮ 유효좌굴길이 ㉯ 단면적
㉰ 탄성계수 ㉱ 단면2차 모멘트

세장비 (λ)는 다음과 같다.

$$\lambda = \frac{l_k}{i}$$

여기서, l_k : 부재의 유효좌굴길이 (mm), i : 단면2차 반지름 (mm). $i = \sqrt{\frac{I}{A}}$

I : 단면2차 모멘트 (mm^4), A : 단면적 (mm^2)

답 ㉰

117. **정방형 단면의 크기가 120 mm×120 mm이고, 길이 3 m인 기둥의 세장비는 약 얼마인가? (단, 기둥은 양단 힌지이다.)**

㉮ 67 ㉯ 76 ㉰ 87 ㉱ 95

---

(1) 단면2차 반지름

$$i_{xG} = \sqrt{\frac{I_{xG}}{A}} = \sqrt{\frac{bh^3/12}{bh}} = \sqrt{\frac{h^2}{12}} = \frac{h}{2\sqrt{3}} = \frac{120}{2\sqrt{3}} = 34.64\text{ mm}$$

(2) 양단 힌지의 유효좌굴길이

$$l_k = 1.0l = 1.0 \times 3{,}000 = 3{,}000\text{ mm}$$

(3) 세장비

$$\lambda = \frac{l_k}{i_{xG}} = \frac{3{,}000}{34.64} = 86.6 \rightarrow 87$$

답 ㉰

118. **그림과 같은 구조용 강재의 단면2차 반지름이 20 mm일 때 세장비 (λ)는 얼마인가?**

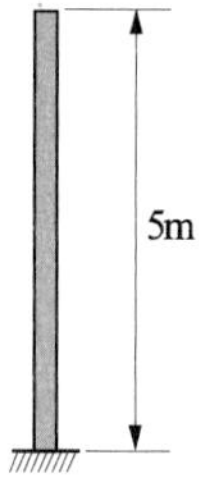

㉮ 100
㉯ 200
㉰ 350
㉱ 500

↳ (1) 단면2차 반지름

$$i = \sqrt{\frac{I}{A}} = 20\,\text{mm}$$

(2) 1단 자유-타단 고정의 유효좌굴길이

$$l_k = 2.0l = 2.0 \times 5{,}000 = 10{,}000\,\text{mm}$$

(3) 세장비

$$\lambda = \frac{l_k}{i} = \frac{10{,}000}{20} = 500$$

답 ㉱

119. **그림과 같은 압축부재에 V-V축의 세장비 값으로 옳은 것은?** (단, A=10 cm^2, I_V=36 cm^4)

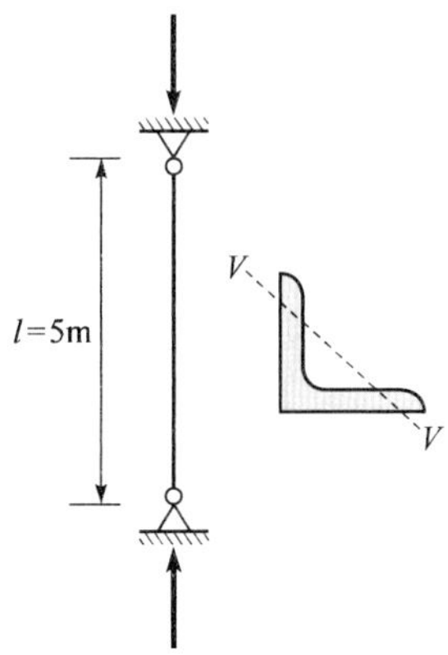

㉮ 270.3
㉯ 263.2
㉰ 254.8
㉱ 236.4

↳ (1) 단면2차 반지름

$$i_V = \sqrt{\frac{I_V}{A}} = \sqrt{\frac{36}{10}} = \sqrt{\frac{(30 \times 50^3/12)}{(30 \times 50)}} = 1.90\,\text{cm} = 19.0\,\text{mm}$$

(2) 양단 힌지의 유효좌굴길이

$$l_k = 1.0l = 1.0 \times 5{,}000 = 5{,}000\,\text{mm}$$

(3) 세장비

$$\lambda = \frac{l_k}{i_V} = \frac{5{,}000}{19.0} = 263.2$$

답 ㉯

120. 그림과 같이 양단이 회전단인 부재의 좌굴축에 대한 세장비는?

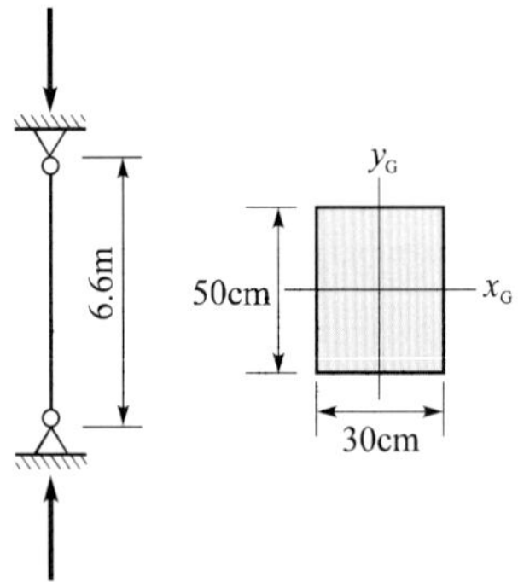

㉮ 76.21
㉯ 84.28
㉰ 94.64
㉱ 103.77

---

(1) x축에 대한 세장비

① 단면2차 반지름

$$i_{xG} = \sqrt{\frac{I_{xG}}{A}} = \sqrt{\frac{bh^3/12}{bh}} = \sqrt{\frac{(30\times 50^3/12)}{(30\times 50)}} = 144.3\text{ mm}$$

② 양단 힌지의 유효좌굴길이

$$l_{kx} = 1.0l = 1.0\times 6{,}600 = 6{,}600\text{ mm}$$

③ 세장비

$$\lambda_x = \frac{l_{kx}}{i_{xG}} = \frac{6{,}600}{144.3} = 45.74$$

(2) y축에 대한 세장비

① 단면2차 반지름

$$i_{yG} = \sqrt{\frac{I_{xG}}{A}} = \sqrt{\frac{bh^3/12}{bh}} = \sqrt{\frac{(500\times 300^3/12)}{(500\times 300)}} = 86.6\text{ mm}$$

② 양단 힌지의 유효좌굴길이

$$l_{ky} = 1.0l = 1.0\times 6{,}600 = 6{,}600\text{ mm}$$

③ 세장비

$$\lambda_y = \frac{l_{ky}}{i_{yG}} = \frac{6{,}600}{86.6} = 76.21$$

(3) 좌굴축에 대한 세장비

좌굴하중은 $N_k = \frac{\pi^2 EI}{{l_k}^2} = \frac{\pi^2 EA}{\lambda^2}$ 이며, x 축 및 y 축에 대한 좌굴하중에서 그 부재의 좌굴하중은 각 방향의 좌굴하중에 대한 최솟값으로 정한다. $N_k = \min(N_{kx},\ N_{ky})$

따라서 좌굴축에 대한 세장비는 $\lambda_k = \max(\lambda_x,\ \lambda_y)$이다.

$\therefore\ \lambda_k = \max(\lambda_x,\ \lambda_y) = \max(45.73, 76.21) = 76.21$ 답 ㉮

121. **양단 힌지인 길이 6 m의 H-300×300×10×15의 기둥이 부재 중앙에서 약축 방향으로 가새를 통해 지지되어 있을 때 설계용 세장비는? (단, 이 부재의 단면2차 반지름 i_x=131 mm, i_y=75.1 mm 이다.)**

㉮ 39.9　　㉯ 45.8　　㉰ 58.2　　㉱ 66.3

↳ (1) x축에 대한 세장비

① 단면2차 반지름

$i_{xG} = 131\text{ mm}$

② 양단 힌지의 유효좌굴길이

$l_{kx} = 1.0l = 1.0 \times 6{,}000 = 6{,}000\text{ mm}$

③ 세장비

$$\lambda_x = \frac{l_{kx}}{i_{xG}} = \frac{6{,}000}{131} = 45.80$$

(2) y축에 대한 세장비

① 단면2차 반지름

$i_{yG} = 75.1\text{ mm}$

② 양단 힌지의 유효좌굴길이 (약축 방향으로 가새를 통해 지지)

$l_{ky} = 1.0l = 1.0 \times 3{,}000 = 3{,}000\text{ mm}$

③ 세장비

$$\lambda_y = \frac{l_{ky}}{i_{yG}} = \frac{3{,}000}{75.1} = 39.95$$

(3) 좌굴축에 대한 세장비

$\lambda_k = \max(\lambda_x,\ \lambda_y) = \max(45.80,\ 39.95) = 45.80$

답 ㉯

122. **단면의 주축에 대한 서술 중 옳은 것은?**

㉮ 2개의 주축 중 1개 주축에 대한 단면2차 모멘트는 최대이고 다른 1개 주축에 대한 단면2차 모멘트 값은 0이다.

㉯ 2개 주축에 대한 단면2차 모멘트 값의 합은 0이다.

㉰ 2개 주축 중 1개 주축에 대한 단면2차 모멘트 값이 최대이면 다른 1개 축에 대한 단면2차 모멘트 값은 최소이다.

㉱ 2개 주축에 대한 단면2차 모멘트 값의 차는 일정하다.

↳ 주축은 단면 내의 도심축에 대한 단면2차 모멘트 중에서 서로 직교하는 어떤 축에 대한 값이 극치 (최대와 최소)가 되는 축이다.

답 ㉰

123. 각종 단면의 주축(主軸)을 표시한 것으로 옳지 않은 것은?

㉮ 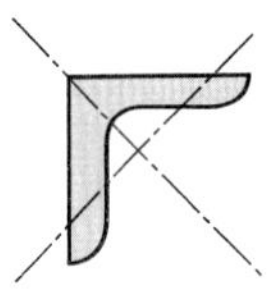 ㉯ 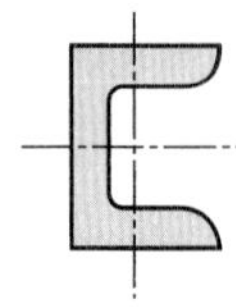 ㉰ 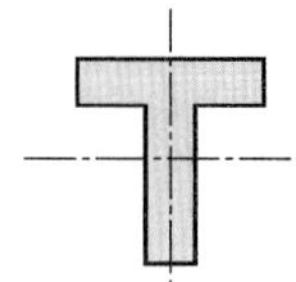 ㉱ 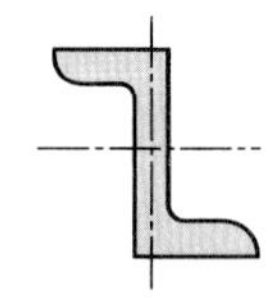

Z형 단면의 주축

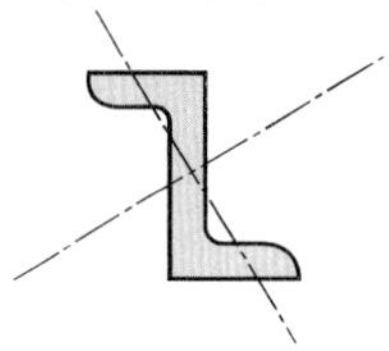

답 ㉱

124. 그림과 같은 단면의 주축(主軸)으로 옳지 않은 것은?

㉮

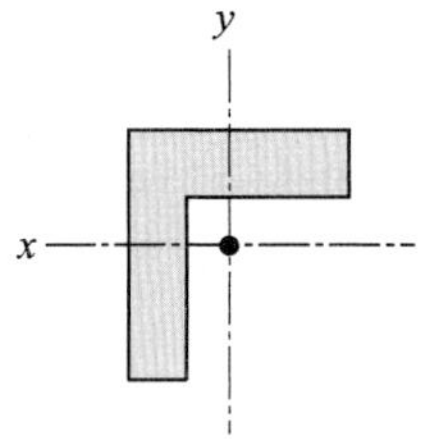

㉯

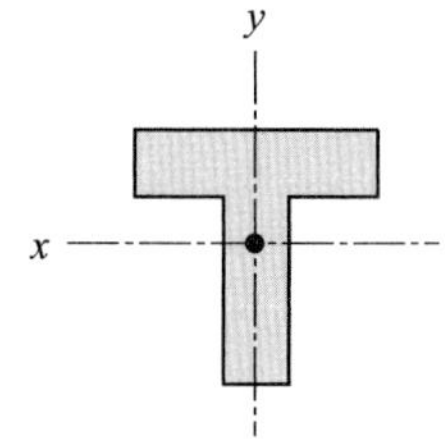

㉰

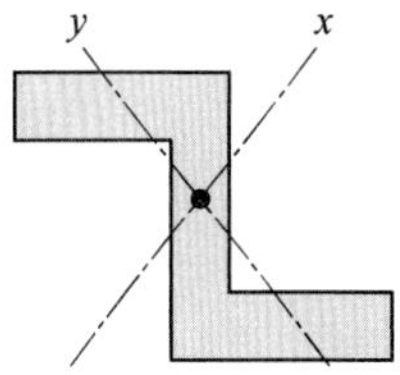

㉱

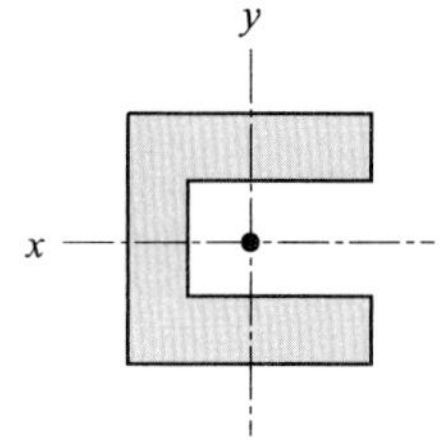

L형 단면의 주축

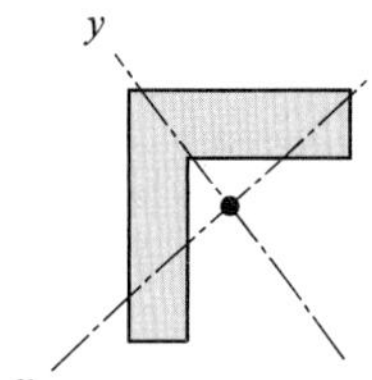

답 ㉮

125. **그림과 같은 직사각형 단면에서 x, y축에 대한 단면상승 모멘트 I_{xy}는 얼마인가?**

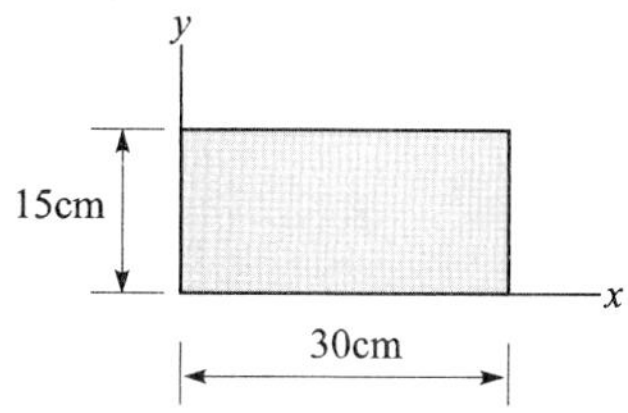

㉮ $10,000\ \text{cm}^4$
㉯ $22,500\ \text{cm}^4$
㉰ $33,750\ \text{cm}^4$
㉱ $50,625\ \text{cm}^4$

↳ (1) y축, x축에서 도심축까지의 거리

$$x_0 = \frac{30}{2} = +15\ \text{cm}$$

$$y_0 = \frac{15}{2} = +7.5\ \text{cm}$$

(2) 단면상승 모멘트

$$I_{xy} = A x_0 y_0 = (30 \times 15) \times 15 \times 7.5 = 50{,}625\ \text{cm}^4$$

답 ㉱

126. **그림과 같은 직사각형 단면에서 x축과 y축에 대한 단면상승 모멘트는?**

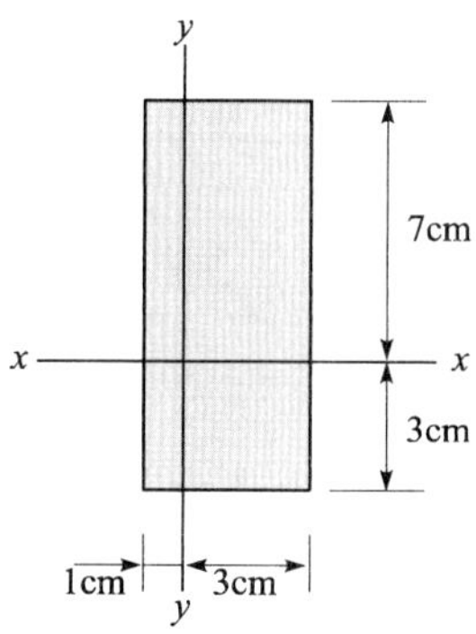

㉮ $40\ \text{cm}^4$
㉯ $80\ \text{cm}^4$
㉰ $120\ \text{cm}^4$
㉱ $160\ \text{cm}^4$

↳ (1) y축, x축에서 도심축까지의 거리

$$x_0 = \frac{10}{2} - 3 = +2\ \text{cm}$$

$$y_0 = \frac{4}{2} - 1 = +1\ \text{cm}$$

(2) 단면상승 모멘트

$$I_{xy} = A x_0 y_0 = (4 \times 10) \times 2 \times 1 = 80\ \text{cm}^4$$

답 ㉯

127. **단면 각 부분의 미소 면적 dA에 직교좌표 원점까지의 거리 r의 제곱을 곱한 합계를 그 좌표에 대한 무엇이라 하는가?**

㉮ 단면극2차 모멘트 ㉯ 단면2차 모멘트

㉰ 단면2차 지름 ㉱ 단면상승 모멘트

단면극2차 모멘트 (극관성 모멘트)란 미소 면적 dA에 직교좌표계의 원점 O에서 dA까지의 거리 r의 제곱을 곱한 것을 전체 단면에 걸쳐 합한 것이다.

답 ㉮

128. **그림과 같은 직사각형 단면에서 점 O에 대한 단면극2차 모멘트 I_p의 값은?**

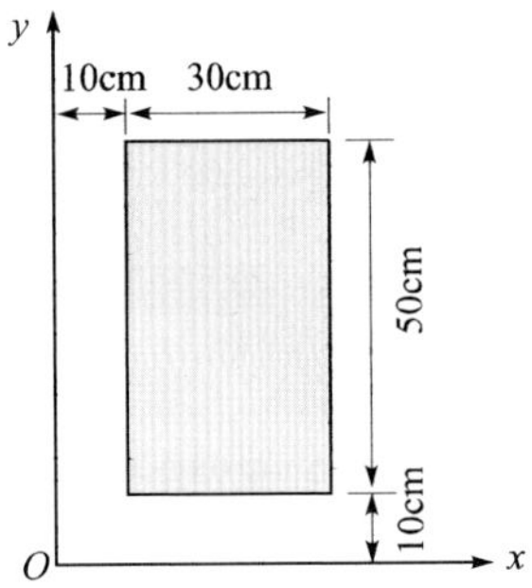

㉮ 1,600,000 cm^4

㉯ 2,400,000 cm^4

㉰ 3,000,000 cm^4

㉱ 3,200,000 cm^4

$$I_p = I_x + I_y$$

$$= \left\{\frac{30\times 50^3}{12} + (30\times 50)\times 35^2\right\} + \left\{\frac{50\times 30^3}{12} + (50\times 30)\times 25^2\right\}$$

$$= (312{,}500 + 1{,}837{,}500) + (112{,}500 + 937{,}500)$$

$$= 3{,}200{,}000 \text{ cm}^4$$

답 ㉱

03 심화문제

1. 지름이 20 mm, 길이 200 mm인 철근에 인장력을 가했을 때, 지름이 0.0052 mm 감소하였고, 길이는 0.17 mm 늘어났다. 이 재료의 푸아송비는?

2. 그림과 같은 콘크리트 원통에 300 kN이 작용하여 길이는 0.16 mm 줄어들었고, 폭은 0.01 mm가 늘어났을 때, 탄성계수 E와 푸아송비는?

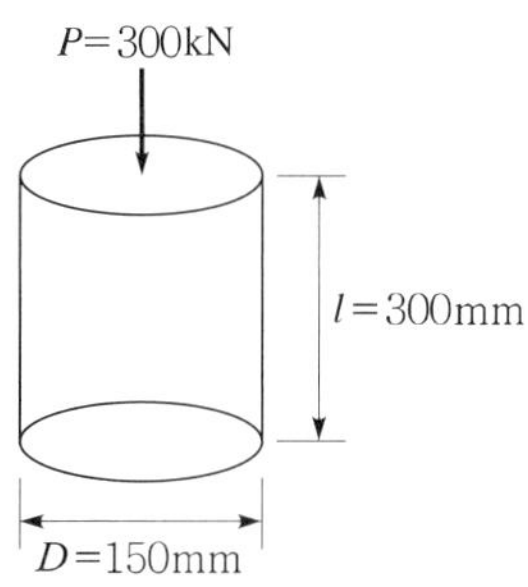

3. 탄성계수 $E = 2.1 \times 10^5\ \mathrm{N/mm^2(MPa)}$, 푸아송비 $\nu = 0.3$인 부재에 전단응력 $\tau = 1.0 \times 10^4\ \mathrm{N/mm^2(MPa)}$이 가해졌을 때 전단변형률은?

4. 직경 22 mm, 길이 2 m인 강봉이 60 kN의 축방향 인장력을 받아 1.8 mm 늘어났을 때, 이 재료의 탄성계수 E는 얼마인가?

5. 탄성계수 $E = 2.1 \times 10^5\ \mathrm{N/mm^2(MPa)}$, 직경 22 mm, 길이 10 m인 강봉에 무게 20 kN의 물체를 매달았을 때, 이 강봉에 생기는 응력과 원래의 길이에 비하여 늘어난 길이(Δl)는 얼마인가?

6. 아래 그림과 같은 단면의 x축과 y축에 대한 단면1차 모멘트를 구하시오.

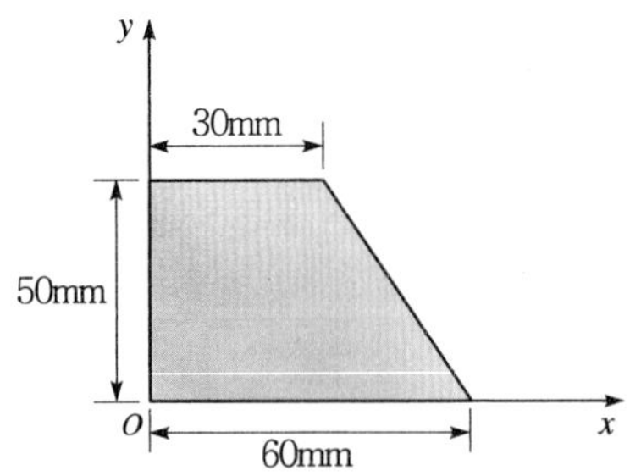

(a)

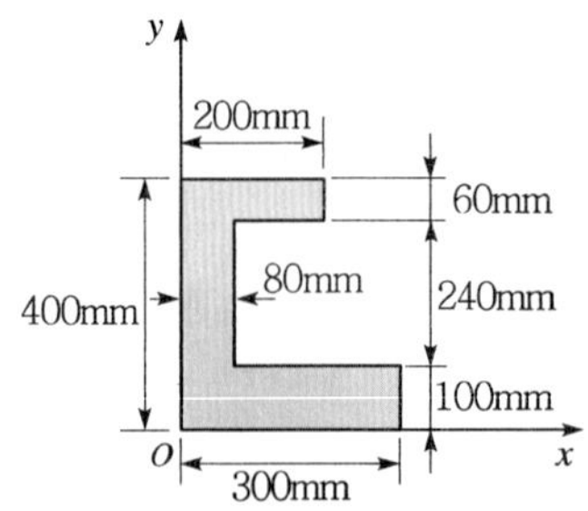

(b)

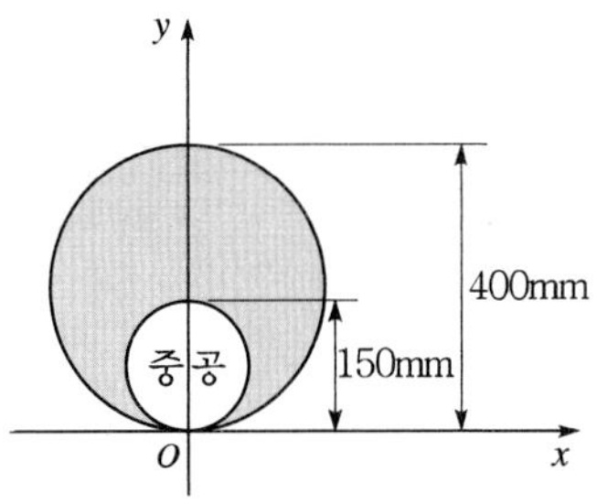

(c)

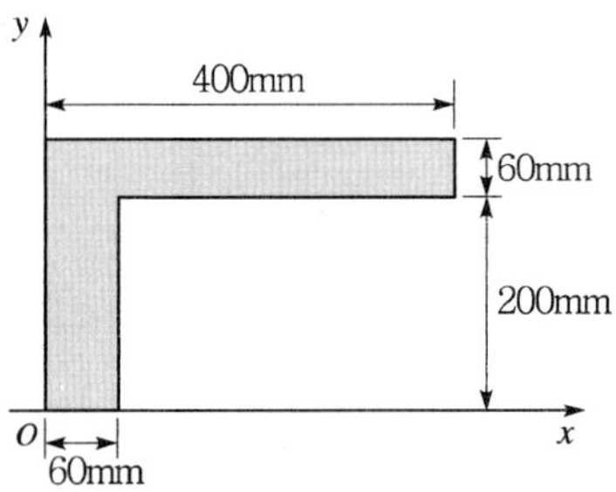

(d)

7. 아래 그림과 같은 단면의 도심의 위치를 구하시오.

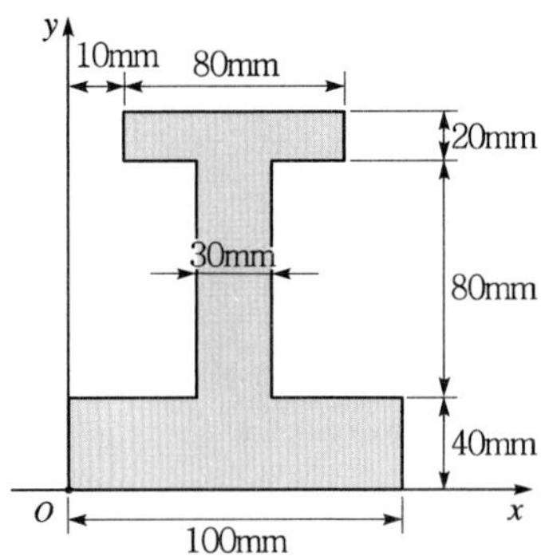

(a)

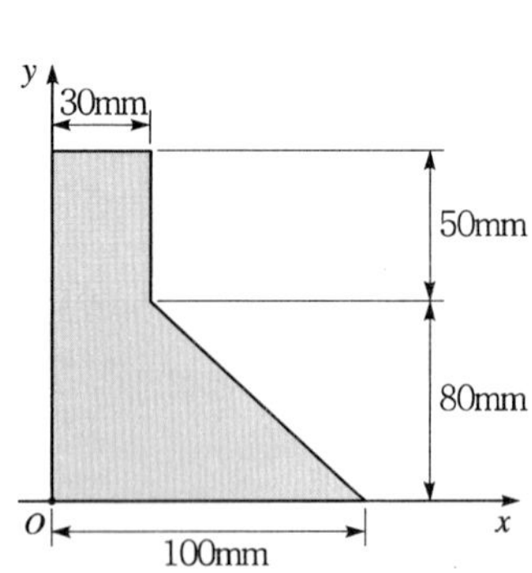

(b)

8. 그림과 같은 도형의 도심의 위치 x_0의 값은?

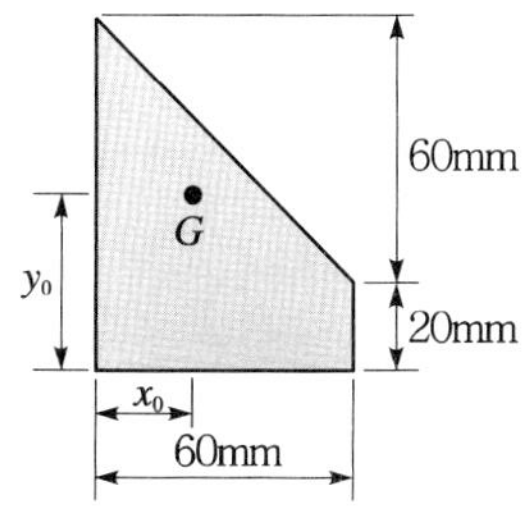

9. 그림과 같은 단면의 x축과 y축으로부터 도심까지의 거리 $(x_0,\ y_0)$는?

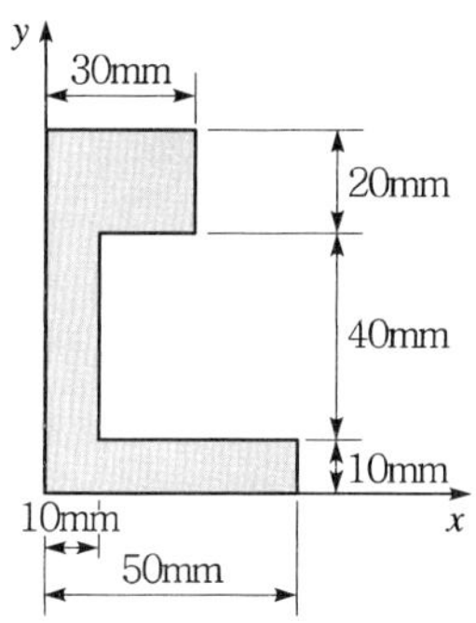

10. 다음과 같은 사다리꼴 단면의 도심 y_0값은?

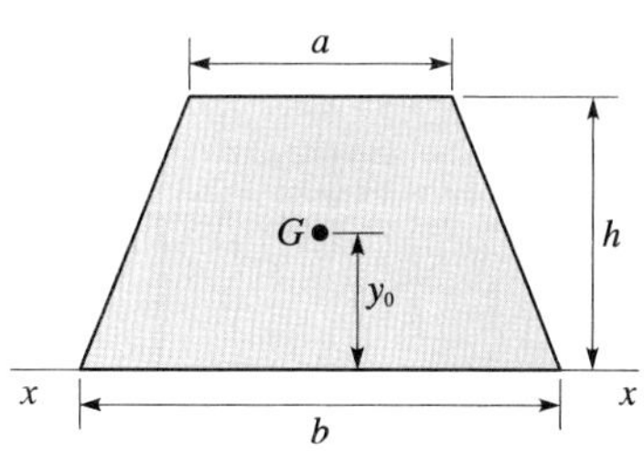

11. 그림과 같은 좌우 대칭의 T형 단면의 도심(G)이 플랜지 하단과 일치하게 하려면 플랜지 폭 B의 크기는? (단위 : mm)

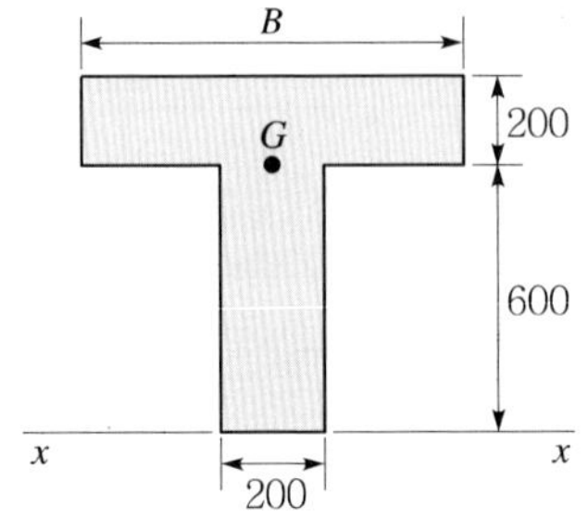

12. 아래 그림과 같은 단면의 x축과 y축에 대한 단면2차 모멘트를 구하시오.

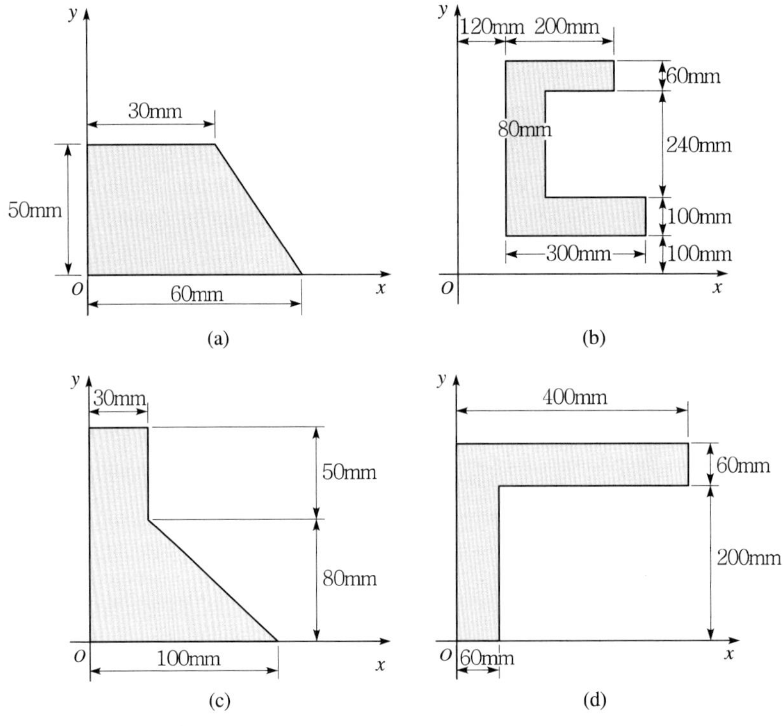

13. 아래 그림과 같은 단면의 x축에 대한 단면2차 모멘트를 구하시오.

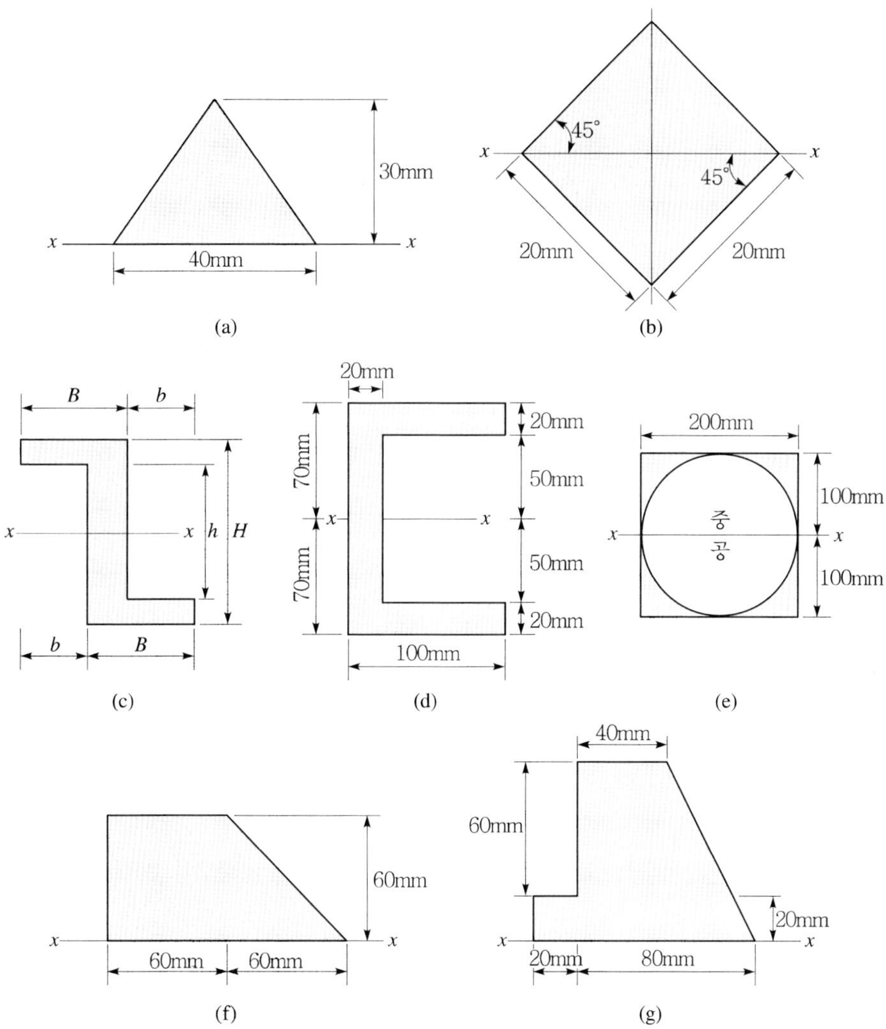

14. 아래 그림과 같은 단면에서 x 축과 평행한 도심축 x_G축에 대한 단면계수를 구하시오.

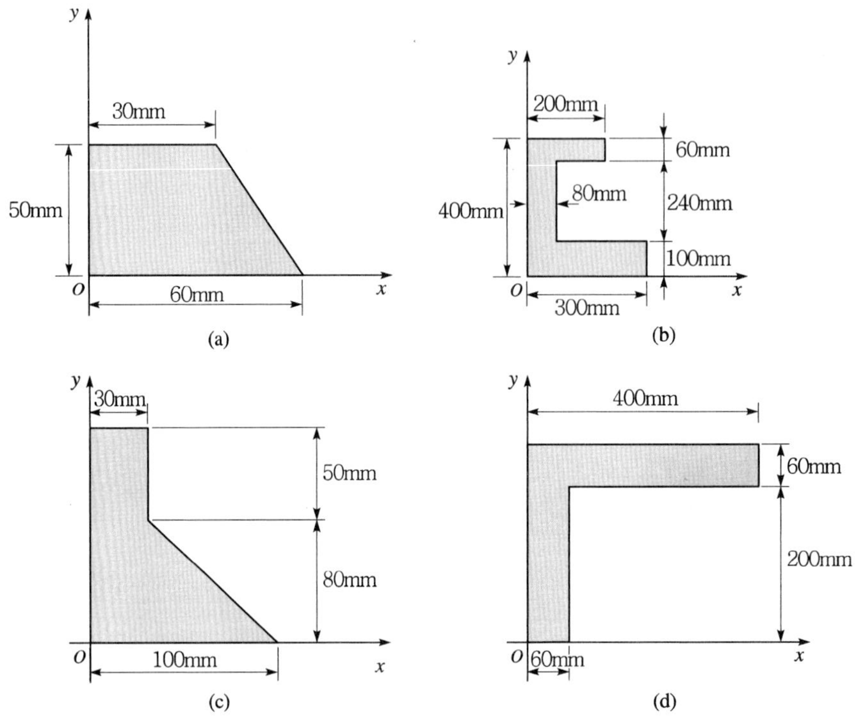

15. 아래 그림과 같은 단면의 도심축 x_G축과 x축에 대한 단면2차 반지름을 각각 구하시오.

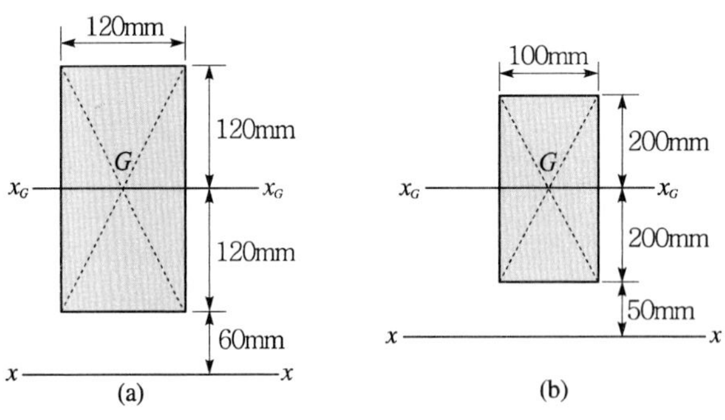

16. 그림과 같은 삼각형 단면에서 도심축 x_G축과 x축에 대한 단면2차 반지름을 각각 구하시오?

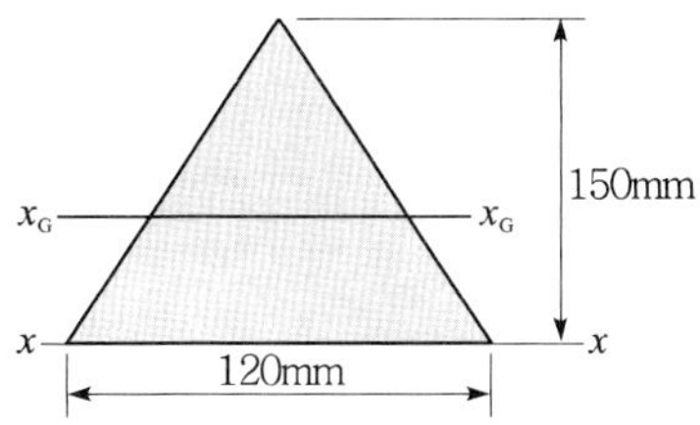

17. 지름이 150mm인 원형 단면의 도심축에 대한 회전 반지름(단면2차 반지름)은?

18. 아래 그림과 같은 단면의 x축과 y축에 대한 단면상승 모멘트를 구하시오.

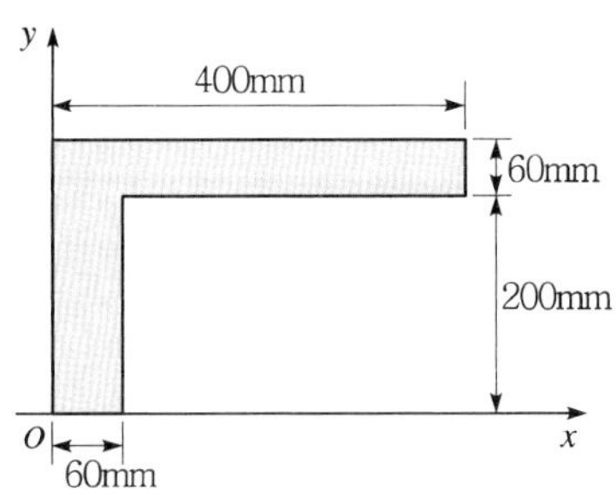

(a)

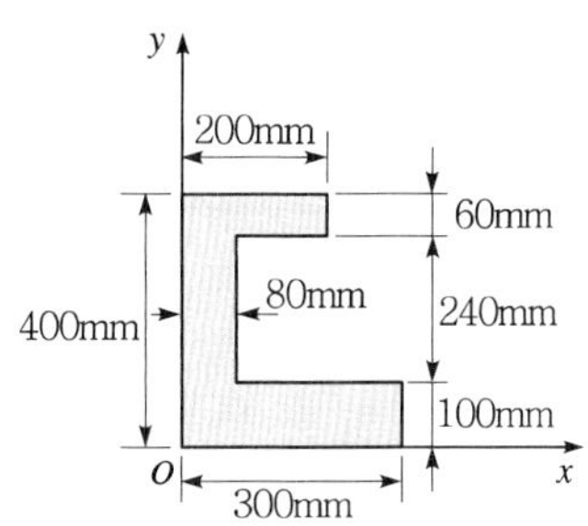

(b)

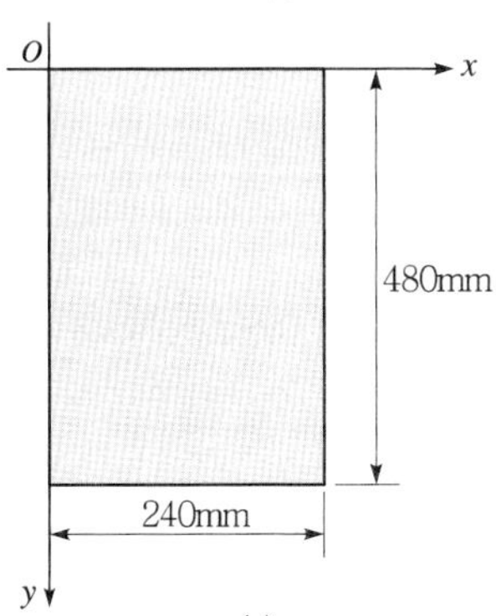

(c)

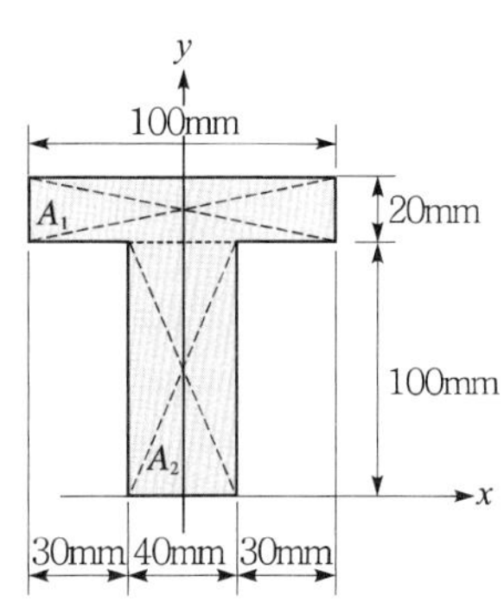

(d)

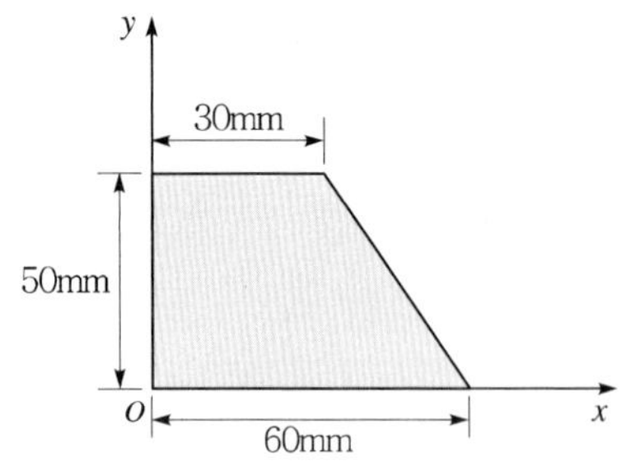

(e)

19. 아래 그림과 같은 단면의 x축과 y축에 대한 단면극2차 모멘트를 구하시오.

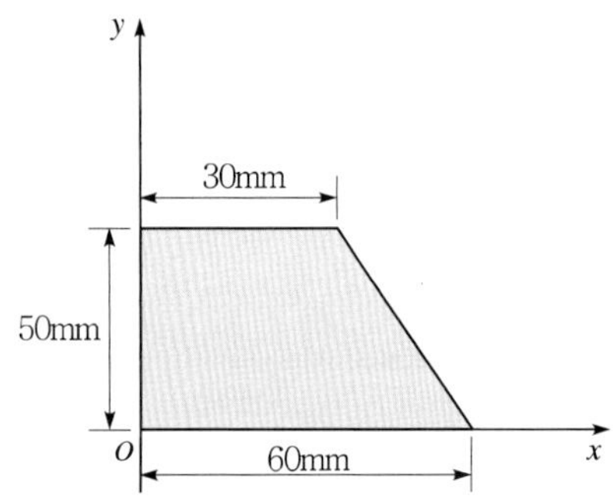

(a)

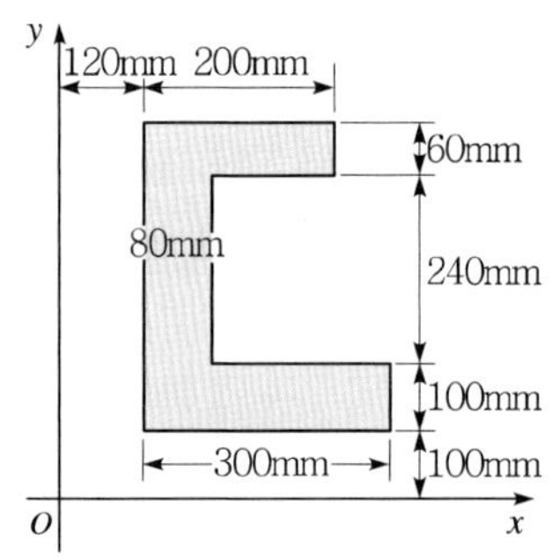

(b)

20. 그림과 같은 단면의 도심에 대한 주축과 주단면2차 모멘트를 구하라.

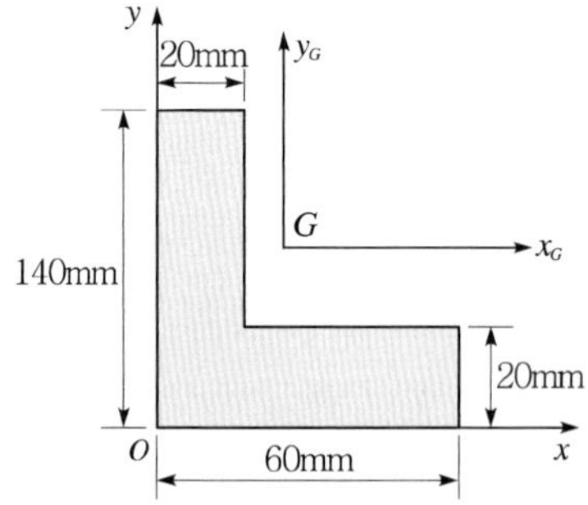

21. 그림과 같은 단면의 점 O에 대한 주축과 주단면2차 모멘트를 구하라.

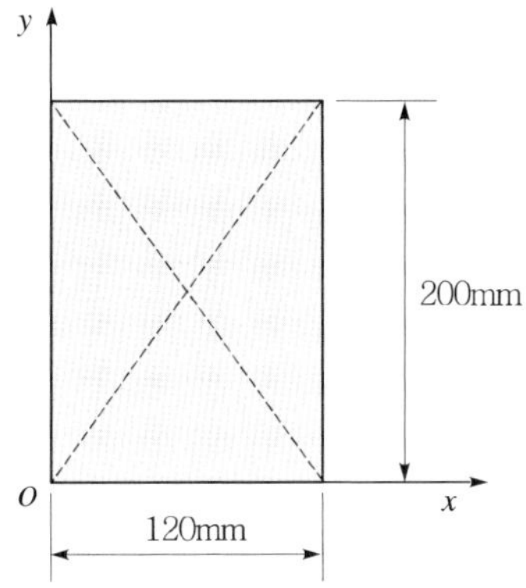

22. 그림과 같은 단면의 점 도심 G에 대한 주축과 주단면2차 모멘트를 구하라.

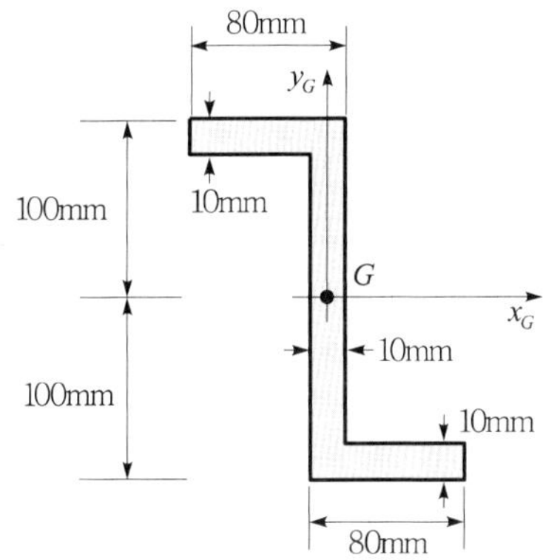

✎ 심화문제 풀이집은 별책입니다.

Chapter 4

부재의 응력 및 설계

04_부재의 응력 및 설계

4.1 부재 단면의 응력

4.1.1 단면력에 의한 응력

(1) 축방향력에 의한 응력

① 개요

축방향력에 의한 응력은 단면에 축방향력 N만 가해질 경우, 부재 내부의 단면에서 단면에 수직한(또는 부재축과 나란한) 방향으로 발생되는 응력이다. 축방향력에 의해 발생되는 단면의 응력은 단면력의 관점에서 축방향응력(Axial Stress, 軸方向應力)이라 하고, 응력방향의 관점에서 수직응력(Normal Stress, 垂直應力)이라 한다.

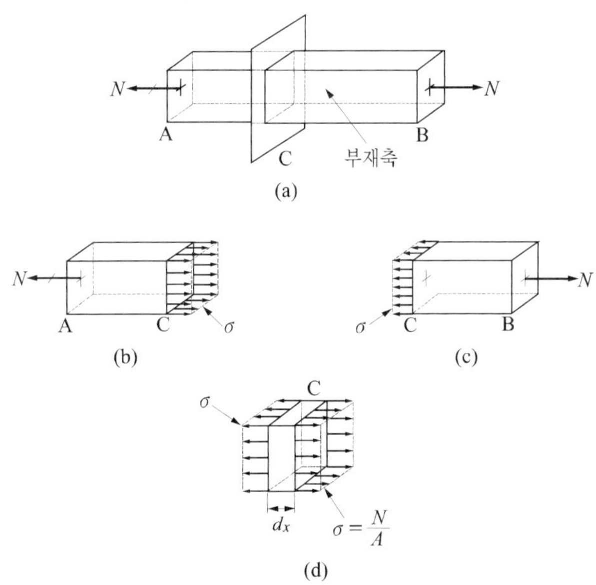

그림 4.1 축방향력에 의한 수직응력 상세

② 축방향력에 의한 응력의 산정

㉠ 일반식

단면에 축방향력 N만 가해질 경우, 축방향력에 의한 단면의 수직응력 σ 는 다음과 같다.

$$\sigma = \frac{N}{A} \qquad (4.1)$$

여기서, σ : 수직응력 (MPa, N/mm^2)

N : 축방향력 (N)

A : 단면적 (mm^2)

㉡ 축방향력에 의한 수직응력은 인장력일 때 양 (+)으로써 σ_t, 압축력일 때 음 (−)으로써 σ_c로 표현한다.

그림 4.2 축방향력의 종류

㉢ 인장력에 의해 발생되는 수직응력은 인장응력 (Tensile Stress, 引張應力)이고 압축력에 의해 발생되는 수직응력은 압축응력 (Compressive Stress, 壓縮應力)이며, 이들 응력들의 산정식은 다음 식과 같다.

$$\text{인장응력} : \sigma_t = \frac{N}{A} \qquad (4.2\text{a})$$

$$\text{압축응력} : \sigma_c = -\frac{N}{A} \qquad (4.2\text{b})$$

예제 4.1 단면적 100 mm^{2}인 부재에 200 kN의 인장력이 작용할 경우 인장응력은 얼마인가?

↳ $\sigma_t = \frac{N}{A} = \frac{200 \times 10^3}{100} = 2{,}000\ \mathrm{N/mm^2 (MPa)}$

예제 4.2 직경 150 mm, 높이 300 mm인 콘크리트 원주형 공시체에 압축시험에 의해 압축력이 500 kN이 작용할 경우 압축응력은 얼마인가?

$$A = \pi r^2 = \frac{\pi D^2}{4} = \frac{\pi \times 150^2}{4} = 17{,}671.5\ \mathrm{mm}^2$$

$$\sigma_c = -\frac{N}{A} = -\frac{500 \times 10^3}{17{,}671.5} = -28.3\ \mathrm{N/mm^2\,(MPa)}$$

예제 4.3 인장력을 받는 강봉의 지름을 2배로 하면 응력은 몇 배로 되는가?

㉮ 같다.　　㉯ 1/2배　　㉰ 1/4배　　㉱ 2배

$$\sigma_t = \frac{N}{A} = \frac{N}{\pi D^2/4} = \frac{4N}{\pi D^2} \qquad \therefore \sigma_t \propto \frac{1}{D^2}$$

응력이 지름의 제곱에 반비례하므로 지름을 2배로 하면 응력은 $\frac{1}{4}$이 된다. 답 ㉰

(2) 휨모멘트에 의한 응력

① 개요

휨모멘트에 의한 응력은 단면에 휨모멘트 M만 가해질 경우 [그림 4.3 (a)에서 구간 C–D], 부재 내부의 단면에서 단면에 수직한 (또는 부재축과 나란한) 방향으로 발생되는 응력이다. 휨모멘트에 의해 발생되는 단면의 응력은 단면력의 관점에서 휨응력 (Bending Stress)이라 하고, 응력방향의 관점에서 수직응력 (Normal Stress, 垂直應力)이라 한다.

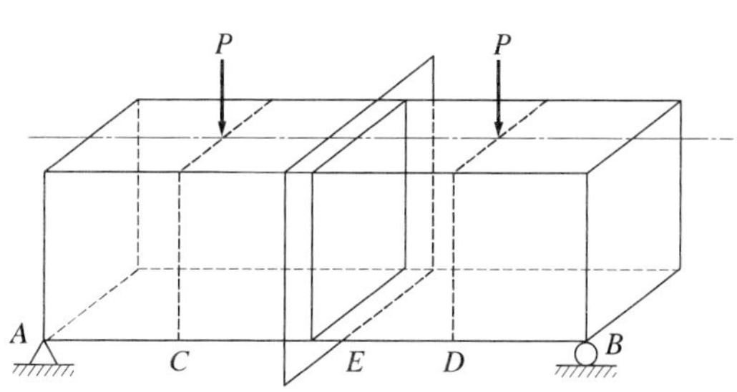

(a)

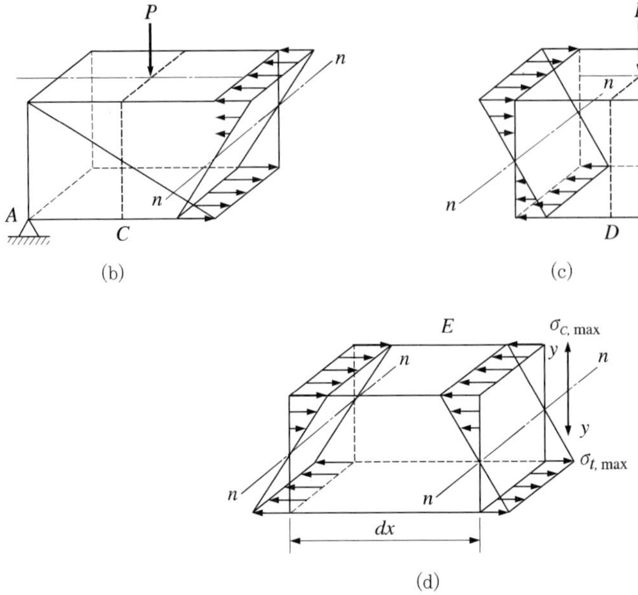

그림 4.3 휨모멘트에 의한 응력의 상세

② 휨모멘트에 의한 응력의 산정

㉠ 일반식

단면에 휨모멘트 M만 가해질 경우, 중립축($n-n$축)을 중심으로 중립축에서 거리 y 만큼 떨어진 곳에서의 휨모멘트에 의한 단면의 수직응력 σ는 다음과 같다(§ 5.2.3절 참조).

$$\sigma = \pm \frac{M}{I} y \qquad (4.3)$$

여기서, σ : 수직응력(MPa, N/mm^2)

M : 휨모멘트(N · mm)

I : 중립축($n-n$축)에 대한 단면2차 모멘트(mm^4). 직사각형 단면의 단면2차 모멘트, $I = \dfrac{bh^3}{12}$

y : 중립축($n-n$축)으로부터 휨응력을 구하고자 하는 곳까지의 거리 (mm)

주1) 양(+)의 휨모멘트에 대하여 중립축 하부에 양(+)의 인장응력이 발생하므로, y는 중립축으로부터 하향방향을 양(+)으로 가정하는 것이 일반적이다.

ⓛ 최대 휨응력 산정식

휨모멘트에 의해 발생되는 수직응력은 일반적으로 최대 응력이 관심의 대상이 되며, 그 최대 응력은 단면의 연단(끝)에서 발생된다. 단면의 연단에서 휨모멘트에 의해 발생되는 최대 수직응력(최대 인장응력과 최대 압축응력)은 다음 식과 같다.

$$\text{최대 인장응력} : \sigma_{t,\max} = \frac{M}{I} y_t = \frac{M}{Z_t} \quad (4.4\text{ a})$$

$$\text{최대 압축응력} : \sigma_{c,\max} = \frac{M}{I} y_c = \frac{M}{Z_c} \quad (4.4\text{ b})$$

여기서, $\sigma_{t,\max}$, $\sigma_{c,\max}$: 휨모멘트에 의한 최대 인장응력 및 최대 압축응력 (MPa, N/mm^2)

y_t : 중립축으로부터 인장측 연단까지의 거리(mm)

y_c : 중립축으로부터 압축측 연단까지의 거리(mm)

Z_t, Z_c : 인장측 및 압축측의 단면계수(mm^3)

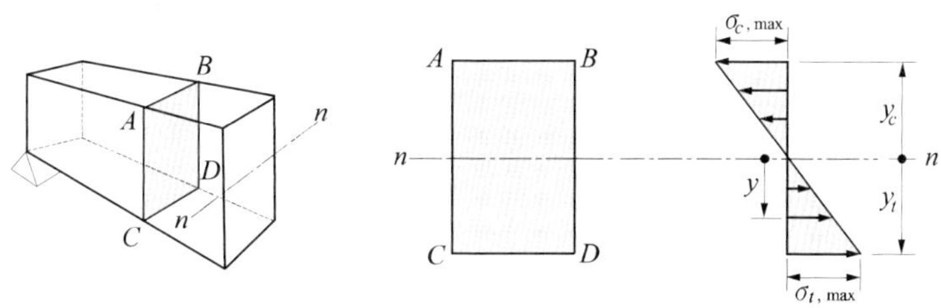

(a) 부재 (b) 단면 (c) 휨응력

그림 4.4 보부재의 휨응력

③ 순수휨 상태의 단순보

단순보가 다음과 같은 형태의 하중을 받을 경우, 보의 중간 구간 C-D에는 일정한 크기의 휨모멘트를 받게 되는 순수휨 상태가 되고, 또한 보의 중간 구간 C-D에서 전단력은 영(0)이 된다.

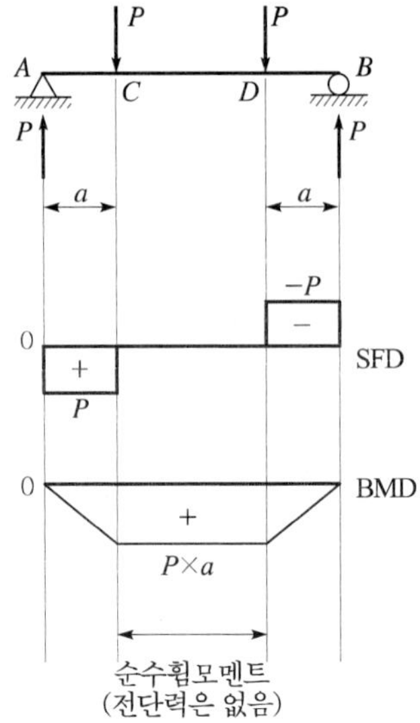

그림 4.5 중간 구간이 순수휨 상태의 단순보

순수휨모멘트가 작용하는 중간 구간 C−D는 전단력은 작용하지 않고 ($V=0$) 일정한 크기의 휨모멘트 (Uniform Bending)만 작용하고 있으며, 이로 인해 균일휨 변형 (Uniform Bending Deformation)이 발생된다. 이와 같이 중간 구간 C−D의 변형된 보의 상세는 다음과 같다.

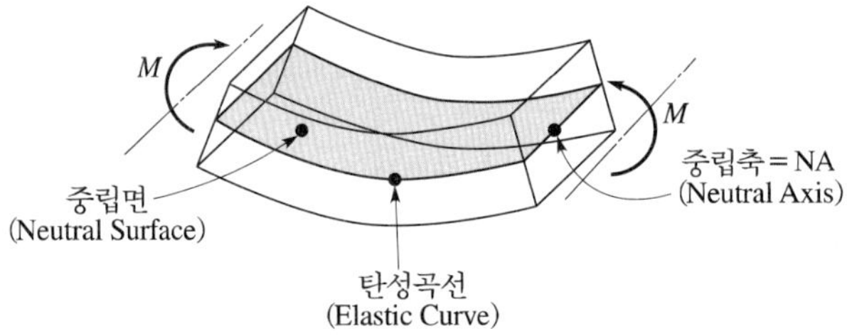

그림 4.6 순수휨 상태에서 중간 구간의 휨변형된 보의 상세

④ 휨응력의 특성

㉠ 휨응력은 중립축에서 영 (0)이다.

㉡ 휨응력은 단면의 상·하 연단 (단부)에서 최대이다.

㉢ 탄성거동을 하는 부재의 경우 휨응력은 중립축으로부터의 거리에 비례한다.

㉣ 탄성거동을 하는 대칭 단면의 부재에 휨모멘트만 작용하는 경우 중립축은 도심축과 같다.

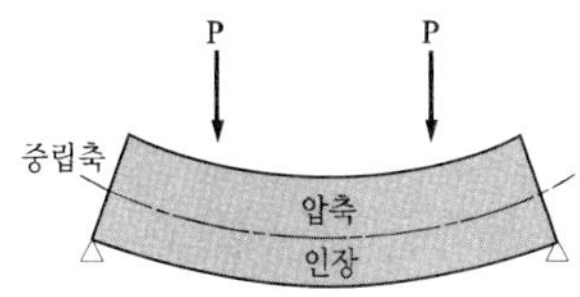

(a) 단순보

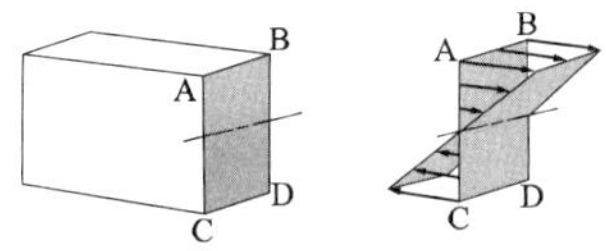

(b) 직사각형 단면

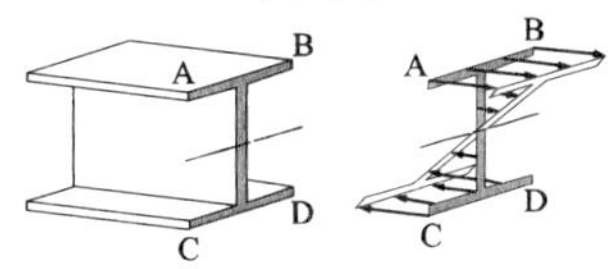

(c) I형강 단면

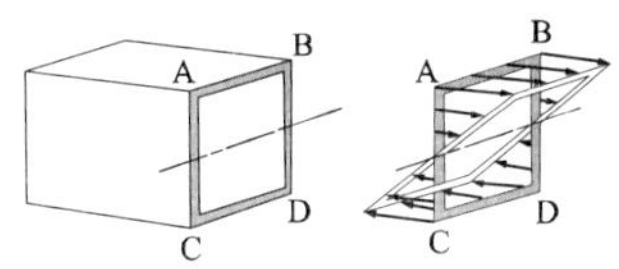

(d) 중공 단면

그림 4.7 보의 휨과 단면에 따른 휨응력 분포

예제 4.4 단면 $300\text{ mm} \times 400\text{ mm}$ 인 직사각형 단면의 단순보에 $M = 250 \times 10^6\text{ N} \cdot \text{mm}$ 의 휨모멘트가 단면의 중립축에 작용할 경우 휨모멘트에 의한 최대 인장응력과 최대 압축응력은 얼마인가? 단, 단면2차 모멘트는 $I = \dfrac{bh^3}{12}$ 이다.

↳ (1) 단면2차 모멘트

$$I = \frac{300 \times 400^3}{12} = 1.6 \times 10^9\text{ mm}^4$$

(2) 최대 인장응력

$$\sigma_{t,\max} = \frac{M}{I} y_t = \left(\frac{250 \times 10^6}{1.6 \times 10^9}\right) \times 200 = 31.25\text{ N/mm}^2(\text{MPa})$$

(3) 최대 압축응력

$$\sigma_{c,\max} = \frac{M}{I} y_c = \left(\frac{250 \times 10^6}{1.6 \times 10^9}\right) \times (-200) = -31.25\text{ N/mm}^2(\text{MPa})$$

예제 4.5 경간 $l = 8$ m, 단면 300 mm×400 mm 되는 단순보의 중앙에 100 kN의 집중하중이 작용할 때 최대 휨응력은?

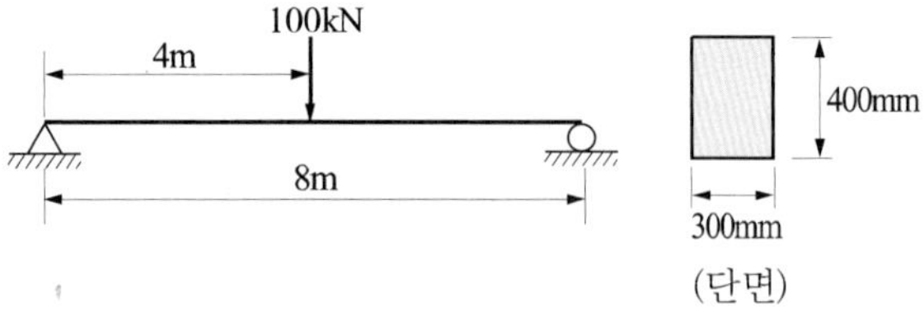

그림 4.8

$$M_{max} = \frac{Pl}{4} = \frac{100 \times 8}{4} = 200 \text{ kN} \cdot \text{m} = 200 \times 10^6 \text{ N} \cdot \text{mm}$$

$$\sigma_{max} = \frac{M_{max}}{I} y = \frac{M_{max}}{Z} = \frac{200 \times 10^6}{\left(\frac{300 \times 400^2}{6}\right)} = 25 \text{ N/mm}^2 (\text{MPa})$$

예제 4.6 그림과 같은 하중을 받는 단순보에서 최대 응력이 80 MPa (N/mm^2)일 경우, 단면계수는?

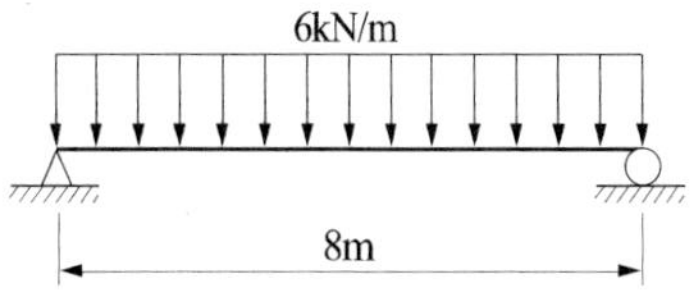

그림 4.9

$$M_{max} = \frac{wl^2}{8} = \frac{6 \times 8^2}{8} = 48 \text{ kN} \cdot \text{m} = 48 \times 10^6 \text{ N} \cdot \text{mm}$$

$$\sigma_{max} = \frac{M_{max}}{I} y = \frac{M_{max}}{Z}$$

$$Z = \frac{M_{max}}{\sigma_{max}} = \frac{48 \times 10^6}{80} = 600 \times 10^3 \text{ mm}^3$$

예제 4.7 그림과 같은 단면이 2,675 kN · m 의 휨모멘트를 받을 때, 플랜지와 복부(웨브)의 경계면 m−n에 발생하는 휨응력은 얼마인가?

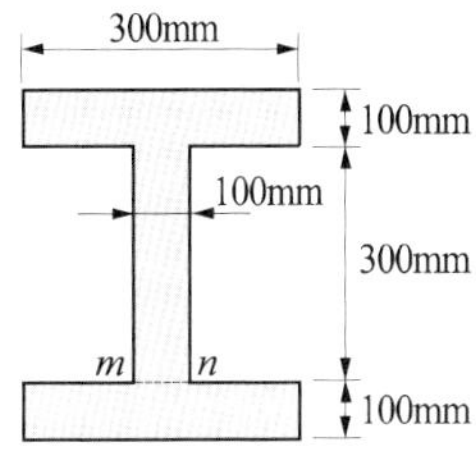

그림 4.10

↳ $M = 2,675 \text{ kN} \cdot \text{m} = 2,675 \times 10^6 \text{ N} \cdot \text{mm}$

$$I = \left(\frac{300 \times 500^3}{12}\right) - \left(\frac{200 \times 300^3}{12}\right) = 2,675 \times 10^6 \text{ mm}^4$$

$y = 150 \text{ mm}$

$$\sigma_{mn} = \frac{M}{I} y = \left(\frac{2,675 \times 10^6}{2,675 \times 10^6}\right) \times 150 = 150 \text{ N/mm}^2 (\text{MPa})$$

(3) 전단력에 의한 응력

① 개요

㉠ 전단력에 의한 응력은 단면에 전단력 V만 가해질 경우, 부재 내부의 단면에서 부재를 절단하려는 응력이다. 전단력에 의해 발생되는 단면의 응력은 단면력 또는 응력방향의 관점에서 전단응력(Shear Stress, 剪斷應力)이라 한다.

㉡ 그림 4.11과 같은 보의 부재축에 수직인 외력이 작용하면 부재축에 수평방향과 수직방향에 따라 절단 또는 미끄러지려는 경향이 발생된다.

㉢ 이것은 외력에 의한 수평전단력과 수직전단력에 의한 것이다.

㉣ 이러한 전단력들에 의해 발생되는 응력을 각각 수평전단응력과 수직전단응력이라 한다.

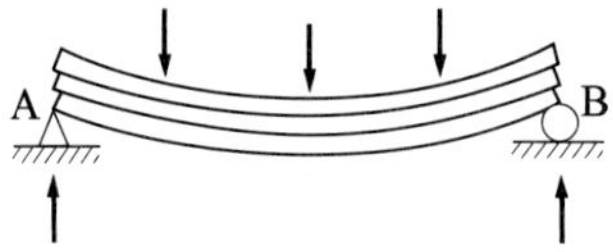

(a) 수평전단

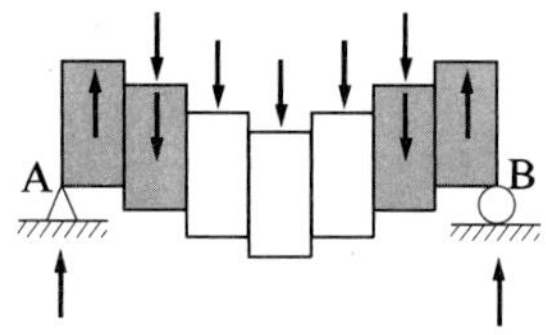

(b) 수직전단

그림 4.11 전단력의 종류

㉤ 보의 내부 요소인 직각면에서의 수평전단응력의 크기와 수직전단응력의 크기는 같고 서로 직교하는 방향이다.

㉥ 전단응력의 기호는 일반적으로 τ 또는 v을 사용한다. 이 책에서는 τ를 사용한다.

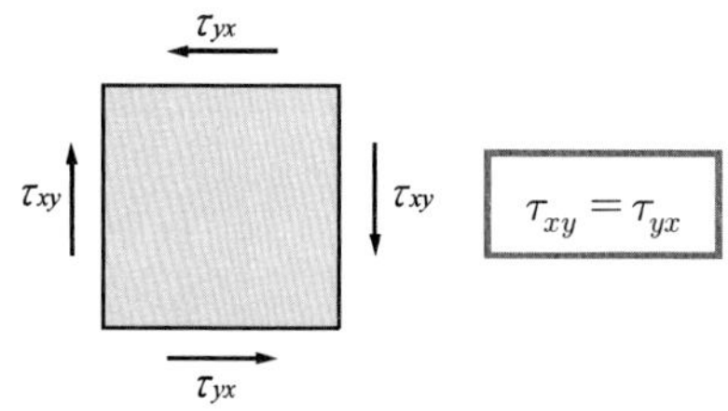

그림 4.12

② 전단력에 의한 응력의 산정

㉠ 일반식

단면에 전단력 V만 가해질 경우, 전단력에 의한 단면의 전단응력 τ는 다음과 같다.

$$\tau = \frac{VS}{Ib} \tag{4.5}$$

여기서, τ : 전단응력 (MPa, N/mm^2)

V : 전단력 (N)

S : 전단응력을 구하고자 하는 위치로부터 외측에 있는 단면의 중립축에 대한 단면1차 모멘트 (mm^3)

I : 중립축에 대한 단면2차 모멘트 (mm^4)

b : 전단응력을 구하고자 하는 위치의 단면 폭 (mm)

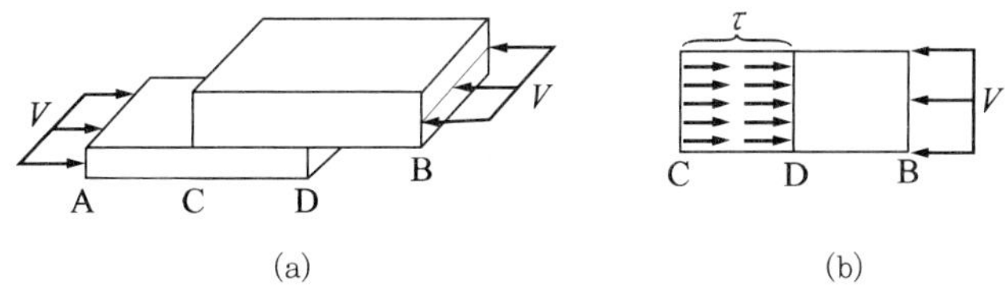

그림 4.13 전단력에 의한 전단응력 상세

㉡ 평균 전단응력

$$\tau_{aver} = \frac{V}{A} \tag{4.6}$$

여기서, τ_{aver} : 평균 전단응력 (MPa, N/mm^2)

V : 전단력 (N)

A : 단면적 (mm^2)

㉢ 최대 전단응력

전단력에 의해 발생되는 전단응력에서 부재의 단면 설계에 주로 사용되는 최대 전단응력의 식은 다음 식과 같다.

$$\tau_{\max} = k\frac{V}{A} \tag{4.7}$$

여기서, $\tau_{\max}$: 최대 전단응력 (MPa, N/mm^2)

k : 단면의 형상계수

ⓐ 평균 전단응력 : k=1

ⓑ 직사각형 단면의 최대 전단응력 : $k = \frac{3}{2}$

ⓒ 원형 단면의 최대 전단응력 : $k = \frac{4}{3}$

㉣ 단면형상에 따른 전단응력

ⓐ 직사각형 단면의 전단응력 분포

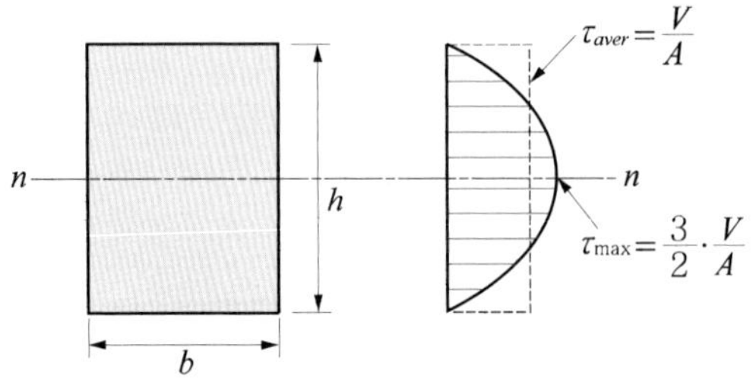

그림 4.14 직사각형 단면의 전단응력

ⓑ 원형 단면의 전단응력

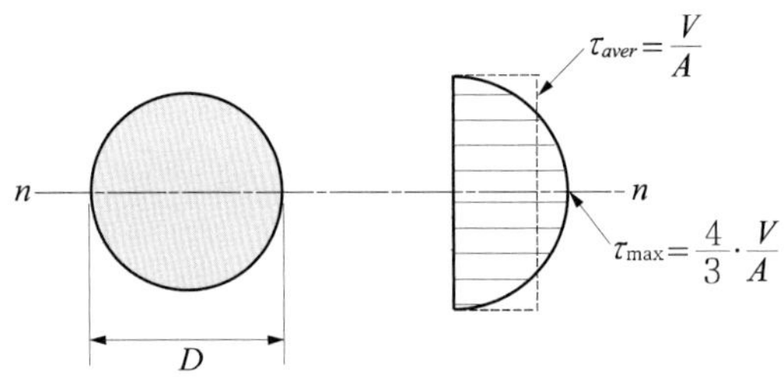

그림 4.15 원형 단면의 전단응력

ⓒ I형 단면의 전단응력

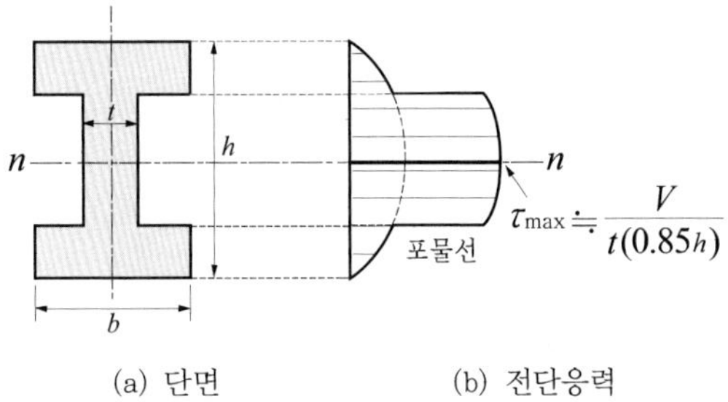

그림 4.16 I형 단면의 전단응력

예제 4.8 다음 그림과 같이 강판에 지름(D) 20 mm의 볼트가 연결되어 전단력을 받을 때 볼트에 생기는 평균 전단응력과 최대 전단응력은 얼마인가?

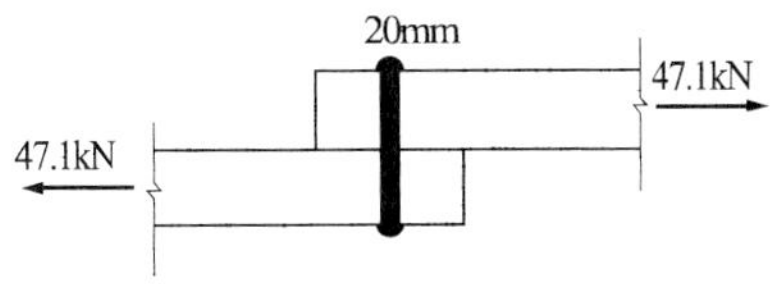

그림 4.17

(1) 볼트의 단면적

$$A = \pi r^2 = \frac{\pi D^2}{4} = \frac{\pi \times 20^2}{4} = 314.16\ \text{mm}^2$$

(2) 평균 전단응력

$$\tau_{aver} = \frac{V}{A} = \frac{47.1 \times 10^3}{314.16} = 149.9\ \text{N/mm}^2(\text{MPa})$$

(3) 최대 전단응력

$$\tau_{\max} = k\frac{V}{A} = \frac{4}{3} \times \left(\frac{47.1 \times 10^3}{314.16}\right) = 199.9\ \text{N/mm}^2(\text{MPa})$$

예제 4.9 폭 200 mm, 높이 300 mm인 직사각형 단면의 단순보가 그림과 같이 10 kN의 하중을 받을 때, 이 보에 생기는 최대 전단응력은? 단, 자중은 무시한다.

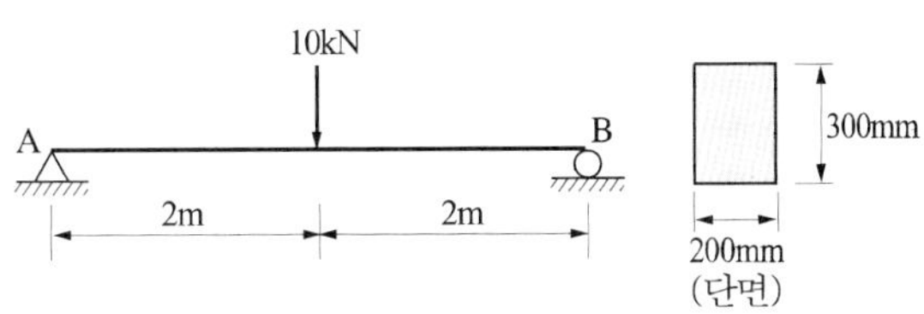

그림 4.18

(1) 반력 산정

$$R_A = \frac{P}{2} = \frac{10}{2} = 5\ \text{kN} = 5{,}000\ \text{N}$$

(2) 최대 전단력 산정

$$V_{\max} = R_A = 5{,}000\ \text{N}$$

(3) 최대 전단응력 산정

$$\tau_{\max} = \frac{3}{2} \cdot \frac{V_{\max}}{A} = \frac{3}{2} \times \left(\frac{5{,}000}{200 \times 300}\right) = 0.125\ \text{N/mm}^2(\text{MPa})$$

예제 4.10 다음 그림과 같은 원형 단면의 단순보에 등분포하중이 작용할 때 최대 전단응력을 구하시오. 단, 자중은 무시한다.

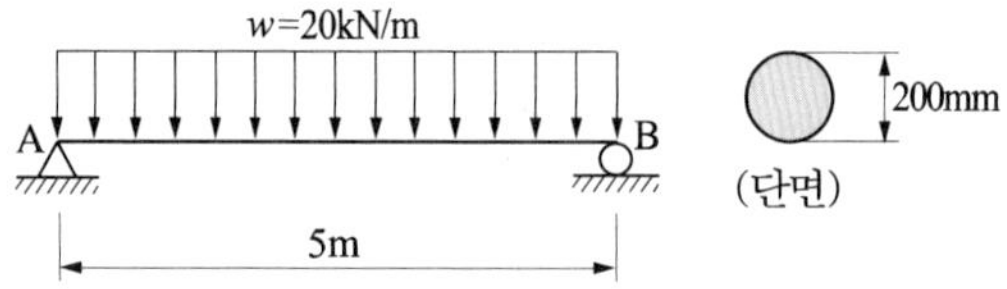

그림 4.19

(1) 반력 산정

$$R_A = \frac{wl}{2} = \frac{(20\times10^3)\times5}{2} = 50,000\ \text{N}$$

(2) 최대 전단력 산정

$$V_{\max} = R_A = 50,000\ \text{N}$$

(3) 최대 전단응력 산정

$$A = \pi r^2 = \frac{\pi D^2}{4} = \frac{\pi\times200^2}{4} = 31,416\ \text{mm}^2$$

$$\tau_{\max} = \frac{4}{3}\cdot\frac{V_{\max}}{A} = \frac{4}{3}\times\left(\frac{50,000}{31,416}\right) = 2.122\ \text{N/mm}^2(\text{MPa})$$

예제 4.11 다음 그림과 같은 직사각형 단면의 보에 전단력 $V=40$ kN이 작용할 때, 상부 연단, 중립축(n-n축)에서 80 mm 위치의 점 A 그리고 중립축에서의 전단응력을 각각 구하시오.

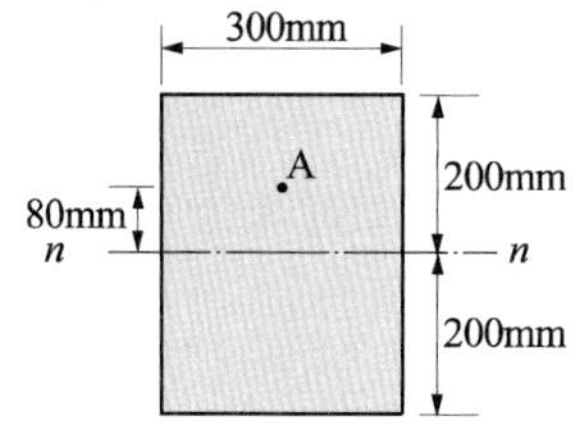

그림 4.20

$$V = 40\ \text{kN} = 40\times10^3\ \text{N}$$

$$I = \frac{bh^3}{12} = \frac{300\times400^3}{12} = 1,600\times10^6\ \text{mm}^4$$

$$b = 300\ \text{mm}$$

$$S_1(\text{상부 연단}) = A_1 y_1 = 0\times200 = 0\ \text{mm}^3$$

$$S_2(A\text{점}) = A_2 y_2 = (300 \times 120) \times \left(80 + \frac{120}{2}\right) = 5{,}040 \times 10^3 \text{ mm}^3$$

$$S_3(\text{중립축}) = A_3 y_3 = (300 \times 200) \times \left(\frac{200}{2}\right) = 6{,}000 \times 10^3 \text{ mm}^3$$

$$\tau_1 = \frac{VS_1}{Ib} = \frac{(40 \times 10^3) \times 0}{(1{,}600 \times 10^6) \times 300} = 0 \text{ N/mm}^2(\text{MPa})$$

$$\tau_2 = \frac{VS_2}{Ib} = \frac{(40 \times 10^3) \times (5{,}040 \times 10^3)}{(1{,}600 \times 10^6) \times 300} = 0.42 \text{ N/mm}^2(\text{MPa})$$

$$\tau_3 = \frac{VS_3}{Ib} = \frac{(40 \times 10^3) \times (6{,}000 \times 10^3)}{(1{,}600 \times 10^6) \times 300} = 0.50 \text{ N/mm}^2(\text{MPa})$$

중립축에서의 전단응력 값인 τ_3는 다음의 직사각형 단면의 최대 전단응력식에 의한 결과와 동일하다.

$$\tau_{\max} = \frac{3}{2} \cdot \frac{V}{A} = \frac{3}{2} \times \left(\frac{40 \times 10^3}{300 \times 400}\right) = 0.5 \text{ N/mm}^2(\text{MPa}) = \tau_3$$

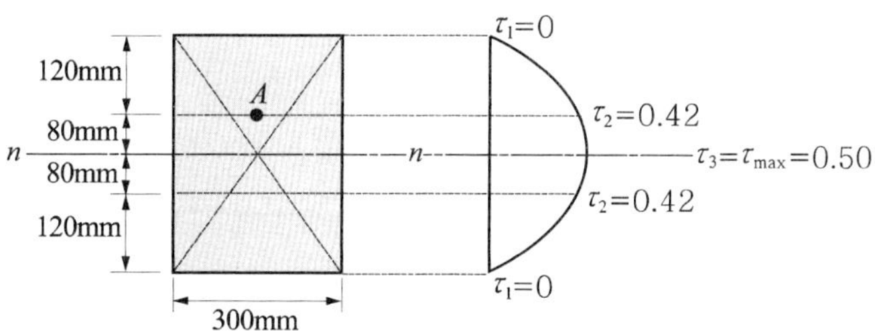

(a) 단면 (b) 전단응력(단위 : N/mm²)

그림 4.21

- 단면2차 모멘트 I
  중립축에 대한 단면2차 모멘트
- 단면1차 모멘트 S_i
  전단응력을 구하고자 하는 위치의 외측에 있는 단면적(A_i)의 중립축에 대한 단면1차 모멘트
- 거리 y_i
  전단응력을 구하고자 하는 위치의 외측에 있는 단면의 도심축으로부터 전체 단면의 중립축까지의 거리

예제 4.12 다음 그림과 같은 I형 단면의 최대 전단응력을 구하시오. 단, $V = 100\,\text{kN}$이다.

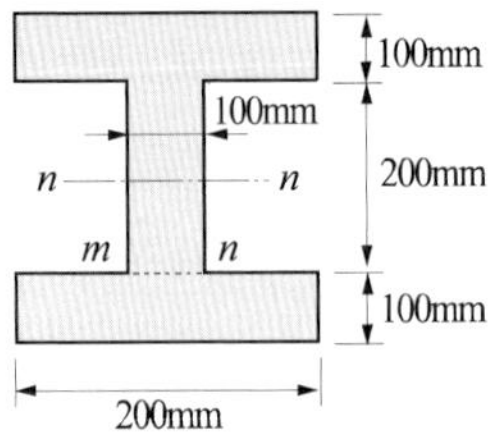

그림 4.22

↳ 단면의 최대 전단응력은 중립축 ($n-n$ 축)에서 발생한다.

$$V = 100\ \text{kN} = 100 \times 10^3\ \text{N}$$

$$S = S_1 + S_2 = A_1 y_1 + A_2 y_2$$

$$= (200 \times 100) \times 150 + (100 \times 100) \times 50 = 3.5 \times 10^6\ \text{mm}^3$$

$$I = \left(\frac{200 \times 400^3}{12}\right) - \left(\frac{100 \times 200^3}{12}\right) = 1.0 \times 10^9\ \text{mm}^4$$

$$b = 100\ \text{mm}$$

$$\tau_{\max} = \frac{VS}{Ib} = \frac{(100 \times 10^3) \times (3.5 \times 10^6)}{(1.0 \times 10^9) \times 100} = 3.5\ \text{N/mm}^2\,(\text{MPa})$$

- 단면의 최대 전단응력은 중립축 ($n-n$ 축)에서 발생하며, 최대 전단응력 산정에 필요한 단면1차 모멘트 S_i와 거리 y_i는 다음 그림과 같이 2개의 직사각형으로 나누어 계산한다.

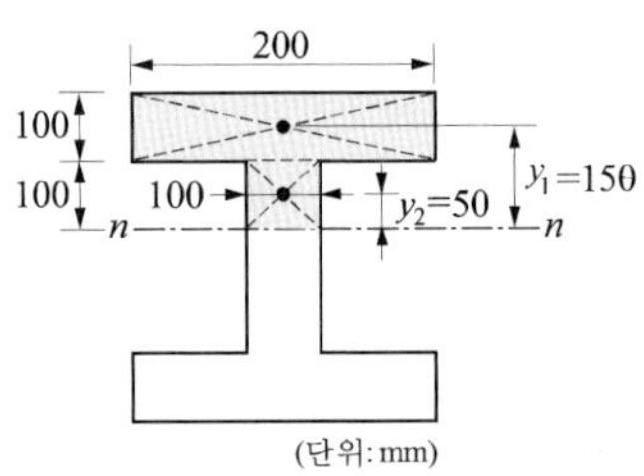

그림 4.23

예제 4.13 전단력 $V = 60\,\mathrm{kN}$을 받는 그림과 같은 중공 단면의 보에서 단면 $a-a$ 의 최대 전단응력은?

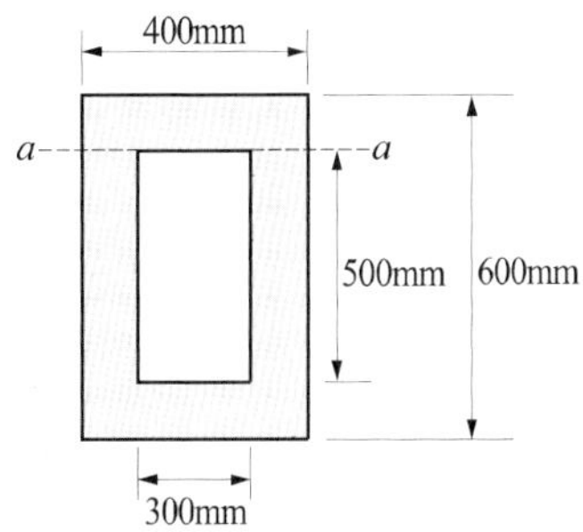

그림 4.24

$V = 60\ \mathrm{kN} = 60 \times 10^3\ \mathrm{N}$

$S = A\,y = (400 \times 50) \times \left(250 + \dfrac{50}{2}\right) = 5.5 \times 10^6\ \mathrm{mm}^3$

$I = \left(\dfrac{400 \times 600^3}{12}\right) - \left(\dfrac{300 \times 500^3}{12}\right) = 4.075 \times 10^9\ \mathrm{mm}^4$

단면 $a-a$ 상측의 단면 폭은 $b_1 = 400\ \mathrm{mm}$이고, 하측의 단면 폭은 $b_2 = 100\ \mathrm{mm}$가 되어 전단응력의 값도 두 가지가 된다.

$b_1 = 400\ \mathrm{mm}$

$b_2 = 100\ \mathrm{mm}$

$\tau_1 = \dfrac{VS}{Ib_1} = \dfrac{(60 \times 10^3) \times (5.5 \times 10^6)}{(4.075 \times 10^9) \times 400} = 0.202\ \mathrm{N/mm^2(MPa)}$

$\tau_2 = \dfrac{VS}{Ib_2} = \dfrac{(60 \times 10^3) \times (5.5 \times 10^6)}{(4.075 \times 10^9) \times 100} = 0.810\ \mathrm{N/mm^2(MPa)}$

∴ 단면 $a-a$ 의 최대 전단응력 $\tau_{max} = \tau_2 = 0.810\ \mathrm{N/mm^2(MPa)}$이 된다.

- 거리 y
  전단응력을 구하고자 하는 위치$(a-a)$의 외측에 있는 단면의 도심축으로부터 중립축까지의 거리

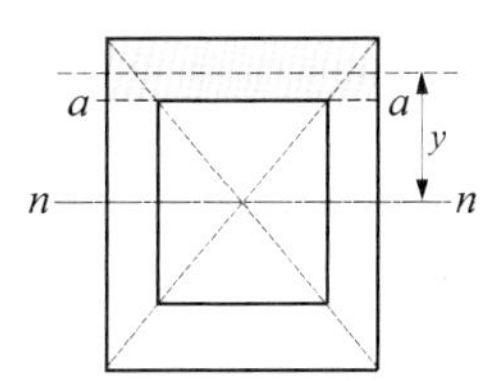

그림 4.25

예제 4.14 그림과 같은 하중을 받는 단순보에서 최대 휨응력과 최대 전단응력의 크기와 발생위치를 구하고 휨응력과 전단응력 분포의 대략적인 스케치를 하시오.

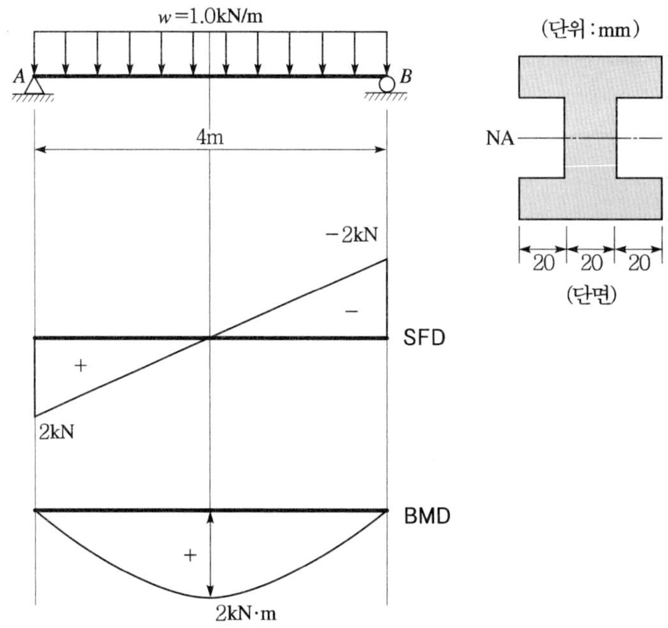

그림 4.26

(1) 최대 휨응력과 최대 전단응력의 발생위치

① 최대 휨응력은 휨모멘트가 최대인 위치(중앙부)에서 발생하며, 단면 내에서는 최상단에 최대 압축응력이 생기고 최하단에 최대 인장응력이 생긴다.

② 최대 전단응력은 전단력이 최대인 위치(양단부)에서 발생하며, 단면 내에서는 중앙(NA위치 : 중립축)에 생긴다.

(2) 최대 휨응력과 최대 전단응력의 크기

① 최대 휨응력

$$I=\left(\frac{60\times 80^3}{12}\right)-\left(\frac{40\times 40^3}{12}\right)=2.35\times 10^6\ \mathrm{mm}^4$$

$$\sigma=\pm\frac{M}{I}y=\pm\left(\frac{2\times 10^6}{2.35\times 10^6}\right)\times 40=\pm 34.0\ \mathrm{N/mm^2(MPa)}$$

$\sigma_{t,\max}=34.0\ \mathrm{N/mm^2(MPa)}$ (최대 인장응력)

$\sigma_{c,\max}=-34.0\ \mathrm{MPa}$ (최대 압축응력)

② 최대 전단응력

$S = (60 \times 20) \times 30 + (20 \times 20) \times 10 = 4 \times 10^4 \text{ mm}^3$

$$\tau = \frac{VS}{Ib} = \frac{(2 \times 10^3) \times (4 \times 10^4)}{(2.35 \times 10^6) \times 20} = 1.7 \text{ N/mm}^2 (\text{MPa})$$

$\tau_{max} = 1.7 \text{ N/mm}^2 (\text{MPa})$ (최대 전단응력)

(3) 휨응력과 전단응력의 분포 스케치

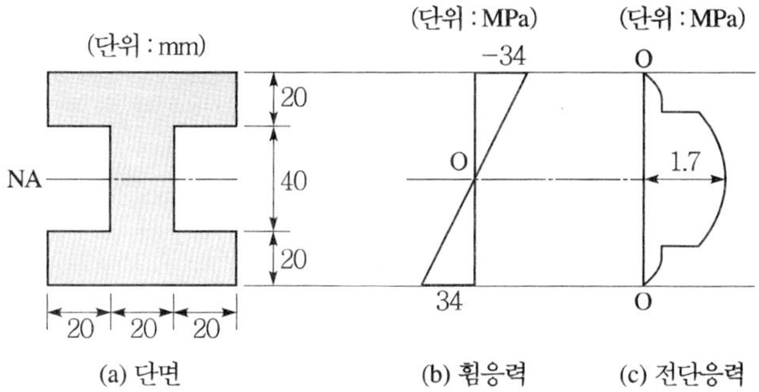

그림 4.27

(4) 비틀림모멘트에 의한 응력 8)

① 개요

비틀림모멘트에 의한 응력은 단면에 비틀림모멘트 T만 가해질 경우, 부재 내부의 단면에서 부재를 비틀어 절단하려는 응력이다. 비틀림모멘트에 의해 발생되는 단면의 응력은 단면력의 관점에서 비틀림응력(Torsional Stress)이라 하고, 응력방향의 관점에서 전단응력(Shear Stress, 剪斷應力)이라 한다.

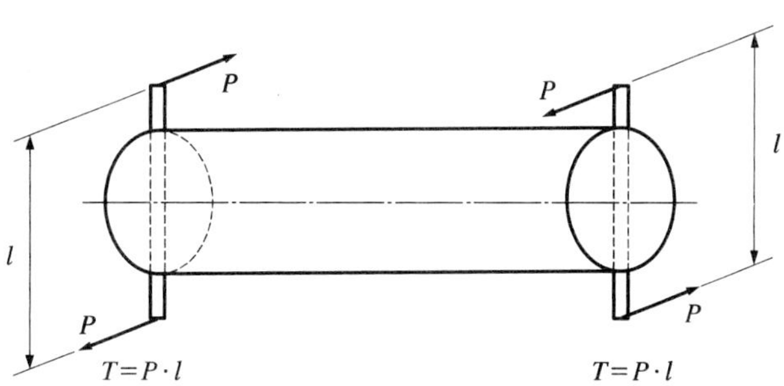

(a)

8) 초급과정에서는 (4) 비틀림모멘트에 의한 응력 과정을 생략하여도 됨.

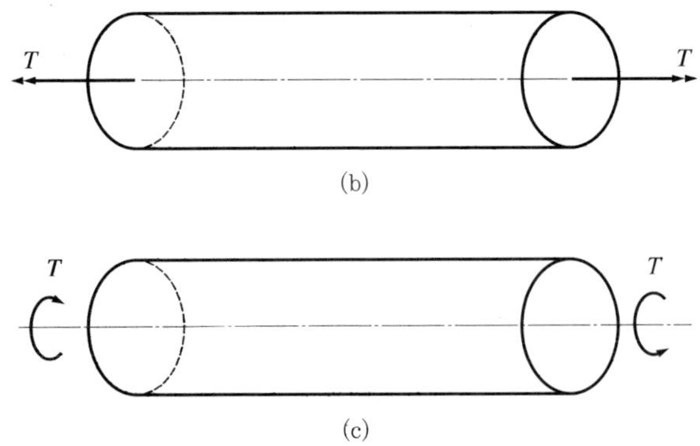

그림 4.28 원형 단면의 봉이 비틀림모멘트를 받는 경우의 표기 방법

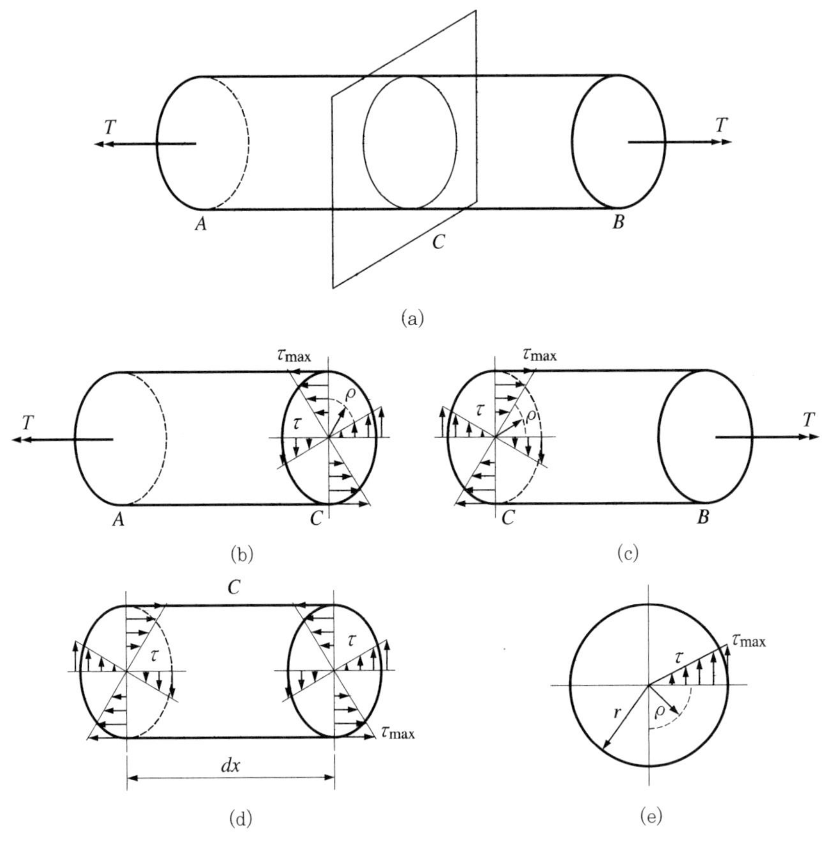

그림 4.29 비틀림모멘트를 받는 원형 단면 봉에서의 비틀림응력

② 비틀림모멘트에 의한 응력의 산정

㉠ 일반식

단면에 비틀림모멘트 T만 가해질 경우, 원형 단면의 중심에서 ρ만큼 떨어진 곳에서의 비틀림모멘트에 의한 단면의 전단응력 τ는 다음과 같다.

$$\tau = \frac{T}{I_p}\rho \tag{4.8}$$

여기서, τ : 전단응력 (MPa, N/mm^2)

T : 비틀림모멘트 (N · mm)

I_p : 단면극2차 모멘트 (mm^4). 원형 단면의 단면극2차 모멘트,

$$I_p = \frac{\pi D^4}{32} = \frac{\pi r^4}{2}$$

ρ : 원형 단면의 중심으로부터 비틀림응력을 구하고자 하는 곳까지의 거리 (mm)

㉡ 최대 비틀림응력 산정식

비틀림모멘트에 의해 발생되는 전단응력은 일반적으로 최대 응력이 관심의 대상이 되며, 그 최대 응력은 단면의 연단 (원형 단면의 중심에서 ρ가 최대인 반지름 r, 즉 $\rho_{max} = r$인 곳)에서 발생된다. 원형 단면의 연단에서 비틀림모멘트에 의해 발생되는 최대 전단응력은 다음 식과 같다.

$$\tau_{max} = \frac{T}{I_p}r \tag{4.9}$$

여기서, τ_{max} : 비틀림모멘트에 의한 최대 전단응력 (MPa, N/mm^2)

T : 비틀림모멘트 (N · mm)

I_p : 단면극2차 모멘트 (mm^4)

원형 단면의 단면극2차 모멘트, $I_p = \dfrac{\pi D^4}{32} = \dfrac{\pi r^4}{2}$

r : 원형 단면의 반지름 (mm)

③ 비틀림응력의 특성

㉠ 원형 단면인 봉에서 비틀림응력은 단면의 중심에서 영 (0)이다.

㉡ 원형 단면인 봉에서 비틀림응력은 단면의 연단 (단부)에서 최대이다.

㉢ 탄성거동을 하는 부재의 경우 비틀림응력은 원형 단면의 중심으로부터의 거리에 비례한다.

예제 4.15 속이 찬 원형 단면의 강재 봉의 지름 $D = 50\ \mathrm{mm}$이고, 길이 $l = 1.5\ \mathrm{m}$이다. 이 강재 봉에 비틀림모멘트 $T = 350\ \mathrm{N \cdot m}$가 작용할 경우 비틀림모멘트에 의한 최대 전단응력은 얼마인가? 단, 단면극2차 모멘트는 $I_p = \dfrac{\pi D^4}{32} = \dfrac{\pi r^4}{2}$이다.

(1) 단면극2차 모멘트

$$I_p = \frac{\pi \times 50^4}{32} = 613.6 \times 10^3\ \mathrm{mm}^4$$

(2) 최대 전단응력

$$r = \frac{D}{2} = \frac{50}{2} = 25\ \mathrm{mm}$$

$$\tau_{\max} = \frac{T}{I_p} r = \left(\frac{350 \times 10^3}{613.6 \times 10^3} \right) \times 25 = 14.3\ \mathrm{N/mm^2 (MPa)}$$

예제 4.16 다음 그림과 같은 원형 단면을 가진 봉에 비틀림모멘트가 작용할 경우 단면에 작용하는 최대 비틀림응력은 얼마인가?

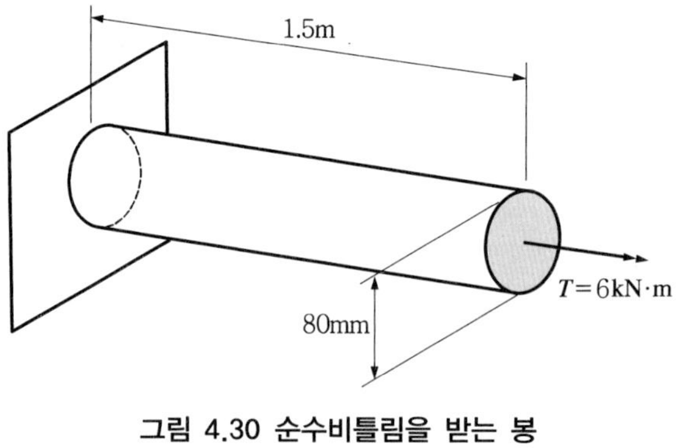

그림 4.30 순수비틀림을 받는 봉

(1) 비틀림모멘트

$$T = 6\ \text{kN} \cdot \text{m} = 6 \times 10^6\ \text{N} \cdot \text{mm}$$

(2) 단면극2차 모멘트

$$I_p = \frac{\pi D^4}{32} = \frac{\pi \times 80^4}{32} = 4.021 \times 10^6\ \text{mm}^4$$

(3) 최대 비틀림응력

$$r = \frac{D}{2} = \frac{80}{2} = 40\ \text{mm}$$

$$\tau_{max} = \frac{T}{I_p} r = \left(\frac{6 \times 10^6}{4.021 \times 10^6} \right) \times 40 = 59.7\ \text{N/mm}^2 (\text{MPa})$$

예제 4.17 다음 그림과 같은 원형 단면을 가진 중공 강관에 비틀림모멘트가 작용할 경우 단면에 작용하는 최대 비틀림응력은 얼마인가?

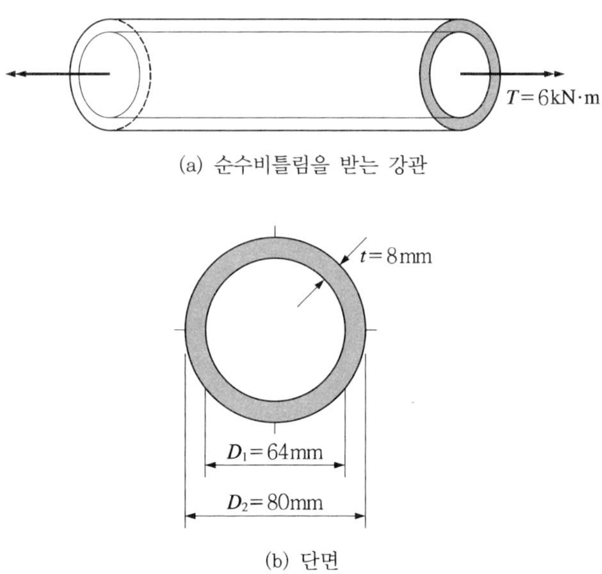

그림 4.31

(1) 비틀림모멘트

$$T = 6\ \text{kN} \cdot \text{m} = 6 \times 10^6\ \text{N} \cdot \text{mm}$$

(2) 단면극2차 모멘트

$$I_p = \frac{\pi}{32}(D_2^4 - D_1^4) = \frac{\pi}{32} \times (80^4 - 64^4) = 2.374 \times 10^6\ \text{mm}^4$$

(3) 최대 비틀림응력

$$r = \frac{D_2}{2} = \frac{80}{2} = 40\ \text{mm}$$

$$\tau_{\max} = \frac{T}{I_p} r = \left(\frac{6 \times 10^6}{2.374 \times 10^6} \right) \times 40 = 101.1\ \text{N/mm}^2\ (\text{MPa})$$

예제 4.18 다음 그림과 같은 도로표지판[9])이 강재파이프(Steel Pipe)에 고정되어 있을 경우, 기둥의 최하부에서 바람에 의해 발생되는 강재파이프의 최대 비틀림응력을 산정하시오. 단, 풍압력(w_L)은 $1.5\ \text{kN/m}^2$이다. 그리고 표지판과 지주 사이의 가로 보는 양단에서 완전고정된 것으로 가정한다.

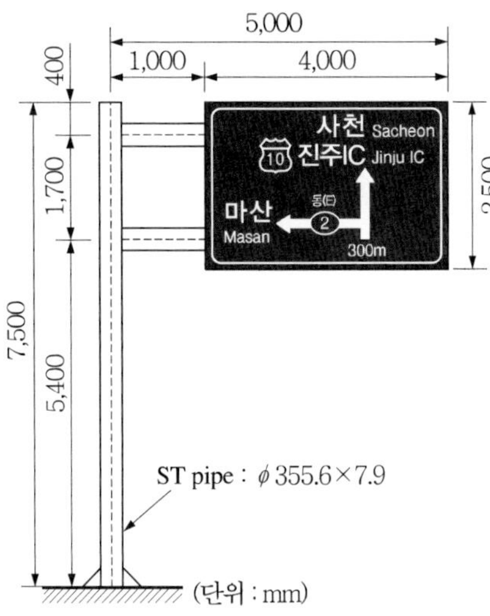

그림 4.32

9) 건설교통부, 도로표지규칙, 건설교통부, 2005.

↳ (1) 바람에 의한 비틀림모멘트

$$T = w_L \times (L \times H) \times e$$
$$= 1.5 \times (4.0 \times 2.5) \times 3.0 = 45.0\ \text{kN} \cdot \text{m} = 45.0 \times 10^6\ \text{N} \cdot \text{mm}$$

(2) 단면극2차 모멘트

$$D_2 = 355.6\ \text{mm}$$
$$D_1 = D_2 - 2t = 355.6 - 2 \times 7.9 = 339.8\ \text{mm}$$
$$I_p = \frac{\pi}{32}(D_2^4 - D_1^4) = \frac{\pi}{32} \times (355.6^4 - 339.8^4) = 260.949 \times 10^6\ \text{mm}^4$$

(3) 최대 비틀림응력

$$r = \frac{D_2}{2} = \frac{355.6}{2} = 177.8\ \text{mm}$$
$$\tau_{max} = \frac{T}{I_p} r = \left(\frac{45.0 \times 10^6}{260.949 \times 10^6}\right) \times 177.8 = 30.7\ \text{N/mm}^2(\text{MPa})$$

4.1.2 부재의 주응력

(1) 정의

① 보의 임의의 내부 단면에서는 수직응력과 전단응력이 발생되며, 이 내부의 평면요소를 회전시키면 어떤 각도의 축에서는 수직응력이 최대 및 최소가 되면서 전단응력이 영 (0)이 되는 단면이 된다. 이 단면을 주응력면 (Principal Stress Plane, 주평면)이라 한다.

② 주응력면에 작용하는 최대와 최소의 수직응력을 주응력 (Principal Stress)이라 한다.

③ 각 점에 대하여 주응력면의 방향을 구하고 이것을 연결시키면 서로 직교하는 한 쌍의 곡선이 얻어진다. 이 곡선을 주응력선 (Principal Stress Line)이라 한다.

(2) 주응력에 대한 일반사항 (2차원 평면응력의 경우)

① 수직응력 σ_i의 아래첨자 (i)

응력이 작용하는 면 (x 또는 y)

② 전단응력 τ_{ij}의 두 개 첨자 (i 및 j)

㉠ i : 응력이 작용하는 면 (x 또는 y)

㉡ j : 면 위에서 응력의 방향 (x 또는 y)

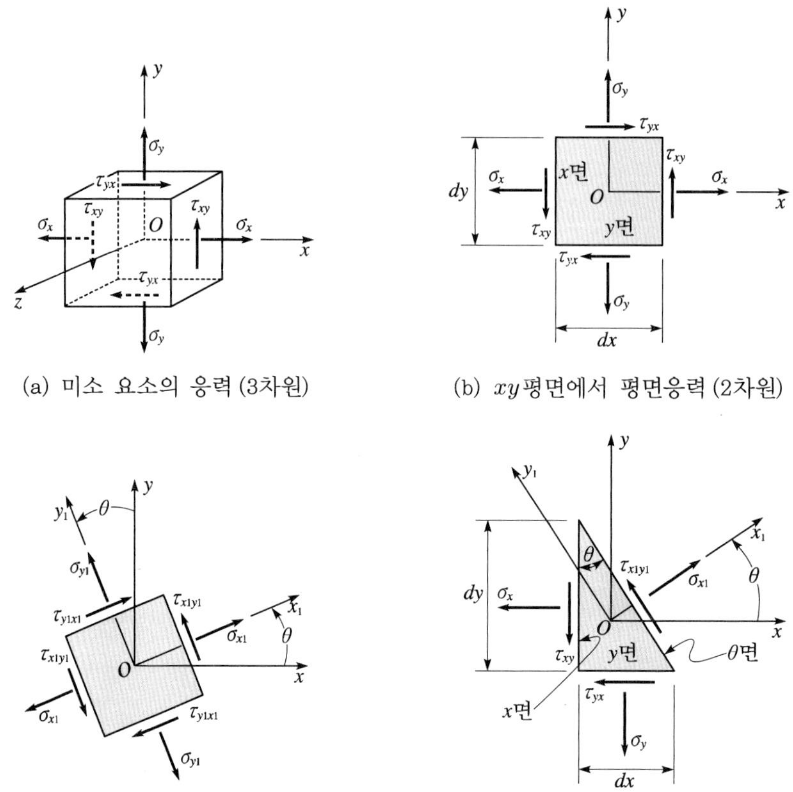

(a) 미소 요소의 응력 (3차원) (b) xy평면에서 평면응력 (2차원)

(c) 임의 방향 단면의 응력 (평면응력의 요소) (d) 쐐기 모양의 응력 (평면응력의 요소)

그림 4.33 평면응력

(3) 주응력의 산정식

최대 주응력과 최소 주응력의 크기 σ_{p1}과 σ_{p2}는 다음과 같고, 이 주각에 대하여 전단응력 τ_{x1y1}을 구하면 영 (0)이 된다.

$$\sigma_{p1} = \left(\frac{\sigma_x + \sigma_y}{2}\right) + \sqrt{\left(\frac{\sigma_x - \sigma_y}{2}\right)^2 + \tau_{xy}^2} \qquad (4.10\text{ a})$$

$$\sigma_{p2} = \left(\frac{\sigma_x + \sigma_y}{2}\right) - \sqrt{\left(\frac{\sigma_x - \sigma_y}{2}\right)^2 + \tau_{xy}^2} \qquad (4.10\text{ b})$$

$$\tan 2\theta_p = \frac{\tau_{xy}}{\left(\frac{\sigma_x - \sigma_y}{2}\right)} = \frac{2\tau_{xy}}{\sigma_x - \sigma_y} \qquad (4.10\text{ c})$$

여기서, σ_{p1}, σ_{p2} : 최대 주응력 및 최소 주응력

σ_x : x 축에 직각인 x 면에 작용하는 수직응력

σ_y : y 축에 직각인 y 면에 작용하는 수직응력

τ_{xy} : x 면, y 면에 작용하는 전단응력

σ_{x1} : x 면과 θ 만큼 기울어진 x_1 면에 작용하는 수직응력

τ_{x1y1} : x 면과 θ 만큼 기울어진 x_1 면에 작용하는 y_1 방향으로의 전단응력

θ_p : τ_{x1y1} 이 영 (0)이 되는 x 면과 θ 만큼 기울어진 경사면의 각도

(4) 주응력선

보 내부 각 점에 대한 주응력면의 방향을 구하고, 이것을 연결하면 서로 직교하는 한 쌍의 곡선이 얻어진다. 이것을 주응력선이라 한다.

실선의 인장 주응력과 점선의 압축 주응력의 곡선은 항상 직각을 이루며 중립축에서 길이방향 축과 인장 주응력 및 압축 주응력은 각각 45°의 경사이다. 또한 보의 윗면과 아랫면에서는 전단응력이 영 (0)이며 주응력선은 보의 길이방향 축과 수평 또는 수직을 이루고 있다.

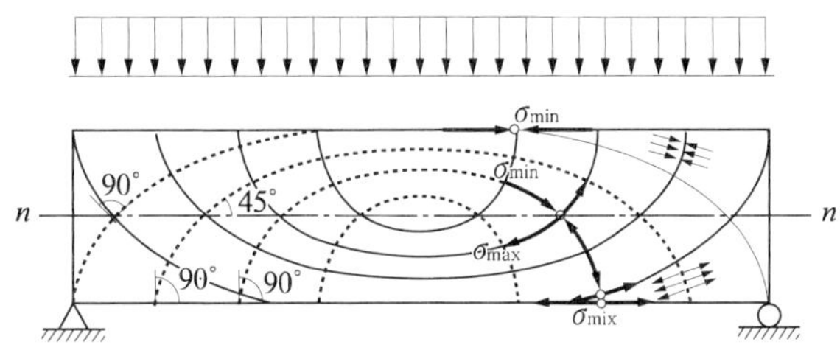

(a) 주응력

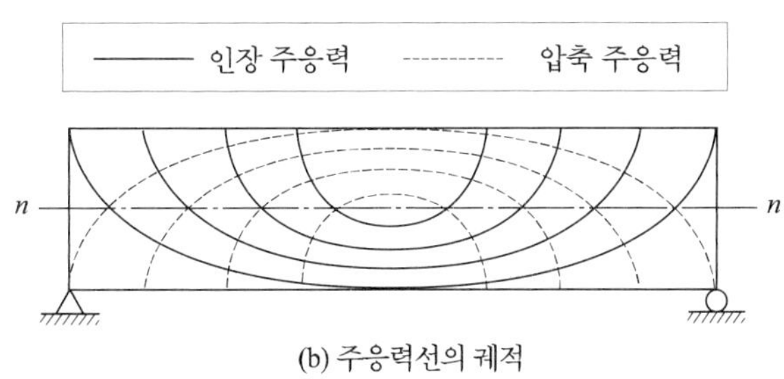

(b) 주응력선의 궤적

그림 4.34 보의 주응력 및 주응력선

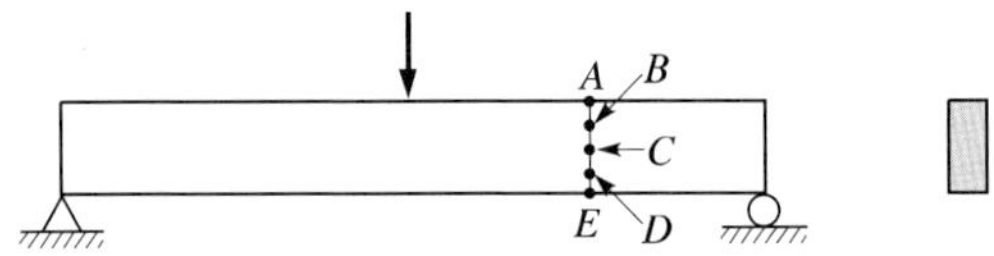

(a) 단순보　　　　(b) 단면

그림 4.35

표 4.1 보 단면의 내부 위치에 따른 미소 요소의 응력 변화

위치		수직응력	전단응력	수직응력과 전단응력	주응력	최대 전단응력
A	압축 연단 (맨 위)	압축응력	×	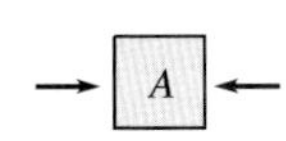	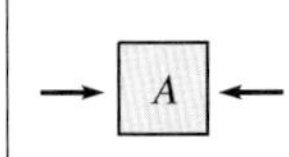	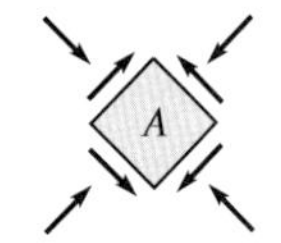
B	A와 C사이	압축응력	전단응력	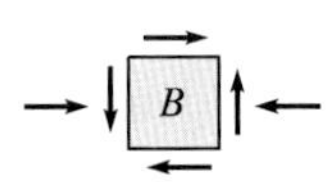	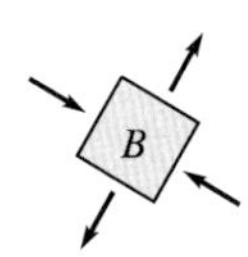	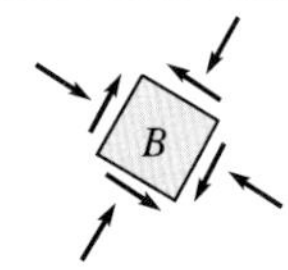
C	중립축 (중간높이)	×	전단응력	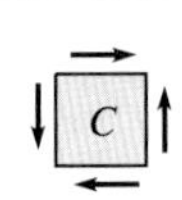	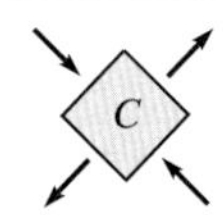	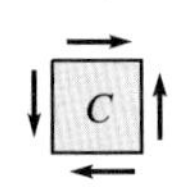
D	C와 E사이	인장응력	전단응력	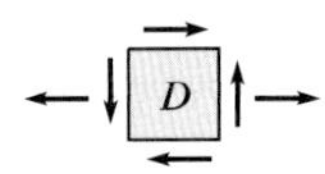	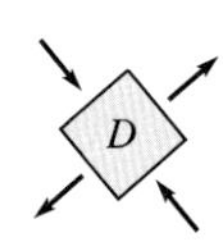	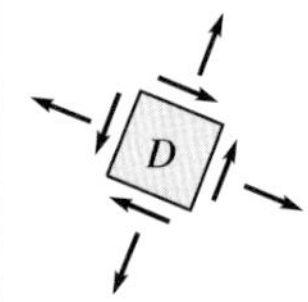
E	인장 연단 (맨 아래)	인장응력	×	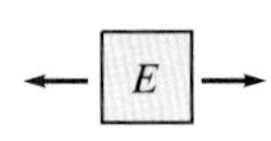	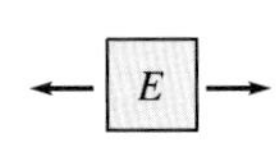	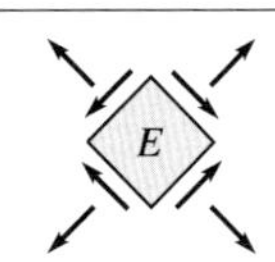

4.1.3 조합력에 의한 응력

(1) 단면력의 표현과 응력

임의의 단면에 작용할 수 있는 단면력의 종류는 축방향력 N, 전단력 V, 휨모멘트 M 그리고 비틀림모멘트 T가 되며, 단면력들에 의해 발생되는 응력은 응력방향의 관점에서 수직응력 σ와 전단응력 τ가 있다. 이들을 단면상에 나타내면 다음 그림과 같다.

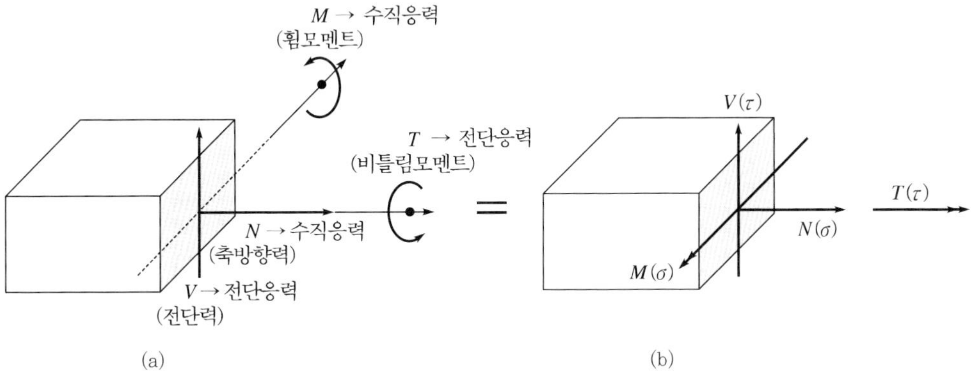

그림 4.36 임의 단면의 단면력과 응력

(2) 조합단면력의 표현과 응력

① 축직교 (중심축직교)하중에 의한 응력

단면의 중심축에 직교하는 하중이 작용할 경우 임의의 단면에 발생되는 조합단면력은 다음 그림과 같고, 단면력들에 의해 발생되는 응력은 아래 식과 같다.

$$\sigma = \pm \frac{M}{I} y \tag{4.11 a}$$

$$\tau = \frac{VQ}{Ib} \tag{4.11 b}$$

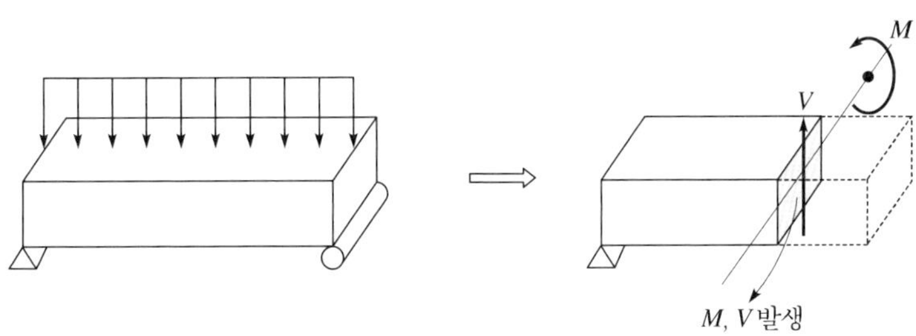

그림 4.37 축직교(중심축직교)하중에 대한 조합단면력

② 축직교 (중심축직교)하중+축 (중심축)하중에 의한 응력

단면의 중심축에 직교하는 하중과 중심축 하중이 동시에 작용할 경우 임의의 단면에 발생되는 조합단면력은 다음 그림과 같고, 단면력들에 의해 발생되는 응력은 아래 식과 같다.

$$\sigma = \frac{N}{A} \pm \frac{M}{I} y \qquad (4.12\,\text{a})$$

$$\tau = \frac{VQ}{Ib} \qquad (4.12\,\text{b})$$

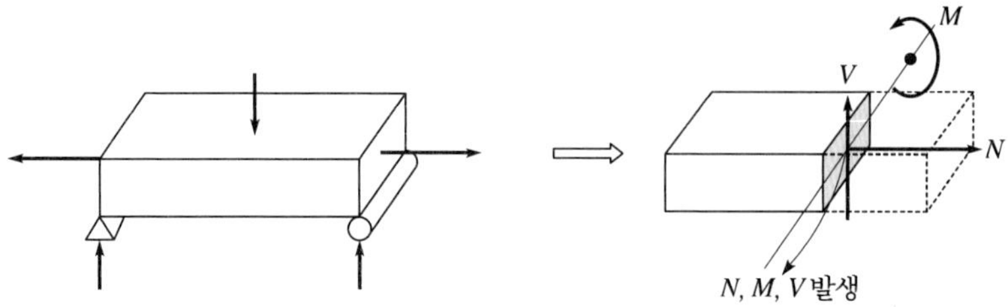

그림 4.38 축직교(중심축직교)하중과 축(중심축)하중에 대한 조합단면력

③ 편심축하중에 의한 응력

편심축하중이 작용할 경우 임의의 단면에 발생되는 조합단면력은 다음 그림과 같고, 단면력들에 의해 발생되는 응력은 아래 식과 같다.

$$\sigma = \frac{N}{A} \pm \frac{M_x}{I_x} y \pm \frac{M_y}{I_y} x \qquad (4.13)$$

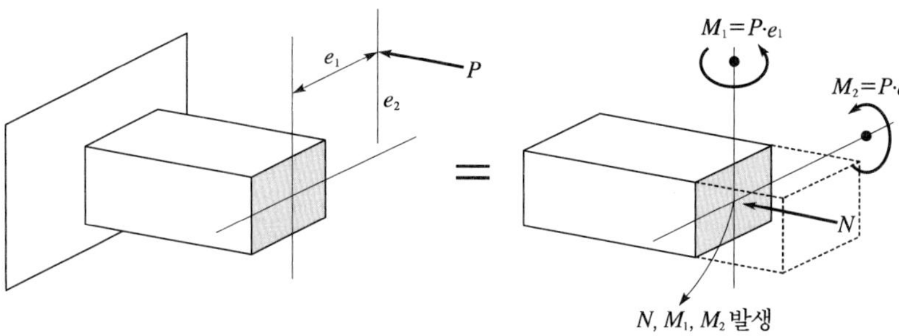

그림 4.39 편심축하중에 대한 조합단면력

④ 편심축직교하중에 의한 응력

편심축직교하중이 작용할 경우 임의의 단면에 발생되는 조합단면력은 다음 그림과 같고, 단면력들에 의해 발생되는 응력은 아래 식과 같다.

$$\sigma = \pm \frac{M}{I} y \qquad (4.14\,\text{a})$$

$$\tau = \frac{VQ}{Ib} \pm \frac{T}{I_p} \rho \qquad (4.14\,\text{b})$$

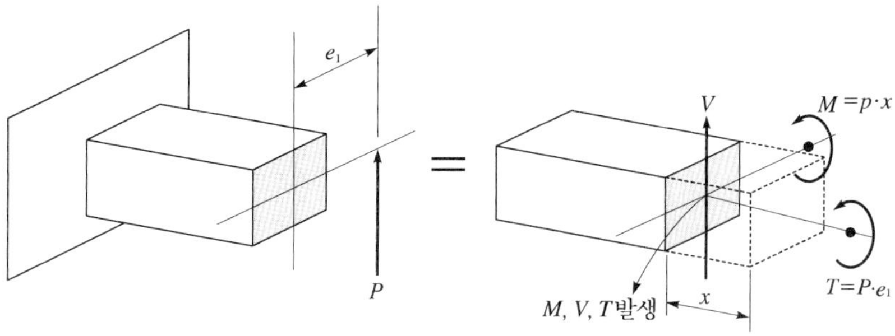

그림 4.40 편심축직교하중에 대한 조합단면력

예제 4.19 다음 그림과 같은 편심축직교하중(휨모멘트+전단력+비틀림모멘트)을 받는 구조물의 단면에 생기는 최대 및 최소 수직응력과 최대 전단응력의 크기와 위치를 구하라.

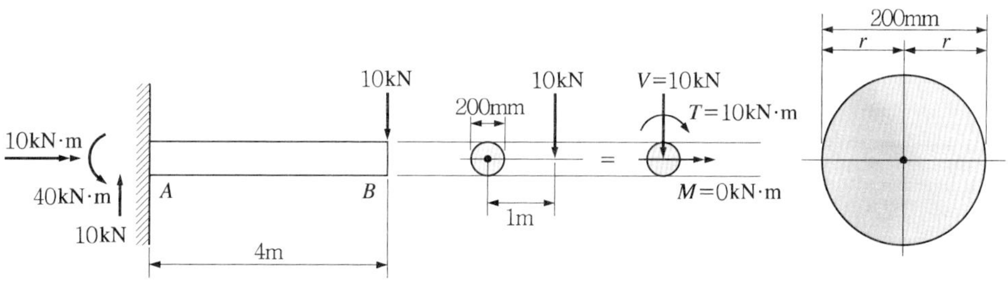

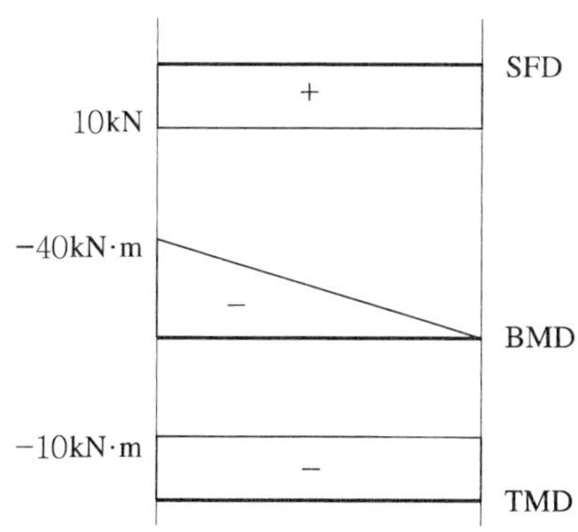

(d) 단면력도

그림 4.41

↳ (1) 최대 단면력 산정

① $V_{max} = 10\text{ kN} = 10\times 10^3\text{ N}$ (구조물의 전체 구간)

② $M_{max} = 40\text{ kN}\cdot\text{m} = 40\times 10^6\text{ N}\cdot\text{mm}$ (구조물의 고정단)

③ $T_{max} = 10\text{ kN}\cdot\text{m} = 10\times 10^6\text{ N}\cdot\text{mm}$ (구조물의 전체 구간)

(2) 최대 및 최소 수직응력

① 최대 및 최소 수직응력의 발생 위치

수직응력(Normal Stress)은 휨모멘트에 의해 발생하고 최대 및 최소 수직응력은 각각 고정단 A에서 단면의 상단과 하단에서 발생한다.

② 도심에 대한 단면2차 모멘트

$$I = \frac{\pi r^4}{4} = \frac{\pi\times 100^4}{4} = 78.540\times 10^6\text{ mm}^4$$

③ 휨모멘트에 의한 최대 및 최소 수직응력

$$\sigma = \pm\frac{M}{I}y = \pm\left(\frac{40\times 10^6}{78.540\times 10^6}\right)\times 100 = \pm 50.9\text{ N/mm}^2(\text{MPa})$$

(3) 최대 전단응력

① 최대 전단응력의 발생 위치

전단응력(Shear Stress)은 전단력과 비틀림모멘트에 의한 두 가지 단면력에 대한 응력의 합으로서 보 내부의 어떤 단면에서나 중앙 외측에 최대 전단응력이 생긴다.

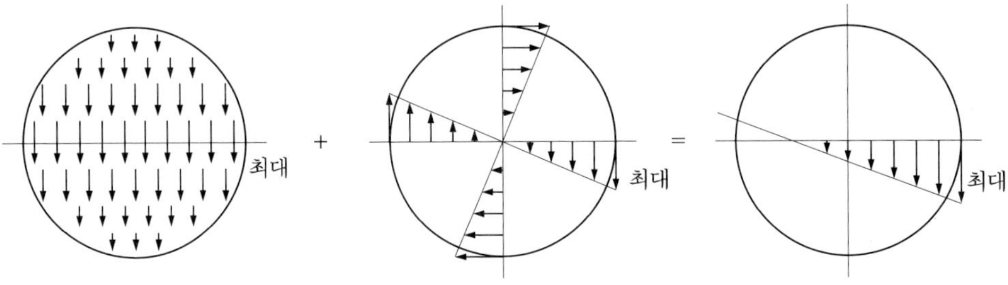

(a) 전단력에 의한 전단응력 (b) 비틀림모멘트에 의한 전단응력 (c) 전단응력의 합

그림 4.72

② 원형 단면에서 전단력에 의한 최대 전단응력

$$A = \pi r^2 = \frac{\pi D^2}{4} = \frac{\pi\times 200^2}{4} = 31{,}415.9\text{ mm}^2$$

$$\tau_{max,1} = \frac{4}{3}\cdot\frac{V}{A} = \frac{4}{3}\times\left(\frac{10\times 10^3}{31{,}415.9}\right) = 0.4\text{ N/mm}^2(\text{MPa})$$

③ 원형 단면에서 비틀림모멘트에 의한 최대 전단응력

㉠ 원형 단면의 단면극2차 모멘트

$$I_p = \frac{\pi D^4}{32} = \frac{\pi \times 200^4}{32} = 157.1 \times 10^6 \text{ mm}^4$$

㉡ 비틀림모멘트에 의한 최대 전단응력

$$\tau_{\max,2} = \frac{T}{I_p} r = \left(\frac{10 \times 10^6}{157.1 \times 10^6} \right) \times 100 = 6.4 \text{ N/mm}^2 (\text{MPa})$$

④ 원형 단면의 최대 전단응력

$$\tau_{\max} = \tau_{\max,1} + \tau_{\max,2} = 6.8 \text{ N/mm}^2 (\text{MPa})$$

(3) 2방향의 휨모멘트에 의한 응력

① 휨모멘트 M 을 2개의 주축으로 분해

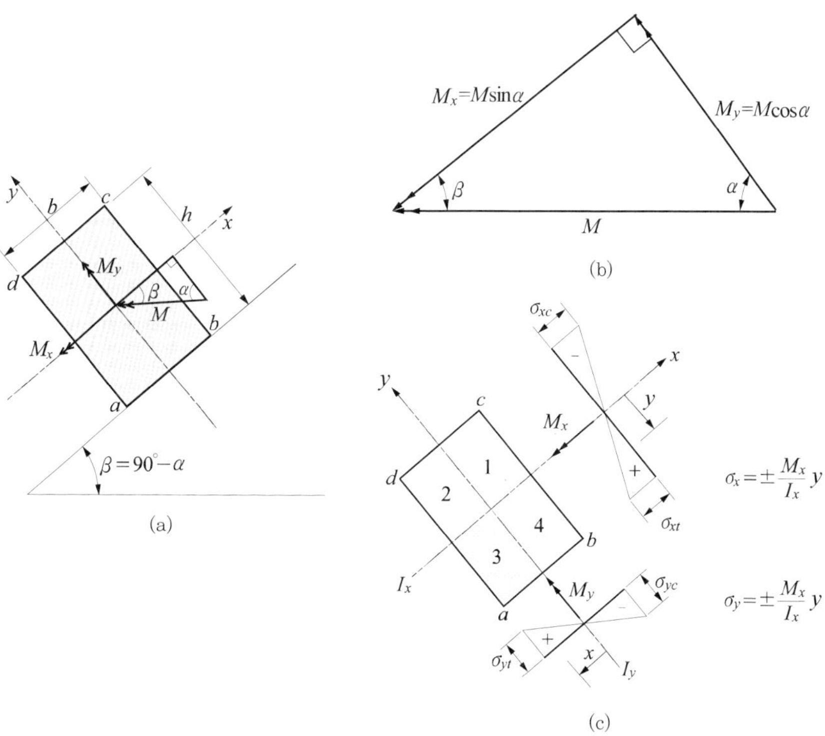

그림 4.43 조합력에 의한 응력[10]

9) 김근덕 외4인, 건축구조역학, 기문당, 2008, p.260.

휨모멘트 M 의 작용방향이 단면의 x 축에 대하여 α만큼 기울어졌을 경우 그림에서 x 축과 y 축을 단면의 주축으로 하고, 휨모멘트 M 을 x 방향과 y 방향 성분으로 분해하면 다음과 같다.

$M_x = M\sin\alpha$

$M_y = M\cos\alpha$

② 단면 내의 임의 점 $(x,\ y)$의 휨응력

$$\sigma_b = \pm\frac{M_x}{I_x}y \pm \frac{M_y}{I_y}x \qquad (4.15)$$

여기서, σ_b : 휨응력 (MPa, N/mm^2)

M_x, M_y : 단면의 x축, y축에 대한 휨모멘트 (N·mm)

x, y : 중립축에서 휨응력을 구하고자 하는 곳까지의 거리 (mm)

I_x, I_y : 단면의 도심축인 x 축, y 축에 대한 단면2차 모멘트 (mm^4)

③ 2방향 휨모멘트에 대한 작용 응력

휨모멘트 M 을 x 방향과 y 방향 성분으로 분해한 M_x, M_y는 그림 4.43 (c)와 같이 인장응력 및 압축응력을 발생시킨다. 작용 모멘트 M_x, M_y에 의해 단면에 발생되는 인장응력과 압축응력을 구분하여 정리하면 다음 표와 같다.

표 4.6 작용 모멘트에 따른 단면의 인장측과 압축측

작용 모멘트	인장측	압축측
M_x	3상한, 4상한	1상한, 2상한
M_y	2상한, 3상한	1상한, 4상한

따라서 제1상한에서는 압축응력만 발생되고, 제3상한에서는 인장응력만 발생된다. 그리고 최대 압축응력은 점 c에서 발생되고, 최대 인장응력은 a점에서 발생된다.

④ 중립축에 대해 대칭인 단면의 최대 응력

직사각형 단면과 같이 단면이 두 개의 축에 대해 대칭일 경우의 최대 압축응력

$\sigma_{c,\max}$ (점 c의 응력)와 최대 인장응력 $\sigma_{t,\max}$ (점 a의 응력)는 다음과 같다.

$$\sigma_c = \sigma_{c,\max} = -\frac{M_x}{Z_x} - \frac{M_y}{Z_y} \tag{4.16 a}$$

$$\sigma_a = \sigma_{t,\max} = \frac{M_x}{Z_x} + \frac{M_y}{Z_y} \tag{4.16 b}$$

여기서, Z_x, Z_y : 단면의 도심축(중립축)인 x축, y축에 대한 단면계수 (mm^3)

예제 4.20 다음 그림과 같은 단면에 휨모멘트 $M = 6\text{ kN}\cdot\text{m}$로 작용할 경우, 단면의 각 모서리 a, b, c, d에서 발생되는 휨응력을 산정하시오. 단, $\tan\alpha = \dfrac{2}{3}$이다.

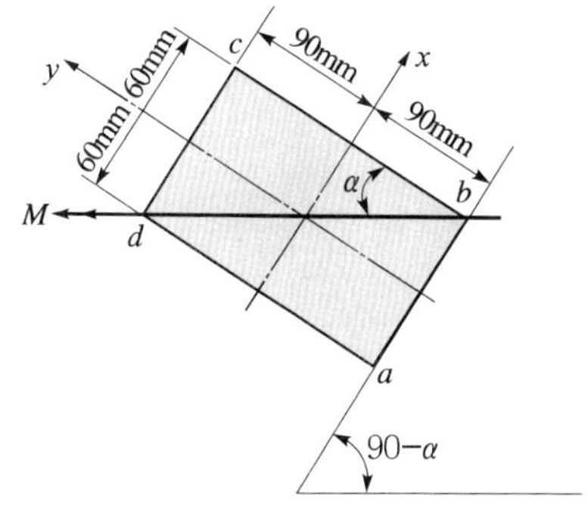

그림 4.44

(1) 모멘트 M을 2개의 주축으로 분해

$$M_x = M\sin\alpha = 6 \times \frac{2}{\sqrt{13}} = 3.328\text{ kN}\cdot\text{m} = 3.328 \times 10^6\text{ N}\cdot\text{mm}$$

$$M_y = M\cos\alpha = 6 \times \frac{3}{\sqrt{13}} = 4.992\text{ kN}\cdot\text{m} = 4.992 \times 10^6\text{ N}\cdot\text{mm}$$

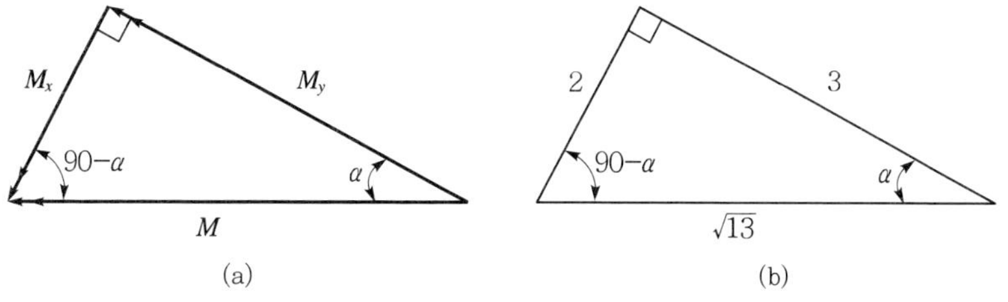

그림 4.45

(2) x 축, y 축에 대한 단면계수

$$Z_x = \frac{bh^2}{6} = \frac{120 \times 180^2}{6} = 648 \times 10^3 \text{ mm}^3$$

$$Z_y = \frac{hb^2}{6} = \frac{180 \times 120^2}{6} = 432 \times 10^3 \text{ mm}^3$$

(3) 휨응력

$$\sigma_c = \sigma_{c,\max} = -\frac{M_x}{Z_x} - \frac{M_y}{Z_y} = -\left(\frac{3.328 \times 10^6}{648 \times 10^3}\right) - \left(\frac{4.992 \times 10^6}{432 \times 10^3}\right)$$

$$= -16.7 \text{ N/mm}^2 (\text{MPa}) \quad \text{(최대 압축응력)}$$

$$\sigma_a = \sigma_{t,\max} = \frac{M_x}{Z_x} + \frac{M_y}{Z_y} = \left(\frac{3.328 \times 10^6}{648 \times 10^3}\right) + \left(\frac{4.992 \times 10^6}{432 \times 10^3}\right)$$

$$= 16.7 \text{ N/mm}^2 (\text{MPa}) \quad \text{(최대 인장응력)}$$

$$\sigma_d = -\frac{M_x}{Z_x} + \frac{M_y}{Z_y} = -\left(\frac{3.328 \times 10^6}{648 \times 10^3}\right) + \left(\frac{4.992 \times 10^6}{432 \times 10^3}\right)$$

$$= 6.4 \text{ N/mm}^2 (\text{MPa}) \quad \text{(인장응력)}$$

$$\sigma_b = \frac{M_x}{Z_x} - \frac{M_y}{Z_y} = \left(\frac{3.328 \times 10^6}{648 \times 10^3}\right) - \left(\frac{4.992 \times 10^6}{432 \times 10^3}\right)$$

$$= -6.4 \text{ N/mm}^2 (\text{MPa}) \quad \text{(압축응력)}$$

(4) 휨모멘트와 축방향력에 의한 응력

① 휨모멘트와 인장력을 받는 부재의 응력

$$\sigma = \frac{N}{A} - \frac{M}{Z_c} \quad \text{(인장응력 또는 압축응력)} \qquad (4.17\text{ a})$$

$$\sigma_{t,\max} = \frac{N}{A} + \frac{M}{Z_t} \quad \text{(최대 인장응력)} \qquad (4.17\text{ b})$$

② 휨모멘트와 압축력을 받는 부재의 응력

$$\sigma_{c,\max} = -\frac{N}{A} - \frac{M}{Z_c} \quad \text{(최대 압축응력)} \qquad (4.18\text{ a})$$

$$\sigma = -\frac{N}{A} + \frac{M}{Z_t} \quad \text{(인장응력 또는 압축응력)} \qquad (4.18\text{ b})$$

여기서, N : 축방향력 (N)
M : 휨모멘트 (N·mm)
A : 단면적 (mm^2)
Z_t, Z_c : 인장측 및 압축측의 단면계수 (mm^3)

예제 4.21 다음 그림과 같은 단순보에 등분포하중 $w = 40$ kN/m, 인장력 $N = 200$ kN가 작용할 때, 최대 인장응력과 최소 압축응력을 구하시오.

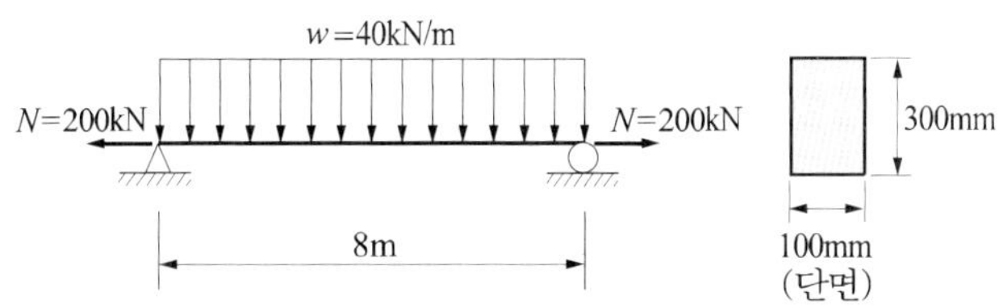

그림 4.46

$N = 200\text{ kN} = 200 \times 10^3\text{ N}$

$$M_{\max} = \frac{wl^2}{8} = \frac{40 \times 8^2}{8} = 320\text{ kN}\cdot\text{m} = 320 \times 10^6\text{ N}\cdot\text{mm}$$

$$A = 100 \times 300 = 30 \times 10^3\text{ mm}^2$$

$$Z = \frac{bh^2}{6} = \frac{100 \times 300^2}{6} = 1.5 \times 10^6\text{ mm}^3$$

$$\sigma_{c,\max} = \frac{N}{A} - \frac{M}{Z} = \left(\frac{200 \times 10^3}{30 \times 10^3}\right) - \left(\frac{320 \times 10^6}{1.5 \times 10^6}\right) = -207\text{ N/mm}^2\text{(MPa)}$$

(최대 압축응력)

$$\sigma_{t,\max} = \frac{N}{A} + \frac{M}{Z} = \left(\frac{200 \times 10^3}{30 \times 10^3}\right) + \left(\frac{320 \times 10^6}{1.5 \times 10^6}\right) = 220\text{ N/mm}^2\text{(MPa)}$$

(최대 인장응력)

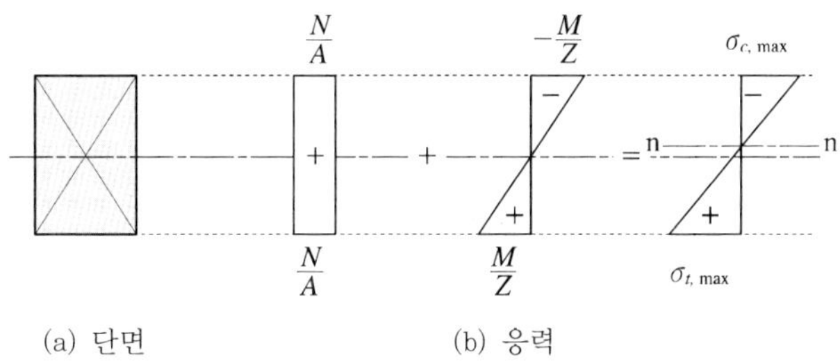

그림 4.47

4.1.4 기둥과 기초의 응력

(1) 단주의 응력

① 개요

단주(Short Column, 短柱)는 장주(Long Column, 長柱)보다 부재 길이가 짧은 기둥으로 구조내력의 결정시 좌굴의 영향을 무시할 수 있는 기둥을 말한다.

② 중심축하중을 받는 경우

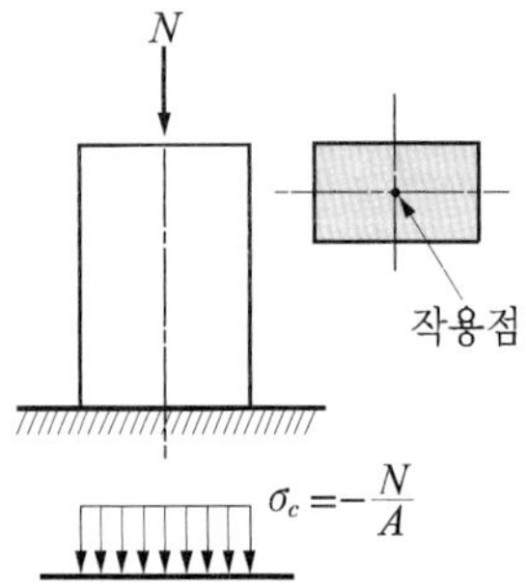

그림 4.48 중심축하중을 받는 기둥의 압축응력

㉠ 하중이 부재 단면의 도심에 작용하는 경우이며, 편심되지 않으므로 휨모멘트는 생기지 않는다.

㉡ 전체 단면에서 균일한 압축응력이 발생한다.

㉢ 중심축하중을 받는 단주의 압축응력(σ_c)은 다음과 같다.

$$\sigma_c = -\frac{N}{A} \qquad (4.19)$$

여기서, σ_c : 압축응력(MPa, N/mm^2)

N : 축방향 압축력(N)

A : 기둥의 단면적(mm^2)

③ 편심축하중을 받는 경우

㉠ 개요

ⓐ 기둥이 중심축하중 N과 휨모멘트 M을 동시에 받는 경우이거나 편심축하중을 받는 경우, 단면 내부에서의 위치에 따라 압축응력과 인장응력을 받게 된다.

ⓑ 부재에 작용하는 축방향력(인장력 또는 압축력) N 의 작용점이 도심으로부터 거리 e만큼 떨어진 점에 작용할 때 이 하중을 편심축하중이라 하고, 거리 e를 편심거리(Eccentric Distance, 偏心距離)라 한다.

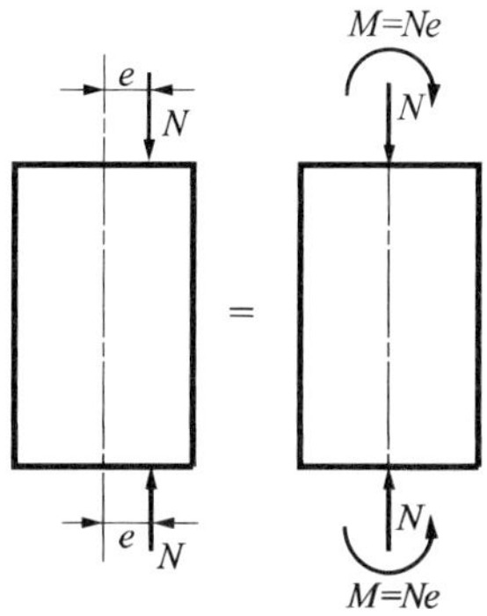

그림 4.49 편심축하중을 받는 기둥

ⓒ 축방향력이 압축력일 경우 편심축하중에 대한 단면의 응력은 다음과 같이 생각할 수 있다.

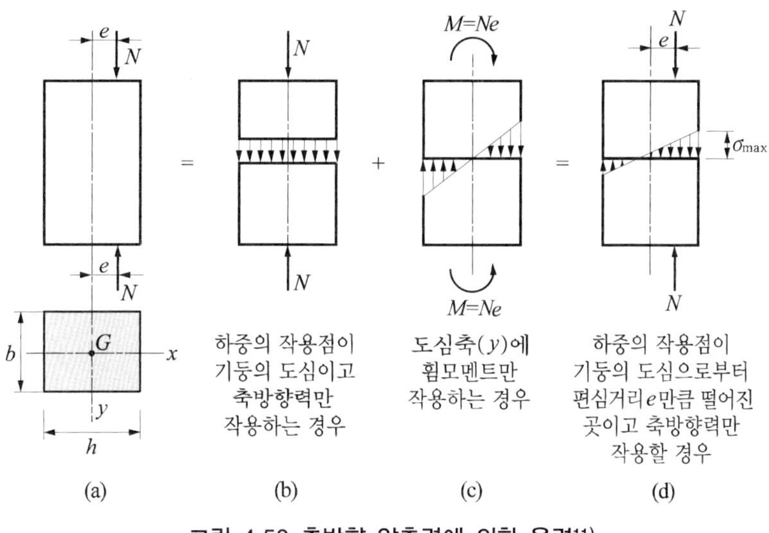

그림 4.50 축방향 압축력에 의한 응력[11)]

11) 김근덕 외 4인, 건축구조역학, 기문당, 2008, p.270.

㉡ 압축측의 최대 응력

$$\sigma_{max} = -\frac{N}{A} - \frac{M}{Z} = -\frac{N}{A} - \frac{Ne}{Z} \qquad (4.20)$$

㉢ 인장측의 최소 응력

$$\sigma_{min} = -\frac{N}{A} + \frac{M}{Z} = -\frac{N}{A} + \frac{Ne}{Z} \qquad (4.21)$$

여기서, e : 단면의 도심으로부터 축방향력이 작용하는 곳까지의 편심거리 (mm)

주1) 기둥의 최대 응력은 압축응력이 되어 부호규약으로는 음(−)이나, 일반적으로 기둥에서는 압축응력이 주로 발생되므로 음(−)의 부호를 생략하여 양(+)으로 표기하기도 한다.

④ 하중의 가력점이 주축과 일치하지 않을 경우

㉠ 압축측의 최대 응력

$$\sigma_{max} = -\frac{N}{A} - \frac{M_x}{Z_x} - \frac{M_y}{Z_y} \qquad (4.22)$$

㉡ 인장측의 최소 응력

$$\sigma_{min} = -\frac{N}{A} + \frac{M_x}{Z_x} + \frac{M_y}{Z_y} \qquad (4.23)$$

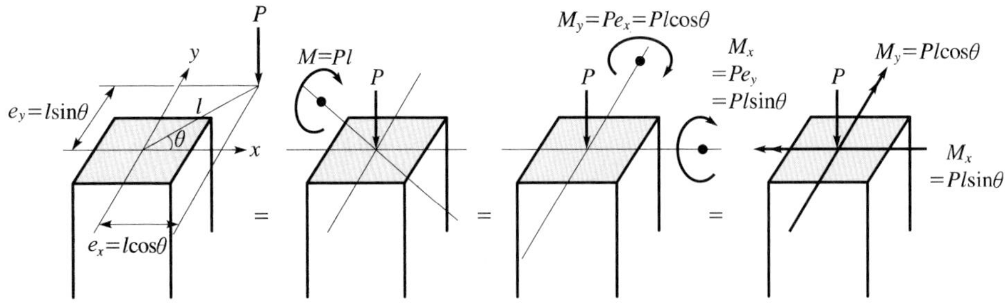

그림 4.51 2축 편심축하중을 받는 기둥의 단면력

⑤ 단면의 핵

㉠ 정의

핵점 (Core Point, 核點)이란 편심축하중 또는 압축력과 휨모멘트를 동시에 받는 단면 내에서 압축응력만 발생하는 하중의 편심거리의 한계점이다. 핵점에 의하여 둘러싸인 부분을 핵 (Core, 核)이라 한다.

㉡ 단면의 핵반지름 (핵반경)

단면이 직사각형인 경우, 편심축하중에 대한 단면의 응력은 다음과 같다.

$$\sigma_{max} = -\frac{N}{A} - \frac{Ne}{Z} = -\frac{N}{A} - \frac{6Ne}{bh^2} = -\frac{N}{A}\left(1 + 6\frac{e}{h}\right) \quad (4.24\text{ a})$$

$$\sigma_{min} = -\frac{N}{A} + \frac{Ne}{Z} = -\frac{N}{A} + \frac{6Ne}{bh^2} = -\frac{N}{A}\left(1 - 6\frac{e}{h}\right) \quad (4.24\text{ b})$$

여기서, σ_{max}는 항상 압축응력이 되지만, σ_{min}은 편심거리 e에 따라 압축응력 또는 인장응력을 받게 된다. σ_{min}은 $1 > 6\frac{e}{h}$인 경우, 즉 $e < \frac{h}{6}$이면 압축응력이고, $1 < 6\frac{e}{h}$인 경우, 즉 $e > \frac{h}{6}$이면 인장응력이 된다.

특히, $\sigma_{min} = 0$일 경우 편심거리 e는 다음과 같고, 이 값을 편심거리 한계값 (핵반지름) e_{cr}이라 한다. 핵반지름 (Core of Section, 핵반경, 核半徑)은 기둥과 같은 압축부재에 압축력이 작용할 경우 단면에 압축응력만 발생하고 인장응력이 발생하지 않는 하중의 작용범위이다. 달리 말하면, 편심축하중이 단면의 핵반지름 내에 작용하면 단면에는 압축응력만 발생한다. 또는 인장응력은 발생하지 않는다.

$$\sigma_{min} = -\frac{N}{A} + \frac{Ne}{Z} = -N\left(\frac{1}{A} - \frac{e}{Z}\right) = 0$$

$$\therefore\ e = e_{cr} = \frac{Z}{A}$$

여기서, Z는 단면의 도심축에 대한 단면계수이다.

표 4.7 하중의 위치에 따른 단면의 응력변화

$e=0$	$e<\dfrac{h}{6}$	$e=\dfrac{h}{6}$	$e>\dfrac{h}{6}$
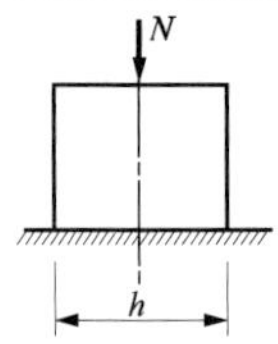	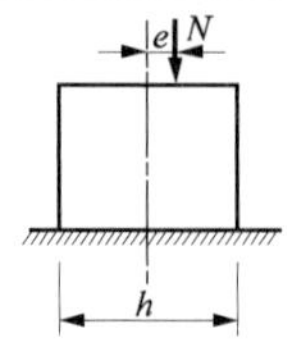	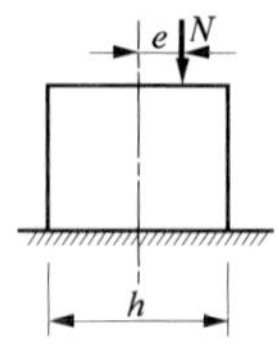	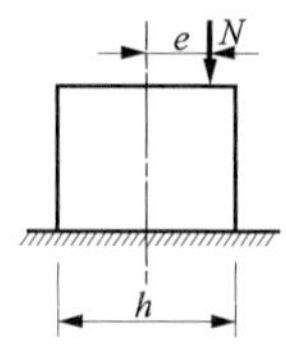
	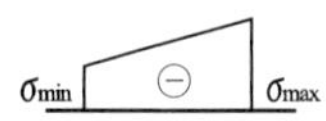	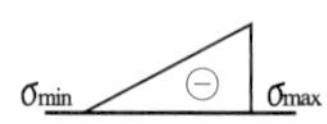	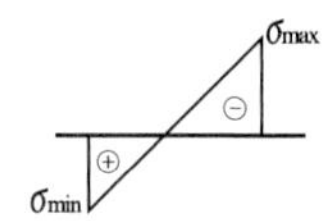
$\sigma_{\min}=\sigma_{\max}$ (등분포압축)	$\sigma_{\min}<\sigma_{\max}$ (압축) (압축)	$\sigma_{\min}<\sigma_{\max}$ (0) (압축)	$\sigma_{\min}$, $\sigma_{\max}$ (인장) (압축)
하중의 작용점이 단면의 도심에 작용하는 경우 ($e=0$)	하중의 작용점이 핵반지름 내에 있는 경우 ($e<e_{cr}$)	하중의 작용점이 핵반지름 위에 있는 경우 ($e=e_{cr}$)	하중의 작용점이 핵반지름 외에 있는 경우 ($e>e_{cr}$)

표 4.8 단면에 따른 핵반지름 (e_{cr})

직사각형	원 형	이등변삼각형
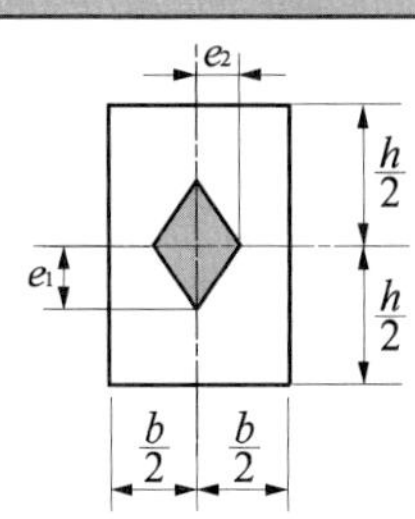	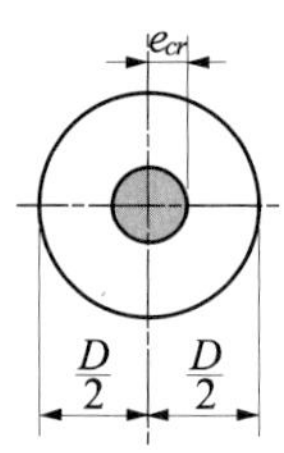	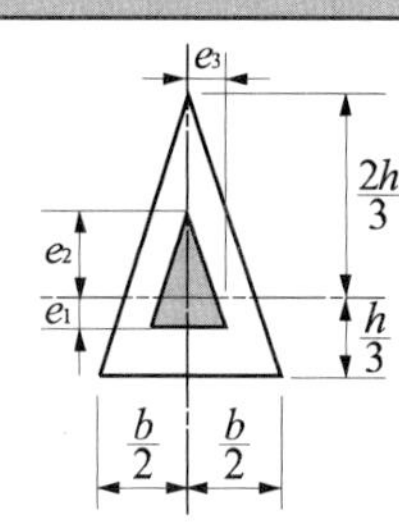
$e_1=\dfrac{h}{6},\ e_2=\dfrac{b}{6}$	$e_{cr}=\dfrac{D}{8}$	$e_1=\dfrac{h}{6},\ e_2=\dfrac{h}{12},\ e_3=\dfrac{b}{12}$

- 직사각형 단면의 e_{cr}

$$e_{cr}=\frac{Z_1}{A}=\frac{\left(\frac{bh^2}{6}\right)}{(bh)}=\frac{h}{6},\ e_{cr}=\frac{Z_2}{A}=\frac{\left(\frac{hb^2}{6}\right)}{(bh)}=\frac{b}{6}$$

- 원형 단면의 e_{cr}

$$e_{cr}=\frac{Z}{A}=\frac{\left(\frac{\pi D^3}{32}\right)}{\left(\frac{\pi D^2}{4}\right)}=\frac{D}{8}$$

- 이등변삼각형 단면의 e_{cr}

$$e_1=\frac{Z_1}{A}=\frac{(I_{xG}/y_1)}{A}=\frac{\left(\frac{bh^3}{36}\right)/\left(\frac{h}{3}\right)}{\left(\frac{bh}{2}\right)}=\frac{h}{6}$$

$$e_2=\frac{Z_2}{A}=\frac{(I_{xG}/y_2)}{A}=\frac{\left(\frac{bh^3}{36}\right)/\left(\frac{2h}{3}\right)}{\left(\frac{bh}{2}\right)}=\frac{h}{12}$$

$$e_3=\frac{Z_3}{A}=\frac{(I_{yG}/x_3)}{A}=\frac{\left(\frac{hb^3}{48}\right)/\left(\frac{b}{2}\right)}{\left(\frac{bh}{2}\right)}=\frac{h}{12}$$

예제 4.22 다음 그림과 같은 단주에 편심축하중 N이 P_1에 작용할 때, AB 및 CD부분의 응력을 계산하시오.

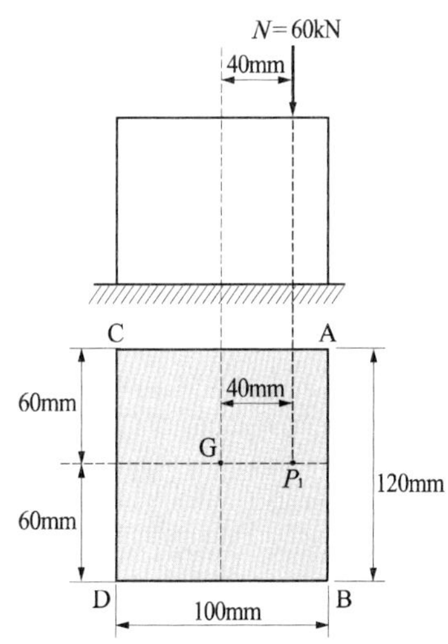

그림 4.52

$$\sigma_{\max}=\sigma_{AB}=-\frac{N}{A}-\frac{Ne}{Z}$$

$$=-\left(\frac{60\times10^3}{120\times100}\right)-\frac{(60\times10^3)\times40}{\left(\frac{120\times100^2}{6}\right)}$$

$$=-5-12$$

$$=-17\,\mathrm{N/mm^2(MPa)}$$ (압축응력)

$$\sigma_{\min} = \sigma_{CD} = -\frac{N}{A} + \frac{Ne}{Z} = -\left(\frac{60\times10^3}{120\times100}\right) + \left\{\frac{(60\times10^3)\times40}{\left(\frac{120\times100^2}{6}\right)}\right\}$$

$$= -5 + 12 = 7\ \mathrm{N/mm^2(MPa)} \qquad \text{(인장응력)}$$

예제 4.23 다음 그림과 같은 단주에 편심축하중 N이 P_1에 작용할 때 점 B의 응력을 계산하시오.

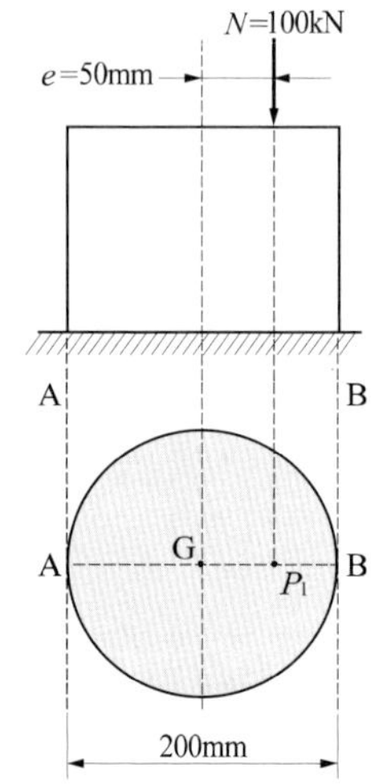

그림 4.53

↳ $A = \frac{\pi D^2}{4}$, $Z = \frac{\pi D^3}{32}$

$$\sigma_{\max} = \sigma_B = -\frac{N}{A} - \frac{Ne}{Z}$$

$$= -\frac{(100\times10^3)}{\left(\frac{\pi\times200^2}{4}\right)} - \frac{(100\times10^3)\times50}{\left(\frac{\pi\times200^3}{32}\right)}$$

$$= -9.5\ \mathrm{N/mm^2(MPa)} \qquad \text{(압축응력)}$$

예제 4.24 다음 그림과 같은 편심축하중을 받는 직사각형 단면에서 단주의 최대 압축응력은?

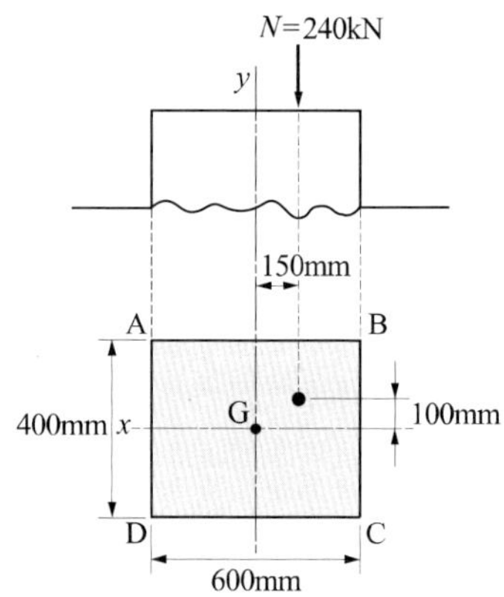

그림 4.54

↳ $N = 240\times10^3$ N

$e_x = 150$ mm, $e_y = 100$ mm

$M_x = Ne_y = (240\times10^3)\times100$
$= 24\times10^6$ N · mm

$M_y = Ne_x = (240\times10^3)\times150$
$= 36\times10^6$ N · mm

$A = 600\times400 = 240\times10^3\ \mathrm{mm^2}$

$$Z_x = \frac{bh^2}{6} = \frac{600\times400^2}{6} = 16\times10^6\ \mathrm{mm^3}$$

$$Z_y = \frac{hb^2}{6} = \frac{400 \times 600^2}{6} = 24 \times 10^6 \text{ mm}^3$$

$$\sigma_{max} = -\frac{N}{A} - \frac{M_x}{Z_x} - \frac{M_y}{Z_y}$$

$$= -\left(\frac{240 \times 10^3}{240 \times 10^3}\right) - \left(\frac{24 \times 10^6}{16 \times 10^6}\right) - \left(\frac{36 \times 10^6}{24 \times 10^6}\right)$$

$$= -4.0 \text{ N/mm}^2 \text{(MPa)}$$ (압축응력)

예제 4.25 다음 그림과 같은 편심축하중(축방향력+2방향의 휨모멘트)을 받는 단주의 최대 및 최소 수직응력의 크기와 발생 위치를 구하라.

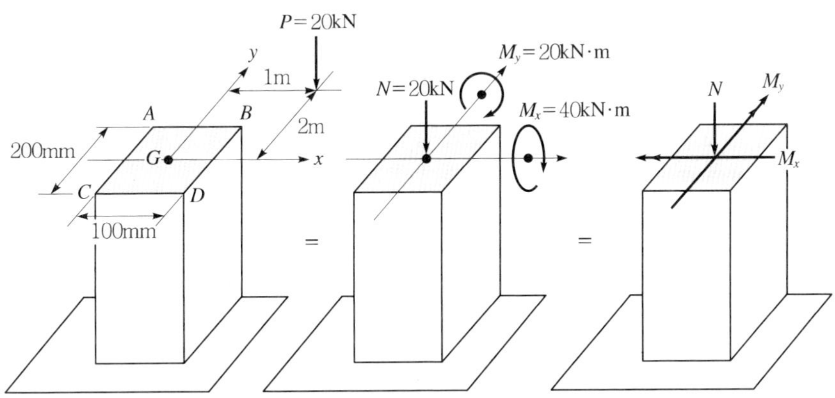

그림 4.55

(1) 단면력 산정

① $N = 20 \text{ kN} = 20 \times 10^3 \text{ N}$

② $M_x = 40 \text{ kN} \cdot \text{m} = 40 \times 10^6 \text{ N} \cdot \text{mm}$

③ $M_y = 20 \text{ kN} \cdot \text{m} = 20 \times 10^6 \text{ N} \cdot \text{mm}$

(2) 최대 및 최소 수직응력의 크기와 위치

① 축방향력 $N = 20$ kN 에 의한 수직응력

$$\sigma_1 = \frac{N}{A} = \frac{-20 \times 10^3}{100 \times 200} = -1 \text{ N/mm}^2 \text{(MPa)}$$

② M_x에 의한 수직응력

$$\sigma_2 = \pm \frac{M_x}{I_x} y = \pm \frac{40 \times 10^6}{\left(\frac{100 \times 200^3}{12}\right)} \times 100 = \pm 60 \text{ N/mm}^2 (\text{MPa})$$

최대 (인장) 수직응력은 CD 선상에 생기고, 최소 (압축) 수직응력은 AB 선상에 생긴다.

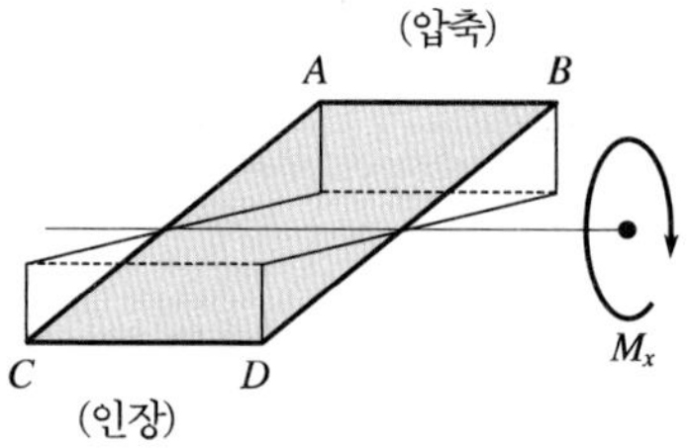

그림 4.56

③ M_y에 의한 수직응력

$$\sigma_3 = \pm \frac{M_y}{I_y} x = \pm \frac{20 \times 10^6}{\left(\frac{200 \times 100^3}{12}\right)} \times 50 = \pm 60 \text{ N/mm}^2 (\text{MPa})$$

최대 (인장) 수직응력은 AC 선상에 생기고, 최소 (압축) 수직응력은 BD 선상에 생긴다.

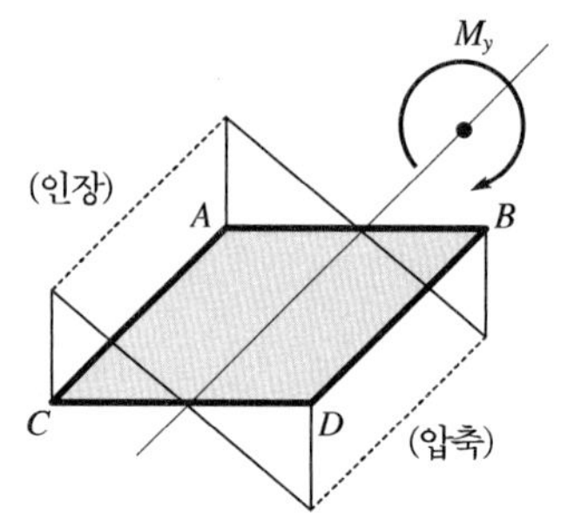

그림 4.57

따라서 ①, ②, ③을 조합하면, 즉 $\sigma = \sigma_1 + \sigma_2 + \sigma_3$이다.

최대 수직응력은 점 C에서 $\sigma_{max} = -1 + 60 + 60 = 119 \text{ N/mm}^2 (\text{MPa})$

최소 수직응력은 점 B에서 $\sigma_{min} = -1 - 60 - 60 = -121 \text{ N/mm}^2 (\text{MPa})$

예제 4.26 그림과 같은 단면을 가진 구조물에 하중이 $q-q$ 단면의 중심에 작용할 경우, $p-p$ 과 $q-q$ 단면에 생기는 응력을 구하라.

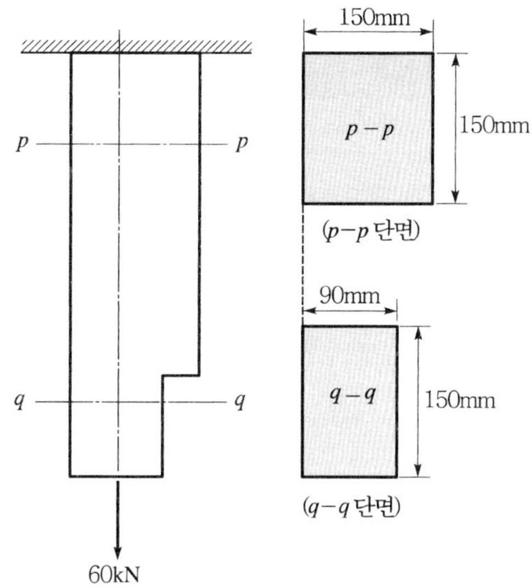

그림 4.58

↳ (1) 단면력 산정

① $p-p$ 단면

$N = 60\text{ kN} = 60 \times 10^3\text{ N}$

$e = 30\text{mm}$

$M = N \cdot e = 60 \times 30 = 1{,}800\text{ kN} \cdot \text{mm} = 1{,}800 \times 10^3\text{ N} \cdot \text{mm}$

② $q-q$ 단면

$N = 60\text{ kN} = 60 \times 10^3\text{ N}$

$M = 0\text{ N} \cdot \text{mm}$

(2) 응력 산정

① $p-p$ 단면 (편심축하중)

$$\sigma = \frac{N}{A} \pm \frac{M}{I}y = \left(\frac{60 \times 10^3}{150 \times 150}\right) \pm \frac{1{,}800 \times 10^3}{\left(\dfrac{150 \times 150^3}{12}\right)} \times 75$$

$= 5.87\text{ N/mm}^2$(MPa, 인장) 또는 -0.53 N/mm^2(MPa) (압축)

② $q-q$ 단면 (중심축 하중)

$$\sigma=\frac{N}{A}=\frac{60\times10^3}{90\times150}=4.44\ \mathrm{N/mm^2(MPa)}\ (\text{인장})$$

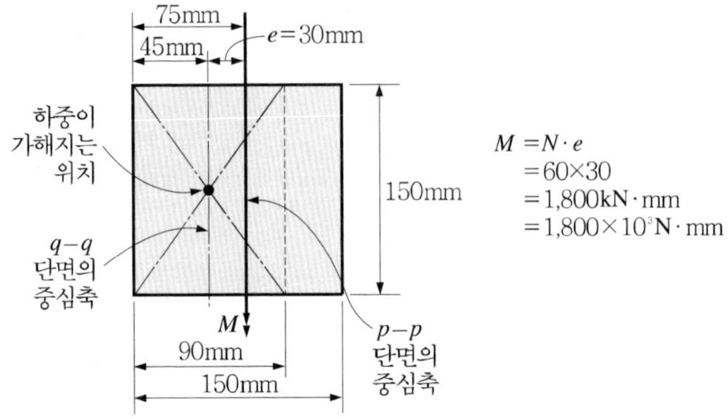

그림 4.59 $p-p$ 단면

예제 4.27 다음 그림과 같은 단주에서 편심거리 e 에 $N=8$ kN이 작용할 때 단면에 인장 응력이 생기지 않기 위한 e 의 한계는 얼마인가?

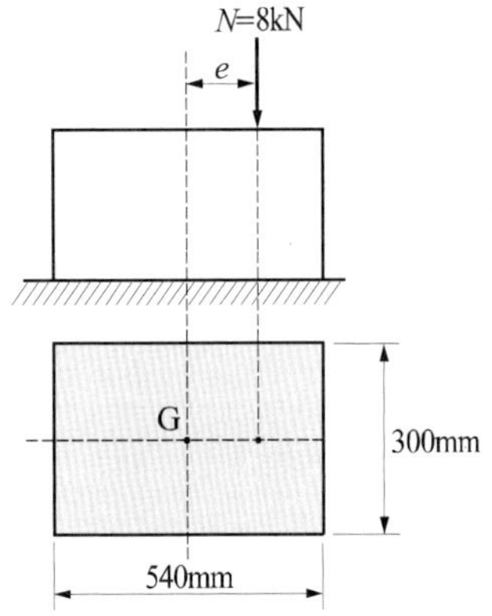

그림 4.60

↳ $e_{cr}=\frac{h}{6}=\frac{540}{6}=90\ \mathrm{mm}$

(2) 장주의 응력

① 개요

㉠ 장주(Long Column, 長柱)는 단면 크기에 비해 부재 길이가 매우 긴 기둥으로 구조내력에 좌굴이 고려되어야 하는 기둥을 말한다.

㉡ 장주는 기둥의 강도가 좌굴에 의하여 지배되는 기둥이다.

㉢ 장주는 부재가 좌굴하기 때문에 단면에서 응력이 균일하게 발생되지 않는다.

㉣ 장주의 경우 단주의 파괴하중보다 작은 하중에 대하여 좌굴하게 된다.

㉤ 이러한 장주의 좌굴에 의한 하중은 좌굴하중이라 하고, 좌굴하중을 단면적으로 나눈 값을 좌굴응력이라 한다.

㉥ 좌굴하중이나 좌굴응력을 구하는 수식을 장주식이라 한다.

주1) 좌굴(Buckling, 挫屈) : 강구조물의 기둥과 같이 부재의 길이가 그 횡단면의 치수에 비해 큰 세장(細長, 가늘고 긴)한 부재의 양단에서 압축하중이 가해진 경우, 하중이 어느 크기에 이르러 기둥이 갑자기 횡방향으로 크게 휘는 현상이다.

② 오일러(Euler)의 장주식

㉠ 좌굴하중(N_k)

$$N_k = \frac{\pi^2 EI}{{l_k}^2} = \frac{\pi^2 EA}{\lambda^2} \qquad (4.25)$$

여기서, N_k : 좌굴하중(N)

E : 탄성계수(MPa, N/mm^2)

I : 단면2차 모멘트(mm^4)

l_k : 유효좌굴길이(mm)

λ : 세장비, $\lambda = \frac{l_k}{i}$

i : 단면2차 반지름, $i = \sqrt{\frac{I}{A}}$ (mm)

A : 단면적(mm^2, cm^2, m^2)

주1) 좌굴하중은 재료의 항복강도와 관계가 없다.

주2) x축 및 y축에 대한 좌굴하중에서 그 부재의 좌굴하중은 각 방향의 좌굴하중에 대한 최솟값으로 정한다. $N_k = \min(N_{kx},\ N_{ky})$

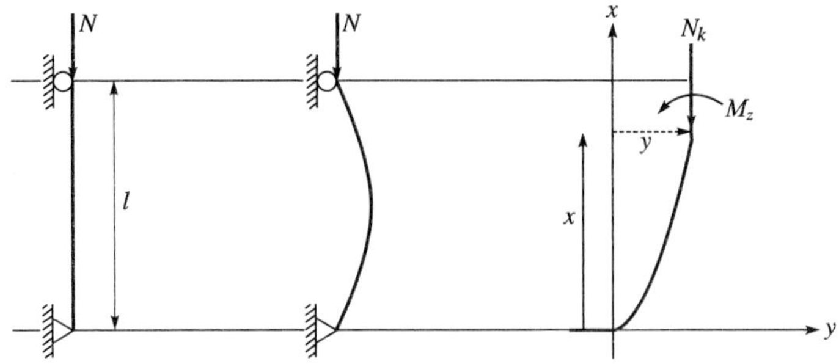

그림 4.61 오일러의 좌굴

㉡ 좌굴응력 (σ_k)

$$\sigma_k = \frac{N_k}{A} = \frac{\pi^2 EI}{l_k^2 A} = \left(\frac{\pi^2 E}{l_k^2}\right)\left(\frac{I}{A}\right) = \left(\frac{\pi^2 E}{l_k^2}\right)(i^2) = \frac{\pi^2 E}{\left(\frac{l_k}{i}\right)^2} = \frac{\pi^2 E}{\lambda^2}$$

따라서 좌굴응력은 다음과 같다.

$$\sigma_k = \frac{N_k}{A} = \frac{\pi^2 E}{\lambda^2} \tag{4.26}$$

여기서, σ_k : 좌굴응력 (MPa, N/mm^2)

㉢ 유효좌굴길이 (l_k)

표 4.9 지점 조건에 따른 유효좌굴길이

지점 조건	일단 고정-타단 자유	양단 회전	일단 고정-타단 회전	양단 고정
구 분	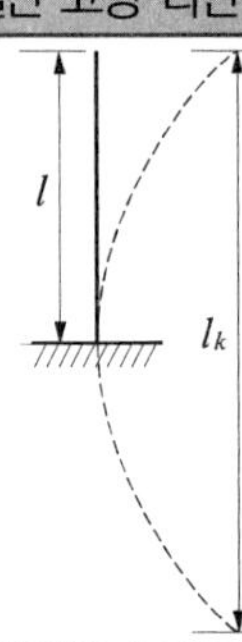	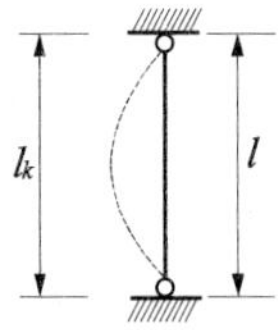	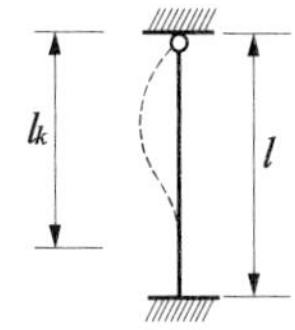	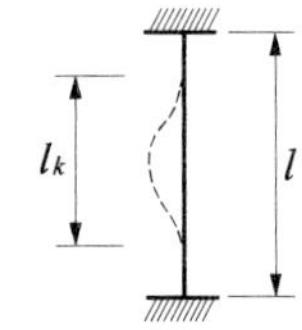
유효좌굴길이 $(l_k = kl)$	$l_k = 2.0l$	$l_k = 1.0l$	$l_k = 0.7l$	$l_k = 0.5l$
유효길이계수 (k)	$k = 2.0$	$k = 1.0$	$k = 0.7$	$k = 0.5$

주1) l은 부재의 원래 길이이다.

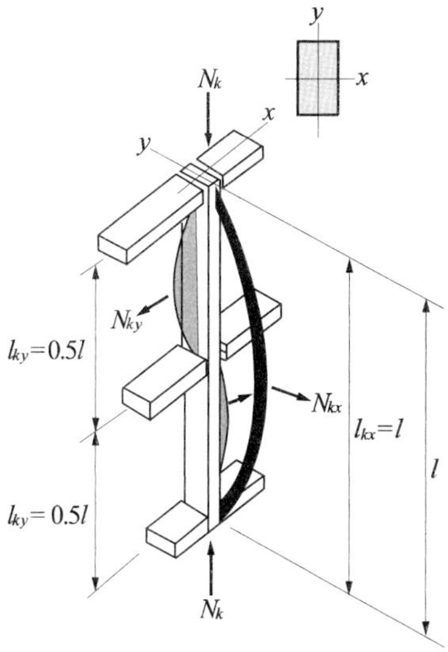

$$i_x = \sqrt{\frac{I_x}{A}}$$

$$i_y = \sqrt{\frac{I_y}{A}}$$

$$N_{kx} = \frac{\pi^2 EI_x}{{l_{kx}}^2}$$

$$N_{ky} = \frac{\pi^2 EI_y}{{l_{ky}}^2}$$

$$N_k = \min(N_{kx},\ N_{ky})$$

그림 4.62 장주의 좌굴길이와 좌굴하중

예제 4.28 오일러의 탄성곡선 이론에 의한 좌굴하중 식에서 A : B : C : D에 대한 좌굴 하중의 비는? 단, 기둥의 EI는 동일하다.

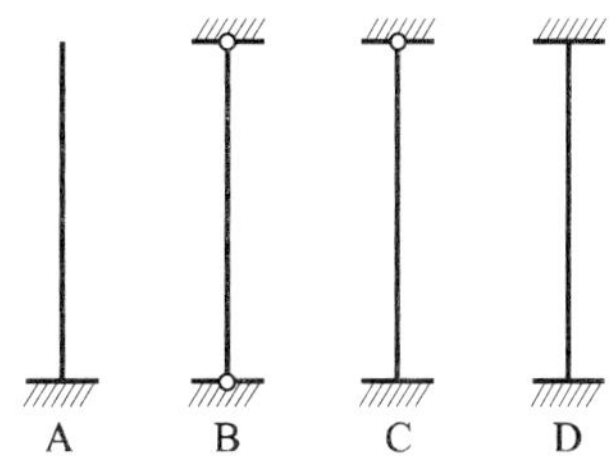

그림 4.63

↳ $N_k = \dfrac{\pi^2 EI}{{l_k}^2}$ 에서 EI가 동일하므로 좌굴하중 N_k는 $\dfrac{1}{{l_k}^2}$에 비례한다.
각 부재의 유효좌굴길이는 $l_{kA} = 2.0l$, $l_{kB} = 1.0l$, $l_{kC} = 0.7l$, $l_{kD} = 0.5l$이다. 따라서 $\dfrac{1}{{l_k}^2}$은 $\dfrac{1}{4}$, $\dfrac{1}{1}$, $\dfrac{1}{0.49}$, $\dfrac{1}{0.25}$이고, 모두 4를 곱하여 정리하면, 1 : 4 : 8 : 16 이 된다.

예제 4.29 그림과 같은 직사각형 단면을 가진 압축부재에서 x축에 대하여 유효좌굴길이 $l_k = 2.5\,\mathrm{m}$일 때 오일러(Euler)의 좌굴하중 N_k 값은? 단, 이 재료의 탄성계수 $E = 2.1 \times 10^5$ MPa ($\mathrm{N/mm^2}$)이다.

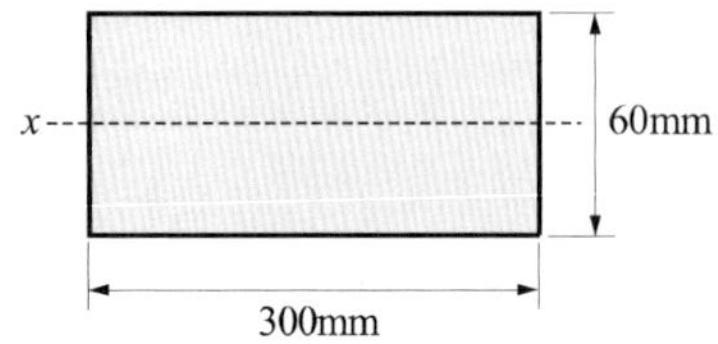

그림 4.64

↳ $N_k = \dfrac{\pi^2 EI}{{l_k}^2}$

$$= \frac{\pi^2 \times (2.1 \times 10^5) \times \left(\dfrac{300 \times 60^3}{12}\right)}{2{,}500^2} = 1{,}790.7 \times 10^3\,\mathrm{N} = 1{,}790.7\,\mathrm{kN}$$

예제 4.30 그림과 같은 단면을 가진 I 형 압축부재의 좌굴하중을 구하시오. 단, $E = 2{,}000$ MPa ($\mathrm{N/mm^2}$), 유효좌굴길이 $l_{kx} = 5\,\mathrm{m}$, $l_{ky} = 2.5\,\mathrm{m}$이다.

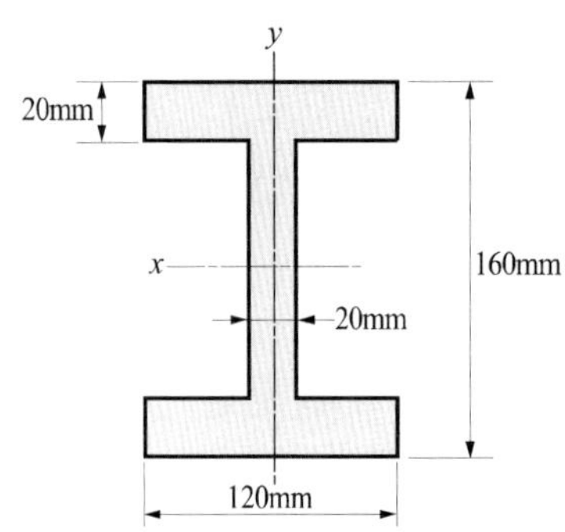

그림 4.65

↳ (1) x 축에 대한 좌굴하중

$$I_x = \left(\frac{120 \times 160^3}{12}\right) - \left(\frac{100 \times 120^3}{12}\right) = 26.56 \times 10^6\ \mathrm{mm}^4$$

$$N_{kx} = \frac{\pi^2 E I_x}{{l_{kx}}^2} = \frac{\pi^2 \times 2{,}000 \times (26.56 \times 10^6)}{5{,}000^2} = 21.0 \times 10^3\ \mathrm{N} = 21.0\ \mathrm{kN}$$

(2) y 축에 대한 좌굴하중

$$I_y = \frac{20 \times 120^3}{12} \times 2 + \frac{120 \times 20^3}{12} = 5.84 \times 10^6 \text{ mm}^4$$

$$N_{ky} = \frac{\pi^2 E I_y}{{l_{ky}}^2} = \frac{\pi^2 \times 2{,}000 \times (5.84 \times 10^6)}{2{,}500^2} = 18.4 \times 10^3 \text{ N} = 18.4 \text{ kN}$$

(3) 압축부재의 좌굴하중

$$N_k = \min(N_{kx},\ N_{ky}) = \min(21.0,\ 18.4) = 18.4 \text{ kN}$$

예제 4.31 그림과 같은 직사각형 단면을 가진 기둥의 유효좌굴길이가 5 m이고 $E=2{,}100$ MPa (N/mm^2)일 때, 좌굴응력을 구하시오.

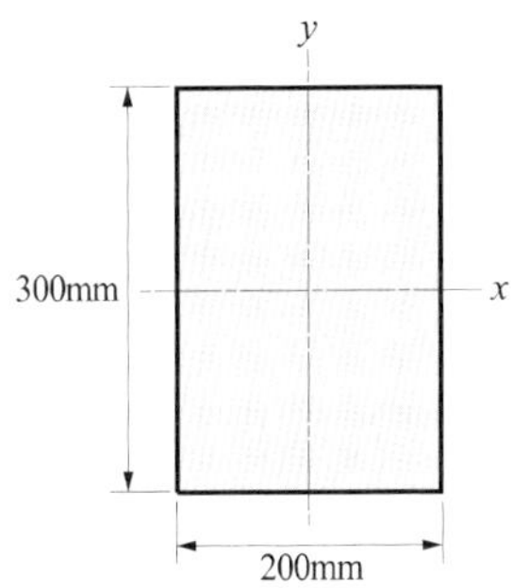

그림 4.66

(1) 좌굴하중

$$l_{kx} = l_{ky} = 5 \times 10^3 \text{ mm}$$

$$I_x = \frac{200 \times 300^3}{12} = 450 \times 10^6 \text{ mm}^4$$

$$I_y = \frac{300 \times 200^3}{12} = 200 \times 10^6 \text{ mm}^4$$

$N_k = \dfrac{\pi^2 EI}{{l_k}^2}$ 이고, $N_k = \min(N_{kx},\ N_{ky})$이므로 E와 l_k가 같을 경우 I 값이 최소인 것이 좌굴하중이 된다. 즉, I_y 에 대한 값이 좌굴하중이 된다.

$$N_k = \frac{\pi^2 E I_y}{{l_k}^2} = \frac{\pi^2 \times 2{,}100 \times (200 \times 10^6)}{5{,}000^2} = 165.8 \times 10^3 \text{ N}$$

(2) 좌굴응력

$$\sigma_k = \frac{N_k}{A} = \frac{165.8 \times 10^3}{200 \times 300} = 2.8\ \mathrm{N/mm^2}$$

(3) 기초의 응력

① 기초 저면의 응력

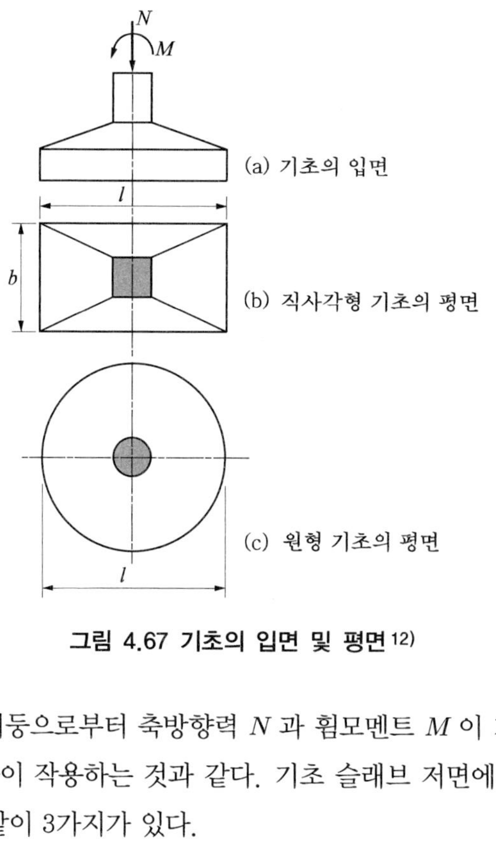

그림 4.67 기초의 입면 및 평면[12)]

기초의 경우 기둥으로부터 축방향력 N 과 휨모멘트 M 이 기초 슬래브에 전달되어 편심축하중이 작용하는 것과 같다. 기초 슬래브 저면에서 발생될 수 있는 응력은 다음과 같이 3가지가 있다.

12) 김근덕 외4인, 건축구조역학, 기문당, 2008, p.278.

표 4.10 기초 저면의 응력 분포 ($e = M/N$)

응력의 분포	직사각형 단면	원형 단면
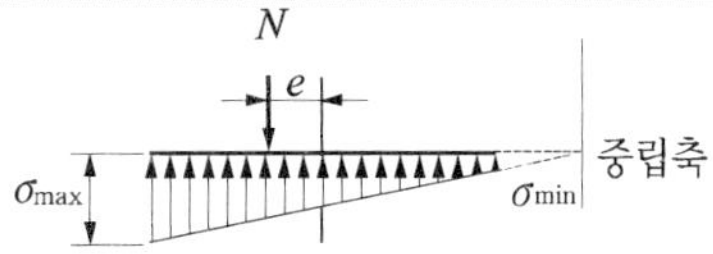	$e < \frac{l}{6}$	$e < \frac{l}{8}$
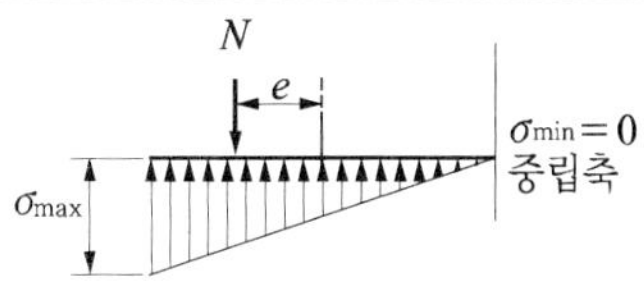	$e = \frac{l}{6}$	$e = \frac{l}{8}$
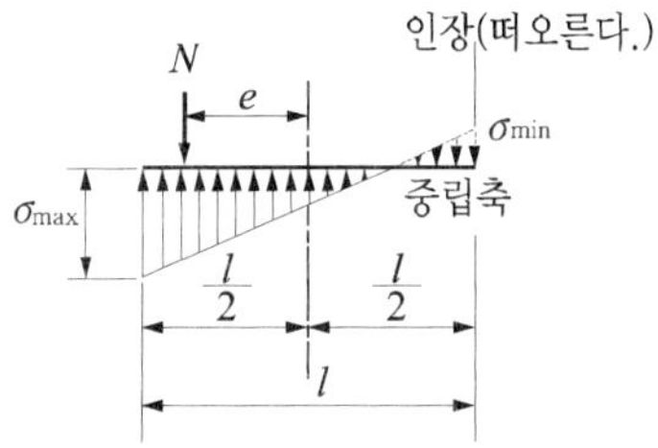	$e > \frac{l}{6}$	$e > \frac{l}{8}$

② 압축측 최대 응력

$$\sigma_{max} = -\frac{N}{A} - \frac{M}{Z} \tag{4.27}$$

여기서, σ_{max} : 압축측 응력 (MPa, N/mm^2)

주1) 기초의 최대 응력은 압축응력이 되어 부호규약으로 음(-)이나, 일반적으로 기둥 및 기초에서는 압축응력이 주로 발생되므로 음(-)의 부호를 생략하여 양(+)으로 표현하기도 한다.

③ 인장측 최소 응력

$$\sigma_{min} = -\frac{N}{A} + \frac{M}{Z} \tag{4.28}$$

여기서, σ_{min} : 인장측 응력 (MPa, N/mm^2)

예제 4.32 다음 그림과 같은 3 m × 2 m 크기의 직사각형 독립기초에 $N = 36$ kN, $M = 12$ kN · m가 작용할 때, 기초 저면에서 발생되는 최대 응력 및 최소 응력을 구하시오. 단, 기초자중은 고려하지 않는다.

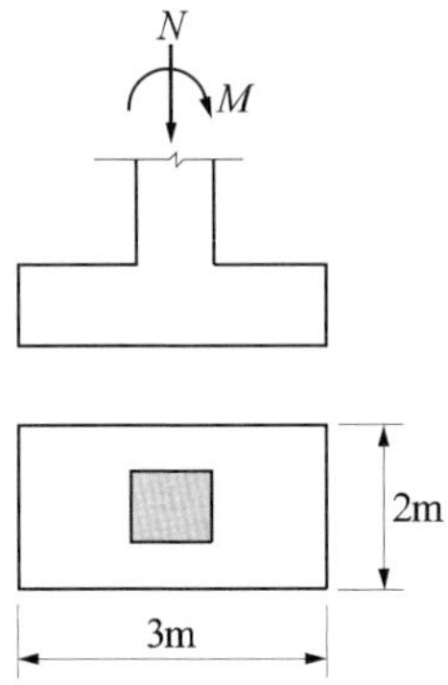

그림 4.68

↳ $N = 36$ kN

$M = 12$ kN · m

$A = 2 \times 3 = 6\ \mathrm{m}^2$

$Z = \dfrac{bh^2}{6} = \dfrac{2 \times 3^2}{6} = 3\ \mathrm{m}^3$

$\sigma_{max} = -\dfrac{N}{A} - \dfrac{M}{Z} = -\left(\dfrac{36}{6}\right) - \left(\dfrac{12}{3}\right) = -10\ \mathrm{kN/m^2}$ (최대 응력, 압축응력)

$\sigma_{min} = -\dfrac{N}{A} + \dfrac{M}{Z} = -\left(\dfrac{36}{6}\right) + \left(\dfrac{12}{3}\right) = -2\ \mathrm{kN/m^2}$ (최소 응력, 압축응력)

예제 4.33 다음 그림과 같은 원형 독립기초의 중심에 $N = 18$ kN, $M = 12$ kN · m가 작용할 때, 기초 저면에서 발생되는 최대 압축응력을 구하시오. 단, 기초자중은 고려하지 않는다.

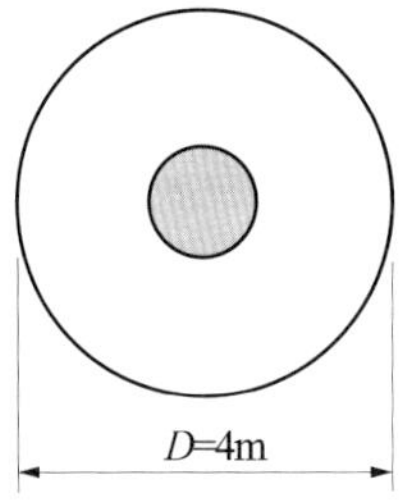

그림 4.69

↳ $N = 18\ \text{kN}$

$M = 12\ \text{kN} \cdot \text{m}$

$$A = \frac{\pi D^2}{4} = \frac{\pi \times 4^2}{4} = 12.6\ \text{m}^2$$

$$Z = \frac{\pi D^3}{32} = \frac{\pi \times 4^3}{32} = 6.3\ \text{m}^3$$

$$\sigma_{max} = -\frac{N}{A} - \frac{M}{Z} = -\left(\frac{18}{12.6}\right) - \left(\frac{12}{6.3}\right) = -3.33\ \text{kN/m}^2$$ (압축응력)

예제 4.34 아래 그림과 같은 직사각형 독립기초에서 지반의 반력 분포로써 가장 타당한 것은? (다만, $M > P \cdot \frac{l}{6}$)

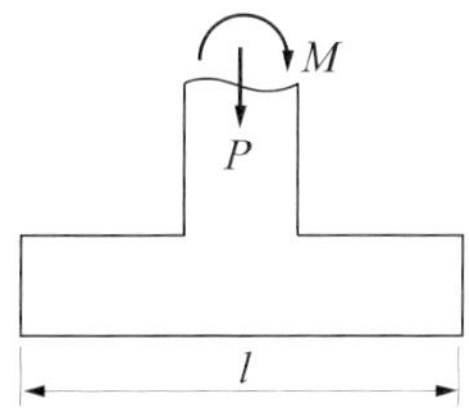

그림 4.70

↳ $e = \frac{M}{P} > \frac{l}{6}$ 이므로 인장응력과 압축응력이 동시에 작용한다. 그러나 독립기초의 저면에서 인장응력이 발생하면 인장응력을 받을 수 없음에 유의한다.

답 ㉱

4.2 부재 단면의 설계

4.2.1 축방향력을 받는 부재 단면의 설계

기둥과 같이 축방향력 N이 작용하는 부재의 경우, 부재 단면의 설계는 다음 식을 만족해야 한다.

(1) 압축력을 받는 부재 단면의 설계

$$\sigma_c = -\frac{N_c}{A} \leq f_c \tag{4.29}$$

주1) 부호규약에 따라 압축응력은 음(-)으로 표시하고 인장응력은 양(+)으로 표시해야 하나, 부재 단면의 설계에서는 편의상 모두 양(+)으로 표시하기도 한다.

(2) 인장력을 받는 부재 단면의 설계

$$\sigma_t = \frac{N_t}{A} \leq f_t \tag{4.30}$$

여기서, σ_c, σ_t : 부재에 발생되는 압축응력 및 인장응력 (MPa, N/mm^2)

N_c, N_t : 부재에 작용하는 압축력 및 인장력 (N)

A : 단면적 (mm^2)

f_c, f_t : 허용압축응력 및 허용인장응력 (MPa, N/mm^2)

4.2.2 휨모멘트를 받는 부재 단면의 설계

휨모멘트 M이 작용하는 부재의 경우, 부재 단면의 설계는 다음 식을 만족해야 한다.

$$\sigma_{\max} = \frac{M}{Z} \leq f_b \tag{4.31}$$

여기서, $\sigma_{\max}$: 최대 휨응력 (MPa, N/mm^2)

M : 휨모멘트 (N·mm)

Z : 단면계수 (mm^3)

f_b : 허용휨응력 (MPa, N/mm^2)

4.2.3 축방향력과 휨모멘트를 받는 부재 단면의 설계

축방향력 N과 휨모멘트 M이 동시에 작용하는 부재의 경우(또는 편심축하중), 부재 단면의 설계는 다음 식을 만족해야 한다.

$$\sigma_{\max} = \frac{N}{A} \pm \frac{M}{Z} \le f_n \tag{4.32}$$

여기서, f_n : 허용응력 (MPa, N/mm^2)

4.2.4 전단력을 받는 부재 단면의 설계

전단력 V가 작용하는 부재의 경우, 부재 단면의 설계는 다음 식을 만족해야 한다.

$$\tau_{\max} = k\frac{V}{A} \le f_s \tag{4.33}$$

여기서, $\tau_{\max}$: 최대 전단응력 (MPa, N/mm^2)

k : 단면의 형상계수

① 평균 전단응력 : $k = 1$

② 직사각형 단면의 최대 전단응력 : $k = \frac{3}{2}$

③ 원형 단면의 최대 전단응력 : $k = \frac{4}{3}$

V : 전단력 (N, kN)

A : 단면적 (mm^2)

f_s : 허용전단응력 (MPa, N/mm^2)

예제 4.35 다음 그림과 같은 직사각형 독립기초에 축방향력 $N = 30$ kN이 기둥 중심으로부터 $e = 0.2$ m인 위치에 작용하고 허용지내력도 $f_e = 6$ kN/m^{2}일 때, 기초 저면의 폭 b는 최소 얼마 이상이야 하는가?

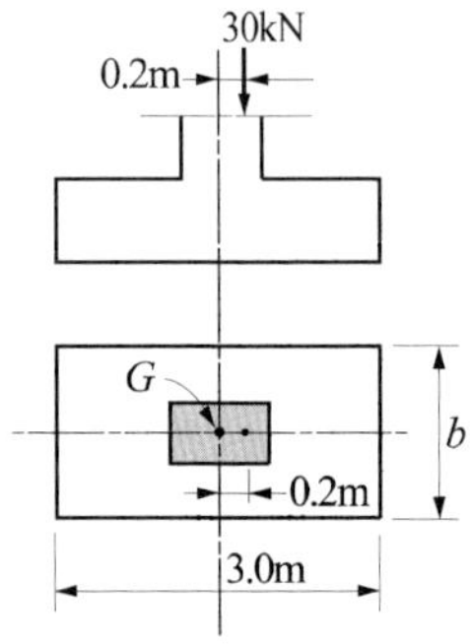

그림 4.71

$N = 30$ kN

$M = Ne = 30 \times 0.2 = 6$ kN · m

$A = 3 \times b = 3b$ m^2

$$Z = \frac{bh^2}{6} = \frac{b \times 3^2}{6} = 1.5b \text{ m}^3$$

$$\sigma_{max} = -\frac{N}{A} - \frac{M}{Z} = -\left(\frac{30}{3b}\right) - \left(\frac{6}{1.5b}\right) = -\frac{42}{3b} = -\frac{14}{b} \text{ kN/m}^2 \qquad \text{(압축응력)}$$

$$\sigma_{max} = \frac{14}{b} \text{ kN/m}^2 \le f_e = 6 \text{ kN/m}^2$$

$$b \ge \frac{14}{6} = 2.333 \text{ m}$$

따라서 기초 저면의 폭 b는 최소 2.34 m 이상이어야 한다.

예제 4.36 다음 그림과 같은 하중이 작용할 경우 단순보의 장방형 단면의 높이(h)가 300 mm일 경우 단면의 폭(b)을 설계하시오. 단, 단면의 허용인장응력은 $f_t =$ 25 MPa (N/mm^2)이고, 허용압축응력은 $f_c = 30$ MPa (N/mm^2)이며, 허용전단응력은 $f_s = 1.3$ MPa (N/mm^2)이다.

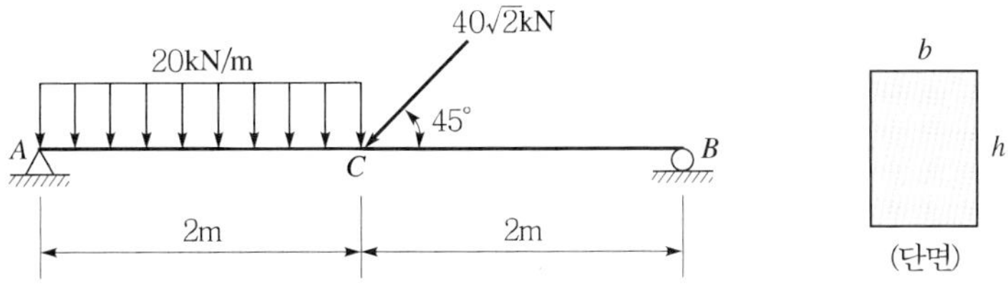

그림 4.72

↳ (1) 단면력 산정

작용하중에 대한 반력을 산정한 후 단면력을 산정하고 단면력도를 그리면 다음과 같다.

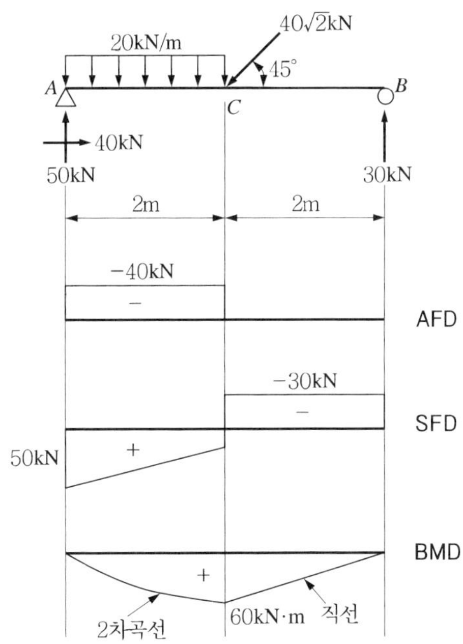

그림 4.73

(2) 단면 특성 산정

b는 미지수, h=300 mm이므로

① 단면적 : $A = b \times h = 300 \times b \text{ mm}^2$

② 단면계수 : $Z = \dfrac{bh^2}{6} = \dfrac{b \times 300^2}{6} = 1.5 \times 10^4 \times b \text{ mm}^3$

(3) 단면의 폭 b의 산정

① 최대 인장응력은 부재 BC의 단면 C에서 발생 (M 고려)

$$\sigma_{t,\max} = \frac{M}{Z} = \left(\frac{60\times 10^6}{1.5\times 10^4 \times b}\right)\mathrm{N/mm^2} \le f_t = 25\,\mathrm{N/mm^2}$$

$\therefore\ b \ge 160\,\mathrm{mm}$

② 최대 압축응력은 부재 AC의 단면 C에서 발생 (N과 M 고려)

$$\sigma_{c,\max} = \frac{N}{A} + \frac{M}{Z} = \left(\frac{40\times 10^3}{300\times b}\right) + \left(\frac{60\times 10^6}{1.5\times 10^4 \times b}\right)\mathrm{N/mm^2} \le f_c = 30\,\mathrm{N/mm^2}$$

$\therefore\ b \ge 138\,\mathrm{mm}$

③ 최대 전단응력은 지점 A에서 발생 (V 고려)

$$\tau_{\max} = \frac{3}{2}\cdot\frac{V}{A} = \frac{3}{2}\times\left(\frac{50\times 10^3}{300\times b}\right)\mathrm{N/mm^2} \le f_s = 1.3\,\mathrm{N/mm^2}$$

$\therefore\ b \ge 192\,\mathrm{mm}$

$b \ge \max(160,\ 138,\ 192) = 192\,\mathrm{mm}$

안전성과 시공성을 고려하여 $b = 200\,\mathrm{mm}$로 하여 $b = 200\,\mathrm{mm}$, $h = 300\,\mathrm{mm}$인 단면으로 설계한다.

예제 4.37 그림과 같은 단면의 목재 보가 18 kN · m의 휨모멘트를 받을 때, 보의 최소 높이(h)는 얼마가 적당한가? 단, $f_b = 8\,\mathrm{MPa}\,(\mathrm{N/mm^2})$이다.

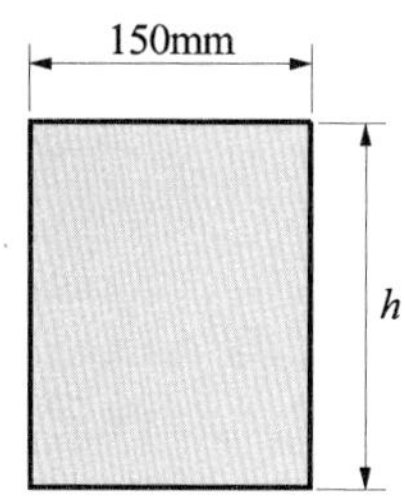

그림 4.74

$$\sigma_b = \frac{M}{Z} = \frac{6M}{bh^2} \le f_b$$

$$h^2 \ge \frac{6M}{b f_b}$$

$$\therefore\ h \geq \sqrt{\frac{6M}{bf_b}} = \sqrt{\frac{6\times(18\times10^6)}{150\times8}} = 300\ \text{mm}$$

따라서 보의 최소 높이 (h)는 300 mm이다.

예제 4.38 스팬 6 m인 단순보에 등분포하중 $w=8$ kN/m가 작용하고 있을 때, 단면 $b\times h=200$ mm × 350 mm의 적합성을 검토하시오. 단, 부재의 허용휨응력 $f_b=9$ MPa (N/mm^2)이고, 허용전단응력 $f_s=0.7$ MPa (N/mm^2)이다.

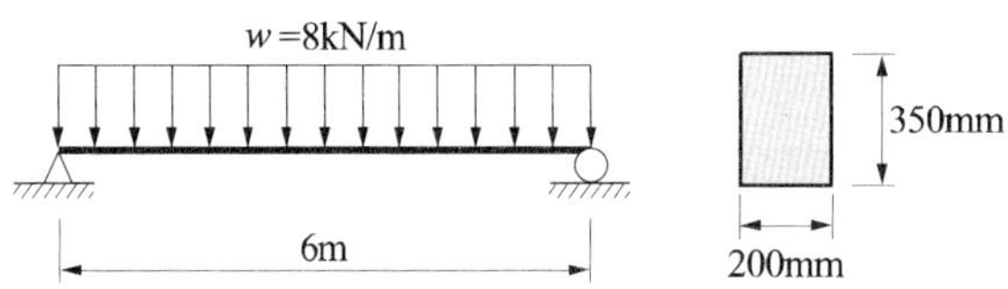

그림 4.75

(1) 부재의 최대 단면력

$$M_{\max}=\frac{wl^2}{8}=\frac{8\times6^2}{8}=36\ \text{kN}\cdot\text{m}=36\times10^6\ \text{N}\cdot\text{mm}\qquad \text{(보의 중앙부)}$$

$$V_{\max}=\frac{wl}{2}=\frac{8\times6}{2}=24\ \text{kN}=24\times10^3\ \text{N}\qquad \text{(보의 양단부)}$$

(2) 휨응력 검토

$$\sigma_{\max}=\frac{M_{\max}}{Z}=\frac{36\times10^6}{\left(\dfrac{200\times350^2}{6}\right)}=8.8\ \text{MPa}\leq f_b=9\ \text{MPa}$$

OK(적합)

(3) 전단응력 검토

$$\tau_{\max}=k\frac{V_{\max}}{A}=\frac{3}{2}\times\left(\frac{24\times10^3}{200\times350}\right)=0.5\ \text{MPa}\leq f_s=0.7\ \text{MPa}$$

OK(적합)

예제 4.39 다음 그림과 같은 단순보에서 단면의 크기가 $b \times h = 150\ \text{mm} \times 320\ \text{mm}$이고, $f_b = 12$ MPa (N/mm^2)일 때 등분포하중 w의 최대 허용 크기는 얼마인가?

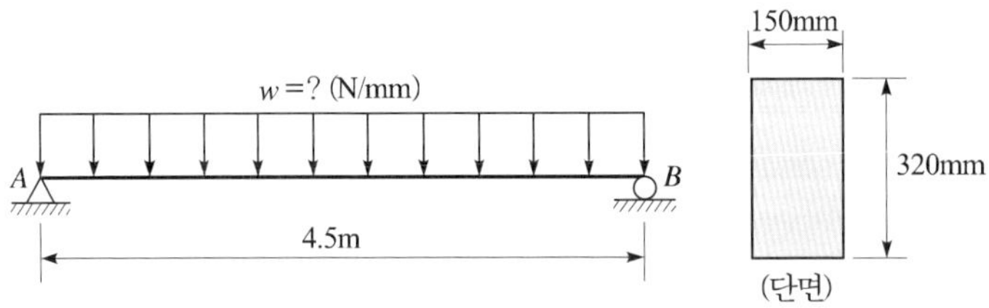

그림 4.76

(1) 최대 휨모멘트

$$M_{max} = \frac{wl^2}{8} = \frac{w(4.5 \times 10^3)^2}{8} = 2.53 \times 10^6 w \quad \text{N} \cdot \text{mm}$$

(2) 최대 휨응력

$$\sigma_{max} = \frac{M_{max}}{Z} = \frac{2.53 \times 10^6 w}{\left(\dfrac{150 \times 320^2}{6}\right)} = 0.988 w$$

(3) 최대 등분포하중

$\sigma_{max} = (0.988 w)\ \text{N/mm}^2 \le f_b = 12\ \text{N/mm}^2$

$\therefore\ w \le 12.1\ \text{N/mm} = 12.1\ \text{kN/m}$ 이다.

따라서 최대 허용등분포하중 w는 $12.1\ \text{kN/m}$ 이다.

04 연습문제

1. 다음 그림에서 점 C의 응력은? (단, 점 C는 부재 단면의 중립축상의 점이다. A : 부재의 단면적, Z : 단면계수)

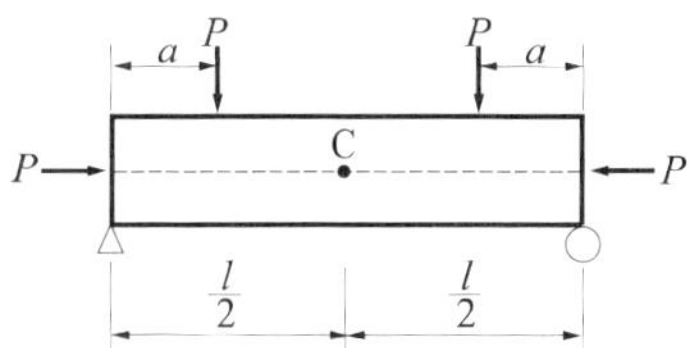

㉮ $-\dfrac{M}{Z}-\dfrac{P}{A}$

㉯ $\dfrac{M}{Z}-\dfrac{P}{A}$

㉰ $-\dfrac{P}{A}$

㉱ $-\dfrac{2P}{A}$

↳ 점 C가 중립축에 위치하므로 부재에 휨모멘트가 작용하여도 점 C의 휨응력이 영(0)이 된다. 따라서 압축응력만 작용하는 것이 된다. 답 ㉰

2. 탄성거동을 하는 직사각형 균질 단면보에 등분포하중이 작용할 때 전단응력이 가장 크게 발생하는 곳은?

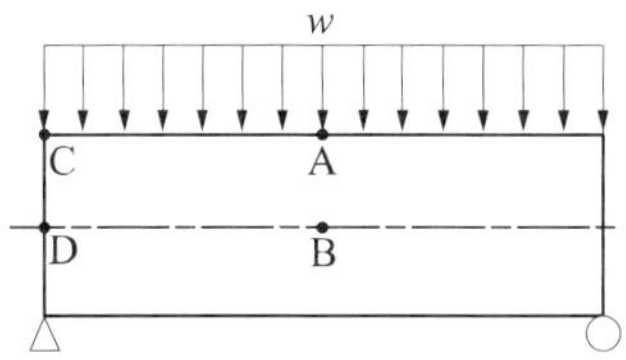

㉮ A

㉯ B

㉰ C

㉱ D

↳ 단순보에서 최대 전단력은 양측 단부에서 발생되며, 또한 최대의 전단응력은 단면의 중립축에서 발생된다. 따라서 단부의 중립축인 D에서 가장 큰 전단응력이 발생된다.

답 ㉱

3. 직경 24 mm의 봉강에 65 kN의 인장력이 작용할 때 인장응력은 약 얼마인가?

㉮ 128 MPa ㉯ 136 MPa
㉰ 144 MPa ㉱ 150 MPa

$$A=\pi r^2=\frac{\pi D^2}{4}=\frac{\pi\times 24^2}{4}=452.4\ \text{mm}^2$$

$$\therefore\ \sigma_t=\frac{N}{A}=\frac{65\times10^3}{452.4}=143.7\rightarrow 144\ \text{MPa}$$

답 ㉰

4. 그림과 같은 지름 32 mm의 원형막대에 40 kN의 인장력이 작용할 때 부재단면에 발생하는 인장응력도는?

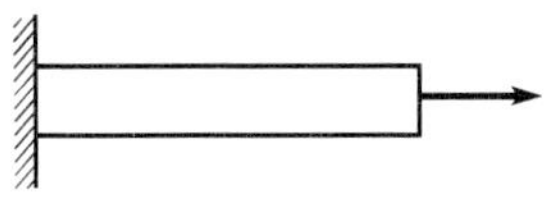

㉮ 39.7 MPa ㉯ 49.7 MPa
㉰ 59.7 MPa ㉱ 69.7 MPa

$$A=\pi r^2=\frac{\pi D^2}{4}=\frac{\pi\times 32^2}{4}=804.3\ \text{mm}^2$$

$$\therefore\ \sigma_t=\frac{N}{A}=\frac{40\times10^3}{804.3}=49.74\rightarrow 49.7\ \text{MPa}$$

답 ㉯

5. 인장력을 받는 원형단면 강봉의 지름을 4배로 하면 수직응력도(Normal stress)는 기존 응력도의 얼마로 줄어드는가?

㉮ 1/2 ㉯ 1/4 ㉰ 1/8 ㉱ 1/16

$$A_1=\pi r^2=\frac{\pi D^2}{4},\ A_2=\pi r^2=\frac{\pi(4D)^2}{4}=16A_1$$

$$\sigma_{t1}=\frac{N}{A_1},\ \sigma_{t2}=\frac{N}{A_2}=\frac{N}{16A_1}$$

$$\therefore\ \frac{\sigma_{t2}}{\sigma_{t1}}=\frac{\left(\dfrac{N}{16A_1}\right)}{\left(\dfrac{N}{A_1}\right)}=\frac{1}{16}$$

답 ㉱

6. 인장력 30 kN을 받을 수 있는 원형 강봉의 최소 단면적은? (단, 강재의 허용인장응력은 160 MPa이다.)

㉮ $1.875\ \mathrm{mm}^2$ ㉯ $18.75\ \mathrm{mm}^2$
㉰ $187.5\ \mathrm{mm}^2$ ㉱ $1{,}875\ \mathrm{mm}^2$

$\sigma_t = \dfrac{N}{A} = \dfrac{30 \times 10^3}{A} \le f_t = 160\ \mathrm{MPa}$

$\therefore\ A \ge \dfrac{30 \times 10^3}{160} = 187.5\ \mathrm{mm}^2$

답 ㉰

7. 한 변의 길이가 a 인 정사각형 단면을 가진 부재가 있다. 이 부재가 4 kN의 인장력을 견딜 수 있는 a 의 값으로 가장 적정한 것은? (단, 부재의 허용인장강도는 5 MPa이다.)

㉮ 15 mm ㉯ 20 mm
㉰ 25 mm ㉱ 30 mm

$A = a \times a = a^2\ \mathrm{mm}^2$

$\sigma_t = \dfrac{N}{A} = \dfrac{4 \times 10^3}{A} \le f_t = 5\ \mathrm{MPa}$

$A = a^2\ \mathrm{mm}^2 \ge \dfrac{4 \times 10^3}{5} = 800\ \mathrm{mm}^2$

$\therefore\ a \ge \sqrt{800} = 28.3\ \mathrm{mm}$

답 ㉱

8. 한 변이 a 인 정사각형 단면에 압축력 10 kN이 작용하여 압축응력(σ_c)이 40 MPa이 발생하였다면, a 의 길이는?

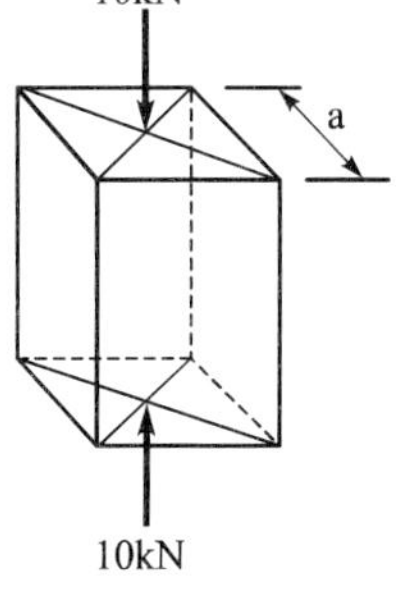

㉮ $3\sqrt{10}\ \mathrm{mm}$
㉯ $4\sqrt{10}\ \mathrm{mm}$
㉰ $5\sqrt{10}\ \mathrm{mm}$
㉱ $6\sqrt{10}\ \mathrm{mm}$

↳ $A = a \times a = a^2\ \text{mm}^2$

$$\sigma_c = \frac{N}{A} = \frac{10 \times 10^3}{A} = 40\ \text{MPa}$$

$$A = a^2\ \text{mm}^2 = \frac{10 \times 10^3}{40} = 250\ \text{mm}^2$$

$$\therefore\ a = \sqrt{250} = 5\sqrt{10}\ \text{mm}$$

답 ㉰

9. 목재의 허용압축응력도가 6 MPa인 단주에서 압축력 42 kN이 작용할 때 최소 필요 단면적은?

㉮ $5{,}800\ \text{mm}^2$ ㉯ $6{,}200\ \text{mm}^2$
㉰ $6{,}800\ \text{mm}^2$ ㉱ $7{,}000\ \text{mm}^2$

↳ $\sigma_c = \dfrac{N}{A} = \dfrac{42 \times 10^3}{A} \le f_c = 6\ \text{MPa}$

$$\therefore\ A \ge \frac{42 \times 10^3}{6} = 7{,}000\ \text{mm}^2$$

답 ㉱

10. 허용압축응력이 6 MPa인 정사각형 소나무 기둥이 60 kN의 압축력을 받는 경우 한 변의 길이는 최소 얼마 이상으로 해야 하는가?

㉮ 100 mm ㉯ 150 mm
㉰ 1,000 mm ㉱ 1,500 mm

↳ $A = a \times a = a^2\ \text{mm}^2$

$$\sigma_c = \frac{N}{A} = \frac{60 \times 10^3}{A} \le f_c = 6\ \text{MPa}$$

$$A = a^2\ \text{mm}^2 \ge \frac{60 \times 10^3}{6} = 10{,}000\ \text{mm}^2$$

$$\therefore\ a \ge \sqrt{10{,}000} = 100\ \text{mm}$$

답 ㉮

11. 60 kN의 압축력을 받는 소나무 원형 기둥의 최소 지름으로 옳은 것은? (단, 허용압축응력도는 6 MPa이다.)

㉮ 100.3 mm ㉯ 112.8 mm
㉰ 152.4 mm ㉱ 176.4mm

$$A=\frac{\pi D^2}{4}\ \text{mm}^2$$

$$\sigma_c=\frac{N}{A}=\frac{60\times10^3}{A}\le f_c=6\ \text{MPa}$$

$$A=\frac{\pi D^2}{4}\ \text{mm}^2\ge\frac{60\times10^3}{6}=10{,}000\ \text{mm}^2$$

$$\therefore a\ge\sqrt{10{,}000\times\frac{4}{\pi}}=112.8\ \text{mm}$$

답 ㉯

12. 1변의 길이가 각각 50 mm (A_1), 100 mm (A_2) 인 두 개의 정사각형 단변에 동일한 압축하중 P가 작용할 때 압축응력도의 비 (A : B)는?

㉮ 2 : 1 ㉯ 4 : 1 ㉰ 8 : 1 ㉱ 16 : 1

$$A_1=50\times50=2{,}500\ \text{mm}^2,\ A_2=100\times100=10{,}000\ \text{mm}^2=4A_1$$

$$\sigma_{c1}=\frac{N}{A}=\frac{P}{A_1},\ \sigma_{c2}=\frac{N}{A}=\frac{P}{A_2}=\frac{P}{4A_1}$$

$$\therefore \sigma_{c1}=\frac{P}{A_1}\ :\ \sigma_{c2}=\frac{P}{A_2}=\frac{P}{4A_1}=4:1$$

답 ㉯

13. 직경 10 mm의 원형 강에 최대 8 kN의 하중을 매달았을 때 안전율은 약 얼마인가? 단, 원형 강의 극한강도는 500 MPa (N/mm²)이다.

㉮ 0.20 ㉯ 3.86 ㉰ 4.02 ㉱ 4.91

$$\sigma_u=500\ \text{N/mm}^2(\text{MPa})$$

$$\sigma_t=\frac{N_t}{A}=\frac{N_t}{\left(\frac{\pi D^2}{4}\right)}=\frac{8\times10^3}{\left(\frac{\pi\times10^2}{4}\right)}=101.9\ \text{MPa}\ (\text{N/mm}^2)$$

$$\text{안전율}=\frac{\sigma_u}{\sigma_t}=\frac{500}{101.9}=4.91$$

답 ㉱

14. **직사각형 단면의 폭 b가 일정하고 높이 h가 2배로 증가했을 때 휨응력은 몇 배가 되는가? (단, M은 일정)**

㉮ 2배 ㉯ 1/2배

㉰ 4배 ㉱ 1/4배

직사각형 단면의 휨응력

$$\sigma_b = \frac{M}{I} \cdot y = \frac{M}{\left(\frac{bh^3}{12}\right)} \times \left(\frac{h}{2}\right) = \frac{6M}{bh^2}$$

높이 h가 2배로 증가하면 작용하는 휨응력은 1/4배로 줄어든다. 답 ㉱

15. **그림과 같은 구조물의 최대 휨응력은?**

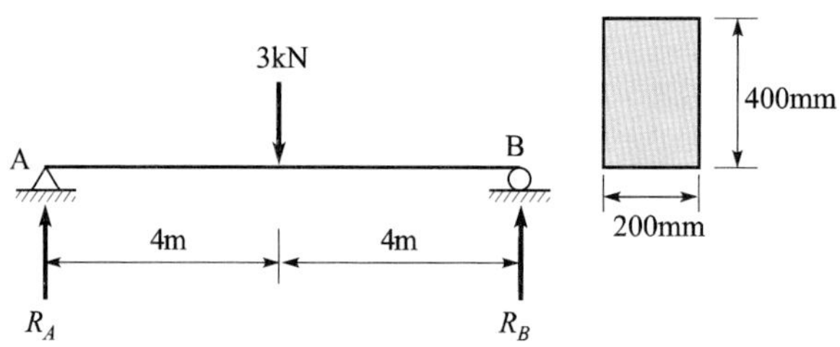

㉮ 0.72 MPa ㉯ 0.92 MPa

㉰ 1.13 MPa ㉱ 1.32 MPa

---

(1) 최대 휨모멘트

$$M_{\max} = \frac{Pl}{4} = \frac{3 \times 8}{4} = 6\ \text{kN} \cdot \text{m} = 6 \times 10^6\ \text{N} \cdot \text{mm}$$

(2) 최대 휨응력

$$\sigma_{\max} = \frac{M_{\max}}{Z} = \frac{6 \times 10^6}{\left(\frac{200 \times 400^2}{6}\right)} = 1.13\ \text{MPa}\ (\text{N/mm}^2)$$

답 ㉰

16. **그림과 같은 단순보를 H형강을 사용하여 설계하였다. 부재의 최대 휨응력은?** (단, E=2.08×10^5 MPa, Z_x=771×10^3 mm^3)

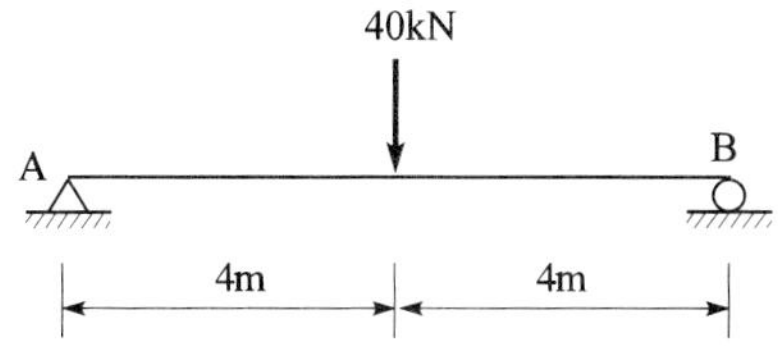

㉮ 51.88 MPa　　㉯ 103.76 MPa

㉰ 207.52 MPa　　㉱ 311.28 MPa

(1) 최대 휨모멘트

$$M_{max} = \frac{Pl}{4} = \frac{40\times 8}{4} = 80\ \text{kN}\cdot\text{m} = 80\times 10^6\ \text{N}\cdot\text{mm}$$

(2) 최대 휨응력

$$\therefore \sigma_{max} = \frac{M_{max}}{Z_x} = \frac{80\times 10^6}{771\times 10^3} = 103.76\ \text{MPa}\ (\text{N/mm}^2)$$

답 ㉯

17. **그림과 같이 보의 중앙부에 집중하중이 작용할 때 최대 휨응력의 크기는?**

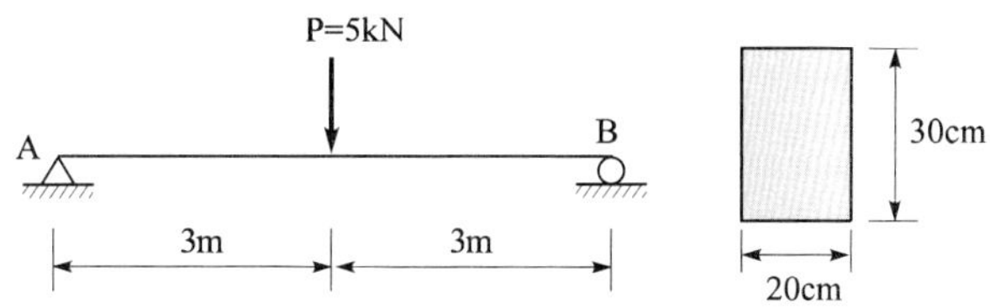

㉮ 2.0 MPa　　㉯ 2.5 MPa

㉰ 3.0 MPa　　㉱ 3.5 MPa

(1) 최대 휨모멘트

$$M_{max} = \frac{Pl}{4} = \frac{5\times 6}{4} = 7.5\ \text{kN}\cdot\text{m} = 7.5\times 10^6\ \text{N}\cdot\text{mm}$$

(2) 최대 휨응력

$$\sigma_{max} = \frac{M_{max}}{Z} = \frac{7.5\times 10^6}{\left(\dfrac{200\times 300^2}{6}\right)} = 2.5\ \text{MPa}\ (\text{N/mm}^2)$$

답 ㉯

18. **다음 그림과 같은 부재의 최대 휨응력은 약 얼마인가? (단, 부재의 자중은 무시한다.)**

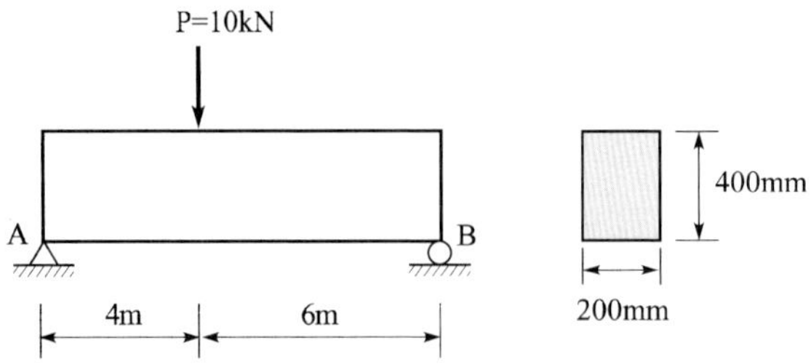

㉮ 1.2 MPa ㉯ 2.2 MPa
㉰ 3.6 MPa ㉱ 4.5 MPa

---

(1) 지점 A의 반력 산정

힘의 평형방정식 ($\Sigma X=0$, $\Sigma Y=0$, $\Sigma M=0$)으로부터 반력을 산정한다.

$\Sigma M=0\ (+;\frown)$: $\Sigma M_B=R_A\times 10-10\times 6=0$ $\quad\therefore\ R_A=6\text{ kN}$

(2) 최대 휨모멘트

$M_{\max}=R_A\times 4=6\times 4=24\text{ kN}\cdot\text{m}=24\times 10^6\text{ N}\cdot\text{mm}$

(3) 최대 휨응력

$$\sigma_{\max}=\frac{M_{\max}}{Z}=\frac{24\times 10^6}{\left(\dfrac{200\times 400^2}{6}\right)}=4.5\text{ MPa (N/mm}^2)$$

답 ㉱

19. **그림과 같은 보에서 최대 휨응력으로 옳은 것은? 단, 자중은 무시한다.**

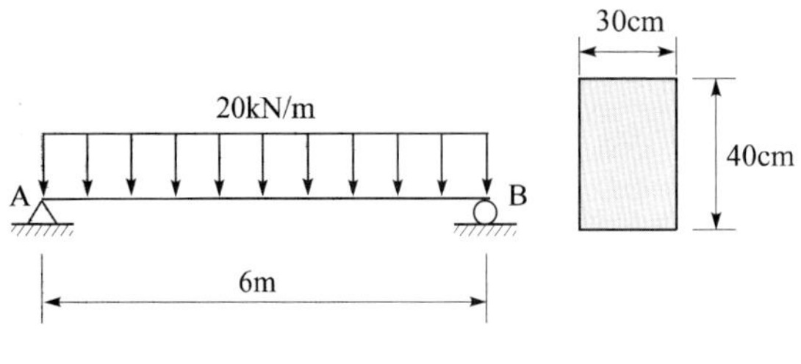

㉮ 15.00 MPa ㉯ 11.25 MPa
㉰ 75.00 MPa ㉱ 5.6 MPa

---

(1) 최대 휨모멘트

$$M_{\max}=\frac{wl^2}{8}=\frac{20\times 6^2}{8}=90\text{ kN}\cdot\text{m}=90\times 10^6\text{ N}\cdot\text{mm}$$

(2) 최대 휨응력

$$\sigma_{\max} = \frac{M_{\max}}{Z} = \frac{90 \times 10^6}{\left(\frac{300 \times 400^2}{6}\right)} = 11.25 \text{ MPa} \left(\text{N/mm}^2\right)$$

답 ㉯

20. 그림과 같은 단순보에 생기는 최대 휨응력의 값은?

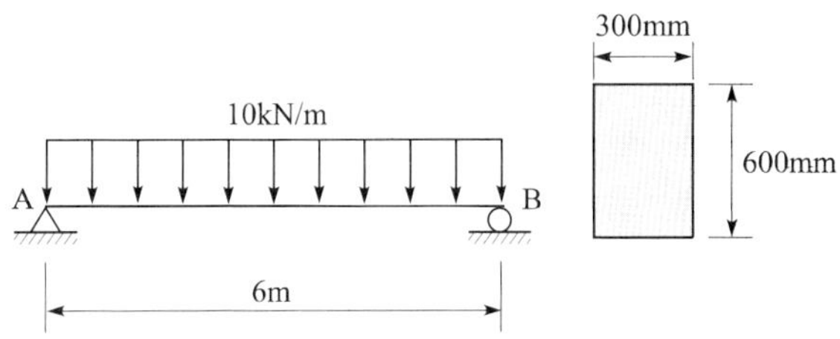

㉮ 2.5 MPa
㉯ 3.0 MPa
㉰ 3.5 MPa
㉱ 4.0 MPa

---

(1) 최대 휨모멘트

$$M_{\max} = \frac{wl^2}{8} = \frac{10 \times 6^2}{8} = 45 \text{ kN} \cdot \text{m} = 45 \times 10^6 \text{ N} \cdot \text{mm}$$

(2) 최대 휨응력

$$\sigma_{\max} = \frac{M_{\max}}{Z} = \frac{45 \times 10^6}{\left(\frac{300 \times 600^2}{6}\right)} = 2.50 \text{ MPa} \left(\text{N/mm}^2\right)$$

답 ㉮

21. 그림과 같이 등분포하중을 받는 단순보에서 최대 휨응력은 얼마인가? (단, 자중은 무시)

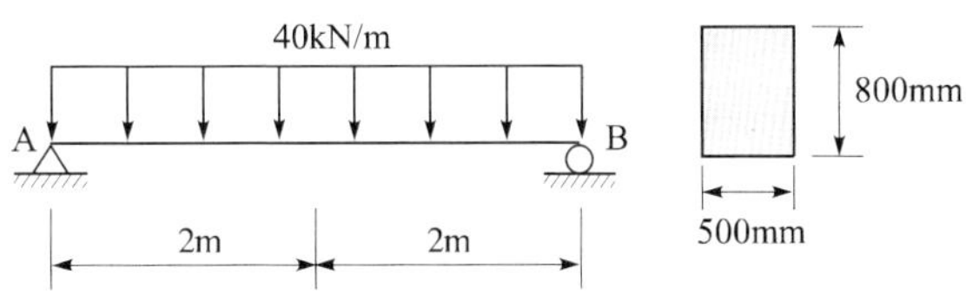

㉮ 7,593.8 kPa
㉯ 8,597.5 kPa
㉰ 9,427.6 kPa
㉱ 10,250.4 kPa

---

(1) 최대 휨모멘트

$$M_{max} = \frac{wl^2}{8} = \frac{40 \times 9^2}{8} = 405\ \text{kN} \cdot \text{m} = 405 \times 10^6\ \text{N} \cdot \text{mm}$$

(2) 최대 휨응력

$$\sigma_{max} = \frac{M_{max}}{Z} = \frac{405 \times 10^6}{\left(\frac{500 \times 800^2}{6}\right)} = 7.5938\ \text{MPa}\ (\text{N/mm}^2) = 7{,}593.8\ \text{kPa}$$

답 ㉮

22. **그림과 같은 하중을 받는 단순보에서 단면에 생기는 최대 휨응력은? (단, 목재는 결함이 없는 균질한 단면이다.)**

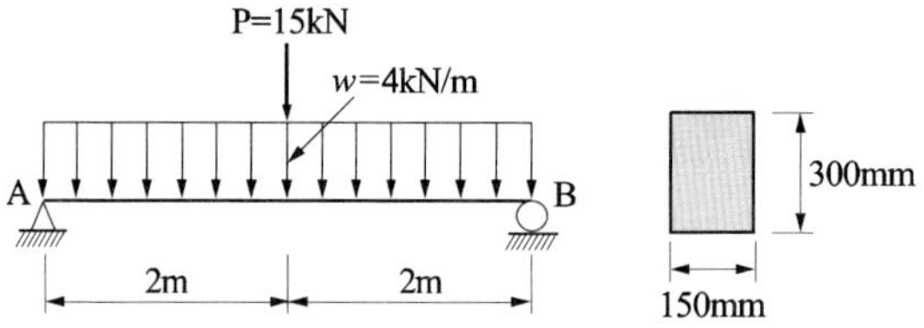

㉮ 8.0 MPa ㉯ 10.2 MPa

㉰ 12.5 MPa ㉱ 15.1 MPa

(1) 최대 휨모멘트

$$M_{max} = \frac{Pl}{4} + \frac{wl^2}{8} = \left(\frac{15 \times 4}{4}\right) + \left(\frac{4 \times 4^2}{8}\right) = 23\ \text{kN} \cdot \text{m} = 23 \times 10^6\ \text{N} \cdot \text{mm}$$

(2) 최대 휨응력

$$\sigma_{max} = \frac{M_{max}}{Z} = \frac{23 \times 10^6}{\left(\frac{150 \times 300^2}{6}\right)} = 10.2\ \text{MPa}\ (\text{N/mm}^2)$$

답 ㉯

23. **그림과 같은 단순보에서 점 C에 대한 최대 휨응력은?**

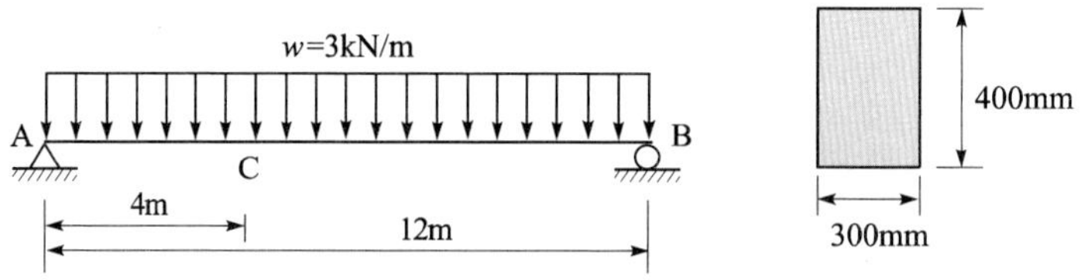

㉮ 5 MPa ㉯ 6 MPa

㉰ 7 MPa ㉱ 8 MPa

(1) 지점 A의 반력 산정

힘의 평형방정식 ($\Sigma X=0$, $\Sigma Y=0$, $\Sigma M=0$)으로부터 반력을 산정한다.

$$\Sigma M=0\ (+;\frown):\ \Sigma M_B=R_A\times 12-3\times 12\times\left(\frac{12}{2}\right)=0\quad \therefore\ R_A=18\,\text{kN}$$

(2) 점 C의 휨모멘트

$$M_C=18\times 4-3\times 4\times\left(\frac{4}{2}\right)=48\,\text{kN}\cdot\text{m}=48\times 10^6\,\text{N}\cdot\text{mm}$$

(3) 점 C의 최대 휨응력

$$\sigma_C=\frac{M_C}{Z}=\frac{48\times 10^6}{\left(\frac{400\times 600^2}{6}\right)}=6.00\,\text{MPa}\ (\text{N/mm}^2)$$

답 ㉯

24. 다음 그림과 같은 단순보에서 점 C에 대한 최대 휨응력은?

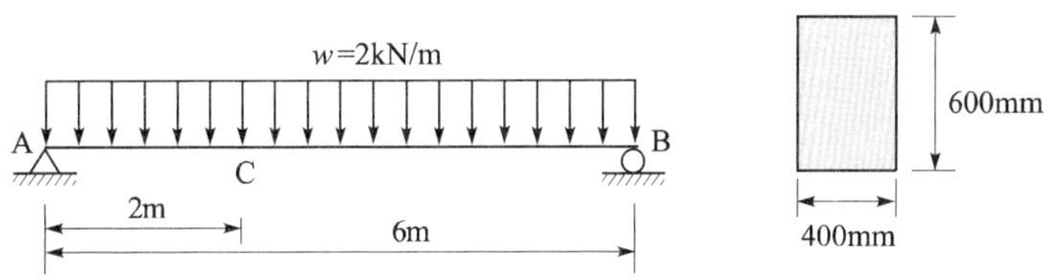

㉮ 1.33 MPa　　㉯ 1.00 MPa

㉰ 0.67 MPa　　㉱ 0.33 MPa

---

(1) 지점 A의 반력 산정

힘의 평형방정식 ($\Sigma X=0$, $\Sigma Y=0$, $\Sigma M=0$)으로부터 반력을 산정한다.

$$\Sigma M=0\ (+;\frown):\ \Sigma M_B=R_A\times 6-2\times 6\times\left(\frac{6}{2}\right)=0\quad \therefore\ R_A=6\,\text{kN}$$

(2) 점 C의 휨모멘트

$$M_C=6\times 2-2\times 2\times\left(\frac{2}{2}\right)=8\,\text{kN}\cdot\text{m}=8\times 10^6\,\text{N}\cdot\text{mm}$$

(3) 점 C의 최대 휨응력

$$\sigma_C=\frac{M_C}{Z}=\frac{90\times 10^6}{\left(\frac{400\times 600^2}{6}\right)}=0.33\,\text{MPa}\ (\text{N/mm}^2)$$

답 ㉱

25. 그림과 같은 하중을 받는 단순보에서 단면 150 mm × 300 mm의 각재를 사용했을 때, 각재에 생기는 최대 휨응력은? 단, 목재는 결함 없는 균질의 단면이다.

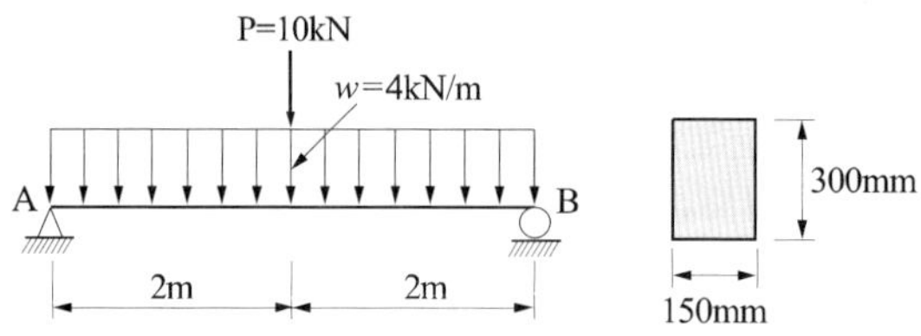

㉮ 8 MPa ㉯ 7 MPa
㉰ 6 MPa ㉱ 5 MPa

(1) 최대 휨모멘트

$$M_{\max}=\frac{wl^2}{8}+\frac{Pl}{4}=\left(\frac{4\times4^2}{8}\right)+\left(\frac{10\times4}{4}\right)=18\text{ kN}\cdot\text{m}=18\times10^6\text{ N}\cdot\text{mm}$$

(2) 최대 휨응력

$$\sigma_{\max}=\frac{M_{\max}}{Z}=\frac{18\times10^6}{\left(\dfrac{150\times300^2}{6}\right)}=8\text{ MPa }(\text{N/mm}^2)$$

답 ㉮

26. 그림과 같은 단순보의 중앙에서 보 단면내의 점 O의 휨응력도는?

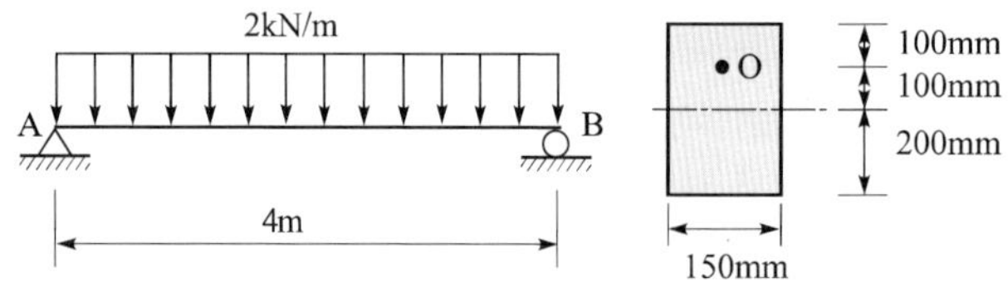

㉮ +0.50 MPa ㉯ −0.50 MPa
㉰ +0.75 MPa ㉱ −0.75 MPa

(1) 중앙의 휨모멘트

$$M=\frac{wl^2}{8}=\frac{2\times4^2}{8}=4\text{ kN}\cdot\text{m}=4\times10^6\text{ N}\cdot\text{mm}$$

(2) 점 O의 휨응력

$$I=\frac{bh^3}{12}=\frac{150\times400^3}{12}=800\times10^6\text{ mm}^4$$

$y=-100$ mm

$$\sigma_O=\frac{M}{I}y=\left(\frac{4\times10^6}{800\times10^6}\right)\times(-100)=-0.50\text{ MPa }(\text{N/mm}^2)$$

답 ㉯

27. 그림과 같이 H-350×175×7×11의 기둥에 수평하중으로 등변분포하중이 작용할 때, 기둥 밑면의 최하부에 생기는 최대 휨응력은 다음 중 어느 것인가? 단, $I_x = 136\times 10^6\ \text{mm}^4$, $I_y = 9.84\times 10^6\ \text{mm}^4$이다.

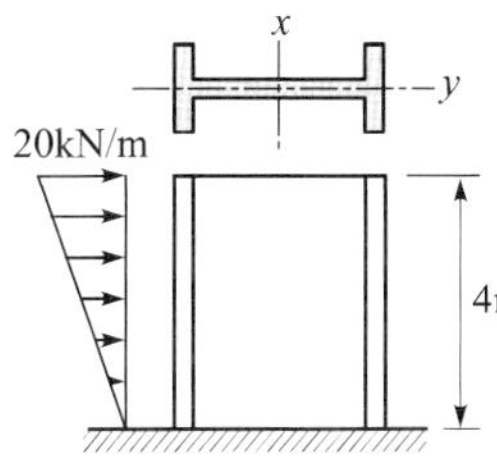

㉮ 91 MPa
㉯ 120 MPa
㉰ 137 MPa
㉱ 154 MPa

---

(1) 최대 휨모멘트

횡력의 작용에 따라 M_x가 발생되고, 최대 휨모멘트는 기둥 밑면의 최하부에서 발생된다.

$$M_{\max} = \left(\frac{1}{2}\times 20\times 4\right)\times\left(4\times\frac{2}{3}\right) = 106.7\ \text{kN}\cdot\text{m} = 106.7\times 10^6\ \text{N}\cdot\text{mm}$$

$$I_x = 136\times 10^6\ \text{mm}^4$$

$$y = \frac{h}{2} = \frac{350}{2} = 175\ \text{mm}$$

(2) 최대 휨응력

$$\sigma_{\max} = \frac{M_{\max}}{I}\cdot y = \left(\frac{106.7\times 10^6}{136\times 10^6}\right)\times 175 = 137\ \text{MPa}\ (\text{N/mm}^2)$$

답 ㉰

28. 다음과 같은 동질의 단면 부재를 보로 사용할 경우 x축에 관한 휨에 대해 저항하는 세기의 관계로 옳은 것은? (A : B)

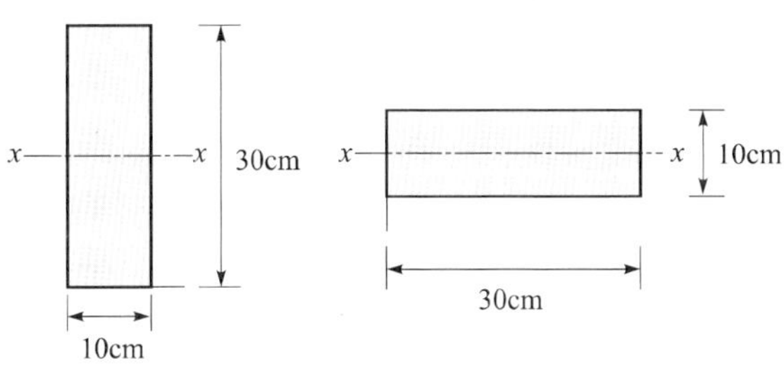

㉮ 1.5 : 1
㉯ 2.0 : 1
㉰ 2.5 : 1
㉱ 3.0 : 1

---

(1) 직사각형 단면의 휨응력

$$\sigma_A = \frac{M}{Z} = \frac{M}{\left(\frac{bh^2}{6}\right)} = \frac{6M}{bh^2} = \frac{6M}{10\times 30^2}$$

$$\sigma_B = \frac{M}{Z} = \frac{M}{\left(\frac{bh^2}{6}\right)} = \frac{6M}{bh^2} = \frac{6M}{30 \times 10^2}$$

(2) 휨응력의 관계

$$\frac{\sigma_A}{\sigma_B} = \frac{\left(\frac{6M}{10 \times 30^2}\right)}{\left(\frac{6M}{30 \times 10^2}\right)} = \frac{1}{3}$$

$$\sigma_B = 3\sigma_A$$

(3) 휨에 대해 저항하는 세기의 비

같은 크기의 휨모멘트 M 이 작용할 경우 부재 B에서 발생되는 휨응력이 부재 A에서 발생되는 휨응력의 3배와 같다는 것은 부재 A가 부재 B보다 3배의 휨강도에 저항할 수 있다는 의미이다. 그러므로 휨에 대해 저항하는 세기의 비는 3 : 1이 된다. 답 ㉣

29. 그림과 같은 단면을 가진 보에서 A-A축과 B-B축에서 휨에 대해 저항하는 세기의 관계를 옳게 나타낸 것은? (A : B)

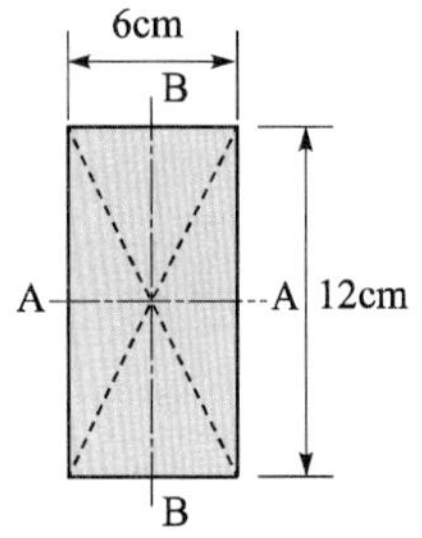

㉮ 1.5 : 1
㉯ 2.0 : 1
㉰ 2.5 : 1
㉱ 3.0 : 1

---

(1) 직사각형 단면의 휨응력

$$\sigma_A = \frac{M}{Z} = \frac{M}{\left(\frac{bh^2}{6}\right)} = \frac{6M}{bh^2} = \frac{6M}{60 \times 120^2}$$

$$\sigma_B = \frac{M}{Z} = \frac{M}{\left(\frac{bh^2}{6}\right)} = \frac{6M}{bh^2} = \frac{6M}{120 \times 60^2}$$

(2) 휨응력의 관계

$$\frac{\sigma_A}{\sigma_B} = \frac{\left(\frac{6M}{60 \times 120^2}\right)}{\left(\frac{6M}{120 \times 60^2}\right)} = \frac{1}{2}$$

$\sigma_B = 2\sigma_A$

(3) 휨에 대해 저항하는 세기의 비

같은 크기의 휨모멘트 M이 작용할 경우 B-B축에서 발생되는 휨응력이 A-A축에서 발생되는 휨응력의 2배와 같다는 것은 A-A축이 B-B축보다 2배의 휨강도에 저항할 수 있다는 의미이다. 그러므로 휨에 대해 저항하는 세기의 비는 A : B=2 : 1이 된다.

답 ㉯

30. **그림과 같은 동일 단면적을 가진** A, B, C **보의 휨에 대해 저항하는 세기의 비**(A : B : C)**를 구하면**?

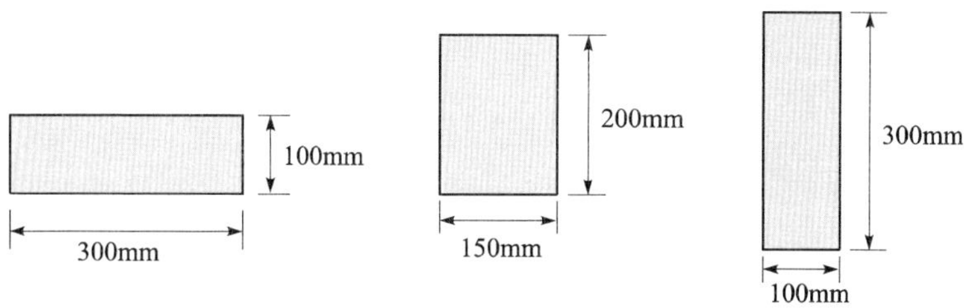

㉮ 1 : 2 : 3　　㉯ 1 : 2 : 4

㉰ 1 : 3 : 4　　㉱ 1 : 3 : 5

---

(1) 직사각형 단면의 휨응력

$$\sigma_A = \frac{M}{Z} = \frac{M}{\left(\frac{bh^2}{6}\right)} = \frac{6M}{bh^2} = \frac{6M}{300 \times 100^2}$$

$$\sigma_B = \frac{M}{Z} = \frac{M}{\left(\frac{bh^2}{6}\right)} = \frac{6M}{bh^2} = \frac{6M}{150 \times 200^2}$$

$$\sigma_C = \frac{M}{Z} = \frac{M}{\left(\frac{bh^2}{6}\right)} = \frac{6M}{bh^2} = \frac{6M}{100 \times 300^2}$$

(2) 휨응력의 관계

$$\sigma_A : \sigma_B : \sigma_C = \frac{1}{3.0 \times 10^6} : \frac{1}{6.0 \times 10^6} : \frac{1}{9.0 \times 10^6} = 6 : 3 : 2$$

(3) 휨에 대해 저항하는 세기의 비

같은 크기의 휨모멘트 M이 작용할 경우 B는 부재 A보다 6/3=2배 그리고 부재 C는 부재 A보다 6/2=3배의 휨에 대해 저항할 수 있다는 의미이다. 그러므로 휨에 대해 저항하는 세기의 비는 A : B : C=1 : 2 : 3이 된다.

답 ㉮

31. 지름 60 mm인 그림과 같은 강봉에 10 kN의 인장력이 작용할 때 수직단면과 45°인 경사단면에 생기는 수직응력의 크기는?

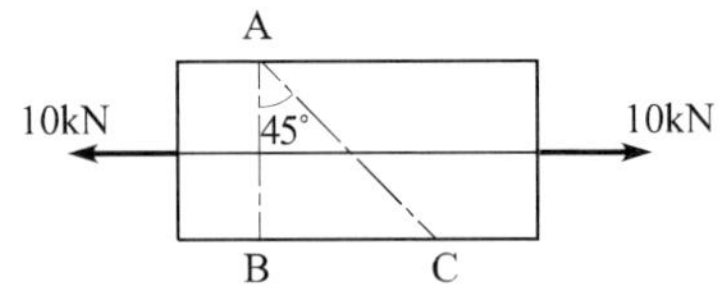

㉮ 1.58 MPa ㉯ 1.63 MPa ㉰ 1.77 MPa ㉱ 1.88 MPa

(1) 45°인 경사단면의 인장력

$$P_\theta = P \times \left(\frac{1}{\sqrt{2}}\right) = 10 \times \left(\frac{1}{\sqrt{2}}\right) = 5\sqrt{2}\ \text{kN}$$

(2) 45°인 경사단면의 면적

$$A_\theta = A \times \sqrt{2} = \left(\frac{\pi \times 60^2}{4}\right) \times \sqrt{2} = 3{,}998.6\ \text{mm}^2$$

(3) 45°인 경사단면의 수직응력

$$\sigma_\theta = \frac{P_\theta}{A_\theta} = \frac{5\sqrt{2} \times 10^3}{3{,}998.6} = 1.77\ \text{MPa}\ (\text{N/mm}^2)$$

답 ㉰

32. 직사각형 단면의 보에 생기는 최대 전단응력($\tau_{\max}$)은 평균 전단응력(τ_{aver})의 몇 배인가?

㉮ 0.5 ㉯ 0.75 ㉰ 1.5 ㉱ 2.0

(1) 직사각형 단면의 최대 전단응력 : $\tau_{\max} = \frac{3}{2} \cdot \frac{V}{A}$

(2) 직사각형 단면의 평균 전단응력 : $\tau_{aver} = \frac{V}{A}$

답 ㉰

33. 직사각형 단면($b = 250$ mm, $h = 350$ mm)에 전단력 30 kN이 작용할 때 최대 전단응력은?

㉮ 0.41 MPa ㉯ 0.51 MPa ㉰ 0.61 MPa ㉱ 0.71 MPa

직사각형 단면에서 최대 전단응력

$$\tau_{\max} = \frac{3}{2} \cdot \frac{V}{A} = \frac{3}{2} \times \left(\frac{30 \times 10^3}{250 \times 350}\right) = 0.51\ \text{MPa}\ (\text{N/mm}^2)$$

답 ㉯

34. **그림과 같은 단면에 전단력 18 kN에 작용할 경우 최대 전단응력은?**

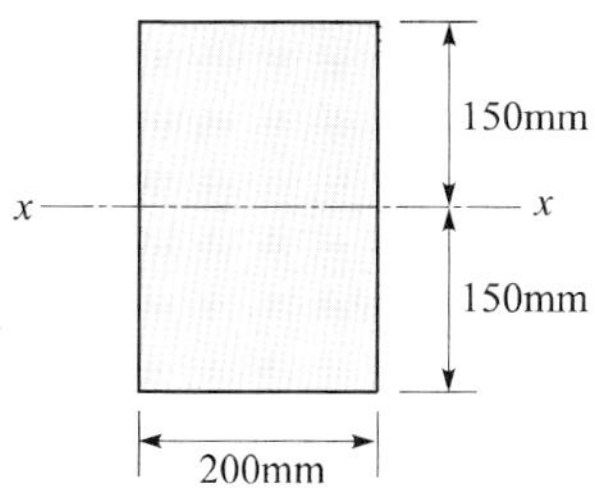

㉮ 0.45 MPa
㉯ 0.52 MPa
㉰ 0.58 MPa
㉱ 0.64 MPa

직사각형 단면의 최대 전단응력

$$\tau_{max} = \frac{3}{2} \cdot \frac{V}{A} = \frac{3}{2} \times \left(\frac{18 \times 10^3}{200 \times 300} \right) = 0.45 \text{ MPa (N/mm}^2\text{)}$$

답 ㉮

35. **폭이 b=100 mm, 높이가 h=200 mm인 단면에 전단력 4 kN이 작용할 때 최대 전단응력을 구하면?**

㉮ 0.3 MPa ㉯ 0.4 MPa ㉰ 0.5 MPa ㉱ 0.6 MPa

직사각형 단면의 최대 전단응력

$$\tau_{max} = \frac{3}{2} \cdot \frac{V}{A} = \frac{3}{2} \times \left(\frac{4 \times 10^3}{100 \times 200} \right) = 0.30 \text{ MPa (N/mm}^2\text{)}$$

답 ㉮

36. **그림의 보에서 중립축에 발생하는 최대 전단응력은?**

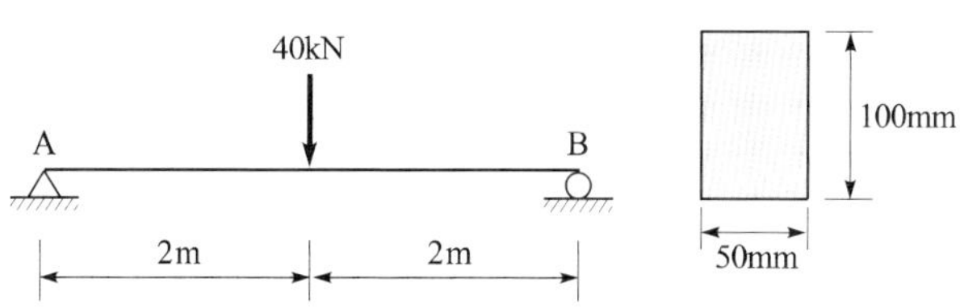

㉮ 4 MPa ㉯ 5 MPa ㉰ 6 MPa ㉱ 8 MPa

(1) 최대 전단력 (지점반력)

$$V_{max} = \frac{40}{2} = 20 \text{ kN} = 20 \times 10^3 \text{ N}$$

(2) 직사각형 단면의 최대 전단응력

$$\tau_{max} = \frac{3}{2} \cdot \frac{V_{max}}{A} = \frac{3}{2} \times \left(\frac{20 \times 10^3}{50 \times 100} \right) = 6 \text{ MPa (N/mm}^2\text{)}$$

답 ㉰

37. **그림과 같은 단순보 중앙에 120 kN의 집중하중이 작용할 때 최대 전단응력은?**

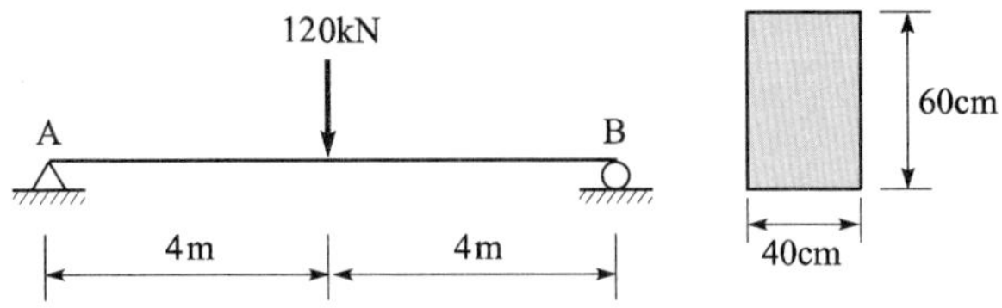

㉮ 0.275 MPa　　㉯ 0.325 MPa
㉰ 0.375 MPa　　㉱ 0.425 MPa

(1) 최대 전단력 (지점반력)

$$V_{max} = \frac{120}{2} = 60\text{ kN} = 60 \times 10^3\text{ N}$$

(2) 직사각형 단면의 최대 전단응력

$$\tau_{max} = \frac{3}{2} \cdot \frac{V_{max}}{A} = \frac{3}{2} \times \left(\frac{60 \times 10^3}{400 \times 600}\right) = 0.375\text{ MPa (N/mm}^2\text{)}$$

답 ㉰

38. **그림과 같은 단순보에서 단면에 생기는 최대 전단응력을 구하면? (단, 보의 단면크기는 150×200 mm)**

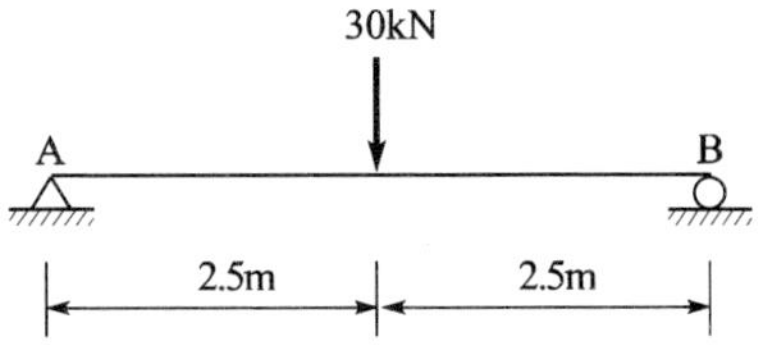

㉮ 0.5 MPa　　㉯ 0.65 MPa
㉰ 0.75 MPa　　㉱ 0.85 MPa

(1) 최대 전단력 (지점반력)

$$V_{max} = \frac{30}{2} = 15\text{ kN} = 15 \times 10^3\text{ N}$$

(2) 직사각형 단면의 최대 전단응력

$$\tau_{max} = \frac{3}{2} \cdot \frac{V_{max}}{A} = \frac{3}{2} \times \left(\frac{15 \times 10^3}{150 \times 200}\right) = 0.75\text{ MPa (N/mm}^2\text{)}$$

답 ㉰

39. **다음과 같은 구조물에서 최대 전단응력은?** (단, **부재의 단면은** $b \times h$=200 mm×300 mm)

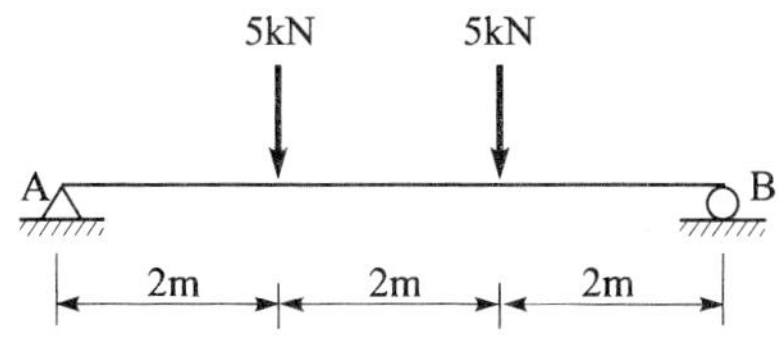

㉮ 0.105 MPa ㉯ 0.115 MPa
㉰ 0.125 MPa ㉱ 0.135 MPa

---

(1) 최대 전단력 (지점반력)

$$V_{max} = \frac{(5+5)}{2} = 5\ \text{kN} = 5 \times 10^3\ \text{N}$$

(2) 직사각형 단면의 최대 전단응력

$$\tau_{max} = \frac{3}{2} \cdot \frac{V_{max}}{A} = \frac{3}{2} \times \left(\frac{5 \times 10^3}{200 \times 300} \right) = 0.125\ \text{MPa}\ (\text{N/mm}^2)$$

답 ㉰

40. **그림과 같은 조건일 때 최대 전단응력은?**

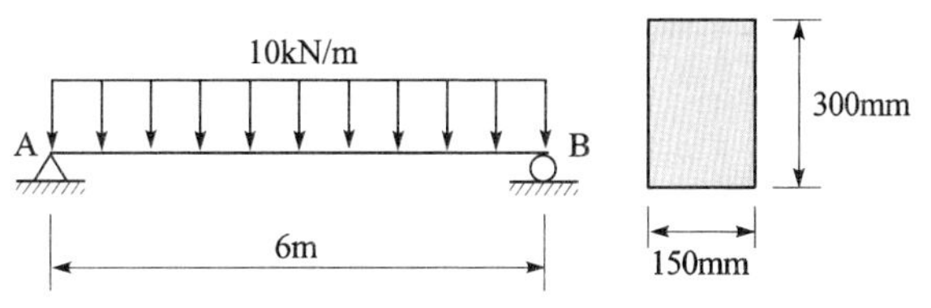

㉮ 0.7 MPa ㉯ 0.6 MPa
㉰ 0.8 MPa ㉱ 1.0 MPa

---

(1) 최대 전단력 (양단의 지점에서 발생)

$$V_{max} = \frac{10 \times 6}{2} = 30\ \text{kN} = 30 \times 10^3\ \text{N}$$

(2) 직사각형 단면의 최대 전단응력

$$\tau_{max} = \frac{3}{2} \cdot \frac{V_{max}}{A} = \frac{3}{2} \times \left(\frac{30 \times 10^3}{150 \times 300} \right) = 1.0\ \text{MPa}\ (\text{N/mm}^2)$$

답 ㉱

41. 그림과 같은 보의 최대 전단응력으로 옳은 것은?

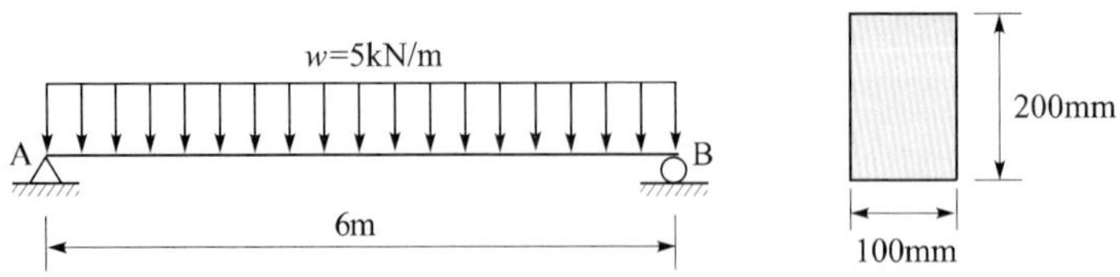

㉮ 1.125 MPa　　㉯ 2.564 MPa

㉰ 3.496 MPa　　㉱ 4.253 MPa

---

(1) 최대 전단력 (지점반력)

$$V_{\max} = \frac{5 \times 6}{2} = 15 \text{ kN} = 15 \times 10^3 \text{ N}$$

(2) 직사각형 단면의 최대 전단응력

$$\tau_{\max} = \frac{3}{2} \cdot \frac{V_{\max}}{A} = \frac{3}{2} \times \left(\frac{15 \times 10^3}{100 \times 200} \right) = 1.125 \text{ MPa } (\text{N/mm}^2)$$

답 ㉮

42. 그림과 같은 단순보에서 최대 전단응력은 얼마인가?

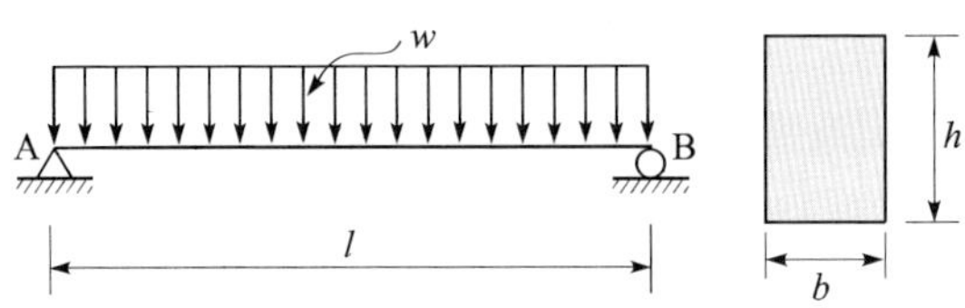

㉮ $\frac{2}{3} \cdot \left(\frac{wl}{bh}\right)$　　㉯ $\frac{3}{4} \cdot \left(\frac{wl}{bh}\right)$　　㉰ $\frac{4}{3} \cdot \left(\frac{wl}{bh}\right)$　　㉱ $\frac{3}{2} \cdot \left(\frac{wl}{bh}\right)$

---

(1) 최대 전단력 (지점반력)

$$V_{\max} = \frac{wl}{2}$$

(2) 직사각형 단면의 최대 전단응력

$$\tau_{\max} = \frac{3}{2} \cdot \frac{V_{\max}}{A} = \frac{3}{2} \times \left\{ \frac{\left(\frac{wl}{2}\right)}{(b \times h)} \right\} = \frac{4}{3} \cdot \left(\frac{wl}{bh} \right)$$

답 ㉯

43. 그림과 같은 단면의 단순보에서 보의 중앙점 C 단면에 생기는 휨응력 σ_b와 전단응력 ν의 값은?

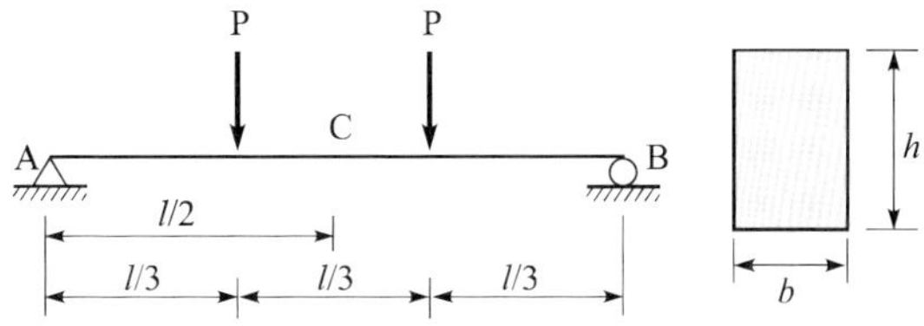

㉮ $\sigma_b = \dfrac{Pl}{bh^2}$, $\tau = \dfrac{3Pl}{2bh}$　　㉯ $\sigma_b = \dfrac{2Pl}{bh^2}$, $\tau = 0$

㉰ $\sigma_b = \dfrac{2Pl}{bh^2}$, $\tau = \dfrac{3Pl}{2bh}$　　㉱ $\sigma_b = \dfrac{Pl}{bh^2}$, $\tau = 0$

---

(1) 반력 산정

$$R_A = P$$

(2) 점 C의 단면력

$$M_C = R_A\left(\frac{l}{2}\right) - P\left(\frac{l}{6}\right) = P\left(\frac{l}{2}\right) - P\left(\frac{l}{6}\right) = \frac{Pl}{3}, \quad V_C = 0$$

(3) 점 C의 응력

$$\sigma_c = \frac{M_C}{Z} = \frac{\left(\frac{Pl}{3}\right)}{\left(\frac{bh^2}{6}\right)} = \frac{2Pl}{bh^2}$$

$$\tau = \frac{3}{2} \cdot \frac{V}{A} = \frac{3}{2} \times \frac{0}{bh} = 0$$

답 ㉯

44. 원형 단면의 부재에 생기는 최대 전단응력도로 옳은 것은? (단, A는 단면적, V는 전단력)

㉮ $\dfrac{2V}{3A}$　　㉯ $\dfrac{3V}{2A}$　　㉰ $\dfrac{3V}{4A}$　　㉱ $\dfrac{4V}{3A}$

원형 단면에서 최대 전단응력

$$\tau_{\max} = \frac{4}{3} \cdot \left(\frac{V}{A}\right) = \frac{4V}{3A}$$

답 ㉱

45. **원형 단면**(**반지름** 180 mm)**에 전단력** $V = 30\,\text{kN}$**이 작용할 때 단면의 최대 전단응력은**?

㉮ 0.19 MPa ㉯ 0.29 MPa
㉰ 0.39 MPa ㉱ 0.49 MPa

---

(1) 원형 단면의 단면적

$$A = \pi r^2 = \frac{\pi D^2}{4} = \pi \times 180^2 = 101{,}788\ \text{mm}^2$$

(2) 원형 단면의 최대 전단응력

$$\tau_{\max} = \frac{4}{3} \times \frac{V}{A} = \frac{4}{3} \times \left(\frac{30 \times 10^3}{101{,}788}\right) = 0.39\ \text{MPa}\ (\text{N/mm}^2)$$

답 ㉰

46. **그림과 같은 보에서 최대 전단응력도를 구하면**? (**단, 원형 단면이며 단면의 지름은** D**이다.**)

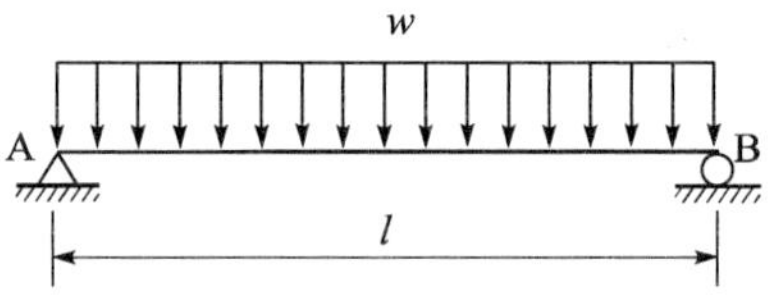

㉮ $\frac{8}{3} \cdot \left(\frac{wl}{\pi D^2}\right)$ ㉯ $\frac{3}{8} \cdot \left(\frac{wl}{\pi D^2}\right)$
㉰ $\frac{4}{3} \cdot \left(\frac{wl}{\pi D^2}\right)$ ㉱ $\frac{3}{4} \cdot \left(\frac{wl}{\pi D^2}\right)$

---

(1) 최대 전단력 (지점반력)

$$V_{\max} = \frac{wl}{2}$$

(2) 직사각형 단면의 최대 전단응력

$$\tau_{\max} = \frac{4}{3} \cdot \frac{V_{\max}}{A} = \frac{4}{3} \times \frac{\left(\frac{wl}{2}\right)}{\left(\frac{\pi D^2}{4}\right)} = \frac{8}{3} \cdot \left(\frac{wl}{\pi D^2}\right)$$

답 ㉮

47. 그림과 같은 단면에 전단력 50 kN이 가해진 경우 중립축에서 상방향으로 100 mm 떨어진 점 A의 전단응력은? (단, 전체 단면의 크기는 200×300 mm임)

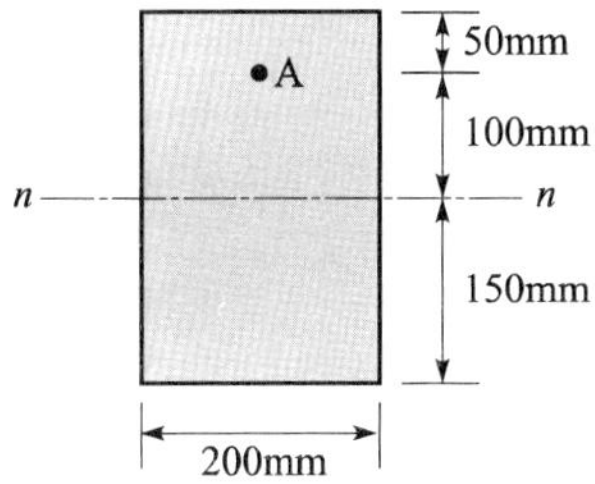

㉮ 0.85 MPa
㉯ 0.79 MPa
㉰ 0.73 MPa
㉱ 0.69 MPa

---

(1) 전단력

$V=50\ \text{kN}=50\times10^3\ \text{N}$

(2) 단면2차 모멘트

$$I=\frac{bh^3}{12}=\frac{200\times300^3}{12}=450\times10^6\ \text{mm}^4$$

(3) 점 A의 단면1차 모멘트

$$S=Ay_0=(200\times50)\times\left(100+\frac{50}{2}\right)=1.25\times10^6\ \text{mm}^3$$

(4) 점 A의 전단응력

$$\tau=\frac{VS}{Ib}=\frac{(50\times10^3)\times(1.25\times10^6)}{(450\times10^6)\times200}=0.69\ \text{MPa}\ (\text{N/mm}^2)$$

답 ㉱

48. 그림과 같은 단면에 전단력 40 kN이 작용할 때 점 A에서 전단응력은?

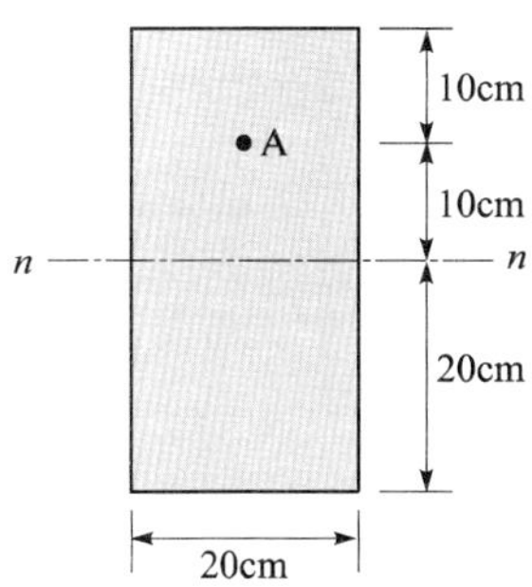

㉮ 0.28 MPa
㉯ 0.56 MPa
㉰ 0.84 MPa
㉱ 1.12 MPa

---

(1) 전단력

$V=40\ \text{kN}=40\times10^3\ \text{N}$

(2) 단면2차 모멘트

$$I=\frac{bh^3}{12}=\frac{200\times400^3}{12}=1{,}066.7\times10^6\ \mathrm{mm}^4$$

(3) 점 A의 단면1차 모멘트

$$S=A\,y_0=(200\times100)\times\left(100+\frac{100}{2}\right)=3\times10^6\ \mathrm{mm}^3$$

(4) 점 A의 전단응력

$$\tau=\frac{VS}{Ib}=\frac{(40\times10^3)\times(3\times10^6)}{(1{,}066.7\times10^6)\times200}=0.56\ \mathrm{MPa}\ (\mathrm{N/mm^2})$$

답 ㉯

49. 다음 그림과 같은 보의 중앙부 점 C 단면에서 중립축으로부터 상방향으로 100 mm 떨어진 지점의 전단응력은? (단, 보의 단면은 폭이 150 mm, 높이가 300 mm이다.)

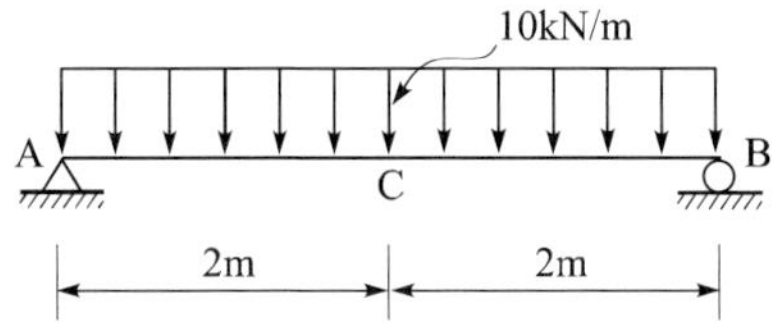

㉮ 0.75 N/mm²　　㉯ 0.45 N/mm²

㉰ 0.25 N/mm²　　㉱ 0.00 N/mm²

---

(1) 전단력

$V=0$ N (단순보에 등분포하중이 작용할 경우 보의 중앙부는 전단력이 영 (0)이다.)

(2) 단면2차 모멘트

$$I=\frac{bh^3}{12}=\frac{150\times300^3}{12}=337.5\times10^6\ \mathrm{mm}^4$$

(3) 점 A의 단면1차 모멘트

$$S=A\,y_0=(200\times50)\times\left(100+\frac{50}{2}\right)=1.25\times10^6\ \mathrm{mm}^3$$

(4) 점 A의 전단응력

$$\tau=\frac{VS}{Ib}=\frac{0\times(1.25\times10^6)}{(337.5\times10^6)\times200}=0.00\ \mathrm{MPa}\ (\mathrm{N/mm^2})$$

답 ㉱

50. **다음 I형 단면의 최대 전단응력으로 옳은 것은? (단, 전단력은 200 kN으로 한다.)**

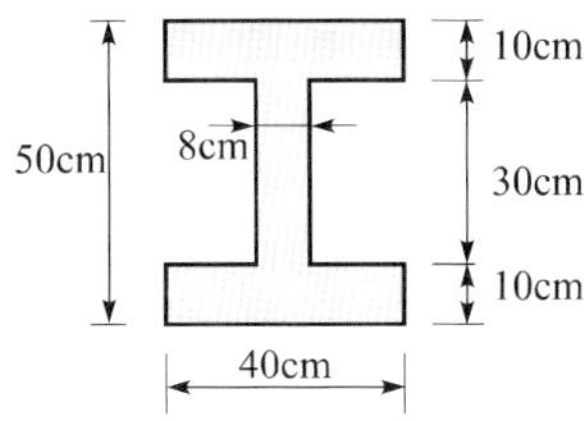

㉮ 6.03 MPa
㉯ 6.82 MPa
㉰ 7.02 MPa
㉱ 6.46 MPa

---

(1) 최대 전단력

$V=20\ \text{kN}=20\times10^3\ \text{N}$

(2) 단면 1차 모멘트

$S=(400\times100)\times200+(80\times150)\times75=8.9\times10^6\ \text{mm}^3$

(3) 단면2차 모멘트

$$I=\frac{400\times500^3}{12}-\frac{320\times300^3}{12}=3{,}446.7\times10^6\ \text{mm}^4$$

(4) 최대 전단응력

$$\tau_{\max}=\frac{VS}{IS}=\frac{(200\times10^3)\times(8.9\times10^6)}{(3{,}446.7\times10^6)\times80}=6.46\ \text{MPa}\ (\text{N/mm}^2)$$

답 ㉱

51. **그림과 같은 보의 웨브에 발생하는 최대 전단응력도는? (단, 사용강재는 SS400, 단면 H−250×125×6×9이며, 횡좌굴이 일어나지 않도록 충분히 보강되었음.)**

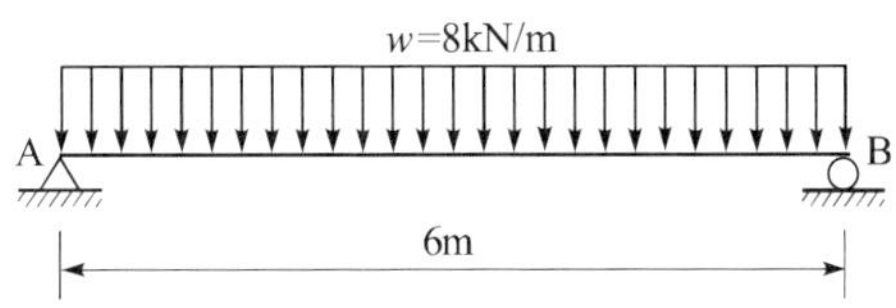

㉮ 24.5 MPa
㉯ 32.0 MPa
㉰ 44.6 MPa
㉱ 59.8 MPa

---

(1) 최대 전단력 (지점반력)

$$V=\frac{8\times6}{2}=24\ \text{kN}=24\times10^3\ \text{N}$$

(2) 단면 1차 모멘트

$$S=(250\times9)\times\left(125-\frac{9}{2}\right)+(6\times116)\times\left(\frac{116}{2}\right)=311.5\times10^3\ \text{mm}^3$$

(3) 단면2차 모멘트

$$I=\frac{125\times 250^3}{12}-\frac{119\times 232^3}{12}=38.9\times 10^6\,\mathrm{mm}^4$$

(4) 최대 전단응력

$$\tau_{\max}=\frac{VS}{IS}=\frac{(24\times 10^3)\times(311.5\times 10^5)}{(38.9\times 10^6)\times 6}=32.0\,\mathrm{MPa}\,(\mathrm{N/mm^2})$$

답 ㉯

52. 직사각형 단면의 기둥에서 핵에 대한 설명으로 틀린 것은?

㉮ 편심축하중이 단면의 핵 외부에 작용하면 단면에 인장과 압축의 두 가지 응력이 발생한다.

㉯ 단면의 핵이란 단면의 어느 부분에도 압축응력이 발생하지 않는 한계부분을 말한다.

㉰ 편심축하중이 단면의 핵반지름 위에 작용하면 단면의 연단부의 응력은 영(0)이 된다.

㉱ 편심축하중이 단면의 핵 내부에 작용하면 압축응력만 발생된다.

↳ 핵점이란 편심축하중 또는 압축력과 휨모멘트를 동시에 받는 단면 내에서 압축응력만 발생하는 하중의 편심거리의 한계점이다. 핵점에 의하여 둘러싸인 부분을 핵이라 한다.

답 ㉯

53. 기둥에 편심축하중이 작용할 때의 상태를 옳게 설명한 것은?

㉮ 압축력만 작용하며 휨모멘트는 발생하지 않는다.

㉯ 휨모멘트만 작용하며 압축력은 발생하지 않는다.

㉰ 압축력과 휨모멘트가 작용하며 단면 내에 인장응력이 발생하는 경우도 있다.

㉱ 압축력 및 인장력이 작용하며 휨모멘트는 발생하지 않는다.

↳ 기둥에 편심축하중(압축력)만 작용하더라도 압축력과 휨모멘트가 발생되고 이로 인해 단면 내부에 인장응력과 압축응력은 발생할 수 있다. 답 ㉰

54. 독립기초(자중포함)가 축방향력 50 kN, 휨모멘트 5 kN · m를 받을 때 기초 저면의 편심거리는?

㉮ 0.1 m　　㉯ 0.2 m

㉰ 0.3 m　　㉱ 0.4 m

↳ $e=\frac{M}{N}=\frac{5}{50}=0.1\,\mathrm{m}$

답 ㉮

55. **독립기초 (자중포함)가 축방향력 650 kN, 휨모멘트 130 kN · m를 받을 때 기초 저면의 편심거리는?**

㉮ 0.2 m ㉯ 0.3 m
㉰ 0.4 m ㉱ 0.6 m

↳ $e=\frac{M}{N}=\frac{130}{650}=0.2\text{ m}$ 답 ㉮

56. **기초 크기 3.0 m×3.0 m의 독립기초가 축방향력 $N=60$ kN (기초자중 포함), 휨모멘트 $M=10$ kN · m을 받을 때 기초 저면의 편심거리는 약 얼마인가?**

㉮ 0.10 m ㉯ 0.17 m
㉰ 0.21 m ㉱ 0.34 m

↳ $e=\frac{M}{N}=\frac{10}{60}=0.17\text{ m}$ 답 ㉯

57. **편심축하중을 받는 단주에서 하중 작용점이 핵반지름 (Core Section) 안에서 밖으로 이동한다면 응력 분포는 어떻게 되는가?**

㉮ 압축응력이 증가한다. ㉯ 비틀림이 감소한다.
㉰ 응력이 발생하지 않는다. ㉱ 인장응력이 발생한다.

↳ 하중 작용점이 단면의 핵반지름 밖으로 이동하면 인장응력이 발생한다. 답 ㉱

58. **단면이 300 mm×300 mm인 단주에서 핵반지름의 값은?**

㉮ 30 mm ㉯ 40 mm
㉰ 50 mm ㉱ 60 mm

↳ $e_{cr}=\frac{h}{6}=\frac{300}{6}=50\text{ mm}$ 답 ㉰

59. 그림과 같은 정사각형 기초에서 바닥에 인장 응력이 발생하지 않는 최대 편심거리 e의 값은?

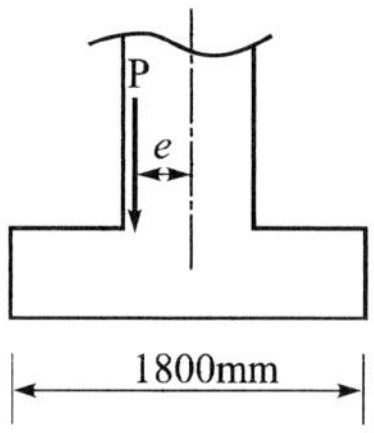

㉮ 100 mm
㉯ 200 mm
㉰ 300 mm
㉱ 400 mm

핵반지름

$e_{cr} = \frac{l}{6} = \frac{1,800}{6} = 300$ mm (편심거리 한계값)

답 ㉰

60. 그림과 기둥 단면의 핵반지름(Core of Section)을 표시한 것이다. AB의 길이는?

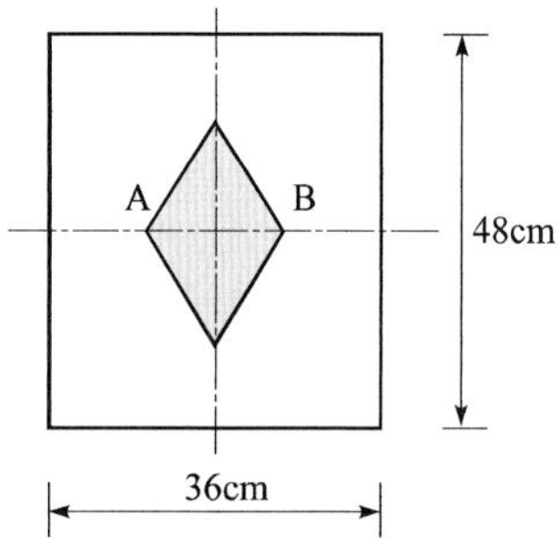

㉮ 6 cm
㉯ 8 cm
㉰ 10 cm
㉱ 12 cm

$e_{cr} = \frac{b}{6} = \frac{36}{6} = 6$ cm

AB의 길이 $= 2 \times e_{cr} = 2 \times 6 = 12$ cm

답 ㉱

61. 다음 그림과 같은 단면의 핵에 대한 거리를 올바르게 구한 것은?

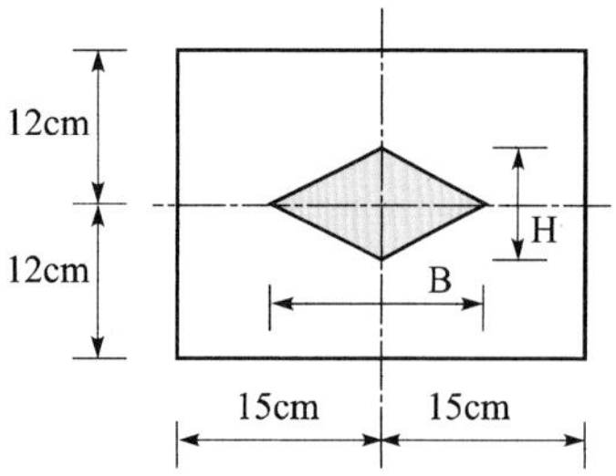

㉮ B=8 cm , H=10 cm
㉯ B=10 cm , H=8 cm
㉰ B=5 cm , H=4 cm
㉱ B=4 cm , H=5 cm

---

(1) B의 길이 산정

$$e_{cr,x} = \frac{30}{6} = 5\ \text{cm}$$

B의 길이$= 2 \times e_{cr,x} = 2 \times 5 = 10\ \text{cm}$

(2) H의 길이 산정

$$e_{cr,y} = \frac{24}{6} = 4\ \text{cm}$$

H의 길이$= 2 \times e_{cr,y} = 2 \times 4 = 8\ \text{cm}$

답 ㉯

62. **그림과 같은 직사각형 단면의 핵(核) 영역으로 옳은 것은?**

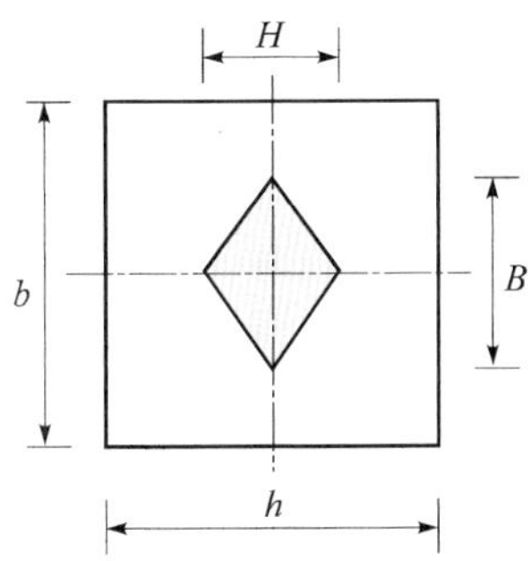

㉮ $H = h/6,\ B = b/6$

㉯ $H = h/6,\ B = b/3$

㉰ $H = h/3,\ B = b/6$

㉱ $H = h/3,\ B = b/3$

---

(1) H의 길이 산정

$$e_{cr.x} = \frac{h}{6}$$

H의 길이$= 2 \times e_{cr.x} = 2 \times \frac{h}{6} = \frac{h}{3}$

(2) B의 길이 산정

$$e_{cr.y} = \frac{b}{6}$$

B의 길이$= 2 \times e_{cr.y} = 2 \times \frac{b}{6} = \frac{b}{3}$

답 ㉱

63. 다음 그림은 단면의 핵을 표시한 것이다. e_x, e_y의 값으로 옳은 것은?

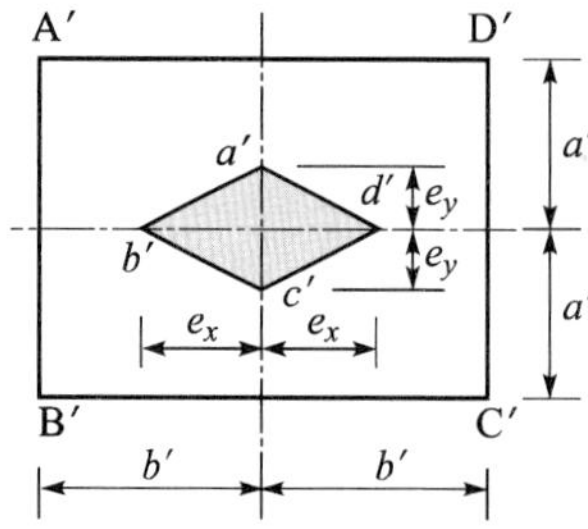

㉮ $e_x = \frac{b}{6}$, $e_y = \frac{a}{3}$

㉯ $e_x = \frac{b}{3}$, $e_y = \frac{a}{6}$

㉰ $e_x = \frac{b}{6}$, $e_y = \frac{a}{6}$

㉱ $e_x = \frac{b}{3}$, $e_y = \frac{a}{3}$

(1) e_x의 길이 산정

$$e_x = \frac{2b}{6} = \frac{b}{3}$$

(2) e_y의 길이 산정

$$e_y = \frac{2a}{6} = \frac{a}{3}$$

답 ㉱

64. 다음 그림의 빗금 친 마름모가 단면의 핵을 나타낸다고 할 때 FH/BC는?

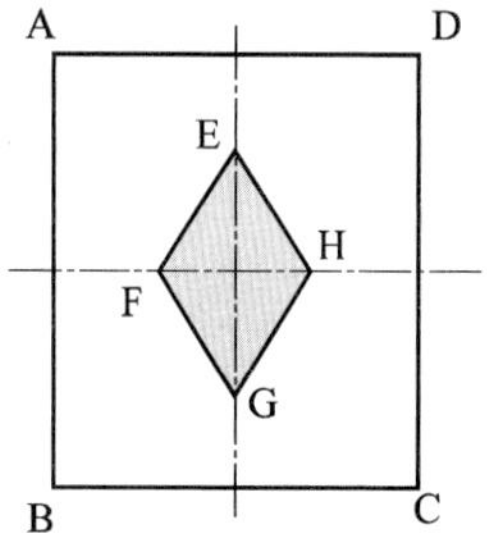

㉮ 1/2

㉯ 1/3

㉰ 1/4

㉱ 1/6

(1) FH의 길이 산정

$$e_{cr.x} = \frac{\overline{BC}}{6}$$

$$\text{FH의 길이} = 2 \times e_{cr.x} = 2 \times \frac{\overline{BC}}{6} = \frac{\overline{BC}}{3}$$

(2) FH/BC

$$\frac{\overline{FH}}{\overline{BC}} = \frac{\frac{\overline{BC}}{3}}{\overline{BC}} = \frac{1}{3}$$

답 ㉯

65. **그림과 같은 원통단면의 핵반지름은?**

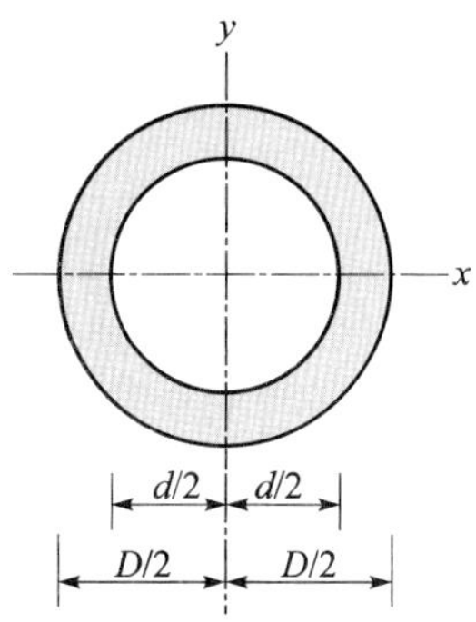

㉮ $\dfrac{D+d}{6}$

㉯ $\dfrac{D}{8}$

㉰ $\dfrac{D+d}{8}$

㉱ $\dfrac{D^2+d^2}{8D}$

---

(1) 단면계수

$$Z=\frac{I_{xG}}{y}=\frac{\left\{\dfrac{\pi(D^4-d^4)}{64}\right\}}{\left(\dfrac{D}{2}\right)}=\frac{\pi(D^4-d^4)}{32D}$$

(2) 단면적

$$A=\frac{\pi(D^2-d^2)}{4}$$

(3) 핵반지름

$$e_{cr}=\frac{Z}{A}=\frac{\left\{\dfrac{\pi(D^4-d^4)}{32D}\right\}}{\left\{\dfrac{\pi(D^2-d^2)}{4}\right\}}=\frac{D^2+d^2}{8D}$$

답 ㉱

66. 다음 그림과 같은 H형강 단면의 핵 면적을 구하면?

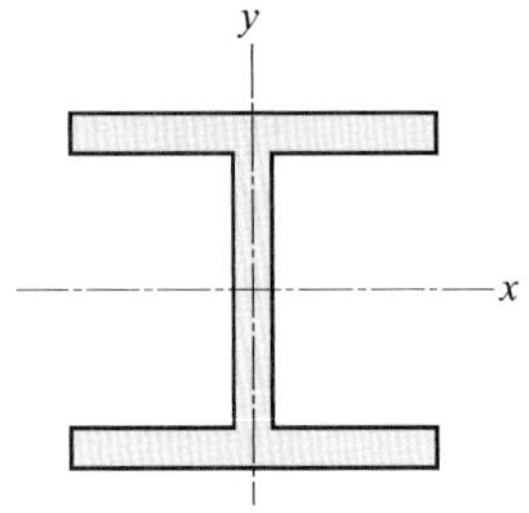

- H−200×200×8×12
- $A_s = 6{,}350\ \text{mm}^2$
- $I_x = 4.72\times10^7\ \text{mm}^4$
- $I_y = 1.60\times10^7\ \text{mm}^4$

㉮ $932.47\ \text{mm}^2$　　㉯ $1{,}864.93\ \text{mm}^2$

㉰ $2{,}797.40\ \text{mm}^2$　　㉱ $3{,}746.80\ \text{mm}^2$

---

(1) 핵반지름

① $e_{cr.x}$의 산정

$$e_{cr.x}=\frac{Z_y}{A}=\frac{\left(\frac{I_{yG}}{y}\right)}{A}=\frac{I_{yG}}{Ay}=\frac{1.60\times10^7}{36{,}350\times\left(\frac{200}{2}\right)}=25.20\ \text{mm}$$

② $e_{cr.y}$의 산정

$$e_{cr.y}=\frac{Z_x}{A}=\frac{\left(\frac{I_{xG}}{y}\right)}{A}=\frac{I_{xG}}{Ay}=\frac{4.72\times10^7}{36{,}350\times\left(\frac{200}{2}\right)}=74.33\ \text{mm}$$

(2) 핵 면적 (4개의 삼각형)

$$A=\frac{1}{2}\times25.20\times74.33\times4EA=3{,}745.80\ \text{mm}^2$$

답 ㉱

67. 그림과 같은 독립기초에 $N=30\ \text{kN}$, $M=12\ \text{kN}\cdot\text{m}$가 작용할 때 기초 슬래브와 지반과의 사이에 접지압을 압축응력만 생기게 하기 위한 최소 기초길이(l)는?

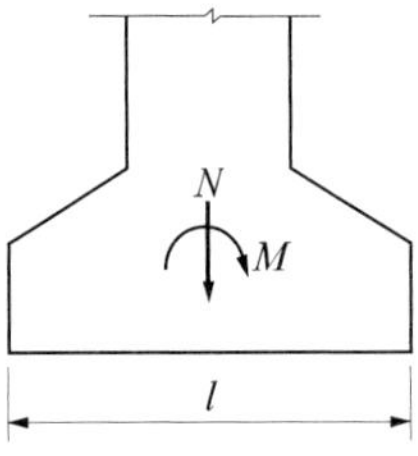

㉮ 1.8 m

㉯ 2.0 m

㉰ 2.4 m

㉱ 2.7 m

↳ (1) 핵반지름

$e_{cr}=\frac{l}{6}$ (편심거리 한계값)

(2) 편심거리

$e=\frac{M}{N}=\frac{12\text{ kN}\cdot\text{m}}{30\text{ kN}}=0.4\text{ m}$

압축응력만 생기게 하는 조건은 $e_{cr}=e$ 임으로 $\frac{l}{6}=0.4\text{ m}$ 이다.

따라서 기초 저면의 최소 길이는 $l=6\times0.4=2.4\text{ m}$ 이다. 답 ㉰

68. **그림과 같은 독립기초에 압축력 N=300 kN, 모멘트 M=150 kN · m가 작용할 때 기초 저면에 압축응력만 생기게 하는 최소 기초 길이(l)는? (단, 흙의 자중 및 기초자중은 무시)**

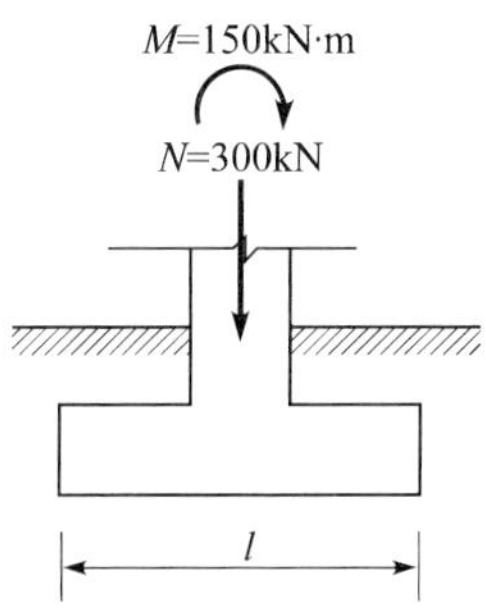

㉮ 2.0 m
㉯ 2.4 m
㉰ 3.0 m
㉱ 3.6 m

↳ (1) 핵반지름

$e_{cr}=\frac{l}{6}$ (편심거리 한계값)

(2) 편심거리

$e=\frac{M}{N}=\frac{150\text{ kN}\cdot\text{m}}{300\text{ kN}}=0.5\text{ m}$

압축응력만 생기게 하는 조건은 $e_{cr}=e$ 임으로 $\frac{l}{6}=0.5\text{ m}$ 이다.

따라서 기초 저면의 최소 길이는 $l=6\times0.5=3.0\text{ m}$ 이다. 답 ㉰

69. **독립기초에 $N = 20\text{ kN}$, $M = 10\text{ kN}\cdot\text{m}$가 작용할 때 접지압이 압축응력만 발생하도록 하기 위한 직사각형 기초 저면의 최소 길이는?**

㉮ 2 m ㉯ 3 m ㉰ 4 m ㉱ 5 m

---

(1) 핵반지름

$e_{cr} = \dfrac{l}{6}$ (편심거리 한계값)

(2) 편심거리

$e = \dfrac{M}{N} = \dfrac{10\text{ kN}\cdot\text{m}}{20\text{ kN}} = 0.5\text{ m}$

압축응력만 생기게 하는 조건은 $e_{cr} = e$ 임으로 $\dfrac{l}{6} = 0.5\text{ m}$ 이다.

따라서 기초 저면의 최소 길이는 $l = 6 \times 0.5 = 3.0\text{ m}$ 이다. 답 ㉯

70. $N = 15\text{ kN}$, $M = 1.125\text{ kN}\cdot\text{m}$**를 받는 원형 기둥에 인장응력이 생기지 않는 최소 기둥 지름은?**

㉮ 60 cm ㉯ 50 cm ㉰ 40 cm ㉱ 30 cm

---

(1) 핵반지름

$e_{cr} = \dfrac{D}{8}$ (편심거리 한계값)

(2) 편심거리

$e = \dfrac{M}{N} = \dfrac{1.125\text{ kN}\cdot\text{m}}{15\text{ kN}} = 0.075\text{ m} = 7.5\text{ cm}$

압축응력만 생기게 하는 조건은 $e_{cr} = e$ 임으로 $\dfrac{D}{8} = 7.5\text{ cm}$ 이다.

따라서 기초 저면의 최소 지름는 $D = 8 \times 7.5 = 604\text{ cm}$ 이다. 답 ㉮

71. **중심하중 500 kN, 휨모멘트 100 kN · m을 받는 기초 저면에 인장응력이 생기지 않기 위한 기초의 최소 너비 값은?**

㉮ 100 cm 이상 ㉯ 120 cm 이상

㉰ 140 cm 이상 ㉱ 160 cm 이상

↳ (1) 핵반지름

$$e_{cr}=\frac{l}{6}\ \text{(편심거리 한계값)}$$

(2) 편심거리

$$e=\frac{M}{N}=\frac{100\ \text{kN}\cdot\text{m}}{500\ \text{kN}}=0.2\ \text{m}$$

압축응력만 생기게 하는 조건은 $e_{cr}=e$ 임으로 $\frac{l}{6}=0.2\ \text{m}$이다.

따라서 기초의 최소 너비는 $l=6\times 0.2=1.2\ \text{m}$이다. 답 ㉯

72. 그림과 같은 하중을 지지하는 단주의 단면에서 인장응력을 발생시키지 않는 거리 x의 한계는?

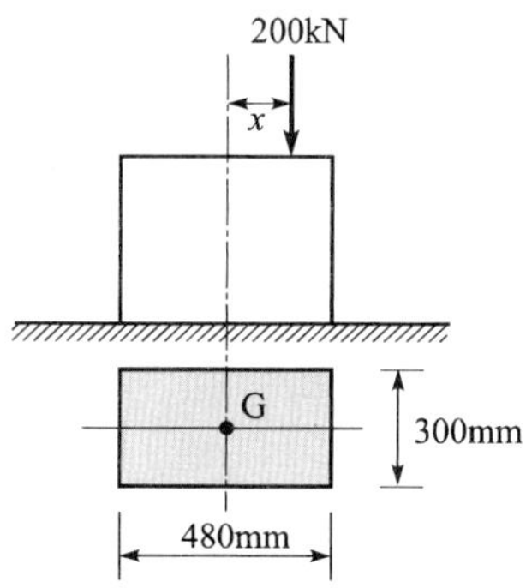

㉮ 40 mm
㉯ 60 mm
㉰ 80 mm
㉱ 100 mm

↳ (1) 단면력

$N=200\ \text{kN}$

$M=N\times x=200\times x=200x\ \text{kN}\cdot\text{m}$

(2) 핵반지름

$$e_{cr}=\frac{l}{6}=\frac{480}{6}=80\ \text{mm}$$

(3) 편심거리

$$e=\frac{M}{N}=\frac{200x}{200}=x\ \text{m}$$

압축응력만 생기게 하는 조건은 $e_{cr}=e$ 임으로 $x=80\ \text{mm}$이다. 답 ㉰

73. **다음 그림과 같은 독립기초에서 지반 반력의 분포형태로 옳은 것은?**

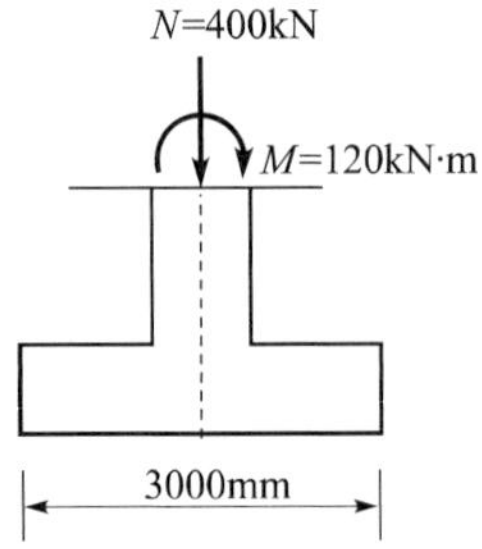

㉮ 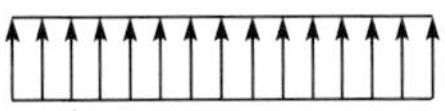

㉯ 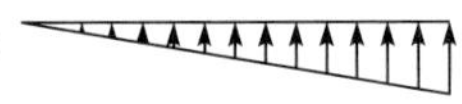

㉰ 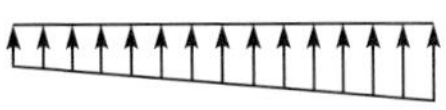

㉱ 

---

(1) 핵반지름

$$e_{cr} = \frac{l}{6} = \frac{3}{6} = 0.5\text{ m}$$ (편심거리 한계값)

(2) 편심거리

$$e = \frac{M}{N} = \frac{120\text{ kN}\cdot\text{m}}{400\text{ kN}} = 0.3\text{ m}$$

$e_{cr} = 0.5\text{ m} > e = 0.3\text{ m}$임으로 단면에는 압축응력만 발생한다. 답 ㉰

74. **휨모멘트와 압축력을 동시에 받는 기둥에서 단면에 생기는 응력의 분포도가 옳지 않은 것은?**

㉮ 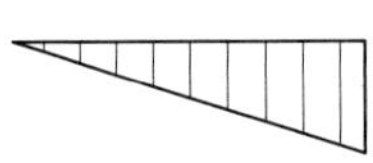

㉯ 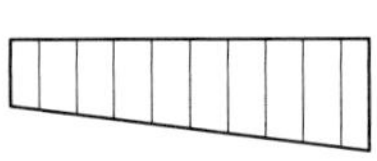

㉰ 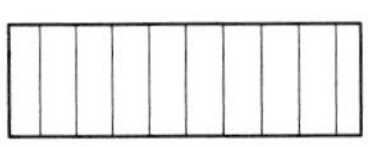

㉱ 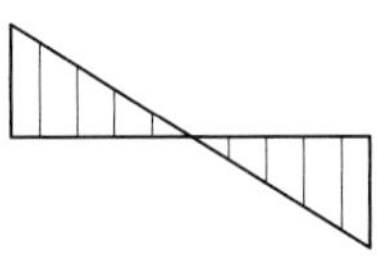

휨모멘트와 압축력이 동시에 작용할 경우 편심축하중이 되어 균일한 압축응력이 될 수는 없다. 답 ㉰

75. **축방향력** N=1,000 kN, **휨모멘트** M=50 kN · m**가** 500×500 mm **기둥 단면에 작용할 때 단면의 최대 및 최소 응력으로 옳은 것은?**

㉮ 4 MPa, 2.4 MPa　　㉯ 6.4 MPa, 2.4 MPa

㉰ 4 MPa, 1.6 MPa　　㉱ 6.4 MPa, 1.6 MPa

---

(1) 단면력

$N = 1{,}000\ \text{kN},\quad M = 50\ \text{kN}\cdot\text{m}$

(2) 최대 및 최소 압축응력

$$\sigma_{\max} = -\frac{N}{A} - \frac{M}{Z} = -\left(\frac{1{,}000\times10^3}{500\times500}\right) - \frac{50\times10^6}{\left(\frac{500\times500^2}{6}\right)} = -6.4\ \text{MPa}\ (\text{N/mm}^2)$$

(압축응력)

$$\sigma_{\min} = -\frac{N}{A} + \frac{M}{Z} = -\left(\frac{1{,}000\times10^3}{500\times500}\right) + \frac{50\times10^6}{\left(\frac{500\times500^2}{6}\right)} = -1.6\ \text{MPa}\ (\text{N/mm}^2)$$

(압축응력)

답 ㉱

76. **다음 기둥 단면에서 발생하는 최대 응력도의 크기는?**

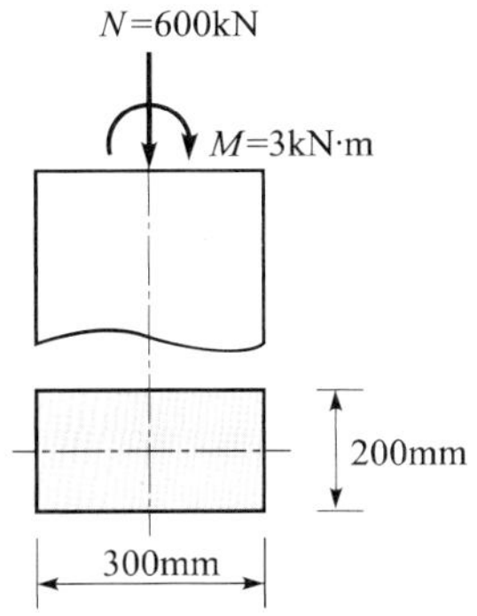

㉮ −8 MPa

㉯ −11 MPa

㉰ −14 MPa

㉱ −17 MPa

---

(1) 단면력

$N = 600\ \text{kN},\quad M = 3\ \text{kN}\cdot\text{m}$

(2) 최대 압축응력

$$\sigma_{\max} = -\frac{N}{A} - \frac{M}{Z} = -\left(\frac{600\times10^3}{200\times300}\right) - \frac{3\times10^6}{\left(\frac{200\times300^2}{6}\right)} = -11.0\ \text{MPa}\ (\text{N/mm}^2)$$

(압축응력)

답 ㉯

77. 그림과 같은 기둥 단면이 300 mm×300 mm인 사각형 단주에서 기둥에 발생하는 최대 압축응력은? (단, 부재의 재질은 균등한 것으로 본다.)

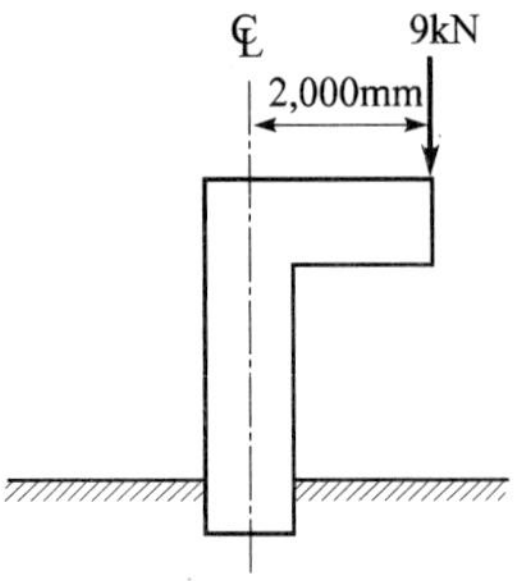

㉮ −2.0 MPa
㉯ −2.6 MPa
㉰ −3.1 MPa
㉱ −4.1 MPa

(1) 단면력

$N=9\text{ kN},\quad M=9\times 2=18\text{ kN}\cdot\text{m}$

(2) 최대 압축응력

$$\sigma_{\max}=-\frac{N}{A}-\frac{M}{Z}=-\left(\frac{9\times 10^3}{300\times 300}\right)-\frac{18\times 10^6}{\left(\frac{300\times 300^2}{6}\right)}=-4.1\text{ MPa (N/mm}^2)$$

(압축응력)

답 ㉱

78. 그림과 같은 기둥 단면에 작용하는 최대 응력의 크기는?

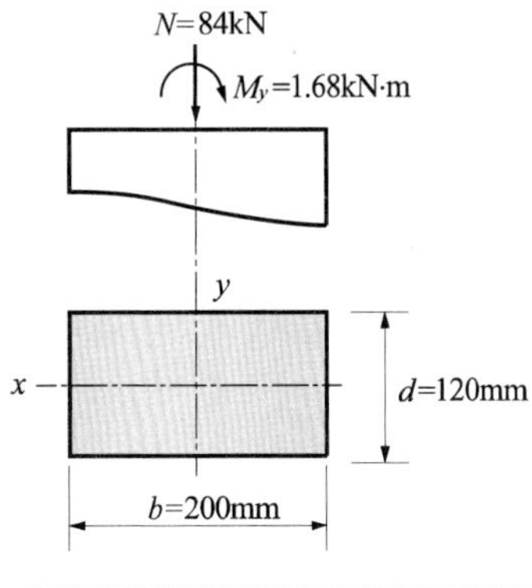

㉮ −1.4 MPa
㉯ −2.8 MPa
㉰ −5.6 MPa
㉱ −7.4 MPa

(1) 단면력

$N=84\text{ kN},\quad M=1.68\text{ kN}\cdot\text{m}$

(2) 최대 압축응력

$$\sigma_{\max}=-\frac{N}{A}-\frac{M}{Z}=-\left(\frac{84\times 10^3}{120\times 200}\right)-\frac{1.68\times 10^6}{\left(\frac{120\times 200^2}{6}\right)}=-5.6\text{ MPa (N/mm}^2)$$

(압축응력)

답 ㉰

79. **그림과 같은 하중을 받는 기초에서 기초 지반면에 일어나는 최대 압축응력은?**

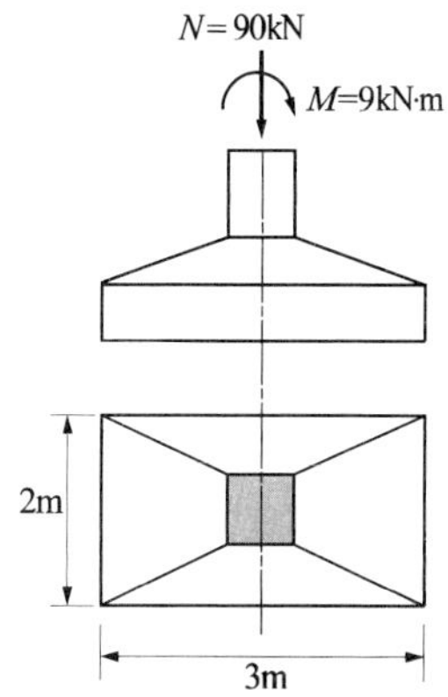

㉮ $15\ kN/m^2$

㉯ $18\ kN/m^2$

㉰ $21\ kN/m^2$

㉱ $25\ kN/m^2$

(1) 단면력

$N = 90\ kN$

$M = 9\ kN \cdot m$

(2) 최대 압축응력

$\sigma_{max} = -\frac{N}{A} - \frac{M}{Z} = -\left(\frac{90}{2 \times 3}\right) - \frac{9}{\left(\frac{2 \times 3^2}{6}\right)} = -18\ kN/m^2$ (압축응력)　　　답 ㉯

80. **그림과 같은 독립기초의 기초 저면에 생기는 최대 압축응력은?**

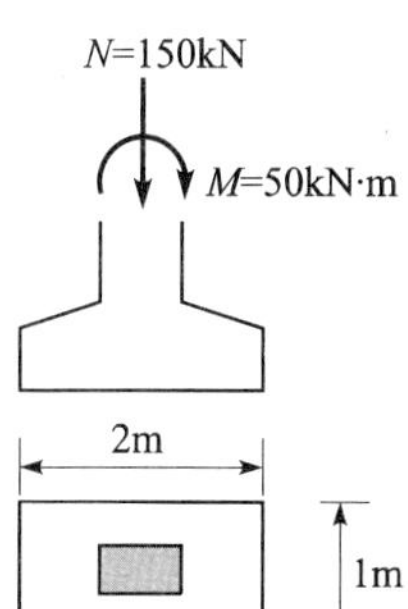

㉮ $160\ kN/m^2$

㉯ $150\ kN/m^2$

㉰ $140\ kN/m^2$

㉱ $130\ kN/m^2$

(1) 단면력

$N = 150\ kN$

$M = 50\ kN \cdot m$

(2) 최대 압축응력

$\sigma_{max} = -\frac{N}{A} - \frac{M}{Z} = -\left(\frac{150}{1 \times 2}\right) - \frac{50}{\left(\frac{1 \times 2^2}{6}\right)} = -150\ kN/m^2$ (압축응력)　　　답 ㉯

81. 그림과 같은 독립기초에 N=480 kN, M=96 kN · m가 작용할 때 기초 저면에 발생하는 최대 지반 반력은?

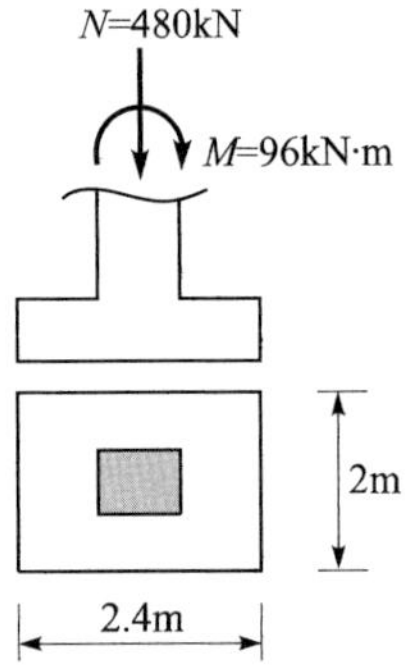

㉮ 15 kN/m^2
㉯ 150 kN/m^2
㉰ 20 kN/m^2
㉱ 200 kN/m^2

---

(1) 단면력

$N = 480$ kN

$M = 96$ kN · m

(2) 최대 압축응력

$$\sigma_{max} = -\frac{N}{A} - \frac{M}{Z} = -\left(\frac{480}{2\times 2.4}\right) - \frac{96}{\left(\frac{2\times 2.4^2}{6}\right)} = -150 \text{ kN/m}^2 \text{ (압축응력)}$$

답 ㉯

82. 그림과 같은 하중을 받는 기초에서 기초지반면에 일어나는 최대 압축응력도는?

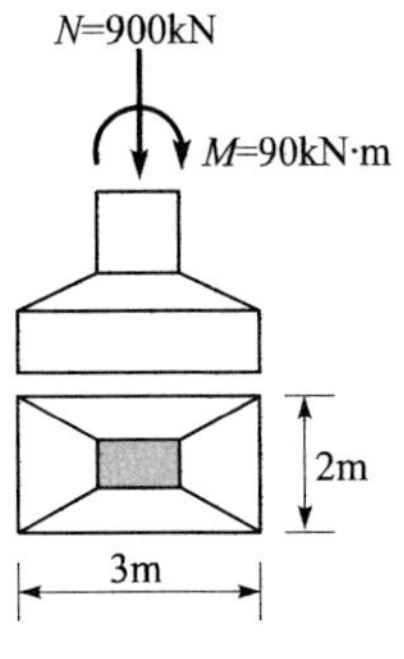

㉮ 0.15 MPa
㉯ 0.18 MPa
㉰ 0.21 MPa
㉱ 0.25 MPa

---

(1) 단면력

$N = 900$ kN

$M = 90$ kN · m

(2) 최대 압축응력

$$\sigma_{\max} = -\frac{N}{A} - \frac{M}{Z} = -\left(\frac{900}{2\times 3}\right) - \frac{90}{\left(\frac{2\times 3^2}{6}\right)}$$

$$= -180\ \text{kN/m}^2 = -0.180\ \text{MPa}\ (\text{N/mm}^2)\quad (\text{압축응력})$$

답 ㉯

83. **단면이 400 mm × 400 mm인 기둥에 축방향력 1,000 kN이 편심거리 e = 20 mm에 작용할 때 최대 압축응력의 크기는?**

㉮ 6.1 MPa　　㉯ 7.1 MPa

㉰ 8.1 MPa　　㉱ 9.1 MPa

---

(1) 단면력

$N = 1,000$ kN

$M = N \times 3 = 1,000 \times 0.02 = 20$ kN · m

(2) 최대 압축응력

$$\sigma_{\max} = -\frac{N}{A} - \frac{N\cdot e}{Z}$$

$$= -\left(\frac{1,000\times 10^3}{400\times 400}\right) - \frac{20\times 10^6}{\left(\frac{400\times 400^2}{6}\right)} = -8.1\ \text{MPa}\ (\text{N/mm}^2)$$

답 ㉰

84. **그림과 같은 독립기초에서 최대 압축응력은 다음 중 어느 것인가?**

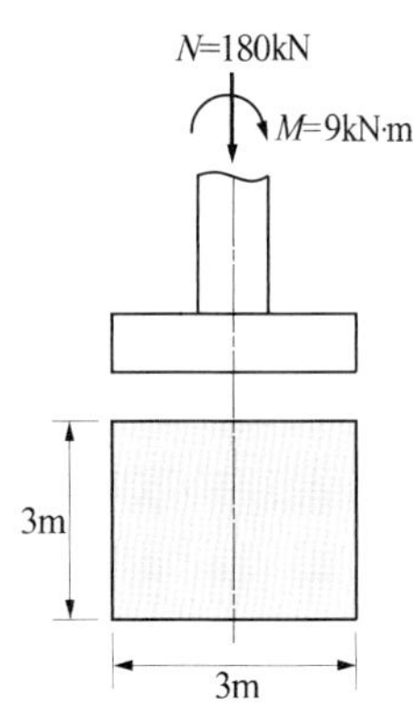

㉮ 20 kN/m^2

㉯ 21 kN/m^2

㉰ 22 kN/m^2

㉱ 23 kN/m^2

---

(1) 단면력 및 제계수

$N = 180$ kN

$M = 9$ kN · m

$A = 3 \times 3 = 9$ m^2

$$Z=\frac{b \cdot h^2}{6}=\frac{3\times3^2}{6}=4.5\ \mathrm{m}^3$$

(2) 최대 압축응력

$$\sigma_{\max}=-\frac{N}{A}-\frac{M}{Z}=-\left(\frac{180}{9}\right)-\left(\frac{9}{4.5}\right)=-22\ \mathrm{kN/m^2}\ (\text{압축응력})$$

답 ㉰

85. **그림과 같은 단주에 편심축하중 $N=2.4\,\mathrm{kN}$이 작용할 때 단주에 생기는 최대 압축응력의 값으로 맞는 것은?**

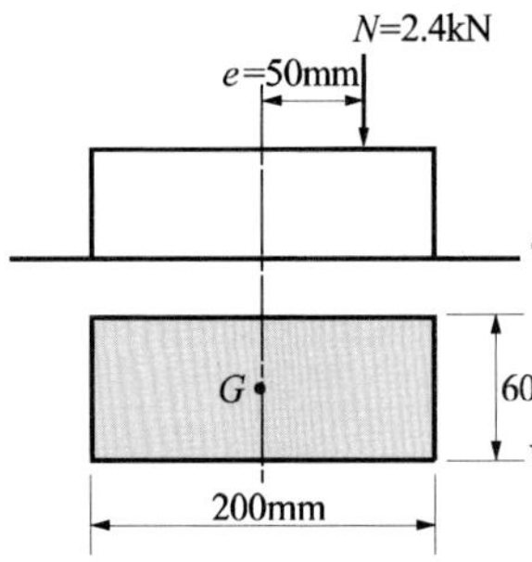

㉮ 0.5 MPa
㉯ 1.0 MPa
㉰ 1.5 MPa
㉱ 2.0 MPa

$$\sigma_{\max}=-\frac{N}{A}-\frac{M}{Z}=-\left(\frac{2.4\times10^3}{60\times200}\right)-\frac{(2.4\times10^3)\times50}{\left(\frac{60\times200^2}{6}\right)}=-0.5\ \mathrm{MPa}\ (\mathrm{N/mm^2})$$

(압축응력) 답 ㉮

86. **그림과 같은 정방형 단주(短柱)의 점 E에 압축력 100 kN이 작용할 때 점 B에 발생되는 응력의 크기는?**

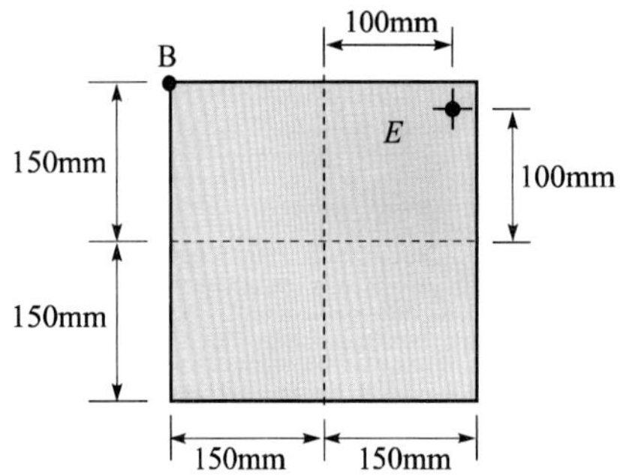

㉮ −1.11 MPa
㉯ 1.11 MPa
㉰ −2.22 MPa
㉱ 2.22 MPa

---

(1) 단면력 및 제계수

$N=100\ \mathrm{kN}$

$M_x=100\times0.1=10\ \mathrm{kN\cdot m}$

$M_y=100\times0.1=10\ \mathrm{kN\cdot m}$

$$A = 300 \times 300 = 90.0 \times 10^3 \text{ mm}^2$$

$$Z = \frac{b \cdot h^2}{6} = \frac{300 \times 300^2}{6} = 4.5 \times 10^6 \text{ mm}^3$$

(2) 점 B에 발생되는 응력

$$\sigma_B = -\frac{N}{A} - \frac{M_x}{Z} + \frac{M_y}{Z}$$

$$= -\left(\frac{100 \times 10^3}{90.0 \times 10^3}\right) - \left(\frac{10 \times 10^6}{4.5 \times 10^6}\right) + \left(\frac{10 \times 10^6}{4.5 \times 10^6}\right) = -1.11 \text{ MPa (N/mm}^2)$$

(압축응력) 답 ㉮

87. 압축부재의 유효좌굴길이는 무엇으로 결정되는가?

㉮ 부재단면의 단면2차 모멘트 ㉯ 부재단면의 단면계수
㉰ 재단의 지지조건 ㉱ 부재의 처짐

↳ 부재의 유효좌굴길이는 ① 양단 고정 : $l_k = 0.5l$, ② 일단 힌지-타단 고정 : $l_k = 0.7l$, ③ 양단 힌지 : $l_k = 1.0l$, ④ 일단 자유-타단 고정 : $l_k = 2.0l$이다. 여기서, l은 부재의 길이이다. 따라서 유효좌굴길이는 재단의 지지조건에 따라 결정된다. 답 ㉰

88. 압축부재의 유효좌굴길이는 다음 중 무엇으로 결정되는가?

㉮ 부재 단면의 단면2차 모멘트 ㉯ 부재 단부의 지지상태
㉰ 부재의 처짐 ㉱ 부재 단면의 단면계수

↳ 유효좌굴길이 l_k는 부재 단부의 지지상태에 따라 변화한다. 답 ㉯

89. 일단 고정-타단 힌지 구조인 기둥의 길이가 3 m일 때 좌굴하중을 산정하기 위한 유효좌굴길이(l_k)의 값은?

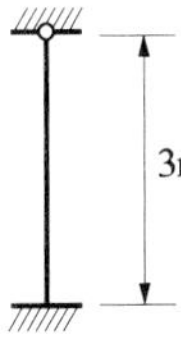

㉮ 0 m
㉯ 1.5 m
㉰ 2.1 m
㉱ 3 m

↳ 일단 고정-타단 회전인 기둥의 유효좌굴길이 : $l_k = 0.7l$

$l_k = 0.7l = 0.7 \times 3 = 2.1$ m 답 ㉰

90. 다음 그림과 같은 기둥에서 유효좌굴길이 (l_k)는?

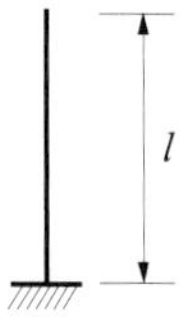

㉮ 0.5 l
㉯ 0.7 l
㉰ 1.0 l
㉱ 2.0 l

↳ 일단 자유–타단 고정의 유효좌굴길이는 $l_k = 2.0l$이다. 답 ㉱

91. 일단 자유-타단 고정의 압축부재의 길이가 7m일 때 유효좌굴길이는?

㉮ 3.5 m
㉯ 4.9 m
㉰ 7.0 m
㉱ 14.0 m

↳ 일단 자유–타단 고정의 유효좌굴길이는 $l_k = 2.0l = 2.0 \times 7 = 14.0$ m이다. 답 ㉱

92. 그림과 같은 장주의 유효좌굴길이를 옳게 설명한 것은? 단, 기둥의 재질과 단면크기는 모두 같다.

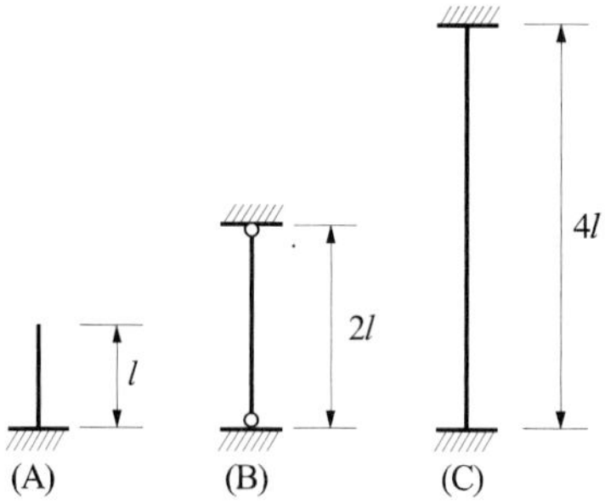

㉮ (A)가 최대이고, (B)가 최소이다.
㉯ (C)가 최대이고, (A)가 최소이다.
㉰ (B)가 최대이고, (A)와 (C)는 같다.
㉱ (A), (B), (C) 모두 같다.

↳ (A) $l_k = 2 \times l = 2l$

(B) $l_k = 1 \times 2l = 2l$

(C) $l_k = 0.5 \times 4l = 2l$

답 ㉱

93. **그림과 같은 기둥의 유효좌굴길이는?**

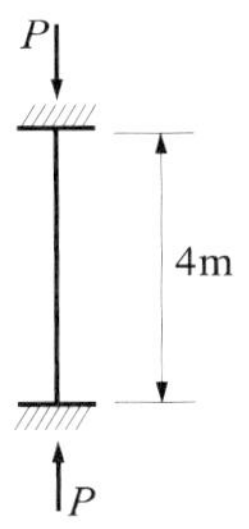

㉮ 4.0 m
㉯ 2.0 m
㉰ 3.0 m
㉱ 3.5 m

↳ 양단 고정의 유효좌굴길이는 $l_k = 0.5l = 0.5 \times 4 = 2.0$ m이다. 답 ㉯

94. **그림과 같은 강구조에서 슬래브의 강성 $K_b = \infty$이고, 슬래브와 기둥은 강접합 되어 있을 때, 기둥의 유효좌굴길이는? (단, 기둥 상하단의 수평이동이 없는 경우)**

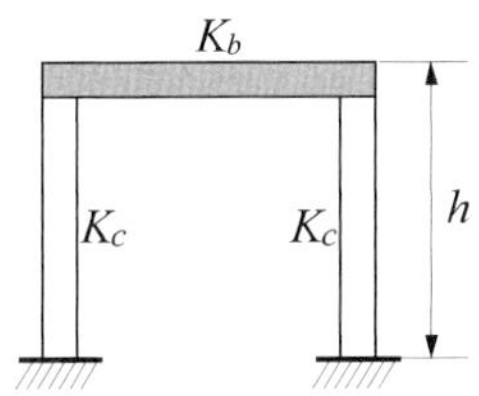

㉮ 2.0h
㉯ 0.5h
㉰ 0.7h
㉱ 1.0h

↳ 기둥의 최하부는 지반에 고정되어 있고 기둥의 최상부에서 슬래브의 강성이 무한대이면서 슬래브와 기둥이 강접합되어 있으면, 기둥의 양단부는 고정단으로 가정한다. 따라서 유효좌굴길이 $l_k = 0.5h$이다. 답 ㉯

95. **그림과 같은 철골구조에서 K_B/K_C=0 일 때 기둥의 좌굴길이는? (단, 수평력에 의해 수평변형이 생길 때)**

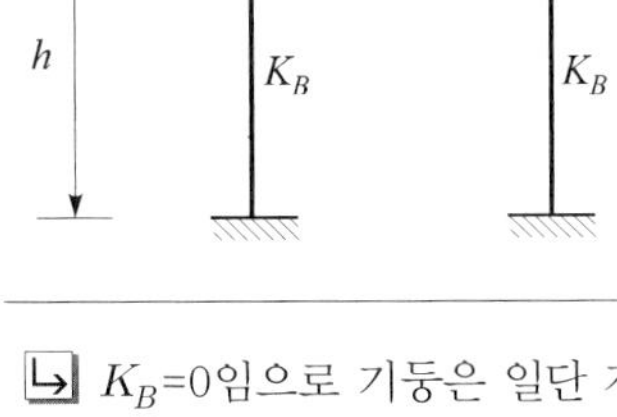

㉮ 0.5 h
㉯ 0.7 h
㉰ 1.0 h
㉱ 2.0 h

↳ K_B=0임으로 기둥은 일단 자유–타단 고정이며, 이때의 유효좌굴길이는
$l_k = 2.0l = 2.0h$이다. 답 ㉱

96. **오일러(Euler)의 좌굴하중을 나타내는 식으로 맞는 것은 어느 것인가? (단, E : 탄성계수, I : 단면2차 모멘트, l_k : 유효좌굴길이)**

㉮ $\dfrac{\pi^2 E^2 I}{l_k^{\ 2}}$　　㉯ $\dfrac{\pi E I^2}{l_k^{\ 2}}$　　㉰ $\dfrac{\pi E I}{l_k}$　　㉱ $\dfrac{\pi^2 E I}{l_k^{\ 2}}$

↳ $N_k = \dfrac{\pi^2 EI}{l_k^{\ 2}}$

답 ㉱

97. **기둥에서 장주의 좌굴하중은 Euler 공식으로부터 $P_{cr} = \dfrac{\pi^2 EI}{(kl)^2}$ 이다. 기둥의 지지 조건이 양단 힌지일 때 기둥의 유효길이계수 k는?**

㉮ 0.5　　㉯ 0.7　　㉰ 1.0　　㉱ 2.0

↳ 부재의 유효좌굴길이는 양단 힌지일 경우 $l_k = 1.0l$임으로 유효길이계수 k=1.0이다.

답 ㉰

98. **강구조 기둥의 좌굴하중(Critical Bucking Load)을 계산하는데 직접적인 영향을 주지 않는 것은?**

㉮ 재료의 항복강도　　㉯ 재료의 탄성계수

㉰ 단면2차 모멘트　　㉱ 유효좌굴길이

↳ 오일러(Euler)의 좌굴하중

$$N_k = \frac{\pi^2 EI}{l_k^{\ 2}} = \frac{\pi^2 EA}{\lambda^2}$$

여기서, E : 탄성계수, I : 단면2차 모멘트, l_k : 유효좌굴길이,

λ : 세장비 $\left(\lambda = \dfrac{l_k}{i}\right)$, i : 단면2차 반지름 $\left(i = \sqrt{\dfrac{I}{A}}\right)$

답 ㉮

99. **양단이 단순 지지인 기둥에서 단면이 $a \times a$이고 유효좌굴길이가 l_k인 경우, 기둥이 받을 수 있는 축하중 P에 관한 설명으로 옳은 것은? (단, E는 탄성계수, I는 단면2차 모멘트임)**

㉮ P는 E에 비례, a^3에 비례, I에 반비례　　㉯ P는 E에 비례, a^3에 비례, $l_k^{\ 2}$에 반비례

㉰ P는 E에 비례, a^4에 비례, I에 반비례　　㉱ P는 E에 비례, a^4에 비례, $l_k^{\ 2}$에 반비례

↳ 오일러 (Euler)의 좌굴하중

$$N_k = \frac{\pi^2 EI}{{l_k}^2} = \frac{\pi^2 EA}{\lambda^2}$$

여기서, E : 탄성계수, I : 단면2차 모멘트 $\left(I = \frac{a^4}{12}\right)$, l_k : 유효좌굴길이,

λ : 세장비 $\left(\lambda = \frac{l_k}{i}\right)$, i : 단면2차 반지름 $\left(i = \sqrt{\frac{I}{A}}\right)$

따라서 좌굴하중 N_k 또는 P는 E, I에 비례하고 ${l_k}^2$에 반비례한다.

또한 정사각형의 경우 I에 비례하므로 a^4에 비례한다. 답 ㉱

100. 그림과 같은 단면을 가진 압축부재에서 유효좌굴길이 $l_k = 500$ mm일 때 Euler의 좌굴하중 N_k 값은? 단, 재료의 탄성계수 $E = 210$ kN/mm^{2}이다.

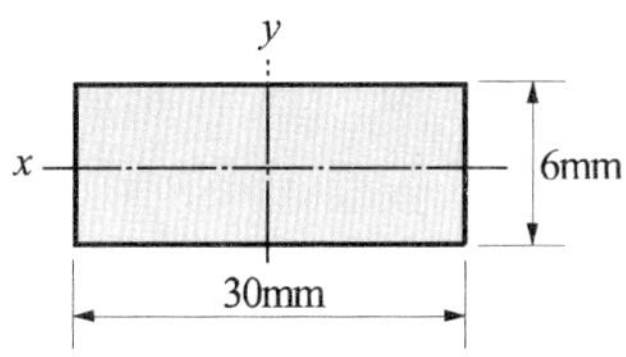

㉮ 17.9 kN
㉯ 4.3 kN
㉰ 19.7 kN
㉱ 4.5 kN

↳ 좌굴하중은 약축인 x축에 대한 좌굴하중으로 결정된다.

$$N_k = \frac{\pi^2 EI}{{l_k}^2} = \frac{\pi^2 \times 210 \times \left(\frac{30 \times 6^3}{12}\right)}{500^2} = 4.5 \text{ kN}$$

답 ㉱

101. 지지상태는 양단 고정이며, 길이 3 m인 압축력을 받는 원형강관 ∅-89.1×3.2의 탄성좌굴하중을 구하면? (단, I=79.8×10^4 mm, E=210,000 MPa이다.)

㉮ 184 kN ㉯ 735 kN ㉰ 1,018 kN ㉱ 1,532 kN

↳ (1) 유효좌굴길이

$l_k = 0.5l$

(2) 압축부재의 좌굴하중

$$N_k = \frac{\pi^2 EI}{{l_k}^2} = \frac{\pi^2 \times 210{,}000 \times (79.8 \times 10^4)}{(0.5 \times 3{,}000)^2} = 735.1 \times 10^3 \text{ N} = 735.1 \text{ kN}$$

답 ㉯

102. 다음 조건을 가진 압축부재의 좌굴하중 값으로 옳은 것은?

$EI = 1.39 \times 10^{13}$ N · mm^2 $k = 1.0$ $l = 4{,}900$ mm 부재단면 400 × 400 mm

㉮ 3,123.8 kN　㉯ 4,517.8 kN　㉰ 5,012.8 kN　㉱ 5,713.8 kN

압축부재의 좌굴하중

$$N_k = \frac{\pi^2 EI}{l_k^{\,2}} = \frac{\pi^2 \times (1.39 \times 10^{13})}{(1.0 \times 4{,}900)^2} = 5{,}713.8 \times 10^3\ \text{N} = 5{,}713.8\ \text{kN}$$

답 ㉱

103. 그림과 같은 기둥의 단면(斷面)이 150×150 mm일 경우 이 기둥의 오일러(Euler) 좌굴하중은? (단, 탄성계수 E=8×10^3 MPa)

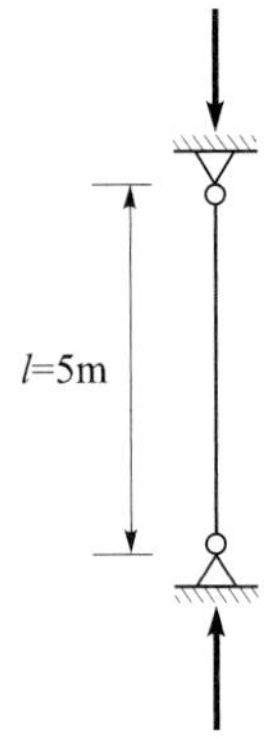

㉮ 133.2 kN
㉯ 154.6 kN
㉰ 176.9 kN
㉱ 198.7 kN

(1) 유효좌굴길이

$l_k = 1.0\,l$

(2) 단면2차 모멘트

$$I = \frac{bh^3}{12} = \frac{150^4}{12 =} 42{,}187.5 \times 10^3\ \text{mm}^4$$

(3) 압축부재의 좌굴하중

$$N_k = \frac{\pi^2 EI}{l_k^{\,2}} = \frac{\pi^2 \times (8 \times 10^3) \times (42{,}187.5 \times 10^3)}{(1.0 \times 5{,}000)^2} = 133.2 \times 10^3\ \text{N} = 133.2\ \text{kN}$$

답 ㉮

104. **그림과 같은 기둥의 단면이** 150×150 mm**일 경우, 이 기둥의 오일러 좌굴하중으로 적당한 것은? (단, 탄성계수** $E=8\times10^3$ MPa)

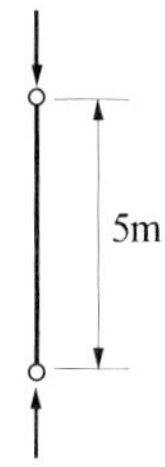

㉮ 133 kN
㉯ 154 kN
㉰ 176 kN
㉱ 198 kN

↳ 좌굴하중 (N_k)

① $E=8\times10^3$ MPa (N/mm²)

② $I=\dfrac{bh^3}{12}=\dfrac{150\times150^3}{12}=42.19\times10^6\ \text{mm}^4$

③ $l_k=1.0l=5{,}000\ \text{mm}$

④ $N_k=\dfrac{\pi^2EI}{{l_k}^2}=\dfrac{\pi^2\times(8\times10^3)\times(42.19\times10^6)}{5{,}000^2}=133\times10^3\ \text{N}=133\ \text{kN}$ 답 ㉮

105. **일단은 고정, 타단은 자유인 길이** 10 m**인 강구조의 기둥에서 오일러의 좌굴하중은? 단, 단면적** $A=6\times10^3\ \text{mm}^2$, $I_x=40\times10^6\ \text{mm}^4$, $I_y=20\times10^6\ \text{mm}^4$, **탄성계수는** 210×10^3 MPa (N/mm²)**이다.**

㉮ 104 kN
㉯ 208 kN
㉰ 403 kN
㉱ 806 kN

↳ x축 및 y축의 양방향에 대해 좌굴하중을 고려할 경우 $N_k=\min(N_{kx},\ N_{ky})$가 된다.

좌굴하중 식은 $N_k=\dfrac{\pi^2EI}{{l_k}^2}$이고, E와 l_k가 동일할 경우 I에 의해 좌굴하중이 결정된다.

즉 $I=\min(I_x,\ I_y)$로서 x축 및 y축에 대한 단면2차 모멘트가 작은 것(I_y)을 N_k에 대입하여 좌굴하중을 산정한다.

$\therefore N_k=\dfrac{\pi^2EI}{{l_k}^2}=\dfrac{\pi^2EI}{(2l)^2}=\dfrac{\pi^2\times(210\times10^3)\times(20\times10^6)}{(2\times10\times10^3)^2}=104\times10^3\ \text{N}=104\ \text{kN}$

답 ㉮

106. 그림과 같은 단면을 가진 압축부재에서 유효좌굴길이 l_k=250 mm 일 때 Euler의 좌굴하중 값은? (단, E=210,000 MPa이다.)

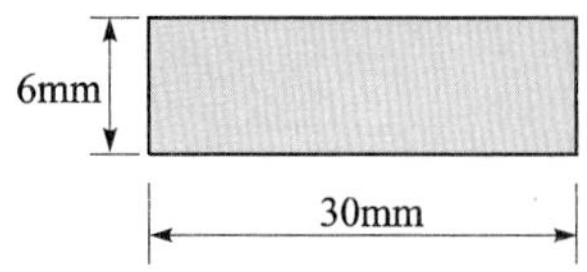

㉮ 17.9 kN
㉯ 43.0 kN
㉰ 52.9 kN
㉱ 64.7 kN

---

(1) 유효좌굴길이

$l_k = 250\ \mathrm{mm}$

(2) 단면2차 모멘트

$$I_x = \frac{bh^3}{12} = \frac{30\times 6^3}{12} = 540\ \mathrm{mm}^4$$

$$I_y = \frac{hb^3}{12} = \frac{6\times 30^3}{12} = 13{,}500\ \mathrm{mm}^4$$

$\therefore\ I = \min(I_x, I_y) = \min(540, 13{,}500) = 540\ \mathrm{mm}^4$

(3) 압축부재의 좌굴하중

$$N_k = \frac{\pi^2 EI}{{l_k}^2} = \frac{\pi^2\times(210{,}000)\times(540)}{(250)^2} = 17.9\times 10^3\ \mathrm{N} = 17.9\ \mathrm{kN}$$ 답 ㉮

107. 다음 그림의 기둥에서 Euler의 좌굴하중은 얼마인가? (단, E=2.1×10^5 MPa, I_x =1,620 cm^4, I_y=113 cm^4)

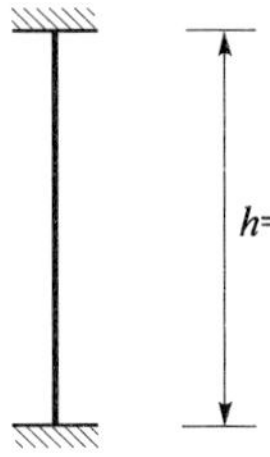

㉮ 209.8 kN
㉯ 585.5 kN
㉰ 620.8 kN
㉱ 840.0 kN

---

(1) 유효좌굴길이

$l_k = 0.5l = 0.5\times 4{,}000 = 2{,}000\ \mathrm{mm}$

(2) 단면2차 모멘트

$I = \min(I_x, I_y) = \min(1{,}620\times 10^4, 113\times 10^4) = 113\times 10^4\ \mathrm{mm}^4$

(3) 압축부재의 좌굴하중

$$N_k = \frac{\pi^2 EI}{{l_k}^2} = \frac{\pi^2\times(2.1\times 10^5)\times(113\times 10^4)}{(2{,}000)^2} = 585.5\times 10^3\ \mathrm{N} = 585.5\ \mathrm{kN}$$ 답 ㉯

108. **부재의 EI가 일정하고, 양단의 지지상태가 그림과 같은 경우, A기둥의 탄성좌굴하중은 B기둥의 탄성좌굴하중의 몇 배인가?**

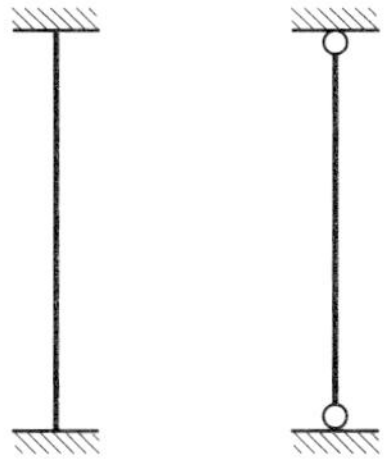

㉮ 4배
㉯ 6배
㉰ 8배
㉱ 16배

---

(1) 유효좌굴길이

① $l_{k,A} = 0.5l$,

② $l_{k,B} = 1.0l$

(2) 오일러(Euler)의 좌굴하중(탄성좌굴하중)

① $N_{k,A} = \dfrac{\pi^2 EI}{l_{k,A}^2} = \dfrac{\pi^2 EI}{(0.5l)^2} = \dfrac{\pi^2 EI}{0.25l^2}$

② $N_{k,B} = \dfrac{\pi^2 EI}{l_{k,B}^2} = \dfrac{\pi^2 EI}{(1.0l)^2} = \dfrac{\pi^2 EI}{l^2}$

(3) A, B 기둥의 탄성좌굴하중 관계

$$\frac{N_{k,A}}{N_{k,B}} = \frac{\left(\dfrac{\pi^2 EI}{0.25l^2}\right)}{\left(\dfrac{\pi^2 EI}{l^2}\right)} = \frac{1}{0.25} = 4$$

답 ㉮

109. **양단 고정된 기둥은 캔틸레버 기둥(일단 고정-타단 자유)보다 몇 배나 큰 오일러(Euler) 좌굴하중을 받을 수 있는가? (단, 두 기둥의 단면 크기, 재료, 길이가 동일함)**

㉮ 2 ㉯ 4 ㉰ 8 ㉱ 16

---

(1) 유효좌굴길이

① $l_{k,A} = 0.5l$

② $l_{k,B} = 2.0l$

(2) 오일러(Euler)의 좌굴하중(탄성좌굴하중)

① $N_{k,A} = \dfrac{\pi^2 EI}{l_{k,A}^2} = \dfrac{\pi^2 EI}{(0.5l)^2} = \dfrac{\pi^2 EI}{0.25l^2}$

② $N_{k,B}=\frac{\pi^2 EI}{{l_{k,B}}^2}=\frac{\pi^2 EI}{(2.0l)^2}=\frac{\pi^2 EI}{4.0l^2}$

(3) A, B 기둥의 탄성좌굴하중 관계

$$\frac{N_{k,A}}{N_{k,B}}=\frac{\left(\frac{\pi^2 EI}{0.25l^2}\right)}{\left(\frac{\pi^2 EI}{4.0l^2}\right)}=\frac{4}{0.25}=16$$

답 ㉣

110. **지지조건과 횡구속에 따른 좌굴하중에서 그림 A의 장주가 15 kN 하중에 견딜 수 있다면 그림 B의 장주가 견딜 수 있는 하중은?**

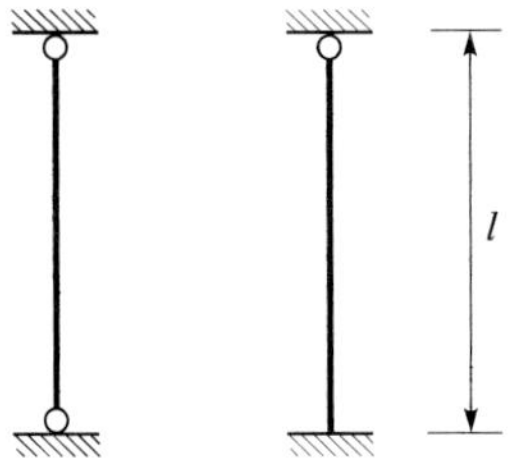

㉮ 20.6 kN
㉯ 30.6 kN
㉰ 35.6 kN
㉱ 45.6 kN

---

(1) 유효좌굴길이

① $l_{k,A}=1.0l$

② $l_{k,B}=0.7l$

(2) 오일러(Euler)의 좌굴하중(탄성좌굴하중)

① $N_{k,A}=\frac{\pi^2 EI}{{l_{k,A}}^2}=\frac{\pi^2 EI}{(1.0l)^2}=\frac{\pi^2 EI}{1.0l^2}$

② $N_{k,B}=\frac{\pi^2 EI}{{l_{k,B}}^2}=\frac{\pi^2 EI}{(0.7l)^2}=\frac{\pi^2 EI}{0.49l^2}$

(3) A, B 기둥의 탄성좌굴하중 관계

$$\frac{N_{k,A}}{N_{k,B}}=\frac{\left(\frac{\pi^2 EI}{1.0l^2}\right)}{\left(\frac{\pi^2 EI}{0.49l^2}\right)}=0.49$$

(4) B의 장주가 견딜 수 있는 하중

$$\frac{15}{0.49}=30.6\text{ kN}$$

답 ㉯

111. **다음 그림과 같은 압축부재** H-200×200×8×12**가 부재의 중앙지점에서 약축에 대해 휨변형이 구속되어 있다. 이 부재의 탄성좌굴응력을 구하면?** (단, 단면적 $A=63.53\times10^2\ \mathrm{mm}^2$, $I_x=4.72\times10^7\ \mathrm{mm}^4$, $I_y=1.60\times10^7\ \mathrm{mm}^4$, $E=210{,}000$ MPa)

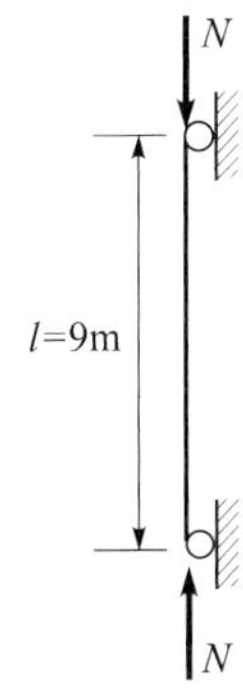

㉮ 252 N/mm²
㉯ 193 N/mm²
㉰ 132 N/mm²
㉱ 108 N/mm²

---

(1) 유효좌굴길이

$$l_{kx}=1.0\,l_x=1.0\times9{,}000=9{,}000\ \mathrm{mm}$$

$$l_{ky}=1.0\,l_y=1.0\times4{,}500=4{,}500\ \mathrm{mm}$$

(2) 단면2차 모멘트

$$I_x=4.72\times10^7\ \mathrm{mm}^4$$

$$I_y=1.60\times10^7\ \mathrm{mm}^4$$

(3) 압축부재의 좌굴하중

$$N_{kx}=\frac{\pi^2EI_x}{{l_{kx}}^2}=\frac{\pi^2\times(210{,}000)\times(4.72\times10^7)}{(9{,}000)^2}=1{,}207.7\times10^3\ \mathrm{N}=1{,}207.7\ \mathrm{kN}$$

$$N_{ky}=\frac{\pi^2EI_y}{{l_{ky}}^2}=\frac{\pi^2\times(210{,}000)\times(1.60\times10^7)}{(4{,}500)^2}=1{,}637.6\times10^3\ \mathrm{N}=1{,}637.6\ \mathrm{kN}$$

$$\therefore\ N_k=\min(N_{kx},N_{ky})=\min(1{,}207.7,\ 1{,}637.6)=1{,}207.7\ \mathrm{kN}$$

(4) 압축부재의 좌굴응력

$$\sigma_k=\frac{N_k}{A}=\frac{1{,}207.7\times10^3}{63.53\times10^2}=193.1\rightarrow193\ \mathrm{N/mm^2}$$

답 ㉯

112. 다음 중 압축부재의 좌굴하중 산정 시 직접적인 관계가 없는 것은?

㉮ 부재의 푸아송비 ㉯ 부재의 단면2차 모멘트
㉰ 부재의 탄성계수 ㉱ 부재의 지지조건

좌굴하중 산정 시 직접적인 관계가 있는 것은 부재의 탄성계수, 단면2차 모멘트, 유효좌굴길이, 지지조건, 세장비 등이다. 답 ㉮

113. 다음 중 압축부재에서 세장비를 구할 때 필요 없는 것은?

㉮ 부재 길이 ㉯ 단부 지점 조건
㉰ 탄성계수 ㉱ 단면 2차 반지름

λ : 세장비 $\left(\lambda = \frac{l_k}{i}\right)$

l_k : 유효좌굴길이

i : 단면2차 반지름 $\left(i = \sqrt{\frac{I}{A}}\right)$ 답 ㉰

114. 길이 l=3.0 m, 단면2차 반지름 i=30 mm 세장비 λ=100 인 압축력을 받는 장주가 있다. 양단부의 지지조건으로 옳은 것은?

㉮ 양단 고정 ㉯ 일단 고정-타단 힌지
㉰ 양단 힌지 ㉱ 일단 고정-타단 자유

$\lambda = \frac{l_k}{i} = \frac{k \times 3000}{30} = 100$

$k = 1.0$

$\therefore\ l_k = 1.0\,l$ 따라서 양단부의 지지조건은 양단힌지이다. 답 ㉰

115. **장주인 기둥에 중심축하중이 작용할 때 오일러의 좌굴하중 산정에 관한 설명으로 옳지 않은 것은?**

㉮ 기둥의 단면적이 큰 부재가 작은 부재보다 좌굴하중이 크다.
㉯ 기둥의 단면2차 모멘트가 큰 부재가 작은 부재보다 좌굴하중이 크다.
㉰ 기둥의 탄성계수가 큰 부재가 작은 부재보다 좌굴하중이 크다.
㉱ 기둥의 세장비가 큰 부재가 작은 부재보다 좌굴하중이 크다.

↳ 기둥의 세장비 (λ)가 큰 부재가 작은 부재보다 좌굴하중이 작다. 답 ㉱

116. **강구조의 기둥에서 세장한 기둥의 단면계산에 있어 세장비에 따라 그 허용응력이 달라지는 것은 다음 현상 중 어느 것에 기인하는가?**

㉮ 처짐현상 ㉯ 전단현상
㉰ 진동현상 ㉱ 좌굴현상

↳ 세장한 기둥 (장주)의 내력은 좌굴현상에 의한 좌굴응력에 의해 결정된다. 답 ㉱

117. **그림과 같은 줄기초를 구축하려고 한다. 지반의 허용지내력이 f_e일 때, 기초의 최소 너비 b는 약 얼마인가? (단, $f_e = 30\ \mathrm{kN/m^2}$)**

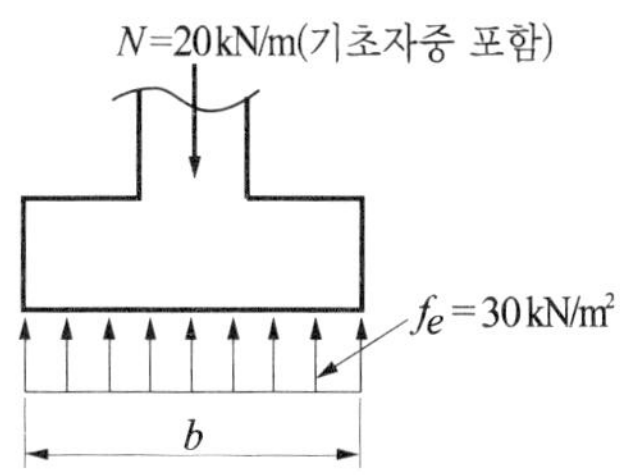

㉮ 57 cm
㉯ 67 cm
㉰ 77 cm
㉱ 87 cm

↳ 단위길이 1 m에 대해 $\sigma = -\frac{N}{A} = -\frac{20}{b \times 1}$ (압축)이다.

따라서 $\sigma = \frac{20}{b \times 1} \le f_e = 30\ \mathrm{kN/m^2}$이다.

$\therefore b \ge 0.67\ \mathrm{m} = 67\ \mathrm{cm}$ 답 ㉯

118. **기초 설계에 있어 500 kN (자중포함)의 장기하중을 받을 경우, 장기 허용지내력도가 100 kN/m^{2}인 지반에서 적당한 정사각형 기초판의 크기는?**

㉮ 1.5 m×1.5 m　　㉯ 1.8 m×1.8 m

㉰ 2.0 m×2.0 m　　㉱ 2.3 m×2.3 m

$N = 500$ kN (사용하중)

$f_e = 100$ kN/m^2(허용지내력)

$$\sigma = \frac{N}{A} \le f_e$$

$$A \ge \frac{N}{f_e} = \frac{500}{100} = 5\ \text{m}^2$$

따라서 정사각형 기초판일 경우 기초판의 한 변은 다음과 같다.

$$l \ge \sqrt{A} = \sqrt{5} = 2.24\ \text{m}$$

그러므로 적당한 정사각형 기초판의 크기는 2.3 m×2.3 m이다. 답 ㉱

119. **기초 설계 시 장기 100 kN (자중포함)의 하중을 받는 경우 장기허용지내력도 20 kN/m^{2}의 지반에서 필요한 기초판의 크기는?**

㉮ 1.5 m×1.5 m　　㉯ 1.8 m×1.8 m

㉰ 2.1 m×2.1 m　　㉱ 2.4 m×2.4 m

$N = 100$ kN (사용하중)

$f_e = 20$ kN/m^2(허용지내력)

$$\sigma = \frac{N}{A} \le f_e$$

$$A \ge \frac{N}{f_e} = \frac{100}{20} = 5\ \text{m}^2$$

따라서 정사각형 기초판일 경우 기초판의 한 변은 다음과 같다.

$$l \ge \sqrt{A} = \sqrt{5} = 2.24\ \text{m}$$

그러므로 적당한 정사각형 기초판의 크기는 2.4 m×2.4 m이다. 답 ㉱

120. **기초설계 시 장기** 150 kN (**자중포함**)**의 하중을 받는 경우 장기허용지내력도** $20\,\mathrm{kN/m^2}$ **의 지반에서 필요한 기초판의 크기는?**

㉮ 1.6 m×1.6 m ㉯ 2.0 m×2.0 m

㉰ 2.4 m×2.4 m ㉱ 2.8 m×2.8 m

↳ $N = 150\,\mathrm{kN}$ (사용하중)

$f_e = 20\,\mathrm{kN/m^2}$(허용지내력)

$$\sigma = \frac{N}{A} \le f_e$$

$$A \ge \frac{N}{f_e} = \frac{150}{20} = 7.5\,\mathrm{m^2}$$

따라서 정사각형 기초판일 경우 기초판의 한 변은 다음과 같다.

$l \ge \sqrt{A} = \sqrt{7.5} = 2.74\,\mathrm{m}$

그러므로 적당한 정사각형 기초판의 크기는 2.8 m×2.8 m이다. 답 ㉱

121. **장기하중** 1,800 kN (**자중포함**)**을 받는 독립기초판의 크기는? (단, 지반의 장기허용지내력은** $300\,\mathrm{kN/m^2}$ **이다.)**

㉮ 1.8 m×1.8 m ㉯ 2.0 m×2.0 m

㉰ 2.3 m×2.3 m ㉱ 2.5 m×2.5 m

↳ $N = 1{,}800\,\mathrm{kN}$ (사용하중)

$f_e = 300\,\mathrm{kN/m^2}$(허용지내력)

$$\sigma = \frac{N}{A} \le f_e$$

$$A \ge \frac{N}{f_e} = \frac{1{,}800}{300} = 6\,\mathrm{m^2}$$

따라서 정사각형 기초판일 경우 기초판의 한 변은 다음과 같다.

$l \ge \sqrt{A} = \sqrt{6} = 2.45\,\mathrm{m}$

그러므로 적당한 정사각형 기초판의 크기는 2.5 m×2.5 m이다. 답 ㉱

122. **그림과 같은 단면에서 허용휨응력도가** 8 MPa**일 때 중심축**(x-x)**에 대한 휨모멘트 값은?**

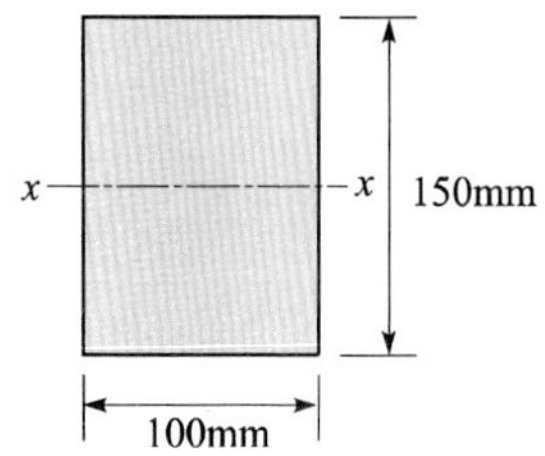

㉮ 3 kN · m
㉯ 4 kN·m
㉰ 8 kN·m
㉱ 10 kN·m

---

(1) 단면계수

$$Z=\frac{100\times 150^2}{6}=375\times 10^3\ \mathrm{mm}^3$$

(2) 최대 허용하중

$$\sigma_b=\frac{M_{\max}}{Z}\le f_b \text{ 로부터}$$

$$\frac{M_{\max}}{375\times 10^3}\le 8$$

$$\therefore\ M_{\max}\le 8\times(375\times 10^3)=3.0\times 10^6\ \mathrm{N\cdot mm}=3.0\ \mathrm{kN\cdot m}$$

따라서 최대 허용휨모멘트 $M_{\max}$은 3.0 kN·m이다. 답 ㉮

123. **재료의 허용휨응력** f_b=6 MPa**인 보에** 18 kN · m**의 휨모멘트가 작용할 때 적정 최소 단면계수값은?**

㉮ 1,500 cm^3 ㉯ 1,800 cm^3
㉰ 2,500 cm^3 ㉱ 3,000 cm^3

---

(1) 휨모멘트

$$M=18\ \mathrm{kN\cdot m}=18\times 10^6\ \mathrm{N\cdot mm}$$

(2) 단면계수

$$\sigma_b=\frac{M}{Z}\le f_b \text{ 로부터 } \frac{18\times 10^6}{Z}\le 6$$

$$\therefore\ Z\ge\frac{18\times 10^6}{6}=3\times 10^6\ \mathrm{mm}^3=3\times 10^3\ \mathrm{cm}^3$$

따라서 최초 단면계수 Z는 3,000 cm^2이다. 답 ㉱

124. **그림과 같이 양단 고정인 강구조 보에 등분포하중이 작용할 때, 소요되는 최소 단면계수 값은? (단, SS275 강재 사용, f_b=160 MPa, 좌굴은 없는 것으로 가정한다.)**

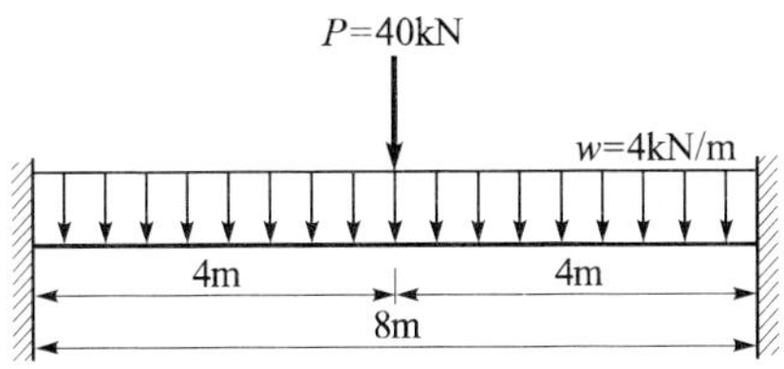

㉮ 384 cm^3

㉯ 415 cm^3

㉰ 513 cm^3

㉱ 558 cm^3

---

(1) 최대 휨모멘트

$$M_{max} = \frac{Pl}{8} + \frac{wl^2}{12} = \left(\frac{40\times 8}{8}\right) + \left(\frac{4\times 8^2}{12}\right) = 61.3\text{ kN}\cdot\text{m} = 61.3\times 10^6\text{ N}\cdot\text{mm}$$

(2) 단면계수

$$\sigma_b = \frac{M_{max}}{Z} \le f_b \text{ 로부터}$$

$$\frac{61.3\times 10^6}{Z} \le 160$$

$$\therefore\ Z \ge \frac{61.3\times 10^6}{160} = 383{,}333\text{ mm}^3 = 383.3\text{ cm}^3$$

따라서 최초 단면계수 Z는 384 cm^2이다. 답 ㉮

125. **그림과 같은 단순보의 중앙에 작용할 수 있는 최대 허용하중 P 는 얼마인가? 단, 전단에 대해서는 안전하고, 허용휨응력은 f_b = 9 MPa (N/mm^2)이다.**

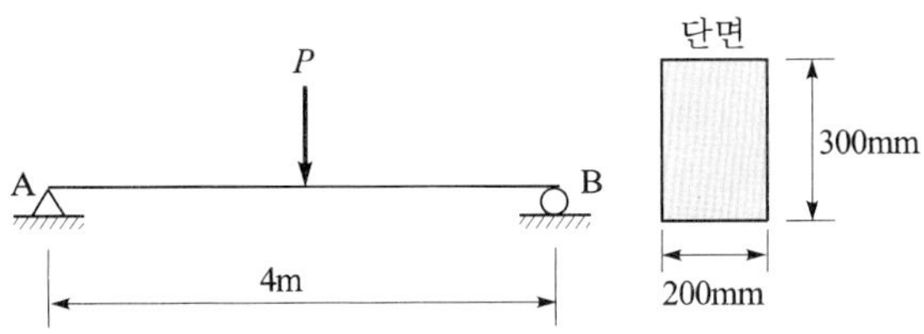

㉮ 21 kN ㉯ 23 kN

㉰ 25 kN ㉱ 27 kN

---

(1) 최대 휨모멘트

$$M_{max} = \frac{Pl}{4} = \frac{P\times 4}{4} = (P)\text{ kN}\cdot\text{m} = (P\times 10^6)\text{ N}\cdot\text{mm}\ \ (P\text{의 단위는 kN})$$

(2) 단면계수

$$Z=\frac{200\times300^2}{6}=3\times10^6\ \mathrm{mm}^3$$

(3) 최대 허용하중

$\sigma_b=\dfrac{M_{max}}{Z}\leq f_b$ 로부터

$$\frac{P\times10^6}{3\times10^6}\leq9$$

$$\therefore\ P\leq\frac{9\times(3\times10^6)}{10^6}=27\ \mathrm{kN}$$

따라서 최대 허용하중 P는 27 kN 이다. 답 ㉣

126. 단면 $b\times h$ (200 mm×300 mm), L=6 m인 단순보에 중앙 집중하중 P가 작용할 때 P의 최대 허용값은? (단, f_b=9 MPa이다.)

㉮ 18 kN ㉯ 21 kN
㉰ 24 kN ㉱ 27 kN

---

(1) 최대 휨모멘트

$$M_{max}=\frac{Pl}{4}=\frac{P\times6}{4}=(1.5P)\ \mathrm{kN\cdot m}=(1.5P\times10^6)\ \mathrm{N\cdot mm}\ (P\text{의 단위는 kN})$$

(2) 단면계수

$$Z=\frac{200\times300^2}{6}=3\times10^6\ \mathrm{mm}^3$$

(3) 최대 허용하중

$\sigma_b=\dfrac{M_{max}}{Z}\leq f_b$ 로부터

$$\frac{1.5P\times10^6}{3\times10^6}\leq9$$

$$\therefore\ P\leq\frac{9\times(3\times10^6)}{1.5\times10^6}=18\ \mathrm{kN}$$

따라서 최대 허용하중 P는 18 kN 이다. 답 ㉮

127. 그림과 같은 보의 허용하중은? (단, 허용휨응력은 f_b=10 MPa 이다.)

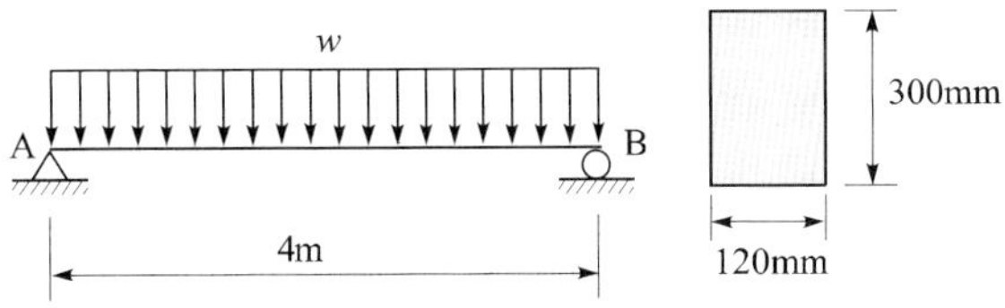

㉮ 9 kN/m　　㉯ 8 kN/m
㉰ 7 kN/m　　㉱ 6 kN/m

---

(1) 최대 휨모멘트

$$M_{max}=\frac{wl^2}{8}=\frac{w\times 4^2}{8}=(2w)\ \text{kN}\cdot\text{m}=(2w\times 10^6)\ \text{N}\cdot\text{mm}\ \ (w \text{ 의 단위는 kN/m})$$

(2) 단면계수

$$Z=\frac{120\times 300^2}{6}=1.8\times 10^6\ \text{mm}^3$$

(3) 최대 허용하중

$$\sigma_b=\frac{M_{max}}{Z}\leq f_b \text{ 로부터}$$

$$\frac{2w\times 10^6}{1.8\times 10^6}\leq 10$$

$$\therefore\ w\leq\frac{10\times(1.8\times 10^6)}{2\times 10^6}=9\ \text{kN/m}$$

따라서 최대 허용하중 w 는 9 kN /m이다.　　답 ㉮

128. 스팬(Span)이 6 m, 단면의 폭 150 mm, 춤 400 mm인 단순보가 목재보일 경우 여기에 적재할 수 있는 허용등분포하중은? (단, 목재보의 허용휨응력은 f_b=10 MPa이다.)

㉮ 6.9 kN/m　　㉯ 7.9 kN/m
㉰ 8.9 kN/m　　㉱ 9.9 kN/m

---

(1) 최대 휨모멘트

$$M_{max}=\frac{wl^2}{8}=\frac{w\times 6^2}{8}=(4.5w)\ \text{kN}\cdot\text{m}=(4.5w\times 10^6)\ \text{N}\cdot\text{mm}\ \ (w \text{ 의 단위는 kN/m})$$

(2) 단면계수

$$Z=\frac{150\times 400^2}{6}=4.0\times 10^6\ \text{mm}^3$$

(3) 최대 허용하중

$$\sigma_b = \frac{M_{\max}}{Z} \leq f_b \text{ 로부터}$$

$$\frac{4.5w \times 10^6}{4.0 \times 10^6} \leq 10$$

$$\therefore\ w \leq \frac{10 \times (4.0 \times 10^6)}{4.5 \times 10^6} = 8.89\ \text{kN/m}$$

따라서 최대 허용하중 w는 8.9 kN/m이다. 답 ㉰

129. **그림과 같은 원형파이프 단면 구조물에서 허용하중 P로 가장 적당한 것은? 단, 원형파이프의 허용휨응력은 $f_b = 200$ MPa (N/mm^2)이다.**

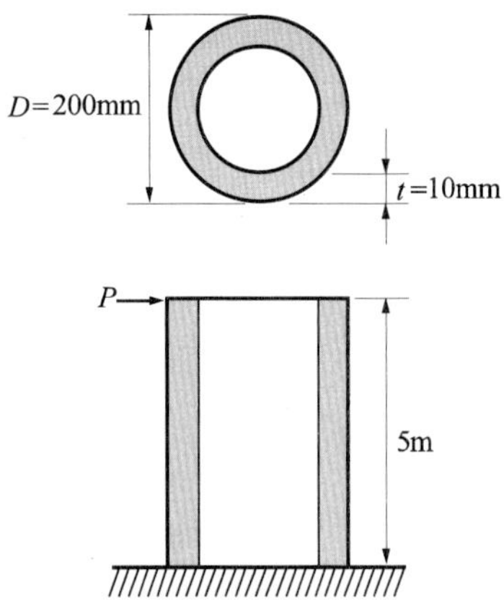

㉮ 10.8 kN
㉯ 24.2 kN
㉰ 35.4 kN
㉱ 59.8 kN

---

(1) 최대 휨모멘트

$M_{\max} = Pl = (5P)$ kN · m $= (5P \times 10^6)$ N · mm (P의 단위는 kN으로 가정)

(2) 단면계수

$$I = \frac{\pi D^4}{64} - \frac{\pi (D-2t)^4}{64} = \frac{\pi \times 200^4}{64} - \frac{\pi \times (200 - 2 \times 10)^4}{64} = 27 \times 10^6\ \text{mm}^4$$

$$y = \frac{D}{2} = \frac{200}{2} = 100\ \text{mm}$$

$$Z = \frac{I}{y} = \frac{27 \times 10^6}{100} = 27 \times 10^4\ \text{mm}^3$$

(3) 최대 허용하중

$$\sigma_b = \frac{M_{\max}}{Z} \leq f_b \text{ 로부터}$$

$$\frac{5P\times10^6}{27\times10^4}\le 200$$

$$\therefore\ P\le\frac{200\times(27\times10^4)}{5\times10^6}=10.80\text{ kN}$$

따라서 최대 허용하중 P는 10.80 kN 이다. 답 ㉮

130. **그림과 같은 단면의 목재 보가 16 kN · m의 휨모멘트를 받을 때 보의 최소 높이 (h) 로 가장 적당한 것은 다음 중 어느 것인가? 단, f_b = 8 MPa (N/mm²)이고, 횡좌굴의 발생은 없다.**

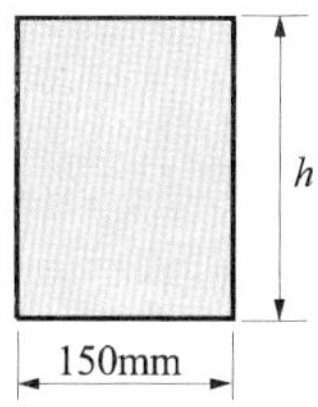

㉮ 200 mm
㉯ 300 mm
㉰ 400 mm
㉱ 500 mm

---

(1) 휨모멘트

$$M=16\text{ kN}\cdot\text{m}=16\times10^6\text{ N}\cdot\text{mm}$$

(2) 단면계수

$$Z=\frac{150\times h^2}{6}=25h^2\text{ mm}^3$$

(3) 최소 높이

$\sigma_b=\dfrac{M}{Z}\le f_b$ 로부터

$$\sigma_b=\frac{M}{Z}=\frac{16\times10^6}{25h^2}\text{ MPa (N/mm}^2)\le f_b=8\text{ MPa (N/mm}^2)$$

$$h^2\ge\frac{16\times10^6}{25\times8}=80{,}000$$

$$h\ge\sqrt{80{,}000}=283\text{ mm}$$

따라서 보의 최소 높이 (h)는 300mm가 가장 적당하다. 답 ㉯

131. **중앙에 12,000 N의 집중하중이 작용하는 지간 4 m인 목재의 단순보의 폭을 10 cm로 잡을 때 그 높이를 최소 얼마로 해야 하는가? (단, 이 목재의 허용휨응력은 40 MPa 이다.)**

㉮ 12 cm ㉯ 14 cm ㉰ 16 cm ㉱ 18 cm

---

(1) 최대 휨모멘트

$$M_{max}=\frac{Pl}{4}=\frac{12\times 4}{4}=12\ \text{kN}\cdot\text{m}=12\times 10^6\ \text{N}\cdot\text{mm}$$

(2) 단면계수

$b=100\ \text{mm}$

$$Z=\frac{bh^2}{6}=\frac{100\times h^2}{6}=\frac{50}{3}h^2\ \text{mm}^3$$

(3) 최소 높이

$$\sigma_b=\frac{M_{max}}{Z}\leq f_b \text{ 로부터}$$

$$\sigma_b=\frac{M}{Z}=\frac{12\times 10^6}{\left(\frac{50}{3}h^2\right)}=\left(\frac{18\times 10^6}{25h^2}\right)\text{MPa}\ (\text{N/mm}^2)\leq f_b=40\ \text{MPa}\ (\text{N/mm}^2)$$

$h^2\geq 18{,}000\ \text{mm}^2$

$h\geq 134\ \text{mm}$

따라서 보의 개략적인 최소 높이 (h)는 약 140 mm이다. 답 ㉯

132. **휨모멘트 M=24 kN · m를 받는 보의 허용휨응력이 12 MPa일 경우 안전한 보의 개략적인 최소 높이 (h)를 구하면? (단, 보의 높이는 폭의 2배이다.)**

㉮ 200 mm ㉯ 300 mm ㉰ 400 mm ㉱ 500 mm

---

(1) 휨모멘트

$M=24\ \text{kN}\cdot\text{m}=24\times 10^6\ \text{N}\cdot\text{mm}$

(2) 단면계수

$h=2b$

$$Z=\frac{bh^2}{6}=\frac{b\times(2b)^2}{6}=\left(\frac{2}{3}b^3\right)\text{mm}^3$$

(3) 최소 높이

$$\sigma_b=\frac{M}{Z}\leq f_b \text{ 로부터}$$

$$\sigma_b = \frac{M}{Z} = \frac{24 \times 10^6}{\left(\frac{2}{3}b^3\right)} = \left(\frac{36 \times 10^6}{b^3}\right) \text{MPa}\,(\text{N/mm}^2) \le f_b = 12\,\text{MPa}\,(\text{N/mm}^2)$$

$b^3 \ge 3.0 \times 10^6\,\text{mm}^3$

$b \ge 144\,\text{mm}$

$\therefore\ h = 2b = 2 \times 144 = 288\,\text{mm}$

따라서 보의 개략적인 최소 높이 (h)는 약 300 mm이다. 답 ㉯

133. **그림과 같은 보에서 지점 B가 6 kN까지의 반력을 지지할 수 있다. 하중 9 kN은 점 A에서 몇 m까지 이동할 수 있는가?**

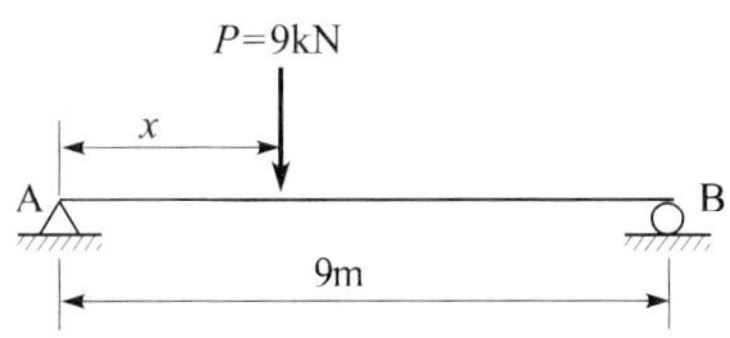

㉮ 3 m ㉯ 4 m ㉰ 5 m ㉱ 6 m

---

(1) 반력

$\Sigma M = 0\ (+;\frown) : \Sigma M_A = -R_B \times 9 + 9 \times x = 0 \quad \therefore\ R_B = x\,(\text{kN})$

(2) 지점 B가 6 kN까지의 반력을 지지

$R_B = (x)\,\text{kN} \le 6\,\text{kN}$

$\therefore$ 최대 이동 거리는 $x = 6\,\text{m}$이다. 답 ㉱

134. **다음과 같이 사람이 다리를 건너가려고 할 때, 얼마의 거리 (x)를 지나면 다리가 휨에 대한 항복을 시작하는가? (단, 재료는 단면 $b \times h$=300 mm×100 mm, 허용휨응력은 f_b=6 MPa이고, 사람의 몸무게는 700 N이다.)**

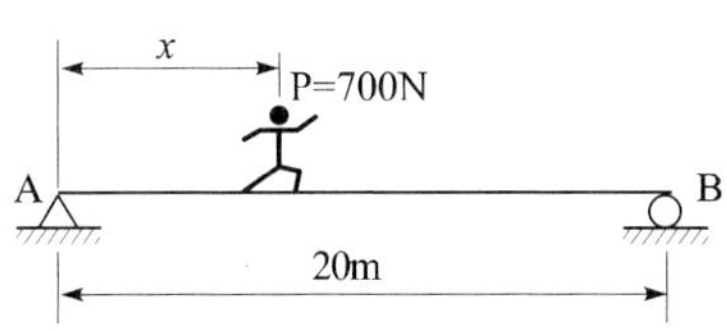

㉮ 5.22 m ㉯ 6.22 m ㉰ 7.22 m ㉱ 8.22 m

---

(1) 반력

$\Sigma M=0\ (+;\frown)\ :\ \Sigma M_B = R_A\times(20\times10^3)-700\times(20\times10^3-x)=0$

$\therefore\ R_A=(700-0.035x)\ \text{N}$

(2) 점 x 의 휨모멘트

$M_x=R_A\times x=(700-0.035x)x=(700x-0.035x^2)\ \text{N}\cdot\text{mm}$

(3) 항복이 발생하는 거리 x

$\sigma_b=\dfrac{M}{Z}\le f_b$ 로부터

$$\sigma_b=\frac{M}{Z}=\frac{700x-0.035x^2}{\left(\dfrac{300\times100^2}{6}\right)}\ \text{MPa}\ (\text{N/mm}^2)\le f_b=6\ \text{MPa}\ (\text{N/mm}^2)$$

$0.035x^2-700x+3.0\times10^6=0$

$x\ge 13{,}780\ \text{mm}=13.78\ \text{m}$ 또는 $x\ge 6{,}220\ \text{mm}=6.22\ \text{m}$

따라서 항복이 발생하는 거리 x는 약 6.22 m이다. 답 ㉯

135. **그림과 같은 중도리에 V=8 kN의 전단력이 작용할 때 단면 내에 생기는 최대 전단 응력은?**

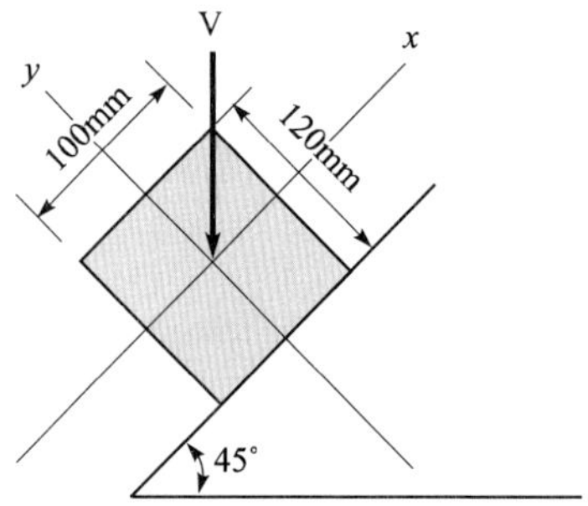

㉮ 1 MPa ㉯ 2 MPa ㉰ 3 MPa ㉱ 4 MPa

직사각형 단면의 최대 전단응력

$$\tau_{\max}=\frac{3}{2}\cdot\frac{V}{A}=\frac{3}{2}\times\left(\frac{8\times10^3}{100\times120}\right)=1\ \text{MPa}$$ 답 ㉮

04 심화문제

1. 직경 20 mm의 원형강에 최대 10kN의 하중을 매달았을 때, 안전율은 약 얼마인가? 단, 원형강의 극한응력은 100 MPa (N/mm^2)이다.

2. 다음 그림과 같은 단순보에서 최대 휨응력은 얼마인가?

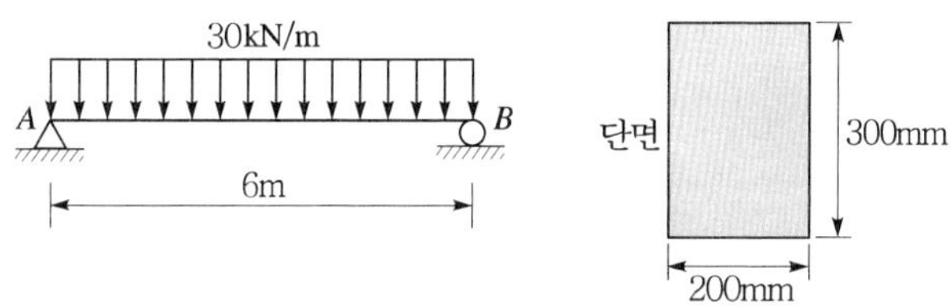

3. 다음 그림과 같은 하중을 받는 단순보에 단면 150 mm×300 mm의 각재를 사용했을 때, 각재에 생기는 최대 휨응력도는? 단, 목재는 결함 없는 균질의 단면이다.

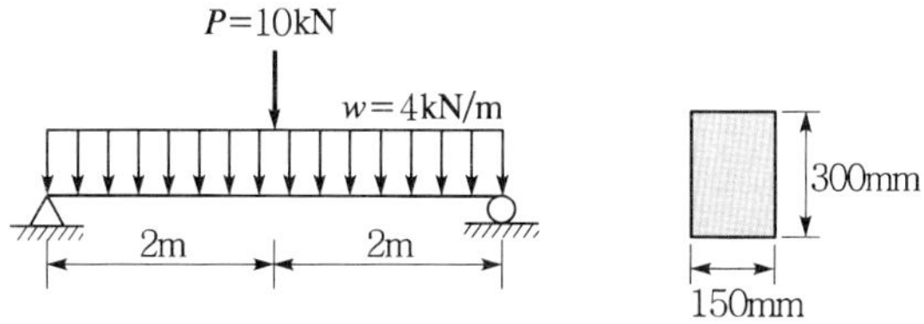

4. 다음 그림과 같은 직사각형 단면에 보의 자중을 포함하여 $M = 12\ \text{kN}\cdot\text{m}$ 의 휨 모멘트가 작용할 때, 단면에 표시한 1~5의 위치에 발생하는 휨응력을 구하시오.

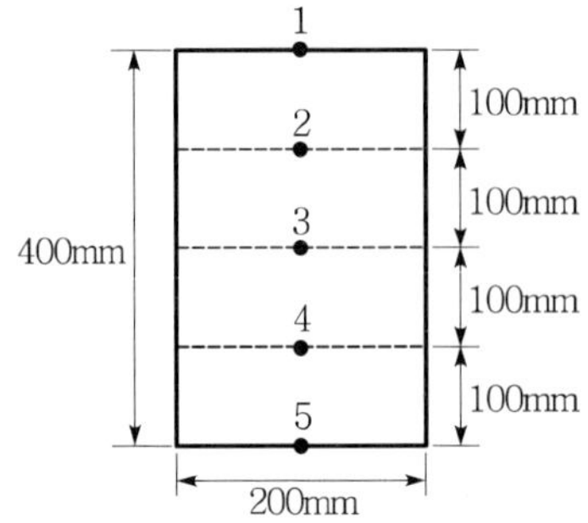

5. 원형 단면(반지름 180 mm)에 전단력 $V = 30\ \text{kN}$이 작용할 때, 단면의 최대 전단응력은?

6. 다음 그림과 같은 단순보에서 보의 최소 높이 h를 계산하시오. 단, 허용휨응력 $f_b = 9\ \text{MPa}\ (\text{N/mm}^2)$, 허용전단응력 $f_s = 0.7\ \text{MPa}\ (\text{N/mm}^2)$이다.

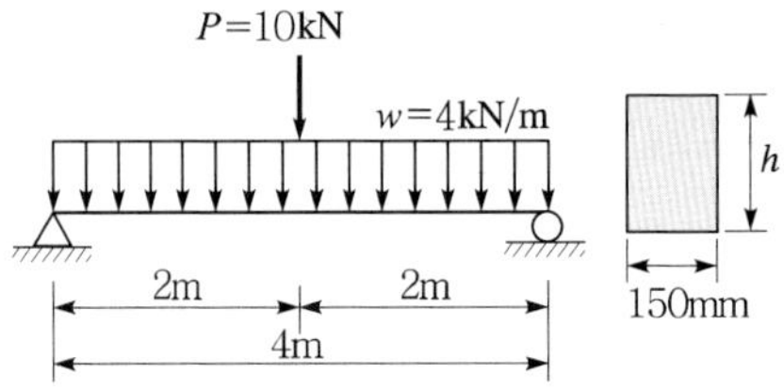

7. $b = 200\ \text{mm}$, $h = 400\ \text{mm}$인 직사각형 단면과 $D = 300\ \text{mm}$인 원형 단면에 전단력 $V = 50\ \text{kN}$이 작용할 경우, 각 단면의 최대 전단응력 τ_{max}를 구하시오.

8. 다음 그림과 같이 강판에 볼트가 연결되어 전단력을 받을 때, 볼트에 생기는 평균 전단응력과 최대 전단응력은 얼마인가?

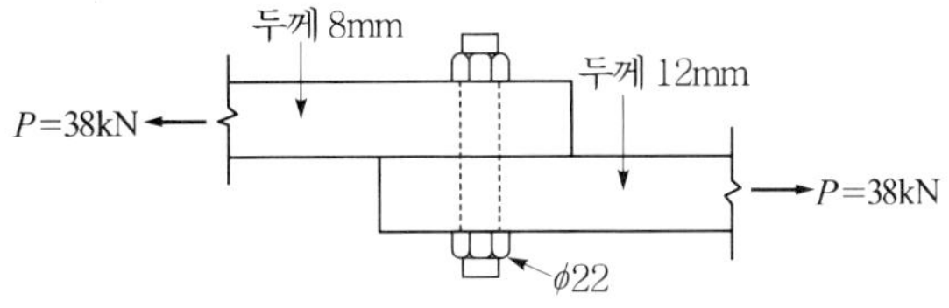

9. 다음 그림과 같은 고장력볼트이음에 인장력 $P=100\ \mathrm{kN}$이 작용할 경우 고장력볼트 1개에 생기는 평균 전단응력을 구하시오.

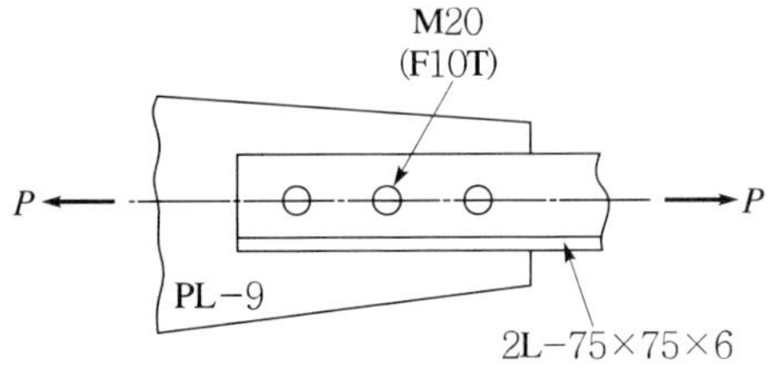

10. 다음 그림과 같이 100 kN의 하중이 핀에 작용할 경우 평균 전단응력을 구하시오.

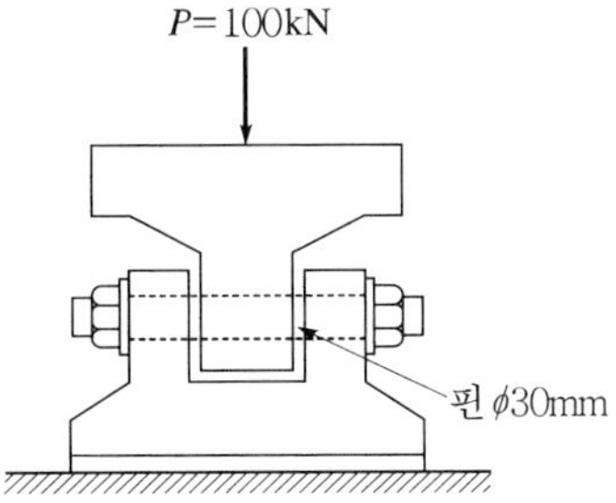

11. 다음 그림과 같은 플레이트거더에 전단력 $V = 400\,\mathrm{kN}$이 작용할 경우, 웨브에서 발생되는 최대 전단응력 τ_{max}와 $a-a$ 면에서 발생되는 전단응력 $\tau_{a(f)}$와 $\tau_{a(w)}$을 구하시오.13)

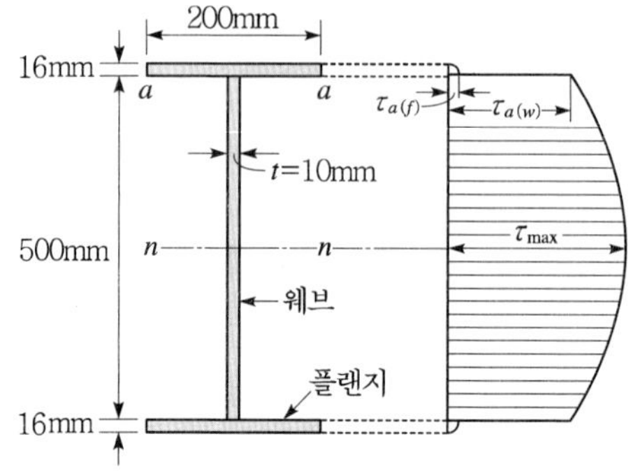

12. 다음 그림과 같은 ㄷ-100×50×5의 ㄷ형강을 지붕구배 25°로 하여 지붕 중도리(Purlin)로 사용한다. 이때, 경간의 중앙에 $M = 2\,\mathrm{kN\cdot m}$의 휨모멘트가 작용할 경우, 최대 수직응력을 산정하시오. 단, 단면적 $A = 1.1920 \times 10^3\,\mathrm{mm}^2$, 단면2차 모멘트 $I_x = 1.89 \times 10^6\,\mathrm{mm}^4$, $I_y = 2.69 \times 10^5\,\mathrm{mm}^4$, 그리고 중심 $C_y = 15.5\,\mathrm{mm}$이다.

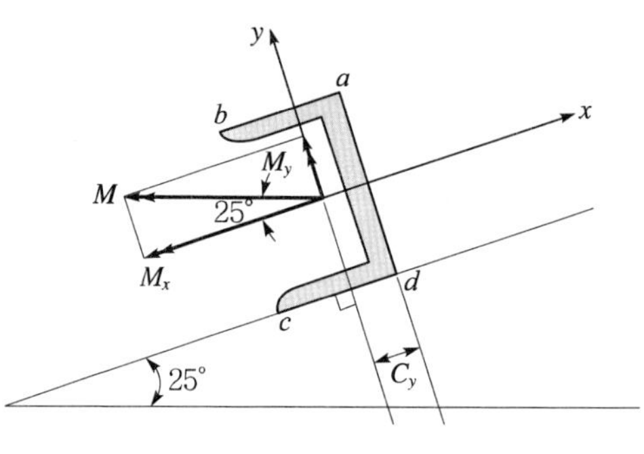

13) 정원철 외3인, 구조역학, 원창출판사, 1994, p.263.

13. 단면 $100\,\text{mm}\times100\,\text{mm}$의 기둥에 압축력 $N=150\,\text{kN}$, 휨모멘트 $M_x=M_y=1.2\,\text{kN}\cdot\text{m}$가 그림과 같이 하부가 고정된 기둥의 단면에 작용하고 있다. 이 기둥의 최대 수직응력을 구하시오.

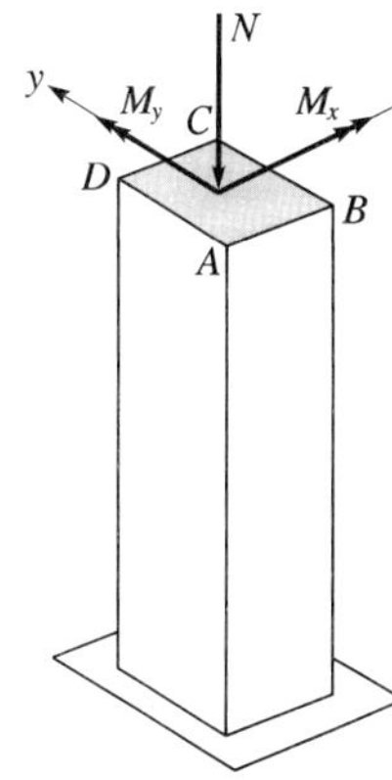

14. 다음 그림과 같은 H-형 단면에 휨모멘트 $M_x=40\,\text{kN}\cdot\text{m}$, $M_y=20\text{kN}\cdot\text{m}$, 압축력 $N=600\,\text{kN}$이 작용하고 있다. 이 기둥의 단면 A, B, C, D에서 발생되는 수직응력을 각각 산정하시오. 단, 사용강재의 단면은 H-300×300×10×15이고, 이 단면의 단면적 $A=11.980\times10^3\,\text{mm}^2$, 단면계수 $Z_x=1{,}360\times10^3\,\text{mm}^3$, $Z_y=450\times10^3\,\text{mm}^3$이다.

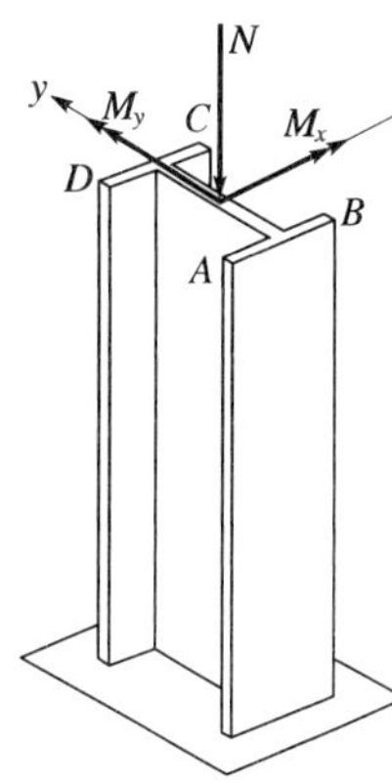

15. H-형 단면을 갖는 부재를 구조해석한 결과, 그림과 같은 단면력이 산정되었다. 이 기둥의 지점 A와 C에서 발생되는 최대 수직응력을 산정하시오. 단, 사용강재의 단면은 H-300×150×6.5×9이고, 이 단면의 단면적 $A=4.678\times10^3\,\text{mm}^2$, 단면계수 $Z_x=481\times10^3\,\text{mm}^3$, $Z_y=67.7\times10^3\,\text{mm}^3$이다.

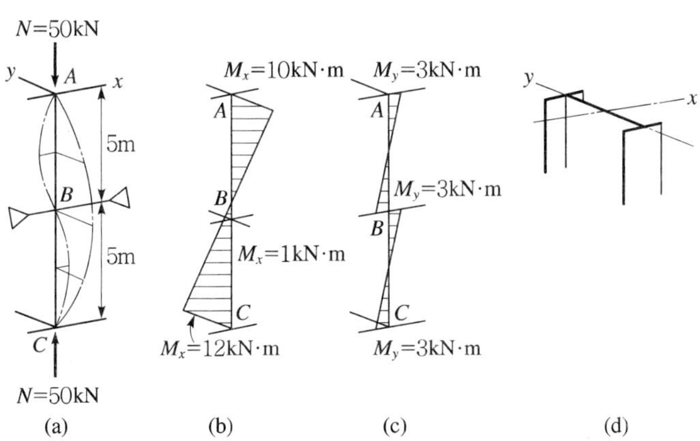

16. 다음과 같은 200 mm×400 mm의 직사각형 단면의 기둥이 중심하중 80 kN, 휨모멘트 (M_y) 40 kN · m를 받는다면 부재 단면에 일어나는 최대 수직응력 값은?

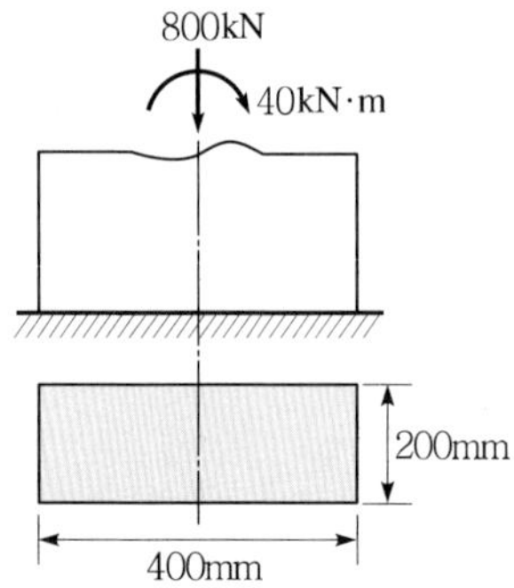

17. 그림과 같은 유효좌굴길이 $l_{kx} = 6.0\ \mathrm{m}$, $l_{ky} = 3.0\ \mathrm{m}$인 H형강 압축부재의 x방향과 y방향의 좌굴하중과 좌굴응력을 산정하시오. 단, 재료의 탄성계수 $E = 2.1 \times 10^5$ N/mm^2 (MPa)이고, 사용 강재는 H-400×400×13×21로 단면적 $A = 21.870 \times 10^3\ \mathrm{mm}^2$, 단면2차 모멘트 $I_x = 666 \times 10^6\ \mathrm{mm}^4$, $I_y = 224 \times 10^6\ \mathrm{mm}^4$이다.

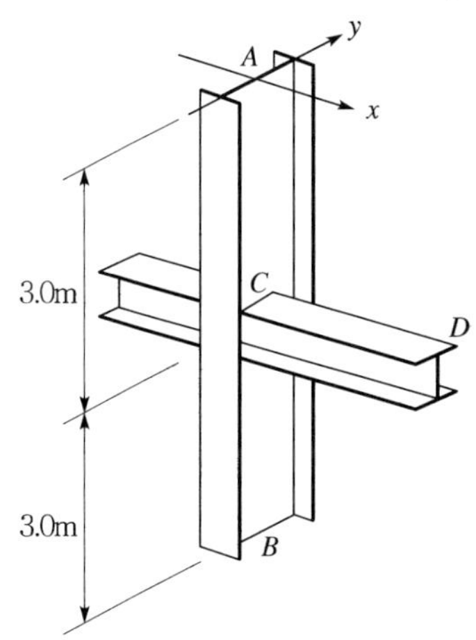

18. 다음 그림과 같은 단순보에서 허용압축응력도가 10 MPa (N/mm^2)인 목재를 사용한다면, 축방향력만을 고려할 때 최소 단면적을 얼마로 하면 되겠는가? 단, 좌굴의 염려는 없다.

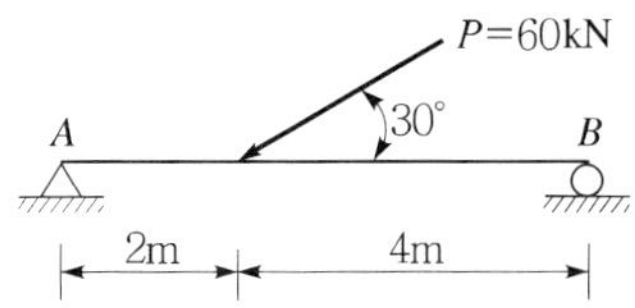

19. 다음 그림과 같은 소나무 보에서 보의 단면 h값은 최소 얼마가 되어야 하는가? 단, 소나무의 자중은 무시하고 허용휨응력도는 9 MPa (N/mm^2)이다.

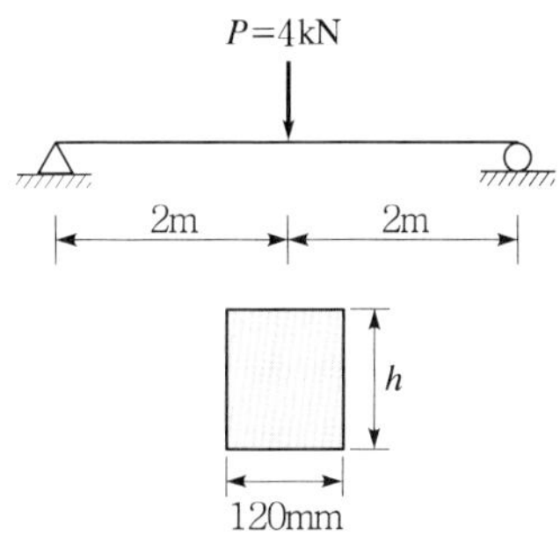

20. 스팬 6 m인 단순보에 등분포하중 $w = 8$ kN/m (장기하중)가 작용하고 있을 때, 단면을 설계하시오. 단, 부재의 허용휨응력 $f_b = 9$ MPa (N/mm^2)이고, 허용전단응력 $f_s = 0.7$ MPa (N/mm^2)이며, $h = 2b$로 한다.

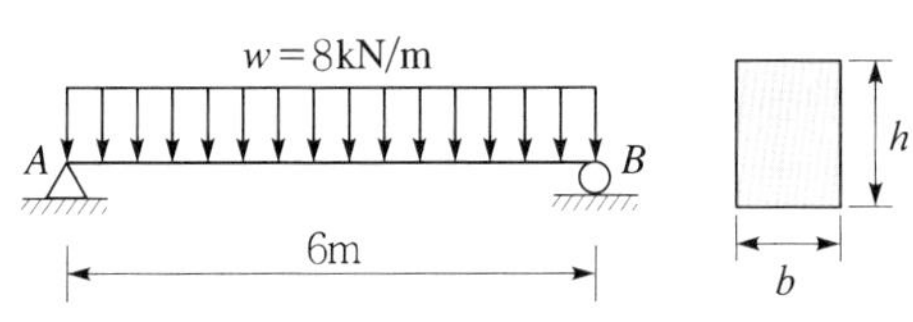

21. 다음 그림과 같은 플레이트거더 단면에 $V = 350$ kN 의 전단력이 작용할 경우, 전단에 대한 단면의 적합성을 검토하시오. 단, 허용전단응력 $f_s = 100$ MPa (N/mm^2)이다.

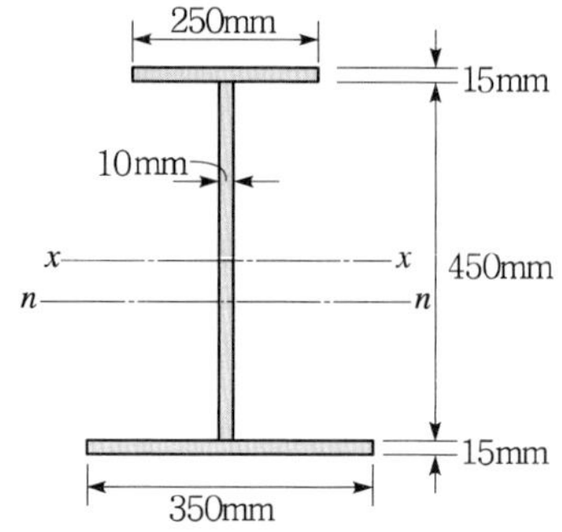

22. 스팬 4 m인 단순보의 중앙에 집중하중 $P = 20$ kN이 작용하고 있을 때, 보 단면의 폭을 $b = 150$ mm로 할 경우, 보 단면의 최소 높이 h를 결정하시오. 단, 부재의 허용 휨응력 $f_b = 9$ MPa (N/mm^2)이고, 허용전단응력 $f_s = 1.0$ MPa (N/mm^2)이며, 보의 자중은 무시한다.

23. 다음 그림과 같은 직사각형 독립기초에 축방향력 $N = 250$ kN, $e = 0.25$ m (편심), 허용지내력도 $f_e = 100$ kN/m^{2}일 때 기초 저면의 폭 b는 최소 얼마 이상이야 하는가?

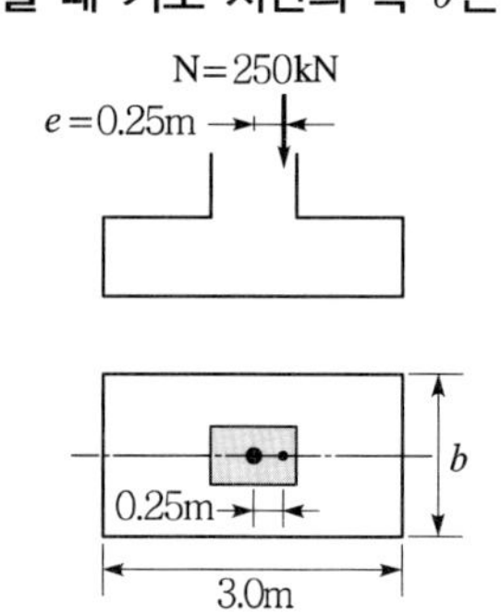

24. 정사각형 독립기초에 축방향력 $N = 600$ kN, 휨모멘트 $M = 150$ kN·m가 작용할 경우 안전한 기초 밑면의 크기를 산정하시오. 단, 허용지내력도 $f_e = 75$ kN/m^{2}이다.

✎ 심화문제 풀이집은 별책입니다.

Chapter 5

구조물의 변형

05_구조물의 변형

5.1 개요[14)]

5.1.1 구조물의 변형 산정 이유

구조물에 외력이 작용할 경우 하중에 대해 부재를 해석하고 설계하여 안전하게 하중에 저항하도록 해야 한다. 이와 같이 구조물이 외력에 대해서는 안전하게 설계되어 있더라도, 부재의 과다한 균열, 처짐 그리고 피로가 발생되면 구조물의 기능과 성능을 수행할 수 없고 사용자에게 불안감을 초래하기도 한다. 따라서 구조물의 설계는 안전성, 사용성, 내구성 및 경제성을 만족할 수 있도록 하여야 한다.

이 중, 구조물의 사용성에 영향을 주는 주요한 요소 중의 하나는 처짐이며, 처짐에 관련된 해석과 설계를 할 때는 부재의 응력상태를 선형탄성상태로 가정하여 처짐을 산정하고 그 처짐이 허용범위 안에 있도록 해야 한다.

5.1.2 처짐 관련 용어

(1) 변형

변형(Deformation, 變形)은 구조물에 작용하는 여러 가지 종류의 하중으로 인해 부재의 길이 또는 각도의 변화가 발생하는 것을 의미한다.

(2) 탄성곡선

직선이었던 부재에 하중이 작용할 경우 변형하며, 이렇게 변형된 곡선[그림 5.1(b)와 같은 AC'B]을 탄성곡선(Elastic Curve, 彈性曲線)이라 한다. 또는 처짐곡선(Deflection Curve)이라고도 한다.

(3) 처짐각

처짐각(Deflection Angle)은 탄성곡선의 한 점에서 그은 접선이 변형 전의 보의 길

14) 초급과정에서 § Chapter 5 구조물의 변형은 난이도가 있으므로 구조물의 변형과 관련된 기본적인 개요와 용어를 이해하고, § 5.5 보의 처짐각 및 최대 처짐 공식에서 캔틸레버보와 단순보의 집중하중과 등분포하중에 대한 것을 중심으로 이해한다.

이방향 축(x 축)과 이루는 각(θ_A 또는 θ_B)을 말한다. 회전각, 경사각 또는 기울기의 각도라고도 하며, 단위는 라디안(rad)이다.

(4) 처짐

처짐(Deflection)은 그림 5.1(a)와 같은 부재에 하중이 작용할 경우, 부재의 길이방향(AB)에 수직인 방향으로의 변위를 말한다. 즉 그림 5.1(b)에서 변위의 수직성분($\Delta_C = CC'$)이다.

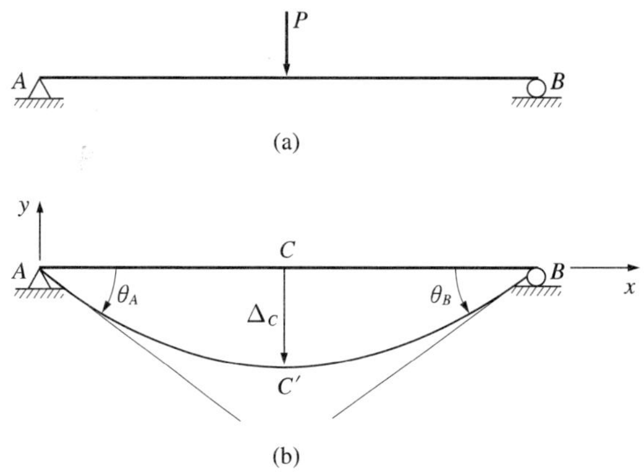

그림 5.1 단순보의 처짐곡선, 처짐 및 처짐각

5.1.3 처짐각 및 처짐의 산정방법

표 5.1 처짐각과 처짐을 산정하기 위한 방법

구분	종 류	비 고	
기하학적인 방법 (휨변형만 고려)	① 처짐곡선의 미분방정식 (이중적분법, 탄성곡선법)	보에 주로 적용	휨모멘트(M)만 고려
	② 모멘트면적법(Green의 정리) ③ 탄성하중법(Mohr의 정리) ④ 공액보법	보와 라멘에 주로 적용	
에너지 방법 (모든 변형 고려 가능)	① 가상일법(단위하중법) ② 카스티리아노의 제2정리 ※ Maxwell-Betti의 상반정리	어떤 형태의 구조물에도 적용	축방향력(N), 전단력(V), 휨모멘트(M), 비틀림모멘트(T) 등을 고려

예제 5.1 휨부재의 처짐을 구하는 방법이 아닌 것은?

㉮ 모멘트면적법 (Moment–Area Method)

㉯ 공액보법 (Conjugate–Beam Method)

㉰ 카스티리아노 제2정리 (Castigliano's Second Theorem)

㉱ 포탈법 (Portal Method)

↳ 포탈법은 부정정구조물을 약산적으로 해석하는 방법이다. 답 ㉱

5.2 탄성곡선법

5.2.1 개요

탄성곡선법(Elastic Curve Method)은 모멘트–곡률 방정식에 의한 곡률의 식과 기초 미분학에서 얻어지는 곡률의 식을 결합함으로써 얻어진 탄성곡선(처짐곡선)의 미분방정식으로부터 처짐각과 처짐을 구하는 방법이다. 처짐을 구할 때 적분이 두 번 사용되므로 이중적분법이라고 하며, 또한 탄성곡선을 사용하므로 탄성곡선법이라고 한다.

5.2.2 가정

기하학적인 방법으로 처짐각과 처짐을 산정하고자 할 경우, 다음과 같은 가정이 적용된다.

① 재료는 선형탄성 범위 내에서 균질(Homogeneous)하고, 후크의 법칙을 따른다(응력과 변형률은 비례한다. $\sigma = E\,\varepsilon$).

② 구조물의 실제 처짐각과 처짐은 매우 작다.

③ 탄성계수는 인장영역과 압축영역에서 동일하다.

④ 보의 부재 축에 직각인 단면이 재하(Loading, 在荷) 전에 평면이면, 재하 후(처짐 이후)에도 평면을 유지한다.

5.2.3 탄성곡선의 미분방정식

(1) 순수휨

순수휨 (Pure Bending)은 그림 5.2와 같은 하중조건에서 구간 CD 사이에는 전단력은 영(0)이면서 순수하게 휨모멘트만 작용하는 것이다.

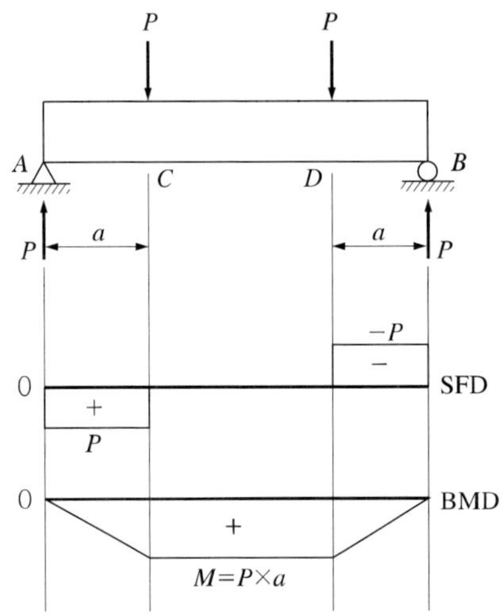

그림 5.2 단순보의 순수휨

그림 5.2와 같이 순수휨모멘트만 작용하는 구간 CD 에서는 전단력은 영 (0)이고, 양 (+)의 휨모멘트만 받게 된다. 이와 같이 순수휨모멘트를 받은 보는 그림 5.3 (b)처럼 변형하게 되어 처짐이 발생한다. 단면의 상부는 압축으로 인해 길이가 줄어들고, 하부는 인장으로 인해 길이가 늘어난다. 또한 단면의 임의 위치에서는 길이방향으로 부재의 길이가 변하지 않는 면이 있으며 이 면을 중립면 (Neutral Surface, 中立面)이라 하고, 중립면과 단면의 교선을 중립축 (NA, Neutral Axis, 中立軸)이라 한다. 이와 같은 단면의 중립면과 중립축을 상세히 나타내면 그림 5.3 (c)와 같다.

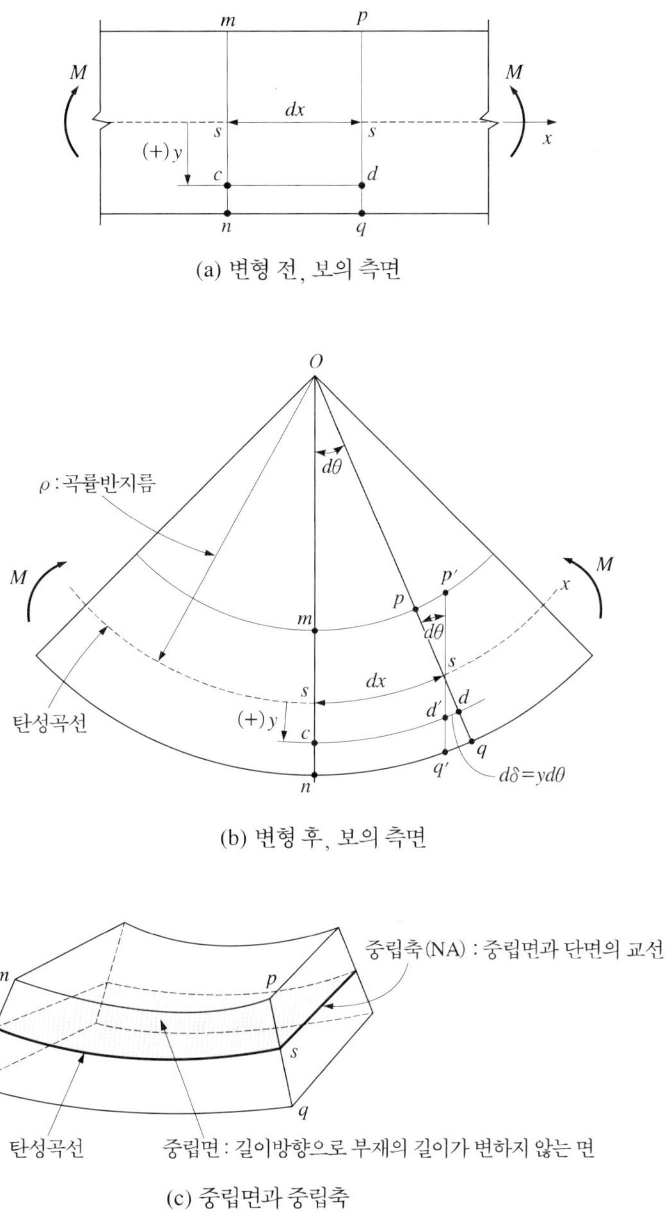

그림 5.3 순수휨 상태에서 보의 변형

실제 보의 경우 변형은 미소하고 처짐각과 처짐은 매우 작은 값이므로, 그림 5.4의 왼쪽과 같은 완만한 곡선부분들은 오른쪽과 같은 직선으로 생각할 수 있다.

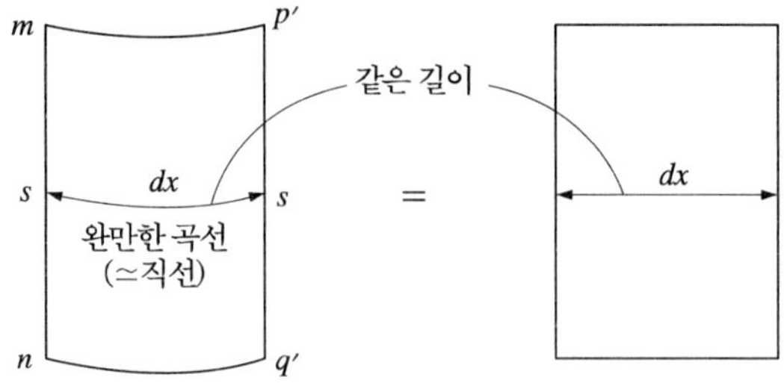

그림 5.4 보의 처짐에 의한 미소 부분

(2) 길이방향 변형률

그림 5.3 (b)에서 면 $s-s$가 중립면이면 $dx=\rho\, d\theta$이고, 중립축으로부터 y만큼 떨어진 면 $c-d'$에서 변형된 미소 부재 길이 $d\delta = y\, d\theta$이다. 따라서 중립축으로부터 y만큼 떨어진 면 $c-d'$에서 길이방향 변형률 ε는 다음 식과 같다.

$$\varepsilon = \frac{d\delta}{dx} = \frac{y\, d\theta}{\rho\, d\theta} = \frac{y}{\rho} \tag{5.1}$$

여기서, dx : 원래의 미소 부재 길이

$d\delta$: 변형된 미소 부재 길이

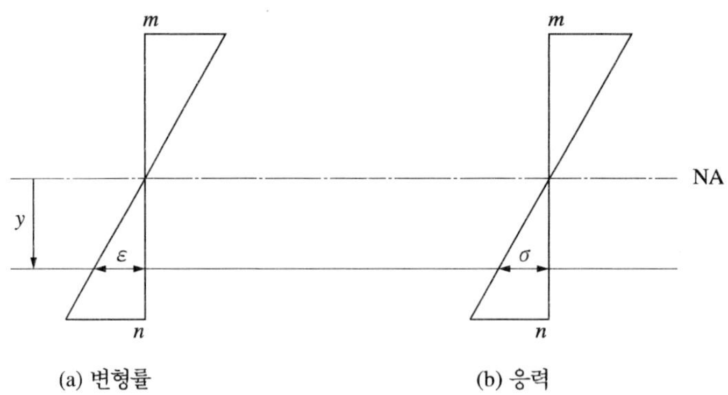

그림 5.5 부재의 변형률과 단면의 응력

(3) 수직응력

응력-변형률 관계에서 재료가 선형탄성 범위 내에 있고, 후크의 법칙을 따르므로 단면에 작용하는 수직응력은 다음과 같다.

$$\sigma = E\varepsilon = \frac{Ey}{\rho} \qquad (5.2)$$

위에서 $\frac{1}{\rho}$은 식 (5.3)과 같고, $\frac{1}{\rho}$을 곡률(Curvature)이라 하며, ρ를 곡률반지름(Radius of Curvature)이라 한다.

$$\frac{1}{\rho} = \frac{\sigma}{Ey} \qquad (5.3)$$

단면에 대한 평형방정식 $\Sigma X = 0$와 $\Sigma M = 0$으로부터 중립축의 위치와 모멘트-곡률 방정식이 유도된다.

(4) 중립축의 위치

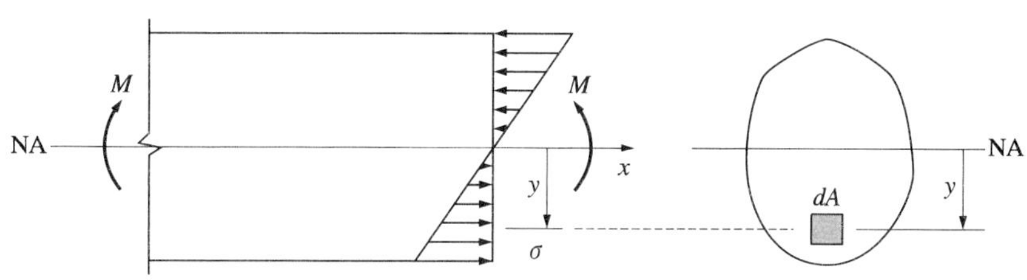

(a) 휨모멘트에 대한 수직응력 (b) 보의 단면

그림 5.6 보의 휨모멘트에 대한 수직응력과 보의 단면

먼저, 식 (5.2)와 그림 5.6에서 힘의 평형방정식으로부터 x 방향으로 작용하는 합력은 영 ($\Sigma X = 0$)이므로 다음 식과 같다.

$$\Sigma X = \int_A \sigma \, dA = \int_A \frac{Ey}{\rho} \, dA = \frac{E}{\rho} \int_A y \, dA = 0$$

위의 식에서 탄성계수 E와 곡률 $\frac{1}{\rho}$는 영 (0)이 아닌 상수이므로 다음 식을 얻을 수 있다.

$$\int_A y\, dA = 0 \tag{5.4}$$

식 (5.4)는 단면1차 모멘트가 영 (0)임을 보여준다. 따라서 단면에 축방향력이 작용하지 않을 경우, 단면의 중립축 (NA)은 도심 (Centroid)을 통과하는 것을 의미한다.

(5) 모멘트-곡률 방정식

힘의 평형방정식으로부터 단면에 작용하는 모멘트의 합은 영 ($\Sigma M = 0$)이므로 다음 식과 같다.

$$M = \int_A \sigma\, dAy = \int_A \frac{Ey}{\rho} y\, dA = \frac{E}{\rho}\int_A y^2\, dA = \frac{EI}{\rho} \tag{5.5}$$

여기서

$$I = \int_A y^2\, dA \tag{5.6}$$

식 (5.6)은 중립축에 대한 단면2차 모멘트이다. 또한 식 (5.5)에서 곡률 $\frac{1}{\rho}$에 대한 식으로 표현하면 다음 식과 같고, 곡률은 휨모멘트에 대한 보의 굽은 정도를 나타내는 변화율 (상수)을 의미한다.

$$\frac{1}{\rho} = \frac{M}{EI} \tag{5.7}$$

식 (5.7)을 모멘트-곡률 방정식이라 하고, 탄성계수 E와 단면2차 모멘트 I의 곱인 EI를 휨강성 (Flexural Rigidity)이라 한다.

(6) 휨응력 공식

식 (5.3)과 식 (5.7)을 조합하면 다음과 같다.

$$\frac{\sigma}{Ey} = \frac{M}{EI} \tag{5.8}$$

식 (5.8)에서 수직응력 σ에 관한 식으로 정리하면 다음과 같다. 아래의 식을 휨응력 공식이라 하며, 단면에 휨모멘트 M이 작용할 경우 휨응력을 산정하는 식이다.

$$\sigma = \frac{M}{I} y \tag{5.9}$$

여기서, y는 중립축(NA)으로부터 단면 내의 임의 점까지의 거리이다.

(7) 탄성곡선의 미분방정식 유도

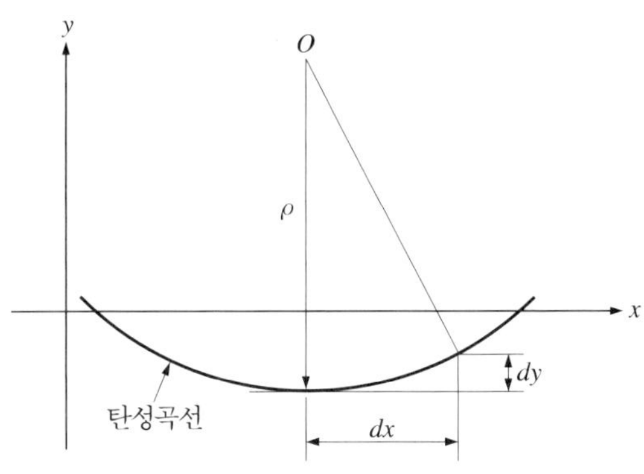

그림 5.7 보의 탄성곡선

미분기하학에서 얻어지는 곡률에 관한 정밀한 식은 다음과 같다.

$$\kappa = \frac{1}{\rho} = \frac{\dfrac{d^2y}{dx^2}}{\left[1 + \left(\dfrac{dy}{dx}\right)^2\right]^{3/2}} \tag{5.10}$$

여기서 κ : 곡률 (Curvature)

ρ : 곡률반지름 (Radius of Curvature)

$\dfrac{dy}{dx}$는 미소하므로 $\left(\dfrac{dy}{dx}\right)^2 \approx 0$이다. 따라서 식 (5.10)은 다음과 같이 간단히 할 수 있다.

$$\frac{1}{\rho} = \frac{d^2y}{dx^2} \tag{5.11}$$

식 (5.7)과 식 (5.11)을 조합하면, 보에 대한 탄성곡선의 미분방정식 또는 탄성곡선식 (DE, Differential Equation)이 구해진다. 또한 탄성곡선식의 적분을 통해 처짐각 θ와 처짐 Δ를 구할 수 있다. 이러한 탄성곡선식으로부터 부재의 처짐각과 처짐을 산정하는 방법을 탄성곡선법이라 한다. 그림 5.7과 같은 $x-y$좌표계에 대한 탄성곡선식 (DE)과 처짐각 (Slope) 및 처짐 (Deflection)의 식을 정리하면 아래와 같다.

$$\frac{d^2y}{dx^2} = \frac{M}{EI} \tag{5.12 a}$$

$$\theta = \frac{dy}{dx} = \int \frac{M}{EI}\,dx + C_1 \tag{5.12 b}$$

$$\Delta = y = \iint \frac{M}{EI}\,dx\,dx + C_1 x + C_2 \tag{5.12 c}$$

여기서, M은 x에 관한 함수이고, C_1과 C_2는 적분상수이다.

식 (5.12)를 이용하여 처짐각 θ와 처짐 Δ를 산정하기 위해서는 적분상수 C_1과 C_2가 결정되어야 한다. 이와 같은 적분상수들은 경계조건 (Boundary Condition), 연속조건 (Continuity Condition) 그리고 대칭조건 (Symmetry Condition) 등을 이용하여 산정할 수 있다.

경계조건은 구조물의 지점의 종류에 따라 지점에서의 처짐각과 처짐을 결정하는 것으로 구조물의 경계조건의 예는 표 5.2와 같다.

표 5.2 지점의 경계조건

지점	형상	처짐각 (θ)	처짐 (Δ)
이동단 (Roller)		$\theta \neq 0$	$\Delta = 0$
회전단 (Hinged)	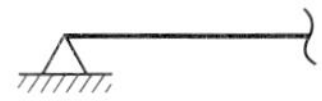	$\theta \neq 0$	$\Delta = 0$
고정단 (Fixed)		$\theta = 0$	$\Delta = 0$
자유단 (Free)		$\theta \neq 0$	$\Delta \neq 0$
연속단 (Continuous)	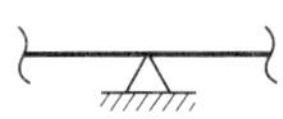	$\theta =$ 연속	$\Delta = 0$

연속조건은 '부재의 임의 위치에서 그 위치를 기준으로 부재의 왼쪽에서 산정한 처짐각과 처짐은 부재의 오른쪽에서 산정한 처짐각과 처짐이 같다'라는 조건이다. 또한 대칭조건은 '단순보와 같은 부재에서 부재가 대칭이고 하중이 대칭일 때 중앙점에서의 처짐각은 영 (0)이 된다'는 조건이다.

5.2.4 부호규약

기준 좌표의 원점에서 x 축은 오른쪽 방향일 경우를 양 (+)으로 하고 y 축은 위쪽 방향일 경우를 양 (+)으로 하면, 처짐각 (θ)은 반시계방향을 양 (+)으로 하고 처짐 (Δ)은 위쪽 방향을 양 (+)으로 한다. 표 5.3은 y 축 양 (+)의 방향이 위쪽으로 향 (상향)하는 경우와 아래쪽으로 향 (하향)하는 경우에 있어 구조물의 변형에 적용되는 처짐각 및 처짐의 부호규약을 나타내었으며, 본 장에서는 기본적으로 y 축이 상향인 경우에 대해 설명하기로 한다. 또한, 휨모멘트의 부호도 앞서 정의된 것과 동일하게 아래로 볼록하게 하는 것을 양 (+), 반대의 경우를 음 (−)으로 한다 (표 5.3).

표 5.3 처짐각과 처짐에 대한 부호규약

구분	부호규약	
	y (+)가 상향인 경우	y (+)가 하향인 경우
좌표계	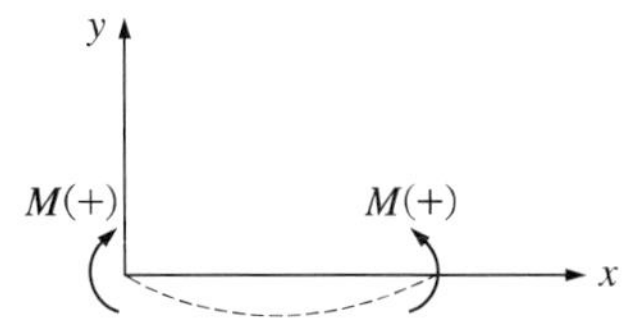	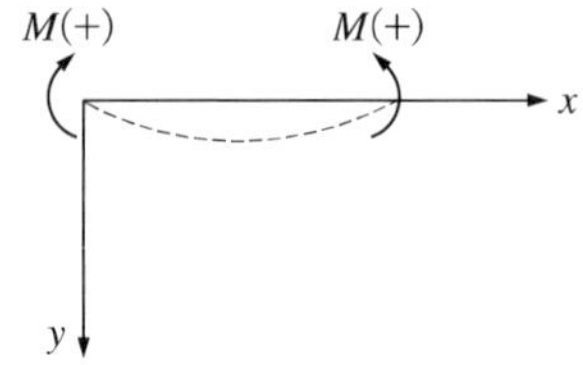
탄성곡선식	$\dfrac{d^2y}{dx^2}=\dfrac{M}{EI}$	$\dfrac{d^2y}{dx^2}=-\dfrac{M}{EI}$
처짐각 (θ)	① 반시계방향 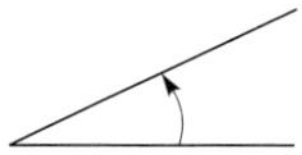 : + ② 시계방향 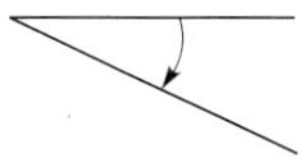 : −	① 시계방향 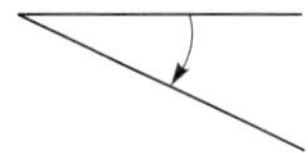 : + ② 반시계방향 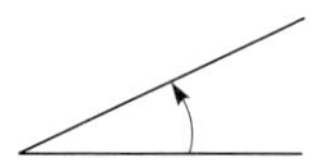 : −
처짐 (Δ)	① 상향 (↑) : 양(+) ② 하향 (↓) : 음(−)	① 하향 (↓) : 양(+) ② 상향 (↑) : 음(−)

5.2.5 중첩법

선형탄성영역의 변형에서 여러 개의 하중을 구조물에 동시에 작용시켜 발생하는 처짐각과 처짐은 같은 하중을 구조물에 각각 작용시켜 발생하는 처짐각과 처짐의 중첩(합)과 같다. 이와 같은 방법을 중첩법(Method of Superposition)이라 한다.

예제 5.2 다음 그림과 같은 단순보에서 θ_A, θ_B, Δ_C를 탄성곡선식을 이용하여 구하시오. 단, 휨강성 EI는 일정하다.

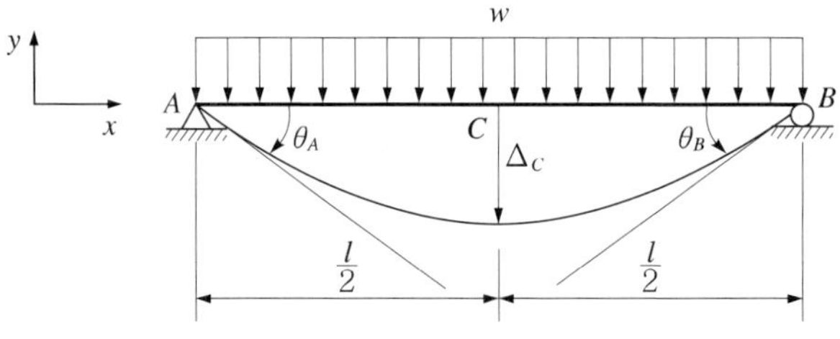

그림 5.8

↳ (1) 휨모멘트 산정

지점 A로부터 거리 x 만큼 떨어진 단면 D에서의 휨모멘트는 다음과 같다.

$$M = \frac{wl}{2}(x) - wx\left(\frac{x}{2}\right) = \frac{wl}{2}x - \frac{w}{2}x^2$$

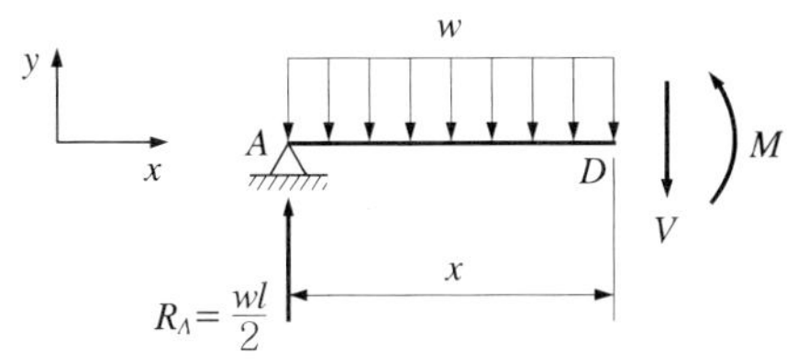

그림 5.9

(2) 탄성곡선식

$$\frac{d^2y}{dx^2} = \frac{M}{EI} = \frac{1}{EI}\left(\frac{wl}{2}x - \frac{w}{2}x^2\right)$$

(3) 처짐각과 처짐

① 처짐각

$$\theta = \frac{dy}{dx} = \int \frac{M}{EI}dx + C_1 = \frac{1}{EI}\int\left(\frac{wl}{2}x - \frac{w}{2}x^2\right)dx + C_1$$
$$= \frac{1}{EI}\left(\frac{wl}{4}x^2 - \frac{w}{6}x^3\right) + C_1$$

② 처짐

$$\Delta = y = \iint \frac{M}{EI}dx\,dx + C_1x + C_2 = \int \frac{dy}{dx}dx + C_2$$
$$= \int\left\{\frac{1}{EI}\left(\frac{wl}{4}x^2 - \frac{w}{6}x^3\right) + C_1\right\}dx + C_2$$
$$= \frac{1}{EI}\left(\frac{wl}{12}x^3 - \frac{w}{24}x^4\right) + C_1x + C_2$$

(4) 적분상수 C_1과 C_2의 결정

① 적분상수 C_1은 대칭조건에 의해 보의 중앙점 C $\left(x = \frac{l}{2}\right)$에서는 처짐각 θ가 영 (0)이다.

$x = \frac{l}{2}$일 때, $\theta_C = \frac{1}{EI}\left\{\frac{wl}{4}\times\left(\frac{l}{2}\right)^2 - \frac{w}{6}\times\left(\frac{l}{2}\right)^3\right\} + C_1 = 0$

$\therefore\ C_1 = -\frac{wl^3}{24EI}$

② 적분상수 C_2 는 경계조건에 의해 지점 A $(x=0)$에서는 처짐 Δ 가 영 (0)이다.

$x=0$일 때, $\Delta_A = \dfrac{1}{EI}\left(\dfrac{wl}{12}\times 0^3 - \dfrac{w}{24}\times 0^4\right) + C_1\times 0 + C_2 = 0$

$\therefore\ C_2 = 0$

(5) 처짐각 및 처짐 방정식

① 처짐각 방정식

$$\theta = \frac{dy}{dx} = \frac{1}{EI}\left(\frac{wl}{4}x^2 - \frac{w}{6}x^3 - \frac{wl^3}{24}\right)$$

② 처짐 방정식

$$\Delta = y = \frac{1}{EI}\left(\frac{wl}{12}x^3 - \frac{w}{24}x^4 - \frac{wl^3}{24}x\right)$$

(6) 처짐각 θ_A와 θ_B 그리고 처짐 Δ_C의 산정

① 처짐각

㉠ θ_A 는 $x=0$일 때의 처짐각이다.

$$\theta_A = \frac{1}{EI}\left(\frac{wl}{4}\times 0^2 - \frac{w}{6}\times 0^3 - \frac{wl^3}{24}\right) = -\frac{wl^3}{24EI}$$

$\therefore\ \theta_A = -\dfrac{wl^3}{24EI}$ (시계방향)

㉡ θ_B 는 $x=l$일 때의 처짐각이다.

$$\theta_B = \frac{1}{EI}\left(\frac{wl}{4}\times l^2 - \frac{w}{6}\times l^3 - \frac{wl^3}{24}\right) = \frac{wl^3}{24EI}$$

$\therefore\ \theta_B = \dfrac{wl^3}{24EI}$ (반시계방향)

② 처짐

Δ_C 는 $x=\dfrac{l}{2}$ 일 때의 처짐이며, 최대 처짐에 해당된다.

$$\Delta_C = \frac{1}{EI}\left\{\frac{wl}{12}\times\left(\frac{l}{2}\right)^3 - \frac{w}{24}\times\left(\frac{l}{2}\right)^4 - \frac{wl^3}{24}\times\left(\frac{l}{2}\right)\right\} = -\frac{5wl^4}{384EI}$$

$\therefore\ \Delta_C = -\dfrac{5wl^4}{384EI}$ (하향)

[참고]

동일한 예제에서 y 축의 양(+)의 방향이 아래로 향할 경우(표 5.3 참조)의 처짐각과 처짐의 산정 방법을 예시하면 다음과 같다.

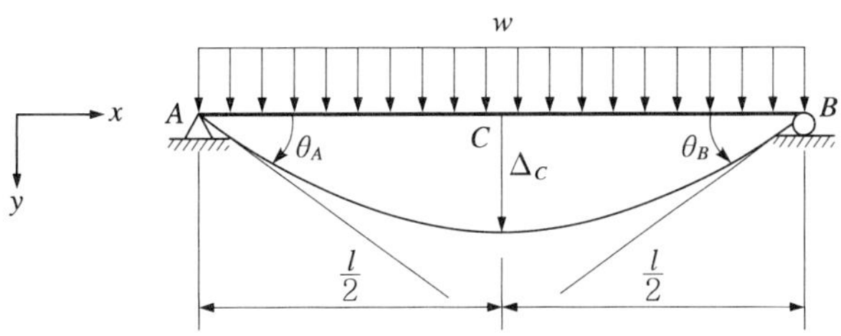

그림 5.10

(1) 휨모멘트 산정

지점 A로부터 거리 x 만큼 떨어진 단면 D에서의 휨모멘트는 다음과 같다.

$$M = \frac{wl}{2}(x) - wx\left(\frac{x}{2}\right) = \frac{wl}{2}x - \frac{w}{2}x^2$$

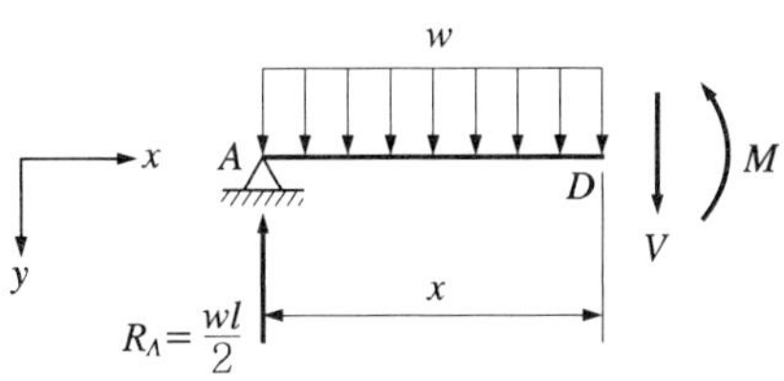

그림 5.11

(2) 탄성곡선식

$$\frac{d^2y}{dx^2} = -\frac{M}{EI} = -\frac{1}{EI}\left(\frac{wl}{2}x - \frac{w}{2}x^2\right)$$

(3) 처짐각과 처짐

① 처짐각

$$\theta = \frac{dy}{dx} = \int\left(-\frac{M}{EI}\right)dx + C_1 = -\frac{1}{EI}\int\left(\frac{wl}{2}x - \frac{w}{2}x^2\right)dx + C_1$$

$$= -\frac{1}{EI}\left(\frac{wl}{4}x^2 - \frac{w}{6}x^3\right) + C_1$$

② 처짐

$$\Delta = y = \iint\left(-\frac{M}{EI}\right)dx\,dx + C_1 x + C_2 = \int \frac{dy}{dx}dx + C_2$$

$$= \int\left\{-\frac{1}{EI}\left(\frac{wl}{4}x^2 - \frac{w}{6}x^3\right) + C_1\right\}dx + C_2$$

$$= -\frac{1}{EI}\left(\frac{wl}{12}x^3 - \frac{w}{24}x^4\right) + C_1 x + C_2$$

(4) 적분상수 C_1과 C_2의 결정

① 적분상수 C_1은 대칭조건에 의해 보의 중앙점 C $\left(x = \frac{l}{2}\right)$에서는 처짐각 θ가 영(0)이다.

$x = \frac{l}{2}$일 때, $\theta_C = -\frac{1}{EI}\left\{\frac{wl}{4}\times\left(\frac{l}{2}\right)^2 - \frac{w}{6}\times\left(\frac{l}{2}\right)^3\right\} + C_1 = 0$

$\therefore\ C_1 = \frac{wl^3}{24EI}$

② 적분상수 C_2는 경계조건에 의해 지점 A $(x = 0)$에서는 처짐 Δ가 영(0)이다.

$x = 0$일 때, $\Delta_A = -\frac{1}{EI}\left(\frac{wl}{12}\times 0^3 - \frac{w}{24}\times 0^4\right) + C_1\times 0 + C_2 = 0$

$\therefore\ C_2 = 0$

(5) 처짐각 및 처짐 방정식

① 처짐각 방정식

$$\theta = \frac{dy}{dx} = -\frac{1}{EI}\left(\frac{wl}{4}x^2 - \frac{w}{6}x^3 - \frac{wl^3}{24}\right)$$

② 처짐 방정식

$$\Delta = y = -\frac{1}{EI}\left(\frac{wl}{12}x^3 - \frac{w}{24}x^4 - \frac{wl^3}{24}x\right)$$

(6) 처짐각 θ_A와 θ_B 그리고 처짐 Δ_C의 산정

① 처짐각

㉠ θ_A는 $x = 0$일 때의 처짐각이다.

$$\theta_A = -\frac{1}{EI}\left(\frac{wl}{4}\times 0^2 - \frac{w}{6}\times 0^3 - \frac{wl^3}{24}\right) = \frac{wl^3}{24EI}$$

$\therefore\ \theta_A = \frac{wl^3}{24EI}$ (시계방향)

ⓛ θ_B는 $x = l$일 때의 처짐각이다.

$$\theta_B = -\frac{1}{EI}\left(\frac{wl}{4}\times l^2 - \frac{w}{6}\times l^3 - \frac{wl^3}{24}\right) = -\frac{wl^3}{24EI}$$

$$\therefore\ \theta_B = -\frac{wl^3}{24EI} \qquad \text{(반시계방향)}$$

② 처짐

Δ_C는 $x = \dfrac{l}{2}$ 일 때의 처짐이며, 최대 처짐에 해당된다.

$$\Delta_C = -\frac{1}{EI}\left\{\frac{wl}{12}\times\left(\frac{l}{2}\right)^3 - \frac{w}{24}\times\left(\frac{l}{2}\right)^4 - \frac{wl^3}{24}\times\left(\frac{l}{2}\right)\right\} = \frac{5wl^4}{384EI}$$

$$\therefore\ \Delta_C = \frac{5wl^4}{384EI} \qquad \text{(하향)}$$

결과적으로, y축의 양(+)의 방향이 위로 향할 경우와 동일한 결과가 산출됨을 확인할 수 있다.

예제 5.3 다음 그림과 같은 단순보에서 θ_A, θ_B, θ_C, Δ_C를 탄성곡선식을 이용하여 구하시오. 단, 휨강성 EI는 일정하다.

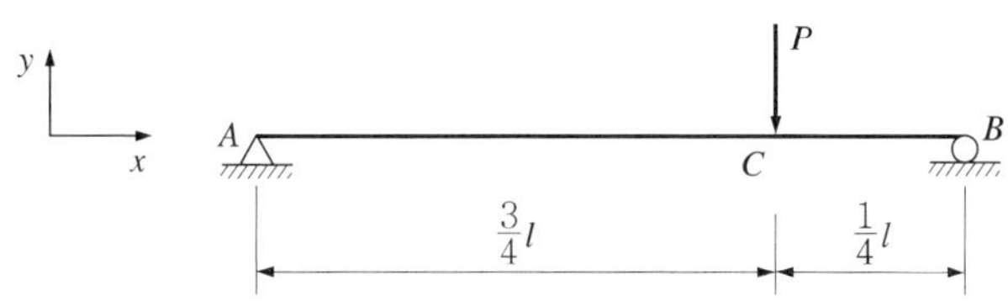

그림 5.12

(1) 휨모멘트 산정

① $0 \le x \le \dfrac{3}{4}l$

$$R_A = \frac{1}{4}P$$

$$M_1 = \frac{1}{4}Px$$

② $\dfrac{3}{4}l \le x \le l$

$$M_2 = -\frac{3}{4}Px + \frac{3}{4}Pl$$

(2) 탄성곡선식

① $0 \le x \le \frac{3}{4}l$

$$\frac{d^2y}{dx^2} = \frac{M_1}{EI} = \frac{1}{EI}\left(\frac{1}{4}Px\right)$$

② $\frac{3}{4}l \le x \le l$

$$\frac{d^2y}{dx^2} = \frac{M_2}{EI} = \frac{1}{EI}\left(-\frac{3}{4}Px + \frac{3}{4}Pl\right)$$

(3) 처짐각과 처짐

① 처짐각

㉠ $0 \le x \le \frac{3}{4}l$

$$\theta_1 = \frac{dy}{dx} = \int \frac{M_1}{EI}\,dx + C_1 = \frac{1}{EI}\int\left(\frac{1}{4}Px\right)dx + C_1$$

$$= \frac{1}{EI}\left(\frac{1}{8}Px^2\right) + C_1$$

㉡ $\frac{3}{4}l \le x \le l$

$$\theta_2 = \frac{dy}{dx} = \int \frac{M_2}{EI}\,dx + C_2 = \frac{1}{EI}\int\left(-\frac{3}{4}Px + \frac{3}{4}Pl\right)dx + C_2$$

$$= \frac{1}{EI}\left(-\frac{3}{8}Px^2 + \frac{3}{4}Plx\right) + C_2$$

② 처짐

㉠ $0 \le x \le \frac{3}{4}l$

$$\varDelta_1 = \iint \frac{M_1}{EI}\,dx\,dx + C_1x + C_3 = \int \frac{dy}{dx}\,dx + C_3$$

$$= \frac{1}{EI}\left(\frac{1}{24}Px^3\right) + C_1x + C_3$$

㉡ $\frac{3}{4}l \le x \le l$

$$\varDelta_2 = \iint \frac{M_2}{EI}\,dx\,dx + C_2x + C_4 = \int \frac{dy}{dx}\,dx + C_4$$

$$= \frac{1}{EI}\left(-\frac{1}{8}Px^3 + \frac{3}{8}Plx^2\right) + C_2x + C_4$$

(4) 적분상수의 결정

① 경계조건에 의해 보의 지점 A $(x=0)$에서 처짐 Δ는 영(0)이다. 즉, $x=0$일 때, $\Delta_1=0$이다.

$$\Delta_{1,A}=\frac{1}{EI}\left(\frac{1}{24}P\times 0^3\right)+C_1\times 0+C_3=0$$

$$\therefore\ C_3=0 \qquad \text{(a)}$$

② 경계조건에 의해 보의 지점 B $(x=l)$에서 처짐 Δ는 영 (0)이다. 즉, $x=l$일 때, $\Delta_2=0$이다.

$$\Delta_{2,B}=\frac{1}{EI}\left(-\frac{1}{8}P\times l^3+\frac{3}{8}Pl\times l^2\right)+C_2\times l+C_4=0$$

$$\therefore\ C_2 l+C_4+\frac{1}{EI}\left(\frac{1}{4}Pl^3\right)=0 \qquad \text{(b)}$$

③ 연속조건에 의해 보의 점 C $\left(x=\frac{3}{4}l\right)$에서 처짐각이 같다. 즉 $x=\frac{3}{4}l$일 때, $\theta_1=\theta_2$이다.

$$\frac{1}{EI}\left\{\frac{1}{8}P\times\left(\frac{3}{4}l\right)^2\right\}+C_1=\frac{1}{EI}\left\{-\frac{3}{8}P\left(\frac{3}{4}l\right)^2+\frac{3}{4}Pl\left(\frac{3}{4}l\right)\right\}+C_2$$

$$\therefore\ C_1-C_2-\frac{9Pl^2}{32EI}=0 \qquad \text{(c)}$$

④ 연속조건에 의해 보의 점 C $\left(x=\frac{3}{4}l\right)$에서 처짐이 같다. 즉 $x=\frac{3}{4}l$일 때, $\Delta_1=\Delta_2$이다

$$\frac{1}{EI}\left\{\frac{1}{24}P\times\left(\frac{3}{4}l\right)^3\right\}+C_1\times\left(\frac{3}{4}l\right)+C_3$$

$$=\frac{1}{EI}\left\{-\frac{1}{8}P\times\left(\frac{3}{4}l\right)^3+\frac{3}{8}Pl\times\left(\frac{3}{4}l\right)^2\right\}+C_2\times\left(\frac{3}{4}l\right)+C_4$$

$$3C_1 l-3C_2 l-4C_4-\frac{9Pl^3}{16EI}=0 \qquad \text{(d)}$$

식 (a)~식 (d)를 연립하여 풀면 다음과 같다.

$$C_1=-\frac{5Pl^2}{128EI},\ C_2=-\frac{41Pl^2}{128EI},\ C_3=0,\ C_4=\frac{9Pl^3}{128EI}$$

(5) 처짐각 및 처짐 방정식

① 처짐각 방정식

$$\theta_1 = \frac{1}{EI}\left(\frac{1}{8}Px^2 - \frac{5Pl^2}{128}\right) \quad \left(0 \le x \le \frac{3}{4}l\right)$$

$$\theta_2 = \frac{1}{EI}\left(-\frac{3}{8}Px^2 + \frac{3}{4}Plx - \frac{41Pl^2}{128}\right) \quad \left(\frac{3}{4}l \le x \le l\right)$$

② 처짐 방정식

$$\Delta_1 = \frac{1}{EI}\left(\frac{1}{24}Px^3 - \frac{5}{128}Pl^2x\right) \quad \left(0 \le x \le \frac{3}{4}l\right)$$

$$\Delta_2 = \frac{1}{EI}\left(-\frac{1}{8}Px^3 + \frac{3}{8}Plx^2 - \frac{41}{128}Pl^2x + \frac{9Pl^3}{128}\right) \quad \left(\frac{3}{4}l \le x \le l\right)$$

(6) 처짐각 θ_A, θ_B와 θ_C 그리고 처짐 Δ_C의 산정

① 처짐각

㉠ θ_A는 $x=0$일 때의 처짐각이다.

$$\theta_A = \frac{1}{EI}\left(\frac{1}{8}P\times 0^2 - \frac{5Pl^2}{128}\right) = -\frac{5Pl^2}{128EI}$$

$$\therefore \theta_A = -\frac{5Pl^2}{128EI} \qquad \text{(시계방향)}$$

㉡ θ_B는 $x=l$일 때의 처짐각이다.

$$\theta_B = \frac{1}{EI}\left(-\frac{3}{8}P\times l^2 + \frac{3}{4}Pl\times l - \frac{41}{128}Pl^2\right) = \frac{7Pl^2}{128EI}$$

$$\therefore \theta_B = \frac{7Pl^2}{128EI} \qquad \text{(반시계방향)}$$

㉢ θ_C는 $x=\frac{3}{4}l$일 때의 처짐각이다.

$$\theta_C = \frac{1}{EI}\left\{\frac{1}{8}P\times\left(\frac{3}{4}l\right)^2 - \frac{5Pl^2}{128}\right\} = \frac{1Pl^2}{32EI}$$

$$\therefore \theta_C = \frac{Pl^2}{32EI} \qquad \text{(반시계방향)}$$

② 처짐

Δ_C는 $x=\frac{3}{4}l$일 때의 처짐이다.

$$\Delta_C = \frac{1}{EI}\left\{\frac{1}{24}P\times\left(\frac{3}{4}l\right)^3 - \frac{5}{128}Pl^2\times\left(\frac{3}{4}l\right)\right\} = -\frac{3Pl^3}{256EI}$$

$$\therefore\ \Delta_C = -\frac{3Pl^3}{256EI} \qquad \text{(하향)}$$

예제 5.4 다음 그림과 같은 단순보에서 θ_C, θ_B, Δ_C, Δ_B를 탄성곡선식을 이용하여 구하시오. 단, 휨강성 EI는 일정하다.

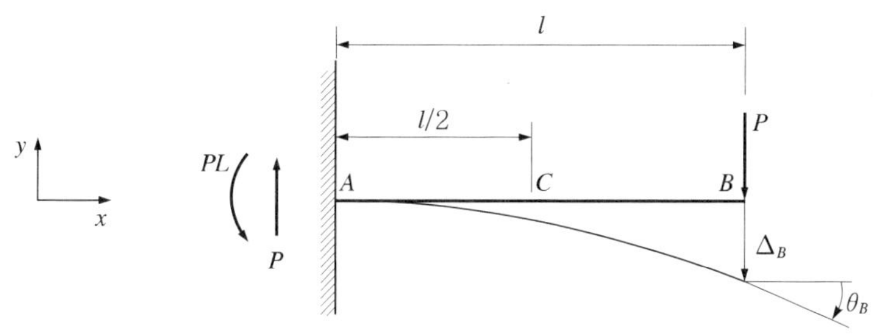

그림 5.13

(1) 휨모멘트 산정

$$M = -Pl + Px$$

(2) 탄성곡선식

$$\frac{d^2y}{dx^2} = \frac{M}{EI} = \frac{1}{EI}(-Pl + Px)$$

(3) 처짐각과 처짐

① 처짐각

$$\theta = \frac{dy}{dx} = \int \frac{M}{EI}dx + C_1$$

$$= \frac{1}{EI}\int(-Pl + Px)dx + C_1 = \frac{1}{EI}\left(-Plx + \frac{P}{2}x^2\right) + C_1$$

② 처짐

$$\Delta = y = \iint \frac{M}{EI}dx\,dx + C_1x + C_2$$

$$= \int \frac{dy}{dx}dx + C_2 = \frac{1}{EI}\left(-\frac{Pl}{2}x^2 + \frac{P}{6}x^3\right) + C_1x + C_2$$

(4) 적분상수 C_1과 C_2의 결정

① 적분상수 C_1 은 경계조건에 의해 보의 지점 A$(x=0)$에서는 처짐각 θ 가 영(0)이다.

$x=0$일 때, $\theta_A = \dfrac{1}{EI}\left(-Pl\times 0+\dfrac{P}{2}\times 0^2\right)+C_1=0$

$\therefore\ C_1=0$

② 적분상수 C_2은 경계조건에 의해 보의 지점 A$(x=0)$에서는 처짐 $\varDelta$가 영(0)이다.

$x=0$일 때, $\varDelta_A = \dfrac{1}{EI}\left(-\dfrac{Pl}{2}\times 0^2+\dfrac{P}{6}\times 0^3\right)+C_1\times 0+C_2=0$

$\therefore\ C_2=0$

(5) 처짐각 및 처짐 방정식

① 처짐각 방정식

$$\theta=\frac{dy}{dx}=\frac{1}{EI}\left(-Plx+\frac{P}{2}x^2\right)$$

② 처짐 방정식

$$\varDelta=y=\frac{1}{EI}\left(-\frac{Pl}{2}x^2+\frac{P}{6}x^3\right)$$

(6) 처짐각 θ_C와 θ_B 그리고 처짐 $\varDelta_B$의 산정

① 처짐각

㉠ θ_C는 $x=\dfrac{l}{2}$ 일 때의 처짐각이다.

$$\theta_C=\frac{1}{EI}\left\{-Pl\times\frac{l}{2}+\frac{P}{2}\times\left(\frac{l}{2}\right)^2\right\}=-\frac{3Pl^2}{8EI}$$

$\therefore\ \theta_C=-\dfrac{3Pl^2}{8EI}$ (시계방향)

㉡ θ_B는 $x=l$일 때의 처짐각이다.

$$\theta_B=\frac{1}{EI}\left\{-Pl\times l+\frac{P}{2}\times(l)^2\right\}=-\frac{Pl^2}{2EI}$$

$\therefore\ \theta_B=-\dfrac{Pl^2}{2EI}$ (시계방향)

② 처짐

㉠ $\varDelta_C$는 $x=\dfrac{l}{2}$ 일 때의 처짐이다.

$$\Delta_C = \frac{1}{EI}\left\{-\frac{Pl}{2}\times\left(\frac{l}{2}\right)^2+\frac{P}{6}\times\left(\frac{l}{2}\right)^3\right\}=-\frac{5Pl^3}{48EI}$$

$$\therefore\ \Delta_C=-\frac{5Pl^3}{48EI} \qquad \text{(하향)}$$

㉡ Δ_B는 $x=l$일 때의 처짐이다.

$$\Delta_B = \frac{1}{EI}\left\{-\frac{Pl}{2}\times(l)^2+\frac{P}{6}\times(l)^3\right\}=-\frac{Pl^3}{3EI}$$

$$\therefore\ \Delta_B=-\frac{Pl^3}{3EI} \qquad \text{(하향)}$$

예제 5.5 다음 그림과 같은 단순보에서 θ_C, Δ_C, Δ_B를 탄성곡선식을 이용하여 구하시오. 단, 탄성계수 E는 일정하다.

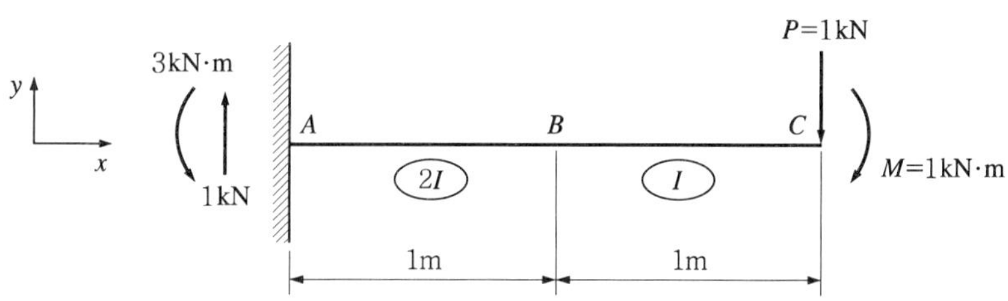

그림 5.14

↳ (1) 휨모멘트 산정

$M=-3+x$

(2) 탄성곡선식

① $0 \le x \le 1\text{ m}$

$$\frac{d^2y}{dx^2}=\frac{M}{EI}=\frac{1}{E(2I)}(-3+x)=\frac{1}{2EI}(-3+x)$$

② $1 \le x \le 2\text{ m}$

$$\frac{d^2y}{dx^2}=\frac{M}{EI}=\frac{1}{EI}(-3+x)$$

(3) 처짐각과 처짐

① 처짐각

㉠ $0 \leq x \leq 1\text{ m}$

$$\theta_1 = \frac{dy}{dx} = \int \frac{M}{EI} dx$$
$$= \frac{1}{2EI}\int (-3 + x)\, dx = \frac{1}{2EI}\left(-3x + \frac{1}{2}x^2\right) + C_1$$

㉡ $1 \leq x \leq 2\text{ m}$

$$\theta_2 = \frac{dy}{dx} = \int \frac{M}{EI} dx$$
$$= \frac{1}{EI}\int (-3 + x)\, dx = \frac{1}{EI}\left(-3x + \frac{1}{2}x^2\right) + C_2$$

② 처짐

㉠ $0 \leq x \leq 1\text{ m}$

$$\Delta_1 = y_1 = \iint \frac{M}{EI} dx\, dx$$
$$= \int \frac{dy}{dx} dx + C_3 = \frac{1}{2EI}\left(-\frac{3}{2}x^2 + \frac{1}{6}x^3\right) + C_1 x + C_3$$

㉡ $1 \leq x \leq 2\text{ m}$

$$\Delta_2 = y_2 = \iint \frac{M}{EI} dx\, dx$$
$$= \int \frac{dy}{dx} dx + C_4 = \frac{1}{EI}\left(-\frac{3}{2}x^2 + \frac{1}{6}x^3\right) + C_2 x + C_4$$

(4) 적분상수의 결정

① 경계조건에 의해 보의 지점 A ($x = 0\text{ m}$)에서 처짐각 θ와 처짐 Δ는 영(0)이다. 즉 $x = 0\text{ m}$일 때, $\theta_1 = 0$이고 $\Delta_1 = 0$이다.

$$\theta_{1,A} = \frac{1}{2EI}\left(-3\times 0 + \frac{1}{2}\times 0^2\right) + C_1 = 0 \qquad \therefore\ C_1 = 0$$

$$\Delta_{1,A} = \frac{1}{2EI}\left(-\frac{3}{2}\times 0^2 + \frac{1}{6}\times 0^3\right) + C_1\times 0 + C_3 = 0 \qquad \therefore\ C_3 = 0$$

② 연속조건에 의해 보의 점 B ($x = 1\text{ m}$)에서 처짐각이 같고 ($\theta_1 = \theta_2$), 또한 처짐이 같다 ($\Delta_1 = \Delta_2$).

㉠ 먼저 $x = 1\text{ m}$일 때, 처짐각이 같다.

$$\theta_{1,B} = \frac{1}{2EI}\left(-3\times 1 + \frac{1}{2}\times 1^2\right) = -\frac{5}{4EI}$$

$\therefore \ \theta_{1,B} = -\dfrac{5}{4EI}$

$\theta_{2,B} = \dfrac{1}{EI}\left(-3\times 1 + \dfrac{1}{2}\times 1^2\right) + C_2 = -\dfrac{5}{2EI} + C_2$

$\therefore \ \theta_{2,B} = -\dfrac{5}{2EI} + C_2$

따라서 $\theta_{1,B} = \theta_{2,B}$이므로 $C_2 = \dfrac{5}{4EI}$ 이다.

㉡ 또한 $x = 1$ m 일 때, 처짐이 같다.

$\Delta_{1,B} = \dfrac{1}{2EI}\left(-\dfrac{3}{2}\times 1^2 + \dfrac{1}{6}\times 1^3\right)$

$\therefore \ \Delta_{1,B} = -\dfrac{2}{3EI}$

$\Delta_{2,B} = \dfrac{1}{EI}\left(-\dfrac{3}{2}\times 1^2 + \dfrac{1}{6}\times 1^3 + \dfrac{5}{4}\times 1\right) + C_4 = -\dfrac{1}{12EI} + C_4$

$\therefore \ \Delta_{2,B} = -\dfrac{1}{12EI} + C_4$

따라서 $\Delta_{1,B} = \Delta_{2,B}$이므로 $C_4 = -\dfrac{7}{12EI}$ 이다.

(5) 처짐각 및 처짐 방정식

① 처짐각 방정식

$\theta_1 = \dfrac{1}{2EI}\left(-3x + \dfrac{1}{2}x^2\right) \quad (0 \le x \le 1\text{ m})$

$\theta_2 = \dfrac{1}{EI}\left(-3x + \dfrac{1}{2}x^2 + \dfrac{5}{4}\right) \quad (1 \le x \le 2\text{ m})$

② 처짐 방정식

$\Delta_1 = \dfrac{1}{2EI}\left(-\dfrac{3}{2}x^2 + \dfrac{1}{6}x^3\right) \quad (0 \le x \le 1\text{ m})$

$\Delta_2 = \dfrac{1}{EI}\left(-\dfrac{3}{2}x^2 + \dfrac{1}{6}x^3 + \dfrac{5}{4}x - \dfrac{7}{12}\right) \quad (1 \le x \le 2\text{ m})$

(6) 처짐각 θ_C 그리고 처짐 Δ_C와 Δ_B의 산정

① 처짐각

θ_C는 $x = 2$ m 일 때의 처짐각이다.

$\theta_C = \dfrac{1}{EI}\left(-3\times 2 + \dfrac{1}{2}\times 2^2 + \dfrac{5}{4}\right) = -\dfrac{11}{4EI}$

$$\therefore\ \theta_C = -\frac{11}{4EI} \qquad \text{(시계방향)}$$

② 처짐

㉠ Δ_C는 $x = 2\ \text{m}$일 때의 처짐이다.

$$\Delta_C = \frac{1}{EI}\left(-\frac{3}{2}\times 2^2 + \frac{1}{6}\times 2^3 + \frac{5}{4}\times 2 - \frac{7}{12}\right) = -\frac{11}{4EI}$$

$$\therefore\ \Delta_C = -\frac{11}{4EI} \qquad \text{(하향)}$$

㉡ Δ_B는 $x = 1\ \text{m}$일 때의 처짐이다.

$$\Delta_B = \frac{1}{EI}\left(-\frac{3}{2}\times 1^2 + \frac{1}{6}\times 1^3 + \frac{5}{4}\times 1 - \frac{7}{12}\right) = -\frac{2}{3EI}$$

$$\therefore\ \Delta_B = -\frac{2}{3EI} \qquad \text{(하향)}$$

예제 5.6 다음 그림과 같은 단순보의 부재는 H-488×300×11×18 ($I_x = 710\times 10^6\ \text{mm}^4$, $E = 210{,}000\ \text{MPa}$)이다. 지점 A와 B의 처짐각 θ_A (rad)와 θ_B (rad) 그리고 점 C의 처짐 Δ_C (mm)와 최대 처짐 Δ_{max} (mm)를 구하라. 단, 보의 자중은 무시한다.

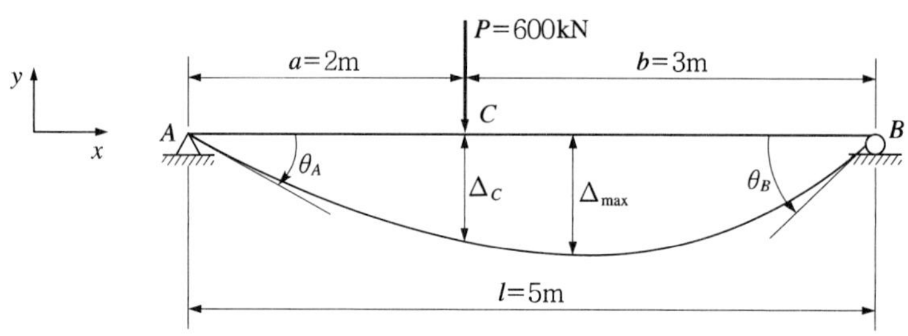

그림 5.15

(1) 휨모멘트 산정

① $0 \le x \le 2\ \text{m}$

$$R_A = 600\times\frac{3}{5} = 360\ \text{kN}$$

$$M_1 = 360\times x = 360x\ \text{kN}\cdot\text{m}$$

② $2 \le x \le 5$ m

$$M_2 = 360 \times x - 600 \times (x-2) = -240x + 1{,}200 \text{ kN} \cdot \text{m}$$

(2) 탄성곡선식

① $0 \le x \le 2$ m

$$\frac{d^2y}{dx^2} = \frac{M_1}{EI} = \frac{1}{EI}(360x)$$

② $2 \le x \le 5$ m

$$\frac{d^2y}{dx^2} = \frac{M_2}{EI} = \frac{1}{EI}(-240x + 1{,}200)$$

(3) 처짐각과 처짐

① 처짐각

㉠ $0 \le x \le 2$ m

$$\theta_1 = \frac{dy}{dx} = \int \frac{M_1}{EI}\,dx = \frac{1}{EI}\int (360x)\,dx = \frac{1}{EI}(180x^2) + C_1$$

㉡ $2 \le x \le 5$ m

$$\theta_2 = \frac{dy}{dx} = \int \frac{M_2}{EI}\,dx = \frac{1}{EI}\int (-240x + 1{,}200)\,dx = \frac{1}{EI}(-120x^2 + 1{,}200x) + C_2$$

② 처짐

㉠ $0 \le x \le 2$ m

$$\Delta_1 = \iint \frac{M_1}{EI}\,dx\,dx = \int \frac{dy}{dx}\,dx + C_3 = \frac{1}{EI}(60x^3) + C_1 x + C_3$$

㉡ $2 \le x \le 5$ m

$$\Delta_2 = \iint \frac{M_2}{EI}\,dx\,dx = \int \frac{dy}{dx}\,dx + C_4 = \frac{1}{EI}(-40x^3 + 600x^2) + C_2 x + C_4$$

(4) 적분상수의 결정

① 경계조건에 의해 보의 지점 A ($x = 0$ m)에서 처짐 Δ는 영(0)이다. 즉 $x = 0$ 일 때, $\Delta_1 = 0$이다.

$$\Delta_{1,A} = \frac{1}{EI}(60 \times 0^3) + C_1 \times 0 + C_3 = 0$$

$$\therefore C_3 = 0 \qquad \text{(a)}$$

② 경계조건에 의해 보의 지점 B $(x = 5\ \mathrm{m})$에서 처짐 Δ는 영(0)이다. 즉 $x = 5\ \mathrm{m}$일 때, $\Delta_2 = 0$이다.

$$\Delta_{2,B} = \frac{1}{EI}(-40 \times 5^3 + 600 \times 5^2) + C_2 \times 5 + C_4 = 0$$

$$\therefore 5\,C_2 + C_4 + \frac{10{,}000}{EI} = 0 \qquad \text{(b)}$$

③ 연속조건에 의해 보의 점 C $(x = 2\ \mathrm{m})$에서 처짐각이 같다. 즉 $x = 2\ \mathrm{m}$일 때, $\theta_1 = \theta_2$이다.

$$\frac{1}{EI}(180 \times 2^2) + C_1 = \frac{1}{EI}(-120 \times 2^2 + 1{,}200 \times 2) + C_2$$

$$\therefore C_1 - C_2 - \frac{1{,}200}{EI} = 0 \qquad \text{(c)}$$

④ 연속조건에 의해 보의 점 C $(x = 2\ \mathrm{m})$에서 처짐이 같다. 즉 $x = 2\ \mathrm{m}$일 때, $\Delta_1 = \Delta_2$이다

$$\frac{1}{EI}(60 \times 2^3) + C_1 \times 2 + C_3 = \frac{1}{EI}(-40 \times 2^3 + 600 \times 2^2) + C_2 \times 2 + C_4$$

$$2\,C_1 - 2\,C_2 - C_4 - \frac{1{,}600}{EI} = 0 \qquad \text{(d)}$$

식 (a)~식 (d)를 연립하여 풀면 다음과 같다.

$$C_1 = -\frac{960}{EI},\ C_2 = -\frac{2{,}160}{EI},\ C_3 = 0,\ C_4 = \frac{800}{EI}$$

(5) 처짐각 및 처짐 방정식

① 처짐각 방정식

$$\theta_1 = \frac{1}{EI}\left(180\,x^2 - 960\right) \quad (0 \le x \le 2\ \mathrm{m})$$

$$\theta_2 = \frac{1}{EI}\left(-120\,x^2 + 1{,}200\,x - 2{,}160\right) \quad (2 \le x \le 5\ \mathrm{m})$$

② 처짐 방정식

$$\Delta_1 = \frac{1}{EI}\left(60\,x^3 - 960\,x\right) \quad (0 \le x \le 2\ \mathrm{m})$$

$$\Delta_2 = \frac{1}{EI}\left(-40\,x^3 + 600\,x^2 - 2{,}160\,x + 800\right) \quad (2 \le x \le 5\ \mathrm{m})$$

(6) 처짐각 θ_A, θ_B와 θ_C 그리고 처짐 Δ_C의 산정

① 처짐각

㉠ θ_A는 $x = 0$ m 일 때의 처짐각이다.

$$\theta_A = \frac{1}{EI}(180 \times 0^2 - 960) = -\frac{960\ (\mathrm{kN \cdot m^2})}{EI(\mathrm{kN \cdot m^2})}$$

$$\therefore \theta_A = -\frac{960}{EI} = -\frac{960 \times 10^9\ (\mathrm{N \cdot mm^2})}{210{,}000 \times (710 \times 10^6)\ (\mathrm{N \cdot mm^2})}$$

$$= -0.006439\ \mathrm{rad} \qquad \text{(시계방향)}$$

㉡ θ_B는 $x = 5$ m 일 때의 처짐각이다.

$$\theta_B = \frac{1}{EI}(-120 \times 5^2 + 1{,}200 \times 5 - 2{,}160) = \frac{840\ (\mathrm{kN \cdot m^2})}{EI(\mathrm{kN \cdot m^2})}$$

$$\theta_B = \frac{840}{EI} = \frac{840 \times 10^9\ (\mathrm{N \cdot mm^2})}{210{,}000 \times (710 \times 10^6)\ (\mathrm{N \cdot mm^2})}$$

$$= 0.005634\ \mathrm{rad} \qquad \text{(반시계방향)}$$

② 처짐

㉠ Δ_C는 $x = 2$ m 일 때의 처짐이다.

$$\Delta_C = \frac{1}{EI}(60 \times 2^3 - 960 \times 2) = -\frac{1{,}440\ (\mathrm{kN \cdot m^3})}{EI(\mathrm{kN \cdot m^2})}$$

$$\therefore \Delta_C = -\frac{1{,}440\ (\mathrm{kN \cdot m^3})}{EI(\mathrm{kN \cdot m^2})} = -\frac{1{,}440 \times 10^{12}\ (\mathrm{N \cdot mm^3})}{210{,}000 \times (710 \times 10^6)\ (\mathrm{N \cdot mm^2})}$$

$$= -9.7\ \mathrm{mm} \qquad \text{(하향)}$$

㉡ Δ_{max}는 $a < b$이므로 구간 C-B에서 생긴다. Δ_{max}가 생기는 단면에서의 처짐각은 영 (0)이므로 Δ_{max}의 위치는 다음과 같이 산정한다.

$$\theta_2 = \frac{1}{EI}(-120x^2 + 1{,}200x - 2{,}160) = 0$$

$$\therefore x = 2.35\ \mathrm{m}\ (2 \le x \le 5\ \mathrm{m})$$

$$\Delta_{max} = \frac{1}{EI}(-40 \times 2.35^3 + 600 \times 2.35^2 - 2{,}160 \times 2.35 + 800)$$

$$= -\frac{1{,}481.6\ (\mathrm{kN \cdot m^3})}{EI\ (\mathrm{kN \cdot m^2})}$$

$$\therefore \Delta_{max} = -\frac{1,481.6\,(\text{kN}\cdot\text{m}^3)}{EI\,(\text{kN}\cdot\text{m}^2)}$$

$$= -\frac{1,481.6\times 10^{12}\,(\text{N}\cdot\text{mm}^3)}{210,000\times(710\times10^6)\,(\text{N}\cdot\text{mm}^2)}$$

$$= -9.9\,\text{mm} \qquad \text{(하향)}$$

5.3 모멘트면적법

5.3.1 개요

모멘트면적법(Moment Area Method)은 보와 라멘에서 휨모멘트에 의해 발생되는 구조물의 처짐각과 처짐을 $\frac{M}{EI}$ 선도의 면적을 이용하여 계산하는 방법이다.

5.3.2 모멘트면적 제1정리

탄성곡선식 (5.12 a)와 처짐각식 (5.12 b)로부터 $d\theta$는 다음과 같다.

$$\frac{d^2y}{dx^2} = \frac{d(\frac{dy}{dx})}{dx} = \frac{d\theta}{dx} = \frac{M}{EI} \qquad \text{(a)}$$

$$d\theta = \frac{M}{EI}dx \qquad \text{(b)}$$

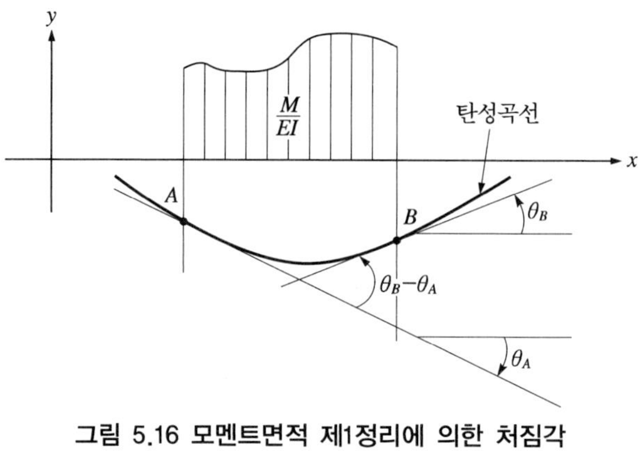

그림 5.16 모멘트면적 제1정리에 의한 처짐각

식 (b)의 양변을 구간 A와 B에 대해 적분하면 아래의 식과 같다. 이 식은 그림 5.16의 탄성곡선에서 점 B의 접선과 점 A의 접선 사이의 각 $\theta_B - \theta_A$ (각 θ_B와 각 θ_A의 차)와 같다.

$$\theta_B - \theta_A = \int_A^B d\theta = \int_A^B \frac{M}{EI}dx \tag{5.13}$$

$$= \frac{M}{EI} \text{ 선도에서 } A\text{와 } B \text{ 사이의 면적}$$

여기서, $\theta_B - \theta_A$: 점 B의 접선과 점 A의 접선의 상대적인 회전각

식 (5.13)을 모멘트면적 제1정리라 하며, 이 식은 그림 5.16의 탄성곡선에서 점 A의 접선과 점 B의 접선 사이의 각 $\theta_B - \theta_A$는 점 A와 점 B 사이 $\frac{M}{EI}$ 선도의 면적을 나타낸다.

모멘트면적법에서 휨모멘트 그리고 처짐각과 처짐의 부호규약은 표 5.3과 같다. 접선 사이의 각 $\theta_B - \theta_A$는 각 θ_B가 각 θ_A보다 대수적으로 클 때 양(+)이며, 점 B는 점 A의 오른쪽에 있어야 한다.

5.2.3 모멘트면적 제2정리

그림 5.17에서 미소 구간 dx에 대한 $d\Delta$는 다음과 같다.

$$d\Delta = \bar{x}\tan(\theta + d\theta) - \bar{x}\tan\theta \tag{a}$$

$$= \bar{x}\{\tan(\theta + d\theta) - \tan\theta\}$$

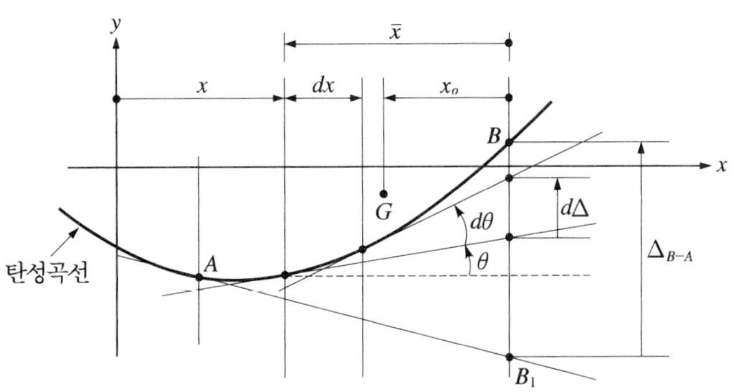

그림 5.17 모멘트면적 제2정리에 의한 처짐

삼각함수의 덧셈정리에 의해 식 (a)는 다음과 같다.

$$d\Delta = \bar{x}\left(\frac{\tan\theta + \tan d\theta}{1-\tan\theta\,\tan d\theta} - \tan\theta\right) \tag{b}$$

또한 $\tan\theta\tan d\theta \approx 0$이므로 식 (b)는 식 (c)와 같고, $d\theta$가 미소할 경우 $\tan d\theta \approx d\theta$이다.

$$d\Delta = \bar{x}\,\tan d\theta = \bar{x}\,d\theta \tag{c}$$

식 (c)의 양변을 구간 A와 B에 대해 적분하면 아래의 식과 같다. 이 식은 그림 5.17의 탄성곡선에서 점 B와 점 B를 통과하는 점 A의 접선이 만나는 점 B_1의 수직거리 Δ_{B-A}와 같다.

$$\Delta_{B-A} = \int d\Delta = \int_A^B \bar{x}\,d\theta = \int_A^B \bar{x}\,\frac{M}{EI}dx \tag{d}$$

$$\Delta_{B-A} = \int_A^B \bar{x}\,\frac{M}{EI}dx \tag{5.14}$$

$=$점 A와 점 B 사이 $\dfrac{M}{EI}$ 선도 면적의 점 B를 지나는 수직선에 관한 단면1차 모멘트

식 (5.14)를 모멘트면적 제2정리라 하며, 이 식은 그림 5.17의 점 B와 점 B를 통과하는 수직선과 탄성곡선에서 점 A의 접선이 만나는 점 B_1의 수직거리 Δ_{B-A}는 점 A와 점 B 사이 $\frac{M}{EI}$ 선도 면적의 점 B에 대한 단면1차 모멘트를 나타낸다. $\frac{M}{EI}$ 선도 면적의 점 B에 대한 단면1차 모멘트는 선도의 면적과 점 B를 지나는 수직선으로부터 면적의 도심 G까지의 거리 x_0를 곱함으로써 얻어진다. 보통 $\frac{M}{EI}$ 선도는 삼각형, 직사각형, 포물선 모양이므로, 처짐은 식 (5.14)와 같이 적분하는 것보다 $\frac{M}{EI}$ 선도 면적에 도심까지의 거리를 곱하여 구하는 것이 편리하다.

5.3.4 단면의 종류에 따른 면적과 도심

단면의 모양이 삼각형, 2차 곡선 및 3차 곡선인 경우의 면적과 도심은 다음 표와 같다.

표 5.4 삼각형, 2차 곡선 및 3차 곡선 단면의 면적과 도심

단면 모양	면 적	도 심
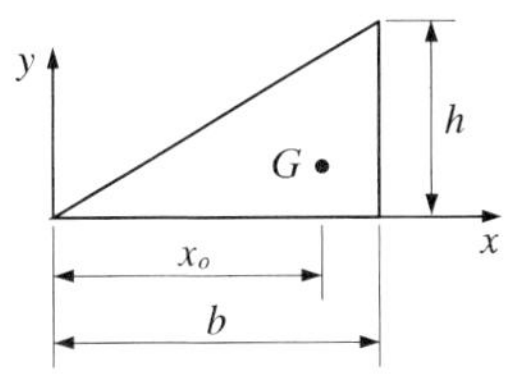 삼각형	$A = \dfrac{bh}{2}$	$x_o = \dfrac{2b}{3}$
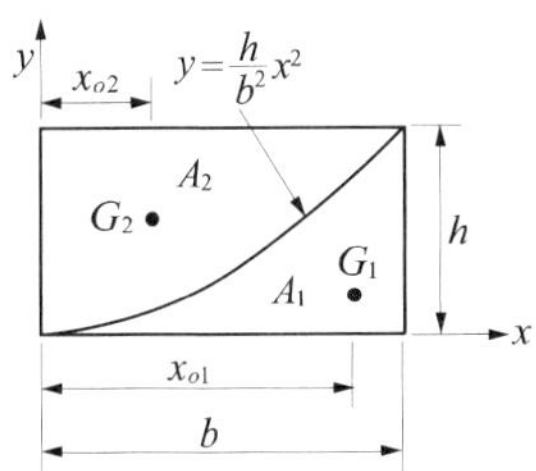 2차 곡선	$A_1 = \dfrac{bh}{3}$ $A_2 = \dfrac{2bh}{3}$	$x_{o1} = \dfrac{3}{4}b$ $x_{o2} = \dfrac{3}{8}b$
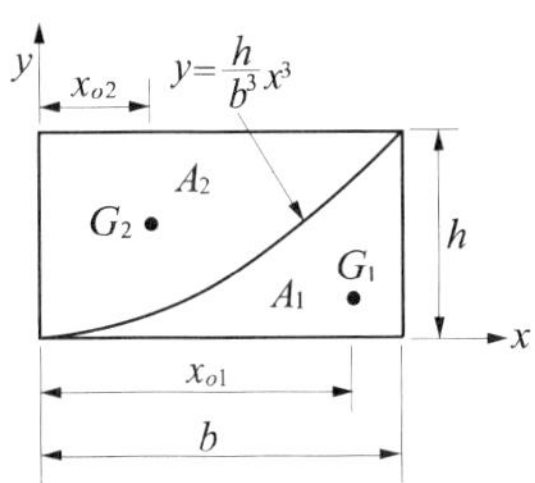 3차 곡선	$A_1 = \dfrac{bh}{4}$ $A_2 = \dfrac{3bh}{4}$	$x_{o1} = \dfrac{4}{5}b$ $x_{o2} = \dfrac{2}{5}b$

예제 5.7 다음 그림과 같은 캔틸레버보에서 점 B의 처짐각과 처짐을 모멘트면적법을 이용하여 구하라. 단, 휨강성 EI는 일정하다.

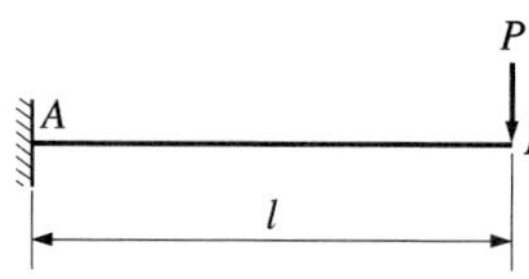

그림 5.18

↳

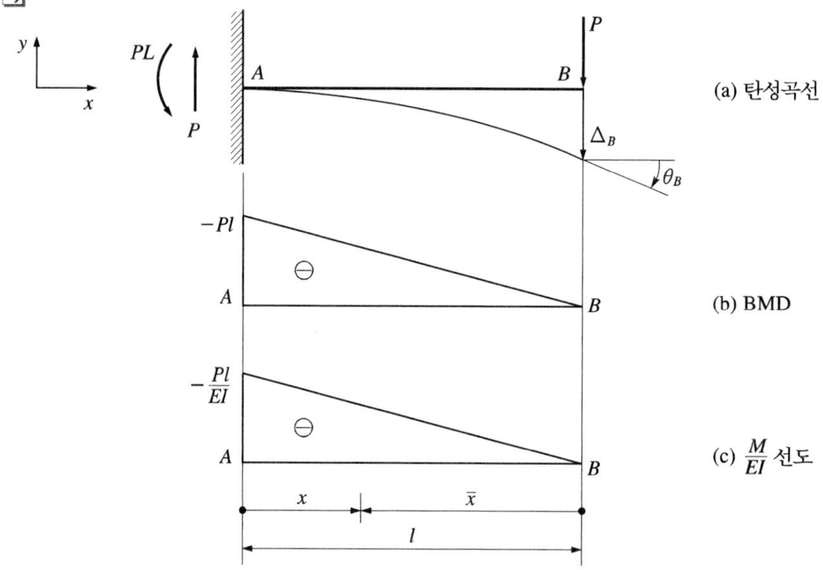

그림 5.19

(1) 휨모멘트 산정

$$M = -Pl + Px$$

(2) 처짐각 θ_B 산정

① 탄성곡선법

$$\theta_B - \theta_A = \theta_B$$

$$= \int_A^B \frac{M}{EI} dx = \frac{1}{EI} \int_0^l (-Pl + Px) dx$$

$$= \frac{1}{EI} \left[-Plx + \frac{P}{2} x^2 \right]_0^l = -\frac{Pl^2}{2EI}$$

$\therefore\ \theta_B = -\dfrac{Pl^2}{2EI}$ (시계방향)

② 또는 모멘트면적법

$\theta_B - \theta_A = \theta_B$

$= $점 A와 점 B 사이 $\dfrac{M}{EI}$ 선도의 면적$= \dfrac{1}{2} \times \left(-\dfrac{Pl}{EI}\right) \times l = -\dfrac{Pl^2}{2EI}$

$\therefore\ \theta_B = -\dfrac{Pl^2}{2EI}$ (시계방향)

(3) 처짐 Δ_B 산정

① 식 (5.14) 적용

$\Delta_{B-A} = \Delta_B$

$$= \int_A^B \bar{x}\,\frac{M}{EI}\,dx = \frac{1}{EI}\int_0^l (l-x)(-Pl+Px)\,dx$$

$$= \frac{1}{EI}\left[-Pl^2x + Plx^2 - \frac{P}{3}x^3\right]_0^l = -\frac{Pl^3}{3EI}$$

$\therefore\ \Delta_C = -\dfrac{Pl^3}{3EI}$ (하향)

② 또는 표 5.4 적용

$\Delta_{B-A} = \Delta_B$

$= $점 A와 점 B 사이 $\dfrac{M}{EI}$ 선도의 면적×점 B에서 도심까지의 거리

$$= -\frac{Pl^2}{2EI} \times \left(\frac{2}{3}l\right) = -\frac{Pl^3}{3EI}$$

$\therefore\ \Delta_B = -\dfrac{Pl^3}{3EI}$ (하향)

주1) 탄성곡선식을 이용하여 산정한 예제 5.4와 동일한 결과이다.

주2) ① 위에서는 y좌표가 상향인 경우 (그림 5.19)이고, y좌표를 하향으로 가정할 경우 (그림 5.20) 점 B의 처짐각과 처짐은 다음과 같이 구해지며 동일한 결과가 얻어짐을 알 수 있다.

② y좌표가 하향일 경우, 부호규약 (표 5.3)에 따라 $\dfrac{M}{EI}$ 선도의 부호는 반대로 한다. 왜냐하면 탄성곡선식에 y좌표가 상향 (↑)인 경우 $\dfrac{d^2y}{dx^2} = \dfrac{M}{EI}$ 이고, y좌표가 하향 (↓)인 경우 $\dfrac{d^2y}{dx^2} = -\dfrac{M}{EI}$ 이기 때문이다.

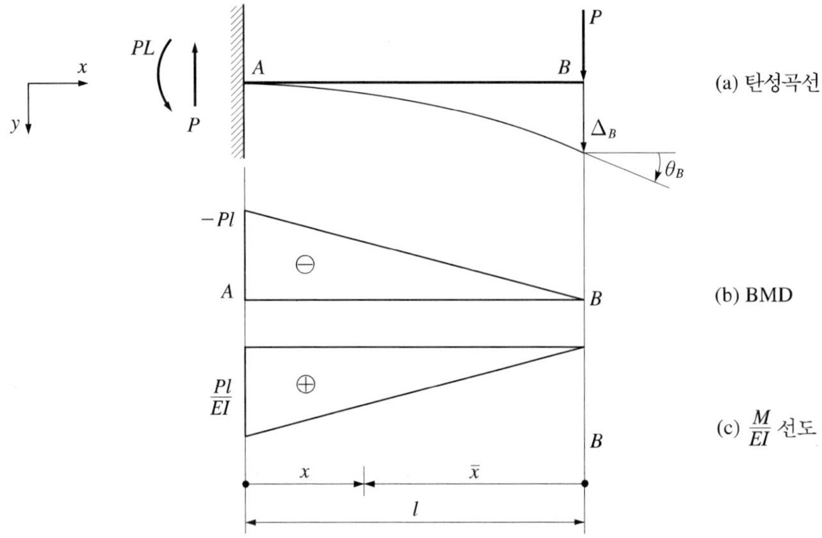

그림 5.20

$$\theta_B = \frac{1}{2} \times \left(\frac{Pl}{EI} \right) \times l = \frac{Pl^2}{2EI} \qquad \text{(시계방향)}$$

$$\Delta_B = \frac{Pl^2}{2EI} \times \left(\frac{2}{3} l \right) = \frac{Pl^3}{3EI} \qquad \text{(하향)}$$

예제 5.8 다음 그림과 같은 캔틸레버보에서 점 B의 처짐각과 처짐을 모멘트면적법을 이용하여 구하시오. 단, 휨강성 EI는 일정하다.

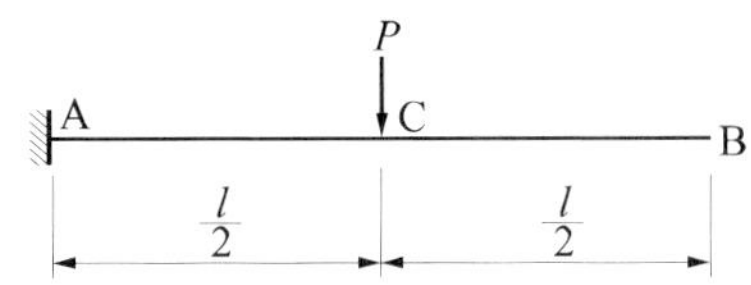

그림 5.21

↳

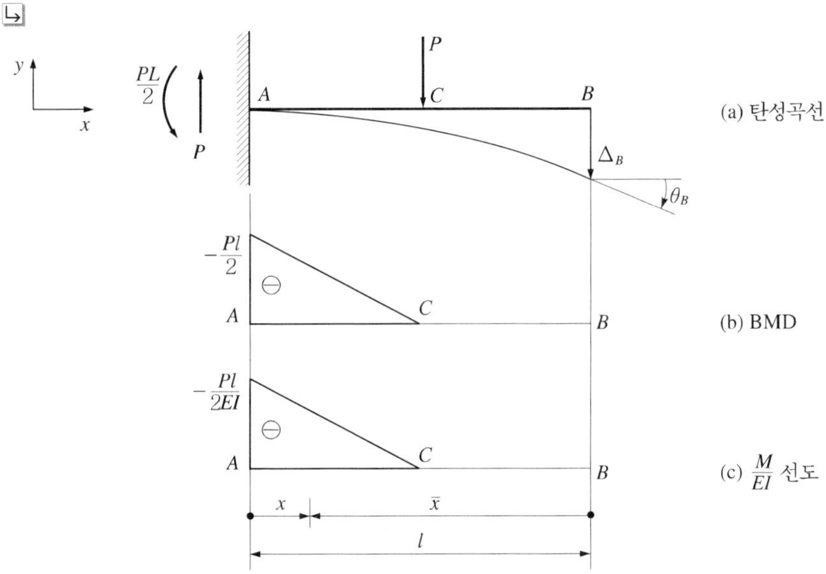

(1) 휨모멘트 산정

$$0 \le x \le \frac{l}{2} \ : \ M_1 = -\frac{Pl}{2} + Px$$

$$\frac{l}{2} \le x \le l \ : \ M_2 = 0$$

(2) 처짐각 θ_B 산정

$$\theta_B - \theta_A = \theta_B = \int_A^C \frac{M_1}{EI}\,dx + \int_C^B \frac{M_2}{EI}\,dx$$

$$= \frac{1}{EI}\int_0^{\frac{l}{2}} \left(-\frac{Pl}{2} + Px\right) dx + \frac{1}{EI}\int_{\frac{l}{2}}^{l} 0\,dx$$

$$= \frac{1}{EI}\left[-\frac{Pl}{2}x + \frac{P}{2}x^2\right]_0^{\frac{l}{2}} = -\frac{Pl^2}{8EI}$$

$$\therefore\ \theta_B = -\frac{Pl^2}{8EI}$$ (시계방향)

또는

$$\theta_B - \theta_A = \theta_B$$

$= $점 A 와 점 B 사이 $\dfrac{M}{EI}$ 선도의 면적

$$= \frac{1}{2} \times \left(-\frac{Pl}{2EI}\right) \times \left(\frac{l}{2}\right) = -\frac{Pl^2}{8EI}$$

$$\therefore\ \theta_B = -\frac{Pl^2}{8EI}$$ (시계방향)

(3) 처짐 Δ_B 산정

$$\Delta_{B-A} = \Delta_B$$

$$= \int_A^C \bar{x}_1 \frac{M_1}{EI} dx + \int_C^B \bar{x}_2 \frac{M_2}{EI} dx$$

$$= \frac{1}{EI} \int_0^{\frac{l}{2}} (l - x) \left(-\frac{Pl}{2} + Px\right) dx + \frac{1}{EI} \int_{\frac{l}{2}}^{l} \left(\frac{l}{2} - x\right) \times 0\, dx$$

$$= \frac{1}{EI} \int_0^{\frac{l}{2}} \left(-\frac{Pl^2}{2} + \frac{3Pl}{2} x - Px^2\right) dx$$

$$= \frac{1}{EI} \left[-\frac{Pl^2}{2} x + \frac{3Pl}{4} x^2 - \frac{P}{3} x^3\right]_0^{\frac{l}{2}} = -\frac{5Pl^3}{48EI}$$

$$\therefore\ \Delta_B = -\frac{5Pl^3}{48EI}$$ (하향)

또는

$$\Delta_{B-A} = \Delta_B$$

$= $점 A 와 점 B 사이 $\dfrac{M}{EI}$ 선도의 면적×점 B 에서 도심까지의 거리

$$= -\frac{Pl^2}{8EI} \times \left(\frac{5}{6} l\right) = -\frac{5Pl^3}{48EI}$$

$$\therefore\ \Delta_B = -\frac{5Pl^3}{48EI}$$ (하향)

예제 5.9 다음 그림과 같은 캔틸레버보에서 θ_C와 Δ_C를 모멘트면적법을 이용하여 구하시오. 단, 휨강성 EI는 일정하다.

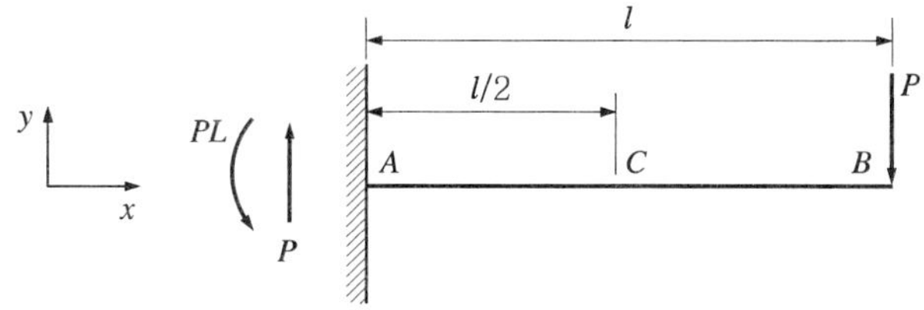

그림 5.23

↳

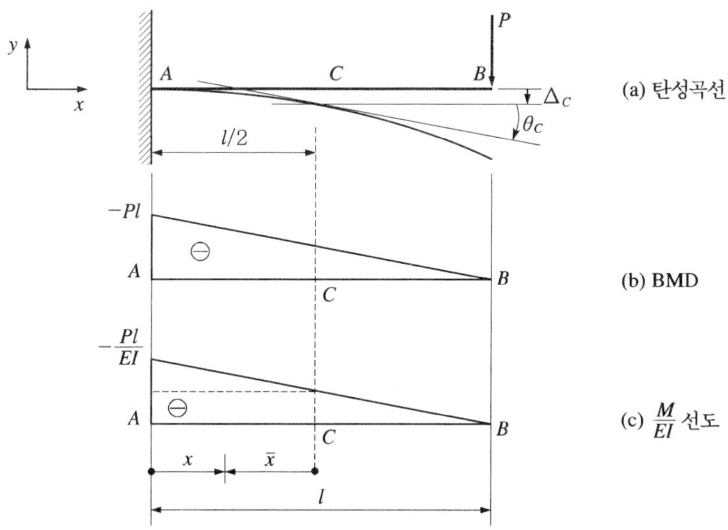

그림 5.24

(1) 휨모멘트 산정

$$M = -Pl + Px$$

(2) 처짐각 θ_C의 산정

$$\theta_C - \theta_A = \theta_C$$

$$= \int_A^C \frac{M}{EI}dx = \frac{1}{EI}\int_0^{\frac{l}{2}}(-Pl + Px)\,dx$$

$$= \frac{1}{EI}\left[-Plx + \frac{P}{2}x^2\right]_0^{\frac{l}{2}} = -\frac{3Pl^2}{8EI}$$

$\therefore \ \theta_C = -\dfrac{3Pl^2}{8EI}$ (시계방향)

또는

$\theta_C - \theta_A = \theta_C$

$= $점 A와 점 C 사이 $\dfrac{M}{EI}$ 선도의 면적

$= \left(-\dfrac{Pl}{2EI}\right) \times \dfrac{l}{2} + \dfrac{1}{2} \times \left(-\dfrac{Pl}{2EI}\right) \times \dfrac{l}{2} = -\dfrac{3Pl^2}{8EI}$

$\therefore \ \theta_C = -\dfrac{3Pl^2}{8EI}$ (시계방향)

(3) 처짐 Δ_C의 산정

$\Delta_{C-A} = \Delta_C$

$$= \int_A^C \bar{x} \, \frac{M}{EI} dx = \frac{1}{EI} \int_0^{\frac{l}{2}} \left(\frac{l}{2} - x\right) (-Pl + Px) \, dx$$

$$= \frac{1}{EI} \left[-\frac{Pl^2}{2} x + \frac{3Pl}{4} x^2 - \frac{P}{3} x^3 \right]_0^{\frac{l}{2}} = -\frac{5Pl^3}{48EI}$$

$\therefore \ \Delta_C = -\dfrac{5Pl^3}{48EI}$ (하향)

또는

$\Delta_{C-A} = \Delta_C$

$= $점 A와 점 C 사이 $\dfrac{M}{EI}$ 선도의 면적×점 C에서 도심까지의 거리

$$= \left\{\left(-\frac{Pl}{2EI}\right) \times \frac{l}{2}\right\} \times \left(\frac{l}{4}\right) + \left\{\frac{1}{2} \times \left(-\frac{Pl}{2EI}\right) \times \frac{l}{2}\right\} \times \left(\frac{l}{2} \times \frac{2}{3}\right)$$

$$= -\frac{5Pl^3}{48EI}$$

$\therefore \ \Delta_C = -\dfrac{5Pl^3}{48EI}$ (하향)

예제 5.10 다음 그림과 같은 단순보에서 θ_A와 Δ_C를 모멘트면적법을 이용하여 구하시오. 단, 휨강성 EI는 일정하다.

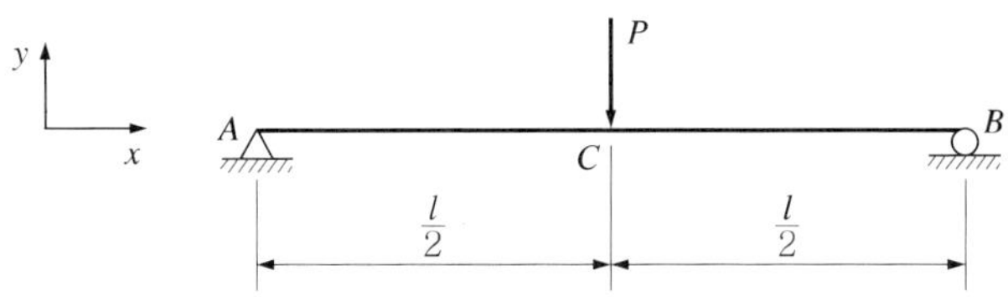

그림 5.25

↳

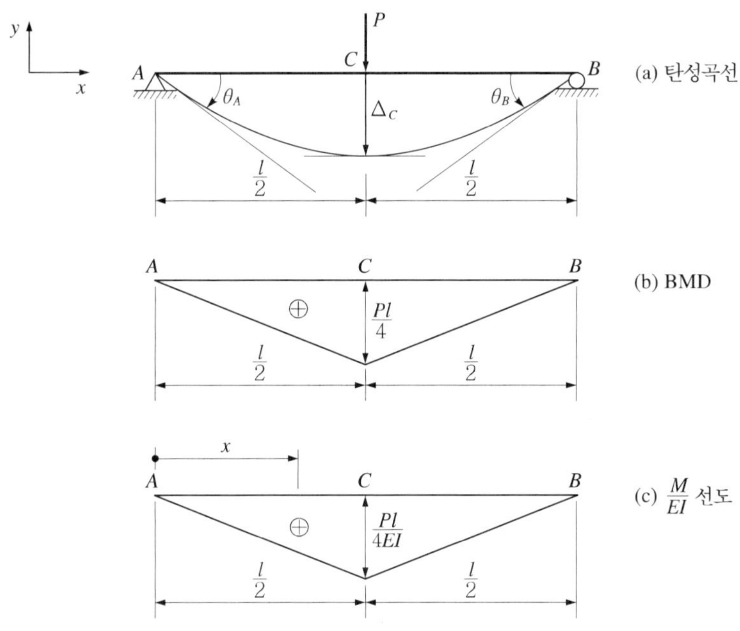

그림 5.26

(1) 휨모멘트 산정

$$M = \frac{P}{2}x$$

(2) 처짐각 θ_A의 산정

$$\theta_C - \theta_A = -\theta_A$$

$$= \int_A^C \frac{M}{EI}dx = \frac{1}{EI}\int_0^{\frac{l}{2}} \frac{P}{2}x\,dx = \frac{1}{EI}\left[\frac{P}{4}x^2\right]_0^{\frac{l}{2}} = \frac{Pl^2}{16EI}$$

$$\therefore \theta_A = -\frac{Pl^2}{16EI} \quad \text{(시계방향)}$$

또는

$$\theta_C - \theta_A = -\theta_A$$

$$= \text{점 } A \text{ 와 점 } C \text{ 사이 } \frac{M}{EI} \text{ 선도의 면적}$$

$$= \frac{1}{2} \times \left(\frac{Pl}{4EI}\right) \times \left(\frac{l}{2}\right) = \frac{Pl^2}{16EI}$$

$$\therefore \theta_A = -\frac{Pl^2}{16EI} \quad \text{(시계방향)}$$

(3) 처짐 Δ_C 의 산정

$$\Delta_{A-C} = -\Delta_C$$

$$= \text{점 } A \text{ 와 점 } C \text{ 사이 } \frac{M}{EI} \text{ 선도의 면적} \times \text{점 } A \text{ 에서 도심까지의 거리}$$

$$= \frac{Pl^2}{16EI} \times \left(\frac{l}{2} \times \frac{2}{3}\right) = \frac{Pl^3}{48EI}$$

$$\therefore \Delta_C = -\frac{Pl^3}{48EI} \quad \text{(하향)}$$

또는, $\bar{x} = x$ 이므로

$$\Delta_{A-C} = -\Delta_C$$

$$= \int_A^C \bar{x} \frac{M}{EI} dx = \frac{1}{EI} \int_0^{\frac{l}{2}} x \left(\frac{P}{2} x\right) dx$$

$$= \frac{1}{EI} \int_0^{\frac{l}{2}} \frac{P}{2} x^2 dx = \frac{1}{EI} \left[\frac{P}{6} x^3\right]_0^{\frac{l}{2}} = \frac{Pl^3}{48EI}$$

$$\therefore \Delta_C = -\frac{Pl^3}{48EI} \quad \text{(하향)}$$

주1) 그림 5.27에서 Δ_{C-A}는 탄성곡선에서 점 A의 접선이 점 C_1을 통과하는 수직선과 만나는 점을 C_2라 할 때, 점 C_1과 점 C_2의 수직거리이고, $\Delta_{C-A} = \Delta_2$가 된다. 또한 Δ_{A-C}는 탄성곡선에서 점 C_1의 접선이 점 A를 통과하는 수직선과 만나는 수직거리이고, $\Delta_{A-C} = -\Delta_C$가 된다.

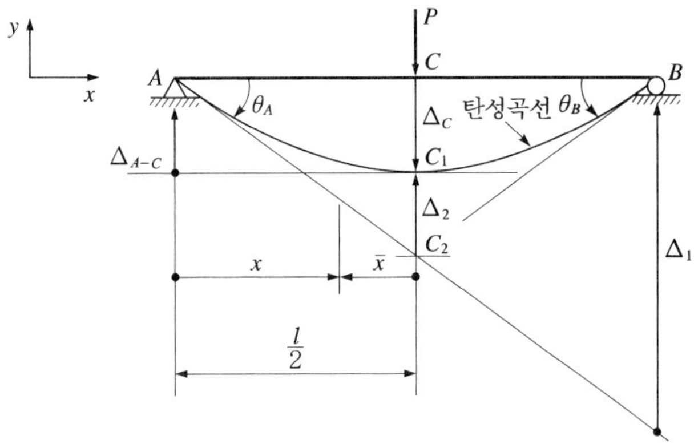

그림 5.27

주2) $\dfrac{M}{EI}$ 선도에서 점 A와 점 C 사이 면적의 점 C에 대한 단면1차 모멘트 Δ_{C-A}는 $\dfrac{Pl^2}{16EI}\times\left(\dfrac{l}{2}\times\dfrac{1}{3}\right)=\dfrac{Pl^3}{96}$ 또는 $\displaystyle\int_0^{\frac{l}{2}}\left(\frac{l}{2}-x\right)\frac{P}{2}x\,dx=\frac{Pl^3}{96}$이 되고, 이 값은 그림 5.27에서 $\Delta_{C-A}=\Delta_2$가 됨에 주의한다.

주3) 따라서 그림 5.27에서 $\Delta_C=-\Delta_{A-C}$이며, 이것은 '$\dfrac{M}{EI}$ 선도에서 점 A와 점 C 사이 면적×점 A에서 도심까지의 거리'이다.

주4) 또한 Δ_C는 다음과 같은 비례관계로부터 산정할 수 있다. 탄성곡선의 기하학적 비례관계를 적용하였으며, 처짐과 처짐각의 방향은 하중 조건에 따라 예상할 수 있으므로 이미 결정된 것으로 한다.

[별해] Δ_C와 θ_A의 산정

$$1 : \Delta_1 = \frac{1}{2} : (\Delta_C + \Delta_2)$$

$$\therefore \Delta_C = \frac{1}{2}\Delta_1 - \Delta_2$$

여기서,

$$\Delta_1 = \frac{Pl^2}{16EI}\times\left(\frac{l}{2}+\frac{l}{2}\times\frac{1}{3}\right)+\frac{Pl^2}{16EI}\times\left(\frac{l}{2}\times\frac{2}{3}\right)=\frac{Pl^3}{16EI}$$

$$\Delta_2 = \frac{Pl^2}{16EI}\times\left(\frac{l}{2}\times\frac{1}{3}\right)=\frac{Pl^3}{96EI}$$

따라서 Δ_C는 다음과 같다.

$$\Delta_C = \frac{1}{2}\Delta_1 - \Delta_2 = \frac{1}{2}\times\frac{Pl^3}{16EI}-\frac{Pl^3}{96EI}=\frac{Pl^3}{48EI} \qquad \text{(하향)}$$

또한 θ_A 는 아래와 같이 산정할 수 있다.

$$\theta_A = \tan\theta_A = \frac{\Delta_1}{l} = \frac{\frac{Pl^3}{16EI}}{l} = \frac{Pl^2}{16EI} \qquad \text{(시계방향)}$$

예제 5.11 다음 그림과 같은 단순보에서 θ_A와 Δ_C를 모멘트면적법을 이용하여 구하시오. 단, 휨강성 EI는 일정하다.

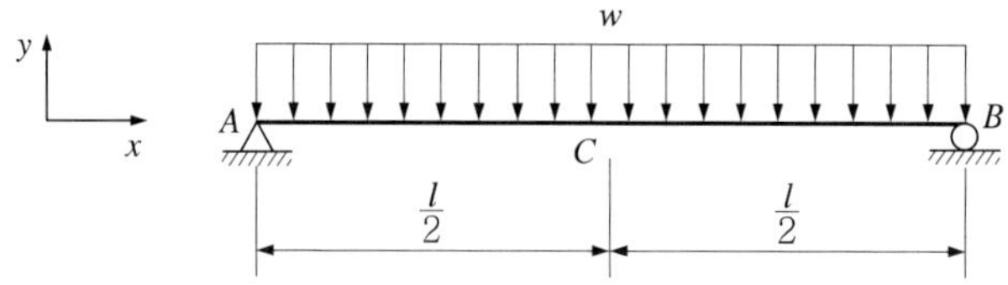

그림 5.28

↳

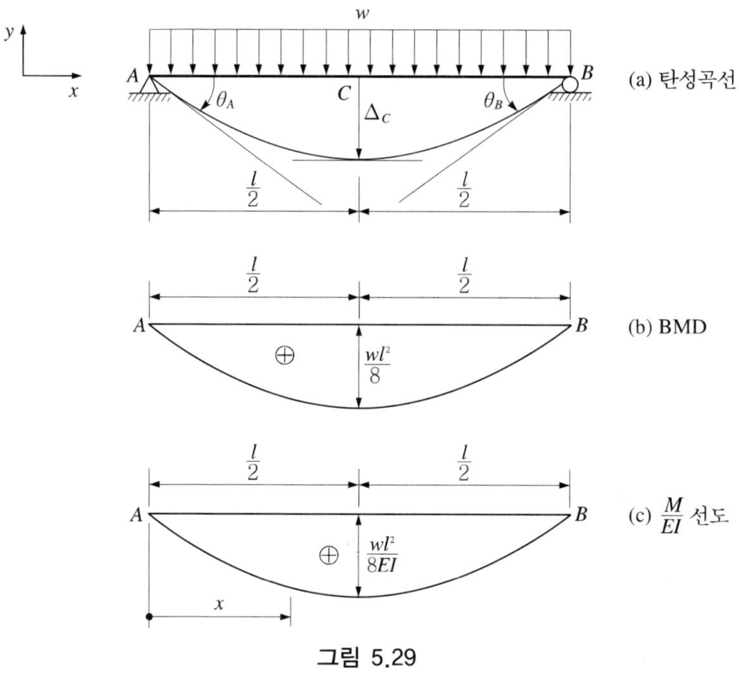

그림 5.29

(1) 휨모멘트 산정

$$M = \frac{wl}{2}x - \frac{w}{2}x^2$$

(2) 처짐각 θ_A 의 산정

$$\theta_C - \theta_A = -\theta_A$$

$$= \int_A^C \frac{M}{EI} dx = \frac{1}{EI} \int_0^{\frac{l}{2}} \left(\frac{wl}{2} x - \frac{w}{2} x^2 \right) dx$$

$$= \frac{1}{EI} \left[\frac{wl}{4} x^2 - \frac{w}{6} x^3 \right]_0^{\frac{l}{2}} = \frac{wl^3}{24EI}$$

$$\therefore \theta_A = -\frac{wl^3}{24EI} \qquad \text{(시계방향)}$$

또는

$$\theta_C - \theta_A = -\theta_A$$

= 점 A 와 점 C 사이 $\dfrac{M}{EI}$ 선도 면적

$$= \frac{2}{3} \times \left(\frac{wl^2}{8EI} \right) \times \left(\frac{l}{2} \right) = \frac{wl^3}{24EI}$$

$$\therefore \theta_A = -\frac{wl^3}{24EI} \qquad \text{(시계방향)}$$

(3) 처짐 Δ_C 의 산정

$$\Delta_{A-C} = -\Delta_C$$

= 점 A 와 점 C 사이 $\dfrac{M}{EI}$ 선도의 면적×점 A 에서 도심까지의 거리

$$= \frac{wl^3}{24EI} \times \left(\frac{l}{2} \times \frac{5}{8} \right) = \frac{5wl^4}{384EI}$$

$$\therefore \Delta_C = -\frac{5wl^4}{384EI} \qquad \text{(하향)}$$

또는, $\bar{x} = x$ 이므로

$$\Delta_{A-C} = -\Delta_C$$

$$= \int_A^C \bar{x} \frac{M}{EI} dx = \frac{1}{EI} \int_0^{\frac{l}{2}} x \left(\frac{wl}{2} x - \frac{w}{2} x^2 \right) dx$$

$$= \frac{1}{EI} \int_0^{\frac{l}{2}} \left(\frac{wl}{2} x^2 - \frac{w}{2} x^3 \right) dx = \frac{1}{EI} \left[\frac{wl}{6} x^3 - \frac{w}{8} x^4 \right]_0^{\frac{l}{2}} = \frac{5wl^4}{384EI}$$

$$\therefore \Delta_C = -\frac{5wl^4}{384EI} \qquad \text{(하향)}$$

주1) 탄성곡선에서 점 C의 접선과 점 A에서 수직선으로 내린 선이 만나는 점이 Δ_C가 된다.
주2) 탄성곡선식을 이용하여 산정한 예제 5.2와 동일한 결과이다.

예제 5.12 다음 그림과 같은 단순보의 부재는 H-488×300×11×18 ($I_x = 710 \times 10^6\ \mathrm{mm}^4$, $E = 210{,}000\ \mathrm{MPa}$)이다. 단순보의 처짐각 θ_A (°)와 처짐 Δ_C (mm)를 모멘트면적법을 이용하여 구하시오.

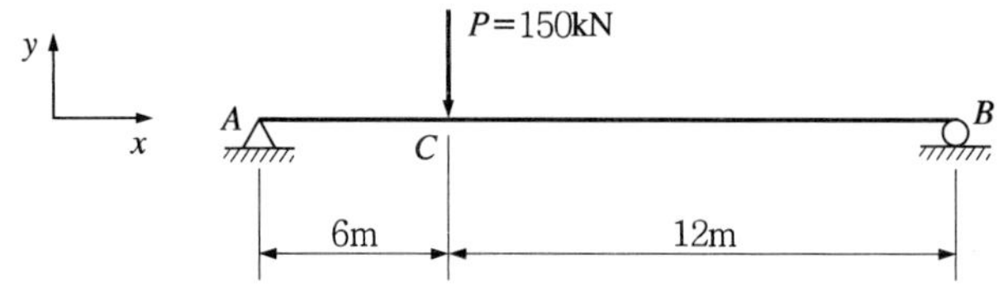

그림 5.30

↳

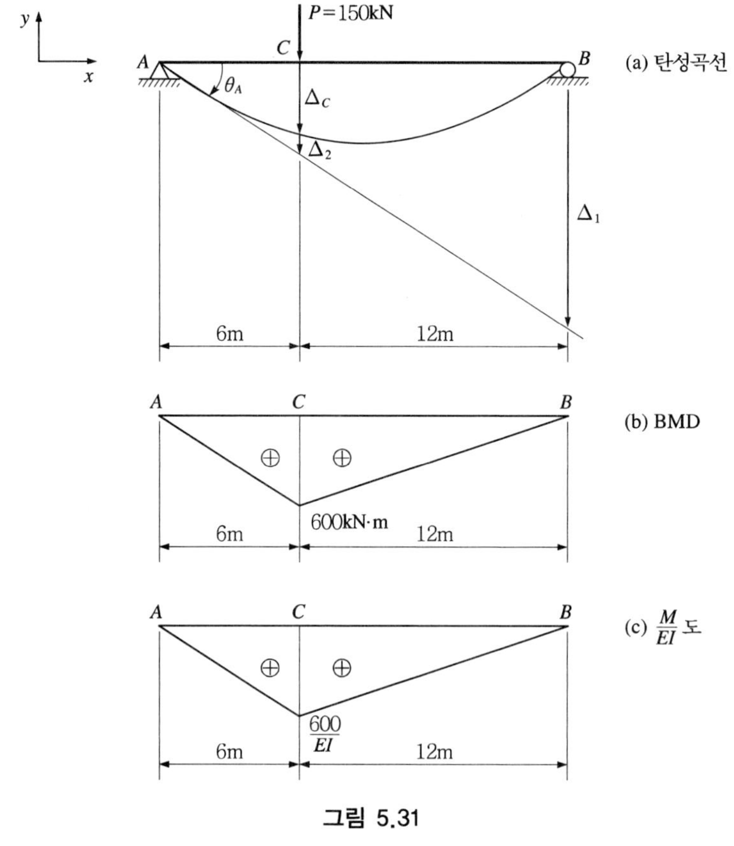

그림 5.31

(1) 반력 산정

$$R_A = 150 \times \frac{12}{18} = 100 \text{ kN}$$

(2) 휨모멘트 산정

$$M_C = 100 \times 6 = 600 \text{ kN} \cdot \text{m}$$

(3) 처짐 Δ_C의 산정

$$18 : \Delta_1 = 6 : (\Delta_C + \Delta_2)$$

$$\therefore \Delta_C = \frac{1}{3}\Delta_1 - \Delta_2$$

여기서,

$$\Delta_1 = \frac{1}{2} \times \left(\frac{600}{EI}\right) \times 6 \times \left(12 + 6 \times \frac{1}{3}\right) + \frac{1}{2} \times \left(\frac{600}{EI}\right) \times 12 \times \left(12 \times \frac{2}{3}\right)$$

$$= \frac{54,000}{EI}$$

$$\Delta_2 = \frac{1}{2} \times \left(\frac{600}{EI}\right) \times 6 \times \left(6 \times \frac{1}{3}\right) = \frac{3,600}{EI}$$

따라서 Δ_C는 다음과 같다.

$$\Delta_C = \frac{1}{3}\Delta_1 - \Delta_2 = \frac{1}{3} \times \left(\frac{54,000}{EI}\right) - \frac{3,600}{EI} = \frac{14,400\ (\text{kN} \cdot \text{m}^3)}{EI(\text{kN} \cdot \text{m}^2)}$$

여기서, $EI = 210,000\ \text{N/mm}^2 \times (710.6 \times 10^6\ \text{mm}^4) = 149.2 \times 10^{12}\ \text{N} \cdot \text{mm}^2$이다.

$$\therefore \Delta_C = \frac{14,400\ (\text{kN} \cdot \text{m}^3)}{EI(\text{kN} \cdot \text{m}^2)} = \frac{14,400 \times 10^{12}\ (\text{N} \cdot \text{mm}^3)}{149.2 \times 10^{12}\ (\text{N} \cdot \text{mm}^2)}$$

$$= 96.5\ \text{mm} \qquad \text{(하향)}$$

(4) 처짐각 θ_A의 산정

$$\theta_A = \tan\theta_A = \frac{\Delta_1}{18} = \frac{\left(\dfrac{54,000}{EI}\right)}{18} = \frac{54,000}{18EI} = \frac{3,000\ (\text{kN} \cdot \text{m}^2)}{EI(\text{kN} \cdot \text{m}^2)}$$

$$\therefore \theta_A = \frac{3,000\ (\text{kN} \cdot \text{m}^2)}{EI(\text{kN} \cdot \text{m}^2)} = \frac{3,000 \times 10^9\ (\text{N} \cdot \text{mm}^3)}{149.2 \times 10^{12}\ (\text{N} \cdot \text{mm}^2)}$$

$$= 0.020107\ \text{rad} = 0.020107 \times \left(\frac{180}{\pi}\right) = 1.15^\circ \qquad \text{(시계방향)}$$

예제 5.13 다음 그림과 같은 단순보에서 θ_A와 Δ_C를 모멘트면적법을 이용하여 구하시오. 단, 휨강성 EI는 일정하다.

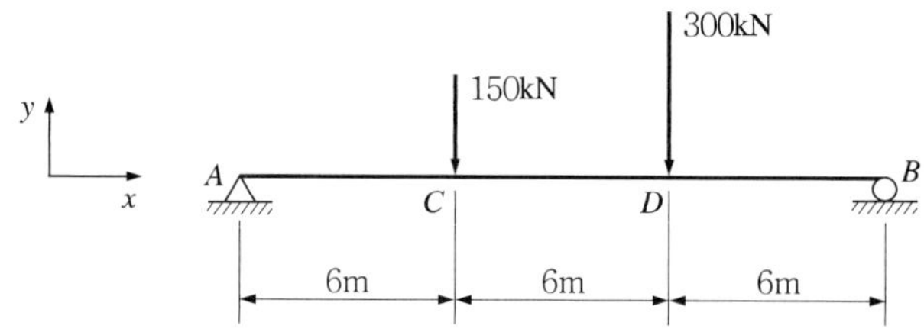

그림 5.32

↳

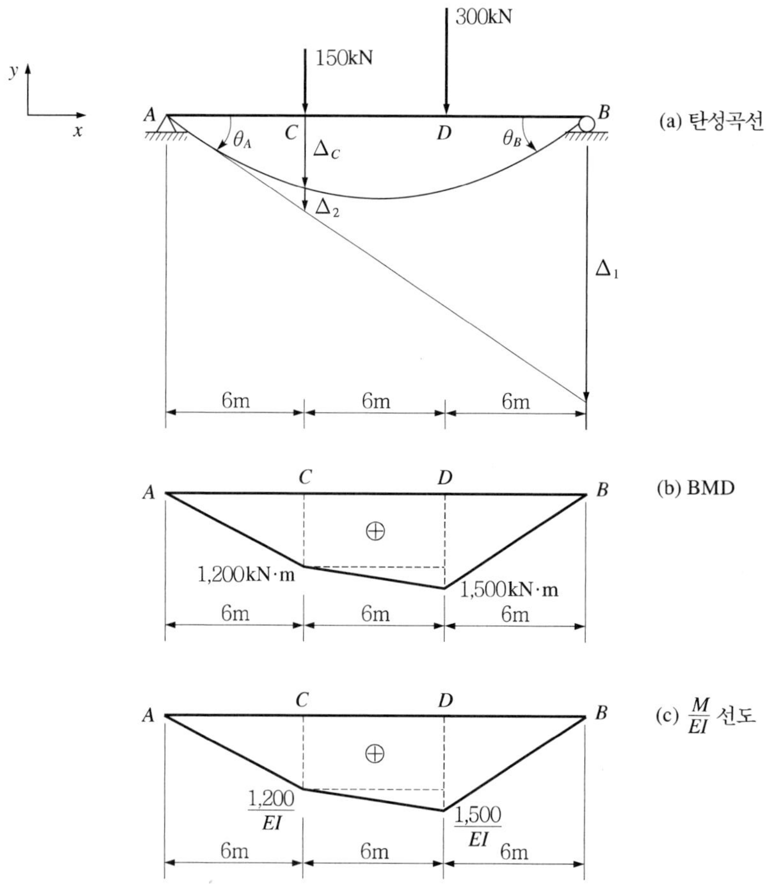

그림 5.33

(1) 반력 산정

$R_A = 200\text{ kN}$

(2) 휨모멘트 산정

$M_C = 200 \times 6 = 1{,}200\text{ kN}\cdot\text{m}$

$M_D = 200 \times 12 - 150 \times 6 = 1{,}500\text{ kN}\cdot\text{m}$

(3) 처짐 Δ_C의 산정

$18 : \Delta_1 = 6 : (\Delta_C + \Delta_2)$

$\therefore\ \Delta_C = \dfrac{1}{3}\Delta_1 - \Delta_2$

여기서,

$$\Delta_1 = \frac{1}{2}\times\left(\frac{1{,}200}{EI}\right)\times 6\times(12+2)+\left(\frac{1{,}200}{EI}\right)\times 6\times(6+3)$$

$$+\frac{1}{2}\times\left(\frac{300}{EI}\right)\times 6\times(6+2)+\frac{1}{2}\times\left(\frac{1{,}500}{EI}\right)\times 6\times 4$$

$$=\frac{140{,}400\text{kN}\cdot\text{m}^3}{EI}$$

$$\Delta_2 = \frac{1}{2}\times 6\times\left(\frac{1{,}200}{EI}\right)\times 2 = \frac{7{,}200}{EI}$$

따라서 Δ_C는 다음과 같다.

$$\Delta_C = \frac{1}{3}\Delta_1 - \Delta_2 = \frac{1}{3}\times\left(\frac{140{,}400}{EI}\right)-\left(\frac{7{,}200}{EI}\right)=\frac{39{,}600\ (\text{kN}\cdot\text{m}^3)}{EI(\text{kN}\cdot\text{m}^2)}\quad\text{(하향)}$$

(4) 처짐각 θ_A의 산정

$$\theta_A = \tan\theta_A = \frac{\Delta_1}{18}=\frac{\left(\dfrac{140{,}400}{EI}\right)}{18}=\frac{7{,}800}{EI}\ (\text{rad})\quad\text{(시계방향)}$$

5.4 탄성하중법

5.4.1 개요

① 탄성하중법 (Elastic Load Method, 탄성중량법)은 처짐각 (기울기)과 처짐 산정을 위해 모멘트면적법을 간접적으로 적용한 것으로 공액보법 (Conjugate Beam Method)이라도 한다.

② $\frac{M}{EI}$의 하중을 받는 보를 공액보 (Conjugate Beam)라 한다.

③ $\frac{M}{EI}$의 하중을 받는 공액보에서 공액보의 전단력은 실제 보의 처짐각이며, 공액보의 휨모멘트는 실제 보의 처짐이다.

④ 탄성하중법 (공액보법)에서 단순보가 아닌 캔틸레버보, 내민보, 고정단보 및 연속보 등에 적용하면 $\frac{M}{EI}$하중으로 인해 최대 휨모멘트가 처짐이 없는 지점에서 발생한다는 모순이 생긴다. 이 모순을 제거하기 위해 지점 및 절점을 변화시킨 대등한 보를 이용하여 처짐각과 처짐을 산정한다.

⑤ y 좌표의 양 (+)이 상향 (↑)일 경우, 휨모멘트 M이 양 (+)일 때 공액보에 가해지는 $\frac{M}{EI}$하중은 상향 (↑)으로 가정하고, 휨모멘트 M이 음 (−)일 때 공액보에 가해지는 $\frac{M}{EI}$하중은 하향 (↓)으로 가정한다.

5.4.2 단순보에서 탄성하중법

(1) 임의점의 처짐각

그림 5.34 (a)와 같은 단순보에서 임의의 점 C의 처짐각 θ_C와 처짐 Δ_C를 산정해 보자. 먼저 그림 5.34 (d)와 같이 $\frac{M}{EI}$의 하중을 재하하고 모멘트면적법을 적용시켜 처짐각 θ_C를 산정하면 다음과 같다.

$$\theta_C - \theta_A = \int_A^C \frac{M}{EI} dx \qquad \text{(a)}$$

$$\theta_C = \theta_A + \int_A^C \frac{M}{EI} dx = -\frac{\Delta_1}{l} + \int_A^C \frac{M}{EI} dx$$

$$=-\frac{1}{l}\int_A^B \bar{x}\,\frac{M}{EI}\,dx+\int_A^C \frac{M}{EI}dx \tag{b}$$

$$=-\frac{1}{l}\int_A^B (l-x)\,\frac{M}{EI}\,dx+\int_A^C \frac{M}{EI}dx$$

여기서, $\theta_A=-\frac{1}{l}\int_A^B \bar{x}\,\frac{M}{EI}\,dx$는 $\frac{M}{EI}$하중을 받는 단순보의 지점 A의 전단력이다. 또한 $\theta_C=-\frac{1}{l}\int_A^B \bar{x}\,\frac{M}{EI}\,dx+\int_A^C \frac{M}{EI}dx$는 $\frac{M}{EI}$하중을 받는 단순보의 점 C의 전단력이다.

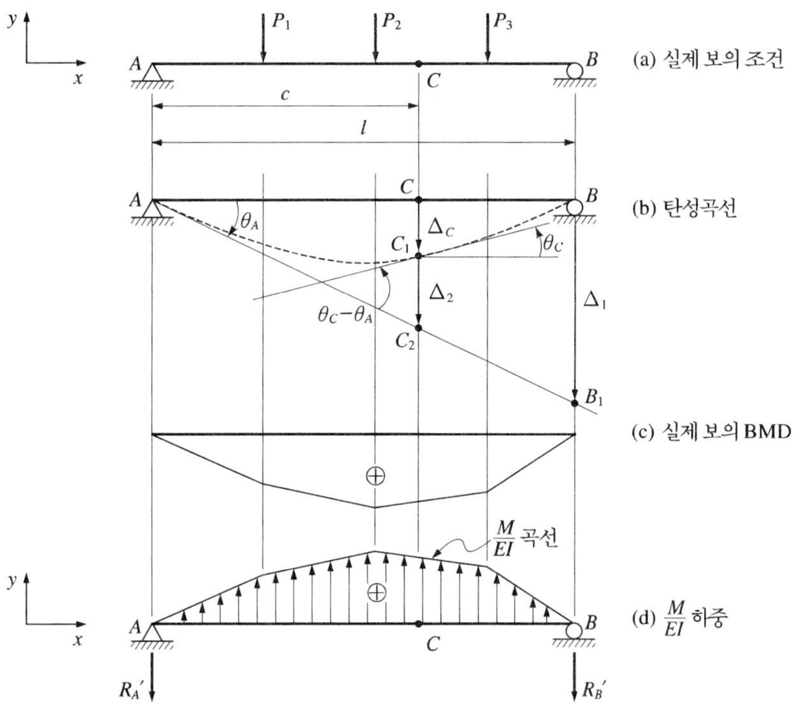

그림 5.34

$\frac{M}{EI}$하중을 탄성하중이라 하며, 그림 5.35에서와 같이 $\frac{M}{EI}$하중을 재하시킨 공액보에서 지점 A와 임의의 점 C의 처짐각은 다음과 같이 구할 수 있다.

그림 5.35와 같은 $\frac{M}{EI}$하중을 받는 공액보에서 지점 A의 전단력 $V_A{}'$은 지점 A의 반력으로 다음과 같고, 이 값은 실제 보에서 지점 A의 처짐각이 된다.

$$V_A{}'=\theta_A=R_A{}'=-\frac{1}{l}\int_A^B \bar{x}\,\frac{M}{EI}\,dx=-\frac{1}{l}\int_A^B (l-x)\,\frac{M}{EI}\,dx \tag{c}$$

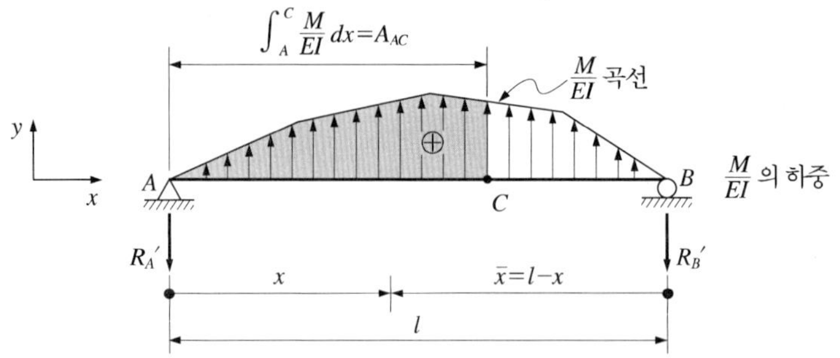

그림 5.35 공액보에서의 반력 및 전단력

또한 $\frac{M}{EI}$하중을 재하시킨 공액보에서 점 C의 전단력 V_C'은 다음과 같고, 이 값은 실제 보에서 점 C의 처짐각이 된다.

$$V_C' = \theta_C = \theta_A + \int_A^C \frac{M}{EI} dx = R_A' + \int_A^C \frac{M}{EI} dx \tag{d}$$

따라서 식 (d)를 단순화하면, 그림 5.34(a)와 같은 실제 단순보에서 임의점 C의 처짐각 θ_C는 $\frac{M}{EI}$하중을 재하시킨 공액보에서 그 점의 전단력 V_C'과 같다. 그리고 탄성하중법(공액보법)에서 휨모멘트 그리고 처짐각과 처짐의 부호규약은 표 5.3과 같다.

$$\theta_C = V_C' = R_A' + \int_A^C \frac{M}{EI} dx \tag{5.15}$$

$$= R_A' + A_{AC}$$

여기서, θ_C : 실제 보에서 점 C의 처짐각

V_C' : $\frac{M}{EI}$하중을 재하시킨 공액보에서 점 C의 전단력

R_A' : $\frac{M}{EI}$하중을 재하시킨 공액보에서 지점 A 의 반력(전단력)

$A_{AC} = \int_A^C \frac{M}{EI} dx$: 공액보의 점 A 부터 점 C까지의 $\frac{M}{EI}$하중(면적)

(2) 임의 점의 처짐

그림 5.34 (a)와 같은 단순보에서 임의의 점 C의 처짐 Δ_C는 처짐각을 산정한 방법과 같이 그림 5.34 (d)와 같이 $\dfrac{M}{EI}$ 하중을 재하하고 모멘트면적법을 적용시켜 처짐 Δ_C를 산정하면 다음과 같다.

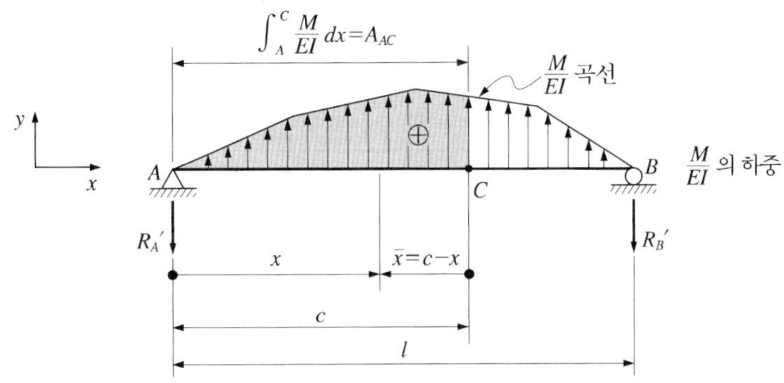

그림 5.36 공액보에서의 휨모멘트

그림 5.36에서와 같이 $\dfrac{M}{EI}$ 하중을 재하시킨 공액보에서 임의의 점 C의 처짐을 구할 수 있다. 그림 5.36과 같은 $\dfrac{M}{EI}$ 하중을 받는 공액보에서 점 C의 휨모멘트 M_C'은 다음과 같고, 이 값은 실제 보에서 점 C의 처짐이 된다.

$$M_C' = \Delta_C = R_A' \times c + \int_A^C \bar{x}\, \frac{M}{EI} dx \tag{e}$$

따라서 식 (e)를 단순화하면, 그림 5.34 (a)와 같은 단순보에서 임의점 C의 처짐 Δ_C는 $\dfrac{M}{EI}$ 하중을 재하시킨 공액보에서 그 점의 휨모멘트 M_C'과 같다.

$$\begin{aligned} \Delta_C = M_C' &= R_A' \times c + \int_A^C (c - x)\, \frac{M}{EI} dx \\ &= R_A' \times c + A_{AC} \times x_o \end{aligned} \tag{5.16}$$

여기서, Δ_C : 실제 보에서 점 C의 처짐

M_C' : $\dfrac{M}{EI}$ 하중을 재하시킨 공액보에서 점 C의 휨모멘트

$R_A{}'$: $\dfrac{M}{EI}$ 하중을 재하시킨 공액보에서 지점 A 의 반력

A_{AC} : $\dfrac{M}{EI}$ 하중을 재하시킨 공액보에서 점 A 부터 점 C까지의 면적

x_o : 처짐을 산정하고자 하는 점 C에서 점 A 까지의 $\dfrac{M}{EI}$도의 면적$(=A_{AC})$ 에 대한 도심까지의 거리

실제 보에 작용하는 하중에 대한 처짐각과 처짐을 산정하기 위해 탄성하중법을 적용할 경우, 실제 보에서의 처짐각과 처짐을 공액보에서의 전단력과 휨모멘트의 관계로 도식적으로 표현하면 그림 5.37과 같다.

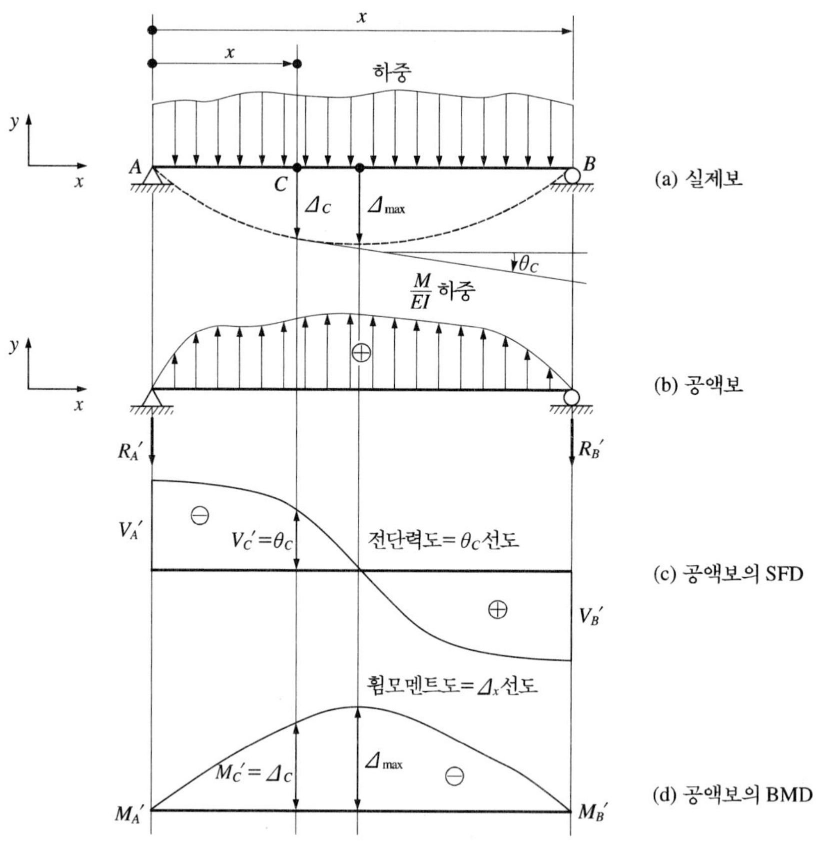

그림 5.37 탄성하중법에서 처짐각과 처짐

5.4.3 단순보를 제외한 보에서 탄성하중법

(1) 개요

탄성하중법 (공액보법)을 단순보한 보 (캔틸레버보, 내민보, 고정단보 및 연속보 등)에 대해 적용하면 $\frac{M}{EI}$ 하중으로 인해 최대 휨모멘트가 처짐이 없는 지점에서 발생하는 모순이 생긴다. 이 모순을 제거하기 위해 지점 및 절점을 변화시킨 대등한 보를 이용하여 처짐각과 처짐을 산정한다.

(2) 지점의 변환

단순보를 제외한 보에서 실제 보의 처짐각과 처짐을 구할 때, 실제 보와 길이는 같고 지점 및 절점의 조건을 아래와 같이 변경한 공액보에 탄성하중법 (공액보법)을 적용시킨다.

① 고정단 → 자유단
② 자유단 → 고정단
③ 내부 지점 → 내부 힌지
④ 내부 힌지 → 내부 지점

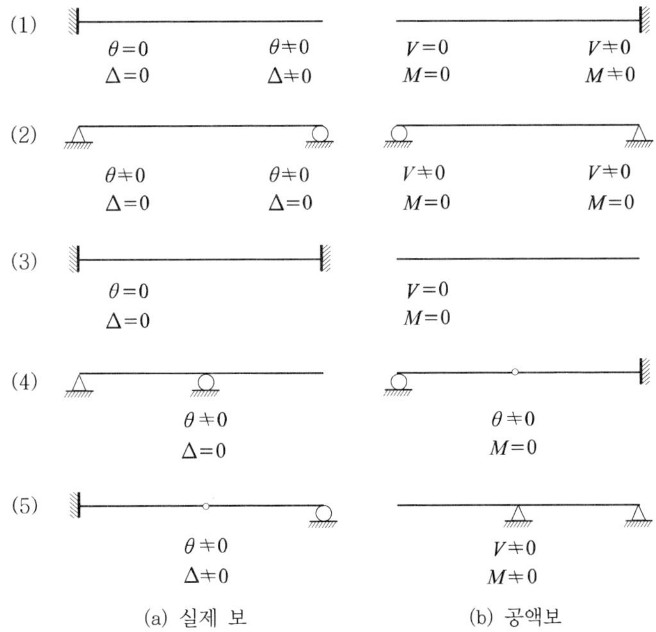

그림 5.38 실제 보를 공액보로 변환[15)]

15) 심창현, 구조역학, 청문각, 1998, p.211.

실제 캔틸레버보에 작용하는 하중에 대한 처짐각과 처짐을 산정하기 위해 탄성하중법(공액보법)을 적용할 경우, 실제 보에서의 처짐각과 처짐을 공액보에서의 전단력과 휨모멘트의 관계로 도식적으로 표현하면 그림 5.39와 같다.

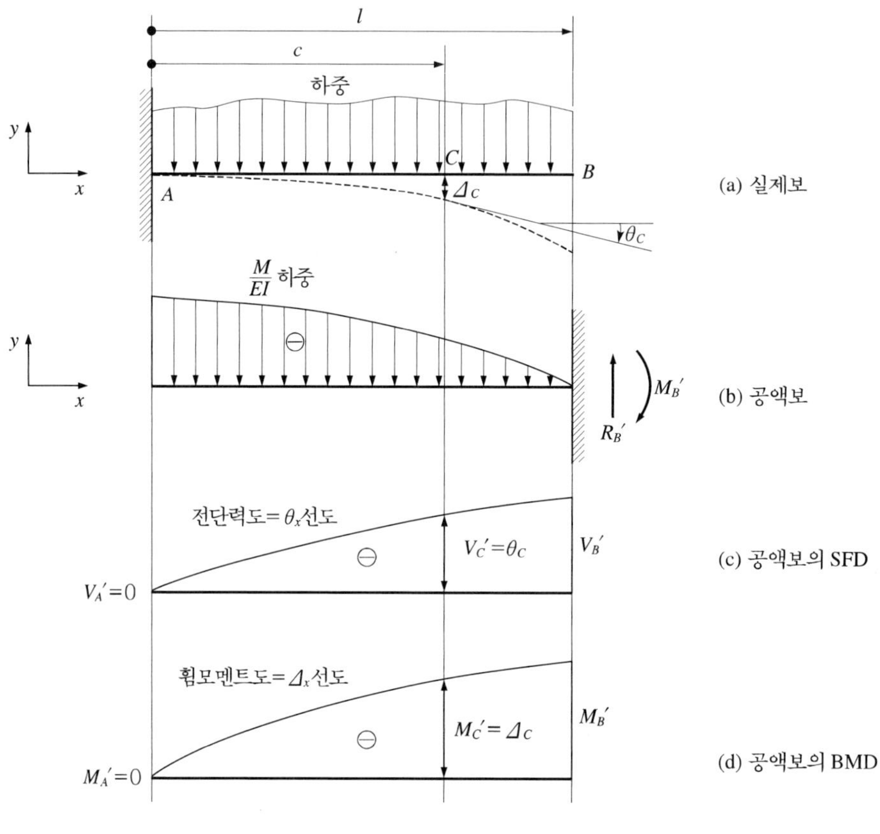

그림 5.39 공액보법에서 처짐각과 처짐

그림 5.40과 같이, 만약 y 좌표의 양(+)이 하향(↓)인 경우, 휨모멘트 M이 양(+)일 때 $\dfrac{M}{EI}$은 아래로 향하는 하중(↓)으로 가정하며, 표 5.3에 따라 처짐각은 시계방향을 양(+)으로 하고 처짐은 아랫방향을 양(+)으로 한다. 이에 따라, 단순보와 캔틸레버보에서 y 좌표가 하향(↓)인 경우 공액보에서 $\dfrac{M}{EI}$하중을 표시하면 다음 그림과 같다.

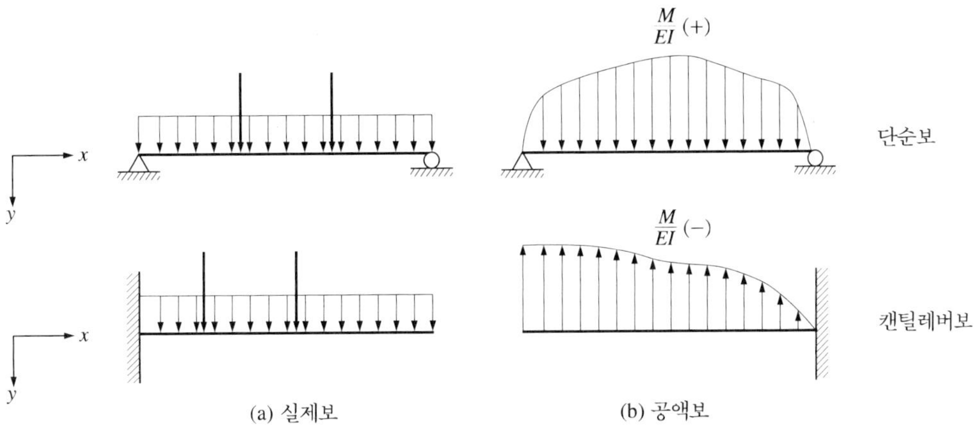

그림 5.40 y 좌표가 하향(↓)인 경우 $\frac{M}{EI}$ 하중

5.4.4 $\frac{M}{EI}$ 하중 방향과 부호규약

(1) y좌표의 양 (+)이 상향인 경우

① M이 양 (+)일 때 $\frac{M}{EI}$ 하중은 위로 향하는 것으로 재하한다.

② 처짐각 (θ)은 반시계방향 (*)을 양 (+)으로 하고, 처짐 (Δ)은 상향 (↑)을 양 (+)으로 한다.

③ 처짐각 (θ)은 $\frac{M}{EI}$ 하중을 구조물에 재하했을 경우 공액보의 전단력 값이며, 전단력이 양 (+)의 값이면 처짐각의 방향은 반시계방향 (*)을 의미하고, 전단력이 음 (−)의 값이면 시계방향 (+)을 의미한다.

④ 처짐 (Δ)은 $\frac{M}{EI}$ 하중을 구조물에 재하했을 경우 공액보의 휨모멘트 값이며, 휨모멘트가 양 (+)의 값이면 처짐의 방향은 상향(↑)을 의미하고, 휨모멘트가 음 (−)의 값이면 하향 (↓)을 의미한다.

(2) y좌표의 양 (+)이 하향인 경우

① M이 양 (+)일 때 $\frac{M}{EI}$ 하중은 아래로 향하는 것으로 재하한다.

② 처짐각 (θ)은 시계방향 (+)을 양 (+)으로 하고, 처짐 (Δ)은 하향 (↓)을 양 (+)으로 한다.

③ 처짐각 (θ)은 $\dfrac{M}{EI}$ 하중을 구조물에 재하했을 경우 공액보의 전단력 값이며, 전단력이 양 (+)의 값이면 처짐각의 방향은 시계방향 (+)을 의미하고, 전단력이 음 (−)의 값이면 반시계방향 (*)을 의미한다.

④ 처짐 (Δ)은 $\dfrac{M}{EI}$ 하중을 구조물에 재하했을 경우 공액보의 휨모멘트 값이며, 휨모멘트가 양 (+)의 값이면 처짐의 방향은 하향 (↓)을 의미하고, 휨모멘트가 음 (−)의 값이면 상향 (↑)을 의미한다.

5.4.5 해석방법

(1) 실제 보의 BMD (휨모멘트도)를 작성한다.

(2) $\dfrac{M}{EI}$을 작성한다.

(3) 실제 보에서 지점 및 절점의 변화가 필요한 경우 변환한다.

(4) $\dfrac{M}{EI}$ 하중을 재하한다 (공액보).

(5) 공액보에서 임의점 C의 전단력이 실제 보에서 점 C의 처짐각 (θ_C)이다.

(6) 공액보에서 임의점 C의 휨모멘트가 실제 보에서 점 C의 처짐 (Δ_C)이다.

예제 5.14 다음 그림과 같은 단순보에서 θ_A, θ_B, Δ_C를 탄성하중법으로 계산하시오. 단, 휨강성 EI는 일정하다.

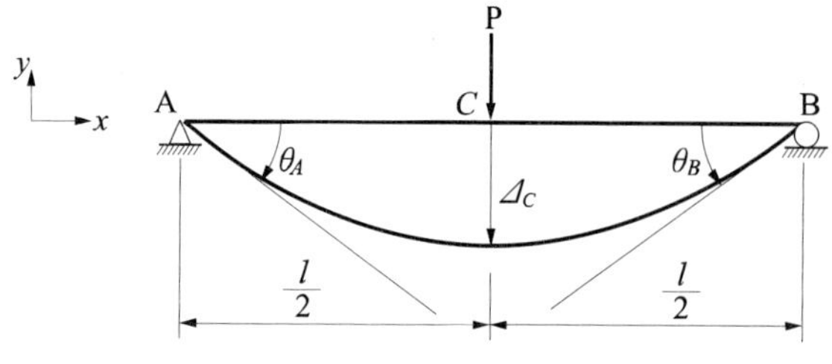

그림 5.41

(1) 실제 보의 BMD (휨모멘트도)

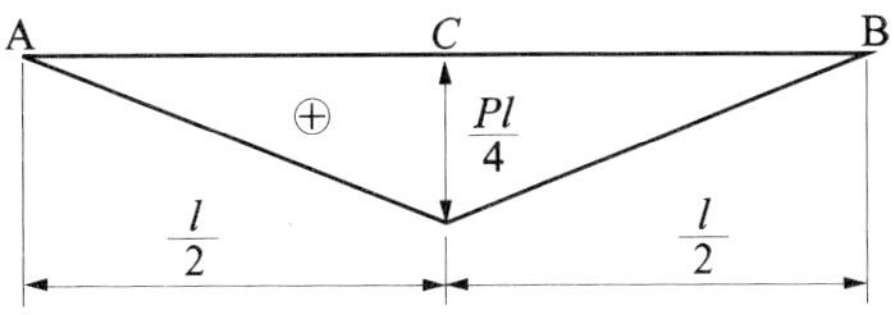

그림 5.42

(2) $\frac{M}{EI}$을 하중으로 재하

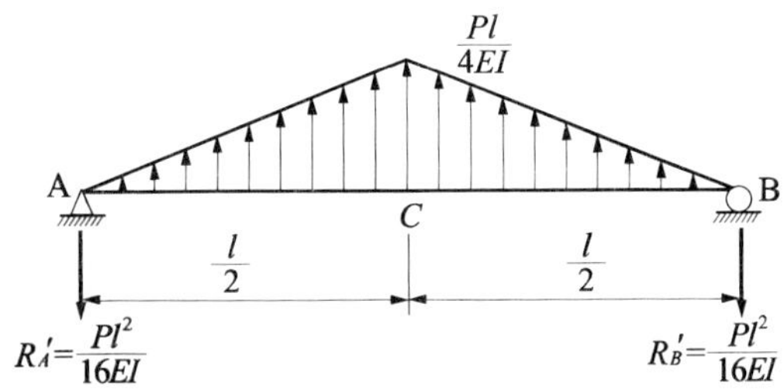

그림 5.43

(3) 처짐각 θ_A 와 θ_B 의 산정

실제 보의 θ_A는 $\frac{M}{EI}$을 하중으로 재하시킨 공액보에서 점 A 의 전단력이다.

$$\Sigma M_B = -R_A' \times l + \frac{1}{2} \times \left(\frac{Pl}{4EI}\right) \times (l) \times \left(\frac{l}{2}\right) = 0$$

$$R_A' = \frac{Pl^2}{16EI}(\downarrow)$$

$$\therefore\ \theta_A = V_A' = -\frac{Pl^2}{16EI} \qquad \text{(시계방향)}$$

실제 보의 θ_B는 $\frac{M}{EI}$을 하중으로 재하시킨 공액보에서 점 B 의 전단력이다.

$$\therefore\ \theta_B = V_B' = -\frac{Pl^2}{16EI} + \frac{1}{2} \times \left(\frac{Pl}{4EI}\right) \times \left(\frac{l}{2}\right) \times 2 = \frac{Pl^2}{16EI} \qquad \text{(반시계방향)}$$

(4) 처짐 Δ_C 의 산정

실제 보의 Δ_C는 $\frac{M}{EI}$을 하중으로 재하시킨 공액보에서 점 C 의 휨모멘트이다.

$$M_C' = -\left(\frac{Pl^2}{16EI}\right) \times \left(\frac{l}{2}\right) + \frac{1}{2} \times \left(\frac{Pl}{4EI}\right) \times \left(\frac{l}{2}\right) \times \left(\frac{l}{2} \times \frac{1}{3}\right) = -\frac{Pl^3}{48EI}$$

$$\therefore\ \Delta_C = M_C{}' = -\frac{Pl^3}{48EI} \qquad \text{(하향)}$$

주1) y좌표를 하향으로 가정할 경우 $\dfrac{M}{EI}$도의 하중방향이 바뀌지만, θ_A, θ_B, Δ_C는 다음과 같이 앞에서 구한 결과와 동일하다.

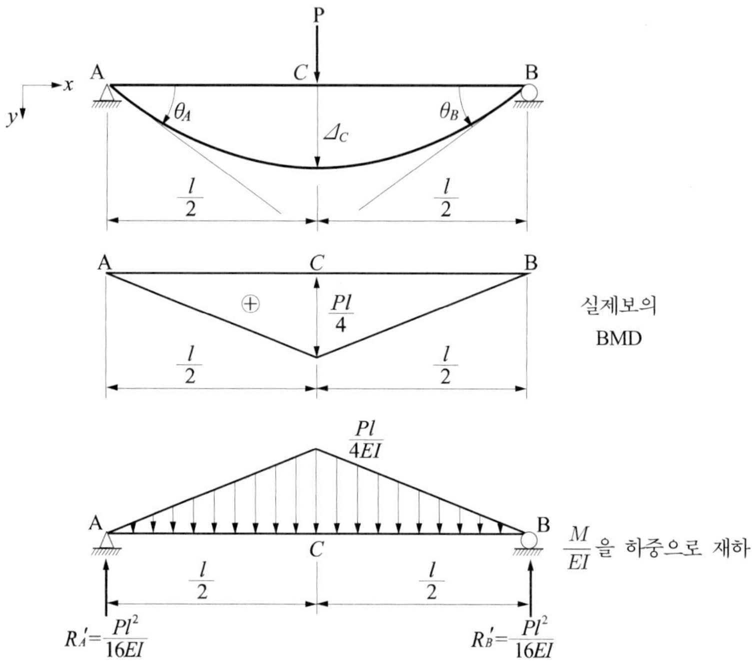

그림 5.44

$$\theta_A = V_A{}' = \frac{Pl^2}{16EI} \qquad \text{(시계방향)}$$

$$\theta_B = V_B{}' = \frac{Pl^2}{16EI} - \frac{1}{2}\times\left(\frac{Pl}{4EI}\right)\times\left(\frac{l}{2}\right)\times 2 = -\frac{Pl^2}{16EI} \qquad \text{(반시계방향)}$$

$$\Delta_C = M_C{}' = \left(\frac{Pl^2}{16EI}\right)\times\left(\frac{l}{2}\right) - \frac{1}{2}\times\left(\frac{Pl}{4EI}\right)\times\left(\frac{l}{2}\right)\times\left(\frac{l}{2}\times\frac{1}{3}\right)$$

$$= \frac{Pl^3}{48EI} \qquad \text{(하향)}$$

예제 5.15 다음 그림과 같은 단순보에서 θ_A, θ_B, Δ_C를 탄성하중법으로 계산하시오. 단, 휨강성 EI는 일정하다.

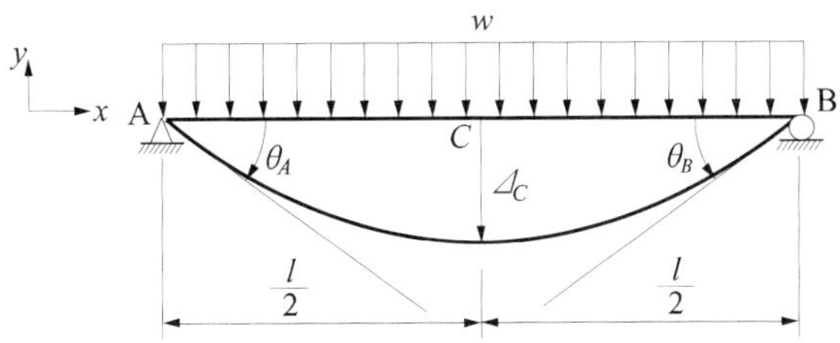

그림 5.45

↳ (1) 실제 보의 BMD (휨모멘트도)

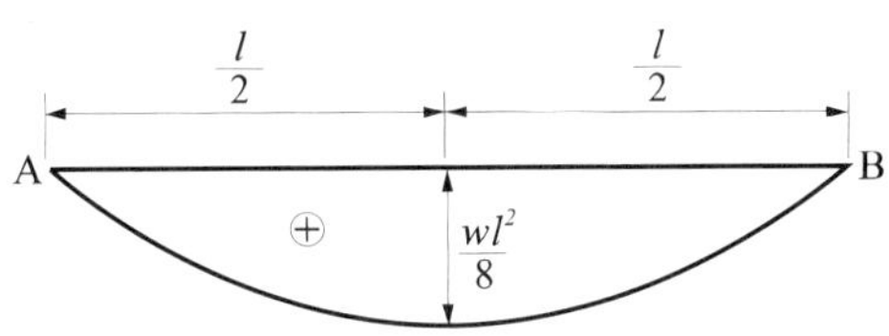

그림 5.46

(2) $\dfrac{M}{EI}$을 하중으로 재하

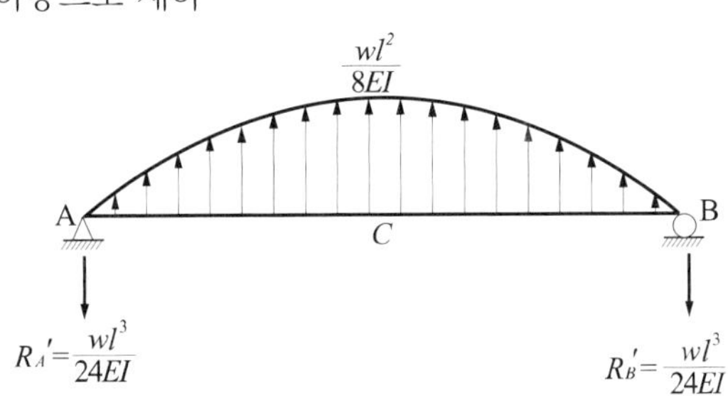

그림 5.47

(3) 처짐각 θ_A와 θ_B의 산정

실제 보의 θ_A는 $\dfrac{M}{EI}$을 하중으로 재하시킨 공액보에서 점 A의 전단력이다.

$$\Sigma M_B = -R_A' \times l + \frac{2}{3} \times \left(\frac{wl^2}{8EI}\right) \times (l) \times \left(\frac{l}{2}\right) = 0$$

$$R_A' = \frac{wl^3}{24EI}\ (\downarrow)$$

$$\therefore \theta_A = V_A{}' = -\frac{wl^3}{24EI} \qquad \text{(시계방향)}$$

실제 보의 θ_B는 $\dfrac{M}{EI}$을 하중으로 재하시킨 공액보에서 점 B의 전단력이다.

$$\therefore \theta_B = V_B{}' = -\frac{wl^3}{24EI} + \frac{2}{3}\times\left(\frac{wl^2}{8EI}\right)\times\left(\frac{l}{2}\right)\times 2 = \frac{wl^3}{24EI} \qquad \text{(반시계방향)}$$

(4) 처짐 Δ_C의 산정

실제 보의 Δ_C는 $\dfrac{M}{EI}$을 하중으로 재하시킨 공액보에서 점 C의 휨모멘트이다.

$$M_C{}' = -\left(\frac{wl^3}{24EI}\right)\times\left(\frac{l}{2}\right) + \frac{2}{3}\times\left(\frac{wl^2}{8EI}\right)\times\left(\frac{l}{2}\right)\times\left(\frac{3}{16}l\right) = -\frac{5wl^4}{384EI}$$

$$\therefore \Delta_C = M_C{}' = -\frac{5wl^4}{384EI} \qquad \text{(하향)}$$

예제 5.16 다음 그림과 같은 단순보의 부재는 H-488×300×11×18 ($I_x = 710\times10^6\ \text{mm}^4$, $E = 210{,}000\ \text{MPa}$)이다. 단순보의 처짐각 θ_A (°)와 처짐 Δ_C (mm)를 탄성하중법을 이용하여 구하시오.

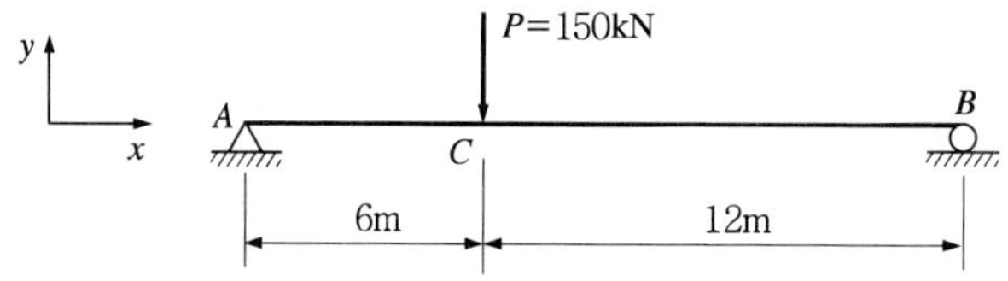

그림 5.48

(1) 실제 보의 BMD (휨모멘트도)

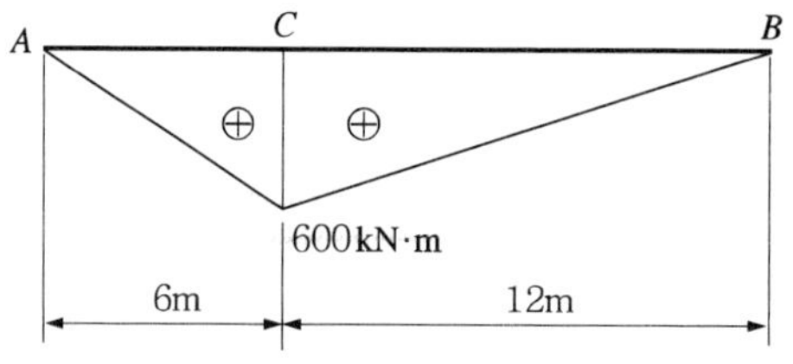

그림 5.49

(2) $\dfrac{M}{EI}$ 을 하중으로 재하

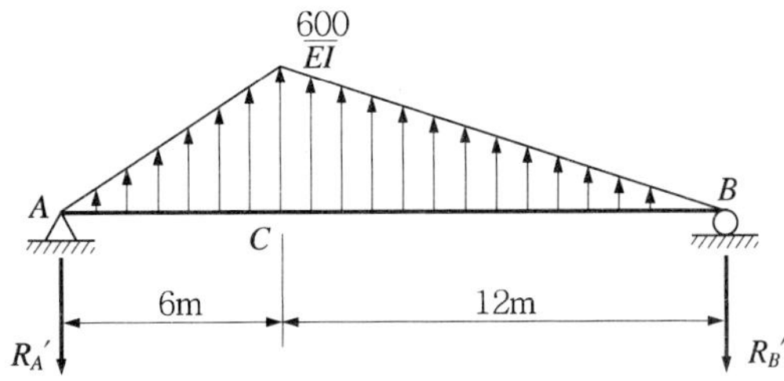

그림 5.50

(3) 처짐각 θ_A 의 산정

실제 보의 θ_A 는 $\dfrac{M}{EI}$ 을 하중으로 재하시킨 공액보에서 점 A 의 전단력이다.

$$\Sigma M_B = -R_A{}' \times 18 + \frac{1}{2}\times\left(\frac{600}{EI}\right)\times 6\times(12+2)+\frac{1}{2}\times\left(\frac{600}{EI}\right)\times 12\times 8 = 0$$

$$R_A{}' = \frac{3,000}{EI}\ (\downarrow)$$

$$\theta_A = V_A{}' = -\frac{3,000\,(\mathrm{kN}\cdot\mathrm{m}^2)}{EI(\mathrm{kN}\cdot\mathrm{m}^2)} = -\frac{3,000}{EI}\,(\mathrm{rad})$$

여기서, $EI = 210,000\ \mathrm{N/mm^2}\times(710.6\times10^6\ \mathrm{mm}^4)$

$= 149.2\times10^{12}\ \mathrm{N}\cdot\mathrm{mm}^2$ 이다.

$$\therefore\ \theta_A = -\frac{3,000\,(\mathrm{kN}\cdot\mathrm{m}^2)}{EI(\mathrm{kN}\cdot\mathrm{m}^2)} = -\frac{3,000\times10^9\ \mathrm{N}\cdot\mathrm{mm}^2}{149.2\times10^{12}\ \mathrm{N}\cdot\mathrm{mm}^2}$$

$$= -0.020107\,\mathrm{rad} = -0.020107\times\left(\frac{180}{\pi}\right) = -1.15^\circ$$ (시계방향)

(4) 처짐 Δ_C 의 산정

실제 보의 Δ_C는 $\dfrac{M}{EI}$ 을 하중으로 재하시킨 공액보에서 점 C의 휨모멘트이다.

$$M_C{}' = -\frac{3,000}{EI}\times 6+\frac{1}{2}\times\left(\frac{600}{EI}\right)\times 6\times 2 = -\frac{14,400}{EI}$$

$$\Delta_C = M_C{}' = -\frac{14,400\,(\mathrm{kN}\cdot\mathrm{m}^3)}{EI(\mathrm{kN}\cdot\mathrm{m}^2)}$$

$$\therefore\ \Delta_C = -\frac{14,400\,(\mathrm{kN}\cdot\mathrm{m}^3)}{EI(\mathrm{kN}\cdot\mathrm{m}^2)} = -\frac{14,400\times10^{12}\,(\mathrm{N}\cdot\mathrm{mm}^3)}{149.2\times10^{12}\,(\mathrm{N}\cdot\mathrm{mm}^2)}$$

$$= -96.5\,\mathrm{mm}$$ (하향)

예제 5.17 다음 그림과 같은 단순보에서 θ_A와 Δ_C를 탄성하중법을 이용하여 구하시오. 단, 휨강성 EI는 일정하다.

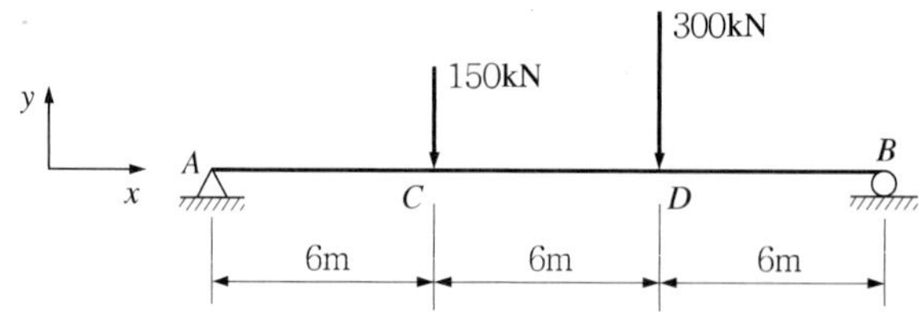

그림 5.51

(1) 실제 보의 BMD (휨모멘트도)

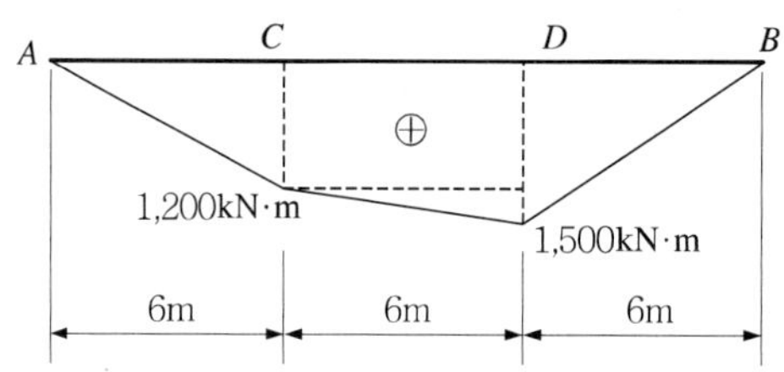

그림 5.52

(2) $\dfrac{M}{EI}$을 하중으로 재하

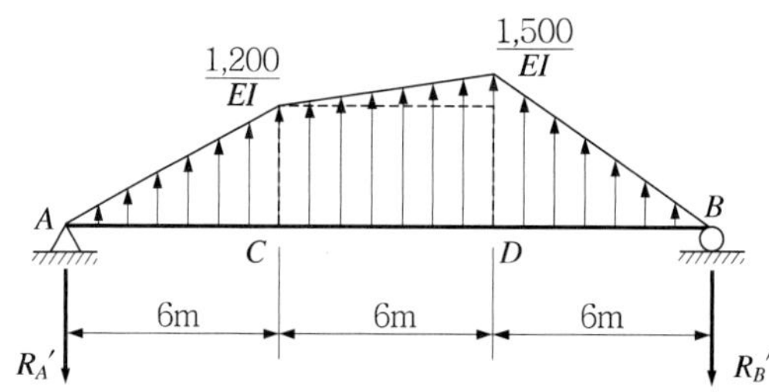

그림 5.53

(3) 처짐각 θ_A 의 산정

실제 보의 θ_A는 $\dfrac{M}{EI}$을 하중으로 재하시킨 공액보에서 점 A 의 전단력이다.

$$\Sigma M_B = -R_A' \times 18 + \frac{1}{2} \times \frac{1,200}{EI} \times 6 \times (12+2)$$
$$+ \frac{1,200}{EI} \times 6 \times (6+3) + \frac{1}{2} \times \frac{300}{EI} \times 6 \times (16+2)$$
$$+ \frac{1}{2} \times \frac{1,500}{EI} \times 6 \times 4 = 0$$

$$R_A' = \frac{7,800}{EI} \ (\downarrow)$$

$$\therefore \theta_A = V_A' = -\frac{7,800\,(\text{kN} \cdot \text{m}^2)}{EI\,(\text{kN} \cdot \text{m}^2)} = -\frac{7,800}{EI}\,(\text{rad}) \qquad \text{(시계방향)}$$

(4) 처짐 Δ_C 의 산정

실제 보의 Δ_C는 $\dfrac{M}{EI}$을 하중으로 재하시킨 공액보에서 점 C의 휨모멘트이다.

$$M_C' = -\frac{7,800}{EI} \times 6 + \frac{1}{2} \times \left(\frac{1,200}{EI}\right) \times 6 \times 2 = -\frac{39,600}{EI}$$

$$\therefore \Delta_C = M_C' = -\frac{39,600\,(\text{kN} \cdot \text{m}^3)}{EI\,(\text{kN} \cdot \text{m}^2)} \qquad \text{(하향)}$$

예제 5.18 다음 단순보의 지점 B에 30 kN · m의 휨모멘트가 작용할 때 지점 A의 처짐각 θ_A (°)와 점 C의 처짐 Δ_C (mm)를 탄성하중법을 이용하여 구하라. 단, $E=15\times10^3$ MPa (N/mm^2), 단면이 200 mm × 300 mm인 직사각형이다.

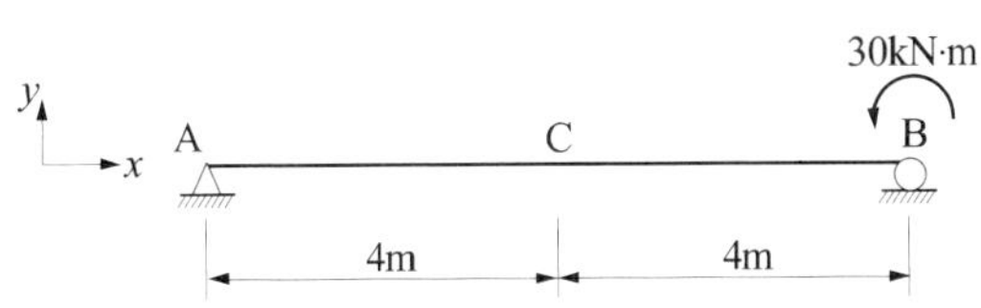

그림 5.54

(1) 실제 보의 BMD (휨모멘트도)

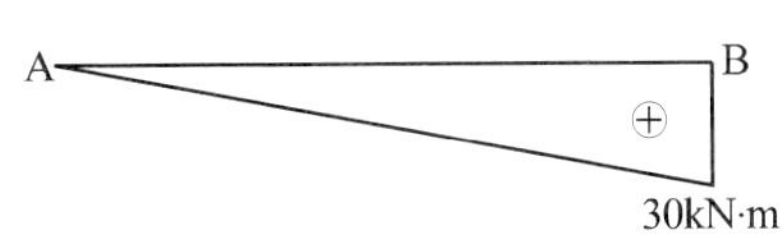

그림 5.55

(2) $\dfrac{M}{EI}$을 하중으로 재하

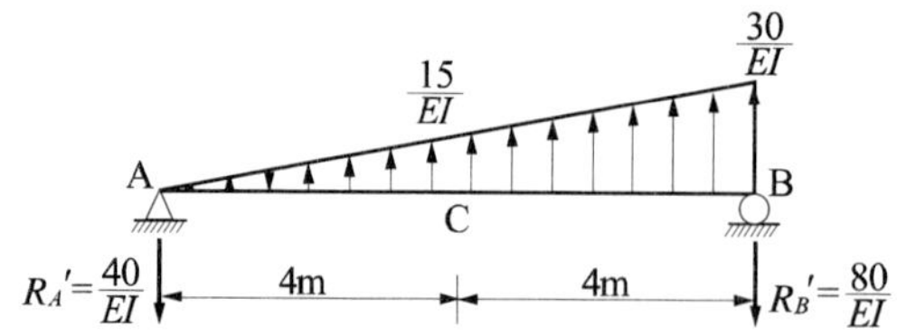

그림 5.56

(3) 처짐각 θ_A 의 산정

실제 보의 θ_A는 $\dfrac{M}{EI}$을 하중으로 재하시킨 공액보에서 점 A 의 전단력이다.

$$\Sigma M_B = -R_A' \times 8 + \left(\frac{1}{2} \times 8 \times \frac{30}{EI}\right) \times \left(8 \times \frac{1}{3}\right) = 0$$

$$R_A' = \frac{40}{EI}\ (\downarrow)$$

$$\theta_A = V_A' = -\frac{40\,(\text{kN} \cdot \text{m}^3)}{EI(\text{kN} \cdot \text{m}^3)} = -\frac{400}{EI}\ (\text{rad})$$

여기서,

$$E = 15 \times 10^3\ \text{N/mm}^2$$

$$I = \frac{200 \times 300^3}{12} = 450 \times 10^6\ \text{mm}^4$$

$EI = 15 \times 10^3\ \text{N/mm}^2 \times (450 \times 10^6\ \text{mm}^4) = 6.75 \times 10^{12}\ \text{N} \cdot \text{mm}^2$이다.

$$\therefore\ \theta_A = -\frac{40\,(\text{kN} \cdot \text{m}^2)}{EI(\text{kN} \cdot \text{m}^2)} = -\frac{40 \times 10^9\ (\text{N} \cdot \text{mm}^2)}{6.75 \times 10^{12}\ (\text{N} \cdot \text{mm}^2)}$$

$$= -0.005926\,\text{rad} = -0.005926 \times \left(\frac{180}{\pi}\right) = -0.34^\circ \qquad \text{(시계방향)}$$

(4) 처짐 Δ_C의 산정

실제 보의 Δ_C는 $\dfrac{M}{EI}$을 하중으로 재하시킨 공액보에서 점 C의 휨모멘트이다.

$$M_C' = -\frac{40}{EI} \times 4 + \left(\frac{1}{2} \times 4 \times \frac{15}{EI}\right) \times \left(4 \times \frac{1}{3}\right) = -\frac{120}{EI}$$

$$\Delta_C = M_C' = -\frac{120\ (\text{kN} \cdot \text{m}^3)}{EI(\text{kN} \cdot \text{m}^2)}$$

$$\therefore \Delta_C = -\frac{120\,(\text{kN}\cdot\text{m}^3)}{EI\,(\text{kN}\cdot\text{m}^2)} = -\frac{120\times10^{12}\,(\text{N}\cdot\text{mm}^3)}{6.75\times10^{12}\,(\text{N}\cdot\text{mm}^2)}$$

$$= -17.8\ \text{mm} \qquad \text{(하향)}$$

예제 5.19 다음 캔틸레버보에서 점 B의 처짐각과 처짐을 공액보법을 이용하여 구하라. 단, 휨강성 EI는 일정하다.

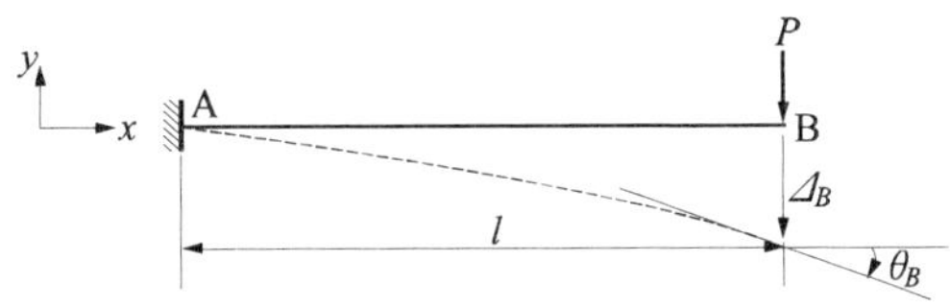

그림 5.57

(1) 실제 보의 BMD (휨모멘트도)

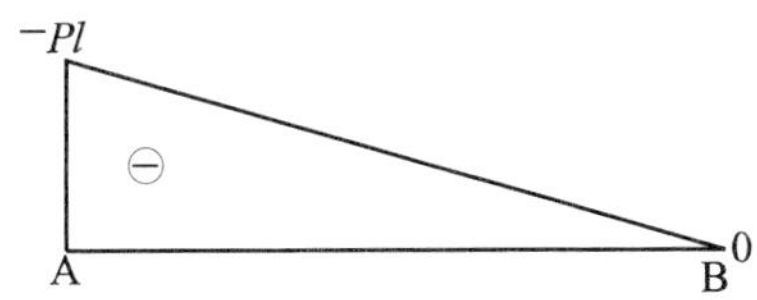

그림 5.58

(2) 실제 보를 공액보로 변환 (고정단 ⇄ 자유단)한 후 $\dfrac{M}{EI}$을 하중으로 재하

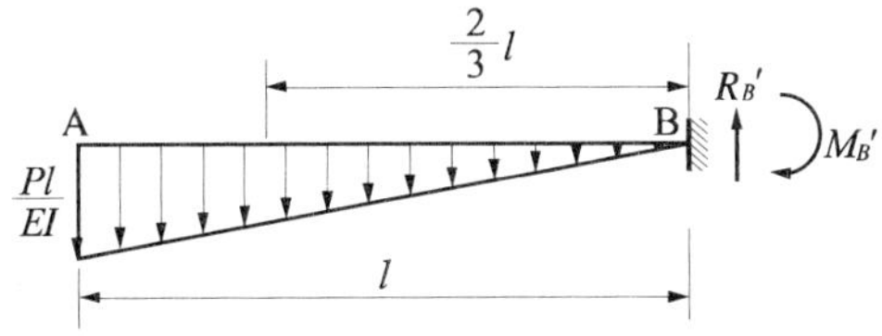

그림 5.59

(3) 처짐각 θ_B의 산정

실제 보의 θ_B는 $\dfrac{M}{EI}$을 하중으로 재하시킨 공액보에서 점 B의 전단력이다.

$$\therefore \theta_B = V_B' = -\frac{1}{2}\times\left(\frac{Pl}{EI}\right)\times(l) = -\frac{Pl^2}{2EI} \qquad \text{(시계방향)}$$

(4) 처짐 Δ_B의 산정

실제 보의 Δ_B는 $\dfrac{M}{EI}$을 하중으로 재하시킨 공액보에서 점 B의 휨모멘트이다.

$$\therefore\ \Delta_B = M_B{}' = -\frac{Pl^2}{2EI}\times\left(\frac{2}{3}l\right) = -\frac{Pl^3}{3EI} \qquad \text{(하향)}$$

주1) y좌표를 하향으로 가정할 경우 점 B의 처짐각과 처짐은 다음과 같다.

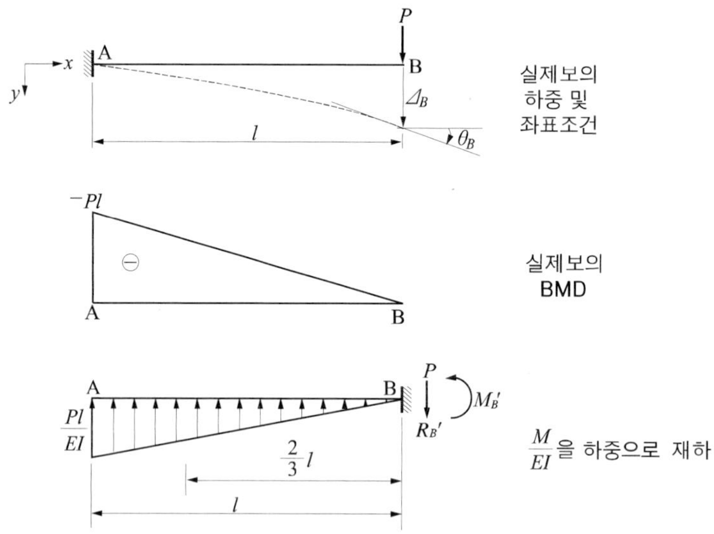

그림 5.60

$$\theta_B = V_B{}' = \frac{1}{2}\times\left(\frac{Pl}{EI}\right)\times(l) = \frac{Pl^2}{2EI} \qquad \text{(시계방향)}$$

$$\Delta_B = M_B{}' = \frac{Pl^2}{2EI}\times\left(\frac{2}{3}l\right) = \frac{Pl^3}{3EI} \qquad \text{(하향)}$$

예제 5.20 다음 캔틸버보에서 점 B의 처짐각과 처짐을 공액보법을 이용하여 구하여라. 단, 휨강성 EI는 일정하다.

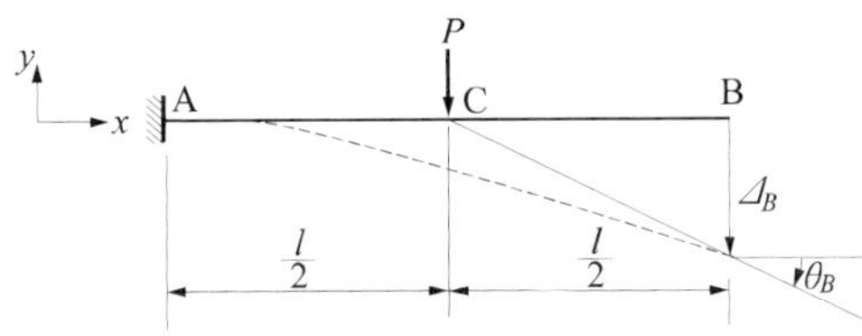

그림 5.61

(1) 실제 보의 BMD (휨모멘트도)

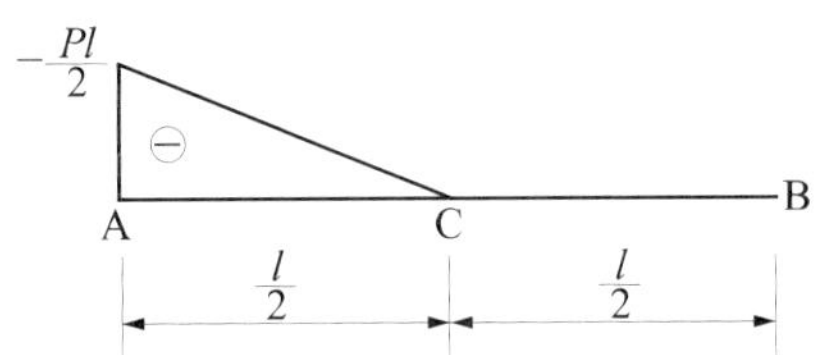

그림 5.62

(2) 실제 보를 공액보로 변환한 후 $\dfrac{M}{EI}$을 하중으로 재하

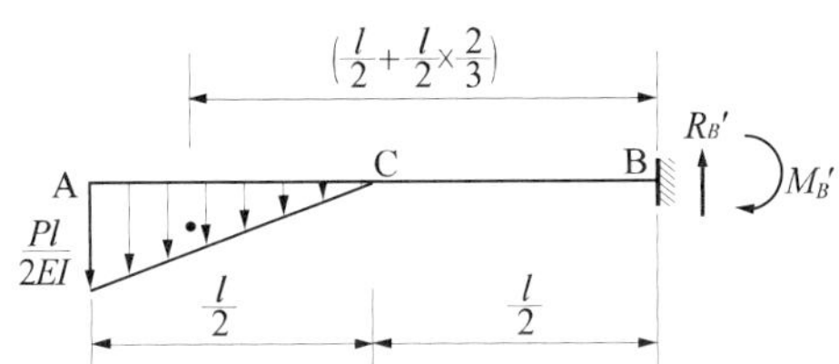

그림 5.63

(3) 처짐각 θ_B 의 산정

실제 보의 θ_B는 $\dfrac{M}{EI}$을 하중으로 재하시킨 공액보에서 점 B의 전단력이다.

$$\therefore\ \theta_B = V_B{}' = -\frac{1}{2}\times\left(\frac{Pl}{2EI}\right)\times\left(\frac{l}{2}\right) = -\frac{Pl^2}{8EI} \qquad \text{(시계방향)}$$

(4) 처짐 Δ_B 의 산정

실제 보의 Δ_B는 $\dfrac{M}{EI}$을 하중으로 재하시킨 공액보에서 점 B의 휨모멘트이다.

$$\therefore\ \Delta_B = M_B{}' = -\left(\frac{Pl^2}{8EI}\right)\times\left(\frac{l}{2}+\frac{l}{2}\times\frac{2}{3}\right) = -\frac{5Pl^3}{48EI} \qquad \text{(하향)}$$

예제 5.21 다음 캔틸레버보에서 θ_B와 Δ_B를 공액보법을 이용하여 구하라. 단, 휨강성 EI는 일정하다.

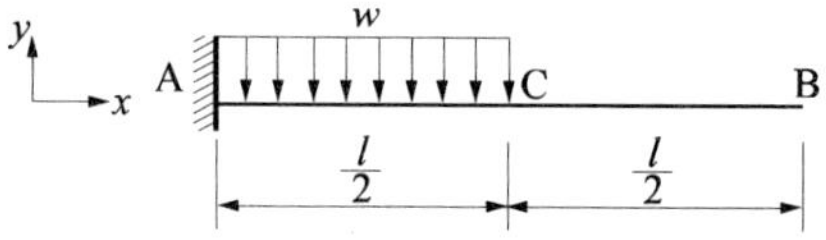

그림 5.64

(1) 실제 보의 BMD (휨모멘트도)

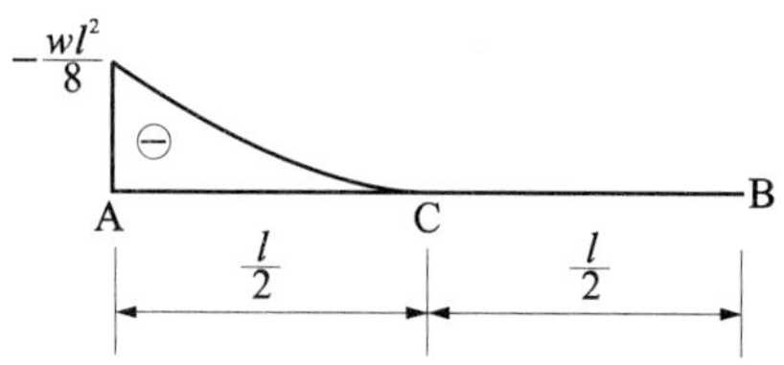

그림 5.65

(2) 실제 보를 공액보로 변환한 후 $\frac{M}{EI}$도를 하중으로 재하

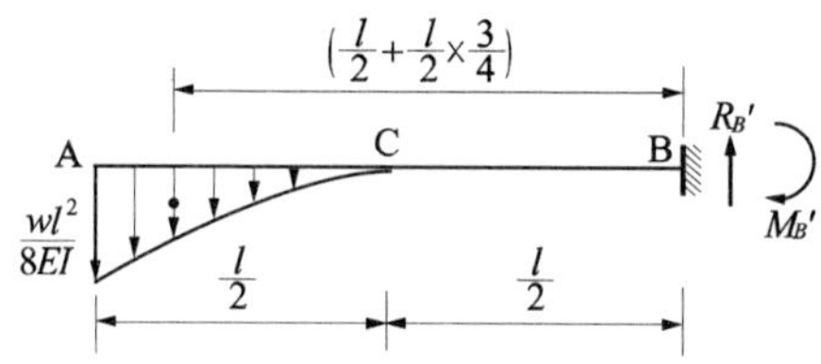

그림 5.66

(3) 처짐각 θ_B의 산정

실제 보의 θ_B는 $\frac{M}{EI}$을 하중으로 재하시킨 공액보에서 점 B의 전단력이다.

$$\therefore\ \theta_B = V_B{}' = -\frac{1}{3}\times\left(\frac{wl^2}{8EI}\right)\times\left(\frac{l}{2}\right) = -\frac{wl^3}{48EI} \qquad \text{(시계방향)}$$

(4) 처짐 Δ_B의 산정

실제 보의 Δ_B는 $\frac{M}{EI}$을 하중으로 재하시킨 공액보에서 점 B의 휨모멘트이다.

$$\therefore\ \Delta_B = M_B{}' = -\left(\frac{wl^3}{48EI}\right)\times\left(\frac{l}{2}+\frac{l}{2}\times\frac{3}{4}\right) = -\frac{7wl^4}{384EI} \qquad \text{(하향)}$$

예제 5.22 다음 그림과 같은 단순보에서 θ_C, Δ_C, Δ_B를 공액보법을 이용하여 구하시오. 단, 탄성계수 E는 일정하다.

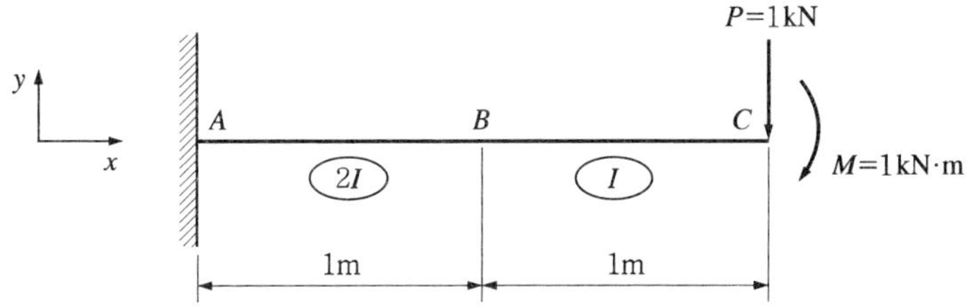

그림 5.67

(1) 실제 보의 BMD (휨모멘트도)

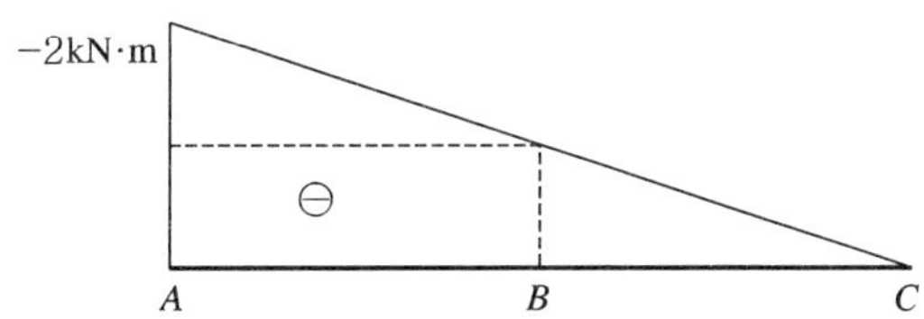

(a) 외력 P에 의한 BMD

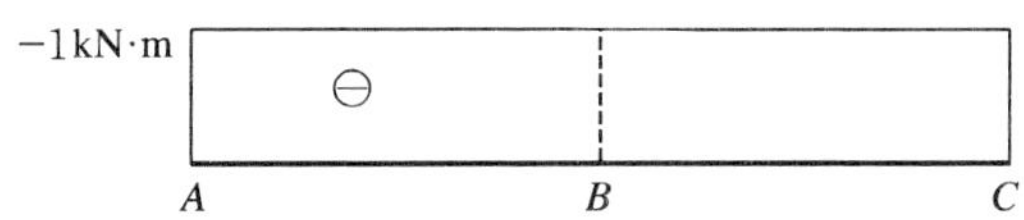

(b) 외력 M에 의한 BMD

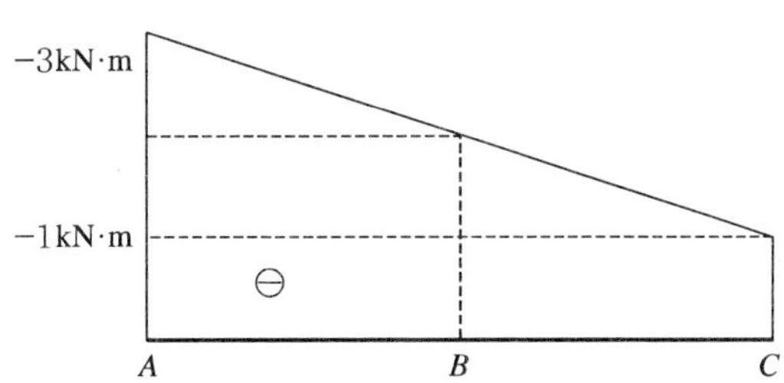

(c) 외력 $P+M$에 의한 BMD

그림 5.68 실제 보의 BMD

(2) 실제 보를 공액보로 변환한 후 $\frac{M}{EI}$을 하중으로 재하

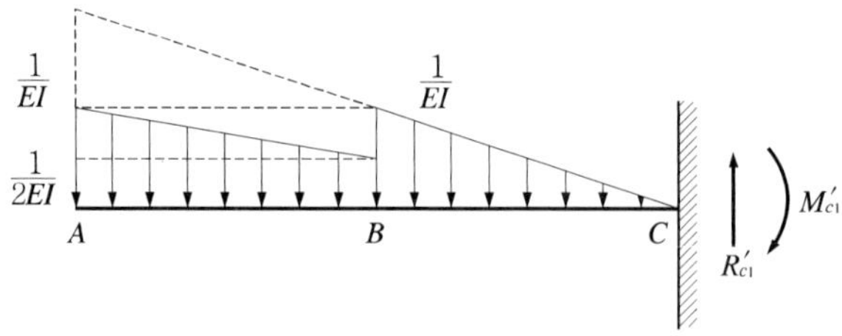

(a) 외력 P에 의한 $\frac{M}{EI}$의 재하

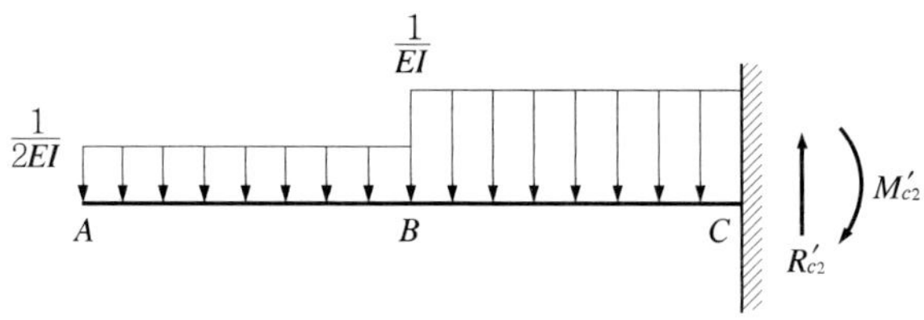

(b) 외력 M에 의한 $\frac{M}{EI}$의 재하

그림 5.69 $\frac{M}{EI}$의 재하

(3) 처짐각 θ_C 산정

$$\theta_C = V_C' = V_{C1}' + V_{C2}'$$

$$= -\frac{1}{EI}\left(\frac{1+0.5}{2}\times 1 + \frac{1}{2}\times 1\times 1\right) - \frac{1}{EI}(0.5\times 1 + 1\times 1)$$

$$= -\frac{11}{4EI}$$

$$\therefore \theta_C = -\frac{11}{4EI}$$ (시계방향)

(4) 처짐 Δ_C와 Δ_B 산정

① Δ_C는 공액보에서 점 C의 휨모멘트

$$\Delta_C = M_C{}' = M_{C1}{}' + M_{C2}{}'$$

$$= -\frac{1}{EI}\left\{\frac{1}{2}\times 0.5\times 1\times\left(1+\frac{2}{3}\right)+0.5\times 1\times\left(1+\frac{1}{2}\right)\right\}$$

$$-\frac{1}{EI}\left\{\frac{1}{2}\times 1\times 1\times\left(\frac{2}{3}\right)\right\}$$

$$-\frac{1}{EI}\left\{0.5\times 1\times\left(\frac{1}{2}+1\right)+1\times 1\times\left(\frac{1}{2}\right)\right\}$$

$$= -\frac{11}{4EI}$$

$$\therefore\ \Delta_C = -\frac{11}{4EI}$$ (하향)

② Δ_B는 공액보에서 점 B의 휨모멘트

$$\Delta_B = M_B{}' = M_{B1}{}' + M_{B2}{}'$$

$$= -\frac{1}{EI}\left\{\frac{1}{2}\times 0.5\times 1\times\left(\frac{2}{3}\right)+0.5\times 1\times\left(\frac{1}{2}\right)\right\}$$

$$-\frac{1}{EI}\left\{0.5\times 1\times\left(\frac{1}{2}\right)\right\} = -\frac{2}{3EI}$$

$$\therefore\ \Delta_B = -\frac{2}{3EI}$$ (하향)

예제 5.23. 다음 그림과 같은 내민보에 하중이 작용할 때 점 C의 처짐각과 처짐을 공액보법을 이용하여 구하시오. 단, 휨강성 EI는 일정하다.

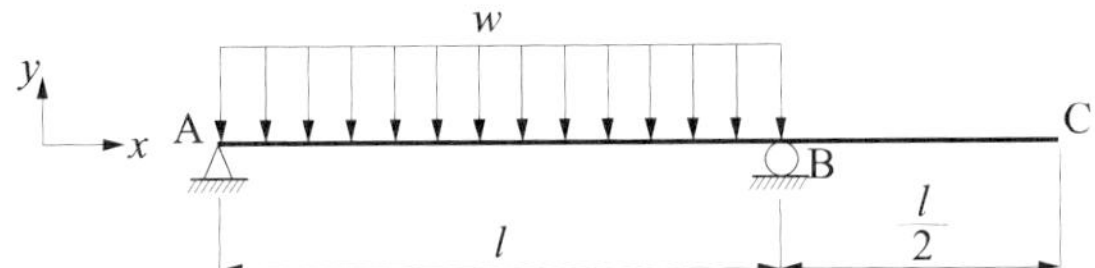

그림 5.70

(1) 실제 보의 BMD (휨모멘트도)

$$M_D = \frac{wl^2}{8}$$

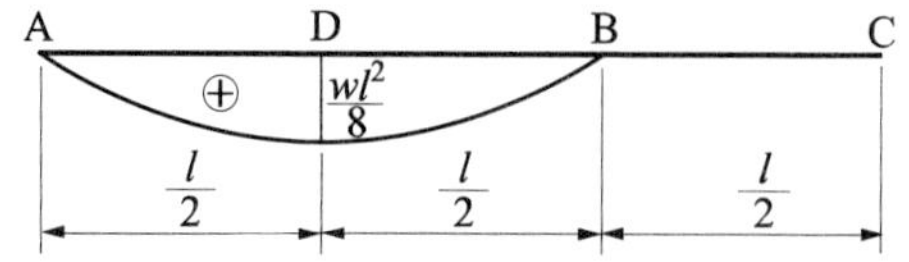

그림 5.71

(2) 실제 보를 공액보로 변환한 후 $\frac{M}{EI}$ 도를 하중으로 재하

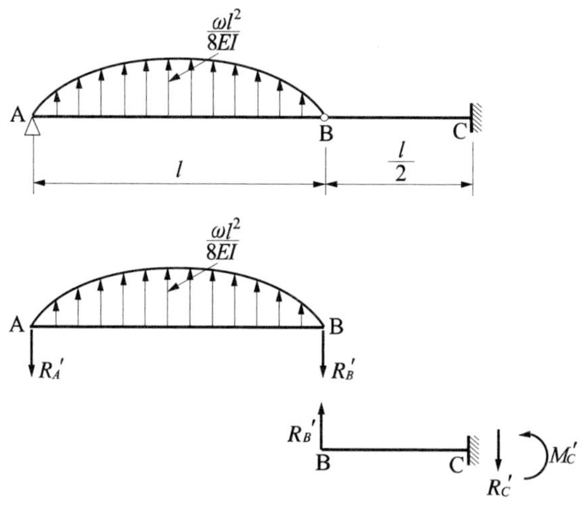

그림 5.72

(3) 처짐각 θ_C 의 산정

실제 보의 θ_C 는 $\frac{M}{EI}$ 을 하중으로 재하시킨 공액보에서 점 C 의 전단력이다.

$$\therefore\ \theta_C = V_C' = \frac{2}{3} \times \left(\frac{wl^2}{8EI}\right) \times \left(\frac{l}{2}\right) = \frac{wl^3}{24EI} \qquad \text{(반시계방향)}$$

(4) 처짐 Δ_C 의 산정

실제 보의 Δ_C 는 $\frac{M}{EI}$ 을 하중으로 재하시킨 공액보에서 점 C 의 휨모멘트이다.

$$\therefore\ \Delta_C = M_C' = \left(\frac{wl^3}{24EI}\right) \times \left(\frac{l}{2}\right) = \frac{wl^4}{48EI} \qquad \text{(상향)}$$

예제 5.24 다음 그림과 같은 내민보에 하중이 작용할 때 점 C의 처짐각과 처짐을 공액보법을 이용하여 구하시오. 단, 휨강성 EI는 일정하다.

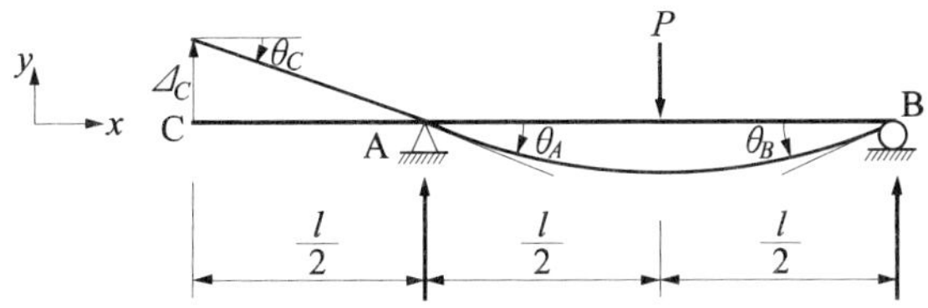

그림 5.73

(1) 실제 보의 BMD(휨모멘트도)

$$M_D = \frac{Pl}{4}$$

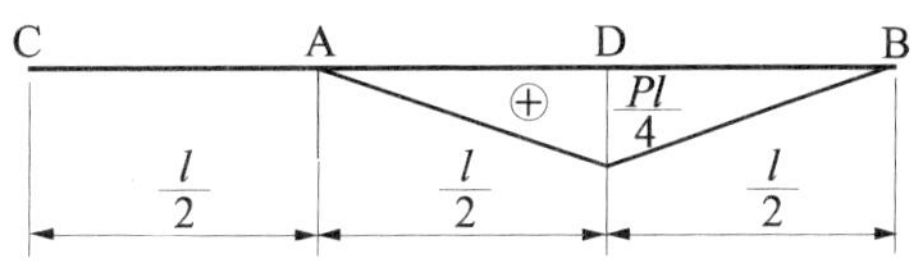

그림 5.74

(2) 실제 보를 공액보로 변환한 후 $\frac{M}{EI}$도를 하중으로 재하

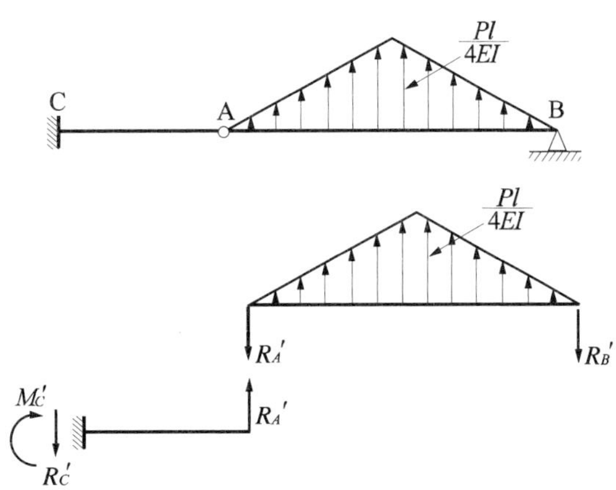

그림 5.75

(3) 처짐각 θ_C의 산정

① 보 AB의 반력

$$R_A{}' = \frac{Pl^2}{16EI}\ (\downarrow)$$

② 실제 보의 θ_C는 $\dfrac{M}{EI}$을 하중으로 재하시킨 공액보에서 점 C의 전단력이다.

$$\Sigma Y = -R_C{}' + R_A{}' = -R_C{}' + \frac{Pl^2}{16EI} = 0$$

$$R_C{}' = \frac{Pl^2}{16EI}\ (\downarrow)$$

$$\therefore\ \theta_C = V_C{}' = -\frac{1}{2} \times \left(\frac{Pl}{4EI}\right) \times \left(\frac{l}{2}\right) = -\frac{Pl^2}{16EI} \qquad \text{(시계방향)}$$

(4) 처짐 Δ_C의 산정

실제 보의 Δ_C는 $\dfrac{M}{EI}$을 하중으로 재하시킨 공액보에서 점 C의 휨모멘트이다.

$$\Sigma M_C = M_C{}' - \left(\frac{Pl^2}{16EI}\right) \times \left(\frac{l}{2}\right) = 0$$

$$M_C{}' = \frac{Pl^3}{32EI}$$

$$\therefore\ \Delta_C = M_C{}' = \frac{Pl^3}{32EI} \qquad \text{(상향)}$$

5.5 보의 처짐각 및 최대 처짐 공식

표 5.5 하중 상태에 따른 보의 처짐각 및 최대 처짐(좌표계 y ↑ → x)

구분	하중 상태	처짐각 (θ)	최대 처짐 ($\Delta_{\max}$)	최대 휨모멘트 ($M_{\max}$)
캔틸레버보	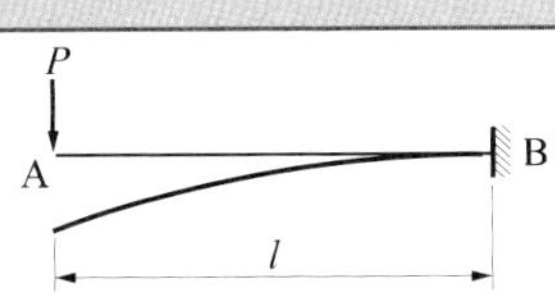	$\theta_A=\frac{Pl^2}{2EI}$, $\theta_B=0$	$\Delta_A=-\frac{Pl^3}{3EI}$	$M_{\max}=-Pl$
	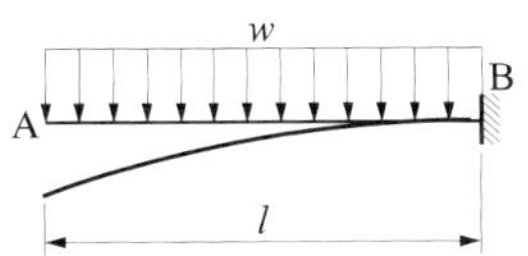	$\theta_A=\frac{wl^3}{6EI}$, $\theta_B=0$	$\Delta_A=-\frac{wl^4}{8EI}$	$M_{\max}=-\frac{wl^2}{2}$
	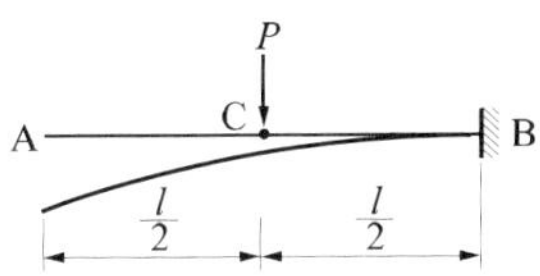	$\theta_A=\frac{Pl^2}{8EI}$, $\theta_B=0$	$\Delta_A=-\frac{5Pl^3}{48EI}$	$M_{\max}=-\frac{Pl}{2}$
	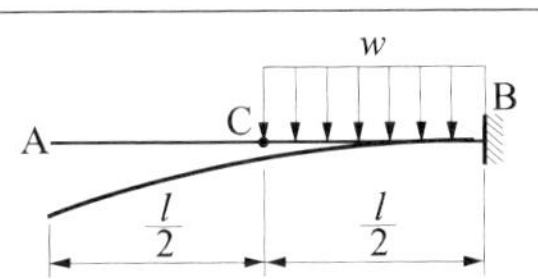	$\theta_A=\frac{wl^3}{48EI}$, $\theta_B=0$	$\Delta_A=-\frac{7wl^4}{384EI}$	$M_{\max}=-\frac{wl^2}{8}$
단순보	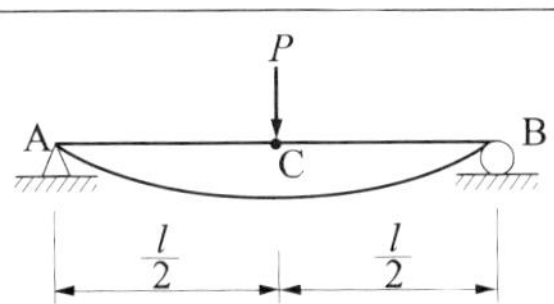	$\theta_A=-\frac{Pl^2}{16EI}$, $\theta_B=\frac{Pl^2}{16EI}$	$\Delta_C=-\frac{Pl^3}{48EI}$	$M_{\max}=\frac{Pl}{4}$
	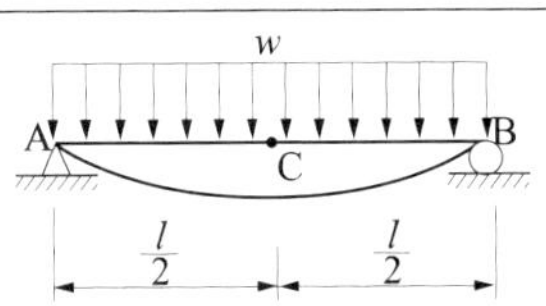	$\theta_A=-\frac{wl^3}{24EI}$, $\theta_B=\frac{wl^3}{24EI}$	$\Delta_C=-\frac{5wl^4}{384EI}$	$M_{\max}=\frac{wl^2}{8}$
	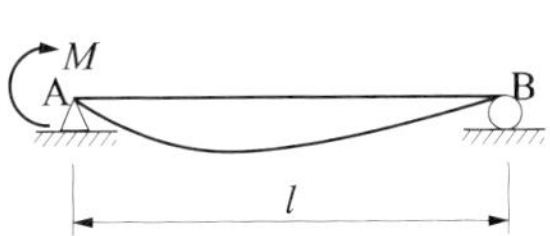	$\theta_A=-\frac{Ml}{3EI}$, $\theta_B=\frac{Ml}{6EI}$	$\Delta_{\max}=-0.064\frac{Ml^2}{EI}$	$M_{\max}=M$
	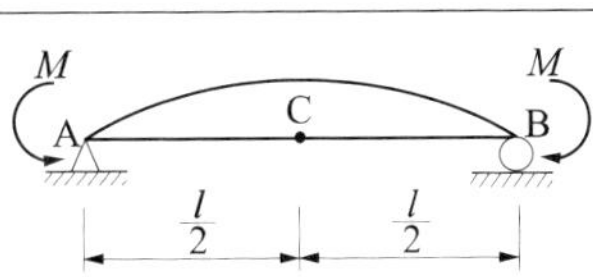	$\theta_A=\frac{Ml}{2EI}$, $\theta_B=-\frac{Ml}{2EI}$	$\Delta_C=\frac{Ml^2}{8EI}$	$M_{\max}=-M$

05 연습문제

1. **휨을 받는 보에서 보의 곡률반지름 ρ, 휨모멘트 M, 단면2차 모멘트 I, 가로방향의 탄성계수를 E라 할 때 관계식으로 옳은 것은?**

㉮ $\rho = \dfrac{I}{M}$ ㉯ $\rho = \dfrac{I}{EM}$ ㉰ $\rho = \dfrac{EI}{M}$ ㉱ $\rho = \dfrac{MI}{E}$

↳ $\dfrac{1}{\rho} = \dfrac{d^2y}{dx^2} = \dfrac{M}{EI}$로부터 $\rho = \dfrac{EI}{M}$이다.

답 ㉰

2. **탄성하중법의 원리를 적용시킬 수 있도록 단부의 조건을 변화시켜 처짐을 구하는 방법은?**

㉮ 3연 모멘트법 ㉯ 처짐각법
㉰ 모멘트 분해법 ㉱ 공액보법

↳ 공액보법은 탄성하중법의 원리를 적용시킬 수 있도록 단부의 조건을 변화시켜 처짐을 구하는 방법이며, 처짐각(기울기)과 처짐 산정을 위해 모멘트면적법을 간접적으로 적용한 것이다.

답 ㉱

3. **지간이 l인 단순보의 중앙에 집중하중 P가 작용할 때, 지점에 생기는 처짐각은? (단, E : 탄성계수, I : 단면2차 모멘트이다.)**

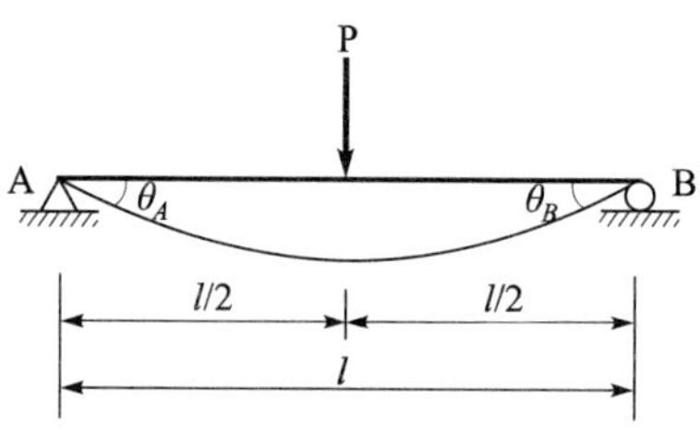

㉮ $\dfrac{Pl^2}{4EI}$ ㉯ $\dfrac{Pl^2}{8EI}$ ㉰ $\dfrac{Pl^2}{16EI}$ ㉱ $\dfrac{Pl^2}{32EI}$

↳ 단순보의 지점에 생기는 처짐각

① 집중하중에 대한 단순보의 처짐각 : $\theta_A = -\dfrac{Pl^2}{16EI}$ (시계방향)

② 등분포하중에 대한 단순보의 처짐각 : $\theta_A = -\dfrac{wl^3}{24EI}$ (시계방향) 답 ㉰

4. 그림과 같은 내민보에 집중하중이 작용할 때 점 A의 처짐각 θ_A를 구하면?

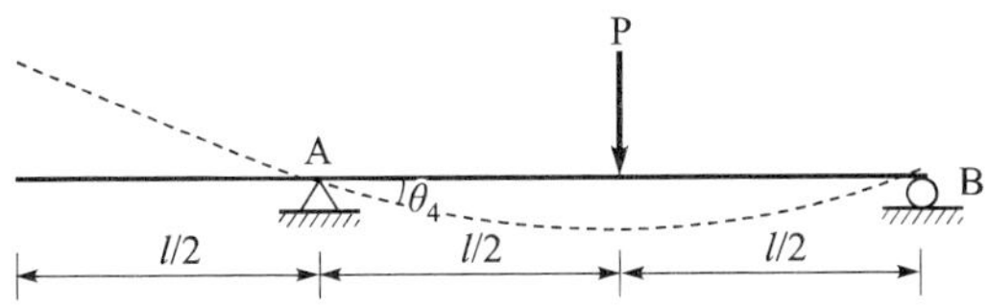

㉮ $\dfrac{Pl}{4EI}$ ㉯ $\dfrac{Pl^2}{16EI}$ ㉰ $\dfrac{Pl^2}{128EI}$ ㉱ $\dfrac{Pl^2}{256EI}$

↳ 단순보에서 집중하중에 대한 지점 A의 처짐각은 다음과 같다.

$\theta_A = -\dfrac{Pl^2}{16EI}$ (시계방향) 답 ㉯

5. 다음 그림과 같은 두 개의 단순보에 크기가 같은 하중($P = wl$)이 작용할 때, 지점 A에서 발생하는 처짐각의 비율 (가 : 나)은? (단, 부재의 휨강성 EI는 일정하다.)

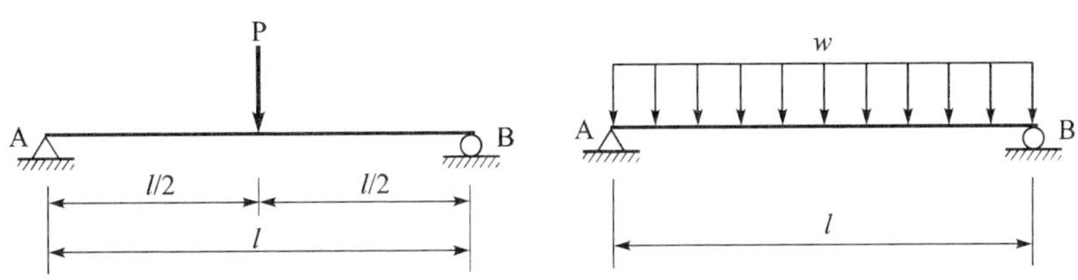

㉮ 1.5 : 1 ㉯ 0.67 : 1

㉰ 1 : 1.5 ㉱ 1 : 0.5

↳ (1) 단순보에서 집중하중에 대한 지점 A의 처짐각은 다음과 같다.

(문제의 조건에 따라 $P = wl$이다.)

$\theta_A = -\dfrac{Pl^2}{16EI} = -\dfrac{(wl)l^2}{16EI} = -\dfrac{wl^3}{16EI}$ (시계방향)

(2) 단순보에서 등분포하중에 대한 지점 A의 처짐각은 다음과 같다.

$$\theta_A{}' = -\frac{wl^3}{24EI} \quad (\text{시계방향})$$

(3) 처짐각의 비율은 다음과 같다.

$$\frac{\theta_A}{\theta_A{}'} = \frac{\left(-\frac{wl^3}{16EI}\right)}{\left(-\frac{wl^3}{24EI}\right)} = 1.5$$

$\therefore\ \theta_A : \theta_A{}' = 1.5 : 1$

답 ㉮

6. **다음 캔틸레버보의 자유단의 처짐각은? (단, 탄성계수 E, 단면2차 모멘트 I)**

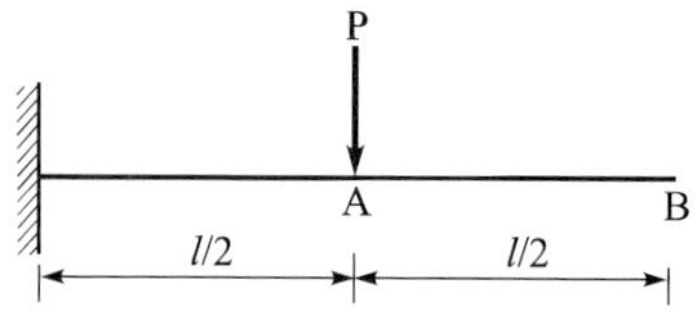

㉮ $\frac{Pl^2}{2EI}$　　㉯ $\frac{Pl^2}{3EI}$　　㉰ $\frac{Pl^2}{6EI}$　　㉱ $\frac{Pl^2}{8EI}$

점 B의 처짐각은 다음과 같다.

$$\theta_B = -\frac{Pl^2}{8EI} \quad (\text{시계방향})$$

답 ㉱

7. **그림과 같은 캔틸레버보의 자유단(점 B)에서 처짐각은?**

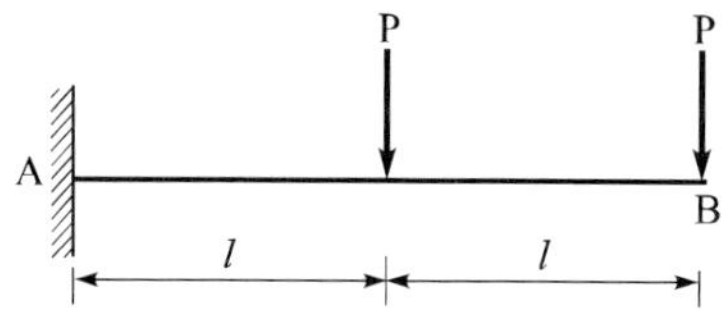

㉮ $\frac{Pl^2}{2EI}$　　㉯ Pl^2　　㉰ $2Pl^2$　　㉱ $\frac{5Pl^2}{2EI}$

점 B의 처짐각은 다음과 같다.

$$\theta_B = -\left\{\frac{P(2l)^2}{8EI} + \frac{P(2l)^2}{2EI}\right\} = -\frac{5Pl^2}{2EI} \quad (\text{시계방향})$$

답 ㉱

8. 다음 그림과 같은 캔틸레버보에서 점 B의 처짐각(θ_B)은? (단, EI는 일정함)

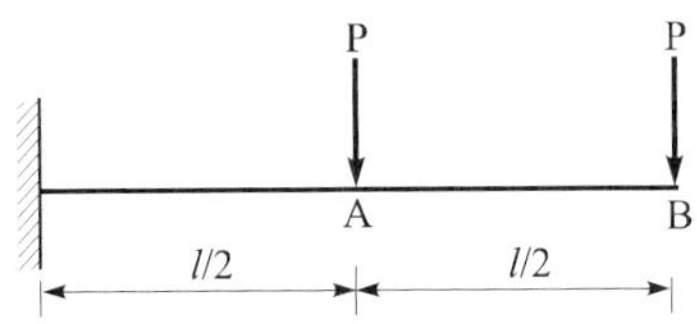

㉮ $-\dfrac{Pl^2}{2EI}$ ㉯ $-\dfrac{Pl^2}{8EI}$ ㉰ $-\dfrac{5Pl^2}{8EI}$ ㉱ $-\dfrac{2Pl^2}{3EI}$

↳ 점 B의 처짐각은 다음과 같다.

$\theta_B = -\left(\dfrac{Pl^2}{8EI} + \dfrac{Pl^2}{2EI}\right) = -\dfrac{5Pl^2}{8EI}$ (시계방향) 답 ㉰

9. 그림과 같은 단순보의 양지점에 모멘트 M이 작용할 때 지점 A의 처짐각은?

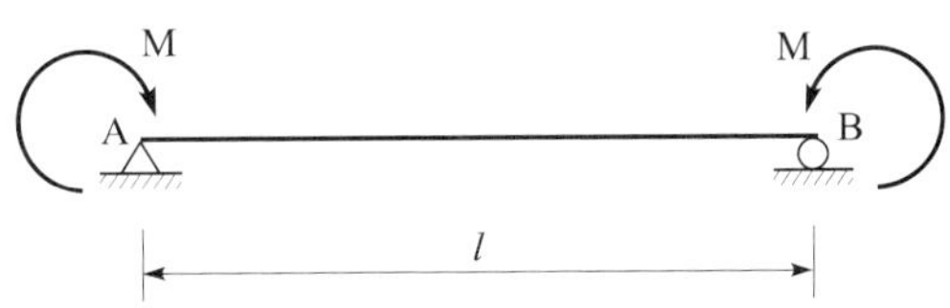

㉮ $\dfrac{Ml}{2EI}$ ㉯ $\dfrac{Ml}{3EI}$ ㉰ $\dfrac{Ml}{4EI}$ ㉱ $\dfrac{Ml}{6EI}$

↳ 단순보의 양지점에 모멘트 M이 작용할 경우 지점 A의 처짐각은 다음과 같다.

$\theta_A = -\dfrac{Ml}{2EI}$ (시계방향) 답 ㉮

10. 그림과 같은 단순보의 중앙점에 집중하중 P가 작용할 때 중앙점의 처짐은 다음 중 어느 것인가? (단, E : 탄성계수, I : 단면2차 모멘트이다.)

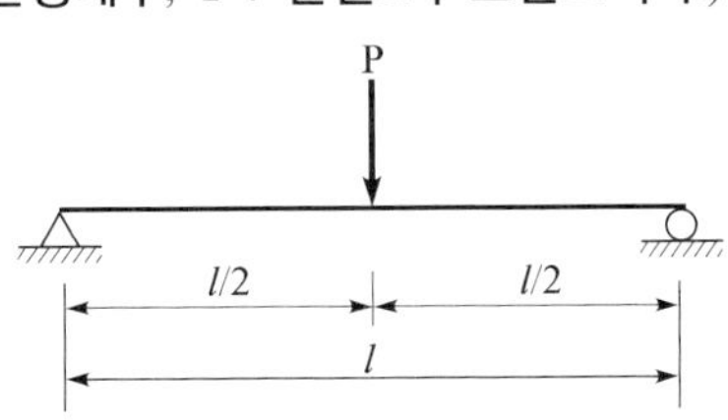

㉮ $\dfrac{Pl^3}{48EI}$ ㉯ $\dfrac{Pl^2}{16EI}$ ㉰ $\dfrac{Pl^3}{24EI}$ ㉱ $\dfrac{Pl^3}{EI}$

↳ 단순보의 중앙에 집중하중을 받는 보의 최대 처짐은 $\Delta_{max}=-\dfrac{Pl^3}{48EI}$ (하향)이다.

답 ㉮

11. **그림의 단순보에서 점 C의 처짐은 얼마인가?** (단, $E=2.1\times10^5$ MPa, $I=1.2\times10^9$ mm^4)

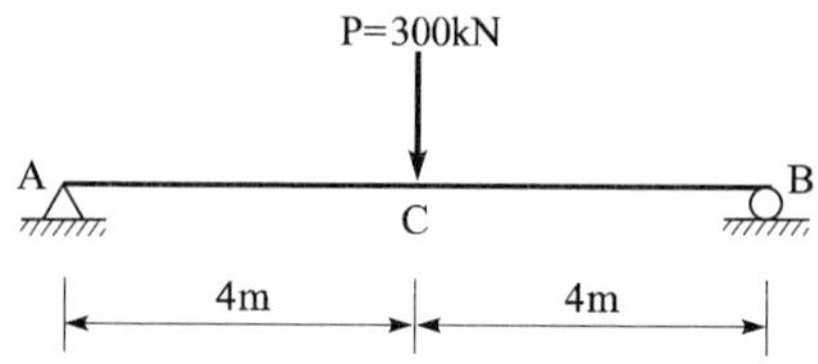

㉮ 6.3 mm
㉯ 8.5 mm
㉰ 12.7 mm
㉱ 26.1 mm

↳ 집중하중을 받는 단순보의 최대 처짐은 다음과 같다.

$$\Delta_C=-\frac{Pl^3}{48EI}=-\frac{(300\times10^3)\times(8{,}000^3)}{48\times(2.1\times10^5)\times(1.2\times10^9)}=-12.7\text{ mm (하향)}$$

답 ㉰

12. **그림과 같은 단순보에서 최대 처짐값은 어느 것인가? 여기서, 보의 단면** $(b\times h)$**은** 200 mm × 300 mm**이고, 탄성계수** $E=2.1\times10^5$ MPa (N/mm^2)**이다.**

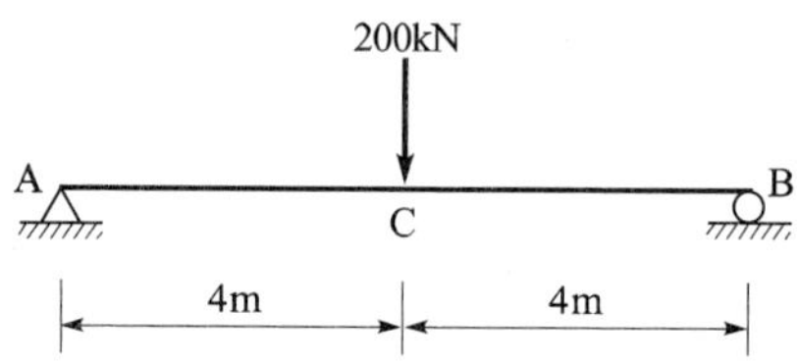

㉮ 13.6 mm
㉯ 18.1 mm
㉰ 22.6 mm
㉱ 27.1 mm

↳ 집중하중을 받는 단순보의 최대 처짐은 다음과 같다.

$$\Delta_C=-\frac{Pl^3}{48EI}=-\frac{(200\times10^3)\times(8{,}000^3)}{48\times(2.1\times10^5)\times\left(\dfrac{200\times300^3}{12}\right)}=-22.6\text{mm (하향)}$$

답 ㉰

13. **그림과 같은 단순보에서 중앙부의 최대 처짐은?** (단, **보의 단면은** 200 mm×300 mm, **탄성계수** E=8×10^3 MPa)

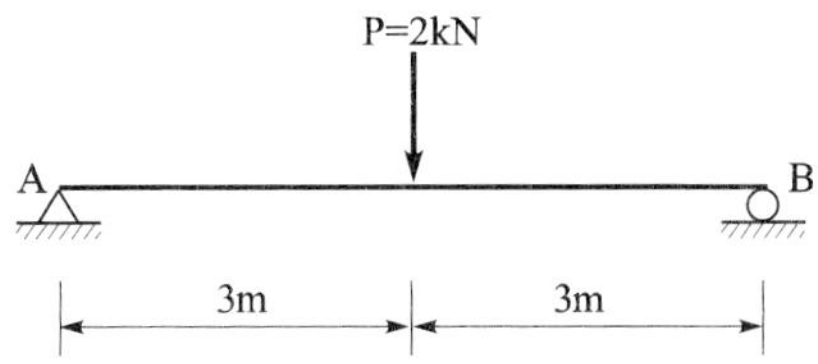

㉮ 1.5 mm ㉯ 2.0 mm
㉰ 2.5 mm ㉱ 5.0 mm

↳ 집중하중을 받는 단순보의 최대 처짐은 다음과 같다.

$$\Delta_C = -\frac{Pl^3}{48EI} = -\frac{(2\times10^3)\times(6{,}000^3)}{48\times(8\times10^3)\times\left(\frac{200\times300^3}{12}\right)} = -2.5\text{ mm (하향)}$$

답 ㉰

14. **그림과 같은 단순보에서 점 C의 처짐값**(Δ_C)**은?** (단, **보의 단면은** 600 mm×600 mm **이고, 탄성계수는** E=2.0×10^4 MPa**이다.**)

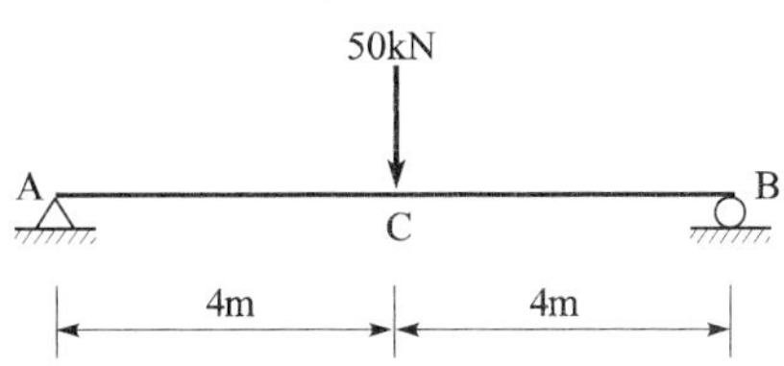

㉮ 1.53 mm ㉯ 2.47 mm
㉰ 3.56 mm ㉱ 4.58 mm

↳ 집중하중을 받는 단순보의 최대 처짐은 다음과 같다.

$$\Delta_C = -\frac{Pl^3}{48EI} = -\frac{(50\times10^3)\times(8{,}000^3)}{48\times(2.0\times10^4)\times\left(\frac{600\times600^3}{12}\right)} = -2.47\text{ mm (하향)}$$

답 ㉯

15. 그림과 같은 목재 보의 최대 처짐은? (단, E=10,000 MPa이고 자중은 무시한다.)

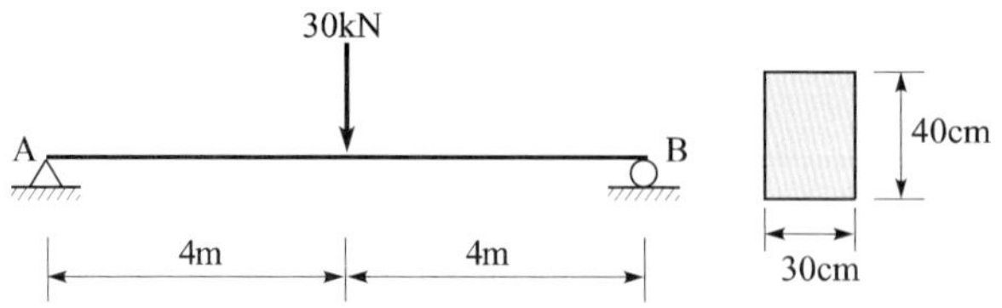

㉮ 10 mm ㉯ 15 mm
㉰ 20 mm ㉱ 25mm

↳ 집중하중을 받는 단순보의 최대 처짐은 다음과 같다.

$$\Delta_C = -\frac{Pl^3}{48EI} = -\frac{(30\times10^3)\times(8{,}000^3)}{48\times(10\times10^3)\times\left(\dfrac{300\times400^3}{12}\right)} = -20.0\ \text{mm (하향)}$$

답 ㉰

16. 그림과 같은 단순보에서 점 C의 처짐 Δ_C는? (단, 보의 단면은 200 mm×300 mm, 탄성계수 $E=10^4$ MPa이다.)

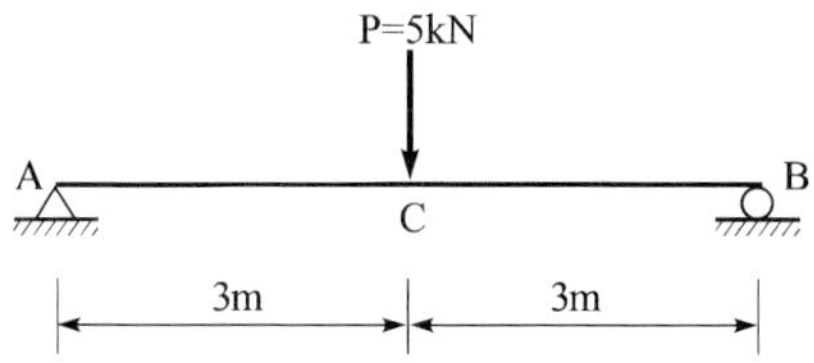

㉮ 3 mm ㉯ 4 mm
㉰ 5 mm ㉱ 6 mm

↳ 집중하중을 받는 단순보의 최대 처짐은 다음과 같다.

$$\Delta_C = -\frac{Pl^3}{48EI} = -\frac{(5\times10^3)\times(6{,}000^3)}{48\times(1\times10^4)\times\left(\dfrac{200\times300^3}{12}\right)} = -5.0\ \text{mm (하향)}$$

답 ㉰

17. **그림과 같은 단순보에서 지간 l이 $2l$로 늘어난다면 최대 처짐은 몇 배로 커지는가? (단, 중앙의 집중하중 P는 동일)**

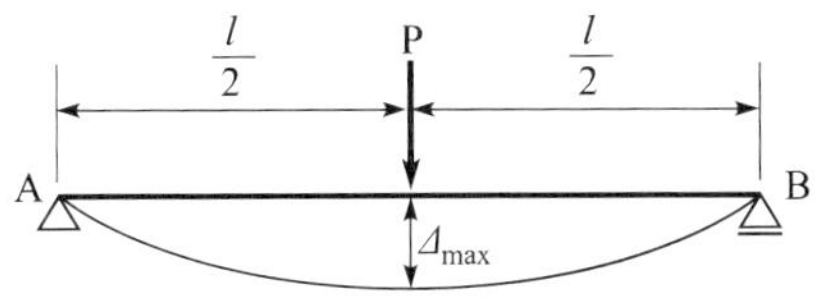

㉮ 2배 ㉯ 4배
㉰ 6배 ㉱ 8배

↳ 집중하중을 받는 단순보의 최대 처짐은 $\Delta_{max} = -\frac{Pl^3}{48EI}$ 임으로 지간 l이 $2l$로 늘어난다면 최대 처짐은 $2^3 = 8$배로 커진다. 답 ㉱

18. **그림과 같은 단순보에서 중앙점의 처짐량이 20 mm로 나타났다. 만일 보의 춤을 2배로 크게 하면 처짐량은 얼마로 되는가? (단, 휨강성 EI는 일정하다.)**

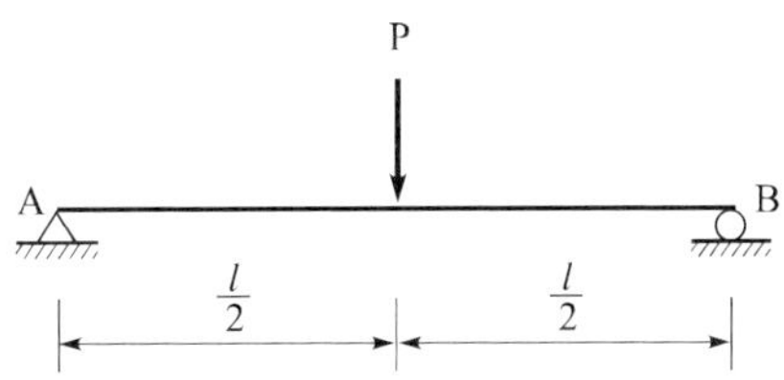

㉮ 10.0 mm ㉯ 5 mm
㉰ 2.5 mm ㉱ 1.25 mm

↳ 처짐 Δ는 EI에 반비례하고 $I = \frac{bh^3}{12}$ 이다. 보의 춤(h)을 2배로 크게 하면 I는 $2^3 = 8$배 증가하고 처짐은 1/8이 된다. 따라서 처짐은 20/8=2.5 mm가 된다. 답 ㉰

19. **다음 그림에서 경간이 같은 2개의 단순보의 하중 P에 의한 처짐 Δ_1과 Δ_2와의 비(比) 값은 얼마인가? (모든 보의 휨강성 EI는 일정하다.)**

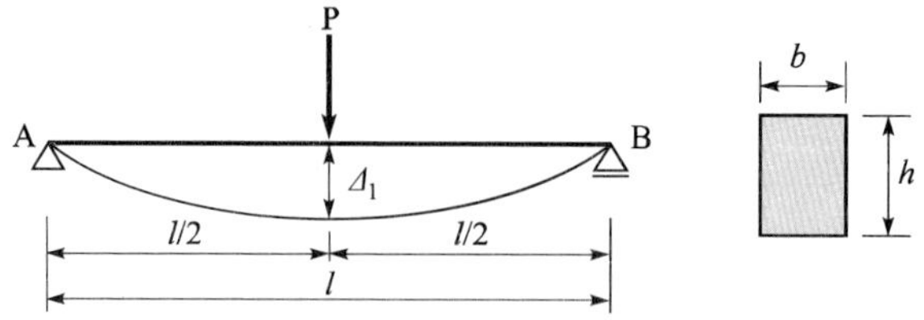

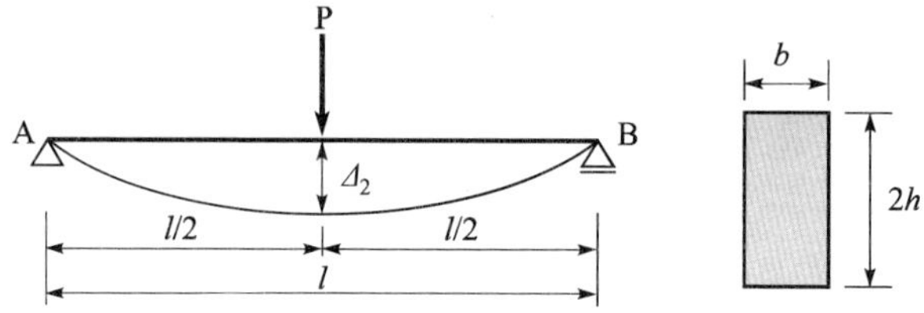

㉮ 2:1　　㉯ 4:1　　㉰ 6:1　　㉱ 8:1

↳ 처짐 Δ는 EI에 반비례하고 $I=\dfrac{bh^3}{12}$이다. 보의 춤(h)을 2배로 크게 하면 I는 $2^3=8$배 증가하고 처짐은 1/8이 된다. 따라서 처짐은 20/8=2.5 mm가 된다. 답 ㉱

20. **그림과 같이 단순보의 중앙점에 하중 P가 작용할 때 점 C의 처짐은?**

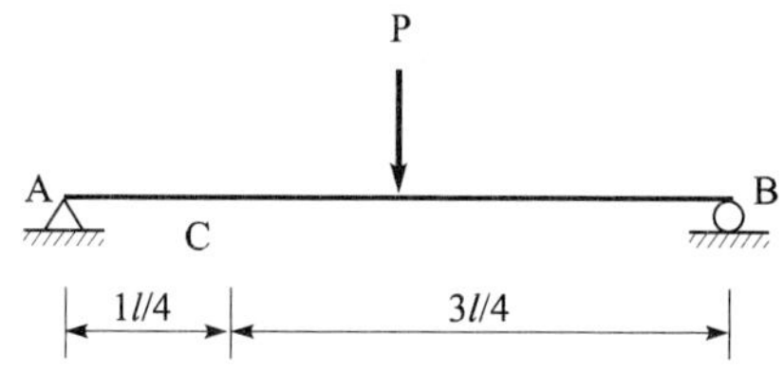

㉮ $\dfrac{Pl^3}{384EI}$　　㉯ $\dfrac{15Pl^3}{192EI}$　　㉰ $\dfrac{11Pl^3}{768EI}$　　㉱ $\dfrac{17Pl^3}{384EI}$

↳ (1) 실제 보의 BMD (휨모멘트도)

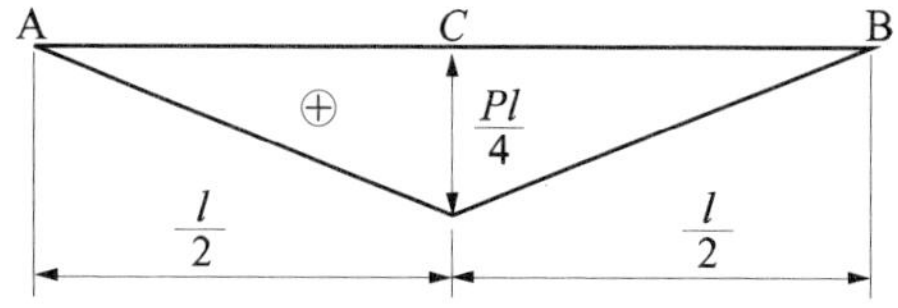

(2) $\dfrac{M}{EI}$을 하중으로 재하

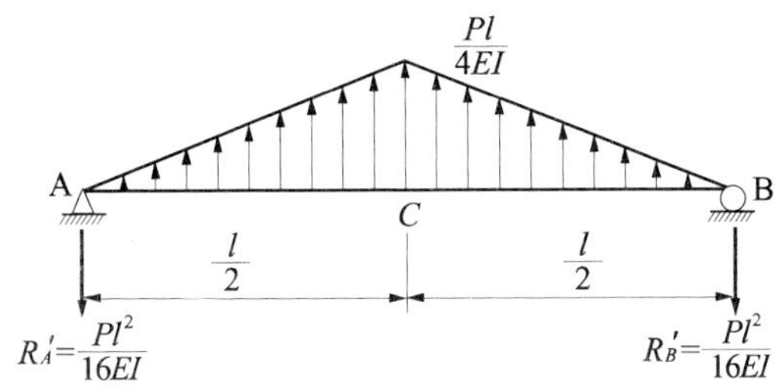

(3) 처짐각 θ_A와 θ_B의 산정

실제 보의 θ_A는 $\dfrac{M}{EI}$을 하중으로 재하시킨 공액보에서 점 A의 전단력이다.

$$\Sigma M_B = -R_A' \times l + \frac{1}{2}\times\left(\frac{Pl}{4EI}\right)\times(l)\times\left(\frac{l}{2}\right)=0 \quad R_A' = \frac{Pl^2}{16EI}\ (\downarrow)$$

$$\therefore\ \theta_A = V_A' = -\frac{Pl^2}{16EI} \quad \text{(시계방향)}$$

(4) 처짐 Δ_C의 산정

실제 보의 Δ_C는 $\dfrac{M}{EI}$을 하중으로 재하시킨 공액보에서 점 C의 휨모멘트이다.

$$M_C' = -\left(\frac{Pl^2}{16EI}\right)\times\left(\frac{l}{4}\right)+\frac{1}{2}\times\left(\frac{1}{2}\times\frac{Pl}{4EI}\right)\times\left(\frac{l}{4}\right)\times\left(\frac{l}{4}\times\frac{1}{3}\right)=-\frac{11Pl^3}{768EI}$$

$$\therefore\ \Delta_C = M_C' = -\frac{11Pl^3}{768EI} \quad \text{(하향)}$$

답 ㉰

21. 그림과 같은 단순보에서 중앙점의 처짐량이 30 mm로 나타났다. 만일 보의 높이(h)를 2배로 크게 하면 처짐량은 얼마나 되는가?

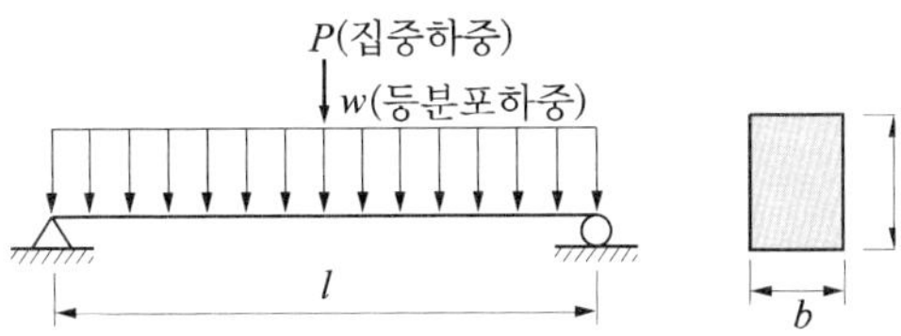

㉮ 15 mm ㉯ 7.5 mm ㉰ 3.75 mm ㉱ 2.5 mm

↳ 처짐 Δ는 EI에 반비례하고 $I=\dfrac{bh^3}{12}$이다. 보의 춤(h)을 2배로 크게 하면 I는 $2^3=8$배 증가하고 처짐은 1/8이 된다. 따라서 처짐은 30/8=3.75 mm가 된다. 답 ㉰

22. 다음과 같은 단순보의 최대 처짐량(Δ_{max})이 20 mm 이하가 되기 위하여 보의 단면 2차 모멘트는 최소 얼마 이상이 되어야 하는가? (단, 보의 탄성계수는 E=1.25×10^4 N/mm^2)

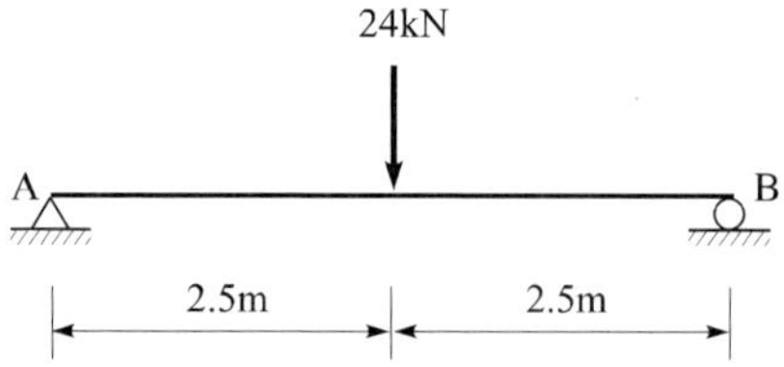

㉮ 15,000 cm^4　　㉯ 17,500 cm^4　　㉰ 20,000 cm^4　　㉱ 25,000 cm^4

집중하중을 받는 단순보의 최대 처짐은 다음과 같다.

$$\Delta_{max} = -\frac{Pl^3}{48EI} = -\frac{(24\times10^3)\times(5{,}000^3)}{48\times(1.25\times10^4)\times I} = -\frac{5{,}000\times10^6}{I}\ \text{mm} \qquad (\text{하향})$$

$$\Delta_{max} = \frac{5{,}000\times10^6}{I}\ \text{mm} \le 20\ \text{mm}$$

$$I \ge \frac{5{,}000\times10^6}{20} = 25{,}000\times10^4\ \text{mm}^4 = 25{,}000\ \text{cm}^4$$

∴ 보의 단면2차 모멘트는 최솟값은 25,000 cm^{4}이다. 답 ㉱

23. 다음과 같은 단순보의 최대 처짐량(Δ_{max})이 300 mm 이하가 되기 위하여 보의 단면2차 모멘트는 최소 얼마 이상이 되어야 하는가? (단, 보의 탄성계수는 E=1.25×10^4 N/mm^2)

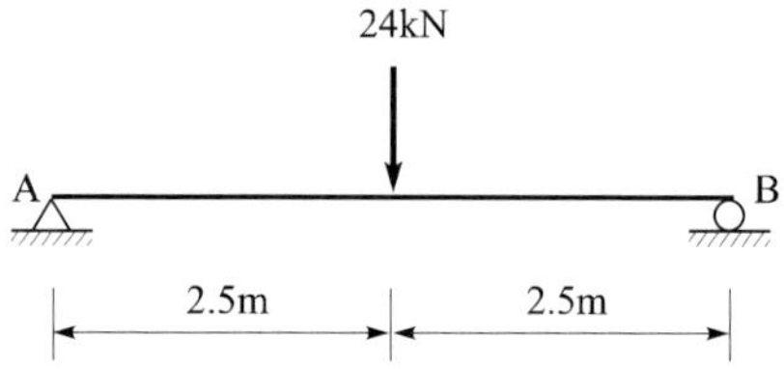

㉮ 15,000 cm^4　　㉯ 16,700 cm^4　　㉰ 20,000 cm^4　　㉱ 25,000 cm^4

집중하중을 받는 단순보의 최대 처짐은 다음과 같다.

$$\Delta_{max} = -\frac{Pl^3}{48EI} = -\frac{(24\times10^3)\times(5{,}000^3)}{48\times(1.25\times10^4)\times I} = -\frac{5{,}000\times10^6}{I}\ \text{mm} \qquad (\text{하향})$$

$$\Delta_{max} = \frac{5{,}000\times10^6}{I}\ \text{mm} \le 300\ \text{mm}$$

$$I \geq \frac{5{,}000 \times 10^6}{300} = 16{,}666.7 \times 10^4 \, \mathrm{mm}^4 = 16{,}666.7 \, \mathrm{cm}^4$$

∴ 보의 단면2차 모멘트는 최솟값은 16,700 cm^4이다.

답 ㉯

24. **등분포하중을 받는 단순보에서 보 중앙점의 탄성 처짐에 관한 설명 중 옳은 것은?**

㉮ 처짐은 스팬의 제곱에 반비례한다.
㉯ 처짐은 단면2차 모멘트에 비례한다.
㉰ 처짐은 단면의 형상과는 상관이 없고, 재질에만 관계된다.
㉱ 처짐은 탄성계수에 반비례한다.

↳ 등분포하중을 받는 단순보의 최대 처짐은 $\Delta_{\max} = -\frac{5wl^4}{384EI}$ (하향)이다. 따라서 처짐은 스팬의 4제곱에 비례하고, 단면2차 모멘트에 반비례하며, 단면의 형상과 상관이 있다.

답 ㉱

25. **그림과 같은 등분포하중을 받는 단순보의 최대 처짐은? 단, 탄성계수는 E, 단면2차 모멘트는 I이다.**

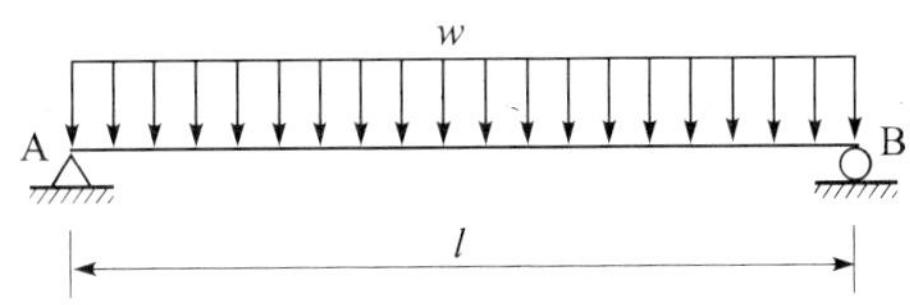

㉮ $\frac{9wl^2}{128EI}$ ㉯ $\frac{wl^4}{384EI}$ ㉰ $\frac{5wl^4}{384EI}$ ㉱ $\frac{5wl^4}{128EI}$

↳ 등분포하중을 받는 단순보의 최대 처짐은 $\Delta_{\max} = -\frac{5wl^4}{384EI}$ (하향)이다.

답 ㉰

26. **등분포하중을 받는 단순보의 최대 처짐 공식으로 옳은 것은?**

㉮ $\frac{3wl^4}{192EI}$ ㉯ $\frac{5wl^4}{384EI}$ ㉰ $\frac{wl^4}{120EI}$ ㉱ $\frac{7wl^4}{384EI}$

↳ 등분포하중을 받는 단순보의 최대 처짐은 $\Delta_{\max} = -\frac{5wl^4}{384EI}$ (하향)이다.

답 ㉯

27. 그림과 같은 단순보를 I－200×100×7로 설계하였다면, 최대 처짐량은? 단, I－200×100×7의 단면2차 모멘트 $I_x = 21.8\times10^6$ mm^4, 탄성계수 $E = 210\times10^3$ MPa (N/mm^2)이다.

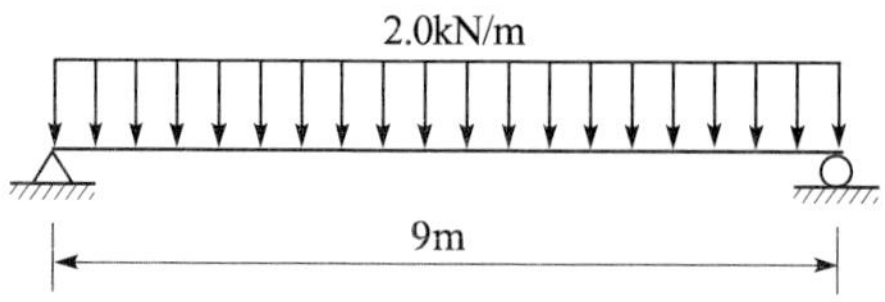

㉮ 32.1 mm　㉯ 33.6 mm　㉰ 34.5 mm　㉱ 37.3 mm

등분포하중을 받는 단순보의 최대 처짐은 다음과 같다.

$$\Delta_{\max} = -\frac{5wl^4}{384EI} = -\frac{5\times(2\times10^3\times10^{-3})\times(9{,}000^4)}{384\times(210\times10^3)\times(21.8\times10^6)} = -37.3 \text{ mm (하향)}$$

답 ㉱

28. H형강을 사용한 길이 6 m인 단순보에 5 kN/m의 등분포하중 재하 시 최대 처짐량은? (단, E_s=210,000 MPa, I_x=4,720 cm^4, 좌굴의 영향은 없는 것으로 가정)

㉮ 1.70mm　㉯ 5.69mm

㉰ 8.51mm　㉱ 12.49mm

등분포하중을 받는 단순보의 최대 처짐은 다음과 같다.

$$\Delta_{\max} = -\frac{5wl^4}{384EI} = -\frac{5\times(5\times10^3\times10^{-3})\times(6{,}000^4)}{384\times(210\times10^3)\times(4{,}720\times10^4)} = -8.51 \text{ mm (하향)}$$

답 ㉰

29. 다음 그림과 같은 단순보에서 중앙부 최대처짐은 얼마인가? (단, I=1.0×10^8 mm^4, E=1.0×10^4 MPa 임)

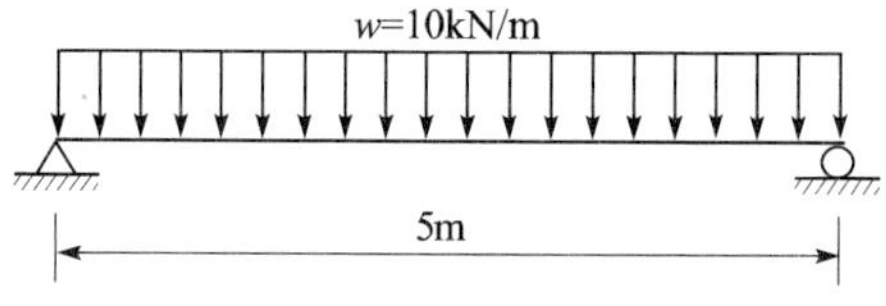

㉮ 10.18 mm　㉯ 20.35 mm　㉰ 40.69 mm　㉱ 81.38 mm

등분포하중을 받는 단순보의 최대 처짐은 다음과 같다.

$$\Delta_{\max} = -\frac{5wl^4}{384EI} = -\frac{5 \times (10 \times 10^3 \times 10^{-3}) \times (5{,}000^4)}{384 \times (1.0 \times 10^4) \times (1.0 \times 10^8)} = -81.38\ \mathrm{mm}\ (하향)$$

답 ㉱

30. 다음 그림과 같은 단순보에서 부재 길이가 2배로 증가할 때 보의 중앙점 최대 처짐은 몇 배로 증가되는가?

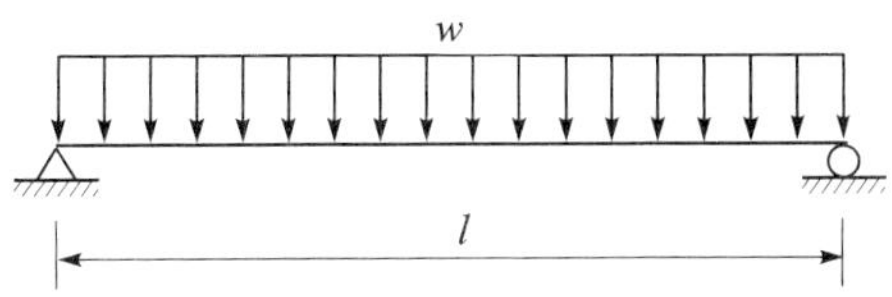

㉮ 2배　　㉯ 4배　　㉰ 8배　　㉱ 16배

등분포하중을 받는 단순보의 최대 처짐은 $\Delta_{\max} = -\frac{5wl^4}{384EI}$ 이다. 따라서 처짐은 부재 길이의 4제곱에 비례하므로 부재 길이가 2배가 되면 $2^4 = 16$배 증가한다.

답 ㉱

31. 보의 재질과 단면의 크기가 같을 때 보 A의 최대 처짐은 보 B의 몇 배인가?

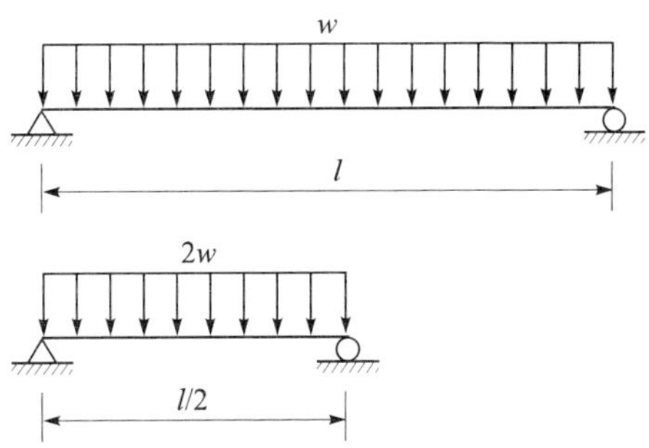

㉮ 2배　　㉯ 4배　　㉰ 8배　　㉱ 16배

등분포하중을 받는 단순보의 최대 처짐은 $\Delta_{\max} = -\frac{5wl^4}{384EI}$ 이다. 따라서 처짐은 부재 길이의 4제곱에 비례하므로 부재 길이가 2배가 되면 $2^4 = 16$배 증가한다. 그리고 처짐은 하중에 비례하므로 하중이 1/2배가 되면 1/2배 증가한다. 보 A의 최대 처짐은 보 B의 처짐의 $16 \times \left(\frac{1}{2}\right) = 8$배이다.

답 ㉰

32. 그림과 같은 캔틸레버보에서 집중하중 P가 작용하는 자유단에 생기는 처짐은? (단, 부재의 휨강성 EI는 일정)

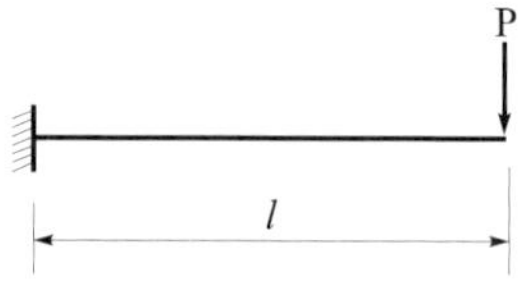

㉮ $\frac{Pl^3}{3EI}$　㉯ $\frac{2EI}{Pl^2}$　㉰ $\frac{Pl^3}{2EI}$　㉱ $\frac{Pl^2}{3EI}$

집중하중을 받는 캔틸레버보의 최대 처짐은 $\Delta_{\max}=-\frac{Pl^3}{3EI}$이다.　답 ㉮

33. 그림과 같은 캔틸레버보의 최대 처짐으로 가장 적당한 것은?

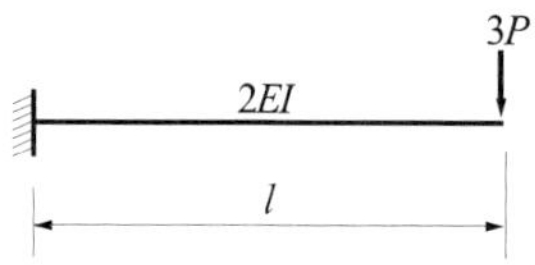

㉮ $\frac{Pl^3}{EI}$　㉯ $\frac{Pl^3}{2EI}$　㉰ $\frac{Pl^3}{3EI}$　㉱ $\frac{Pl^3}{4EI}$

$\Delta_{\max}=-\frac{(3P)\times l^3}{3\times(2EI)}=-\frac{Pl^3}{2EI}$ (하향)　답 ㉯

34. 그림과 같은 두 캔틸레버보에서 자유단의 처짐량이 동일할 때, P_2/P_1의 값은 다음 중 어느 것인가? (단, 재질과 단면은 동일함)

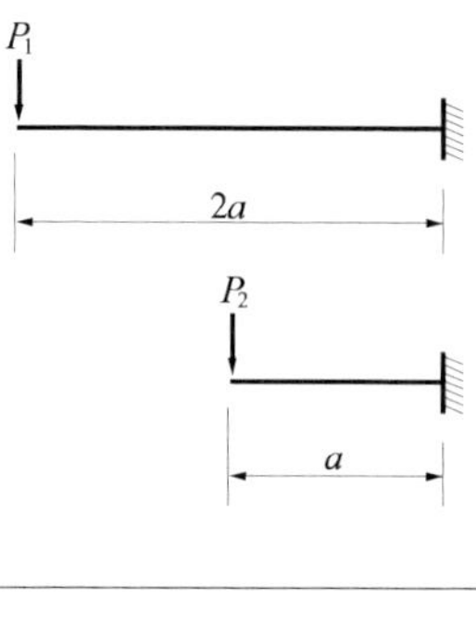

㉮ 2
㉯ 4
㉰ 6
㉱ 8

↳ $\Delta_1 = \dfrac{P_1(2a)^3}{3EI}$

$\Delta_2 = \dfrac{P_2(a)^3}{3EI}$

$\Delta_1 = \Delta_2 = \dfrac{P_1(2a)^3}{3EI} = \dfrac{P_2(a)^3}{3EI}$

$P_2/P_1 = 8/1$ 답 ㉱

35. 다음 그림에서 동일한 처짐이 되기 위한 P_1, P_2의 값의 비로 옳은 것은? 단, 휨강성 EI는 일정하다.

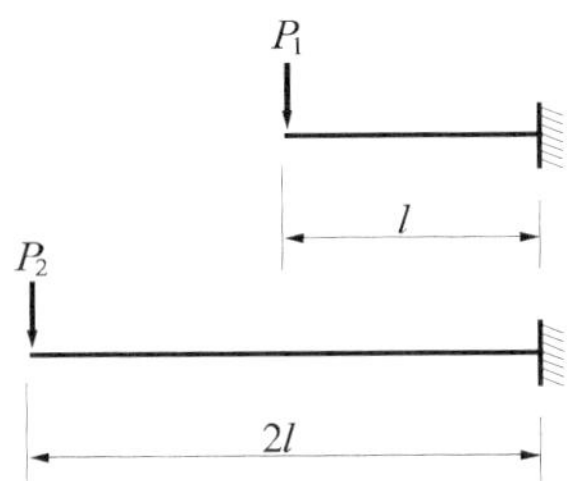

㉮ $P_1 = 2,\ P_2 = 1$
㉯ $P_1 = 4,\ P_2 = 1$
㉰ $P_1 = 6,\ P_2 = 1$
㉱ $P_1 = 8,\ P_2 = 1$

↳ $\dfrac{P_1 \times l^3}{3EI} = \dfrac{P_2 \times (2l)^3}{3EI}$ 에서 $P_1 = 8P_2$ 이다. 답 ㉱

36. 보의 길이와 재질이 같은 캔틸레버보에 동일한 하중 P가 작용할 때, 보의 단면을 그림과 같이 놓는다면 최대 처짐 Δ_1 : Δ_2의 비는 얼마인가?

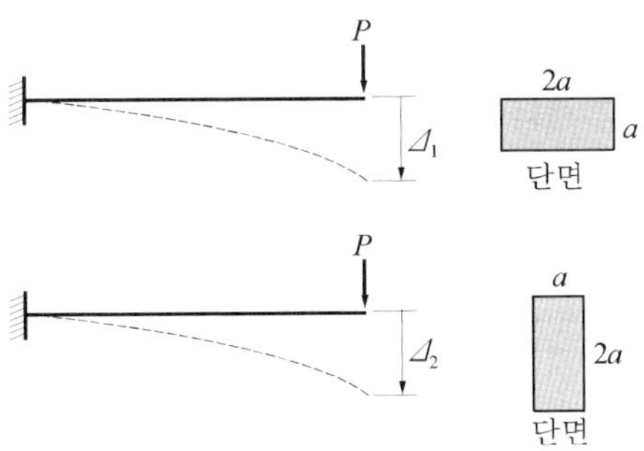

㉮ 1 : 1
㉯ 2 : 1
㉰ 4 : 1
㉱ 8 : 1

↳ 집중하중을 받는 캔틸레버보의 최대 처짐은 $\Delta_1 = \Delta_2 = \dfrac{Pl^3}{3EI}$ 이다. 이 식에서 다른 조건은 모두 같고 단면2차 모멘트값만 다르다. 그리고 단면2차 모멘트와 처짐은 반비례한다.

Δ_1의 경우 : $I_1 = \dfrac{a^4}{6}$

Δ_2의 경우 : $I_2 = \dfrac{4a^4}{6}$

$\Delta_1 : \Delta_2 = \dfrac{Pl^3}{3EI_1} : \dfrac{Pl^3}{3EI_2} = \dfrac{1}{I_1} : \dfrac{1}{I_2} = \dfrac{6}{a^4} : \dfrac{6}{4a^4} = 4:1$ 답 ㉰

37. **그림과 같은 두 캔틸레버보의 단부에 집중하중 P가 각각 작용하고 있다. 이때 하중점(자유단)에서의 수직처짐의 비로써 타당한 것은?**

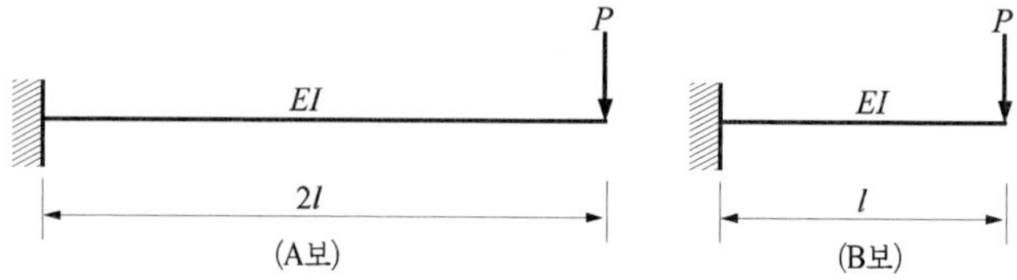

㉮ A보 : B보=2 : 1
㉯ A보 : B보=4 : 1
㉰ A보 : B보=8 : 1
㉱ A보 : B보=9 : 1

캔틸레버보의 자유단의 처짐은 $\Delta = \dfrac{Pl^3}{3EI}$ 이다.

따라서 l^3에 비례하므로 $2^3 = 8 : 1$이다. 답 ㉰

38. **그림과 같이 단면이 균일한 캔틸레버보의 끝단에 하중 P가 작용하여 x만큼의 변위가 발생하였다. 같은 하중에서 끝단의 처짐이 $6x$가 되기 위해서는 보의 길이를 기존 길이의 몇 배로 해야 하는가?**

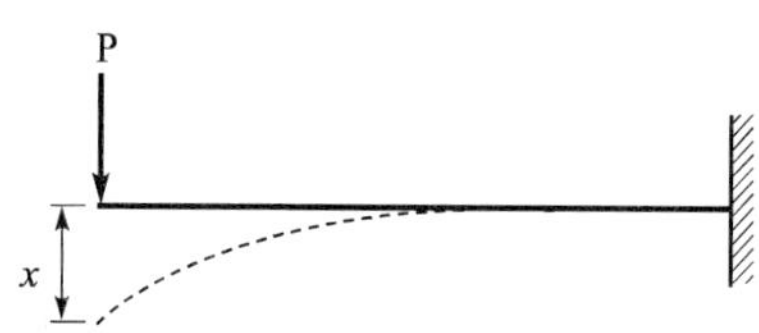

㉮ 1.62배
㉯ 1.82배
㉰ 2.02배
㉱ 2.22배

☞ 집중하중을 받는 캔틸레버보의 자유단의 처짐은 $\Delta_{max} = -\dfrac{Pl^3}{3EI}$ 이다.

$\Delta_{max} = -\dfrac{Pl^3}{3EI} = x$ 인 것을 $6x$ 의 처짐이 되기 위한 길이의 변화의 조건은 다음과 같다.

처짐이 $6x$ 가 되는 부재의 길이를 l' 이라 한다.

$$\Delta_{max} = -\frac{P(l')^3}{3EI} = -\frac{Pl'^3}{3EI} = 6x = 6\times\left(-\frac{Pl^3}{3EI}\right)$$

$\therefore\ l' = \sqrt[3]{6l^3} = 6^{(1/3)}l = 1.82l$

답 ㉯

39. **동일단면, 동일재료를 사용한 캔틸레버보 끝단에 집중하중이 작용하였다. P_1이 작용한 부재의 최대 처짐량이, P_2가 작용한 부재의 최대 처짐량의 2배일 경우 P_1 : P_2는?**

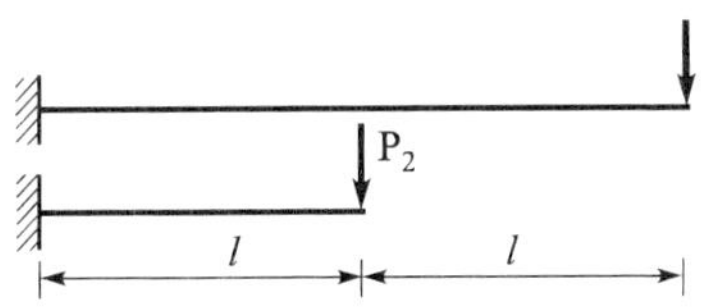

㉮ 1 : 4
㉯ 1 : 8
㉰ 4 : 1
㉱ 8 : 1

☞ 집중하중을 받는 캔틸레버보의 최대 처짐은 $\Delta_{max} = -\dfrac{Pl^3}{3EI}$ 이다.

$$\Delta_1 = -\frac{P_1(2l)^3}{3EI} = -\frac{8P_1l^3}{3EI} = 2\Delta_2$$

$$\Delta_2 = -\frac{P_2l^3}{3EI}$$

$$\Delta_1 = -\frac{8P_1l^3}{3EI} = 2\Delta_2 = 2\times\left(-\frac{P_2l^3}{3EI}\right) = -\frac{2P_2l^3}{3EI}$$

$$\frac{P_1}{P_2} = \frac{1}{4}$$

$\therefore\ P_1 : P_2 = 1 : 4$

답 ㉮

40. 다음 정정구조물에서 점 A의 처짐을 구하는 식으로 옳은 것은?

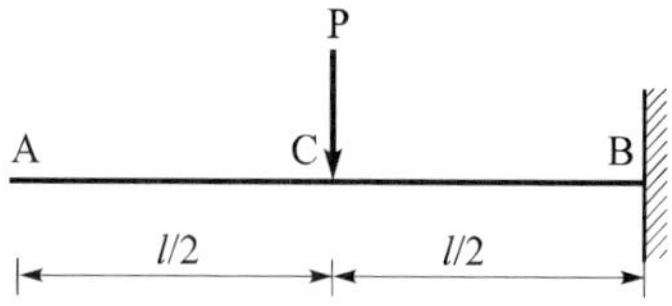

㉮ $\dfrac{5Pl^3}{48EI}$ ㉯ $\dfrac{7Pl^3}{48EI}$ ㉰ $\dfrac{9Pl^3}{48EI}$ ㉱ $\dfrac{11Pl^3}{48EI}$

점 A의 처짐은 다음과 같다.

$$\Delta_A = -\frac{5Pl^3}{48EI}$$

답 ㉮

41. 그림과 같은 보에서 점 C의 처짐은? (단, I는 전 경간에 걸쳐 일정하다.)

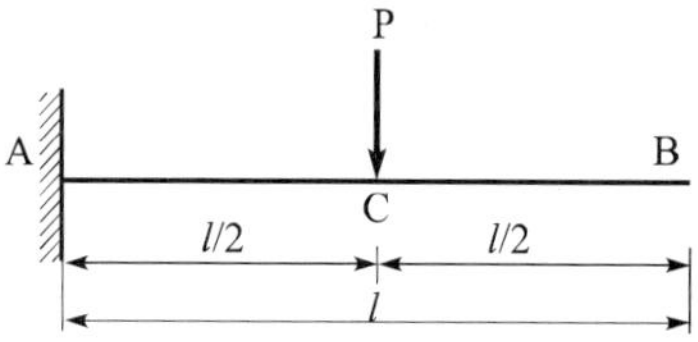

㉮ $\dfrac{Pl}{2EI}$ ㉯ $\dfrac{Pl^3}{24EI}$ ㉰ $\dfrac{Pl^3}{48EI}$ ㉱ $\dfrac{Pl^3}{96EI}$

점 C의 처짐은 다음과 같다.

$$\Delta_C = -\frac{Pl^3}{24EI}$$

답 ㉯

42. 그림과 같은 캔틸레버 보에서 점 B와 점 C의 처짐의 비 $\Delta_B : \Delta_C$는?

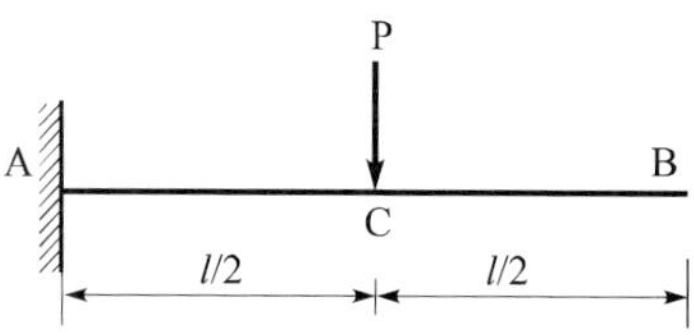

㉮ 1 : 2 ㉯ 2 : 1 ㉰ 2 : 5 ㉱ 5 : 2

↳ 점 B와 C의 처짐

$$\Delta_B = -\frac{5Pl^3}{48EI},\quad \Delta_C = -\frac{Pl^3}{24EI}$$

$$\frac{\Delta_B}{\Delta_C} = \frac{\left(-\dfrac{5Pl^3}{48EI}\right)}{\left(-\dfrac{Pl^3}{24EI}\right)} = \frac{5}{2}$$

$\therefore\ \Delta_B : \Delta_C = 5 : 2$

답 ㉣

43. **그림과 같은 구조형상과 단면을 가진 캔틸레버보에서 점 A의 처짐(Δ_A)은? (단, $E = 10^4$ MPa)**

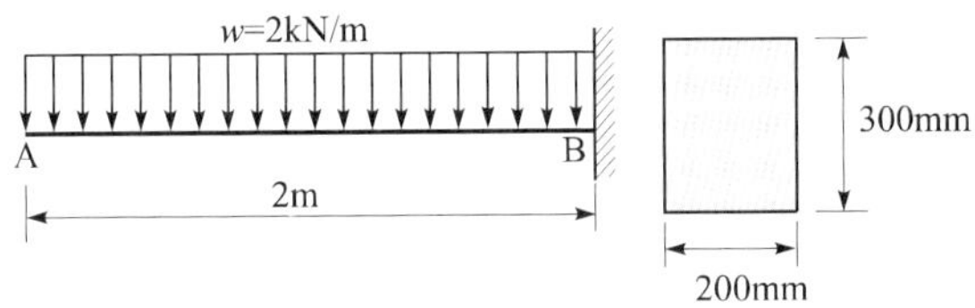

㉮ 0.29 mm　　㉯ 0.49 mm　　㉰ 0.69 mm　　㉱ 0.89 mm

↳ 등분포하중을 받는 캔틸레버보의 자유단의 처짐은 다음과 같다.

$$\Delta_{\max} = -\frac{wl^4}{8EI} = -\frac{(2\times10^3\times10^{-3})\times(2{,}000^4)}{8\times(1.0\times10^4)\times\left(\dfrac{200\times300^3}{12}\right)} = -0.89\ \text{mm (하향)}$$

답 ㉣

44. **그림과 같은 캔틸레버보의 길이(l)를 $2l$로 할 경우에 최대 처짐량은 몇 배로 커지는가?**

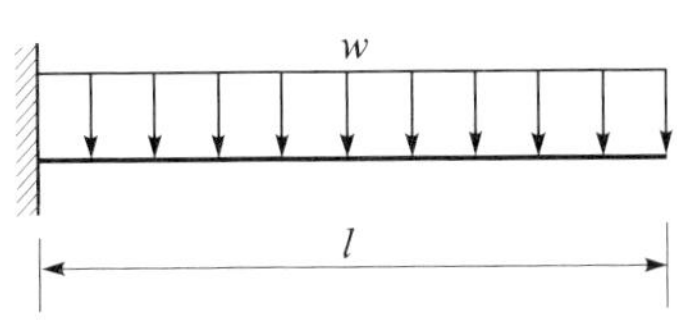

㉮ 2배　　㉯ 4배　　㉰ 8배　　㉱ 16배

↳ 등분포하중을 받는 캔틸레버보의 자유단의 처짐은 $\Delta_{\max} = -\dfrac{wl^4}{8EI}$이다. 따라서 l^4에 비례하므로 $2^4 = 16$배이다.

답 ㉣

45. **다음 두 보의 최대 처짐량이 같기 위한 등분포하중의 비로 옳은 것은? (단, 부재의 재질과 단면은 동일하며 부재 A의 길이는 부재 B 길이의 2배임)**

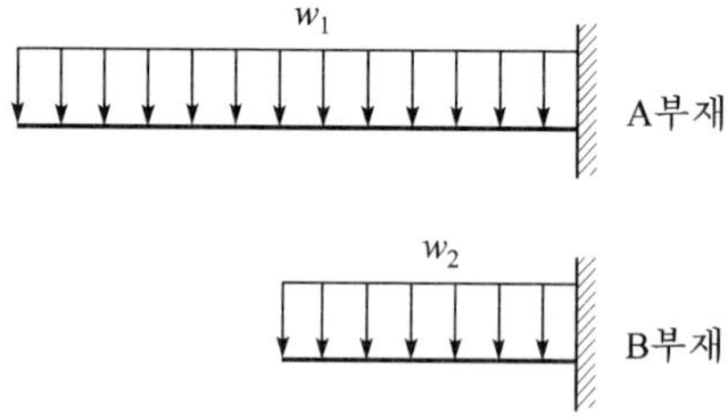

㉮ $w_2=2w_1$　　㉯ $w_2=4w_1$　　㉰ $w_2=8w_1$　　㉱ $w_2=16w_1$

등분포하중을 받는 캔틸레버보의 자유단의 처짐은 $\Delta_{\max}=-\dfrac{wl^4}{8EI}$ 이다.

$\Delta_1=-\dfrac{w_1(2l)^4}{8EI}$, $\Delta_2=-\dfrac{w_2 l^4}{8EI}$

$\Delta_1=\Delta_2$ 이므로 $-\dfrac{w_1(2l)^4}{8EI}=-\dfrac{w_2 l^4}{8EI}$ 이다.

$\dfrac{w_1}{w_2}=\dfrac{1}{16}$

$\therefore\ w_2=16w_1$

답 ㉱

46. **그림과 같은 캔틸레버 보에 하중이 작용할 때 B점의 처짐은? (단, 부재의 단면2차 모멘트는 I, 탄성계수는 E)**

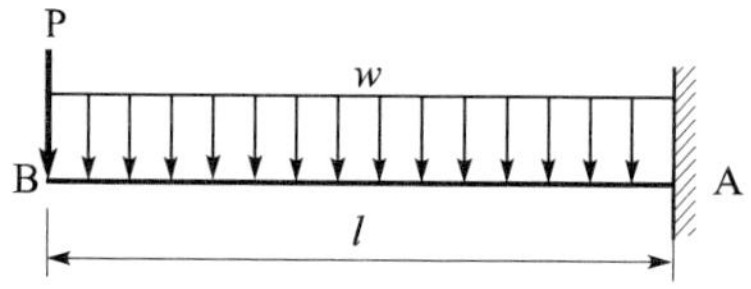

㉮ $\dfrac{Pl^3}{3EI}+\dfrac{wl^3}{8EI}$　　㉯ $\dfrac{Pl^3}{3EI}+\dfrac{wl^4}{8EI}$

㉰ $\dfrac{Pl^3}{8EI}+\dfrac{wl^3}{8EI}$　　㉱ $\dfrac{Pl^2}{8EI}+\dfrac{wl^4}{3EI}$

집중하중 및 등분포하중을 받는 캔틸레버보의 자유단의 처짐은 다음과 같다

$\Delta_{\max}=-\left(\dfrac{Pl^3}{3EI}+\dfrac{wl^4}{8EI}\right)$

답 ㉯

47. **길이가 1.5 m 이고, 한 변이 100 mm인 정사각형 단면을 가지고 있는 캔틸레버보의 최대 휨응력과 최대 처짐을 구하면? (단, 부재의 탄성계수 : 1×10⁴ MPa)**

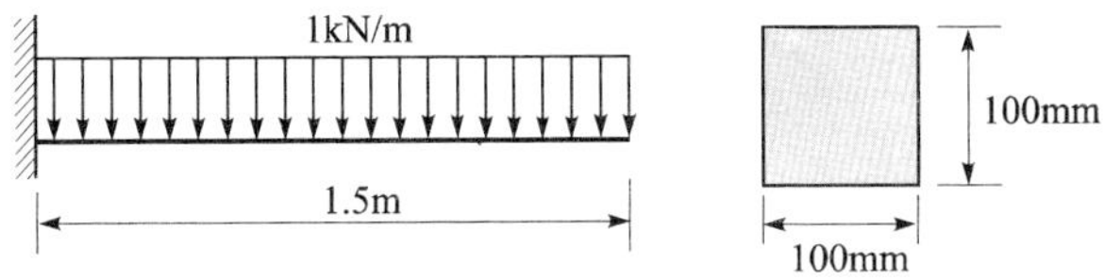

㉮ 최대 휨응력 : 3.37 MPa, 최대 처짐 : 3.8 mm
㉯ 최대 휨응력 : 3.37 MPa, 최대 처짐 : 7.6 mm
㉰ 최대 휨응력 : 6.75 MPa, 최대 처짐 : 3.8 mm
㉱ 최대 휨응력 : 6.75 MPa, 최대 처짐 : 7.6 mm

---

(1) 최대 휨응력

$$\sigma_{\max} = \frac{M}{Z} = \frac{1 \times 1.5 \times \left(\frac{1.5}{2}\right) \times 10^6}{\left(\frac{100 \times 100^2}{6}\right)} = 6.75\ \mathrm{MPa\ (N/mm^2)}$$

(2) 최대 처짐

$$\Delta_{\max} = -\frac{wl^4}{8EI} = -\frac{(1 \times 10^3 \times 10^{-3}) \times (1{,}500^4)}{8 \times (1.0 \times 10^4) \times \left(\frac{100 \times 100^3}{12}\right)} = -7.6\ \mathrm{mm}\ (\text{하향})$$

답 ㉱

48. **그림과 같은 캔틸레버보에서 점 B의 처짐을 구하면?**

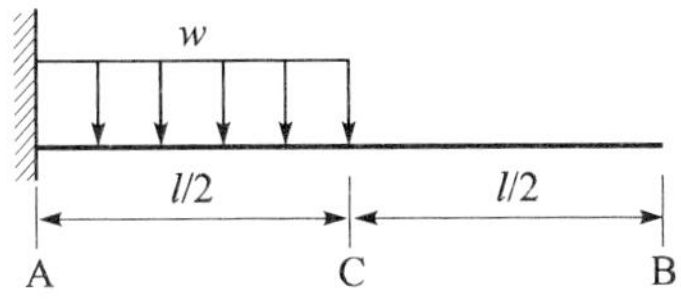

㉮ $\frac{wl^4}{128EI}$　㉯ $\frac{3wl^4}{128EI}$　㉰ $\frac{3wl^4}{384EI}$　㉱ $\frac{7wl^4}{384EI}$

점 B의 처짐은 다음과 같다.

$$\Delta_B = -\frac{7wl^4}{384EI}$$

답 ㉱

49. **단면적이 일정한 보의 양단에 동일한 크기의 휨모멘트가 작용할 때, 휨변형을 작게 하는 방법 중 가장 부적당한 것은?**

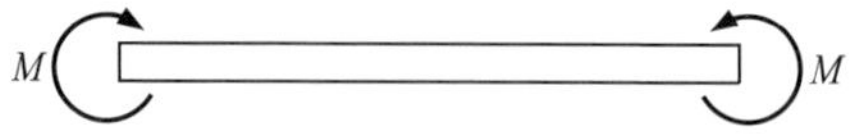

㉮ 탄성계수가 큰 재료를 사용　　㉯ 단면2차 모멘트가 커지도록 설계
㉰ 부재의 길이가 작아지도록 설계　　㉱ 선팽창계수가 큰 재료를 사용

↳ 단순보에서 양단 휨모멘트를 받는 보의 최대 처짐은 $\Delta_C = -\frac{Ml^2}{8EI}$ (하향)이다. 따라서 휨변형 (처짐)을 작게 하기 위해서는 탄성계수 (E)와 단면2차 모멘트 (I)를 크게 하거나, 휨모멘트 (M)와 부재의 길이 (l)를 작게 한다. 선팽창계수는 휨변형과 관계가 없다.

답 ㉱

50. **스팬이 l 이고 양단이 고정인 보의 전체에 등분포하중 w가 작용할 때 중앙부의 최대 처짐은?**

㉮ $\frac{wl^4}{48EI}$　　㉯ $\frac{5wl^4}{48EI}$　　㉰ $\frac{wl^4}{384EI}$　　㉱ $\frac{5wl^4}{384EI}$

↳ 등분포하중을 받는 양단 고정인 보의 최대 처짐은 $\Delta_{max} = -\frac{wl^4}{384EI}$ (하향)이다.　답 ㉰

50. **다음 그림과 같은 캔틸레버보에서 집중하중 P가 작용할 때 점 C의 처짐의 크기는? (단, 보의 휨강성 EI는 일정한 값이다.)**

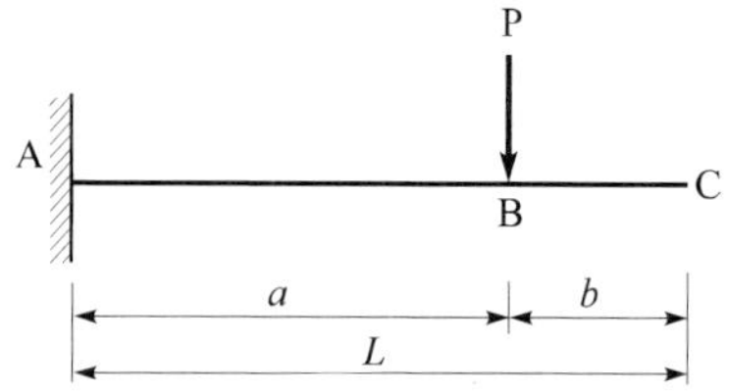

㉮ $\frac{Pa^2\left(b+\frac{2a}{3}\right)}{2EI}$　　㉯ $\frac{Pa}{2EI}$　　㉰ $\frac{Pa}{EI}$　　㉱ $\frac{Pa\left(b+\frac{2a}{3}\right)}{2}$

---

(1) 실제 보의 BMD (휨모멘트도)

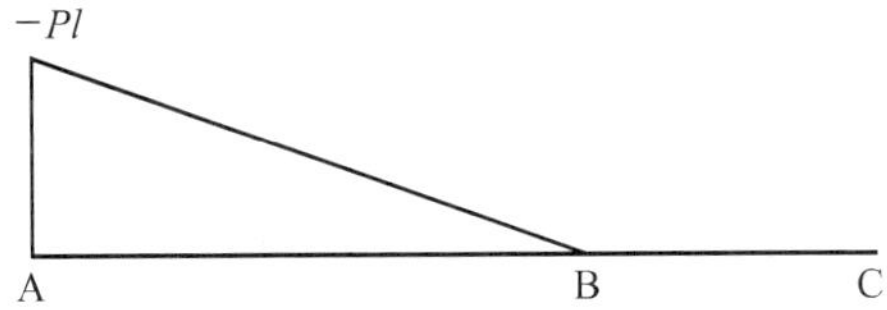

(2) 실제 보를 공액보로 변환 (고정단 ⇄ 자유단)한 후 $\dfrac{M}{EI}$을 하중으로 재하

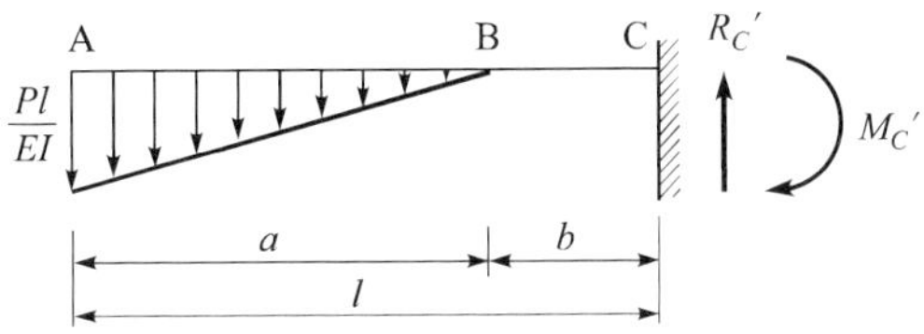

(3) 처짐 Δ_C의 산정

실제 보의 Δ_C는 $\dfrac{M}{EI}$을 하중으로 재하시킨 공액보에서 점 C의 휨모멘트이다.

$$\therefore\ \Delta_C = M_C' = -\frac{1}{2}\times\left(\frac{Pa}{EI}\right)\times(a)\times\left(b+\frac{2}{3}a\right) = -\frac{Pa^2}{2EI}\left(b+\frac{2}{3}a\right) \quad \text{(하향)}$$

답 ㉮

51. **그림과 같은 캔틸레버보의 자유단에 휨모멘트 5 kN · m와 집중하중 P가 작용할 때 자유단의 처짐각이 영 (0)이 되기 위한 P를 구하면?**

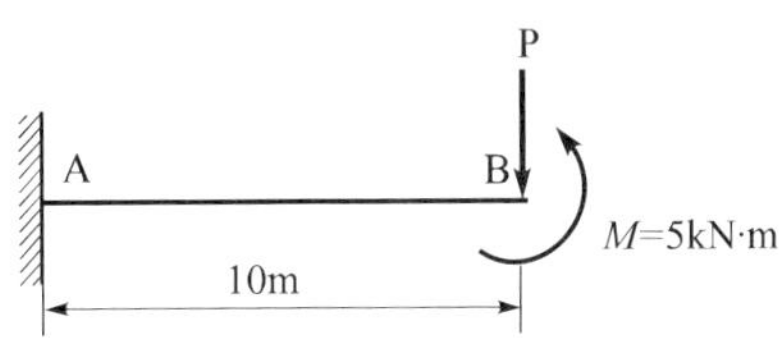

㉮ 1 kN　　㉯ 3 kN　　㉰ 5 kN　　㉱ 7 kN

(1) 집중하중에 의한 자유단 B의 처짐각

$$\theta_{B1} = -\frac{Pl^2}{2EI} = -\frac{P\times 10^2}{2EI} \quad (\frown)$$

(2) 모멘트하중에 의한 자유단 B의 처짐각

$$\theta_{B2} = \frac{Ml}{EI} = \frac{5\times 10}{EI} \quad (\frown)$$

(3) 자유단의 처짐각이 영 (0)이 되기 위한 집중하중

$|\theta_{B1}| = |\theta_{B2}|$

$$\frac{P \times 10^2}{2EI} = \frac{5 \times 10}{EI}$$

$\therefore\ P = 1\ \text{kN}$ 답 ㉮

52. **그림과 같은 교차보**(Cross beam) A, B **부재의 최대 휨모멘트의 비로서 옳은 것은?** (**단, 각 부재의** EI**는 일정함**)

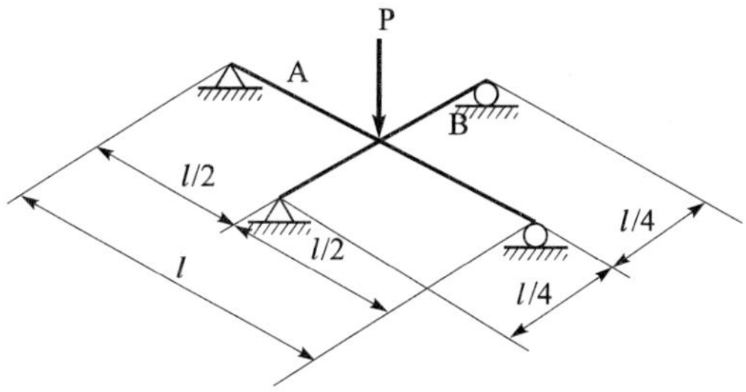

㉮ 1 : 2　　㉯ 1 : 3　　㉰ 1 : 4　　㉱ 1 : 8

교차보에서 최대 휨모멘트의 비

보 A가 부담하는 하중을 P_1, 보 B가 부담하는 하중을 P_2라 한다. 또한 보 A가 부담하는 휨모멘트를 M_1, 보 B가 부담하는 휨모멘트를 M_2라 한다.

$$M_1 = \frac{P_1(2l)}{4} = \frac{P_1 l}{2}$$

$$\Delta_{\max,A} = \frac{P_1(2l)^3}{48EI} = \frac{P_1 8l^3}{48EI} = \frac{P_1 l \times (8l^2)}{2 \times 24EI} = \frac{M_1(8l^2)}{24EI}$$

$$M_2 = \frac{P_2(l)}{4} = \frac{P_2 l}{4}$$

$$\Delta_{\max,B} = \frac{P_2(l)^3}{48EI} = \frac{P_2 l^3}{48EI} = \frac{P_2 l \times l^2}{4 \times 12EI} = \frac{M_2(l^2)}{12EI}$$

$$\Delta_{\max,A} = \Delta_{\max,B}$$

$$\frac{M_1(8l^2)}{24EI} = \frac{M_2(l^2)}{12EI}$$

$$M_1 = \frac{M_2}{4}$$

$\therefore\ M_1 : M_2 = 1 : 4$ 답 ㉰

53. **그림과 같은 정정라멘에서 점 A에 발생하는 수직변위를 옳게 나타낸 것은?**

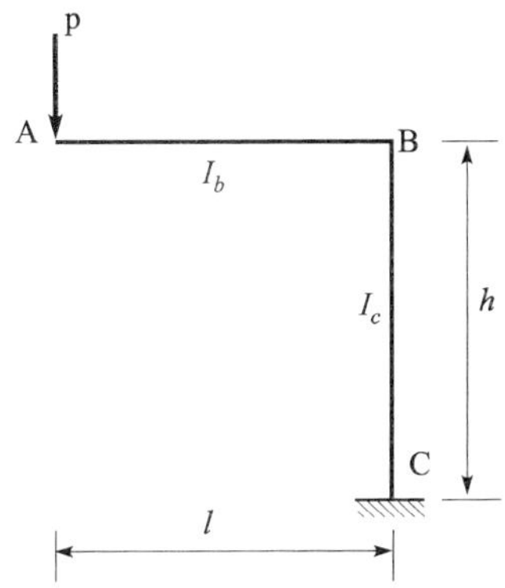

㉮ $\dfrac{Pl^3}{3EI_b}+\dfrac{Ph^2l}{EI_c}$

㉯ $\dfrac{Pl^3}{3EI_b}+\dfrac{Ph^3}{EI_c}$

㉰ $\dfrac{Pl^2h}{3EI_b}+\dfrac{Pl^2h}{EI_c}$

㉱ $\dfrac{Pl^3}{3EI_b}+\dfrac{Pl^2h}{EI_c}$

↳

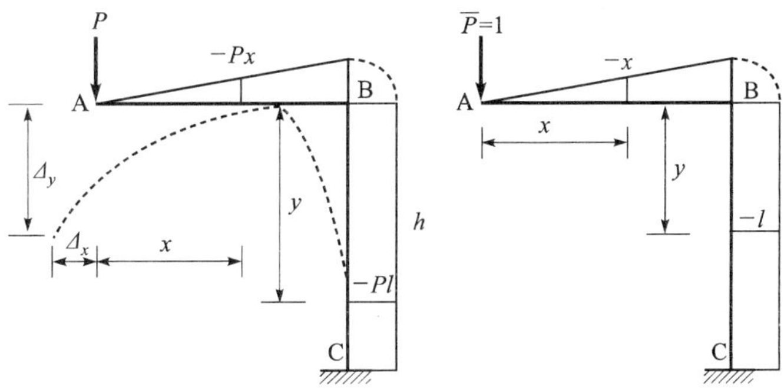

M_0도 M_1도

(1) 모멘트 산정

A-B부재 : $M_0=-Px$, $M_1=-x$

B-C부재 : $M_0=-Pl$, $M_1=-l$

(2) 변위 산정

$$\delta_y=\int_A^B \frac{M_0M_1}{EI_b}dx+\int_B^C\frac{M_0M_1}{EI_c}dy$$

$$=\frac{1}{EI_b}\int_0^l(-Px)(-x)dx+\frac{1}{EI_c}\int_0^h(-Pl)(-l)dy=\frac{P}{EI_b}\left[\frac{x^3}{3}\right]_0^l+\frac{Pl^2}{EI_c}[y]_0^h$$

$$=\frac{Pl^3}{3EI_b}+\frac{Pl^2h}{EI_c}$$

답 ㉱

05 심화문제

1. **다음 그림의 단순보는** H-300×300×10×15 ($I_x = 2.04 \times 10^8\ \mathrm{mm}^4$, $E = 2.1 \times 10^5$ MPa) **로 만들었다. 스팬 중앙점** C**에** $M = 120$ kN · m **가 작용할 때, 다음 물음에 답하시오.**

   (a) 지점 A의 처짐각 θ_A를 구하라.

   (b) 점 C의 처짐각 θ_C를 구하라.

   (c) 구간 A–C의 최대 처짐 $\Delta_{\max}$를 구하라.

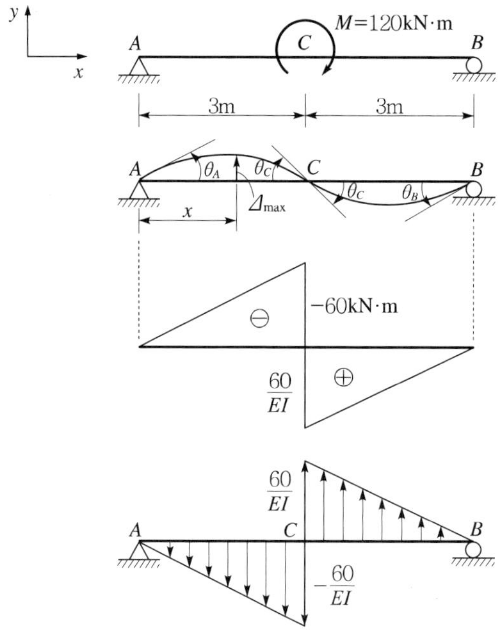

2. 다음 그림과 같은 하중조건의 단순보에서 점 A의 처짐각 θ_A와 점 C의 처짐 Δ_C를 구하라. 단, 휨강성 EI는 일정하다.

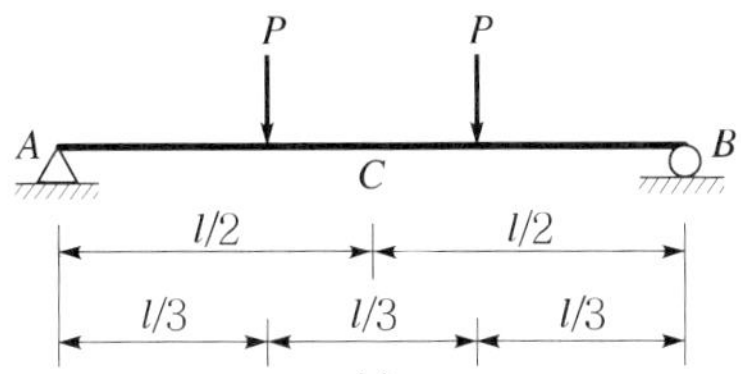

(a)

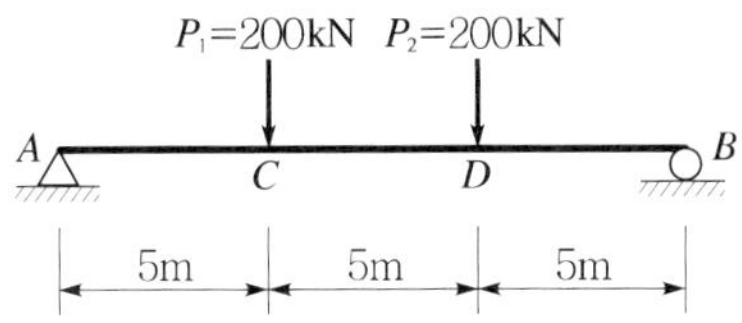

(b)

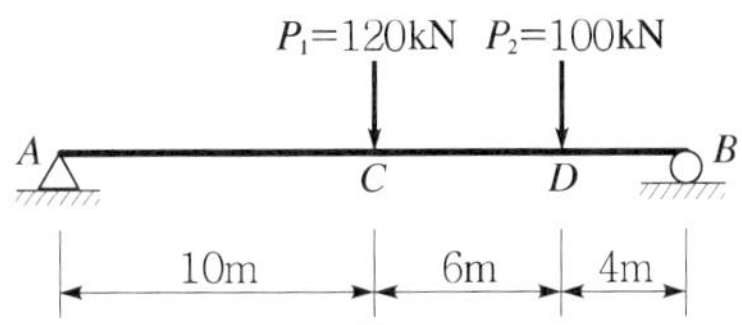

(c)

3. 다음 그림과 같은 하중조건의 단순보에서 θ_A, θ_B 그리고 Δ_C를 구하라. 단, $E=2.1\times10^5$ MPa (N/mm^2), $I=450\times10^6$ mm^{4}이다.

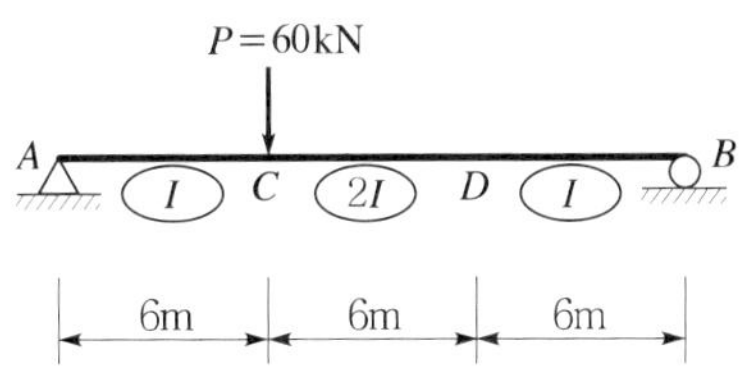

4. 다음 그림과 같은 하중조건과 불균일 단면을 가진 단순보에서 θ_A 그리고 Δ_D를 구하라.

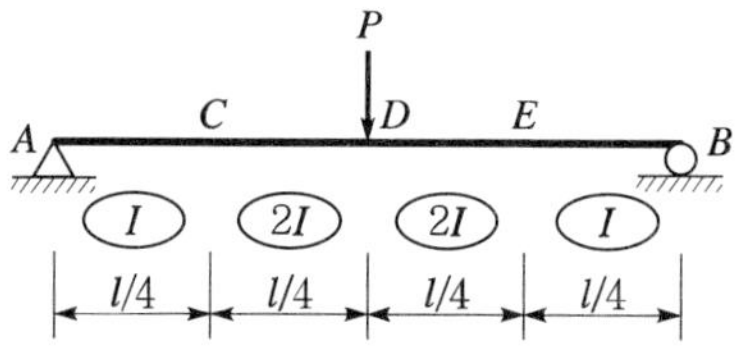

5. 중앙점에서 서로 직교하는 두 단순보가 있다. EI는 일정하고, 지간의 길이의 비는 1 : 2이다. 교점인 중앙점에 집중하중 P가 작용할 때, 두 보의 하중분담률은 얼마인가?

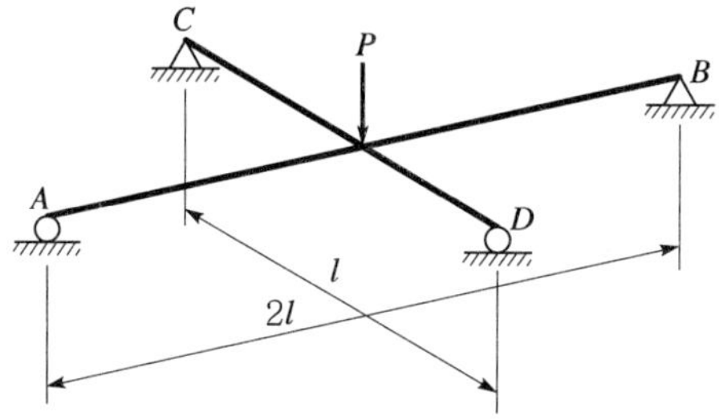

6. 그림과 같은 교차보(Cross Beam) AB와 CE의 최대 휨모멘트의 비는 얼마인가? 단, 휨강성 EI는 일정하다.

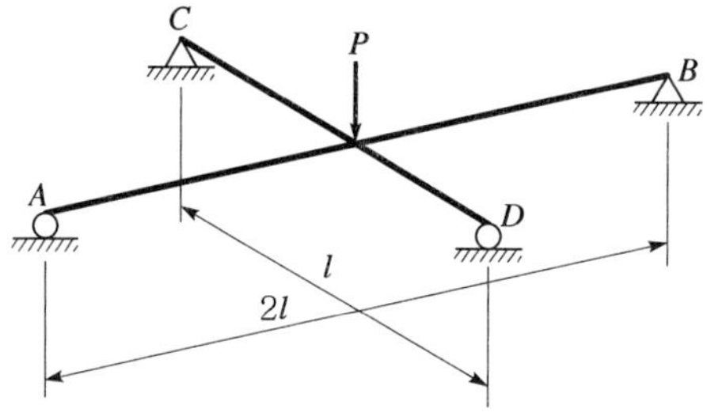

7. 다음 그림과 같은 하중조건의 내민보에서 점 B와 점 D의 처짐각과 처짐을 각각 계산하시오. 단, 휨강성 EI는 일정하다.

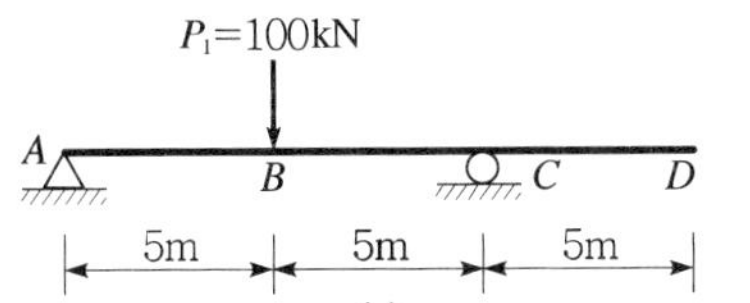

(a)

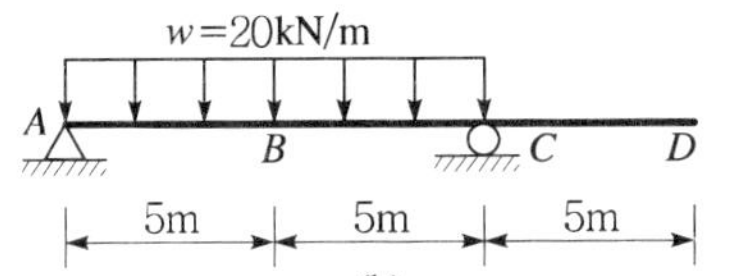

(b)

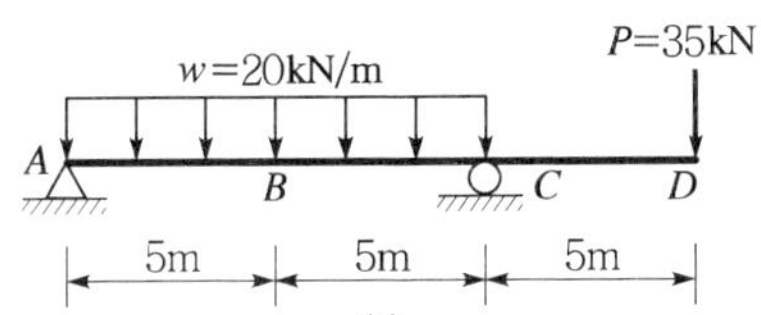

(c)

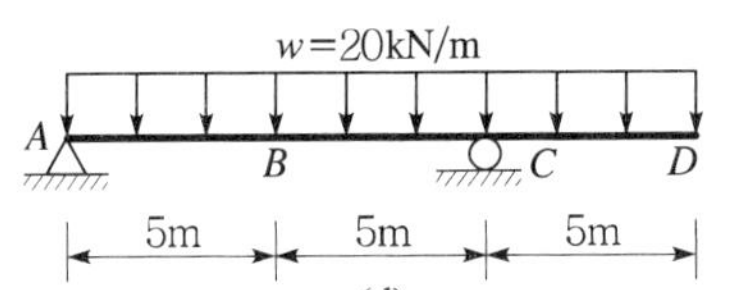

(d)

8. 다음 그림과 같은 하중조건의 내민보에서 점 C의 처짐각 θ_C와 점 D의 처짐 Δ_D를 구하시오. 단, $E=2.1\times10^5$ N/mm^2(MPa)이고, 단면은 200 mm×300 mm인 직사각형이다.

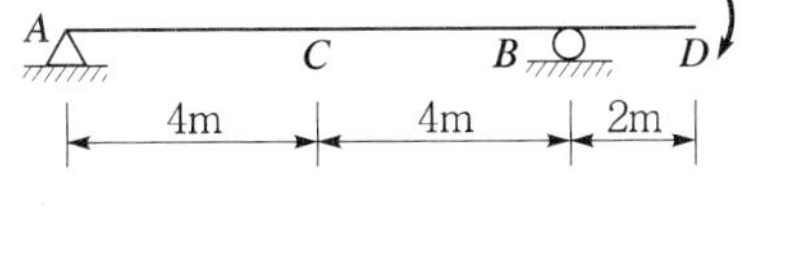

9. 다음 그림과 같은 하중조건의 캔틸레버보에서 점 B의 처짐각 θ_B와 점 B의 처짐 Δ_B를 구하라. 단, 휨강성 EI는 일정하다.

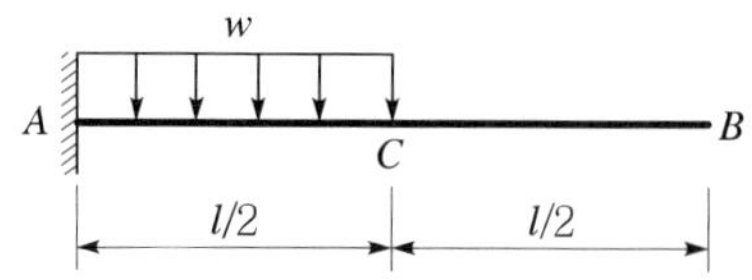

(a)

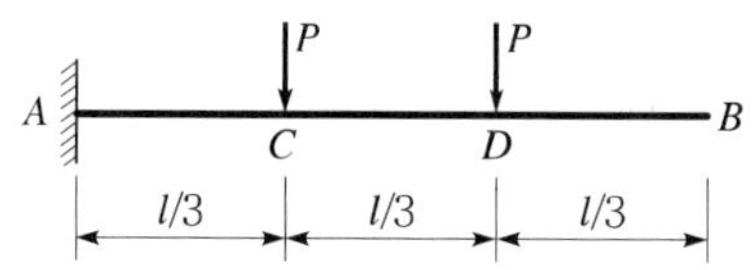

(b)

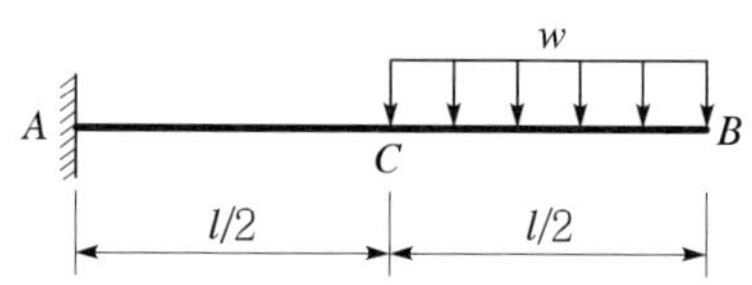

(c)

10. 다음 그림과 같은 하중조건의 캔틸레버보에서 점 B와 점 C의 처짐각과 처짐을 각각 구하라. 단, $E = 15 \times 10^3$ MPa (N/mm^2), $I = 3.6 \times 10^9$ mm^{4}이다.

✎ 심화문제 풀이집은 별책입니다.

Chapter 6

부정정구조물의 해석

06_부정정구조물의 해석

6.1 개 요[16)]

6.1.1 정의

구조물의 반력과 단면력을 정역학적 힘의 평형방정식인 $\Sigma X=0$, $\Sigma Y=0$, $\Sigma M=0$로는 산정할 수 없고, 구조물이나 지점의 변형조건을 추가적으로 고려하여 반력과 단면력을 산정할 수 있는 구조물을 부정정구조물(Indeterminate Structure)이라 한다.

6.1.2 특징

표 6.1 부정정구조물의 특징

장 점	단 점
① 재료의 절감으로 경제적이다. ② 강성이 크므로 처짐이 작게 일어난다. ③ 정정구조물에 비하여 외관상으로 다양한 형상이 가능하고 아름답다. ④ 과대응력을 재분배하므로 안전성이 있다.	① 연약지반에서 지점의 침하 등으로 인한 응력이 발생한다. ② 정확한 응력해석과 최종설계 때까지 예비설계를 반복해야 한다. ③ 응력교체가 많이 일어나므로 부가적인 부재가 필요하게 된다.

6.1.3 부정정구조물의 해석법

(1) 응력법과 변위법

표 6.2 응력법과 변위법과 특징

구 분	내 용	종 류
응력법 (Force Method, 유연도법)	반력(또는 단면력)을 미지수로 하여, 미지반력 중 정역학적 힘의 평형방정식 수를 초과한 수만큼을 정역학적 여분력으로 선정하고 이 여분력을 구조물에서 제외시킨 후, 방정식(힘의 평형방정식, 변형일치조건, 힘-변위 관계 등)을 이용하여 반력과 변위 및 응력을 산정한다.	① 변위일치법(변형일치법) : 1스팬의 보와 2스팬의 대칭 연속보 ② 최소일법(카스티리아노의 제2정리) : 트러스와 아치 ③ 3연 모멘트법 : 연속보

16) 초급과정에서 § Chapter 6 부정정구조물의 해석은 난이도가 있고 내용이 방대하므로 기본적 내용과 문제를 중심으로 이해하면 편리할 것이다.

구 분	내 용	종 류
변위법 (Displacement Method, 강성도법)	변위(또는 처짐각)를 미지수로 하고 평형방정식을 이용하여 미지변위를 구한 후, 반력과 변위 및 응력을 산정한다.	① 처짐각법(요각법) : 라멘 ② 모멘트분배법(고정모멘트법) : 연속보, 라멘 ③ 에너지법(카스티리아노의 제1 정리)

주1) 일반적인 구조물에서는 휨변형이 지배적이므로 산정의 편의성을 위하여, 앞으로 설명될 변위일치법, 처짐각법, 모멘트분배법 등에서는 휨변형만 고려하게 된다.

(2) 약산법

표 6.3 부정정구조물의 약산 해석법과 특징

종 류	내 용
2사이클법 (2회 분배법)	① 모멘트분배법을 약산적인 설계용으로 개량한 것이다. ② 모멘트분배법에서 불균형모멘트의 해방(해제)은 2사이클(2회)만 반복하여 부재의 단면력을 구하는 방법이다. ③ 수직하중을 받는 라멘에 유용한 방법이다.
포탈법	① 고층의 대칭 라멘에 수평하중이 작용할 경우, 몇 가지 가정을 통해 부재의 단면력을 산정하는 방법이다. ② 라멘에 수평하중이 작용할 경우, 포탈법을 적용하기 위한 가정은 다음과 같다. ㉠ 보와 기둥에서 모멘트가 영(0)이 되는 변곡점은 각 부재의 중앙에 위치한다. ㉡ 내부 기둥이 받는 전단력은 외부 기둥이 받는 전단력의 두 배이다.
계수법	① 처짐각법의 이론에 바탕을 둔 것으로 라멘에 횡력이 작용할 경우, 부재의 단면력을 산정하는 방법이다. ② 포탈법과는 달리 불규칙한 라멘에도 적용할 수 있다.

6.1.4 경계조건

(1) 이동지점 또는 회전지점에서는 처짐이 영(0)이다.

(2) 고정지점에서는 처짐 및 처짐각이 영(0)이다.

6.1.5 부호규약

부정정구조물의 해석에서 처짐각 및 처짐의 부호규약은 표 6.4와 같은 y좌표가 하향인 경우에 대하여 설명한다.

표 6.4 처짐각과 처짐에 대한 부호규약

구분	부호규약
y좌표(+)	하향(↓)
좌표계	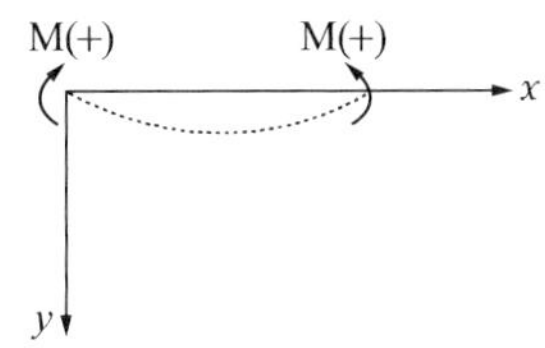
처짐각 (θ)	① 시계방향 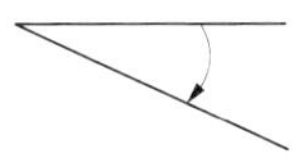 양(+) ② 반시계방향 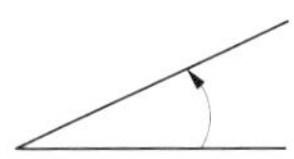 음(−)
처짐 (Δ)	① 하향(↓) : 양(+) ② 상향(↑) : 음(−)

6.2 변위일치법

6.2.1 개요

(1) 변위일치법(Method of Consistent Displacements)은 구조물의 경계조건의 원리를 이용하여 부정정구조물을 해석하는 방법이다.

(2) 부정정구조물에서 지점의 미지반력을 부정정여력으로 하여 실제 보에서 제거한 정정구조물을 만들어 기존 하중에 의한 변형(처짐 및 처짐각)을 산출한다. 그리고 제거하였던 부정정여력을 정정구조물의 동일한 지점에 가하여 변형(처짐 및 처짐각)을 산출한다. 이들 두 변형을 일치시킴으로써 미지반력(부정정여력)을 구할 수 있다.

(3) 변위일치(변형일치)는 두 변형이 일치하여 변형이 일어나지 않는 실제구조물의 평형상태를 나타낸 것이다.

(4) 변위일치를 위해 구조상태에 따라 적합방정식, 처짐의 방법, 탄성방정식, 겹침방정식 등을 사용하여 계산한다.

(5) 따라서 변위일치법을 변형일치법, 적합방정식, 처짐의 방법, 탄성방정식, 겹침방정식, 중첩법이라고도 한다.

(6) 변위일치법은 단스팬보 및 2스팬의 대칭 연속보에 적합하다.

6.2.2 변위일치법에 의한 해석방법

(1) 처짐을 이용하는 방법

① 그림 6.1(a)는 1차 부정정보로서 지점 A에서 처짐은 없다.

② 그림 6.1(b)와 같이 하중 P만 작용하는 정정기본계인 캔틸레버보와 그림 6.1(c)와 같이 부정정반력(지점반력) R_A를 부정정여력으로 하여 정정기본계인 캔틸레버보를 각각 고려한다.

③ 그림 6.1(b)와 같은 캔틸레버보에 하중 P만 작용할 때의 점 A의 처짐 Δ_{A1}과 그림 6.1(c)와 같은 캔틸레버보에 부정정반력(지점반력) R_A만 작용할 때의 점 A에 처짐 Δ_{A2}를 계산한 후 $\Delta_{A1}+\Delta_{A2}=0$과 같은 적합조건을 성립시켜 지점반력 R_A를 구할 수 있다.

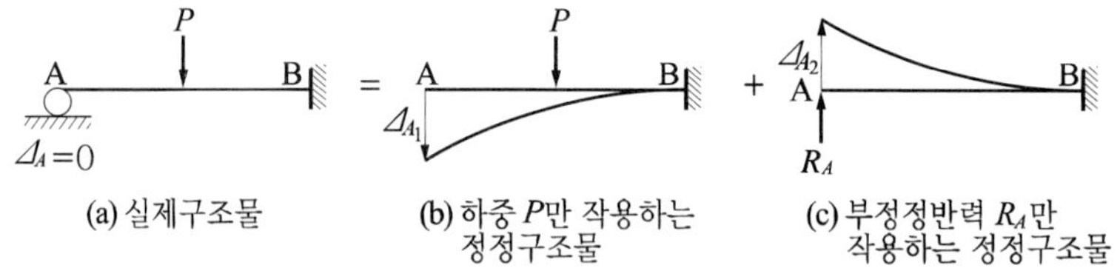

그림 6.1 처짐을 이용한 변위일치법

④ 적합방정식

$$\Delta_A=\Delta_{A1}+\Delta_{A2}=0 \qquad (6.1)$$

여기서, Δ_A : 실제구조물에서 작용하중 및 부정정반력 R_A에 의한 점 A의 처짐

Δ_{A1} : 정정구조물에서 부정정반력(지점반력)을 제거하고, 작용하중만에 의한 점 A의 하향 처짐

Δ_{A2} : 정정구조물에서 부정정반력(지점반력)에 의한 점 A의 상향 처짐

(2) 처짐각을 이용하는 방법

① 그림 6.2 (a)는 3차 부정정보로써 고정단 A와 B에 처짐각은 없다.

② 그림 6.2 (b)와 같이 하중 P만 작용하는 정정기본계인 단순보와 그림 6.2 (c)와 같이 지점 A와 B에 작용하는 부정정반력 (지점모멘트) M_A와 M_B를 부정정여력으로 하여 정정기본계인 단순보를 각각 고려한다.

③ 그림 6.2 (b)와 같은 단순보에 하중 P만 작용할 때 점 A의 처짐각 θ_{A1}과 그림 6.2 (c)와 같은 단순보에 부정정반력 (지점모멘트) M_A와 M_B가 작용할 때 점 A의 처짐각 θ_{A2}를 계산한 후, $\theta_A = \theta_{A1} + \theta_{A2} = 0$과 같은 적합조건을 적용하여 지점모멘트 M_A와 M_B를 구할 수 있다.

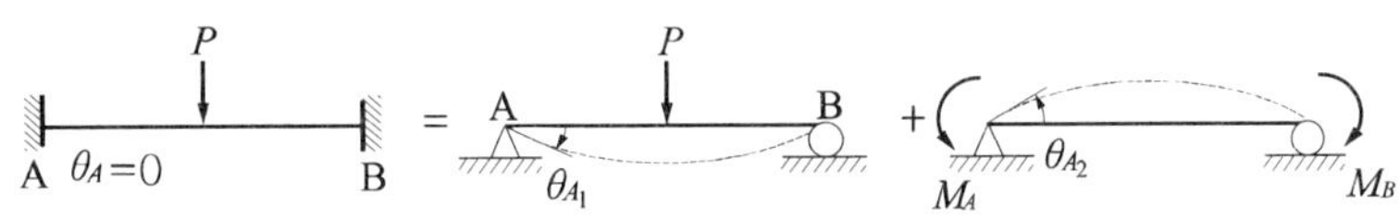

(a) 실제구조물　　(b) 하중 P만 작용하는 정정구조물　　(c) 부정정반력 M_A, M_B만 작용하는 정정구조물

그림 6.2 처짐각을 이용한 변위일치법

④ 적합방정식

$$\theta_A = \theta_{A1} + \theta_{A2} = 0 \qquad (6.2)$$

여기서, θ_A : 실제구조물에서 작용하중 및 부정정반력 M_A에 의한 점 A의 처짐각

θ_{A1} : 정정구조물에서 부정정반력 (지점반력)을 제거하고, 작용하중만에 의한 점 A의 처짐각

θ_{A2} : 정정구조물에서 부정정반력 (지점반력)에 의한 점 A의 처짐각

예제 6.1 다음 그림과 같은 일단 고정-타단 롤러인 부정정보에서 하중이 작용할 때, 점 A와 점 B의 반력을 구하시오. 단, 휨강성 EI는 일정하다.

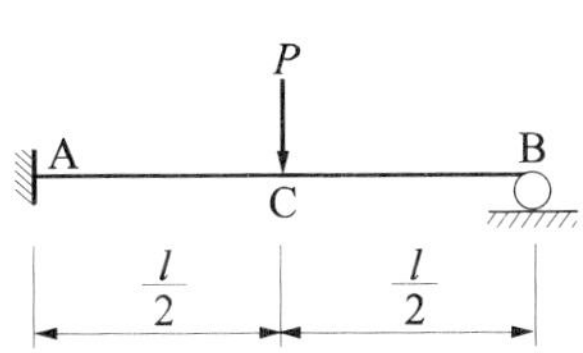

그림 6.3

↳ (1) 구조물의 변형일치

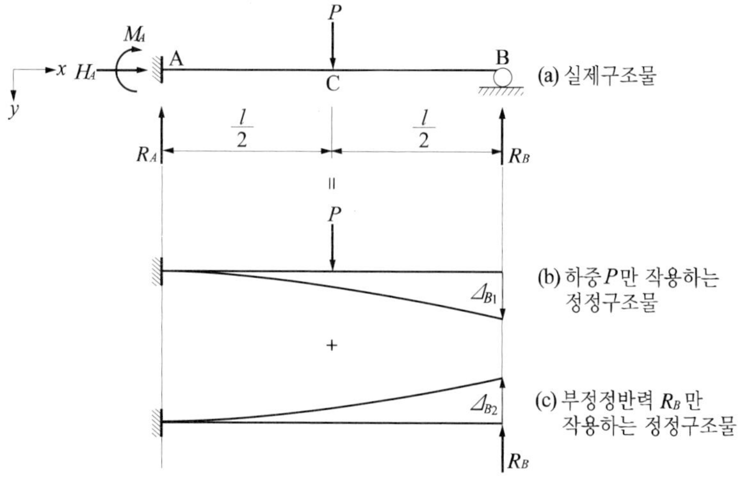

그림 6.4 예제 구조물의 변형일치

(2) 적합방정식

지점 B의 처짐, $\Delta_B = 0$이므로 $\Delta_B = \Delta_{B1} + \Delta_{B2} = 0$이다.

(3) 하중 P 만 작용하는 정정구조물의 처짐

$$\Delta_{B1} = \frac{5Pl^3}{48EI} \qquad \text{(하향)}$$

(4) 부정정반력 R_B만 작용하는 정정구조물의 처짐

$$\Delta_{B2} = -\frac{R_B l^3}{3EI} \qquad \text{(상향)}$$

(5) 실제구조물의 지점반력 산정

① $\Delta_B = 0$: $\Delta_B = \Delta_{B1} + \Delta_{B2} = \dfrac{5Pl^3}{48EI} - \dfrac{R_B l^3}{3EI} = 0 \quad \therefore R_B = \dfrac{5P}{16}$

② $\Sigma Y = 0\ (+;\ \uparrow)$: $\Sigma Y = R_A - P + R_B = 0 \quad \therefore R_A = \dfrac{11P}{16}$

③ $\Sigma M = 0\ (+;\ \curvearrowright)$: $\Sigma M_A = M_A + P \times \dfrac{l}{2} - R_B \times l = 0$

$$\therefore M_A = R_B \times l - \frac{Pl}{2} = -\frac{3Pl}{16}$$

④ $\Sigma X = 0\ (+;\rightarrow)$: $\Sigma X = H_A = 0 \quad \therefore H_A = 0$

예제 6.2 다음 그림과 같은 일단 고정-타단 롤러인 부정정보에서 하중이 작용할 때, 점 A와 점 B의 반력을 구하시오. 단, 휨강성 EI는 일정하다.

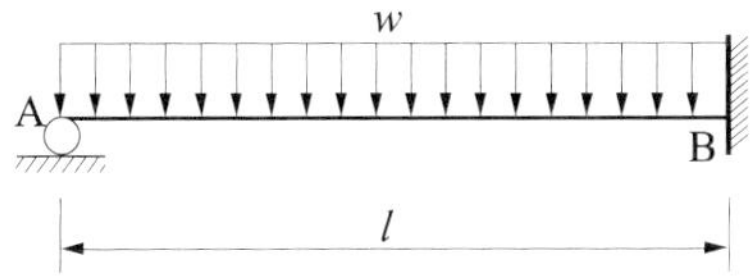

그림 6.5

(1) 구조물의 변형일치

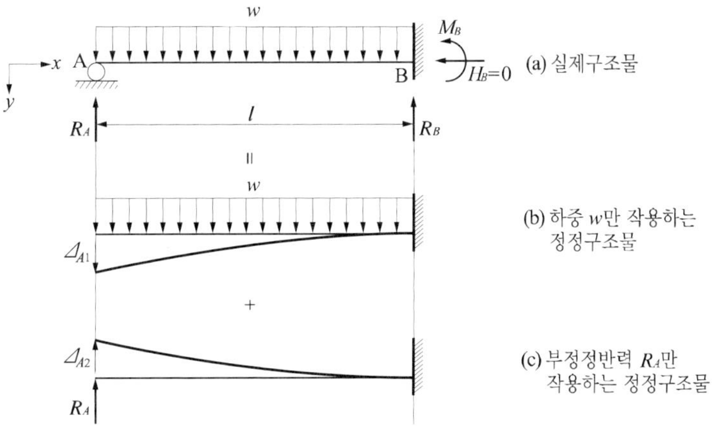

그림 6.6 예제 구조물의 변형일치

(2) 적합방정식

지점 A의 처짐, $\Delta_A = 0$이므로 $\Delta_A = \Delta_{A1} + \Delta_{A2} = 0$이다.

(3) 하중 w만 작용하는 정정구조물의 처짐

$$\Delta_{A1} = \frac{wl^4}{8EI} \qquad \text{(하향)}$$

(4) 부정정반력 R_A만 작용하는 정정구조물의 처짐

$$\Delta_{A2} = -\frac{R_A l^3}{3EI} \qquad \text{(상향)}$$

(5) 실제구조물의 지점반력 산정

① $\Delta_A = 0$: $\Delta_A = \Delta_{A1} + \Delta_{A2} = \dfrac{wl^4}{8EI} - \dfrac{R_A l^3}{3EI} = 0 \quad \therefore R_A = \dfrac{3wl}{8}$

② $\Sigma Y = 0\ (+;\ \uparrow)$: $\Sigma Y = R_A - w \times l + R_B = 0$ $\qquad \therefore\ R_B = \dfrac{5wl}{8}$

③ $\Sigma M = 0\ (+;\ \frown)$: $\Sigma M_B = -M_B + R_A \times l - \dfrac{wl^2}{2} = 0$

$$\therefore\ M_B = R_B \times l - \frac{wl^2}{2} = -\frac{wl^2}{8}$$

④ $\Sigma X = 0\ (+;\rightarrow)$: $\Sigma X = H_B = 0$ $\qquad \therefore\ H_B = 0$

예제 6.3 다음 그림과 같은 양단 고정인 부정정보에서 하중이 작용할 때, 점 A와 점 B의 모멘트반력 M_A와 M_B을 구하시오. 또한 점 C의 처짐 Δ_C를 구하시오. 단, 휨강성 EI는 일정하다.

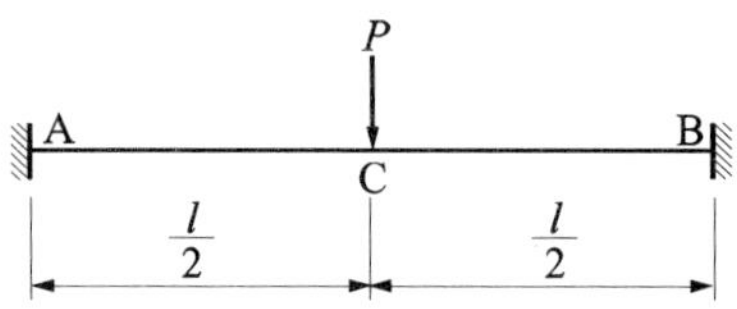

그림 6.7

(1) 구조물의 변형일치

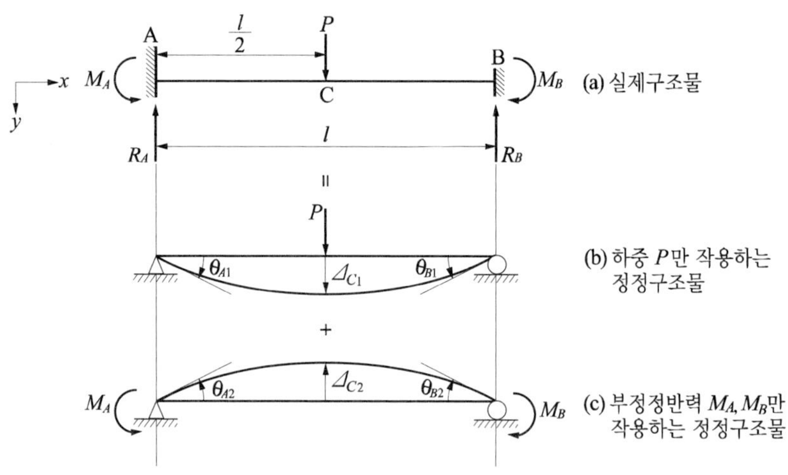

그림 6.8 예제 구조물의 변형일치

(2) 적합방정식

지점 A의 처짐각, $\theta_A = 0$이므로 $\theta_A = \theta_{A1} + \theta_{A2} = 0$이다.

(3) 하중 P만 작용하는 정정구조물의 처짐각

$$\theta_{A1} = \frac{Pl^2}{16EI} \quad \text{(시계방향)}$$

(4) 부정정반력 M_A와 M_B만 작용하는 정정구조물의 처짐각

$$\theta_{A2} = -\frac{M_A l}{2EI} \quad \text{(반시계방향)}$$

(5) 실제구조물의 지점반력 산정

① $\theta_A = 0$: $\theta_A = \theta_{A1} + \theta_{A2} = \frac{Pl^2}{16EI} - \frac{M_A l}{2EI} = 0 \qquad \therefore M_A = \frac{Pl}{8}$

② 좌우 대칭으로부터 $M_B = M_A = \frac{Pl}{8}$

(6) 처짐 산정

① 하중 P만 작용하는 정정구조물의 점 C의 처짐

$$\Delta_{C1} = \frac{Pl^3}{48EI} \quad \text{(하향)}$$

② 부정정반력 M_A와 M_B만 작용하는 정정구조물의 점 C의 처짐

$$\Delta_{C2} = -\frac{M_A l^2}{8EI} = -\left(\frac{Pl}{8}\right)\left(\frac{l^2}{8EI}\right) = -\frac{Pl^3}{64EI} \quad \text{(상향)}$$

③ 실제 보의 점 C의 처짐

$$\Delta_C = \Delta_{C1} + \Delta_{C2} = \frac{Pl^3}{48EI} - \frac{Pl^3}{64EI} = \frac{Pl^3}{192EI} \quad \text{(하향)}$$

예제 6.4 다음 그림과 같은 양단 고정인 부정정보에서 하중이 작용할 때, 점 A와 점 B의 모멘트반력 M_A와 M_B를 구하시오. 단, 휨강성 EI는 일정하다.

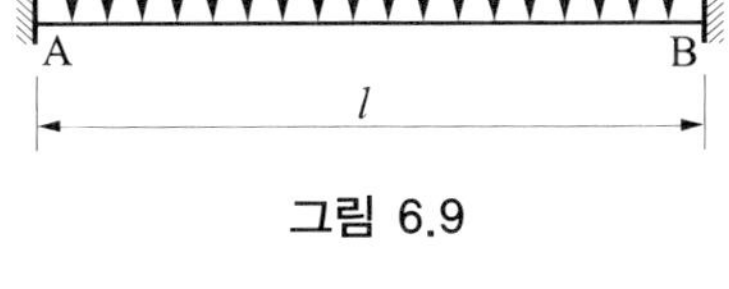

그림 6.9

↳ (1) 구조물의 변형일치

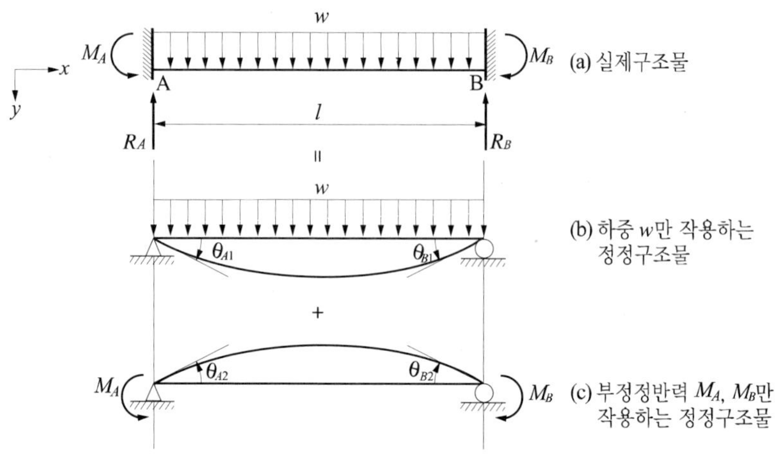

그림 6.10 예제 구조물의 변형일치

(2) 적합방정식

지점 A의 처짐각, $\theta_A = 0$이므로 $\theta_A = \theta_{A1} + \theta_{A2} = 0$이다.

(3) 하중 w만 작용하는 정정구조물의 처짐각

$$\theta_{A1} = \frac{wl^3}{24EI} \qquad \text{(시계방향)}$$

(4) 부정정반력 M_A와 M_B만 작용하는 정정구조물의 처짐각

$$\theta_{A2} = -\frac{M_A l}{2EI} \qquad \text{(반시계방향)}$$

(5) 실제구조물의 지점반력 산정

① $\theta_A = 0$: $\theta_A = \theta_{A1} + \theta_{A2} = \dfrac{wl^3}{24EI} - \dfrac{M_A l}{2EI} = 0 \qquad \therefore M_A = \dfrac{wl^2}{12}$

② 좌우 대칭으로부터 $M_B = M_A = \dfrac{wl^2}{12}$

예제 6.5 다음 그림과 같은 연속 부정정보에서 등분포하중이 작용할 때, 점 A, 점 B 및 점 C의 반력을 구하시오. 단, 휨강성 EI는 일정하다.

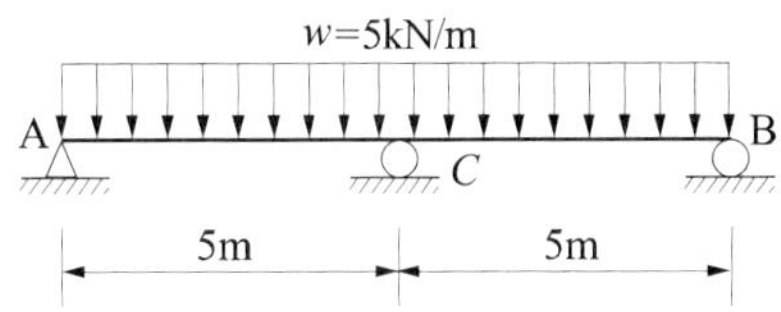

그림 6.11

↳ (1) 구조물의 변형일치

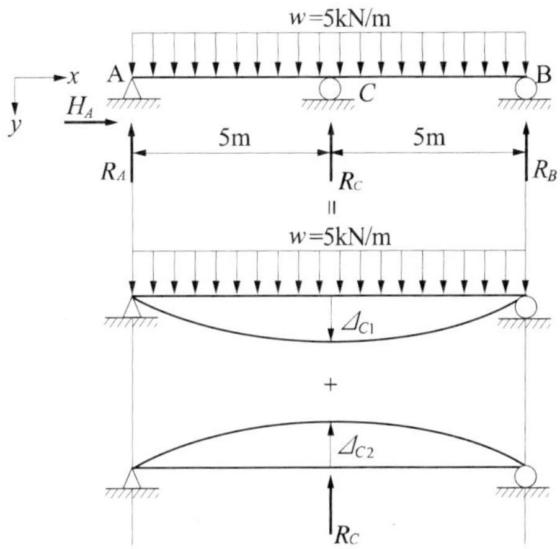

그림 6.12 예제 구조물의 변형일치

(2) 적합방정식

지점 C 의 처짐, $\Delta_C = 0$이므로 $\Delta_C = \Delta_{C1} + \Delta_{C2} = 0$이다.

(3) 하중 w 만 작용하는 정정구조물의 처짐

$$\Delta_{C1} = \frac{5w\,l^4}{384EI} \qquad \text{(하향)}$$

(4) 부정정반력 R_C만 작용하는 정정구조물의 처짐

$$\Delta_{C2} = -\frac{R_C\,l^3}{48EI} \qquad \text{(상향)}$$

(5) 실제구조물의 지점반력 산정

① $\Delta_C = 0$: $\Delta_C = \Delta_{C1} + \Delta_{C2} = \dfrac{5w\,l^4}{384EI} - \dfrac{R_C\,l^3}{48EI} = 0$

$$\therefore\ R_C = \frac{5wl}{8} = \frac{5 \times 5 \times 10}{8} = 31.250\ \text{kN}$$

② $\Sigma M = 0\ (+;\ \frown)$: $\Sigma M_A = w \times l \times \frac{l}{2} - R_C \times \frac{l}{2} - R_B \times l = 0$

$$\therefore\ R_B = \frac{wl}{2} - \frac{R_C}{2} = \frac{wl}{2} - \left(\frac{5wl}{8}\right) \times \frac{1}{2} = \frac{3wl}{16} = \frac{3 \times 5 \times 10}{16} = 9.375\ \text{kN}$$

③ $\Sigma Y = 0\ (+;\ \uparrow)$: $\Sigma Y = R_A - w \times l + R_C + R_B = 0$

$$\therefore\ R_A = w \times l - R_C - R_B = wl - \frac{5wl}{8} - \frac{3wl}{16} = \frac{3wl}{16} = \frac{3 \times 5 \times 10}{16}$$

$$= 9.375\ \text{kN}$$

④ $\Sigma X = 0\ (+;\rightarrow)$: $\Sigma X = H_A = 0$ $\qquad \therefore\ H_A = 0$

6.3 처짐각법

6.3.1 개요

(1) 처짐각법 (Slope-Deflection Method)은 구조물에 작용하는 하중으로 인한 구조물의 변형량 (처짐각 및 부재각)을 미지수로 하고, 부재 단부의 응력과 각 부재의 변형과의 관계를 평형방정식을 이용하여 부재력과 반력을 구하는 방법이다.

(2) 연속보나 라멘과 같은 모멘트 저항부재의 해석에 적용하는 실용적인 방법이다.

(3) 처짐각법을 요각법 (撓角法)이라고도 한다.

(4) 처짐각법을 알아야만 모멘트분배법을 이해할 수 있다.

(5) 처짐각법의 방정식은 모멘트면적법에 의해 유도된 식이다.

(6) 처짐각법은 단면이 균질 및 비균질한 보 등의 어떠한 연속보와 부정정라멘의 해석에 이용될 수 있다.

6.3.2 해석상의 가정

(1) 부재는 직선재이다.

(2) 각 부재에 접합되는 절점들은 모두 완전한 강접 또는 힌지로만 취급한다.

(3) 부재의 교각이 완전 강접일 경우 변형 전후의 교각은 변화가 없다.

(4) 휨모멘트에 의해서 생기는 부재의 휨변형만 고려한다.

(5) 축방향력, 전단력 및 비틀림모멘트에 의해 생기는 부재의 변형은 매우 작으므로 무시한다.

(6) 부재는 변형 후에도 길이 변화가 없다.

(7) 부재의 단면2차 모멘트 I와 탄성계수 E는 동일 부재 내에서는 일정하다.

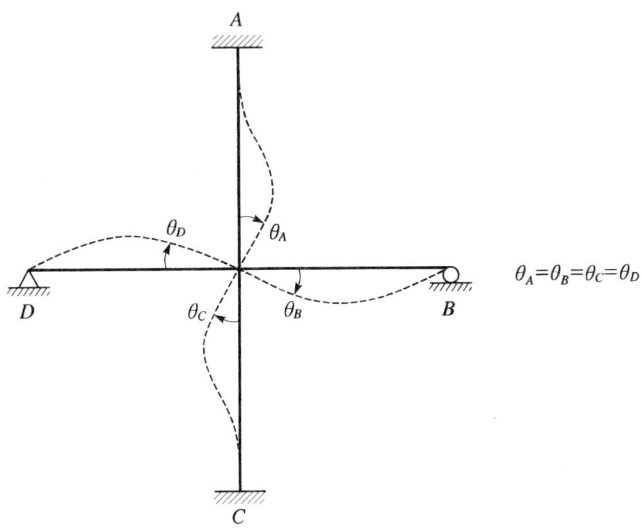

그림 6.13 강절점에서의 동일한 부재각

6.3.3 용어 및 부호

(1) 재단모멘트 (M_{AB})

① 좌표계

㉠ x좌표 : 양 (+)방향은 우향 (→)

㉡ y좌표 : 양 (+)방향은 하향 (↓)

② 정의

부재의 양단부 (끝부분)에 작용하여 그 부재를 휘게 하는 모멘트이다.

㉠ M_{AB} : 부재 AB의 A단에 작용하는 모멘트

㉡ M_{BA} : 부재 AB의 B단에 작용하는 모멘트

③ 부호규약

㉠ 시계방향(↷) : 양(+)

㉡ 반시계방향(↶) : 음(-)

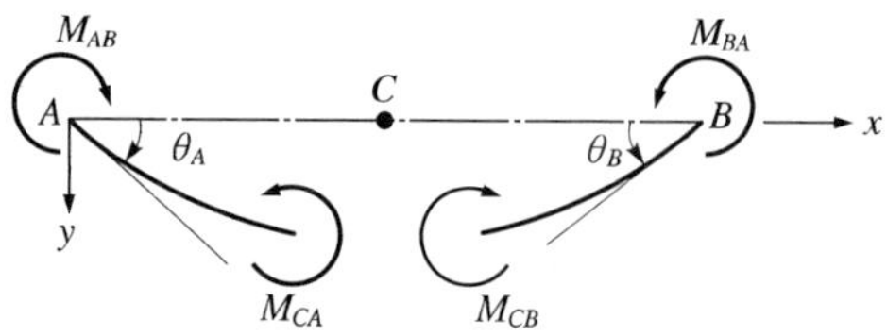

그림 6.14 처짐각법에서의 재단모멘트와 처짐각

그림에서 부재 AB의 점 C에서 절단하였을 경우 크기는 같고 방향이 반대인 단면력이 작용한다. 즉, 점 C에서 M_{CA}와 M_{CB}는 절댓값은 같고 방향은 반대이다. 그림 6.14에서 M_{AB}, θ_A, M_{CB}의 부호는 양(+)이고, M_{BA}, θ_B, M_{CA}의 부호는 음(-)이다.

(2) 처짐각(절점각, 절점회전각 : θ_i)

① 정의

부재가 외력에 의해 변형하였을 때, 원래 부재의 재축방향과 부재의 임의점(i)의 접선이 이루는 각이다.

㉠ θ_A : A단의 처짐각

㉡ θ_B : B단의 처짐각

② 부호규약

㉠ 시계방향(↷) : 양(+)

㉡ 반시계방향(↶) : 음(-)

(3) 부재각(부재회전각 : R)

① 정의

부재가 외력에 의해 변형하였을 때, 원래 부재의 두 점인 점 A와 점 B의 방향과 변형된 부재의 두 점인 점 A'과 점 B'을 잇는 선이 이루는 회전각이다.

$$R = \frac{\Delta}{l} \qquad (6.3)$$

② 부호규약

㉠ 시계방향(↷) : 양(+)

㉡ 반시계방향(↶) : 음(−)

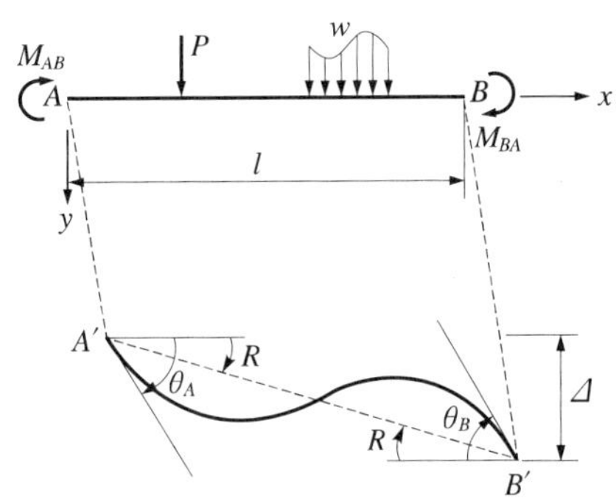

그림 6.15 처짐각법에서 처짐각과 부재각

(4) 고정단모멘트(FEM, 하중항)

① 정의

부재에 작용하는 하중에 의한 재단의 고정단모멘트(Fixed-End Moment : FEM)는 구조물의 임의의 한 부재에서 하중 조건과 지점 조건에 따라 지점을 고정 상태(처짐각 $\theta = 0$)로 하기 위한 모멘트이다. 다양한 하중상태에 따른 고정단모멘트(하중항)는 표 6.5와 같다.

㉠ FEM_{AB} : A 단의 고정단모멘트

㉡ FEM_{BA} : B 단의 고정단모멘트

② 부호규약

㉠ 시계방향(↷) : 양(+)

㉡ 반시계방향(↶) : 음(−)

표 6.5 고정단모멘트 (하중항)

하중상태	FEM_{AB}	FEM_{BA}
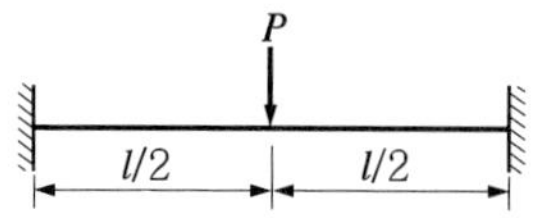	$-\frac{Pl}{8}$	$\frac{Pl}{8}$
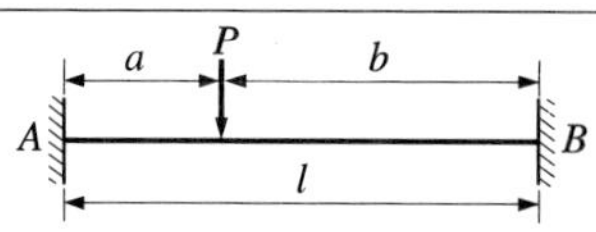	$-\frac{Pab^2}{l^2}$	$\frac{Pa^2b}{l^2}$
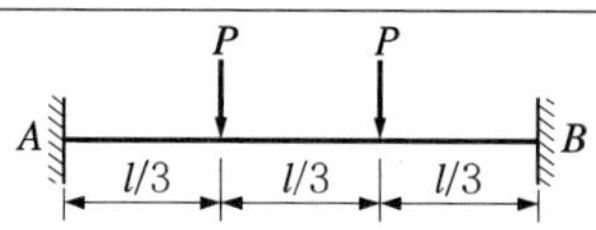	$-\frac{2Pl}{9}$	$\frac{2Pl}{9}$
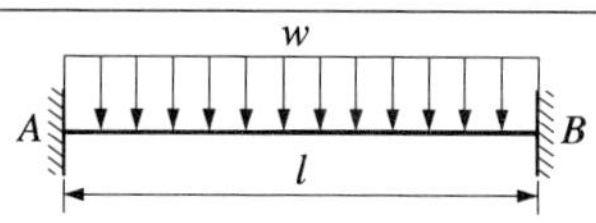	$-\frac{wl^2}{12}$	$\frac{wl^2}{12}$
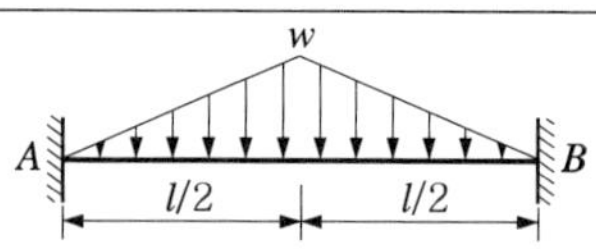	$-\frac{5wl^2}{96}$	$\frac{5wl^2}{96}$
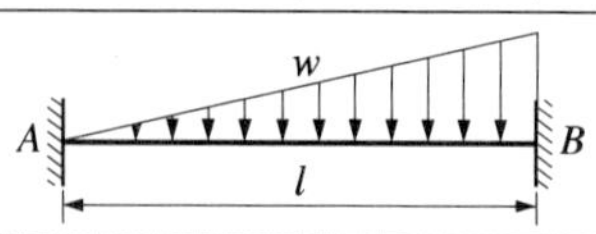	$-\frac{wl^2}{30}$	$\frac{wl^2}{20}$

(6) 강도와 강비

① 강도 (K)

㉠ 강도 (K)는 부재의 단면2차 모멘트 I를 부재 길이 l로 나눈 값이다.

㉡ 강도를 강성도라고도 한다.

$$K = \frac{I}{l} \tag{6.4}$$

여기서, K : 강도 또는 강성도 (m^3)

I : 단면2차 모멘트 (m^4)

l : 부재의 길이 (m)

② 표준강도 (K_0)

임의 표준재의 강도를 표준강도라 한다.

③ 강비 (k)

부재의 강도 K 를 임의의 표준강도 K_0 로 나눈 값이다.

$$k = \frac{K}{K_0} \tag{6.5}$$

6.3.4 부호규약

처짐각법에서 재단모멘트의 부호규약은 § 6.3.3에서 정의된 것과 같고, 이를 정리하면 다음 표와 같다.

표 6.6 재단모멘트, 처짐각 및 부재각의 부호규약

구분	양(+)	음(-)
재단모멘트	시계방향 (↷)	반시계방향 (↶)
처짐각	시계방향 (↷)	반시계방향 (↶)
부재각	시계방향 (↷)	반시계방향 (↶)

6.3.5 처짐각법의 방정식

부정정구조물에서 처짐각법을 이용하여 재단모멘트를 산정하기 위한 처짐각법의 방정식은 다음과 같이 유도된다. 임의의 하중을 받는 연속보에서 내부에 위치하는 보 또는 라멘의 보 부재는 그림 6.16 (a)와 같이 나타낼 수 있다. 이 부재가 임의의 하중을 받을 경우, 그림 6.16 (b)와 같이 변형하게 된다.

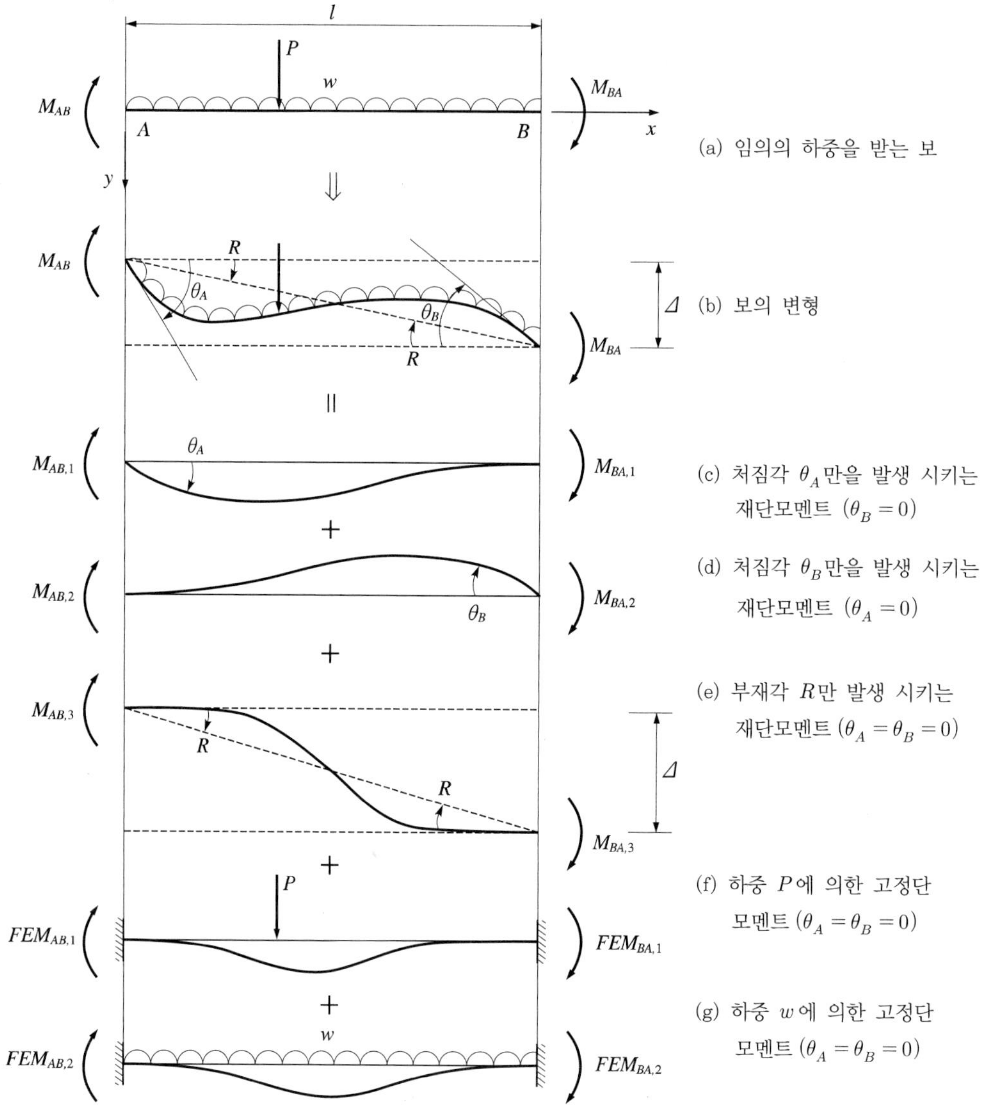

그림 6.16 보의 재단모멘트

그림 6.16 (a) 또는 (b)에서 양단의 재단모멘트 M_{AB}와 M_{BA}는 그림 6.16 (c)~(g)로부터 다음과 같다.

$$M_{AB} = \Sigma M_{AB,i} + \Sigma FEM_{AB,i} \tag{a}$$

$$M_{BA} = \Sigma M_{BA,i} + \Sigma FEM_{BA,i} \tag{b}$$

여기서, M_{AB} : 부재 AB에서 A 단의 재단모멘트

M_{BA} : 부재 AB에서 B단의 재단모멘트

$M_{AB,i}$: θ_A, θ_B 또는 R의 회전을 일으키게 하는 A 단의 재단모멘트 ($i=1, 2, 3$)

$M_{BA,i}$: θ_A, θ_B 또는 R의 회전을 일으키게 하는 B단의 재단모멘트 ($i=1, 2, 3$)

$FEM_{AB,i}$: 부재 AB에서 A 단의 고정단모멘트 ($i=1, 2$)

$FEM_{BA,i}$: 부재 AB에서 B단의 고정단모멘트 ($i=1, 2$)

θ_A : A 단의 처짐각 (절점회전각)

θ_B : B단의 처짐각 (절점회전각)

R : 부재각 (부재회전각)

식 (a)와 식 (b)의 재단모멘트 M_{AB}와 M_{BA}는 아래와 같은 과정을 통해 유도된다.

(1) 절점 A의 처짐각 θ_A에 의한 재단모멘트 ($\theta_B = R = 0$)

그림 6.16 (c) 또는 그림 6.17은 그림 6.18 (a)와 (b)의 합성으로 생각할 수 있다.

그림 6.17

먼저, 그림 6.17의 재단모멘트 $M_{AB,1}$와 $M_{BA,1}$을 각각 분리하여 그림 6.18처럼 하중으로 가한 뒤, 지점의 반력을 산정하면 다음과 같다.

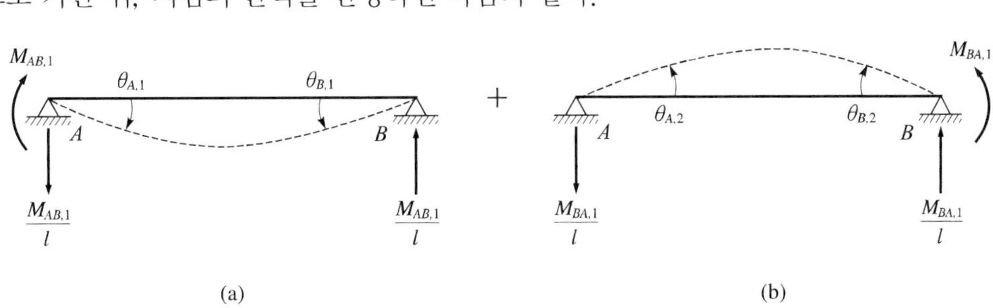

그림 6.18 재단모멘트에 의한 실제 보의 반력

또한 그림 6.18과 같은 조건의 실제 보에서 처짐각을 산정하기 위해 탄성하중법(공액보법)에 의해 $\frac{M}{EI}$ 을 재하하여 공액보의 반력을 산정한다.

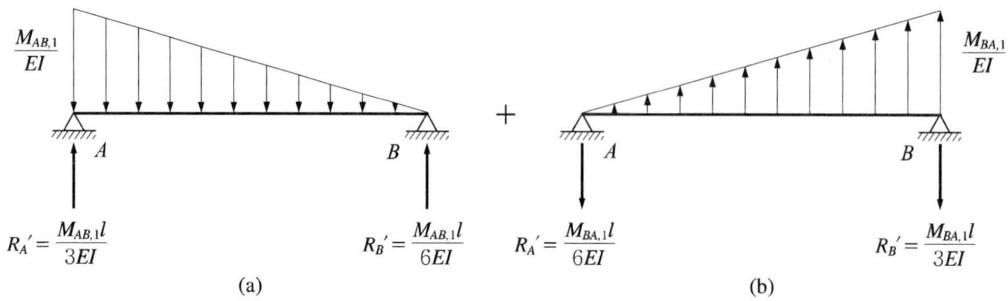

그림 6.19 $\frac{M}{EI}$의 재하에 의한 공액보의 반력

그림 6.19와 같은 $\frac{M}{EI}$의 재하에 의한 공액보의 전단력은 실제 보의 처짐각이다.

$$\theta_{A,1} = V_{A,1}' = \frac{M_{AB,1}l}{3EI} \tag{c}$$

$$\theta_{B,1} = V_{B,1}' = -\frac{M_{AB,1}l}{6EI} \tag{d}$$

$$\theta_{A,2} = V_{A,2}' = -\frac{M_{BA,1}l}{6EI} \tag{e}$$

$$\theta_{B,2} = V_{B,2}' = \frac{M_{BA,1}l}{3EI} \tag{f}$$

절점 A 와 절점 B 의 처짐각은 다음과 같고, 특히 절점 B 의 처짐각은 $\theta_B = 0$ 이다.

$$\theta_A = \theta_{A,1} + \theta_{A,2} = \frac{M_{AB,1}l}{3EI} - \frac{M_{BA,1}l}{6EI} \tag{g}$$

$$\theta_B = \theta_{B,1} + \theta_{B,2} = -\frac{M_{AB,1}l}{6EI} + \frac{M_{BA,1}l}{3EI} = 0 \tag{h}$$

식 (h)로부터 $M_{BA,1}$은 아래와 같다.

$$M_{BA,1} = \frac{M_{AB,1}}{2} \tag{i}$$

식 (i)와 식 (g)로부터 절점 A 의 처짐각 θ_A 를 산정할 수 있다.

$$\theta_A = \frac{M_{AB,1}\, l}{4EI} \tag{j}$$

그러므로 식 (j)와 식 (i)로부터 재단모멘트 $M_{AB,1}$과 $M_{BA,1}$을 θ_A 에 대해 정리하면 다음 식과 같다.

$$M_{AB,1} = \frac{4EI}{l}\theta_A \tag{6.6 a}$$

$$M_{BA,1} = \frac{2EI}{l}\theta_A \tag{6.6 b}$$

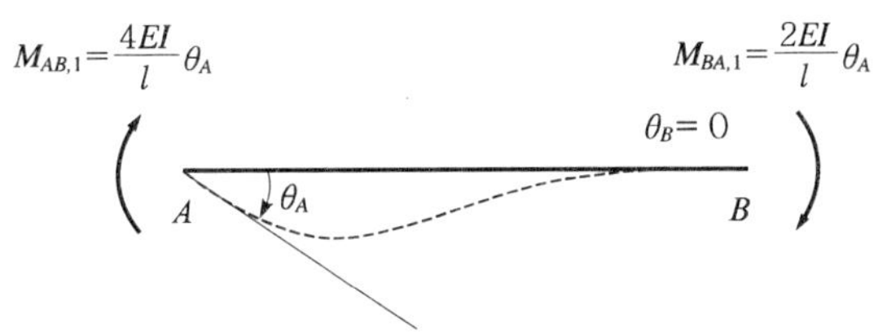

그림 6.20

(2) 절점 B 의 처짐각 θ_B에 의한 재단모멘트 ($\theta_A = R = 0$)

앞서 절점 A 에서와 동일한 산정 방식으로 재단모멘트를 구하면 식 (6.7) 그리고 그림 6.21과 같다.

$$M_{AB,2} = \frac{2EI}{l}\theta_B \tag{6.7 a}$$

$$M_{BA,2} = \frac{4EI}{l}\theta_B \tag{6.7 b}$$

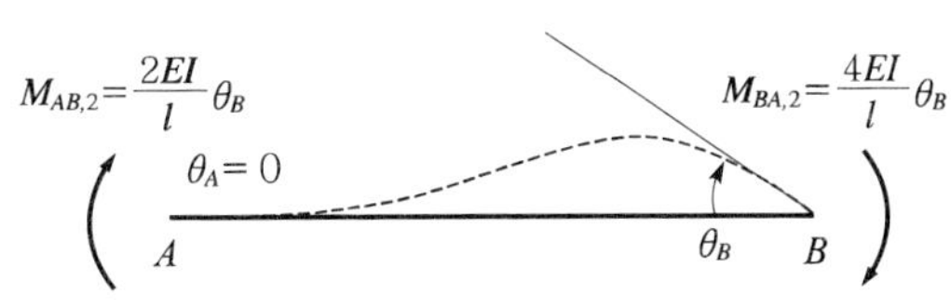

그림 6.21

(3) 부재각 R에 의한 재단모멘트 ($\theta_A = \theta_B = 0$)

그림 6.16 (e) 또는 그림 6.22는 θ_A, θ_B, P 및 w가 영 (0)이며, 단부 조건은 A단과 B단이 힌지인 부재 AB를 나타낸다. 이 부재에 부재각 R (또는 절점의 상대변위 Δ)을 일으키는 재단모멘트를 다음과 같이 산정한다. 부재각 R에 의한 재단모멘트의 산정은 그림 6.22와 같이 그림 6.20과 그림 6.21에서 θ_A와 θ_B 대신에 $-R$을 대입하여 합한 경우와 같다.

$$M_{AB,3} = \frac{4EI}{l}(-R) + \frac{2EI}{l}(-R) = \frac{2EI}{l}(-3R) \qquad (6.8\,\text{a})$$

$$M_{BA,3} = \frac{2EI}{l}(-R) + \frac{4EI}{l}(-R) = \frac{2EI}{l}(-3R) \qquad (6.8\,\text{b})$$

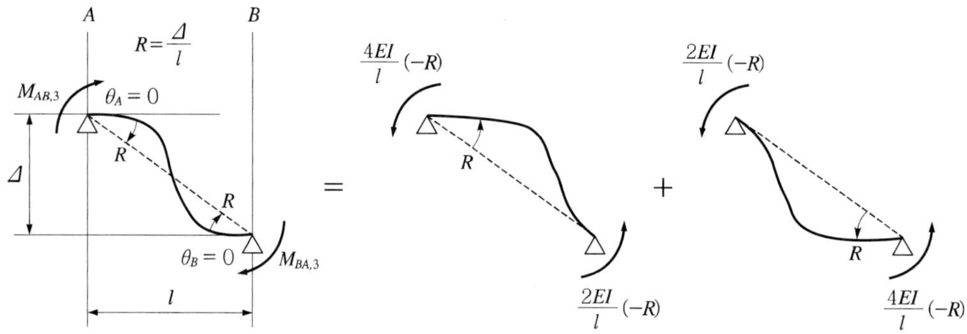

(a) 부재각R에 의한 재단모멘트

(b) 그림 6.20에서 θ_A 대신에 $-R$을 대입

(c) 그림 6.21에서 θ_B 대신에 $-R$을 대입

그림 6.22

(4) 하중에 의한 고정단모멘트 ($\theta_A = \theta_B = R = 0$)

그림 6.16 (f)와 (g) 또는 6.23은 θ_A, θ_B, R이 영 (0)이며, 단부 조건은 양단 고정인 부재 AB를 나타낸다. 이 부재에 작용하는 하중에 대해 양단을 고정시키는 재단모멘트를 고정단모멘트 (Fixed-End Moment : FEM)라 한다. 고정단모멘트 (FEM)는 양단 고정일 때의 재단모멘트 FEM_{ij}를 의미하고, 하중항이라고도 한다 (여기서, $i=A$ 또는 B, $j=B$ 또는 A 이다). 양단 고정인 보에서 임의의 위치에 집중하중이 작용할 경우의 고정단모멘트와 등분포하중이 작용할 경우의 고정단모멘트는 그림 6.23과 같다. 다양한 하중상태에 따른 고정단모멘트 (하중항)는 표 6.5와 같다.

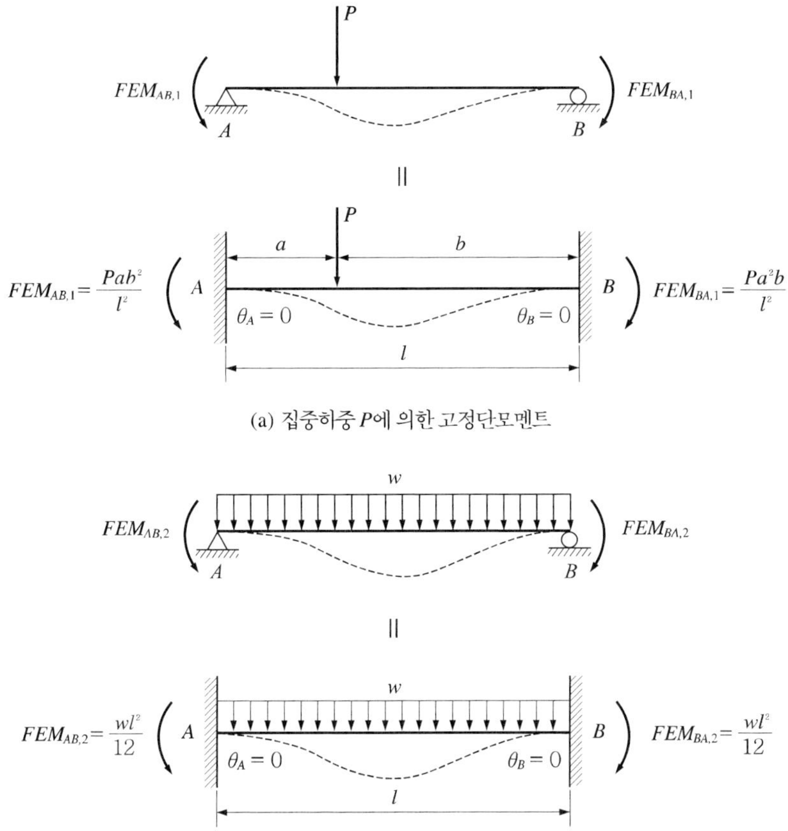

(a) 집중하중 P에 의한 고정단모멘트

(b) 등분포하중 w에 의한 고정단모멘트

그림 6.23 하중에 의한 고정단모멘트

(5) 재단모멘트 M_{AB}와 M_{BA}

그림 6.16 (a)와 같은 양단에 작용하는 재단모멘트 M_{AB}와 M_{BA}는 식 (6.6), 식 (6.7), 식 (6.8) 그리고 고정단모멘트 (FEM)의 합이므로 다음과 같다.

$$M_{AB} = \Sigma M_{AB,i} + \Sigma FEM_{AB,i}$$

$$= \frac{4EI}{l}\theta_A + \frac{2EI}{l}\theta_B - \frac{6EI}{l}R + \Sigma FEM_{AB,i} \tag{k}$$

$$M_{BA} = \Sigma M_{BA,i} + \Sigma FEM_{BA,i}$$

$$= \frac{2EI}{l}\theta_A + \frac{4EI}{l}\theta_B - \frac{6EI}{l}R + \Sigma FEM_{BA,i} \tag{l}$$

따라서 식 (k)와 식 (l)은 변환을 통해 다음과 같은 여러 가지 형태의 처짐각법의 방정식으로 표현할 수 있다.

$$\begin{aligned} M_{AB} &= \frac{2EI}{l}(2\theta_A + \theta_B - 3R) + \Sigma FEM_{AB,i} \\ &= 2EK_{AB}(2\theta_A + \theta_B - 3R) + \Sigma FEM_{AB,i} \\ &= k_{AB}(2\phi_A + \phi_B + \psi) + \Sigma FEM_{AB,i} \end{aligned} \tag{6.9 a}$$

$$\begin{aligned} M_{BA} &= \frac{2EI}{l}(\theta_A + 2\theta_B - 3R) + \Sigma FEM_{BA,i} \\ &= 2EK_{BA}(\theta_A + 2\theta_B - 3R) + \Sigma FEM_{BA,i} \\ &= k_{BA}(\phi_A + 2\phi_B + \psi) + \Sigma FEM_{BA,i} \end{aligned} \tag{6.9 b}$$

여기서, $K_{AB} = K_{BA} = \dfrac{I}{l}$

$\phi_A = 2EK_0\theta_A$

$\phi_B = 2EK_0\theta_B$

$\psi = 2EK_0(-3R)$

$k_{AB} = \dfrac{K_{AB}}{K_0}$

(6) 일단 힌지인 경우의 재단모멘트 M_{AB}와 M_{BA}

식 (6.9)는 일반적인 경우에 대한 재단모멘트 M_{AB}와 M_{BA}를 산정하는 식이다. 만약 부재의 단부 중에서 B단이 힌지인 경우, 재단모멘트 M_{AB}와 M_{BA}는 다음과 같다.

$$M_{AB} = \frac{2EI}{l}(2\theta_A + \theta_B - 3R) + \Sigma FEM_{AB,i} \tag{m}$$

$$M_{BA} = \frac{2EI}{l}(\theta_A + 2\theta_B - 3R) + \Sigma FEM_{BA,i} = 0 \tag{n}$$

식 (n)에 의해 θ_B는 다음 식과 같다.

$$\theta_B = -\frac{\theta_A}{2} + \frac{3}{2}R - \frac{l}{4EI}(\Sigma FEM_{BA,i}) \tag{o}$$

식 (o)를 식 (m)에 대입하여 정리하면 다음 식과 같다.

$$M_{AB} = \frac{3EI}{l}(\theta_A - R) + \left(\Sigma FEM_{AB,i} - \frac{\Sigma FEM_{BA,i}}{2}\right) \tag{p}$$

$$M_{BA} = 0 \tag{q}$$

따라서 B단이 힌지인 경우 재단모멘트 M_{AB}와 M_{BA}는 다음과 같다.

$$\begin{aligned} M_{AB} &= \frac{3EI}{l}(\theta_A - R) + \left(\Sigma FEM_{AB,i} - \frac{\Sigma FEM_{BA,i}}{2}\right) \\ &= 3EK_{AB}(\theta_A - R) + \left(\Sigma FEM_{AB,i} - \frac{\Sigma FEM_{BA,i}}{2}\right) \\ &= k_{AB}(1.5\phi_A + 0.5\psi) + \left(\Sigma FEM_{AB,i} - \frac{\Sigma FEM_{BA,i}}{2}\right) \end{aligned} \tag{6.10 a}$$

$$M_{BA} = 0 \tag{6.10 b}$$

또한 A단이 힌지인 경우 재단모멘트 M_{AB}와 M_{BA}는 다음과 같다.

$$M_{AB} = 0 \tag{6.11 a}$$

$$\begin{aligned} M_{BA} &= \frac{3EI}{l}(\theta_B - R) + \left(\Sigma FEM_{BA,i} - \frac{\Sigma FEM_{AB,i}}{2}\right) \\ &= 3EK_{BA}(\theta_B - R) + \left(\Sigma FEM_{BA,i} - \frac{\Sigma FEM_{AB,i}}{2}\right) \\ &= k_{BA}(1.5\phi_B + 0.5\psi) + \left(\Sigma FEM_{BA,i} - \frac{\Sigma FEM_{AB,i}}{2}\right) \end{aligned} \tag{6.11 b}$$

따라서 일단 힌지인 경우의 해석방법은 두 가지가 될 수 있다. 첫 번째 해석방법으로는 식 (6.9)와 같은 처짐각법의 방정식에 따라 모든 재단모멘트들을 산정한 후, 절점 방정식에 따라 모든 처짐각과 재단모멘트들을 산정하는 것이다. 두 번째 해석방법으로는 일단 힌지의 성질을 고려한 식 (6.10) 또는 식 (6.11)의 재단모멘트와 절점방정식으로부터 처짐각과 재단모멘트를 산정하는 것이다.

첫 번째 해석방법은 연립방정식을 이용하여 처짐각을 해석해야하는 번거로움은 있으나, 절점방정식으로부터 모든 처짐각을 구한 후 재단모멘트를 산정한다. 그러나 두 번째 해석방법은 절점방정식으로부터 비교적 쉽게 재단모멘트를 산정할 수 있으나, 힌지의 처짐각은 식 (6.9)에 따라 다시 산정해야 한다.

6.3.6 절점방정식

한 절점에 모인 각 부재의 재단모멘트의 합은 그 절점에 작용하는 모멘트와 평형을 이루어야 하며, 식 (6.12)와 같이 나타낼 수 있다. 절점수 만큼의 절점방정식 (모멘트식)이 생긴다.

① 절점 A에 모멘트 M이 작용할 경우

$$M_{AB} + M_{AC} + M_{AD} + M_{AE} = M \tag{6.12 a}$$

② 절점 A에 모멘트 M이 작용하지 않을 경우

$$M_{AB} + M_{AC} + M_{AD} + M_{AE} = 0 \tag{6.12 b}$$

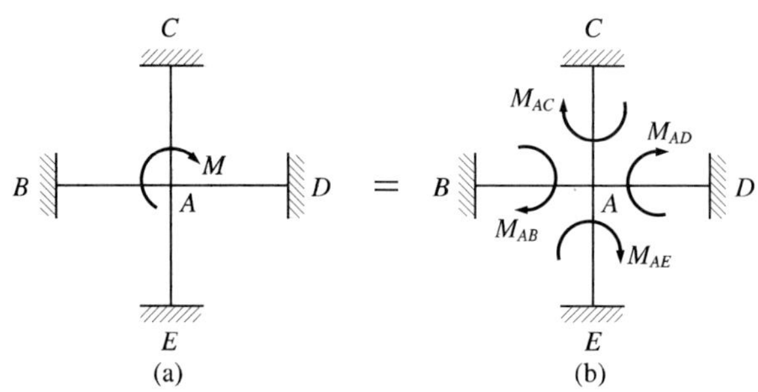

그림 6.24 절점방정식

6.3.7 층방정식

(1) 개요

주로 라멘 구조물에서 수평하중이 작용하여 절점이 이동할 때에는 처짐각(θ) 이외에 부재각(R)이 미지수로 추가된다. 이와 같이 수평하중이 작용하는 라멘의 보 부재에서는 회전은 일어나지 않고 기둥의 부재각이 각 층마다 공통으로 층수에 해당하는 미지수가 증가된다. 따라서 층수에 해당하는 층방정식(전단력식)이 필요하다. 아래의 층방정식은 수평하중이 각 층 바닥에 작용하는 경우에 대한 것이다.

(2) 층방정식의 유도 (2층 구조물의 경우)

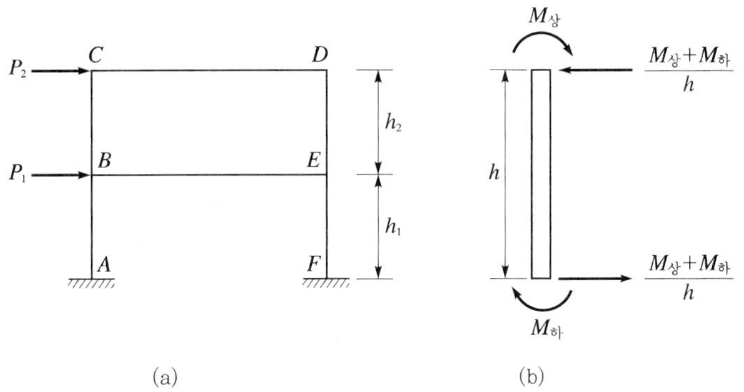

그림 6.25

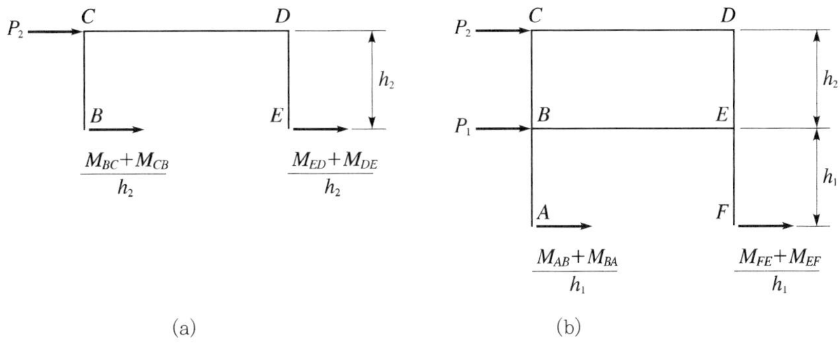

그림 6.26

① 제2층 층방정식

그림 6.26 (a)의 2층 부분 자유물체도에서 수평방향 평형방정식은 다음과 같다.

$$\Sigma X = \frac{M_{BC}+M_{CB}}{h_2}+\frac{M_{ED}+M_{DE}}{h_2}+P_2=0 \quad (6.13\text{ a})$$

또는 $\Sigma M=(M_{BC}+M_{CB})+(M_{ED}+M_{DE})+P_2 h_2=0 \quad (6.13\text{ b})$

② 제1층 층방정식

그림 6.26 (b)의 1층+2층 부분 자유물체도에서 수평방향 평형방정식은 다음과 같다.

$$\Sigma X = \frac{M_{AB}+M_{BA}}{h_1}+\frac{M_{FE}+M_{EF}}{h_1}+P_1+P_2=0 \quad (6.14\text{ a})$$

또는 $\Sigma M=(M_{AB}+M_{BA})+(M_{FE}+M_{EF})+(P_1+h_2)h_1=0 \quad (6.14\text{ b})$

주1) 층전단력

① 제2층 층전단력 : $V_{\mathrm{II}}=P_2$

② 제1층 층전단력 : $V_{\mathrm{I}}=P_1+P_2$

주2) 층모멘트

① 제2층 층모멘트 : $M_{\mathrm{II}}=P_2 h_2$

② 제1층 층모멘트 : $M_{\mathrm{I}}=(P_1+P_2)h_1$

6.3.8 미지수와 방정식

표 6.7 처짐각법에서 미지수와 방정식

미지수	방정식
처짐각 θ (또는 ϕ)	절점의 수와 같은 절점방정식
부재각 R (또는 ψ)	층의 수와 같은 층방정식

6.3.9 처짐각법의 해석순서

(1) 미지수(처짐각 θ, 부재각 R)를 선정한다.
(2) 강도와 고정단모멘트(하중항)를 산정한다.
(3) 각 부재마다 처짐각법의 방정식을 세운다.
(4) 절점방정식(각 절점마다 1개의 식)이나 층방정식(라멘에서 각 층마다 1개의 식)을 세운다.
(5) 절점방정식과 층방정식을 연립시켜 미지수를 구한다.
(6) 이 미지수를 처짐각법의 방정식에 대입하여 재단모멘트를 구한다.
(7) 재단모멘트에 의해 전체구조물의 휨모멘트도 등의 단면력을 산정한다.

예제 6.6 그림과 같은 구조에서 기둥 부재 AD에 압축력만 생기게 하려면 절점 A에서 내민 부재 길이 x 의 값은 얼마인가?

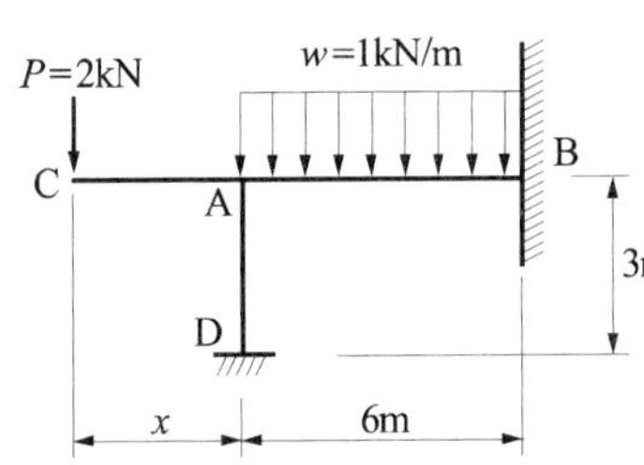

그림 6.27

↳ 절점 A에서는 하중으로 작용하는 모멘트가 영(0)이다. 즉 점 A를 중심으로 기둥에는 모멘트가 없으므로 보의 재단모멘트인 M_{AC}와 M_{AB}의 합은 영(0)이다. 또는

$$|M_{AC}| = |M_{AB}|$$

$$2x = \frac{wl^2}{12} = \frac{1 \times 6^2}{12}$$

$$\therefore x = 1.5\,\text{m}$$

예제 6.7 다음 그림과 같은 연속보의 재단모멘트와 반력을 처짐각법을 이용하여 산정하고 단면력도를 그리시오. 단, 탄성계수 E는 일정하다.

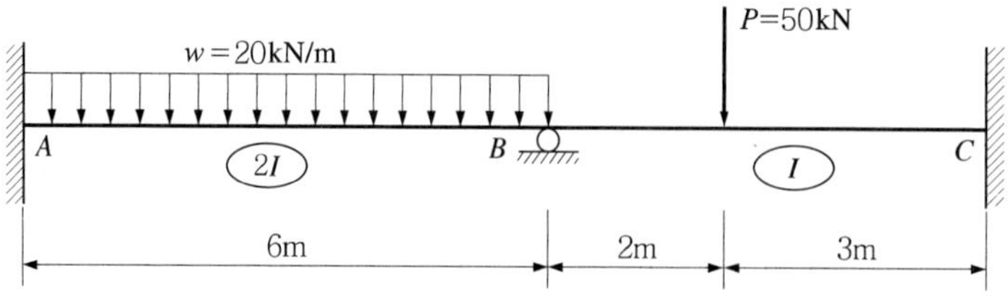

그림 6.28

(1) 미지수

① 절점 A, C는 회전하지 않음 : 처짐각 $\theta_A = \theta_C = 0$

② 모든 절점은 이동이 없음 : 부재각 $R = 0$

③ 절점 B는 θ_B만큼 회전 : $\theta_B = ?$ (미지수는 1개)

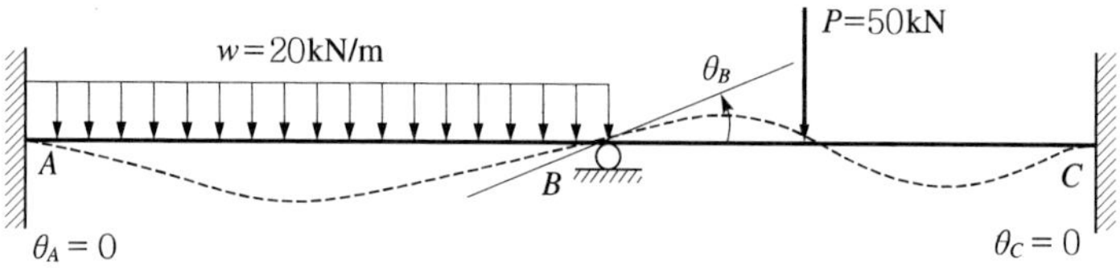

그림 6.29 구조물의 변형

표 6.8 절점의 처짐각 및 부재각

절점	성질	처짐각 및 부재각	비고
A, C	회전 없음	$\theta_A = \theta_C = 0$	
	이동 없음	$R = 0$	
B	회전 있음	$\theta_B = ?$	미지수 1개
	이동 없음	$R = 0$	

(2) 고정단모멘트

$$FEM_{AB} = -\frac{wl^2}{12} = -\frac{20 \times 6^2}{12} = -60\ \text{kN} \cdot \text{m}$$

$$FEM_{BA} = \frac{wl^2}{12} = 60\ \text{kN} \cdot \text{m}$$

$$FEM_{BC}=-\frac{Pab^2}{l^2}=-\frac{50\times 2\times 3^2}{5^2}=-36\ \text{kN}\cdot\text{m}$$

$$FEM_{CB}=\frac{Pa^2b}{l^2}=\frac{50\times 2^2\times 3}{5^2}=24\ \text{kN}\cdot\text{m}$$

(3) 처짐각법의 방정식

$$M_{AB}=\frac{2(2EI)}{6}(2\times 0+\theta_B-3\times 0)-60=\frac{2}{3}EI\theta_B-60 \quad \text{(a)}$$

$$M_{BA}=\frac{2(2EI)}{6}(2\times\theta_B+0-3\times 0)+60=\frac{4}{3}EI\theta_B+60 \quad \text{(b)}$$

$$M_{BC}=\frac{2(EI)}{5}(2\times\theta_B+0-3\times 0)-36=\frac{4}{5}EI\theta_B-36 \quad \text{(c)}$$

$$M_{CB}=\frac{2(EI)}{5}(2\times 0+\theta_B-3\times 0)+24=\frac{2}{5}EI\theta_B+24 \quad \text{(d)}$$

(4) 절점방정식

$$\Sigma M_B=M_{BA}+M_{BC} \quad \text{(e)}$$

$$=\frac{4}{3}EI\theta_B+60+\frac{4}{5}EI\theta_B-36=\frac{32}{15}EI\theta_B+24=0$$

$$\therefore\ EI\theta_B=-\frac{45}{4}$$

(5) 재단모멘트

$$M_{AB}=\frac{2}{3}EI\theta_B-60=\frac{2}{3}\times\left(-\frac{45}{4}\right)-60=-67.5\ \text{kN}\cdot\text{m}$$

$$M_{BA}=\frac{4}{3}EI\theta_B+60=\frac{4}{3}\times\left(-\frac{45}{4}\right)+60=45.0\ \text{kN}\cdot\text{m}$$

$$M_{BC}=\frac{4}{5}EI\theta_B-36=\frac{4}{5}\times\left(-\frac{45}{4}\right)-36=-45.0\ \text{kN}\cdot\text{m}$$

$$M_{CB}=\frac{2}{5}EI\theta_B+24=\frac{2}{5}\times\left(-\frac{45}{4}\right)+24=19.5\ \text{kN}\cdot\text{m}$$

(6) 반력 및 단면력도

반력의 산정은 부재 AB와 부재 BC의 각각에 대해 재단모멘트를 표시하고, 힘의 평형방정식에 따라 각 부재의 반력을 산정한 후, 전체 부재에 대해 조합한다.

① 부재 AB

㉠ $\Sigma M_{B(AB)} = R_A \times 6 - 67.5 - 20 \times 6 \times 3 + 45 = 0 \quad \therefore R_A = 63.75\text{ kN}$

㉡ $\Sigma Y = R_A - 20 \times 6 + R_{B,1} = 0 \quad \therefore R_{B,1} = 56.25\text{ kN}$

② 부재 BC

㉠ $\Sigma M_{C(BC)} = R_{B,2} \times 5 - 45 - 50 \times 3 + 19.5 = 0 \quad \therefore R_{B,2} = 35.10\text{ kN}$

㉡ $\Sigma Y = R_{B,2} - 50 + R_C = 0 \quad \therefore R_C = 14.90\text{ kN}$

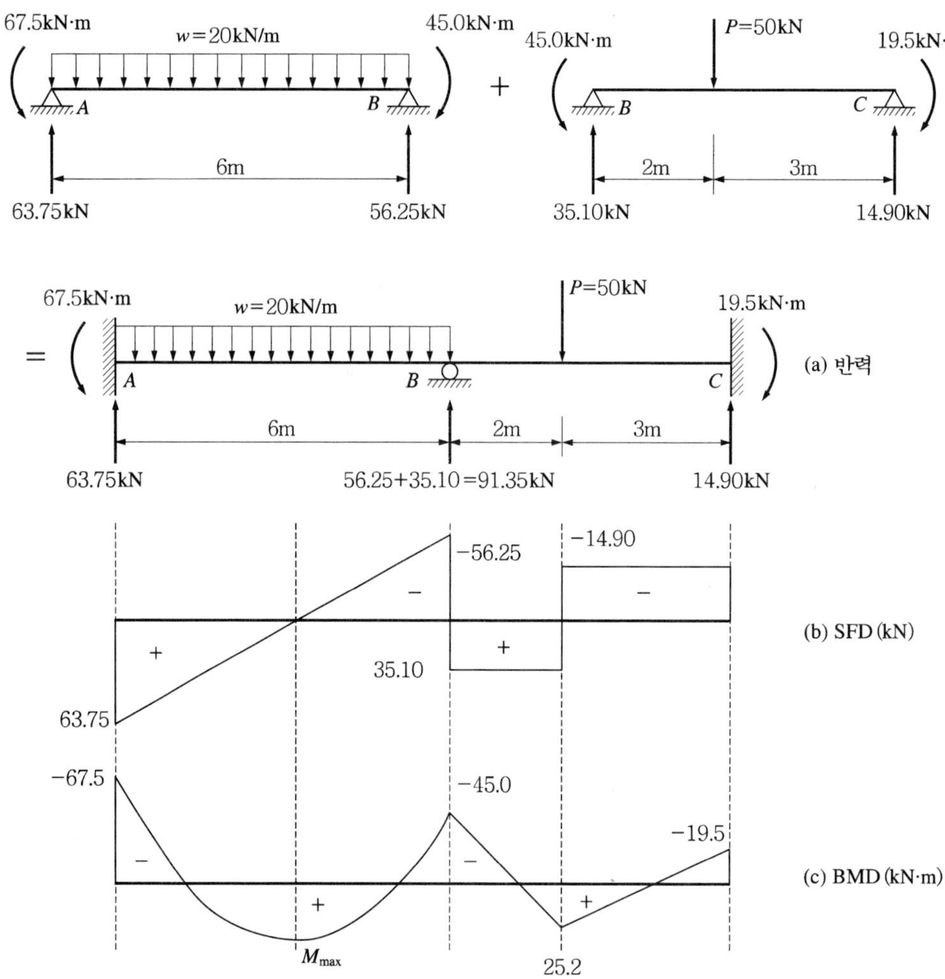

그림 6.30 반력 및 단면력도

구간 AB에서 최대 휨모멘트 M_{max}를 산정하기 위해, 그림 6.30 (b)에서 전단력이 영 (0)인 곳을 산정하면 다음과 같다.

$6 : x = 120 : 63.75$

$\therefore\ x = 3.1875\ \mathrm{m}$

따라서 구간 AB에서 최대 휨모멘트 M_{max}는 다음과 같다.

$$M_{max} = -67.5 + \frac{1}{2} \times 63.75 \times 3.1875 = 34.1\ \mathrm{kN \cdot m}$$

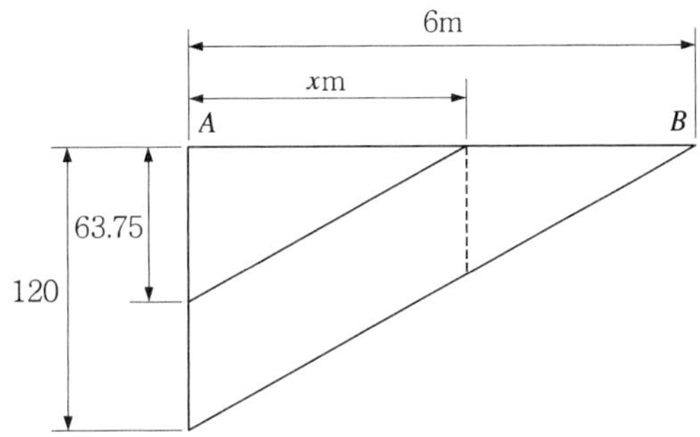

그림 6.31

- 재단모멘트의 부호규약
  ① 시계방향 (⌒↘) : 양 (+)
  ② 반시계방향 (↙⌒) : 음 (−)

- 휨모멘트의 부호규약은 좌우구분 없이
  ① 아랫방향으로 휨 : 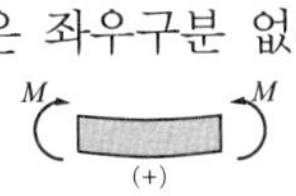

  ② 윗방향으로 휨 : 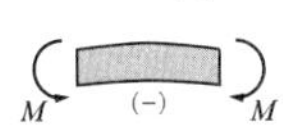

- 부재의 왼쪽에서는 재단모멘트와 휨모멘트의 부호가 같고, 오른쪽에서는 서로 반대가 된다.

예제 6.8 다음 그림과 같은 연속보의 재단모멘트와 반력을 처짐각법을 이용하여 산정하고 단면력도를 그리시오. 단, 탄성계수 E는 일정하다.

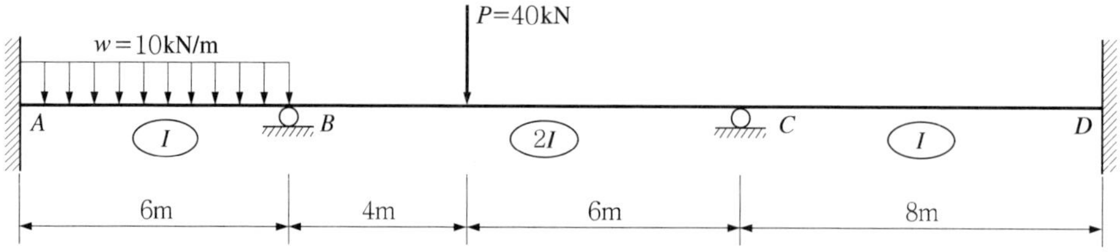

그림 6.32

(1) 미지수

① 절점 A, D는 회전하지 않음 : 처짐각 $\theta_A = \theta_D = 0$

② 모든 절점은 이동이 없음 : 부재각 $R = 0$

③ 절점 B와 C는 각각 θ_B와 θ_C만큼 회전 : $\theta_B = ?$, $\theta_C = ?$ (미지수는 2개)

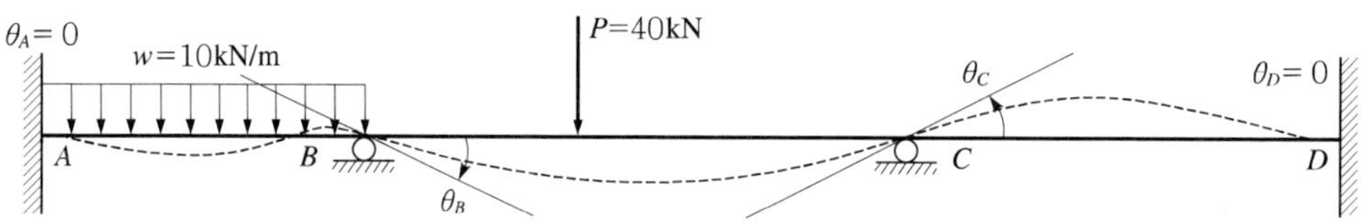

그림 6.33 구조물의 변형

표 6.9 절점의 처짐각 및 부재각

절점	성질	처짐각 및 부재각	비고
A, D	회전 없음	$\theta_A = \theta_D = 0$	
	이동 없음	$R = 0$	
B, C	회전 있음	$\theta_B = ?$, $\theta_C = ?$	미지수 2개
	이동 없음	$R = 0$	

(2) 고정단모멘트

$$FEM_{AB} = -\frac{wl^2}{12} = -\frac{10 \times 6^2}{12} = -30\ \text{kN} \cdot \text{m}$$

$$FEM_{BA} = \frac{wl^2}{12} = 30\ \text{kN} \cdot \text{m}$$

$$FEM_{BC} = -\frac{Pab^2}{l^2} = -\frac{40\times4\times6^2}{10^2} = -\frac{288}{5} = -57.6\ \text{kN}\cdot\text{m}$$

$$FEM_{CB} = \frac{Pa^2b}{l^2} = \frac{40\times4^2\times6}{10^2} = \frac{192}{5} = 38.4\ \text{kN}\cdot\text{m}$$

(3) 처짐각법의 방정식

$$M_{AB} = \frac{2(EI)}{6}(2\times0+\theta_B-3\times0)-30 = \frac{1}{3}EI\theta_B-30 \qquad \text{(a)}$$

$$M_{BA} = \frac{2(EI)}{6}(2\times\theta_B+0-3\times0)+30 = \frac{2}{3}EI\theta_B+30 \qquad \text{(b)}$$

$$M_{BC} = \frac{2(2EI)}{10}(2\times\theta_B+\theta_C-3\times0)-\frac{288}{5} = \frac{4}{5}EI\theta_B+\frac{2}{5}EI\theta_C-\frac{288}{5} \qquad \text{(c)}$$

$$M_{CB} = \frac{2(2EI)}{10}(2\times\theta_C+\theta_B-3\times0)+\frac{192}{5} = \frac{4}{5}EI\theta_C+\frac{2}{5}EI\theta_B+\frac{192}{5} \qquad \text{(d)}$$

$$M_{CD} = \frac{2(EI)}{8}(2\times\theta_C+0-3\times0)+0 = \frac{1}{2}EI\theta_C \qquad \text{(e)}$$

$$M_{DC} = \frac{2(EI)}{8}(2\times0+\theta_C-3\times0)+0 = \frac{1}{4}EI\theta_C \qquad \text{(f)}$$

(4) 절점방정식

$$\begin{aligned}\Sigma M_B &= M_{BA}+M_{BC} \qquad \text{(g)}\\ &= \frac{2}{3}EI\theta_B+30+\frac{4}{5}EI\theta_B+\frac{2}{5}EI\theta_C-\frac{288}{5}\\ &= \frac{22}{15}EI\theta_B+\frac{2}{5}EI\theta_C-\frac{138}{5}=0\end{aligned}$$

$$\begin{aligned}\Sigma M_C &= M_{CB}+M_{CD} \qquad \text{(h)}\\ &= \frac{4}{5}EI\theta_C+\frac{2}{5}EI\theta_B+\frac{192}{5}+\frac{1}{2}EI\theta_C\\ &= \frac{2}{5}EI\theta_B+\frac{13}{10}EI\theta_C+\frac{192}{5}=0\end{aligned}$$

식 (g)와 식 (h)에 의해 θ_B와 θ_C는 다음과 같다.

$$EI\theta_B = \frac{3,843}{131}$$

$$EI\theta_C = -\frac{5,052}{131}$$

(5) 재단모멘트

$$M_{AB}=\frac{1}{3}EI\theta_B-30=\frac{1}{3}\times\left(\frac{3,843}{131}\right)-30=-20.221\ \text{kN}\cdot\text{m}$$

$$M_{BA}=\frac{2}{3}EI\theta_B+30=\frac{2}{3}\times\left(\frac{3,843}{131}\right)+30=49.557\ \text{kN}\cdot\text{m}$$

$$M_{BC}=\frac{4}{5}EI\theta_B+\frac{2}{5}EI\theta_C-\frac{288}{5}$$
$$=\frac{4}{5}\times\left(\frac{3,843}{131}\right)+\frac{2}{5}\times\left(-\frac{5,052}{131}\right)-\frac{288}{5}=-49.557\ \text{kN}\cdot\text{m}$$

$$M_{CB}=\frac{4}{5}EI\theta_C+\frac{2}{5}EI\theta_B+\frac{192}{5}$$
$$=\frac{4}{5}\times\left(-\frac{5,052}{131}\right)+\frac{2}{5}\times\left(\frac{3,843}{131}\right)+\frac{192}{5}=19.282\ \text{kN}\cdot\text{m}$$

$$M_{CD}=\frac{1}{2}EI\theta_C=\frac{1}{2}\times\left(-\frac{5,052}{131}\right)=-19.282\ \text{kN}\cdot\text{m}$$

$$M_{DC}=\frac{1}{4}EI\theta_C=\frac{1}{4}\times\left(-\frac{5,052}{131}\right)=-9.641\ \text{kN}\cdot\text{m}$$

(6) 반력 및 단면력도

반력의 산정은 부재 AB, 부재 BC와 부재 CD의 각각에 대해 재단모멘트를 표시하고 힘의 평형방정식에 따라 부재의 반력을 산정한다.

① 부재 AB

㉠ $\Sigma M_{B(AB)}=R_A\times 6-20.221-10\times 6\times 3+49.557=0$

$\therefore\ R_A=25.110\ \text{kN}$

㉡ $\Sigma Y=R_A-10\times 6+R_{B,1}=0$

$\therefore\ R_{B,1}=34.890\ \text{kN}$

② 부재 BC

㉠ $\Sigma M_{C(BC)}=R_{B,2}\times 10-49.557-40\times 6+19.282=0$

$\therefore\ R_{B,2}=27.028\ \text{kN}$

㉡ $\Sigma Y=R_{B,2}-40+R_{C,1}=0$

$\therefore\ R_{C,1}=12.972\ \text{kN}$

③ 부재 CD

㉠ $\Sigma M_{D(CD)}=R_{C,2}\times 8-19.282-9.641=0$

$\therefore\ R_C=3.615\ \text{kN}$

㉡ $\Sigma Y=R_{C,2}+R_D=0$

$\therefore\ R_D=-3.615\ \text{kN}$

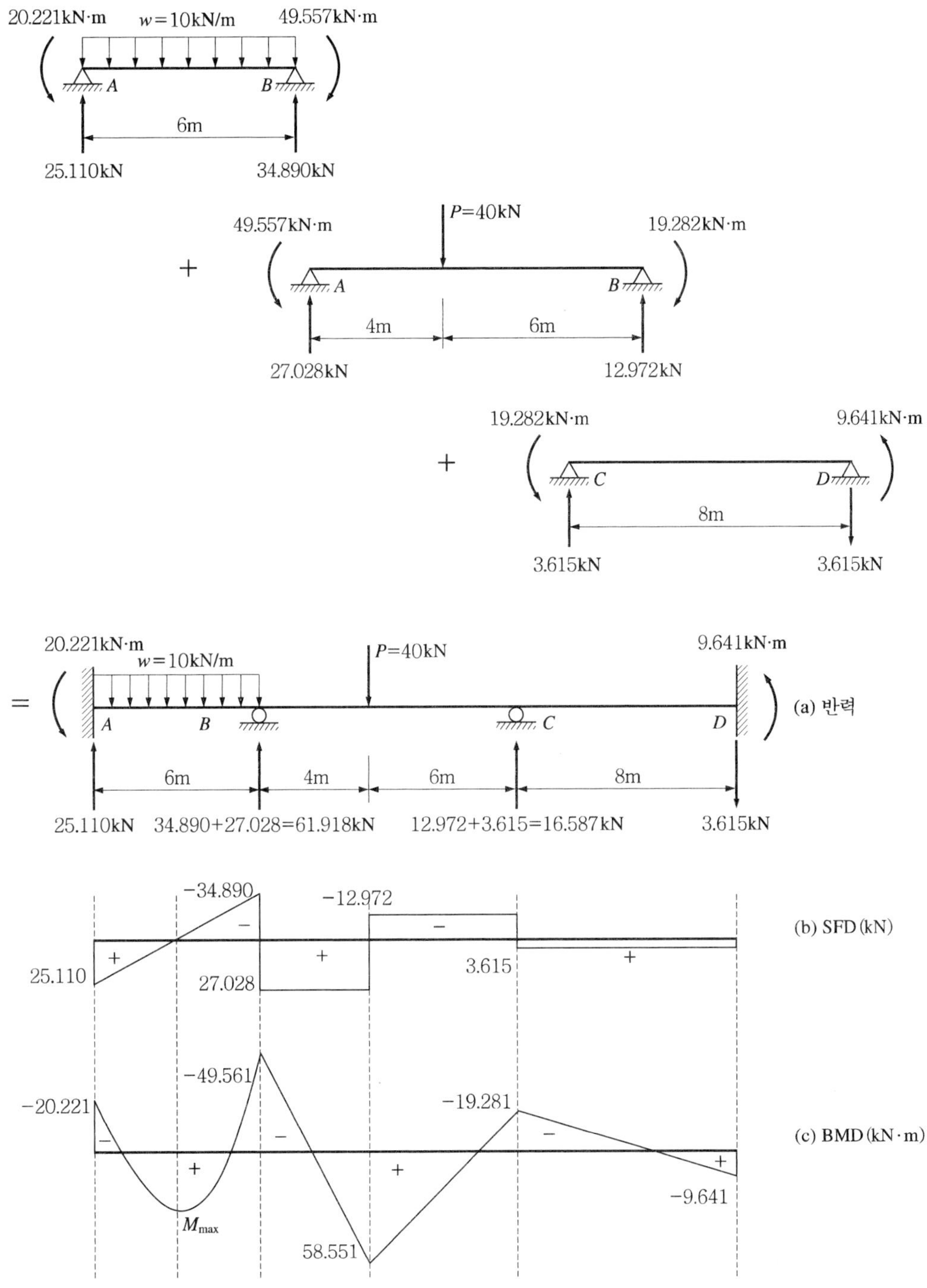

그림 6.34 반력 및 단면력도

구간 AB에서 최대 휨모멘트 M_{max}를 산정하기 위해, 그림 6.34 (b)에서 전단력이 영 (0)인 곳을 산정하면 다음과 같다.

$6 : x = 60 : 25.110$

$\therefore \; x = 2.511 \text{ m}$

따라서 구간 AB에서 최대 휨모멘트 M_{max}는 다음과 같다.

$$M_{max} = -20.22 + \frac{1}{2} \times 25.110 \times 2.511 = 11.3 \text{ kN} \cdot \text{m}$$

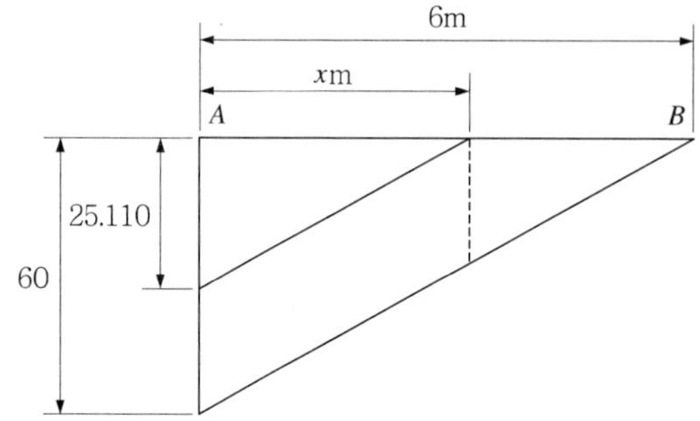

그림 6.35

예제 6.9 다음 그림과 같은 연속보의 재단모멘트와 반력을 처짐각법을 이용하여 산정하고 단면력도를 그리시오. 단, 탄성계수 E는 일정하다.

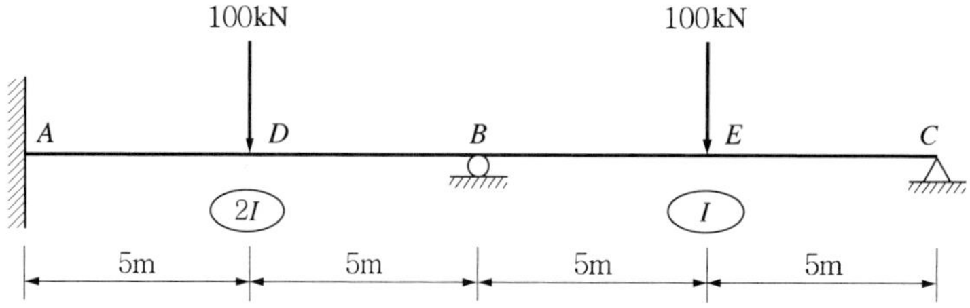

그림 6.36

예제와 같이 지점 C가 힌지인 경우, 일단 힌지-타단 고정인 상태이며 해석방법은 다음과 같이 두 가지로 할 수 있다.

방법 [1]은 식 (6.9)의 처짐각법의 방정식에서 지점 C를 완전고정인 상태의 고정단 모멘트를 사용하고 절점 C의 모멘트 합이 영 (0)인 것을 이용하는 것이며, 방법 [2]는 식 (6.10) 또는 식 (6.11)에서와 같이 처짐각법의 방정식에서 지점 C의 힌지 성질을 미리 고려하는 것이다.

1. 방법 [1]

(1) 미지수

① 절점 A는 회전하지 않음 : 처짐각 $\theta_A = 0$

② 모든 절점은 이동이 없음 : 부재각 $R = 0$

③ 절점 B, C는 각각 θ_B와 θ_C만큼 회전 : $\theta_B = ?$ 그리고 $\theta_C = ?$ (미지수는 2개)

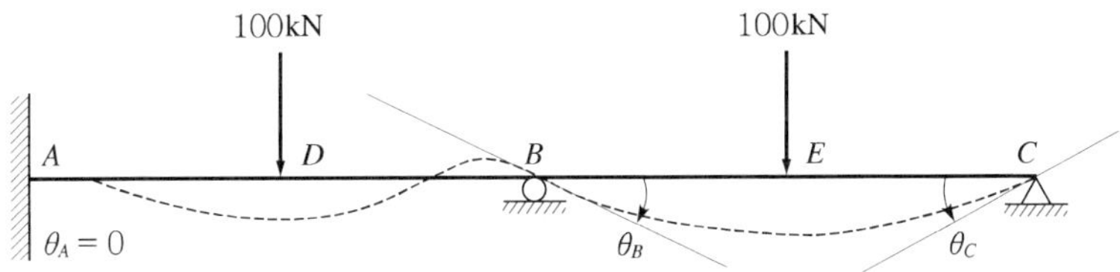

그림 6.37 구조물의 변형

표 6.10 절점의 처짐각 및 부재각

절점	성질	처짐각 및 부재각	비고
A	회전 없음	$\theta_A = 0$	
	이동 없음	$R = 0$	
B, C	회전 있음	$\theta_B = ?$, $\theta_C = ?$	미지수 2개
	이동 없음	$R = 0$	

(2) 고정단모멘트

$$FEM_{AB} = -\frac{Pl}{8} = -\frac{100 \times 10}{8} = -125 \text{ kN} \cdot \text{m}$$

$$FEM_{BA} = \frac{Pl}{8} = 125 \text{ kN} \cdot \text{m}$$

$$FEM_{BC} = -\frac{Pl}{8} = -\frac{100 \times 10}{8} = -125 \text{ kN} \cdot \text{m}$$

$$FEM_{CB} = \frac{Pl}{8} = 125 \text{ kN} \cdot \text{m}$$

(3) 처짐각법의 방정식

$$M_{AB} = \frac{2(2EI)}{10}(2 \times 0 + \theta_B - 3 \times 0) - 125 = \frac{2}{5}EI\theta_B - 125 \quad \text{(a)}$$

$$M_{BA} = \frac{2(2EI)}{10}(2 \times \theta_B + 0 - 3 \times 0) + 125 = \frac{4}{5}EI\theta_B + 125 \quad \text{(b)}$$

$$M_{BC} = \frac{2(EI)}{10}(2 \times \theta_B + \theta_C - 3 \times 0) - 125 = \frac{2}{5}EI\theta_B + \frac{1}{5}EI\theta_C - 125 \quad \text{(c)}$$

$$M_{CB} = \frac{2(EI)}{10}(2\times\theta_C + \theta_B - 3\times 0) + 125 = \frac{2}{5}EI\theta_C + \frac{1}{5}EI\theta_B + 125 \quad \text{(d)}$$

(4) 절점방정식

$$\Sigma M_B = M_{BA} + M_{BC} \quad \text{(e)}$$

$$= \frac{4}{5}EI\theta_B + 125 + \frac{2}{5}EI\theta_B + \frac{1}{5}EI\theta_C - 125$$

$$= \frac{6}{5}EI\theta_B + \frac{1}{5}EI\theta_C = 0$$

$$\Sigma M_C = M_{CB} \quad \text{(f)}$$

$$= \frac{2}{5}EI\theta_C + \frac{1}{5}EI\theta_B + 125 = 0$$

식 (e)로부터 $\theta_C = -6\theta_B$ 이고 또한 식 (f)로부터 θ_B와 θ_C는 다음과 같다.

$$EI\theta_B = \frac{625}{11}$$

$$EI\theta_C = -\frac{3,750}{11}$$

(5) 재단모멘트

$$M_{AB} = \frac{2}{5}EI\theta_B - 125 = \frac{2}{5}\times\left(\frac{625}{11}\right) - 125 = -102.273\ \text{kN}\cdot\text{m}$$

$$M_{BA} = \frac{4}{5}EI\theta_B + 125 = \frac{4}{5}\times\left(\frac{625}{11}\right) + 125 = 170.455\ \text{kN}\cdot\text{m}$$

$$M_{BC} = \frac{2}{5}EI\theta_B + \frac{1}{5}EI\theta_C - 125$$

$$= \frac{2}{5}\times\left(\frac{625}{11}\right) + \frac{1}{5}\times\left(-\frac{3,750}{11}\right) - 125 = -170.455\ \text{kN}\cdot\text{m}$$

$$M_{CB} = \frac{2}{5}EI\theta_C + \frac{1}{5}EI\theta_B + 125$$

$$= \frac{2}{5}\times\left(-\frac{3,750}{11}\right) + \frac{1}{5}\times\left(\frac{625}{11}\right) + 125 = 0\ \text{kN}\cdot\text{m}$$

(6) 반력 및 단면력도

반력은 각 부재별로 힘의 평형방정식 ($\Sigma M = 0$, $\Sigma Y = 0$)을 적용하여 산정한다.

① 부재 AB

㉠ $\Sigma M_{B(AB)} = R_A \times 10 - 102.273 - 100\times 5 + 170.455 = 0$

$\therefore\ R_A = 43.182\ \text{kN}$

㉡ $\Sigma Y = R_A - 100 + R_{B,1} = 0$

$\therefore\ R_{B,1} = 56.818$ kN

② 부재 BC

㉠ $\Sigma M_{C(BC)} = R_{B,2} \times 10 - 170.455 - 100 \times 5 + 0 = 0$

$\therefore\ R_{B,2} = 67.046$ kN

㉡ $\Sigma Y = R_{B,2} - 100 + R_C = 0$

$\therefore\ R_C = 32.955$ kN

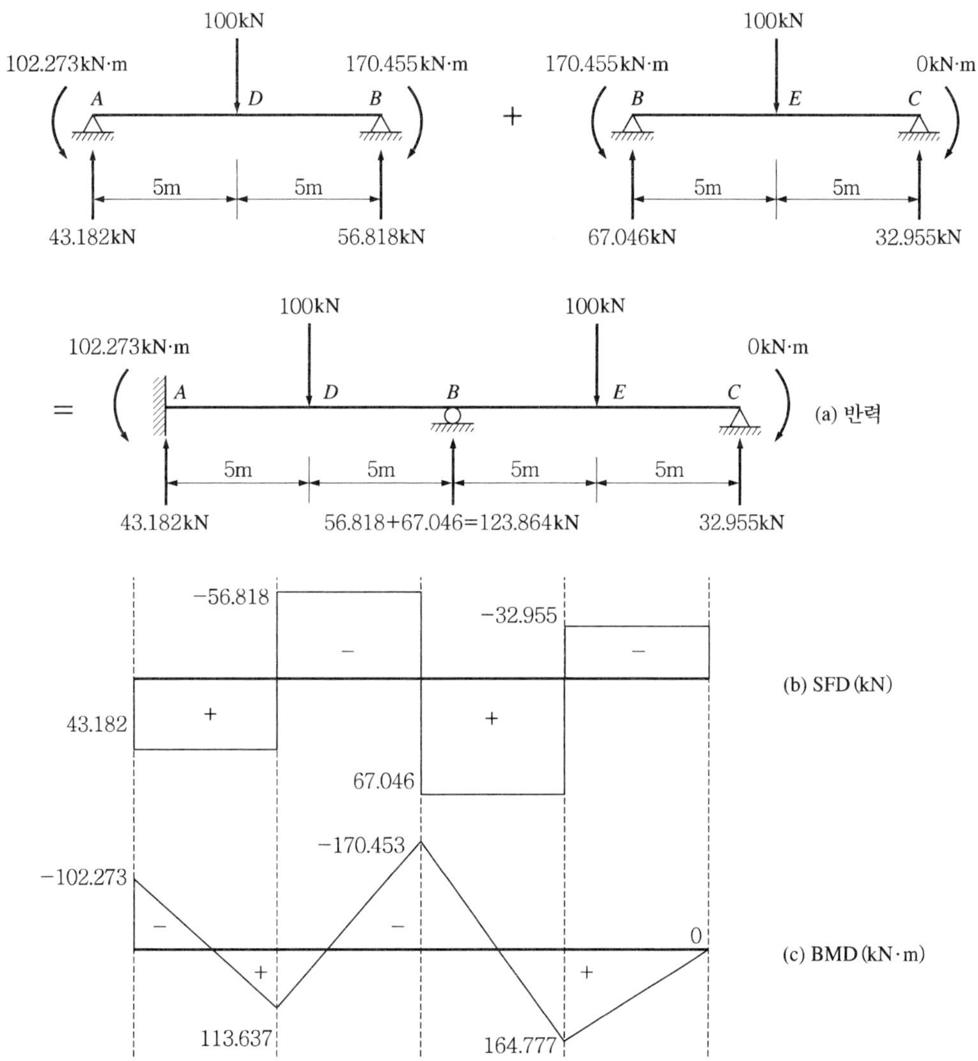

그림 6.38 반력 및 단면력도

2. 방법 [2]

(1) 미지수

미지수는 방법 [1]과 동일하다.

(2) 고정단모멘트

$$FEM_{AB} =- \frac{Pl}{8} =- \frac{100 \times 10}{8} =- 125 \text{ kN} \cdot \text{m}$$

$$FEM_{BA} = \frac{Pl}{8} = 125 \text{ kN} \cdot \text{m}$$

$$FEM_{BC} - \frac{FEM_{CB}}{2} =- \frac{3Pl}{16} =- \frac{3 \times 100 \times 10}{16} =- \frac{375}{2} \text{ kN} \cdot \text{m}$$

(3) 처짐각법의 방정식

$$M_{AB} = \frac{2(2EI)}{10}(2 \times 0 + \theta_B - 3 \times 0) - 125 = \frac{2}{5} EI\theta_B - 125 \quad \text{(a)}$$

$$M_{BA} = \frac{2(2EI)}{10}(2 \times \theta_B + 0 - 3 \times 0) + 125 = \frac{4}{5} EI\theta_B + 125 \quad \text{(b)}$$

$$M_{BC} = \frac{3(EI)}{10}(\theta_B - 0) - \frac{375}{2} = \frac{3}{10} EI\theta_B - \frac{375}{2} \quad \text{(c)}$$

$$M_{CB} = 0 \quad \text{(d)}$$

(4) 절점방정식

$$\Sigma M_B = M_{BA} + M_{BC} \quad \text{(e)}$$

$$= \frac{4}{5} EI\theta_B + 125 + \frac{3}{10} EI\theta_B - \frac{375}{2} = \frac{11}{10} EI\theta_B - \frac{125}{2} = 0$$

$$\therefore EI\theta_B = \frac{625}{11}$$

또한 힌지 단부의 처짐각 θ_C를 산정하고자 할 경우 처짐각 방정식을 이용하여 산정한다.

$$FEM_{CB} = \frac{Pl}{8} = 125 \text{ kN} \cdot \text{m}$$

$$M_{CB} = \frac{2EI}{l}(2\theta_C + \theta_B - 3R) + \Sigma FEM_{CB,i}$$

$$= \frac{2EI}{10}(2\theta_C + \theta_B - 3 \times 0) + 125 = \frac{2}{5} EI\theta_C + \frac{1}{5} EI\theta_B + 125 = 0$$

$EI\theta_B = \dfrac{625}{11}$ 를 대입하여 정리하면 다음과 같다.

$$\therefore\ EI\theta_C = -\frac{3{,}750}{11}$$

(5) 재단모멘트

$$M_{AB} = \frac{2}{5}EI\theta_B - 125 = \frac{2}{5}\times\left(\frac{625}{11}\right) - 125 = -102.273\ \text{kN}\cdot\text{m}$$

$$M_{BA} = \frac{4}{5}EI\theta_B + 125 = \frac{4}{5}\times\left(\frac{625}{11}\right) + 125 = 170.455\ \text{kN}\cdot\text{m}$$

$$M_{BC} = \frac{3}{10}EI\theta_B - \frac{375}{2} = \frac{3}{10}\times\left(\frac{625}{11}\right) - \frac{375}{2} = -170.455\ \text{kN}\cdot\text{m}$$

$$M_{CB} = 0\ \text{kN}\cdot\text{m}$$

(6) 반력 및 단면력도

재단모멘트가 방법 [1]과 같으므로 반력 및 단면력도의 결과는 방법 [1]과 동일하다.

예제 6.10 다음 그림과 같은 연속보의 재단모멘트와 반력을 처짐각법을 이용하여 산정하고 단면력도를 그리시오.

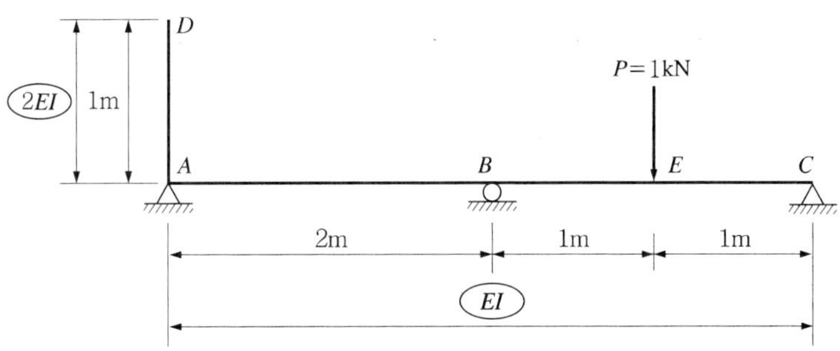

그림 6.39

1. 방법 [1]

(1) 미지수

① 절점 A, B, C는 이동이 없음 : 부재각 $R=0$

② 절점 D는 이동이 있음 ; 부재각 $R=\theta_A=\theta_D=\dfrac{\Delta}{1}$

③ 절점 A, B, C는 각각 θ_A, θ_B와 θ_C만큼 회전 : $\theta_A=?$, $\theta_B=?$ 그리고 $\theta_C=?$ (미지수는 3개)

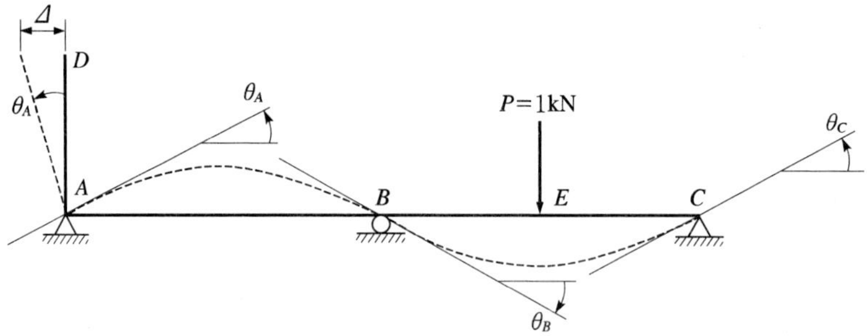

그림 6.40 구조물의 변형

표 6.11 절점의 처짐각 및 부재각

절점	성질	처짐각 및 부재각	비고
A, B, C	회전 있음	$\theta_A=?,\ \theta_B=?,\ \theta_C=?$	미지수 3개
	이동 없음	$R=0$	
D	회전 없음	$\theta_D=0$	
	이동 있음	$R=\theta_A=\Delta$	

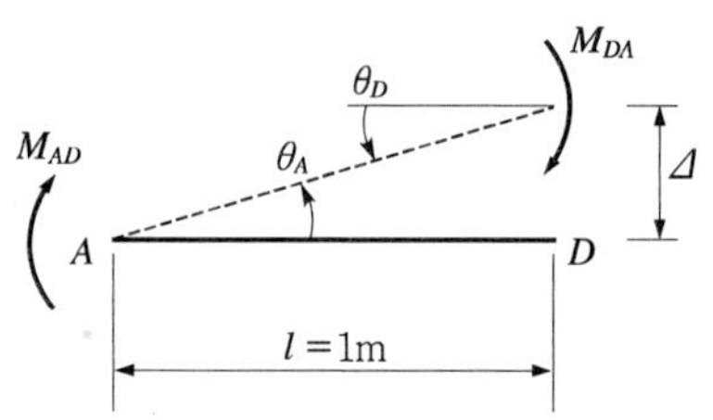

(a) 부재 AD (회전+이동이며 휨변형은 없음)

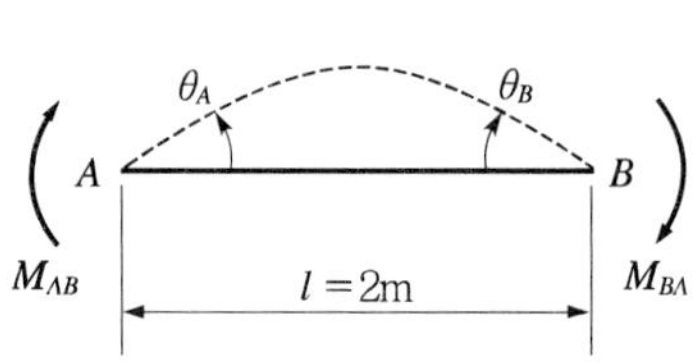

(b) 부재 AB (회전)

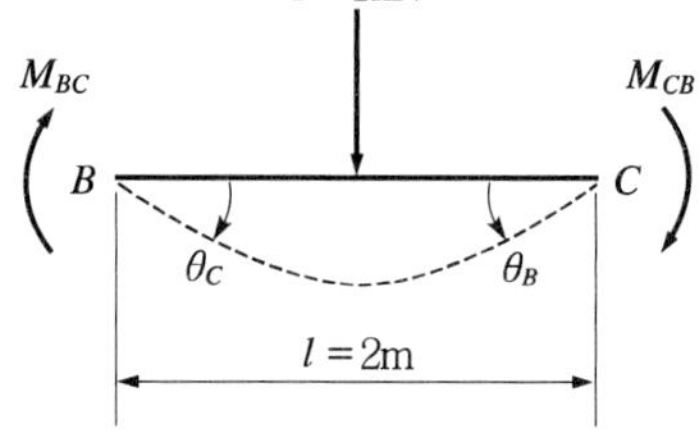

(c) 부재 BC (회전)

그림 6.41 부재의 재단모멘트 상세

(2) 고정단모멘트

$$FEM_{BC}=-\frac{Pl}{8}=-\frac{1\times 2}{8}=-\frac{1}{4}\ \text{kN}\cdot\text{m}$$

$$FEM_{CB}=\frac{Pl}{8}=\frac{1}{4}\ \text{kN}\cdot\text{m}$$

(3) 처짐각법의 방정식

$$M_{AD}=\frac{2(2EI)}{1}(2\times\theta_A+\theta_D-3\times R)+0 \tag{a}$$
$$=4EI(2\times\theta_A+\theta_A-3\times\theta_A)=0$$

$$M_{DA}=\frac{2(2EI)}{1}(2\times\theta_D+\theta_A-3\times R)+0 \tag{b}$$
$$=4EI(2\times\theta_A+\theta_A-3\theta_A)=0$$

$$M_{AB}=\frac{2(EI)}{2}(2\times\theta_A+\theta_B-3\times 0)+0=2EI\theta_A+EI\theta_B \tag{c}$$

$$M_{BA}=\frac{2(EI)}{2}(2\times\theta_B+\theta_A-3\times 0)+0=2EI\theta_B+EI\theta_A \tag{d}$$

$$M_{BC}=\frac{2(EI)}{2}(2\times\theta_B+\theta_C-3\times 0)-\frac{1}{4}=2EI\theta_B+EI\theta_C-\frac{1}{4} \tag{e}$$

$$M_{CB}=\frac{2(EI)}{2}(2\times\theta_C+\theta_B-3\times 0)+\frac{1}{4}=2EI\theta_C+EI\theta_B+\frac{1}{4} \tag{f}$$

(4) 절점방정식

$$\Sigma M_A=M_{AB}=2EI\theta_A+EI\theta_B=0 \tag{g}$$

$$\Sigma M_B=M_{BA}+M_{BC} \tag{h}$$
$$=2EI\theta_B+EI\theta_A+2EI\theta_B+EI\theta_C-\frac{1}{4}$$
$$=EI\theta_A+4EI\theta_B+EI\theta_C-\frac{1}{4}=0$$

$$\Sigma M_C=M_{CB}=2EI\theta_C+EI\theta_B+\frac{1}{4}=0 \tag{i}$$

식 (g), 식 (h)와 식 (i)를 연립하여 풀면 θ_A, θ_B와 θ_C는 다음과 같다.

$$EI\theta_A=-\frac{1}{16}$$

$$EI\theta_B=\frac{1}{8}$$

$$EI\theta_C=-\frac{3}{16}$$

(5) 재단모멘트

$$M_{AB}=2EI\theta_A+EI\theta_B=2\times\left(-\frac{1}{16}\right)+\frac{1}{8}=0\ \text{kN}\cdot\text{m}$$

$$M_{BA}=2EI\theta_B+EI\theta_A=2\times\left(\frac{1}{8}\right)-\frac{1}{16}=0.18750\ \text{kN}\cdot\text{m}$$

$$M_{BC} = 2EI\theta_B + EI\theta_C - \frac{1}{4} = 2\times\left(\frac{1}{8}\right) - \frac{3}{16} - \frac{1}{4} = -0.18750\ \text{kN}\cdot\text{m}$$

$$M_{CB} = 2EI\theta_C + EI\theta_B + \frac{1}{4} = 2\times\left(-\frac{3}{16}\right) + \frac{1}{8} + \frac{1}{4} = 0\ \text{kN}\cdot\text{m}$$

(6) 반력 및 단면력도

반력은 각 부재별로 힘의 평형방정식 ($\Sigma M = 0$, $\Sigma Y = 0$)을 적용하여 산정한다. 그 결과는 다음과 같다.

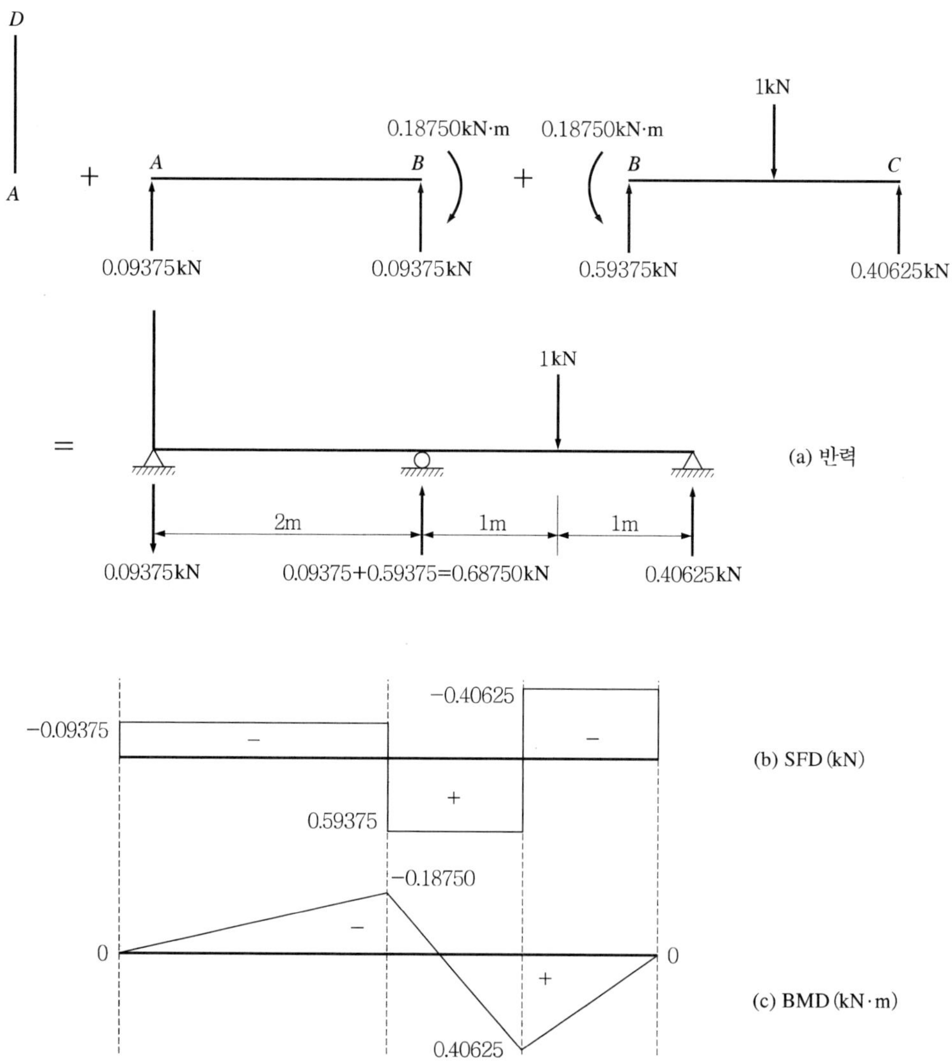

그림 6.42 반력 및 단면력도

2. 방법 [2]

(1) 미지수

미지수는 방법 [1]과 동일하다.

(2) 고정단모멘트

$$FEM_{BC} - \frac{FEM_{CB}}{2} = -\frac{3Pl}{16} = -\frac{3\times1\times2}{16} = -\frac{3}{8}\ \text{kN}\cdot\text{m}$$

(3) 처짐각법의 방정식

$M_{AD} = 0$

$M_{DA} = 0$

$M_{AB} = 0$

$M_{BA} = \dfrac{3(EI)}{2}(\theta_B - 0) + 0 = \dfrac{3}{2}EI\theta_B$

$M_{BC} = \dfrac{3(EI)}{2}(\theta_B - 0) - \dfrac{3}{8} = \dfrac{3}{2}EI\theta_B - \dfrac{3}{8}$

$M_{CB} = 0$

(4) 절점방정식

$$\Sigma M_B = M_{BA} + M_{BC} = \frac{3}{2}EI\theta_B + \frac{3}{2}EI\theta_B - \frac{3}{8} = 3EI\theta_B - \frac{3}{8} = 0$$

$\therefore\ EI\theta_B = \dfrac{1}{8}$

또한 처짐각 θ_A와 θ_C를 산정하고자 할 경우 처짐각법의 방정식을 이용하여 산정한다.

$FEM_{AB} = \dfrac{Pl}{8} = \dfrac{0\times2}{8} = 0\ \text{kN}\cdot\text{m}$

$FEM_{CB} = \dfrac{Pl}{8} = \dfrac{1\times2}{8} = \dfrac{1}{4}\ \text{kN}\cdot\text{m}$

$$\begin{aligned} M_{AB} &= \frac{2EI}{l}(2\theta_A + \theta_B - 3R) + \Sigma FEM_{AB,i} \\ &= \frac{2EI}{2}(2\theta_A + \theta_B - 3\times0) + 0 = 2EI\theta_A + EI\theta_B = 0 \end{aligned}$$

$\therefore\ EI\theta_A = -\dfrac{1}{16}$

$$M_{CB}=\frac{2EI}{l}(2\theta_C+\theta_B-3R)+\Sigma FEM_{CB,i}$$
$$=\frac{2EI}{2}(2\theta_C+\theta_B-3\times 0)+\frac{1}{4}=2EI\theta_C+EI\theta_B+\frac{1}{4}=0$$
$$\therefore\ EI\theta_C=-\frac{3}{16}$$

(5) 재단모멘트

$M_{AD}=0,\ M_{DA}=0,\ M_{AB}=0,\ M_{CB}=0$

$$M_{BA}=\frac{3}{2}EI\theta_B=\frac{3}{2}\times\left(\frac{1}{8}\right)=0.18750\text{ kN}\cdot\text{m}$$

$$M_{BC}=\frac{3}{2}EI\theta_B-\frac{3}{8}=\frac{3}{2}\times\left(\frac{1}{8}\right)-\frac{3}{8}=-0.18750\text{ kN}\cdot\text{m}$$

(6) 반력 및 단면력도

재단모멘트가 방법 [1]과 같으므로 반력 및 단면력도의 결과는 방법 [1]과 동일하다.

예제 6.11 다음 그림과 같은 연속보의 재단모멘트와 반력을 처짐각법을 이용하여 산정하고 단면력도를 그리시오. 단, 탄성계수 E는 일정하다.

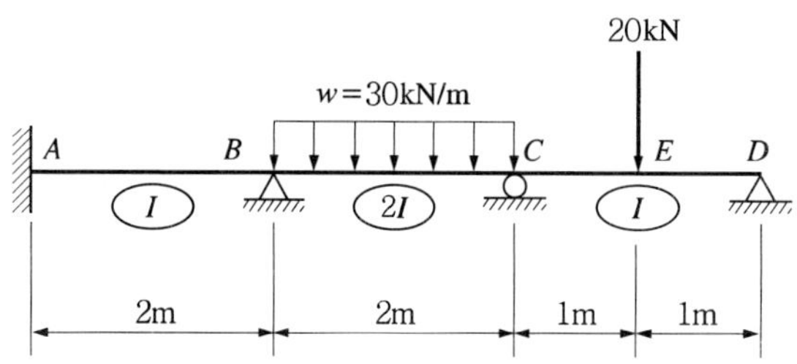

그림 6.43

1. 방법 [1]

(1) 미지수

① 절점 A는 회전하지 않음 : 처짐각 $\theta_A=0$

② 모든 절점은 이동이 없음 : 부재각 $R=0$

③ 절점 B, C, D는 각각 θ_B, θ_C 와 θ_D 만큼 회전 : $\theta_B=?$, $\theta_C=?$, $\theta_D=?$

(미지수는 3개)

표 6.12 절점의 처짐각 및 부재각

절점	성질	처짐각 및 부재각	비고
A	회전 없음	$\theta_A = 0$	
	이동 없음	$R = 0$	
B, C, D	회전 있음	$\theta_B = ?$, $\theta_C = ?$, $\theta_D = ?$	미지수 3개
	이동 없음	$R = 0$	

(2) 고정단모멘트

$$FEM_{BC} = -\frac{wl^2}{12} = -\frac{30 \times 2^2}{12} = -10\ \text{kN} \cdot \text{m}$$

$$FEM_{CB} = \frac{wl^2}{12} = 10\ \text{kN} \cdot \text{m}$$

$$FEM_{CD} = -\frac{Pl}{8} = -\frac{20 \times 2}{8} = -5\ \text{kN} \cdot \text{m}$$

$$FEM_{DC} = \frac{Pl}{8} = 5\ \text{kN} \cdot \text{m}$$

(3) 처짐각법의 방정식

$$M_{AB} = \frac{2EI}{2}(2 \times 0 + \theta_B - 3 \times 0) + 0 = EI\theta_B \quad \text{(a)}$$

$$M_{BA} = \frac{2EI}{2}(2 \times \theta_B + 0 - 3 \times 0) + 0 = 2EI\theta_B \quad \text{(b)}$$

$$M_{BC} = \frac{2(2EI)}{2}(2 \times \theta_B + \theta_C - 3 \times 0) - 10 = 4EI\theta_B + 2EI\theta_C - 10 \quad \text{(c)}$$

$$M_{CB} = \frac{2(2EI)}{2}(2 \times \theta_C + \theta_B - 3 \times 0) + 10 = 4EI\theta_C + 2EI\theta_B + 10 \quad \text{(d)}$$

$$M_{CD} = \frac{2(EI)}{2}(2 \times \theta_C + \theta_D - 3 \times 0) - 5 = 2EI\theta_C + EI\theta_D - 5 \quad \text{(e)}$$

$$M_{DC} = \frac{2(EI)}{2}(2 \times \theta_D + \theta_C - 3 \times 0) + 5 = 2EI\theta_D + EI\theta_C + 5 \quad \text{(f)}$$

(4) 절점방정식

$$\begin{aligned} \Sigma M_B &= M_{BA} + M_{BC} \quad \text{(g)} \\ &= 2EI\theta_B + 4EI\theta_B + 2EI\theta_C - 10 \\ &= 6EI\theta_B + 2EI\theta_C - 10 = 0 \end{aligned}$$

$$\Sigma M_C = M_{CB} + M_{CD} \tag{h}$$
$$= 4EI\theta_C + 2EI\theta_B + 10 + 2EI\theta_C + EI\theta_D - 5$$
$$= 2EI\theta_B + 6EI\theta_C + EI\theta_D + 5 = 0$$

$$\Sigma M_D = M_{DC} \tag{i}$$
$$= 2EI\theta_D + EI\theta_C + 5 = 0$$

식 (g), 식 (h)와 식 (i)를 연립하여 풀면 θ_A, θ_B와 θ_C는 다음과 같다.

$$EI\theta_B = \frac{60}{29}$$

$$EI\theta_C = -\frac{35}{29}$$

$$EI\theta_D = -\frac{55}{29}$$

(5) 재단모멘트

$$M_{AB} = EI\theta_B = \frac{60}{29} = 2.069\ \text{kN} \cdot \text{m}$$

$$M_{BA} = 2EI\theta_B = 2 \times \left(\frac{60}{29}\right) = 4.138\ \text{kN} \cdot \text{m}$$

$$M_{BC} = 4EI\theta_B + 2EI\theta_C - 10$$
$$= 4 \times \left(\frac{60}{29}\right) + 2 \times \left(-\frac{35}{29}\right) - 10 = -4.138\ \text{kN} \cdot \text{m}$$

$$M_{CB} = 4EI\theta_C + 2EI\theta_B + 10$$
$$= 4 \times \left(-\frac{35}{29}\right) + 2 \times \left(\frac{60}{29}\right) + 10 = 9.310\ \text{kN} \cdot \text{m}$$

$$M_{CD} = 2EI\theta_C + EI\theta_D - 5$$
$$= 2 \times \left(-\frac{35}{29}\right) - \frac{55}{29} - 5 = -9.310\ \text{kN} \cdot \text{m}$$

$$M_{DC} = 2EI\theta_D + EI\theta_C + 5$$
$$= 2 \times \left(-\frac{55}{29}\right) - \frac{35}{29} + 5 = 0\ \text{kN} \cdot \text{m}$$

(6) 반력 및 단면력도

반력은 각 부재별로 힘의 평형방정식 ($\Sigma M = 0$, $\Sigma Y = 0$)을 적용하여 산정한다. 그 결과는 다음과 같다.

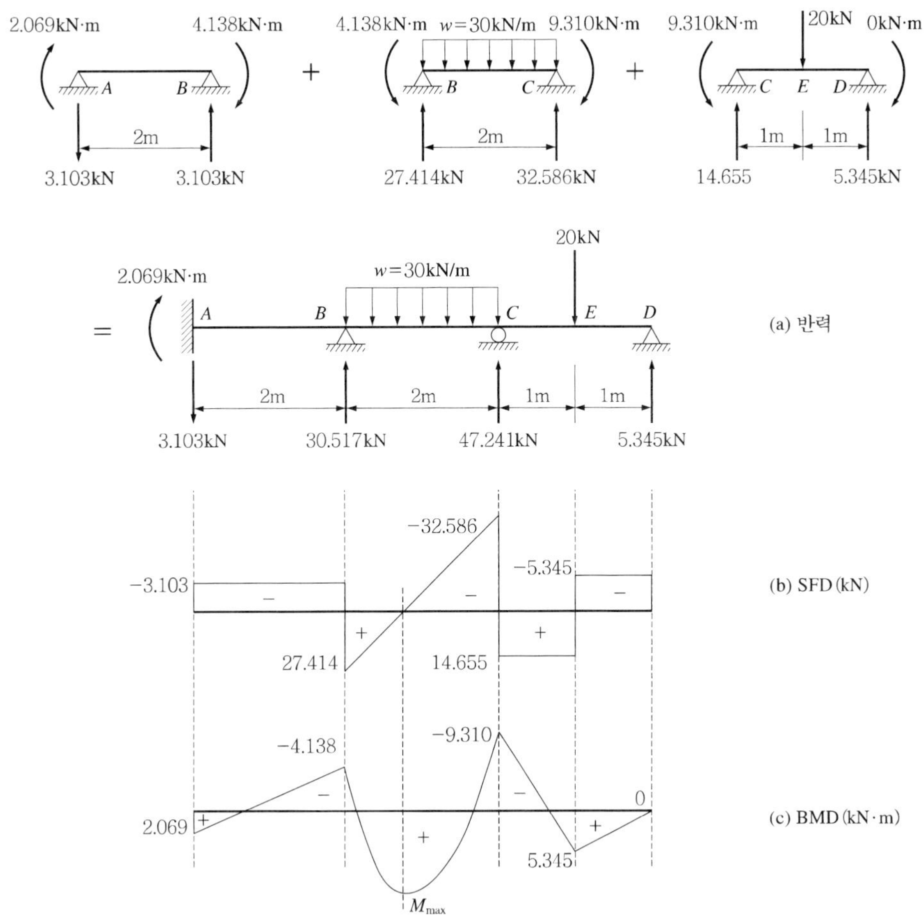

그림 6.44 반력 및 단면력도

주1) 절점 B의 휨모멘트 값을 산정하는 방법은 재단모멘트 값을 사용하거나 전단력도를 이용하는 것이다. 재단모멘트 값을 이용할 경우는 −4.138 kN · m이고, 전단력도를 이용할 경우는 2.069−3.103×2=−4.137 kN · m이다. 두 값은 약간의 차이는 있으나 무시할 수 있을 정도의 값이다. 이 책의 부정정구조물의 해석에서 휨모멘트도의 값은 재단모멘트 값을 사용하는 것으로 한다.

구간 BC에서 최대 휨모멘트 M_{max}를 산정하기 위해, 그림 6.44 (b)에서 전단력이 영(0)인 곳을 산정하면 다음과 같다.

$2 : x = 60 : 27.414$

$\therefore\ x = 0.9138\ \mathrm{m}$

따라서 구간 BC에서 최대 휨모멘트 M_{max}는 다음과 같다.

$$M_{max} = -4.138 + \frac{1}{2} \times 27.414 \times 0.9138 = 8.4\ \mathrm{kN \cdot m}$$

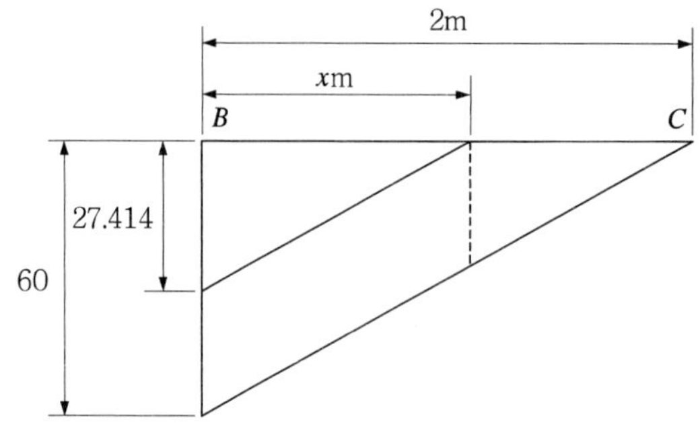

그림 6.45

2. 방법 [2]

(1) 미지수

미지수는 방법 [1]과 동일하다.

(2) 고정단모멘트

$$FEM_{BC} = -\frac{wl^2}{12} = -\frac{30 \times 2^2}{12} = -10 \text{ kN} \cdot \text{m}$$

$$FEM_{CB} = \frac{wl^2}{12} = 10 \text{ kN} \cdot \text{m}$$

$$FEM_{CD} - \frac{FEM_{DC}}{2} = -\frac{3Pl}{16} = -\frac{3 \times 20 \times 2}{16} = -\frac{15}{2} \text{ kN} \cdot \text{m}$$

(3) 처짐각법의 방정식

$$M_{AB} = \frac{2(EI)}{2}(2 \times 0 + \theta_B - 3 \times 0) + 0 = EI\theta_B \quad \text{(a)}$$

$$M_{BA} = \frac{2(EI)}{2}(2 \times \theta_B + 0 - 3 \times 0) + 0 = 2EI\theta_B \quad \text{(b)}$$

$$M_{BC} = \frac{2(2EI)}{2}(2 \times \theta_B + \theta_C - 3 \times 0) - 10 = 4EI\theta_B + 2EI\theta_C - 10 \quad \text{(c)}$$

$$M_{CB} = \frac{2(2EI)}{2}(2 \times \theta_C + \theta_B - 3 \times 0) + 10 = 4EI\theta_C + 2EI\theta_B + 10 \quad \text{(d)}$$

$$M_{CD} = \frac{3(EI)}{2}(\theta_C - 0) - \frac{15}{2} = \frac{3}{2}EI\theta_C - \frac{15}{2} \quad \text{(e)}$$

$$M_{DC} = 0 \quad \text{(f)}$$

(4) 절점방정식

$$\Sigma M_B = M_{BA} + M_{BC} \quad \text{(g)}$$
$$= 2EI\theta_B + 4EI\theta_B + 2EI\theta_C - 10$$
$$= 6EI\theta_B + 2EI\theta_C - 10 = 0$$

$$\Sigma M_C = M_{CB} + M_{CD} \quad \text{(h)}$$
$$= 4EI\theta_C + 2EI\theta_B + 10 + \frac{3}{2}EI\theta_C - \frac{15}{2}$$
$$= 2EI\theta_B + \frac{11}{2}EI\theta_C + \frac{5}{2} = 0$$

$$\therefore\ EI\theta_B = \frac{60}{29},\ EI\theta_C = -\frac{35}{29}$$

또한 처짐각 θ_D 를 산정하고자 할 경우 처짐각법의 방정식을 이용하여 산정한다.

$$FEM_{DC} = \frac{Pl}{8} = \frac{20\times 2}{8} = 5\ \text{kN}\cdot\text{m}$$

$$M_{DC} = \frac{2EI}{l}(2\theta_D + \theta_C - 3R) + \Sigma FEM_{DC,i}$$
$$= \frac{2EI}{2}(2\theta_D + \theta_C - 3\times 0) + 5 = 2EI\theta_D + EI\theta_C + 5 = 0$$

$EI\theta_C = -\dfrac{35}{29}$ 를 대입하여 정리하면 다음과 같다.

$$\therefore\ EI\theta_D = -\frac{55}{29}$$

(5) 재단모멘트

$$M_{AB} = EI\theta_B = 2.069\ \text{kN}\cdot\text{m}$$
$$M_{BA} = 2EI\theta_B = 2\times\left(\frac{60}{29}\right) = 4.138\ \text{kN}\cdot\text{m}$$
$$M_{BC} = 4EI\theta_B + 2EI\theta_C - 10$$
$$= 4\times\left(\frac{60}{29}\right) + 2\times\left(-\frac{35}{29}\right) - 10 = -4.138\ \text{kN}\cdot\text{m}$$
$$M_{CB} = 4EI\theta_C + 2EI\theta_B + 10$$
$$= 4\times\left(-\frac{35}{29}\right) + 2\times\left(\frac{60}{29}\right) + 10 = 9.310\ \text{kN}\cdot\text{m}$$
$$M_{CD} = \frac{3}{2}EI\theta_C - \frac{15}{2} = \frac{3}{2}\times\left(-\frac{35}{29}\right) - \frac{15}{2} = -9.310\ \text{kN}\cdot\text{m}$$
$$M_{DC} = 0\ \text{kN}\cdot\text{m}$$

(6) 반력 및 단면력도

재단모멘트가 방법 [1]과 같으므로 반력 및 단면력도의 결과는 방법 [1]과 동일하다.

예제 6.12 다음 그림과 같은 연속보의 재단모멘트와 반력을 처짐각법을 이용하여 산정하고 단면력도를 그리시오. 단, 휨강성 EI는 일정하다.

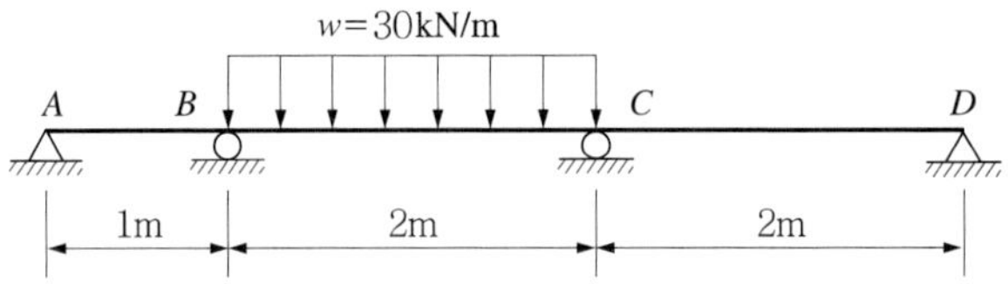

그림 6.46

1. 방법 [1]

(1) 미지수

① 모든 절점은 이동이 없음 : 부재각 $R=0$

② 절점 A, B, C, D는 각각 θ_A, θ_B, θ_C 와 θ_D 만큼 회전 : $\theta_A=?$, $\theta_B=?$, $\theta_C=?$, $\theta_D=?$ (미지수는 4개)

표 6.13 절점의 처짐각 및 부재각

절점	성질	처짐각 및 부재각	비고
A, B, C, D	회전 있음	$\theta_A=?$, $\theta_B=?$, $\theta_C=?$, $\theta_D=?$	미지수 3개
	이동 없음	$R=0$	

(2) 고정단모멘트

$$FEM_{BC}=-\frac{wl^2}{12}=-\frac{30\times 2^2}{12}=-10\text{ kN}\cdot\text{m}$$

$$FEM_{CB}=\frac{wl^2}{12}=10\text{ kN}\cdot\text{m}$$

(3) 처짐각법의 방정식

$$M_{AB}=\frac{2(EI)}{1}(2\times\theta_A+\theta_B-3\times 0)+0=4EI\theta_A+2EI\theta_B \quad \text{(a)}$$

$$M_{BA}=\frac{2(EI)}{1}(2\times\theta_B+\theta_A-3\times 0)+0=4EI\theta_B+2EI\theta_A \quad \text{(b)}$$

$$M_{BC}=\frac{2(EI)}{2}(2\times\theta_B+\theta_C-3\times 0)-10=2EI\theta_B+EI\theta_C-10 \tag{c}$$

$$M_{CB}=\frac{2(EI)}{2}(2\times\theta_C+\theta_B-3\times 0)+10=2EI\theta_C+EI\theta_B+10 \tag{d}$$

$$M_{CD}=\frac{2(EI)}{2}(2\times\theta_C+\theta_D-3\times 0)+0=2EI\theta_C+EI\theta_D \tag{e}$$

$$M_{DC}=\frac{2(EI)}{2}(2\times\theta_D+\theta_C-3\times 0)+0=2EI\theta_D+EI\theta_C \tag{f}$$

(4) 절점방정식

$$\Sigma M_A=M_{AB} \tag{g}$$
$$=4EI\theta_A+2EI\theta_B=0$$

$$\Sigma M_B=M_{BA}+M_{BC} \tag{h}$$
$$=4EI\theta_B+2EI\theta_A+2EI\theta_B+EI\theta_C-10$$
$$=2EI\theta_A+6EI\theta_B+EI\theta_C-10=0$$

$$\Sigma M_C=M_{CB}+M_{CD} \tag{i}$$
$$=2EI\theta_C+EI\theta_B+10+2EI\theta_C+EI\theta_D$$
$$=EI\theta_B+4EI\theta_C+EI\theta_C+10=0$$

$$\Sigma M_D=M_{DC} \tag{j}$$
$$=2EI\theta_D+EI\theta_C=0$$

식 (g), 식 (h), 식 (i)와 식 (j)를 연립하여 풀면 θ_A, θ_B, θ_C와 θ_D는 다음과 같다.

$$EI\theta_A=-\frac{15}{11},\ EI\theta_B=\frac{30}{11},\ EI\theta_C=-\frac{40}{11},\ EI\theta_D=\frac{20}{11}$$

(5) 재단모멘트

$$M_{AB}=4EI\theta_A+2EI\theta_B=4\times\left(-\frac{15}{11}\right)+2\times\left(\frac{30}{11}\right)=0\text{ kN}\cdot\text{m}$$

$$M_{BA}=4EI\theta_B+2EI\theta_A=4\times\left(\frac{30}{11}\right)+2\times\left(-\frac{15}{11}\right)=8.182\text{ kN}\cdot\text{m}$$

$$M_{BC}=2EI\theta_B+EI\theta_C-10=2\times\left(\frac{30}{11}\right)+\left(-\frac{40}{11}\right)-10=-8.182\text{ kN}\cdot\text{m}$$

$$M_{CB}=2EI\theta_C+EI\theta_B+10=2\times\left(-\frac{40}{11}\right)+\left(\frac{30}{11}\right)+10=5.455\text{ kN}\cdot\text{m}$$

$$M_{CD}=2EI\theta_C+EI\theta_D=2\times\left(-\frac{40}{11}\right)+\frac{20}{11}=-5.455\text{ kN}\cdot\text{m}$$

$$M_{DC}=2EI\theta_D+EI\theta_C=2\times\left(\frac{20}{11}\right)+\left(-\frac{40}{11}\right)=0\text{ kN}\cdot\text{m}$$

(6) 반력 및 단면력도

반력은 각 부재별로 힘의 평형방정식 ($\Sigma M = 0$, $\Sigma Y = 0$)을 적용하여 산정한다. 그 결과는 다음과 같다.

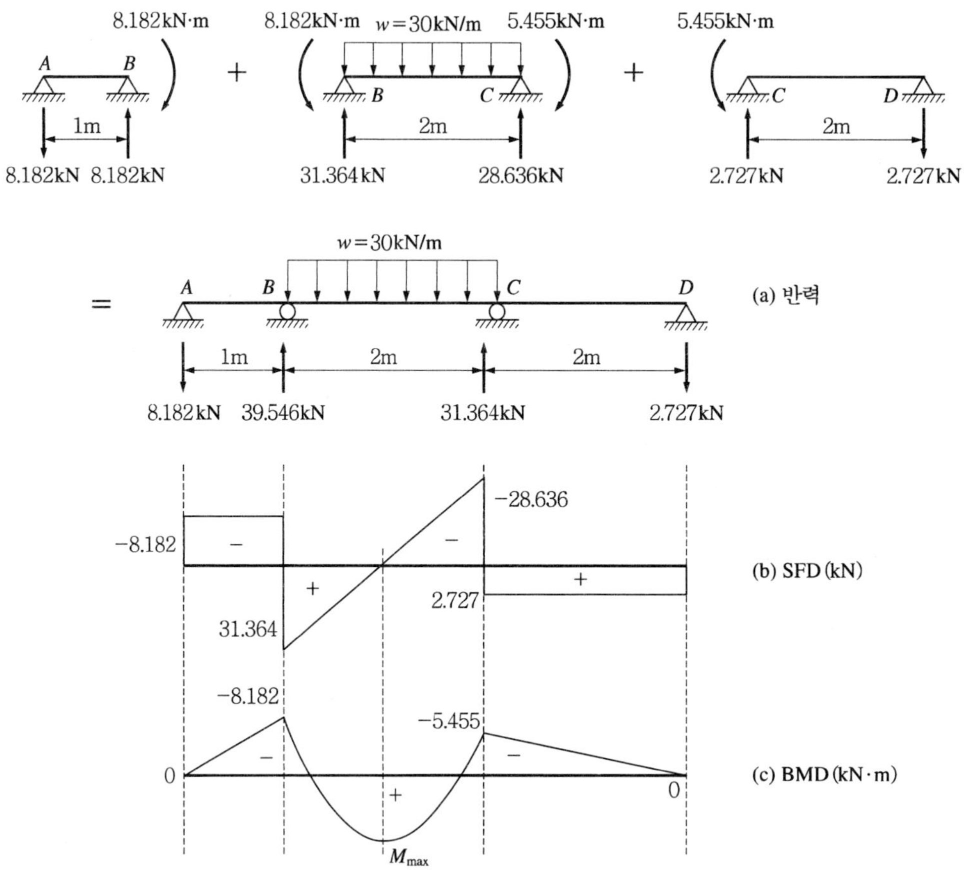

그림 6.47 반력 및 단면력도

구간 BC에서 최대 휨모멘트 M_{max}를 산정하기 위해, 그림 6.47 (b)에서 전단력이 영 (0)인 곳을 산정하면 다음과 같다.

$2 : x = 60 : 31.364$

$\therefore x = 1.0455 \text{ m}$

따라서 구간 BC에서 최대 휨모멘트 M_{max}는 다음과 같다.

$$M_{max} = -8.182 + \frac{1}{2} \times 31.364 \times 1.0455 = 8.2 \text{ kN} \cdot \text{m}$$

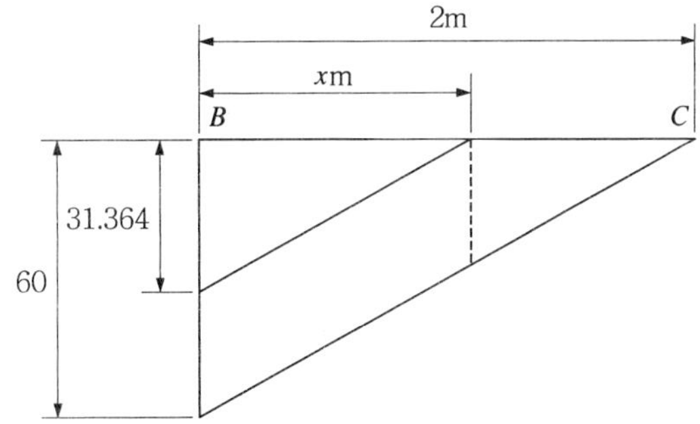

그림 6.48

2. 방법 [2]

(1) 미지수

미지수는 방법 [1]과 동일하다.

(2) 고정단모멘트

$$FEM_{BC} = -\frac{wl^2}{12} = -\frac{30\times 2^2}{12} = -10\ \text{kN}\cdot\text{m}$$

$$FEM_{CB} = \frac{wl^2}{12} = 10\ \text{kN}\cdot\text{m}$$

(3) 처짐각법의 방정식

$$M_{AB} = 0 \quad \text{(a)}$$

$$M_{BA} = \frac{3(EI)}{1}(\theta_B - 0) + 0 = 3EI\theta_B \quad \text{(b)}$$

$$M_{BC} = \frac{2(EI)}{2}(2\times\theta_B + \theta_C - 3\times 0) - 10 = 2EI\theta_B + EI\theta_C - 10 \quad \text{(c)}$$

$$M_{CB} = \frac{2(EI)}{2}(2\times\theta_C + \theta_B - 3\times 0) + 10 = 2EI\theta_C + EI\theta_B + 10 \quad \text{(d)}$$

$$M_{CD} = \frac{3(EI)}{2}(\theta_C - 0) + 0 = \frac{3}{2}EI\theta_C \quad \text{(e)}$$

$$M_{DC} = 0 \quad \text{(f)}$$

(4) 절점방정식

$$\Sigma M_B = M_{BA} + M_{BC} \quad \text{(g)}$$

$$= 3EI\theta_B + 2EI\theta_B + EI\theta_C - 10 = 5EI\theta_B + EI\theta_C - 10 = 0$$

$$\Sigma M_C = M_{CB} + M_{CD} \tag{h}$$
$$= 2EI\theta_C + EI\theta_B + 10 + \frac{3}{2}EI\theta_C = EI\theta_B + \frac{7}{2}EI\theta_C + 10 = 0$$

$$\therefore\ EI\theta_B = \frac{30}{11},\ EI\theta_C = -\frac{40}{11}$$

또한 처짐각 θ_A와 θ_D를 산정하고자 할 경우 처짐각법의 방정식을 이용하여 산정한다.

$$M_{AB} = \frac{2EI}{l}(2\theta_A + \theta_B - 3R) + \Sigma FEM_{AB,i}$$
$$= \frac{2EI}{1}(2\theta_A + \theta_B - 3\times 0) - 0 = 4EI\theta_A + 2EI\theta_B = 0$$

$$M_{DC} = \frac{2EI}{l}(2\theta_D + \theta_C - 3R) + \Sigma FEM_{DC,i}$$
$$= \frac{2EI}{2}(2\theta_D + \theta_C - 3\times 0) + 0 = 2EI\theta_D + EI\theta_C = 0$$

$EI\theta_B = \frac{30}{11}$, $EI\theta_C = -\frac{40}{11}$을 대입하여 정리하면 다음과 같다.

$$\therefore\ EI\theta_A = -\frac{15}{11},\ EI\theta_D = \frac{20}{11}$$

(5) 재단모멘트

$M_{AB} = 0\ \text{kN}\cdot\text{m}$

$M_{BA} = 3EI\theta_B = 3\times\left(\frac{30}{11}\right) = 8.182\ \text{kN}\cdot\text{m}$

$M_{BC} = 2EI\theta_B + EI\theta_C - 10 = 2\times\left(\frac{30}{11}\right) + \left(-\frac{40}{11}\right) - 10 = -8.182\ \text{kN}\cdot\text{m}$

$M_{CB} = 2EI\theta_C + EI\theta_B + 10 = 2\times\left(-\frac{40}{11}\right) + \left(\frac{30}{11}\right) + 10 = 5.455\ \text{kN}\cdot\text{m}$

$M_{CD} = \frac{3}{2}EI\theta_C = \frac{3}{2}\times\left(-\frac{40}{11}\right) = -5.455\ \text{kN}\cdot\text{m}$

$M_{DC} = 0\ \text{kN}\cdot\text{m}$

(6) 반력 및 단면력도

재단모멘트가 방법 [1]과 같으므로 반력 및 단면력도의 결과는 방법 [1]과 동일하다.

예제 6.13 다음 그림과 같은 라멘의 재단모멘트를 처짐각법에 의해 산정하고 휨모멘트도를 작도하시오.

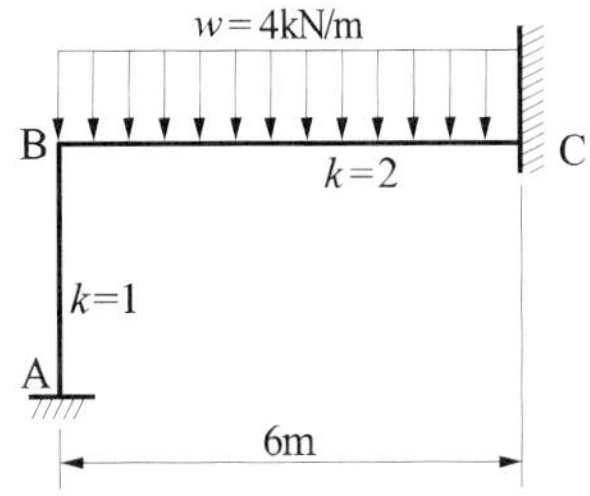

그림 6.49

(1) 미지수

① 고정지점 A, C는 회전하지 않음 : 처짐각 $\theta_A = \theta_C = 0$ $\therefore \phi_A = \phi_C = 0$

② 모든 절점은 이동이 없음 : 부재각 $R = 0$ $\therefore \psi = 0$

③ 절점 B는 θ_B만큼 회전 : $\theta_B = ?$ $\therefore \phi_B = ?$

(미지수는 1개)

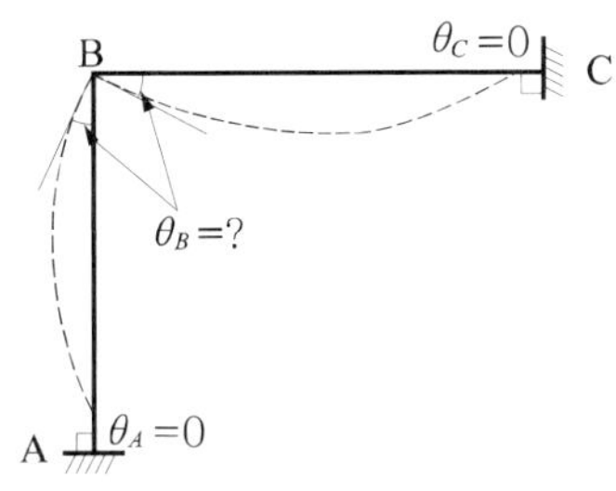

그림 6.50 구조물의 변형

정리하면 다음과 같다.

표 6.14 절점의 처짐각 및 부재각

절점	성질	처짐각 및 부재각	비고
A, C	회전 없음	$\phi_A = \phi_C = 0$	–
	이동 없음	$\psi = 0$	
B	회전 있음	$\phi_B = ?$	미지수 1개
	이동 없음	$\psi = 0$	–

(2) 고정단모멘트

$$FEM_{AB} = FEM_{BA} = 0$$

$$FEM_{BC} = -\frac{wl^2}{12} = -\frac{4\times 6^2}{12} = -12\ \text{kN}\cdot\text{m}$$

$$FEM_{CB} = \frac{wl^2}{12} = 12\ \text{kN}\cdot\text{m}$$

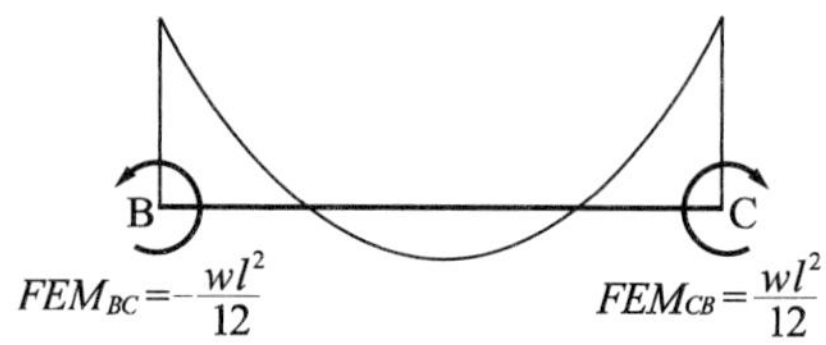

그림 6.51 고정단모멘트도

(3) 실용식

$$k_{AB} = k_{BA} = k = 1$$

$$k_{BC} = k_{CB} = k = 2$$

$$M_{AB} = k_{AB}(2\phi_A + \phi_B + \psi) + FEM_{AB} = 1\times(0+\phi_B+0)+0 = \phi_B$$

$$M_{BA} = k_{BA}(2\phi_B + \phi_A + \psi) + FEM_{BA} = 1\times(2\phi_B+0+0)+0 = 2\phi_B$$

$$M_{BC} = k_{BC}(2\phi_B + \phi_C + \psi) + FEM_{BC} = 2\times(2\phi_B+0+0)-12 = 4\phi_B - 12$$

$$M_{CB} = k_{CB}(2\phi_C + \phi_B + \psi) + FEM_{CB} = 2\times(0+\phi_B+0)+12 = 2\phi_B + 12$$

(4) 절점방정식 (절점 B)

$$\Sigma M_B = M_{BA} + M_{BC} = 2\phi_B + (4\phi_B - 12) = 0 \qquad \therefore\ \phi_B = 2\,\text{kN}\cdot\text{m}$$

(5) 재단모멘트

$$M_{AB} = \phi_B = 2\,\text{kN}\cdot\text{m}$$

$$M_{BA} = 2\phi_B = 4\,\text{kN}\cdot\text{m}$$

$$M_{BC} = 4\phi_B - 12 = -4\,\text{kN}\cdot\text{m}$$

$$M_{CB} = 2\phi_B + 12 = 16\,\text{kN}\cdot\text{m}$$

(6) 휨모멘트도

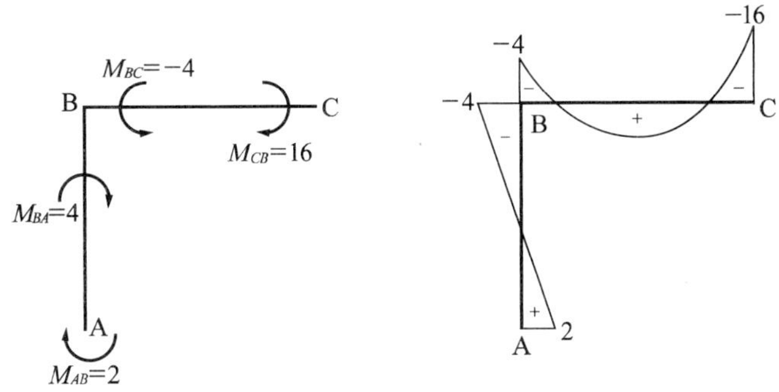

(a) 재단모멘트 (kN·m)　　(b) 휨모멘트도 (kN·m)

그림 6.52 재단모멘트와 휨모멘트도

예제 6.14 다음 그림과 같은 라멘의 재단모멘트를 처짐각법에 의해 산정하고 휨모멘트도를 작도하시오.

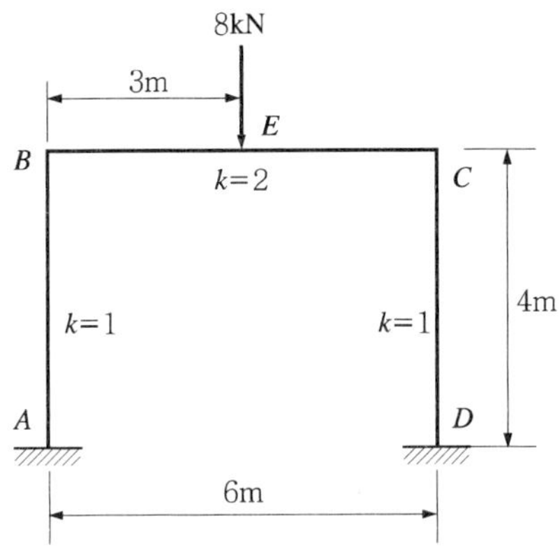

그림 6.53

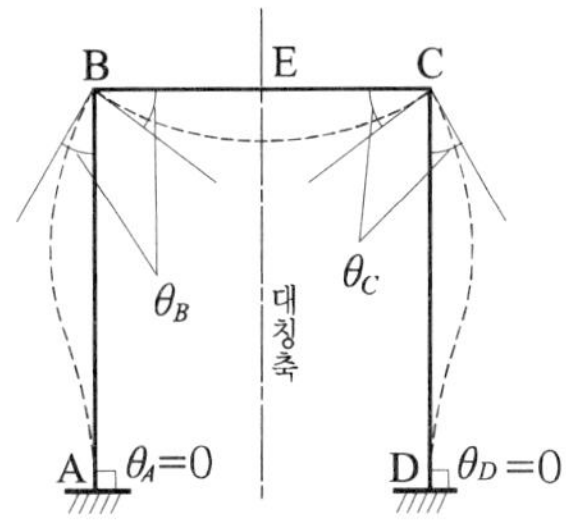

그림 6.54 구조물의 변형

(1) 미지수

① 고정지점 A, D는 회전하지 않음

: 처짐각 $\theta_A = \theta_D = 0$　　$\therefore \phi_A = \phi_D = 0$

② 구조와 하중조건이 대칭이므로 모든 절점은 이동이 없음 : 부재각 $R = 0$　　$\therefore \psi = 0$

표 6.15 절점의 처짐각 및 부재각

절점	성질	처짐각 및 부재각	비고
A, D	회전 없음	$\phi_A=\phi_D=0$	–
	이동 없음	$\psi=0$	
B, C	회전 있음	$\phi_B=?,\ \phi_C=?$	미지수 2개
	이동 없음	$\psi=0$	–

그리고 대칭 라멘에서 θ_B와 θ_C의 관계는 다음과 같다.

$\theta_B=-\theta_C \qquad \therefore \phi_B=-\phi_C$

(2) 고정단모멘트

$$FEM_{BC}=-\frac{Pl}{8}=-\frac{8\times6}{8}=-6\text{ kN}\cdot\text{m}$$

$$FEM_{CB}=\frac{Pl}{8}=6\text{ kN}\cdot\text{m}$$

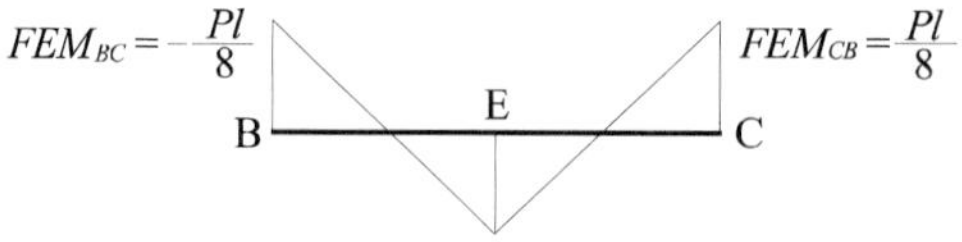

그림 6.55 고정단모멘트도

(3) 실용식(점 E를 중심으로 좌우 대칭이므로 왼쪽 반만 고려한다.)

$$k_{AB}=k_{BA}=k=1$$

$$k_{BC}=k_{CB}=k=2$$

$$M_{AB}=-M_{DC}=k_{AB}(2\phi_A+\phi_B+\psi)+FEM_{AB}$$
$$=1(0+\phi_B+0)+0=\phi_B$$

$$M_{BA}=-M_{CD}=k_{BA}(2\phi_B+\phi_A+\psi)+FEM_{BA}$$
$$=1(2\phi_B+0+0)+0=2\phi_B$$

$$M_{BC}=-M_{CB}=k_{BC}(2\phi_B+\phi_C+\psi)+FEM_{BC}$$
$$=2(2\phi_B-\phi_B+0)-6=2\phi_B-6$$

(4) 절점방정식 (절점 B)

$\Sigma M_B = M_{BA} + M_{BC} = 2\phi_B + (2\phi_B - 6) = 0 \qquad \therefore\ \phi_B = 1.5\ \text{kN}\cdot\text{m}$

(5) 재단모멘트

대칭 라멘의 왼쪽 반만 고려하였으므로 오른쪽의 재단모멘트는 왼쪽의 재단모멘트에서 부호만 반대로 하면 된다.

표 6.16 라멘의 재단모멘트

라멘 왼쪽	라멘 오른쪽
$M_{AB} = \phi_B = 1.5\ \text{kN}\cdot\text{m}$	$M_{DC} = -M_{AB} = -1.5\ \text{kN}\cdot\text{m}$
$M_{BA} = 2\phi_B = 3\ \text{kN}\cdot\text{m}$	$M_{CD} = -M_{BA} = -3\ \text{kN}\cdot\text{m}$
$M_{BC} = 2\phi_B - 6 = -3\ \text{kN}\cdot\text{m}$	$M_{CB} = -M_{BC} = +3\ \text{kN}\cdot\text{m}$

(6) 휨모멘트도

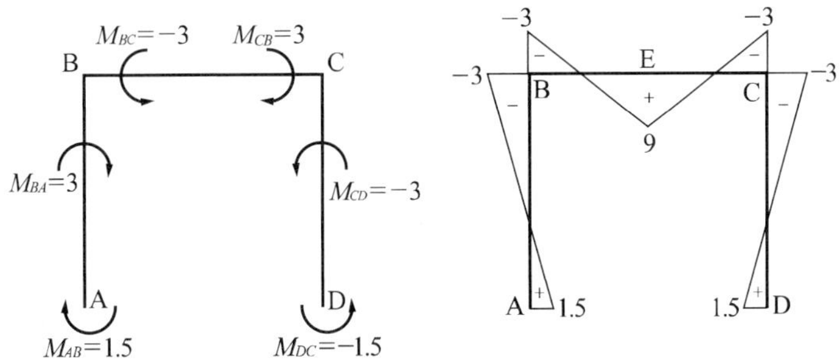

(a) 재단모멘트(kN·m) (b) 휨모멘트도(kN·m)

그림 6.56 재단모멘트와 휨모멘트도

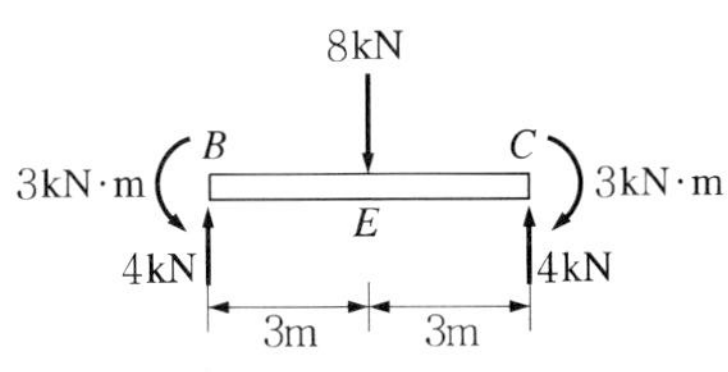

그림 6.57 부재 BC의 자유물체도

부재 BC에서 힘의 평형조건을 고려하면, 그림 6.57과 같으므로 점 E의 휨모멘트를 구하면 다음과 같다.

$M_E = -3 + 4 \times 3 = 9\ \text{kN}\cdot\text{m}$

예제 6.15 다음 그림과 같은 라멘의 재단모멘트와 반력을 처짐각법을 이용하여 산정하고 단면력도를 그리시오. 단, 휨강성 EI는 일정하다.

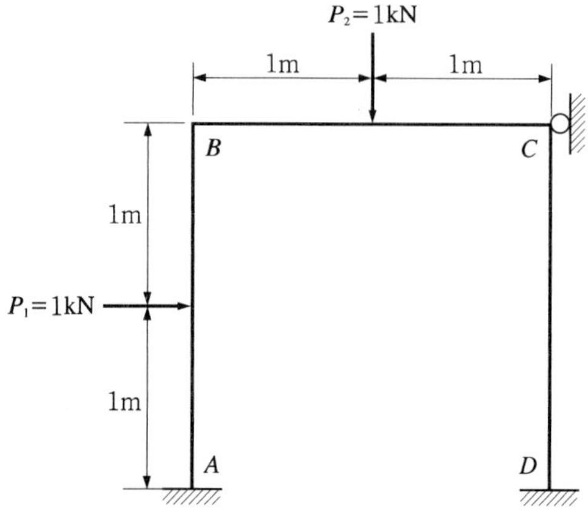

그림 6.58

(1) 미지수

① 절점 A, D는 회전하지 않음 : $\theta_A = \theta_D = 0$

② 모든 절점은 이동이 없음 : 부재각 $R = 0$

③ 절점 B, C는 각각 θ_B와 θ_C만큼 회전 : $\theta_B = ?$, $\theta_C = ?$ (미지수는 2개)

표 6.17 절점의 처짐각 및 부재각

절점	성질	처짐각 및 부재각	비고
A, D	회전 없음	$\theta_A = \theta_D = 0$	
	이동 없음	$R = 0$	
B, C	회전 있음	$\theta_B = ?$, $\theta_C = ?$	미지수 2개
	이동 없음	$R = 0$	

(2) 고정단모멘트

$$FEM_{AB} = -\frac{Pl}{8} = -\frac{1 \times 2}{8} = -\frac{1}{4}\ \text{kN} \cdot \text{m}$$

$$FEM_{BA} = \frac{Pl}{8} = \frac{1}{4}\ \text{kN} \cdot \text{m}$$

$$FEM_{BC} = -\frac{Pl}{8} = -\frac{1 \times 2}{8} = -\frac{1}{4}\ \text{kN} \cdot \text{m}$$

$$FEM_{CB} = \frac{Pl}{8} = \frac{1}{4}\ \text{kN} \cdot \text{m}$$

(3) 처짐각법의 방정식

$$M_{AB} = \frac{2(EI)}{2}(2\times 0+\theta_B-3\times 0)-\frac{1}{4}=EI\theta_B-\frac{1}{4} \quad \text{(a)}$$

$$M_{BA} = \frac{2(EI)}{2}(2\times \theta_B+0-3\times 0)+\frac{1}{4}=2EI\theta_B+\frac{1}{4} \quad \text{(b)}$$

$$M_{BC} = \frac{2(EI)}{2}(2\times \theta_B+\theta_C-3\times 0)-\frac{1}{4}=2EI\theta_B+EI\theta_C-\frac{1}{4} \quad \text{(c)}$$

$$M_{CB} = \frac{2(EI)}{2}(2\times \theta_C+\theta_B-3\times 0)+\frac{1}{4}=2EI\theta_C+EI\theta_B+\frac{1}{4} \quad \text{(d)}$$

$$M_{CD} = \frac{2(EI)}{2}(2\times \theta_C+0-3\times 0)=2EI\theta_C \quad \text{(e)}$$

$$M_{DC} = \frac{2(EI)}{2}(2\times 0+\theta_C-3\times 0)=EI\theta_C \quad \text{(f)}$$

(4) 절점방정식

$$\Sigma M_B = M_{BA}+M_{BC} \quad \text{(g)}$$

$$=2EI\theta_B+\frac{1}{4}+2EI\theta_B+EI\theta_C-\frac{1}{4}=4EI\theta_B+EI\theta_C=0$$

$$\Sigma M_C = M_{CB}+M_{CD} \quad \text{(h)}$$

$$=2EI\theta_C+EI\theta_B+\frac{1}{4}+2EI\theta_C=EI\theta_B+4EI\theta_C+\frac{1}{4}=0$$

$$\therefore\ EI\theta_B=\frac{1}{60},\ EI\theta_C=-\frac{1}{15}$$

(5) 재단모멘트

$$M_{AB}=EI\theta_B-\frac{1}{4}=\frac{1}{60}-\frac{1}{4}=-0.233\ \text{kN}\cdot\text{m}$$

$$M_{BA}=2EI\theta_B+\frac{1}{4}=2\times\frac{1}{60}+\frac{1}{4}=0.283\ \text{kN}\cdot\text{m}$$

$$M_{BC}=2EI\theta_B+EI\theta_C-\frac{1}{4}=2\times\frac{1}{60}-\frac{1}{15}-\frac{1}{4}=-0.283\ \text{kN}\cdot\text{m}$$

$$M_{CB}=2EI\theta_C+EI\theta_B+\frac{1}{4}=2\times\left(-\frac{1}{15}\right)+\frac{1}{60}+\frac{1}{4}=0.133\ \text{kN}\cdot\text{m}$$

$$M_{CD}=2EI\theta_C=2\times\left(-\frac{1}{15}\right)=-0.133\ \text{kN}\cdot\text{m}$$

$$M_{DC}=EI\theta_C=-\frac{1}{15}=-0.067\ \text{kN}\cdot\text{m}$$

(6) 반력 및 단면력도

반력은 각 부재별로 힘의 평형방정식 ($\Sigma M = 0$, $\Sigma Y = 0$)을 적용하여 산정한다. 그 결과는 다음과 같다.

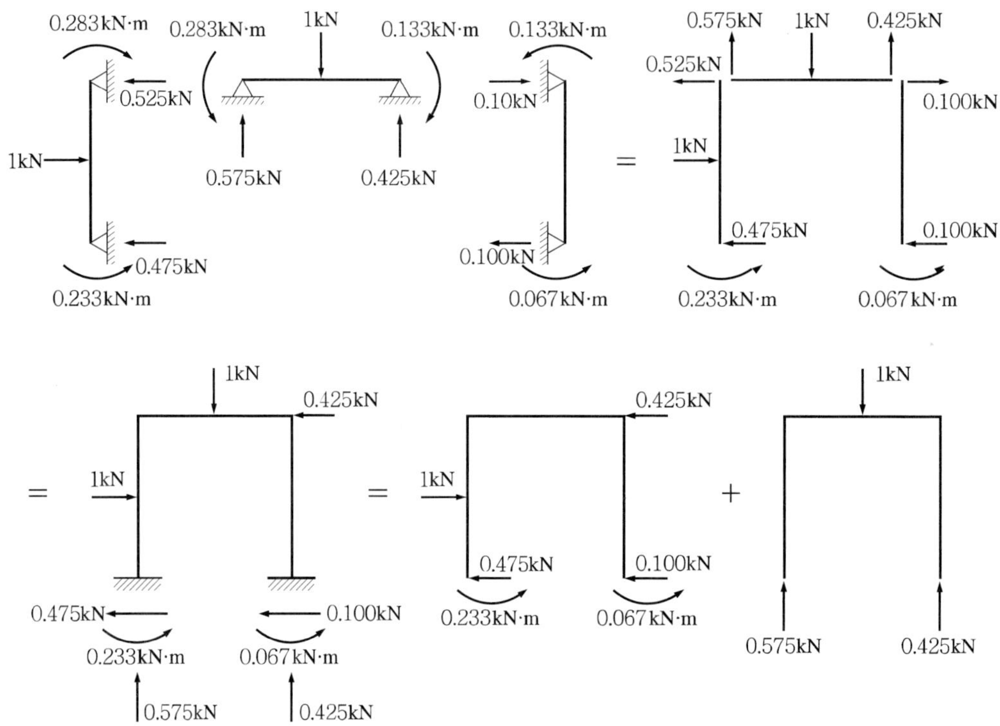

(a) 반력

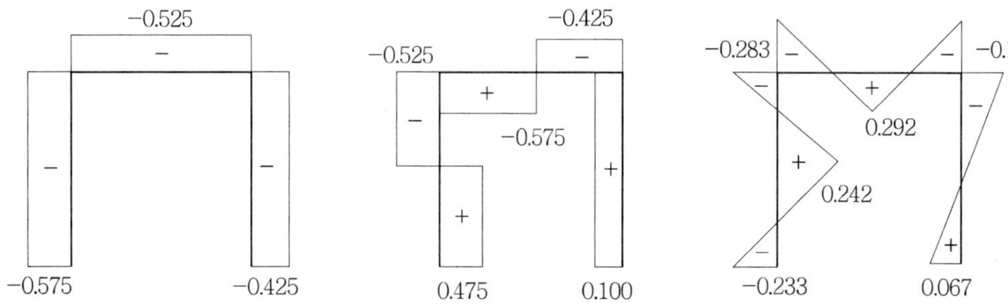

(b) AFD(kN)　　(c) SFD(kN)　　(d) BMD(kN·m)

그림 6.59 반력 및 단면력도

예제 6.16 다음 그림과 같은 라멘의 재단모멘트와 반력을 처짐각법을 이용하여 산정하시오. 단, 탄성계수 E는 일정하다.

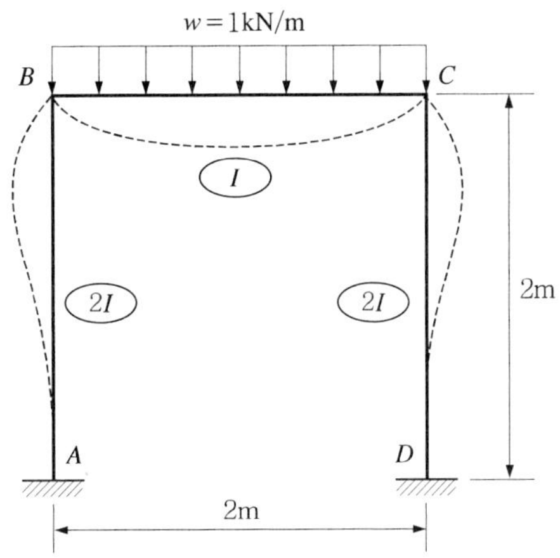

그림 6.60

(1) 미지수

① 절점 A, D는 회전하지 않음 : $\theta_A = \theta_D = 0$

② 모든 절점은 이동이 없음 : 부재각 $R = 0$

③ 절점 B, C는 각각 θ_B와 θ_C만큼 회전 : $\theta_B = ?$, $\theta_C = ?$ (미지수는 2개)

표 6.18 절점의 처짐각 및 부재각

절점	성질	처짐각 및 부재각	비고
A, D	회전 없음	$\theta_A = \theta_D = 0$	
	이동 없음	$R = 0$	
B, C	회전 있음	$\theta_B = ?$, $\theta_C = ?$	미지수 2개
	이동 없음	$R = 0$	

(2) 고정단모멘트

$$FEM_{BC} = -\frac{wl^2}{12} = -\frac{1 \times 2^2}{12} = -\frac{1}{3}\ \text{kN} \cdot \text{m}$$

$$FEM_{CB} = \frac{wl^2}{12} = \frac{1}{3}\ \text{kN} \cdot \text{m}$$

(3) 처짐각법의 방정식

$$M_{AB}=\frac{2(2EI)}{2}(2\times 0+\theta_B-3\times 0)+0=2EI\theta_B \tag{a}$$

$$M_{BA}=\frac{2(2EI)}{2}(2\times \theta_B+0-3\times 0)+0=4EI\theta_B \tag{b}$$

$$M_{BC}=\frac{2(EI)}{2}(2\times \theta_B+\theta_C-3\times 0)-\frac{1}{3}=2EI\theta_B+EI\theta_C-\frac{1}{3} \tag{c}$$

$$M_{CB}=\frac{2(EI)}{2}(2\times \theta_C+\theta_B-3\times 0)+\frac{1}{3}=2EI\theta_C+EI\theta_B+\frac{1}{3} \tag{d}$$

$$M_{CD}=\frac{2(2EI)}{2}(2\times \theta_C+0-3\times 0)+0=4EI\theta_C \tag{e}$$

$$M_{DC}=\frac{2(2EI)}{2}(2\times 0+\theta_C-3\times 0)+0=2EI\theta_C \tag{f}$$

(4) 절점방정식

$$\Sigma M_B=M_{BA}+M_{BC} \tag{g}$$

$$=4EI\theta_B+2EI\theta_B+EI\theta_C-\frac{1}{3}=6EI\theta_B+EI\theta_C-\frac{1}{3}=0$$

$$\Sigma M_C=M_{CB}+M_{CD} \tag{h}$$

$$=2EI\theta_C+EI\theta_B+\frac{1}{3}+4EI\theta_C=EI\theta_B+6EI\theta_C+\frac{1}{3}=0$$

식 (g)와 식 (h)를 연립하여 풀거나 $\theta_B=-\theta_C$를 이용하여 풀면 다음과 같다.

$$EI\theta_B=\frac{1}{15},\ EI\theta_C=-\frac{1}{15}$$

(5) 재단모멘트

$$M_{AB}=2EI\theta_B=2\times\left(\frac{1}{15}\right)=0.133\text{ kN}\cdot\text{m}$$

$$M_{BA}=4EI\theta_B=4\times\left(\frac{1}{15}\right)=0.267\text{ kN}\cdot\text{m}$$

$$M_{BC}=2EI\theta_B+EI\theta_C-\frac{1}{3}=2\times\left(\frac{1}{15}\right)-\frac{1}{15}-\frac{1}{3}=-0.267\text{ kN}\cdot\text{m}$$

$$M_{CB}=2EI\theta_C+EI\theta_B+\frac{1}{3}=2\times\left(-\frac{1}{15}\right)+\frac{1}{15}+\frac{1}{3}=0.267\text{ kN}\cdot\text{m}$$

$$M_{CD}=4EI\theta_C=4\times\left(-\frac{1}{15}\right)=-0.267\text{ kN}\cdot\text{m}$$

$$M_{DC}=2EI\theta_C=2\times\left(-\frac{1}{15}\right)=-0.133\text{ kN}\cdot\text{m}$$

(6) 반력

반력은 각 부재별로 힘의 평형방정식 ($\Sigma M = 0$, $\Sigma Y = 0$)을 적용하여 산정한다. 그 결과는 다음과 같다.

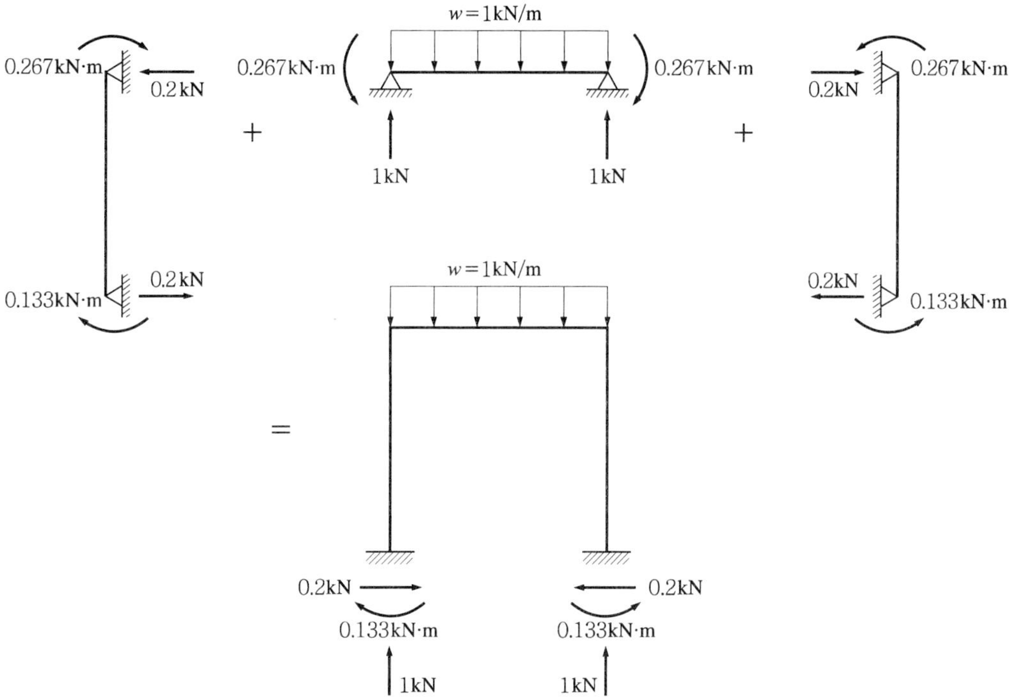

그림 6.61 반력

예제 6.17 다음 그림과 같은 라멘의 재단모멘트와 반력을 처짐각법을 이용하여 산정하고 단면력도를 그리시오. 단, 탄성계수 E는 일정하다.

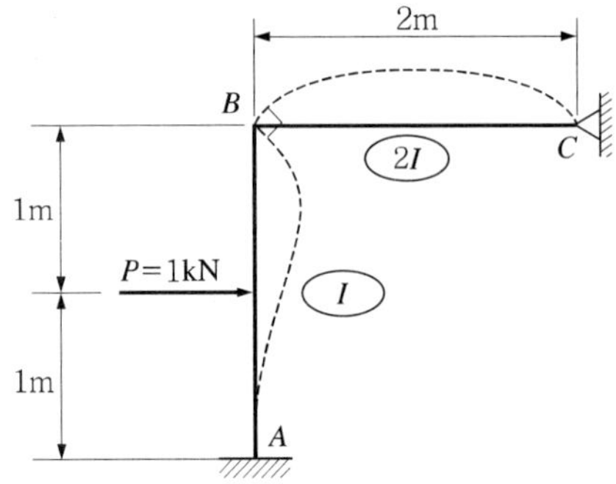

그림 6.62

↳

1. 방법 [1]

(1) 미지수

① 절점 A는 회전하지 않음 : $\theta_A = 0$

② 모든 절점은 이동이 없음 : 부재각 $R = 0$

③ 절점 B, C는 각각 θ_B, θ_C만큼 회전 : $\theta_B = ?$, $\theta_C = ?$ (미지수는 2개)

표 6.19 절점의 처짐각 및 부재각

절점	성질	처짐각 및 부재각	비고
A	회전 없음	$\theta_A = 0$	
	이동 없음	$R = 0$	
B, C	회전 있음	$\theta_B = ?$, $\theta_C = ?$	미지수 2개
	이동 없음	$R = 0$	

(2) 고정단모멘트

$$FEM_{AB} = -\frac{Pl}{8} = -\frac{1 \times 2}{8} = -\frac{1}{4}\text{ kN}\cdot\text{m}$$

$$FEM_{BA} = \frac{Pl}{8} = \frac{1}{4}\text{ kN}\cdot\text{m}$$

(3) 처짐각법의 방정식

$$M_{AB} = \frac{2(EI)}{2}(2\times 0+\theta_B-3\times 0)-\frac{1}{4}=EI\theta_B-\frac{1}{4} \qquad \text{(a)}$$

$$M_{BA} = \frac{2(EI)}{2}(2\times \theta_B+0-3\times 0)+\frac{1}{4}=2EI\theta_B+\frac{1}{4} \qquad \text{(b)}$$

$$M_{BC} = \frac{2(2EI)}{2}(2\times \theta_B+\theta_C-3\times 0)+0=4EI\theta_B+2EI\theta_C \qquad \text{(c)}$$

$$M_{CB} = \frac{2(2EI)}{2}(2\times \theta_C+\theta_B-3\times 0)+0=4EI\theta_C+2EI\theta_B \qquad \text{(d)}$$

(4) 절점방정식

$$\Sigma M_B = M_{BA}+M_{BC} \qquad \text{(e)}$$

$$=2EI\theta_B+\frac{1}{4}+4EI\theta_B+2EI\theta_C=6EI\theta_B+2EI\theta_C+\frac{1}{4}=0$$

$$\Sigma M_C = M_{CB}=4EI\theta_C+2EI\theta_B=0 \qquad \text{(g)}$$

식 (f)와 식 (g)를 연립하여 풀면 θ_B와 θ_C는 다음과 같다.

$$EI\theta_B=-\frac{1}{20}$$

$$EI\theta_C=\frac{1}{40}$$

(5) 재단모멘트

$$M_{AB}=EI\theta_B-\frac{1}{4}=-\frac{1}{20}-\frac{1}{4}=-\frac{6}{20}=-0.300\ \text{kN}\cdot\text{m}$$

$$M_{BA}=2EI\theta_B+\frac{1}{4}=2\times\left(-\frac{1}{20}\right)+\frac{1}{4}=\frac{3}{20}=0.150\ \text{kN}\cdot\text{m}$$

$$M_{BC}=4EI\theta_B+2EI\theta_C=4\times\left(-\frac{1}{20}\right)+2\times\left(\frac{1}{40}\right)=-\frac{3}{20}=-0.150\ \text{kN}\cdot\text{m}$$

$$M_{CB}=4EI\theta_C+2EI\theta_B=4\times\left(\frac{1}{40}\right)+2\times\left(-\frac{1}{20}\right)=0\ \text{kN}\cdot\text{m}$$

(6) 반력 및 단면력도

반력은 각 부재별로 힘의 평형방정식 ($\Sigma M = 0$, $\Sigma Y = 0$)을 적용하여 산정한다. 그 결과는 다음과 같다.

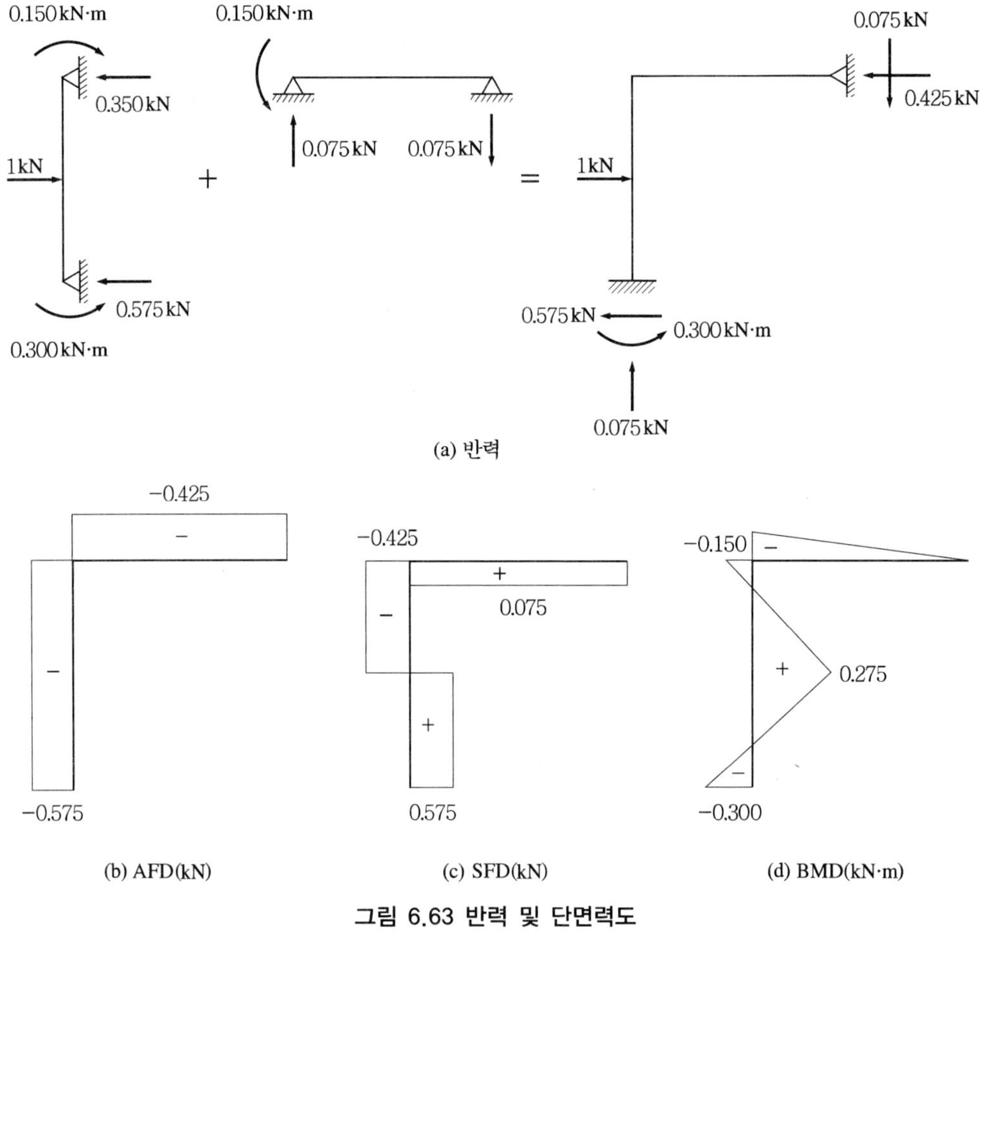

그림 6.63 반력 및 단면력도

2. 방법 [2]

(1) 미지수

미지수는 방법 [1]과 동일하다.

(2) 고정단모멘트

$$FEM_{AB} = -\frac{Pl}{8} = -\frac{1\times 2}{8} = -\frac{1}{4}\ \text{kN}\cdot\text{m}$$

$$FEM_{BA} = \frac{Pl}{8} = \frac{1}{4}\ \text{kN}\cdot\text{m}$$

(3) 처짐각법의 방정식

$$M_{AB} = \frac{2(EI)}{2}(2\times 0 + \theta_B - 3\times 0) - \frac{1}{4} = EI\theta_B - \frac{1}{4} \quad \text{(a)}$$

$$M_{BA} = \frac{2(EI)}{2}(2\times \theta_B + 0 - 3\times 0) + \frac{1}{4} = 2EI\theta_B + \frac{1}{4} \quad \text{(b)}$$

$$M_{BC} = \frac{3(2EI)}{2}(\theta_B - 0) + 0 = 3EI\theta_B \quad \text{(c)}$$

$$M_{CB} = 0 \quad \text{(d)}$$

(4) 절점방정식

$$\Sigma M_B = M_{BA} + M_{BC} \quad \text{(e)}$$

$$= 2EI\theta_B + \frac{1}{4} + 3EI\theta_B = 5EI\theta_B + \frac{1}{4} = 0$$

$$\therefore\ EI\theta_B = -\frac{1}{20}$$

(5) 재단모멘트

$$M_{AB} = EI\theta_B - \frac{1}{4} = -\frac{1}{20} - \frac{1}{4} = -\frac{6}{20} = -0.300\ \text{kN}\cdot\text{m}$$

$$M_{BA} = 2EI\theta_B + \frac{1}{4} = 2\times\left(-\frac{1}{20}\right) + \frac{1}{4} = \frac{3}{20} = 0.150\ \text{kN}\cdot\text{m}$$

$$M_{BC} = 3EI\theta_B = 3\times\left(-\frac{1}{20}\right) = -\frac{3}{20} = -0.150\ \text{kN}\cdot\text{m}$$

$$M_{CB} = 0$$

(6) 반력 및 단면력도

재단모멘트가 방법 [1]과 같으므로 반력 및 단면력도의 결과는 방법 [1]과 동일하다.

예제 6.18 다음 그림과 같은 라멘의 재단모멘트와 반력을 처짐각법을 이용하여 산정하시오. 단, 휨강성 EI는 일정하다.

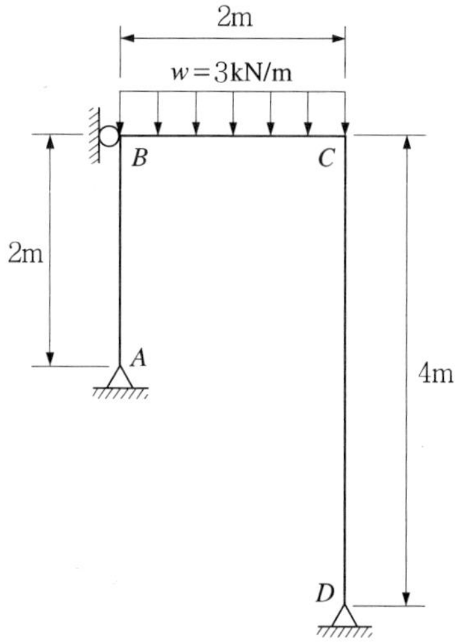

그림 6.64

(1) 미지수

① 모든 절점은 이동이 없음 : 부재각 $R=0$

② 절점 A, B, C, D는 각각 θ_A, θ_B, θ_C, θ_D만큼 회전 : $\theta_A=?$, $\theta_B=?$, $\theta_C=?$, $\theta_D=?$ (미지수는 4개)

표 6.20 절점의 처짐각 및 부재각

절점	성질	처짐각 및 부재각	비고
A, B, C, D	회전 있음	$\theta_A=?$, $\theta_B=?$, $\theta_C=?$, $\theta_D=?$	미지수 4개
	이동 없음	$R=0$	

(2) 고정단모멘트

$$FEM_{BC}=-\frac{wl^2}{12}=-\frac{3\times 2^2}{12}=-1\text{ kN}\cdot\text{m}$$

$$FEM_{CB}=\frac{wl^2}{12}=1\text{ kN}\cdot\text{m}$$

(3) 처짐각법의 방정식

$$M_{AB}=\frac{2(EI)}{2}(2\times\theta_A+\theta_B-3\times0)+0=2EI\theta_A+EI\theta_B \qquad \text{(a)}$$

$$M_{BA}=\frac{2(EI)}{2}(2\times\theta_B+\theta_A-3\times0)+0=2EI\theta_B+EI\theta_A \qquad \text{(b)}$$

$$M_{BC}=\frac{2(EI)}{2}(2\times\theta_B+\theta_C-3\times0)-1=2EI\theta_B+EI\theta_C-1 \qquad \text{(c)}$$

$$M_{CB}=\frac{2(EI)}{2}(2\times\theta_C+\theta_B-3\times0)+1=2EI\theta_C+EI\theta_B+1 \qquad \text{(d)}$$

$$M_{CD}=\frac{2(EI)}{4}(2\times\theta_C+\theta_D-3\times0)+0=EI\theta_C+\frac{1}{2}EI\theta_D \qquad \text{(e)}$$

$$M_{DC}=\frac{2(EI)}{4}(2\times\theta_D+\theta_C-3\times0)+0=EI\theta_D+\frac{1}{2}EI\theta_C \qquad \text{(f)}$$

(4) 절점방정식

$$\begin{aligned}\Sigma M_A&=M_{AB} \qquad \text{(g)}\\&=2EI\theta_A+EI\theta_B=0\end{aligned}$$

$$\begin{aligned}\Sigma M_B&=M_{BA}+M_{BC} \qquad \text{(h)}\\&=2EI\theta_B+EI\theta_A+2EI\theta_B+EI\theta_C-1\\&=EI\theta_A+4EI\theta_B+EI\theta_C-1=0\end{aligned}$$

$$\begin{aligned}\Sigma M_C&=M_{CB}+M_{CD} \qquad \text{(i)}\\&=2EI\theta_C+EI\theta_B+1+EI\theta_C+\frac{1}{2}EI\theta_D\\&=EI\theta_B+3EI\theta_C+\frac{1}{2}EI\theta_D+1=0\end{aligned}$$

$$\begin{aligned}\Sigma M_D&=M_{DC} \qquad \text{(j)}\\&=EI\theta_D+\frac{1}{2}EI\theta_C\end{aligned}$$

식 (g)~식 (j)를 연립하여 풀면 θ_A, θ_B, θ_C와 θ_D는 다음과 같다.

$$EI\theta_A=-\frac{5}{23}$$

$$EI\theta_B=\frac{10}{23}$$

$$EI\theta_C=-\frac{12}{23}$$

$$EI\theta_D=\frac{6}{23}$$

(5) 재단모멘트

$$M_{AB}=2EI\theta_A+EI\theta_B=2\times\left(-\frac{5}{23}\right)+\frac{10}{23}=0\ \text{kN}\cdot\text{m}$$

$$M_{BA}=2EI\theta_B+EI\theta_A=2\times\left(\frac{10}{23}\right)-\frac{5}{23}=0.652\ \text{kN}\cdot\text{m}$$

$$M_{BC}=2EI\theta_B+EI\theta_C-1=2\times\left(\frac{10}{23}\right)-\frac{12}{23}-1=-0.652\ \text{kN}\cdot\text{m}$$

$$M_{CB}=2EI\theta_C+EI\theta_B+1=2\times\left(-\frac{12}{23}\right)+\left(\frac{10}{23}\right)+1=0.391\ \text{kN}\cdot\text{m}$$

$$M_{CD}=EI\theta_C+\frac{1}{2}EI\theta_D=-\frac{12}{23}+\frac{1}{2}\times\left(\frac{6}{23}\right)=-0.391\ \text{kN}\cdot\text{m}$$

$$M_{DC}=EI\theta_D+\frac{1}{2}EI\theta_C=\frac{6}{23}+\frac{1}{2}\times\left(-\frac{12}{23}\right)=0\ \text{kN}\cdot\text{m}$$

(6) 반력

반력은 각 부재별로 힘의 평형방정식 ($\Sigma M=0$, $\Sigma Y=0$)을 적용하여 산정한다. 그 결과는 다음과 같다.

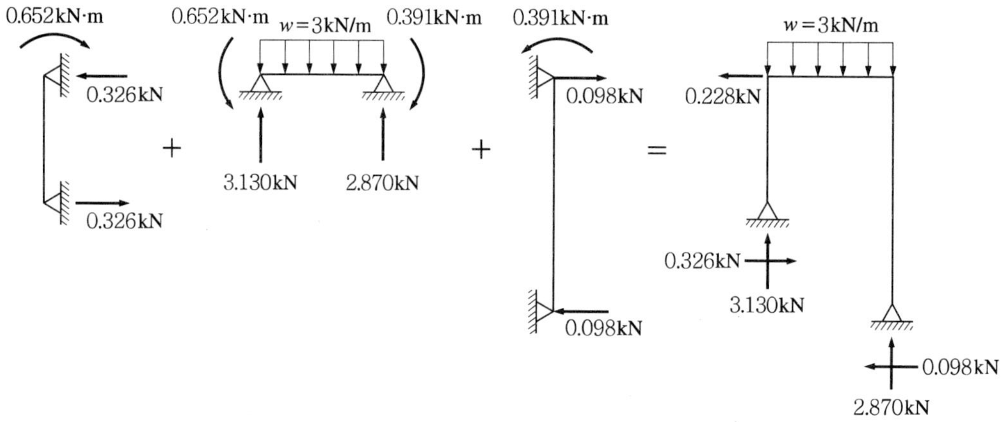

그림 6.65 반력

예제 6.19 다음 그림과 같은 구조물에 10 kN의 수평력이 작용할 때, 2개의 기둥(AB, CD)의 반곡점 높이가 아래에서 3 m 높이에 있다면, 보 BC에 생긴 전단력의 값은? 단, 기둥의 최하부는 완전고정이다.

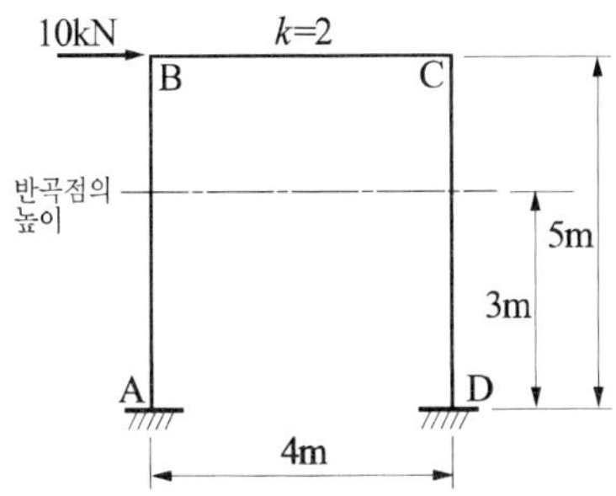

그림 6.66

(1) 기둥 AB를 생각하면 다음과 같다.

구조물이 대칭이고 지점 조건이 동일하므로 수평력 10 kN은 기둥 AB와 기둥 DC에 각각 5 kN의 전단력으로 작용하게 된다.

$M_{E(EB)} = 5 \times 2 + M_{BA} = 0$　　　$\therefore\ M_{BA} = -10\ \text{kN} \cdot \text{m}$

$M_{E(EA)} = 5 \times 3 + M_{AB} = 0$　　　$\therefore\ M_{AB} = -15\ \text{kN} \cdot \text{m}$

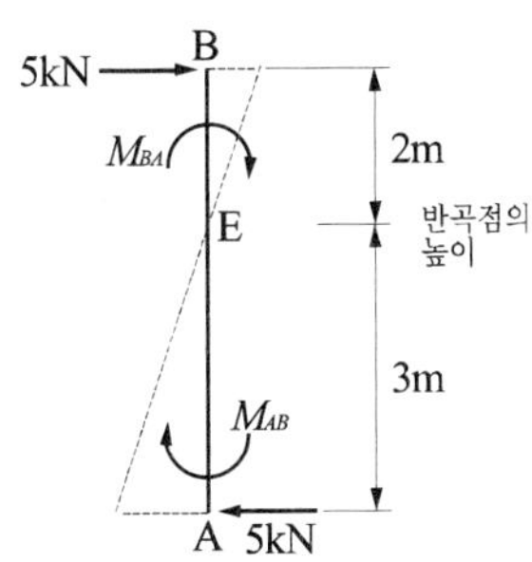

그림 6.67

(2) 재단모멘트와 휨모멘트

절점 B와 절점 C에는 외력의 모멘트가 작용하지 않으므로 $\Sigma M_B = M_{BC} + M_{BA} = 0$이 되어, $M_{BC} = -M_{BA}$가 된다. 즉 크기는 같고 방향이 반대인 모멘트가 된다.

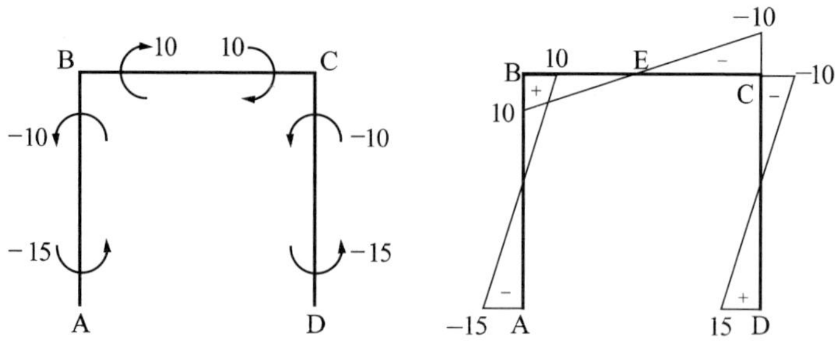

(a) 재단모멘트 (kN · m) (b) 휨모멘트도 (kN · m)

그림 6.68 재단모멘트와 휨모멘트

(3) 부재 BC의 전단력

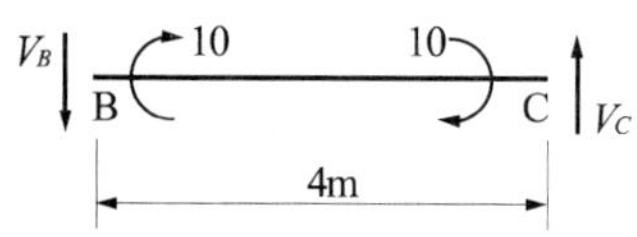

그림 6.69

$\Sigma M_C = 10 + 10 - V_B \times 4 = 0 \qquad \therefore\ V_B = 5\ \mathrm{kN}$

따라서 부재 BC의 전단력은 −5 kN이다.

예제 6.20 다음 그림과 같은 구조물에 18 kN의 수평력이 작용할 때의 휨모멘트가 그림과 같을 때, 라멘에서 중앙부 기둥의 최하부에 발생되는 모멘트는?

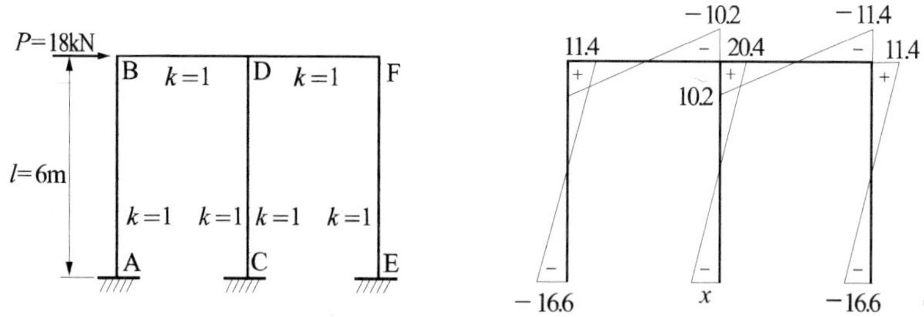

(a) 라멘 (b) 휨모멘트도 (kN·m)

그림 6.70 예제 구조물과 휨모멘트도

↳ (1) 재단모멘트 (기둥만 표시)

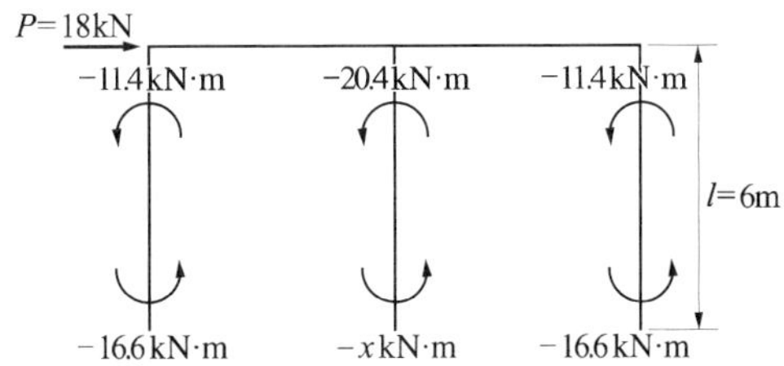

그림 6.71 예제 구조물의 재단모멘트

주1) 재단모멘트와 휨모멘트의 부호규약은 부재의 왼쪽에서는 같은 방향이고, 오른쪽에서는 서로 반대방향이다.

(2) 층방정식

$$\Sigma M = (M_{AB} + M_{BA}) + (M_{CD} + M_{DC}) + (M_{EF} + M_{FE}) + Pl$$
$$= -\{(16.6 + 11.4) + (x + 20.4) + (16.6 + 11.4)\} + 18 \times 6 = 0$$
$$\therefore x = 31.6 \text{ kN} \cdot \text{m}$$

6.4 모멘트분배법

6.4.1 개요

(1) 정의

① 모멘트분배법 (Moment-Distribution Method)은 반복적인 계산을 통해 부정정 연속보와 라멘의 재단모멘트를 구할 수 있는 근사해석법이다.

② 모멘트분배법은 처짐각법에 있어서의 연립방정식을 축차적 (逐次的)인 근사법으로 풀어가는 것이다.

② 모멘트분배법을 크로스법 또는 고정모멘트법이라고도 한다.

③ 연속보 및 라멘의 휨모멘트를 근사적으로 산정하는 방법이다.

④ 반복횟수가 많을수록 정산해에 가까워진다.

⑤ 해석상의 가정은 처짐각법과 동일하다.

(2) 특징

① 선형의 부정정구조물이면 모두 해석이 가능하다.
② 해석의 대부분이 단순연산이다.
③ 고층의 다경간 라멘 등에서 다른 해석법에 비해 시간과 노력이 현저히 감소된다.
④ 계산 도중 착오를 수시로 파악할 수 있다.
⑤ 복잡한 라멘에서 원하는 부재력을 국부적으로 산정할 수 있다.
⑥ 부정정 트러스에는 이용되지 못한다.

(3) 부호규약

모멘트분배법에서의 부호규약은 § 6.3.3의 처짐각법에서의 부호규약과 동일하다. 즉, 재단모멘트 및 고정단모멘트(하중항) 그리고 처짐각 및 부재각은 모두 시계방향을 양(+)으로 한다.

6.4.2 용어

(1) 휨강성 ($\overline{K}$)

그림 6.72와 같이 균일단면의 보 AB에서 A단은 힌지이고 B단은 고정일 경우, A단에 모멘트 M_{AB}가 작용한다. 이 때 A단에서 단위 회전 $\theta_A = 1$ rad을 발생시키는 모멘트를 부재의 휨강성(Flexural Stiffness) $\overline{K}$라 한다. 그림 6.72와 같은 보의 휨강성 $\overline{K}$는 다음과 같이 산정한다. 먼저 처짐각법의 방정식은 다음과 같다.

$$M_{AB} = \frac{2EI}{l}(2\theta_A + \theta_B - 3R) + \Sigma FEM_{AB,i} \tag{a}$$

위의 처짐각법의 방정식에서 $M_{AB} = \overline{K}$, $\theta_A = 1$이고 $\theta_B = R = FEM_{AB} = 0$이면, 그림 6.72와 같은 보의 휨강성 $\overline{K}$는 다음과 같다.

$$\overline{K} = \frac{4EI}{l} \tag{6.15}$$

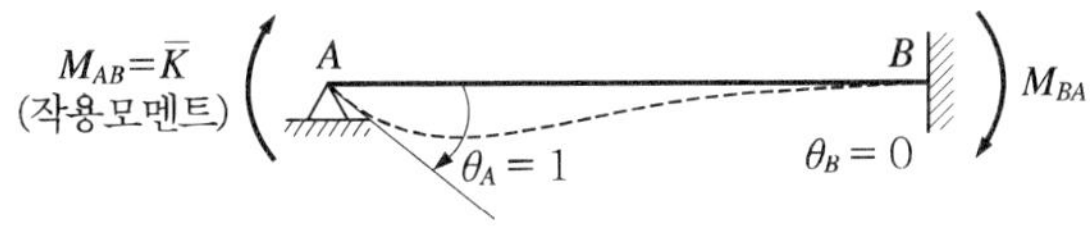

그림 6.72

식 (6.15)에서 탄성계수 E가 고려하는 모든 부재에서 동일(E=상수)할 경우, 부재의 해석에서 휨강성 $\overline{K}$대신 상대 휨강성(Relative Flexural Stiffness)을 사용하면 편리하다. 일반적인 구조물의 해석에서 부재의 탄성계수가 거의 변화하지 않으므로 구조해석에서는 식 (6.15)에 $4E$ (상수)를 나눈 상대 휨강성을 사용하고, 이를 간단히 강성(Stiffness)이라 한다. 그림 6.72와 같은 보의 상대 휨강성은 다음 식과 같다.

$$K = \frac{\overline{K}}{4E} = \frac{I}{l} \tag{6.16}$$

또한 그림 6.73과 같이 균일단면의 보 AB에서 A단과 B단이 힌지일 경우, 처짐각법의 방정식은 다음 식과 같다.

$$M_{AB} = \frac{2EI}{l}(2\theta_A + \theta_B - 3R) + \Sigma FEM_{AB,i} \tag{b}$$

$$M_{BA} = \frac{2EI}{l}(2\theta_B + \theta_A - 3R) + \Sigma FEM_{BA,i} = 0 \tag{c}$$

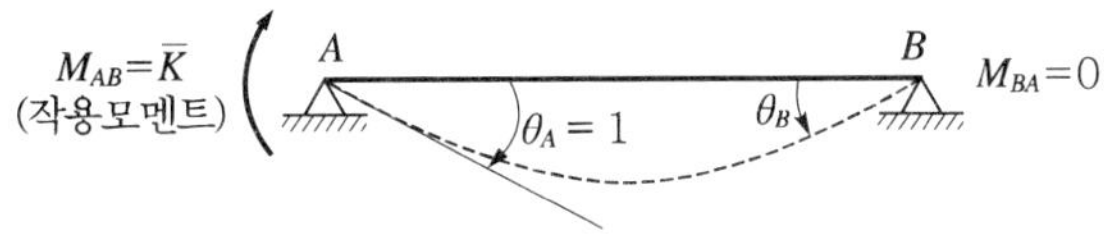

그림 6.73

처짐각법의 방정식에서 $R = FEM_{AB} = FEM_{BA} = 0$일 경우 식 (c)로부터 $\theta_B = -\frac{1}{2}\theta_A$이고, 또한 식 (b)에서 $M_{AB} = \overline{K}$, $\theta_A = 1$이면, 그림 6.73과 같은 보의 휨강성 $\overline{K}$는 다음과 같다.

$$\overline{K} = \frac{3EI}{l} \tag{6.17}$$

따라서 그림 6.73과 같은 보의 상대 휨강성은 다음 식과 같다.

$$K = \frac{\overline{K}}{4E} = \frac{3}{4}\left(\frac{I}{l}\right) \tag{6.18}$$

식 (6.18)은 그림 6.73과 같이 B단이 힌지인 단부 조건의 보는 그림 6.72와 같은 B단이 고정인 단부 조건의 보에 비해 강성이 25 % 줄어들었음을 알 수 있다. 이와 같이 A단에 모멘트가 작용할 때 B단의 단부 조건에 따라 B단이 고정인 단부 조건에 대한 상대적인 강성을 강비라고 한다.

(2) 강비 (k)

강비 (k)는 부재의 강도 K를 임의의 강도 (표준강도) K_0로 나눈 값이다.

$$k = \frac{K}{K_0} \tag{6.19}$$

(3) 유효강비 (k_e)

유효강비 (k_e : 등가강비)는 부재의 일단이 힌지인 부재 또는 대칭 변형의 부재 및 역대칭 변형의 부재 등에 대해서 사전에 부재의 강비를 양단 고정인 상태와 같은 강비로 환산한 후 양단 고정인 부재와 동일하게 취급하는 것이다.

표 6.21 단부 조건 및 모멘트의 분포에 따른 유효강비와 도달율

단부 조건	휨모멘트의 분포	유효강비 (등가강비)	도달율 (전달율)
B단이 고정인 경우	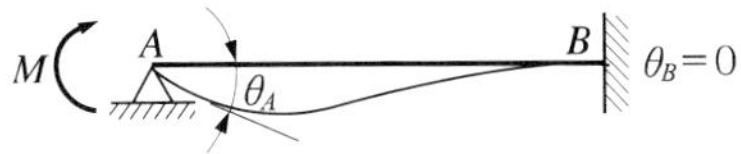	$1k$	$\frac{1}{2}$
B단이 힌지인 경우	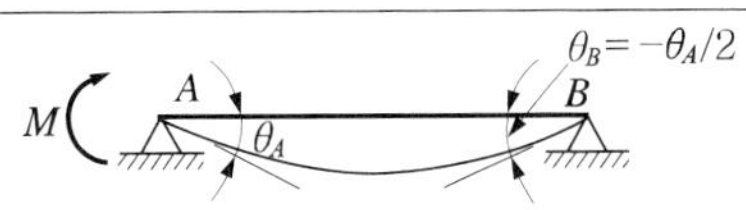	$\frac{3}{4}k$	0
휨모멘트가 일정한 경우(대칭 변형 부재)	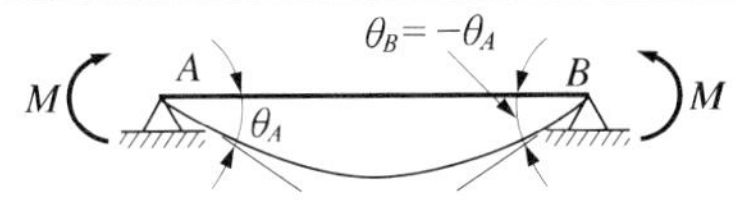	$\frac{1}{2}k$	−1
반곡점이 중앙인 경우(역대칭 변형 부재)	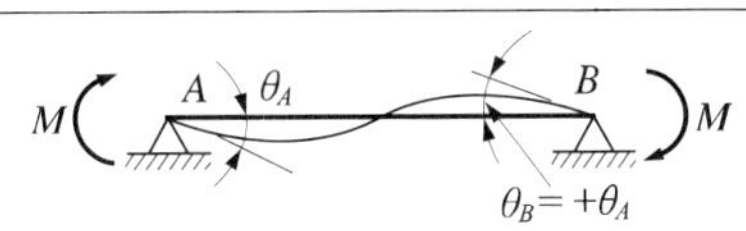	$\frac{3}{2}k$	1
B단이 자유단인 경우	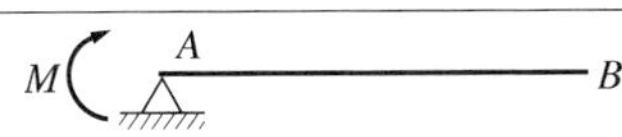	0	0

주1) 도달율은 A단에 가해진 모멘트에 의해 B단에 전달(발생)되는 모멘트의 비율을 말한다.

(4) 고정단모멘트 (FEM)

고정단모멘트(Fixed−End Moment : FEM)는 구조물의 임의의 한 부재에서 하중조건과 지점 조건에 따라 지점을 고정 상태(절점회전각 $\theta=0$)로 하기 위한 모멘트이다. 하중에 따른 고정단모멘트는 처짐각법의 표 6.5와 같고, 하중상태에 따른 대표적인 고정단모멘트는 표 6.22와 같다.

표 6.22 고정단모멘트(하중항)

하중상태	FEM_{AB}	FEM_{BA}
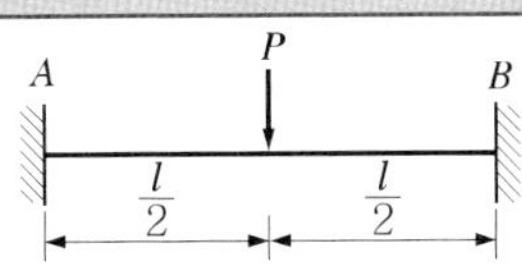	$-\frac{Pl}{8}$	$\frac{Pl}{8}$
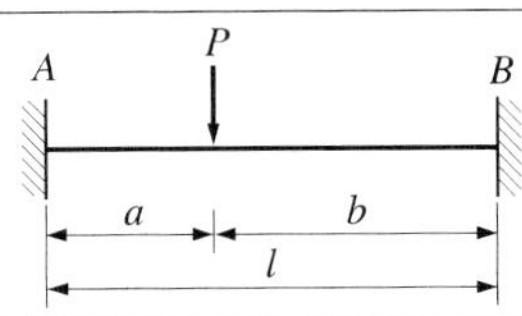	$-\frac{Pab^2}{l^2}$	$\frac{Pa^2b}{l^2}$
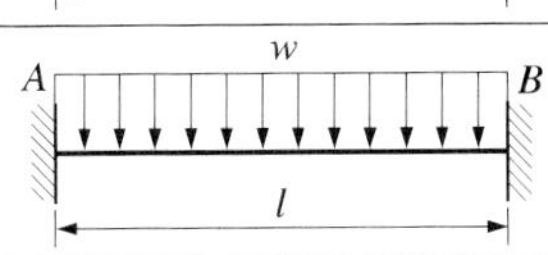	$-\frac{wl^2}{12}$	$\frac{wl^2}{12}$

(5) 도달율(CF)과 도달모멘트(CM, M'')

그림 6.74와 같은 조건의 보에서 처짐각법의 방정식에 따라 양단의 재단모멘트는 다음 식과 같다.

$$M_{AB}=\frac{2EI}{l}(2\theta_A+\theta_B-3R)+\Sigma FEM_{AB,i} \tag{d}$$

$$M_{BA}=\frac{2EI}{l}(2\theta_B+\theta_A-3R)+\Sigma FEM_{BA,i} \tag{e}$$

여기서, $\theta_B=R=FEM=0$이므로 식 (d)와 식 (e)는 다음 식과 같다.

$$M_{AB}=\frac{2EI}{l}(2\theta_A) \tag{f}$$

$$M_{BA}=\frac{2EI}{l}(\theta_A)=\frac{1}{2}M_{AB} \tag{g}$$

식 (g)는 그림 6.74와 같은 조건의 보의 A단에서 모멘트 M_{AB}가 작용하고 B단이 고정단이면, B단에는 $M_{BA}=\frac{1}{2}M_{AB}$의 모멘트가 도달(전달)되는 것이다. 이 모멘트를 도달모멘트(Carryover Moment : CM, M')라 한다. 또한 식 (g)는 A단의 작용모멘트에 비해 고정단인 B단에 1/2의 모멘트가 도달(전달)되는 것을 말하며, 1/2을 도달율(전달율, Carryover Factor : CF)이라 한다.

$$CM=\frac{1}{2}M_{AB} \tag{6.20 a}$$

$$CF=\frac{CM}{M_{AB}}=\frac{1}{2} \tag{6.20 b}$$

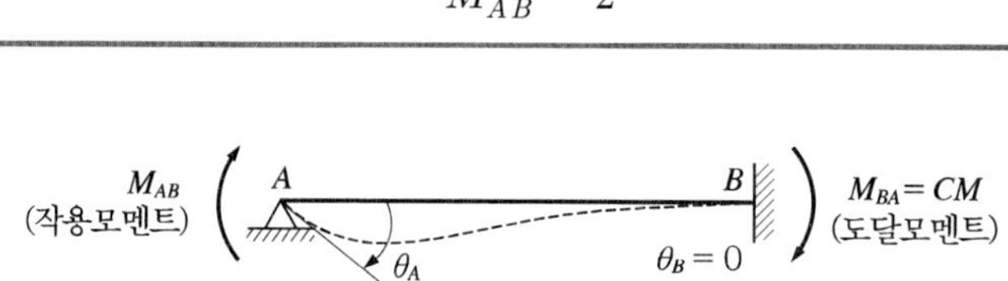

그림 6.74

또한 그림 6.75와 같은 조건의 보의 A단에 모멘트 M_{AB}가 작용하고 B단이 힌지이면, 식 (c)로부터 B단에는 $M_{BA}=0$의 모멘트가 도달(전달)된다. 따라서 타단이 힌지이거나 자유단이면, 도달율 (CF)은 영 (0)이 되어 모멘트는 도달되지 않는다.

$$CM = 0 \tag{6.21 a}$$

$$CF = 0 \tag{6.21 b}$$

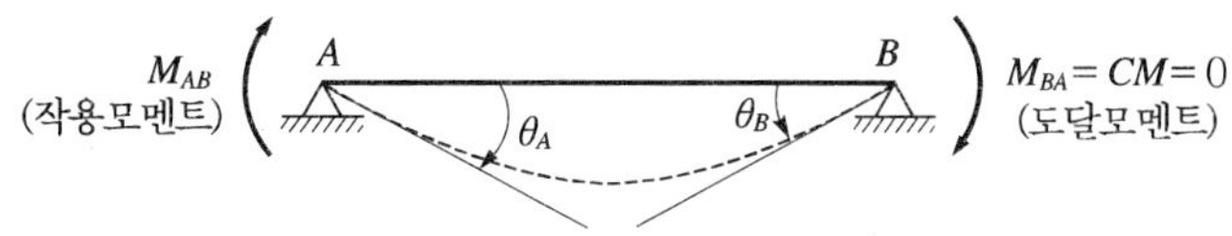

그림 6.75

(6) 분배율 (DF)과 분배모멘트 $(DM,\ M')$

그림 6.76 (a)에서 지점 B와 C는 고정단이고 지점 D는 힌지이며 절점 A에 모멘트 M이 작용하고 있다. 절점 A에 작용하는 모멘트 M은 절점 A를 중심으로 접합된 부재 AB, AC, AD에서 모멘트 M_{AB}, M_{AC}, M_{AD}로 분배되고, 이들 모멘트들에 의해 처짐각 θ_1, θ_2, θ_3가 발생한다. 그림 6.76 (b)의 절점 A와 부재 AB, AC, AD의 자유물체도로부터 절점 A의 힘의 평형방정식은 다음과 같다.

$$\Sigma M_A = -M + (M_{AB} + M_{AC} + M_{AD}) = 0 \tag{h}$$

$$M = M_{AB} + M_{AC} + M_{AD} \tag{i}$$

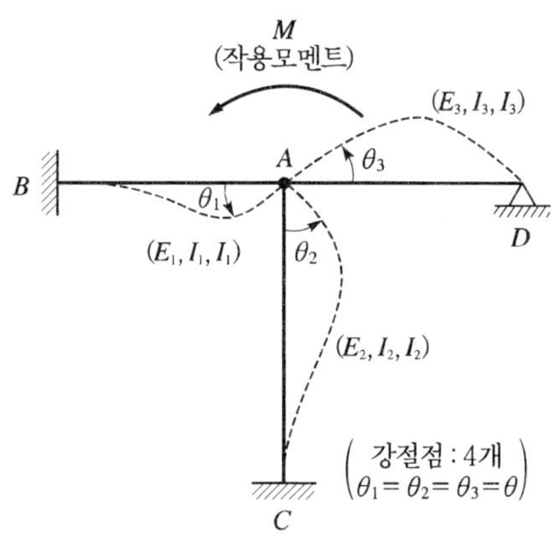

(a) 절점 A의 작용모멘트와 변형

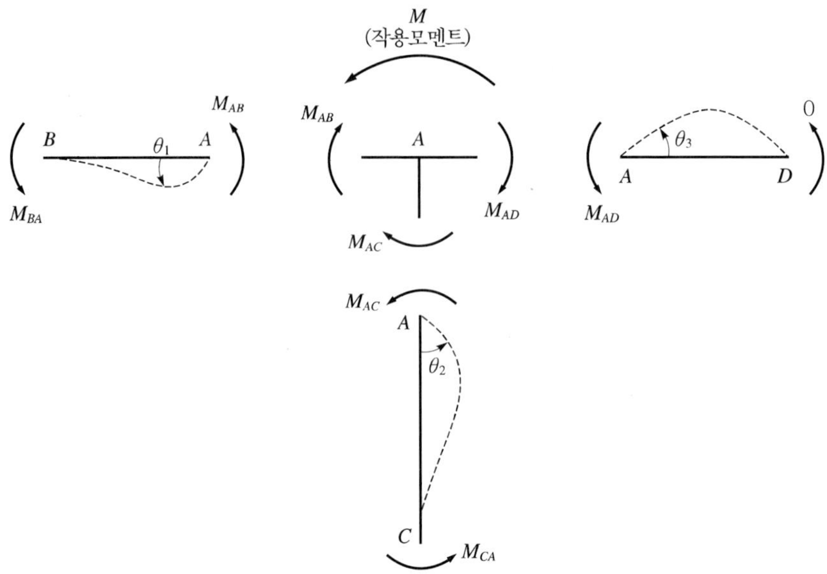

(b) 분배모멘트와 도달모멘트

그림 6.76 작용모멘트에 따른 분배모멘트와 도달모멘트

또한 절점 A에서 부재들이 강접합되어 있을 경우 처짐각 $\theta_1 = \theta_2 = \theta_3 = \theta$ 이고, 부재의 탄성계수 $E_1 = E_2 = E_3 = E$ 이면, 절점 A의 작용모멘트 M은 식 (6.15)와 식 (6.17)로부터 각 부재의 단부에 다음과 같은 단부모멘트로 분배된다.

$$M_{AB} = \left(\frac{4EI_1}{l_1}\right)\theta = \overline{K}_{AB}\,\theta = 4EK_{AB}\theta \qquad (6.22\,\text{a})$$

$$M_{AC} = \left(\frac{4EI_2}{l_2}\right)\theta = \overline{K}_{AC}\,\theta = 4EK_{AC}\,\theta \qquad (6.22\,\text{b})$$

$$M_{AD} = \left(\frac{3EI_3}{l_3}\right)\theta = \overline{K}_{AD}\,\theta = 4EK_{AD}\,\theta \qquad (6.22\,\text{c})$$

식 (i)와 식 (6.22)로부터 절점 A의 작용모멘트 M은 다음과 같다.

$$\begin{aligned} M &= M_{AB} + M_{AC} + M_{AD} \\ &= (\overline{K}_{AB} + \overline{K}_{AC} + \overline{K}_{AD})\theta \\ &= \left(\Sigma \overline{K}_A\right)\theta \end{aligned} \qquad (6.23)$$

식 (6.23)을 상대 휨강성의 식으로 표현하면 다음과 같다.

$$\begin{aligned} M &= 4E(K_{AB} + K_{AC} + K_{AD})\theta \\ &= 4E(\Sigma K_A)\theta \end{aligned} \tag{6.24}$$

식 (6.24)로부터 처짐각 θ는 다음과 같다.

$$\theta = \frac{M}{4E(\Sigma K_A)} \tag{6.25}$$

식 (6.25)를 식 (6.22)에 대입하면 절점 A의 작용모멘트 M을 다음과 같이 각 부재에 분배된 모멘트로 작용시킬 수 있다.

$$M_{AB} = \left(\frac{K_{AB}}{\Sigma K_A}\right)M \tag{6.26 a}$$

$$M_{AC} = \left(\frac{K_{AC}}{\Sigma K_A}\right)M \tag{6.26 b}$$

$$M_{AD} = \left(\frac{K_{AD}}{\Sigma K_A}\right)M \tag{6.26 c}$$

식 (6.26)은 세 부재가 절점 A에서 강접합되어 있고 이 절점에 모멘트 M이 작용할 경우, 모멘트 M은 상대 휨강성(또는 유효강비)의 비율에 따라 각 부재의 단부에 분배되는 식이다. 즉, 식 (6.26)은 작용모멘트 M이 $\frac{K}{\Sigma K_A}$ (유효강비의 경우 $\frac{k}{\Sigma k}$)의 비율에 따라 각 부재에 분배되는 것을 의미하며, 이 비율을 분배율(Distribution Factor : DF)이라 한다. 분배율의 산정식은 다음과 같다.

$$DF = \frac{K}{\Sigma K} = \frac{k}{\Sigma k} \tag{6.27}$$

여기서, K : 부재의 상대 휨강성

ΣK : 절점에 강접된 모든 부재의 상대 휨강성의 합

k : 부재의 유효강비

Σk : 절점에 강접된 모든 부재의 유효강비의 합

작용모멘트 M과 분배율 DF의 곱을 분배모멘트(Distributed Moment : DM)라 한다. 따라서 식 (6.26)을 다시 쓰면 다음과 같다.

$$DM_{AB} = DF_{AB}\,M \tag{6.28 a}$$

$$DM_{AC} = DF_{AC}\,M \tag{6.28 b}$$

$$DM_{AD} = DF_{AD}\,M \tag{6.28 c}$$

6.4.3 모멘트분배법의 원리

(1) 개요

모멘트분배법은 라멘이나 연속보에서 재단모멘트를 반복 계산하여 축차적(逐次的)인 근사법으로 풀어 정확한 값에 근접시키는 방법이다. 모멘트분배법의 기본은 절점의 구속과 해제이다.

그림 6.77 (a)와 같은 부재에 하중이 작용하면 절점 A에 강접합된 각각의 부재에서 일정한 절점회전각 θ이 발생하고, 절점 A의 재단모멘트의 합은 $\Sigma M = 0$이 되어 평형상태에 도달한다. 하중에 의해 절점 A에 강접합된 부재들이 θ만큼 회전할 경우, 절점 A의 재단모멘트의 합이 영(0)인 상태($\Sigma M = 0$)를 만족하는 재단모멘트 M_{AB}, M_{AC}, M_{AD}가 각 부재의 A단에 작용하는 모멘트가 된다. 즉 라멘의 해석은 이와 같은 평형상태에서 절점 A의 재단모멘트의 합이 영(0)인 평형상태의 재단모멘트(모멘트)를 구하고 단면력들을 산정하는 것이다.

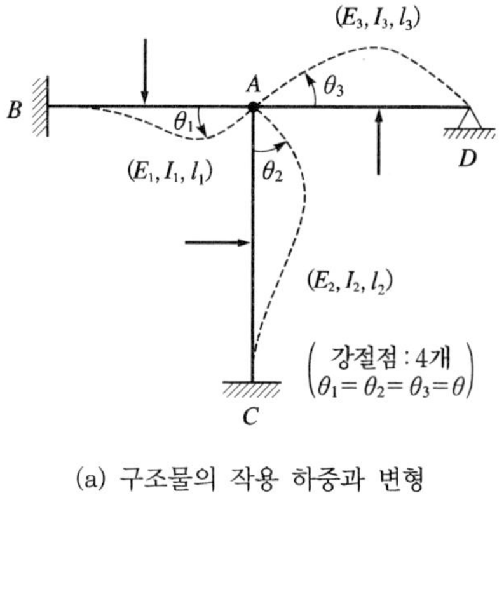

(a) 구조물의 작용 하중과 변형

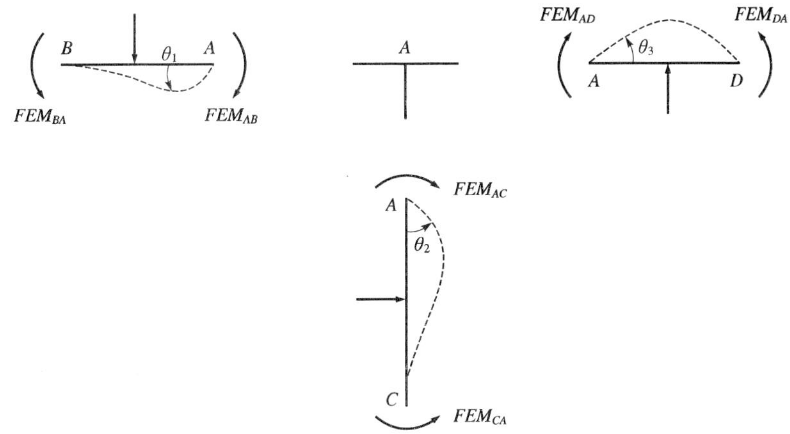

(b) 고정단모멘트

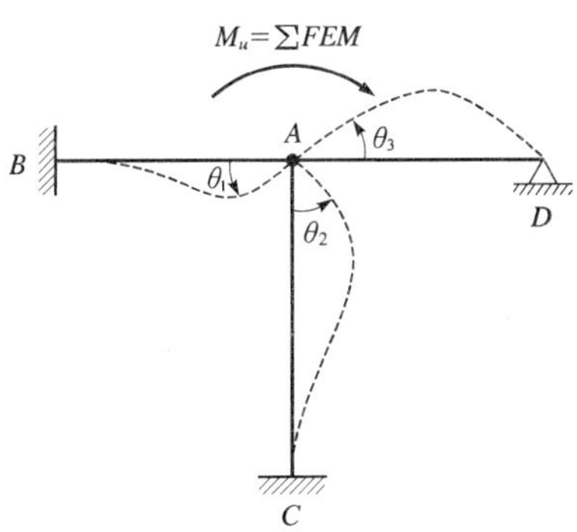

(c) 고정모멘트 (불균형모멘트)

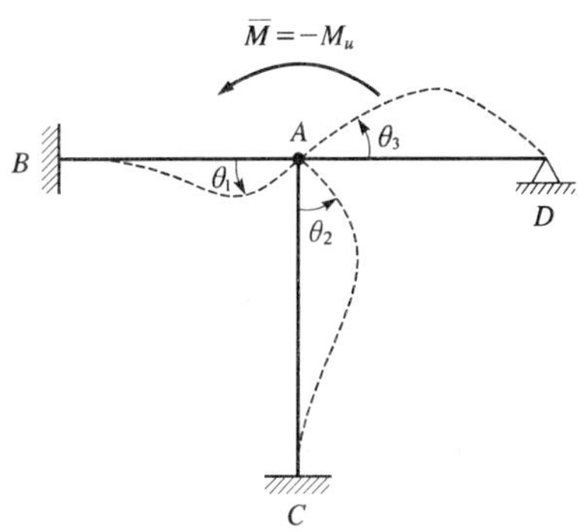

(d) 해방모멘트 (해제모멘트)

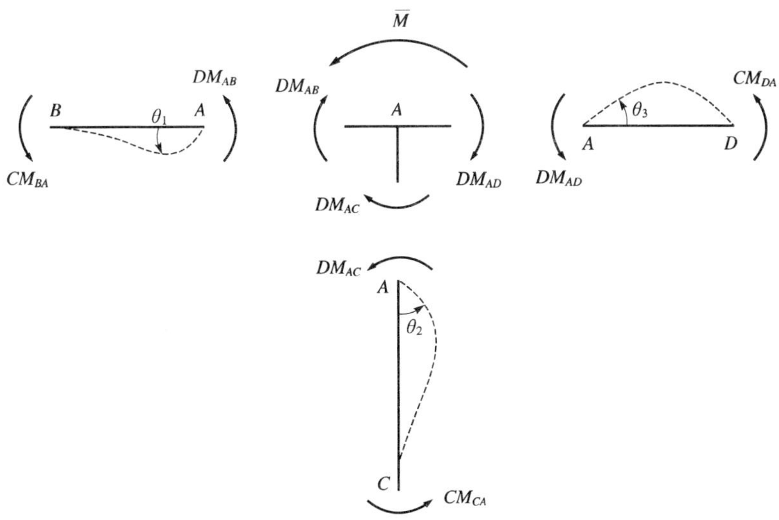

(e) 분배모멘트

그림 6.77 모멘트분배법

(2) 고정모멘트 (LM, M_u)

모멘트분배법을 적용하여 라멘을 해석하기 위해 먼저 그림 6.77 (a)에서 절점 A가 완전히 구속되어 절점회전각 θ가 영 (0)이 되도록 라멘의 모든 절점을 고정시킨다. 이와 같이 부재의 절점회전각 θ가 영 (0)이 되도록 구속하기 위해 작용시키는 가상의 모멘트를 고정모멘트 (Fixing Moment)라 한다. 고정모멘트를 구속모멘트 (Locking Moment : LM), 불균형모멘트 (Unbalanced Moment) 또는 절점회전 구속모멘트라고도 한다. 고정모멘트 (구속모멘트)는 고정단모멘트 (FEM)의 합이다.

$$LM = M_u = \Sigma FEM \tag{6.29}$$

실제, 절점 A에서는 절점회전각 θ가 발생하고, 또한 절점 A에서 재단모멘트의 총합은 영 (0)이 되어 평형상태를 유지하게 된다. 그러나 이와 같이 강제로 절점을 구속했기 때문에 고정모멘트는 불균형모멘트 (Unbalanced Moment)가 된다. 고정모멘트 (불균형모멘트)를 영 (0)으로 하기 위해 절점의 구속을 해제시켜 고정모멘트 (불균형모멘트)를 부재의 강성에 따라 절점 A와 강접합되어 있는 각 부재에 분배한다.

(3) 해방모멘트 (RM, $\overline{M}$)

해방모멘트 (Released Moment : RM)는 고정모멘트 (불균형모멘트) LM (M_u)을 고정상태로 구속된 절점을 원래의 상태로 해방하기 위하여 고정모멘트에 반대로 가해지는 모멘트이다. 해방모멘트를 해제모멘트라고도 한다.

$$RM = \overline{M} = -M_u \tag{6.30}$$

(4) 분배모멘트 (DM, M')

분배모멘트 (Distributed Moment : DM)는 해방모멘트 RM ($\overline{M}$)을 각 재단의 분배율에 따라 분배한 모멘트이다.

$$DM = M' = DF \times \overline{M} \tag{6.31}$$

여기서, DF : 분배율 (Distribution Factor)

(5) 도달모멘트 (CM, M'')

도달모멘트 (Carryover Moment : CM)는 분배모멘트 DM (M')을 단부 조건과 모멘트의 분포에 따라 절점 A의 맞은편 지점으로 도달 (전달)되는 모멘트이다.

$$CM = M'' = CF \times DM = CF \times M' \qquad (6.32)$$

여기서, CF : 도달율 (전달율, Carryover Factor)

(6) 재단모멘트 (FM)

재단모멘트 (Final Moment : FM)는 고정단모멘트 (FEM), 분배모멘트 (DM) 및 도달모멘트 (CM)의 합이다.

$$FM = \Sigma(FEM_i + DM_i + CM_i) \qquad (6.33)$$

모멘트분배법을 1회 수행하여 얻은 재단모멘트의 합이 영 (0)이 아니면, 영 (0)이 아닌 재단모멘트의 합을 고정모멘트 LM (M_u)로 하여 해방모멘트 RM ($\overline{M}$), 분배모멘트 DM (M'), 도달모멘트 CM (M'')을 산정하는 과정을 반복하여 수행하고 재단모멘트를 재산정한다. 이 과정을 지점이 아닌 내부 절점 A에서 재단모멘트의 합이 영 (0)이거나 거의 영 (0)일 때까지 반복한다. 재단모멘트의 합이 영 (0)이거나 거의 영 (0)이 되어 반복이 완료되었을 경우 모든 과정에서의 고정단모멘트 (FEM), 분배모멘트 (DM) 및 도달모멘트 (CM)의 합이 재단모멘트 (FM)가 된다.

6.4.4 모멘트분배법의 해석순서

(1) 분배율 (DF)

$$DF = \frac{K}{\Sigma K} = \frac{k}{\Sigma k} \qquad (6.34)$$

(2) 고정단모멘트 (FEM)

$$FEM \qquad (6.35)$$

(3) 불균형모멘트 (M_u)

$$LM = M_u = \Sigma FEM \tag{6.36}$$

(4) 해방모멘트 ($\overline{M}$)

$$RM = \overline{M} = -M_u \tag{6.37}$$

(5) 분배모멘트 (DM, M')

$$DM = M' = DF \times \overline{M} \tag{6.38}$$

(6) 도달모멘트 (CM, M'')

$$CM = M'' = CF \times DM = CF \times M' \tag{6.39}$$

(7) 재단모멘트 (FM)

재단모멘트의 합이 영 (0)이거나 거의 영 (0)일 때까지 (3)에서 (7)의 과정을 반복하며, 계산이 완료되면 아래의 식과 같이 재단모멘트를 산정한다.

$$FM = \Sigma(FEM_i + DM_i + CM_i) = \Sigma(C_i + M_i' + M_i'') \tag{6.40}$$

(8) 전체 구조물의 반력과 단면력 산정

각 부재의 재단모멘트와 평형방정식을 사용하여 전체 구조물의 반력과 단면력을 산정한다.

예제 6.21 모멘트분배법으로 점 A, B, C, D에 발생하는 모멘트를 구하여라.

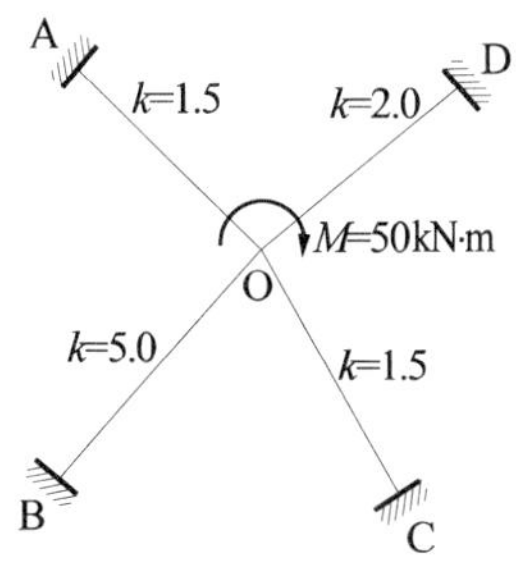

그림 6.78

(1) 분배율 $(DF,\ k/\Sigma k)$

$$DF_{OA} = \frac{1.5}{1.5+5.0+1.5+2.0} = 0.15$$

$$DF_{OB} = \frac{5.0}{1.5+5.0+1.5+2.0} = 0.50$$

$$DF_{OC} = \frac{1.5}{1.5+5.0+1.5+2.0} = 0.15$$

$$DF_{OD} = \frac{2.0}{1.5+5.0+1.5+2.0} = 0.20$$

(2) 고정모멘트 (M_u)

$$M_u = 50\,\text{kN}\cdot\text{m}$$

(3) 해방모멘트 $(\overline{M})$

$$\overline{M} = -50\,\text{kN}\cdot\text{m}$$

(4) 분배모멘트 $(DM,\ M')$

$$M_{OA}' = DF_{OA}\times\overline{M} = 0.15\times(-50) = -7.5\,\text{kN}\cdot\text{m}$$

$$M_{OB}' = DF_{OB}\times\overline{M} = 0.50\times(-50) = -25.0\,\text{kN}\cdot\text{m}$$

$$M_{OC}' = DF_{OC}\times\overline{M} = 0.15\times(-50) = -7.5\,\text{kN}\cdot\text{m}$$

$$M_{OD}' = DF_{OD}\times\overline{M} = 0.20\times(-50) = -10.0\,\text{kN}\cdot\text{m}$$

(5) 도달모멘트 (전달모멘트, $CM,\ M''$)

$$M_{AO}'' = \frac{1}{2}\times M_{OA}' = \frac{1}{2}\times(-7.5) = -3.75\,\text{kN}\cdot\text{m}$$

$$M_{BO}'' = \frac{1}{2} \times M_{OB}' = \frac{1}{2} \times (-25.0) = -12.50 \text{ kN} \cdot \text{m}$$

$$M_{CO}'' = \frac{1}{2} \times M_{OC}' = \frac{1}{2} \times (-7.5) = -3.75 \text{ kN} \cdot \text{m}$$

$$M_{DO}'' = \frac{1}{2} \times M_{OD}' = \frac{1}{2} \times (-10.0) = -5.00 \text{ kN} \cdot \text{m}$$

예제 6.22 모멘트분배법으로 점 A, B, C에 발생하는 모멘트를 구하여라.

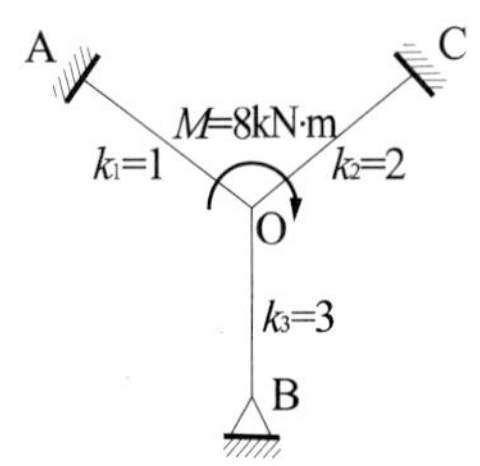

그림 6.79

(1) 부재 OB의 유효강비 (등가강비, k_e)

$$k_e = \frac{3}{4} \times 3 = 2.25$$

(2) 분배율 (DF, $k/\Sigma k$)

$$DF_{OA} = \frac{1}{1+2+2.25} = 0.19$$

$$DF_{OB} = \frac{2.25}{1+2+2.25} = 0.43$$

$$DF_{OC} = \frac{2}{1+2+2.25} = 0.38$$

(3) 고정모멘트 (M_u)

$$M_u = 8 \ \text{kN} \cdot \text{m}$$

(4) 해방모멘트 ($\overline{M}$)

$$\overline{M} = -8 \ \text{kN} \cdot \text{m}$$

(5) 분배모멘트(DM, M')

$$M_{OA}' = DF_{OA} \times \overline{M} = 0.19 \times (-8) = -1.52 \text{ kN} \cdot \text{m}$$

$$M_{OB}' = DF_{OA} \times \overline{M} = 0.43 \times (-8) = -3.44 \text{ kN} \cdot \text{m}$$

$$M_{OC}' = DF_{OA} \times \overline{M} = 0.38 \times (-8) = -3.04 \text{ kN} \cdot \text{m}$$

(6) 도달(전달)모멘트(CM, M'')

$$M_{AO}'' = \frac{1}{2} \times M_{OA}' = \frac{1}{2} \times (-1.52) = -0.75 \text{ kN} \cdot \text{m}$$

$$M_{BO}'' = 0 \times M_{OB}' = 0 \times (-3.44) = 0 \text{ kN} \cdot \text{m}$$

$$M_{CO}'' = \frac{1}{2} \times M_{OC}' = \frac{1}{2} \times (-3.04) = -1.52 \text{ kN} \cdot \text{m}$$

예제 6.23 다음 그림과 같은 연속보의 재단모멘트와 반력을 모멘트분배법을 이용하여 산정하고, 단면력도를 그리시오. 단, 휨강성 EI는 일정하다.

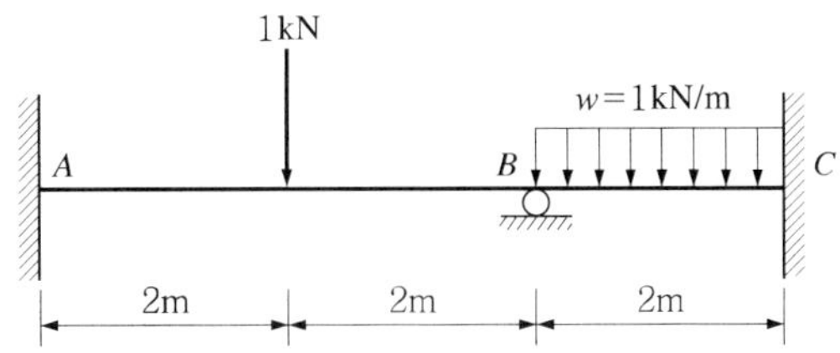

그림 6.80

(1) 부재의 강도

① 부재 AB의 강도 $K_{BA} = \dfrac{I}{l} = \dfrac{I}{4}$

② 부재 BC의 강도 $K_{BC} = \dfrac{I}{l} = \dfrac{I}{2}$

(2) 분배율

$$DF_{BA} = \frac{K_{BA}}{K_{BA} + K_{BC}} = \frac{I/4}{I/4 + I/2} = \frac{1}{3}$$

$$DF_{BC} = \frac{K_{BC}}{K_{BA} + K_{BC}} = \frac{I/2}{I/4 + I/2} = \frac{2}{3}$$

(3) 고정단모멘트

$$FEM_{AB} = -\frac{Pl}{8} = -\frac{1\times 4}{8} = -\frac{1}{2}\ \text{kN}\cdot\text{m}$$

$$FEM_{BA} = \frac{Pl}{8} = \frac{1}{2}\ \text{kN}\cdot\text{m}$$

$$FEM_{BC} = -\frac{wl^2}{12} = -\frac{1\times 2^2}{12} = -\frac{1}{3}\ \text{kN}\cdot\text{m}$$

$$FEM_{CB} = \frac{wl^2}{12} = \frac{1}{3}\ \text{kN}\cdot\text{m}$$

(4) 재단모멘트 (단위 : kN·m)

표 6.23

재단	AB	BA		BC	CB	비고
DF		$\frac{1}{3}$ ↙		$\frac{2}{3}$ ↘		
CF	$\frac{1}{2}$				$\frac{1}{2}$	
FEM	$-\frac{1}{2}$	$\frac{1}{2}$	$\frac{1}{6}(LM)$	$-\frac{1}{3}$	$\frac{1}{3}$	$LM=\frac{1}{2}-\frac{1}{3}=\frac{1}{6}$
DM		$-\frac{1}{18}$ ↙	$-\frac{1}{6}(RM)$	$-\frac{1}{9}$ ↘		$RM=-LM$ $DM=DF\times RM$
CM	$-\frac{1}{36}$				$-\frac{1}{18}$	$CM=CF\times DM$
FM	$-\frac{19}{36}$ (−0.528)	$\frac{4}{9}$ (0.444)		$-\frac{4}{9}$ (−0.444)	$\frac{5}{18}$ (0.278)	절점 B의 재단모멘트 합이 영 (0)이므로 종료

(5) 반력 및 단면력도

반력의 산정은 부재 AB와 부재 BC의 각각에 대해 재단모멘트를 표시하고 힘의 평형방정식 ($\Sigma M=0$, $\Sigma Y=0$)에 따라 부재의 반력을 산정한 후 전체 부재에 대해 조합한다.

① 부재 AB

㉠ $\Sigma M_{B(AB)} = R_A \times 4 - 0.528 - 1\times 2 + 0.444 = 0 \quad \therefore\ R_A = 0.521\ \text{kN}$

㉡ $\Sigma Y = R_A - 1 + R_{B,1} = 0 \quad \therefore\ R_{B,1} = 0.479\ \text{kN}$

② 부재 BC

㉠ $\Sigma M_{C(BC)} = R_{B,2} \times 2 - 0.444 - 1 \times 2 \times 1 + 0.278 = 0$

$\therefore\ R_{B,2} = 1.083\ \text{kN}$

㉡ $\Sigma Y = R_{B,2} - 1 \times 2 + R_C = 0$

$\therefore\ R_C = 0.917\ \text{kN}$

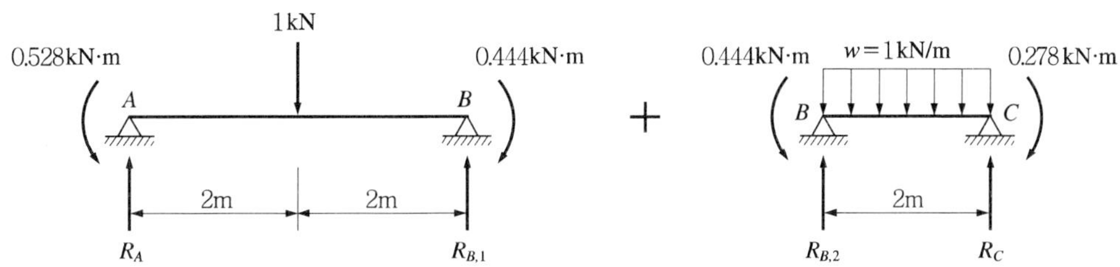

(a) 부재 AB　　　　(b) 부재 BC

그림 6.81

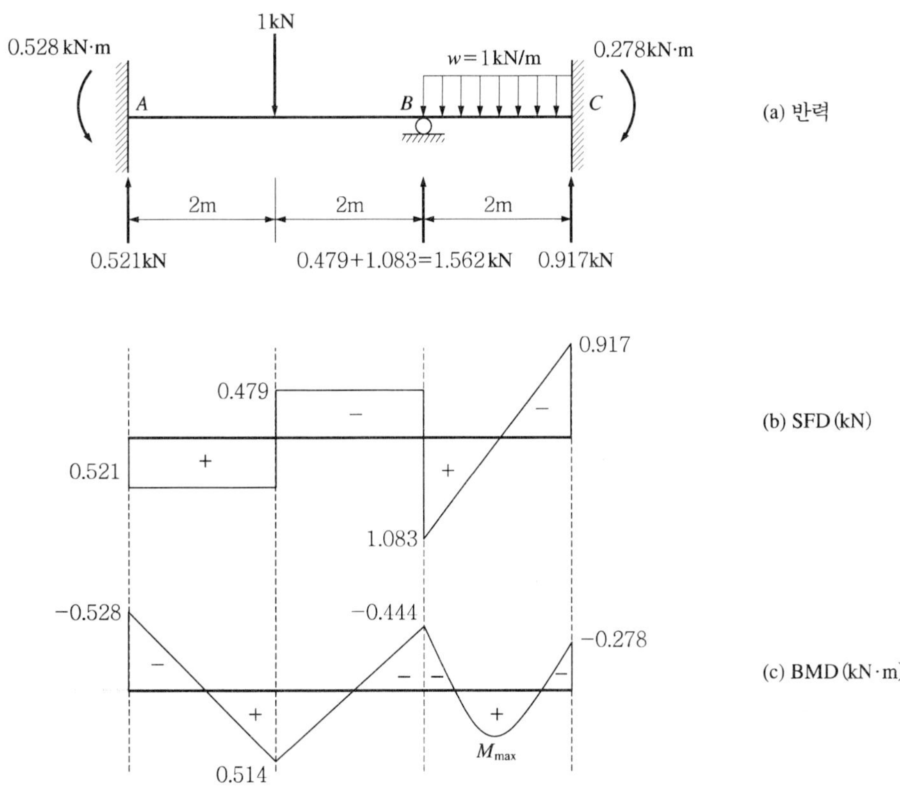

그림 6.82 반력 및 단면력도

구간 BC에서 최대 휨모멘트 M_{max}를 산정하기 위해 그림 6.82 (b)에서 전단력이 영 (0)인 곳을 산정하면 다음과 같다.

$$2 : x = 2 : \frac{52}{48}$$

$$\therefore\ x = 1.083\ \text{m}$$

따라서 구간 BC에서 최대 휨모멘트 M_{max}는 다음과 같다.

$$M_{max} = -\frac{11}{20} + \frac{1}{2} \times \frac{52}{48} \times 1.083 = 0.037\ \text{kN} \cdot \text{m}$$

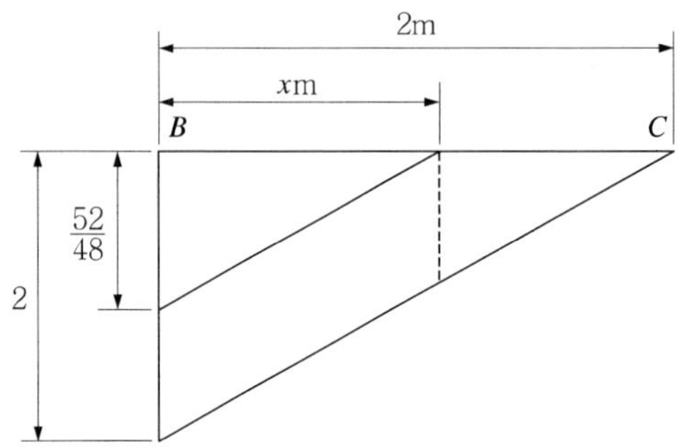

그림 6.83

예제 6.24 다음 그림과 같은 연속보의 재단모멘트와 반력을 모멘트분배법을 이용하여 산정하고, 단면력도를 그리시오. 단, 탄성계수 E는 일정하다.

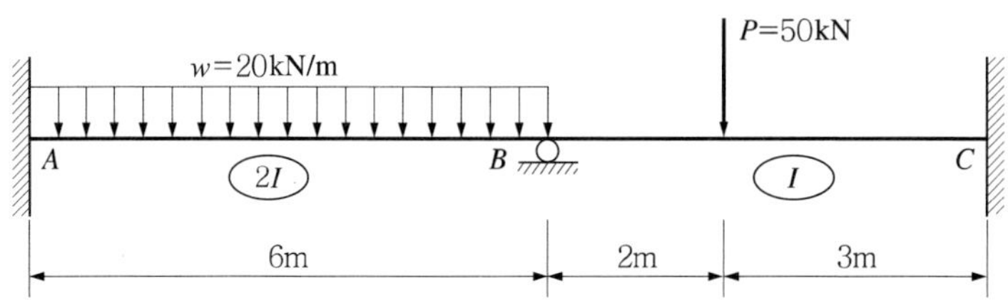

그림 6.84

(1) 부재의 강도

① 부재 AB의 강도 $K_{BA} = \dfrac{2I}{6} = \dfrac{I}{3}$

② 부재 BC의 강도 $K_{BC} = \dfrac{I}{5}$

(2) 분배율

$$DF_{BA} = \frac{K_{BA}}{K_{BA}+K_{BC}} = \frac{I/3}{I/3+I/5} = \frac{5}{8}$$

$$DF_{BC} = \frac{K_{BC}}{K_{BA}+K_{BC}} = \frac{I/5}{I/3+I/5} = \frac{3}{8}$$

(3) 고정단모멘트

$$FEM_{AB} = -\frac{wl^2}{12} = -\frac{20\times 6^2}{12} = -60\ \text{kN}\cdot\text{m}$$

$$FEM_{BA} = \frac{wl^2}{12} = 60\ \text{kN}\cdot\text{m}$$

$$FEM_{BC} = -\frac{Pab^2}{l^2} = -\frac{50\times 2\times 3^2}{5^2} = -36\ \text{kN}\cdot\text{m}$$

$$FEM_{CB} = \frac{Pa^2b}{l^2} = \frac{50\times 2^2\times 3}{5^2} = 24\ \text{kN}\cdot\text{m}$$

(4) 재단모멘트 (단위 : kN · m)

표 6.24

재단	AB	BA		BC	CB	비고
DF	↙	$\frac{5}{8}$		$\frac{3}{8}$	↘	
CF	$\frac{1}{2}$				$\frac{1}{2}$	
FEM	−60	60	24(LM)	−36	24	$LM=60-36=24$
DM	↙	−15	−24(RM)	−9	↘	$RM=-LM$ $DM=DF\times RM$
CM	−7.5				−4.5	$CM=CF\times DM$
FM	−67.5	45		−45	19.5	절점 B의 재단모멘트 합이 영 (0)이므로 종료

(5) 반력 및 단면력도

반력의 산정은 부재 AB와 부재 BC의 각각에 대해 재단모멘트를 표시하고 힘의 평형방정식 ($\Sigma M=0$, $\Sigma Y=0$)에 따라 각 부재의 반력을 산정한 후 전체 부재에 대해 조합한다.

① 부재 AB

㉠ $\Sigma M_{B(AB)} = R_A \times 6 - 67.5 - 20 \times 6 \times 3 + 45 = 0 \quad \therefore R_A = 63.75 \text{ kN}$

㉡ $\Sigma Y = R_A - 20 \times 6 + R_{B,1} = 0 \quad \therefore R_{B,1} = 56.25 \text{ kN}$

② 부재 BC

㉠ $\Sigma M_{C(BC)} = R_{B,2} \times 5 - 45 - 50 \times 3 + 19.5 = 0 \quad \therefore R_{B,2} = 35.10 \text{ kN}$

㉡ $\Sigma Y = R_{B,2} - 50 + R_C = 0 \quad \therefore R_C = 14.90 \text{ kN}$

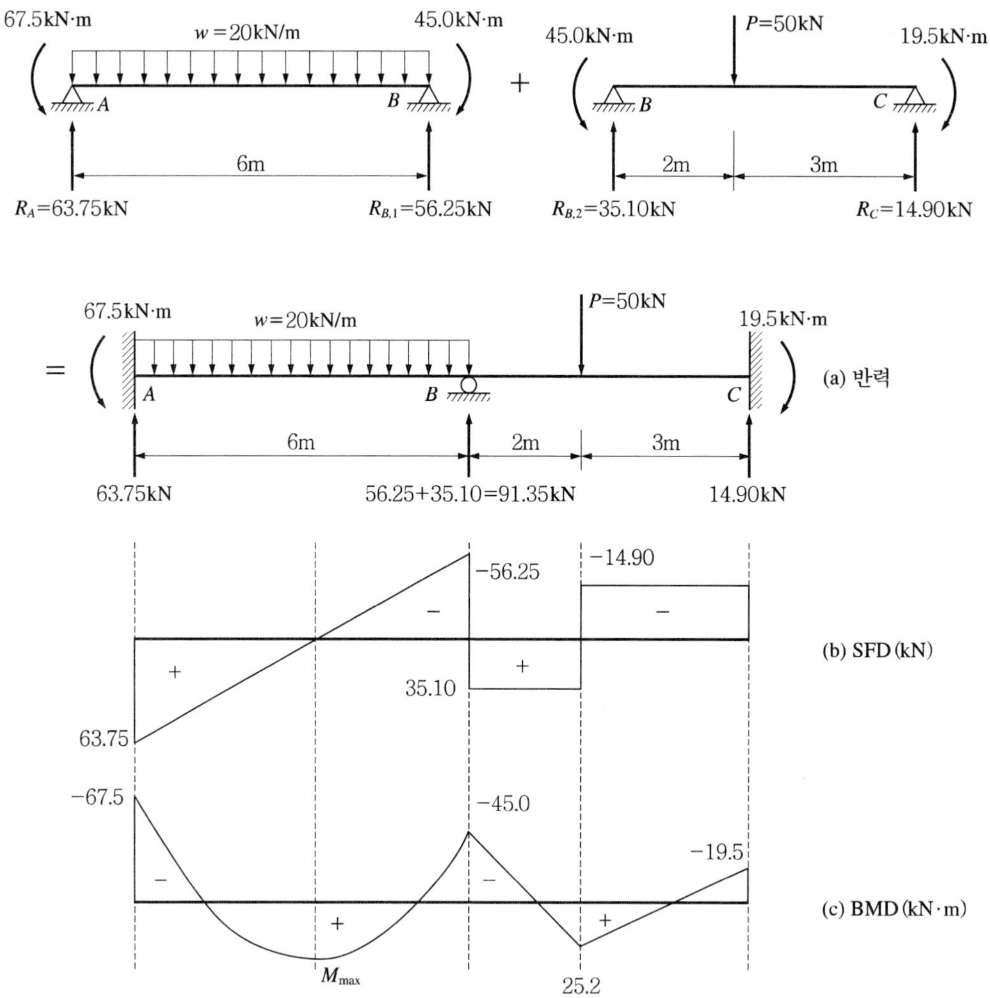

그림 6.85 반력 및 단면력도

주1) 모멘트분배법을 이용하여 재단모멘트와 반력 및 단면력도를 완성한 위의 예제의 결과는 처짐각법을 이용한 예제 6.7의 결과와 같다.

예제 6.25 다음 그림과 같은 연속보의 재단모멘트와 반력을 모멘트분배법을 이용하여 산정하고 단면력도를 그리시오.

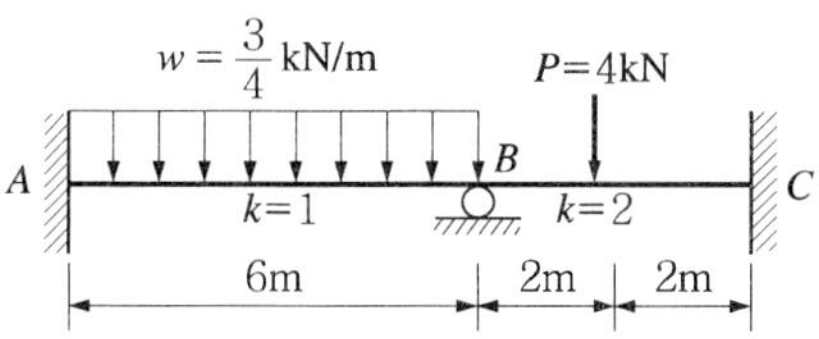

그림 6.86

↳ (1) 분배율

$$DF_{BA} = \frac{k_{BA}}{k_{BA}+k_{BC}} = \frac{1}{1+2} = \frac{1}{3}$$

$$DF_{BC} = \frac{k_{BC}}{k_{BA}+k_{BC}} = \frac{2}{1+2} = \frac{2}{3}$$

(2) 고정단모멘트

$$FEM_{AB} = -\frac{wl^2}{12} = -\frac{(4/3)\times 6^2}{12} = -4\ \text{kN}\cdot\text{m}$$

$$FEM_{BA} = \frac{wl^2}{12} = 4\ \text{kN}\cdot\text{m}$$

$$FEM_{BC} = -\frac{Pl}{8} = -\frac{4\times 4}{8} = -2\ \text{kN}\cdot\text{m}$$

$$FEM_{CB} = \frac{Pl}{8} = 2\ \text{kN}\cdot\text{m}$$

(3) 재단모멘트 (단위 : kN · m)

표 6.25

재단	AB	BA		BC	CB	비고
DF	↙	$\frac{1}{3}$		$\frac{2}{3}$	↘	
CF	$\frac{1}{2}$				$\frac{1}{2}$	
FEM	−4	4	2(LM)	−2	2	$LM=4-2=2$
DM	↙	$-\frac{2}{3}$	−2(RM)	$-\frac{4}{3}$	↘	$RM=-LM$ $DM=DF\times RM$
CM	$-\frac{1}{3}$				$-\frac{2}{3}$	$CM=CF\times DM$
FM	$-\frac{13}{3}$ (−4.333)	$\frac{10}{3}$ (3.333)		$-\frac{10}{3}$ (−3.333)	$\frac{4}{3}$ (1.333)	절점 B의 재단모멘트 합이 영 (0)이므로 종료

(4) 반력 및 단면력도

① 부재 AB

㉠ $\Sigma M_{B(AB)}=R_A\times 6-4.333-1.333\times 6\times 3+3.333=0$

$\therefore\ R_A=4.166\text{ kN}$

㉡ $\Sigma Y=R_A-1.333\times 6+R_{B,1}=0$

$\therefore\ R_{B,1}=3.832\text{ kN}$

② 부재 BC

㉠ $\Sigma M_{C(BC)}=R_{B,2}\times 4-3.333-4\times 2+1.333=0$

$\therefore\ R_{B,2}=2.500\text{ kN}$

㉡ $\Sigma Y=R_{B,2}-4+R_C=0$

$\therefore\ R_C=1.500\text{ kN}$

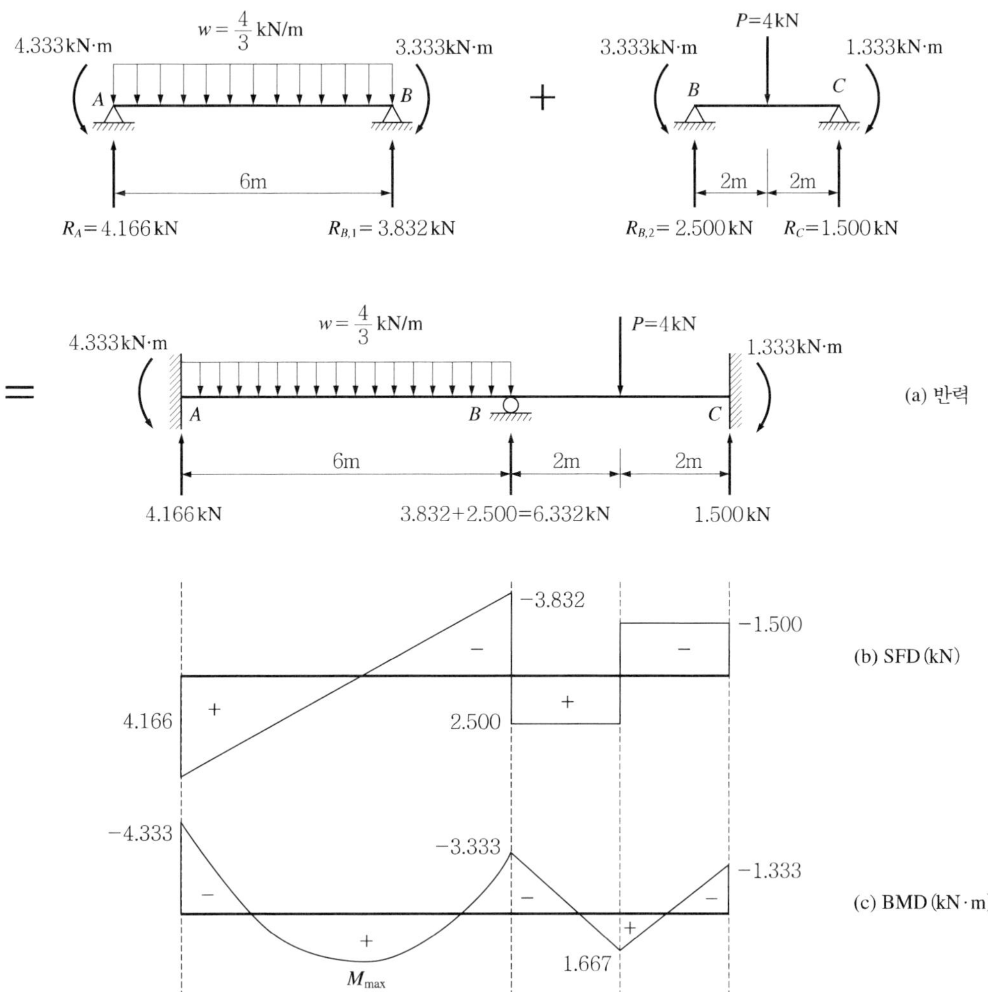

그림 6.87 반력 및 단면력도

구간 AB에서 최대 휨모멘트 M_{max}를 산정하기 위해, 그림 6.87(b)에서 전단력이 영 (0)인 곳을 산정하면 다음과 같다.

$$6 : x = \frac{48}{6} : \frac{25}{6}$$

$$\therefore x = \frac{25}{8}\ \text{m}$$

따라서 구간 AB에서 최대 휨모멘트 M_{max}는 다음과 같다.

$$M_{max} = -\frac{13}{3} + \frac{1}{2} \times \frac{25}{6} \times \frac{25}{8} = 2.2\ \text{kN} \cdot \text{m}$$

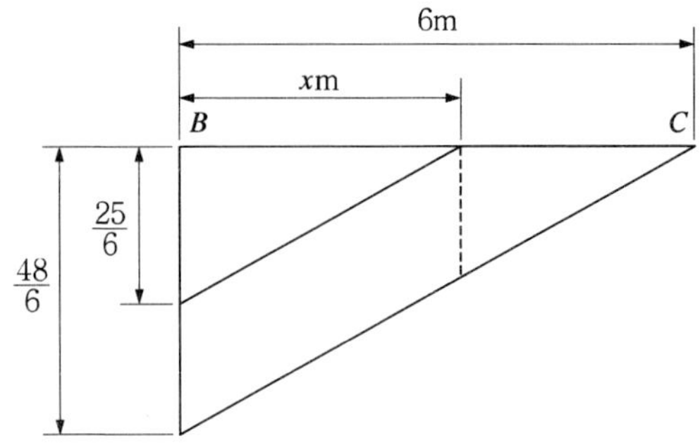

그림 6.88

예제 6.26 다음 그림과 같은 연속보의 재단모멘트와 반력을 모멘트분배법을 이용하여 산정하고, 단면력도를 그리시오. 단, 탄성계수 E는 일정하다.

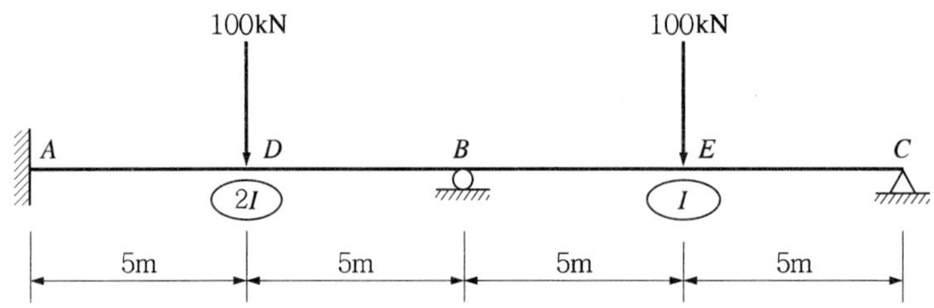

그림 6.89

(1) 부재의 강도

① 부재 AB의 강도 $K_{BA} = \dfrac{2I}{10} = \dfrac{I}{5}$

② 부재 BC의 강도 $K_{BC} = \dfrac{3}{4} \times \dfrac{I}{10} = \dfrac{3I}{40}$

(2) 분배율

$$DF_{BA} = \frac{K_{BA}}{K_{BA} + K_{BC}} = \frac{I/5}{I/5 + 3I/40} = \frac{8}{11}$$

$$DF_{BC} = \frac{K_{BC}}{K_{BA} + K_{BC}} = \frac{3I/40}{I/5 + 3I/40} = \frac{3}{11}$$

(3) 고정단모멘트

$$FEM_{AB} = -\frac{Pl}{8} = -\frac{100 \times 10}{8} = -125 \text{ kN} \cdot \text{m}$$

$$FEM_{BA} = \frac{Pl}{8} = 125 \text{ kN} \cdot \text{m}$$

$$FEM_{BC} = -\frac{Pl}{8} = -\frac{100 \times 10}{8} = -125 \text{ kN} \cdot \text{m}$$

$$FEM_{CB} = \frac{Pl}{8} = 125 \text{ kN} \cdot \text{m}$$

(4) 재단모멘트 (단위 : kN · m)

표 6.26

재단	AB	BA		BC	CB		비고
DF		$\frac{8}{11}$		$\frac{3}{11}$	1		
CF	$\frac{1}{2}$			$\frac{1}{2}$	0		
FEM	-125	125	$0(LM)$	-125	125	$125(LM)$	$LM=125$
DM		0	$0(RM)$	0	-125	$-125(RM)$	$RM=-LM$ $DM=DF\times RM$
CM	0			-62.5	0		$CM=CF\times DM$
FM (FEM)	-125	125	$-62.5(LM)$	-187.5	0	$0(LM)$	$LM=125-187.5$ $=-62.5$
DM		45.45	$62.5(RM)$	17.05	0	$0(RM)$	$RM=-LM$ $DM=DF\times RM$
CM	22.73			0	0		$CM=CF\times DM$
FM	-102.27	170.45		-170.45	0		절점 B의 재단모멘트 합이 영(0)이므로 종료

(5) 반력 및 단면력도

① 부재 AB

㉠ $\Sigma M_{B(AB)} = R_A \times 10 - 102.27 - 100 \times 5 + 170.45 = 0$

$\therefore R_A = 43.18 \text{ kN}$

㉡ $\Sigma Y = R_A - 100 + R_{B,1} = 0$

$\therefore R_{B,1} = 56.82 \text{ kN}$

② 부재 BC

㉠ $\Sigma M_{C(BC)} = R_{B,2} \times 10 - 170.45 - 100 \times 5 + 0 = 0$

$\therefore\ R_{B,2} = 67.05\ \text{kN}$

㉡ $\Sigma Y = R_{B,2} - 100 + R_C = 0$

$\therefore\ R_C = 32.95\ \text{kN}$

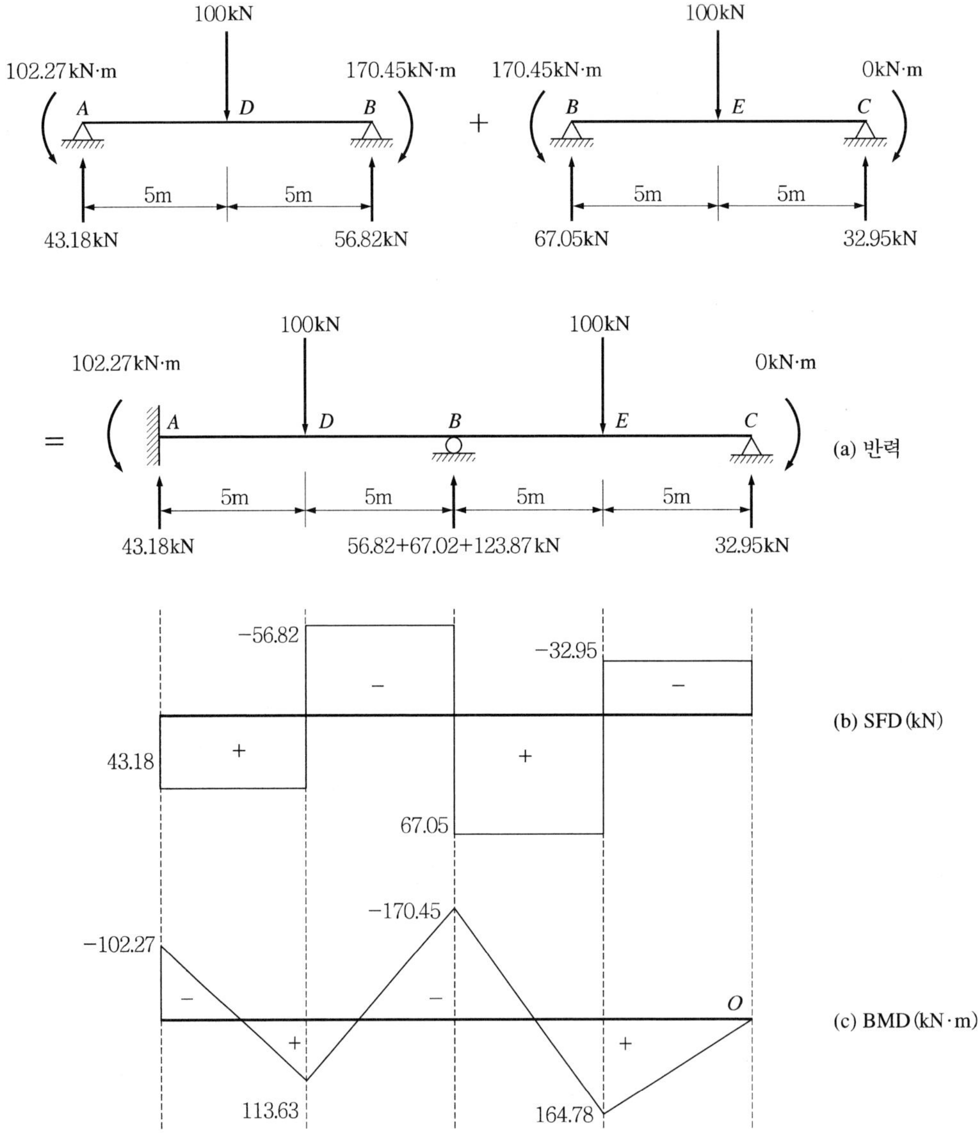

그림 6.90 반력 및 단면력도

주1) 모멘트분배법을 이용하여 재단모멘트와 반력 및 단면력도는 처짐각법을 이용한 예제 6.9의 결과와 같다.

예제 6.27 다음 그림과 같은 연속보의 재단모멘트와 반력을 모멘트분배법을 이용하여 산정하고, 단면력도를 그리시오. 단, 휨강성 EI는 일정하다.

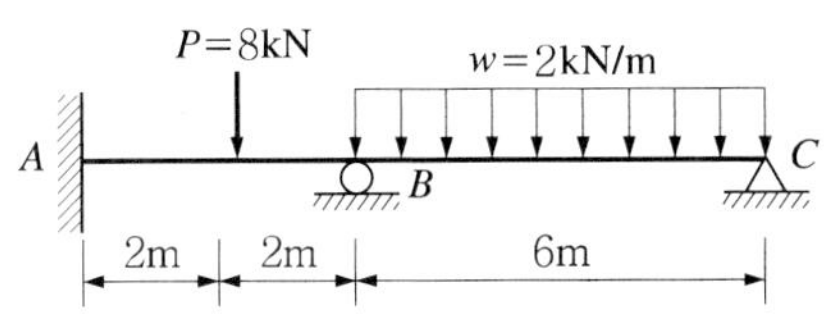

그림 6.91

(1) 부재의 강도

① 부재 AB의 강도 $K_{BA} = \dfrac{I}{l} = \dfrac{I}{4}$

② 부재 BC의 강도 $K_{BC} = \dfrac{3}{4} \times \dfrac{I}{l} = \dfrac{3}{4} \times \dfrac{I}{6} = \dfrac{I}{8}$

(2) 분배율

$$DF_{BA} = \frac{K_{BA}}{K_{BA} + K_{BC}} = \frac{I/4}{I/4 + I/8} = \frac{2}{3}$$

$$DF_{BC} = \frac{K_{BC}}{K_{BA} + K_{BC}} = \frac{I/6}{I/4 + I/8} = \frac{1}{3}$$

(3) 고정단모멘트

$$FEM_{AB} = -\frac{Pl}{8} = -\frac{8 \times 4}{8} = -4\ \text{kN} \cdot \text{m}$$

$$FEM_{BA} = \frac{Pl}{8} = 4\ \text{kN} \cdot \text{m}$$

$$FEM_{BC} = -\frac{wl^2}{12} = -\frac{2 \times 6^2}{12} = -6\ \text{kN} \cdot \text{m}$$

$$FEM_{CB} = \frac{wl^2}{12} = 6\ \text{kN} \cdot \text{m}$$

(4) 재단모멘트 (단위 : kN・m)

표 6.27

재단	AB	BA		BC	CB		비고
DF		$\frac{2}{3}$		$\frac{1}{3}$	1		
CF	$\frac{1}{2}$			$\frac{1}{2}$	0		
FEM	-4	4	$-2(LM)$	-6	6	$6(LM)$	$LM=4-6=-2$ $LM=6$
DM		$\frac{4}{3}$	$2(RM)$	$\frac{2}{3}$	-6	$-6(RM)$	$RM=-LM$ $DM=DF\times RM$
CM	$\frac{2}{3}$			-3	0		$CM=CF\times DM$
FM (FEM)	$-\frac{10}{3}$	$\frac{16}{3}$	$-3(LM)$	$-\frac{25}{3}$	0	$0(LM)$	$LM=\frac{16}{3}-\frac{25}{3}$ $=-3$
DM		2	$3(RM)$	1	0	$0(RM)$	$RM=-LM$ $DM=DF\times RM$
CM	1			0	0		$CM=CF\times DM$
FM	$-\frac{7}{3}$ (−2.333)	$\frac{22}{3}$ (7.333)		$-\frac{22}{3}$ (−7.333)	0		절점 B의 재단 모멘트 합이 영(0)이므로 종료

(5) 반력 및 단면력도

① 부재 AB

㉠ $\Sigma M_{B(AB)} = R_A \times 4 - 2.333 - 8 \times 2 + 7.333 = 0 \quad \therefore R_A = 2.750 \text{ kN}$

㉡ $\Sigma Y = R_A - 8 + R_{B,1} = 0 \quad \therefore R_{B,1} = 5.250 \text{ kN}$

② 부재 BC

㉠ $\Sigma M_{C(BC)} = R_{B,2} \times 6 - 7.333 - 2 \times 6 \times 3 + 0 = 0 \quad \therefore R_{B,2} = 7.222 \text{ kN}$

㉡ $\Sigma Y = R_{B,2} - 2 \times 6 + R_C = 0 \quad \therefore R_C = 4.778 \text{ kN}$

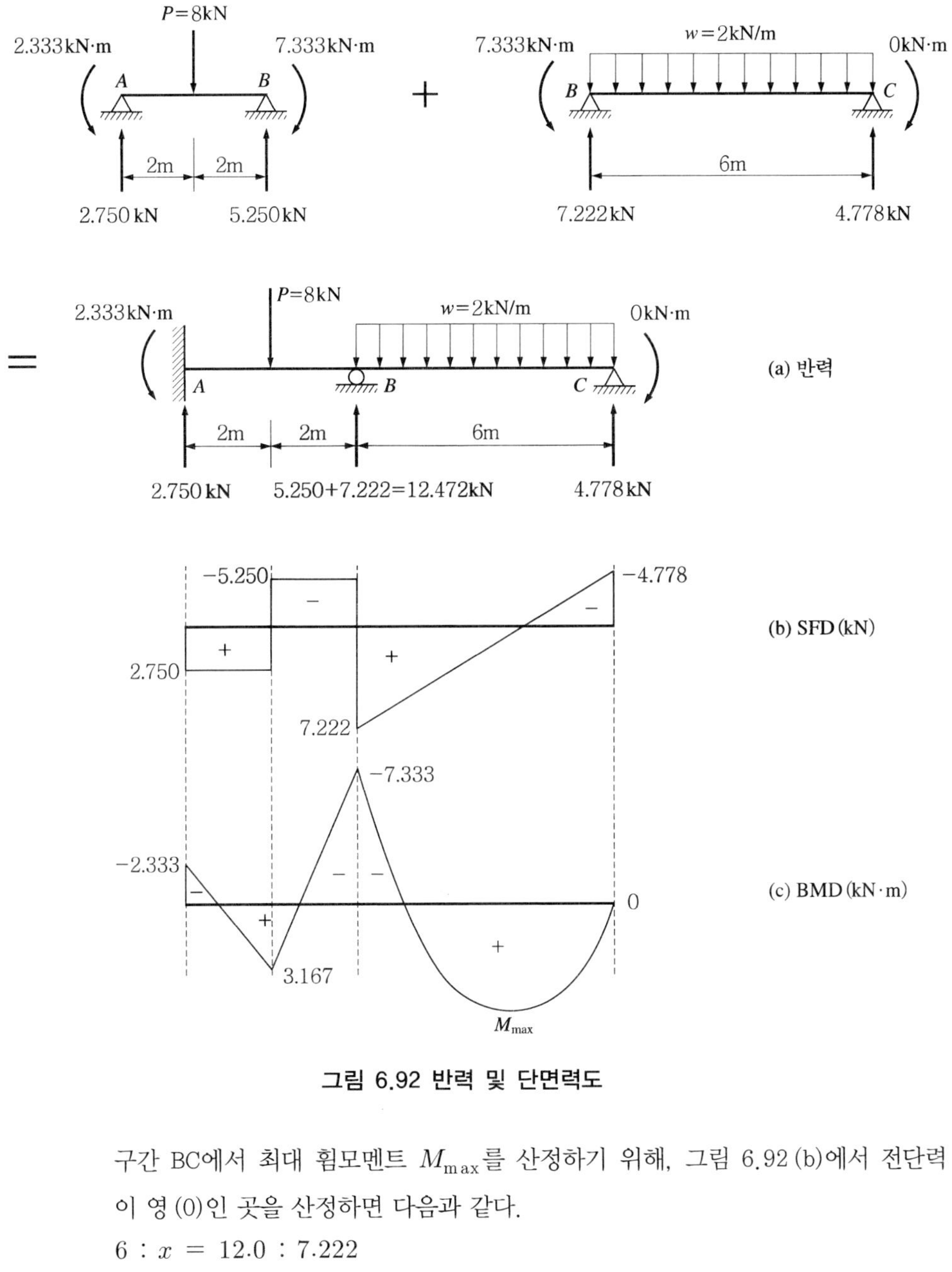

그림 6.92 반력 및 단면력도

구간 BC에서 최대 휨모멘트 M_{max}를 산정하기 위해, 그림 6.92 (b)에서 전단력이 영 (0)인 곳을 산정하면 다음과 같다.

$6 : x = 12.0 : 7.222$

$\therefore x = 3.611\ \text{m}$

따라서 구간 BC에서 최대 휨모멘트 M_{max}는 다음과 같다.

$$M_{max} = -7.333 + \frac{1}{2} \times 7.222 \times 3.611 = 5.706\ \text{kN} \cdot \text{m}$$

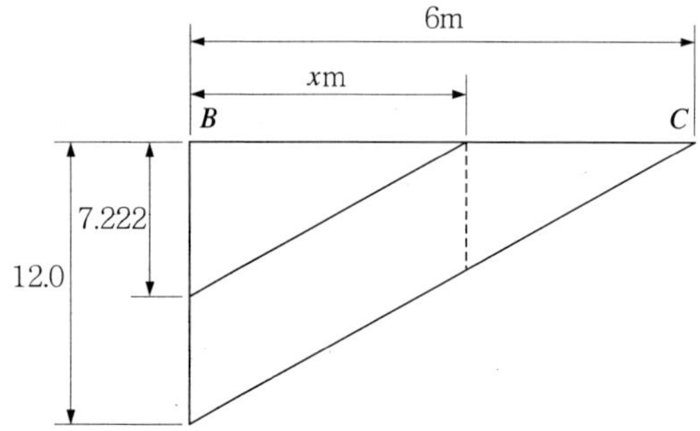

그림 6.93

예제 6.28 다음 그림과 같은 연속보의 재단모멘트를 모멘트분배법을 이용하여 산정하시오. 단, 탄성계수 E는 일정하다.

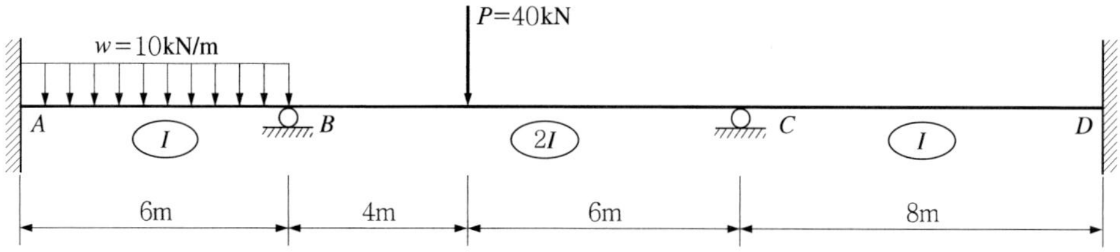

그림 6.94

(1) 부재의 강도

① 부재 AB의 강도 $K_{BA}=\dfrac{I}{6}$

② 부재 BC의 강도 $K_{BC}=K_{CB}=\dfrac{2I}{10}=\dfrac{I}{5}$

③ 부재 CD의 강도 $K_{CD}=\dfrac{I}{8}$

(2) 분배율

$$DF_{BA}=\frac{K_{BA}}{K_{BA}+K_{BC}}=\frac{I/6}{I/6+I/5}=\frac{5}{11}$$

$$DF_{BC}=\frac{K_{BC}}{K_{BA}+K_{BC}}=\frac{I/5}{I/6+I/5}=\frac{6}{11}$$

$$DF_{CB}=\frac{K_{CB}}{K_{CB}+K_{CD}}=\frac{I/5}{I/5+I/8}=\frac{8}{13}$$

$$DF_{CD} = \frac{K_{CD}}{K_{CB}+K_{CD}} = \frac{I/8}{I/5+I/8} = \frac{5}{13}$$

(3) 고정단모멘트

$$FEM_{AB} = -\frac{wl^2}{12} = -\frac{10\times6^2}{12} = -30.0\ \text{kN}\cdot\text{m}$$

$$FEM_{BA} = \frac{wl^2}{12} = 30.0\ \text{kN}\cdot\text{m}$$

$$FEM_{BC} = -\frac{Pab^2}{l^2} = -\frac{40\times4\times6^2}{10^2} = -\frac{288}{5} = -57.6\ \text{kN}\cdot\text{m}$$

$$FEM_{CB} = \frac{Pa^2b}{l^2} = \frac{40\times4^2\times6}{10^2} = \frac{192}{5} = 38.4\ \text{kN}\cdot\text{m}$$

(4) 재단모멘트 (단위 : kN · m)

표 6.28

재단	AB	BA		BC	CB		CD	DC
DF		$\frac{5}{11}$		$\frac{6}{11}$	$\frac{8}{13}$		$\frac{5}{13}$	
CF	$\frac{1}{2}$			$\frac{1}{2}$	$\frac{1}{2}$			$\frac{1}{2}$
FEM	−30	30	−27.6(LM)	−57.6	38.4	38.4(LM)	0	0
DM		12.5	27.6(RM)	15.1	−23.6	−38.4(RM)	−14.8	
CM	6.3			−11.8	7.5			−7.4
FM (FEM)	−23.7	42.5	−11.8(LM)	−54.3	22.3	7.5(LM)	−14.8	−7.4
DM		5.4	11.8(RM)	6.4	−4.6	−7.5(RM)	−2.9	
CM	2.7			−2.3	3.2			−1.4
FM (FEM)	−21.0	47.9	−2.3(LM)	−50.2	20.9	3.2(LM)	−17.7	−8.8
DM		1.05	2.3(RM)	1.25	−1.97	−3.2(RM)	−1.23	
CM	0.52			−0.99	0.63			−0.62

재단	AB	BA		BC	CB		CD	DC
FM (FEM)	−20.48	48.95	−0.99(LM)	−49.94	19.56	0.63(LM)	−18.93	−9.42
DM		0.45	0.99(RM)	0.54	−0.39	−0.63(RM)	−0.24	
CM	0.23			−0.19	0.27			−0.12
FM (FEM)	−20.25	49.40	−0.19(LM)	−49.59	19.44	0.27(LM)	−19.17	−9.54
DM		0.09	0.19(RM)	0.10	−0.17	−0.27(RM)	−0.10	
CM	0.04			0.08	0.05			−0.05
FM (FEM)	−20.21	49.49	0.0(LM)	−49.49	19.32	0.05(LM)	−19.27	9.59
DM		0.0	0.0(RM)	0.0	−0.03	−0.05(RM)	−0.02	
CM	0.0			−0.015	0.0			−0.01
FM (FEM)	−20.21	49.49	−0.02(LM)	−49.51	19.29	0.0(LM)	−19.29	9.58
DM		0.01	0.02(RM)	0.01	0.0	0.0(RM)	0.0	
CM	0.005			−0.015	0.005			0.0
FM (FEM)	−20.21	49.50		−49.50	19.29		−19.29	9.58

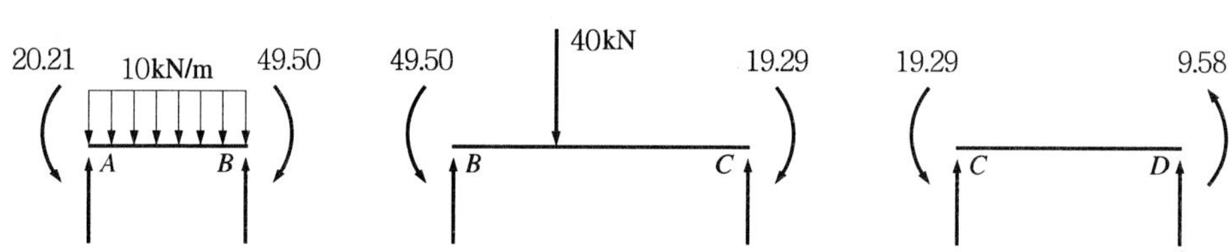

그림 6.95 재단모멘트(kN · m)

주1) 모멘트분배법을 이용하여 재단모멘트는 처짐각법을 이용한 예제 6.8의 결과와 같다. 또한 예제의 반력 및 단면력도는 예제 6.8에서와 같다.

예제 6.29 다음 그림과 같은 연속보의 재단모멘트를 모멘트분배법을 이용하여 산정하시오. 단, 탄성계수 E는 일정하다.

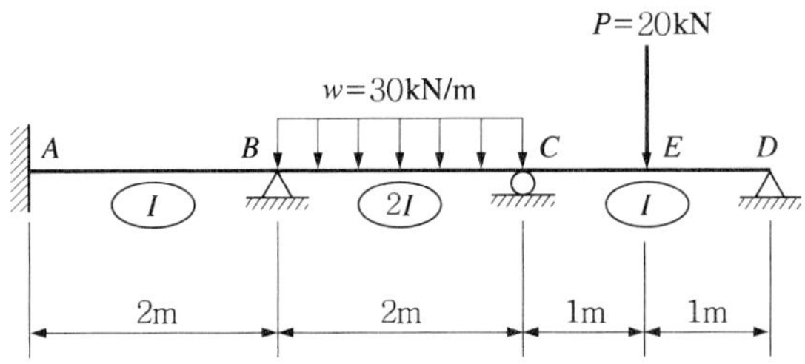

그림 6.96

(1) 부재의 강도

① 부재 AB의 강도 $K_{BA} = \dfrac{I}{2}$

② 부재 BC의 강도 $K_{BC} = K_{CB} = \dfrac{2I}{2} = I$

③ 부재 CD의 강도 $K_{CD} = \dfrac{3}{4} \times \dfrac{I}{2} = \dfrac{3I}{8}$

(2) 분배율

$$DF_{BA} = \frac{K_{BA}}{K_{BA} + K_{BC}} = \frac{I/2}{I/2 + I} = \frac{1}{3}$$

$$DF_{BC} = \frac{K_{BC}}{K_{BA} + K_{BC}} = \frac{I}{I/2 + I} = \frac{2}{3}$$

$$DF_{CB} = \frac{K_{CB}}{K_{CB} + K_{CD}} = \frac{I}{I + 3I/8} = \frac{8}{11}$$

$$DF_{CD} = \frac{K_{CD}}{K_{CB} + K_{CD}} = \frac{3I/8}{I + 3I/8} = \frac{3}{11}$$

(3) 고정단모멘트

$$FEM_{BC} = -\frac{wl^2}{12} = -\frac{30 \times 2^2}{12} = -10\ \text{kN} \cdot \text{m}$$

$$FEM_{CB} = \frac{wl^2}{12} = 10\ \text{kN} \cdot \text{m}$$

$$FEM_{CD} = -\frac{Pl}{8} = -\frac{20\times 2}{8} = -5\ \text{kN}\cdot\text{m}$$

$$FEM_{DC} = \frac{Pl}{8} = 5\ \text{kN}\cdot\text{m}$$

(4) 재단모멘트 (단위 : kN · m)

표 6.29

재단	*AB*	*BA*		*BC*	*CB*		*CD*	*DC*	
DF		$\frac{1}{3}$		$\frac{2}{3}$	$\frac{8}{11}$		$\frac{3}{11}$	1	
CF	$\frac{1}{2}$			$\frac{1}{2}$	$\frac{1}{2}$		$\frac{1}{2}$	0	
FEM	0	0	−10(*LM*)	−10	10	5(*LM*)	−5	5	5(*LM*)
DM		3.33	10(*RM*)	6.67	−3.64	−5(*RM*)	−1.34	−5	−5(*RM*)
CM	1.67			−1.82	3.33		−2.50	0	
FM (*FEM*)	1.67	3.33	−1.82(*LM*)	−5.15	9.69	0.85(*LM*)	−8.84	0	0(*LM*)
DM		0.61	1.82(*RM*)	1.21	−0.62	−0.85(*RM*)	−0.23	0	0(*RM*)
CM	0.30			−0.31	0.61		0	0	
FM (*FEM*)	1.97	3.94	−0.31(*LM*)	−4.25	9.68	0.61(*LM*)	−9.07	0	0(*LM*)
DM		0.10	0.31(*RM*)	0.20	−0.44	−0.61(*RM*)	−0.17	0	0(*RM*)
CM	0.05			−0.22	0.10		0	0	
FM (*FEM*)	2.02	4.04	−0.23(*LM*)	−4.27	9.34	0.10(*LM*)	−9.24	0	0(*LM*)
DM		0.08	0.23(*RM*)	0.15	−0.07	−0.10(*RM*)	−0.03	0	0(*RM*)
CM	0.04			−0.04	0.09		0	0	
FM (*FEM*)	2.06	4.12	−0.04(*LM*)	−4.16	9.36	0.09(*LM*)	−9.27	0	0(*LM*)
DM		0.01	0.04(*RM*)	0.03	−0.07	−0.09(*RM*)	−0.02	0	0(*RM*)
CM	0.01			−0.03	0.01		0	0	

FM (FEM)	2.07	4.13	−0.03(LM)	−4.16	9.30	0.01(LM)	−9.29	0	0(LM)
DM	↙	0.01	0.03(RM)	0.02	⤫ −0.007	−0.01(RM)	−0.003 ⤫	0	0(RM)
CM	0.01			−0.004	0.01		0	0	
FM (FEM)	2.08	4.14		−4.14	9.30		−9.29	0	

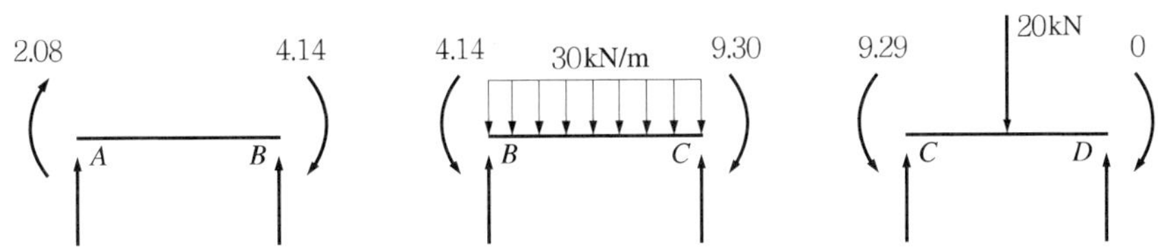

그림 6.97 재단모멘트 (kN · m)

주1) 모멘트분배법을 이용하여 재단모멘트는 처짐각법을 이용한 예제 6.11의 결과와 같다. 또한 예제의 반력 및 단면력도는 예제 6.11에서와 같다.

예제 6.30 다음 그림과 같은 연속보의 재단모멘트를 모멘트분배법을 이용하여 산정하시오. 단, 휨강성 EI는 일정하다.

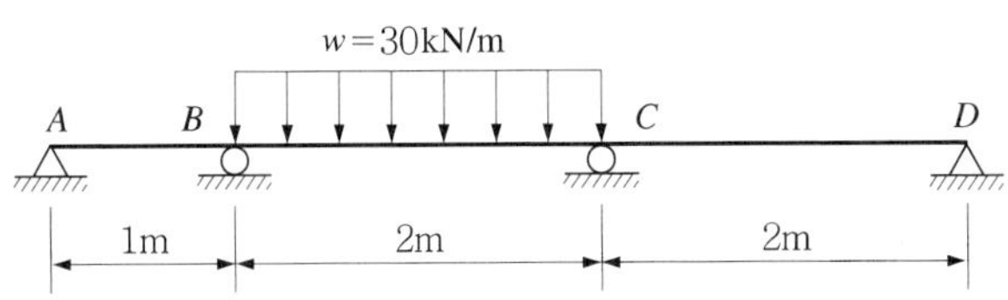

그림 6.98

(1) 부재의 강도

① 부재 AB의 강도 $K_{BA} = \frac{3}{4} \times \frac{I}{1} = \frac{3I}{4}$

② 부재 BC의 강도 $K_{BC} = K_{CB} = \frac{I}{2}$

③ 부재 CD의 강도 $K_{CD} = \frac{3}{4} \times \frac{I}{2} = \frac{3I}{8}$

(2) 분배율

$$DF_{BA} = \frac{K_{BA}}{K_{BA} + K_{BC}} = \frac{3I/4}{3I/4 + I/2} = \frac{3}{5}$$

$$DF_{BC} = \frac{K_{BC}}{K_{BA} + K_{BC}} = \frac{I/2}{3I/4 + I/2} = \frac{2}{5}$$

$$DF_{CB} = \frac{K_{CB}}{K_{CB} + K_{CD}} = \frac{I/2}{I/2 + 3I/8} = \frac{4}{7}$$

$$DF_{CD} = \frac{K_{CD}}{K_{CB} + K_{CD}} = \frac{3I/8}{I/2 + 3I/8} = \frac{3}{7}$$

(3) 고정단모멘트

$$FEM_{BC} = -\frac{wl^2}{12} = -\frac{30 \times 2^2}{12} = -10 \text{ kN} \cdot \text{m}$$

$$FEM_{CB} = \frac{wl^2}{12} = 10 \text{ kN} \cdot \text{m}$$

(4) 재단모멘트 (단위 : kN · m)

표 6.30

재단		*AB*	*BA*		*BC*	*CB*		*CD*	*DC*	
DF		1	$\frac{3}{5}$		$\frac{2}{5}$	$\frac{4}{7}$		$\frac{3}{7}$	1	
CF		0	$\frac{1}{2}$		$\frac{1}{2}$	$\frac{1}{2}$		$\frac{1}{2}$	0	
FEM	0(*LM*)	0	0	−10(*LM*)	−10	10	10(*LM*)	0	0	0(*LM*)
DM	0(*RM*)	0	6	10(*RM*)	4	−5.71	−10(*RM*)	−4.29	0	0(*RM*)
CM		0	0		−2.86	2		0	0	
FM (*FEM*)	0(*LM*)	0	6	−2.86(*LM*)	−8.86	6.29	2.00(*LM*)	−4.29	0	0(*LM*)
DM	0(*RM*)	0	1.72	2.86(*RM*)	1.14	−1.14	−2.00(*RM*)	−0.86	0	0(*RM*)
CM		0	0		−0.57	0.57		0	0	
FM (*FEM*)	0(*LM*)	0	7.72	−0.57(*LM*)	−8.29	5.72	0.57(*LM*)	−5.15	0	0(*LM*)
DM	0(*RM*)	0	0.34	0.57(*RM*)	0.23	−0.33	−0.57(*RM*)	−0.24	0	0(*RM*)
CM		0	0		−0.16	0.11		0	0	

재단		AB	BA		BC	CB		CD	DC	
FM (FEM)	0(LM)	0	8.06	−0.16(LM)	−8.22	5.50	0.11(LM)	−5.39	0	0(LM)
DM	0(RM)	0	0.10	0.16(RM)	0.06	−0.06	−0.11(RM)	−0.05	0	0(RM)
CM		0	0		−0.03	0.03		0	0	
FM (FEM)	0(LM)	0	8.16	−0.03(LM)	−8.19	5.47	0.03(LM)	−5.44	0	0(LM)
DM	0(RM)	0	0.02	0.03(RM)	0.01	−0.02	−0.03(RM)	−0.01	0	0(RM)
CM		0	0		−0.01	0.005		0	0	
FM (FEM)	0(LM)	0	8.18	−0.01(LM)	−8.19	5.46	0.01(LM)	−5.45	0	0(LM)
DM	0(RM)	0	0.006	0.01(RM)	0.004	−0.006	−0.01(RM)	−0.004	0	0(RM)
CM		0	0		−0.003	0.002		0	0	
FM (FEM)		0	8.19		−8.19	5.45		−5.45	0	

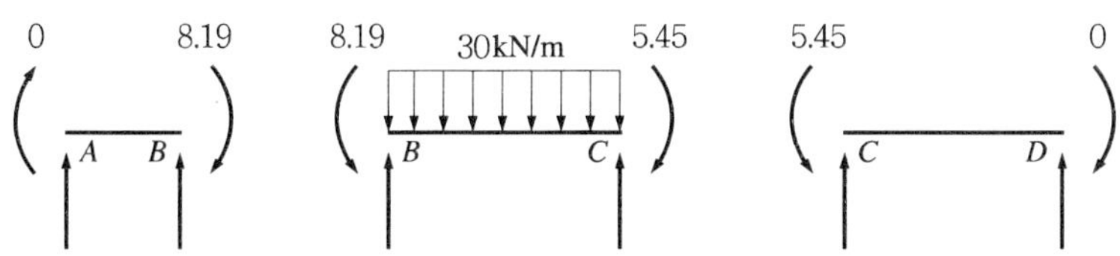

그림 6.99 재단모멘트(kN · m)

주1) 모멘트분배법을 이용하여 재단모멘트는 처짐각법을 이용한 예제 6.12의 결과와 같다. 또한 예제의 반력 및 단면력도는 예제 6.12에서와 같다.

예제 6.31 다음 그림과 같은 라멘의 재단모멘트를 모멘트분배법을 이용하여 산정하고, 휨모멘트도를 그리시오.

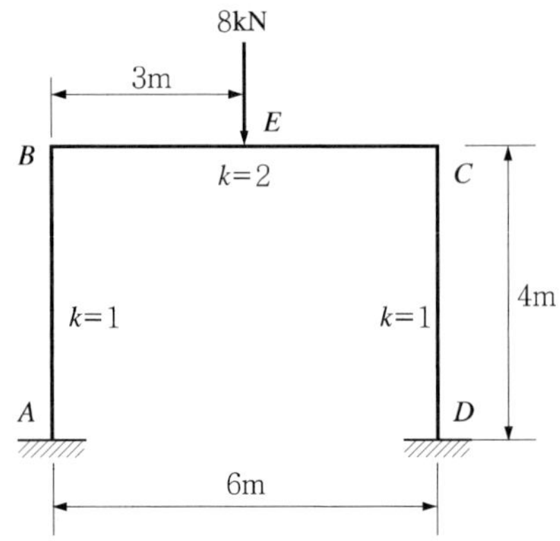

그림 6.100

(1) 부재의 강비

① 부재 AB의 강비 $k_{BA} = 1$

② 부재 BC의 강비 $k_{BC} = k_{CB} = 2$

③ 부재 CD의 강비 $k_{CD} = 1$

(2) 분배율

$$DF_{BA} = \frac{k_{BA}}{k_{BA} + k_{BC}} = \frac{1}{1+2} = \frac{1}{3}$$

$$DF_{BC} = \frac{k_{BC}}{k_{BA} + k_{BC}} = \frac{2}{1+2} = \frac{2}{3}$$

$$DF_{CB} = \frac{k_{CB}}{k_{CB} + k_{CD}} = \frac{2}{2+1} = \frac{2}{3}$$

$$DF_{CD} = \frac{k_{CD}}{k_{CB} + k_{CD}} = \frac{1}{2+1} = \frac{1}{3}$$

(3) 고정단모멘트

$$FEM_{BC} = -\frac{Pl}{8} = -\frac{8 \times 6}{8} = -6\ \text{kN} \cdot \text{m}$$

$$FEM_{CB} = \frac{Pl}{8} = 6\ \text{kN} \cdot \text{m}$$

(4) 재단모멘트 (단위 : kN · m)

표 6.31

재단	AB	BA		BC	CB		CD	DC
DF		$\frac{1}{3}$		$\frac{2}{3}$	$\frac{2}{3}$		$\frac{1}{3}$	
CF	$\frac{1}{2}$			$\frac{1}{2}$	$\frac{1}{2}$			$\frac{1}{2}$
FEM	0	0	$-6(LM)$	-6	6	$6(LM)$	0	0
DM		2	$6(RM)$	4	-4	$-6(RM)$	-2	
CM	1			-2	2			-1
FM (FEM)	1	2	$-2(LM)$	-4	4	$2(LM)$	-2	-1
DM		0.67	$2(RM)$	1.33	-1.33	$-2(RM)$	-0.67	
CM	0.33			-0.67	0.67			-0.33
FM (FEM)	1.33	2.67	$-0.67(LM)$	-3.34	3.34	$0.67(LM)$	-2.67	-1.33
DM		0.22	$0.67(RM)$	0.44	-0.44	$-0.67(RM)$	-0.22	
CM	0.11			-0.22	0.22			-0.11
FM (FEM)	1.44	2.89	$-0.23(LM)$	-3.12	3.12	$0.23(LM)$	-2.89	-1.44
DM		0.08	$0.23(RM)$	0.15	-0.15	$-0.23(RM)$	-0.08	
CM	0.04			-0.08	0.08			-0.04
FM (FEM)	1.48	2.97	$-0.08(LM)$	-3.05	3.05	$0.08(LM)$	-2.97	-1.48
DM		0.03	$0.08(RM)$	0.05	-0.05	$-0.08(RM)$	-0.03	
CM	0.01			-0.03	0.03			-0.01
FM (FEM)	1.49	3.00	$-0.03(LM)$	-3.03	3.03	$0.03(LM)$	-3.00	-1.49
DM		0.01	$0.03(RM)$	0.02	-0.02	$-0.03(RM)$	-0.01	
CM	0.005			-0.01	0.01			-0.005
FM (FEM)	1.50	3.01		-3.02	3.02		-3.01	-1.50

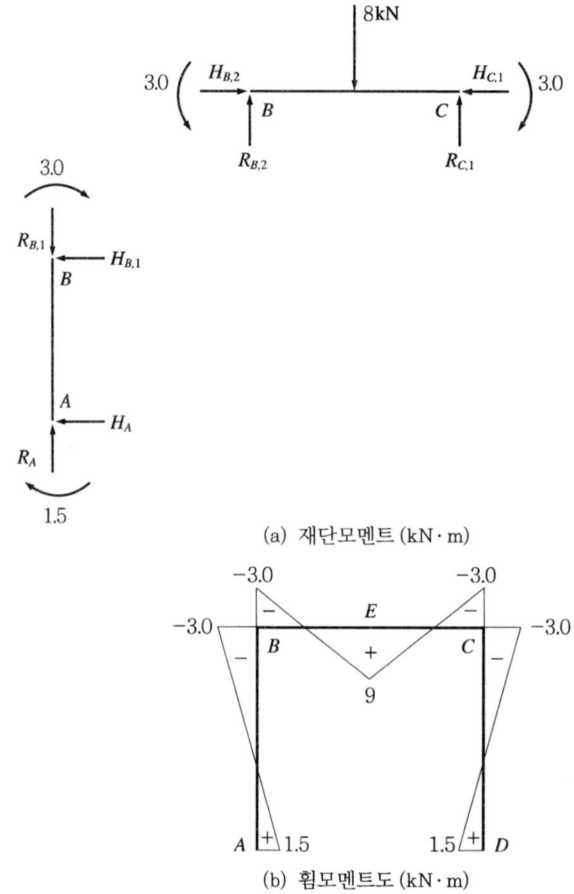

(a) 재단모멘트 (kN · m)

(b) 휨모멘트도 (kN · m)

그림 6.101 재단모멘트와 휨모멘트도

부재 BC에서 점 E의 휨모멘트는 부재 BC에서 힘의 평형방정식에 따라 수직반력을 산정한 후, 점 E에 대한 휨모멘트를 산정하면 다음과 같다.

$M_E = -3.0 + 4 \times 3 = 9.0\ \text{kN} \cdot \text{m}$

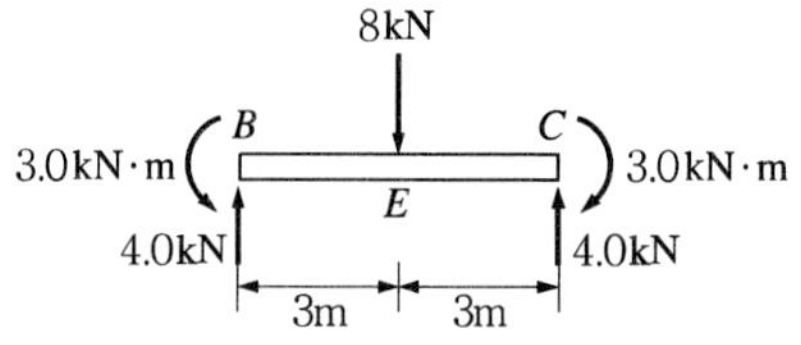

그림 6.102 부재 BC의 자유물체도

주1) 모멘트분배법을 이용하여 재단모멘트와 반력 및 단면력도는 처짐각법을 이용한 예제 6.14의 결과와 같다.

예제 6.32 다음 그림과 같은 라멘의 재단모멘트를 모멘트분배법을 이용하여 산정하고, 휨모멘트도를 그리시오.

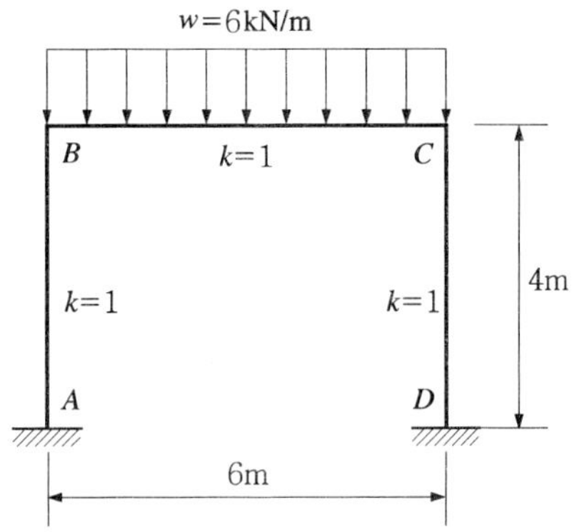

그림 6.103

(1) 부재의 강비

① 부재 AB의 강비 $k_{BA}=1$

② 부재 BC의 강비 $k_{BC}=k_{CB}=1$

③ 부재 CD의 강비 $k_{CD}=1$

(2) 분배율

$$DF_{BA}=\frac{k_{BA}}{k_{BA}+k_{BC}}=\frac{1}{1+1}=\frac{1}{2}$$

$$DF_{BC}=\frac{k_{BC}}{k_{BA}+k_{BC}}=\frac{1}{1+1}=\frac{1}{2}$$

$$DF_{CB}=\frac{k_{CB}}{k_{CB}+k_{CD}}=\frac{1}{1+1}=\frac{1}{2}$$

$$DF_{CD}=\frac{k_{CD}}{k_{CB}+k_{CD}}=\frac{1}{1+1}=\frac{1}{2}$$

(3) 고정단모멘트

$$FEM_{BC}=-\frac{wl^2}{12}=-\frac{6\times 6^2}{12}=-18\text{ kN}\cdot\text{m}$$

$$FEM_{CB}=\frac{wl^2}{12}=18\text{ kN}\cdot\text{m}$$

(4) 재단모멘트 (단위 : kN · m)

표 6.32

재단	AB	BA		BC	CB		CD	DC
DF		$\frac{1}{2}$		$\frac{1}{2}$	$\frac{1}{2}$		$\frac{1}{2}$	
CF	$\frac{1}{2}$			$\frac{1}{2}$	$\frac{1}{2}$			$\frac{1}{2}$
FEM	0	0	−18(LM)	−18	18	18(LM)	0	0
DM		9	18(RM)	9	−9	−18(RM)	−9	
CM	4.5			−4.5	4.5			−4.5
FM (FEM)	4.5	9	−4.5(LM)	−13.5	13.5	4.5(LM)	−9	−4.5
DM		2.25	4.5(RM)	2.25	−2.25	−4.5(RM)	−2.25	
CM	1.125			−1.125	1.125			−1.125
FM (FEM)	5.625	11.25	−1.125(LM)	−12.375	12.375	1.125(LM)	−11.25	−5.625
DM		0.563	1.125(RM)	0.563	−0.563	−1.125(RM)	−0.563	
CM	0.281			−0.281	0.281			−0.281
FM (FEM)	5.906	11.813	−0.28(LM)	−12.093	12.093	0.28(LM)	−11.813	−5.906
DM		0.14	0.28(RM)	0.14	−0.14	−0.28(RM)	−0.14	
CM	0.07			−0.07	0.07			−0.07
FM (FEM)	5.976	11.953	−0.07(LM)	−12.023	12.023	0.07(LM)	−11.953	−5.976
DM		0.035	0.07(RM)	0.035	−0.035	−0.07(RM)	−0.035	
CM	0.018			−0.018	0.018			−0.018
FM (FEM)	5.994	11.988	−0.018(LM)	−12.006	12.006	0.018(LM)	−10.512	−5.994
DM		0.009	0.018(RM)	0.009	−0.009	−0.018(RM)	−0.009	
CM	0.005			−0.005	0.005			−0.005
FM (FEM)	6.0	12.0		−12.0	12.0		−12.0	−6.0

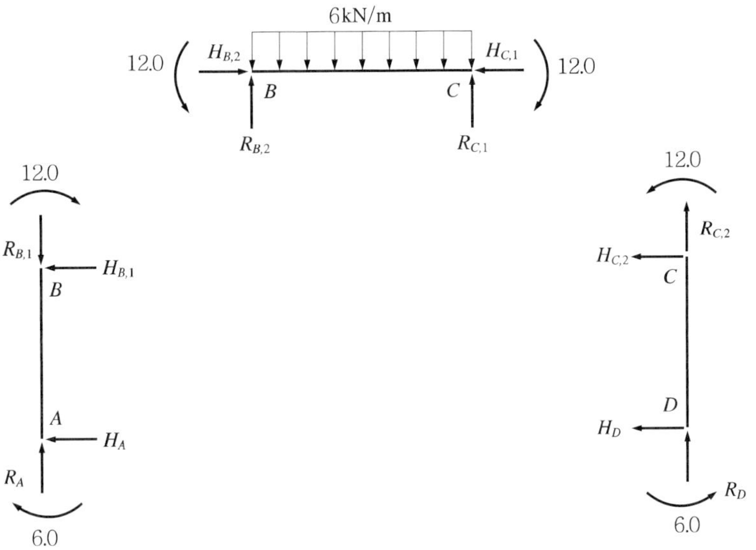

(a) 재단모멘트 (kN · m)

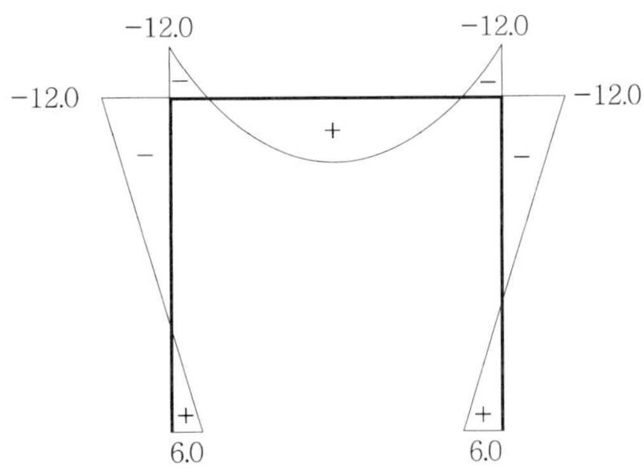

(b) 휨모멘트도 (kN · m)

그림 6.104 재단모멘트와 휨모멘트도

예제 6.33 다음 그림과 같은 라멘의 재단모멘트를 모멘트분배법을 이용하여 산정하시오. 단, 탄성계수 E는 일정하다.

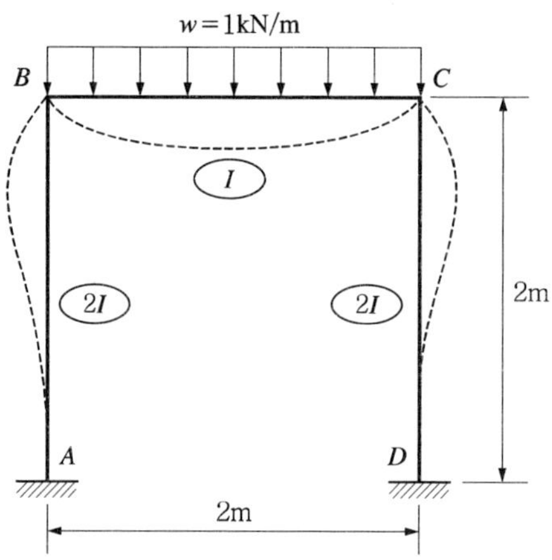

그림 6.105

(1) 부재의 강도

① 부재 AB의 강도 $K_{BA}=\dfrac{2I}{2}=I$

② 부재 BC의 강도 $K_{BC}=K_{CB}=\dfrac{I}{2}$

③ 부재 CD의 강도 $K_{CD}=\dfrac{2I}{2}=I$

(2) 분배율

$$DF_{BA}=\frac{K_{BA}}{K_{BA}+K_{BC}}=\frac{I}{I+I/2}=\frac{2}{3}$$

$$DF_{BC}=\frac{K_{BC}}{K_{BA}+K_{BC}}=\frac{I/2}{I+I/2}=\frac{1}{3}$$

$$DF_{CB}=\frac{K_{CB}}{K_{CB}+K_{CD}}=\frac{I/2}{I/2+I}=\frac{1}{3}$$

$$DF_{CD}=\frac{K_{CD}}{K_{CB}+K_{CD}}=\frac{I}{I/2+I}=\frac{2}{3}$$

(3) 고정단모멘트

$$FEM_{BC} = -\frac{wl^2}{12} = -\frac{1\times 2^2}{12} = -\frac{1}{3}\ \text{kN}\cdot\text{m}$$

$$FEM_{CB} = \frac{wl^2}{12} = \frac{1}{3}\ \text{kN}\cdot\text{m}$$

(4) 재단모멘트 (단위 : kN · m)

표 6.33

재단	*AB*	*BA*		*BC*	*CB*		*CD*	*DC*
DF		$\frac{2}{3}$		$\frac{1}{3}$	$\frac{1}{3}$		$\frac{2}{3}$	
CF	$\frac{1}{2}$			$\frac{1}{2}$	$\frac{1}{2}$			$\frac{1}{2}$
FEM	0	0	$-\frac{1}{3}(LM)$	$-\frac{1}{3}$	$\frac{1}{3}$	$\frac{1}{3}(LM)$	0	0
DM		0.222	$\frac{1}{3}(RM)$	0.111	−0.111	$-\frac{1}{3}(RM)$	−0.222	
CM	0.111			−0.056	0.056	0.389(*LM*)		−0.111
FM (*FEM*)	0.111	0.222	−0.056(*LM*)	−0.278	0.278	0.056(*LM*)	−0.222	−0.111
DM		0.037	0.056(*RM*)	0.019	−0.019	−0.056(*RM*)	−0.037	
CM	0.019			−0.010	0.010			−0.019
FM (*FEM*)	0.130	0.259	−0.010(*LM*)	−0.269	0.269	0.010(*LM*)	−0.259	−0.130
DM		0.007	0.010(*RM*)	0.003	−0.003	−0.010(*RM*)	−0.007	
CM	0.003			−0.002	0.002			−0.003
FM (*FEM*)	0.133	0.266	−0.002(*LM*)	−0.268	0.268	0.002(*LM*)	−0.266	−0.133
DM		0.0013	0.002(*RM*)	0.0007	−0.0007	−0.002(*RM*)	−0.0013	
CM	0.0007			−0.0003	0.0003			−0.0007
FM (*FEM*)	0.1337	0.2673		−0.2676	0.2676		−0.2673	−0.1337

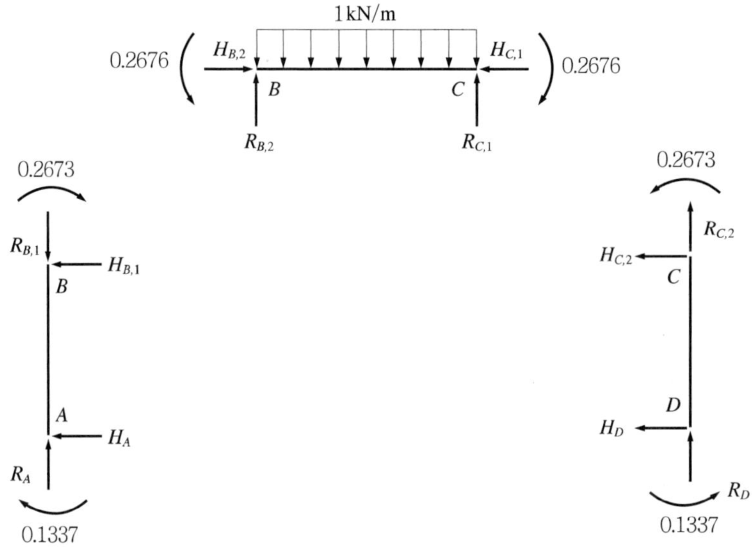

그림 6.106 재단모멘트 (kN · m)

주1) 모멘트분배법을 이용하여 재단모멘트는 처짐각법을 이용한 예제 6.16의 결과와 같다. 또한 예제의 반력 및 단면력도는 예제 6.16에서와 같다.

예제 6.34 다음 그림과 같은 라멘의 재단모멘트를 모멘트분배법을 이용하여 산정하시오. 단, 휨강성 EI는 일정하다.

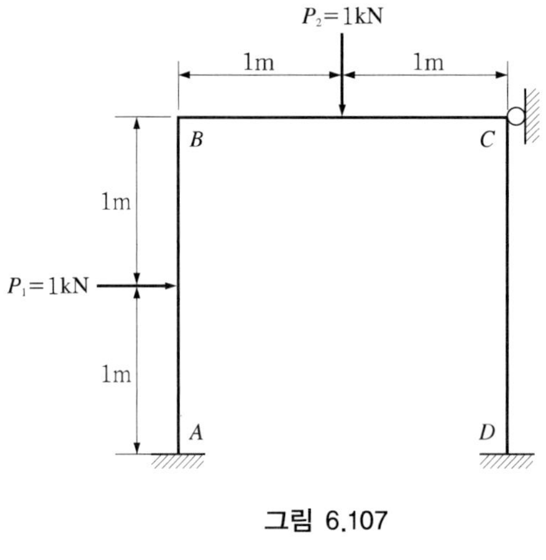

그림 6.107

↳ (1) 부재의 강도

① 부재 AB의 강도 $K_{BA} = \dfrac{I}{2}$

② 부재 BC의 강도 $K_{BC} = K_{CB} = \dfrac{I}{2}$

③ 부재 CD의 강도 $K_{CD} = \dfrac{I}{2}$

(2) 분배율

$$DF_{BA} = \frac{K_{BA}}{K_{BA}+K_{BC}} = \frac{I/2}{I/2+I/2} = \frac{1}{2}$$

$$DF_{BC} = \frac{K_{BC}}{K_{BA}+K_{BC}} = \frac{I/2}{I/2+I/2} = \frac{1}{2}$$

$$DF_{CB} = \frac{K_{CB}}{K_{CB}+K_{CD}} = \frac{I/2}{I/2+I/2} = \frac{1}{2}$$

$$DF_{CD} = \frac{K_{CD}}{K_{CB}+K_{CD}} = \frac{I/2}{I/2+I/2} = \frac{1}{2}$$

(3) 고정단모멘트

$$FEM_{AB} = -\frac{Pl}{8} = -\frac{1\times 2}{8} = -\frac{1}{4}\ \text{kN}\cdot\text{m}$$

$$FEM_{BA} = \frac{Pl}{8} = \frac{1}{4}\ \text{kN}\cdot\text{m}$$

$$FEM_{BC} = -\frac{Pl}{8} = -\frac{1\times 2}{8} = -\frac{1}{4}\ \text{kN}\cdot\text{m}$$

$$FEM_{CB} = \frac{Pl}{8} = \frac{1}{4}\ \text{kN}\cdot\text{m}$$

(4) 재단모멘트 (단위 : kN · m)

표 6.34

재단	AB	BA		BC	CB		CD	DC
DF		$\frac{1}{2}$		$\frac{1}{2}$	$\frac{1}{2}$		$\frac{1}{2}$	
CF	$\frac{1}{2}$			$\frac{1}{2}$	$\frac{1}{2}$			$\frac{1}{2}$
FEM	$-\frac{1}{4}$	$\frac{1}{4}$	$0(LM)$	$-\frac{1}{4}$	$\frac{1}{4}$	$\frac{1}{4}(LM)$	0	0
DM		0	$0(RM)$	0	−0.125	$-\frac{1}{4}(RM)$	−0.125	
CM	0			−0.0625	0			−0.0625
FM (FEM)	−0.25	0.25	$-0.0625(LM)$	−0.3125	0.125	$0(LM)$	−0.125	−0.0625
DM		0.0313	$0.0625(RM)$	0.0313	0	$0(RM)$	0	
CM	0.0156			0	0.0156			0
FM (FEM)	−0.2344	0.2813	$0(LM)$	−0.2812	0.1406	$0.0156(LM)$	−0.125	−0.0625
DM		0	$0(RM)$	0	−0.0078	$-0.0156(RM)$	−0.0078	
CM	0			−0.0039	0			−0.0039
FM (FEM)	−0.2344	0.2813	$-0.0038(LM)$	−0.2851	0.1328	$0(LM)$	−0.1328	−0.0664
DM		0.0019	$0.0038(RM)$	0.0019	0	$0(RM)$	0	
CM	0.0010			0	0.0010			0
FM (FEM)	−0.2334	0.2832	$0(LM)$	−0.2832	0.1338	$0.0010(LM)$	−0.1328	−0.0664
DM		0	$0(RM)$	0	−0.0005	$-0.0010(RM)$	−0.0005	
CM	0			−0.0003	0			−0.0003
FM (FEM)	−0.2334	0.2832		−0.2835	0.1333		−0.1333	−0.0667

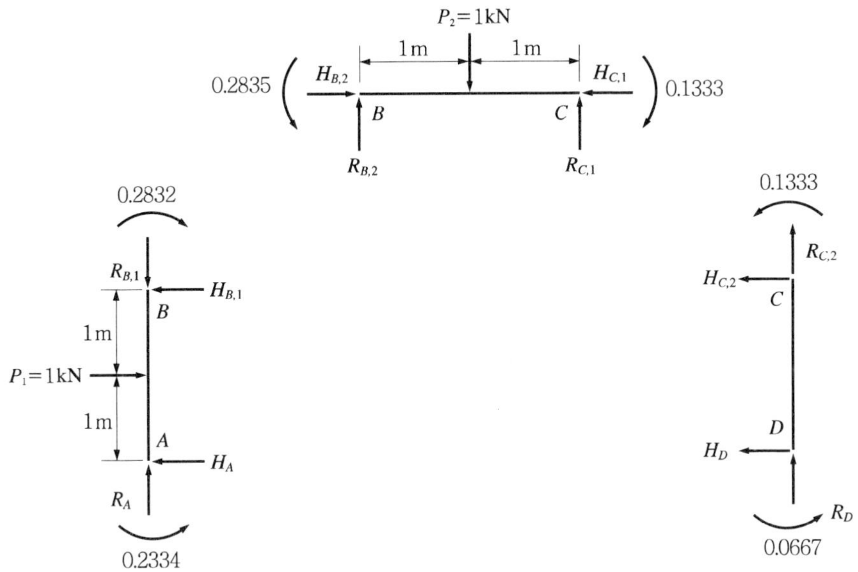

그림 6.108 재단모멘트(kN·m)

주1) 모멘트분배법을 이용하여 재단모멘트는 처짐각법을 이용한 예제 6.15의 결과와 같다. 또한 예제의 반력 및 단면력도는 예제 6.15에서와 같다.

06 연습문제

1. **부정정구조물의 특성으로 가장 부적당한 것은 다음 중 어느 것인가?**

㉮ 여유력이 있으므로 설계하중을 약간 초과하는 하중에 대해서도 저항한다.
㉯ 동일한 하중과 휨강성을 갖는 정정구조물에 비하여 처짐이 줄어들게 된다.
㉰ 동일한 하중과 휨강성을 갖는 정정구조물에 비하여 단면의 크기가 줄어들게 된다.
㉱ 동일한 하중과 휨강성을 갖는 정정구조물에 비하여 부등침하나 온도변화에 대해 유리하다.

부정정구조물은 정정구조물에 비해 구속이 심하므로 부등침하나 온도변화에 대해 불리하다.

답 ㉱

2. **그림과 같은 부정정 보의 지점 B에서의 반력 R_B를 구하면?**

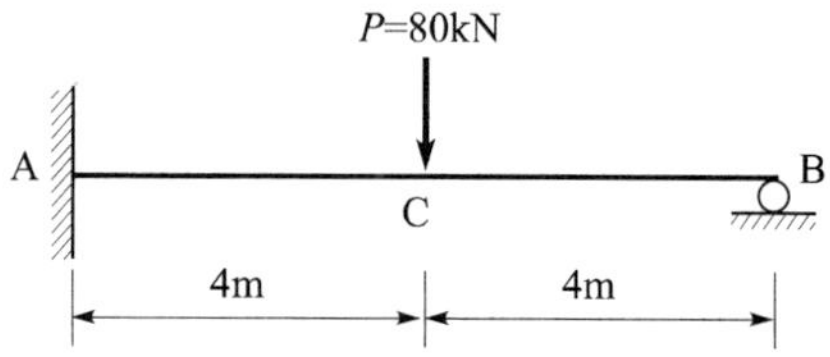

㉮ 25 kN ㉯ 35 kN
㉰ 40 kN ㉱ 45k N

---

(1) 구조물의 변형일치

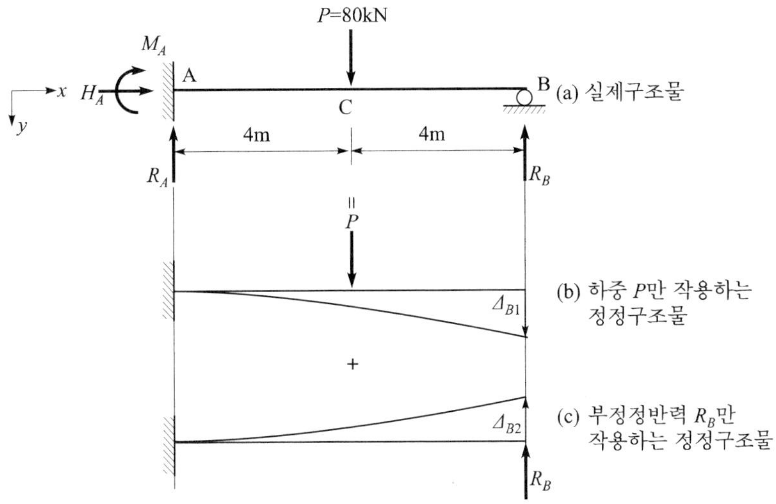

예제 구조물의 변형일치

(2) 적합방정식

지점 B의 처짐, $\Delta_B = 0$이므로 $\Delta_B = \Delta_{B1} + \Delta_{B2} = 0$이다.

(3) 하중 P 만 작용하는 정정구조물의 처짐

$$\Delta_{B1} = \frac{5Pl^3}{48EI} \quad \text{(하향)}$$

(4) 부정정반력 R_B만 작용하는 정정구조물의 처짐

$$\Delta_{B2} = -\frac{R_B l^3}{3EI} \quad \text{(상향)}$$

(5) 실제구조물의 지점 B의 반력 산정

$$\Delta_B = 0 : \Delta_B = \Delta_{B1} + \Delta_{B2} = \frac{5Pl^3}{48EI} - \frac{R_B l^3}{3EI} = 0$$

$$\therefore R_B = \frac{5P}{16} = \frac{5 \times 80}{16} = 25 \text{ kN}$$

답 ㉮

3. **다음 부정정구조물의 지점 A의 휨모멘트 값은?**

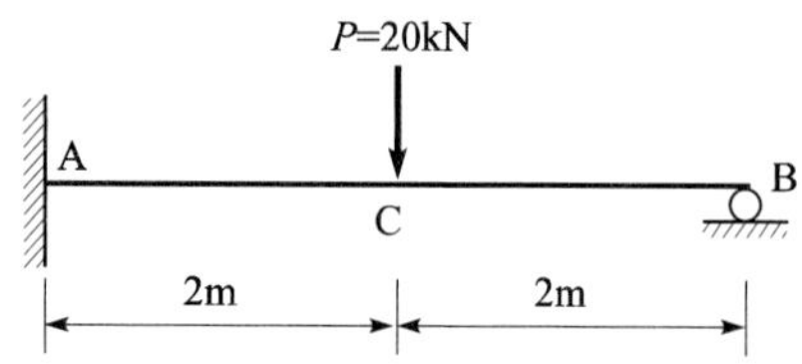

㉮ −15 kN · m　　　　㉯ −20 kN · m

㉰ −30 kN · m　　　　㉱ −40 kN · m

---

(1) 구조물의 변형일치

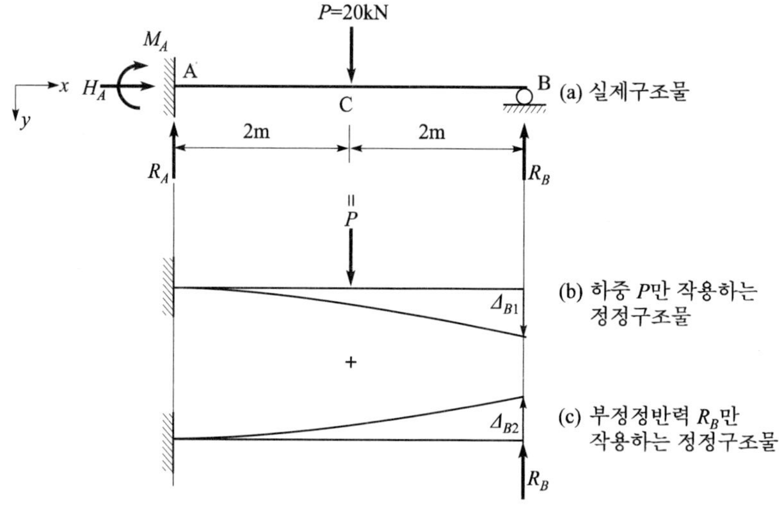

예제 구조물의 변형일치

(2) 적합방정식

지점 B의 처짐, $\Delta_B = 0$이므로 $\Delta_B = \Delta_{B1} + \Delta_{B2} = 0$이다.

(3) 하중 P만 작용하는 정정구조물의 처짐

$$\Delta_{B1} = \frac{5Pl^3}{48EI} \qquad \text{(하향)}$$

(4) 부정정반력 R_B만 작용하는 정정구조물의 처짐

$$\Delta_{B2} = -\frac{R_B l^3}{3EI} \qquad \text{(상향)}$$

(5) 실제구조물의 지점 A의 모멘트반력 산정

① $\Delta_B = 0$: $\Delta_B = \Delta_{B1} + \Delta_{B2} = \dfrac{5Pl^3}{48EI} - \dfrac{R_B l^3}{3EI} = 0$ $\therefore\ R_B = \dfrac{5P}{16}$

② $\Sigma M = 0\ (+;\frown)$: $\Sigma M_A = M_A + P \times \dfrac{l}{2} - R_B \times l = 0$

$\therefore\ M_A = R_B \times l - \dfrac{Pl}{2} = -\dfrac{3Pl}{16} = -\dfrac{3\times 20\times 2}{16} = -20\ \text{kN}\cdot\text{m}$ (반시계방향)

(6) 지점 A의 휨모멘트

$M_A = -20\ \text{kN}\cdot\text{m}$ 답 ㉮

주1) 휨모멘트의 계산 값은 임의 단면의 어느 한쪽 부분(자유물체도)에서의 모멘트의 대수합이다.

주2) 휨모멘트의 부호규약은 휨모멘트가 부재를 아랫방향으로 휘게 하면 양(↷ ⊞ ↶)이고, 윗방향으로 휘게 하면 음(↶ ⊟ ↷)이다.

주3) 휨모멘트의 왼쪽성분이 시계방향(↷ ⊞)이면 양(+)이고, 또한 오른쪽성분이 반시계방향(⊞↶)이면 양(+)이다.

주4) 반면 모멘트의 부호규약은 일반적으로 시계방향(↷)으로 회전하면 양(+), 반시계방향(↶)으로 회전하면 음(−)으로 가정한다.

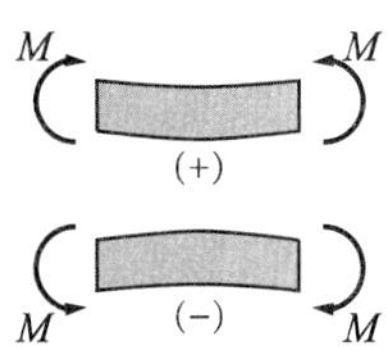

휨모멘트의 부호

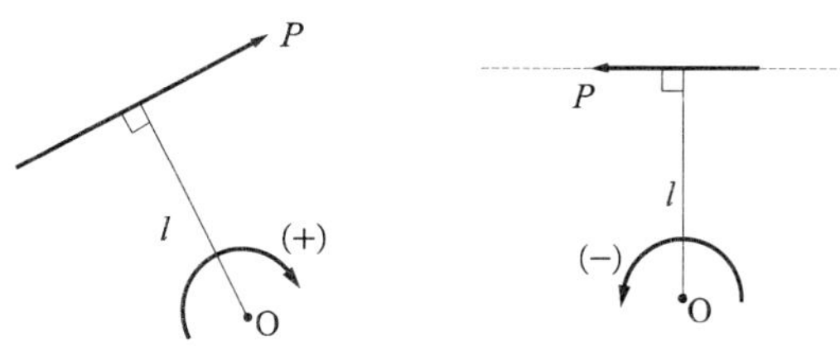

(a) 양(+)의 모멘트 (b) 음(−)의 모멘트

모멘트의 부호

4. **다음 부정정구조물에서 지점 A와 B의 수직반력을 구하면?**

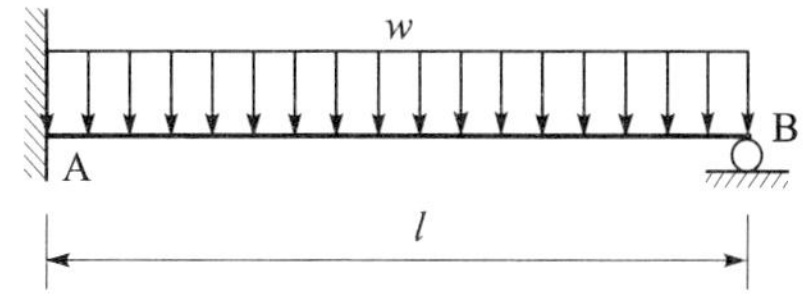

㉮ $R_A = \dfrac{3}{8}wl,\ R_B = \dfrac{5}{8}wl$

㉯ $R_A = \dfrac{5}{8}wl,\ R_B = \dfrac{3}{8}wl$

㉰ $R_A = \dfrac{1}{2}wl,\ R_B = \dfrac{1}{2}wl$

㉱ $R_A = \dfrac{2}{3}wl,\ R_B = \dfrac{1}{3}wl$

(1) 구조물의 변형일치

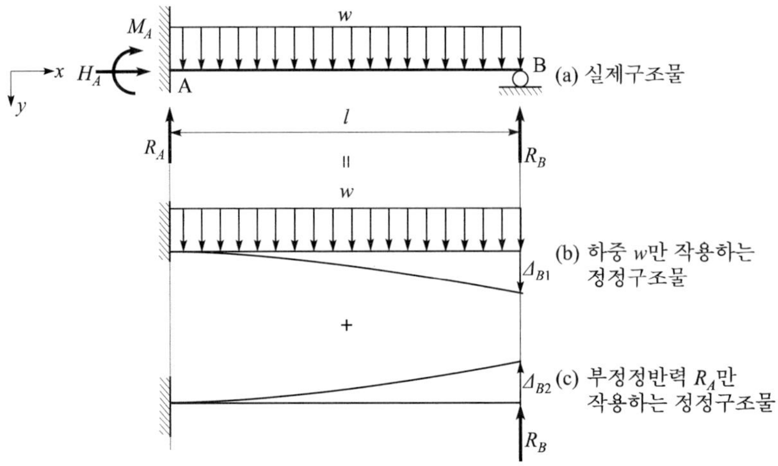

예제 구조물의 변형일치

(2) 적합방정식

지점 B의 처짐, $\Delta_B = 0$이므로 $\Delta_B = \Delta_{B1} + \Delta_{B2} = 0$이다.

(3) 하중 w 만 작용하는 정정구조물의 처짐

$$\Delta_{B1} = \frac{wl^4}{8EI} \qquad \text{(하향)}$$

(4) 부정정반력 R_B만 작용하는 정정구조물의 처짐

$$\Delta_{B2} = -\frac{R_B l^3}{3EI} \qquad \text{(상향)}$$

(5) 실제구조물의 지점 A와 B의 수직반력 산정

① $\Delta_B = 0$: $\Delta_B = \Delta_{B1} + \Delta_{B2} = \dfrac{wl^4}{8EI} - \dfrac{R_B l^3}{3EI} = 0$ $\qquad \therefore R_B = \dfrac{3wl}{8}$

② $\Sigma Y = 0\ (+;\ \uparrow)$: $\Sigma Y = R_A - w \times l + R_B = 0$ $\qquad \therefore R_A = \dfrac{5wl}{8}$ 답 ㉯

5. **그림과 같은 부정정보에서 보 중앙의 휨모멘트는? (단, 보의 휨강성 EI는 일정하다.)**

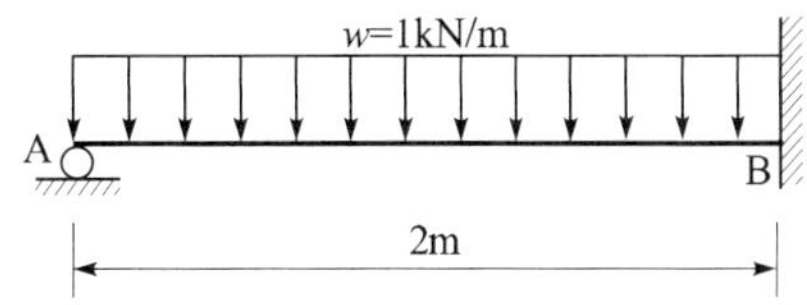

㉮ 0.10 kN・m　　㉯ 0.15 kN・m

㉰ 0.20 kN・m　　㉱ 0.25 kN・m

---

(1) 구조물의 변형일치

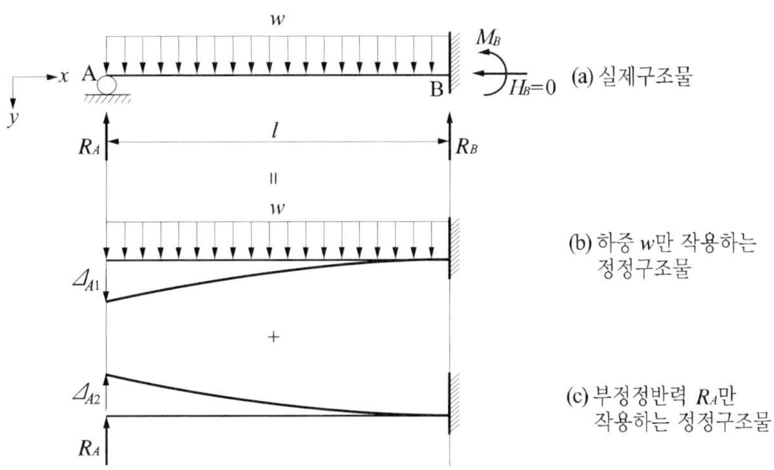

(2) 적합방정식

지점 A의 처짐, $\Delta_A = 0$이므로 $\Delta_A = \Delta_{A1} + \Delta_{A2} = 0$이다.

(3) 하중 w 만 작용하는 정정구조물의 처짐

$$\Delta_{A1} = \frac{wl^4}{8EI} \quad \text{(하향)}$$

(4) 부정정반력 R_A만 작용하는 정정구조물의 처짐

$$\Delta_{A2} = -\frac{R_A l^3}{3EI} \quad \text{(상향)}$$

(5) 실제구조물의 지점 A의 반력 산정

$$\Delta_A = 0 : \Delta_A = \Delta_{A1} + \Delta_{A2} = \frac{wl^4}{8EI} - \frac{R_A l^3}{3EI} = 0$$

$$\therefore R_A = \frac{3wl}{8} = \frac{3 \times 1 \times 2}{8} = 0.75 \text{ kN}$$

(6) 보 중앙의 휨모멘트

$$M = R_A \times \left(\frac{l}{2}\right) - \left(w \times \frac{l}{2}\right) \times \left(\frac{l}{4}\right) = 0.75 \times \left(\frac{2}{2}\right) - \left(1 \times \frac{2}{2}\right) \times \left(\frac{2}{4}\right) = 0.25\ \text{kN} \cdot \text{m}$$

답 ㉱

6. 다음 부재에서 전단력이 영(0)이 되는 위치 x의 값은?

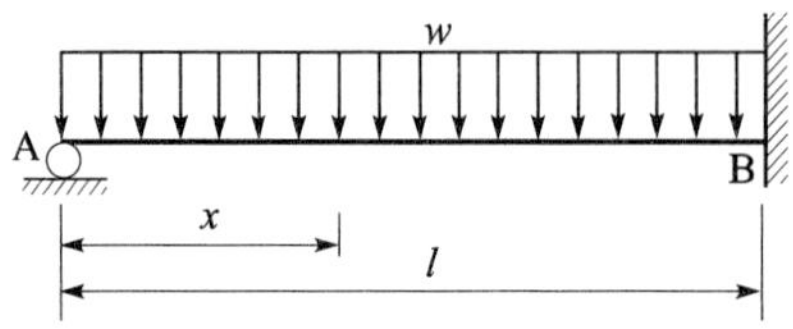

㉮ $\frac{3l}{4}$　㉯ $\frac{3l}{8}$　㉰ $\frac{5l}{8}$　㉱ $\frac{2l}{4}$

↳ 변위일치법 등의 부정정구조물 해석방법으로부터 지점 A의 반력 $R_A = \frac{3wl}{8}$을 산정한 후, 다음과 같이 전단력이 영(0)이 되는 위치를 구한다.

$$V_x = R_A - wx = \frac{3}{8}wl - wx = 0$$

$$x = \frac{3}{8}l$$

답 ㉯

7. 그림과 같은 부정정보에서 전단력이 영(0)이 되는 위치 x는?

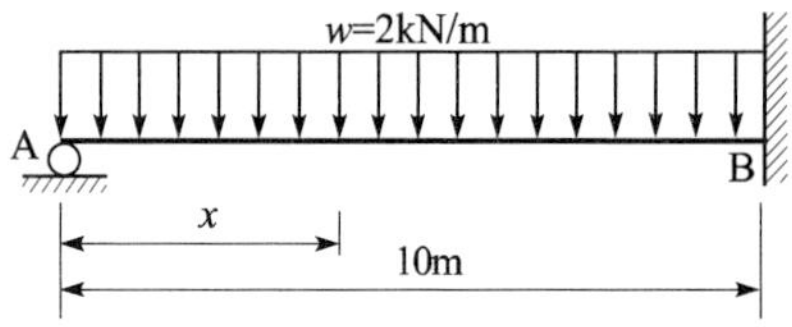

㉮ 2.75 m　㉯ 3.75 m　㉰ 4.75 m　㉱ 5.75 m

↳ 변위일치법 등의 부정정구조물 해석방법으로부터 지점 A의 반력 $R_A = \frac{3wl}{8}$을 산정한 후, 다음과 같이 전단력이 영(0)이 되는 위치를 구한다.

$$V_x = R_A - wx = \frac{3}{8}wl - wx = 0$$

$x = \frac{3}{8}l = \frac{3}{8} \times 10 = 3.75\text{ m}$ 답 ㉯

8. **다음과 같이 집중하중이 작용하는 양단 고정보의 단부 휨모멘트 값은?**

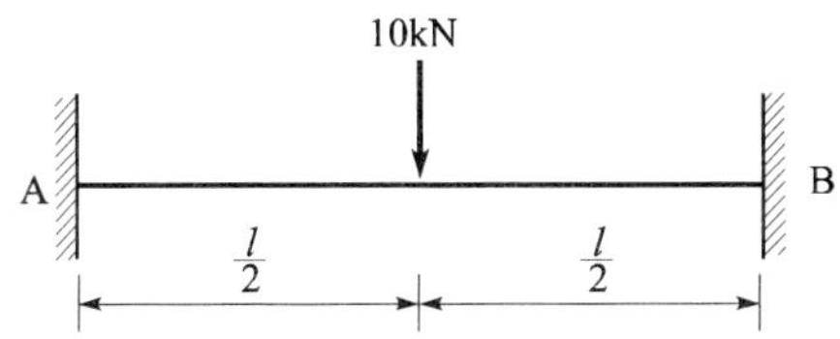

㉮ $-\frac{3Pl}{16}$ ㉯ $-\frac{Pl}{12}$ ㉰ $-\frac{Pl}{4}$ ㉱ $-\frac{Pl}{8}$

---

(1) 지점의 반력 모멘트

$M_A = -\frac{Pl}{8}$ (↶), $M_B = \frac{Pl}{8}$ (↷)

(2) 양단의 휨모멘트

$M_A = M_B = -\frac{Pl}{8}$ 답 ㉱

9. **양단 고정보에서 점 C의 휨모멘트는? 단, 보의 휨강성 EI는 일정하다.**

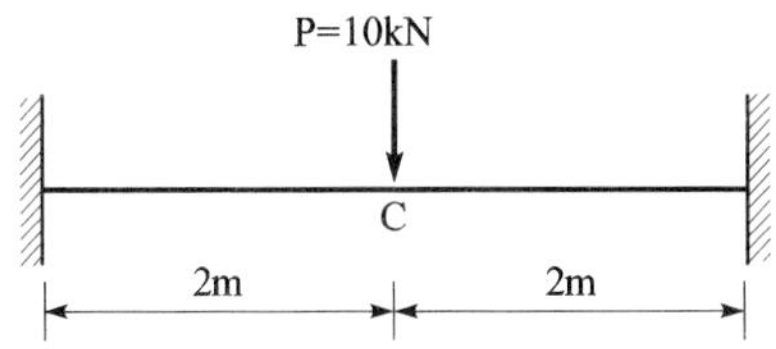

㉮ 3.5 kN·m ㉯ 4.0 kN·m
㉰ 4.5 kN·m ㉱ 5.0 kN·m

$M_C = \frac{Pl}{8} = \frac{10 \times 4}{8} = 5\text{ kN}\cdot\text{m}$

따라서 휨모멘트는 5.0 kN·m이다. 답 ㉱

10. **양단 고정인 그림과 같은 보에서 지점 A의 휨모멘트는? (단, 휨강성 EI는 일정)**

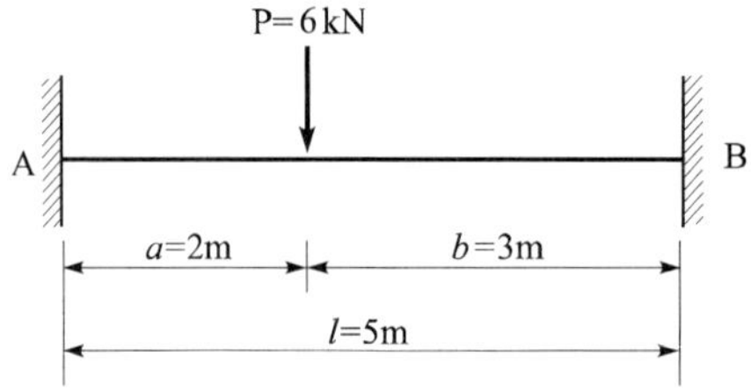

㉮ −4.32 kN·m　　㉯ 4.32 kN·m
㉰ −6.23 kN·m　　㉱ 6.23 kN·m

↳ 지점 A의 반력 모멘트는

$$M_A = \frac{Pab^2}{l^2} = \frac{6 \times 2 \times 3^2}{5^2} = -4.32\ \text{kN}\cdot\text{m}\ (\frown)$$이다.

따라서 지점 A의 휨모멘트는 −4.3 kN·m이다.

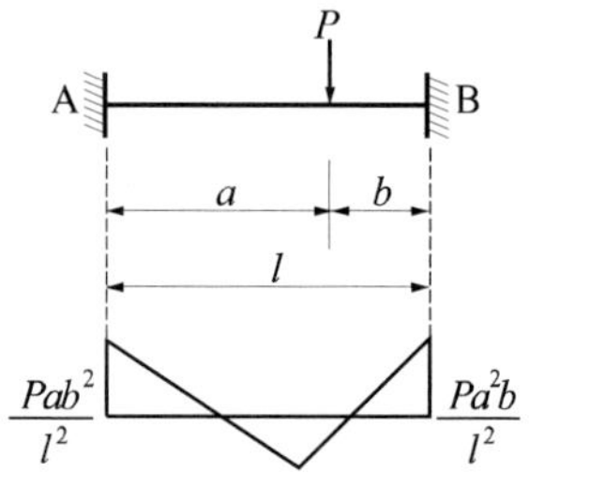

BMD

답 ㉮

11. **그림과 같은 양단 고정보에서 지점 A의 휨모멘트는? (단, 보의 휨강성 EI는 일정하다. 반력 모멘트의 부호규약은 시계방향을 양(-), 반시계방향을 음(-)으로 한다.)**

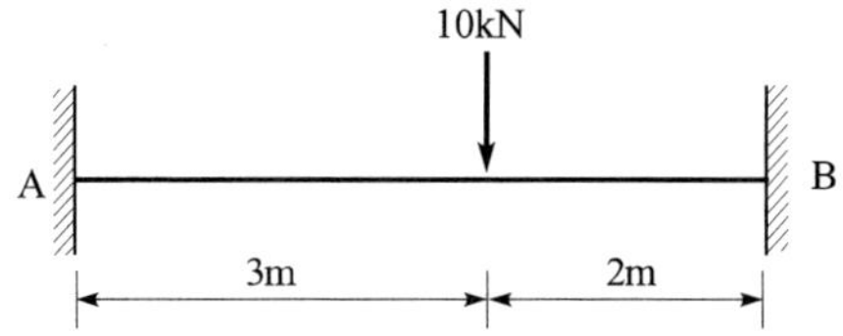

㉮ −2.6 kN · m　　㉯ −3.2 kN · m
㉰ −4.8 kN · m　　㉱ −5.4 kN · m

↳ 지점 A의 반력 모멘트는 $M_A = -\frac{Pab^2}{l^2} = -\frac{10 \times 3 \times 2^2}{5^2} = -4.80\ \text{kN}\cdot\text{m}\ (\frown)$이다.

따라서 지점 A의 휨모멘트는 −4.8 kN·m이다.　　답 ㉰

12. **그림과 같은 양단 고정보에서 지점 A의 휨모멘트는 얼마인가? (단, 휨강성 EI는 일정)**

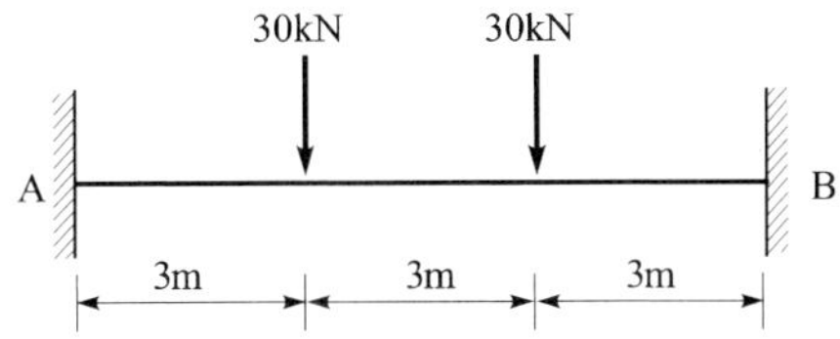

㉮ −40 kN · m ㉯ −50 kN · m
㉰ −60 kN · m ㉱ −70 kN · m

지점 A의 반력 모멘트는

$$M_A = -\Sigma\left(\frac{Pab^2}{l^2}\right) = -\left(\frac{30\times3\times6^2}{9^2} + \frac{30\times6\times3^2}{9^2}\right) = -60\ \text{kN}\cdot\text{m}\ (\curvearrowleft)\text{이다.}$$

따라서 지점 A의 휨모멘트는 −60.0 kN·m이다. 답 ㉰

13. **그림과 같은 양단 고정보에서 지점 B의 휨모멘트의 값은?**

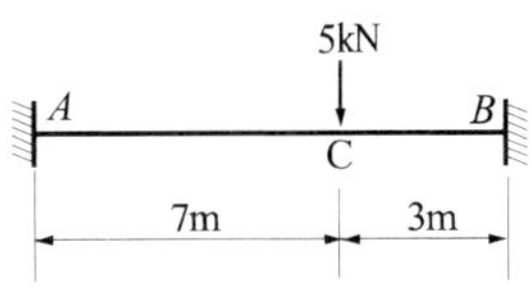

㉮ −4.35 kN·m ㉯ −5.15 kN·m
㉰ −3.15 kN·m ㉱ −7.35 kN·m

지점 B의 반력 모멘트는 $M_B = \frac{Pa^2b}{l^2} = \frac{5\times7^2\times3}{10^2} = 7.35\ \text{kN}\cdot\text{m}\ (\curvearrowright)$이다.

따라서 지점 B의 휨모멘트는 −7.35 kN·m이다. 답 ㉱

14. 그림과 같은 양단 고정보에서 지점 B의 휨모멘트 값은?

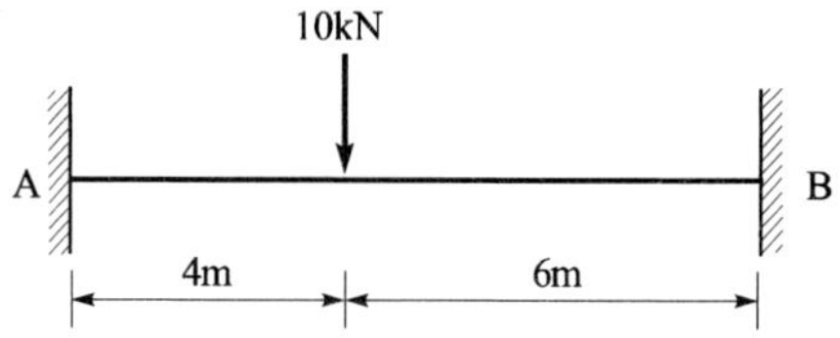

㉮ −2.4 kN · m ㉯ −9.6 kN · m
㉰ −14.4 kN · m ㉱ −24.8 kN · m

⤷ 지점 B의 반력 모멘트는 $M_B = \dfrac{Pa^2b}{l^2} = \dfrac{10 \times 4^2 \times 6}{10^2} = 9.60$ kN · m (⌒)이다.

따라서 지점 B의 휨모멘트는 −9.6 kN·m이다. 답 ㉯

15. 그림과 같은 휨모멘트가 생길 경우 보의 양단 지점조건으로 옳은 것은?

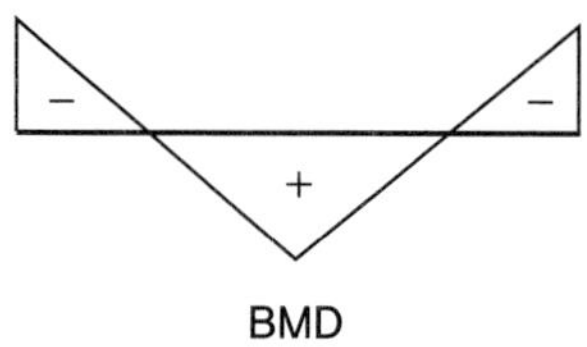

㉮ 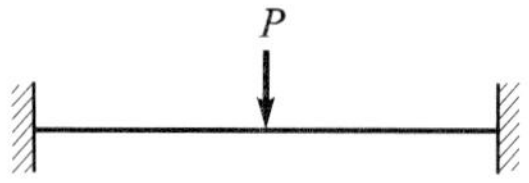

㉯ 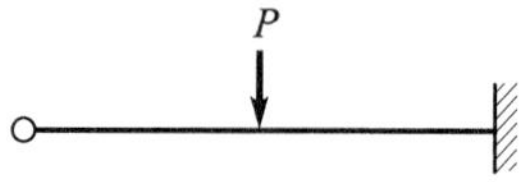

㉰ 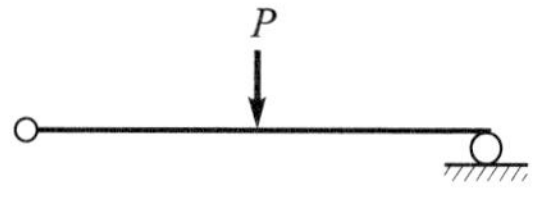

㉱ 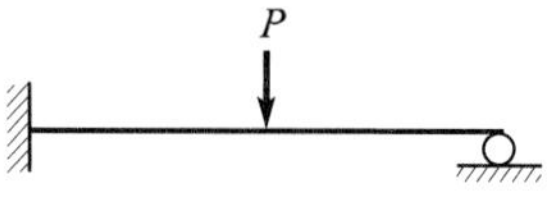

⤷ 양단 고정인 보의 휨모멘트도이다. 답 ㉮

16. **다음 그림과 같이 보의 휨모멘트도가 나타날 수 있는 지점상태는?**

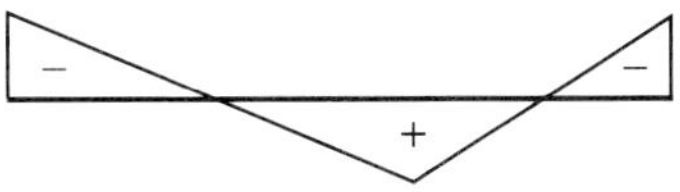

BMD

㉮ ㉯ ㉰ ㉱

↳ 양단 고정인 보의 휨모멘트도이다. 답 ㉯

17. **다음과 같이 등분포하중이 작용하는 양단 고정보의 중앙부 휨모멘트 값은?**

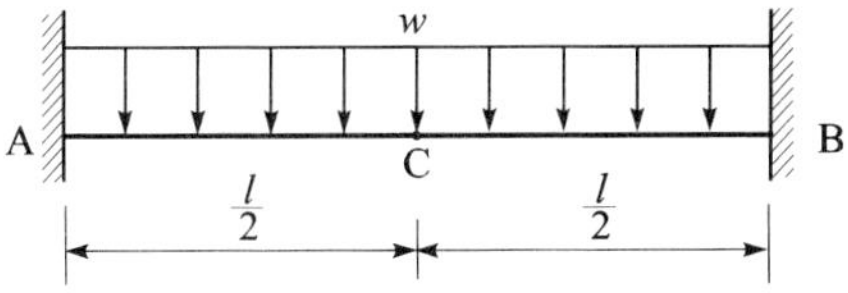

㉮ $\dfrac{wl^2}{4}$ ㉯ $\dfrac{wl^2}{8}$ ㉰ $\dfrac{wl^2}{12}$ ㉱ $\dfrac{wl^2}{24}$

↳ $M_A = -\dfrac{wl^2}{12}$

$M_C = \dfrac{wl^2}{24}$

$\therefore |M_A| + |M_C| = \dfrac{wl^2}{8}$ 답 ㉱

18. 그림과 같은 양단 고정보(Fixed beam)의 중앙부와 단부의 휨모멘트의 절댓값의 비율은?

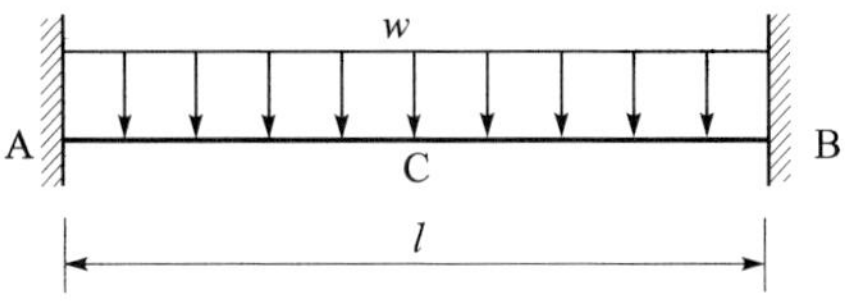

㉮ 1 : 1 ㉯ 1 : 2
㉰ 1 : 3 ㉱ 1 : 4

$M_A = -\dfrac{wl^2}{12}$

$M_C = \dfrac{wl^2}{24}$

$\dfrac{|M_A|}{|M_C|} = \dfrac{\left(\dfrac{wl^2}{12}\right)}{\left(\dfrac{wl^2}{24}\right)} = 2$

$\therefore |M_C| : |M_A| = 1 : 2$

답 ㉯

19. 그림과 같은 양단 고정보에서 지점 A의 휨모멘트는? (단, 이 보의 휨강성 EI는 일정하다.)

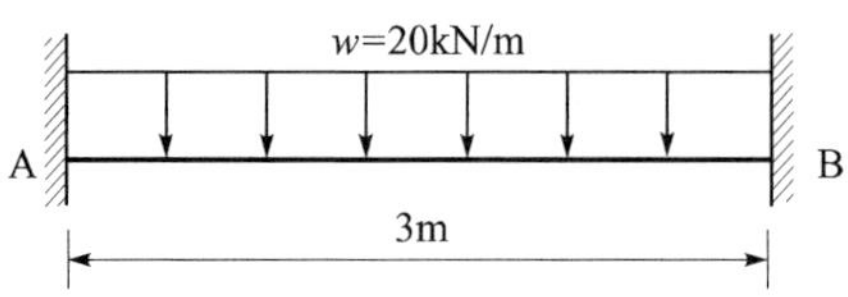

㉮ −10 kN · m ㉯ −15 kN · m
㉰ −20 kN · m ㉱ −25 kN · m

지점 A의 반력 모멘트는 $M_A = -\dfrac{wl^2}{12} = -\dfrac{20 \times 3^2}{12} = -15.0$ kN · m (↶)이다.

따라서 지점 A의 휨모멘트는 −15.0 kN·m이다.

답 ㉯

20. **다음 그림과 같은 부정정보에서 고정단모멘트 $M_{AB}(C_{AB})$의 절댓값은?**

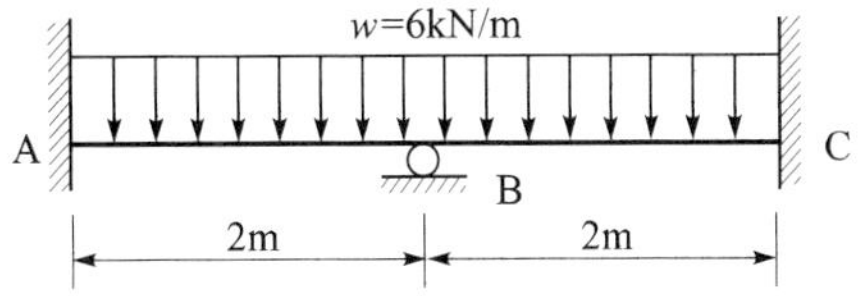

㉮ 2 kN·m ㉯ 3 kN·m
㉰ 4 kN·m ㉱ 5 kN·m

↳ $M_A = -\frac{wl^2}{12} = -\frac{6 \times 2^2}{12} = -2.0$ kN·m (↶) 답 ㉮

21. **그림과 같은 양단 고정보의 단부 A의 휨모멘트는?**

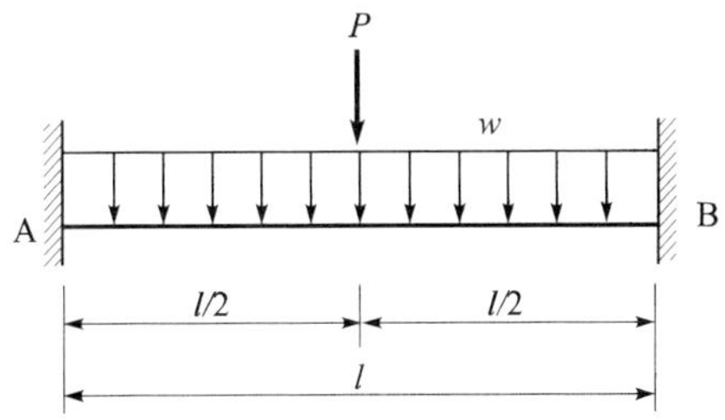

㉮ $M_A = -\frac{wl^2}{16} - \frac{Pl}{12}$ ㉯ $M_A = -\frac{wl^2}{12} - \frac{Pl}{8}$
㉰ $M_A = -\frac{wl^2}{8} - \frac{Pl}{4}$ ㉱ $M_A = -\frac{wl^2}{16} - \frac{Pl}{8}$

↳ 지점 A의 반력 모멘트는 $M_A = -\frac{wl^2}{12} - \frac{Pl}{8}$ (↶)이다.

따라서 지점 A의 휨모멘트는 $M_A = -\frac{wl^2}{12} - \frac{Pl}{8}$ 이다. 답 ㉯

22. **그림과 같은 연속보에 있어 절점 B의 회전을 저지시키기 위해 필요한 모멘트의 절댓값은?**

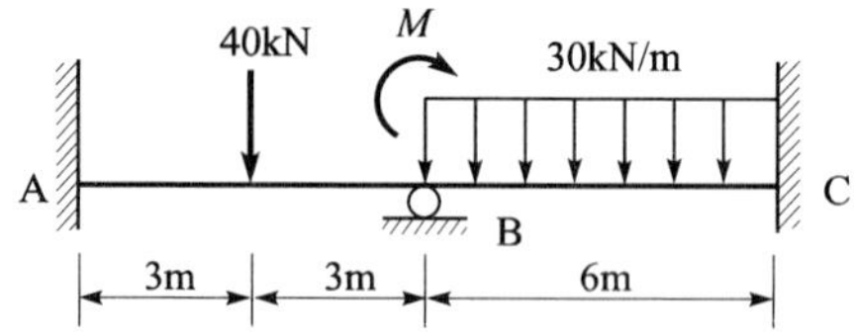

㉮ 30 kN · m ㉯ 60 kN · m

㉰ 90 kN · m ㉱ 120 kN · m

$M_{BA}=\dfrac{Pl}{8}=\dfrac{40\times 6}{8}=30$ kN · m (↷)

$M_{BC}=-\dfrac{wl^2}{12}=-\dfrac{30\times 6^2}{12}=-90.0$ kN · m (↶)

$M_{BA}+M_{BC}=30-90=-60$ kN · m (↶)

∴ 절점 B의 회전을 저지시키기 위해서는 시계방향(↷)으로 60 kN · m의 모멘트가 필요하다.

답 ㉯

23. **그림과 같은 구조물에서 휨모멘트가 영(0)이 되는 점(변곡점)의 개수는?**

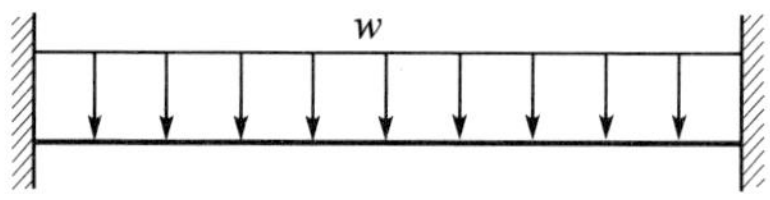

㉮ 0개 ㉯ 1개 ㉰ 2개 ㉱ 3개

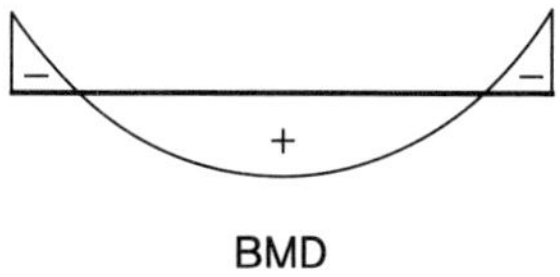

답 ㉰

24. 그림과 같은 구조물에서 휨모멘트가 영(0)이 되는 점(변곡점; 變曲点)은 몇 개 있는가?

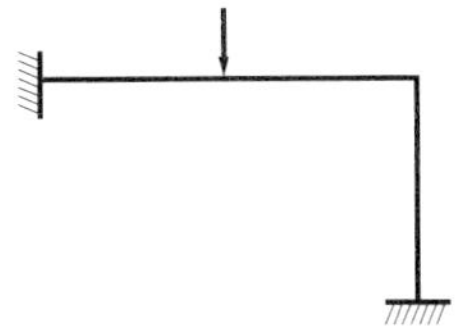

㉮ 1개
㉯ 2개
㉰ 3개
㉱ 4개

↳

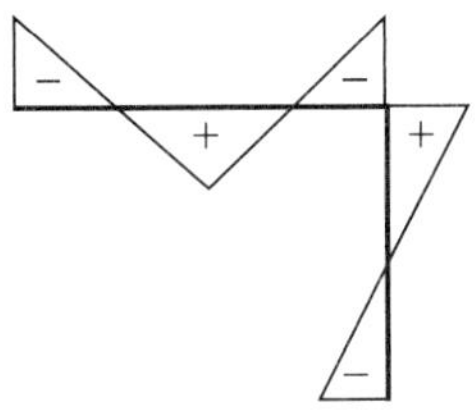

BMD

답 ㉰

25. 그림과 같은 구조물에 휨모멘트가 영(0)이 되는 위치의 수는?

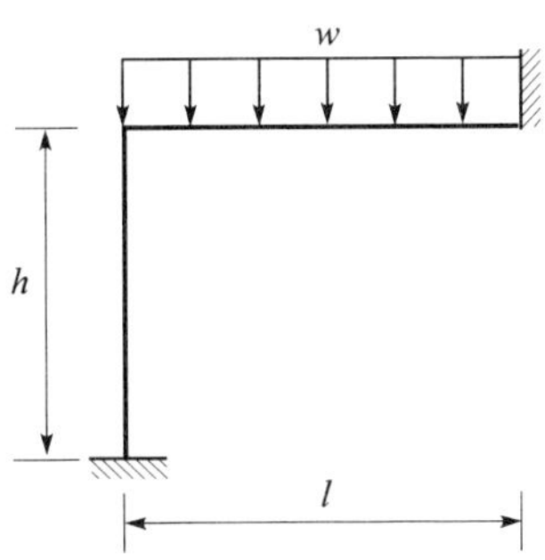

㉮ 1개
㉯ 2개
㉰ 3개
㉱ 4개

↳

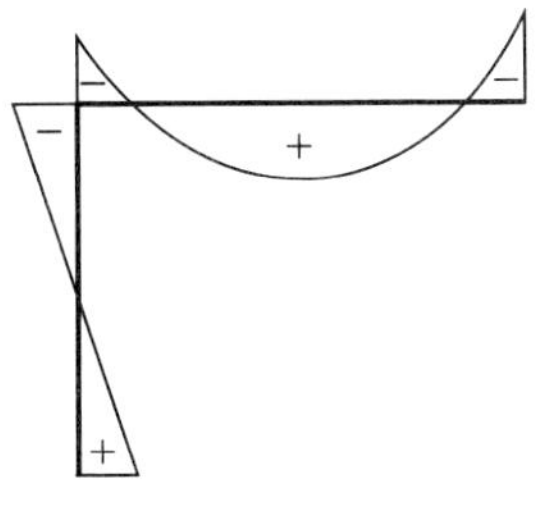

BMD

답 ㉰

26. 그림과 같은 골조는 부정정구조물이므로 부재력은 부재의 휨강성에 따라 변하게 된다. 이때 어떠한 경우라도 보 중앙부의 휨모멘트 값이 될 수 없는 것으로 보기에 가장 적당한 것은?

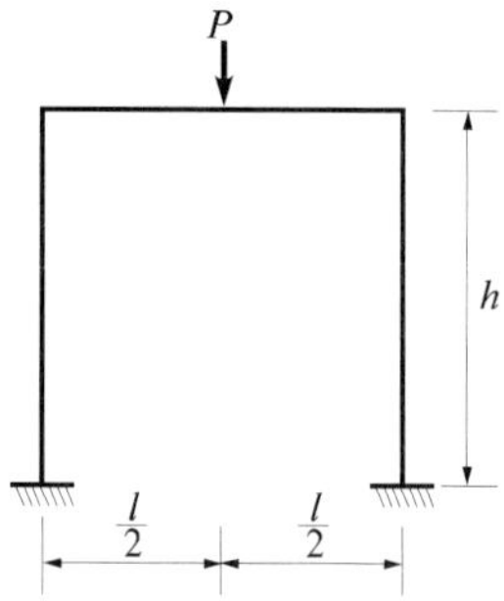

㉮ $\frac{Pl}{3}$

㉯ $\frac{2Pl}{9}$

㉰ $\frac{Pl}{5}$

㉱ $\frac{Pl}{6}$

↳ 보의 강비를 영(0)에 접근시키면 보의 양단은 고정상태에 가까워지고, 또 ∞에 접근시키면 보는 단순보에 가까워진다. 따라서 보 중앙점의 휨모멘트는 $\frac{Pl}{8} \sim \frac{Pl}{4}$ 이다.

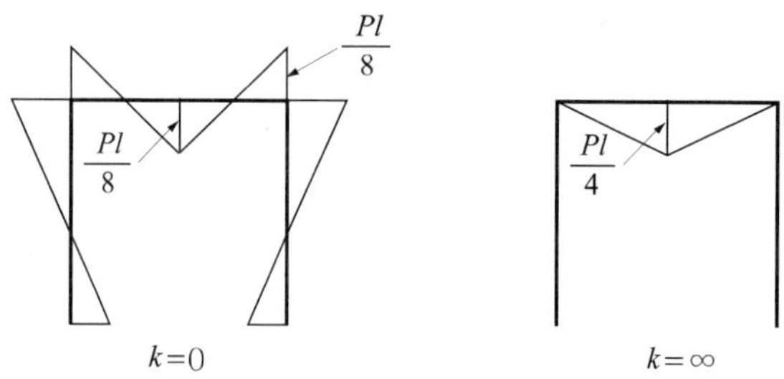

답 ㉮

BMD (k는 보의 강비)

27. 그림과 같은 힘 P가 작용하는 라멘에서 휨모멘트가 영(0)이 되는 곳은 몇 개인가?

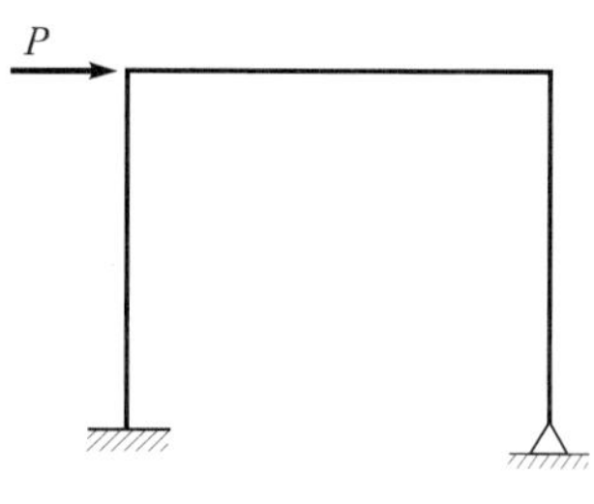

㉮ 2

㉯ 3

㉰ 4

㉱ 5

↳

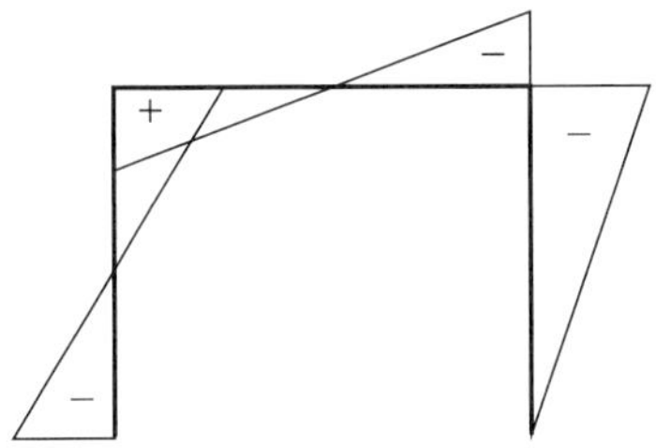

BMD

답 ㉯

28. **다음 구조물에서 보 중앙에 생기는 휨모멘트의 값은 보 및 기둥의 크기에 따라 다르게 된다. 다음 중 이 휨모멘트의 값과 관계가 없는 것은?**

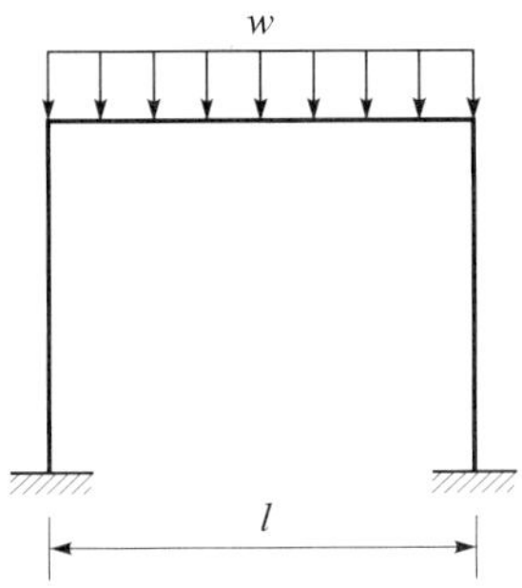

㉮ $\dfrac{wl^2}{8}$

㉯ $\dfrac{wl^2}{15}$

㉰ $\dfrac{wl^2}{20}$

㉱ $\dfrac{wl^2}{25}$

보의 강비를 영 (0)에 접근시키면 보의 양단은 고정상태에 가까워지고, 또 ∞에 접근시키면 보는 단순보에 가까워진다. 따라서 보 중앙점의 휨모멘트는 $\dfrac{wl^2}{24} \sim \dfrac{wl^2}{8}$ 이다.

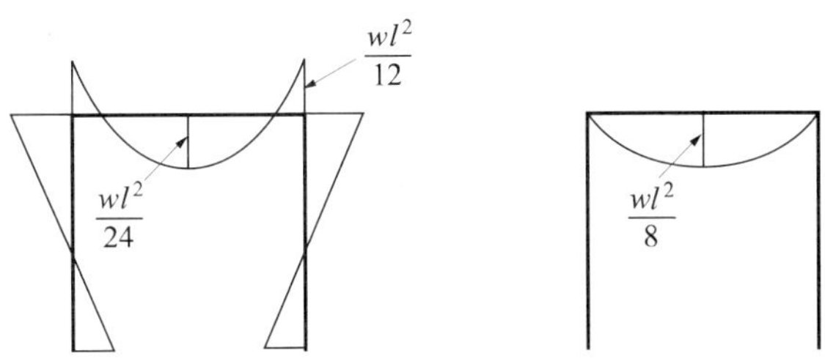

$k=0$　　　$k=\infty$

BMD (k는 보의 강비)

답 ㉱

29. **그림과 같은 1차 부정정라멘에서 지점 A 및 지점 B의 수평반력의 크기로 옳은 것은?**

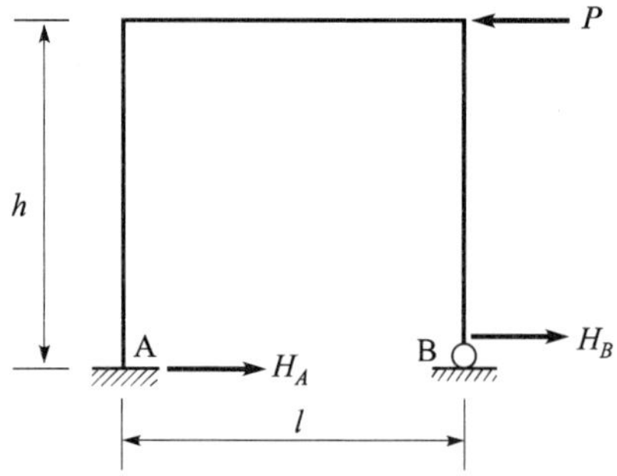

㉮ $H_A = P/2$, $H_B = P/2$　　㉯ $H_A = P$, $H_B = P$

㉰ $H_A = P$, $H_B = 0$　　㉱ $H_A = 0$, $H_B = P$

지점 B가 힌지임으로 수평반력 $H_B = 0$이다. 따라서 수평하중 P를 지점 A가 모두 부담하게 됨으로 지점 A의 수평반력 $H_A = P$이다. 답 ㉰

30. **그림과 같은 라멘에서 기둥의 강비가 1일 때 보의 강비로써 맞는 것은? 단, I_c는 기둥의 단면2차 모멘트이다.**

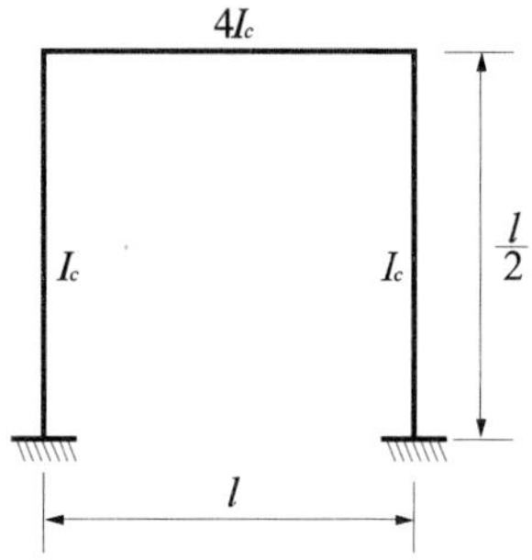

㉮ 1.0

㉯ 1.5

㉰ 2.0

㉱ 2.5

강도(K) : $K = \frac{I}{l}$, 강비(k) : $k = \frac{K}{K_0}$

여기서, I는 단면2차 모멘트, l 은 부재의 길이, K_0는 표준강도이다.

따라서 강비는 강도에 의해 결정된다.

기둥의 강도를 표준강도(K_0)라 하고, 보의 강비(k)를 구하면 다음과 같다.

$$k = \frac{\text{보의 강도}}{\text{기둥의 강도}} = \frac{K}{K_0} = \frac{4I_c/l}{I_c/(l/2)} = \frac{4I_c l}{2I_c l} = 2$$

답 ㉰

31. **그림과 같은 휨모멘트 분포가 발생하려면 수평하중 P의 크기는 어느 것인가?**

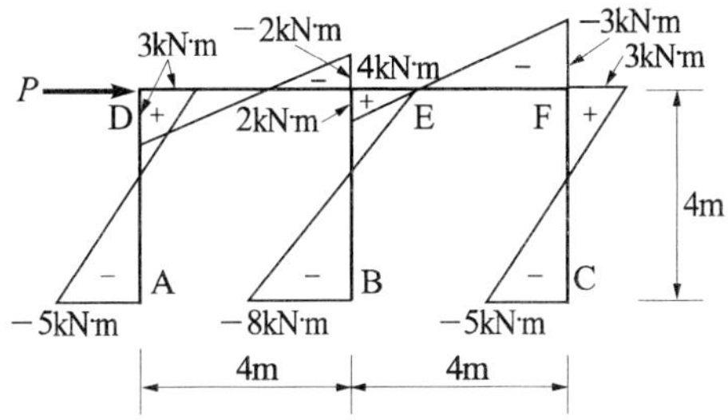

㉮ 5 kN　　　㉯ 6 kN

㉰ 7 kN　　　㉱ 8 kN

모멘트 관점의 층방정식은 $\Sigma M = (M_{AD} + M_{DA}) + (M_{BE} + M_{EB}) + (M_{CF} + M_{FC}) + Ph$
$= (-5-3) + (-8-4) + (-5-3) + P \times 4 = 0$이다. 따라서 수평하중 $P = 7$ kN이다.

답 ㉰

주1) 위에서 ΣM은 모멘트 부호를 따르고 그림의 부호는 휨모멘트 부호를 따름에 주의한다. 즉, 휨모멘트가 기둥의 최하부에서 음(−)이면 모멘트는 반시계방향(↶)이고, 기둥의 최상부에서 양(+)이면 모멘트는 반시계방향(↶)이 된다.

32. **다음 그림과 같은 휨모멘트도를 통해 구조물에 작용하는 수평하중 P를 구하면?**

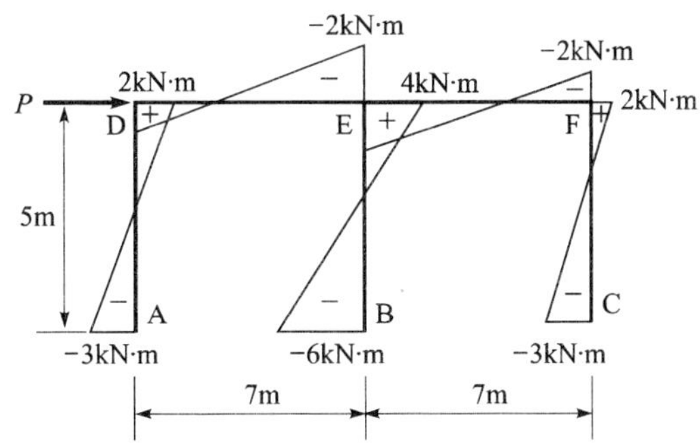

㉮ 2 kN　　　㉯ 3 kN

㉰ 4 kN　　　㉱ 6 kN

모멘트 관점의 층방정식은 $\Sigma M = (M_{AD} + M_{DA}) + (M_{BE} + M_{EB}) + (M_{CF} + M_{FC}) + Ph$
$= (-3-2) + (-6-4) + (-3-2) + P \times 5 = 0$이다. 따라서 수평하중 $P = 4$ kN이다.

답 ㉰

33. **그림과 같은 부정정라멘의 BMD에서 P 값을 구하면?**

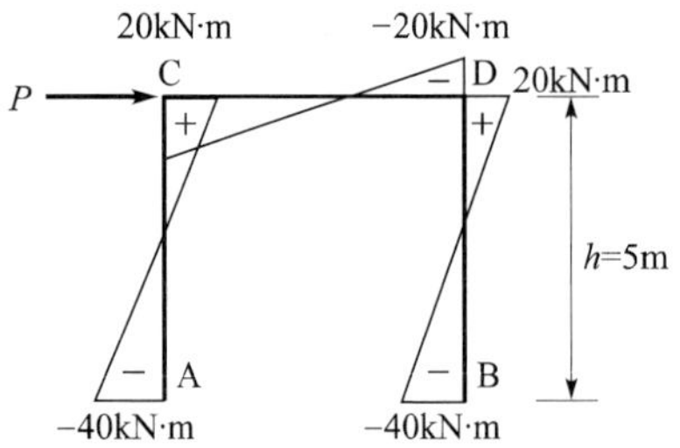

㉮ 20k N

㉯ 30 kN

㉰ 50 kN

㉱ 60 kN

↳ 모멘트 관점의 층방정식은 $\Sigma M=(M_{AC}+M_{CA})+(M_{BD}+M_{DB})+Ph$
$=(-40-20)+(-40-20)+P\times 4=0$이다. 따라서 수평하중 $P=30$ kN이다.

답 ㉯

34. **수평하중 P가 작용하는 그림과 같은 라멘에서 보의 강비 k_b가 무한대일 때, 기둥의 최하부 지점 A의 휨모멘트는 어느 것인가?**

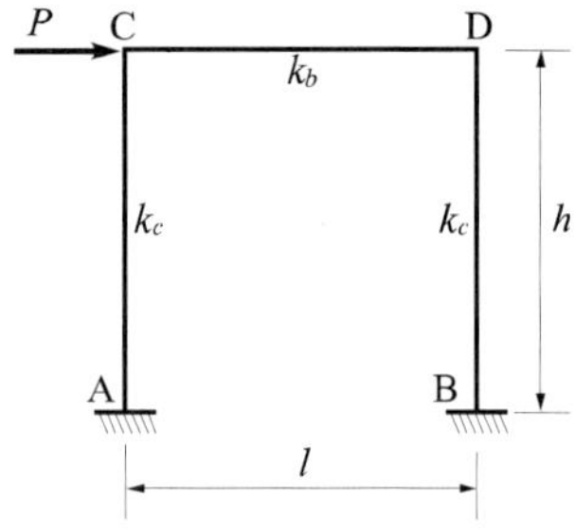

㉮ $\dfrac{1}{2}Ph$

㉯ $\dfrac{1}{2}Pl$

㉰ $\dfrac{1}{4}Ph$

㉱ $\dfrac{1}{4}Pl$

↳ ① 강비 k_b가 무한대일 때 부재 CD는 변형하지 않으므로 점 C, D의 처짐각은 영(0)이다.

② 이때 기둥의 최상부와 최하부의 휨모멘트는 모두 같게 되며, 기둥의 반곡점의 위치 h_0는 기둥의 최하부 지점 A로부터 $h_0=0.5h$ 위치에 있게 된다.

③ 각 기둥의 전단력은 $\dfrac{P}{2}$이므로 기둥의 최하부 지점 A의 휨모멘트 M_A는 $M_A=\dfrac{P}{2}\times\dfrac{h}{2}$
$=\dfrac{Ph}{4}$이다.

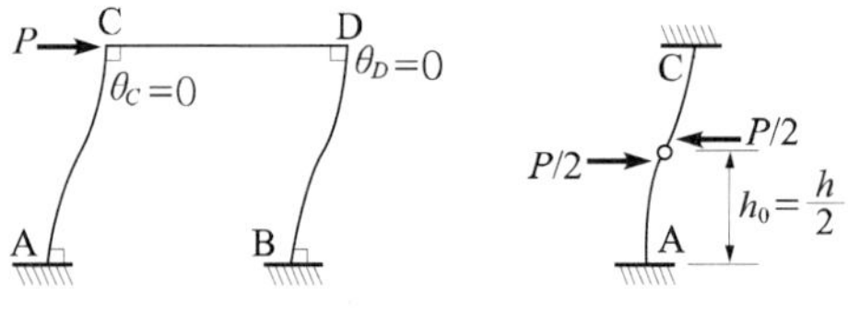

답 ㉰

35. **그림과 같은 부정정라멘에서 기둥 CD의 전단력 값은?**

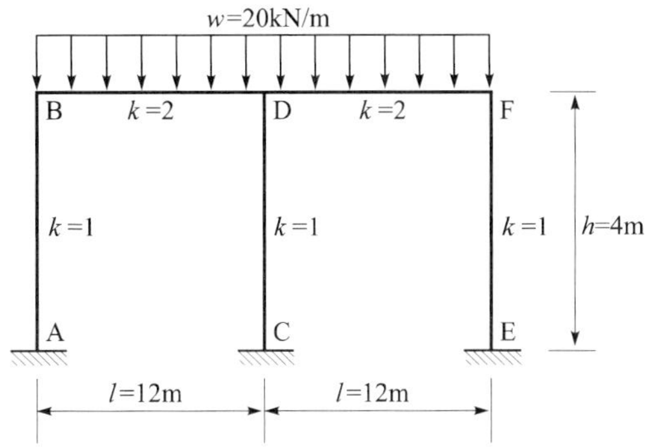

㉮ 0 kN ㉯ 10 kN
㉰ 20 kN ㉱ 30 kN

↳ 대칭 구조물에 등분포하중이 균일하게 작용하면 기둥 CD는 압축력만 작용하고 전단력은 발생하지 않는다.

답 ㉮

36. **그림과 같은 완전대칭 라멘구조에서 부재 BE에 발생되는 휨모멘트 M_{BE}의 크기는?**

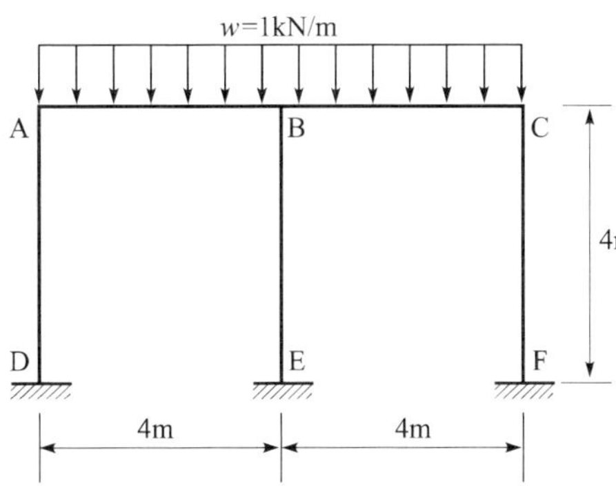

㉮ 0 kN · m ㉯ 1.5 kN · m
㉰ 2.0 kN · m ㉱ 4.0 kN · m

↳ 대칭 구조물에 등분포하중이 균일하게 작용하면 기둥 BE는 압축력만 작용하고 전단력과 휨모멘트는 발생하지 않는다.

답 ㉮

37. **그림과 같은 강접골조에 수평력 $P=10\,\text{kN}$이 작용하고 기둥의 강비 $k=\infty$인 경우, 기둥의 휨모멘트가 최대가 되는 위치는? (단, 괄호안의 기호는 강비이다.)**

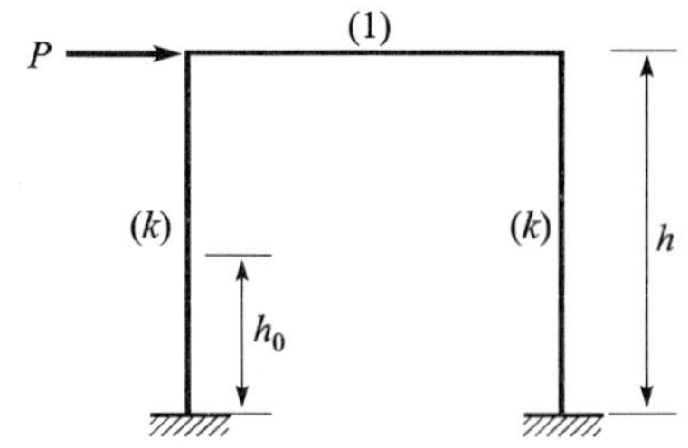

㉮ 0　　㉯ $0.5h$

㉰ $(4/7)h$　　㉱ h

기둥의 강비 $k=\infty$일 때 기둥은 변형하지 않으므로 주각부에서 최대 휨모멘트가 된다.

답 ㉮

38. **그림과 같은 강접골조에 수평력 $P=10\,\text{kN}$이 작용하고 기둥의 강비 $k=\infty$인 경우, 기둥의 휨모멘트가 영(0)이 되는 변곡점의 h_0 위치는? (단, 괄호 안의 기호는 강비이다.)**

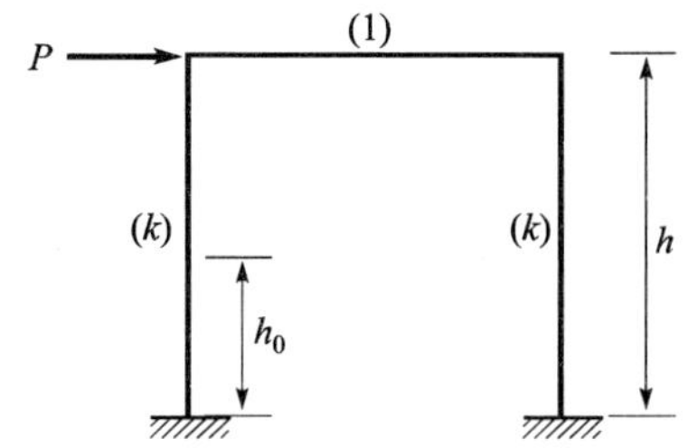

㉮ $0.4h$　　㉯ $0.5h$

㉰ $(4/7)h$　　㉱ h

기둥의 강비 $k=\infty$일 때 기둥은 변형하지 않으므로 주각부에서 최대 휨모멘트가 되고 보와 접하는 주두부에서 휨모멘트가 영(0)이 된다.

답 ㉱

39. 다음 중 전달율을 이용하여 부정정구조물을 해석하는 방법은?

㉮ 처짐각법 ㉯ 모멘트분배법
㉰ 변형일치법 ㉱ 3연 모멘트법

↳ 모멘트분배법 은 반복적인 계산을 통해 부정정 연속보와 라멘의 재단모멘트를 구할 수 있는 근사해석법이다. 모멘트분배법에서는 휨강성, 강비, 고정단모멘트, 도달율(전달율), 분배율 등을 이용하여 해석한다. 답 ㉯

40. 그림과 같은 라멘 구조물의 부재 AO, BO, CO, DO의 강비는? (단, 각 부재의 단면2차 모멘트는 동일함)

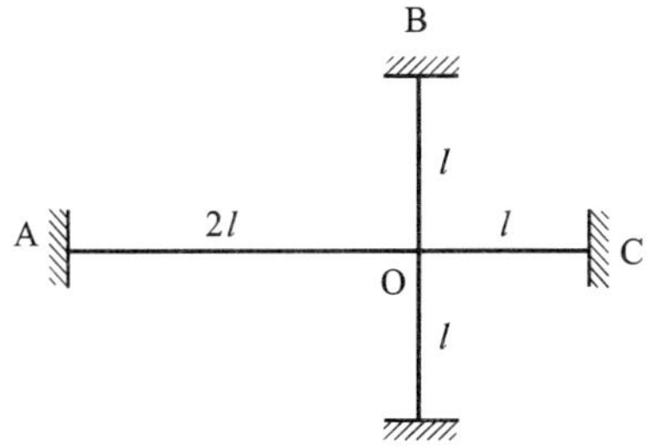

㉮ 1 : 2 : 2 : 2
㉯ 3 : 1 : 1 : 1
㉰ 2 : 1 : 1 : 1
㉱ 3 : 2 : 2 : 2

↳ 강비(k)는 부재의 강도 K를 임의의 강도(표준강도) K_0로 나눈 값($k=K/K_0$)이다. 고정단에 대한 휨강성은 $K=I/l$임으로 단면2차 모멘트 I가 같을 경우 부재의 길이 l에 반비례한다. 따라서 부재 AO, BO, CO, DO의 강비는 1/2 : 1 : 1 : 1이 되어 1 : 2 : 2 : 2이 된다. 답 ㉮

41. 그림과 같은 보의 지점 A에 모멘트 M=80 kN · m가 작용할 때 지점 B에 발생하는 도달모멘트의 크기는?

㉮ 20 kN · m ㉯ 40 kN · m
㉰ 60 kN · m ㉱ 80 kN · m

↳ (1) 지점 B가 고정인 경우 도달율 : $CF=\frac{1}{2}$

(2) 도달모멘트 : $M_{BA}=CF\times M'=\frac{1}{2}\times 80=40$ kN · m 답 ㉯

42. 그림과 같은 보에서 지점 A에서 200 kN · m의 모멘트가 작용하였을 때 지점 B가 지지하는 모멘트 및 수직반력은?

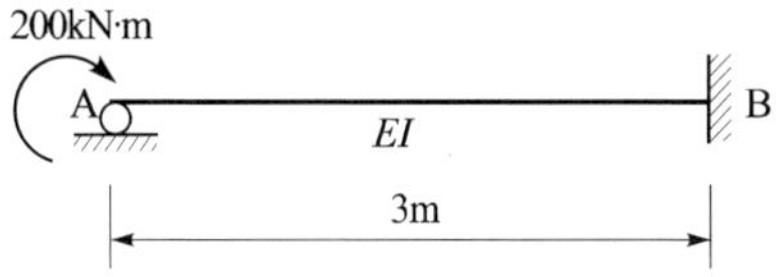

㉮ M_{BA} =200 kN · m, R_B =100 kN
㉯ M_{BA} =200 kN · m, R_B =50 kN
㉰ M_{BA} =100 kN · m, R_B =100 kN
㉱ M_{BA} =100 kN · m, R_B =50 kN

---

(1) 지점 B의 도달모멘트

$$M_{BA} = \frac{1}{2} \times 200 = 100 \text{ kN} \cdot \text{m} \ (\frown)$$

(2) 지점 B의 수직반력

$$\Sigma M_A = 200 + 100 - R_B \times 3 = 0$$

$$\therefore\ R_B = 100 \text{ kN} \ (\uparrow)$$

답 ㉰

43. 그림과 같은 부정정구조의 부재 BA에 대한 분배율을 구하고자 한다. 분배율 DF_{BA}로 옳은 것은?

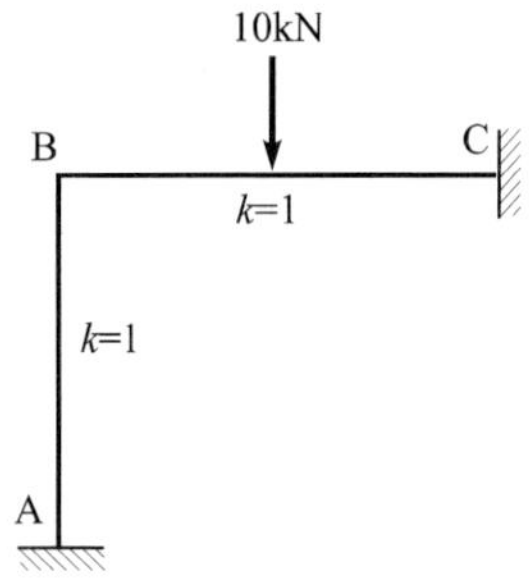

㉮ 0
㉯ 0.5
㉰ 0.75
㉱ 1.0

분배율 : $DF_{BA} = \dfrac{1}{1+1} = 0.5$

답 ㉯

44. **그림과 같은 부정정구조물을 해석하기 위해 모멘트분배법을 사용할 때 지점 B의 왼쪽 단에 걸리는 분배율(DF)은? (단, 구조물의 휨강성 EI는 일정하다.)**

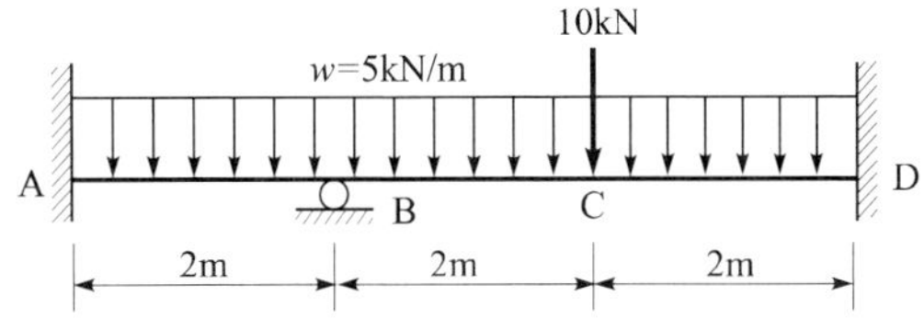

㉮ 0.33 ㉯ 0.44

㉰ 0.55 ㉱ 0.67

---

(1) 부재의 강도 : $K = \dfrac{I}{l}$

① 부재 AB의 강도 $K_{BA} = \dfrac{I}{2}$

② 부재 BC의 강도 $K_{BD} = \dfrac{I}{4}$

(2) 분배율 : $DF = \dfrac{K_i}{\Sigma K}$

$$DF_{BA} = \frac{K_{BA}}{K_{BA}+K_{BD}} = \frac{I/2}{I/2+I/4} = \frac{2}{3} = 0.67$$

답 ㉱

45. **그림과 같은 구조물의 절점 O에 6 kN·m의 모멘트가 작용한다면 분배모멘트 M_{OB}의 크기는?**

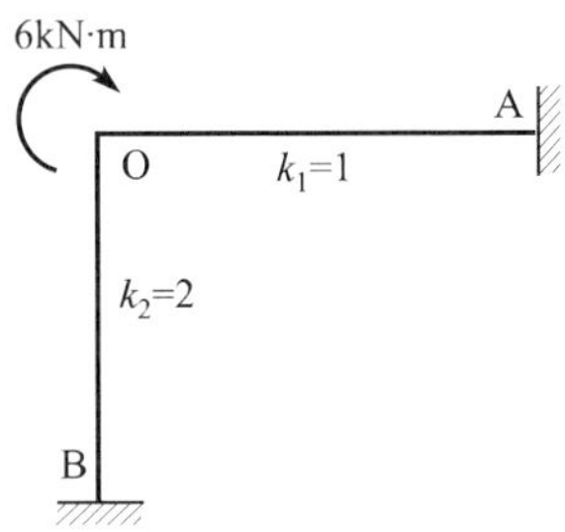

㉮ 1 kN·m

㉯ 2 kN·m

㉰ 3 kN·m

㉱ 4 kN·m

---

(1) 분배율 : $DF_{OB} = \dfrac{2}{1+2} = \dfrac{2}{3}$

(2) 분배모멘트 : $DM_{OB} = M_{OB}' = DF_{OB} \times M = \dfrac{2}{3} \times 6 = 4\ \text{kN}\cdot\text{m}$

답 ㉱

46. 그림과 같은 구조물의 각 부재에 대한 분배모멘트 M_{OA}, M_{OB}, M_{OC}, M_{OD}를 옳게 구한 것은?

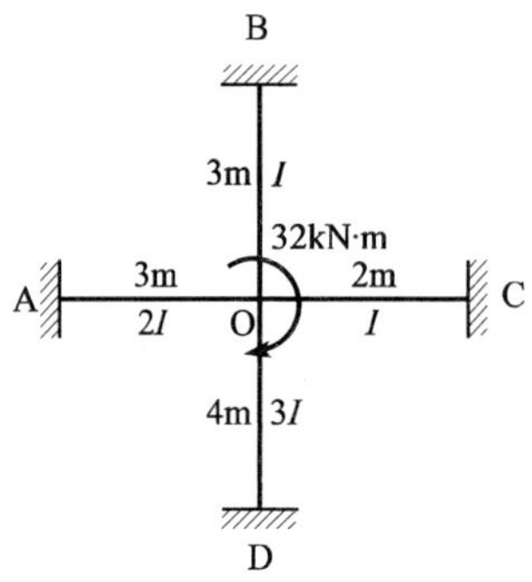

㉮ M_{OA}=4.74 kN·m, M_{OB}=2.37 kN·m, M_{OC}=3.55 kN·m, M_{OD}=5.30 kN·m

㉯ M_{OA}=4.74 kN·m, M_{OB}=2.37 kN·m, M_{OC}=3.91 kN·m, M_{OD}=4.98 kN·m

㉰ M_{OA}=9.48 kN·m, M_{OB}=4.74 kN·m, M_{OC}=7.11 kN·m, M_{OD}=10.67 kN·m

㉱ M_{OA}=9.48 kN·m, M_{OB}=4.74 kN·m, M_{OC}=7.82 kN·m, M_{OD}=9.96 kN·m

---

(1) 부재의 강도 : $K=\dfrac{I}{l}$

$$K_{OA}=\frac{2I}{3}=\frac{2}{3}I,\ K_{OB}=\frac{I}{3}=\frac{1}{3}I,\ K_{OC}=\frac{I}{2}=\frac{1}{2}I,\ K_{OD}=\frac{3I}{4}=\frac{3}{4}I$$

(2) 부재의 강비 : $k=\dfrac{K}{K_0}$

$$k_{OA}=\frac{2}{3},\ k_{OB}=\frac{1}{3},\ k_{OC}=\frac{1}{2},\ k_{OD}=\frac{3}{4}$$

$$\therefore\ k_{OA}=8,\ k_{OB}=4,\ k_{OC}=6,\ k_{OD}=9$$

(3) 분배율 : $DF=\dfrac{K_i}{\Sigma K}$

$$DF_{OA}=\frac{8}{8+4+6+9}=\frac{8}{27},\ DF_{OB}=\frac{4}{8+4+6+9}=\frac{4}{27},$$

$$DF_{OC}=\frac{6}{8+4+6+9}=\frac{6}{27},\ DF_{OD}=\frac{9}{8+4+6+9}=\frac{9}{27}$$

(4) 분배모멘트 : $DM=M'=DF\times\overline{M}$

$$M_{OA}'=DF_{OA}\times\overline{M}=\frac{8}{27}\times 32=9.48\text{ kN}\cdot\text{m}$$

$$M_{OB}'=DF_{OB}\times\overline{M}=\frac{4}{27}\times 32=4.74\text{ kN}\cdot\text{m}$$

$$M_{OC}'=DF_{OC}\times\overline{M}=\frac{6}{27}\times 32=7.11\text{ kN}\cdot\text{m}$$

$$M_{OD}'=DF_{OD}\times\overline{M}=\frac{9}{27}\times 32=10.67\text{ kN}\cdot\text{m}$$

답 ㉰

47. **그림과 같이 절점 O에 모멘트가 작용할 때 부재 OB와 부재 OC에 분배되는 모멘트가 같게 하려면 부재 OC의 길이를 얼마로 해야 하는가?**

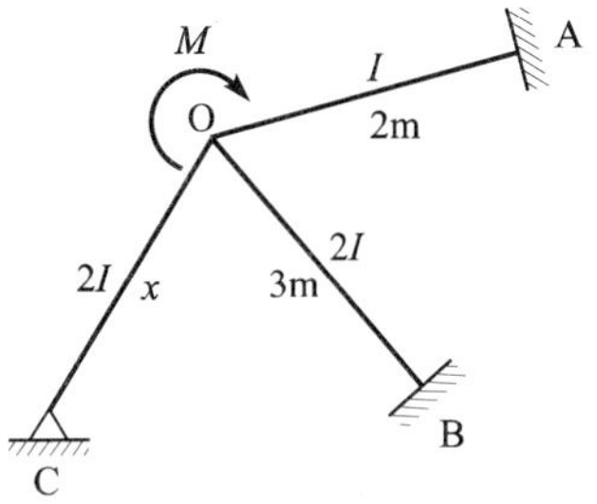

㉮ 2/3 m
㉯ 3/2 m
㉰ 9/4 m
㉱ 3 m

---

(1) 부재의 강도 : $K=\dfrac{I}{l}$

$K_{OA}=\dfrac{I}{2}=\dfrac{1}{2}I,\ K_{OB}=\dfrac{2I}{3}=\dfrac{2}{3}I,\ K_{OC}=\dfrac{2I}{x}=\dfrac{2}{x}I,$

(2) 부재의 강비 : $k=\dfrac{K}{K_0}$

$k_{OA}=\dfrac{1}{2},\ k_{OB}=\dfrac{2}{3},\ k_{OC}=\dfrac{2}{x}$

$\therefore\ k_{OA}=3,\ k_{OB}=4,\ k_{OC}=\dfrac{12}{x}$

(3) 부재 OC의 유효강비 (등가강비, k_e) : $k_{e,OB}=\dfrac{3}{4}\times\dfrac{12}{x}=\dfrac{9}{x}$

(4) 분배모멘트가 같게 되려면 강비가 같아야 함으로 $k_{OB}=k_{e,OB}$임으로 $4=\dfrac{9}{x}$이다.

따라서 $x=9/4$ m이다. 답 ㉰

48. **다음 골조의 절점 A에 집중모멘트 200 kN·m 가 작용할 때 점 C의 단부모멘트 M_{CA}는?**

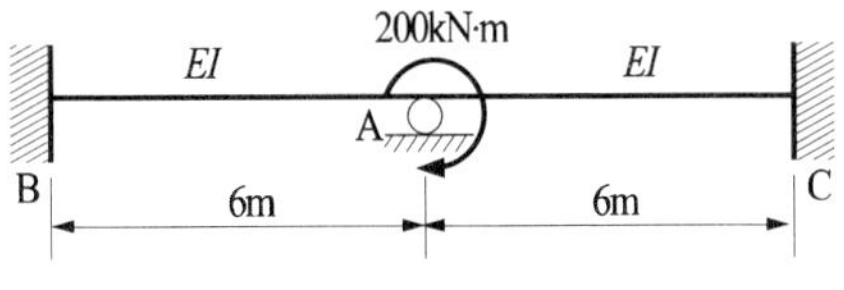

㉮ $M_{CA}=50$ kN·m
㉯ $M_{CA}=100$ kN·m
㉰ $M_{CA}=150$ kN·m
㉱ $M_{CA}=200$ kN·m

부재의 휨강성 EI가 같고 부재의 길이가 같을 경우 두 부재 BA와 CA의 강도와 강비는 같다. 따라서 두 부재의 강비를 1로 가정할 경우 다음과 같이 단부모멘트를 산정한다.

(1) 분배율 : $DF_{AC}=\dfrac{k}{\Sigma k}=\dfrac{1}{1+1}=\dfrac{1}{2}$

(2) 분배모멘트 : $DM_{AC}=M_{AC}'=DF_{AC}\times M=0.5\times 200=100\text{ kN}\cdot\text{m}$

(3) 도달모멘트 : $CM_{CA}=M_{CA}''=\dfrac{1}{2}\times 100=50\text{ kN}\cdot\text{m}$ 답 ㉮

49. **그림과 같은 구조물에서 절점 B에 외력 $M=20\text{ kN}\cdot\text{m}$ 가 작용하고 각 부재의 강비가 그림과 같은 경우 지점 A의 M_{AB} 는?**

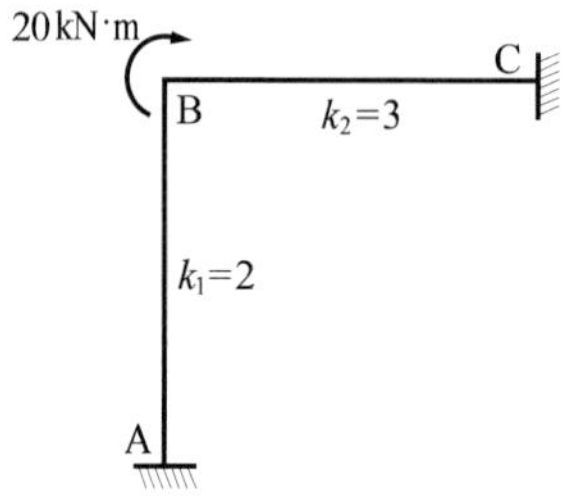

㉮ 2 kN·m
㉯ 4 kN·m
㉰ 6 kN·m
㉱ 8 kN·m

(1) 분배율 : $DF_{BA}=\dfrac{2}{2+3}=\dfrac{2}{5}$

(2) 분배모멘트 : $DM_{BA}=M_{BA}'=DF_{BA}\times M=0.4\times 20=8\text{ kN}\cdot\text{m}$

(3) 도달모멘트 : $CM_{AB}=M_{AB}''=\dfrac{1}{2}\times M_{BA}'=\dfrac{1}{2}\times 8=4\text{ kN}\cdot\text{m}$ 답 ㉯

50. **그림과 같은 라멘에서 지점 A의 모멘트는 얼마인가? 단, k 는 강비이다.**

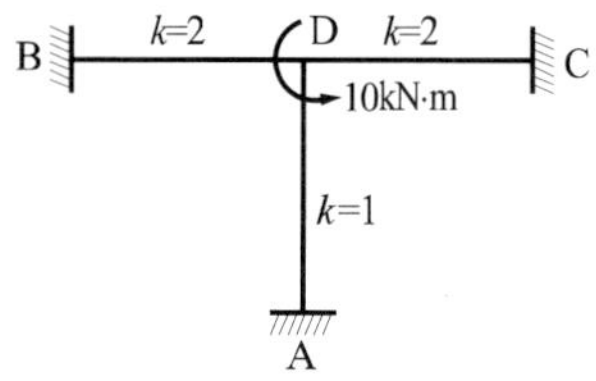

㉮ 1 kN·m
㉯ 2 kN·m
㉰ 3 kN·m
㉱ 4 kN·m

(1) 분배율 : $DF_{DA}=\dfrac{1}{(1+2+2)}=0.2$

(2) 분배모멘트 : $DM_{DA}=M_{DA}'=DF_{DA}\times M=0.2\times 10=2\text{ kN}\cdot\text{m}$

(3) 도달모멘트 : $CM_{AD}=M_{AD}''=\dfrac{1}{2}\times M_{DA}'=\dfrac{1}{2}\times 2=1\text{ kN}\cdot\text{m}$ 답 ㉮

51. 다음 그림과 같은 구조물에서 절점 A에 18 kN · m이 작용할 때 지점 B의 재단모멘트 값을 구하면? (단, 부재의 길이와 단면은 동일)

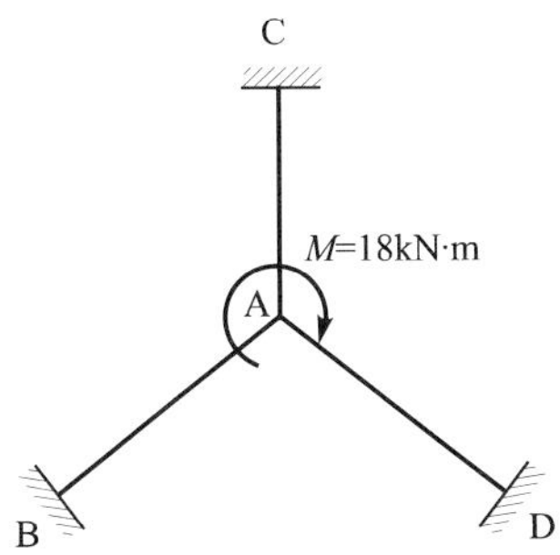

㉮ 2.5 kN · m
㉯ 3.0 kN · m
㉰ 4.0 kN · m
㉱ 12 kN · m

---

(1) 분배율 : $DF_{AB} = \dfrac{1}{(1+1+1)} = \dfrac{1}{3}$

(2) 분배모멘트 : $DM_{AB} = M_{AB}' = DF_{AB} \times M = \dfrac{1}{3} \times 18 = 6$ kN · m

(3) 도달모멘트 : $CM_{BA} = M_{BA}'' = \dfrac{1}{2} \times M_{AB}' = \dfrac{1}{2} \times 6 = 3$ kN · m 답 ㉯

52. 그림과 같은 구조물에서 지점 A에 작용되는 모멘트의 크기는? 단, k는 강비를 나타낸다.

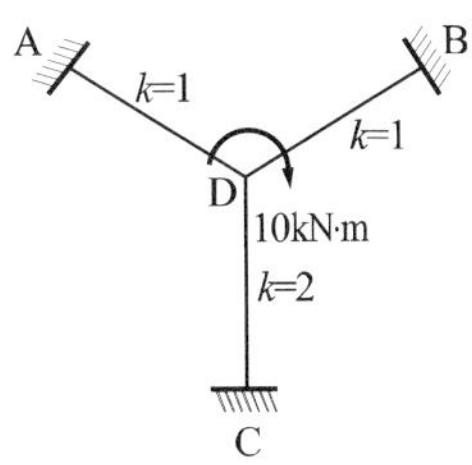

㉮ 1.25 kN·m
㉯ 2.5 kN·m
㉰ 3.3 kN·m
㉱ 5.0 kN·m

---

(1) 분배율 : $DF_{DA} = \dfrac{1}{1+1+2} = 0.25$

(2) 분배모멘트 : $DM_{DA} = M_{DA}' = DF_{DA} \times M = 0.25 \times 10 = 2.5$ kN · m

(3) 도달모멘트 : $CM_{AD} = M_{AD}'' = \dfrac{1}{2} \times M_{DA}' = \dfrac{1}{2} \times 2.5 = 1.25$ kN · m 답 ㉮

53. **그림에서 절점 D는 이동을 하지 않으며, 지점 A, B, C는 고정단일 때 지점 C의 모멘트는? (단, k는 부재의 강비임)**

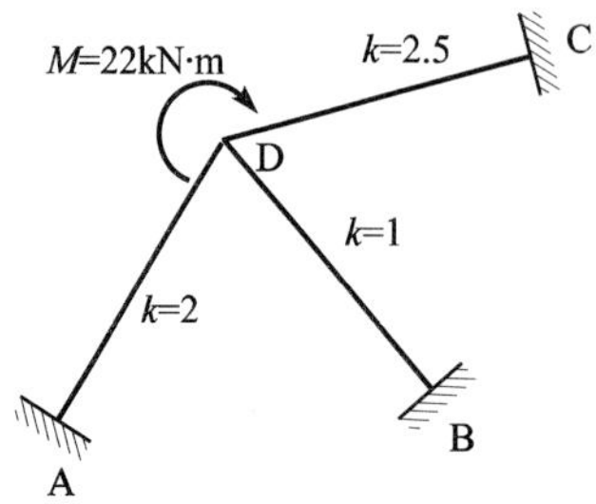

㉮ 4.0 kN・m
㉯ 4.5 kN・m
㉰ 5.0 kN・m
㉱ 5.5 kN・m

---

(1) 분배율 : $DF_{DC} = \dfrac{2.5}{2+1+2.5} = \dfrac{2.5}{5.5}$

(2) 분배모멘트 : $DM_{DC} = M_{DC}' = DF_{DC} \times M = \dfrac{2.5}{5.5} \times 22 = 10.0\ \text{kN} \cdot \text{m}$

(3) 도달모멘트 : $CM_{CD} = M_{CD}'' = \dfrac{1}{2} \times M_{DC}' = \dfrac{1}{2} \times 10.0 = 5.0\ \text{kN} \cdot \text{m}$ 답 ㉰

54. **그림과 같은 구조물에서 지점 C에 발생되는 모멘트는?**

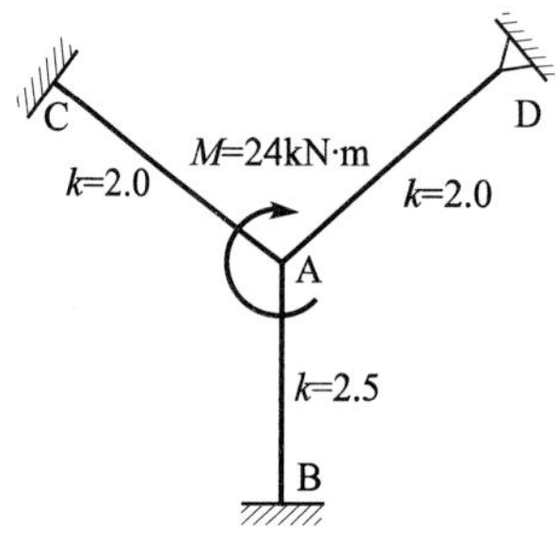

㉮ 4.0 kN・m
㉯ 3.5 kN・m
㉰ 3.0 kN・m
㉱ 2.5 kN・m

---

(1) 부재 AD의 유효강비 (등가강비, k_e) : $k_e = \dfrac{3}{4} \times 2 = 1.5$

(2) 분배율 : $DF_{AC} = \dfrac{2}{2.5+2+1.5} = \dfrac{1}{3}$

(3) 분배모멘트 : $DM_{AC} = M_{AC}' = DF_{AC} \times M = \dfrac{1}{3} \times 24 = 8.0\ \text{kN} \cdot \text{m}$

(4) 도달모멘트 : $CM_{CA} = M_{CA}'' = \dfrac{1}{2} \times M_{AC}' = \dfrac{1}{2} \times 8.0 = 4.0\ \text{kN} \cdot \text{m}$ 답 ㉮

55. 그림과 같은 구조에서 지점 B에 발생하는 모멘트는?

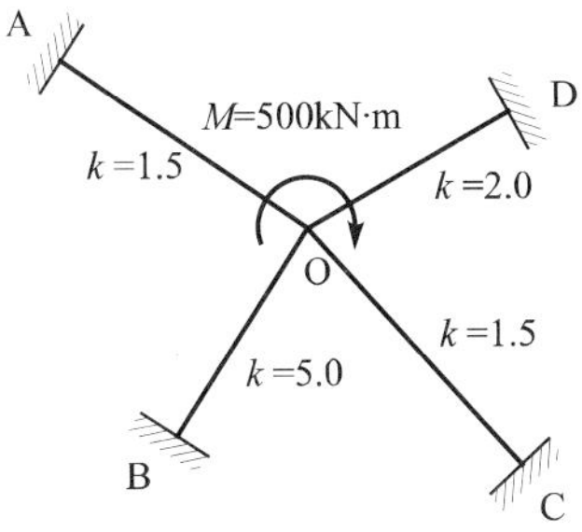

㉮ 125 kN · m
㉯ 188 kN · m
㉰ 250 kN · m
㉱ 300 kN · m

---

(1) 분배율 : $DF_{OB}=\dfrac{5.0}{1.5+5.0+1.5+2.0}=\dfrac{1}{2}$

(2) 분배모멘트 : $DM_{OB}=M_{OB}'=DF_{OB}\times M=\dfrac{1}{2}\times 500=250\text{ kN}\cdot\text{m}$

(3) 도달모멘트 : $CM_{BO}=M_{BO}''=\dfrac{1}{2}\times M_{OB}'=\dfrac{1}{2}\times 250=125\text{ kN}\cdot\text{m}$ 답 ㉮

56. 그림과 같은 구조물에서 지점 B에 발생하는 모멘트 값으로 옳은 것은?

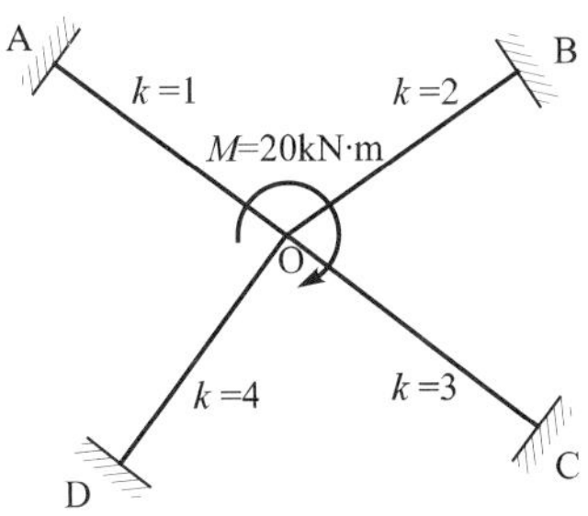

㉮ 2 kN · m
㉯ 3 kN · m
㉰ 4 kN · m
㉱ 6 kN · m

---

(1) 분배율 : $DF_{OB}=\dfrac{2}{1+2+3+4}=\dfrac{1}{5}$

(2) 분배모멘트 : $DM_{OB}=M_{OB}'=DF_{OB}\times M=\dfrac{1}{5}\times 20=4\text{ kN}\cdot\text{m}$

(3) 도달모멘트 : $CM_{BO}=M_{BO}''=\dfrac{1}{2}\times M_{OB}'=\dfrac{1}{2}\times 4=2\text{ kN}\cdot\text{m}$ 답 ㉮

57. 그림에서 지점 B에 도달되는 모멘트는 얼마인가?

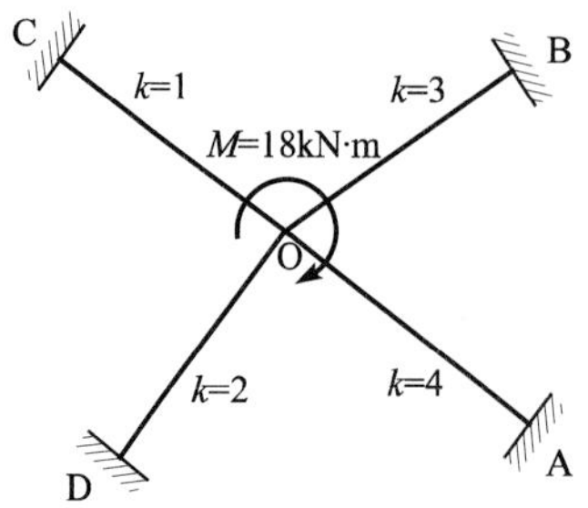

㉮ 2.7 kN · m
㉯ 3.0 kN · m
㉰ 5.4 kN · m
㉱ 6.0 kN · m

---

(1) 분배율 : $DF_{OB}=\dfrac{3}{4+3+1+2}=\dfrac{3}{10}$

(2) 분배모멘트 : $DM_{OB}=M_{OB}'=DF_{OB}\times M=\dfrac{3}{10}\times 18=5.4$ kN · m

(3) 도달모멘트 : $CM_{BO}=M_{BO}''=\dfrac{1}{2}\times M_{OB}'=\dfrac{1}{2}\times 5.4=2.7$ kN · m 답 ㉮

58. 그림과 같은 구조에서 지점 C에 발생하는 모멘트는?

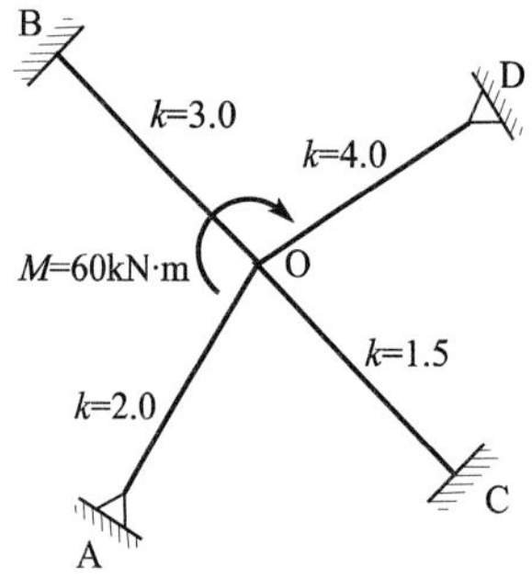

㉮ 2.4 kN · m
㉯ 5 kN · m
㉰ 6.5 kN · m
㉱ 10 kN · m

---

(1) 부재 OA와 OD의 유효강비 (등가강비, k_e)

$$k_{e,OA}=\frac{3}{4}\times 2=1.5$$

$$k_{e,OD}=\frac{3}{4}\times 4=3.0$$

(2) 분배율 : $DF_{OC}=\dfrac{1.5}{1.5+3.0+1.5+3.0}=\dfrac{1}{6}$

(3) 분배모멘트 : $DM_{OC}=M_{OC}'=DF_{OC}\times M=\dfrac{1}{6}\times 60=10.0$ kN · m

(4) 도달모멘트 : $CM_{CO}=M_{CO}''=\dfrac{1}{2}\times M_{OC}'=\dfrac{1}{2}\times 10.0=5.0$ kN · m 답 ㉯

59. 그림과 같은 구조물에 있어 부재 AB의 재단모멘트 M_{AB}는?

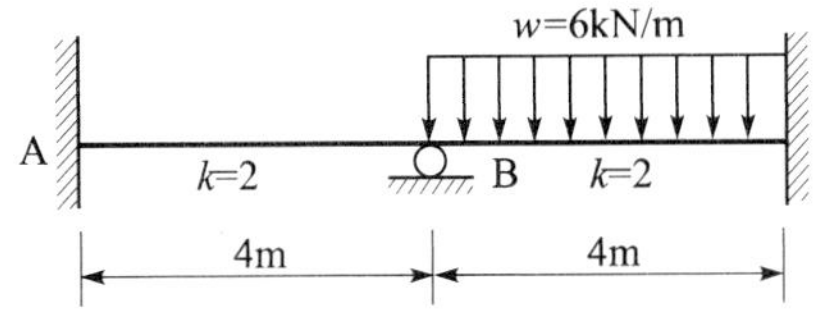

㉮ 0.5 kN·m　　㉯ 1 kN·m

㉰ 1.5 kN·m　　㉱ 2 kN·m

(1) 분배율 : $DF_{BA}=\dfrac{2}{2+2}=\dfrac{1}{2}$, $DF_{BC}=\dfrac{2}{2+2}=\dfrac{1}{2}$

(2) 고정단모멘트 : $FEM_{BC}=-\dfrac{wl^2}{12}=-\dfrac{6\times4^2}{12}=-8$ kN·m

(3) 불균형모멘트 : $M_u=\Sigma FEM=-8$ kN·m

(4) 해방모멘트 : $\overline{M_B}=-M_u=8$ kN·m

(5) 분배모멘트 : $DM_{BA}=M'=DF_{BA}\times\overline{M_B}=\dfrac{1}{2}\times8=4$ kN·m

(6) 도달모멘트 : $CM_{AB}=M''=CF_{AB}\times DM_{BA}=\dfrac{1}{2}\times4=2$ kN·m　　답 ㉱

60. 그림과 같은 부정정라멘에서 지점 A의 M_{AB}는?

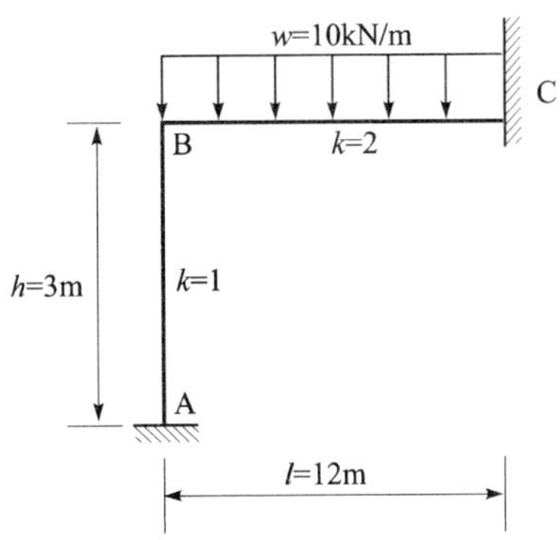

㉮ 0 kN·m

㉯ 20 kN·m

㉰ 40 kN·m

㉱ 60 kN·m

(1) 분배율 : $DF_{BA}=\dfrac{1}{(1+2)}=\dfrac{1}{3}$

(2) 고정단모멘트 : $FEM_{BC}=-\dfrac{wl^2}{12}=-\dfrac{10\times12^2}{12}=-120$ kN·m

(3) 불균형모멘트 : $M_u = \Sigma FEM = -120$ kN · m

(4) 해방모멘트 : $\overline{M_B} = -M_u = 120$ kN · m

(5) 분배모멘트 : $DM_{BA} = M' = DF_{BA} \times \overline{M_B} = \frac{1}{3} \times 120 = 40$ kN · m

(6) 도달모멘트 : $CM_{AB} = M'' = CF_{AB} \times DM_{BA} = \frac{1}{2} \times 40 = 20$ kN · m 답 ㉯

61. 그림과 같이 수평하중을 받는 라멘에서 휨모멘트의 값이 가장 큰 위치는?

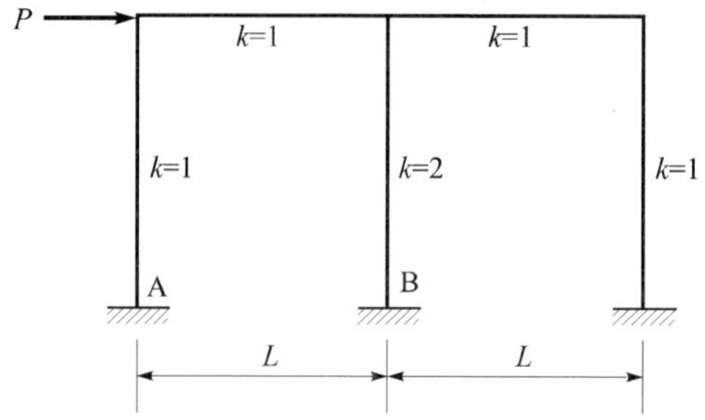

㉮ A
㉯ B
㉰ C
㉱ D

부재의 강비 k가 가장 큰 부재에서 휨모멘트의 값이 가장 크다. 답 ㉯

62. 그림과 같은 구조물에서 기둥에 발생하는 모멘트가 영(0)이 되려면 등분포하중 w는?

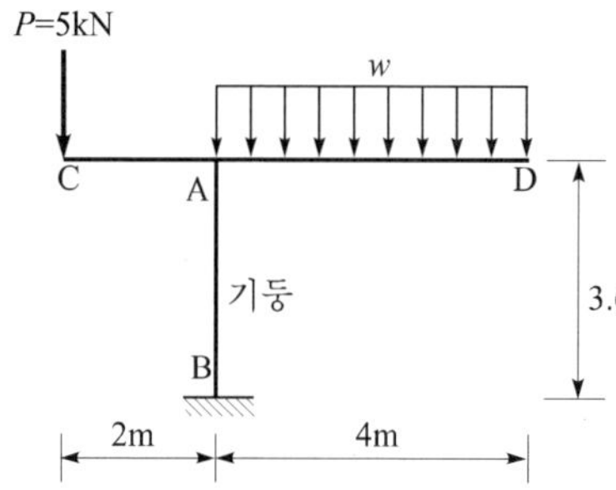

㉮ 2.5 kN/m
㉯ 0.8 kN/m
㉰ 1.25 kN/m
㉱ 1.75 kN/m

$M_{AB} = 0$ 이 되기 위해서는 $|M_{AC}| = |M_{AD}|$

$5 \times 2 = (w \times 4) \times 2$

$\therefore w = 1.25$ kN/m 답 ㉰

63. 그림과 같은 구조에서 기둥에 압축력만 발생하게 하려면 절점 A에서 내민 부재길이 x의 값은?

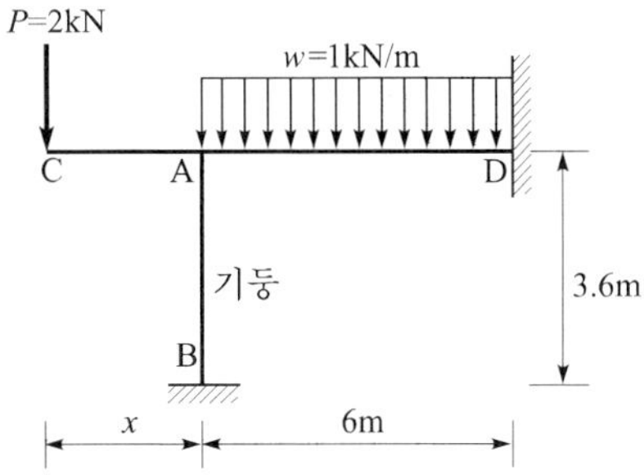

㉮ 1 m
㉯ 1.5 m
㉰ 2 m
㉱ 3 m

$M_{AB}=0$ 이 되기 위해서는 $|M_{AC}|=|M_{AD}|$

$$2\times x=\frac{1\times 6^2}{12}$$

$\therefore\ x=1.5\text{ m}$

답 ㉯

64. 그림과 같은 라멘의 기둥 AB에 모멘트가 발생하지 않게 하려면 P는 얼마가 되어야하는가?

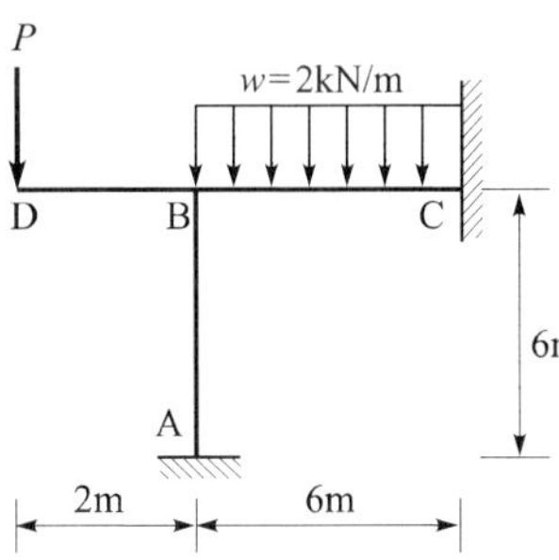

㉮ 3 kN
㉯ 4 kN
㉰ 5 kN
㉱ 6 kN

$M_{BA}=0$ 이 되기 위해서는 $|M_{BC}|=|M_{BD}|$

$$P\times 2=\frac{2\times 6^2}{12}$$

$\therefore\ P=3.0\text{ kN}$

답 ㉮

65. 그림과 같은 라멘구조에서 기둥 AB에 모멘트가 발생하지 않게 하기 위한 집중하중 P 의 값은?

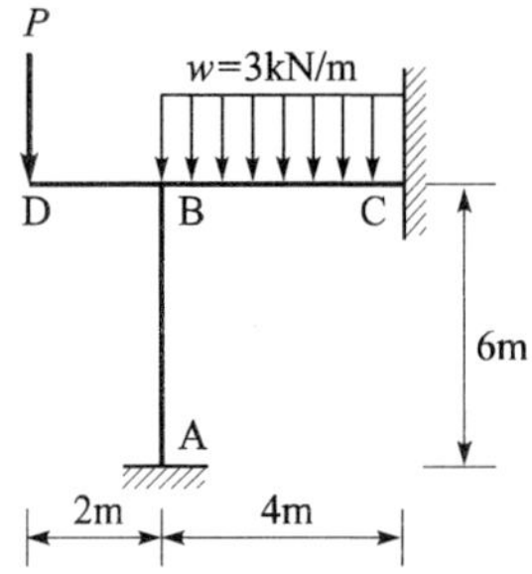

㉮ 0.5 kN
㉯ 1.0 kN
㉰ 1.5 kN
㉱ 2.0 kN

$M_{BA}=0$ 이 되기 위해서는 $|M_{BC}|=|M_{BD}|$

$$P\times 2=\frac{3\times 4^2}{12}$$

$\therefore\ P=2.0\ \text{kN}$

답 ㉱

66. 그림과 같은 구조에서 기둥 부재에 모멘트가 생기지 않게 하려면 캔틸레버의 내민 길이 x 의 값은?

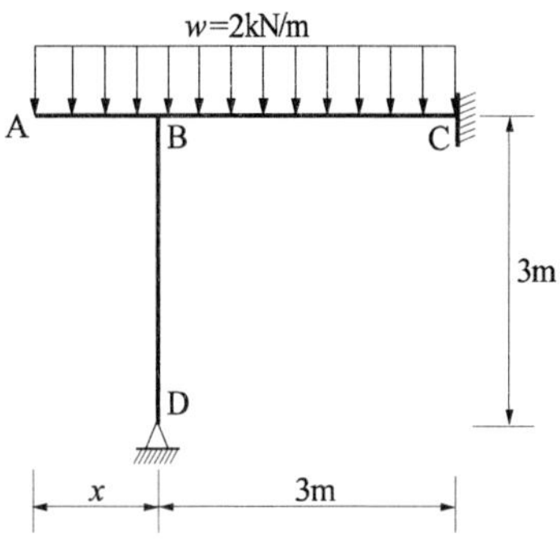

㉮ 3.0 m
㉯ $\sqrt{3.0}$ m
㉰ 1.5 m
㉱ $\sqrt{1.5}$ m

$M_{BD}=0$ 이 되기 위해서는 $|M_{AB}|=|M_{BC}|$

$$2\times x\times\left(\frac{x}{2}\right)=\frac{2\times 3^2}{12}$$

$x^2=1.5$

$\therefore\ x=\sqrt{1.5}\ \text{m}$

답 ㉱

67. **그림에서 지점 C의 모멘트는? 단, 절점 A는 세 부재를 용접으로 접합한 고정절점 이다. k_1은 부재 AB의 강비이고, k_2는 부재 AC의 강비이다.**

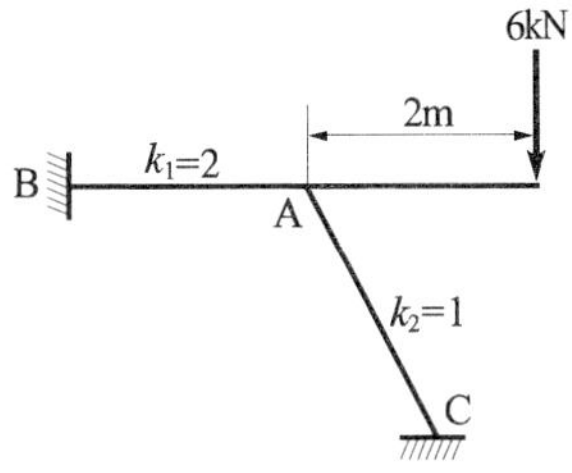

㉮ 2 kN·m
㉯ 4 kN·m
㉰ 6 kN·m
㉱ 8 kN·m

---

(1) 절점 A의 작용모멘트 : $M_A = 6 \times 2 = 12$ kN · m

(2) 분배율 : $DF_{AC} = \dfrac{1}{2+1} = \dfrac{1}{3}$

(3) 분배모멘트 : $DM_{AC} = M_{AC}' = DF_{AC} \times M_A = \dfrac{1}{3} \times 12 = 4$ kN · m

(4) 도달모멘트 : $CM_{CA} = M_{CA}'' = \dfrac{1}{2} \times M_{AC}' = \dfrac{1}{2} \times 4 = 2$ kN · m 답 ㉮

68. **그림과 같은 부정정구조물에서 지점 C의 모멘트는 얼마인가?**

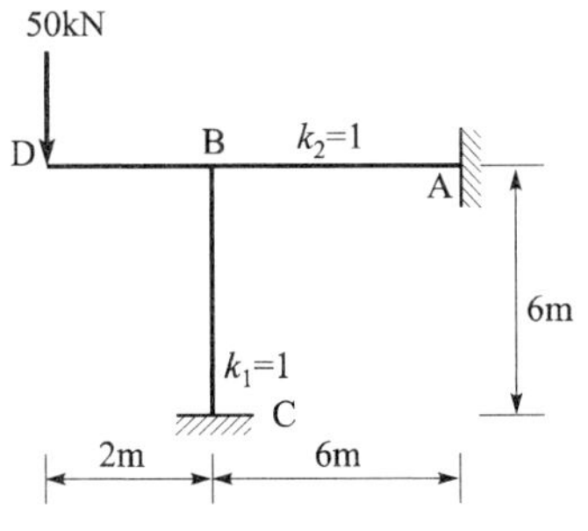

㉮ 0 kN · m
㉯ 25 kN · m
㉰ 50 kN · m
㉱ 100 kN · m

---

(1) 절점 B의 작용모멘트 : $M_B = 50 \times 2 = 100$ kN · m

(2) 분배율 : $DF_{BC} = \dfrac{1}{1+1} = \dfrac{1}{2}$

(3) 분배모멘트 : $DM_{BC} = M_{BC}' = DF_{BC} \times M = \dfrac{1}{2} \times 100 = 50$ kN · m

(4) 도달모멘트 : $CM_{CB} = M_{CB}'' = \dfrac{1}{2} \times M_{BC}' = \dfrac{1}{2} \times 50 = 25.0$ kN · m 답 ㉯

69. 다음 부정정구조물에서 절점 A에 도달하는 모멘트의 크기는 얼마인가? 단, 탄성계수 E는 일정하다.

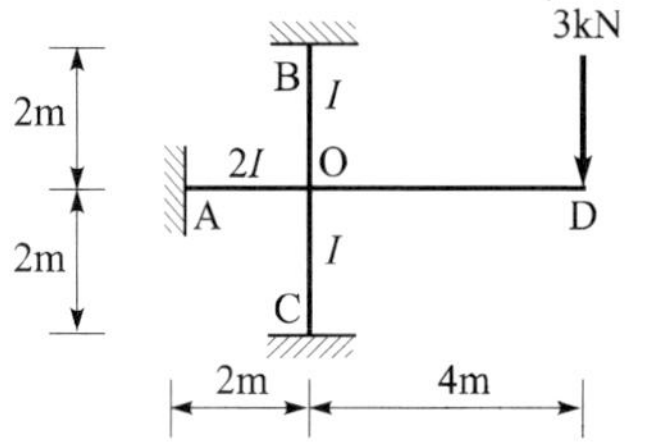

㉮ 1.5 kN · m
㉯ 2.0 kN · m
㉰ 2.5 kN · m
㉱ 3.0 kN · m

(1) 점 O의 작용모멘트

$M_O = 3 \times 4 = 12$ kN · m

(2) 부재의 강도 : $K = \dfrac{I}{l}$

$K_{OA} = \dfrac{2I}{2} = I,\ K_{OB} = \dfrac{I}{2} = 0.5\,I,\ K_{OC} = \dfrac{I}{2} = 0.5\,I$

(3) 부재의 강비 : $k = \dfrac{K}{K_0}$

$k_{OA} = 2,\ k_{OB} = 1,\ k_{OC} = 1$

(4) 분배율 : $DF_{OA} = \dfrac{2}{2+1+1} = \dfrac{1}{2}$

(5) 분배모멘트 : $DM_{OA} = M_{OA}{'} = DF_{OA} \times M = \dfrac{1}{2} \times 12 = 6.0$ kN · m

(6) 도달모멘트 : $CM_{AO} = M_{AO}{''} = \dfrac{1}{2} \times M_{OA}{'} = \dfrac{1}{2} \times 6.0 = 3.0$ kN · m 답 ㉱

70. 그림과 같은 부정정라멘에서 지점 A의 M_{AB}는?

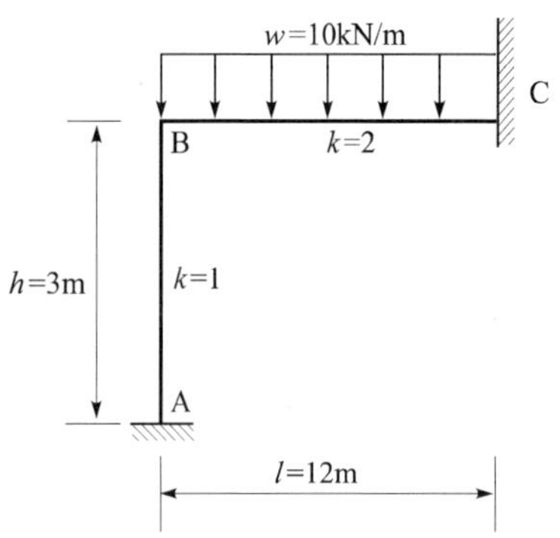

㉮ 0
㉯ 20 kN · m
㉰ 40 kN · m
㉱ 60 kN · m

(1) 재단모멘트 : $FEM_{BC} = -\frac{wl^2}{12} = -\frac{10\times 12^2}{12} = -120$ kN · m (↶)

(2) 해방모멘트 : $\overline{M_{BC}} = -FEM_{BC} = 120$ kN · m (↶)

(3) 분배율 : $DF_{BA} = \frac{1}{1+2} = \frac{1}{3}$

(4) 분배모멘트 : $DM_{BA} = M_{BA}{}' = DF_{BA} \times \overline{M_{CB}} = \frac{1}{3} \times 120 = 40.0$ kN · m (↷)

(5) 도달모멘트 : $CM_{AB} = M_{AB}{}'' = \frac{1}{2} \times M_{BA}{}' = \frac{1}{2} \times 40.0 = 20.0$ kN · m (↷) 답 ㉯

71. 다음 부정정구조물의 지점 A의 휨모멘트 값은?

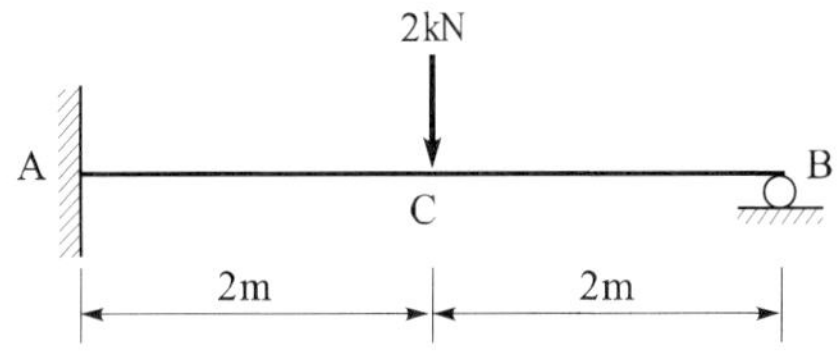

㉮ −1.5 kN·m ㉯ −1.0 kN·m ㉰ −3.0 kN·m ㉱ −2.0 kN·m

표 6.5의 고정단모멘트로부터 단부 A가 고정이고 단부 B가 롤러이며, 중앙점에 집중하중이 작용한 경우이므로 지점 A의 반력 모멘트는 다음과 같다.

$M_A = -\frac{3Pl}{16} = -\frac{3\times 2\times 4}{16} = -1.5$ kN · m (↶)

따라서 지점 A의 휨모멘트는 −1.5 kN·m이다. 답 ㉮

72. 그림에서 지점 B에서의 휨모멘트 값은?

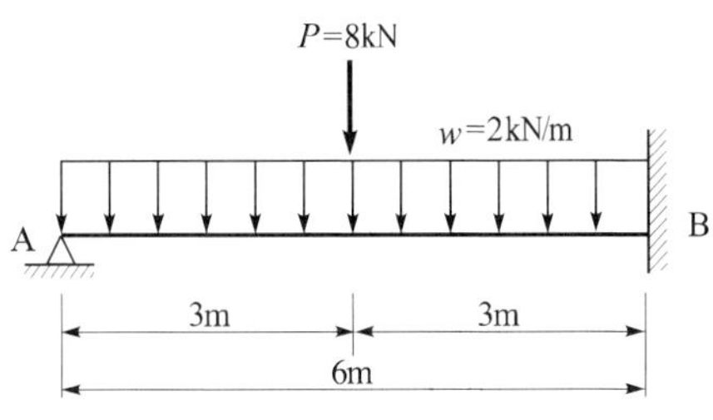

㉮ −12 kN·m ㉯ −18 kN·m ㉰ −21 kN·m ㉱ −27 kN·m

지점 B의 반력 모멘트는 $M_B = -\frac{wl^2}{8} - \frac{3Pl}{16} = -\frac{2\times 6^2}{8} - \frac{3\times 8\times 6}{16} = -18$ kN · m (↷)

이다. 따라서 지점 B의 휨모멘트는 −18 kN·m이다. 답 ㉯

73. **그림과 같은 연속보의 지점 B의 휨모멘트 값은 얼마인가?**

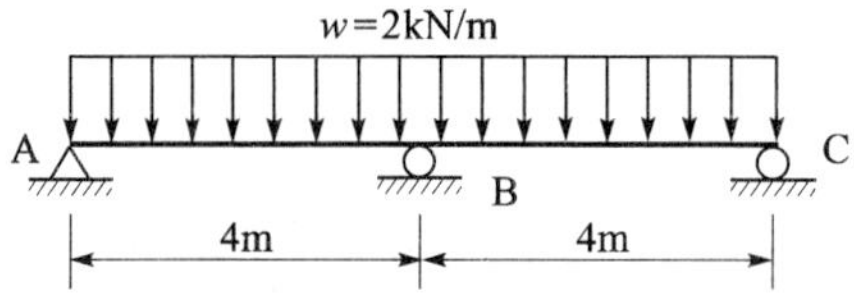

㉮ −2.66 kN·m ㉯ −2.90 kN·m
㉰ −3.20 kN·m ㉱ −4.00 kN·m

대칭구조물이므로 점 B의 처짐각은 0 또는 고정단으로 생각할 수 있다.
따라서 지점 B의 반력 모멘트는 $M_{B(AB)}=-\frac{wl^2}{8}=-\frac{2\times 4^2}{8}=-4$ kN · m (↷)이다.
따라서 지점 B의 휨모멘트는 −4.0 kN·m이다. 답 ㉱

74. **다음 그림과 같은 연속보에서 지점 B의 휨모멘트는?**

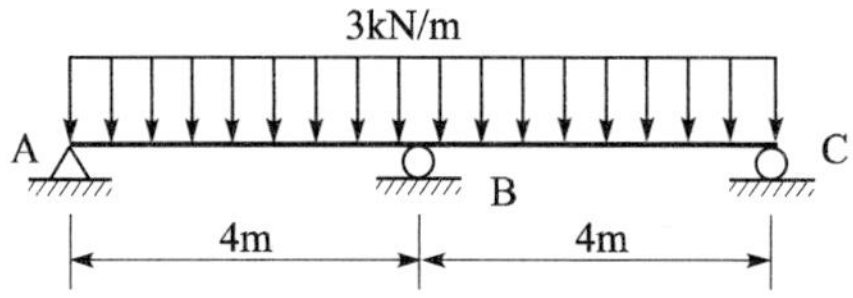

㉮ −2 kN · m ㉯ −3 kN · m
㉰ −4 kN · m ㉱ −6 kN · m

대칭구조물이므로 점 B의 처짐각은 0 또는 고정단으로 생각할 수 있다.
따라서 지점 B의 반력 모멘트는 $M_{B(AB)}=-\frac{wl^2}{8}=-\frac{3\times 4^2}{8}=-6$ kN · m (↷)이다.
따라서 지점 B의 휨모멘트는 −6.0 kN·m이다. 답 ㉱

75. **그림에서 부재 AC의 전단력 값은?**

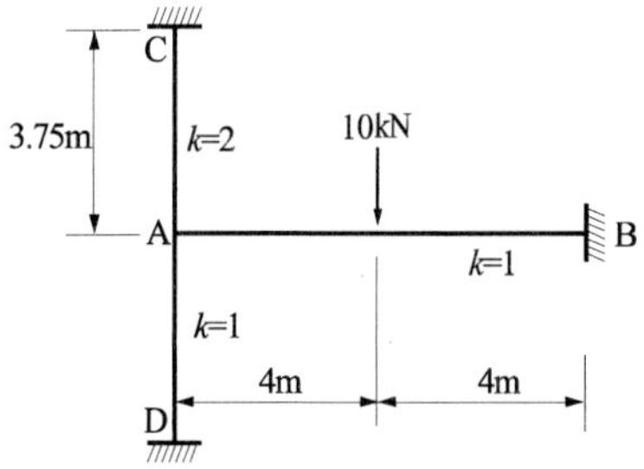

㉮ 2.7 kN
㉯ 2.0 kN
㉰ 0.8 kN
㉱ 1.2 kN

(1) 보 AB에서 절점 A의 고정모멘트 : $M=\dfrac{Pl}{8}=\dfrac{10\times8}{8}=10\text{ kN}\cdot\text{m}$

(2) $DF_{AC}=\dfrac{2}{(2+1+1)}=0.5$

(3) $M_{AC}'=DF_{AC}\times M=0.5\times10=5\text{ kN}\cdot\text{m}$

(4) $M_{CA}''=\dfrac{1}{2}\times M_{AC}'=\dfrac{1}{2}\times5=2.5\text{ kN}\cdot\text{m}$

(5) 부재 AC의 전단력 : $V_{AC}=\dfrac{M_{AC}'+M_{CA}''}{h}=\dfrac{5+2.5}{3.75}=2\text{kN}$ 답 ㉯

76. **2경간 연속보에서 반력 R_C의 크기는? (단, 휨강성 EI는 일정함)**

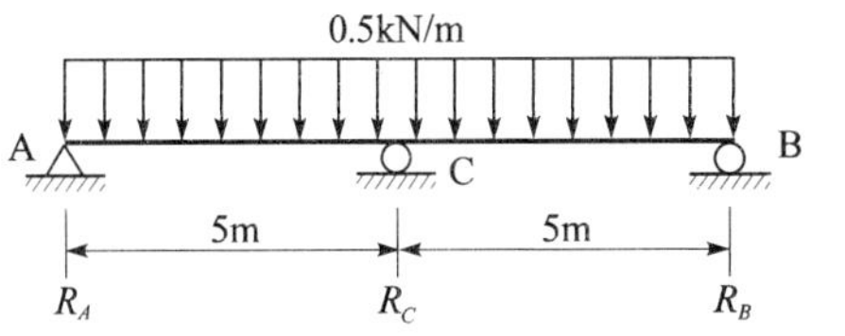

㉮ 3.125 kN ㉯ 2.500 kN

㉰ 1.875 kN ㉱ 1.125 kN

부정정보로서 변위일치법을 이용한다.

먼저, 점 C의 수직반력을 R_C라 한다.

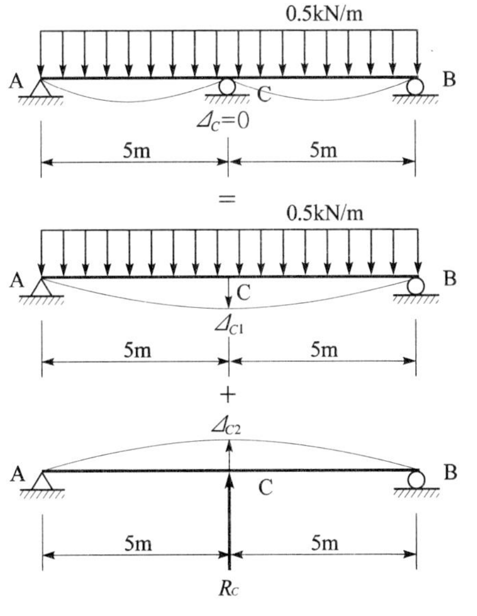

(1) 점 C의 지점(롤러)이 없는 단순보로 가정할 경우 점 C는 아래로의 처짐

$$\Delta_{C1}=\frac{5wl^4}{384EI} \qquad \text{(하향)}$$

(2) 점 C에 반력 R_C만을 가할 경우의 점 C는 위로 처짐

$$\Delta_{C2}=\frac{Pl^3}{48EI}=\frac{R_C l^3}{48EI} \qquad \text{(상향)}$$

(3) 점 C의 처짐은 영(0)이므로 $\Delta_C=\Delta_{C1}-\Delta_{C2}=0$ 이다.

$$\Delta_C=\frac{5wl^4}{384EI}-\frac{R_C l^3}{48EI}=0$$

$$\therefore R_C=\frac{5\times 48wl}{384}=\frac{5\times 48\times 0.5\times 10}{384}=3.125\text{ kN}$$

답 ㉮

77. **상단과 하단이 고정된 길이 6 m, 단면적 1 cm^{2}인 강봉의 상단으로부터 2 m 지점에 45 kN의 하향 축력이 작용할 때 하중 작용점의 변위는 (단, E_s =200,000 MPa이다.)**

㉮ 3.0 mm　　㉯ 3.5 mm
㉰ 4.0 mm　　㉱ 4.5 mm

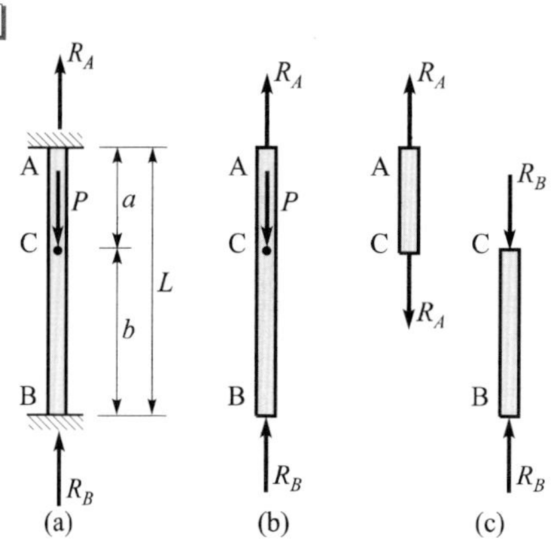

하중 조건과 자유물체도

(1) 부재 AC와 부재 BC의 변위 [그림 (c)]

$$\Delta_{AC}=\frac{R_A a}{EA},\quad \Delta_{CB}=-\frac{R_B b}{EA}$$

(2) 기하학적 조건과 힘의 평형조건

① 적합방정식 : $\Delta_{AB}=\Delta_{AC}+\Delta_{CB}=\frac{R_A a}{EA}-\frac{R_B b}{EA}=0$

② 평형방정식 : $\Sigma Y = P - R_A - R_B = 0$ $\therefore R_A = \frac{Pb}{L}$, $R_B = \frac{Pa}{L}$

(3) 작용점 C의 변위 Δ_C 산정

작용점 C의 변위 Δ_C는 부재 AC의 변위 Δ_{AC}와 같으므로 R_A를 Δ_{AC}에 대입하여 변위 Δ_C를 산정하면 다음과 같다.

$$\therefore \Delta_C = \Delta_{AC} = \frac{R_A a}{EA} = \frac{Pab}{EAL} = \frac{45{,}000 \times 2{,}000 \times 4{,}000}{200{,}000 \times 100 \times 6{,}000} = 3.0\,\text{mm}$$

답 ㉮

77. **그림과 같이 양단이 고정된 강재 부재에 온도가 $\Delta T = 30℃$ 증가될 때 이 부재에 발생되는 압축응력은 얼마인가? (단, 강재의 탄성계수 $E_s = 2.0 \times 10^5$ MPa, 부재단면적은 5,000 mm^2, 선팽창계수 $\alpha = 1.2 \times 10^{-5}$/℃이다.)**

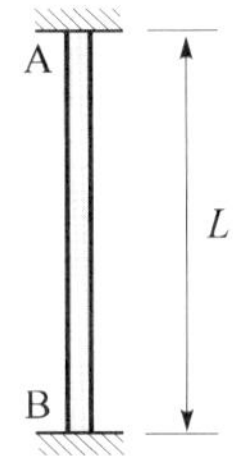

㉮ 25 MPa
㉯ 48 MPa
㉰ 64 MPa
㉱ 72 MPa

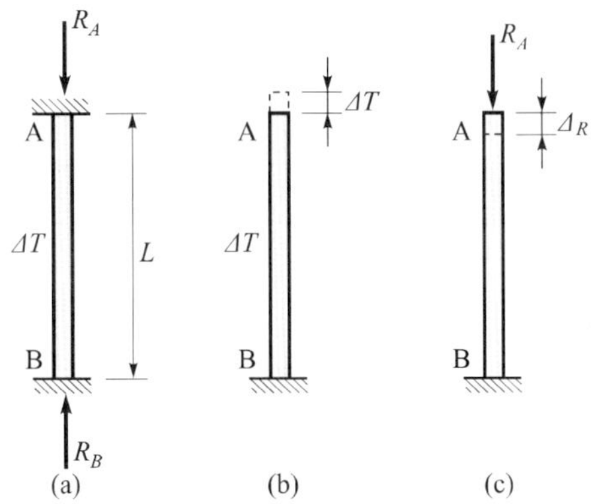

하중 조건과 자유물체도

(1) 부재의 변위 [그림 (b)와 그림 (c)]

① 열에 의한 변위 : $\Delta_T = \alpha(\Delta T)L$

② 반력에 의한 변위 : $\Delta_R = \frac{R_A L}{E_s A}$

(2) 기하학적 조건과 힘의 평형조건

① 적합방정식 : $\Delta_{AB} = \Delta_T - \Delta_R = 0$

② 평형방정식 : $\Sigma Y = R_B - R_A = 0$

따라서 $\Delta_T - \Delta_R = \alpha(\Delta T)L - \dfrac{R_A L}{E_s A} = 0$

$\therefore\ R_A = R_B = EA\alpha(\Delta T)$

(3) 강봉의 열응력(압축응력)

$\sigma_T = \dfrac{R_A}{A} = \dfrac{R_B}{A} = E_s\alpha(\Delta T)$

$\therefore\ \sigma_T = E_s\alpha(\Delta T) = (2.0\times10^5)\times(1.2\times10^{-5})\times(30) = 72\ \text{MPa}$ 답 ㉱

78. **그림과 같은 캔틸레버보가 상수 k를 가지는 스프링에 의해 지지되어 있으며 집중 하중 P가 작용하고 있다. 스프링에 걸리는 힘은?**

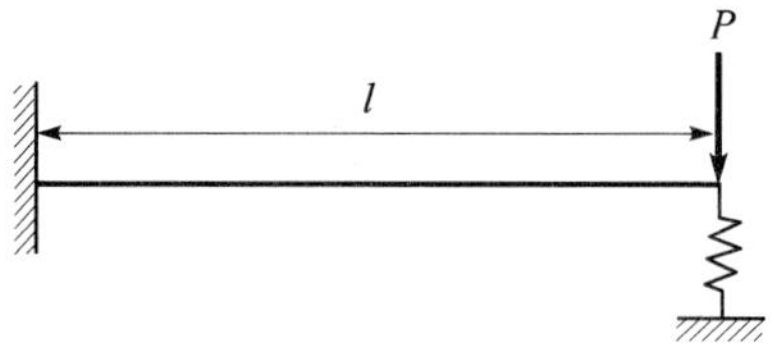

㉮ $\dfrac{Pl^3k}{(3EI+kl^3)}$　　㉯ $\dfrac{2Pl^3k}{(3EI+kl^3)}$

㉰ $\dfrac{Pl^3k}{(2EI+kl^3)}$　　㉱ $\dfrac{2Pl^3k}{(2EI+kl^3)}$

↳

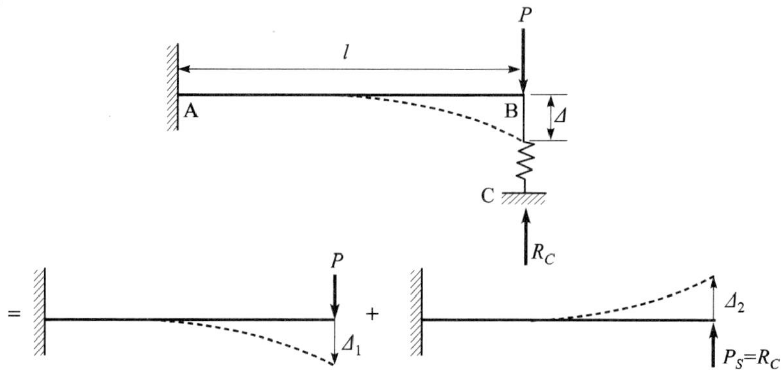

하중 조건과 자유물체도

(1) 부재의 변위 [그림 (b)와 그림 (c)]

① 외력에 의한 변위 : $\Delta_1 = \dfrac{Pl^3}{3EI}$

② 반력에 의한 변위 : $\Delta_2 = \dfrac{R_C l^3}{3EI}$

(2) 기하학적 조건과 힘의 평형조건

$$\Delta = \frac{R_C}{k} = \Delta_1 - \Delta_2$$

따라서 $\dfrac{R_C}{k} = \dfrac{Pl^3}{3EI} - \dfrac{R_C l^3}{3EI}$

$$\therefore\ R_C = \frac{Pl^3 k}{(3EI + kl^3)}$$

(3) 스프링에 걸리는 힘

$$P_S = \frac{Pl^3 k}{(3EI + kl^3)}$$

답 ㉮

06 심화문제

1. 다음 그림과 같은 부정정보에서 지점 A와 지점 B의 반력을 구하시오. 단, 휨강성 EI는 일정하다.

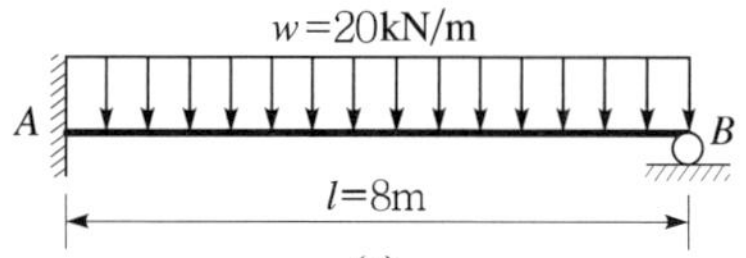

(a)

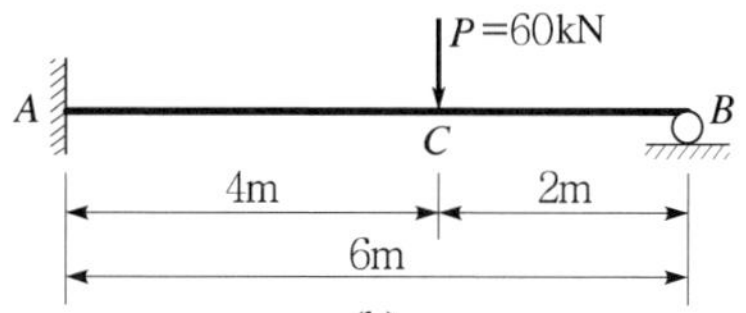

(b)

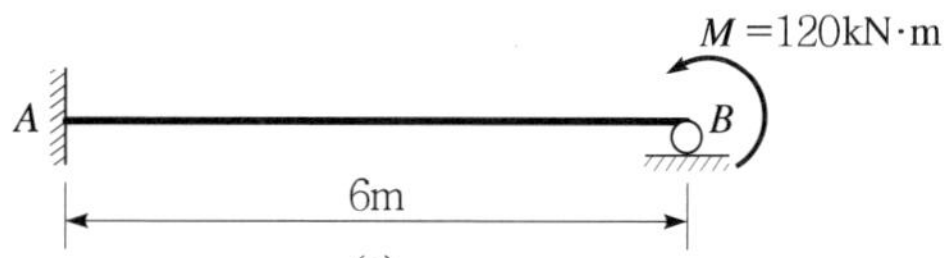

(c)

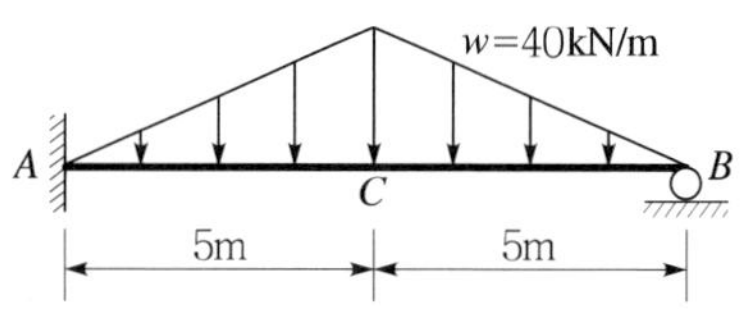

(d)

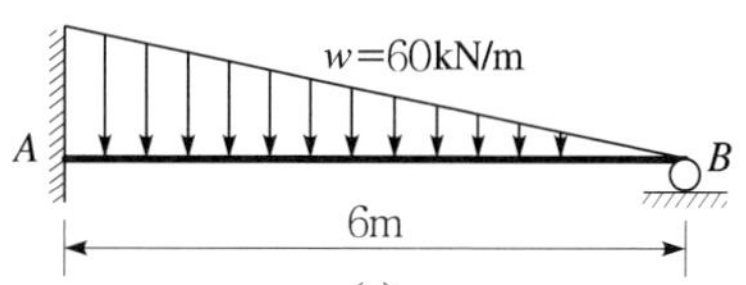

(e)

2. 다음 그림과 같은 부정정보에서 지점 A와 지점 B의 모멘트반력 M_A와 M_B를 구하시오. 단, 휨강성 EI는 일정하다.

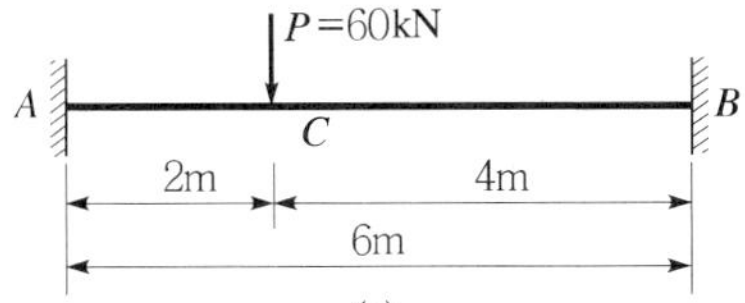

(a)

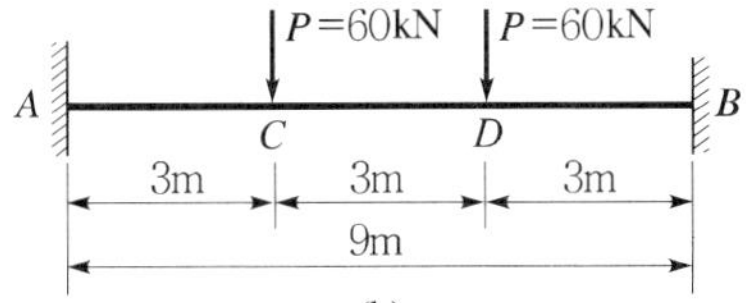

(b)

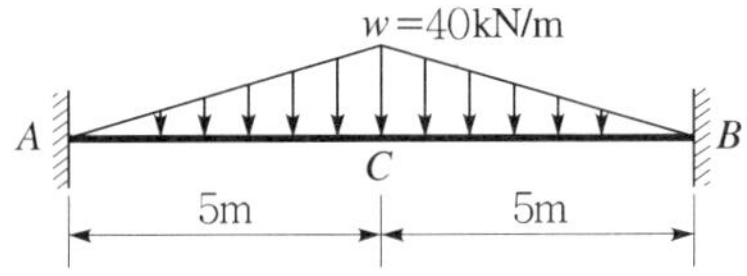

(c)

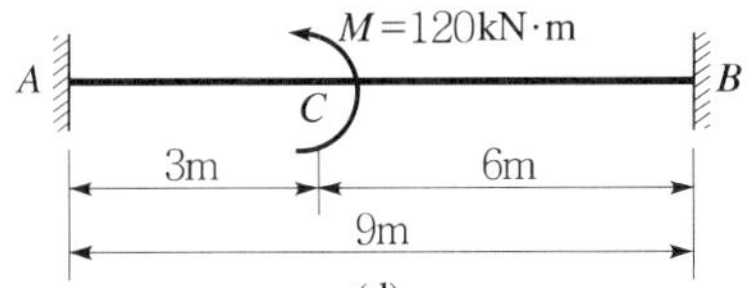

(d)

3. 다음 그림과 같은 연속 부정정보에서 각 지점의 반력을 산정하고, 단면력도를 그리시오. 단, 휨강성 EI는 일정하다.

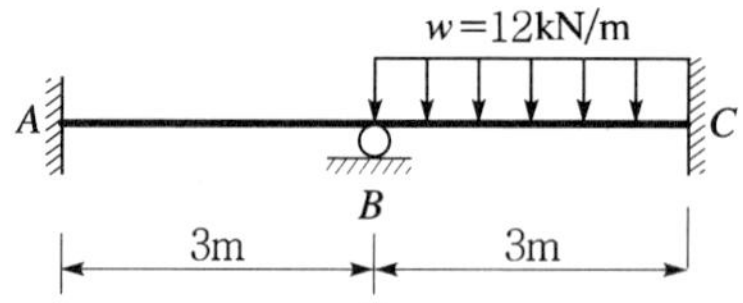

(a)

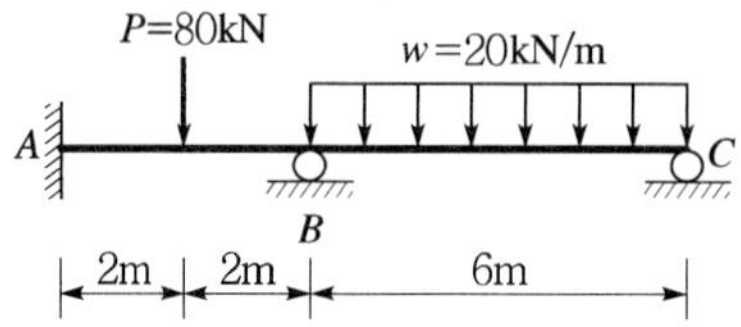

(b)

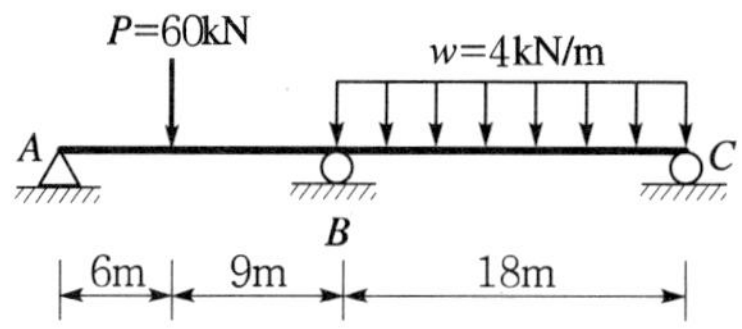

(c)

4. 다음 그림과 같은 불균일 단면을 가진 부정정보에서 각 지점의 반력을 구하시오.

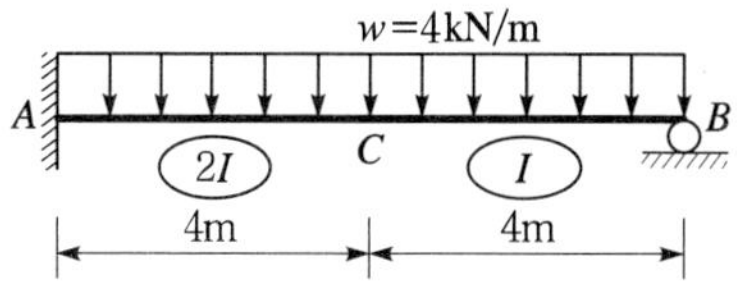

5. 다음 그림과 같은 불균일 단면을 가진 연속 부정정보에서 각 지점의 반력을 구하시오.

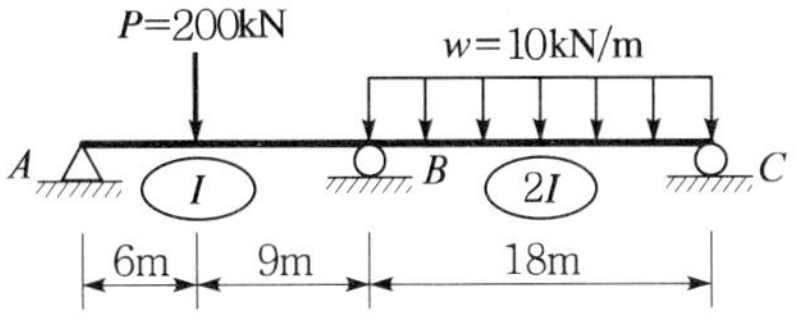

6. 그림과 같은 연속보를 모멘트분배법으로 해석하여 반력을 산정하고, 단면력도를 그리시오. 단, 지점의 이동은 없다.

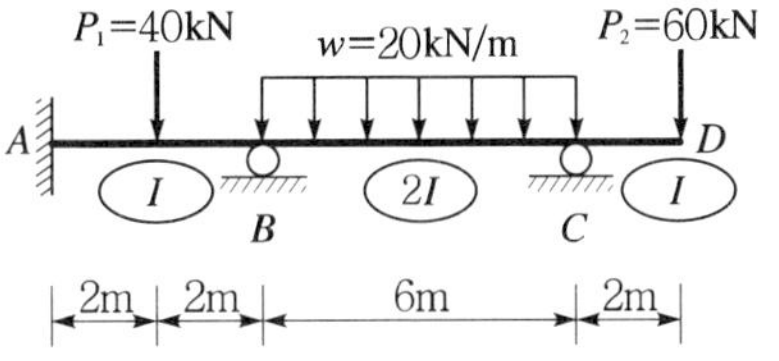

7. 그림과 같은 연속 부정정보의 반력을 산정하고 단면력도를 그리시오. 단, 휨강성 EI는 일정하다.

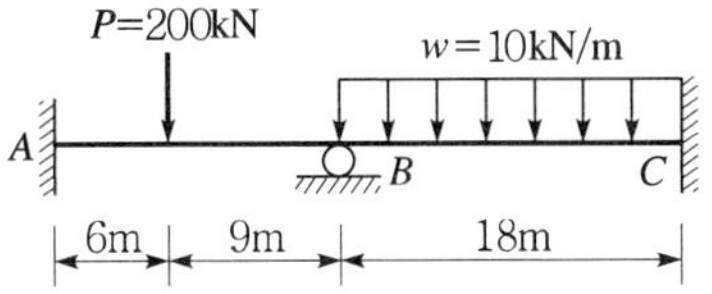

8. 그림과 같은 연속 부정정보의 반력을 산정하고, 단면력도를 그리시오. 단, 탄성계수 E는 일정하다.

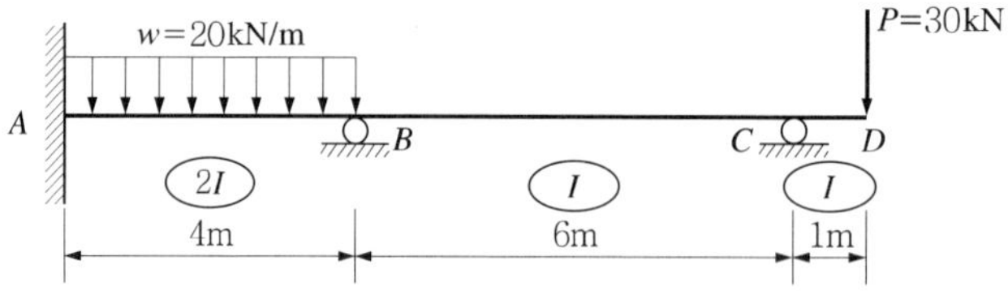

(a)

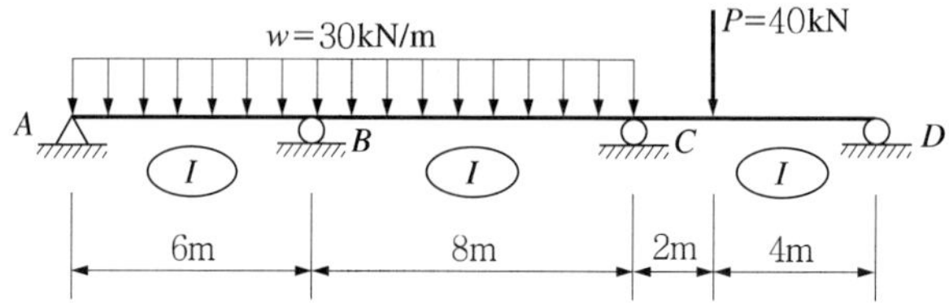

(b)

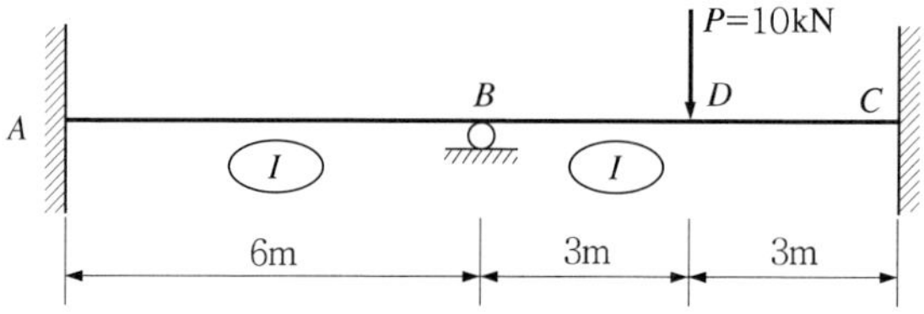

(c)

9. 다음 구조물에서 절점 O는 이동하지 않으며 점 A, B, C가 고정일 때, 점 A, B, C에 발생하는 모멘트를 구하라.

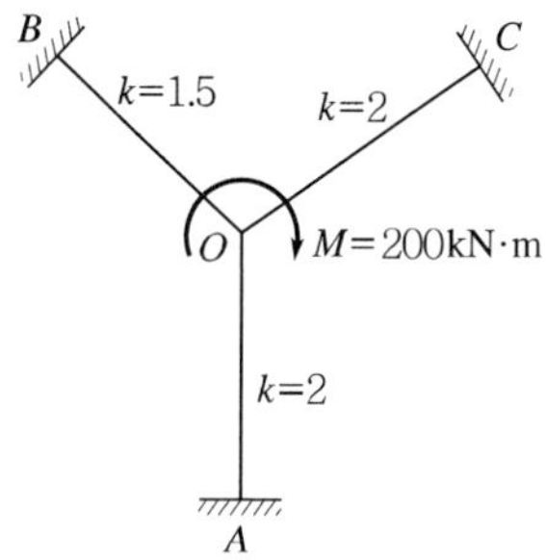

10. 다음 그림과 같은 라멘을 모멘트분배법으로 해석하여 반력을 산정하고, 단면력도를 그리시오. 단, 휨강성 EI는 일정하다.

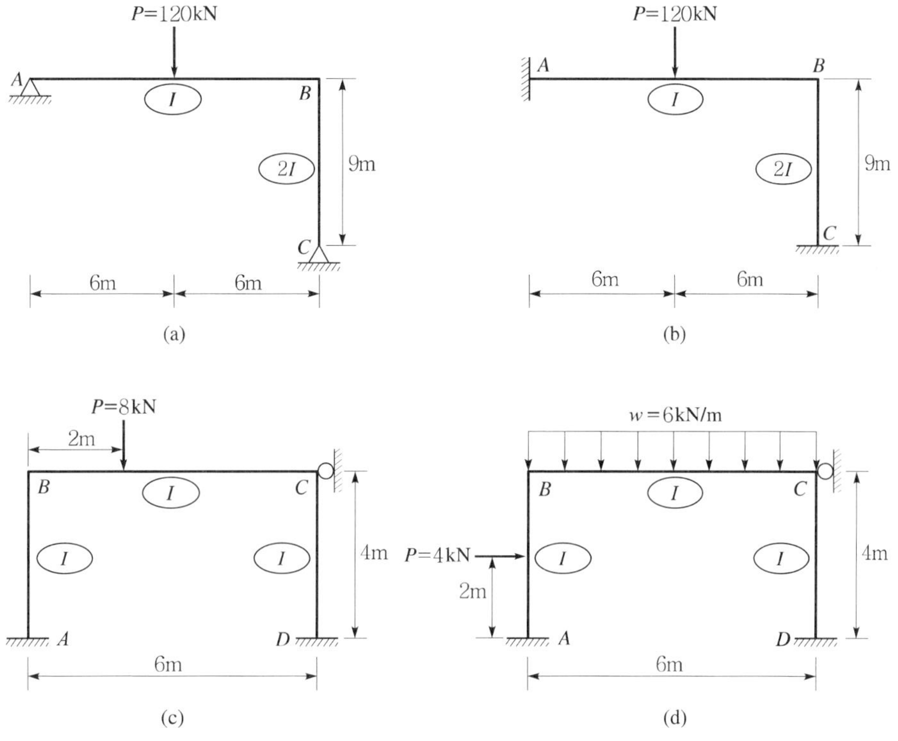

11. 다음 그림과 같은 부정정라멘을 처짐각법으로 해석하여 반력을 산정하고, 단면력도를 그리시오. 단, 탄성계수 E는 일정하다.

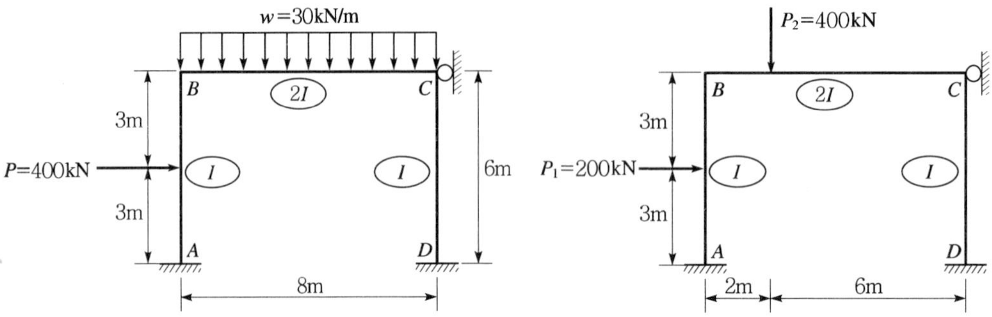

(a) (b)

✎ 심화문제 풀이집은 별책입니다.

참고문헌

1. 김근덕 외 4인, 건축구조역학, 기문당, 2008.
2. 장동찬 외 1인, SI단위계에 따른 건축구조역학, 기문당, 2007.
3. 김대현 외 4인, SI단위계에 의한 건축구조역학, 구미서관, 2007.
4. 안형준, 건축구조역학, 구미서관, 2005.
5. 화천정철(정광량 역), 건축구조역학, 탐구문화사, 1999.
6. 김낙원 외 4인, 건축구조역학, 기문당, 2007.
7. 박정현, 건축구조역학, 구미서관, 2009.
8. 안형준 외 3인, 건축구조역학, 구미서관, 2009.
9. 송창영 외 5인, 건축구조역학, 기문당, 2005.
10. 이승한, 구조역학 이야기, 성안당, 2010.
11. 정철원 외 3인, 구조역학, 원창출판사, 1994.
12. James M. Gere(박정선 외 4인 공역), 재료역학, 교보문고, 2011.
13. 강병두, 강호근, 건축일반구조, 구미서관, 2018.
14. 강병두 외1인, 건축구조, 한국출판사, 2008.
15. 강병두 외1인, 건축구조, 성안당, 2007.
16. 강병두, 강구조설계, 구미서관, 2019.
17. 강병두, 건축기사실기, 건기원, 2018.
18. 김상대 외 4인, 구조역학해석, 문운당, 2007.
19. C. K. Wang(정일영 역), 구조해석, 대신기술, 1987.
20. 심창현, 구조역학, 청문각, 1998.
21. 정병주 외 5인, 건축구조역학, 기문당, 2001.
22. 한상철 외 4인, 구조역학, 구미서관, 2009.
23. Alexander Charjes, Structural Analysis, Prentice Hall, 1983.
24. Harry H. West, Analysis of Structures, John Wiley &Sons, 1980.
25. Senol Utku, Elementary Structural Analysis, McGraw-Hill, 1991.
26. Tung Au, Fundamentals of Structural Analysis, Prentice Hall, 1993.
27. Louis C. Tartaglione, Structural Analysis, McGraw-Hill, 1991.

Chapter

부 록

부 1. 단위계 및 수에 대한 접두어

부 2. 수학 공식

부 3. 형강의 형상, 치수 및 단면성능

부 1. 단위계 및 수에 대한 접두어

(1) 국제단위계(SI)와 중력단위계(공학)

① 국제단위계(SI)의 기본 단위로는 길이, 질량, 시간으로 이루어져 있으며, 이러한 기본 단위를 바탕으로 유도 단위인 힘, 모멘트, 응력(압력) 등으로 유도된다.

② 국제단위계는 cm, g, s의 기본 단위로 표현되는 CGS 단위계와 m, kg, s의 기본 단위로 표현되는 MKS 단위계로 구분되며, 2003년 이후 구조공학 관련 기준에서는 힘의 단위를 kg 또는 kgf에서 N으로 사용하게 됨으로써 SI 단위계가 완성되었다.

③ 중력단위계(공학)의 기본 단위로는 길이, 힘, 시간으로 이루어져 있으며 m, kgf (또는 kg), s의 기본 단위로 표현된다.

(2) SI, MKS, CGS 및 USCS 단위계의 비교

표 1.1 각종 단위계의 비교

양 / 단위계	길이 (L)	질량 (M)	시간 (T)	힘	모멘트	응 력 (압력)
SI (2003년 이후기준)	m	kg	s	N, kN	N · m, kN · m	Pa (N/m^2)
MKS (1999년 개정기준)	m	kg	s	kgf, tf	kgf · m, tf · m	kgf/m^2
MKS (1999년 이전기준)	m	kg	s	kg, t	kg · m, t · m	kg/m^2
CGS	cm	g	s	dyne	dyne · cm	$dyne/cm^2$
USCS	ft	$lb-s^2/ft$	s	lb, k(kip)	lb-ft, k-ft	psf (lb/ft^2)

주1) N : newton, Pa : pascal, s : second(초), k : kilo(10^3), M : mega(10^6)

주2) 응력의 단위로는 MPa (N/mm^2)이 주로 사용되므로 길이는 mm, 면적은 mm^2로 하는 것이 편리하다. 여기서, $1\ MPa = 10^6\ Pa = 10^6\ N/m^2 = 1\ N/mm^2$이고, $1\ Pa = 1\ N/m^2 = 10^{-6}\ N/mm^2$ 이다.

주3) USCS(미국 및 영국 등) 단위계에서, 1 ft = 12 in., $1\ psi = 1\ lb/in.^2$, $1\ k\ (kip) = 10^3\ lb$를 나타낸다.

주4) $1\ m = 10^2\ cm = 10^3\ mm$, $1\ kg = 10^3\ g$, $1\ kN = 10^3\ N$, $1\ kgf = 1\ kg \times 9.81\ m/s^2 = 9.81\ N$, $1\ tf = 10^3\ kgf$

(3) 단위계의 변환

표 1.2 US 단위계에서 SI 단위계로의 변환

구 분	US 단위계	SI 단위계
힘	1 lb	4.45 N ($kg \cdot m/s^2$)
	1 k (kip)	4.45 kN
길이	1 ft	0.305 m
	1 in.	25.4 mm
질량	1 lb−s^2/ft	14.6 kg
모멘트	1 lb−ft	1.36 N·m
	1 lb−in.	0.113 N·m
	1 k−ft	1.36 kN·m
	1 k−in.	0.113 kN·m
응력 (압력)	1 psf (1b/ft^2)	47.9 Pa
	1 psi (1b/in.^{2})	6890 Pa
	1 ksf (kip/ft^2)	47.9 kPa
	1 ksi (kip/in.^{2})	6.89 MPa

(4) 수에 대한 접두어

표 1.3 수에 대한 접두어의 명칭과 기호

단위에 곱하는 배수	접두어의 명칭	기호
10^{12}	테라 (tera)	T
10^{9}	기가 (giga)	G
10^{6}	메가 (mega)	M
10^{3}	킬로 (kilo)	k
10^{2}	헥토 (hecto)	h
10	데카 (deca)	da
10^{-1}	데시 (deci)	d
10^{-2}	센티 (centi)	c
10^{-3}	밀리 (milli)	m
10^{-6}	마이크로 (micro)	μ
10^{-9}	나노 (nano)	n
10^{-12}	피코 (pico)	p

(5) 그리스 문자

표 1.4 그리스 문자의 이름과 발음

대문자	소문자	이 름	발 음
A	α	alpha	알파
B	β	beta	베타
Γ	γ	gamma	감마
Δ	δ	delta	델타
E	ε	epsilon	업실론
Z	ζ	zeta	제타
H	η	eta	이타
Θ	θ	theta	세타
I	ι	iota	아이오타
K	κ	kappa	카파
Λ	λ	lambda	람다
M	μ	mu	뮤
N	ν	nu	뉴
Ξ	ξ	xi	사이, 크시
O	o	omicron	오미크론
Π	π	pi	파이
P	ρ	rho	로우
Σ	σ	sigma	시그마
T	τ	tau	타우
Y	υ	upsilon	읍실론
Φ	ϕ	phi	파이
X	χ	chi	카이
Ψ	ψ	psi	프사이
Ω	ω	omega	오메가

부 2. 수학 공식

(1) 수학에서의 상수

① $\pi=3.14159\cdots\cdots$

② $e=2.71828\cdots\cdots$

③ 2π radians $=360°$

④ $1\ \text{radian}=\left(\dfrac{180}{\pi}\right)° = 57.2958°$

⑤ $1° = \dfrac{\pi}{180}\ \text{rad} = 0.0174533\ \text{rad}$

⑥ Radian → Degree : $x\ \text{rad} = x\ \text{rad} \times \left(\dfrac{180}{\pi\ \text{rad}}\right)\ (°)$

⑦ Degree → Radian : $x° = x° \times \left(\dfrac{\pi\ \text{rad}}{180}\right)\ (\text{rad})$

(2) 지수관련 공식

① $A^x A^y = A^{x+y}$

② $\dfrac{A^x}{A^y} = A^{x-y}$

③ $(A^x)^y = A^{xy}$

④ $A^{-x} = \dfrac{1}{A^x}$

⑤ $(AB)^x = A^x B^x$

⑥ $\left(\dfrac{A}{B}\right)^x = \dfrac{A^x}{B^x}$

⑦ $A^{x/y} = \sqrt[y]{A^x}$

⑧ $A^0 = 1\ \ (A \neq 0)$

(3) 근의 공식(이차방정식의 해)

$$ax^2+bx+c=0 \ (a \neq 0)$$

$$x_{1,2}=\frac{-b\pm\sqrt{b^2-4ac}}{2a}$$

(4) 삼각함수

① 직각삼각형에서 삼각함수의 관계

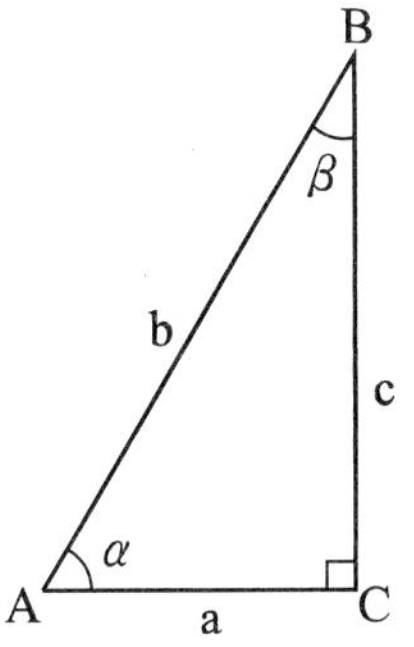

그림 1.1

$$\sin\alpha=\frac{c}{b} \quad \cos\alpha=\frac{a}{b} \quad \tan\alpha=\frac{c}{a}$$

$$\sin\beta=\frac{a}{b} \quad \cos\beta=\frac{c}{b} \quad \tan\beta=\frac{a}{c}$$

② 직각삼각형의 삼각함수값

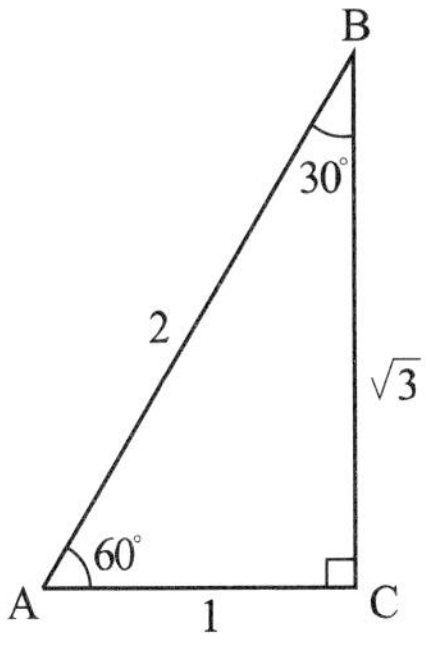

그림 1.2

$$\sin 60° = \frac{\sqrt{3}}{2}$$

$$\cos 60° = \frac{1}{2}$$

$$\tan 60° = \sqrt{3}$$

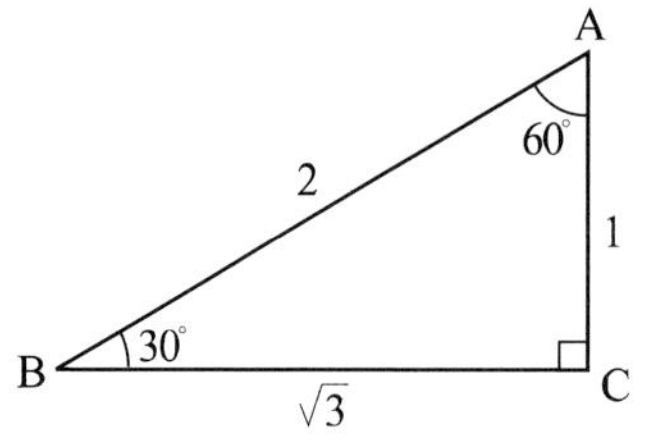

그림 1.3

$$\sin 30° = \frac{1}{2}$$

$$\cos 30° = \frac{\sqrt{3}}{2}$$

$$\tan 30° = \frac{1}{\sqrt{3}}$$

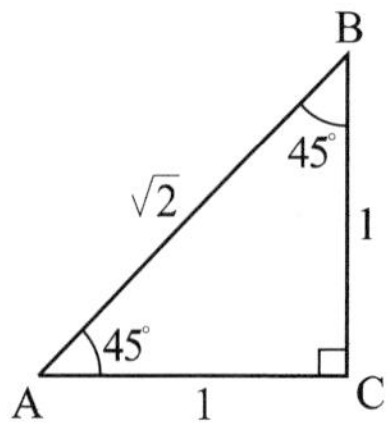

그림 1.4

$$\sin 45° = \frac{1}{\sqrt{2}}$$

$$\cos 45° = \frac{1}{\sqrt{2}}$$

$$\tan 45° = 1$$

(5) 기타 역학 관련 기본 공식

1) 삼각공식

① $\sin\alpha = \frac{a}{c}$

② $\csc\alpha = \frac{1}{\sin\alpha} = \frac{c}{a}$

③ $\cos\alpha = \frac{b}{c}$

④ $\sec\alpha = \frac{1}{\cos\alpha} = \frac{c}{b}$

⑤ $\tan\alpha = \frac{\sin\alpha}{\cos\alpha} = \frac{a}{b}$

⑥ $\cot\alpha = \frac{\cos\alpha}{\sin\alpha} = \frac{1}{\tan\alpha} = \frac{b}{a}$

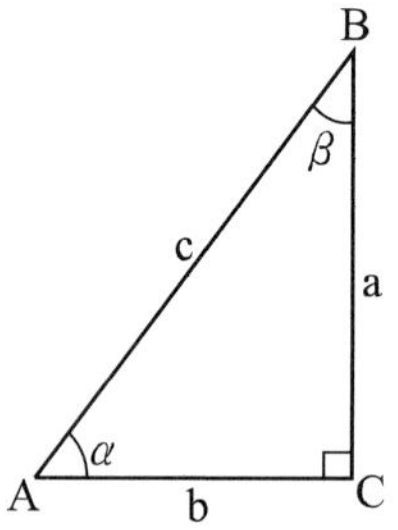

그림 1.5

2) 제곱관계

① $\sin^2\alpha + \cos^2\alpha = 1$

② $\tan^2\alpha + 1 = \sec^2\alpha$

③ $\cot^2\alpha + 1 = \csc^2\alpha$

3) 제1코사인법칙

① $a = b\cos\gamma + c\cos\beta$

② $b = c\cos\alpha + a\cos\gamma$

③ $c = a\cos\beta + b\cos\alpha$

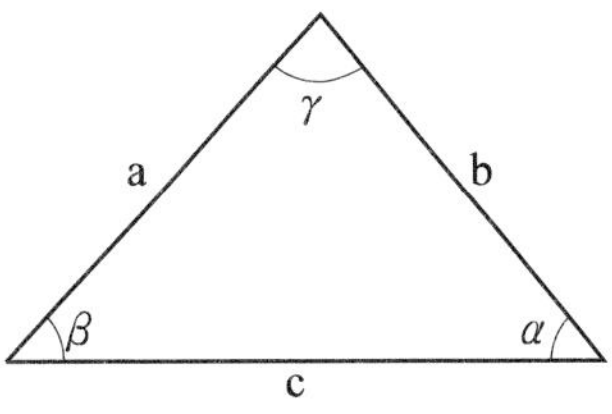

그림 1.6

4) 제2코사인법칙

① $a^2 = b^2 + c^2 - 2bc\cos\alpha$

② $b^2 = c^2 + a^2 - 2ca\cos\beta$

③ $c^2 = a^2 + b^2 - 2ab\cos\gamma$

5) 삼각함수의 덧셈정리

① $\sin(\alpha + \beta) = \sin\alpha\cos\beta + \cos\alpha\sin\beta$

② $\sin(\alpha - \beta) = \sin\alpha\cos\beta - \cos\alpha\sin\beta$

③ $\cos(\alpha + \beta) = \cos\alpha\cos\beta - \sin\alpha\sin\beta$

④ $\cos(\alpha - \beta) = \cos\alpha\cos\beta + \sin\alpha\sin\beta$

⑤ $\tan(\alpha + \beta) = \dfrac{\tan\alpha + \tan\beta}{1 - \tan\alpha\tan\beta}$

⑥ $\tan(\alpha - \beta) = \dfrac{\tan\alpha - \tan\beta}{1 + \tan\alpha\tan\beta}$

6) 삼각함수의 합성

① $a\sin\theta + b\cos\theta = \sqrt{a^2 + b^2}\sin(\theta + \alpha)$

단, $\cos\alpha = \dfrac{a}{\sqrt{a^2 + b^2}}$, $\sin\alpha = \dfrac{b}{\sqrt{a^2 + b^2}}$, $\tan\alpha = \dfrac{b}{a}$

② $a\sin\theta + b\cos\theta = \sqrt{a^2 + b^2}\cos(\theta - \beta)$

단, $\cos\beta = \dfrac{b}{\sqrt{a^2 + b^2}}$, $\sin\beta = \dfrac{a}{\sqrt{a^2 + b^2}}$, $\tan\beta = \dfrac{a}{b}$

7) 2배각의 공식

① $\sin 2\alpha = 2\sin\alpha\cos\alpha$

② $\cos 2\alpha = \cos^2\alpha - \sin^2\alpha = 2\cos^2\alpha - 1 = 1 - 2\sin^2\alpha$

③ $\tan 2\alpha = \dfrac{2\tan\alpha}{1-\tan^2\alpha}$

8) 반각의 공식

① $\sin^2\dfrac{\alpha}{2} = \dfrac{1-\cos\alpha}{2}$

② $\cos^2\dfrac{\alpha}{2} = \dfrac{1+\cos\alpha}{2}$

③ $\tan^2\dfrac{\alpha}{2} = \dfrac{1-\cos\alpha}{1+\cos\alpha}$

9) 곱을 합과 차로 변환하는 공식

① $\sin\alpha\cos\beta = \dfrac{1}{2}\{\sin(\alpha+\beta)+\sin(\alpha-\beta)\}$

② $\cos\alpha\sin\beta = \dfrac{1}{2}\{\sin(\alpha+\beta)-\sin(\alpha-\beta)\}$

③ $\cos\alpha\cos\beta = \dfrac{1}{2}\{\cos(\alpha+\beta)+\cos(\alpha-\beta)\}$

④ $\sin\alpha\sin\beta = -\dfrac{1}{2}\{\cos(\alpha+\beta)-\cos(\alpha-\beta)\}$

10) 합과 차를 곱으로 변환하는 공식

① $\sin\alpha+\sin\beta = 2\sin\dfrac{\alpha+\beta}{2}\cos\dfrac{\alpha-\beta}{2}$

② $\sin\alpha-\sin\beta = 2\cos\dfrac{\alpha+\beta}{2}\sin\dfrac{\alpha-\beta}{2}$

③ $\cos\alpha+\cos\beta = 2\cos\dfrac{\alpha+\beta}{2}\cos\dfrac{\alpha-\beta}{2}$

④ $\cos\alpha-\cos\beta = -2\sin\dfrac{\alpha+\beta}{2}\sin\dfrac{\alpha-\beta}{2}$

11) 미분

① $f(x)=c \rightarrow f'(x)=0$

② $f(x)=x^n \rightarrow f'(x)=nx^{n-1}$

③ $[cf(x)]'=cf'(x)$

④ $[f(x)\,g(x)]'=f'(x)\,g(x)+f(x)\,g'(x)$

⑤ $\left[\dfrac{f(x)}{g(x)}\right]'=\dfrac{f'(x)\,g(x)-f(x)\,g'(x)}{[g(x)]^2}$

⑥ $(\sin x)'=\cos x$

⑦ $(\cos x)'=-\sin x$

⑧ $(\tan x)'=\sec^2 x$

⑨ $(\cot x)'=-\csc^2 x$

⑩ $(\sec x)'=\sec x\tan x$

⑪ $(\csc x)'=-\csc x\cot x$

⑫ $(\log x)'=\dfrac{1}{x}\quad(x>0)$

⑬ $(\log f(x))'=\dfrac{f'(x)}{f(x)}$

⑭ $(\sqrt{f(x)})'=\dfrac{f'(x)}{2\sqrt{f(x)}}$

⑮ $(e^x)'=e^x$

⑯ $(a^x)'=a^x\log a$

부 3. 형강의 형상, 치수 및 단면성능

(1) H형강의 표준단면치수, 단면적, 단위중량, 단면성능(KS D 3502)

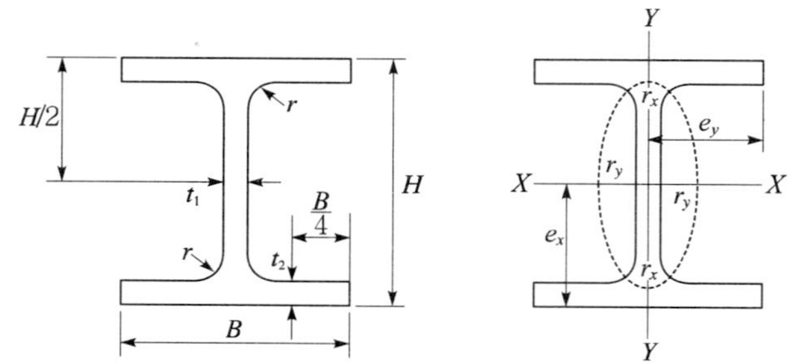

- 단면2차 모멘트 $I = Ar^2$
- 단면2차 반지름 $r = \sqrt{I/A}$
- 단면계수 $S = I/e$

  여기서, A : 단면적

표준단면치수 (mm)					단면적 (mm^2)	단위 중량 (N/mm)	단면2차 모멘트 (mm^4)		단면2차 반지름 (mm)		단면계수 (mm^3)		소성단면계수 (mm^3)		뒤틀림상수 C_w (mm^6)	비틀림상수 J (mm^4)
호칭치수 (높이×변)	H×B	t_1	t_2	r			I_x	I_y	r_x	r_y	S_x	S_y	Z_x	Z_y		
100×50	100×50	5	7	8	1.1850×10^3	9.11×10^{-2}	1.80×10^6	1.48×10^5	3.96×10^1	1.12×10^1	3.75×10^4	5.41×10^3	4.41×10^4	9.52×10^3	3.20×10^8	1.50×10^4
100×100	100×100	6	8	10	2.1900×10^3	1.69×10^{-1}	3.83×10^6	1.34×10^6	4.18×10^1	2.47×10^1	7.65×10^4	2.67×10^4	8.76×10^4	4.12×10^4	2.84×10^9	4.02×10^4
125×60	125×60	6	8	9	1.6840×10^3	1.29×10^{-1}	4.13×10^6	2.42×10^5	4.95×10^1	1.32×10^1	6.61×10^4	9.73×10^3	7.76×10^4	1.57×10^4	9.99×10^8	2.83×10^4
125×125	125×125	6.5	9	10	3.0310×10^3	2.33×10^{-1}	8.47×10^6	2.93×10^6	5.29×10^1	3.11×10^1	1.36×10^5	4.70×10^4	1.54×10^5	7.19×10^4	9.86×10^9	7.05×10^4
150×75	150×75	5	7	8	1.7850×10^3	1.37×10^{-1}	6.66×10^6	4.95×10^5	6.11×10^1	1.66×10^1	8.88×10^4	1.32×10^4	1.02×10^5	2.08×10^4	2.53×10^9	2.28×10^4
150×100	148×100	6	9	11	2.6840×10^3	2.07×10^{-1}	1.02×10^7	1.51×10^6	6.17×10^1	2.37×10^1	1.38×10^5	3.01×10^4	1.57×10^5	4.67×10^4	7.30×10^9	5.80×10^4
150×150	150×150	7	10	11	4.0140×10^3	3.09×10^{-1}	1.64×10^7	5.63×10^6	6.39×10^1	3.75×10^1	2.19×10^5	7.51×10^4	2.46×10^5	1.15×10^5	2.76×10^{10}	1.15×10^5
175×90	175×90	5	8	9	2.3040×10^3	1.77×10^{-1}	1.21×10^7	9.75×10^5	7.26×10^1	2.06×10^1	1.39×10^5	2.17×10^4	1.57×10^5	3.37×10^4	6.80×10^9	3.73×10^4
175×175	175×175	7.5	11	12	5.1210×10^3	3.94×10^{-1}	2.88×10^7	9.84×10^6	7.50×10^1	4.38×10^1	3.30×10^5	1.12×10^5	3.69×10^5	1.71×10^5	6.62×10^{10}	1.77×10^5
200×100	198×99	4.5	7	11	2.3180×10^3	1.78×10^{-1}	1.58×10^7	1.14×10^6	8.26×10^1	2.21×10^1	1.60×10^5	2.30×10^4	1.80×10^5	3.57×10^4	1.04×10^{10}	2.82×10^4
	200×100	5.5	8	11	2.7160×10^3	2.09×10^{-1}	1.84×10^7	1.34×10^6	8.24×10^1	2.22×10^1	1.84×10^5	2.68×10^4	2.10×10^5	4.19×10^4	1.23×10^{10}	4.43×10^4

표준단면치수 (mm)					단면적 (mm^2)	단위 중량 (N/mm)	단면2차 모멘트 (mm^4)		단면2차 반지름 (mm)		단면계수 (mm^3)		소성단면계수 (mm^3)		뒤틀림상수 C_w (mm^6)	비틀림상수 J (mm^4)
호칭치수 (높이×변)	H×B	t_1	t_2	r			I_x	I_y	r_x	r_y	S_x	S_y	Z_x	Z_y		
200×150	194×150	6	9	13	3.9010×10^{3}	3.00×10^{-1}	2.69×10^{7}	5.07×10^{6}	8.30×10^{1}	3.61×10^{1}	2.77×10^{5}	6.76×10^{4}	3.09×10^{5}	1.04×10^{5}	4.34×10^{10}	8.56×10^{4}
200×200	200×200	8	12	13	6.3530×10^{3}	4.89×10^{-1}	4.72×10^{7}	1.60×10^{7}	8.62×10^{1}	5.02×10^{1}	4.72×10^{5}	1.60×10^{5}	5.26×10^{5}	2.44×10^{5}	1.41×10^{11}	2.60×10^{5}
	200×204	12	12	13	7.1530×10^{3}	5.51×10^{-1}	4.98×10^{7}	1.70×10^{7}	8.35×10^{1}	4.88×10^{1}	4.98×10^{5}	1.67×10^{5}	5.66×10^{5}	2.57×10^{5}	1.50×10^{11}	3.36×10^{5}
250×125	248×124	5	8	12	3.2680×10^{3}	2.52×10^{-1}	3.54×10^{7}	2.55×10^{6}	1.04×10^{2}	2.79×10^{1}	2.85×10^{5}	4.11×10^{4}	3.19×10^{5}	6.36×10^{4}	3.67×10^{10}	5.20×10^{4}
	250×125	6	9	12	3.7660×10^{3}	2.90×10^{-1}	4.05×10^{7}	2.94×10^{6}	1.04×10^{2}	2.79×10^{1}	3.24×10^{5}	4.70×10^{4}	3.66×10^{5}	7.31×10^{4}	4.27×10^{10}	7.75×10^{4}
250×175	244×175	7	11	16	5.6240×10^{3}	4.32×10^{-1}	6.12×10^{7}	9.84×10^{6}	1.04×10^{2}	4.18×10^{1}	5.02×10^{5}	1.13×10^{5}	5.58×10^{5}	1.73×10^{5}	1.34×10^{11}	1.81×10^{5}
250×250	250×250	9	14	16	9.2180×10^{3}	7.10×10^{-1}	1.08×10^{8}	3.65×10^{7}	1.08×10^{2}	6.29×10^{1}	8.67×10^{5}	2.92×10^{5}	9.61×10^{5}	4.44×10^{5}	5.08×10^{11}	5.11×10^{5}
	250×255	14	14	16	1.0470×10^{4}	8.06×10^{-1}	1.15×10^{8}	3.88×10^{7}	1.05×10^{2}	6.06×10^{1}	9.19×10^{5}	3.04×10^{5}	1.04×10^{6}	4.68×10^{5}	5.40×10^{11}	6.70×10^{5}
300×150	298×149	5.5	8	13	4.0800×10^{3}	3.14×10^{-1}	6.32×10^{7}	4.42×10^{6}	1.24×10^{2}	3.29×10^{1}	4.24×10^{5}	5.93×10^{4}	4.75×10^{5}	9.18×10^{4}	9.29×10^{10}	6.65×10^{4}
	300×150	6.5	9	13	4.6780×10^{3}	3.60×10^{-1}	7.21×10^{7}	5.08×10^{6}	1.24×10^{2}	3.29×10^{1}	4.81×10^{5}	6.77×10^{4}	5.42×10^{5}	1.05×10^{5}	1.08×10^{11}	9.87×10^{4}
300×200	294×200	8	12	18	7.2400×10^{3}	5.57×10^{-1}	1.13×10^{7}	1.60×10^{7}	1.25×10^{2}	4.71×10^{1}	7.71×10^{5}	1.60×10^{5}	8.59×10^{5}	2.47×10^{5}	3.18×10^{11}	2.77×10^{5}
300×300	294×302	12	12	18	1.0770×10^{4}	8.28×10^{-1}	1.69×10^{8}	5.52×10^{7}	1.25×10^{2}	7.16×10^{1}	1.15×10^{6}	3.65×10^{5}	1.28×10^{6}	5.60×10^{5}	1.10×10^{12}	5.03×10^{5}
	300×300	10	15	18	1.1980×10^{4}	9.21×10^{-1}	2.04×10^{8}	6.75×10^{7}	1.31×10^{2}	7.51×10^{1}	1.36×10^{6}	4.50×10^{5}	1.50×10^{6}	6.84×10^{5}	1.37×10^{12}	7.65×10^{5}
	300×305	15	15	18	1.3480×10^{4}	1.04×10^{0}	2.15×10^{8}	7.10×10^{7}	1.26×10^{2}	7.26×10^{1}	1.44×10^{6}	4.66×10^{5}	1.61×10^{6}	7.16×10^{5}	1.44×10^{12}	7.90×10^{5}
350×175	346×174	6	9	14	5.2680×10^{3}	4.06×10^{-1}	1.11×10^{8}	7.92×10^{6}	1.45×10^{2}	3.88×10^{1}	6.41×10^{5}	9.10×10^{4}	7.16×10^{5}	1.40×10^{5}	2.25×10^{11}	1.08×10^{5}
	350×175	7	11	14	6.3140×10^{3}	4.86×10^{-1}	1.36×10^{8}	9.84×10^{6}	1.47×10^{2}	3.95×10^{1}	7.75×10^{5}	1.12×10^{5}	8.68×10^{5}	1.74×10^{5}	2.83×10^{11}	1.93×10^{5}
350×250	340×250	9	14	20	1.0150×10^{4}	7.81×10^{-1}	2.17×10^{8}	3.65×10^{7}	1.46×10^{2}	6.00×10^{1}	1.28×10^{6}	2.92×10^{5}	1.41×10^{6}	4.47×10^{5}	9.70×10^{11}	5.33×10^{5}
350×350	344×348	10	16	20	1.4600×10^{4}	1.13×10^{0}	3.33×10^{8}	1.12×10^{8}	1.51×10^{2}	8.78×10^{1}	1.94×10^{6}	6.46×10^{5}	2.12×10^{6}	9.80×10^{5}	3.01×10^{12}	1.05×10^{6}
	350×350	12	19	20	1.7390×10^{4}	1.34×10^{0}	4.03×10^{8}	1.36×10^{8}	1.52×10^{2}	8.84×10^{1}	2.30×10^{6}	7.76×10^{5}	2.55×10^{6}	1.18×10^{5}	3.73×10^{12}	1.78×10^{6}
400×200	396×199	7	11	16	7.2160×10^{3}	5.55×10^{-1}	2.00×10^{8}	1.45×10^{7}	1.67×10^{2}	4.48×10^{1}	1.01×10^{6}	1.45×10^{5}	1.13×10^{6}	2.24×10^{5}	5.37×10^{11}	2.19×10^{5}
	400×200	8	13	16	8.4120×10^{3}	6.47×10^{-1}	2.37×10^{8}	1.74×10^{7}	1.68×10^{2}	4.54×10^{1}	1.19×10^{6}	1.74×10^{5}	1.33×10^{6}	2.68×10^{5}	6.51×10^{11}	3.75×10^{5}
400×300	390×300	10	16	22	1.3600×10^{4}	1.05×10^{0}	3.87×10^{8}	7.21×10^{7}	1.69×10	7.28×10^{1}	1.98×10^{6}	4.81×10^{5}	2.19×10^{6}	7.33×10^{5}	2.52×10^{12}	9.39×10^{5}
400×400	388×402	15	15	22	1.7850×10^{4}	1.37×10^{0}	4.90×10^{8}	1.63×10^{8}	1.66×10^{2}	9.54×10^{1}	2.52×10^{6}	8.09×10^{5}	2.80×10^{6}	1.24×10^{6}	5.67×10^{12}	1.31×10^{6}
	394×398	11	18	22	1.8680×10^{4}	1.44×10^{0}	5.61×10^{8}	1.89×10^{8}	1.73×10^{2}	1.01×10^{2}	2.85×10^{6}	9.51×10^{5}	3.12×10^{6}	1.44×10^{6}	6.68×10^{12}	1.71×10^{6}

호칭치수 (높이×변)	표준단면치수 (mm) H×B	t_1	t_2	r	단면적 (mm^2)	단위 중량 (N/mm)	단면2차 모멘트 (mm^4) I_x	I_y	단면2차 반지름 (mm) r_x	r_y	단면계수 (mm^3) S_x	S_y	소성단면계수 (mm^3) Z_x	Z_y	뒤틀림상수 C_w (mm^6)	비틀림상수 J (mm^4)
	400×400	13	21	22	2.1870×10^{4}	1.69×10^{0}	6.66×10^{8}	2.24×10^{8}	1.75×10^{2}	1.01×10^{2}	3.33×10^{6}	1.12×10^{6}	3.67×10^{6}	1.70×10^{6}	8.04×10^{12}	2.73×10^{6}
	400×408	21	21	22	2.5070×10^{4}	1.93×10^{0}	7.09×10^{8}	2.38×10^{8}	1.68×10^{2}	9.75×10^{1}	3.54×10^{6}	1.17×10^{6}	3.99×10^{6}	1.79×10^{6}	8.55×10^{12}	3.62×10^{6}
	414×405	18	28	22	2.9540×10^{4}	2.27×10^{0}	9.28×10^{8}	3.10×10^{8}	1.77×10^{2}	1.02×10^{2}	4.48×10^{6}	1.53×10^{6}	5.03×10^{6}	2.33×10^{6}	1.15×10^{13}	6.62×10^{6}
	428×407	20	35	22	3.6070×10^{4}	2.77×10^{0}	1.19×10^{9}	3.94×10^{8}	1.82×10^{2}	1.04×10^{2}	5.57×10^{6}	1.93×10^{6}	6.31×10^{6}	2.94×10^{6}	1.52×10^{13}	1.26×10^{7}
	458×417	30	50	22	5.2860×10^{4}	4.07×10^{0}	1.87×10^{9}	6.05×10^{8}	1.88×10^{2}	1.07×10^{2}	8.17×10^{6}	2.90×10^{6}	9.54×10^{6}	4.44×10^{6}	2.52×10^{13}	3.80×10^{7}
	498×432	45	70	22	7.7010×10^{4}	5.93×10^{0}	2.98×10^{9}	9.44×10^{8}	1.97×10^{2}	1.11×10^{2}	1.20×10^{7}	4.37×10^{6}	1.45×10^{7}	6.72×10^{6}	4.32×10^{13}	1.10×10^{8}
450×200	446×199	8	12	18	8.4300×10^{3}	6.49×10^{-1}	2.87×10^{8}	1.58×10^{7}	1.85×10^{2}	4.33×10^{1}	1.29×10^{6}	1.59×10^{5}	1.45×10^{6}	2.47×10^{5}	7.44×10^{11}	3.01×10^{5}
	450×200	9	14	18	9.6760×10^{3}	7.45×10^{-1}	3.35×10^{8}	1.87×10^{7}	1.86×10^{2}	4.40×10^{1}	1.49×10^{6}	1.87×10^{5}	1.69×10^{6}	2.91×10^{5}	8.89×10^{11}	4.68×10^{5}
450×300	440×300	11	18	24	1.5740×10^{4}	1.22×10^{0}	5.61×10^{8}	8.11×10^{7}	1.89×10^{2}	7.18×10^{1}	2.55×10^{6}	5.41×10^{5}	2.82×10^{6}	8.28×10^{5}	3.61×10^{12}	1.35×10^{6}
500×200	496×199	9	14	20	1.0130×10^{4}	7.79×10^{-1}	4.19×10^{8}	1.84×10^{7}	2.03×10^{2}	4.27×10^{1}	1.69×10^{6}	1.85×10^{5}	1.91×10^{6}	2.90×10^{5}	1.07×10^{12}	4.78×10^{5}
	500×200	10	16	20	1.1420×10^{4}	8.79×10^{-1}	4.78×10^{8}	2.14×10^{7}	2.05×10^{2}	4.33×10^{1}	1.91×10^{6}	2.14×10^{5}	2.18×10^{6}	3.35×10^{5}	1.25×10^{12}	7.02×10^{5}
	506×201	11	19	20	1.3130×10^{4}	1.01×10^{0}	5.65×10^{8}	2.58×10^{7}	2.07×10^{2}	4.43×10^{1}	2.23×10^{6}	2.57×10^{5}	2.54×10^{6}	4.01×10^{5}	1.53×10^{12}	1.13×10^{6}
500×300	482×300	11	15	26	1.4550×10^{4}	1.12×10^{0}	6.04×10^{8}	6.76×10^{7}	2.04×10^{2}	6.82×10^{1}	2.50×10^{6}	4.51×10^{5}	2.79×10^{6}	6.95×10^{5}	3.69×10^{12}	8.76×10^{5}
	488×300	11	18	26	1.6350×10^{4}	1.25×10^{0}	7.10×10^{8}	8.11×10^{7}	2.08×10^{2}	7.04×10^{1}	2.91×10^{6}	5.41×10^{5}	3.23×10^{6}	8.30×10^{5}	4.48×10^{11}	1.37×10^{6}
600×200	596×199	10	15	22	1.2050×10^{4}	9.27×10^{-1}	6.87×10^{8}	1.98×10^{7}	2.39×10^{2}	4.05×10^{1}	2.31×10^{6}	1.99×10^{5}	2.65×10^{6}	3.15×10^{5}	1.67×10^{12}	6.36×10^{5}
	600×200	11	17	22	1.3440×10^{4}	1.04×10^{0}	7.76×10^{8}	2.28×10^{7}	2.40×10^{2}	4.12×10^{1}	2.59×10^{6}	2.28×10^{5}	2.98×10^{6}	3.61×10^{5}	1.94×10^{12}	9.06×10^{5}
	606×201	12	20	22	1.5250×10^{4}	1.18×10^{0}	9.04×10^{8}	2.72×10^{7}	2.43×10^{2}	4.22×10^{1}	2.98×10^{6}	2.71×10^{5}	3.43×10^{6}	4.29×10^{5}	2.34×10^{12}	1.40×10^{6}
600×300	582×300	12	17	28	1.7450×10^{4}	1.34×10^{0}	1.03×10^{9}	7.67×10^{7}	2.43×10^{2}	6.63×10^{1}	3.53×10^{6}	5.11×10^{5}	3.96×10^{6}	7.93×10^{5}	6.12×10^{12}	1.30×10^{6}
	588×300	12	20	28	1.9250×10^{4}	1.48×10^{0}	1.18×10^{9}	9.02×10^{7}	2.48×10^{2}	6.85×10^{1}	4.02×10^{6}	6.01×10^{5}	4.49×10^{6}	9.28×10^{5}	7.28×10^{12}	1.92×10^{6}
	594×302	14	23	28	2.2240×10^{4}	1.72×10^{0}	1.37×10^{9}	1.08×10^{8}	2.49×10^{2}	6.90×10^{1}	4.62×10^{6}	7.01×10^{5}	5.20×10^{6}	1.08×10^{6}	8.64×10^{12}	2.95×10^{6}
700×300	692×300	13	20	28	2.1150×10^{4}	1.63×10^{0}	1.72×10^{9}	9.02×10^{7}	2.86×10^{2}	6.53×10^{1}	4.98×10^{6}	6.02×10^{5}	5.63×10^{6}	9.36×10^{5}	1.02×10^{13}	2.08×10^{6}
	700×300	13	24	28	2.3550×10^{4}	1.81×10^{0}	2.01×10^{9}	1.08×10^{8}	2.93×10^{2}	6.78×10^{1}	5.76×10^{6}	7.22×10^{5}	6.46×10^{6}	1.12×10^{6}	1.23×10^{13}	3.24×10^{6}
800×300	792×300	14	22	28	2.4340×10^{4}	1.87×10^{0}	2.54×10^{9}	9.93×10^{7}	3.22×10^{2}	6.39×10^{1}	6.41×10^{6}	6.62×10^{5}	7.29×10^{6}	1.04×10^{6}	1.47×10^{13}	2.81×10^{6}
	800×300	14	26	28	2.6740×10^{4}	2.06×10^{0}	2.92×10^{9}	1.17×10^{8}	3.30×10^{2}	6.62×10^{1}	7.29×10^{6}	7.82×10^{5}	8.24×10^{6}	1.22×10^{6}	1.75×10^{13}	4.20×10^{6}

호칭치수 (높이×변)	표준단면치수 (mm) H×B	t_1	t_2	r	단면적 (mm^2)	단위 중량 (N/mm)	단면2차 모멘트 (mm^4) I_x	I_y	단면2차 반지름 (mm) r_x	r_y	단면계수 (mm^3) S_x	S_y	소성단면계수 (mm^3) Z_x	Z_y	뒤틀림상수 C_w (mm^6)	비틀림상수 J (mm^4)
900×300	890×299	15	23	28	2.7090×10^4	2.09×10^0	3.45×10^9	1.03×10^8	3.57×10^2	6.16×10^1	7.76×10^6	6.88×10^5	8.91×10^6	1.08×10^6	1.94×10^{13}	3.37×10^6
	900×300	16	28	28	3.0980×10^4	2.38×10^0	4.11×10^9	1.26×10^8	3.64×10^2	6.39×10^1	9.14×10^6	8.43×10^5	1.05×10^7	1.32×10^6	2.40×10^{13}	5.54×10^6
	912×300	18	34	28	3.6400×10^4	2.80×10^0	4.98×10^9	1.57×10^8	3.70×10^2	6.56×10^1	1.09×10^7	1.04×10^6	1.25×10^7	1.63×10^6	3.03×10^{13}	9.55×10^6

주1) 표준길이는 6.0, 7.0, 8.0, 9.0, 10.0, 11.0, 12.0, 13.0, 14.0, 15.0m이다.

주2) 단면적 (mm^2)의 계산은 $t_1(H-2t_2)+2Bt_2+0.858r^2$ 로 하며, 유효숫자 4자리의 수치로 끝맺음한다.

주3) 단위중량 (N/mm)은 유효숫자 3자리의 수치로 끝맺음한다.

주4) 호칭치수의 동일 범위 내에 속하는 것은 안쪽 높이가 일정하다.

주5) 이 책에서는 단면의 전체높이의 기호는 d와 H를 함께 사용하였고, 또한 단면의 플랜지의 폭의 기호는 b_f와 B를 함께 사용하였다.

(2) I형강의 표준단면치수, 단면적, 단위중량, 단면성능 (KS D 3502)

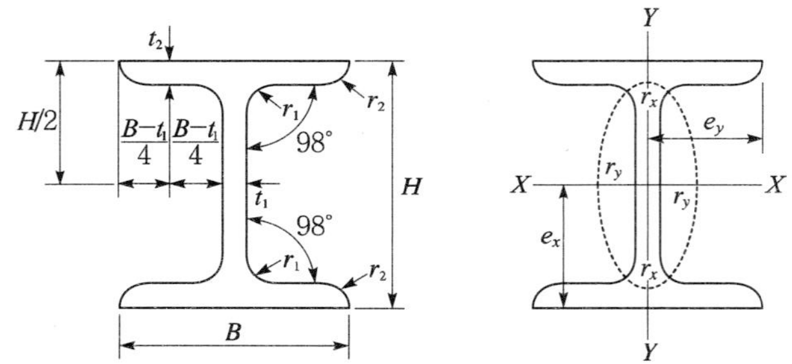

- 단면2차 모멘트 $I = Ar^2$
- 단면2차 반지름 $r = \sqrt{I/A}$
- 단면계수 $S = I/e$
  여기서, A : 단면적

표준단면치수 (mm)					단면적 (mm²)	단위 중량 (N/mm)	단면2차 모멘트 (mm⁴)		단면2차 반지름 (mm)		단면계수 (mm³)	
H×B	t_1	t_2	r_1	r_2			I_x	I_y	r_x	r_y	S_x	S_y
100×75	5	8	7	3.5	1.6430×10^{3}	1.26×10^{-1}	2.83×10^{6}	4.83×10^{5}	4.15×10^{1}	1.71×10^{1}	5.65×10^{4}	1.29×10^{4}
125×75	5.5	9.5	9	4.5	2.0450×10^{3}	1.58×10^{-1}	5.40×10^{6}	5.90×10^{5}	5.14×10^{1}	1.70×10^{1}	8.64×10^{4}	1.57×10^{4}
150×75	5.5	9.5	9	4.5	2.1830×10^{3}	1.68×10^{-1}	8.20×10^{6}	5.91×10^{5}	6.13×10^{1}	1.65×10^{1}	1.09×10^{5}	1.58×10^{4}
150×125	8.5	14	13	6.5	4.6150×10^{3}	3.55×10^{-1}	1.78×10^{7}	3.95×10^{6}	6.21×10^{1}	2.93×10^{1}	2.37×10^{5}	6.31×10^{4}
180×100	6	10	10	5	3.0060×10^{3}	2.31×10^{-1}	1.67×10^{7}	1.41×10^{6}	7.45×10^{1}	2.17×10^{1}	1.86×10^{5}	2.82×10^{4}
200×100	7	10	10	5	3.3060×10^{3}	2.55×10^{-1}	2.18×10^{7}	1.42×10^{6}	8.12×10^{1}	2.07×10^{1}	2.18×10^{5}	2.84×10^{4}
200×150	9	16	15	7.5	6.4160×10^{3}	4.94×10^{-1}	4.49×10^{7}	7.71×10^{6}	8.37×10^{1}	3.47×10^{1}	4.49×10^{5}	1.03×10^{5}
250×125	7.5	12.5	12	6	4.8790×10^{3}	3.75×10^{-1}	5.19×10^{7}	3.45×10^{6}	1.03×10^{2}	2.66×10^{1}	4.15×10^{5}	5.52×10^{4}
250×125	10	19	21	10.5	7.0730×10^{3}	5.44×10^{-1}	7.34×10^{7}	5.60×10^{6}	1.02×10^{2}	2.81×10^{1}	5.87×10^{5}	5.96×10^{4}
300×150	8	13	12	6	6.1580×10^{3}	4.73×10^{-1}	9.50×10^{7}	6.00×10^{6}	1.24×10^{2}	3.12×10^{1}	6.33×10^{5}	8.00×10^{4}
300×150	10	18.5	19	9.5	8.3470×10^{3}	6.42×10^{-1}	1.27×10^{8}	8.86×10^{6}	1.23×10^{2}	3.26×10^{1}	8.49×10^{5}	1.18×10^{5}
300×150	11.5	22	23	11.5	9.7880×10^{3}	7.53×10^{-1}	1.47×10^{8}	1.12×10^{7}	1.23×10^{2}	3.38×10^{1}	9.81×10^{5}	1.49×10^{5}
350×150	9	15	13	6.5	7.4580×10^{3}	5.73×10^{-1}	1.52×10^{8}	7.15×10^{6}	1.43×10^{2}	3.10×10^{1}	8.71×10^{5}	9.50×10^{4}
350×150	12	24	25	12.5	1.1110×10^{4}	8.55×10^{-1}	2.25×10^{8}	1.23×10^{7}	1.42×10^{2}	3.33×10^{1}	1.28×10^{6}	1.64×10^{5}

표준단면치수 (mm)					단면적 (mm²)	단위 중량 (N/mm)	단면2차 모멘트 (mm⁴)		단면2차 반지름 (mm)		단면계수 (mm³)	
H×B	t_1	t_2	r_1	r_2			I_x	I_y	r_x	r_y	S_x	S_y
400×150	10	18	17	8.5	9.1730×10^{3}	7.06×10^{-1}	2.40×10^{8}	8.87×10^{6}	1.62×10^{2}	3.11×10^{1}	1.20×10^{6}	1.18×10^{5}
400×150	12.5	25	27	13.5	1.2210×10^{4}	9.39×10^{-1}	3.17×10^{8}	1.29×10^{7}	1.61×10^{2}	3.25×10^{1}	1.58×10^{6}	1.72×10^{5}
450×175	11	20	19	9.5	1.1680×10^{4}	8.99×10^{-1}	3.92×10^{8}	1.55×10^{7}	1.83×10^{2}	3.64×10^{1}	1.74×10^{6}	1.77×10^{5}
450×175	13	26	27	13.5	1.4610×10^{4}	1.13×10^{0}	4.88×10^{8}	2.10×10^{7}	1.83×10^{2}	3.79×10^{1}	2.17×10^{6}	2.40×10^{5}
600×190	13	25	25	12.5	1.6940×10^{4}	1.30×10^{0}	9.32×10^{8}	2.54×10^{7}	2.35×10^{2}	3.87×10^{1}	3.27×10^{6}	2.67×10^{5}
600×190	16	35	38	19	2.2450×10^{4}	1.72×10^{0}	1.30×10^{9}	3.70×10^{7}	2.41×10^{2}	4.06×10^{1}	4.33×10^{6}	3.90×10^{5}

주1) 표준길이는 6.0, 7.0, 8.0, 9.0, 10.0, 11.0, 12.0, 13.0, 14.0, 15.0m 이다.

주2) 이 책에서는 단면의 전체높이의 기호는 d와 H를 함께 사용하였고, 또한 단면의 플랜지의 폭의 기호는 b_f와 B를 함께 사용하였다.

(3) ㄷ형강의 표준단면치수, 단면적, 단위중량, 단면성능 (KS D 3502)

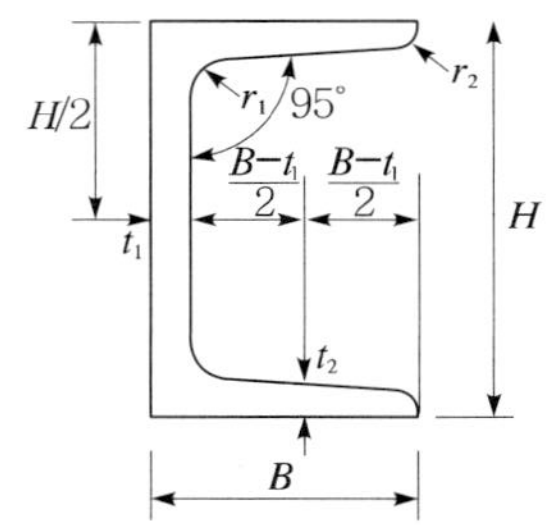

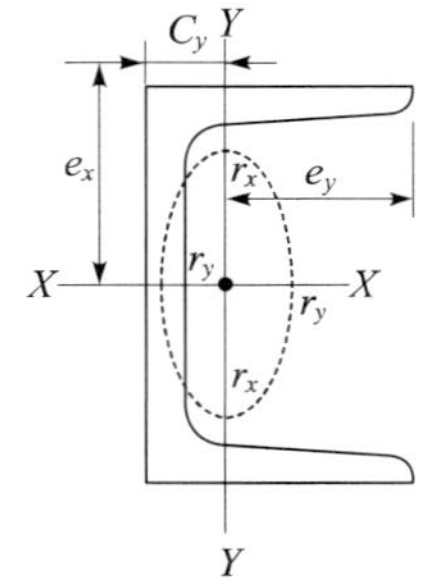

- 단면2차 모멘트 $I = Ar^2$
- 단면2차 반지름 $r = \sqrt{I / A}$
- 단면계수 $S = I / e$
  여기서, A : 단면적

표준단면치수 (mm)					단면적 (mm^2)	단위 중량 (N/mm)	단면2차 모멘트 (mm^4)		단면2차 반지름 (mm)		단면계수 (mm^3)		중심 (mm)
H×B	t_1	t_2	r_1	r_2			I_x	I_y	r_x	r_y	S_x	S_y	C_y
75×40	5	7	8	4	8.8180×10^2	6.78×10^{-2}	7.59×10^5	1.24×10^5	2.93×10^1	1.19×10^1	2.02×10^4	4.54×10^3	12.7
100×50	5	7.5	8	4	1.1920×10^3	9.17×10^{-2}	1.89×10^6	2.69×10^5	3.98×10^1	1.50×10^1	3.78×10^4	7.82×10^3	15.5
125×65	6	8	8	4	1.7110×10^3	1.31×10^{-1}	4.25×10^6	6.55×10^5	4.99×10^1	1.96×10^1	6.80×10^4	1.44×10^4	19.4
150×75	6.5	10	10	5	2.3710×10^3	1.82×10^{-1}	8.64×10^6	1.22×10^6	6.04×10^1	2.27×10^1	1.15×10^5	2.36×10^4	23.1
150×75	9	12.5	15	7.5	3.0590×10^3	2.35×10^{-1}	1.05×10^7	1.47×10^6	5.86×10^1	2.19×10^1	1.40×10^5	2.83×10^4	23.1
180×75	7	10.5	11	5.5	2.7200×10^3	2.10×10^{-1}	1.38×10^7	1.37×10^6	7.73×10^1	2.24×10^1	1.54×10^5	2.55×10^4	21.5
200×70	7	10	11	5.5	2.6920×10^3	2.07×10^{-1}	1.62×10^7	1.13×10^6	7.77×10^1	2.04×10^1	1.62×10^5	2.18×10^4	18.5
200×80	7.5	11	12	6	9.1330×10^3	2.41×10^{-1}	1.95×10^7	1.77×10^6	7.89×10^1	2.38×10^1	1.95×10^5	3.08×10^4	22.4
200×90	8	13.5	14	7	3.8650×10^3	2.97×10^{-1}	2.49×10^7	2.86×10^6	8.03×10^1	2.72×10^1	2.49×10^5	4.59×10^4	27.7
250×90	9	13	14	7	4.4070×10^3	3.39×10^{-1}	4.18×10^7	3.06×10^6	9.74×10^1	2.64×10^1	3.35×10^5	4.65×10^4	24.2
250×90	11	14.5	17	8.5	5.1170×10^3	3.94×10^{-1}	4.69×10^7	3.42×10^6	9.57×10^1	2.58×10^1	3.75×10^5	5.17×10^4	23.9
300×90	9	13	14	7	4.8570×10^3	3.73×10^{-1}	6.44×10^7	3.25×10^6	1.15×10^2	2.59×10^1	4.29×10^5	4.80×10^4	22.3
300×90	10	15.5	19	9.5	5.5740×10^3	4.29×10^{-1}	7.40×10^7	3.73×10^6	1.15×10^2	2.59×10^1	4.94×10^5	5.60×10^4	23.3

표준단면치수 (mm)					단면적 (mm^2)	단위 중량 (N/mm)	단면2차 모멘트 (mm^4)		단면2차 반지름 (mm)		단면계수 (mm^3)		중심 (mm)
H×B	t_1	t_2	r_1	r_2			I_x	I_y	r_x	r_y	S_x	S_y	C_y
300×90	12	16	19	9.5	6.1900×10^{3}	4.76×10^{-1}	7.87×10^{7}	3.91×10^{6}	1.13×10^{2}	2.51×10^{1}	5.25×10^{5}	5.79×10^{4}	22.5
380×100	10.5	16	18	9	6.9390×10^{3}	5.34×10^{-1}	1.45×10^{8}	5.57×10^{6}	1.45×10^{2}	2.83×10^{1}	7.62×10^{5}	7.33×10^{4}	24.1
380×100	13	16.5	18	9	7.8960×10^{3}	6.08×10^{-1}	1.56×10^{8}	5.84×10^{6}	1.41×10^{2}	2.72×10^{1}	8.22×10^{5}	7.58×10^{4}	22.9
380×100	13	20	24	12	8.5710×10^{3}	6.60×10^{-1}	1.76×10^{8}	6.71×10^{6}	1.43×10^{2}	2.80×10^{1}	9.24×10^{5}	8.95×10^{4}	25.0

주1) 표준길이는 6.0, 7.0, 8.0, 9.0, 10.0, 11.0, 12.0, 13.0, 14.0, 15.0m 이다.

주2) 이 책에서는 단면의 전체높이의 기호는 d와 H를 함께 사용하였고, 또한 단면의 플랜지의 폭의 기호는 b_f와 B를 함께 사용하였다.

(4) 등변ㄱ형강(산형)의 표준단면치수, 단면적, 단위중량, 단면성능(KS D 3502)

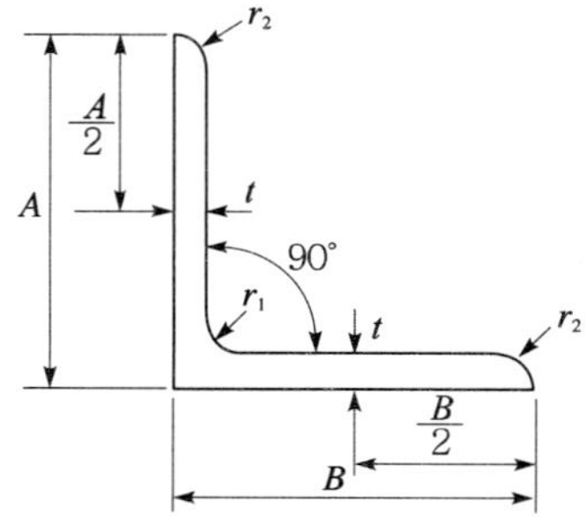

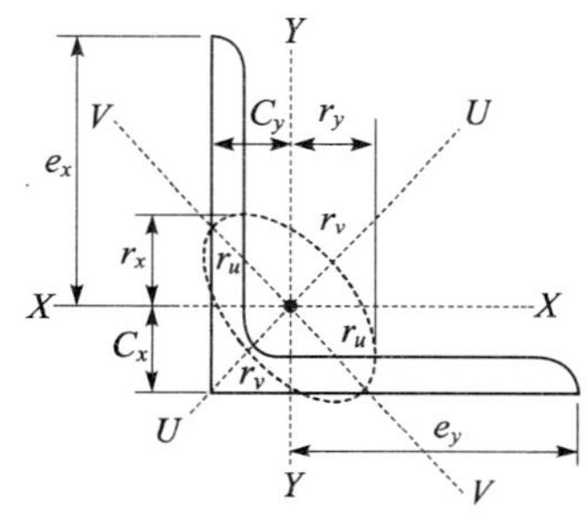

- 단면2차 모멘트 $I = Ar^2$
- 단면2차 반지름 $r = \sqrt{I / A}$
- 단면계수 $S = I / e$
  여기서, A : 단면적

표준단면치수 (mm)				단면적 (mm^2)	단위중량 (N/mm)	단면2차 모멘트 (mm^4)			단면2차 반지름 (mm)			단면계수 (mm^3)	중심 (mm)
A×B	t	r_1	r_2			$I_x = I_y$	I_u	I_v	$r_x = r_y$	r_u	r_v	$S_x = S_y$	$C_x = C_y$
25×25	3	4	2	1.4270×10^2	1.10×10^{-2}	7.97×10^3	1.26×10^4	3.32×10^3	7.47×10^0	9.40×10^0	4.82×10^0	4.48×10^2	7.19
30×30	3	4	2	1.7270×10^2	1.33×10^{-2}	1.42×10^4	2.26×10^4	5.90×10^3	9.07×10^0	1.14×10^1	5.85×10^0	6.61×10^2	8.44
40×40	3	4.5	2	2.3360×10^2	1.79×10^{-2}	3.53×10^4	5.60×10^4	1.45×10^4	1.23×10^1	1.55×10^1	7.88×10^0	1.21×10^3	10.9
40×40	5	4.5	3	3.7550×10^2	2.89×10^{-2}	5.42×10^4	8.59×10^4	2.25×10^4	1.20×10^1	1.51×10^1	7.74×10^0	1.91×10^3	11.7
45×45	4	6.5	3	3.4920×10^2	2.69×10^{-2}	6.50×10^4	1.03×10^5	2.69×10^4	1.36×10^1	1.72×10^1	8.78×10^0	2.00×10^3	12.4
45×45	5	6.5	3	4.3020×10^2	3.31×10^{-2}	7.91×10^4	1.25×10^5	3.29×10^4	1.36×10^1	1.71×10^1	8.74×10^0	2.46×10^3	12.8
50×50	4	6.5	3	3.8920×10^2	3.00×10^{-2}	9.06×10^4	1.44×10^5	3.74×10^4	1.53×10^1	1.92×10^1	9.80×10^0	2.49×10^3	13.7
50×50	5	6.5	3	4.8020×10^2	3.69×10^{-2}	1.11×10^5	1.75×10^5	4.58×10^4	1.52×10^1	1.91×10^1	9.76×10^0	3.08×10^3	14.1
50×50	6	6.5	4.5	5.6440×10^2	4.34×10^{-2}	1.26×10^5	2.00×10^5	5.24×10^4	1.49×10^1	1.88×10^1	9.64×10^0	3.55×10^3	14.4
60×60	4	6.5	3	4.6920×10^2	3.61×10^{-2}	1.60×10^5	2.54×10^5	6.62×10^4	1.85×10^1	2.33×10^1	1.19×10^1	3.66×10^3	16.1
60×60	5	6.5	3	5.8020×10^2	4.46×10^{-2}	1.96×10^5	3.12×10^5	8.06×10^4	1.84×10^1	2.32×10^1	1.18×10^1	4.52×10^3	16.6
65×65	5	8.5	3	6.3670×10^2	4.90×10^{-2}	2.53×10^5	4.01×10^5	1.05×10^5	1.99×10^1	2.51×10^1	1.28×10^1	5.35×10^3	17.7
65×65	6	8.5	4	7.5270×10^2	5.79×10^{-2}	2.94×10^5	4.66×10^5	1.21×10^5	2.27×10^1	2.49×10^1	1.27×10^1	6.27×10^3	18.1
65×65	8	8.5	6	9.7610×10^2	7.51×10^{-2}	3.68×10^5	5.83×10^5	1.53×10^5	1.94×10^1	2.44×10^1	1.25×10^1	7.97×10^3	18.8
70×70	6	8.5	4	8.1270×10^2	6.25×10^{-2}	3.71×10^5	5.89×10^5	1.53×10^5	2.14×10^1	2.69×10^1	1.37×10^1	7.33×10^3	19.4

75×75	6	8.5	4	8.7270×10^{2}	6.71×10^{-2}	4.61×10^{5}	7.32×10^{5}	1.90×10^{5}	2.30×10^{1}	2.90×10^{1}	1.47×10^{1}	8.47×10^{3}	20.6
75×75	9	8.5	6	1.2690×10^{3}	9.76×10^{-2}	6.44×10^{5}	1.02×10^{5}	2.67×10^{5}	2.25×10^{1}	2.84×10^{1}	1.45×10^{1}	1.21×10^{4}	21.7
75×75	12	8.5	6	1.6560×10^{3}	1.27×10^{-1}	8.19×10^{5}	1.29×10^{5}	3.45×10^{5}	2.22×10^{1}	2.79×10^{1}	1.44×10^{1}	1.57×10^{4}	22.9
80×80	6	8.5	4	9.3270×10^{2}	7.17×10^{-2}	5.64×10^{5}	8.96×10^{5}	2.32×10^{5}	2.46×10^{1}	3.10×10^{1}	1.58×10^{1}	9.70×10^{3}	21.9
90×90	6	10	5	1.0550×10^{3}	8.11×10^{-2}	8.07×10^{5}	1.29×10^{5}	3.23×10^{5}	2.77×10^{1}	3.50×10^{1}	1.75×10^{1}	1.23×10^{4}	24.2
90×90	7	10	5	1.2220×10^{3}	9.40×10^{-2}	9.30×10^{5}	1.48×10^{6}	3.83×10^{5}	2.76×10^{1}	3.48×10^{1}	1.77×10^{1}	1.42×10^{4}	24.6
90×90	10	10	7	1.7000×10^{3}	1.30×10^{-1}	1.25×10^{6}	1.99×10^{6}	5.16×10^{5}	2.71×10^{1}	3.42×10^{1}	1.74×10^{1}	1.95×10^{4}	25.8
90×90	13	10	7	2.1710×10^{3}	1.67×10^{-1}	1.56×10^{6}	2.48×10^{6}	6.53×10^{5}	2.68×10^{1}	3.38×10^{1}	1.73×10^{1}	2.48×10^{4}	26.9
100×100	7	10	5	1.3620×10^{3}	1.05×10^{-1}	1.29×10^{6}	2.05×10^{6}	5.31×10^{5}	3.08×10^{1}	3.88×10^{1}	1.97×10^{1}	1.77×10^{4}	27.1
100×100	10	10	7	1.9000×10^{3}	1.46×10^{-1}	1.75×10^{6}	2.78×10^{6}	7.19×10^{5}	3.03×10^{1}	3.83×10^{1}	1.95×10^{1}	2.44×10^{4}	28.3
100×100	13	10	7	2.4310×10^{3}	1.87×10^{-1}	2.20×10^{6}	3.48×10^{6}	9.10×10^{5}	3.01×10^{1}	3.78×10^{1}	1.93×10^{1}	3.11×10^{4}	20.4
120×120	8	12	5	1.8760×10^{3}	1.44×10^{-1}	2.58×10^{6}	4.10×10^{6}	1.06×10^{6}	3.71×10^{1}	4.67×10^{1}	2.38×10^{1}	2.95×10^{4}	32.4
130×130	9	12	6	2.2740×10^{3}	1.75×10^{-1}	3.66×10^{6}	5.83×10^{6}	1.50×10^{6}	4.01×10^{1}	5.06×10^{1}	2.57×10^{1}	3.87×10^{4}	35.3
130×130	12	12	8.5	2.9760×10^{3}	2.29×10^{-1}	4.67×10^{6}	7.43×10^{6}	1.92×10^{6}	3.96×10^{1}	5.00×10^{1}	2.54×10^{1}	4.99×10^{4}	36.4
130×130	15	12	8.5	3.6750×10^{3}	2.82×10^{-1}	5.68×10^{6}	9.02×10^{6}	2.34×10^{6}	3.93×10^{1}	4.95×10^{1}	2.53×10^{1}	6.15×10^{4}	37.6
150×150	12	14	7	3.4770×10^{3}	2.68×10^{-1}	7.40×10^{6}	1.18×10^{7}	3.04×10^{6}	4.61×10^{1}	5.82×10^{1}	2.96×10^{1}	6.82×10^{4}	41.4
150×150	15	14	10	4.2740×10^{3}	3.29×10^{-1}	8.88×10^{6}	1.41×10^{7}	3.65×10^{6}	4.56×10^{1}	5.74×10^{1}	2.92×10^{1}	8.26×10^{4}	42.4
150×150	19	14	10	5.3380×10^{3}	4.11×10^{-1}	1.09×10^{7}	1.73×10^{7}	4.51×10^{6}	4.52×10^{1}	5.69×10^{1}	2.91×10^{1}	1.03×10^{5}	44.0
175×175	12	15	11	4.0520×10^{3}	3.12×10^{-1}	1.17×10^{7}	1.86×10^{7}	4.79×10^{6}	5.37×10^{1}	6.78×10^{1}	3.44×10^{1}	8.16×10^{4}	47.3
175×175	15	15	11	5.0210×10^{3}	3.86×10^{-1}	1.44×10^{7}	2.29×10^{7}	5.88×10^{6}	5.36×10^{1}	6.75×10^{1}	3.42×10^{1}	1.14×10^{5}	48.5
200×200	15	17	12	5.7750×10^{3}	4.44×10^{-1}	2.18×10^{7}	3.47×10^{7}	8.91×10^{6}	6.14×10^{1}	7.75×10^{1}	3.93×10^{1}	1.50×10^{5}	54.7
200×200	20	17	12	7.6000×10^{3}	5.85×10^{-1}	2.82×10^{7}	4.49×10^{7}	1.16×10^{7}	6.09×10^{1}	7.69×10^{1}	3.80×10^{1}	1.94×10^{5}	56.7
200×200	25	17	12	9.3750×10^{3}	7.21×10^{-1}	3.42×10^{7}	5.42×10^{7}	1.41×10^{7}	6.04×10^{1}	7.60×10^{1}	3.88×10^{1}	2.42×10^{5}	58.7
250×250	25	24	12	1.1940×10^{4}	9.18×10^{-1}	6.95×10^{7}	1.10×10^{8}	2.86×10^{7}	7.63×10^{1}	9.60×10^{1}	4.89×10^{1}	3.88×10^{5}	71.0
250×250	35	24	18	1.6260×10^{4}	1.25×10^{0}	9.11×10^{7}	1.44×10^{8}	3.79×10^{7}	7.48×10^{1}	9.41×10^{1}	4.83×10^{1}	5.19×10^{5}	74.5

주1) 표준길이는 6.0, 7.0, 8.0, 9.0, 10.0, 11.0, 12.0, 13.0, 14.0, 15.0m이다.

주2) 단면적 (mm^2)의 계산은 $t(2A-t)+0.215(r_1^2-2r_2^2)$ 로 하며, 유효숫자 4자리의 수치로 끝맺음한다.

주3) 단위중량 (N/mm)은 유효숫자 3자리의 수치로 끝맺음한다.

주4) 호칭치수의 동일 범위 내에 속하는 것은 안쪽 높이가 일정하다.

저자 소개

강병두(姜丙斗) 공학박사
경남도립거창대학 교수

전대한(全大翰) 공학박사
동서대학교 교수

김재웅(金在雄) 공학박사
(전)동아대학교 교수

구조역학 입문 **정가 37,000원**

저자 : 강병두 · 전대한 · 김재웅

발행인 : 임해진
발행처 : 도서출판 구미서관

발행 : 2009년 2월 26일 제1판
2012년 8월 25일 제2판
2017년 3월 3일 제3판
2019년 3월 4일 제4판
2022년 3월 4일 제5판
2023년 3월 2일 제5판 2쇄

등록 : 1979년 6월 29일 No.9-6호
주소 : 서울시 마포구 신촌로 2길 5-15 구미빌딩
전화 : 02-333-1101
팩스 : 02-335-2201
http://www.goomibook.com

ISBN 979-11-6257-205-4 (93540)